U0304035

光电系统设计

方法、实用技术及应用

（第2版）

吴晗平 编著

清華大學出版社
北京

内 容 简 介

本书从总体技术设计、军民用途的角度，基于光学、机械结构、电子、计算机、材料、软件、控制、工艺、目标与环境等方面的综合一体化思路与技术方法，侧重选择信息光电系统和能量光电系统及其设计的一些重要而典型的内容予以论述，是对第1版(2019版)较全面的修订、增补与深化，进一步突出工程性。围绕着如何提高总体系统性能水平这一主线，介绍光电系统设计的基本方法、实用技术及应用。全书保留原有章节体系框架，共分12章，内容包括光电系统及其设计概要、目标与环境辐射及其工程计算、辐射大气透过率的工程理论计算、光学系统及其设计、红外凝视成像系统及其工程技术设计、CCD和CMOS及其应用系统设计、光电微弱信号处理及设计、光电系统作用距离工程理论计算及总体技术设计、太阳能光伏发电及其系统设计、光电系统软件开发与设计、光电系统结构及模块化设计、光电伺服控制系统及其设计。

本书将基础理论与工程实际示例相结合，融合了作者的实际工作经验与科研成果，可供从事光电系统(装备)研究、总体论证、技术设计、研制、试验、检验等方面工作的行业工程技术与管理人员学习、参考，也可作为高等院校光学工程、电子科学与技术、仪器科学与技术、控制科学与工程、兵器科学与技术等学科专业相关教师在职能力提升或从事技术项目研究的参考，还可作为相关学科专业的博士生、硕士生和高年级本科生的教材或参考书。

图书在版编目(CIP)数据

光电系统设计：方法、实用技术及应用/吴晗平编著.—2版.—北京：清华大学出版社，2023.6
(电子信息科学与技术丛书)
ISBN 978-7-302-63485-0

Ⅰ.①光…　Ⅱ.①吴…　Ⅲ.①光电子技术－系统设计　Ⅳ.①TN2

中国国家版本馆CIP数据核字(2023)第084421号

策划编辑：盛东亮
责任编辑：钟志芳
封面设计：李召霞
责任校对：申晓焕
责任印制：刘海龙

出版发行：清华大学出版社
网　　址：http://www.tup.com.cn，http://www.wqbook.com
地　　址：北京清华大学学研大厦A座　　**邮　　编**：100084
社 总 机：010-83470000　　**邮　　购**：010-62786544
投稿与读者服务：010-62776969，c-service@tup.tsinghua.edu.cn
质量反馈：010-62772015，zhiliang@tup.tsinghua.edu.cn
课件下载：http://www.tup.com.cn，010-83470236
印 装 者：三河市君旺印务有限公司
经　　销：全国新华书店
开　　本：203mm×260mm　　**印　　张**：36　　**字　　数**：988千字
版　　次：2019年7月第1版　2023年8月第2版　　**印　　次**：2023年8月第1次印刷
印　　数：1～1500
定　　价：128.00元

产品编号：097174-01

第2版前言

PREFACE

光电系统(装备、设备、仪器、产品)的发展在于研发,研发的核心在于设计,设计是研发的关键环节和重要阶段。传统的光电系统设计(狭义设计)往往只考虑专有特性的实现,而现代光电系统设计(广义设计)应全面考虑光电系统的专有特性和通用特性,以及可销售(贸易)性和全寿命周期。作为越来越多学科化、复杂化、"专精特新"化的光电系统,其质量特性既有专有特性,也有通用特性,如何能在规定的约束条件下,全面实现、满足和保证质量特性,这是设计的主要任务和工作内容。

从工程角度看,能设计出来,不一定能加工(制造)出来;能加工(制造)出来,不一定能装配出来;能装配出来,不一定能检验、试验出来;能检验、试验出来,不一定能便捷高效操作、使用、维护与保障;能单件或小批量生产、检验、试验,不一定能适合大批量生产、检验、试验。因此,系统设计应统筹考虑加工与装配工艺、检验与试验方法、"六性""三化"等因素的全过程协调性与匹配性。

从技术角度看,光电系统的设计牵涉光(光学)、机(机械结构)、电(电子)、算(计算机)、材(材料)、软件、控制、工艺、目标与环境等多学科的技术内容。既有单项技术设计,也有总体技术设计,更有综合优化设计。既涵盖材料设计、元器件(零部件)设计、结构设计,更包括综合集成总体设计。

从构型角度看,光电系统的设计既有微型化、微纳化趋势的高集成性微观设计,也有多单机、多子系统趋势的大系统性宏观设计。

从工具角度看,光电系统的设计工具软件,从分离的单项设计工具软件(如 CODE V、SYNOPSYS、ANSYS、Multisim 等)到基于装配、生产的设计工具软件,再到逐渐发展并构成多类别软件通用(专用)接口、共享相关数据的设计工具软件一体化有机融合综合智能系统。

光电系统设计从不同学科、专业技术间的简单"串并联"结合"施工",将转向多学科、技术相互渗透、交叉的复杂化、模块化、专业化、协作化、规律化的"集团施工"。

作者于 2009 年、2010 年在科学出版社分别出版了《光电系统环境与可靠性》(简称 2009 版)、《光电系统设计基础》(简称 2010 版),于 2018 年、2019 年、2021 年在清华大学出版社分别出版了《光电系统环境与可靠性工程技术》(简称 2018 版)、《光电系统设计:方法、实用技术及应用》(简称 2019 版)、《光电系统设计基础》(简称 2021 版)。2009 版、2010 版分别是光电系统环境与可靠性、光电系统设计的国内最早版本,构成当时相对完整的一套光电系统设计书。随着对相应科学、技术、工程的研讨与思考的进一步深入和拓展,以及国内外科学技术、工程技术的不断进步,2009 版发展成 2018 版;而 2010 版发展成为内容深度与广度、读者对象等有所针对的 2019 版和 2021 版两个版本,这两个版本既有其内容互补性,也有各自偏重和相对独立性,形成姊妹篇。虽然 2018 版与 2019 版、2021 版共同构成目前相对完整的一套光电系统设计书,但仍有诸多有待完善之处。

光电系统设计正向着成为一门相对独立的综合设计分支学科——"光电系统设计学"的方向发展。在 2009 版中,作者最早对"光电系统"概念进行了较完整的界定;在 2010 版中,提出光电系统的一种分类——“信息光电系统”和“能量光电系统”；其后在2021版，又对“光电系统”概念进行了更完善的扩展界定，并进一步提出把光电系统分为“信息光电系统”“能量光电系统”“信息/能量光电系统”三大类的分类方法；等等。作者尝试不论从光电系统设计思想的纵向构架与方法，还是横向构架与方法，以及光电系统设计学这一分支学科的体系内容与边界、交叉性、继承性与创新性等，进行了20多年的探索。因此，可以管窥之见地说，光电系统设计学的萌芽与发展是必然的，对光电系统的技术设计与工程制造必将起到正向推动作用。

本书从2019年出版以来，已多次印刷，得到了广大光电行业技术与管理人员的肯定。借此再版的机会，对2019版的许多内容进行了较全面的增补、勘误、完善与优化。从全书构架来说，依然保持原书的总体结构，但对不同章节修订内容的多少、深浅有所侧重，主要体现如下：

(1) 在第1章中，基于先进性角度，对“设计概述”“光电系统的分类”“光电系统的应用”“光电系统的发展基础”等内容进行了修订；增补了“光电系统的发展”；在“光电技术及系统发展的主要制约因素”中，提出了“标准滞后与标准化程度薄弱”的问题与对策；在“光电系统设计与仿真软件”中，提出了利用众多相关工具软件构成综合集成设计软件的示例技术思路。

(2) 在第2章中，修订了“绝对黑体及其基本定律”这一节，并增补了“色温、亮温与全辐射温度”，以及相关技术数据与工程应用等内容。

(3) 在第3章中，增补、完善了“大气的散射衰减”，研讨了“激光辐射在大气中的传输及计算方法”“部分相干辐射在大气中的传输”等内容。

(4) 在第4章中，从技术更新角度，完善了“光学仪器及其发展”，增补了“光学镜头的分类”等内容，用前沿性的“基于谐衍射与自由曲面的离轴三反设计示例”，替代了传统的“可见光光学系统设计示例”。

(5) 在第5章中，增补了“红外光学材料”“红外光学系统无热化设计方法”等内容。

(6) 在第11章中，增补了“光电产品的装配及其工艺过程”“结构设计要求”“结构设计程序”“尺寸链计算”“精度设计”“光学零件紧固设计”“模块化设计”等内容，强化该章技术内容的完整性、工程性与应用性。

(7) 在第12章中，增补了“目标特性分析”“捕获的技术要求与影响目标捕获的主要因素”“捕获跟踪的视场及响应时间”“捕获跟踪系统的统计分析”等内容。

(8) 对全书各章的许多技术细节内容进行了修订、增补与完善。

在本书的再版修订过程中，参考了许多文献资料，在此对其作者表示衷心的感谢。由于本书内容既有技术体系广度，也有细分专业纵深，更有融合交叉性、创新性、探索性的特点，虽想极尽优化，但由于作者水平和能力所限，以及许多学科、技术内容均处在不断快速发展之中，书中难免存在不足、疏漏，甚至错误之处，恳请读者批评指正。

吴晗平

2023年7月

于武汉工程大学光电子系统技术研究所

第1版前言

PREFACE

光电技术与光电系统的发展历史虽然可追溯到一百多年前光电效应及光电器件的出现和应用之际，但光电技术的大量应用是在20世纪50年代中期。作为现代科技发展的标志性领域，光电技术正全面渗透到人类社会的各个方面，甚至部分改变着人们的生活环境与生活模式。借助计算机技术、信息技术、材料科学技术、先进制造技术、电子技术等的推动与支持，光电技术扩展了人类了解自然、改善生存环境和提高主宰能力的空间，尤其在探测、感知、显示、通信、存储、加工等方面显示了极强的发展潜力和扩展力。

现代光电技术主要包括激光技术、红外技术、紫外技术、太赫兹技术、微光夜视技术、CCD或CMOS成像技术、平板显示技术、光纤传感技术、光通信技术、光存储技术、光电探测技术、光电检测与控制技术、太阳能光伏发电技术、光电照明技术、微纳光电技术、集成光路和光电子集成技术等。以光电技术为核心支撑的光电系统(装备、设备、仪器、产品)，在国民经济众多领域和国防领域发挥着越来越重要的作用，甚至是不可替代的作用。

随着科学技术的进步，以及光电技术具有的许多优点，光学系统(仪器)逐渐拓展到了光电系统，并已发展成从X射线、紫外线、可见光、红外线到太赫兹波段的多功能、高精度的许多类别的高技术产品。光电系统的设计涉及光(光学)、机(机械结构)、电(电子)、算(计算机)、软件、控制等多学科的技术内容，而且由于光电系统类别繁多，发展迅速，光电系统设计至今没有一个完整的规范性定义。

本书从总体技术设计、军民用途的角度，基于光、机、电、算、软件、控制等方面的综合一体化思路和技术方法，介绍和论述了信息光电系统和能量光电系统及其设计，内容包括光电系统及其设计概要、目标与环境辐射及其工程计算、辐射大气透过率的工程理论计算、光学系统及其设计、红外凝视成像系统及其工程技术设计、CCD和CMOS及其应用系统设计、光电微弱信号处理及设计、光电系统作用距离工程理论计算及总体技术设计、太阳能光伏发电及其系统设计、光电系统软件开发与设计、光电系统结构及模块化设计、光电伺服控制系统及其设计。

对于其他军民用光电系统，如光电制导系统、高能激光武器系统、激光探潜系统、光纤传感系统、自适应光学系统、激光通信系统、激光加工与制造系统、太赫兹探测系统、真空紫外探测系统、微纳光电系统等，以及某些设计内容，如“六性”(可靠性、维修性、保障性、安全性、测试性、环境适应性)设计、“三化”(通用化、组合化、系列化)设计等，由于篇幅所限或另有专著介绍等原因，本书则较少介绍或没有涉及，读者可以参阅相关专著或其他文献资料(如有关环境与可靠性设计，也可参阅作者的另一本著作《光电系统环境与可靠性工程技术》)。

本书不求面面俱到，但求提升能力、启发潜能、注重创新与工程应用，以几类典型光电系统和有关重要设计技术内容为着重点，突出总体综合一体化。本书涉及多学科，其中有些技术思路、方法反映了作者的观点和工作感悟，通过书中示例，以期读者能举一反三。希望本书的出版能起到抛砖引玉的作用。

作者从20世纪90年代初开始，主持并参加了多个型号光电装备（军用光电装备）的预先研究、总体论证、技术设计、研制、生产、内外场试验、检验等全过程的一线工作，亲历相关工程实践。本书从立意、科研、积累素材到书稿成型历时二十余年，融合了作者长期从事相关技术工作的部分成果、经验和体会。在成书过程中还参考了许多文献资料，在此向文献作者表示衷心的感谢。此外，还要特别感谢清华大学出版社和盛东亮编辑为本书的出版所做的工作。

多年来，本书主体内容在国内航空、航天、兵器、电子、中国科学院、部队等光电类科研院所、大型企业的相关科技人员、项目负责人在职高级研修培训，以及在光学工程、检测技术与自动化装置、电子科学与技术等专业研究生和光电信息科学与工程专业高年级本科生教学中进行多次试用，虽然每次试用内容有所增减、繁简侧重不同、深度有所区别，但反响良好。本书虽经不断修订与完善，期望能与时俱进，但由于内容范围非常广泛，加之作者水平所限，以及许多技术内容还处在不断快速发展之中，书中仍难免存在诸多不足、疏漏，甚至欠妥之处，欢迎读者批评指正。

吴晗平

2019年2月

于武汉工程大学光电子系统技术研究所

目录

CONTENTS

第1章 光电系统及其设计概要

CHAPTER 1

随着科学技术的发展，以及民用和军用领域的需求日益增长，光电系统的构成越来越复杂，其技术含量越来越高，牵涉的学科和技术也越来越多。如何实现光电系统的预定性能和高质量，使其在特定约束条件下达到最优化，这就需要在源头从系统工程的角度进行顶层设计，即需要进行光电系统设计。

产品的性能与质量源于设计，设计引领未来。一般而言，现代光电系统往往是光、机、电、算、材、软件、控制等一体化产品，涉及多个专业，系统复杂，研制周期长、成本高。设计水平的提高、设计人员之间(单机设计人员之间、单机与总体设计师之间)的密切合作，需要高层次的知识融合和能力提升。这就更需要设计人员以工程应用为准则，以总体技术设计为出发点，掌握光电系统设计的思路、基本方法和主要技术内容。

本章首先在光电系统的界定、基本组成及设计概述的基础上，介绍光电系统的分类及应用、光电系统的发展基础及制约因素，阐述光电系统设计思想的转变、光电系统设计流程与考虑因素。然后，重点研讨光电系统总体技术与总体设计、光电系统工程方法等基本内容。最后，详细介绍光电产品工程设计控制程序、设计图样文件技术要求，并简要分析光电系统设计与仿真软件，以及设计软件的综合与集成的必要性。

1.1 光电系统的界定、基本组成及设计

光电系统的规范界定是其设计的前置性工作，从不同角度界定和分析其基本组成，理清设计的含义和分类，以及总体设计过程中应特别注意的事项，对系统设计具有重要作用和意义。

1.1.1 光电系统的界定

“系统”代表事物整体运动中的体系结构和重要的相互作用关系，从而能全面又突出重点地掌握事物运动的规律。“系统”概念的提出，是人类认识和实践的一个质变进步和发展。粗略地讲，系统是由一些基本部件组成、具有特定功能，以完成某项任务的整体。系统有大小之分，系统的概念是相对的。有些系统可以分为多级的分系统(子系统)，甚至还可继续往下分，但不管怎样，系统不论大小，不论是一个部件，还是一个很大的多级系统，它本身应当是一个独立的整体，或者可与其他系统割裂开来以进行独立分析的整体。

光电系统至今没有完整、规范的定义。本书给予定义如下：光电系统是指用光学、电子学和控制理论等方法对光信息/光能进行(产生、传输、变换、处理和控制等)单项操作或多项综合协调操作，并以光

学(光电)为核心的众多技术融合组成的系统。它是光学系统的延伸和发展,更是光学系统、电子系统、结构系统、控制系统、计算机硬件与软件系统等一体化集成发展的产物。

光电系统可以是用于接收来自目标反射或自身辐射的光辐射,通过传输、变换、处理、控制等环节,获得所需要的信息或能量,并进行必要环节操作的光电装置。这样,它的基本功能就是将接收到的光辐射转换为电信号,并利用它去达到某种实际应用的目的。例如,测定目标的光度量、辐射度量或各种表观温度;测定目标光辐射的空间分布及温度分布;测定目标所处三维空间的位置或图像等。利用这些所测得的信息,按实际应用的要求进行处理和控制,分别构成诸如成像、瞄准、搜索、跟踪、预警、测距和制导等多种光电系统。

光电系统也可以是产生特定光能(如激光)和/或利用光能、控制光能的光电装置,例如激光加工制造系统、激光武器系统和太阳能光电系统等。

总体来看,光电系统是指在地面、海洋和空中等环境中使用的,由光学、机械、电子、计算机软硬件(软件与硬件)、控制等部分组成的综合系统,包括能够独立完成某些规定功能的整机、分系统、分机或单元。通常光电系统也称光电设备、光电仪器或光电产品;如果处于交付和/或使用状态,则称为光电装备。尽管它们实际上在复杂程度、体积大小、功能多少等方面存在差异,但它们都是能够独立完成一种或多种规定功能的集合体,在产品层面上是同义的。

1.1.2 光电系统的基本组成

光电系统的基本构成示意图如图 1.1 所示。主体一般包括光、机、电、算、材、控制,即光学系统、(机械)结构、传感(探测)器/能量转换器、电子系统(信号处理/功率放大电路)、计算机软硬件、伺服控制/(动力)驱动。从设计角度考虑,光电系统组成还应包括目标与环境和辐射传输介质(如大气)。通常而言,图 1.1 中右单向箭头表示被动光电系统;左单向箭头表示主动光电系统(如激光加工制造系统);双向箭头表示双工系统(如激光通信系统和激光测距系统)。对于红外光电系统(见图 1.2),主体包括光学系统、探测器、电子系统、输出和控制单元,以及致冷器等。应该指出的是,在有的系统内,有的组成可能没有,而有的系统又会因某个特殊功能的需要而增加一些其他的组成(见图 1.3、图 1.4 和图 1.5),其中最基本的核心组成单元往往包括光学系统、传感(探测)器/能量转换器、电子系统。随着技术的发展,信号处理的含义越来越广,包括普通信号处理、微弱信号处理、图像处理与识别和智能信号处理等。

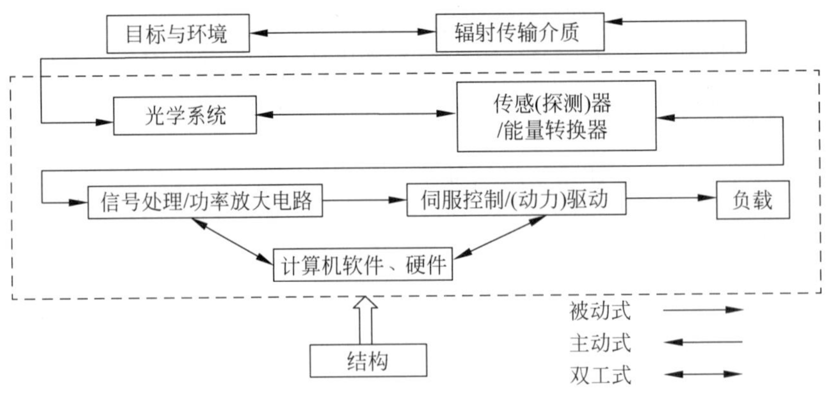

图 1.1 光电系统基本构成示意图

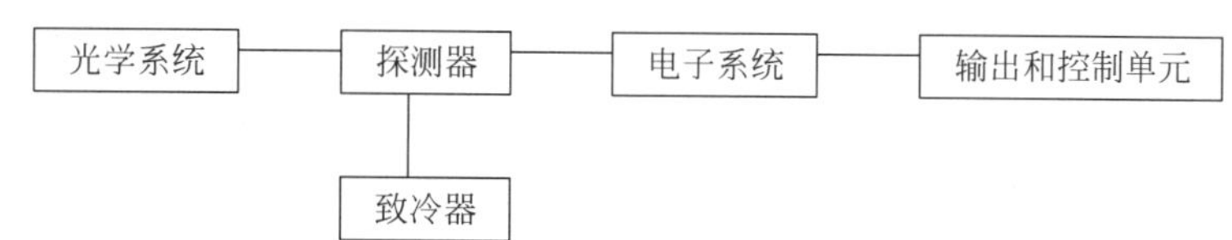

图 1.2　红外光电系统基本组成示例

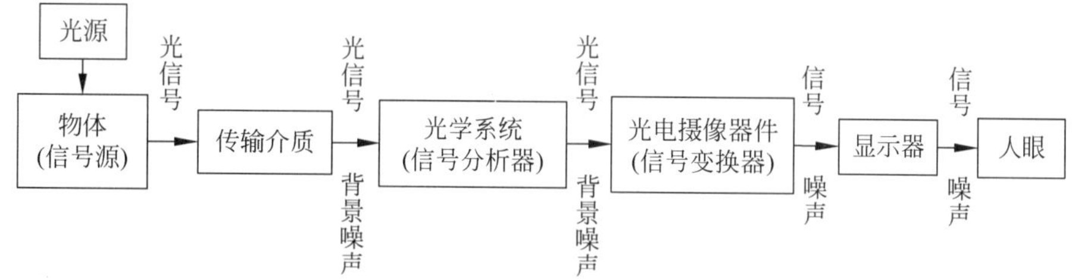

图 1.3　光电成像系统基本组成示例

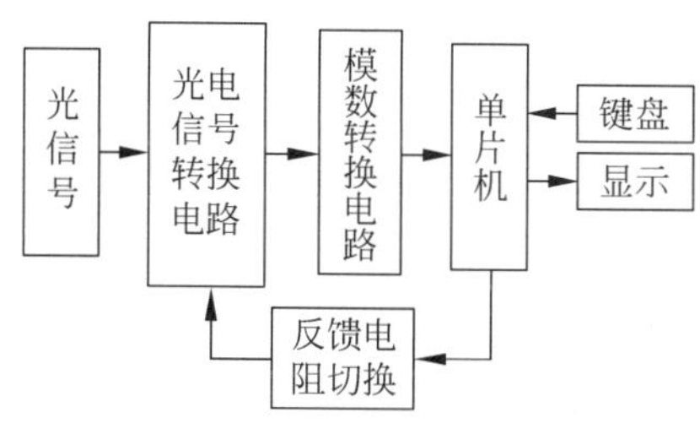

图 1.4　光电检测系统基本组成示例

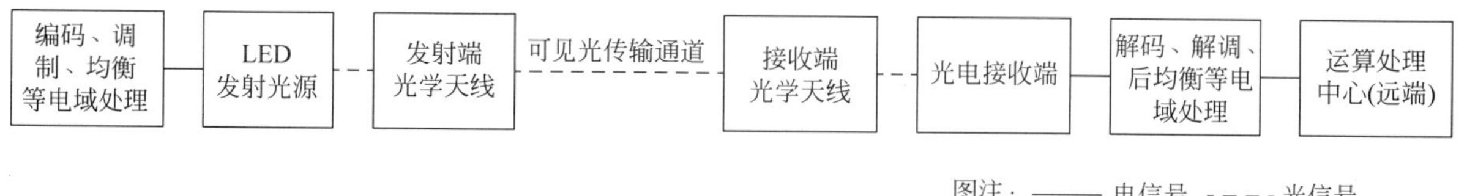

图 1.5　基于 LED 的可见光通信系统组成示例

1.1.3　设计概述

设计作为人类生物性与社会性的生存方式，其渊源是伴随“制造工具的人”的产生而产生的。设计科学与设计方法学是一门新兴学科，设计科学是设计领域中逻辑关系的综合。设计正逐渐从经验设计发展为科学设计(找出最佳方案、保证设计质量、减小设计冒险度、从事创造性设计)。

从创新性角度，设计一般可分为三种类型：创新性设计(创新性开发新产品)；适应性设计(在保留原理方案的基础上，在系统局部(部件)重新设计)；变型设计(在原产品的功能、方案原理和结构基础上，改变尺寸大小和结构布局，系列化)。

随着时代和社会的发展，设计一词在应用范围扩大的同时，其含义本身也在不断变化，趋向于强调该词结构的本义，即“为实现某一目的而设想、计划和提出方案”。从不同角度，设计还有多种具体分类，如产品设计、初步设计、技术设计、施工(加工)图设计等。此外，根据设计任务的复杂程度，设计也可有一定归并和简化。

所谓产品设计，即是对产品的功能、性能、结构、可靠性、环境适应性和造型等诸多方面进行综合性的设计，以便生产制造出符合人们需要的实用、经济、美观的产品。初步设计是最终设计结果的前身，相当于一幅草图。一般来说，在最终设计之前的设计都称为初步设计。技术设计是根据已经得到批准的设计任务和要求（或初步设计）而编制的更精确、更完备、更具体的技术文件和图纸，对设计的工程项目提出基本的技术决策，确定基本的技术经济指标，并拟出工程概算的文件和图纸。技术设计是对产品进行全面的技术规划，确定产品工作原理和原材料、元器件、零部件选型，以及结构、尺寸、配合关系、技术条件等。技术设计是产品设计工作中最重要的一个阶段，产品构成与结构的合理性、工艺性、经济性、可靠性等，都取决于这一设计阶段。技术设计工作是由学习继承与技术创新，经验发挥并结合实际解决问题及新方法的应用等要素的紧密结合共同完成"成功"的设计。技术设计包括系统总体设计、分系统级设计，以及分系统及总体功能集成整合设计。整个技术设计一般需要由系统总体至分系统，再由分系统集成形成系统功能，反复多次才能完成"技术设计"。施工（加工）图设计为工程设计的一个阶段，在初步设计、技术设计两阶段之后，把设计者的意图和全部设计结果表达出来，作为施工（加工）制造的依据，它是技术设计和施工（加工）工作的桥梁。总体而言，设计的结果是研制、生产、调试、运行维护的技术依据和规范。

可以说，设计的本质是一种创新过程，是按一定的目的产生和制造人为系统的过程。系统设计（学）是一门正在不断发展之中、研发设计产品的系统性学科，也是一门建立在系统理论基础上的应用学科。其应用背景很广泛，是人类实践迫切需要的。人类在实践过程中，需要对实践对象在一定约束条件下，从系统总体角度进行设计安排，这区别于具体剖面、具体部分的设计，从而获得更好的效果和更高的成功概率。系统设计难以完备，难在针对复杂系统设计规律的正确掌握和正确地发挥作用，加之实际应用环境的复杂性和不确定性，所以只能具有相对地设计正确性。此外，设计者与使用者之间、设计者之间、使用者之间难以等同或不能等同，这一切都将导致绝对意义上的设计成功是不可能的。

系统设计是面向未来的设计，从本质上讲，工程系统设计是按某种目的进行的、将未来的动态过程及欲达到的状态提前固化到现在时间坐标的过程。工程系统未来欲达到的状态是系统设计的目标，是系统分析和设计所希望获得的未来状态。提前固化到现在时间坐标的意义是指在时间维度的当前坐标，确定未来预期的状态目标，并以这个未来预期的目标作为系统设计不可动摇的目的，贯穿整个设计过程的始终。

光电系统设计亦是如此，属于需要考虑方方面面因素的综合性创新设计。光学技术的创新进一步促进了光机系统的发展，为光机零件、组件和系统的设计、制造、装配、检验和测量提出了许多新的研究课题。因而要求光电系统设计人员具有更宽的知识面和更扎实的理论基础。光电系统（尤其是复杂光电系统）往往属于光、机、电、控制与计算机软硬件一体化的产品，在其设计过程中，应特别注意以下几点：

（1）光学设计、机械结构设计和光机系统设计必须整体考虑。

（2）光机系统设计和软硬件、电子、控制系统设计必须整体考虑。

（3）按照普通原理（例如，折射和反射）和特殊原理（例如，衍射和全息）工作的光电系统（仪器）的一体化设计。

（4）宏观和微观光机电系统的一体化设计。

值得指出的是，无论是光学、光机、光机电系统设计，还是各类光电器件和仪器的开发研制及应用，一般要使用许多光学材料及其他材料，以及多种元器件，因此，深刻了解那些关键材料、器件的基本物理性质及数据就格外重要。同时也应通晓并巧妙利用机械结构、信号处理、控制系统、计算机软硬件等，这些都是先进、优良光电系统设计的必备基础。

1.2 光电系统的分类及应用

从不同角度出发，光电系统有不同分类。随着各行各业经济和技术的发展，其应用领域也越来越多。

1.2.1 光电系统的分类

虽然光电系统的基本组成大体类似，但就其工作原理、应用目的和使用场所来讲却千变万化，分类方式也多种多样。按系统工作的光谱区域，可分为紫外光（近紫外、中紫外、真空紫外）、可见光、红外光（近红外、中红外、远红外、甚远红外）和其他非可见光（太赫兹、X射线等）光电系统；按体积大小，可分为大型光电系统、中型光电系统、小型光电系统、微小（微纳）光电系统。此外，还可按主动（有源）工作还是被动（无源）工作来分类；按装置的扫描方式分类；按信号处理的方式分类；以及按用途分类等。由于相互间穿插，很难做到明确的分类。例如，按用途可以分成以下几类：

（1）光电测绘系统，如多普勒测速（测振）、光电测绘（经纬仪）和光电准直（激光准直仪）。

（2）光学显微与观测系统，如内窥镜、光电瞄准、光刻机（全自动对准）、光电摄像、可视电话（图像压缩与解码）和天文观测（哈勃望远镜）。

（3）军用光电系统。军用光电系统是以光电器件（主要是激光器和光电探测器）为核心，将光学技术、电子/微电子技术和精密机械技术等融为一体，具有特定战术功能的军事装备。如激光测距仪（相位法测距，脉冲法测距）、对潜艇通信（532nm激光，即蓝绿激光），容易通过海水“窗口”、激光探潜（探水雷）和激光侦听（红外激光）。

（4）光电检测系统。用光电的方法对某些物理量（声、光谱、热、电、磁、力）、化学量（如浓度）、几何量（长度、角度、表面粗糙度）进行检测的系统（有直接检测系统和相干检测系统之分）。如粉尘检测、气象雷达、大气光学（光谱）和光谱分析。其特点为：①非接触测量，适合接触测量易引起误差或无法用接触的方法测量的场合（远程、高温、危险）；②精度高；③空间分辨率高；④实时测量，如玻璃管直径测量和光盘聚焦误差测控；⑤受光学介质的影响大（水、空气、尘土），成本高。

就军用光电系统而言，通常有两种分类体系：一种是基于其配置和运载方式的“搭载”分类体系；另一种是基于其战术功能属性的“功能”分类体系。按照搭载分类体系划分，可分为车载光电系统、舰载光电系统、艇载光电系统、机载光电系统、弹载光电系统和星载光电系统等。按照功能分类体系划分，可分为预警与遥感系统、侦察与监视系统、火控与瞄准系统、精确制导系统、导航与引导系统、靶场测量系统、光学通信系统和光电对抗系统等八大类。

如果从系统工作的基本目的和原理出发，光电系统可以分为：信息光电系统（探测与测量系统、搜索与跟踪系统、光电成像系统和光通信系统等）、能量光电系统（能量光电加工（照射）系统、能量光电转换系统等）和信息/能量光电系统三大类。

探测与测量系统主要是通过对待测目标光度量或辐射变量的测量，对其光辐射特性、光谱特性、温度特性、光辐射空间方位特性等进行记录和分析，如光照度计、光亮度计、辐射计、光谱仪、分光光度计、测温仪和辐射方位仪等。这些系统多用于测定或计量目标反射、辐射等基本参量，用于对其基本光辐射特性进行分析。其他类型的光电系统也将对目标辐射特性进行检测，但由于应用目的不同而与此有着很大的差别。

搜索和跟踪系统主要是通过对视场内的搜索，发现特定入侵的或运动的目标，进而测定其方位，进行跟踪，如制导装置、寻的器、光电搜索与跟踪系统、光电预警系统、光电探测系统、光电测距与测角仪和红外导航系统等。

光电成像系统主要通过探测器[如红外探测器、电荷耦合器件（Charge Coupled Device，CCD）、互补金属氧化物半导体（Complementary Metal Oxide Semiconductor，CMOS）、像增强器等]或扫描实现对观察视场内的目标进行光电成像，如主动夜视仪、微光夜视仪、CCD摄像机、CMOS摄像机、微光电视、红外显微镜、光机扫描热像仪和周视成像系统等。这里要说明的是，光电成像系统除用于观、瞄外，已大量应用于前述的两类系统中，以使上述系统获得更全面的信息，更好地完成各自的功能。

光通信系统是利用光信号作为信息传输载体的通信系统。根据传输通道的不同，可分为有线光通信系统（光纤通信系统）和无线光通信系统。无线光通信系统可分为无线可见光与无线非可见光通信系统，还可进一步分为对准光通信系统（空间激光通信系统）和非对准光通信系统（大气紫外光通信系统、可见光通信系统）。空间激光通信系统按其传输介质可分为卫星间激光通信系统、大气激光通信系统、空地激光通信系统。大气紫外光通信系统按其载体分为机载紫外光通信系统、舰载紫外光通信系统、车载紫外光通信系统、陆基紫外光通信系统等。可见光通信系统按传输介质可分为大气可见光通信系统和水下可见光通信系统；按光源可分为基于LED（Light Emitting Diode，发光二极管）的可见光通信系统、基于激光的可见光通信系统、多光源可见光通信系统等。

能量光电加工（照射）系统主要利用光能（激光）进行物质的各种制造工作（如切割、焊接、打孔、材料改性等）和应用于相关军事领域（如激光武器）。

能量光电转换系统主要通过光电转换器件进行光电转换。典型的有太阳能光伏发电系统、高效“绿色”照明系统，如LED照明系统等。

1.2.2 光电系统的应用

由于大气特性的限制，至今所开发利用的波段主要有中紫外波段（0.2～0.3μm）、近紫外波段（0.3～0.4μm）、可见光波段、近红外波段（1～3μm）、中红外波段（3～5μm）、长波（远）红外波段（8～14μm）、太赫兹波段。这些波段加起来也只是光辐射波段的一小波段，其他波段（如真空紫外波段）的资源正在或有待逐步开发。

国民经济各部门是光电系统应用最广泛的领域。光电系统已经在信息传感、信息存储、信息传递、加工制造、太阳能光电转换及利用、非接触精密检测等方面得到广泛应用，它已深入到了遥感和空间系统、通信装置、工业控制、精密测量、医学与生物仪器，以及办公自动化设备和生活用具等许多领域中。例如，光电检测技术及系统利用现代光电技术作为检测手段，具有无接触、无损、远距离、抗干扰能力强、受环境影响小、检测速度快、测量精度高等优越性，是当今检测技术发展的主要方向，已广泛应用于军事、工业、农业、宇宙、环境科学、医疗卫生和民用等诸多领域。在许多上天工程中，光电系统（技术）发挥着无可替代的作用。如探月任务，就运用到（或者将会用到）激光冲击强化、激光推进、拉曼光谱分析、激光原子冷却等先进的激光和光学系统（技术）。

1.3 光电系统的发展基础及制约因素

光电系统的发展不是孤立的，它是以相关学科、技术等的发展为基础的，同时，也受到相应学科技术的制约。

1.3.1　光电系统的发展

近代光学和光电子技术的迅猛发展，使光学仪器的研制发生了很大变化，衍生出了许多学科和成像技术。传统光机结构的光学仪器发展成了光、机、电、计算机软硬件、控制一体化的光电系统（简称光机电一体化产品），创造了很多新颖的光电器件和仪器。在继承传统光学的基础上，创新了许多新的成像技术（如超快成像技术、非视域成像技术、计算成像技术）、新的光学材料（如超快材料）、形成新的加工方法和新的光学（光电）器件（如超快探测器、光子芯片）等，形成了一些新的光学分支[如超快光学、超快激光、超快光谱学、超快光学检测与诊断、超快太赫兹光子学、阿秒光学、自由曲面光学、虚拟现实（Virtual Reality，VR）与增强现实（Augmented Reality，AR）光学等]。这里仅以光学成像系统、光纤通信系统、无线光通信系统的发展为例进行分析。

1. 光学成像系统（技术）的发展

光学成像系统（技术）的发展主要表现在以下几方面：

（1）光学成像器件和系统的光谱范围已经由可见光光谱几乎扩展到全光谱范围，包括太赫兹、远红外、中红外、近红外、可见光、紫外光和X光谱区。成像响应时间由视觉成像响应时间、瞬态成像响应时间到超快成像响应时间。

（2）光学透镜表面正经历从球面到（规则）非球面再到自由曲面的快速演化，光学成像器件不只是简单的透镜、棱镜和反射镜，已经设计和制造出诸如全息透镜（包括自由曲面全息透镜、自由曲面全息反射镜）、衍射透镜和微透镜阵列等新型光学器件。

（3）光学系统的成像不只是遵守折射定律和反射定律，衍射理论已经成为衍射光学器件的基本成像理论。

（4）光学器件的加工方法不只是传统的粗磨、精磨和抛光工艺，已经创立了全息干涉术法、蚀刻法以及微透镜加工方法。

（5）光学器件的外形尺寸在两个极端方向发展：①微型化。如手机镜头和内窥镜。一般手机镜头的直径仅为3.5～6.5mm，由5～6片玻璃和树脂透镜构成，包括非球面镜。一些光电仪器要求每毫米基板上能刻出千百个以上透镜（微透镜阵列）。②大型化。如激光核聚变装置，用到多片直径巨大的聚焦镜。一些光学仪器则要求主反射的通光孔径大到8.1m（Gemini望远镜），甚至更大（如30m级的望远镜）。此外，全息光栅和薄膜透镜的应用使透镜的厚（薄）度到了极限。

（6）光学成像技术混合化。采用光电混合图像信息处理技术，以显著提高原始成像系统的性能。例如，手机镜头利用数字编码技术扩大景深；采用“自适应光学”大大提高遥远距离成像清晰度和分辨率。

（7）光学成像系统集成化。传统的光学系统由分立元件组成，但在一些现代应用中，如光通信和集成光学中，则要求多路并行传输、体积小、结构紧凑、可靠性高，解决的方案是集成化。未来手机镜头中的传统的“透镜”单元的功能将被光子集成部件替代，加工工艺的形式更接近半导体工艺。

（8）光学器件和系统的应用环境已经由实验室和地球表面延伸到了宇宙的其他空间。环境条件对元器件和系统的要求越来越高，也越来越苛刻，或者说环境条件对光电系统具有越来越重要的影响。

（9）极紫外折射光学元件的发展。到目前为止，在极端紫外线（远紫外线）范围内还缺少折射元件。由于远紫外线辐射的强吸收性，需要使用设计复杂的非常薄的透镜，使得实现具有挑战性。在过去的几十年里，一系列极紫外和软X射线源已经在实验室环境和大型设施中得到发展。但是，物质对极紫外的强烈吸收阻碍了折射透镜和棱镜在这一光谱区域的发展，而在这一光谱区域，用反射镜和衍射菲涅耳波带片代替聚焦。为此，有学者通过在极紫外光束剖面上使用密度梯度的气体射流来控制极紫外辐射的折射。通过制作一个气相棱镜，它导致光束的频率依赖性偏转。利用原子共振附近的强偏转特性，进一步研制一种适用于极紫外辐射的可变形折射透镜，具有低吸收率和可通过改变气体压力来调节焦距的特性。这项研究开辟了一条途径，将在其他光谱区域建立起来的基于折射的技术转移到极紫外域。

（10）视域成像向非视域拓展。传统光学成像手段只能对相机视场范围内的目标物体进行成像。非视域成像利用单光子探测技术记录单个光子的飞行时间信息，结合相关计算成像算法，可以实现对相机视场范围外的目标成像。该技术在非视域目标探测、反恐侦察、紧急救援、智能驾驶、医疗检测等领域具有广泛的应用价值。在非视域成像技术中，由于光子的飞行时间信息包含了物体间的相对空间位置信息，故对光子飞行时间记录的精度会直接影响物体三维空间重构的精度。传统的非视域成像实验受限于单光子探测器的时间分辨能力（最优几十皮秒），其成像精度仅能达到厘米级，目前有研究团队实现了毫米级非视域三维成像。

（11）复数域成像。这包括相干衍射成像（Coherent Diffraction Imaging，CDI）、编码衍射成像（Coherent Diffraction Pattern Imaging，CDP）、傅里叶叠层成像（Fourier Ptychographic Microscopy，FPM）等。CDI是一种无透镜的复数域成像方式，其使用相干光照射目标，并使用光电探测器记录远场衍射图，最后利用相位恢复算法从衍射图中重建目标的幅值和相位。CDP技术是CDI技术的编码变体，其利用波前调制增加观测多样性，从而避免了CDI技术需要过采样的弊端。CDP首先对光波进行调制、编码振幅和相位信息，之后记录不同调制模式下的衍射图，最后利用相位恢复算法从衍射图中重建目标的幅值和相位。FPM是一种宽视场高分辨率成像技术，其在不同的照明角度下采集若干张对应不同空间子频谱的低分辨率图像，然后使用相位恢复算法重建完整频谱，获得宽视场高分辨的复数域图像。

值得指出的是，无透镜成像技术的发展。传统成像模型通过设计光学镜组，将物点一一映射到像感器平面上完成信号的模数转换，而光学镜组的体积往往决定了成像设备的厚度，科学家们一直在探索新的成像模型，希望通过降低成像对透镜组的依赖，实现成像设备的轻薄化。

编码成像作为一种无透镜成像技术，以其结构轻薄、易于构建的特点受到人们的关注。编码成像技术是将具有特定图案的掩模置入成像系统内，入射光受到掩模图案的调制，在像感器上形成看似杂乱无章的编码图像，最后由计算机算法从编码图像中恢复出原始图像。编码成像打破了场景到图像一一对应的采样形式，将成像的重心由硬件转移到算法上。如何建立场景与图像之间的联系，并通过求解逆问题反演图像则是编码成像中的关键问题。国内外有学者提出编码成像算法与技术，利用单片菲涅尔波带片实现非相干照明下无透镜成像。早期波带片编码技术主要用于伽马射线、X射线等短波长成像领域，以改善透镜对短波长透过率不佳的问题，近年来该项技术已被引入可见光波段成像中。其成像装置仅由一个图像传感器和放置在传感器前几毫米处的菲涅尔波带片构成，且无须任何校准方案。通过使用全息重建中压缩感知去孪生像的方法使得成像质量大幅提高。

2. 光纤通信系统的发展

光纤通信技术自出现以来，带来了科技和社会领域的重大变革。与传统电缆通信相比较，光纤通信具有如下特点：①可用带宽巨大（传输容量已超过100Tb/s）；②传输损耗极小（超低损耗光纤可达到0.14dB/km，甚至更小）；③体积小、重量轻；④抗电磁干扰；⑤原材料极为丰富。

众所周知，光纤通信技术的基本要素是光源（激光器）、光纤和通信机。其中，应用最为广泛的光源是激光器；光纤的能量传输效率极佳，传输损耗是波导电磁传输系统中最小的；光电探测器（Photoelectric Detector，PD）是光纤通信接收端的关键组成部分。

作为激光技术的重要应用，以光纤通信技术为主要代表的激光信息技术搭建了现代通信网络的框架，成为信息传递的重要组成部分。光纤通信技术是当前互联网世界的重要承载力量，同时也是信息时代的核心技术之一。

光纤通信系统的发展大致可分为以下五代：

(1) 1977 年，世界上第一个商用光纤通信系统在美国芝加哥的两个电话局之间开通，距离 7km，采用多模光纤，工作波长 0.85μm，光纤损耗为 2.5～3dB/km，传输速率 44.736Mb/s，这就是通常所说的第一代光纤通信系统。

(2) 1977—1982 年的第二代光纤通信系统特征是：采用 1.31μm 长波长多模或单模光纤，光纤损耗为 0.55～1dB/km，传输速率为 140Mb/s，中继距离为 20～50km，于 1982 年开始陆续投入使用，一般用于中、短距长途通信线路，也用作大城市市话局间中继线，以实现无中继传输。

(3) 1982—1988 年的第三代光纤通信系统采用 1.31μm 长波长单模光纤，光纤损耗可以降至 0.3～0.5dB/km，实用化、大规模应用是其主要特征，传输信号为准同步数字系列(PDH)的各次群路信号，中继距离为 50～100km，于 1983 年以后陆续投入使用，主要用于长途干线和海底通信。

(4) 1988—1996 年的第四代光纤通信系统主要特征是：开始采用 1.55μm 波长窗口的光纤，光纤损耗进一步降至 0.2dB/km，主要用于建设同步数字系列(SDH)同步传送网络，传输速率达 2.5Gb/s，中继距离为 80～120km，并开始采用掺铒光纤放大器(EDFA)和波分复用(WDM)器等新型器件。

(5) 1996 年至今属第五代光纤通信系统，主要特征是：采用密集波分复用(DWDM)技术的全光网络开发与应用，充分利用光纤低损耗波段的潜在容量，以实现大容量传输。DWDM 技术带来的不仅是容量方面的巨大好处，可以预计，随着 DWDM 技术的推广应用，将会为现有的光纤网络带来深刻变革，最终会成为全光网络(AON)的基石。其中，2008 年，采用正交相移键控技术，调制速率达 100Gb/s，系统容量达 16Tb/s；2009 年，发展了相干光接收技术和高灵敏度光电二极管，系统容量扩大到 32Tb/s；2010 年，发展了正交幅度调制和极化复用技术，使系统容量达到 69Tb/s。2011 年，发展了光正交频分复用技术，使系统速率达 101Tb/s。

我国光纤通信技术与系统研制紧随其后，至今与国外光纤通信相比，已不相上下，甚至有些技术还处于领先地位。2019 年初，国内有公司首次实现 1.06Pb/s 超大容量波分复用及空分复用的光传输系统实验，可以在 1s 之内传输约 130 块 1TB 硬盘所存储的数据，相当于近 300 亿人同时通话。

光纤通信系统(技术)的发展主要表现在以下几方面：

(1) 进入 21 世纪，通信业务从语音为主到数据和视频为主，用户对宽带业务需求与日俱增。10Gb/s、40Gb/s 的波分复用系统已难以满足宽带业务发展需求。特别是 100Gb/s、400Gb/s、1Tb/s 以太网发展，需要单波长传输速率为 100Gb/s、400Gb/s、1Tb/s 的超高速率，单根光纤波长数为 160、320、640 的超大容量，传输距离为 1000km、2000km、3000km 甚至以上的超长距离的光纤传输系统承担干线传输任务。

(2) 宽带接入、云计算、物联网等的发展，对于光纤传输网络的传输能力和接入宽带提出了更高的要求。网络宽带和节点容量的不断增长，必然要推动长途干线光网络向超高速率、超大容量、超长距离(简称“三超”)方向发展。“超高速率”是指在现有 G.652 光纤(使用最广泛的光纤，工作窗口为 1.31μm 和 1.55μm)线路不变的情况下，光纤内单通道(单个波长)传输速率由 2.5Gb/s、10Gb/s、40Gb/s 提升到 100Gb/s、400Gb/s、1Tb/s，甚至更高的传输速率。“超大容量”是指同一光纤线路内单波长数从 16、32、48、96 扩大到 160、320、640，甚至更多的波长数。“超长距离”是指光纤线路无电中继传输距离从 500km、1000km 延长至 2000km、4000km，甚至更遥远的距离。

(3) 基于系统容量(C)取决于并行空间路径数量(M)、系统带宽(B)和谱效率(SE)之积($C=M\times B\times SE$)可知，在光通信带宽资源有限的情况下，实现超高速率超大容量超长距离光传输系统的实质就是不断提升空间并行度和系统谱效率，其技术路径主要聚焦于3种实现方式：一是高阶调制技术；二是频谱超级信道技术；三是空分复用技术。

(4) 由于光的幅度、时间/频率、正交相位和偏振4个物理维度都已被充分利用到极致，且单纤容量正在迅速逼近其基本的香农极限，因此根据等式 $C=M\times B\times SE$ 可知，唯有通过进一步扩展更宽的频带(B)和更多的空间并行度(M)才能大幅提升光纤通信的系统容量。未来，超高速率超大容量超长距离光传输技术主要围绕这两个可伸缩性选项开展研究。

(5) 单模单纤 WDM 光传输系统容量提升对于现有技术来讲比较受限，传统技术路径都遭遇性能瓶颈，引入空间这一还没有被利用的维度参数被认为是当前和今后一段时间内超大容量光传输的主要发展方向之一。模式复用和多芯复用等空分复用技术的相继出现，使得光纤通信系统容量达到 Pbit 量级或更高。未来，空分复用还可将系统传输容量提升多个数量级(也存在一些缺点，例如空分复用无法有效降低数据流量的比特成本、无法与现有技术和存量网络后向兼容及平滑演进、缺乏技术成熟度和生产制备可靠性、标准化滞后等，也有一些专家认为这不是光纤通信的主流方向)，再次给光纤通信带来容量大幅提升的机遇。

(6) 对于光电集成，光学元件的规模集成都将是必不可少的，它可以有效地降低每比特的成本及能耗。规模集成的难点和发展主要包括3方面：一是光电阵列集成；二是光电混合或单片集成，即光电阵列与 CMOS 专用集成电路(Application Specific Integrated Circuits，ASIC)的紧密集成；三是整体 DSP (Digital Signal Processing，数字信号处理)光电集成，即对光＋电＋DSP 三者进行协同设计，以补偿由于高集成密度而带来的性能缺陷。

(7) 光纤通信从最初的低速传输发展到现在的高速传输，已成为支撑信息社会的骨干技术之一，并形成了一个庞大的学科与产业领域。随着社会对信息传递需求的不断增加，光纤通信系统及网络技术将向智能化光网络、集成技术与系统、新型光通信器件、超大容量、全光网络、光弧子网络(有研究表明光弧子网络有效通信距离可达 10^4km)等方向发展，在提升传输性能的同时不断降低成本。

(8) 光纤通信系统涵盖非常广阔的研究领域，光纤光缆、光电器件和光网络系统3个层面相辅相成，合力推动光纤通信不断向超高速率、超大容量、超长距离、超宽灵活、超强智能5个维度升级发展，这也是光纤通信技术发展面临的挑战。

3. 无线光通信系统的发展

无线光通信是指以光为信息载体，不以有线信道为传输介质的通信方式，按其传输介质可分为卫星间激光通信、大气光通信、水下可见光通信和空地光通信。

1) 卫星间激光通信

20世纪90年代以前，卫星间通信方式以微波为主要手段。但因其带宽过窄、容量太小，逐渐成为卫星间信息传输的瓶颈；而激光通信具有大容量、高码率的优点，完全能满足卫星间通信的容量要求。但因激光束的方向性(发散角只有十到几十 μrad)、频谱(易被强烈的空间背景信号所干扰)等特性，造成接收端难以捕获信号光束，因此瞄准、捕获、跟踪(Pointing，Acquisition，Tracking，PAT)技术成了卫星间光通信应用的最大障碍。

在诸多 PAT 方案中，原子线滤波器(Atomic Line Filter，ALF)技术是典型代表。该项技术的核心是超窄带滤波，带宽只有0.02nm。这样就可以有效抑制外层空间强烈的太阳背景辐射，使接收端容易捕获并锁定信号光束，从而建立卫星间的通信“链路”。1995年，分别属于美国和日本的两颗卫星在近

40 000km 的距离上进行了 8min 的数据通信。可以认为，卫星间光通信由此步入商业化阶段。

2）大气光通信

大气光通信主要是指用于近地层的无线光通信系统，由于受到大气扰动、空间散射、直线通视等因素的影响，发展较为缓慢。可分为大气无线激光通信、大气可见光通信和大气紫外光通信。

（1）大气无线激光通信。

大多数大气无线激光通信系统工作于 1550nm 波段，采用波分多址技术（WDM），多用于点对点之间的通信。也许这种系统最大的优点就是信号通过无线传输而无须向无线电管理委员会申请频段。

1994 年通过在接收端望远镜后直接接入光电探测器，实现了 4km 距离上的单波道 155Mb/s 的数据传输。1999 年，在发送端引入两个 2W 光纤放大器，实现了 4 波道×2.5Gb/s 的信号传输，波道间距为 3.5nm，传输距离为 4.4km。2000 年，在 1.2km 距离上实现了 4×10Gb/s 的无线信号传输。该系统在接收端使用单模光纤（SMF）接收信号光束，并使用掺铒光纤放大器（EDFA）对接收信号进行预放。2001 年，对上述系统加入光学中继器，实现了 3.4km 上的 8×10Gb/s 的无线数据传输。

在实际应用方面，研制的激光通信机，传输速率为 1.2Gb/s，使用近红外小型二极管激光器作为信号源，配合使用 ALF 技术，实现了在白天捕获并跟踪信号光束。技术人员已成功试验了两模拟飞行器间的无线数据传输，传输距离达 150km，传输速率为 1.2Gb/s。其后的目标将是传输距离 500km。

（2）大气可见光通信。

1880 年，亚历山大·格雷厄姆·贝尔（Alexander Graham Bell）通过调节光束的变化传递语音信号，从而可以进行双方无线对话——这就是人类第一次实现无线电话，利用的正是可见光通信（Visible Light Communication，VLC）。可惜当时电话尚未普及，光线电话也被认为实现难度大，实用价值不高等原因，没能得到实际推广。

值得指出的是，进入 21 世纪，随着 LED 灯的逐步普及，大气可见光通信再度兴起，并且不断取得了新的突破。为何 LED 灯的普及，让 VLC 再度兴起？原因很简单，因为 LED 灯比以往的荧光灯和白炽灯可以支撑更快的开关切换速度。这样通过给普通的 LED 灯加装微芯片，就能使 LED 灯以极快的速度闪烁，从而利用 LED 灯发送数据。只要头顶上有灯光照耀，理论上无论是传输数据信息、上网，还是进行语音、视频通话，抑或是调节物联网设备的开关，均可轻松实现，而且借助超高的传输速率，应用体验远超 WiFi 和 4G 网络。

VLC 是指利用可见光波段的光作为信息载体，在空气中直接传输光信号的通信方式，也是一种大气可见光通信。随着实验研究和平台测试的日益突破，以可见光波段为传输频谱的 VLC 技术在智能交通、智慧医疗和室内定位等领域显示出广阔的应用前景。VLC 绿色低碳、可实现近乎零耗能通信，还可有效避免无线电通信电磁信号泄露等弱点，快速构建抗干扰、抗截获的安全信息空间，具有高速率性、无电磁辐射、密度高、成本低、频谱丰富、高保密性等技术优势。

VLC 是将电信号加载调制到发射光源，通过光源不断变化发射光信号，使信号通过传输媒质后被探测器接收并转换为电信号的技术。其具有很多独特优势：在频谱方面，可见光可使用频谱宽度为射频频谱的 10 000 倍左右；在速率方面，室内发射光源可代替无线局域网基站，具有百兆比特到吉比特量级的传输速率；在应用方面，VLC 适用于对电磁干扰敏感和禁止电磁通信的环境，信息传输不易泄露。鉴于以上特点，VLC 被作为 5G 室内接入方式备选方案之一。同时，VLC 系统光源主要采用具有功耗低、驱动电压低和使用寿命长等优点的白光 LED。随着 LED 在全球照明市场所占比重的增长，LED 光源的全面发展给 VLC 系统带来很大的推动作用，为其全面应用布局提供了广泛的设施基础。

5G 时代的接入网络是多种有线、无线技术的协同合作，结合 VLC 系统特点可将应用领域分为两类：一是，无线接入技术替代场景，即对电磁辐射敏感或禁止电磁信号通信的场景，主要包括医院、飞机、核电站等场所，但要求 VLC 同时支持上行和下行链路；二是，无线接入技术补充场景，即无线频谱资源紧张、需要 VLC 分担负载的场景，主要包括家庭、展会、超市、汽车等场所，VLC 可借助其他通信方式建立上行传输。

2015 年 12 月，我国“可见光通信系统关键技术研究”获得重大突破，实时通信速率提高至 50Gb/s。未来，VLC 将与 WiFi、蜂窝网络(3G、4G、5G、甚至 6G)等通信技术交互融合，在物联网、智慧城市(家庭)、航空、航海、地铁、高铁、室内导航和井下作业等领域带来创新应用和价值体验。

(3) 大气紫外光通信。

大气紫外光通信系统是以“日盲区”的紫外光谱为载波，在发射端将信息电信号调制加载到紫外光波上，已调制的紫外光载波信号利用大气信道进行传播，在接收端通过光探测器对紫外光束的捕获、跟踪建立起通信链路，经光电转换和解调处理提取出原信息，进而实现通信。

3) 水下可见光通信

水下可见光通信(Underwater Visible Light Communication，UVLC)作为一种新兴的水下无线通信方式，具有通信时延低、带宽高和保密性好等诸多优势，是水下无线通信技术的一个重要分支，在海洋环境监测与水下军事斗争等领域有着十分广泛的应用。可分为基于 LED 的水下可见光通信和水下(蓝绿)激光通信。

4) 空地光通信

空地光通信是指卫星对地面站之间通过光通信进行信息传输。由于大气扰动模型的不确定性，该项技术一直未有重大突破。1996 年，美、日两国进行了长达三个月的卫星与地面站的光通信实验，以研究大气信道对光通信的影响。

1.3.2 光电系统的发展基础

自光电系统在 20 世纪初问世以来，经过了长期的发展，特别是近 40 年，光电系统在性能、应用范围和使用效果等方面都得到了很大发展。

(1) 光电系统的性能与光电探测器的发展密切相关。随着光电系统应用要求的不断增多，对探测器的性能也不断提出种种新的要求：一方面是在工作波段、响应度、工作频率、敏感面积和结构工艺等方面，从而促进了光电探测器的发展；另一方面新型探测器的出现又为光电系统的发展开辟了新的途径。目前从近紫外到远红外，均有性能指标很高的光电探测器，14～40μm 远红外光电探测器的性能也在不断提高，可适用的器件种类越来越多。综合利用现代探测器的成果，提高应用效果是光电系统发展的重要方向之一。

(2) 光电系统离不开各种类型的光学系统。因此几何光学、物理光学同样是其系统设计的理论基础。在光电系统的性能分析和计算中常用光学传递函数的方法去分析评价系统质量，也常用光学传递函数的方法进行全系统的设计。光学材料及各种光学元件，特别是适用于紫外和红外波段的材料和相应的光学元件以及光学工艺的发展也是光电系统发展的重要基础。目前，非球面、任意空间曲面的加工技术已经成熟；真空镀膜工艺、特种工艺亦具有很高的水平。以上技术的进展均为光电系统的发展建立了必要的基础。

(3) 从信息观点上看，信息光电系统实质上是一个信息接收系统。在信息光电系统的研究中，首先应当考虑信号检测的问题(信号检测理论是信息论的重要分支)。在光电系统中要研究信号形成、检测准则、检测方法和估值等问题。检测到的信号通过必要形式的处理，抑制噪声以获取所需要的目标信息。现代信号处理技术有模拟和数字两种方法。滤波技术、相关技术、图像处理技术以及各种背景抑制技术等，在信息光电系统设计中都得到了广泛的应用。信息光电系统通常也是一个控制系统，现代控制理论及技术的发展也对光电系统的应用提供了重要基础。

(4) 新型集成电路和微机技术的发展使光电系统的自动化、智能化程度迅速提高。在军事上，如导弹制导系统、定向系统和预警系统中，新型集成电路和微机技术都占有重要地位。在工业生产的自动分选、自动检测、机器人视觉等系统中都离不开自动化、智能化的光电系统。

(5) 人造光源的发展，特别是各种新型激光器(如光纤激光器)的出现，为光电系统提供了携带信息优质媒体。利用激光的准直性和相干性特点，亦扩大了系统的应用范围，提高了系统的性能。有研究人员用飞秒激光激发的空气激光效应，不仅让空气发出了受激辐射的激光，而且不需要谐振腔，这一新颖的物理效应引发了大量的科学和技术想象。

(6) 光电系统的发展还与组成系统各部件的技术现状有关。例如，新型探测器的出现、非致冷探测器的应用、致冷器的微型化、探测器规模的增大、伺服机构的新构思、精密结构的新设计、新材料新品种的增多和质量的提高等，都给改进光电系统的性能创造了新的机会。

(7) 高速、低功耗、智能化、实时处理的光子芯片，是光电系统的发展需要。大数据时代人们对电子计算机处理系统的算力和速度等要求越来越高，摩尔定律的失效使电子芯片在计算速度和功耗方面遇到了极大的挑战，光子计算芯片以光子为信息的载体具有高速并行、低功耗的优势，因此被认为是未来高速、大数据量、人工智能计算处理的最具有前景的方案。例如，在远距离、高速运动目标的测距、测速和高分辨成像激光雷达中，在生物医药、纳米器件等的内部结构实现高分辨无损检测的新型计算显微关联成像装备中，光子芯片均可以发挥其高速并行、低功耗、微型化的优势。空间激光通信是解决目前空间传输速率瓶颈的主要技术，是构建天地一体化信息网络的重要手段；水下激光通信是解决目前水下信号传输受环境影响的主要技术，是构建水下通信一体化的重要手段。另外还有星间互联网、6G 通信、智能遥感测绘等战略安全和战略需求领域，都是需要对大数据进行高速、低功耗、实时处理的。因此，光子芯片在这些战略领域将起到非常重要的支撑作用。

综上所述，光电系统的发展离不开以下 3 个基本因素：

(1) 光电系统发展的最基本动力是人类在光波范围内扩展视觉和利用光能的渴望。

(2) 光电系统的发展与各种光电探测器的发展有着明显的依存关系。

(3) 光电系统的发展需要多种学科相互配合。它使物理学、光学、光谱学、电子学、微电子学、半导体技术、自动控制、精密工程、材料学等学科相互促进和渗透。因此各种学科的最新成果在光电系统的应用，将使光电系统保持不断创新和发展。

对于光电系统，尤其是军用光电系统的发展，应突破以下关键技术：高性能激光辐射源技术(波长、功率、效率、光束质量、寿命、体积重量和成本等)、光电探测器及其阵列技术(灵敏度、波长、工作温度、阵元数、工艺、成本等)、波束指向控制及扫描技术(稳瞄、大范围快速线性扫描、电扫描等)、高灵敏度接收技术(噪声控制、外差接收等)、图像处理和自动目标识别技术(滤波、图像分割、特征提取、算法、硬件等)、高速、低功耗、智能化、实时处理技术、多传感器数据融合技术(融合模型、融合算法等)、光学信道共用和结构一体化设计技术(光学材料、结构设计等)、高性能电磁兼容设计技术、精密伺服跟踪瞄准技术(高精度误差信号传感器、复合轴伺服系统、高精密伺服支架等)、系统仿真技术(建模、仿真软件等)、目标的光电特性测量和数据库技术，以及光频段的大气和水下传输特性测量和数据库技术等。

光波段资源的不断开发和光信息、光能的利用，将推动科学技术的不断进步，亦将促进光电系统技术的发展。

1.3.3 光电技术及系统发展的主要制约因素

光电技术及系统发展的主要制约因素如下：

1. 基础支撑相对薄弱

与无线电技术相比，光电技术在材料、元器件和工艺等方面存在较大差距。与光波段相适应的传感、传输、防护材料及器件都无法与半导体技术相提并论。信号变换和感知存在灵敏度偏低、动态范围偏小、频率单一等缺点，严重制约了光电技术的应用和发展。

2. 支持技术不足

光频段所具有的容量大、单色性好、分辨率高等优势，在应用中由于缺乏相应的支持技术与条件，如光频段的光电相关处理、光频段的光电转换与数字化处理、光学精度水平的自动调节系统、光学水平的加工制造技术等，使光电系统大多工作在直接探测、基本处理、简单传递、低级制造水平上，从而使光电系统难以突破作用范围小、手段简单的局限。

3. 顶层设计不够

在先进平台系统、武器系统、高端复杂装备的设计构建过程中，往往由于缺乏光电专家的参与，无法将光电技术的特色自顶层设计起融入系统，因而致使光电系统的应用和系统规模缺乏顶层设计的支撑，从而影响了光电系统整体优势的发挥。

4. 标准滞后与标准化程度薄弱

作为体现高新技术的光电产品及系统，其标准（包括设计标准、制造标准、检验标准、试验标准、产品标准等）提出与发展往往滞后，标准化程度也亟待增强。产品标准化是对产品（或零件）的类型、性能、规格、质量、所用原材料、工艺装备和检验方法等规定统一标准，并使之贯彻实施的过程。标准化的零件，叫做标准件。例如，对各种光机产品上使用的螺栓、螺帽、螺钉、垫圈等零件，尤其是一些新型关键光学元器件、零部件等，分别给予一定的符号或代号，加以统一规定，制定成各种标准。标准化后，就可以根据不同的需要、用途，按照规定的标准组织生产和使用。而标准化程度弱化，将大大增加企业的生产成本，影响技术交流、推广和贸易。这对光电系统领域众多产业、企业参与国内贸易，尤其是参与国际贸易带来挑战。这也是光电企业为何需要参与国际标准制定与竞争的主要原因。

面对国际贸易，企业遇到的许多问题是技术性贸易壁垒。技术性贸易壁垒里最核心的就是标准、法规和评定，所以面对国际贸易纠纷的时候，往往更多的就是标准的问题。因此，国际标准是国际贸易的通行证，企业制定了国际标准，就意味着相应国际贸易的规则是由自己制定的，企业可以促进自己的产品出口，在光电产品国际贸易这个舞台上，就有了话语权，甚至是主导者。

值得一提的是，小企业也可做出大标准，这给光电产品标准行业的管理者提供了更广阔的思路。光电大企业，应重视科技创新能力和制定国际标准能力；光电中小微企业，也可尽量加大投入，并积极争取一些支持和机会，展示自身的“专精特新”光电技术与产品，参与国际标准的制定，助力企业不断做大做强。当越来越多的光电企业走出国门，逐渐意识到率先制定新的光电标准的重要性。从输出产品、输出装备、输出技术到输出标准，这是光电企业提升国际竞争力的重要举措。

1.4 光电系统设计思想的转变

现代质量观认为，质量包含了产品的专用特性、通用特性、经济性、时间性和适应性等方面，它是产品满足使用要求的特性总和（见图1.6）。产品的专用特性可以用性能参数与指标来描述，如激光器的输出功率，因不同的装备而有所差异。产品的通用特性，描述了产品保持规定的功能和性能指标要求的能力，它包括产品的可靠性、维修性、保障性、安全性和测试性等，如激光器能连续工作若干小时并保证在此期间输出功率不低于规定的值。通用特性对各类产品来说基本是通用的。经济性即产品的寿命周期费用，指在产品的整个寿命周期内，为获取并维持产品的运营所花费的总费用。时间性指的是产品能否按期研制交付，它也影响产品的寿命周期费用(费用的时间性)。适应性反映了产品满足用户需求、符合市场需要的能力。

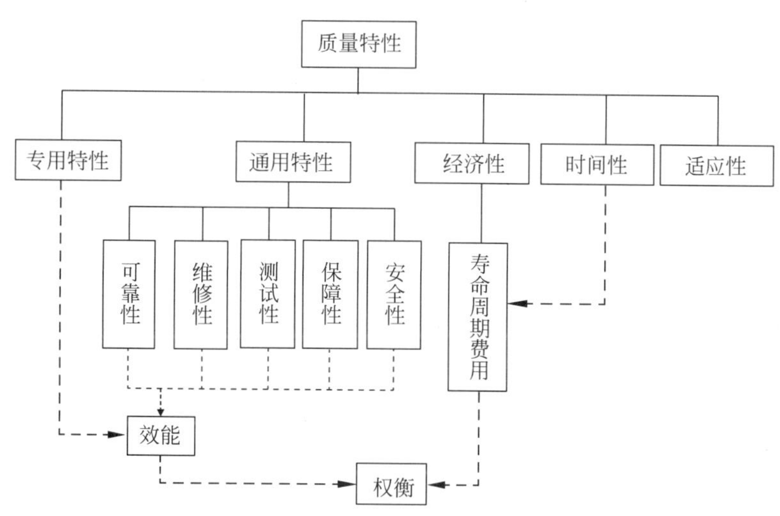

图 1.6　专用特性、通用特性及其优化权衡关系

随着现代工程产品的复杂化，产品的通用特性显得更加重要。例如：①工程产品日益庞大和复杂，使得产品可靠性和安全性下降，投资增大，研发周期加长，风险增加。②工程产品的应用环境更加复杂和恶劣。从陆地、海洋到天空、太空，工程产品的使用环境不断地扩展并变得更加严酷。严酷的环境对产品高可靠性、高安全性等综合特征的实现提出了挑战。③产品要求的持续无故障任务时间加长。如太空探测器的长时间无故障飞行要求、通信网络的关键任务不停机要求等，迫使工程产品必须具有良好的可靠性、维修性等通用特性。④产品的通用特性与使用者的生命安全直接相关。如高能激光武器系统、激光核聚变系统、高能激光加工制造系统、空间激光通信系统等的可靠与安全是生命安全的基本保证，受到了强烈的关注。⑤市场竞争的影响。“性能优良、功能齐全”并不是用户选择产品时考虑的唯一因素，产品是否可靠、是否好修、使用维护保养费用是多少、寿命多长都对用户的选择产生重要影响。对于产品的研究开发者来说，总是希望投资少、周期短、研发一次成功，这也与产品的通用特性密切相关。

从主要追求产品的专用特性，到兼顾、重视产品的通用特性，以及在有限资源(费用、时间等)的约束下，实现产品的专用特性与通用特性的优化平衡，体现了现代产品设计思想的转变，它带来了观念的更新，对产品设计实现的影响是巨大的。

产品的专用特性、通用特性及其优化权衡关系如图 1.6 所示。从图中可以看出，产品优化权衡的核心是效能和寿命周期费用之间的权衡。

1. 系统效能

系统效能是一个系统在规定的条件下和规定的时间内，满足一组特定任务要求的程度。它与可用性、任务成功性和固有能力有关，一般可表示为

$$E = A \cdot D \cdot C \tag{1.1}$$

式中，E 为效能（Effectiveness）；A 为可用性（Availability）；D 为任务成功性（Dependability）；C 为固有能力（Capability）。

可用性（A）表示（战备）完好，是产品在任一时刻需要和开始执行任务时，处于可工作或可使用状态的程度。可用性的概率度量称为可靠度，亦即系统"开则能动"的能力。它是系统可靠性（R）和维修性（M）（含保障性、测试性等）的函数，即 $A=f(R,M)$。

任务成功性（D）是装备在任务开始时处于可用状态的情况下，在规定的任务剖面中的任一（随机）时刻，能够使用且能完成规定功能的能力，即系统"动则成功的能力"，原称为可信性。它是任务可靠性和任务维修性（含保障性、测试性等）的函数。

固有能力（C）是装备在执行任务期间所给定的条件下，达到任务目的的能力。如作用距离、探测概率和跟踪精度等。

效能（E）和可靠性（R）、维修性（M）之间的关系如图 1.7 所示。从图中可以看出，可用性（A）、任务成功性（D）均为可靠性（R）和维修性（M）的函数，因此，效能（E）为可靠性、维修性和固有能力的函数，即 $E=f(R,M,C)$。

2. 寿命周期费用

寿命周期费用（Life Cycle Costs，LCC）是指在产品的整个寿命周期内，为获取并维持系统的运营（包括处置）所花费的总费用。它包括硬件、软件的研制费、生产费和使用保障等费用。不同的系统，其寿命周期费用构成不完全相同，各构成成分间的比例关系也不完全一样。图 1.8 给出了寿命周期费用的主要构成因素，并示意了它们在寿命周期内的分布情况。实践表明，在寿命周期费用中，使用费用（使用与维修保障费用）所占的比例越来越大。

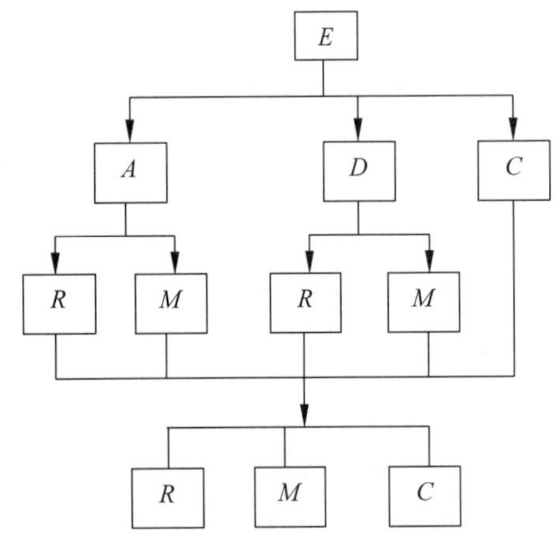

图 1.7 效能和可靠性、维修性的关系

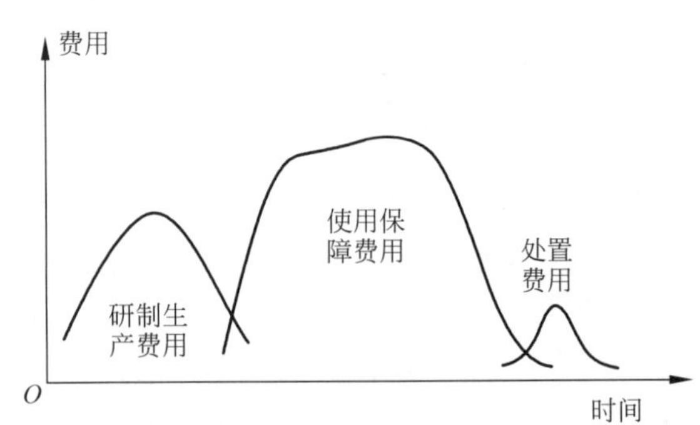

图 1.8 产品寿命周期费用构成示意图

3. 设计思想的转变

现代光电系统设计思想的转变主要体现在对以下三个概念的延伸上。

（1）性能向效能的延伸。体现了从专用特性向系统全面特性（专用特性＋通用特性）的延伸。

（2）采购费用向寿命周期费用的延伸。体现了对系统经济性的考虑更加全面完善。

（3）权衡对象的延伸。从"花最少的钱实现性能最好的产品"延伸到"以最少的寿命周期费用实现效能最好的产品"。

这一观念的延伸，体现了系统（产品）设计目标的根本性变化，它所带来的影响是全局的。现代设计思想与传统设计思想的简单比较如表 1.1 所示。

表 1.1　现代设计思想与传统设计思想的简单比较

比　较　项	设计思想	
	现代设计思想	传统设计思想
产品定位	市场牵引,用户需求	工程师及领导者的意见
系统综合权衡方式	一开始就进行系统专用特性与通用特性的综合权衡	重视性能,忽视系统综合
工作量投入	研制初期投入较多,研制后期投入较少,更改代价较小	研制初期投入较少,研制后期投入较多,所需总投入较多
更改次数	研制初期更改较多,研制后期更改较少,更改代价较小	研制初期更改较少,研制后期更改较多,会出现局部甚至全局重新设计,更改代价较大
设计目标及评价标准	满足用户要求,质量稳定性好	满足验收标准,质量波动较大
工作姿态	主动寻找故障,预防故障发生	被动等待、解决故障问题
经济社会效益	低成本、高质量、适销对路	很难全部满足用户需求,可能会产生合格的"废品"

1.5　光电系统设计流程与考虑因素

对光电系统设计而言,可归纳出一般应遵循的流程和设计结果,应明确必要的设计准则、考虑因素。

1.5.1　光电系统设计流程及结果

光电系统设计流程如图 1.9 所示。

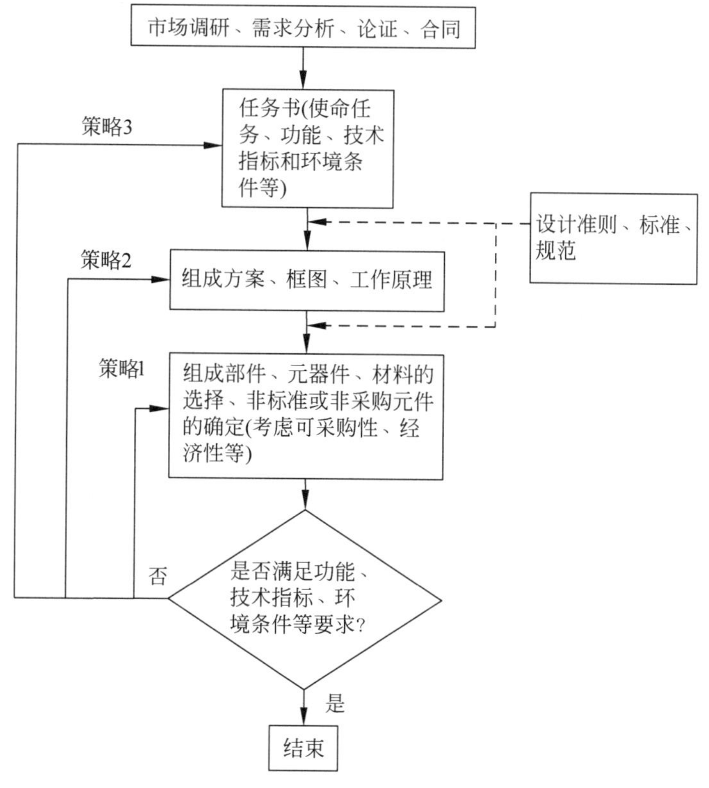

图 1.9　光电系统设计流程

光电系统设计结果一般如下：

(1) 设计报告(含软件)、技术说明书(含软件)、使用说明书。

(2) 设计计算书，包括光学计算书、电气电子计算书、结构计算书、控制计算书、软件设计说明及模型等。

(3) 可靠性设计报告、维修性设计报告、保障性设计报告、安全性设计报告、测试性设计报告、环境适应性设计报告以及特殊专项设计报告(如标准化设计报告、电磁兼容设计报告、热设计报告等)。

(4) 光学系统总图，包括光学零件、部件图、光学、光机装配图。

(5) 结构总图，包括各部件结构图、装配图。

(6) 电路总图，包括各组成电路图、印制板图。

(7) 软件清单。

(8) 关重件(关键件、重要件)明细表、元器件(零部件)明细表、采购零部件明细表、非采购(自制)零部件表等。

(9) 工艺设计及工艺规程、作业指导书等。

(10) 制造验收技术条件、环境应力筛选大纲、环境试验大纲、可靠性试验大纲、内外场联调试验大纲等。

值得一提的是，由于产品重要程度、复杂程度不同，设计结果的类别、繁简是有区别的。

1.5.2 光电系统设计考虑因素

光电系统设计应明确设计准则。设计准则是由一套设计要求组成，通过定性、定量的方式描述。这些要求表示了设计者在进行反复的综合、分析、评价中所需达到的指标边界。在制定设计准则时，有很多系统设计考虑要素，需要对这些要素进行识别与研究，如图 1.10 所示。这就有了很多制定设计准则时的可能性。

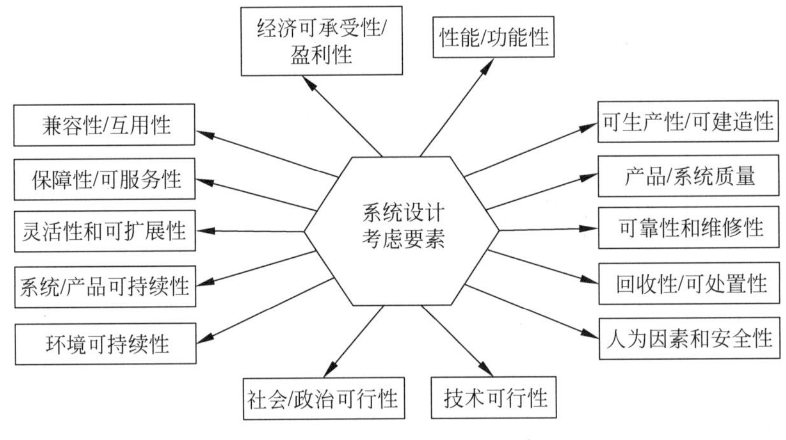

图 1.10 系统设计考虑要素

系统设计要求分解，如图 1.11 所示。系统级的需求定义是确定用户要求与制定设计准则的起点。系统作为一个实体，将由其必须执行的功能而确定。使用与保障功能(即完成一个特定的任务或一系列任务所需功能，以及保证系统能够满足所需功能的功能)必须要在顶层描述。而且，也必须描述生产、系统综合以及退役的方案和不可忽视的需求。

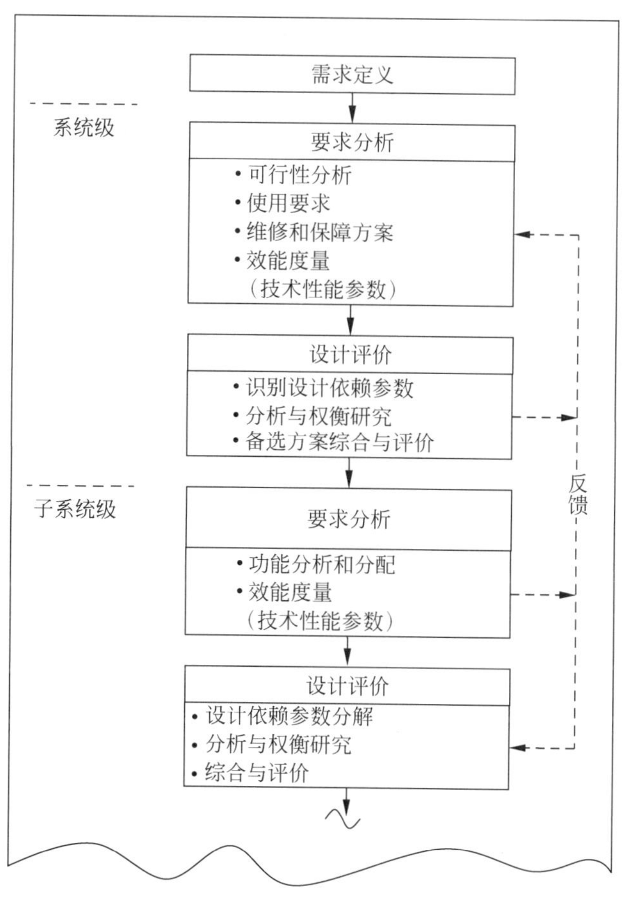

图 1.11　系统设计要求分解

作为设计过程的一部分，有必要制定一些与性能、效能、费用和其他一些用户期望的定量要素相关的系统指标。例如，系统必须完成什么功能，这些功能在哪里完成，功能进行的频率有多大，可靠性是多高，费用是多少，在用户眼里，哪些要素更重要，这就要求在确定设计准则时，要对不同的要素给予不同的重视程度。备选系统由设计综合而来，也成为设计分析与评价的目标。

评价用于确定每个备选系统满足设计准则的程度。系统的准则可以通过技术性能参数的形式在系统级表述。技术性能参数是设计本身固有属性或由其衍生的特性的度量。直接依赖于设计特性的属性被称为设计依赖参数，其具体的度量就是技术性能参数。与之相对的是设计相关的外部要素，被称为设计独立参数。

重要的是，制定设计准则是基于设计考虑因素的适当设置，考虑因素使得能够识别设计依赖参数与设计独立参数，并推导出技术性能参数。更准确的定义如下：

(1) 设计考虑因素——工程系统、产品或服务可能表现出的全方位的属性和特性。这些因素兼顾生产者和用户的利益（见图 1.10）。

(2) 设计依赖参数——必须或期望能够预计或评估的设计固有属性和/或特性（例如，设计寿命、重量、可靠性、可生产性、维修性和污染度等）。

(3) 设计独立参数——在设计评价中必须估计和/或预测的设计外部的因素（例如，劳动率、材料费用和利用率等）。这些取决于系统的生产与使用环境。

（4）技术性能指标——设计依赖参数的预计值和/或估计值。其也包括更高级别（推导出的）性能考虑因素的值（例如，可用度、费用、灵活性与保障性）。

（5）设计准则——用户指定或协商的技术性能参数的目标值。此外，将用户要求指定的值作为技术性能参数的期望值。

直接将设计准则作为综合、分析与评价的一部分。这样，上述术语在彼此之间和系统的实现过程中将有较好的关系。

同时，系统设计还应详细设计层次分析，具体如图 1.12 所示。

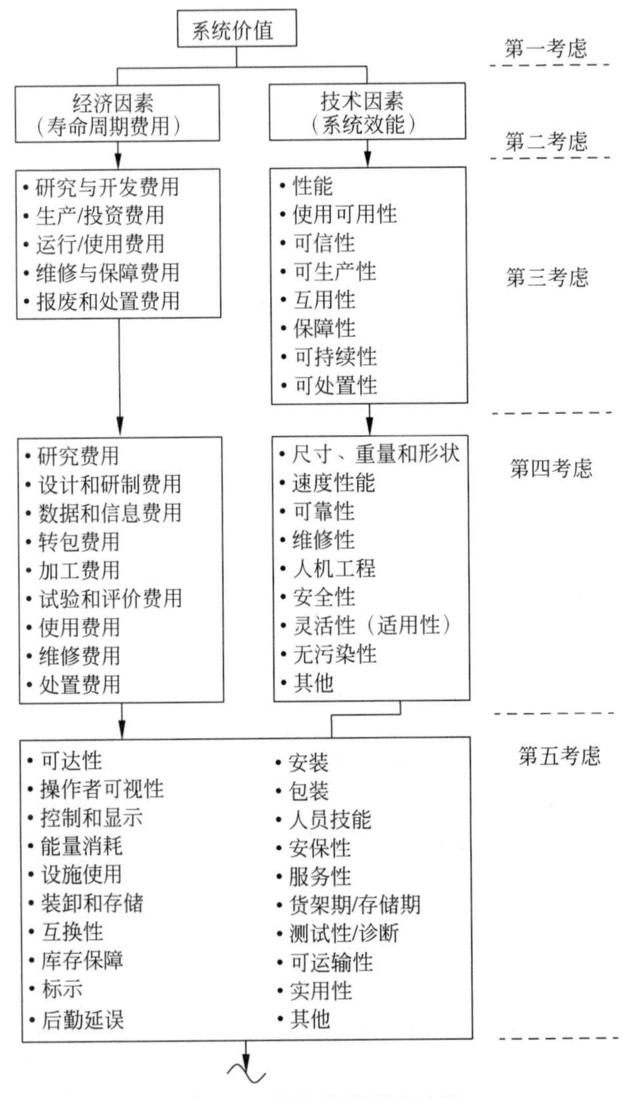

图 1.12　详细设计层次分析

1.6　光电系统总体技术与总体设计

光电系统的总体技术与总体设计是相互关联的，对设计工作的水平和效率提高有着重要影响，因而对其进行分析、研讨是必要的。

1.6.1 光电系统总体技术研究

光电系统总体技术是以多专业工程技术为基础，从总体优化出发，运用系统工程方法，经过功能分析、规划、组织、协调、效果评估等过程，利用光学、机械、电子、计算机、软件、控制、可靠性、环境适应性等技术去创造一个组成部分之间合理并且相互作用、相互依赖、具有特定功能的有机整体（光电系统）的综合交叉技术。

光电系统总体技术和集成技术是世界各国普遍重视的综合性高新技术，很多国家特别是发达国家给予了重点支持和发展，采用分工协作和集成制造技术研制各类军用光电系统已经成为趋势。

光电系统总体技术主要研究和解决：①如何从总体上形成光电系统的新思想、新原理、新品种；②如何把使用要求转化为光电系统总的性能指标；③如何把总的性能指标分解到各部分（分系统）的技术指标；④如何进行各部分之间（界面）的匹配与补偿；⑤如何评价光电系统总体性能，分析可靠性和效益等。概括起来说，光电系统总体技术是光电系统的顶层设计。

对于特定功能的光电系统，光电总体技术应该解决以下问题：

（1）技术指标与功能的实现方案。

（2）系统模型与仿真。

（3）系统构成与各单体技术规范制定和协调。

（4）系统的研制周期、费效比、可靠性、可维修性和安全性。

（5）光、机、电、算、通信接口要求的制定。

（6）目标特性、使用环境特定条件与要求。

（7）系统集成和信息融合。

（8）系统检测与评估。

（9）系统试验方案与测试。

（10）系统检测设备与模拟训练。

光电系统总体研究是根据使用要求和技术指标确定系统的总体方案与主要技术途径、关键技术，提出系统总体对各分系统的设计技术要求；进行各分系统之间的技术协调，提出研制性试验项目及试验方案等。光电系统总体研究贯穿整个研制过程，处于研制工作的中心地位。因此，从总体上研究光电系统对系统的成功是至关重要的。也可以说，总体研究的目的是为光电系统的工程设计和研制提供技术理论和工程实施方法，尤其是为系统研制提供工程关键技术设计方法，并实际应用于系统的设计、研制、检验和试验工程中。

1.6.2 光电系统总体设计

总体是事物的全部，那么总体必然会涉及各个方面，头绪繁多，而且又相互制约，以至于无从下手。为实现新设想的飞跃，往往从分析已知条件入手，广泛收集信息和影响因素，逐步深入，从而明确系统总体及各组成的设计任务，并最终设计、研制出符合实际使用要求的系统。

光电系统总体设计是在系统总体分析的基础上通过对多种可实现方案的建模、仿真、计算、优化和综合，最终形成总体研制方案的过程，是对工程系统提出“如何去做”的研究与设计过程，也可称为系统综合。它包括设计师系统对传统工程、专门工程专业、硬件、软件和系统接口的设计综合，以及对试验工程和生产制造工程的设计综合。这一过程的目标是保证能够按照工程总要求或研制任务书的要求，综合设计队伍中各门类专业专家的工作成果，获得整体效益优化，保障合理、均衡的工程设计。

光电系统总体设计的程序可大致分为以下六个阶段：①了解使用要求和熟悉现有资料；②拟定产品的原理方案，进行概要设计，完成总体结构的安排，对各部分设计提出技术要求；③在各部分具体设计时，注意它们之间的配合（接口），确定配合原则；④进一步全面了解与审查图纸，并编写技术文件；⑤在产品整个试制过程中，特别是装校和检验过程中，必须认真接受实际检验，总结经验教训，逐渐形成设计修改方案；⑥对试制基本成功的产品结构进行技术性修改。

光电系统总体设计不仅包括图纸设计和有关计算，还包括解决从选择系统方案到系统完成试制成功并符合技术检验指标为止的整个过程中所产生的全部原则性的疑难问题。光电系统总体设计的最终目的在于为产品的正式生产（单件生产、小批量生产和大批量生产）提供一整套确实可靠的和符合生产要求的图纸、技术文件和有关资料。产品试制是总体设计过程中用来实际检验全部设计图样文件正确性的唯一准则。没有经过直接或间接试制检验的设计是不完善的，甚至是行不通的。所谓直接试制是指按本图纸进行的试制；所谓间接试制是指本图纸的主要组成部分和它们之间的连接机构都经过认真的试制，或者是指类似本图纸的产品已成功地试制过。值得一提的是，新产品试制与模型（原理性）试验是有区别的，因为处于试制阶段的新产品，在原理上是成熟的或基本成熟的。

光电系统总体设计过程的关键是系统的“整合”过程，它在某种条件下往往是导致整体成功或失败的关键因素。系统整合（集成）可以分为空间、时间及时空联合维的整合。设计再成功的子系统如果整合和整合设计不当，也会导致整体设计的失败。系统整合（集成）不是子系统的简单拼凑和相加，存在子系统之间的相互匹配、相互作用和相互影响，局部或子系统设计成功不等于整体成功，局部设计没有出现的问题隐患必须在系统整合的步骤中发现和解决，否则可能导致系统整体设计的失败。因此，系统整合往往是系统设计成败的最后技术环节。

系统工程的综合过程，依靠具有不同知识结构和工程背景的系统工程设计师、传统工程设计师、系统分析工程师、专门工程专业工程师、结构集成设计师、试验工程师、生产制造工程师、计算机辅助设计工程师和技术支持工程师组成的团队进行有机协同工作，目前我国总体设计工作主要由各部门的总体设计部和相关专业研究所承担。在论证研究和方案决策阶段，更多地依靠系统工程设计师、传统工程设计师、系统分析工程师、专门工程专业工程师和计算机辅助设计工程师。在工程研制阶段，设计队伍的构成转向更多地依靠熟悉传统工程设计的工程师，如光学、光电、结构、电器、动力、电子、控制、计算机等专业的设计师，以及结构集成设计师。在工程研制阶段后期和生产阶段，生产、试验和综合技术保障工程师成为重要的设计力量。

光电系统总体设计的目的是为了实现系统的精确度、探测本领（灵敏度）、稳定性、可靠性以及最佳性能/价格比等。例如，某型光电跟踪系统总体设计是一个复杂的系统工程设计，它要求设计人员具有渊博的知识，并且对有关技术发展现状及趋势有广泛的了解和分析能力。其总体设计的任务是依据批准的技术指标，确定各组成的技术方案、技术途径，提出各组成研制任务，最有效地满足给定的研制目标。因此，顶层研究与设计理论对确保光电跟踪系统研制成功、达到或超过所规定的技术指标，为使用方提供先进、可靠、顶用的装备具有重要作用。

下面讨论和研究工程系统的总体方法，重点是工程系统的总体设计或称工程系统总体方案设计。

1. 传统工程的综合

传统工程的综合过程，即传统工程的设计过程，通常通过工程总体配置设计、总体方案物理模型、数学模型研究和计算机仿真的途径，完成工程系统总体方案的设计、确认系统的技术状态项目工作分解结构，并进一步制定相应研制阶段的工程设计要求或研制规范。

1）系统物理模型

物理模型可以是全尺寸的，也可以是缩比的；既可以是硬件，也可以是工程系统的模拟系统。在论证研究阶段，多采用缩比模型和模拟系统；在方案决策和工程研制阶段，多采用全尺寸物理模型。缩比模型通常用于系统总体方案初步设计、局部平面联试等系统初步综合任务。当涉及人-机-环系统工程等的协调工作时，常常需要建造全尺寸物理模型，利用尺寸逼真的模型去验证人员操作能力和设备布局的可行性。常用的模拟系统有电路试验板和模拟板，用于验证工程分系统或系统组成单元的运行特性，或者用来确定分系统或其组成单元的性能参数。

随着计算机技术的发展，计算机辅助设计（Computer Aided Design，CAD）、计算机辅助工程分析（Computer Aided Engineering，CAE）、计算机辅助制造（Computer Aided Manufacturing，CAM）和计算机数控（Computer Numerical Control，CNC）技术的进一步完善，物理模型的应用范围正在不断缩小，逐步被计算机三维实体模型所取代，目前物理模型主要用于计算机仿真难以可靠替代的系统综合和试验验证工作。

2）数学模型与计算机仿真

数学模型可以抽象地表示一个系统，成为开发系统设计的一种有力工具。数学模型有静态和动态两种，前者只能表述处于平衡状态的系统和系统参数间的关系，后者可以描述状态随时间变化的系统。简单的动态模型可以用解析方法求解，但是，对于大型复杂工程系统，数学模型很复杂，需要采用数值解方法，或统计分析法，包括利用计算机进行仿真。目前，计算机仿真已广泛应用于大型工程系统的设计过程，这种方法具有直观，易于改变设计参数，对备选方案的综合、权衡研究十分方便，而且相对实物模拟和半实物仿真可以节省大量经费，明显地缩短了研制周期，因此，计算机仿真得到了越来越广泛的应用。

2. 专门工程专业的综合

专门工程专业随着复杂系统的出现和开发而蓬勃发展起来，是一种支持工程系统设计、扩展工程系统整体效能的新兴工程技术，包括可靠性、维修性、安全性、保障性、测试性、环境适应性和人-机-环系统工程等。专门工程专业的综合，实质上就是在系统设计的过程中，应用相应工程专业的知识，适时地介入工程的系统设计，实现对工程系统整体效能扩展的设计支持。所以，专门工程专业综合的目标是如何把可靠性、维修性、安全性、人-机-环系统工程、保障性、测试性等工程专业的技术要求纳入工程系统的设计中去，形成一个对各方面要求能够相互兼容、协调，并且均衡满足的工程系统设计。专门工程专业的综合不仅针对硬件，而且对系统软件、人员、设施和技术资料都要进行综合，保证工程所有组成部分都能协调地工作，使系统出现问题最少，能够顺利地实现工程系统的目标。

3. 软件和硬件的综合

工程系统软件和硬件的综合对保证复杂工程系统的质量起着关键性的作用，因此，通常在工程设计总体部设立专门的软件和硬件综合机构负责这一工作。该机构的组成人员应由既熟悉计算机硬件和软件，又具有系统工程经历、对工程技术状态很熟悉的设计师组成，同时他们也是软件工程化专家组的重要成员。软件和硬件综合工作主要包括以下内容：

（1）确认和分配每个计算机程序的技术要求，并负责审核计算机程序。

（2）向软件设计师提出接口设计要求，并提供接口输入数据，保证硬件与计算机软件的正确综合。

（3）对计算机软件的使用、存储资源和技术发展潜力进行评价。

（4）负责实施相关设计评审，审核研制内部软件的设计更改，确认软件是否满足里程碑决策的要求。

(5) 与试验部门一起验证计算机程序与硬件之间是否正确地进行了综合。

(6) 在规定的使用条件下，演示验证工程系统是否能够满意地实施，软件与硬件综合的主要手段是接口控制文件，也可以纳入该工程系统的工程标准当中。接口控制文件规定了计算机软件与必须一起使用的硬件之间的功能接口，将接口要求传递给计算机软件设计师，使其完整、准确地理解，并在系统综合工作中具体考虑对计算机程序设计的影响。

4. 系统接口的综合

随着功能分析的展开，工程系统各层次组成单元之间的接口逐步明确，并以技术要求文件的形式确定下来。系统接口可以是物理的，也可以是功能的，或两者兼而有之，通常用机械、电子或功能数据、软件程序表达，形成物理接口、电子接口、液压与气压接口、光学接口、软件接口、软件与硬件组合接口和环境接口等。对系统接口进行设计综合主要包括以下工作内容：

(1) 使用功能流程框图和功能接口输入/输出图，初步确定接口，并规定接口之间的数据流。

(2) 在功能分解完成后，依据接口设计要求，进行接口设计。

(3) 在工程设计总体部组建接口控制技术组，负责接口设计协调，确保所有接口的兼容性，进而制定相应的接口控制文件，完成接口的研制工作。

(4) 考虑到接口研制涉及诸多专业领域和众多实施部门，通常在接口控制技术组下设立若干专门专业接口工作小组，处理诸如电磁兼容、计算机资源和测试计划等专门技术领域的问题，完成相应的接口控制文件的制定工作。

(5) 由工程设计总体部负责工程系统所有接口设计要求的汇总、技术协调工作，最终形成整个工程系统的接口控制文件，并由所有相关单位会签，发送到所有有关设计实施单位，作为系统设计的共同依据。

5. 系统总体综合平衡

系统总体综合平衡研究通常是面对诸多备选方案，针对影响工程设计的若干因素，如系统的技术与使用性能要求、专门工程专业各方面的要求、系统的生产性与试验验证要求，以及工程的综合技术保障要求、工程的寿命周期费用和研制进度要求等进行统筹分析、平衡，并提出决策建议的系统工程过程，因此，系统总体综合平衡通常面对的是多目标决策的复杂问题。权衡研究的基本任务是通过系统研究，适时地提出决策建议，指导系统技术方案的决策、系统设计要求与技术状态的建立，推进系统各组成单元详细设计等各项工作的落实。

权衡研究是工程系统工程研究与设计过程的重要组成部分。在论证研究阶段，通过权衡研究，对用户提出的需求进行系统任务分析与任务范围界定，以利于用户要求与技术保障措施的落实；在方案决策阶段，对各种系统性能要求和工程专业等方面的要求进行综合与平衡，并依据工程系统总目标的要求对工程总体技术方案进行优化和决策；在工程研制阶段，对分系统、部件、组件设计方案进行初样和正样设计权衡，在多个备选方案中优选出综合效能好的技术方案；在定型后，当需要进行工程系统改进时，权衡研究是评估更新技术方案的重要手段。

开展权衡研究的基本目标之一是防止设计人员习惯于按过去的经验办事，常常搞单方案设计。通过权衡研究，在系统工程研究与设计的程序上堵死单方案研制与决策的通道，为能够优选出满意的设计方案创造条件。

为了保证决策过程不偏颇任何一个方案，客观、公平、合理地进行技术方案决策，通常采用一种程序化的权衡研究方法。

6. 系统分析与设计阶段的两个重要评审

1）系统设计要求评审

系统设计要求评审是工程研制过程中第一项重要评审，在工程系统级功能分析已经完成、主要分系统的技术要求分配已经初步确定、论证研究阶段的任务基本告一段落时进行。评审的主要目的是确认使用方提出的系统要求是否已被研制方完整、正确地接受了，并初步落实到工程系统的备选技术方案中。评审包括如下主要内容：

(1) 工程系统研制任务范围的界定；

(2) 系统级技术要求的分配；

(3) 系统费用、效能的权衡研究结果；

(4) 系统的寿命周期费用分析；

(5) 系统试验验证的方案设想；

(6) 初步研制进度安排与生产计划。

评审完成的标志是使用方与研制方共同确认了工程系统研制总要求，完成了方案阶段合同的技术准备工作。

2）系统设计评审

系统设计评审是进行工程系统总体方案技术决策的重要评审，通常是向工程研制阶段转移的重要标志，是决定工程全局命运的重要评审。评审针对工程系统硬件、软件、设施、人员要求和综合技术保障等总的要求进行，评审的重点是：研制方推荐的总体方案能够实现工程系统总要求的程度；整个工程系统设计优化的程度；系统设计要求的正确性、完整性、均衡性、风险性和可追踪性。评审包括如下主要内容：

(1) 工程系统的总体方案能够实现工程系统总要求的程度；

(2) 系统设计要求的正确性、完整性、均衡性、风险性和可追踪性；

(3) 工程研制风险分析；

(4) 工程系统费用、效能分析；

(5) 工程试验验证与鉴定计划；

(6) 系统技术状态管理计划。

评审完成的标志是形成了使用方和研制方共同确认的工程系统研制合同(任务书)及能够满足合同要求的工程总体技术方案，工程系统研制规范和功能基线已经确立，并为签订工程研制阶段合同做好了技术准备。

1.6.3　光电系统总体优化设计

在进行光电系统总体优化设计时，各分系统、各参数间的矛盾是经常发生的，一个好的设计结果应该是在彼此矛盾制约之中，寻求最佳的组合，努力使各部分要求最低，彼此关系匹配最好，达到最高的性能和最适宜的经济效果。为了实现这一目标，系统工程方法是行之有效的。

1. 从矛盾中优化总体设计

例如，在电学参数六项(噪声、增益、信号频带宽度、响应时间、等效噪声带宽和可靠性)中：若系统信号带宽增大，则有利的方面是信号损失减小，但不利的方面是噪声增大；若增益(放大倍数)增大，则有利的方面是灵敏度提高，探测能力增强，但不利方面是系统稳定性降低，可靠性降低。

又例如，光学参数七项(视场、孔径(相对孔径)、焦距、外形尺寸、最小探测功率(光能)、光学传递函数和工作波段）也常常矛盾。设计某光学系统，要求复消色，用 CaF_2、TF、FK 材料有利，但温度变化时像面位移太大；要求高分辨率，选择大口径光学系统有利，但不允许镜头太重、太复杂等，制约因素很多。

在进行总体设计时，应统筹兼顾，彼此匹配。

2. 从联系中优化总体设计

在进行总体设计时，必须考虑各分系统之间的联系和补偿作用，使其成为有机的整体。

3. 从技术经济综合指标出发进行总体优化

技术与经济，虽然是两个不同的范畴，但是它们在生产中是密切联系的。所以，总体设计的优劣应从技术经济综合指标去衡量。亦即，设计者不应限制自己只考虑技术性能，拒绝考虑经济性的问题，而应该使系统在技术和经济上最佳结合。例如，制定光学系统公差，是光电系统总体优化设计中的一项基础技术问题。过去人们只是从满足性能要求出发给出公差，结果导致公差过严，车间生产和产品总检时已经发现公差可以放松，而设计者依然维持原设计公差不变，原因是缺乏理论依据。提出光学系统经济公差的思想：以成本最小为目标函数，以性能允许下降量和加工能力为约束条件，恰当运用概率统计方法，优化求解公差值。以八个产品为例进行公差优化，结果均放松了原公差，且彼此关系更为合理，成本下降了，经济效益提高了，且仍能满足性能要求。

1.7 光电系统工程方法

有学者认为工程是一项创造性的实践活动，是根据当时对自然规律的认识，而进行的一项物化劳动的过程，它应早于科学，并成为科学诞生的一个源头。工程不是单一学科的理论和知识的运用，而是一项复杂的综合实践过程，它具有包容性和与时俱进的创新性特点，只要看一台简单的手持式激光测距机或一台复杂的太空望远镜就可得知，虽然其大小、价值差异极大，却都包含有光学、力学、材料学、机械学、信息学等多学科的集成。

就工程自身而言，更是充满了矛盾，一个好的工程设计与工艺开发必须处理好这样的矛盾。一项好的工程设计，或者说的优化设计，从本质上讲就是处理好了设计对象所处环境中的矛盾关系，分清事物的本与末，抓住现象的源和流，从而达到兴利除弊的合理状态。当然，有了好的工程设计，并不一定能保证工程产品质优、经济，它还需要好的工程施工（或制造工艺）、工程管理、工程服务加以保证，这里面需要分析、综合、统筹。

光电领域目前还没有关于光电产品工程的统一规范，但针对光电产品相关的工程技术和成熟度评价方法等的研究已经比较深入，特别是技术成熟度和制造成熟度、成熟平台与已有产品应用、阶梯化研制以及持续改进机制等，对于光电系统（产品）工程的研究起到了重要的参考借鉴作用。

1.7.1 技术成熟度和制造成熟度

从 20 世纪中后期开始，随着高技术（如航天技术）的发展和应用要求的提高，为了在项目实施过程中有效识别、跟踪和控制风险，确保任务成功，技术发达国家纷纷开始探索和应用以技术成熟度和制造成熟度为核心的成熟度评价技术。

1. 技术成熟度

技术成熟度（Technology Readiness Levels，TRL），又称技术准备等级或技术准备度，是指单项产品或单项技术在研发过程中所达到的一般性可用程度，由美国航空航天局在 20 世纪 80 年代提出，作为研制项目在立项、评审、决策及研制启动之前,评价项目在技术上可用程度的指标。

TRL 一般分为九级,2005 年美国国防部发布的 TRL 等级的划分如表 1.2 所示。

表 1.2 TRL 等级定义

里程碑	TRL	描述
里程碑 A	1	发现和报告基本原理
	2	阐明技术概念和用途
	3	关键功能和特性的概念验证
里程碑 B	4	实验室环境下的部件和试验模型验证
	5	相关环境下的部件和试验模型验证
	6	相关环境下的系统、分系统模型或原型机验证
里程碑 C	7	模拟使用(作战)环境下的原型机验证
大规模生产	8	系统完成技术试验和验证
初始及完全使用(作战)能力	9	系统完成使用验证

2. 制造成熟度

制造成熟度(Manufacturing Readiness Levels,MRL)是对技术成熟度概念的拓展,主要为弥补 TRL 难以评估装备生产系统的经济性和有效性的不足。用于确定装备研制过程中制造技术是否成熟,以及技术向产品转化过程中是否存在风险,从而管理并控制系统生产,使其在质量和数量上实现最佳化,即最大限度提高系统质量、降低成本和缩短生产周期,满足使用任务需求。

与 TRL 类似,MRL 也具有完整的评定标准和度量方法,用于评定特定阶段制造技术的成熟程度,并允许不同类型技术之间进行一致的成熟度比较。2009 年 5 月,美国国防部颁布了新版《MRL 评估手册》,该手册将 MRL 划分为 10 级,如表 1.3 所示。相对于 TRL,MRL 的应用尚处于起步阶段。

表 1.3 MRL 等级定义

MRL	描述
1	生产可行性已评估
2	生产方案已定义
3	生产方案已确定
4	在实验室环境条件下的技术生产能力验证
5	在相关生产条件下部件模型的生产能力验证
6	在相关生产条件下系统、分系统的生产能力验证
7	在有代表性的生产环境条件下系统、分系统、部件的生产能力验证
8	具备小批量的生产能力
9	小批量的生产已验证,具备大批量的生产能力
10	大批量的生产能力验证

TRL 是项目研制过程中采用的研究较为充分、成效比较明显的一种项目评价方法和管理手段,而 MRL 是研制过程中新采用的一种管理工具。两者的目标和性质一致,都是以识别和控制项目风险为目的,供项目甲方和项目管理者使用的基本管理工具。TRL 和 MRL 的提出,是系统和产品研制技术管理的重要成果,具有重要的参考价值。然而,TRL 和 MRL 主要依据产品的外部特征和应用验证情况进行度量和评价,较少考虑产品的内在特性和产品成熟的本质要求,对如何促进产品在小子样情况下的快速成熟,缺乏有效的支撑。

1.7.2 系统工程的核心思想

在运用系统工程方法分析与解决现实复杂系统问题时，需要确立系统的观点（系统工程工作的前提）、总体最优及平衡协调的观点（系统工程的目的）、综合运用方法与技术的观点（系统工程解决问题的手段）、问题导向和反馈控制的观点（系统工程有效性的保障）。光电系统工程的要义是应用整体观念、相关与制约观念、层次观念、目标观念、环境适应性观念、优化观念和风险观念去分析、研究和处理光电系统研制过程中的问题。

在系统工程方法论的基础上，综合工程研制和质量管理的相关经验和成果，作为光电系统工程研究的基础。光电系统工程的核心思想可深度概括为“综合集成、集成综合、迭代深化、放大细节、严格管理、快速成熟”六方面。

1）综合集成

综合集成是系统的初步构建方式。针对光电型号任务需求，通过跨学科、跨专业协同工作，综合各专业要素，构建组成型号任务需求的系统原型，这一过程称为综合集成过程。

2）集成综合

集成综合是指针对综合集成形成的系统原型，依据任务环境条件和工作要求，以及对大系统的各方面影响因素，进行反复的综合分析、考核、完善工作，使系统原型尽可能接近真实系统的技术状态。

3）迭代深化

迭代深化是通过各方面工作取得的信息，对系统进行反复设计、分析和验证，加速系统的改进和完善。迭代深化的方式包括两个方面：一方面是随工程研制阶段的进展，在新阶段对前一阶段进行迭代；另一方面是通过反复识别、分析问题、解决问题并验证其有效性，持续改进系统设计。

4）放大细节

在光电系统工程中，充分识别并有效控制影响任务失败的关键细节是确保任务成功的核心工作，通过各种方式和手段，不断深化对系统关键细节的把握程度，是光电系统研制人员和管理人员的首要任务。

5）严格管理

管理是保证系统工程实现跨学科协同和专业综合的基础和保障，只有严格管理才能保证系统工程的各项工作的有效落实和最终目标的实现。

6）快速成熟

由于光电工程系统（尤其是复杂大系统）往往具有小子样研制特点，无法利用传统的工程方法完成成熟度提升，因此，必须利用系统工程理论，探索开发适用光电系统特点的快速成熟路径和方法，支持光电系统开展有效的质量可靠性保证工作。

上述光电系统工程方法论及核心思想，说明了产品成熟过程的基本方向，成为构建光电产品工程理论的核心基础。

1.7.3 产品开发技术过程

在不断推进光电工程实践的基础上，发展了一些具有特色的光电产品技术过程的模型和流程。其中，产品开发模型和技术状态与基线管理方法较为典型。

1. 产品开发模型

在这一模型中，用户和采购方要求通过研制人员反复迭代的设计、分析、评价、权衡、决策和优化活动，逐级向下细化为各组成部分技术要求，并通过研制活动转化形成实物产品，再经过逐级验证、交付，并在高一级进行组装和集成，最终完成整个系统的研制和验证，并交付用户。

这一模型，以用户要求为起点，描述了系统从要求分析到系统验证的闭环过程，通常被称为产品开发"V"字模型，如图1.13所示。

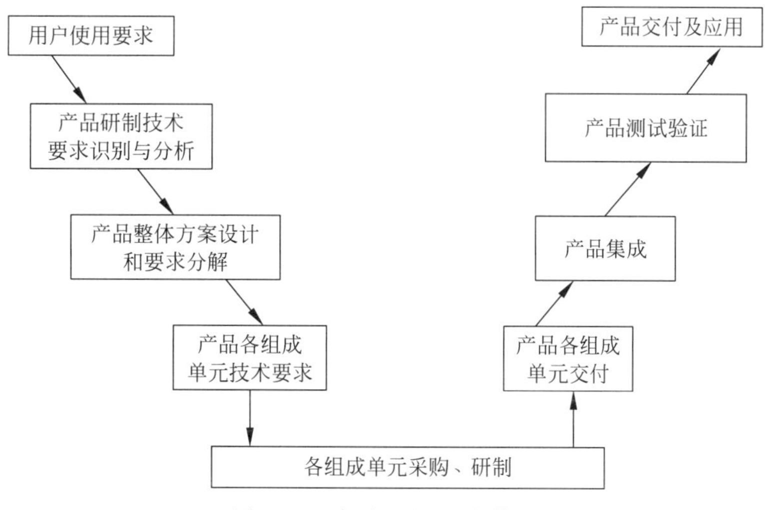

图1.13　产品开发"V"字模型

2. 技术状态与基线管理

1）技术状态管理

技术状态是指在技术文件中规定的，在产品中所要达到的产品功能、性能特性和物理特性。技术状态管理是在产品（含硬件、软件及其组合体）全生命周期内，运用技术管理手段，对在技术文件中规定的、在产品上最终实现的功能、性能特性和物理特性实施监督的一种管理方法。

技术状态管理是系统工程管理的重要组成部分，是高技术新型光电系统等大型复杂工程在研制生产过程中，确保产品质量、降低费效比、缩短研制周期的有效措施。技术状态管理主要包括技术状态标识、技术状态控制、技术状态纪实和技术状态审核等活动，如图1.14所示。

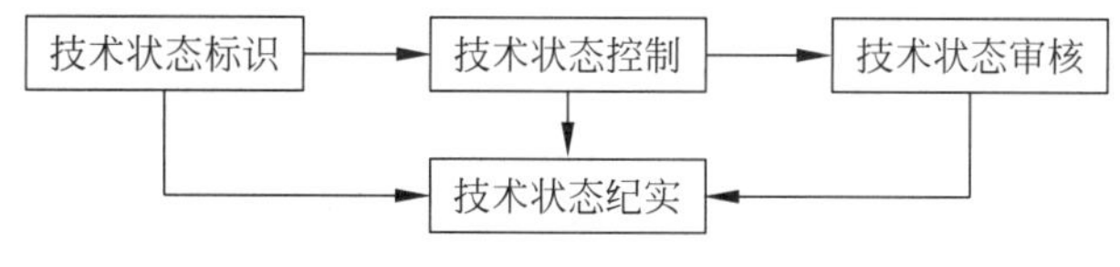

图1.14　技术状态管理活动

具体而言，技术状态管理的主要内容如下：

（1）技术状态标识。包括确定产品结构，选择技术状态项目，将技术状态项目的物理和功能特性以及接口和随后的更改形成文件，为技术状态项目及相应文件分配标识特征或编码等所有的活动。

（2）技术状态控制。技术状态文件正式确立后，控制技术状态项目更改的所有活动。

（3）技术状态纪实。技术状态纪实是对所建立的技术状态文件、建立的更改状况和已批准更改的执行状况所做的正式记录和报告。

（4）技术状态审核。技术状态审核是确定技术状态项目是否符合技术状态文件而进行的检查。技术状态审核包括功能技术状态审核和物理技术状态审核。功能技术状态审核是为核实技术状态项目是否已经达到技术状态文件中规定的性能和功能特性所进行的正式检查；物理技术状态审核是为核实技术状态项目建造/生产技术状态是否符合其产品技术状态文件所进行的正式检查。

2）技术状态基线

在实施技术状态管理中不仅涉及技术状态项目，而且也涉及基线。技术状态基线是指在某一特定时间正式规定的产品的技术状态，它是后续活动的参照基准。技术状态项目是技术状态管理的基本单元。基线是指已批准的并形成文件的技术描述。技术状态管理中，一般要考虑3个基线，即功能（性能）基线、分配基线和产品基线。技术状态管理的实质就是对基线的管理。

(1) 功能（性能）基线。功能（性能）基线主要是对研制任务书规定的产品功能特性和性能特性做出详细说明，以及对有关问题的约束形成技术要求。这就是最初的功能技术状态标识。

(2) 分配基线。分配基线是最初批准的分配技术状态标识，也就是通过先行试验等活动和确认，将产品或系统的功能分配到产品的各个组成部分，形成产品各个组成部分的设计任务书。

(3) 产品基线。产品基线是最初批准或有条件批准的产品技术状态标识，是经过初步设计、技术设计和鉴定等阶段后，形成产品重复或批量生产使用的成套技术文件。

基线管理是贯穿于产品研制全过程的管理。在产品全寿命周期内，有必要规定作为下一过程工作起点的参照基准时，应建立技术状态基线。前一过程技术状态的输出应是下一过程技术状态的输入，是下一过程开展活动的依据和基准。在技术状态管理过程中，既要确立同一阶段的基线，又要保持研制全过程设计的连续性和继承性。前一阶段的工作没有达到规定的目标或没有达到满意的质量要求，就不能转入下一阶段。为保证设计质量，必须注意确立基线转移的检查和评审，不允许有任何超越开发设计程序的现象发生。对于经批准确立的基线不应轻易变更，在特殊情况下需进行变更时，必须按原审批程序和级别重新进行批准。技术状态基线与经过批准的更改，共同组成现行获批准的技术状态。

1.7.4 产品分析方法

在系统工程方法论的指导下，在实际工作中提出了一些具有较强操作性和代表性的产品分析方法和技术工具，成为产品工程重要的理论方法基础。具有典型代表性的主要有："1+6+2"可靠性分析方法、"九新"风险分析方法以及面向产品的质量分析方法等，在有效支持光电系统工程管理活动的同时，也推动了系统工程方法论的丰富和深化。

1. "1+6+2"可靠性分析方法

"1"即完善产品的故障模式与影响分析(Failure Mode and Effects Analysis，FMEA)，包括设计、实现过程、使用等各环节的失效模式分析；"6"即做好抗力学环境设计、热设计、电磁兼容性设计、静电防护设计、抗辐射设计、裕度设计6个方面的设计与分析；"2"即元器件选用和可靠性试验验证两项充分性分析。"1+6+2"方法要求可靠性关键环节的保证措施要落实到生产、测试的过程文件之中，做到可控。可靠性验证要充分，要求分析历史积累的仿真、内外场试验数据，验证整机可靠性指标的达标情况，真正做到量化。

2. "九新"风险分析方法

"九新"风险分析方法，是指在结合各个型号特点的基础上，重点针对新技术、新材料、新工艺、新状态、新环境、新单位、新岗位、新人员、新设备等进行深入和系统的分析，识别风险，制定规避和控制风险的措施与预案，确保各阶段针对风险管理的关键工作项目系统全面，工作重点清晰明确，工作安排合理可行，保障资源落实到位。

3. 面向产品的质量分析方法

面向产品的质量分析，即着重做好对产品质量问题信息的采集、聚焦和放大。对问题的原因进行归类和深入透彻的分析，将关注点聚焦到共性、重复性、批次性问题及问题多发、关键和通用产品上。对造成质量问题的深层次原因和产品的薄弱环节“小题大做”，制定针对性的纠正和预防措施并加以落实。同时，通过各级面向产品的质量分析活动，不断完善各级质量管理体系文件，推动质量管理体系的持续改进。

1.7.5　产品成熟度快速提升模型

以系统工程管理方法为基础，经过不断创新、实践和完善，形成传统型号产品开发“V”字模型，对指导光电型号研制起着至关重要的作用。

工程实践表明，由于光电工程系统在任务要求、运行模式和运行环境等方面的特殊性，以及光电工程研制的探索性、先进性、复杂性、高风险性四个突出特点，经历完整的“V”字模型开发过程所形成的光电产品可能还不能达到令人满意的成熟程度。光电产品必须经历两次或更多次的“V”字模型过程，通过反复迭代和深化完善才能实现成熟度提升。

基于传统的“V”字模型开发过程，光电产品的多次迭代开发模型可以概括为如图 1.15 所示的过程，称为“W”字模型开发过程。

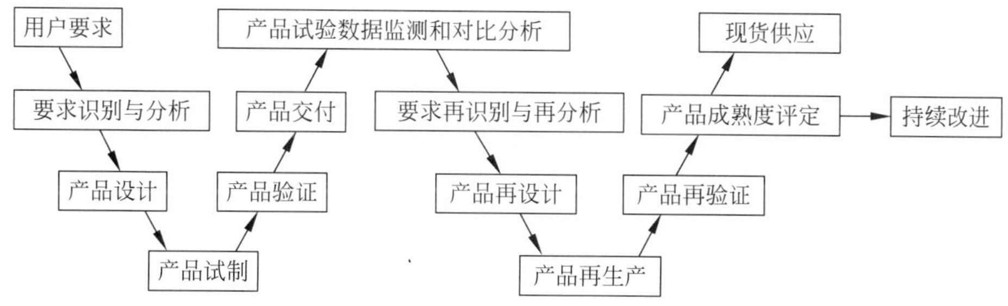

图 1.15　产品的多次迭代开发模型——“W”字模型

在上述“W”字模型的两个“V”字模型开发过程中，后一次“V”过程是在产品试验数据监测和对比分析基础上，对前一次“V”过程结果的确认和完善。根据产品应用验证和改进完善程度，后一次“V”过程可重复多次，每次都将使产品成熟程度在前一过程基础上得到提升，直至满足光电产品的高性能、高质量和高可靠要求。

应用这一模型，可以有效解决光电产品（尤其是复杂光电产品）特殊性和小子样研制导致的主要问题，从而实现光电产品小子样情况下的成熟度提升。目前，光电工程领域提出的“再设计、再分析、再验证”活动正是这一模型的典型应用范例。

1.8　光电产品工程设计控制程序

光电产品设计应规定过程质量控制要求和工作程序，对产品设计过程进行控制。产品设计一般可分为：初步设计、技术设计、工作图设计。试制过程一般可分为：样机（样品）试制、小批试制、正式生产。在 GB/T 19001—2016 标准和 GJB 9001C—2017 标准中，提出产品设计应规定过程要求和工作程序，对产品设计过程进行控制。

光电产品设计一般从设计任务书等输入文件下达开始，将输入文件转化为详细的设计和开发输入，经历总体设计、单机设计、部件设计和专业技术设计等过程。下面将以某类复杂光电产品设计控制程序为例进行介绍，在实际工作中可视产品复杂、难易程度和其他具体要求进行适当剪裁。详细设计过程控制流程如图 1.16 所示，产品研制（开发）阶段的划分及质量控制点设置如表 1.4 所示。

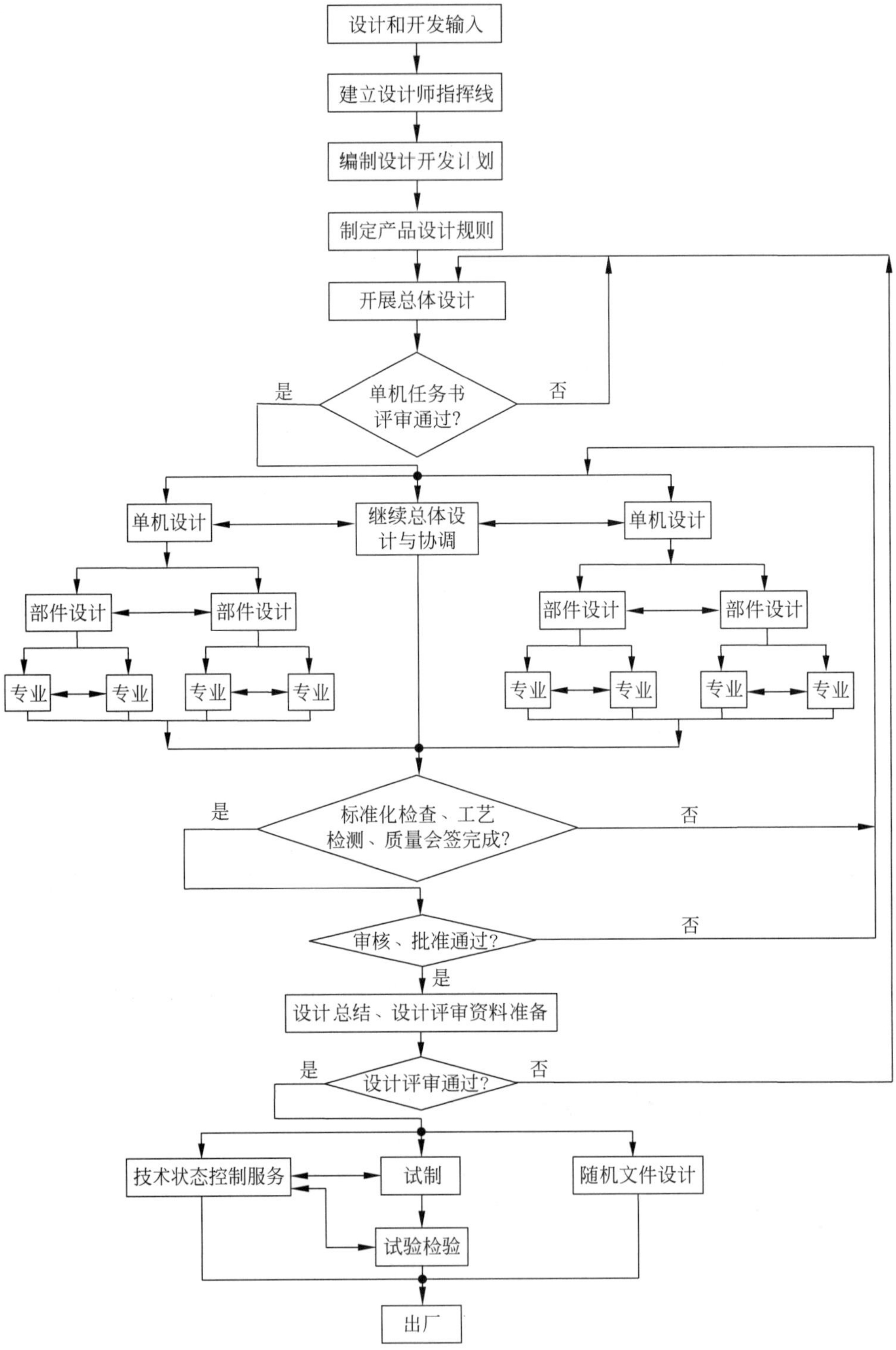

设计和开发输入
建立设计师指挥线
编制设计开发计划
制定产品设计规则
开展总体设计
单机任务书评审通过?
是
否
单机设计
继续总体设计与协调
单机设计
部件设计
部件设计
部件设计
部件设计
专业
专业
专业
专业
专业
专业
专业
专业
标准化检查、工艺检测、质量会签完成?
是
否
审核、批准通过?
否
是
设计总结、设计评审资料准备
设计评审通过?
是
否
技术状态控制服务
试制
随机文件设计
试验检验
出厂

图 1.16　详细设计过程控制流程

表 1.4　产品研制（开发）阶段的划分及质量控制点设置

阶段内容	论证阶段	方案阶段	工程研制阶段				设计定型（鉴定）阶段	生产定型（鉴定）阶段
			技术设计	施工设计	试制	现场交验		
输入	顾客方的需求、初步性能和技术指标要求	顾客方对产品（设备）研制总要求或《方案论证报告》及批复	研制任务书、可靠性保证大纲、标准化大纲	合同、技术规格书、研制任务书、可靠性保证大纲、质量保证大纲、标准化大纲	设计图样及技术文件、制造与验收技术条件（附所要求的试验大纲）	合同、技术规格书、安装技术条件、试验大纲、顾客方提出的其他要求	设计定型（鉴定）计划、顾客方反馈的质量信息和改进意见、试制产品研制中的质量信息	生产定型（鉴定）计划、试制产品生产中的质量信息、设计定型（鉴定）后的图样、文件
主要活动	顾客方的需求分析，针对需求进行技术论证及必要的验证试验，提出总体技术方案，编写方案论证报告	方案设计，编写方案设计说明书，绘制产品总体安装示意图、外形图和原理框图，编写《研制任务书》（报批稿），编制可靠性保证大纲，编制标准化大纲，顾客有要求时，研制原理样机或模型样机	编制设计（开发）计划，开展技术设计，编制质量保证大纲，绘制技术设计图样和编写技术文件，编写技术设计说明书，编写技术规格书（建议稿），编制安装技术要求初样机（合同有要求时）	编制产品设计任务书（含单机），制定产品设计规则、产品设计任务书评审，开展设计活动，对关键技术、新技术进行攻关、试验和验证，编制施工设计输出所要求的技术文件，编制《制造与验收技术条件》及其要求的试验大纲，合同有要求时，正样机试制与试验	编制工艺文件、工艺评审，申报元器件采购清单、下料单，采购、外协试制前准备状态检查，制造，试验前准备状态检查，应力筛选、环境试验、联调试验、顾客方要求的其他试验，对顾客方进行技术培训	安装技术服务，产品设备恢复、试验、交验	编制产品设计定型（鉴定）工作计划，针对顾客方反馈的质量信息和改进意见及其他质量记录，对设计图样和技术文件进行改进、完善，准备设计定型（鉴定）所需的资料，编写申请报告，为召开设计定型（鉴定）审查会做好准备工作	编制产品生产定型（鉴定）工作计划，针对产品试制生产中的质量信息改进工艺，使其适应批生产的要求；准备产品生产定型（鉴定）文件资料，编写申请报告，为召开生产定型（鉴定）审查会做好准备
输出	产品《研制方案论证报告》、总体技术方案	方案设计图样及方案设计说明书、研制任务书（报批稿）、可靠性保证大纲、标准化大纲、原理样机（有要求时）	技术设计图样及技术设计说明书、质量保证大纲、安装技术条件、技术规格书（建议稿）、初样机（有要求时）	施工设计图样和技术文件、软件设计文本和设计说明、制造与验收技术条件（附所要求的试验大纲）	验收合格的试制产品、试验报告、检验报告、产品合格证	验收纪要	供设计定型用的图样、技术文件、图像资料、设计定型（鉴定）申请报告、检查报告和审查会审查报告	供生产定型的全套工艺文件及说明、生产定型（鉴定）申请报告、检查报告、审查报告

续表

阶段 内容	论证阶段	方案阶段	工程研制阶段				设计定型（鉴定）阶段	生产定型（鉴定）阶段
			技术设计	施工设计	试制	现场交验		
完成标志	顾客方审查通过《研制方案论证报告》并批复	方案设计评审通过，顾客方批准研制任务书	技术设计评审通过，顾客方批准技术规格书，产品外部接口关系明确、固化	施工设计图样和技术文件齐全、完备，施工设计评审通过	试制产品经顾客方验收合格（需要时，召开产品鉴定会），同意出厂	经顾客方、总体责任单位现场验收合格，签字认可	批准设计定型；定型图样和技术文件盖章	批准生产定型；定型图样、文件、盖章
应提供的主要文件	研制方案、论证报告、总体技术方案	方案设计说明书（附方案设计图样）、可靠性保证大纲、标准化大纲、研制任务书（报批稿）	技术设计说明书、技术设计图样、质量保证大纲、可靠性设计与分析报告、电磁兼容设计说明、技术规格书（建议稿）	设计图样、技术文件、关重件（特性）分析报告，关重件（特性）明细表、备品备件清单、制造与验收技术条件（附试验大纲）	试验报告、检验报告、履历表、产品合格证、随机文件	试验总结报告、验收纪要	设计定型（鉴定）文件	生产定型（鉴定）文件
评审	研制方案评审	方案设计评审	技术设计评审	设计任务书评审、设计输出评审	工艺评审、产品质量评审、顾客方代表检验确认	顾客方确认	设计定型（鉴定）评审	生产定型（鉴定）评审
硬件状态	试验装置（需要时）	原理或模拟样机（要求时）	初样机（要求时）	正样机（要求时）	试制产品	试制产品	试制产品	产品

1.8.1 设计输入控制

光电产品设计输入文件是正式开展产品设计和开发的依据。一般包括下列文件：产品研制任务书、产品技术规格书、产品合同、产品标准化大纲、产品可靠性保障大纲和产品质量保证大纲等。

形成新产品研制的输入文件是在产品要求评审阶段与顾客方达成的共识，并经顾客方确认的产品要求，应在产品设计和开发中严格贯彻、执行和实现，一般不得随意更改。确实需更改或顾客方提出更改，应通过相关部门与顾客方协调、协商，求得共识，并履行审签手续。

1.8.2 设计过程控制

在设计过程控制中，应明确设计工作中的机构、人员组成及过程控制要求。实际工作中，往往由相关人员和部门下达任命设计师、工艺师、质量师（可靠性师）、标准化师和计量师，建立行政指挥线和技术指挥线。同时由于产品的复杂程度不同，设计工作中的机构、人员组成及过程控制要求是有较大区别的，应进行适当的剪裁。

产品主任设计师组织编制产品设计和开发计划，内容应包括：

（1）产品概况。

（2）产品设计和开发的阶段划分及控制节点的设置。

（3）设计和开发评审计划及要求。

（4）技术保障措施：①技术、关键件、重要件分析和控制措施；②系列化、通用化、组合化设计考虑和实现措施；③新技术、新器材的采用及论证、验证、试验和鉴定要求及计划；④设计验证方法和验证计划。

（5）设计输出文件清单。

（6）指挥线设置、人员、职责、分工。

（7）组织和技术接口关系及协调办法。

（8）资源保障。

（9）产品研制风险评估分析。

编制产品设计规则或产品设计统一规定是必要的。编制产品设计规则，是为了确保设计的统一性、协调性和完整性，明确材料、元器件、标准件的选用原则。运用优化设计、可靠性、维修性和综合保障性等设计技术，进行产品总体设计，经分析、计算、综合权衡，进行误差分配和可靠性分配，划分单机、部件，编制设计任务书（含单机、部件设计任务书）。单机、部件设计任务书应明确提出对单机、部件的功能、技术指标、接口关系和可靠性等具体要求，并作为单机、部件设计输入的依据，组织评审。设计任务书的签署由下达任务者编制，接受任务者校对，评审组长或成员审核，主任设计师或设计部门领导批准后生效。

设计师系统应分工明确，使总体、单机、部件和零件相互之间组织协调、技术协调关系畅通。设计中采用的新技术、新器材，应按采用新技术、新器材的控制程序的要求进行论证、试验和鉴定。按产品功能特性分类控制程序进行关键件（特性）、重要件（特性）特性分析，确定关键件（特性）、重要件（特性）明细表，按产品设计和开发计划进行控制。按计算机软件控制程序和产品软件设计规范的软件工程方法进行软件的设计、验证和控制。

为使设计的结果易于制造，将相关专业人员及顾客方代表的意见和要求反映到设计中，严格执行设计图样的标准化检查、工艺检查及技术文件的工艺、质量和顾客方审查会审制度。设计图样和技术文件按图样和技术文件签署规定进行审签，要求签署规范、完备。

1.8.3 设计输出控制

设计输出的形式是设计图样和技术文件，允许分阶段输出和分阶段控制。在工作中应注意，每个文件的作用和意义，以及产品复杂程度不同，输出文件的类别和繁简是相差较大的。

设计输出控制的基本要求：满足产品设计输入的要求；给出采购、生产和服务的适当信息；给出验证设计和开发的产品满足设计输入要求所需的检验、试验、验收的大纲，准则和其他技术文件；给出设计产品的使用所必须保障的资源和技术文件；产品试制前阶段的设计输出必须按照设计和开发评审程序的规定，通过评审，方可生效，转入产品试制阶段。其他分阶段的设计输出文件，进行审签、会签、批准后生效。

产品试制前设计输出：设计图样；关键件（特性）、重要件（特性）项目明细表，并在图样上作相应标识；制造验收技术条件、环境应力筛选大纲、环境试验大纲；标准件、元器件明细表等。

产品试验前设计输出：软件设计(概要、详细)说明；联调试验大纲；技术说明书；使用和维护说明书；操作人员培训教材等。

产品交付前设计输出：产品包装、存储作业指导书，产品、备品、备件、专用工具、随机文件等装箱清单；产品安装技术条件；产品试验大纲；产品照相图册；产品履历簿；合同要求的其他文件。

1.8.4 设计更改控制

经过设计评审或经过审签、会签、批准生效的图样和技术文件按文件控制程序的要求，应对其归档、标识、发放、使用、保存、更改和废止等进行控制。

由于顾客要求、设计错误、要求不当、不易加工装调、材料等原因，经过论证、分析确实需要对图样和技术文件进行更改的，履行审批手续后，允许更改。更改过程必须受控。

由提出更改的设计者填写"更改通知单"，写明更改图号、名称、产品代号更改部位(附简图)、更改原因、标记、处数并签署。

主管设计师或同行专家对更改通知单校对、主任(副主任)设计师审核，并签署。

一般性更改，由部门领导批准。关键件、重要件的关键、重要尺寸及已设计定型的图样和技术文件的更改，必要时需经顾客方代表签字认可、质量标准部门会签、总工程师批准。

设计部门按签署完备而生效的"更改通知单"对全部蓝图进行更改，更改过程按"更改通知单运行记录"的要求进行，并予以记录。

在产品出厂前整理图样时，由设计部门按照累积的"更改通知单"更改底图。更改后的底图连同"更改通知单"一起存档备查。

技术文件的更改按文件控制程序进行更改和控制。在实际工作时，应着重强调设计更改的过程及其规章制度的必要性。

1.8.5 技术服务和记录

设计部门在图样和技术文件转入制造、试验阶段后，应组织设计人员进行技术服务，解释图样和技术文件，接受咨询和处理与图样和技术文件有关的问题。

设计部门按器材代用控制程序、不合格品控制程序和纠正措施管理程序等规定的职责进行审理和纠正，达到控制产品技术状态的目的。

设计过程中形成的设计说明书、计算书、验证报告、技术协调单、设计总结报告等按质量记录控制程序的规定归档。

产品设计完成后还应进行一些后续服务性工作，并及时进行各类设计文档、资料的整理、归档。值得指出的是，不论是设计控制，还是具体设计环节，都应适当引进最新相关标准内容，如国际标准、国家标准、国家军用标准和行业标准等，以适应实际工作的新需求。

1.8.6 新产品设计试制进程

新光电产品设计试制进程如图 1.17 所示。其系统软件、硬件设计研制(开发)进程及其审查与审核节点如图 1.18 所示，可以看出，系统软件与硬件的设计研制一般应同步、协调进行。值得一提的是，随着系统复杂程度、重要性和经济性等因素的不同，其进程和节点可适当剪裁/合并。

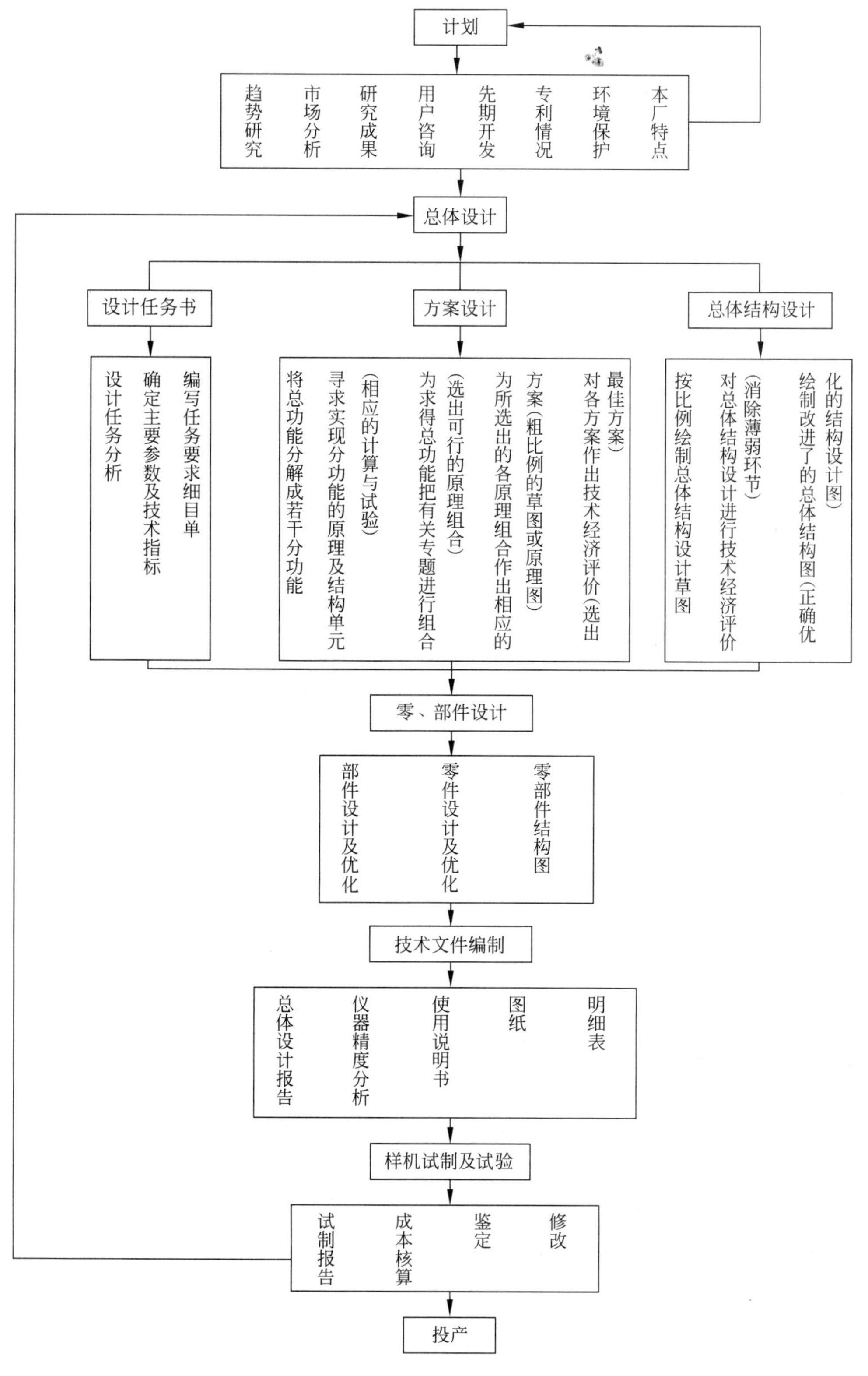

图 1.17　新光电产品设计试制进程

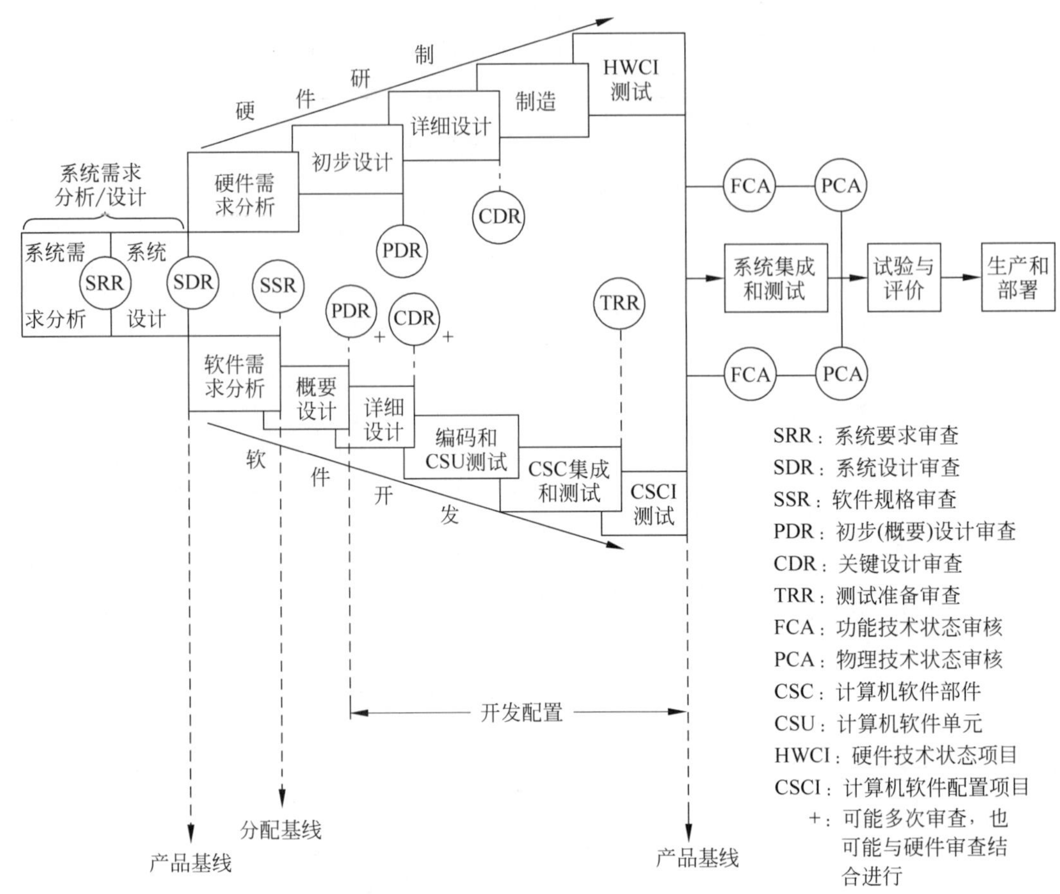

图 1.18　系统软件、硬件设计研制(开发)进程及其审查与审核节点

1.9　光电产品设计图样文件技术要求

产品(研制)设计图样文件包括产品图样和设计文件。在有关国家标准和国家军用标准中，产品设计图样文件更是其重要的内容。由于复杂光电产品对设计图样文件技术要求较系统、全面，因而将以此类产品设计图样文件技术要求为代表进行介绍，在实际工作中可视产品复杂度、难易程度和实际要求进行适当剪裁。

1.9.1　产品图样及设计文件的完整性

明确产品的设计阶段和试制阶段，对于产品不同的阶段，图样和设计文件的要求是有差别的。产品研发阶段可分为原理样机阶段、初步样机阶段、正式样机阶段。产品设计可分为原理样机设计、初步样机设计、正式样机设计、技术设计、工作图设计。产品试制过程一般可分为样机(样品)试制、小批试制、正式生产。

产品及其组成部分包括：产品、成套设备、零件、部件、专用件、借用件、通用件、标准件、外购件、附件、易损件和备件。

产品图样按表示的对象分类：零件图、装配图(部件装配图、总装配图)、总图、外形图、安装图、简图

(原理图、系统图、方框图、接线图)、表格图和包装图。产品图样按完成的方法和使用特点分类：原图、底图、副底图、复印图。按设计过程分类：设计图样(在产品各阶段的技术设计时绘制)、工作图样(产品各阶段工作图设计时绘制)。

与设计有关的文件包括：技术任务书，技术建议书，研究试验大纲，研究试验报告，计算书，技术经济分析报告，技术设计说明书，产品技术条件，产品检验验收技术条件，文件目录，图样目录，明细表，通(借)用件汇总表，外购件汇总表，标准件汇总表，产品标准，特殊元件、外购件、材料表，标准化审查报告，试制鉴定大纲，试制总结，型式试验报告，试用报告，产品特性值重要度分级表，产品设计评审报告，使用说明书，合格证和装箱单等。应就不同产品，不同阶段，进行必要的裁剪。

产品在设计、试制、鉴定和生产各阶段应具有相应的产品图样及设计文件。产品图样及设计文件的完整性应按要求确定，对不具备批量生产的产品以及特殊简单产品可视具体情况确定。

明细表和装配图明细栏允许只具备一种。只进行技术设计和工作图设计或只进行工作图设计的产品，允许无其他级别的文件。下列文件及图样允许组合、借用或简化：同系列产品的同一种设计文件、图样目录与明细表、外购件汇总表与标准件汇总表、简单的简图可直接绘于相应的装配图上。

1.9.2 设计文件的内容及要求

应注意根据企业类别、产品类别、复杂程度和技术含量，区别设计文件的内容，并针对性地进行剪裁、合并。在这些技术文件中，应注意技术任务书、试验大纲、试验报告、计算书、技术经济分析报告和技术设计说明书的内容。需要指出的是，由于不同行业、不同企业的习惯，技术文件的类别与名称可能与国家标准不一致，但应包含相应技术文件的内容与要求。

1. 技术任务书与技术建议书

技术任务书主要包括：①设计依据；②产品用途及使用范围；③基本参数及主要技术性能指标；④设计或研制进度。

技术建议书(技术论证报告)主要包括：①产品主要工作原理及系统；②产品组成及总布局、主要部件结构概述；③国内外同类产品水平分析比较；④标准化综合要求(其内容包括：应贯彻的产品标准和其他现行技术标准，新产品预期达到的标准化系数，对材料和元器件标准化要求，与国内外水平的对比，对新产品的标准化要求及预期达到的标准化经济效果等)；⑤关键技术解决途径、方法及关键元器件、特殊材料、货源情况分析；⑥对新产品的设计方案在性能、寿命与成本方面进行分析比较；⑦叙述产品既满足顾客需要，又适应本企业发展要求的情况；⑧产品设计、试验、试制周期的估算。

技术任务书是工程设计的源头和出发点，必须完整、科学、准确。技术论证是产品设计、试验、试制成功的开端和基本保证，必须系统、全面、可行。其中，技术指标一般应具有先进性、实用性和可实现性。

2. 计算书与技术设计说明书

计算书主要包括：计算目的、采用的计算方法、公式来源和公式符号说明(对采用统一计算公式者除外)、计算过程和结果。

技术设计说明书主要包括：技术设计依据，以及对技术任务中确定的有关性能指标、结构、原理变更情况的说明。

3. 技术经济分析报告

技术经济分析报告主要包括：确定对产品性能、质量及成本费用有重大影响的主要零部件；同类型产品相应零部件的技术经济分析比较；运用价值工程等方法，从成本与功能相互关系，分析产品主要零部件结构、性能、精度、材质等项目，论证达到技术上先进和经济上合理的结构方案；预期达到的经济效果等。

4. 文件目录与图样目录

文件目录包括正式生产（或试制）的全部设计文件，以及随产品出厂的设计文件。

图样目录一般针对产品编制，编入图样目录的项目为全部产品工作图样。

5. 明细表与汇总表

明细表可针对下列对象编制：产品、部件，特殊订货的成套附件、工具，包装部件及零件。

汇总表一般针对产品编制，但同一系列产品可汇总在同一张表格上。汇总表分为：通（借）用件汇总表、外购件汇总表、标准件汇总表及其他汇总表。

6. 产品检验验收技术条件、产品标准、产品特性值与重要度分级表

产品检验验收技术条件、产品标准（行业标准、企业标准）的编写应符合 GB/T 1.3—1997 的规定，这一点在实际工作中需要特别注意。在国家标准的框架下，即使相同的产品，不同企业的产品标准、规范或检验验收技术条件往往是存在差异的。

产品特性值与重要度分级表主要包括：序号、代号、名称，重要特性值，备注，重要度等级。

7. 产品设计评审报告与标准化审查报告

产品设计评审报告主要包括：评审类别，评审对象，评审内容，评审意见、建议，评审结论，评审主持人，参加评审人员并签字，评审日期。在实际工作中，为使产品设计完整、合理、正确，需要借助专家和集体智慧的力量。

样机试制标准化审查报告包括：①产品种类、主要用途和生产批量；②产品图样、设计文件的正确性、完整性、统一性；③产品标准化系数；④标准化经济效果；⑤产品基本参数及性能指标符合产品标准情况；⑥贯彻各类标准的情况及未贯彻的原因；⑦对新产品标准化情况的综合评价；⑧标准化审查的结论性意见。

小批试制标准化审查报告包括：①工艺标准化情况；②样机鉴定时标准机构提出意见后的执行情况；③工艺文件的正确性、完整性、统一性；④工艺装备标准化系数；⑤存在问题和解决措施；⑥标准化审查的结论性意见。

8. 使用说明书

产品使用说明书对顾客来说是一种非常重要的文件，应符合 GB/T 9969—2008 的规定，并站在顾客的角度进行编写。

9. 试验大纲与试验报告

试验大纲主要包括：试验项目名称，试验目的和要求，试验条件（环境条件、试验装置、测试仪器及工具等），试验方法、步骤和相应记录表格，试验注意事项，经费估计，提出单位等。

试验报告主要包括：试验项目及任务来源，试验目的和要求，试验起止时间，试验数据，特性曲线，试验过程中所发生的问题及分析处理情况，试验结论和建议，试验单位及人员等。

10. 试制鉴定大纲与试制总结

试制鉴定大纲包括样机试制鉴定大纲及小批试制鉴定大纲，目的是验证产品基本参数和技术性能指标是否符合有关产品标准的要求，包括提出产品全部性能试验项目、程序及记录表格；检验产品主要零部件制造质量及装配质量；检查产品外观质量。审查产品图样、设计文件的正确性、完整性、统一性。样机试制、鉴定重点审查产品图样、设计文件；小批试制、鉴定重点审查工艺、工装图样及文件。对在鉴定前已进行过试验并具有试验文件(如试用报告)而又不宜在鉴定时再进行试验的项目，应提出试验报告的编号和名称，并附鉴定用仪器、工具及材料清单，鉴定试验地点(指大型成套设备)。

样机试制总结包括：试制产品性质(指系列、派生和专用等)；试制时间、数量；关键问题及解决过程；产品图样、设计文件验证情况；材料代用情况；加工、装配质量情况；样机试制结论。

小批试制总结包括：小批试制时间和数量；样机鉴定中提出的问题和建议的处理情况；工艺验证情况；工装验证情况；关键问题及解决过程；小批试制结论。

11. 型式试验报告与试用报告

型式试验报告包括：试验台数及产品编号；试验依据；试验记录；根据国家标准、企业标准，或产品技术条件进行逐项试验并作记录；质量分析：根据试验结果，对产品质量作出结论性评价，一般包括是否合格、主要技术指标的水平、对不合格项目的初步分析意见。

试用报告包括：试用产品型号、名称与编号；试用项目；试用目的、要求试用条件(环境条件、设备、仪表)；试用步骤、方法和内容；性能分析；试用结论；试用单位盖章和日期。

12. 合格证(合格证明书)

合格证(合格证明书)包括：产品型号、名称、出厂编号；国名、厂名(或商标)；有关主要性能、安全、可靠性指标实测数据；“产品经检验合格，准许出厂”等字样；检验员、检验科长签章及日期，必要时需法人代表签署并附检验单。

13. 装箱单

装箱单主要包括：产品名称、规格、数量；从产品上拆下包装的零部件名称、数量；随机附件、工具名称、数量；随机备件名称、数量；成套设备安装所需的材料、名称、数量；随机文件、名称、数量；装箱单中应注明国名、厂名、产品型号、名称、出厂编号、装箱部位、装箱检验员签章及日期，必要时还应注明箱号、箱体尺寸、净重与毛重。装箱单依据具体情况可以适当裁剪、合并。

值得指出的是，设计图样文件是产品设计输出的结果，其完整性和准确性对产品设计具有直接的影响，对产品研发、设计、生产、装配、调试、试验、检验、使用等环节具有显而易见的作用和意义，而且决定着产品研制的成败以及产品生产与使用的质量。

1.10 光电系统设计与仿真软件

随着计算机软硬件技术的发展及其在光电系统设计中的应用，已出现了许多有代表性的专业化设计与仿真工具软件，包括：ZEMAX、CODE V、OSLO、LENSVIEW、ASAP、TRACEPRO、LIGHTTOOL、TFCALC、OPTISYS_DESIGN、ASLD、Multisim、COMSOL Multiphysics、PhotonDesign、LAS-CAD 等软件，这里进行简要介绍和分析。

1. ZEMAX

ZEMAX 光学设计软件，可作光学组件设计与照明系统的照度分析，也可建立反射、折射、绕射等光学模型，并结合优化、公差等分析功能，是一套可以运算 Sequential 及 Non-Sequential 的软件。它有多个版本，是将实际光学系统的设计概念、优化、分析、公差以及报表集成在一起的一套综合性的光学设计仿真软件。ZEMAX 的主要特色：提供多功能的分析图形，对话窗式的参数选择，方便分析，且可将分析图形存成图文件，如 *.bmp、*.jpg 等，也可存成文本文件，如 *.txt；表栏式 merit function 参数输入，对话窗式预设 merit function 参数，方便使用者定义，且提供了多种优化方式；表栏式 tolerance 参数输入和对话窗式预设 tolerance 参数，方便使用者定义。

2. CODE V

CODE V 光学设计软件，提供用户可能用到的各种像质分析手段。除了常用的三级像差、垂轴像差、波像差、点列图、点扩展函数和光学传递函数外，软件中还包括了五级像差系数、高斯光束追迹、衍射光束传播、能量分布曲线、部分相干照明、偏振影响分析、透过率计算和一维物体成像模拟等多种独有的分析计算功能，是广泛应用的光学设计和分析软件。CODE V 不断进行改进和创新，包括：变焦结构优化和分析，环境热量分析，MTF 和 RMS 波阵面基础公差分析，用户自定义优化，干涉和光学校正、准直，非连续建模，矢量衍射计算包括了偏振，综合优化光学设计等。

3. OSLO

OSLO 主要用于照相机、通信系统、军事/空间应用、科学仪器中的光学系统设计，特别当需要确定光学系统中光学元件的最佳大小和外形时，该软件能够体现出优势。此外，OSLO 也用于模拟光学系统，并且能够作为一种开发软件去开发其他专用于光学设计、测试和制造的软件工具。

大多涉及光波传播的光学系统都可以使用 OSLO 进行设计，典型的应用包括：常规镜头、缩放镜头、高斯光束/激光腔、光纤耦合光学、照明系统、非连续传播系统、偏振光学、高分辨率成像系统。此外，OSLO 还可以设计具有梯度折射率表面、非球面、衍射面、光学全息、透镜阵列、干涉测量仪等光学系统。

4. LENSVIEW

LENSVIEW 为搜集在美国以及日本专利局申请有案的光学设计的数据库，囊括超过 18000 个多样化的光学设计实例，并且每个实例都显示它的空间位置。它搜集从 1800 年起至今的光学设计数据，这个广博的 LENSVIEW 数据库不仅囊括光学描述数据，而且拥有设计者完整的信息、摘要、专利权状样本、参考文件、美国和国际分类数据以及许多其他的功能。LENSVIEW 能产生多种式样的像差图，做透镜的快速诊断，并绘出这个设计的剖面图。

5. ASAP

ASAP 是光学分析软件，为仿真成像或光照明的应用而设计。对于整个非序列性描光工具都经过速度的优化处理，可以在短时间内进行数百万条几何光线的计算。光线可不计顺序及次数的经过表面，还可向前、向后追踪。此外，ASAP 的指令集可以进行特性光线以及物体的分析，包括选择要分析的物体光线；选择并独立出特定的光线群；列出光线的来源(折射/反射/散射)及其路径的变化；追踪光线的来源以及强度，分析出杂散光路。主要用于汽车车灯光学系统、生物光学系统、相干光学系统、屏幕展示系统、光学成像系统、光导管系统、照明系统及医学仪器设计等。

6. TRACEPRO

TRACEPRO 是一套用于照明系统、光学分析、辐射分析及光度分析的光线仿真软件。它是结合真实模型、光学分析功能、数据转换及使用接口的仿真软件。应用领域包括：照明、导光管、薄膜光学、光机设计、杂散光和激光泵浦。建立的模型包括：照明系统、灯具及固定照明、汽车照明系统(前头灯、尾灯、内部及仪表照明)、望远镜、照相机系统、红外成像系统、遥感系统、光谱仪、导光管、投影系统、背光板等。TRACEPRO 应用在显示器产业上，它能模仿许多类型的显示系统，从背光系统，到前光、光管、光纤、显示面板和液晶显示(Liquid Crystal Display，LCD)投影系统。

7. LIGHTTOOL

LIGHTTOOL 是光学系统建模软件，具有三维照明模拟功能，于 1995 年推出。1997 年，又研制与主体程序配套使用的 Illumination 模块，解决照明系统的计算机辅助设计问题。具有系统建模、光机一体化设计、复杂光路设置、杂光分析和照明系统设计分析等功能。

8. TFCALC

TFCALC 是一个光学薄膜设计软件，用它可以进行膜系设计。许多光学元件需要多层膜系设计，如棱镜、显示器和眼镜片等。为了控制从 X 射线到远红外线的波长范围内的光的反射和透射，光学薄膜取决于如何控制光的干涉和吸收，TFCALC 可以帮助设计出光学系统中光学元件所需的膜系。

TFCALC 功能强大，是光学薄膜设计和分析的通用工具。可用于设计各种类型的减反、高反、带通、分光、相位等膜系。

1）支持各种膜系的建模

TFCALC 能设计基底双面膜系，单面膜层最多可达 5000 层，支持膜堆公式输入。并可以模拟各种类型的光照，如锥形光束、随机辐射光束等。

2）强大的优化功能

可用极值、变分法等方法实现优化膜系的反射率、透过率、吸收率、相位、椭偏参数等目标。还可以只要通过初始的单层膜就可以自动设计出各种膜系。

3）集成了各种分析功能

这包括反射率、透过率、吸收率、椭偏参数分析；电场强度分布曲线；膜系反射和透过颜色分析；膜层公差与敏感度分析；良率分析等。

9. OPTISYS_DESIGN

OPTISYS_DESIGN 是光通信系统仿真软件包，用于在光网络物理层上大多数的光连接形式的设计、测试和优化。作为系统级的基于实际的光纤-光通信系统仿真器，它实现仿真环境，以及系统与器件之间层次等级的界定。可以把定义的器件加入通用器件之中以扩展其功能。可以用图形界面控制光器件的摆放和连接，器件的模型和示图。器件库中包含有源和无源器件，以及随波长而变的参数表，可以查到特定器件的规格对于整个系统性能的影响。

10. ASLD

ASLD 是一款高效易用的固体激光器谐振腔设计、优化仿真工具。它可以分析从泵浦系统模型到谐振腔模拟，以及系统内光学、机械、热效应和电场等物理特性之间的相互影响。应用于热透镜效应分析，光束质量和输出功率分析，激光器稳定性及束腰分析，泵浦光源分析，主动 Q 开关、被动 Q 开关，参数分析等。它的特点和优势在于高功率激光器的超高斯模式分析、精确的连续波长输出功率计算、参数分析。

11. Multisim

Multisim 是 IIT 公司推出的电路仿真软件。它提供了全面集成化的设计环境，完成从原理图设计输入、电路仿真分析到电路功能测试等工作。当改变电路连接或改变元件参数，对电路进行仿真时，可以清楚地观察到各种变化对电路性能的影响。Multisim 主要有如下特点：操作界面方便友好，原理图的设计输入快捷；元器件丰富，有数千个器件模型；虚拟电子设备种类齐全，如同操作真实设备一样；分析工具广泛，帮助设计者全面了解电路的性能；对电路进行全面的仿真分析和设计；可直接打印输出实验数据、曲线、原理图和元件清单等。

12. COMSOL Multiphysics

COMSOL Multiphysics 是一款大型的高级数值仿真软件。广泛应用于许多领域的科学研究以及工程计算，模拟科学和工程领域的各种物理过程。COMSOL Multiphysics 是以有限元法为基础，通过求解偏微分方程(单场)或偏微分方程组(多场)实现真实物理现象的仿真,用数学方法求解真实世界的物理现象。大量预定义的物理应用模式,范围涵盖流体流动、热传导、结构力学、电磁分析等多种物理场,用户可以快速地建立模型。利用其建模仿真功能,对特定器件(例如像差补偿器件)的结构和变形能力进行设计建模和有限元分析(Finite Element Analysis,FEA)。该软件力图满足用户仿真模拟的所有需求,成为重要的仿真工具。它具有用途广泛、灵活、易用的特性,与其他有限元分析软件相比,它的强大之处在于利用附加的功能模块,软件功能可以很容易进行拓展。

13. PhotonDesign

PhotonDesign光波导设计软件是一套光子、光通信、波导光学系列软件。相比其他同类软件,它的优势在于算法更加精准。PhotonDesign软件具有其他软件难以替代的优势,它向理论和光子仿真界提出了挑战,并且解决了许多问题。通过对各种适用理论方法打包,将复杂的算法加入软件中,再加上一个友好的使用界面可以提高使用者的工作效率,同时也可以让使用者轻松掌握软件的操作。PhotonDesign广泛用于光纤通信系统设计和光子器件设计。其功能强大,可以满足相关设计需要,包含多个功能模块:FIMMWAVE是三维波导搜索引擎;FIMMPROP是双向光学传播工具;CrystalWave是光子晶体CAD工具;OmniSim是全方向光子模拟模块;HAROLD是异质结构的激光二极管模块;PICwave是光子IC电路模拟;Kallistos是光子器件优化工具。

14. LAS-CAD

LAS-CAD是固体激光腔体设计软件包。它提供了介于热学和光学之间的复杂的多物理系统交互分析,这种分析通常用于被称为热透镜效应的固态光学器件。这种效应的建模和它对光质量的影响以及装置的稳定性和光效率等对于激光器的分析和优化是十分必要的。LAS-CAD程序提供了以上这些所必需的建模工具。LAS-CAD具有热学上和结构上的有限元分析、ABCD高斯光线传播代码、物理光学光束传播代码、计算激光输出功率和光束质量、动态多模分析和调Q。

此外,Essential Macleod软件是较完善的光学薄膜分析与设计软件。VPI是光通信系统模拟仿真软件,它集设计、测试和优化等功能于一体,是一个基于实际光纤通信系统模型的系统级模拟器。BPM_CAD是应用于各种集成器件和光纤导波计算的计算机辅助设计软件包。IFO_GRATINGS是用于带有光栅的集成或光纤器件建模的设计软件,许多远程通信和传感器的运转都是利用光栅调节光导模式之间的耦合,可设定器件参数。FIBER_CAD用于设计或使用光纤、光器件和光通信系统,此软件包通过融合光纤色散、损耗和偏振模色散各个模型计算所得的数值解来解决光纤模式传输问题。FDTD_CAD是用于有源和无源光器件的计算机辅助设计的软件。LITESTAR 4D是一套功能强大、灵活性高且能自由配置的照明设计软件,应用于室内和室外照明工程设计、3D实体显示,使用者能自主设计环境以及景物。MATLAB是一种集数值计算、符号计算和图形可视化三大基本功能于一体的工程计算应用软件,不仅可以处理代数问题和数值分析问题,而且还具有较强的图形处理及仿真模拟等功能。由此可以看出,各种系统设计与仿真软件,将在光电系统设计中发挥越来越重要的作用。

必须指出的是,在光电系统设计或研发过程中,各种工具软件之间大多存在复杂的设计数据流,为了显示这种复杂的关系,这里举例用图1.19给出一种更为细致、含有潜在路径的光机系统设计综合分析示意图。实线代表直接影响,虚线表示需要手工设计修改数据流。如果它们都使用标准格式,软件之间的数据交换就方便和容易多了。其中,FEA已经发展许多年了,是分析机械结构的常用工具,适用于光机结构的静态、动态和热传导分析。机械和热分析往往需要用到许多不同类型的软件,如果与其他软件组合使用,从光机系统角度出发,则FEA可能更为有效。

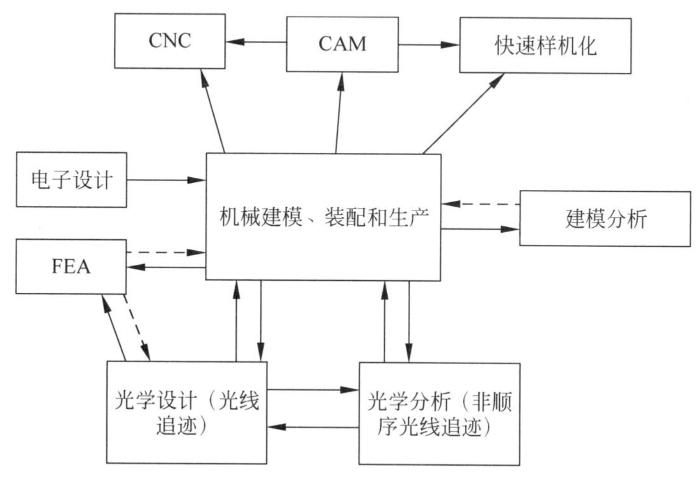

图 1.19　基于不同软件数据交换的光机系统设计综合分析示意图

许多光电系统的设计往往涉及多种学科，而不仅仅是光学和机械学，可能还包括自动控制、电磁学、信号处理、材料学、计算机、热学等，为进行系统总体设计和性能分析，对凡是参与系统组成的所有学科都需要共享相关数据，而每一学科都使用各自的软件，因此需要一个数据库和转换软件将数据从一个软件传递到另一个软件，并对每种软件的输出重新格式化或者转换，作为下一个软件的输入，从而构成设计软件的有机综合与集成是必要的。

第2章 目标与环境辐射及其工程计算

CHAPTER 2

目标与环境辐射分析及其工程计算是对光电系统进行需求分析、技术论证和设计等工作的源头。由于目标与环境的光辐射特性的研究同军事应用密切相关，世界各国对目标与环境的光辐射特性研究的详细计划、内容，尤其是研究成果严加保密（特别是军事目标研究方面）。除了军事目的外，目标与环境辐射特性研究还具有广泛的民事用途。

本章首先在介绍光辐射与度量的基础上，阐述绝对黑体及其基本定律、辐射源及特性形式分类，接着分析点源、小面源、线源、朗伯(J. H. Lambert)扩展源及成像系统像平面的辐照度，以及非规则体的辐射通量计算及目标面积的取法，然后研讨目标与环境光学特性的分类及特点、环境与目标光辐射特性，最后，提出目标辐射的简化计算程序。

2.1 光辐射与度量

以往在物理学上，通常把从太阳发射到地球上来的那些东西，统称为“辐射”。其中有人眼看得见的各种彩色光，也有人眼感觉不到的，所谓“红外光”就是其中之一。现在则认为，能量以电磁波或光子的形式发射传递的方式称为辐射。由于电场和磁场的变化能够相互感应，电场和磁场的能量能在介质或真空中自行传播，形成电磁波。电磁波又称电磁辐射。电磁波可根据波长（频率）划分为γ射线、X射线、紫外(射)线(UV)、可见光、红外(光)线(IR)、微波和无线电波等谱段(波段)。

无线电波（波段）可大致分为微波（波段）、超短波（波段）（米波）（1～10m）、短波（波段）（10～100m）、中波（波段）（100m～1km）、长波（波段）（1～100km）、特长波（波段）（100km～1Mm）、超长波（波段）（1～10Mm）、极长波（波段）（10～100Mm）。微波（波段）可进一步分为分米波（波段）、厘米波（波段）、毫米波（波段）、亚毫米波（波段）。亚毫米波（波段）（100～1000μm）与极远（或甚远）红外波段重叠，也与太赫兹波段（30～3000μm）重叠。

电磁波在长波段（如微波、无线电波）表现出显著的波动性，在短波段（如γ射线）表现出很强的粒子性，而光波具有显著的波粒二象性。光学研究的内容可以包括电磁波中从远红外至紫外并延伸至软X射线的光谱范围。亦即通常将紫外拓展到X射线范围，红外拓展到太赫兹波段范围，并把它们纳入光辐射范围。定义光辐射的频段范围主要是依据电磁辐射与传播介质的相互作用，因为介质对不同频段的响应有很大区别，在这些频段范围的电磁辐射的处理方法基本上与可见光相同。因此，光辐射的范围一般可以定义在极远紫外（波长小至10nm，甚至更小）到极远红外（波长至1mm）。

可见光只是电磁波谱中能被人眼感知的那一很小部分，其波长范围根据人眼的视觉响应界定。一般来说，γ 射线是原子核放射性衰变产生的辐射，X 射线是电子辐射，物质内部的分子、原子或电子在加热、电子撞击、光照射以及化学反应等外部激发后可以发生能级跃迁，产生各种光学波段的电磁辐射，真空腔、导体中的电流振荡能产生微波和无线电波辐射。可以看出，不同谱段的电磁波的波长、频率、光子能量差别较大(大致划分如表 2.1 所示)。

表 2.1 电磁波谱段的波长、频率和光子能量

谱　段	波　长	频　率	光子能量
γ 射线	小于 0.01nm	大于 10EHz	120keV～300GeV
X 射线	0.01～10nm	30EHz～30PHz	120eV～120keV
紫外	10～390nm	30PHz～790THz	3.3eV～120eV
可见光	390～750nm	790THz～405THz	1.7～3.3eV
红外	750nm～1mm	405THz～300GHz	1.24meV～1.7eV
微波	1mm～1m	300GHz～3MHz	1.24μeV～1.24meV
无线电波	1mm～10^5km	300GHz～3Hz	1.24feV～1.24μeV

2.1.1 光辐射及其红外辐射

对于光辐射，利用光的波动性，以其重要的特征参量——波长(频率)划分统一的电磁波谱。辐射的本质是原子中电子的能级跃迁。低能级电子，受外界能量激发，可跃迁至高能级 $E_{高}$，当这些处于不稳定态的受激电子再度落入较低能级 $E_{低}$ 时，就会以“辐射”的形式向外传播能量。例如，$E_{高}-E_{低}=1.24\text{eV}=\frac{1.24}{\lambda}$时($1\text{eV}=1.602\ 189\ 2\times10^{-19}\text{J}$)，辐射的波长 λ 就是 1μm。

红外辐射(波段)是光学辐射(波段)的一部分，它在电磁振荡波谱中占据的波长范围为 0.76～1000μm。光学辐射还包括 X 射线(0.001～5nm)、紫外线(0.005～0.40μm)和可见光(0.40～0.76μm)。在不同的应用场景，各波段划分略有区别。红外辐射的光量子能量比可见光的小，如 10μm 的红外光子能量大约是可见光光子能量的 1/20。红外辐射的热效应比可见光的热效应要强得多。红外辐射更容易被物质吸收。

一切物体在高于绝对零度的任何温度下，都会发射热辐射。热辐射是物质中带电粒子热运动产生的电磁辐射，热辐射可产生从紫外、可见光、红外至微波的连续光谱，其光谱分布随温度而异。常温、低温物体的热辐射的能量主要集中在红外波段。热辐射被认为是一种利用电磁波辐射、非接触的热传递方式。因此，红外光电系统可采用无源、被动的方式，非接触地探测物体自身的热辐射，并反演物体表面的温度或辐射特性。热辐射的基本定律有基尔霍夫定律、普朗克定律、斯特藩——玻耳兹曼定律、维恩位移定律等。根据普朗克定律，物体的热辐射强度与物体的温度及表面的辐射能力有关，热辐射的光谱分布与物体的温度有关。

辐射的性质取决于物质的聚集状态。气体的辐射波谱一般由具体气体单独的特征谱线和谱带组成。原子的谱线和分子的带谱，只有在发射气体处于稀薄状态下才显现出来。当粒子间耦合增强时，例如压力和温度发生变化时，谱线和谱带就会扩展，并变得不明显。液体波谱的特征是分子间的相互作用影响很大，带宽增大，并出现气体波谱中所没有的新谱带。固体的辐射波谱，由于分子间相互作用增强而成为连续波谱，因为吸收谱线变得非常模糊而汇合成谱带，谱带则汇合成连续波谱段。

可见光辐射的成分大致有如下波长范围：红光 0.76～0.62μm；橙光 0.62～0.59μm；黄光 0.59～0.56μm；绿光 0.56～0.50μm；青光 0.50～0.48μm；蓝光 0.48～0.45μm；紫光 0.45～0.40μm。对人

眼视觉最灵敏的单色光是波长 0.55μm 附近的绿光。可见光能透过地球大气。

有文献将介于 X 射线和可见光之间、波长范围为 10～390nm 的波段命名为紫外，紫外波段的电磁波称为紫外辐射，又称紫外线。德国物理学家里特于 1801 年发现经氯化银溶液浸泡的纸片会在三棱镜可见光色散光谱紫光外侧的某种射线的照射下变黑，由于此射线的波长位于可见光紫光区的外侧，因此称为紫外线。凡是温度达 1200℃以上的物体，均有丰富的紫外辐射，大气层外太阳光能量的 10%约为紫外辐射。利用电弧、气体放电、高温燃烧等原理可人工制造紫外源。紫外光子能量较大，能引起物质化学反应、发光或发射荧光。紫外波段可再进一步划分为若干个子波段，如近紫外、中紫外、远紫外、极远紫外等。

红外辐射占有很宽的波谱区，其一边毗邻可见（红）光辐射，而另一边则与无线电波段相邻。如果与声波作一典型的比较，那么可以发现，红外辐射至少覆盖 10 个倍频程，而可见光仅占 1 个，紫外线占 5 个，X 射线约占 14 个，无线电波辐射占 28 个。红外波段一般可分为四部分：近红外（Near Infrared，NIR）（0.76～3μm）、中波红外（Medium Wave Infrared，MWIR）或中红外（Mid Infrared，MIR）（3～6μm）、远红外（Far Infrared，FIR）（6～15μm）和甚远红外（Extreme Infrared，XIR）（15～1000μm）。这种划分的逻辑与所谓的"大气窗口"密切相关。在 0.76～20μm 有三个大气窗口：2～2.6μm，3～5μm，8～14μm（在不同的应用场景，窗口波段划分略有不同）。在大气窗口内，大气对红外（线）吸收相对甚少；在大气窗口外，大气对红外几乎是不透明的。从远红外向长波方向数去，即为太赫兹波、毫米波、微波、无线电波（也有将太赫兹波归并于毫米波，毫米波归并于微波），甚低频的无线电波的波长最长可达 10^5 m。

需要说明的是，不同专业领域根据各自的应用，提出了有针对性的不同的波段划分方法，导致波段量值范围有所不同，甚至波段名称也不相同，因而在具体场合应予特别注意和辨别。如在光谱学中，红外波段分为：近红外（0.78～2.5μm），对应原子能级之间的跃迁和分子振动泛频区的振动光谱带；中红外（2.5～25μm），对应分子转动能级和振动能级之间的跃迁；远红外（25～1000μm），对应分子转动能级之间的跃迁。而国际照明委员会将红外划分为近红外（0.7～1.4μm）、中波红外（1.4～3μm）、远红外（50～1000μm）等波段。天文学工作者虽将红外划分为近红外、中波红外、远红外等波段，但波长范围不同。一般较常见的红外波段划分方法兼顾应用、大气窗口、探测器响应等因素，将整个红外波段划分为近红外、短波红外、中波红外、长波红外、远红外 5 个子波段，如表 2.2 所示。还有从遥感应用、红外探测器和红外材料等角度，建议将红外波段划分为近红外、短波红外、中波红外、长波红外、远红外、甚远红外 6 个子波段，如表 2.3 所示。在有些专业领域红外子波段还可进一步细分，如在光通信领域，根据光源、光纤吸收、探测器响应的光谱特性，将波长 1260～1675nm 的短波红外再细分为若干更窄的波段。

表 2.2　常见红外波段划分

波　段　名	英　文　名	缩　略　语	波长范围/μm
近红外	Near Infrared	NIR	0.75～1.4
短波红外	Short Wave Infrared	SWIR	1.4～3
中波红外	Medium Wave Infrared	MWIR	3～8
长波红外	Long Wave Infrared	LWIR	8～15
远红外	Far Infrared	FIR	15～1000

表 2.3　红外波段另一种划分

波　段　名	英　文　名	缩　略　语	波长范围/μm
近红外	Near Infrared	NIR	0.76～1.1
短波红外	Short Wave Infrared	SWIR	1.1～3

续表

波段名	英文名	缩略语	波长范围/μm
中波红外	Medium Wave Infrared	MWIR	3～6
长波红外	Long Wave Infrared	LWIR	6～25
远红外	Far Infrared	FIR	25～100
甚远红外	Extreme Infrared	XIR	100～1000

红外辐射常称为热辐射。事实上它并没有特别的热性质，而与其他辐射一样，能在其射程范围内被物体吸收并转化成热。然而热效应仅是红外辐射被吸收的结果，而不是它的特征。如果说红外辐射的热显示比可见光和紫外辐射的热显示要明显得多，那么这仅仅因为用简单的技术设备就能制成大功率的红外辐射。红外辐射和可见光一样，在同一介质中直线传播，遵守反平方定律，也会发生反射、折射、散射、衍射、干涉和偏振。

2.1.2 光度量和辐射度量

光实质上是以电磁波方式辐射的物质，具有波粒二象性，其度量方式有两种，即光度量和辐射度量。

辐射度量是一门度量电磁辐射能的科学技术，是光电工程技术的基础。历史上形成了两种度量制：光度量制和辐射度量制。前者以人眼或经视见函数校正过的照度计作为探测器；后者以无光谱选择性的真空热电偶作为探测器。光度学是以人眼对入射辐射刺激所产生的视觉为基础的，因此光度学的方法不是客观的物理学描述方法，它只适用于可见光那部分区域。对于电磁波谱中其他广阔的区域，如红外辐射、紫外辐射、X 射线等波段，就必须采用辐射度学的概念和度量方法，它是建立在物理测量的客观量——辐射能的基础上的，不受人的主观视觉的限制。因此，辐射度学的概念和方法，适用于整个电磁波谱范围。它们所涉及的辐射(光)能参数、定义、符号、单位、量纲如表 2.4 所示。此表给出了辐射(光)通量、密度、强度、照度、亮度的物理概念和表达式，十分有用。

表 2.4 辐射能量单位和光度单位对照

辐射度量制				光度量制			
名称	表达式	单位及符号	量纲	名称	表达式	单位及符号	量纲
辐射能	$Q=\int_{-\infty}^{\infty}Q_r(\lambda)\mathrm{d}\lambda$ $Q_r(\lambda)$为光谱(单色)辐射能	焦耳(J)	ML^2T	光量	$Q_p=\int_{-\infty}^{\infty}K(\lambda)Q_r(\lambda)\mathrm{d}\lambda$ $K(\lambda)$为光谱(单色)光视效能	流明秒(lm·s)	ML^2T^{-2}
辐射能密度	$W=\frac{\mathrm{d}Q}{\mathrm{d}V}$	焦耳每立方米(J/m^3)	$ML^{-1}T^{-2}$	光密度	$W_p=\frac{\mathrm{d}Q_p}{\mathrm{d}V}$	流明秒每立方米($lm\cdot s/m^3$)	$ML^{-1}T^{-2}$
辐射通量(功率)	$\Phi=\frac{\mathrm{d}Q}{\mathrm{d}t}$	瓦特(W)	ML^2T^{-3}	光通量	$\Phi_p=\frac{\mathrm{d}Q_p}{\mathrm{d}t}$	流明(lm)	ML^2T^{-3}
面辐射度(辐射出射度)	$M=\frac{\mathrm{d}\Phi}{\mathrm{d}s}$	瓦特每平方米(W/m^2)	MT^{-3}	面发光度(光出射度)	$M_p=\frac{\mathrm{d}\Phi_p}{\mathrm{d}s}$	流明每平方米(lm/m^2)	MT^{-3}
辐(射)照度	$H=\frac{\mathrm{d}\Phi}{\mathrm{d}s}$	W/m^2	MT^{-3}	光照度	$H_p=\frac{\mathrm{d}\Phi_p}{\mathrm{d}s}$	勒克斯(lx)	MT^{-3}

续表

辐射度量制				光度量制			
名称	表达式	单位及符号	量纲	名称	表达式	单位及符号	量纲
辐射强度	$I=\frac{\mathrm{d}\Phi}{\mathrm{d}\Omega}$	瓦特每球面度(W/sr)	$ML^2T^{-3}\Omega^{-1}$	发光强度	$I_p=\frac{\mathrm{d}\Phi_p}{\mathrm{d}\Omega}$	坎德拉(cd)	$ML^2T^{-3}\Omega^{-1}$
辐射亮度	$L=\frac{\mathrm{d}^2\Phi}{\mathrm{d}s\cdot\mathrm{d}\Omega}$	瓦特每平方米球面度(W/(m^2·sr))	$MT^{-3}\cdot\Omega^{-1}$	光亮度	$L_p=\frac{\mathrm{d}^2\Phi_p}{\mathrm{d}s\cdot\mathrm{d}\Omega}$	坎德拉每平方米(cd/m^2)	$MT^{-3}\cdot\Omega^{-1}$

常用的辐射量较多，其符号、名称不尽统一。现将红外工程技术中常用的辐射量术语、符号、定义和单位列于表2.5。

表2.5 常用辐射量术语、符号、定义和单位

术语	符号	定义	单位
光辐射		波长范围为0.01nm～1mm的电磁辐射(光学波段)	
红外辐射		波长范围为0.76μm～1mm的光辐射	
热辐射		由于辐射系统的热能而产生的光辐射	
单色辐射		以某一任意振荡频率为特征的光辐射	
光谱		形成辐射的所有单色辐射的集合	
波长	λ	在某一介质中单色波前于一个振动周期内所传播的距离	m
绝对黑体		吸收系数等于1，并与波长、入射辐射的偏振方向和传播方向无关的物体	
灰体(无选择性辐射体)		光谱中能量的相对分布与同一温度下绝对黑体光谱中能量的相对分布相同的热辐射器	
选择性辐射体		光谱中能量的相对分布不同于同一温度下绝对黑体光谱中能量的相对分布的热辐射器	
(辐射)发射率	ε	在同一温度下辐射源辐射出射度与黑体辐射出射度之比	
(辐射)吸收率	α	吸收的辐射通量与入射的辐射通量之比	
(辐射)反射率	ρ	反射的辐射通量与入射的辐射通量之比	
(辐射)透过率	τ	透过的辐射通量与入射的辐射通量之比	
辐(射)功率	P	以辐射的形式发射、传播或接收的功率	W
光谱辐(射)功率	P_λ	波长为λ时，单位波长间隔内的辐(射)功率 $\mathrm{d}P=P_\lambda\mathrm{d}\lambda$	$W\cdot\mu m^{-1}$
辐(射)通量	Φ	光辐射在远大于振荡周期时间内的平均功率	W
光谱辐射通量	Φ_λ	波长为λ时，单位波长间隔内的辐射通量 $\mathrm{d}\Phi=\Phi_\lambda\mathrm{d}\lambda$	$W\cdot\mu m^{-1}$
辐射能	Q	以电磁辐射传输的能量，它由辐射通量和辐射作用时间的乘积确定	J
辐射能密度	W	以电磁辐射传输的单位体积(V)中的辐射能量 $W=\mathrm{d}Q/\mathrm{d}V$	$J\cdot m^{-3}$
辐(射)出(射)度	M	辐射源在单位面积上向半球空间发射的功率	$W\cdot cm^{-2}$
光谱辐(射)出(射)度	M_λ	波长为λ时，单位波长间隔内的辐出度 $M_\lambda=\mathrm{d}M/\mathrm{d}\lambda$	$W\cdot cm^{-2}\cdot\mu m^{-1}$
辐(射)强度	I	辐射源在单位立体角内的辐射通量	$W\cdot sr^{-1}$

续表

术　语	符号	定　义	单　位
光谱辐(射)强度	I_λ	波长为 λ 时,单位波长间隔内的辐射强度 $I_\lambda = \mathrm{d}I/\mathrm{d}\lambda$	$\mathrm{W \cdot sr^{-1} \cdot \mu m^{-1}}$
辐(射)亮度	L	辐射源在单位面积上向单位立体角内发出的辐射通量	$\mathrm{W \cdot cm^{-2} \cdot sr^{-1}}$
光谱辐(射)亮度	L_λ	波长为 λ 时,单位波长间隔内的辐射亮度 $L_\lambda = \mathrm{d}L/\mathrm{d}\lambda$	$\mathrm{W \cdot cm^{-2} \cdot sr^{-1} \cdot \mu m^{-1}}$
辐(射)照度	H	入射到单位面积上的辐射通量	$\mathrm{W \cdot cm^{-2}}$
光谱辐(射)照度	H_λ	波长为 λ 时,单位波长间隔内的辐(射)照度 $\mathrm{d}H = H_\lambda \mathrm{d}\lambda$	$\mathrm{W \cdot cm^{-2} \cdot \mu m^{-1}}$
辐(射)照量	E	入射于表面的辐射能量之表面密度,等于辐照时间与辐照度之积	$\mathrm{J \cdot cm^{-2}}$
立体角	Ω	一个任意形状的封闭锥面所包含的空间	sr

值得一提的是,有的文献中对表 2.5 中的术语还有其他定义。如,辐射能定义为“电磁波所传递的能量”,辐射通量定义为“辐射能传递的速率”。

红外系统中使用的大多数探测器,均为响应辐射能传递的时间速率,而不是传递的总能量。辐射能传递的时间速率用辐射通量(Φ)度量,以瓦为单位。有的文献中采用了辐射功率这样一个相同的可接受的等量词,也就是说辐射通量与辐射功率混用。此外还有以下术语混用:辐射通量密度与辐射出射度混用,光谱辐射通量密度与光谱辐射出射度混用。

辐射通量密度、辐射强度和辐射亮度这三个术语可以用来表示辐射通量,通常都是在离辐射源一定距离上用测量辐射值确定。如果对辐射源和辐射计之间的大气衰减、散射或反射不进行修正,则测量值为表观值;如果对这些影响已经修正,则应明确说明修正的细节。

在一般情况下,辐射亮度应与辐射源上的位置及方向 θ 有关,即辐射源在给定方向上的辐射亮度是在该方向上的单位投影面积、单位立体角中发射的辐射通量,如图 2.1 所示。图中 ΔA 是辐射面源,$\Delta\Omega$ 是立体角元,在 θ 方向上看到的面源 ΔA 的有效面积即投影面积 $\Delta A \cdot \cos\theta$。

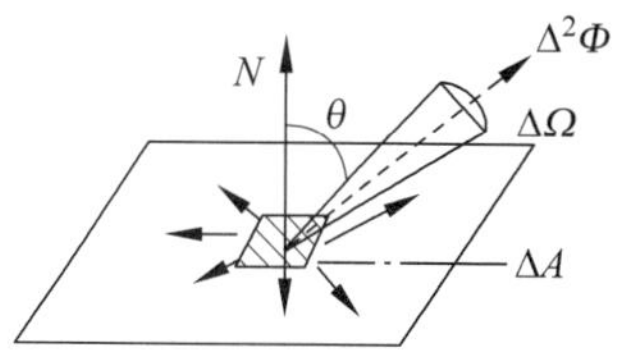

图 2.1　辐射亮度的定义

立体角 Ω 的确定,是以立体角顶点为球心作一个半径为 R 的球面,用此立体角的边界在球面上所截的面积除以半径的平方,便得到立体角的大小。

由于人眼的视觉细胞对不同频率的辐射有不同响应,故用辐射度量单位描述的光辐射不能正确反映人的亮暗感觉。光度量单位体系是一套反映视觉亮暗特性的光辐射计量单位,在光频区域光度学物理量 Q、Φ、P、I、M、L、E,用相对应的 Q_v、Φ_v、P_v、I_v、M_v、L_v、E_v 表示(也可用“p”或其他符号表示下角标),其定义完全一一对应。

光度量的单位是国际计量委员会(CIPM)规定的。在光度单位体系中,被选作基本单位的不是相应的光量或光通量而是发光强度,其单位是坎德拉。坎德拉不仅是光度体系的基本单位,而且也是国际单位制(SI)的七个基本单位之一(其他六个为米、千克、秒、安培、开尔文和摩尔)。它的定义是“一个光源发出频率为 540×10^{12} Hz 的单色辐射,若在一给定方向上的辐射强度为(1/683)W/sr,则该光源在该方向上的发光强度为 1cd”。而 1lm 则为发光强度为 1cd 的点源在 1sr 立体角内发射的光通量,即 1lm=1cd·sr。因而对于 555nm 的辐射,1W 相当于 683lm(也有文献表示 1W 相当于 680lm),其他波长的辐射所产生的光通量都小于此数。

光度量与辐射度量之间的关系可以用光视效能与光视效率表示。光视效能描述某一波长的单色光辐射通量可以产生多少相应的单色光通量。

光视效能 $K(\lambda)$定义为同一波长下测得的光通量 $\Phi_{v\lambda}$ 与辐射通量 Φ_λ 之比(波长在 0.36～0.83μm)，即 $K(\lambda)=\dfrac{\Phi_{v\lambda}}{\Phi_\lambda}$，单位是流明每瓦特(lm/W)。类似，对于单色光出射度 $M_{v\lambda}$ 与单色辐射出射度 M_λ 之间也存在 $K(\lambda)=\dfrac{M_{v\lambda}}{M_\lambda}$。通过对标准光度观察者的实验测定，在辐射频率 540×10^{12} Hz(波长 555nm)处，$K(\lambda)$有最大值，其数值为 $K_m=683$lm/W(也有文献表示 $K_m=680$lm/W)。单色(光谱)光视效率(函数)$V(\lambda)$是 $K(\lambda)$用 K_m 归一化的结果，其定义为 $V(\lambda)=\dfrac{K(\lambda)}{K_m}=\dfrac{1}{683}\cdot\dfrac{\Phi_{v\lambda}}{\Phi_\lambda}$。

人眼在景物为中等亮度($L\geqslant 3\text{cd/m}^2$)时，对光谱中 $\lambda=0.555\mu$m 的谱线灵敏度最高，称为白昼视觉。此时主要由圆锥细胞起作用，分辨力高，而且能分辨颜色。表 2.6 列出了不同波长处的 $V(\lambda)$值。在夜间，主要由圆柱细胞起作用，此时最灵敏谱线移到 $\lambda=0.510\mu$m 处，而且失去了对颜色的感觉，所见物体都是蓝灰色的，此时的光谱光视效率 $V(\lambda)$如表 2.7 所示，称为夜间视觉或暗视觉。

表 2.6 明视觉的光谱光视效率函数表 V(λ)

λ/nm	V(λ)	λ/nm	V(λ)	λ/nm	V(λ)
360	$0.391\ 700\ 0\times10^{-5}$	385	$0.640\ 000\ 0\times10^{-4}$	410	$0.121\ 000\ 0\times10^{-2}$
361	$0.439\ 358\ 1\times10^{-5}$	386	$0.723\ 442\ 1\times10^{-4}$	411	$0.136\ 209\ 1\times10^{-2}$
362	$0.492\ 960\ 4\times10^{-5}$	387	$0.822\ 122\ 4\times10^{-4}$	412	$0.153\ 075\ 2\times10^{-2}$
363	$0.553\ 213\ 6\times10^{-5}$	388	$0.935\ 081\ 6\times10^{-4}$	413	$0.172\ 036\ 8\times10^{-2}$
364	$0.620\ 824\ 5\times10^{-5}$	389	$0.106\ 136\ 1\times10^{-3}$	414	$0.193\ 532\ 3\times10^{-2}$
365	$0.696\ 500\ 0\times10^{-5}$	390	$0.120\ 000\ 0\times10^{-3}$	415	$0.218\ 000\ 0\times10^{-2}$
366	$0.781\ 321\ 9\times10^{-5}$	391	$0.134\ 984\ 0\times10^{-3}$	416	$0.245\ 480\ 0\times10^{-2}$
367	$0.876\ 733\ 6\times10^{-5}$	392	$0.151\ 492\ 0\times10^{-3}$	417	$0.276\ 400\ 0\times10^{-2}$
368	$0.983\ 984\ 4\times10^{-5}$	393	$0.170\ 208\ 0\times10^{-3}$	418	$0.311\ 780\ 0\times10^{-2}$
369	$0.110\ 432\ 3\times10^{-4}$	394	$0.191\ 816\ 0\times10^{-3}$	419	$0.352\ 640\ 0\times10^{-2}$
370	$0.123\ 900\ 0\times10^{-4}$	395	$0.217\ 000\ 0\times10^{-3}$	420	$0.400\ 000\ 0\times10^{-2}$
371	$0.138\ 864\ 1\times10^{-4}$	396	$0.246\ 906\ 7\times10^{-3}$	421	$0.454\ 624\ 0\times10^{-2}$
372	$0.155\ 572\ 8\times10^{-4}$	397	$0.281\ 240\ 0\times10^{-3}$	422	$0.515\ 932\ 0\times10^{-2}$
373	$0.174\ 429\ 6\times10^{-4}$	398	$0.318\ 520\ 0\times10^{-3}$	423	$0.582\ 928\ 0\times10^{-2}$
374	$0.195\ 837\ 5\times10^{-4}$	399	$0.357\ 266\ 7\times10^{-3}$	424	$0.654\ 616\ 0\times10^{-2}$
375	$0.220\ 200\ 0\times10^{-4}$	400	$0.396\ 000\ 0\times10^{-3}$	425	$0.730\ 000\ 0\times10^{-2}$
376	$0.248\ 396\ 5\times10^{-4}$	401	$0.433\ 714\ 7\times10^{-3}$	426	$0.808\ 650\ 7\times10^{-2}$
377	$0.280\ 412\ 6\times10^{-4}$	402	$0.473\ 024\ 0\times10^{-3}$	427	$0.890\ 872\ 0\times10^{-2}$
378	$0.315\ 310\ 4\times10^{-4}$	403	$0.517\ 8760\times10^{-3}$	428	$0.976\ 768\ 0\times10^{-2}$
379	$0.352\ 152\ 1\times10^{-4}$	404	$0.572\ 218\ 7\times10^{-3}$	429	$0.106\ 644\ 3\times10^{-1}$
380	$0.390\ 000\ 0\times10^{-4}$	405	$0.640\ 000\ 0\times10^{-3}$	430	$0.116\ 000\ 0\times10^{-1}$
381	$0.428\ 264\ 0\times10^{-4}$	406	$0.724\ 560\ 0\times10^{-3}$	431	$0.125\ 731\ 7\times10^{-1}$
382	$0.469\ 146\ 0\times10^{-4}$	407	$0.825\ 500\ 0\times10^{-3}$	432	$0.135\ 827\ 2\times10^{-1}$
383	$0.515\ 896\ 0\times10^{-4}$	408	$0.941\ 160\ 0\times10^{-3}$	433	$0.146\ 296\ 8\times10^{-1}$
384	$0.571\ 764\ 0\times10^{-4}$	409	$0.106\ 988\ 0\times10^{-2}$	434	$0.157\ 150\ 9\times10^{-1}$

续表

λ/nm	V(λ)	λ/nm	V(λ)	λ/nm	V(λ)
435	0.168 400 0×10^{-1}	477	0.122 674 4×10^{0}	519	0.690 842 4×10^{0}
436	0.180 073 6×10^{-1}	478	0.127 992 8×10^{0}	520	0.710 000 0×10^{0}
437	0.192 144 8×10^{-1}	479	0.133 452 8×10^{0}	521	0.728 185 2×10^{0}
438	0.204 539 2×10^{-1}	480	0.139 020 0×10^{0}	522	0.745 463 6×10^{0}
439	0.217 182 4×10^{-1}	481	0.144 676 4×10^{0}	523	0.761 969 4×10^{0}
440	0.230 000 0×10^{-1}	482	0.150 469 3×10^{0}	524	0.777 836 8×10^{0}
441	0.242 946 1×10^{-1}	483	0.156 461 9×10^{0}	525	0.793 200 0×10^{0}
442	0.256 102 4×10^{-1}	484	0.162 717 7×10^{0}	526	0.808 110 4×10^{0}
443	0.269 585 7×10^{-1}	485	0.169 300 0×10^{0}	527	0.822 496 2×10^{0}
444	0.283 512 5×10^{-1}	486	0.176 243 1×10^{0}	528	0.836 306 8×10^{0}
445	0.298 000 0×10^{-1}	487	0.183 558 1×10^{0}	529	0.849 491 6×10^{0}
446	0.313 108 3×10^{-1}	488	0.191 273 5×10^{0}	530	0.862 000 0×10^{0}
447	0.328 836 8×10^{-1}	489	0.199 418 0×10^{0}	531	0.873 810 8×10^{0}
448	0.345 211 2×10^{-1}	490	0.208 020 0×10^{0}	532	0.884 962 4×10^{0}
449	0.362 257 1×10^{-1}	491	0.217 119 9×10^{0}	533	0.895 493 6×10^{0}
450	0.380 000 0×10^{-1}	492	0.226 734 5×10^{0}	534	0.905 443 2×10^{0}
451	0.398 466 7×10^{-1}	493	0.236 857 1×10^{0}	535	0.914 850 1×10^{0}
452	0.417 680 0×10^{-1}	494	0.247 481 2×10^{0}	536	0.923 734 8×10^{0}
453	0.437 660 0×10^{-1}	495	0.258 600 0×10^{0}	537	0.932 092 4×10^{0}
454	0.458 426 7×10^{-1}	496	0.270 184 9×10^{0}	538	0.939 922 6×10^{0}
455	0.480 000 0×10^{-1}	497	0.282 293 9×10^{0}	539	0.947 225 2×10^{0}
456	0.502 436 8×10^{-1}	498	0.295 050 5×10^{0}	540	0.954 000 0×10^{0}
457	0.525 730 4×10^{-1}	499	0.308 578 0×10^{0}	541	0.960 256 1×10^{0}
458	0.549 805 6×10^{-1}	500	0.323 000 0×10^{0}	542	0.966 007 4×10^{0}
459	0.574 587 2×10^{-1}	501	0.338 402 1×10^{0}	543	0.971 260 6×10^{0}
460	0.600 000 0×10^{-1}	502	0.354 685 8×10^{0}	544	0.976 022 5×10^{0}
461	0.626 019 7×10^{-1}	503	0.371 698 6×10^{0}	545	0.980 300 0×10^{0}
462	0.652 775 2×10^{-1}	504	0.389 287 5×10^{0}	546	0.984 092 4×10^{0}
463	0.680 420 8×10^{-1}	505	0.407 300 0×10^{0}	547	0.987 418 2×10^{0}
464	0.709 110 9×10^{-1}	506	0.425 629 9×10^{0}	548	0.990 312 8×10^{0}
465	0.739 000 0×10^{-1}	507	0.444 309 6×10^{0}	549	0.992 811 6×10^{0}
466	0.770 160 0×10^{-1}	508	0.463 394 4×10^{0}	550	0.994 950 1×10^{0}
467	0.802 664 0×10^{-1}	509	0.482 939 5×10^{0}	551	0.996 710 8×10^{0}
468	0.836 668 0×10^{-1}	510	0.503 000 0×10^{0}	552	0.998 098 3×10^{0}
469	0.872 328 0×10^{-1}	511	0.523 569 3×10^{0}	553	0.999 112 0×10^{0}
470	0.909 800 0×10^{-1}	512	0.544 512 0×10^{0}	554	0.999 748 2×10^{0}
471	0.949 175 5×10^{-1}	513	0.565 690 0×10^{0}	555	1.000 000 0×10^{0}
472	0.990 458 4×10^{-1}	514	0.586 965 3×10^{0}	556	0.999 856 7×10^{0}
473	0.103 367 4×10^{0}	515	0.608 200 0×10^{0}	557	0.999 304 6×10^{0}
474	0.107 884 6×10^{0}	516	0.629 345 6×10^{0}	558	0.998 325 5×10^{0}
475	0.112 600 0×10^{0}	517	0.650 306 8×10^{0}	559	0.996 898 7×10^{0}
476	0.117 532 0×10^{0}	518	0.670 875 2×10^{0}	560	0.995 000 0×10^{0}

续表

λ/nm	V(λ)	λ/nm	V(λ)	λ/nm	V(λ)
561	0.992 600 5×10^{0}	603	0.592 475 6×10^{0}	645	0.138 200 0×10^{0}
562	0.989 742 6×10^{0}	604	0.579 637 9×10^{0}	646	0.131 500 3×10^{0}
563	0.986 444 4×10^{0}	605	0.566 800 0×10^{0}	647	0.125 024 8×10^{0}
564	0.982 724 1×10^{0}	606	0.553 961 1×10^{0}	648	0.118 779 2×10^{0}
565	0.978 600 0×10^{0}	607	0.541 137 2×10^{0}	649	0.112 769 1×10^{0}
566	0.974 083 7×10^{0}	608	0.528 352 8×10^{0}	650	0.107 000 0×10^{0}
567	0.969 171 2×10^{0}	609	0.515 632 3×10^{0}	651	0.101 476 2×10^{0}
568	0.963 856 8×10^{0}	610	0.503 000 0×10^{0}	652	0.961 886 4×10^{-1}
569	0.958 134 9×10^{0}	611	0.490 468 8×10^{0}	653	0.911 229 6×10^{-1}
570	0.952 000 0×10^{0}	612	0.478 030 4×10^{0}	654	0.862 648 5×10^{-1}
571	0.945 450 4×10^{0}	613	0.465 677 6×10^{0}	655	0.816 000 0×10^{-1}
572	0.938 499 2×10^{0}	614	0.453 403 2×10^{0}	656	0.771 206 4×10^{-1}
573	0.931 162 8×10^{0}	615	0.441 200 0×10^{0}	657	0.728 255 2×10^{-1}
574	0.923 457 6×10^{0}	616	0.429 080 0×10^{0}	658	0.687 100 8×10^{-1}
575	0.915 400 0×10^{0}	617	0.417 036 0×10^{0}	659	0.647 697 6×10^{-1}
576	0.907 006 4×10^{0}	618	0.405 032 0×10^{0}	660	0.610 000 0×10^{-1}
577	0.898 277 2×10^{0}	619	0.393 032 0×10^{0}	661	0.573 962 1×10^{-1}
578	0.889 204 8×10^{0}	620	0.381 000 0×10^{0}	662	0.539 550 4×10^{-1}
579	0.879 781 6×10^{0}	621	0.368 918 4×10^{0}	663	0.506 737 6×10^{-1}
580	0.870 000 0×10^{0}	622	0.356 827 2×10^{0}	664	0.475 496 5×10^{-1}
581	0.859 861 3×10^{0}	623	0.344 776 8×10^{0}	665	0.445 800 0×10^{-1}
582	0.849 392 0×10^{0}	624	0.332 817 6×10^{0}	666	0.417 587 2×10^{-1}
583	0.838 622 0×10^{0}	625	0.321 000 0×10^{0}	667	0.390 849 6×10^{-1}
584	0.827 581 3×10^{0}	626	0.309 338 1×10^{0}	668	0.365 638 4×10^{-1}
585	0.816 300 0×10^{0}	627	0.297 850 4×10^{0}	669	0.342 004 8×10^{-1}
586	0.804 794 7×10^{0}	628	0.286 593 6×10^{0}	670	0.320 000 0×10^{-1}
587	0.793 082 0×10^{0}	629	0.275 624 5×10^{0}	671	0.299 626 1×10^{-1}
588	0.781 192 0×10^{0}	630	0.265 000 0×10^{0}	672	0.280 766 4×10^{-1}
589	0.769 154 7×10^{0}	631	0.254 763 2×10^{0}	673	0.263 293 6×10^{-1}
590	0.757 000 0×10^{0}	632	0.244 889 6×10^{0}	674	0.247 080 5×10^{-1}
591	0.744 754 1×10^{0}	633	0.235 334 4×10^{0}	675	0.232 000 0×10^{-1}
592	0.732 422 4×10^{0}	634	0.226 052 8×10^{0}	676	0.218 007 7×10^{-1}
593	0.720 003 6×10^{0}	635	0.217 000 0×10^{0}	677	0.205 011 2×10^{-1}
594	0.707 496 5×10^{0}	636	0.208 161 6×10^{0}	678	0.192 810 8×10^{-1}
595	0.694 900 0×10^{0}	637	0.199 548 8×10^{0}	679	0.181 206 9×10^{-1}
596	0.682 219 2×10^{0}	638	0.191 155 2×10^{0}	680	0.170 000 0×10^{-1}
597	0.669 471 6×10^{0}	639	0.182 974 4×10^{0}	681	0.159 037 9×10^{-1}
598	0.656 674 4×10^{0}	640	0.175 000 0×10^{0}	682	0.148 371 8×10^{-1}
599	0.643 844 8×10^{0}	641	0.167 223 5×10^{0}	683	0.138 106 8×10^{-1}
600	0.631 000 0×10^{0}	642	0.159 646 4×10^{0}	684	0.128 347 8×10^{-1}
601	0.618 155 5×10^{0}	643	0.152 277 6×10^{0}	685	0.119 200 0×10^{-1}
602	0.605 314 4×10^{0}	644	0.145 125 9×10^{0}	686	0.110 683 1×10^{-1}

续表

λ/nm	V(λ)	λ/nm	V(λ)	λ/nm	V(λ)
687	$0.102\,733\,9\times10^{-1}$	729	$0.558\,454\,7\times10^{-3}$	771	$0.279\,912\,5\times10^{-4}$
688	$0.953\,331\,1\times10^{-2}$	730	$0.520\,000\,0\times10^{-3}$	772	$0.261\,135\,6\times10^{-4}$
689	$0.884\,615\,7\times10^{-2}$	731	$0.483\,913\,6\times10^{-3}$	773	$0.243\,602\,4\times10^{-4}$
690	$0.821\,000\,0\times10^{-2}$	732	$0.450\,052\,8\times10^{-3}$	774	$0.227\,246\,1\times10^{-4}$
691	$0.762\,378\,1\times10^{-2}$	733	$0.418\,345\,2\times10^{-3}$	775	$0.212\,000\,0\times10^{-4}$
692	$0.708\,542\,4\times10^{-2}$	734	$0.388\,718\,4\times10^{-3}$	776	$0.197\,785\,5\times10^{-4}$
693	$0.659\,147\,6\times10^{-2}$	735	$0.361\,100\,0\times10^{-3}$	777	$0.184\,528\,5\times10^{-4}$
694	$0.613\,848\,5\times10^{-2}$	736	$0.335\,383\,5\times10^{-3}$	778	$0.172\,168\,7\times10^{-4}$
695	$0.572\,300\,0\times10^{-2}$	737	$0.311\,440\,4\times10^{-3}$	779	$0.160\,645\,9\times10^{-4}$
696	$0.534\,305\,9\times10^{-2}$	738	$0.289\,165\,6\times10^{-3}$	780	$0.149\,900\,0\times10^{-4}$
697	$0.499\,579\,6\times10^{-2}$	739	$0.268\,453\,9\times10^{-3}$	781	$0.139\,872\,8\times10^{-4}$
698	$0.467\,640\,4\times10^{-2}$	740	$0.249\,200\,0\times10^{-3}$	782	$0.130\,515\,5\times10^{-4}$
699	$0.438\,007\,5\times10^{-2}$	741	$0.231\,301\,9\times10^{-3}$	783	$0.121\,781\,8\times10^{-4}$
700	$0.410\,200\,0\times10^{-2}$	742	$0.214\,685\,6\times10^{-3}$	784	$0.113\,625\,4\times10^{-4}$
701	$0.383\,845\,3\times10^{-2}$	743	$0.199\,284\,4\times10^{-3}$	785	$0.106\,000\,0\times10^{-4}$
702	$0.358\,909\,9\times10^{-2}$	744	$0.185\,047\,5\times10^{-3}$	786	$0.988\,587\,7\times10^{-5}$
703	$0.335\,421\,9\times10^{-2}$	745	$0.191\,700\,0\times10^{-3}$	787	$0.921\,730\,4\times10^{-5}$
704	$0.313\,409\,3\times10^{-2}$	746	$0.159\,778\,1\times10^{-3}$	788	$0.859\,236\,2\times10^{-5}$
705	$0.292\,900\,0\times10^{-2}$	747	$0.148\,604\,4\times10^{-3}$	789	$0.800\,913\,3\times10^{-5}$
706	$0.273\,813\,9\times10^{-2}$	748	$0.138\,301\,6\times10^{-3}$	790	$0.746\,570\,0\times10^{-5}$
707	$0.255\,987\,6\times10^{-2}$	749	$0.128\,792\,5\times10^{-3}$	491	$0.695\,956\,7\times10^{-5}$
708	$0.239\,324\,4\times10^{-2}$	750	$0.120\,000\,0\times10^{-3}$	792	$0.648\,799\,5\times10^{-5}$
709	$0.223\,727\,5\times10^{-2}$	751	$0.111\,859\,5\times10^{-3}$	793	$0.604\,869\,9\times10^{-5}$
710	$0.209\,100\,0\times10^{-2}$	752	$0.104\,322\,4\times10^{-3}$	794	$0.563\,939\,6\times10^{-5}$
711	$0.195\,358\,7\times10^{-2}$	753	$0.973\,356\,0\times10^{-4}$	795	$0.525\,780\,0\times10^{-5}$
712	$0.182\,458\,0\times10^{-2}$	754	$0.908\,458\,7\times10^{-4}$	796	$0.490\,177\,1\times10^{-5}$
713	$0.170\,358\,0\times10^{-2}$	755	$0.848\,000\,0\times10^{-4}$	797	$0.456\,972\,0\times10^{-5}$
714	$0.159\,018\,7\times10^{-2}$	756	$0.791\,466\,7\times10^{-4}$	798	$0.426\,019\,4\times10^{-5}$
715	$0.148\,400\,0\times10^{-2}$	757	$0.738\,580\,0\times10^{-4}$	799	$0.397\,173\,9\times10^{-5}$
716	$0.138\,449\,6\times10^{-2}$	758	$0.689\,160\,0\times10^{-4}$	800	$0.370\,290\,0\times10^{-5}$
717	$0.129\,126\,8\times10^{-2}$	759	$0.643\,026\,7\times10^{-4}$	801	$0.345\,216\,3\times10^{-5}$
718	$0.120\,409\,2\times10^{-2}$	760	$0.600\,000\,0\times10^{-4}$	802	$0.321\,830\,2\times10^{-5}$
719	$0.112\,274\,4\times10^{-2}$	761	$0.559\,818\,7\times10^{-4}$	803	$0.300\,030\,0\times10^{-5}$
720	$0.104\,700\,0\times10^{-2}$	762	$0.522\,256\,0\times10^{-4}$	804	$0.279\,713\,9\times10^{-5}$
721	$0.976\,589\,6\times10^{-3}$	763	$0.487\,184\,0\times10^{-4}$	805	$0.260\,780\,0\times10^{-5}$
722	$0.911\,108\,8\times10^{-3}$	764	$0.454\,474\,7\times10^{-4}$	806	$0.243\,122\,0\times10^{-5}$
723	$0.850\,133\,2\times10^{-3}$	765	$0.424\,000\,0\times10^{-4}$	807	$0.226\,653\,1\times10^{-5}$
724	$0.793\,238\,4\times10^{-3}$	766	$0.395\,610\,4\times10^{-4}$	808	$0.211\,301\,3\times10^{-5}$
725	$0.740\,000\,0\times10^{-3}$	767	$0.369\,151\,2\times10^{-4}$	809	$0.196\,994\,3\times10^{-5}$
726	$0.690\,082\,7\times10^{-3}$	768	$0.244\,486\,8\times10^{-4}$	810	$0.183\,660\,0\times10^{-5}$
727	$0.643\,310\,0\times10^{-3}$	769	$0.321\,481\,6\times10^{-4}$	811	$0.171\,223\,0\times10^{-5}$
728	$0.599\,496\,0\times10^{-3}$	770	$0.300\,000\,0\times10^{-4}$	812	$0.159\,622\,8\times10^{-5}$

续表

λ/nm	V(λ)	λ/nm	V(λ)	λ/nm	V(λ)
813	0.1488090×10^{-5}	819	0.9770578×10^{-6}	825	0.6415300×10^{-6}
814	0.1387314×10^{-5}	820	0.9109300×10^{-6}	826	0.5980895×10^{-6}
815	0.1293400×10^{-5}	821	0.8492513×10^{-6}	827	0.5575746×10^{-6}
816	0.1205820×10^{-5}	822	0.7917212×10^{-6}	828	0.5198080×10^{-6}
817	0.1124143×10^{-5}	823	0.7380904×10^{-6}	829	0.4846123×10^{-6}
818	0.1048009×10^{-5}	824	0.6881098×10^{-6}	830	0.4518100×10^{-6}

表 2.7 暗视觉的光谱光视效率函数表 V(λ)

λ/nm	V(λ)	λ/nm	V(λ)	λ/nm	V(λ)
380	0.5893×10^{-3}	413	0.4897×10^{-1}	446	0.4058×10^{0}
381	0.6647×10^{-3}	414	0.5448×10^{-1}	447	0.4183×10^{0}
382	0.7521×10^{-3}	415	0.6041×10^{-1}	448	0.4307×10^{0}
383	0.8537×10^{-3}	416	0.6677×10^{-1}	449	0.4429×10^{0}
384	0.9716×10^{-3}	417	0.7357×10^{-1}	450	0.4550×10^{0}
385	1.1080×10^{-3}	418	0.8080×10^{-1}	451	0.4669×10^{0}
386	1.2680×10^{-3}	419	0.8849×10^{-1}	452	0.4786×10^{0}
387	1.4530×10^{-3}	420	0.9661×10^{-1}	453	0.4902×10^{0}
388	1.6680×10^{-3}	421	1.0510×10^{-1}	454	0.5015×10^{0}
389	1.9180×10^{-3}	422	1.1410×10^{-1}	455	0.5129×10^{0}
390	0.2209×10^{-2}	423	1.2350×10^{-1}	456	0.5240×10^{0}
391	0.2547×10^{-2}	424	1.3340×10^{-1}	457	0.5349×10^{0}
392	0.2939×10^{-2}	425	1.4350×10^{-1}	458	0.5458×10^{0}
393	0.3394×10^{-2}	426	1.5410×10^{-1}	459	0.5565×10^{0}
394	0.3921×10^{-2}	427	1.6510×10^{-1}	460	0.5672×10^{0}
395	0.4531×10^{-2}	428	1.7640×10^{-1}	461	0.5778×10^{0}
396	0.5236×10^{-2}	429	1.8970×10^{-1}	462	0.5884×10^{0}
397	0.6049×10^{-2}	430	0.1998×10^{0}	463	0.5991×10^{0}
398	0.6984×10^{-2}	431	0.2119×10^{0}	464	0.6097×10^{0}
399	0.8059×10^{-2}	432	0.2243×10^{0}	465	0.6204×10^{0}
400	0.9292×10^{-2}	433	0.2369×10^{0}	466	0.6312×10^{0}
401	1.0770×10^{-2}	434	0.2496×10^{0}	467	0.6422×10^{0}
402	1.2310×10^{-2}	435	0.2625×10^{0}	468	0.6533×10^{0}
403	1.4130×10^{-2}	436	0.2755×10^{0}	469	0.6644×10^{0}
404	1.6190×10^{-2}	437	0.2886×10^{0}	470	0.6756×10^{0}
405	1.8520×10^{-2}	438	0.3017×10^{0}	471	0.6871×10^{0}
406	2.1130×10^{-2}	439	0.3149×10^{0}	472	0.6986×10^{0}
407	2.4050×10^{-2}	440	0.3281×10^{0}	473	0.7102×10^{0}
408	2.7300×10^{-2}	441	0.3412×10^{0}	474	0.7219×10^{0}
409	3.0890×10^{-2}	442	0.3543×10^{0}	475	0.7337×10^{0}
410	0.3483×10^{-1}	443	0.3673×10^{0}	476	0.7454×10^{0}
411	0.3916×10^{-1}	444	0.3803×10^{0}	477	0.7574×10^{0}
412	0.4386×10^{-1}	445	0.3931×10^{0}	478	0.7693×10^{0}

续表

λ/nm	V(λ)	λ/nm	V(λ)	λ/nm	V(λ)
479	0.7811×10^{0}	521	0.9253×10^{0}	563	0.2888×10^{0}
480	0.7930×10^{0}	522	0.9147×10^{0}	564	0.2762×10^{0}
481	0.8048×10^{0}	523	0.9036×10^{0}	565	0.2639×10^{0}
482	0.8166×10^{0}	524	0.8919×10^{0}	566	0.2519×10^{0}
483	0.8281×10^{0}	525	0.8796×10^{0}	567	0.2403×10^{0}
484	0.8397×10^{0}	526	0.8668×10^{0}	568	0.2291×10^{0}
485	0.8509×10^{0}	527	0.8535×10^{0}	569	0.2182×10^{0}
486	0.8620×10^{0}	528	0.8379×10^{0}	570	0.2076×10^{0}
487	0.8730×10^{0}	529	0.8257×10^{0}	571	0.1975×10^{0}
488	0.8837×10^{0}	530	0.8110×10^{0}	572	0.1876×10^{0}
489	0.8941×10^{0}	531	0.7960×10^{0}	573	0.1782×10^{0}
490	0.9043×10^{0}	532	0.7807×10^{0}	574	0.1690×10^{0}
491	0.9139×10^{0}	533	0.7652×10^{0}	575	0.1602×10^{0}
492	0.9234×10^{0}	534	0.7492×10^{0}	576	0.1517×10^{0}
493	0.9324×10^{0}	535	0.7332×10^{0}	577	0.1436×10^{0}
494	0.9410×10^{0}	536	0.7166×10^{0}	578	0.1358×10^{0}
495	0.9491×10^{0}	537	0.7002×10^{0}	579	0.1284×10^{0}
496	0.9568×10^{0}	538	0.6834×10^{0}	580	1.2120×10^{-1}
497	0.9638×10^{0}	539	0.6667×10^{0}	581	1.1430×10^{-1}
498	0.9703×10^{0}	540	0.6497×10^{0}	582	1.0780×10^{-1}
499	0.9763×10^{0}	541	0.6327×10^{0}	583	1.0150×10^{-1}
500	0.9817×10^{0}	542	0.6156×10^{0}	584	0.9557×10^{-1}
501	0.9865×10^{0}	543	0.5985×10^{0}	585	0.8989×10^{-1}
502	0.9904×10^{0}	544	0.5814×10^{0}	586	0.8449×10^{-1}
503	0.9938×10^{0}	545	0.5644×10^{0}	587	0.7934×10^{-1}
504	0.9966×10^{0}	546	0.5475×10^{0}	588	0.7447×10^{-1}
505	0.9984×10^{0}	547	0.5306×10^{0}	589	0.6986×10^{-1}
506	0.9995×10^{0}	548	0.5139×10^{0}	590	0.6548×10^{-1}
507	1.0000×10^{0}	549	0.4973×10^{0}	591	0.6133×10^{-1}
508	0.9995×10^{0}	550	0.4808×10^{0}	592	0.5741×10^{-1}
509	0.9984×10^{0}	551	0.4645×10^{0}	593	0.5372×10^{-1}
510	0.9966×10^{0}	552	0.4484×10^{0}	594	0.5022×10^{-1}
511	0.9936×10^{0}	553	0.4325×10^{0}	595	0.4694×10^{-1}
512	0.9901×10^{0}	554	0.4170×10^{0}	596	0.4383×10^{-1}
513	0.9858×10^{0}	555	0.4015×10^{0}	597	0.4091×10^{-1}
514	0.9808×10^{0}	556	0.3864×10^{0}	598	0.3816×10^{-1}
515	0.9750×10^{0}	557	0.3715×10^{0}	599	0.3558×10^{-1}
516	0.9685×10^{0}	558	0.3569×10^{0}	600	0.3315×10^{-1}
517	0.9612×10^{0}	559	0.3427×10^{0}	601	0.3087×10^{-1}
518	0.9532×10^{0}	560	0.3288×10^{0}	602	0.2874×10^{-1}
519	0.9445×10^{0}	561	0.3151×10^{0}	603	0.2674×10^{-1}
520	0.9352×10^{0}	562	0.3018×10^{0}	604	0.2487×10^{-1}

续表

λ/nm	V(λ)	λ/nm	V(λ)	λ/nm	V(λ)
605	0.2312×10^{-1}	647	0.8574×10^{-3}	689	0.3787×10^{-4}
606	0.2147×10^{-1}	648	0.7925×10^{-3}	690	0.3533×10^{-4}
607	0.1994×10^{-1}	649	0.7325×10^{-3}	691	0.3295×10^{-4}
608	0.1851×10^{-1}	650	0.6772×10^{-3}	692	0.3075×10^{-4}
609	0.1718×10^{-1}	651	0.6262×10^{-3}	693	0.2870×10^{-4}
610	1.5930×10^{-2}	652	0.5792×10^{-3}	694	0.2679×10^{-4}
611	1.4770×10^{-2}	653	0.5358×10^{-3}	695	0.2501×10^{-4}
612	1.3690×10^{-2}	654	0.4958×10^{-3}	696	0.2336×10^{-4}
613	1.2690×10^{-2}	655	0.4590×10^{-3}	697	0.2182×10^{-4}
614	1.1750×10^{-2}	656	0.4249×10^{-3}	698	0.2038×10^{-4}
615	1.0880×10^{-2}	657	0.3935×10^{-3}	699	0.1905×10^{-4}
616	1.0070×10^{-2}	658	0.3645×10^{-3}	700	1.7800×10^{-5}
617	0.9322×10^{-2}	659	0.3377×10^{-3}	701	1.6640×10^{-5}
618	0.8624×10^{-2}	660	0.3129×10^{-3}	702	1.5560×10^{-5}
619	0.7974×10^{-2}	661	0.2901×10^{-3}	703	1.4540×10^{-5}
620	0.7374×10^{-2}	662	0.2689×10^{-3}	704	1.3600×10^{-5}
621	0.6817×10^{-2}	663	0.2493×10^{-3}	705	1.2730×10^{-5}
622	0.6301×10^{-2}	664	0.2313×10^{-3}	706	1.1910×10^{-5}
623	0.5822×10^{-2}	665	0.2146×10^{-3}	707	1.1140×10^{-5}
624	0.5379×10^{-2}	666	0.1991×10^{-3}	708	1.0430×10^{-5}
625	0.4969×10^{-2}	667	0.1848×10^{-3}	709	0.9763×10^{-5}
626	0.4590×10^{-2}	668	0.1716×10^{-3}	710	0.9143×10^{-5}
627	0.4238×10^{-2}	669	0.1593×10^{-3}	711	0.8562×10^{-5}
628	0.3913×10^{-2}	670	1.4800×10^{-4}	712	0.8020×10^{-5}
629	0.3613×10^{-2}	671	1.3750×10^{-4}	713	0.7513×10^{-5}
630	0.3335×10^{-2}	672	1.2770×10^{-4}	714	0.7040×10^{-5}
631	0.3079×10^{-2}	673	1.1870×10^{-4}	715	0.6958×10^{-5}
632	0.2842×10^{-2}	674	0.1040×10^{-4}	716	0.6184×10^{-5}
633	0.2623×10^{-2}	675	1.0260×10^{-4}	717	0.5798×10^{-5}
634	0.2421×10^{-2}	676	0.9543×10^{-4}	718	0.5438×10^{-5}
635	0.2235×10^{-2}	677	0.8876×10^{-4}	719	0.5099×10^{-5}
636	0.2062×10^{-2}	678	0.8258×10^{-4}	720	0.4783×10^{-5}
637	0.1903×10^{-2}	679	0.7686×10^{-4}	721	0.4487×10^{-5}
638	0.1757×10^{-2}	680	0.7155×10^{-4}	722	0.4211×10^{-5}
639	0.1621×10^{-2}	681	0.6660×10^{-4}	723	0.3951×10^{-5}
640	1.4970×10^{-3}	682	0.6203×10^{-4}	724	0.3709×10^{-5}
641	1.3820×10^{-3}	683	0.5777×10^{-4}	725	0.3482×10^{-5}
642	1.2760×10^{-3}	684	0.5381×10^{-4}	726	0.3270×10^{-5}
643	1.1780×10^{-3}	685	0.5014×10^{-4}	727	0.3070×10^{-5}
644	1.0880×10^{-3}	686	0.4673×10^{-4}	728	0.2884×10^{-5}
645	1.0050×10^{-3}	687	0.4356×10^{-4}	729	0.2710×10^{-5}
646	0.9281×10^{-3}	688	0.4061×10^{-4}	730	0.2546×10^{-5}

续表

λ/nm	V(λ)	λ/nm	V(λ)	λ/nm	V(λ)
731	0.2393×10^{-5}	748	0.8549×10^{-6}	765	0.3196×10^{-6}
732	0.2250×10^{-5}	749	0.8057×10^{-6}	766	0.3021×10^{-6}
733	0.2115×10^{-5}	750	0.7596×10^{-6}	767	0.2855×10^{-6}
734	0.1989×10^{-5}	751	0.7163×10^{-6}	768	0.2699×10^{-6}
735	0.1870×10^{-5}	752	0.6755×10^{-6}	769	0.2552×10^{-6}
736	0.1759×10^{-5}	753	0.6371×10^{-6}	770	0.2413×10^{-6}
737	0.1655×10^{-5}	754	0.6010×10^{-6}	771	0.2282×10^{-6}
738	0.1557×10^{-5}	755	0.5670×10^{-6}	772	0.2159×10^{-6}
739	0.1466×10^{-5}	756	0.5351×10^{-6}	773	0.2042×10^{-6}
740	1.3790×10^{-6}	757	0.5050×10^{-6}	774	0.1932×10^{-6}
741	1.2990×10^{-6}	758	0.4767×10^{-6}	775	0.1829×10^{-6}
742	1.2230×10^{-6}	759	0.4500×10^{-6}	776	0.1731×10^{-6}
743	1.1510×10^{-6}	760	0.4249×10^{-6}	777	0.1638×10^{-6}
744	1.0840×10^{-6}	761	0.4012×10^{-6}	778	0.1551×10^{-6}
745	1.0220×10^{-6}	762	0.3790×10^{-6}	779	0.1486×10^{-6}
746	0.9625×10^{-6}	763	0.3580×10^{-6}	780	0.1390×10^{-6}
747	0.9070×10^{-6}	764	0.3382×10^{-6}		

2.2　绝对黑体及其基本定律

通过把一般物体(非黑体)理想化为绝对黑体，利用有关绝对黑体定律，如普朗克(Max Planck)定律、斯特藩-玻耳兹曼(Stefan-Boltzmann)定律和维恩(W. Wien)位移定律等，以及非黑体的辐出度与同温度的黑体辐出度之间的比值关系，即可确定非黑体的实际辐出度。

2.2.1　绝对黑体与非黑体

能够在任何温度下全部吸收任何波长辐射的物体称为绝对黑体，简称黑体，这是绝对黑体的另一种定义。图2.2示出一个实际黑体的原理：一个涂成了炭黑色的球形空腔处于热平衡状态，也就是说，炭黑色球形空腔的绝对温度(热力学温度)T的变化与时间无关。通过一个面积为A_1的微小开孔，发生与外界的辐射交换，被空腔吸收的辐射功率肯定等于放射的辐射功率Φ，因为如果不相等，则温度就会变化。

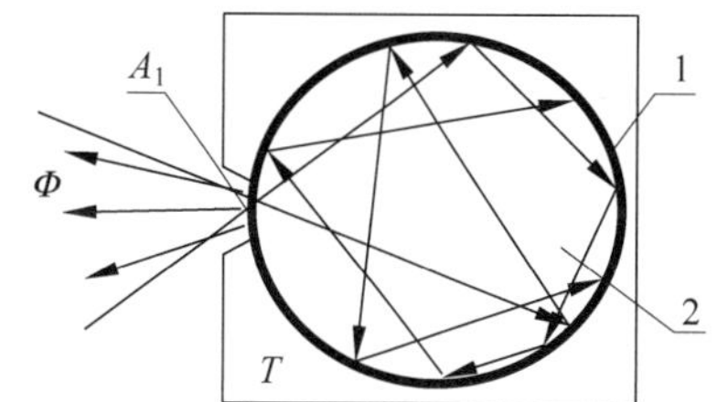

图2.2　黑体模型示意图

1—涂成炭黑的空腔内表面；2—入射通量；T—黑体的绝对温度；A_1—辐射通量Φ的出射面

热辐射是一种能达到平衡状况的辐射，达到热平衡时的辐射就是所谓的黑体辐射，黑体辐射是对光电探测器特性参量进行定量分析时所用的一种标准辐射源。绝对黑体是抽象的科学概念，这种物体在自然界并不存在，但人工制造的近似黑体常作为辐射源标准。

用ε表示非黑体的辐出度M'与同温度的黑体辐出度M之比，即

$$\varepsilon=\frac{M'}{M} \tag{2.1}$$

ε称为发射率(辐射系数、辐射率)。由于同一温度下的黑体辐出度最大，所以非黑体的发射率是0～1

的一个值。根据辐射源 ε 随波长变化的情况，辐射源可分为三类：黑体 $\varepsilon(\lambda)=\varepsilon=1$；灰体 $\varepsilon(\lambda)=\varepsilon=$ 常数（小于 1）；选择性辐射体 $\varepsilon(\lambda)$ 随波长而变。固体材料的光谱发射率 $\varepsilon(\lambda)$ 与很多因素有关，其中主要与材料、温度、波长、发射方向、表面粗糙度及其氧化程度等有关。增大表面粗糙度，辐射系数将会提高，实际工程中常简化作为常数处理。

如果粗糙表面上疙瘩的高度超过辐射波长数倍，那么粗糙表面的辐射系数 ε_ω 可按下列经验公式计算：

$$\varepsilon_\omega=\varepsilon[1+2.8(1-\varepsilon)^2] \tag{2.2}$$

式中，ε 为光滑表面的辐射系数。此式曾经镍铬合金、不锈钢、黄铜和铝的实验数据所证明。对于其他材料，无法定量描述其辐射系数与表面加工特性、温度以及氧化程度之间的关系。当必须知道辐射系数才能进行有关计算时，则可根据表 2.8～表 2.11 和其他资料所引的实验研究结果选取 ε 值。

材料的发射率与表面状态和温度有关，一般金属在温度较低时发射率都很低，在高温下表面形成氧化层后，发射率可以大幅度地增加。金属表面的光洁度、氧化程度和污染都严重影响发射率的值。例如，表面形成氧化层后，钢的发射率比表面经过抛光的钢的发射率高出 10 倍以上，非金属材料的发射率一般比金属材料的发射率高，且随温度的增高而降低。

在某些情况下，要求研制低辐射系数的专用涂层。水的辐射系数接近于 1。实际上，厚度大于 0.2～0.3mm 的水层可视为绝对黑体，这对于 50°～60°以内的视角来说是对的。当角度较大时，辐射系数则急剧下降。

基尔霍夫发现，在任一给定温度的热平衡条件下，任何物体的辐出度 M' 和吸收率 α 之比都相同，且恒等于同温度下绝对黑体的辐出度 M。即

$$\frac{M'}{\alpha}=M \tag{2.3}$$

这就是基尔霍夫定律。

由式(2.1)和式(2.3)就可看出，对于任何物体，在热平衡条件下，任何不透明材料的发射率在数值上等于同温度的吸收率，即 $\varepsilon=\alpha$。所以对于物体的发射率不好测量时，通常就用吸收率代替。因而好的吸收体也是好的发射体。但是，好的发射体绝不是好的反射体；好的反射体，必定不是好的发射体和吸收体。

当外来辐射入射到物体表面上时，将出现反射、吸收和透射三种过程。根据能量守恒定律，三种能量的百分比（与入射总能量之比）之和为 1，即

$$\rho+\alpha+\tau=1 \tag{2.4}$$

式中，ρ 为反射率，τ 为透过率。对于黑体而言，$\alpha=1$，$\rho=\tau=0$。因此，对于不透明材料，$\tau=0$，故 $\rho+\alpha=1$，即 $\varepsilon=1-\rho$。

一种材料的发射率、吸收率、反射率和透过（射）率是指对该材料的标准试样（规定的表面处理、表面粗糙度、表面清洁度及厚度等条件的试样）进行相应测试所得的数据。当具体试样的表面状态、厚度等不同时，测试所得数据可能会与标准试样的数据相差很大。为了有所区别，有些文献中将标准试样的数据称为发射率、吸收率、反射率和透过率，而将具体试样的相应数据称为发射系数（比）、吸收系数（比）、反射系数（比）和透过系数（比）。“率”是用来表示标准条件下测得的材料的固有特性；“比”是用来表示特定物体的性质，而不是表示构成物体的材料的固有特性。此外，文献中使用反射、吸收和透射，它们是用于表示过程或表示辐射与物质相互作用，而不是表示样品或材料的特有性质。应该注意，反射率表征材料的固有特性，它是在标准条件下测出的反射比，因此也可以说，反射率是反射比的一种特殊情况。与此类似，吸收率和透射率是吸收比和透射比的一种特殊情况。实际上，“系数”与“比”也是有区别的，由于使用特指与惯例，容易混淆。例如“吸收系数”是有量纲的量，而“吸收比”是无量纲的量，其数值在 0～1，要注意具体应用辨别。

一般而言，由于 ε 与多因素有关，故必须定义多种发射率。式(2.1)定义的是半球发射率，它给出了

辐射源在半球内的发射率。ε 还有定向发射率 ε_θ 和法向发射率 ε_n 之分。定向发射率是与辐射表面法向成 θ 的小立体角内测得的发射率，当 θ 为零时，即辐射表面法向上测得的发射率称为法向发射率。发射率还可分为积分发射率和光谱发射率；在全部波长范围内测得的发射率为积分发射率或全发射率；在某一波长或一很小波长间隔内测得的发射率称为光谱发射率。ε 与测量方向有关，通常所说的 ε 是指辐射源在半球内的发射率。

α、ρ、τ 的大小均与辐射入射的方向有关。但反射系数 ρ 不能决定反射的方向，反射方向取决于物体表面的性质。如果物体表面为镜面则产生定向反射，即入射角与反射角相等。如果表面为朗伯面（即满足朗伯余弦定律的辐射表面），则产生漫反射，反射辐射与辐射的入射角无关。从表 2.8～表 2.11 中可以看出，金属的发射率是低的，但它随温度的升高而增加，并且当表面形成氧化层时，可以成十倍或更大的倍数增加。非金属材料的发射率要高一些，一般大于 0.8，并且随温度的升高而减小。金属或其他非金属透明材料的辐射，发生在表面几微米内，因此发射率是材料表面状态的函数，而与尺寸无关。根据这一理由，涂覆或刷漆的表面发射率，是涂层本身的特性，而不是基底表面的特性。

通常不能依据材料外表的目视观察估计发射率。如雪，按表 2.8，它的发射率为 0.80～0.85。雪对人眼是很好的漫反射体，根据基尔霍夫定律，能推想它的发射率是很低的。处在雪的温度下的黑体光谱辐出度的峰值在波长 10.5μm 附近，且整个辐射能的 98%处于 3～70μm 的波段内。因为人眼不可能感觉到 10μm 处的情况，所以视觉的估计是无意义的。如果眼睛能在 10μm 处响应，应该说雪是一个很好的辐射体。

对于空间的物体，如空间飞行器或卫星，它们发散所吸收的太阳能的唯一途径是辐射。因此知道它们的壳体材料对太阳辐射的吸收率 α，以及在室温（300K）辐射时的发射率 ε，就能对这些飞行器进行热控制。已经知道，被动式卫星（内部没有能量逸出）的平衡温度仅取决于 α/ε 值。

表 2.8 某些材料的辐射系数（与表面法线相重合的方向）

材料		温度/℃	ε
金属类	抛光铝	50～500	0.04～0.06
	表面粗糙的铝	20～50	0.06～0.07
	铝板	100	0.09
	600℃氧化的铝	200～600	0.11～0.19
	强氧化的铝	150～550	0.2～0.25
	经阳极处理的铝板	100	0.55
	铝箔	100～30	0.04～0.03
	铝青铜	20	0.6
	硫酸铝（粉末）	—	0.54
	氢氧化铝（粉末）	—	0.28
	纯氧化铝（粉末）	—	0.16
	活性氧化铝（粉末）	—	0.46
	氯化钡（粉末）	—	0.65
	黄色硫化钡（粉末）	—	0.45～0.54
	铍	100～500	0.61
	硫酸铍（粉末）	—	0.85
	抛光青铜	50	0.10
	粗糙的多孔青铜	50～150	0.55
	青铜（粉末）	—	0.76～0.80
	钨	230	0.053
	钨	600～1000	0.10～0.16

续表

材　　料		温度/℃	ε
金属类	钨	1500～2230	0.31
	钨丝	3300	0.39
	用过的钨丝	25～3300	0.032～0.35
	氧化钨(粉末)	—	0.80
	抛光铋	80	0.37
	三氧化铋	—	0.68
	细抛光的电解铁	175～225	0.052～0.064
	抛光的铁	425～1020	0.147～0.377
	细抛光的焊铁	40～250	0.28
	经腐蚀抛光的铁	150	0.16
	用新金刚砂加工的铁	20	0.242
	未加工的铸铁	9.25～1115	0.87～0.95
	光滑氧化铁	100	0.736
	光滑氧化铁	126～525	0.78～0.82
	生红锈的铁	20	0.61～0.85
	热轧铁	20	0.77
		130	0.60
	氧化铁	500～1200	0.85～0.95
	硫酸铁(粉末)	—	0.60
	光亮的镀锌铁板	28	0.228
	灰色氧化镀锌铁板	24	0.276
	旧白铁	20	0.28
	抛光金	225～635	0.018～0.035
		100	0.02
	硝酸钾(粉末)	—	0.58
		—	0.40
	碳酸钙(粉末)	—	0.30
	抛光的黄铜	100	0.05
	含Cu73.2%、Zn26.7%重量的黄铜	245～355	0.028～0.031
		200	0.03
	经轧制的自然表面黄铜板	22	0.06
	经粗金刚砂加工和轧制的黄铜板	22	0.2
	无光泽黄铜	50～350	0.22
	经600℃氧化的铜	200～600	0.61～0.59
	碳酸锂(粉末)	—	0.16
	精抛光的电解铜	80	0.018
	抛光铜	115	0.023
	有光泽但非镜面的铜	22	0.072
	抛光铜	50～100	0.02
	氧化铜	50	0.6～0.7
	加热至600℃氧化的铜	200～600	0.57～0.55
	覆盖厚氧化层的铜	25	0.78

续表

材　　料		温度/℃	ε
金属类	氧化到起黑皮的铜	5	0.88
	熔化的铜	1075～1275	0.11～0.13
	氧化铜	800～1100	0.66～0.54
	电解铜(粉末)	—	0.76
	二氧化铜(粉末)	—	0.60
	红色氧化铜(粉末)	—	0.70
	硫酸铜(粉末)	—	0.84
	抛光的镁	20	0.07
	镁(粉末)	—	0.86
	经轧制且有光泽的锰铜合金	120	0.05
	碳酸锰(粉末)	—	0.44
	抛光的钼	100	0.071
	钼	600～1000	0.08～0.13
	钼丝	725～2600	0.096～0.292
	抛光电解镍	20	0.05
	工业纯抛光镍	225～375	0.07～0.087
		100	0.045
	未经抛光的电解镍	20	0.11
	经 600℃氧化的镍	200～600	0.37～0.38
	镍丝	185～1000	0.096～0.186
	氧化镍	500～650	0.52～0.59
		1000～1250	0.75～0.86
	抛光的镀镍铁	23	0.045
	表面镀镍铁	50	0.50
	未抛光的镀镍铁	20	0.37～0.48
	镍(粉末)	—	0.78
	结晶氧化镍(粉末)	—	0.92
	碳酸钠(粉末)	—	0.40～0.80
	硝酸钠(粉末)	—	0.36
	轧制后的镍铬合金	700	0.25
	喷砂处理后的镍铬合金	700	0.7
	纯镍铬合金丝	50	0.65
		500～1000	0.71～0.79
	氧化镍铬合金丝	50～500	0.95～0.98
	锡、光泽镀锡铁板	25	0.043～0.064
	二氧化锡(粉末)	—	0.40
	抛光纯铂	225～625	0.054～0.104
	铂	1000～1500	0.14～0.18
	铂带	925～1115	0.12～0.17
	铂丝	50～200	0.06～0.07
		500～1000	0.10～0.16
		225～1375	0.073～0.182

续表

材　　料		温度/℃	ε
金属类	铂丝	25～1320	0.036～0.192
	纯汞	0～100	0.09～0.12
	氯化铷(粉末)	—	0.16
	抛光银	38～370	0.0211～0.0312
	抛光纯银	225～625	0.0198～0.0324
	未氧化的纯铅	125～225	0.057～0.075
	光亮的铅	250	0.08
	灰色氧化铅	24	0.281
	经200℃氧化的铅	200	0.63
	硫酸铅(粉末)	—	0.13～0.22
	黄色氧化铅(粉末)	100	0.93
	镝(粉末)	—	0.82
	氢氧化锶(粉末)	—	0.73
	熔融软钢	1600～1800	0.28
	轧制钢板	50	0.56
	有光洁氧化层的钢板	25	0.82
	粗糙平面钢	50	0.95～0.98
	生红锈的钢	20	0.69
	渗铝的钢	50～500	0.79
	镀镍钢板	20	0.11
	新轧制钢	20	0.24
	镀锌钢	20	0.28
	合金钢(8%Ni,18%Cr)	500	0.35
	抛光后的不锈钢	25～30	0.13
	喷砂后的不锈钢	700	0.70
	轧制后的不锈钢	700	0.45
	磨光钢板	940～1100	0.52～0.61
	抛光钢板	700～1040	0.52～0.56
	经600℃氧化的钢	200～600	0.79
	强氧化钢	50	0.88
		500	0.98
	粗糙的氧化钢	40～370	0.94～0.97
	抛光钛	200	0.15
		500	0.20
		1000	0.36
	经540℃氧化的铁	200	0.40
		500	0.50
		1000	0.60
	二氧化钛(粉末)	—	0.20
	碳酸钛(粉末)	—	0.32
	硝酸钍(粉末)	—	0.56
	氧化钍(粉末)	—	0.15

续表

材料		温度/℃	ε
金属类	铬	38～538	0.08～0.26
	抛光铬	50	0.08～0.10
		500～1000	0.28～0.38
	镍铬合金	52～1035	0.64～0.76
	氯化铯	—	0.48
	抛光的锌	225～325	0.045～0.053
	锌板	50	0.20
	经 400℃氧化的锌	400	0.11
	表面氧化的锌	1000～1200	0.50～0.60
	锌(粉末)	—	0.82
	硝酸锌(粉末)	—	0.73
	碳酸锌(粉末)	—	0.24
	氧化锆(粉末)	—	0.16～0.20
	硅酸锆(粉末)	—	0.36～0.42
	抛光生铁	200	0.21
	车削生铁	830～990	0.60～0.70
	经 600℃氧化的铁	200～600	0.64～0.78
	强氧化的粗糙铁	40～250	0.95
	熔融生铁	1300～1400	0.29
	生铁铸件	50	0.81
	块状生铁	1000	0.95
非金属材料类	石棉(粉末)	—	0.40～0.60
	石棉纸	40～370	0.93～0.95
	石棉板	25～30	0.94～0.96
	石棉水泥板	20	0.96
	沥青	25～30	0.95
	白纸	20	0.70～0.90
	黄纸	—	0.72
	红纸	—	0.85
	绿纸	—	0.85
	蓝纸	—	0.84
	黑纸	—	0.9
	刨削桦木	25～30	0.92
	刷漆桦木	25～30	0.92
	水泥	20	0.92
	汽油	25～30	0.93
	刷黑漆的纸	—	0.94
	无光泽黑纸	19	0.924
	贴在金属片上的薄纸	25～30	0.89～0.93
	各类硬纸板	0～100	0.95～0.96
	水(层厚大于 0.1mm)	0～100	0.95～0.96
	金属表面上的水膜	20	0.98

续表

材　　料		温度/℃	ε
非金属材料类	石膏	20	0.8～0.9
	矾土	25～30	0.96
	焙烧后的黏土	70	0.91
	沙砾	25～30	0.94
	石墨（粉末）	—	0.97
	白色原木	20	0.7～0.8
	刨削木	20	0.8～0.9
	磨削木	—	0.5～0.7
	刨削橡木	20	0.89
	木炭（粉末）	—	0.96
	针叶树的木屑	25～30	0.96
	石灰	—	0.3～0.4
	石灰石	—	0.91
	煤油	25～30	0.96
	高岭土（粉末）	—	0.30
	石英砂	25～30	0.93
	粗糙的熔融石英	20	0.932
	熔融石英	100～500	0.67～0.77
	硅藻土（粉末）	—	0.25
	中温耐火砖	500～1000	0.65～0.75
	高温耐火砖	500～1000	0.8～0.9
	上釉的耐火砖	20	0.85
	上釉耐火黏土砖（55%SiO_2，41%$A_{12}O_3$）	1100	0.75
		1230	0.59
	硅质耐火砖	1000	0.66
	未上釉的粗糙硅质耐火砖	1000	0.80
	上釉的粗糙硅质耐火砖	1100	0.85
	刚玉耐火砖	1000	0.46
	菱镁耐火砖	1000～1300	0.38
	菱镁耐火砖（80%MgO，9%Al_2O_3）	1500	0.39
	粗糙红砖	20	0.88～0.92
	硅线石砖（33%SiO_2，64%Al_2O_3）	1500	0.29
	硅酸盐砖（95%SiO_2）	1230	0.66
	抹灰砖墙	20	0.94
	皮革	—	0.75～0.80
	人皮	36	0.98
	刚玉粗砂	80	0.85
	碎粒二氧化硅（粉末）	—	0.48
	硅（粉末）	—	0.30
	各色油漆	100	0.92～0.96
	蓝色钴漆	—	0.7～0.8
	黄色镉漆	—	0.28～0.33

续表

材 料		温度/℃	ε
非金属材料类	绿色铬漆	—	0.65～0.70
	加热至325℃后的铝漆	150～315	0.35
	无光泽黑清漆	40～95	0.96～0.98
	喷镀在铁上有光泽的黑清漆	25	0.88
	白清漆	40～100	0.80～0.95
	粗糙铁片上的白瓷漆	23	0.906
	电木漆	80	0.93
	粗糙表面上的铝漆	20	0.39
	耐热清漆	100	0.92
	嫩绿叶	—	0.95～0.98
	光滑的冰	−10	0.96～0.97
	蒙厚霜的冰	−10	0.98
	变压器油	25～30	0.93
	抛光浅灰大理石	22	0.93
	小麦粉	25～30	0.96
	经粉碎的菱镁矿石	—	0.20～0.30
	石油	25～30	0.95
	洁净的河沙	25～30	0.95
	有机玻璃	25～30	0.95
	棵麦地	—	0.93
	粗糙灰色软橡皮	24	0.86
	光滑硬橡皮	23	0.95
	油毛毡	20	0.93
	油灯的炭灰(层厚0.075mm以上)	20～400	0.95～0.97
	含水玻璃的炭灰	100～225	0.95～0.95
	砂糖	25～30	0.97
	厚层云母	—	0.72
	硅酸盐烧结云母(粉末)	—	0.81～0.85
	云母(细粉末)	—	0.44
	窗玻璃	25～30	0.91
	树脂	—	0.79～0.84
	雪	−10	0.80～0.85
	乙醇	25～30	0.89
	玻璃	22～100	0.94～0.91
		250～1000	0.87～0.72
		1100～1500	0.7～0.67
	工业用食盐	25～30	0.96
	磨砂玻璃	20	0.96
	黑色呢绒	20	0.98
	细烟丝	25～30	0.97
	滑石粉(细粉末)	—	0.24
	石棉布	—	0.78

续表

材　料		温度/℃	ε
非金属材料类	棉布和亚麻布	25～30	0.92～0.96
	屋顶油毡纸	20	0.93
	稀疏的草	—	0.84
	石炭	25～30	0.95
	炭精	125～625	0.81～0.79
	炭丝	1040～1405	0.53
	有光泽的白色陶瓷	—	0.70～0.75
	上釉陶瓷	22	0.92
	纤维板	25～30	0.93
	天然氟石的碎块	—	0.30～0.40
	不同温度的原棉	25～30	0.93～0.96
	水泥	25～30	0.93
	茶叶	25～30	0.98
	黑土	—	0.87
	镀锡铁上有光泽的黑虫胶	21	0.82
	无光泽的黑虫胶	75～145	0.91
	炉渣	0～100	0.97～0.93
		200～500	0.89～0.78
		600～1200	0.76～0.70
		1400～1800	0.69～0.67
	粗糙的灰泥	10～90	0.91
	硬橡胶	—	0.89
	白色瓷漆	20	0.90
	大麦、黍、玉蜀黍	25～30	0.95

表 2.9　不同温度下辐射系数的推荐值 1

T/K	镍	金	银	铜	铁	铝
200	—	0.020	0.016	0.023	0.081	0.018
300	0.068	0.025	0.019	0.024	0.101	0.025
400	0.078	0.029	0.022	0.027	0.12	0.032
500	0.088	0.034	0.026	0.031	0.139	0.039
600	0.099	0.038	0.029	0.036	0.158	0.046
700	0.11	0.042	0.032	0.043	0.177	0.054
800	0.12	0.047	0.036	0.050	0.197	0.062
900	0.132	0.052	0.040	0.054	0.216	—
1000	0.144	0.056	0.043	0.058	0.235	—
1100	0.156	0.060	0.046	0.061	0.254	—
1200	0.168	0.065	—	—	—	—
1300	0.179	—	—	—	—	—
1400	0.188	—	—	—	—	—
1500	0.196	—	—	—	—	—

表 2.10　不同温度下辐射系数的推荐值 2

T/K	钨	钽	人造石墨	铼	钼	铌
1000	0.105	0.132	—	0.164	—	0.116
1100	—	0.141	—	0.173	0.105	0.127
1200	0.133	0.149	0.770	0.181	0.117	0.138
1300	—	0.158	0.770	0.190	0.129	0.148
1400	0.164	0.168	0.780	0.201	0.142	0.158
1500	—	0.177	0.780	0.212	0.154	0.168
1600	0.195	0.186	0.780	0.225	0.166	0.178
1700	—	0.196	0.790	0.235	0.179	0.187
1800	0.223	0.205	0.790	0.245	0.192	0.195
1900	—	0.215	0.790	0.255	0.203	0.204
2000	0.249	0.224	0.790	0.264	0.214	0.212
2100	—	0.233	0.800	0.273	0.225	0.220
2200	0.269	0.242	0.800	0.282	0.234	0.228
2300	—	0.251	0.800	0.290	0.244	0.236
2400	0.287	0.259	0.810	0.296	0.254	0.244
2500	—	0.267	0.810	0.303	0.262	—
2600	0.302	0.274	0.810	0.309	0.269	—
2700	—	0.282	0.820	0.314	0.276	—
2800	0.314	0.288	0.820	0.318	0.282	—
2900	—	0.294	0.820	0.322	—	—
3000	0.325	0.300	0.820	—	—	—
3100	—	0.306	0.830	—	—	—
3200	0.334	0.311	0.830	—	—	—
3300	—	0.316	—	—	—	—
3400	0.345	—	—	—	—	—

表 2.11　不同温度下辐射系数的推荐值 3

材　料	*T*/K												
	1000	1100	1200	1300	1400	1500	1600	1700	1800	1900	2000	2100	2200
锆	—	0.204	0.214	0.223	0.232	0.240	0.248	0.255	0.261	0.267	0.272	0.278	—
铪	—	—	0.284	0.289	0.294	0.299	0.304	0.309	0.314	0.319	0.324	—	—
铑	0.084	0.098	0.112	0.123	0.133	0.142	0.150	0.156	0.163	0.169	0.174	0.178	0.183
钛	0.227	0.239	0.251	0.263	0.274	0.286	0.297	0.307	0.316	0.323	—	—	—
铂	0.128	0.139	0.149	0.158	0.167	0.175	0.183	0.190	0.196	0.200	—	—	—
钒	0.145	0.161	0.176	0.190	0.201	0.212	0.222	0.232	0.241	0.249	0.257	—	—
钯	0.100	0.118	0.135	0.150	0.162	0.172	0.179	—	—	—	—	—	—
硼化镧	—	0.68	0.68	0.69	0.69	0.69	0.70	0.70	0.70	0.71	—	—	—
硼化钕	—	0.56	0.56	0.56	0.58	0.58	0.58	0.58	0.58	0.59	—	—	—
硼化钐	—	0.71	0.70	0.70	0.69	0.69	0.68	0.68	0.67	0.67	—	—	—
硼化钆	—	0.61	0.62	0.62	0.62	0.62	0.63	0.63	0.63	0.64	—	—	—
硼化镱	—	0.63	0.64	0.65	0.66	0.66	0.66	0.67	0.67	0.68	—	—	—
硼化锆	—	0.86	0.87	0.88	0.90	0.91	0.91	0.91	0.93	0.95	—	—	—
硼化铪	—	0.85	0.86	0.87	0.88	0.89	0.90	0.92	0.92	0.94	—	—	—
碳化硼	—	0.84	0.85	0.85	0.86	0.86	0.87	0.87	0.88	0.88	—	—	—
碳化钛	—	0.84	0.85	0.85	0.86	0.86	0.87	0.87	0.88	0.88	—	—	—
碳化钠	—	0.91	0.91	0.91	0.91	0.91	0.91	0.91	0.91	0.91	—	—	—
氮化硼	—	0.58	0.59	0.59	0.59	0.60	0.60	0.60	0.60	0.60	—	—	—

2.2.2 普朗克定律

1900 年普朗克在引进量子概念后，发现了黑体的光谱辐出度 M_λ（或 $M_{b\lambda}$）与波长 λ 和温度 T 之间的关系，即

$$M_\lambda - \frac{\partial M}{\partial \lambda} = \frac{2\pi hc^2}{\lambda^5} \cdot \frac{1}{e^{hc/k\lambda T} - 1} \tag{2.5}$$

这就是普朗克定律（公式）。其中：h 为普朗克常数（$6.626\,176 \times 10^{-34}$（J·s）），也有（$6.626\,075\,5 \pm 0.000\,004\,0 \times 10^{-34}$（J·s））；$k$ 为玻耳兹曼常数（$1.380\,662 \times 10^{-23}$（$\mathrm{J \cdot K^{-1}}$）），也有（$1.380\,658 \pm 0.000\,012 \times 10^{-23}$（$\mathrm{J \cdot K^{-1}}$））；$c$ 为真空中的光速（$2.997\,924\,58 \times 10^8$（$\mathrm{m \cdot s^{-1}}$））。$M_\lambda$ 的单位为 $\mathrm{W/m^3}$ 把这些常数代入后得：

$$M_\lambda = \frac{c_1}{\lambda^5} \cdot \frac{1}{e^{c_2/\lambda T} - 1} \tag{2.6}$$

式中，c_1 为第一辐射常数，$c_1 = 3.741\,832 \times 10^4\ \mathrm{W \cdot cm^{-2} \cdot \mu m^4}$；$c_2$ 为第二辐射常数，$c_2 = 1.438\,786 \times 10^4\ \mu\mathrm{m \cdot K}$，也有（$1.438\,786\,9 \pm 0.000\,000\,12$）$\times 10^{-2}\ \mathrm{m \cdot K}$（当温度高于 1337.58K 时，$c_2 = 1.4388 \times 10^4\ \mu\mathrm{m \cdot K}$）。

对波长较长的辐射区，也就是频率较低的谱段，如果满足 $h\nu \ll kT \left(\nu = \frac{1}{\lambda}\right)$，则有 $e^{h\nu/kT} \approx 1 + (h\nu/kT)$，那么式(2.5)变为：

$$M_\lambda = \frac{\partial M}{\partial \lambda} = \frac{2\pi c}{\lambda^4} kT \tag{2.7}$$

式(2.7)称为瑞利-金斯定律。在 $\lambda \gg \lambda_m$ 时（λ_m 为普朗克定律曲线的峰值波长），瑞利-金斯定律的结果与普朗克定律的结果很一致。例如，物体在常温下的 $\lambda_m \approx 10\mu\mathrm{m}$，其微波辐射分布（$\lambda$ 从 1mm～1m）适用瑞利-金斯定律。

图 2.3 描述普朗克辐射定律采用的是绝对温度作为参数，普朗克定律曲线在形式上相似但不相切。每条曲线只有一个极大值，每条曲线下面的面积为 σT^4，随着温度的升高，λ_m 向短波方向移动，波长小于 λ_m 部分的能量约占 25%，波长大于 λ_m 部分的能量约占 75%。普朗克定律代表了黑体辐射的普遍定律，其他一些黑体辐射定律可由它导出。

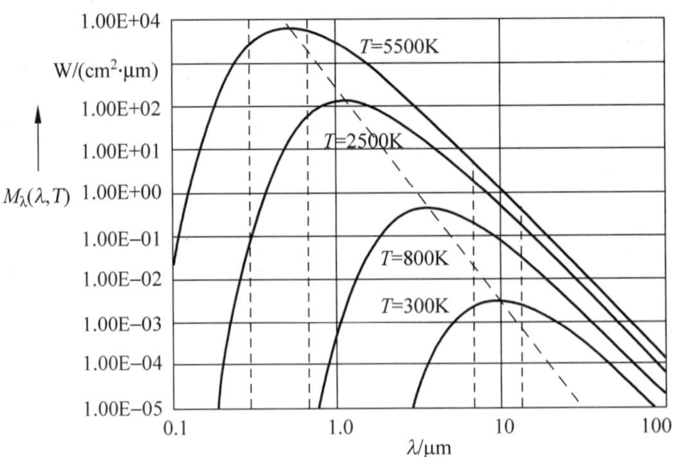

图 2.3　普朗克辐射定律曲线

由于坐标尺选择的不同，可有多种形式的黑体辐射曲线图表，如图 2.4 所示，有线性-线性、对数-线性、线性-对数、对数-对数等标尺组合。

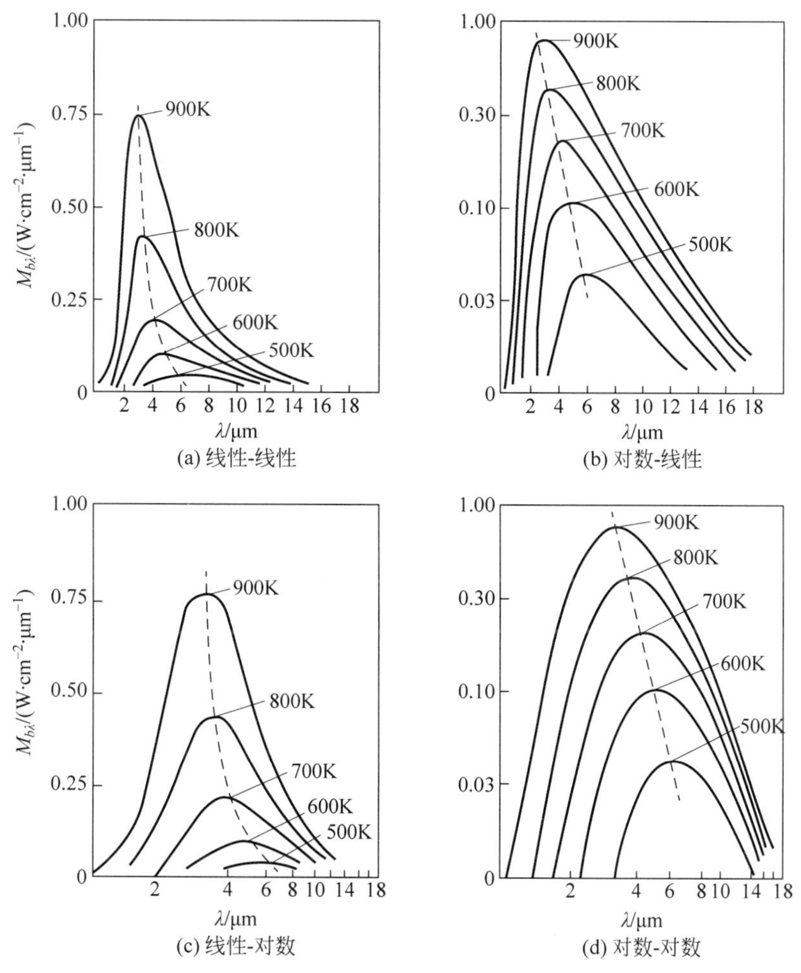

图 2.4　不同标尺的黑体辐射曲线

2.2.3　斯特藩-玻耳兹曼定律

普朗克定律指出了温度为 T 的黑体的光谱辐出度沿波长的分布规律，如果对波长进行积分，就可求出温度为 T 的黑体在单位面积上向半球（2π）空间辐射出的总功率（单位：$\mathrm{W/m^2}$），即黑体的辐射出射度（辐出度）：

$$M = \int_0^{\infty} M_{\lambda}\,\mathrm{d}\lambda = \sigma T^4 \tag{2.8}$$

此即斯特藩-玻耳兹曼定律。1879 年斯特藩首先通过实验的方法发现了此关系（用测量黑体模型自身辐射的方法），1884 年玻耳兹曼从热力学定律出发，结合麦克斯韦电磁理论，作出了理论证明。σ 称为斯特藩-玻耳兹曼常数，

$\sigma = (5.670\,32 \pm 0.0071) \times 10^{-12}\,\mathrm{W \cdot cm^{-2} \cdot K^{-4}}$，（也有$(5.670\,51 \pm 0.000\,19) \times 10^{-8}\,\mathrm{W \cdot m^{-2} \cdot K^{-4}}$）

此规律为进行温度测量研究奠定了理论基础。表 2.12 列出了 100～6000K 的温度范围内黑体的辐射出射度值。

表 2.12　黑体辐射出射度

T/K	M/(W·cm^{-2})	T/K	M/(W·cm^{-2})	T/K	M/(W·cm^{-2})
100	5.6696×10^{-4}	520	4.1454×10^{-1}	940	4.4265×10^{0}
110	8.3009×10^{-4}	530	4.4736×10^{-1}	950	4.6179×10^{0}
120	1.1756×10^{-3}	540	4.8209×10^{-1}	960	4.8155×10^{0}
130	1.6193×10^{-3}	550	5.1880×10^{-1}	970	5.0193×10^{0}
140	2.1780×10^{-3}	560	5.5758×10^{-1}	980	5.2295×10^{0}
150	2.8702×10^{-3}	570	5.9848×10^{-1}	990	5.4462×10^{0}
160	3.7156×10^{-3}	580	6.4160×10^{-1}	1000	5.6696×10^{0}
170	4.7353×10^{-3}	590	6.8701×10^{-1}	1050	6.8914×10^{0}
180	5.9517×10^{-3}	600	7.3478×10^{-1}	1100	8.3009×10^{0}
190	7.3887×10^{-3}	610	7.8500×10^{-1}	1150	9.9162×10^{0}
200	9.0714×10^{-3}	620	8.3776×10^{-1}	1200	1.1756×10^{1}
210	1.1026×10^{-3}	630	8.9313×10^{-1}	1250	1.3842×10^{1}
220	1.3281×10^{-2}	640	9.5120×10^{-1}	1300	1.6193×10^{1}
230	1.5866×10^{-2}	650	1.0121×10^{0}	1350	1.8832×10^{1}
240	1.8810×10^{-2}	660	1.0758×10^{0}	1400	2.1780×10^{1}
250	2.2147×10^{-2}	670	1.1425×10^{0}	1450	2.5063×10^{1}
260	2.5909×10^{-2}	680	1.2122×10^{0}	1500	2.8702×10^{1}
270	3.0131×10^{-2}	690	1.2851×10^{0}	1550	3.2725×10^{1}
280	3.4849×10^{-2}	700	1.3613×10^{0}	1600	3.7156×10^{1}
290	4.0100×10^{-2}	710	1.4407×10^{0}	1650	4.2023×10^{1}
300	4.5924×10^{-2}	720	1.5236×10^{0}	1700	4.7353×10^{1}
310	5.2360×10^{-2}	730	1.6101×10^{0}	1750	5.3175×10^{1}
320	5.9450×10^{-2}	740	1.7001×10^{0}	1800	5.9517×10^{1}
330	6.7237×10^{-2}	750	1.7939×10^{0}	1850	6.6411×10^{1}
340	7.5765×10^{-2}	760	1.8915×10^{0}	1900	7.3887×10^{1}
350	8.5079×10^{-2}	770	1.9930×10^{0}	1950	8.1977×10^{1}
360	9.5228×10^{-2}	780	2.0986×10^{0}	2000	9.0714×10^{1}
370	1.0626×10^{-1}	790	2.2083×10^{0}	2050	1.0013×10^{2}
380	1.1822×10^{-1}	800	2.3223×10^{0}	2100	1.1026×10^{2}
390	1.3116×10^{-1}	810	2.4406×10^{0}	2150	1.2115×10^{2}
400	1.4514×10^{-1}	820	2.5633×10^{0}	2200	1.3281×10^{2}
410	1.6021×10^{-1}	830	2.6907×10^{0}	2250	1.4531×10^{2}
420	1.7642×10^{-1}	840	2.8227×10^{0}	2300	1.5866×10^{2}
430	1.9383×10^{-1}	850	2.9596×10^{0}	2350	1.7291×10^{2}
440	2.1250×10^{-1}	860	3.1013×10^{0}	2400	1.8810×10^{2}
450	2.3249×10^{-1}	870	3.2481×10^{0}	2450	2.0428×10^{2}
460	2.5385×10^{-1}	880	3.4000×10^{0}	2500	2.2147×10^{2}
470	2.7666×10^{-1}	890	3.5572×10^{0}	2550	2.3972×10^{2}
480	3.0097×10^{-1}	900	3.7198×10^{0}	2600	2.5909×10^{2}
490	3.2684×10^{-1}	910	3.8879×10^{0}	2650	2.7960×10^{2}
500	3.5435×10^{-1}	920	4.0617×10^{0}	2700	3.0131×10^{2}
510	3.8356×10^{-1}	930	4.2412×10^{0}	2750	3.2425×10^{2}

续表

T/K	M/(W·cm^{-2})	T/K	M/(W·cm^{-2})	T/K	M/(W·cm^{-2})
2800	3.4849×10^2	3550	9.0046×10^2	4600	2.5385×10^3
2850	3.7405×10^2	3600	9.5228×10^2	4700	2.7666×10^3
2900	4.0100×10^2	3650	1.0063×10^3	4800	3.0097×10^3
2950	4.2938×10^2	3700	1.0626×10^3	4900	3.2684×10^3
3000	4.5924×10^2	3750	1.1212×10^3	5000	3.5435×10^3
3050	4.9063×10^2	3800	1.1822×10^3	5100	3.8356×10^3
3100	5.2360×10^2	3850	1.2456×10^3	5200	4.1454×10^3
3150	5.5821×10^2	3900	1.3116×10^3	5300	4.4736×10^3
3200	5.9450×10^2	3950	1.3802×10^3	5400	4.8209×10^3
3250	6.3254×10^2	4000	1.4514×10^3	5500	5.1880×10^3
3300	6.7237×10^2	4100	1.6021×10^3	5600	5.5758×10^3
3350	7.1405×10^2	4200	1.7642×10^3	5700	5.9848×10^3
3400	7.5765×10^2	4300	1.9383×10^3	5800	6.4160×10^3
3450	8.0321×10^2	4400	2.1250×10^3	5900	6.8701×10^3
3500	8.5079×10^2	4500	2.3249×10^3	6000	7.3478×10^3

将式(2.5)除以一个光子的能量 hc/λ 并积分,即得全波段(0～∞)范围的光子出射度(光子数·s^{-1}·cm^{-2}):

$$M_P=\int_0^{\infty}\frac{2\pi c}{\lambda^4}\cdot\frac{d\lambda}{e^{hc/kT\lambda}-1}=1.202\,056\,90\,\frac{4\pi k^3}{c^2h^3}T^3 \tag{2.9}$$

将式(2.6)对温度 T 求偏导数,并对波长 λ 从 0～∞积分,即得全波段(0～∞)范围的微分辐射出射度(W·cm^{-2}·K^{-1}):

$$\Delta M_{0\sim\infty}=4\sigma T^3 \tag{2.10}$$

因而非黑体(灰体)的辐出度就可表示为

$$M'=\varepsilon\sigma T^4 \tag{2.11}$$

可知,当黑体温度有小的变化时,就会引起辐出度的很大变化。利用斯特藩-玻耳兹曼定律,容易计算黑体在单位时间内,从单位面积上向半球空间辐射的能量。例如,氢弹爆炸时,可产生高达 3×10^7K 的温度,物体在此高温下,从 1cm^2 表面辐射出的能量将为它在室温下辐射出的能量的 10^{20} 倍,这么巨大的能量,可在 1s 内使 2×10^7t 冰水沸腾。

斯特藩-玻耳兹曼定律对实际物体并不适用,因为实际物体和绝对黑体的光谱辐射出射度的分布各不相同。这对于气体尤为典型,气体是在一些确定的较窄谱带内发射辐射。但是,大部分表面粗糙的固体,特别是电介质、半导体和金属氧化物,其光谱能量的特征类似于绝对黑体。此类物体称为灰体。灰体的特征是其辐亮度与相同温度下的绝对黑体的辐亮度之比(称为辐射系数)与波长无关。严格地说,灰体在自然界并不存在。例如,当波长延伸时,许多金属的辐射系数显著减少,而电介质的辐射系数却反而增大。然而,在限定的波段内,许多物体可以足够的精度被视为灰体。“灰体”概念的引入,扩大了斯特藩-玻耳兹曼定律实际应用的可能性。

斯特藩-玻耳兹曼定律给出了波长从 0～∞的总辐射出射度。但在实际工程中,经常遇到的问题是要计算某一波段 $\lambda_1\sim\lambda_2$ 范围内的辐出度 $M_{\lambda_1\sim\lambda_2}$,或计算该波段内的辐射功率占总辐射功率的百分比。

$$M_{\lambda_1\sim\lambda_2}=\int_{\lambda_1}^{\lambda_2}M_\lambda\,d\lambda=\int_0^{\lambda_2}M_\lambda\,d\lambda-\int_0^{\lambda_1}M_\lambda\,d\lambda \tag{2.12}$$

但是实际上式(2.12)积分较为困难。可作以下变换:

$$f(\lambda T)=\frac{M_\lambda}{T^5}=\frac{c_1}{(\lambda T)^5(e^{c_2/\lambda T}-1)} \tag{2.13}$$

函数 $f(\lambda T)$就变成了以 λT 为单变量的函数了(可通过编程计算或查表得到)，对不同波长不同温度均适用，故也称为普朗克通用曲线。

$$\frac{M_{\lambda_1\sim\lambda_2}}{\sigma T^4}=\frac{1}{\sigma}\left[\int_0^{\lambda_2 T}f(\lambda T)\mathrm{d}(\lambda T)-\int_0^{\lambda_1 T}f(\lambda T)\mathrm{d}(\lambda T)\right] \tag{2.14}$$

令

$$F_{0\sim\lambda_1}=\frac{1}{\sigma}\int_0^{\lambda_1 T}f(\lambda T)\mathrm{d}(\lambda T) \tag{2.15}$$

$$F_{0\sim\lambda_2}=\frac{1}{\sigma}\int_0^{\lambda_2 T}f(\lambda T)\mathrm{d}(\lambda T) \tag{2.16}$$

所以

$$M_{\lambda_1\sim\lambda_2}=(F_{0\sim\lambda_2}-F_{0\sim\lambda_1})\times\sigma T^4 \tag{2.17}$$

$F_{0\sim\lambda}$(也可用 $F(\lambda T)$表示)实际上就是波长为 $0\sim\lambda$ 的黑体辐射占 $0\sim\infty$黑体总辐射的百分比，可以通过编程计算或查黑体相对辐射出射度表 2.13 得到。

表 2.13　黑体相对辐射出射度

λT/(μm·K)	$F_{0\sim\lambda}$	λT/(μm·K)	$F_{0\sim\lambda}$	λT/(μm·K)	$F_{0\sim\lambda}$
200	3.4181×10^{-27}	450	7.2025×10^{-11}	700	1.8384×10^{-6}
210	9.0968×10^{-26}	460	1.3541×10^{-10}	710	2.3584×10^{-6}
220	1.7853×10^{-24}	470	2.4750×10^{-10}	720	3.0032×10^{-6}
230	2.6890×10^{-23}	480	4.4060×10^{-10}	730	3.7970×10^{-6}
240	3.2141×10^{-22}	490	7.6522×10^{-10}	740	4.7679×10^{-6}
250	3.1348×10^{-21}	500	1.2985×10^{-9}	750	5.9480×10^{-6}
260	2.5548×10^{-20}	510	2.1558×10^{-9}	760	7.3736×10^{-6}
270	1.7751×10^{-19}	520	3.5065×10^{-9}	770	9.0860×10^{-6}
280	1.0698×10^{-18}	530	5.5939×10^{-9}	780	1.1131×10^{-5}
290	5.6756×10^{-18}	540	8.7624×10^{-9}	790	1.3561×10^{-5}
300	2.6853×10^{-17}	550	1.3494×10^{-8}	800	1.6433×10^{-5}
310	1.1457×10^{-16}	560	2.0435×10^{-8}	810	1.9812×10^{-5}
320	4.4518×10^{-16}	570	3.0480×10^{-8}	820	2.3766×10^{-5}
330	1.5889×10^{-15}	580	4.4802×10^{-8}	830	2.8374×10^{-5}
340	5.2485×10^{-15}	590	6.4947×10^{-8}	840	3.3720×10^{-5}
350	1.6154×10^{-14}	600	9.2921×10^{-8}	850	3.9897×10^{-5}
360	4.6604×10^{-14}	610	1.3129×10^{-7}	860	4.7003×10^{-5}
370	1.2670×10^{-13}	620	1.8332×10^{-7}	870	5.5148×10^{-5}
380	3.2611×10^{-13}	630	2.5309×10^{-7}	880	6.4447×10^{-5}
390	7.9815×10^{-13}	640	3.4568×10^{-7}	890	7.5027×10^{-5}
400	1.8646×10^{-12}	650	4.6733×10^{-7}	900	8.7020×10^{-5}
410	4.1720×10^{-12}	660	6.2565×10^{-7}	910	1.0057×10^{-4}
420	8.9690×10^{-12}	670	8.2982×10^{-7}	920	1.1583×10^{-4}
430	1.8578×10^{-11}	680	1.0909×10^{-6}	930	1.3296×10^{-4}
440	3.7175×10^{-11}	690	1.4219×10^{-6}	940	1.5213×10^{-4}

续表

$\lambda T/(\mu m\cdot K)$	$F_{0\sim\lambda}$	$\lambda T/(\mu m\cdot K)$	$F_{0\sim\lambda}$	$\lambda T/(\mu m\cdot K)$	$F_{0\sim\lambda}$
950	1.7352×10^{-4}	1370	6.5936×10^{-3}	1790	3.8171×10^{-2}
960	1.9732×10^{-4}	1380	6.9770×10^{-3}	1800	3.9341×10^{-2}
970	2.2373×10^{-4}	1390	7.3757×10^{-3}	1810	4.0530×10^{-2}
980	2.5296×10^{-4}	1400	7.7900×10^{-3}	1820	4.1740×10^{-2}
990	2.8522×10^{-4}	1410	8.2203×10^{-3}	1830	4.2968×10^{-2}
1000	3.2075×10^{-4}	1420	8.6667×10^{-3}	1840	4.4217×10^{-2}
1010	3.5977×10^{-4}	1430	9.1296×10^{-3}	1850	4.5484×10^{-2}
1020	4.0252×10^{-4}	1440	9.6092×10^{-3}	1860	4.6771×10^{-2}
1030	4.4928×10^{-4}	1450	1.0106×10^{-2}	1870	4.8076×10^{-2}
1040	5.0028×10^{-4}	1460	1.0619×10^{-2}	1880	4.9401×10^{-2}
1050	5.5581×10^{-4}	1470	1.1150×10^{-2}	1890	5.0744×10^{-2}
1060	6.1613×10^{-4}	1480	1.1699×10^{-2}	1900	5.2107×10^{-2}
1070	6.8153×10^{-4}	1490	1.2265×10^{-2}	1910	5.3487×10^{-2}
1080	7.5231×10^{-4}	1500	1.2850×10^{-2}	1920	5.4887×10^{-2}
1090	8.2876×10^{-4}	1510	1.3452×10^{-2}	1930	5.6304×10^{-2}
1100	9.1117×10^{-4}	1520	1.4073×10^{-2}	1940	5.7740×10^{-2}
1110	9.9987×10^{-4}	1530	1.4712×10^{-2}	1950	5.9194×10^{-2}
1120	1.0952×10^{-3}	1540	1.5370×10^{-2}	1960	6.0666×10^{-2}
1130	1.1974×10^{-3}	1550	1.6047×10^{-2}	1970	6.2155×10^{-2}
1140	1.3068×10^{-3}	1560	1.6743×10^{-2}	1980	6.3662×10^{-2}
1150	1.4238×10^{-3}	1570	1.7458×10^{-2}	1990	6.5186×10^{-2}
1160	1.5487×10^{-3}	1580	1.8192×10^{-2}	2000	6.6728×10^{-2}
1170	1.6819×10^{-3}	1590	1.8945×10^{-2}	2010	6.8287×10^{-2}
1180	1.8236×10^{-3}	1600	1.9718×10^{-2}	2020	6.9862×10^{-2}
1190	1.9742×10^{-3}	1610	2.0511×10^{-2}	2030	7.1454×10^{-2}
1200	2.1341×10^{-3}	1620	2.1323×10^{-2}	2040	7.3063×10^{-2}
1210	2.3035×10^{-3}	1630	2.2155×10^{-2}	2050	7.4688×10^{-2}
1220	2.4829×10^{-3}	1640	2.3006×10^{-2}	2060	7.6329×10^{-2}
1230	2.6726×10^{-3}	1650	2.3878×10^{-2}	2070	7.7986×10^{-2}
1240	2.8728×10^{-3}	1660	2.4769×10^{-2}	2080	7.9659×10^{-2}
1250	3.0841×10^{-3}	1670	2.5680×10^{-2}	2090	8.1347×10^{-2}
1260	3.3066×10^{-3}	1680	2.6611×10^{-2}	2100	8.3051×10^{-2}
1270	3.5407×10^{-3}	1690	2.7562×10^{-2}	2110	8.4770×10^{-2}
1280	3.7868×10^{-3}	1700	2.8533×10^{-2}	2120	8.6504×10^{-2}
1290	4.0452×10^{-3}	1710	2.9524×10^{-2}	2130	8.8252×10^{-2}
1300	4.3162×10^{-3}	1720	3.0535×10^{-2}	2140	9.0015×10^{-2}
1310	4.6002×10^{-3}	1730	3.1566×10^{-2}	2150	9.1793×10^{-2}
1320	4.8974×10^{-3}	1740	3.2617×10^{-2}	2160	9.3584×10^{-2}
1330	5.2083×10^{-3}	1750	3.3688×10^{-2}	2170	9.5390×10^{-2}
1340	5.5330×10^{-3}	1760	3.4779×10^{-2}	2180	9.7209×10^{-2}
1350	5.8719×10^{-3}	1770	3.5890×10^{-2}	2190	9.9041×10^{-2}
1360	6.2254×10^{-3}	1780	3.7020×10^{-2}	2200	1.0089×10^{-1}

续表

λT/(μm·K)	$F_{0\sim\lambda}$	λT/(μm·K)	$F_{0\sim\lambda}$	λT/(μm·K)	$F_{0\sim\lambda}$
2210	1.0275×10^{-1}	2630	1.8975×10^{-1}	3050	2.8452×10^{-1}
2220	1.0462×10^{-1}	2640	1.9197×10^{-1}	3060	2.8677×10^{-1}
2230	1.0650×10^{-1}	2650	1.9419×10^{-1}	3070	2.8903×10^{-1}
2240	1.0840×10^{-1}	2660	1.9641×10^{-1}	3080	2.9128×10^{-1}
2250	1.1031×10^{-1}	2670	1.9864×10^{-1}	3090	2.9353×10^{-1}
2260	1.1223×10^{-1}	2680	2.0088×10^{-1}	3100	2.9577×10^{-1}
2270	1.1416×10^{-1}	2690	2.0311×10^{-1}	3110	2.9802×10^{-1}
2280	1.1611×10^{-1}	2700	2.0535×10^{-1}	3120	3.0026×10^{-1}
2290	1.1806×10^{-1}	2710	2.0760×10^{-1}	3130	3.0250×10^{-1}
2300	1.2003×10^{-1}	2720	2.0984×10^{-1}	3140	3.0473×10^{-1}
2310	1.2200×10^{-1}	2730	2.1209×10^{-1}	3150	3.0697×10^{-1}
2320	1.2399×10^{-1}	2740	2.1434×10^{-1}	3160	3.0920×10^{-1}
2330	1.2599×10^{-1}	2750	2.1659×10^{-1}	3170	3.1143×10^{-1}
2340	1.2800×10^{-1}	2760	2.1885×10^{-1}	3180	3.1365×10^{-1}
2350	1.3002×10^{-1}	2770	2.2110×10^{-1}	3190	3.1587×10^{-1}
2360	1.3205×10^{-1}	2780	2.2336×10^{-1}	3200	3.1809×10^{-1}
2370	1.3408×10^{-1}	2790	2.2562×10^{-1}	3210	3.2031×10^{-1}
2380	1.3613×10^{-1}	2800	2.2789×10^{-1}	3220	3.2252×10^{-1}
2390	1.3819×10^{-1}	2810	2.3015×10^{-1}	3230	3.2473×10^{-1}
2400	1.4025×10^{-1}	2820	2.3241×10^{-1}	3240	3.2694×10^{-1}
2410	1.4233×10^{-1}	2830	2.3468×10^{-1}	3250	3.2914×10^{-1}
2420	1.4441×10^{-1}	2840	2.3695×10^{-1}	3260	3.3134×10^{-1}
2430	1.4650×10^{-1}	2850	2.3921×10^{-1}	3270	3.3354×10^{-1}
2440	1.4860×10^{-1}	2860	2.4148×10^{-1}	3280	3.3573×10^{-1}
2450	1.5071×10^{-1}	2870	2.4375×10^{-1}	3290	3.3792×10^{-1}
2460	1.5282×10^{-1}	2880	2.4602×10^{-1}	3300	3.4010×10^{-1}
2470	1.5494×10^{-1}	2890	2.4829×10^{-1}	3310	3.4228×10^{-1}
2480	1.5707×10^{-1}	2900	2.5056×10^{-1}	3320	3.4446×10^{-1}
2490	1.5921×10^{-1}	2910	2.5283×10^{-1}	3330	3.4663×10^{-1}
2500	1.6135×10^{-1}	2920	2.5509×10^{-1}	3340	3.4880×10^{-1}
2510	1.6350×10^{-1}	2930	2.5736×10^{-1}	3350	3.5096×10^{-1}
2520	1.6566×10^{-1}	2940	2.5963×10^{-1}	3360	3.5313×10^{-1}
2530	1.6782×10^{-1}	2950	2.6190×10^{-1}	3370	3.5528×10^{-1}
2540	1.6999×10^{-1}	2960	2.6417×10^{-1}	3380	3.5743×10^{-1}
2550	1.7216×10^{-1}	2970	2.6643×10^{-1}	3390	3.5958×10^{-1}
2560	1.7434×10^{-1}	2980	2.6870×10^{-1}	3400	3.6172×10^{-1}
2570	1.7653×10^{-1}	2990	2.7096×10^{-1}	3410	3.6386×10^{-1}
2580	1.7872×10^{-1}	3000	2.7322×10^{-1}	3420	3.6600×10^{-1}
2590	1.8092×10^{-1}	3010	2.7549×10^{-1}	3430	3.6813×10^{-1}
2600	1.8312×10^{-1}	3020	2.7775×10^{-1}	3440	3.7025×10^{-1}
2610	1.8532×10^{-1}	3030	2.8001×10^{-1}	3450	3.7237×10^{-1}
2620	1.8753×10^{-1}	3040	2.8226×10^{-1}	3460	3.7449×10^{-1}

续表

$\lambda T/(\mu m \cdot K)$	$F_{0\sim\lambda}$	$\lambda T/(\mu m \cdot K)$	$F_{0\sim\lambda}$	$\lambda T/(\mu m \cdot K)$	$F_{0\sim\lambda}$
3470	3.7660×10^{-1}	3890	4.6053×10^{-1}	4310	5.3431×10^{-1}
3480	3.7871×10^{-1}	3900	4.6241×10^{-1}	4320	5.3594×10^{-1}
3490	3.8081×10^{-1}	3910	4.6428×10^{-1}	4330	5.3757×10^{-1}
3500	3.8290×10^{-1}	3920	4.6614×10^{-1}	4340	5.3919×10^{-1}
3510	3.8500×10^{-1}	3930	4.6800×10^{-1}	4350	5.4080×10^{-1}
3520	3.8708×10^{-1}	3940	4.6986×10^{-1}	4360	5.4241×10^{-1}
3530	3.8916×10^{-1}	3950	4.7171×10^{-1}	4370	5.4401×10^{-1}
3540	3.9124×10^{-1}	3960	4.7355×10^{-1}	4380	5.4560×10^{-1}
3550	3.9331×10^{-1}	3970	4.7539×10^{-1}	4390	5.4719×10^{-1}
3560	3.9538×10^{-1}	3980	4.7722×10^{-1}	4400	5.4878×10^{-1}
3570	3.9744×10^{-1}	3990	4.7904×10^{-1}	4410	5.5035×10^{-1}
3580	3.9950×10^{-1}	4000	4.8086×10^{-1}	4420	5.5193×10^{-1}
3590	4.0155×10^{-1}	4010	4.8267×10^{-1}	4430	5.5349×10^{-1}
3600	4.0359×10^{-1}	4020	4.8448×10^{-1}	4440	5.5505×10^{-1}
3610	4.0563×10^{-1}	4030	4.8628×10^{-1}	4450	5.5661×10^{-1}
3620	4.0767×10^{-1}	4040	4.8808×10^{-1}	4460	5.5816×10^{-1}
3630	4.0970×10^{-1}	4050	4.8987×10^{-1}	4470	5.5970×10^{-1}
3640	4.1172×10^{-1}	4060	4.9165×10^{-1}	4480	5.6124×10^{-1}
3650	4.1374×10^{-1}	4070	4.9343×10^{-1}	4490	5.6277×10^{-1}
3660	4.1576×10^{-1}	4080	4.9520×10^{-1}	4500	5.6430×10^{-1}
3670	4.1777×10^{-1}	4090	4.9696×10^{-1}	4510	5.6582×10^{-1}
3680	4.1977×10^{-1}	4100	4.9872×10^{-1}	4520	5.6734×10^{-1}
3690	4.2177×10^{-1}	4110	5.0048×10^{-1}	4530	5.6885×10^{-1}
3700	4.2376×10^{-1}	4120	5.0223×10^{-1}	4540	5.7035×10^{-1}
3710	4.2574×10^{-1}	4130	5.0397×10^{-1}	4550	5.7185×10^{-1}
3720	4.2772×10^{-1}	4140	5.0570×10^{-1}	4560	5.7334×10^{-1}
3730	4.2970×10^{-1}	4150	5.0743×10^{-1}	4570	5.7483×10^{-1}
3740	4.3167×10^{-1}	4160	5.0916×10^{-1}	4580	5.7631×10^{-1}
3750	4.3363×10^{-1}	4170	5.1088×10^{-1}	4590	5.7779×10^{-1}
3760	4.3559×10^{-1}	4180	5.1259×10^{-1}	4600	5.7926×10^{-1}
3770	4.3754×10^{-1}	4190	5.1429×10^{-1}	4610	5.8072×10^{-1}
3780	4.3949×10^{-1}	4200	5.1600×10^{-1}	4620	5.8218×10^{-1}
3790	4.4143×10^{-1}	4210	5.1769×10^{-1}	4630	5.8364×10^{-1}
3800	4.4337×10^{-1}	4220	5.1938×10^{-1}	4640	5.8509×10^{-1}
3810	4.4530×10^{-1}	4230	5.2106×10^{-1}	4650	5.8653×10^{-1}
3820	4.4722×10^{-1}	4240	5.2274×10^{-1}	4660	5.8797×10^{-1}
3830	4.4914×10^{-1}	4250	5.2441×10^{-1}	4670	5.8940×10^{-1}
3840	4.5105×10^{-1}	4260	5.2607×10^{-1}	4680	5.9083×10^{-1}
3850	4.5296×10^{-1}	4270	5.2773×10^{-1}	4690	5.9225×10^{-1}
3860	4.5486×10^{-1}	4280	5.2939×10^{-1}	4700	5.9367×10^{-1}
3870	4.5676×10^{-1}	4290	5.3104×10^{-1}	4710	5.9508×10^{-1}
3880	4.5864×10^{-1}	4300	5.3268×10^{-1}	4720	5.9648×10^{-1}

续表

λT/(μm·K)	$F_{0\sim\lambda}$	λT/(μm·K)	$F_{0\sim\lambda}$	λT/(μm·K)	$F_{0\sim\lambda}$
4730	5.9788×10^{-1}	5300	6.6936×10^{-1}	6140	7.4934×10^{-1}
4740	5.9928×10^{-1}	5320	6.7159×10^{-1}	6160	7.5094×10^{-1}
4750	6.0067×10^{-1}	5340	6.7380×10^{-1}	6180	7.5253×10^{-1}
4760	6.0205×10^{-1}	5360	6.7599×10^{-1}	6200	7.5411×10^{-1}
4770	6.0343×10^{-1}	5380	6.7817×10^{-1}	6220	7.5567×10^{-1}
4780	6.0480×10^{-1}	5400	6.8033×10^{-1}	6240	7.5722×10^{-1}
4790	6.0617×10^{-1}	5420	6.8247×10^{-1}	6260	7.5876×10^{-1}
4800	6.0754×10^{-1}	5440	6.8460×10^{-1}	6280	7.6029×10^{-1}
4810	6.0889×10^{-1}	5460	6.8671×10^{-1}	6300	7.6180×10^{-1}
4820	6.1025×10^{-1}	5480	6.8880×10^{-1}	6320	7.6330×10^{-1}
4830	6.1159×10^{-1}	5500	6.9088×10^{-1}	6340	7.6480×10^{-1}
4840	6.1294×10^{-1}	5520	6.9294×10^{-1}	6360	7.6627×10^{-1}
4850	6.1427×10^{-1}	5540	6.9498×10^{-1}	6380	7.6774×10^{-1}
4860	6.1561×10^{-1}	5560	6.9701×10^{-1}	6400	7.6920×10^{-1}
4870	6.1693×10^{-1}	5580	6.9902×10^{-1}	6420	7.7065×10^{-1}
4880	6.1825×10^{-1}	5600	7.0102×10^{-1}	6440	7.7208×10^{-1}
4890	6.1957×10^{-1}	5620	7.0300×10^{-1}	6460	7.7350×10^{-1}
4900	6.2088×10^{-1}	5640	7.0496×10^{-1}	6480	7.7492×10^{-1}
4910	6.2219×10^{-1}	5660	7.0691×10^{-1}	6500	7.7632×10^{-1}
4920	6.2349×10^{-1}	5680	7.0884×10^{-1}	6520	7.7771×10^{-1}
4930	6.2479×10^{-1}	5700	7.1076×10^{-1}	6540	7.7909×10^{-1}
4940	6.2608×10^{-1}	5720	7.1266×10^{-1}	6560	7.8046×10^{-1}
4950	6.2736×10^{-1}	5740	7.1455×10^{-1}	6580	7.8182×10^{-1}
4960	6.2865×10^{-1}	5760	7.1643×10^{-1}	6600	7.8316×10^{-1}
4970	6.2992×10^{-1}	5780	7.1828×10^{-1}	6620	7.8450×10^{-1}
4980	6.3119×10^{-1}	5800	7.2013×10^{-1}	6640	7.8583×10^{-1}
4990	6.3246×10^{-1}	5820	7.2196×10^{-1}	6660	7.8715×10^{-1}
5000	6.3372×10^{-1}	5840	7.2377×10^{-1}	6680	7.8846×10^{-1}
5020	6.3623×10^{-1}	5860	7.2557×10^{-1}	6700	7.8975×10^{-1}
5040	6.3872×10^{-1}	5880	7.2736×10^{-1}	6720	7.9104×10^{-1}
5060	6.4119×10^{-1}	5900	7.2913×10^{-1}	6740	7.9232×10^{-1}
5080	6.4364×10^{-1}	5920	7.3089×10^{-1}	6760	7.9359×10^{-1}
5100	6.4607×10^{-1}	5940	7.3263×10^{-1}	6780	7.9484×10^{-1}
5120	6.4848×10^{-1}	5960	7.3437×10^{-1}	6800	7.9609×10^{-1}
5140	6.5088×10^{-1}	5980	7.3608×10^{-1}	6820	7.9733×10^{-1}
5160	6.5325×10^{-1}	6000	7.3779×10^{-1}	6840	7.9856×10^{-1}
5180	6.5561×10^{-1}	6020	7.3948×10^{-1}	6860	7.9978×10^{-1}
5200	6.5794×10^{-1}	6040	7.4115×10^{-1}	6880	8.0099×10^{-1}
5220	6.6026×10^{-1}	6060	7.4282×10^{-1}	6900	8.0220×10^{-1}
5240	6.6256×10^{-1}	6080	7.4447×10^{-1}	6920	8.0339×10^{-1}
5260	6.6485×10^{-1}	6100	7.4611×10^{-1}	6940	8.0457×10^{-1}
5280	6.6711×10^{-1}	6120	7.4773×10^{-1}	6960	8.0575×10^{-1}

续表

$\lambda T/(\mu m \cdot K)$	$F_{0\sim\lambda}$	$\lambda T/(\mu m \cdot K)$	$F_{0\sim\lambda}$	$\lambda T/(\mu m \cdot K)$	$F_{0\sim\lambda}$
6980	8.0691×10^{-1}	7820	8.4882×10^{-1}	8660	8.7979×10^{-1}
7000	8.0807×10^{-1}	7840	8.4967×10^{-1}	8680	8.8042×10^{-1}
7020	8.0922×10^{-1}	7860	8.5051×10^{-1}	8700	8.8105×10^{-1}
7040	8.1036×10^{-1}	7880	8.5135×10^{-1}	8720	8.8167×10^{-1}
7060	8.1149×10^{-1}	7900	8.5218×10^{-1}	8740	8.8229×10^{-1}
7080	8.1262×10^{-1}	7920	8.5301×10^{-1}	8760	8.8291×10^{-1}
7100	8.1373×10^{-1}	7940	8.5383×10^{-1}	8780	8.8352×10^{-1}
7120	8.1484×10^{-1}	7960	8.5464×10^{-1}	8800	8.8413×10^{-1}
7140	8.1594×10^{-1}	7980	8.5545×10^{-1}	8820	8.8473×10^{-1}
7160	8.1702×10^{-1}	8000	8.5625×10^{-1}	8840	8.8533×10^{-1}
7180	8.1811×10^{-1}	8020	8.5704×10^{-1}	8860	8.8593×10^{-1}
7200	8.1918×10^{-1}	8040	8.5784×10^{-1}	8880	8.8652×10^{-1}
7220	8.2025×10^{-1}	8060	8.5862×10^{-1}	8900	8.8711×10^{-1}
7240	8.2130×10^{-1}	8080	8.5940×10^{-1}	8920	8.8769×10^{-1}
7260	8.2235×10^{-1}	8100	8.6017×10^{-1}	8940	8.8827×10^{-1}
7280	8.2340×10^{-1}	8120	8.6094×10^{-1}	8960	8.8885×10^{-1}
7300	8.2443×10^{-1}	8140	8.6171×10^{-1}	8980	8.8942×10^{-1}
7320	8.2546×10^{-1}	8160	8.6246×10^{-1}	9000	8.8999×10^{-1}
7340	8.2648×10^{-1}	8180	8.6322×10^{-1}	9020	8.9055×10^{-1}
7360	8.2749×10^{-1}	8200	8.6396×10^{-1}	9040	8.9111×10^{-1}
7380	8.2849×10^{-1}	8220	8.6470×10^{-1}	9060	8.9167×10^{-1}
7400	8.2949×10^{-1}	8240	8.6544×10^{-1}	9080	8.9222×10^{-1}
7420	8.3048×10^{-1}	8260	8.6617×10^{-1}	9100	8.9277×10^{-1}
7440	8.3146×10^{-1}	8280	8.6690×10^{-1}	9120	8.9332×10^{-1}
7460	8.3244×10^{-1}	8300	8.6762×10^{-1}	9140	8.9386×10^{-1}
7480	8.3340×10^{-1}	8320	8.6834×10^{-1}	9160	8.9440×10^{-1}
7500	8.3436×10^{-1}	8340	8.6905×10^{-1}	9180	8.9494×10^{-1}
7520	8.3532×10^{-1}	8360	8.6976×10^{-1}	9200	8.9547×10^{-1}
7540	8.3626×10^{-1}	8380	8.7046×10^{-1}	9220	8.9600×10^{-1}
7560	8.3720×10^{-1}	8400	8.7115×10^{-1}	9240	8.9652×10^{-1}
7580	8.3814×10^{-1}	8420	8.7185×10^{-1}	9260	8.9704×10^{-1}
7600	8.3960×10^{-1}	8440	8.7253×10^{-1}	9280	8.9756×10^{-1}
7620	8.3998×10^{-1}	8460	8.7322×10^{-1}	9300	8.9808×10^{-1}
7640	8.4090×10^{-1}	8480	8.7389×10^{-1}	9320	8.9859×10^{-1}
7660	8.4180×10^{-1}	8500	8.7457×10^{-1}	9340	8.9909×10^{-1}
7680	8.4270×10^{-1}	8520	8.7524×10^{-1}	9360	8.9960×10^{-1}
7700	8.4360×10^{-1}	8540	8.7590×10^{-1}	9380	9.0010×10^{-1}
7720	8.4448×10^{-1}	8560	8.7656×10^{-1}	9400	9.0060×10^{-1}
7740	8.4536×10^{-1}	8580	8.7721×10^{-1}	9420	9.0109×10^{-1}
7760	8.4624×10^{-1}	8600	8.7786×10^{-1}	9440	9.0159×10^{-1}
7780	8.4710×10^{-1}	8620	8.7851×10^{-1}	9460	9.0207×10^{-1}
7800	8.4797×10^{-1}	8640	8.7915×10^{-1}	9480	9.0256×10^{-1}

续表

$\lambda T/(\mu m \cdot K)$	$F_{0\sim\lambda}$	$\lambda T/(\mu m \cdot K)$	$F_{0\sim\lambda}$	$\lambda T/(\mu m \cdot K)$	$F_{0\sim\lambda}$
9500	9.0304×10^{-1}	13400	9.5843×10^{-1}	21800	9.8858×10^{-1}
9520	9.0352×10^{-1}	13600	9.5998×10^{-1}	22000	9.8886×10^{-1}
9540	9.0400×10^{-1}	13800	9.6145×10^{-1}	22200	9.8913×10^{-1}
9560	9.0447×10^{-1}	14000	9.6285×10^{-1}	22400	9.8939×10^{-1}
9580	9.0494×10^{-1}	14200	9.6419×10^{-1}	22600	9.8965×10^{-1}
9600	9.0541×10^{-1}	14400	9.6546×10^{-1}	22800	9.8990×10^{-1}
9620	9.0587×10^{-1}	14600	9.6667×10^{-1}	23000	9.9014×10^{-1}
9640	9.0633×10^{-1}	14800	9.6783×10^{-1}	23200	9.9037×10^{-1}
9660	9.0679×10^{-1}	15000	9.6893×10^{-1}	23400	9.9059×10^{-1}
9680	9.0725×10^{-1}	15200	9.6999×10^{-1}	23600	9.9081×10^{-1}
9700	9.0770×10^{-1}	15400	9.7100×10^{-1}	23800	9.9102×10^{-1}
9720	9.0815×10^{-1}	15600	9.7196×10^{-1}	24000	9.9123×10^{-1}
9740	9.0860×10^{-1}	15800	9.7288×10^{-1}	24200	9.9143×10^{-1}
9760	9.0904×10^{-1}	16000	9.7377×10^{-1}	24400	9.9162×10^{-1}
9780	9.0948×10^{-1}	16200	9.7461×10^{-1}	24600	9.9181×10^{-1}
9800	9.0992×10^{-1}	16400	9.7542×10^{-1}	24800	9.9199×10^{-1}
9820	9.1036×10^{-1}	16600	9.7620×10^{-1}	25000	9.9217×10^{-1}
9840	9.1079×10^{-1}	16800	9.7694×10^{-1}	25200	9.9234×10^{-1}
9860	9.1122×10^{-1}	17000	9.7765×10^{-1}	25400	9.9250×10^{-1}
9880	9.1165×10^{-1}	17200	9.7834×10^{-1}	25600	9.9266×10^{-1}
9900	9.1207×10^{-1}	17400	9.7899×10^{-1}	25800	9.9282×10^{-1}
9920	9.1249×10^{-1}	17600	9.7962×10^{-1}	26000	9.9297×10^{-1}
9940	9.1291×10^{-1}	17800	9.8023×10^{-1}	26200	9.9312×10^{-1}
9960	9.1333×10^{-1}	18000	9.8081×10^{-1}	26400	9.9327×10^{-1}
9980	9.1374×10^{-1}	18200	9.8137×10^{-1}	26600	9.9341×10^{-1}
10000	9.1416×10^{-1}	18400	9.8191×10^{-1}	26800	9.9354×10^{-1}
10200	9.1814×10^{-1}	18600	9.8243×10^{-1}	27000	9.9367×10^{-1}
10400	9.2188×10^{-1}	18800	9.8293×10^{-1}	27200	9.9380×10^{-1}
10600	9.2540×10^{-1}	19000	9.8341×10^{-1}	27400	9.9393×10^{-1}
10800	9.2872×10^{-1}	19200	9.8387×10^{-1}	27600	9.9405×10^{-1}
11000	9.3185×10^{-1}	19400	9.8431×10^{-1}	27800	9.9417×10^{-1}
11200	9.3480×10^{-1}	19600	9.8474×10^{-1}	28000	9.9429×10^{-1}
11400	9.3758×10^{-1}	19800	9.8515×10^{-1}	28200	9.9440×10^{-1}
11600	9.4021×10^{-1}	20000	9.8555×10^{-1}	28400	9.9451×10^{-1}
11800	9.4270×10^{-1}	20200	9.8594×10^{-1}	28600	9.9462×10^{-1}
12000	9.4505×10^{-1}	20400	9.8631×10^{-1}	28800	9.9472×10^{-1}
12200	9.4728×10^{-1}	20600	9.8667×10^{-1}	29000	9.9482×10^{-1}
12400	9.4939×10^{-1}	20800	9.8701×10^{-1}	29200	9.9492×10^{-1}
12600	9.5139×10^{-1}	21000	9.8735×10^{-1}	29400	9.9502×10^{-1}
12800	9.5329×10^{-1}	21200	9.8767×10^{-1}	29600	9.9511×10^{-1}
13000	9.5509×10^{-1}	21400	9.8798×10^{-1}	29800	9.9520×10^{-1}
13200	9.5680×10^{-1}	21600	9.8828×10^{-1}	30000	9.9529×10^{-1}

续表

$\lambda T/(\mu m \cdot K)$	$F_{0\sim\lambda}$	$\lambda T/(\mu m \cdot K)$	$F_{0\sim\lambda}$	$\lambda T/(\mu m \cdot K)$	$F_{0\sim\lambda}$
30200	9.9538×10^{-1}	38600	9.9769×10^{-1}	47000	9.9869×10^{-1}
30400	9.9546×10^{-1}	38800	9.9773×10^{-1}	47200	9.9871×10^{-1}
30600	9.9555×10^{-1}	39000	9.9776×10^{-1}	47400	9.9872×10^{-1}
30800	9.9563×10^{-1}	39200	9.9779×10^{-1}	47600	9.9874×10^{-1}
31000	9.9571×10^{-1}	39400	9.9783×10^{-1}	47800	9.9875×10^{-1}
31200	9.9578×10^{-1}	39600	9.9786×10^{-1}	48000	9.9877×10^{-1}
31400	9.9586×10^{-1}	39800	9.9789×10^{-1}	48200	9.9878×10^{-1}
31600	9.9593×10^{-1}	40000	9.9792×10^{-1}	48400	9.9880×10^{-1}
31800	9.9600×10^{-1}	40200	9.9795×10^{-1}	48600	9.9881×10^{-1}
32000	9.9607×10^{-1}	40400	9.9798×10^{-1}	48800	9.9882×10^{-1}
32200	9.9614×10^{-1}	40600	9.9800×10^{-1}	49000	9.9884×10^{-1}
32400	9.9621×10^{-1}	40800	9.9803×10^{-1}	49200	9.9885×10^{-1}
32600	9.9627×10^{-1}	41000	9.9806×10^{-1}	49400	9.9886×10^{-1}
32800	9.9634×10^{-1}	41200	9.9809×10^{-1}	49600	9.9888×10^{-1}
33000	9.9640×10^{-1}	41400	9.9811×10^{-1}	49800	9.9889×10^{-1}
33200	9.9646×10^{-1}	41600	9.9814×10^{-1}	50000	9.9890×10^{-1}
33400	9.9652×10^{-1}	41800	9.9816×10^{-1}	51000	9.9896×10^{-1}
33600	9.9658×10^{-1}	42000	9.9819×10^{-1}	52000	9.9902×10^{-1}
33800	9.9664×10^{-1}	42200	9.9821×10^{-1}	53000	9.9907×10^{-1}
34000	9.9669×10^{-1}	42400	9.9824×10^{-1}	54000	9.9912×10^{-1}
34200	9.9675×10^{-1}	42600	9.9826×10^{-1}	55000	9.9917×10^{-1}
34400	9.9680×10^{-1}	42800	9.9828×10^{-1}	56000	9.9921×10^{-1}
34600	9.9685×10^{-1}	43000	9.9831×10^{-1}	57000	9.9925×10^{-1}
34800	9.9690×10^{-1}	43200	9.9833×10^{-1}	58000	9.9929×10^{-1}
35000	9.9695×10^{-1}	43400	9.9835×10^{-1}	59000	9.9932×10^{-1}
35200	9.9700×10^{-1}	43600	9.9837×10^{-1}	60000	9.9935×10^{-1}
35400	9.9705×10^{-1}	43800	9.9839×10^{-1}	61000	9.9938×10^{-1}
35600	9.9710×10^{-1}	44000	9.9842×10^{-1}	62000	9.9941×10^{-1}
35800	9.9714×10^{-1}	44200	9.9844×10^{-1}	63000	9.9944×10^{-1}
36000	9.9719×10^{-1}	44400	9.9846×10^{-1}	64000	9.9946×10^{-1}
36200	9.9723×10^{-1}	44600	9.9848×10^{-1}	65000	9.9949×10^{-1}
36400	9.9728×10^{-1}	44800	9.9850×10^{-1}	66000	9.9951×10^{-1}
36600	9.9732×10^{-1}	45000	9.9851×10^{-1}	67000	9.9953×10^{-1}
36800	9.9736×10^{-1}	45200	9.9853×10^{-1}	68000	9.9955×10^{-1}
37000	9.9740×10^{-1}	45400	9.9855×10^{-1}	69000	9.9957×10^{-1}
37200	9.9744×10^{-1}	45600	9.9857×10^{-1}	70000	9.9959×10^{-1}
37400	9.9748×10^{-1}	45800	9.9859×10^{-1}	71000	9.9960×10^{-1}
37600	9.9752×10^{-1}	46000	9.9861×10^{-1}	72000	9.9962×10^{-1}
37800	9.9755×10^{-1}	46200	9.9862×10^{-1}	73000	9.9964×10^{-1}
38000	9.9759×10^{-1}	46400	9.9864×10^{-1}	74000	9.9965×10^{-1}
38200	9.9763×10^{-1}	46600	9.9866×10^{-1}	75000	9.9966×10^{-1}
38400	9.9766×10^{-1}	46800	9.9867×10^{-1}	76000	9.9968×10^{-1}

续表

λT/(μm·K)	$F_{0\sim\lambda}$	λT/(μm·K)	$F_{0\sim\lambda}$	λT/(μm·K)	$F_{0\sim\lambda}$
77000	9.9969×10^{-1}	102000	$\Delta4.0226\times10^{-6}$	127000	$\Delta1.6913\times10^{-6}$
78000	9.9970×10^{-1}	103000	9.9987×10^{-1}	128000	$\Delta1.6396\times10^{-6}$
79000	9.9971×10^{-1}	104000	$\Delta3.7258\times10^{-6}$	129000	$\Delta1.5898\times10^{-6}$
80000	9.9972×10^{-1}	105000	$\Delta3.5876\times10^{-6}$	130000	$\Delta1.5420\times10^{-6}$
81000	9.9973×10^{-1}	106000	9.9988×10^{-1}	131000	$\Delta1.4959\times10^{-6}$
82000	9.9974×10^{-1}	107000	$\Delta3.3300\times10^{-6}$	132000	9.9994×10^{-1}
83000	9.9975×10^{-1}	108000	$\Delta3.2099\times10^{-6}$	133000	$\Delta1.4088\times10^{-6}$
84000	9.9976×10^{-1}	109000	9.9989×10^{-1}	134000	$\Delta1.3676\times10^{-6}$
85000	9.9977×10^{-1}	110000	$\Delta2.9854\times10^{-6}$	135000	$\Delta1.3279\times10^{-6}$
86000	$\Delta7.8815\times10^{-6}$	111000	$\Delta2.8806\times10^{-6}$	136000	$\Delta1.2897\times10^{-6}$
87000	9.9978×10^{-1}	112000	9.9990×10^{-1}	137000	$\Delta1.2528\times10^{-6}$
88000	9.9979×10^{-1}	113000	$\Delta2.6843\times10^{-6}$	138000	$\Delta1.2172\times10^{-6}$
89000	9.9980×10^{-1}	114000	$\Delta2.5924\times10^{-6}$	139000	9.9995×10^{-1}
90000	$\Delta6.5896\times10^{-6}$	115000	$\Delta2.5045\times10^{-6}$	140000	$\Delta1.1498\times10^{-6}$
91000	9.9981×10^{-1}	116000	9.9991×10^{-1}	141000	$\Delta1.1178\times10^{-6}$
92000	$\Delta6.0429\times10^{-6}$	117000	$\Delta2.3394\times10^{-6}$	142000	$\Delta1.0869\times10^{-6}$
93000	9.9982×10^{-1}	118000	$\Delta2.2620\times10^{-6}$	143000	$\Delta1.0571\times10^{-6}$
94000	9.9983×10^{-1}	119000	$\Delta2.1878\times10^{-6}$	144000	$\Delta1.0283\times10^{-6}$
95000	$\Delta5.3249\times10^{-6}$	120000	9.9992×10^{-1}	145000	$\Delta1.0005\times10^{-6}$
96000	9.9984×10^{-1}	121000	$\Delta2.0482\times10^{-6}$	146000	$\Delta9.7363\times10^{-7}$
97000	$\Delta4.9049\times10^{-6}$	122000	$\Delta1.9826\times10^{-6}$	147000	$\Delta9.4765\times10^{-7}$
98000	9.9985×10^{-1}	123000	$\Delta1.9196\times10^{-6}$	148000	$\Delta9.2252\times10^{-7}$
99000	$\Delta4.5255\times10^{-6}$	124000	$\Delta1.8591\times10^{-6}$	149000	$\Delta9.9996\times10^{-1}$
100000	9.9986×10^{-1}	125000	9.9993×10^{-1}	150000	$\Delta8.7471\times10^{-7}$
101000	$\Delta4.1821\times10^{-6}$	126000	$\Delta1.7450\times10^{-6}$		

注：(1) 各数据值均以四舍五入法给出五位有效数字。

(2) 当数据值的改变量较小时，就有可能出现列出的数字完全相同的情况，这时，在编排上作如下处理：相应位置上不列出重复的数值，而是给出与上行数据的差值，并在数据前加印一个符号Δ表征，直到五位有效数字有了差异，再列出原来意义上的数值。

【例 2.1】 试分别计算黑体温度为 1000K、1400K、3000K、6000K 时，辐射可见光(0.38～0.76μm)与红外线(0.76～25μm、0.76～1000μm)在黑体总辐射中所占的份额。

解：具体计算结果如表 2.14 所示。

表 2.14 可见光与红外线热辐射所占份额百分比

温度/K	所占份额/%		
	可见光(0.38～0.76μm)	红外线(0.76～25μm)	红外线(0.76～1000μm)
1000	<0.1	99.11	>99.9
1400	0.12	99.58	99.88
3000	11.4	88.47	88.50
6000	45.5	42.99	43.00

值得一提的是，这种方法在工程上（红外辐射干燥）大多用在 1400K 以下，此时，可见光所占的份额只有 0.12%，而红外线（0.76～25μm）与红外线（0.76～1000μm）相比，已占 99.7%（99.58/99.88），因而红外辐射干燥一般只考虑 0.76～25μm，更长的波长能量已很低，无工程意义。因此，测定各种有机材料、涂料的透过率及一些材料的光谱发射率所用的红外分光光度计和傅里叶变换红外光谱仪，其测试波段大都为 2～25μm。

2.2.4 维恩位移定律

将普朗克公式对波长取导数并使其为零，可求出辐射功率峰值波长，这就是维恩位移定律：

$$\lambda_m T = 2897(\mu m \cdot K) \tag{2.18}$$

维恩位移定律表明峰值波长 λ_m 与温度的乘积是一个常量。这说明，黑体温度愈高，其峰值辐射波长愈移向短波。人们仔细观察火焰不难发现，随着火焰温度的升高，其颜色将按红→黄→绿→蓝的顺序变化。虽说火焰不是黑体，但现象是类似的。

表 2.15 给出了不同温度时 λ_m 的数值。

表 2.15　不同温度时 λ_m 的数值

T/K	300	500	1000	2000	3000	4000	5000	6000	7000
λ_m/μm	9.659	5.796	2.898	1.449	0.966	0.724	0.580	0.483	0.414

对温度为 300K、400K、500K、600K 的黑体，辐射峰值波长依次分别约为 9.7μm、7.3μm、5.8μm、4.8μm。当温度达到 1000K 时，虽然 λ_m 位于 2.9μm，还处于红外，但已有一部分辐射进入可见光区，而且红色光的成分（0.62～0.76μm）占绝对优势，因此物体看起来呈暗红色。当温度为 5000～6000K 时，λ_m 位于可见光波段的中部，物体看起来是白色的，太阳光谱的极大值约位于 0.48μm，根据维恩位移定律可推出太阳的温度 T 约为 6000K。

由维恩位移定律，容易算出一些常见物体的辐射峰值波长如表 2.16 所示。

表 2.16　常见物体的辐射峰值波长

物体名称	温度/K	λ_m/μm	物体名称	温度/K	λ_m/μm
太阳	6000	0.48	冰	273	10.61
熔铁	1803	1.61	液氧	90	32.19
熔铜	1173	2.47	液氮	77.2	37.53
喷气式飞机尾喷管	700	4.14	液氦	4.4	658.41
人体	310	9.35			

一般强辐射体有 50%以上的辐射能量集中在峰值波长附近，因此，2000K 以上的灼热金属，其辐射能大部分集中在 3μm 以下的近红外区或可见光区。人体皮肤的辐射波长范围主要在 2.5～15μm，其峰值波长在 9.5μm 处，其中，8～14μm 波段的辐射能占人体总辐射能的 46%，因此，医用热像仪选择在 8～14μm 波段工作，便能接收人体辐射的基本部分能量。而温度低于 300K 的室温物体，有 75%的辐射能集中在 10μm 以上的红外区。

维恩位移定律对光电系统设计时工作波段及探测器的选取是非常重要的。与维恩位移定律相似的一个工程近似法则为

$$\lambda_{1/2} T = 1800;5100(\mu m \cdot K) \quad (\text{也有：}\lambda_{1/2} T = 1780;5270(\mu m \cdot K)) \tag{2.19}$$

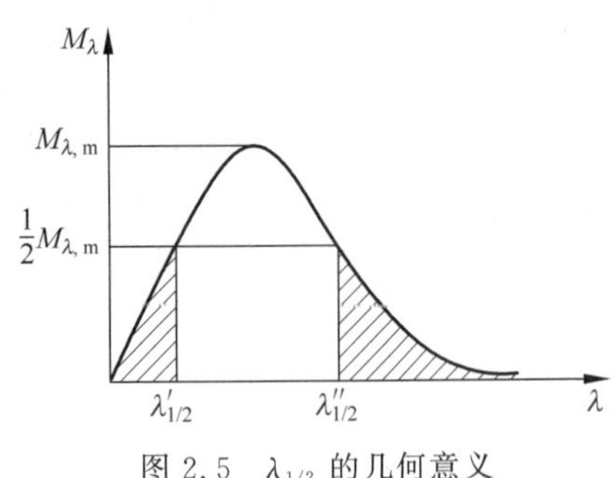

图 2.5 $\lambda_{1/2}$ 的几何意义

式中，两个 $\lambda_{1/2}$ 的意义如图 2.5 所示。大约有总辐射量的 3.8% 位于第一个 $\lambda_{1/2}(\lambda'_{1/2})$ 的左边；有总辐射量的 35% 位于第二个 $\lambda_{1/2}(\lambda''_{1/2})$ 的右边；而在两个 $\lambda_{1/2}(\lambda'_{1/2},\lambda''_{1/2})$ 之间的辐射功率约占总量的 61%。这一点对工程估算是有用的。

将维恩位移定律关系式代入普朗克公式，可得

$$M_{\lambda,m}=BT^5 \tag{2.20}$$

式中，$B=1.2866\times10^{-15}\mathrm{W\cdot cm^{-2}\cdot\mu m^{-1}\cdot K^{-5}}$。式(2.20)是维恩位移定律的另一种形式，称为维恩最大辐射定律。它表明黑体的光谱辐出度的峰值与绝对温度的五次方成正比。表 2.17 列出了 100～6000K 黑体光谱辐射出射度的峰值波长 λ_m 及相应的辐射出射度极大值 $M_{\lambda,m}$。

表 2.17 100～6000K 黑体光谱辐射出射度的峰值波长 λ_m 及相应的辐射出射度极大值 $M_{\lambda,m}$

T/K	λ_m/μm	$M_{\lambda,m}$/[W·(cm²·μm)⁻¹]	T/K	λ_m/μm	$M_{\lambda,m}$/[W·(cm²·μm)⁻¹]
100	28.9800	1.2862×10^{-5}	400	7.2450	1.3171×10^{-2}
110	26.3455	2.0714×10^{-5}	410	7.0683	1.4901×10^{-2}
120	24.1500	3.2005×10^{-5}	420	6.9000	1.6810×10^{-2}
130	22.2923	4.7756×10^{-5}	430	6.7395	1.8908×10^{-2}
140	20.7000	6.9175×10^{-5}	440	6.5864	2.1212×10^{-2}
150	19.3200	9.7671×10^{-5}	450	6.4400	2.3734×10^{-2}
160	18.1125	1.3487×10^{-4}	460	6.3000	2.6491×10^{-2}
170	17.0471	1.8262×10^{-4}	470	6.1660	2.9498×10^{-2}
180	16.1000	2.4304×10^{-4}	480	6.0375	3.2773×10^{-2}
190	15.2526	3.1848×10^{-4}	490	5.9143	3.6332×10^{-2}
200	14.4900	4.1158×10^{-4}	500	5.7960	4.0194×10^{-2}
210	13.8000	5.2530×10^{-4}	510	5.6824	4.4377×10^{-2}
220	13.1727	6.6286×10^{-4}	520	5.5731	4.8902×10^{-2}
230	12.6000	8.2784×10^{-4}	530	5.4679	5.3788×10^{-2}
240	12.0750	1.0242×10^{-3}	540	5.3667	5.9058×10^{-2}
250	11.5920	1.2561×10^{-3}	550	5.2691	6.4732×10^{-2}
260	11.1462	1.5282×10^{-3}	560	5.1750	7.0835×10^{-2}
270	10.7333	1.8456×10^{-3}	570	5.0842	7.7390×10^{-2}
280	10.3500	2.2136×10^{-3}	580	4.9966	8.4421×10^{-2}
290	9.9931	2.6381×10^{-3}	590	4.9119	9.1954×10^{-2}
300	9.6600	3.1255×10^{-3}	600	4.8300	1.0001×10^{-1}
310	9.3484	3.6823×10^{-3}	610	4.7508	1.0863×10^{-1}
320	9.0562	4.3158×10^{-3}	620	4.6742	1.1783×10^{-1}
330	8.7818	5.0336×10^{-3}	630	4.6000	1.2765×10^{-1}
340	8.5235	5.8439×10^{-3}	640	4.5281	1.3810×10^{-1}
350	8.2800	6.7554×10^{-3}	650	4.4585	1.4924×10^{-1}
360	8.0500	7.7772×10^{-3}	660	4.3909	1.6108×10^{-1}
370	7.8324	8.9190×10^{-3}	670	4.3254	1.7365×10^{-1}
380	7.6263	1.0191×10^{-2}	680	4.2618	1.8700×10^{-1}
390	7.4308	1.1605×10^{-2}	690	4.2000	2.0117×10^{-1}

续表

T/K	λ_m/μm	$M_{\lambda,m}$/[W·(cm^2·μm)$^{-1}$]	T/K	λ_m/μm	$M_{\lambda,m}$/[W·(cm^2·μm)$^{-1}$]
700	4.1400	2.1617×10^{-1}	1600	1.8112	1.3487×10^{1}
710	4.0817	2.3206×10^{-1}	1650	1.7564	1.5730×10^{1}
720	4.0250	2.4887×10^{-1}	1700	1.7047	1.8262×10^{1}
730	3.9699	2.6664×10^{-1}	1750	1.6560	2.1111×10^{1}
740	3.9162	2.8541×10^{-1}	1800	1.6100	2.4304×10^{1}
750	3.8640	3.0522×10^{-1}	1850	1.5665	2.7872×10^{1}
760	3.8132	3.2612×10^{-1}	1900	1.5253	3.1848×10^{1}
770	3.7636	3.4815×10^{-1}	1950	1.4862	3.6264×10^{1}
780	3.7154	3.7135×10^{-1}	2000	1.4490	4.1158×10^{1}
790	3.6684	3.9577×10^{-1}	2050	1.4137	4.6567×10^{1}
800	3.6225	4.2146×10^{-1}	2100	1.3800	5.2530×10^{1}
810	3.5778	4.4847×10^{-1}	2150	1.3479	5.9088×10^{1}
820	3.5341	4.7685×10^{-1}	2200	1.3173	6.6286×10^{1}
830	3.4916	5.0664×10^{-1}	2250	1.2880	7.4169×10^{1}
840	3.4500	5.3790×10^{-1}	2300	1.2600	8.2784×10^{1}
850	3.4094	5.7069×10^{-1}	2350	1.2332	9.2182×10^{1}
860	3.3698	6.0506×10^{-1}	2400	1.2075	1.0242×10^{2}
870	3.3310	6.4107×10^{-1}	2450	1.1829	1.1354×10^{2}
880	3.2932	6.7877×10^{-1}	2500	1.1592	1.2561×10^{2}
890	3.2562	7.1822×10^{-1}	2550	1.1365	1.3868×10^{2}
900	3.2200	7.5949×10^{-1}	2600	1.1146	1.5282×10^{2}
910	3.1846	8.0263×10^{-1}	2650	1.0936	1.6809×10^{2}
920	3.1500	8.4771×10^{-1}	2700	1.0733	1.8456×10^{2}
930	3.1161	8.9479×10^{-1}	2750	1.0538	2.0229×10^{2}
940	3.0830	9.4395×10^{-1}	2800	1.0350	2.2136×10^{2}
950	3.0505	9.9524×10^{-1}	2850	1.0168	2.4184×10^{2}
960	3.0187	1.0487×10^{0}	2900	0.9993	2.6381×10^{2}
970	2.9876	1.1045×10^{0}	2950	0.9824	2.8735×10^{2}
980	2.9571	1.1626×10^{0}	3000	0.9660	3.1255×10^{2}
990	2.9273	1.2232×10^{0}	3050	0.9502	3.3947×10^{2}
1000	2.8980	1.2862×10^{0}	3100	0.9348	3.6823×10^{2}
1050	2.7600	1.6416×10^{0}	3150	0.9200	3.9890×10^{2}
1100	2.6345	2.0714×10^{0}	3200	0.9056	4.3158×10^{2}
1150	2.5200	2.5870×10^{0}	3250	0.8917	4.6636×10^{2}
1200	2.4150	3.2005×10^{0}	3300	0.8782	5.0336×10^{2}
1250	2.3184	3.9252×10^{0}	3350	0.8651	5.4267×10^{2}
1300	2.2292	4.7756×10^{0}	3400	0.8524	5.8439×10^{2}
1350	2.1467	5.7674×10^{0}	3450	0.8400	6.2864×10^{2}
1400	2.0700	6.9175×10^{0}	3500	0.8280	6.7554×10^{2}
1450	1.9986	8.2442×10^{0}	3550	0.8163	7.2519×10^{2}
1500	1.9320	9.7671×10^{0}	3600	0.8050	7.7772×10^{2}
1550	1.8697	1.1507×10^{1}	3650	0.7940	8.3325×10^{2}

续表

T/K	λ_m/μm	$M_{\lambda,m}$/[W·(cm²·μm)$^{-1}$]	T/K	λ_m/μm	$M_{\lambda,m}$/[W·(cm²·μm)$^{-1}$]
3700	0.7832	8.9190×10^2	4800	0.6037	3.2773×10^3
3750	0.7728	9.5382×10^2	4900	0.5914	3.6332×10^3
3800	0.7626	1.0191×10^3	5000	0.5796	4.0194×10^3
3850	0.7527	1.0880×10^3	5100	0.5682	4.4377×10^3
3900	0.7431	1.1605×10^3	5200	0.5573	4.8902×10^3
3950	0.7337	1.2368×10^3	5300	0.5468	5.3788×10^3
4000	0.7245	1.3171×10^3	5400	0.5367	5.9058×10^3
4100	0.7068	1.4901×10^3	5500	0.5269	6.4732×10^3
4200	0.6900	1.6810×10^3	5600	0.5175	7.0835×10^3
4300	0.6740	1.8908×10^3	5700	0.5084	7.7390×10^3
4400	0.6586	2.1212×10^3	5800	0.4997	8.4421×10^3
4500	0.6440	2.3734×10^3	5900	0.4912	9.1954×10^3
4600	0.6300	2.6491×10^3	6000	0.4830	1.0001×10^4
4700	0.6166	2.9498×10^3			

把 M_λ 改写为

$$M_\lambda=\frac{c_1}{\lambda^2 T^5}\frac{T^5}{e^{c_2/\lambda T}-1} \tag{2.21}$$

令 $g(\lambda T)=\dfrac{M_\lambda}{M_{\lambda,m}}$，有

$$g(\lambda T)=\frac{c_1}{B}(\lambda T)^{-5}\frac{1}{e^{c_2/\lambda T}-1} \tag{2.22}$$

利用式(2.22)可求出以 λT 为变量的 $g(\lambda T)$ 函数表，如表 2.18 所示。利用该表，只要知道黑体的温度 T，则对任意波长 λ 处的光谱辐出度 M_λ，可通过查表并按式(2.23)计算出来。

$$M_\lambda=g(\lambda T)M_{\lambda,m}=g(\lambda T)BT^5 \tag{2.23}$$

表 2.18 黑体辐射的 $g(\lambda T)$ 函数表

λT/(μm·K)	$g(\lambda T)=f\times10^{-q}$		λT/(μm·K)	$g(\lambda T)=f\times10^{-q}$		λT/(μm·K)	$g(\lambda T)=f\times10^{-q}$	
	f	q		f	q		f	q
500	2.9616	7	620	2.6500	5	740	4.7139	4
510	4.7160	7	630	3.5357	5	750	5.7125	4
520	7.3625	7	640	4.6693	5	760	6.8816	4
530	1.1282	6	650	6.1065	5	770	8.2429	4
540	1.6988	6	660	7.9122	5	780	9.8197	4
550	2.5158	6	670	1.0161	4	790	1.1637	3
560	3.6680	6	680	1.2942	4	800	1.3721	3
570	5.2693	6	690	1.6346	4	810	1.6101	3
580	7.4645	6	700	2.0490	4	820	1.8806	3
590	1.0435	5	710	2.5495	4	830	2.1866	3
600	1.4405	5	720	3.1501	4	840	2.5316	3
610	1.9649	5	730	3.8659	4	850	2.9189	3

续表

λT/(μm·K)	$g(\lambda T)=f\times10^{-q}$		λT/(μm·K)	$g(\lambda T)=f\times10^{-q}$		λT/(μm·K)	$g(\lambda T)=f\times10^{-q}$	
	f	q		f	q		f	q
860	3.3519	3	2350	8.9178	1	4800	5.9961	1
870	3.8345	3	2400	9.1215	1	4900	5.7690	1
880	4.3703	3	2450	9.3019	1	5000	5.5400	1
890	4.9631	3	2500	9.4594	1	5100	5.3361	1
900	5.6170	3	2550	9.5948	1	5200	5.1304	1
910	6.3358	3	2600	9.7089	1	5300	4.9321	1
920	7.1237	3	2650	9.8026	1	5400	4.7409	1
930	7.9848	3	2700	9.8769	1	5500	4.5569	1
940	8.9232	3	2750	9.9328	1	5600	4.3800	1
950	9.9429	3	2800	9.9712	1	5700	4.2100	1
960	1.1048	2	2850	9.9933	1	5800	4.0467	1
970	1.2243	2	2900	1.0000	0	5900	3.8900	1
980	1.3532	2	2950	9.9924	1	6000	3.7396	1
990	1.4918	2	3000	9.9714	1	6100	3.5955	1
1000	1.6406	2	3050	9.9382	1	6200	3.4572	1
1050	2.5504	2	3100	9.8935	1	6300	3.3248	1
1100	3.7679	2	3150	9.8384	1	6400	3.1978	1
1150	5.3279	2	3200	9.7737	1	6500	3.0762	1
1200	7.2534	2	3250	9.7003	1	6600	2.9597	1
1250	9.5541	2	3300	9.6190	1	6700	2.8481	1
1300	1.2226	1	3350	9.5305	1	6800	2.7413	1
1350	1.5253	1	3400	9.4355	1	6900	2.6389	1
1400	1.8608	1	3450	9.3348	1	7000	2.5409	1
1450	2.2255	1	3500	9.2290	1	7100	2.4470	1
1500	2.6149	1	3550	9.1186	1	7200	2.3571	1
1550	3.0244	1	3600	9.0043	1	7300	2.2709	1
1600	3.4490	1	3650	8.8865	1	7400	2.1884	1
1650	3.8836	1	3700	8.7658	1	7500	2.1094	1
1700	4.3233	1	3750	8.6426	1	7600	2.0336	1
1750	4.7634	1	3800	8.5174	1	7700	1.9610	1
1800	5.1995	1	3850	8.3904	1	7800	1.8914	1
1850	5.6276	1	3900	8.2621	1	7900	1.8247	1
1900	6.0442	1	3950	8.1329	1	8000	1.7608	1
1950	6.4463	1	4000	8.0029	1	8100	1.6995	1
2000	6.8312	1	4100	7.7410	1	8200	1.6407	1
2050	7.1669	1	4200	7.4814	1	8300	1.5842	1
2100	7.5416	1	4300	7.2227	1	8400	1.5301	1
2150	7.8640	1	4400	6.9672	1	8500	1.4782	1
2200	8.1638	1	4500	6.7160	1	8600	1.4283	1
2250	8.4388	1	4600	6.4700	1	8700	1.3805	1
2300	8.6903	1	4700	6.2299	1	8800	1.3345	1

续表

λT/(μm·K)	g(λT)=f×10⁻ᵠ		λT/(μm·K)	g(λT)=f×10⁻ᵠ		λT/(μm·K)	g(λT)=f×10⁻ᵠ	
	f	q		f	q		f	q
8900	1.2904	1	13000	3.8689	2	17100	1.5073	2
9000	1.2480	1	13100	3.7709	2	17200	1.4767	2
9100	1.2073	1	13200	3.6759	2	17300	1.4468	2
9200	1.1681	1	13300	3.5838	2	17400	1.4177	2
9300	1.1305	1	13400	3.4946	2	17500	1.3893	2
9400	1.0943	1	13500	3.4081	2	17600	1.3616	2
9500	1.0596	1	13600	3.3242	2	17700	1.3346	2
9600	1.0261	1	13700	3.2428	2	17800	1.3082	2
9700	9.9391	2	13800	3.1639	2	17900	1.2825	2
9800	9.6294	2	13900	3.0874	2	18000	1.2574	2
9900	9.3312	2	14000	3.0131	2	18100	1.2329	2
10000	9.0442	2	14100	2.9410	2	18200	1.2090	2
10100	8.7678	2	14200	2.8710	2	18300	1.1857	2
10200	8.5017	2	14300	2.8031	2	18400	1.1629	2
10300	8.2452	2	14400	2.7372	2	18500	1.1407	2
10400	7.9982	2	14500	2.6731	2	18600	1.1190	2
10500	7.7600	2	14600	2.6109	2	18700	1.0978	2
10600	7.5305	2	14700	2.5505	2	18800	1.0771	2
10700	7.3092	2	14800	2.4918	2	18900	1.0569	2
10800	7.0958	2	14900	2.4348	2	19000	1.0372	2
10900	6.8899	2	15000	2.3794	2	19100	1.0179	2
11000	6.6913	2	15100	2.3255	2	19200	9.9906	3
11100	6.4996	2	15200	2.2731	2	19300	9.8065	3
11200	6.3146	2	15300	2.2222	2	19400	9.6266	3
11300	6.1360	2	15400	2.1727	2	19500	9.4508	3
11400	5.9635	2	15500	2.1245	2	19600	9.2790	3
11500	5.7970	2	15600	2.0777	2	19700	9.1110	3
11600	5.6361	2	15700	2.0321	2	19800	8.9468	3
11700	5.4806	2	15800	1.9878	2	19900	8.7863	3
11800	5.3304	2	15900	1.9446	2	20000	8.6293	3
11900	5.1852	2	16000	1.9026	2	20408	8.0236	3
12000	5.0448	2	16100	1.8617	2	20833	7.4480	3
12100	4.9090	2	16200	1.8220	2	21277	6.9015	3
12200	4.7777	2	16300	1.7832	2	21739	6.3834	3
12300	4.6507	2	16400	1.7455	2	22222	5.8930	3
12400	4.5279	2	16500	1.7087	2	22727	5.4294	3
12500	4.4090	2	16600	1.6729	2	23256	5.9918	3
12600	4.2939	2	16700	1.6381	2	23810	4.5796	3
12700	4.1824	2	16800	1.6041	2	24390	4.1918	3
12800	4.0746	2	16900	1.5710	2	25000	3.8276	3
12900	3.9701	2	17000	1.5388	2	25641	3.4863	3

续表

$\lambda T/(\mu m \cdot K)$	$g(\lambda T)=f\times10^{-q}$		$\lambda T/(\mu m \cdot K)$	$g(\lambda T)=f\times10^{-q}$		$\lambda T/(\mu m \cdot K)$	$g(\lambda T)=f\times10^{-q}$	
	f	q		f	q		f	q
26316	3.1670	3	40000	6.5607	4	83333	3.8400	5
27027	2.8690	3	41667	5.6149	4	90999	2.7314	5
27778	2.5914	3	43478	4.7721	4	100000	1.8794	5
28571	2.3333	3	45455	4.0251	4	111111	1.2422	5
29412	2.0917	3	47619	3.3671	4	125000	7.8120	6
30303	1.8729	3	50000	2.7911	4	142857	4.6291	6
31250	1.6689	3	52632	2.2905	4	166667	2.5082	6
32258	1.4813	3	55556	1.8590	4	200000	1.2184	6
33333	1.3093	3	58824	1.4902	4	250000	5.0271	7
34483	1.1521	3	62500	1.1781	4	333333	1.6022	7
35714	1.0089	3	66667	9.1684	5	500000	3.1878	8
37037	8.7904	4	71429	7.0093	5	1000000	2.0069	9
38462	7.6167	4	76923	5.2500	5	∞	0.0000	

由于黑体是朗伯体，可知在峰值波长处，黑体的光谱辐亮度为

$$L_{max}=4.0957\times10^{-12}T^5(\mathrm{W/m^2\cdot sr\cdot\mu m}) \tag{2.24}$$

由此，可以利用黑体光谱分布曲线的几个关系(见表2.19)，简便画出黑体辐射曲线。

表 2.19 黑体光谱分布曲线的几个关系[λ(μm),T(K),M(W·cm^{-2})]

波长位置	$\lambda T/(\mu m \cdot K)$	波段辐出度占辐出度比率
峰值波长 λ_m	$\lambda_m T=2897$	$\frac{M_{0\sim\lambda_m}}{M_{0\sim\infty}}=0.25$ $\frac{M_{\lambda_m\sim\infty}}{M_{0\sim\infty}}=0.75$
半功率波长 λ' 和 λ''(M_λ 等于 $\frac{1}{2}M_{\lambda,m}$ 所对应的两个波长)	$\lambda'T=1780$ $\lambda''T=5270$	$\frac{M_{0\sim\lambda'}}{M_{0\sim\infty}}=0.04$ $\frac{M_{\lambda'\sim\lambda''}}{M_{0\sim\infty}}=0.67$ $\frac{M_{\lambda''\sim\infty}}{M_{0\sim\infty}}=0.29$
中心波长 λ_0	$\lambda_0 T=4110$	$\frac{M_{0\sim\lambda_0}}{M_{0\sim\infty}}=0.50$

【例 2.2】 计算 $T=1000$K 黑体的有关辐射特性。

解：(1) 峰值波长。

$$\lambda_m=\frac{2897}{1000}=2.897\mu m$$

(2) 光谱辐出度峰值。

$$M_{\lambda,m}=BT^5=1.2866\times10^{-11}\times(1000)^5=1.2866\times10^4\,\mathrm{W\cdot m^{-2}\cdot\mu m^{-1}}$$

(3) $\lambda=4\mu m$ 处的光谱辐出度。

$$M_{\lambda,m}=g(\lambda T)BT^5=g(4\times1000)\times1.2866\times10^4=1.0297\times10^4\,\mathrm{W\cdot m^{-2}\cdot\mu m^{-1}}$$

(4) $\lambda=4\mu m$ 处，$\Delta\lambda=0.1\mu m$ 间隔内的辐出度。

$$M_{\Delta\lambda}=M_{\lambda}\cdot\Delta\lambda=1.0297\times10^{4}\times0.1=1.0297\times10^{3}\,\mathrm{W\cdot m^{-2}}$$

(5) $0\sim3\mu m$ 波段的辐出度。

$$\begin{aligned}M_{0\sim3\mu m}&=F(3\times1000)\sigma T^{4}\\&=0.273\,22\times5.670\,32\times10^{-8}\times(1000)^{4}\\&=1.5498\times10^{4}\,\mathrm{W\cdot m^{-2}}\end{aligned}$$

(6) $3\sim5\mu m$ 波段的辐出度。

$$\begin{aligned}M_{3\sim5\mu m}&=[F(5\times1000)-F(3\times1000)]\times5.670\,32\times10^{-8}\times(1000)^{4}\\&=[0.633\,72-0.273\,32]\times5.670\,32\times10^{-8}\times(1000)^{4}\\&=2.0442\times10^{4}\,\mathrm{W\cdot m^{-2}}\end{aligned}$$

(7) $8\sim14\mu m$ 波段的辐出度。

$$\begin{aligned}M_{8\sim14\mu m}&=[F(14\times1000)-F(8\times1000)]\sigma T^{4}\\&=[0.962\,85-0.856\,52]\times5.670\,32\times10^{-8}\times(1000)^{4}\\&=0.604\,46\times10^{4}\,\mathrm{W\cdot m^{-2}}\end{aligned}$$

2.2.5 朗伯余弦定律

朗伯定律描述了黑体辐射源向半球空间内的辐射亮度沿高低角的变化规律。朗伯定律规定，若面积元 dA 在法线方向的辐射亮度为 L_N，则它在高低角 θ 的方向上的辐射亮度 L'_θ 为

$$L'_{\theta}=L_{N}\cos\theta \tag{2.25}$$

所以，朗伯定律也称为朗伯余弦定律。

朗伯定律还有一种表达式，将辐射亮度定义为辐射源的单位投影面积（指面积元 dA 在与 θ 表示的射线相垂直的方向投影的单位面积）在 θ 方向的单位立体角内的辐射功率。这种方式定义辐射亮度时，设在 θ 方向的辐射亮度为 L_θ，显然

$$L_{\theta}\mathrm{d}A\cdot\cos\theta=L'_{\theta}\mathrm{d}A=L_{N}\cos\theta\mathrm{d}A \tag{2.26}$$

可得

$$L_{\theta}=L_{N} \tag{2.27}$$

式(2.27)说明，在任一方向的辐射亮度均相等且等于法线方向的辐射亮度。符合此规律的辐射面称为朗伯面。

对于绝对黑体，朗伯定律极为正确。对于不光滑物体，经验证明这一定律可适用于 $\theta=0°\sim60°$ 情况。

根据朗伯定律可以推算出朗伯面的单位面积向半球空间内辐射出去的总功率（即辐出度 M）与该面元的法向辐射亮度 L_N 之关系。

$$M=\int_{\Omega}L_{N}\cos\theta\mathrm{d}\Omega=\pi L_{N} \tag{2.28}$$

考虑到 $L_\theta=L_N$，式(2.28)表明，符合朗伯定律的辐射源，在任意方向的辐射亮度 L 均等于法线方向的辐射亮度且等于 M/π。这个结论与一般想象的有差别。一般想象，由于朗伯面的各个方向的亮度均相等，而半球共有 2π 个球面度，故而认为单位立体角内的辐射功率应为 $M/2\pi$，这是不正确的。其主要问题在于忽略了朗伯定律的第二种表达形式中定义辐射亮度的特点。

若辐射源的线尺寸不满足点源的要求，即辐射面的线尺寸相对于它至观测点的距离 R 不是很小

时，此种辐射源称为扩展源。扩展源在入射物体上形成的照度 H 的计算与点源不同，在计算中需要利用朗伯定律。

一般(红外)辐射源所发射的辐射能通量，其空间分布很复杂，这给辐射量的计算带来很大的麻烦。但是，在自然界中存在一类特殊的辐射源，它们的辐亮度与辐射方向无关，例如，太阳、荧光屏、毛玻璃灯罩、坦克表面等都近似于这种光源。辐亮度与辐射方向无关的辐射源，称为漫辐射源。

凡辐射强度曲线服从余弦定律($I_\theta=I_0\cos\theta$)的光源称为朗伯光源。漫反射体的辐射强度符合朗伯余弦定律；自身发射的黑体辐射源也符合朗伯余弦定律。

设某一发射表面 ΔA 在其法向方向上的辐射强度为 I_0，与法向成 θ 角方向上的辐射强度为 I_θ。由于漫辐射源的辐亮度在各个方向上均相等，而根据辐亮度的定义，有

$$L=\frac{I_0}{\Delta A}=\frac{I_\theta}{\Delta A\cos\theta} \tag{2.29}$$

于是得

$$I_\theta=I_0\cos\theta \tag{2.30}$$

式(2.30)表明辐射源表面发射的能量在法线方向最强，其他方向辐射的辐射强度是该方向角 θ 的余弦与法向辐射强度的乘积，这个关系称为朗伯余弦定律又一表达形式。它表明，各个方向上辐亮度相等的发射表面，其辐射强度按余弦定律变化。在实际生活中，人们遇到的各种漫辐射源只是近似地遵从朗伯余弦定律，所以朗伯光源是个理想化的概念。

朗伯辐射源具有下列特点：

(1) 朗伯辐射源各方向上的辐亮度之间的关系，由式(2.29)可直接看出

$$L=\frac{I_0}{\Delta A}=L_0 \tag{2.31}$$

表明朗伯辐射源的辐亮度是一个与方向无关的常数，即其各方向的辐亮度相等。

(2) 朗伯辐射源的辐亮度与辐出度之间的关系：

$$M=\pi L \tag{2.32}$$

表明朗伯辐射源的辐出度为辐亮度的 π 倍。

(3) 朗伯辐射源的辐亮度与辐射强度之间的关系：

$$I_0=LA \tag{2.33}$$

表明朗伯辐射源在法向上的辐射强度等于辐亮度乘以源面积 A。

(4) 朗伯辐射源的辐射强度与辐射能通量之间的关系：

$$\Phi=\pi I_0 \tag{2.34}$$

表明朗伯辐射源的总辐射能通量等于辐射源在法向上的辐射强度的 π 倍。

(5) 理想漫反射体辐亮度与辐照度之间的关系：

处于辐射场中的理想漫反射体也可以视作朗伯辐射源，因为它把无论从何方向入射的全部辐射功率均毫无吸收和无透射地按朗伯余弦定律反射出去，即理想漫反射体的辐出度等于它表面上的辐照度：

$$M=H \tag{2.35}$$

可以得出

$$L=\frac{H}{\pi} \tag{2.36}$$

表明理想漫反射体的辐亮度等于它的辐照度除以 π。

2.2.6 色温、亮温与全辐射温度

从普朗克定律可知，黑体的辐射出射度 M_λ 是温度 T 和波长 λ 的函数，在对波长积分后获得了辐射总功率 $M=\sigma T^4$ 的斯特藩——玻耳兹曼定律，变成只是温度 T 的函数。因此，在考虑 ε 的影响后，获得物体的温度有三条途径：①通过测得辐射总功率确定物体的温度；②通过测得光谱辐亮度 L_λ 确定物体的温度，称为"色温"；③通过测得 M_λ 确定物体的温度，称为"亮温"。"色温"、"亮温"、辐射总功率温度(全辐射温度)对黑体是严格成立的，存在互易关系，而对于非黑体，由于发射率 ε 的影响，并不存在互易关系。

由此可知，辐射测温是一种通过测量物体辐亮度并换算为黑体温度的间接、非接触测温技术。被测物体几乎都是选择性辐射体，辐射测温将与物体的全波段辐亮度、光谱辐亮度相等或辐亮度光谱特征相同的黑体温度分别定义为该物体的(全)辐射温度、亮温和色温。辐射测温定义的这些温度不一定等于物体的真实温度。它们与真实温度之间的换算关系与被测物体的光谱发射率、温度等有关。

1. 色温

色温的定义是：如果一个温度为 T 的物体的光谱辐亮度 $L_\lambda(T)$ 相对分布与某一温度为 T_c 的黑体的光谱辐亮度 $L'_\lambda(T_c)$ 相对分布一致，则称此黑体的温度 T_c 为物体的色温，也称有色温度。亦即，如果真实温度为 T 的物体在波长 λ_1 与 λ_2 处的光谱辐亮度分别与温度为 T_c 的黑体在这两个波长的光谱辐亮度相等，则该黑体的温度 T_c 称为物体的色温。即

$$\frac{L'_{\lambda_1}(T_c)}{L'_{\lambda_2}(T_c)}=\frac{L_{\lambda_1}(T)}{L_{\lambda_2}(T)}=\frac{\varepsilon_1 L'_{\lambda_1}(T)}{\varepsilon_2 L'_{\lambda_2}(T)} \tag{2.37}$$

$$L'_{\lambda_1}(T_c)=L_{\lambda_1}(T)=\varepsilon_1 L'_{\lambda_1}(T) \tag{2.38}$$

$$L'_{\lambda_2}(T_c)=L_{\lambda_2}(T)=\varepsilon_2 L'_{\lambda_2}(T) \tag{2.39}$$

式中，$L'_{\lambda_1}(T_c)$、$L'_{\lambda_2}(T_c)$是温度为 T_c 的黑体在波长为λ_1 与 λ_2 处的光谱辐亮度；$L_{\lambda_1}(T)$、$L_{\lambda_2}(T)$是温度为 T 的物体在波长为λ_1 与 λ_2 处的光谱辐亮度；$L'_{\lambda_1}(T)$、$L'_{\lambda_2}(T)$是温度为 T 的黑体在波长为λ_1 与 λ_2 处的光谱辐亮度；ε_1、ε_2 是物体在温度为 T 时对应波长 λ_1 与 λ_2 处的发射率。

如果满足式(2.37)，就称物体在波长 $\lambda_1\sim\lambda_2$ 的色温为 T_c。在不同谱段，同一辐射源的相对光谱分布可以与不同温度的黑体相对光谱分布一致，因此，在不同谱段可以有不同的色温。对灰体，$\varepsilon_1=\varepsilon_2$，则 $T_c=T$，也就是说，灰体的色温就是它的实际温度。而非灰体，$T_c\neq T$。

色温考虑的是辐射功率的相对分布，而不是绝对辐射功率。如一个色温为 3300K 的钨丝灯产生的人眼色视觉与 3300K 的黑体是相近的。某一色温较高物体的辐射功率可能比另一色温较低物体的辐射功率还要小。由于瑞利散射的强度与 λ^{-4} 成正比，所以天空中蓝光的比例相对较大，而红光的比例较小，它的相对光谱与 25 000K 黑体的相对光谱分布近似。天空光的色温约为 25 000K，而太阳的色温约为 6000K，显然天空光的辐射强度比太阳的辐射强度要弱得多。

2. 亮温

如果有一个温度为 T_b 的黑体的辐亮度 $L'_\lambda(T_b)$与某一物体的 $L_\lambda(T)$相同，则称此物体的亮温(也称亮度温度)为 T_b。亦即，如果真实温度为 T 的物体在波长 λ 处的光谱辐亮度与温度为 T_b 的黑体在同一波长处的光谱辐亮度相等，则黑体温度 T_b 称为物体在该波长处的亮温。即

$$L_\lambda(T)=L'_\lambda(T_b) \tag{2.40}$$

实际辐射源的辐亮度 $L_\lambda(T)$与同温度黑体的辐亮度 $L'_\lambda(T)$之间满足如下关系式：

$$L_{\lambda}(T)=\varepsilon_{\lambda}L'_{\lambda}(T) \tag{2.41}$$

由于ε_{λ}小于1，因此，物体的亮温T_b一定小于实际温度T。因为ε_{λ}是波长的函数，所以亮温T_b也是波长的函数。

一般而言，亮温T_b与ε、T的关系是复杂的，但当$\lambda \gg \lambda_m$时，即按瑞利-金斯定律，L'_{λ}的表达式如下：

$$L'_{\lambda}(T)=2ckT/\lambda^4 \tag{2.42}$$

由式(2.40)和式(2.41)可得

$$L_{\lambda}(T)=\varepsilon_{\lambda}L'_{\lambda}(T)=L'_{\lambda}(T_b) \tag{2.43}$$

将式(2.42)代入式(2.43)，得

$$T_b=\varepsilon T \tag{2.44}$$

式(2.44)说明在$\lambda \gg \lambda_m$时，亮温T_b等于实际温度T与发射率ε的乘积。

亮温是从光谱辐亮度相等的角度定义的等效黑体温度，例如，太阳在波长4μm处亮温为5626K，是指在该波长处，太阳和5626K黑体的光谱辐亮度相等。

3. (全)辐射温度

如果真实温度为T的物体的全波段辐亮度与温度为T_n的黑体的全波段辐亮度相等，则该黑体的温度T_n称为物体的(全)辐射温度。真实温度与(全)辐射温度之间关系满足：

$$\int_0^{\infty}\varepsilon_{\lambda}L'_{\lambda}(T)\mathrm{d}\lambda=\sigma T_n^4/\pi \tag{2.45}$$

(全)辐射温度是从全波段辐亮度相等的角度定义的等效黑体温度，例如，太阳的辐射温度为5900K，是指太阳和5900K黑体的全波段辐亮度相等。

测量物体的(全)辐射温度，即是测量物体的总辐射M'，设物体的温度为T、发射率为ε，有$M'=\varepsilon\sigma T^4$，由此式求物体的温度T。ε越小，测量误差越大。例如，将$\varepsilon=0.8$的铁和$\varepsilon=0.1$的铝均加热到500℃，用黑体定标的全辐射测温仪读出的铁和铝的(全)辐射温度分别为

$$T_{铁}=0.8^{1/4}(500+273)-273=458(℃)$$

$$T_{铝}=0.1^{1/4}(500+273)-273=162(℃)$$

即被测物体的温度T与测出的温度T_n之间的关系为

$$T=\frac{T_n+273}{\varepsilon^{1/4}}-273 \tag{2.46}$$

2.3 辐射源及特性形式分类

辐射源各种各样，从不同角度有不同的分类。对于不同的目的和用途，可选取辐射源相应的特性形式。

2.3.1 辐射源分类

辐射源的分类一般有以下五种：

(1) 根据辐射源光谱发射率$\varepsilon(\lambda)$的特性，辐射源可分为：①黑体，$\varepsilon(\lambda)=\varepsilon=1$；②灰体，$\varepsilon(\lambda)=\varepsilon=$常数(小于1)；③选择性辐射体，$\varepsilon(\lambda)$是波长的函数。其中，黑体辐射源的类型按工作温度可分为以下几种：1273K以上的称为高温黑体，它的辐射通量在近红外波段；373～1273K的称为中温黑体，它的辐射通量在中红外波段；223～373K的称为近室温黑体，它工作在远红外波段；低于223K的称为低温黑体。

（2）根据辐射源相对于光电（红外）系统瞬时视场张角的几何特性，辐射源分为：①点源，它对光电（红外）系统的张角小于系统的瞬时视场；②扩展源，它对光电（红外）系统的张角大于系统的瞬时视场。一般认为，如果辐射源与光电（红外）系统的距离 R 是辐射源最大尺寸的10倍以上，则可认为辐射源是点源，计算 R 处的辐照度相对误差不大于1%。

（3）根据辐射源本身辐射的相干性质，辐射源分为：①相干辐射源，它发出的辐射在不同位置上相位关系保持不变；②非相干辐射源，其各点发出的辐射在相位上无固定关系；③部分相干辐射源，性质介于上述二者之间。

（4）根据辐射源表面性质，辐射源分为：①镜面源，其入射角与反射角相等；②漫射源，也称朗伯辐射源；③毛面反射源，除镜面源和漫射源之外的反射源。

（5）根据发光机理的不同，辐射源分为：①热辐射，绝对温度不为零且处于热平衡状态的任何物体均会向外辐射电磁波；②受激直接跃迁辐射，物质原子中的电子受到外来能量的激发跃迁至高能态，然后直接落入较低能态时所产生的辐射（根据外来能量激发的形式，又可将这类辐射细分为光致发光、电致发光、场致发光、化学发光、生物发光、磁致发光、等离子发光）；③受激间接跃迁辐射，激光。

以上五方面之间彼此相关，例如点源可以是黑体、灰体或选择性辐射体；也可以是相干辐射源或漫射源。扩展源也同样如此。

点源假设的实质在于将辐射面发射的能量集中于一点发出，它的辐射参量主要有辐射强度和光谱辐射强度。在研究面辐射源（扩展源）的辐射时，它的辐射参量主要有辐出度、光谱辐出度、辐亮度和光谱辐亮度。当研究被照射面上的辐射功率时，可用辐照度和光谱辐照度这两个参量。

对于点源来说，如果不考虑大气的任何影响，则离辐射源距离为 R 处的辐照度为

$$H=\frac{I}{R^2}\cos\beta \tag{2.47}$$

式中，β 为辐照方向与受辐照面法线间的夹角。

2.3.2 辐射源特性形式

辐射源特性的形式有四类，即总辐射量、光谱辐射量、光子辐射量和辐射量空间分布。

1）总辐射量

总辐射量是全频域内所有各个方向的辐射功率的总和，在辐射度量学中，说明这种辐射能量特性的量有：辐射能、辐射能密度、辐射功率、辐射出射度、辐射强度、辐射亮度、辐照度、吸收率、反射率、透过率和发射率等。

2）光谱辐射量

总辐射量只考虑了辐射通量的空间分布特征，而没有考虑辐射通量的光谱特点。光谱辐射量是波长的函数，用光谱密度函数表示。光谱辐射量包括：光谱辐射通量、光谱辐射强度、光谱辐射出射度、光谱辐射亮度和光谱辐射照度等。

注意到总辐射量与光谱辐射量的差别，同时单色辐射量、波段辐射量和总辐射量这三者也是有区别的。单色辐射量是指足够小的波长间隔内的辐射量；波段辐射量是指在较大的波长范围内的辐射量；总辐射量是指波长范围为0～∞的全波段内的辐射量。这三者都是辐射量，只是波长间隔的大小不同，单位都是瓦特（W）。

以辐射通量举例来说，单色辐射通量为 $\mathrm{d}\Phi=\Phi_\lambda\mathrm{d}\lambda$（只要 $\mathrm{d}\lambda$ 足够小），波段辐射通量为 $\Phi_{(\Delta\lambda)}=$

$\Phi_{(\lambda_2-\lambda_1)}=\int_{\lambda_1}^{\lambda_2}\Phi_\lambda \mathrm{d}\lambda$，总辐射通量为 $\Phi=\int_0^\infty \Phi_\lambda \mathrm{d}\lambda$。只要以各光谱辐射量取代光谱辐射通量 Φ_λ，就得到相应的单色辐射量、波段辐射量和总辐射量，如单色辐射照度、波段辐射照度和总辐射照度。

吸收率、反射率、透过率和发射率也都是波长的函数，辐射波长不同，α、ρ、τ、ε 也不同，可分别表述为 $\alpha(\lambda)$、$\rho(\lambda)$、$\tau(\lambda)$、$\varepsilon(\lambda)$（对选择性辐射体）。此外，α、ρ、τ 还取决于入射辐射的光谱分布，所以 α、ρ、τ 虽无总量或单色之称，但实际上对应不同的波长或波长范围，它们的数值是不同的。

3）光子辐射量

光电（红外）探测器种类很多，光子探测器是其中很重要的一类，说它响应的是单位时间内接收到的光子数更为恰当。用每秒接收的（或发射的、或通过的）光子数代替辐射通量定义各辐射量，这样定义的辐射量称为光子辐射量（从光的粒子性和能量离散性角度），以带下标 p 的符号表示，如 X_p。

功率辐射量（从光的波动性和能量连续性角度）与光子辐射量的换算很简单，任何一个按波长分布并以瓦为单位的量，只要除以一个光子的能量（hc/λ，h 为普朗克常数，c 为光速），就得到以光子数每秒为单位的光子辐射量。光子辐射量主要包括：

（1）光子数，辐射源发出的光子数量，用 N_p 表示。可以由光谱辐射能 Q_λ 导出。

$$\mathrm{d}N_\mathrm{p}=\frac{Q_\lambda \lambda}{hc}\mathrm{d}\lambda \tag{2.48}$$

$$N_\mathrm{p}=\frac{1}{hc}\int \lambda Q_\lambda \mathrm{d}\lambda \tag{2.49}$$

（2）光子通量（单色），辐射源单位时间内、单位波长间隔内发射、传输或接收的光子数，用 Φ_p 表示，单位是 s^{-1}。它可以由光谱辐射通量 Φ_λ 导出。

$$\Phi_\mathrm{p}=\frac{\partial N_\mathrm{p}}{\partial t}=\frac{\lambda}{hc}\frac{\partial Q_\lambda}{\partial t}=\frac{\lambda}{hc}\Phi_\lambda \tag{2.50}$$

（3）光子强度（单色），辐射源在单位波长间隔内、在给定方向上的单位立体角内发射的光子数量，用 I_p 表示，单位是 $\mathrm{s}^{-1}\cdot\mathrm{sr}^{-1}$。它可以由光谱辐射强度 I_λ 导出。

$$I_\mathrm{p}=\frac{\partial \Phi_\mathrm{p}}{\partial \Omega}=\frac{\lambda}{hc}I_\lambda \tag{2.51}$$

（4）光子亮度（单色），辐射源在单位波长间隔内、在给定方向上单位投影面积、单位立体角中发射的光子通量，用 L_p 表示，单位是 $\mathrm{s}^{-1}\cdot\mathrm{m}^{-2}\cdot\mathrm{sr}^{-1}$。它可以由光谱辐射亮度 L_λ 导出。

$$L_\mathrm{p}=\frac{\partial^2 \Phi_\mathrm{p}}{\partial \Omega \partial (A\cos\theta)}=\frac{\lambda}{hc}L_\lambda \tag{2.52}$$

（5）光子出射度（单色），辐射源在单位波长间隔内、单位面积向半球空间内发射的光子通量，用 M_p 表示，单位是 $\mathrm{s}^{-1}\cdot\mathrm{m}^{-2}$。它可以由光谱辐射出射度 M_λ 导出。

$$M_\mathrm{p}=\frac{\partial \Phi_\mathrm{p}}{\partial A}=\frac{\lambda}{hc}M_\lambda \tag{2.53}$$

（6）光子照度（单色），被照表面上某一点附近，单位波长间隔内、单位面积上接收到的光子通量，用 H_p 表示，单位是 $\mathrm{s}^{-1}\cdot\mathrm{m}^{-2}$。它可以由辐射照度 H_λ 导出。

$$H_\mathrm{p}=\frac{\partial \Phi_\mathrm{p}}{\partial A}=\frac{\lambda}{hc}H_\lambda \tag{2.54}$$

4）辐射量空间分布

辐射量空间分布表示辐射强度在空间的分布情况。不同的辐射源，其辐射量在空间分布是不同的，为了得到辐射量的空间分布，就应在给定的与辐射表面垂线之间的不同夹角方向，求面积在垂直于给定方向的平面上的投影和能量光强。

通常，任何目标的辐射都是由辐射源的固有温度辐射和它的反射辐射组成的，目标的固有温度辐射决定它的表面温度、形状、尺寸和辐射表面的性质。一般情况下，辐射强度应与方向有关，计算起来比较困难。表 2.20 列出了几种形状简单的辐射源的辐射量空间分布。根据表 2.20，通过综合的方法，往往可以简化比较复杂形状辐射源的计算。

表 2.20 几种形状简单的辐射源的辐射量空间分布

	辐射源形状	辐射强度和辐射量	辐射强度分布曲线	平均球面辐射强度
圆盘	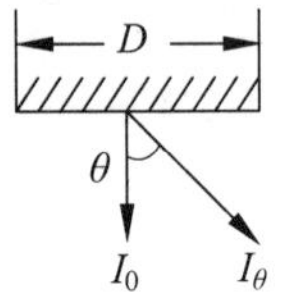 D θ I_0 I_θ	$I_\theta=I_0\cos\theta$ $\Phi=\pi I_0$ $I_0=(\varepsilon\sigma T^4D^2)/4$	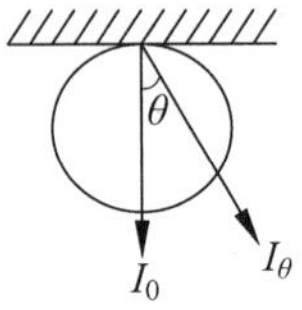 θ I_0 I_θ	$I_0/2$
球体	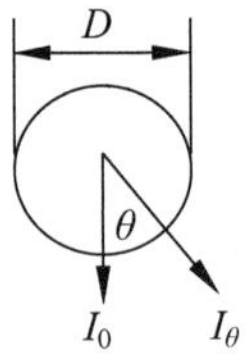 D θ I_0 I_θ	$I_\theta=I_0=(\varepsilon\sigma T^4D^2)/4$ $\Phi=4\pi I_0$	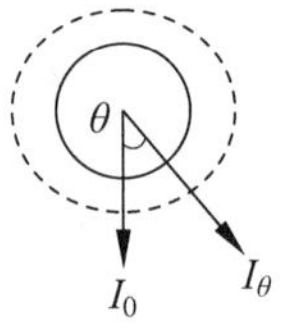 θ I_0 I_θ	I_0
半球体	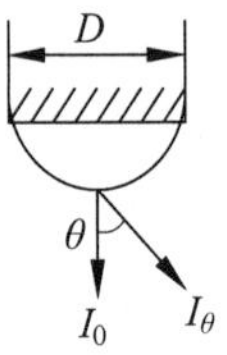 D θ I_0 I_θ	$I_\theta=(I_0/2)/(1+\cos\theta)$ $\Phi=2\pi I_0$ $I_0=(\varepsilon\sigma T^4D^2)/4$	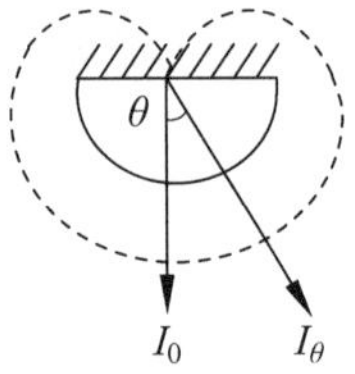 θ I_0 I_θ	$I_0/2$
圆柱体	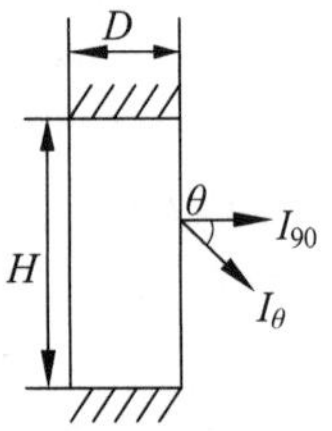 D H θ I_{90} I_θ	$I_\theta=I_{90}\sin\theta$ $\Phi=\pi^2I_{90}$ $I_{90}=(\varepsilon\sigma T^4HD)/\pi$	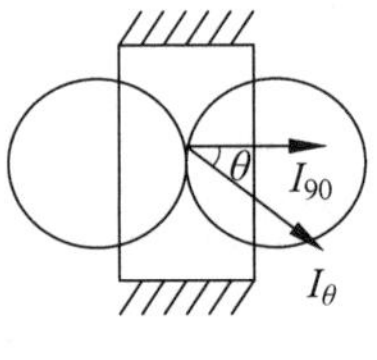 θ I_{90} I_θ	$\frac{\pi}{4}I_{90}$
底座是球形的圆柱体	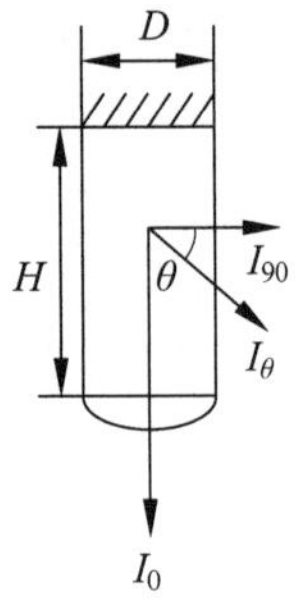 D H θ I_{90} I_θ I_0	$I_\theta=(I_0/2)/(1+\cos\theta)+I_{90}\sin\theta$ $\Phi=2\pi I_0+\pi^2I_{90}$ $I_0=(\varepsilon\sigma T^4D^2)/4$ $I_{90}=(\varepsilon\sigma T^4DH)/4$	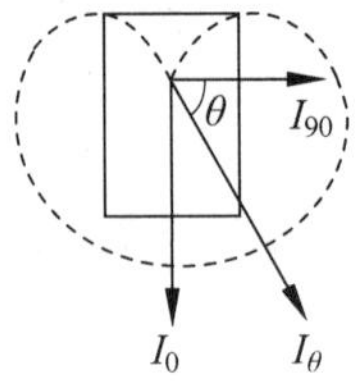 θ I_{90} I_0 I_θ	$\frac{I_0}{2}+\frac{\pi}{4}I_{90}$

2.4 点源、小面源、线源、朗伯扩展源及成像系统像平面的辐照度

通过分析点源、小面源、线源和朗伯扩展源等常见特殊辐射源的辐照度，以及成像系统像平面的辐照度，对实际辐射源的相应工程计算(尤其是简化计算)与分析有重要作用和意义。

2.4.1 点源、小面源、线源产生的辐照度

一般而言，除激光辐射源的辐射有较强的方向性以外，辐射源都不是定向发射的，而且，它们所发射的辐射通量在空间的角分布，并不一定很均匀，而是往往有很复杂的角分布。这样，就给辐射量的计算带来很大的困难。例如，若不知道辐亮度 L 与方向角 θ 的明显函数关系，要想用表 2.21 中辐射出射度 M 与辐亮度 L 的关系式计算出 M 是不可能的。但是，在实际工程设计中，经常会遇到一类特殊的辐射源，其辐亮度与辐射方向无关，这类辐射源就是漫辐射源。

表 2.21 辐射量值之间的关系

名　称	符号	与其他量值的关系式
辐射能	Q	
辐射通量	Φ	$\Phi=\dfrac{\mathrm{d}Q}{\mathrm{d}t}$
光谱辐射通量	Φ_λ	$\Phi_\lambda=\dfrac{\mathrm{d}\Phi}{\mathrm{d}t}$
辐射强度	I	$I=\dfrac{\mathrm{d}\Phi}{\mathrm{d}\Omega}$
光谱辐射强度	I_λ	$I_\lambda=\dfrac{\partial^2\Phi}{\partial\Omega\partial\lambda}$
辐射出射度	M	$M=\dfrac{\mathrm{d}\Phi}{\mathrm{d}A}=\int_{(2\pi sr)}L\cos\theta\,\mathrm{d}\Omega$
光谱辐射出射度	M_λ	$M_\lambda=\dfrac{\partial^2\Phi}{\partial A\partial\lambda}$
辐亮度	L	$L=\dfrac{\mathrm{d}I}{\mathrm{d}A\cdot\cos\theta}=\dfrac{\partial^2\Phi}{\partial\Omega\partial A\cdot\cos\theta}$
光谱辐亮度	L_λ	$L_\lambda=\dfrac{\partial^2 I}{\partial\lambda\partial A\cdot\cos\theta}=\dfrac{\partial^3\Phi}{\partial\Omega\partial\lambda\partial A\cdot\cos\theta}$
辐照度	H	$H=\dfrac{\mathrm{d}\Phi}{\mathrm{d}A}$
光谱辐照度	H_λ	$H_\lambda=\dfrac{\partial^2\Phi}{\partial A\partial\lambda}$

1. 点源产生的辐照度

如图 2.6 所示，设点源的辐射强度为 I，它与被照面上 X 点面元 $\mathrm{d}A$ 的距离为 R，$\mathrm{d}A$ 的法线与 R 的夹角为 θ。如果不考虑大气的衰减，点源在被照面 X 点产生的辐照度为

$$H=\frac{I\cos\theta}{R^2} \tag{2.55}$$

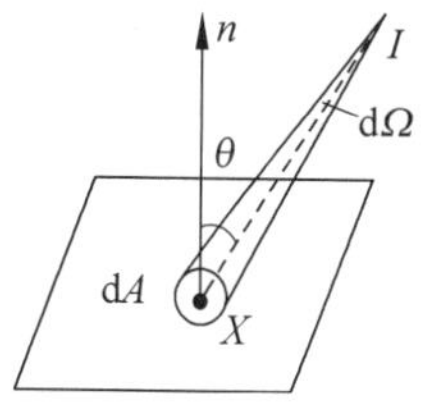

图 2.6 点源产生的辐照度

如考虑辐射功率 $\mathrm{d}P$ 在大气中的衰减，设在 R 距离内，大气的透过率为

τ_a，则 dA 实际接收到的辐射功率 dP' 为

$$dP' = \tau_a dP = \tau_a I d\Omega = \tau_a \frac{I\cos\theta \cdot dA}{R^2} \tag{2.56}$$

所以，点源在被照面 X 点上产生的辐照度为

$$H = \frac{dP'}{dA} = \tau_a \frac{I\cos\theta}{R^2} \tag{2.57}$$

设点源的光谱辐射强度和传输介质的光谱透过率分别为 I_λ 和 $\tau_a(\lambda)$，则 dA 实际接收到的 $d\lambda$ 波长间隔的辐射功率为

$$d^2P' = \tau_a(\lambda) I_\lambda d\lambda \cdot d\Omega = \tau_a(\lambda) \frac{I_\lambda \cos\theta \cdot d\lambda dA}{R^2} \tag{2.58}$$

所以，点源在被照面 X 点上产生的光谱辐照度为

$$H_\lambda = \frac{d^2P'}{dA d\lambda} = \tau_a(\lambda) \frac{I_\lambda \cos\theta}{R^2} \tag{2.59}$$

2. 小面源产生的辐照度

如图 2.7 所示，沿小面源的面积为 ΔA_S，辐亮度为 L，被照面积为 ΔA，ΔA_S 与 ΔA 相距 R。因为 ΔA_S 很小，所以它的辐射强度可以表示为

$$I = L\cos\theta_S \cdot \Delta A_S \tag{2.60}$$

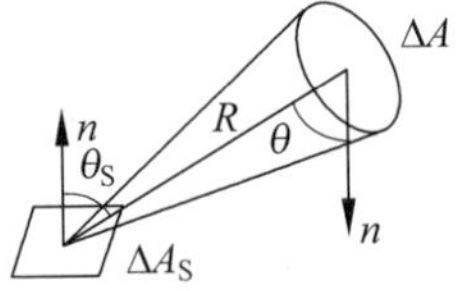

图 2.7 小面源辐照度计算

θ_S 和 θ 分别是 ΔA_S 和 ΔA 的法线与 R 的夹角。

由式(2.60)得到小面源产生的辐照度为

$$H = \tau_a \frac{I\cos\theta}{R^2} = \tau_a L \Delta A_S \frac{\cos\theta_S \cdot \cos\theta}{R^2} \tag{2.61}$$

又因是朗伯辐射源，则上式改写为

$$H = \tau_a \frac{M}{\pi} \Delta A_S \frac{\cos\theta_S \cdot \cos\theta}{R^2} \tag{2.62}$$

与点源光谱辐照度的计算类似，可以得到小面源光谱辐照度为

$$H_\lambda = \tau_a(\lambda) L_\lambda \Delta A_S \frac{\cos\theta_S \cdot \cos\theta}{R^2} \tag{2.63}$$

$$H_\lambda = \tau_a(\lambda) \frac{M_\lambda}{\pi} \Delta A_S \frac{\cos\theta_S \cdot \cos\theta}{R^2} \tag{2.64}$$

式中，L_λ 和 M_λ 分别是小面源的光谱辐亮度和光谱辐射度。

3. 线源的辐射通量和由它产生的辐照度的计算

如果一个辐亮度均匀、各个方向相同的圆筒形辐射源的直径与其长度相比很小，则可把它视作线源，日光灯、能斯脱棒、硅碳棒和陶瓷远红外加热管等可近似看作此类辐射源。如图 2.8 所示，线源的辐射强度分布曲线是以本身为对称轴并相切于 O 点的圆环。现计算其发出的辐射(能)通量和所产生的辐照度。

1) 总辐射(能)通量

图 2.8 所示的发射强度分布可表示为

$$I_\alpha = I_0 \cos\alpha \tag{2.65}$$

$$I_\theta = I_0 \sin\theta \tag{2.66}$$

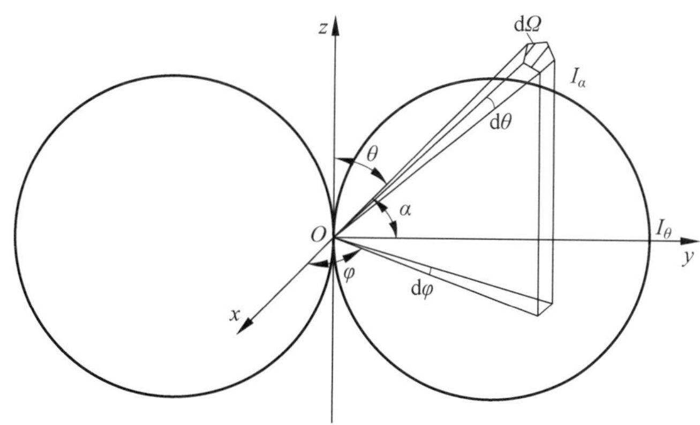

图 2.8　线辐射源的辐射强度分布

式中，α 为所考查方向与线源法线方向的夹角，而 θ 角与 α 角互为余角。

由于辐射强度分布的对称性，I_θ 仅与 θ 角（或 α 角）有关，与 φ 角无关。若在 θ 角方向上取一微小立体角元 $\mathrm{d}\Omega$，它可表示为

$$\mathrm{d}\Omega=\sin\theta\mathrm{d}\theta\mathrm{d}\varphi \tag{2.67}$$

线源投射到该立体角内的辐射能通量为

$$\mathrm{d}\Phi=I_\theta\mathrm{d}\Omega=I_\theta\sin\theta\mathrm{d}\theta\mathrm{d}\varphi=I_0\sin^2\theta\mathrm{d}\theta\mathrm{d}\varphi \tag{2.68}$$

故线源发出的总辐射能通量为

$$\Phi=I_0\int_0^{2\pi}\mathrm{d}\varphi\int_0^{\pi}\sin^2\theta\mathrm{d}\theta=\pi^2 I_0 \tag{2.69}$$

式(2.69)表明：线源发出的总辐射能通量等于垂直于线源的辐射强度的 π^2 倍。

2）辐照度

如图 2.9 所示，AB 代表一平行于 F 平面的线源，计算在 F 平面上 P 的辐照度。

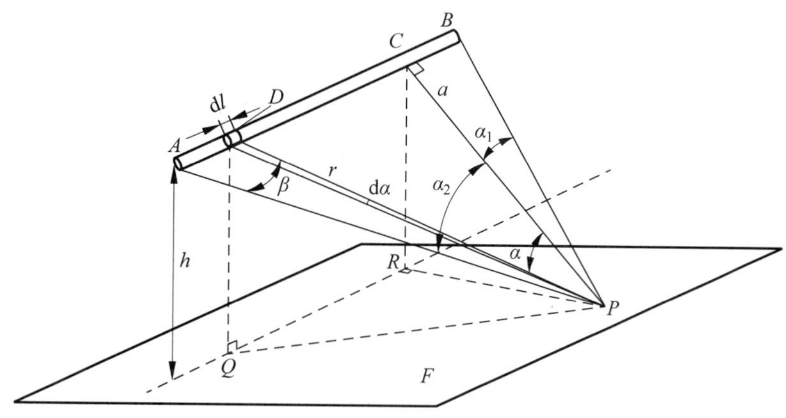

图 2.9　线源产生的辐照度

令 AB 的长度为 l，总辐射能通量为 Φ，则单位长度的辐射能通量为 Φ/l，单位长度产生的最大辐射强度为 $I_l=\Phi/\pi^2 l$。若 F 平面与线源 AB 的距离用 h 表示，P 点到线源的距离用 a 表示，PB、PA 与 PC 的夹角分别用 α_1 和 α_2 表示。

在 AB 上 D 点附近取一线元 $\mathrm{d}l$，与 P 点的距离 PD 为 r，$\angle QDP$ 用 β 表示，$\mathrm{d}l$ 对 P 点的张角为 $\mathrm{d}\alpha$，于是 $\mathrm{d}l$ 在 DP 方向上的辐射强度为

$$dI_\alpha = I_l dl\cos\alpha \tag{2.70}$$

而 dl 在 P 点产生的辐照度为

$$dH_\alpha = \frac{dI_\alpha}{r^2}\cos\beta = \frac{I_l}{r^2}dl\cos\alpha\cos\beta \tag{2.71}$$

因为

$$r = \frac{a}{\cos\alpha} \tag{2.72}$$

$$dl = \frac{r\,d\alpha}{\cos\alpha} = \frac{a\,d\alpha}{\cos^2\alpha} \tag{2.73}$$

$$\cos\beta = \frac{h}{r} = \frac{h}{a}\cos\alpha \tag{2.74}$$

于是有

$$dH_\alpha = I_l\,\frac{h}{a^2}\cos^2\alpha\,d\alpha \tag{2.75}$$

在 α_1 和 α_2 之间对 α 进行积分，可得线源 AB 在 F 平面 P 点处的辐照度

$$H = \int dH_\alpha = I_l\,\frac{h}{a^2}\int_{\alpha_1}^{\alpha_2}\cos^2\alpha\,d\alpha \tag{2.76}$$

因为 $\cos^2\alpha = \dfrac{1+\cos2\alpha}{2}$，再考虑 α_2 和 α_1 符号相反，积分后，最后得

$$H = \frac{1}{4}I_l\,\frac{h}{a^2}(2\mid\alpha_2-\alpha_1\mid+\mid\sin2\alpha_1-\sin2\alpha_2\mid) \tag{2.77}$$

2.4.2 朗伯扩展源产生的辐照度

设有一个按朗伯余弦定律辐射的大面积扩展源（如红外搜索跟踪系统面对的天空背景），其各处的辐射亮度均相同。讨论在面积为 A_d 的探测器表面上的辐照度。

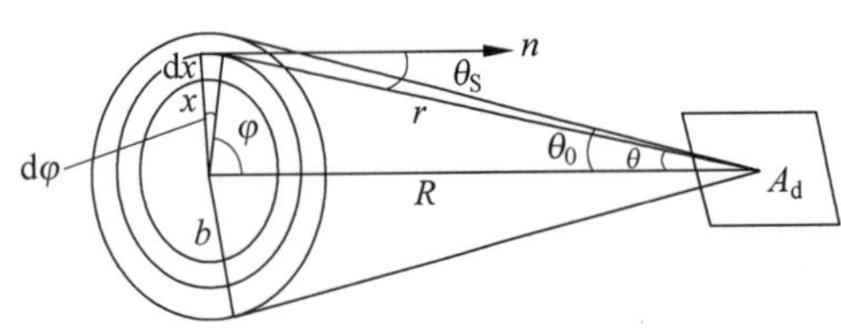

图 2.10 大面积朗伯源产生的辐照度计算

如图 2.10 所示，设探测器半视场角为 θ_0，在探测器视场范围内（即扩展源被看到的那部分），取圆环状面积元 $dA_S = x\cdot d\varphi\cdot dx$。

设源表面与探测器表面平行，所以 $\theta_S=\theta$，于是可以由式(2.61)得到从这个环状面积元上发出的辐射度：

$$d^2H = \tau_a L\,\frac{\cos^2\theta}{r^2}x\,dx\,d\varphi \tag{2.78}$$

因为

$$r = \frac{R}{\cos\theta} \tag{2.79}$$

$$x = R\tan\theta \tag{2.80}$$

$$dx = \frac{R}{\cos^2\theta}d\theta \tag{2.81}$$

所以

$$d^2H = \tau_a L\cos\theta\sin\theta\cdot d\theta\cdot d\varphi \tag{2.82}$$

由积分式(2.82),可求出大面积扩展源在探测器表面上产生的辐照度:

$$H=\int_0^{2\pi}\int_0^{\theta_0}\tau_a L\cos\theta\sin\theta\cdot d\theta\cdot d\varphi=\pi\tau_a L\sin^2\theta_0 \tag{2.83}$$

对朗伯辐射源,$M=\pi L$,式(2.83)又可写为

$$H=\tau_a M\sin^2\theta_0 \tag{2.84}$$

由此可见,大面积扩展源(其大小超过探测器视场)在探测器上产生的辐照度,与源的辐出度或辐亮度成正比,与探测器的半视场角 θ_0 的正弦平方成正比。

式(2.83)和式(2.84)所对应的光谱辐照度为

$$H_\lambda=\tau_a(\lambda)\pi L_\lambda\sin^2\theta_0 \tag{2.85}$$

$$H_\lambda=\tau_a(\lambda)M_\lambda\sin^2\theta_0 \tag{2.86}$$

如果源表面与探测器表面不平行,其二者法线夹角为 β,则大面积扩展源在探测器表面上产生的辐照度为

$$H=\tau_a\pi L\sin^2\theta_0\cos\beta \tag{2.87}$$

相应的光谱辐照度为

$$H_\lambda=\tau_a(\lambda)\pi L_\lambda\sin^2\theta_0\cos\beta \tag{2.88}$$

$$H_\lambda=\tau_a(\lambda)M_\lambda\sin^2\theta_0\cos\beta \tag{2.89}$$

下面讨论扩展源作为点源近似条件的误差。

从图2.10得到:

$$\sin^2\theta_0=\frac{b^2}{R^2+b^2}=\frac{b^2}{R^2\left(1+\frac{b^2}{R^2}\right)} \tag{2.90}$$

包含在探测器视场范围内的源面积为 $A_S=\pi b^2$,所以式(2.83)可改写为

$$H=\tau_a L\frac{A_S}{R^2\left(1+\frac{b^2}{R^2}\right)} \tag{2.91}$$

若 A_S 小到可以近似为点源,则它在探测器上产生的辐照度由式(2.61)可改写为

$$H_0=\tau_a L\frac{A_S}{R^2} \tag{2.92}$$

由式(2.91)和式(2.92)得到

$$\frac{H_0-H}{H}=\left(\frac{b}{R}\right)^2=-\tan^2\theta_0 \tag{2.93}$$

如果$(b/R)\leqslant 1/10$,即当 $R\geqslant 10b$(或 $\theta_0\leqslant 5.7°$)时,有$\frac{H_0-H}{H}\leqslant\frac{1}{100}$。表明如果源的线度(即最大尺寸)等于源与被照面之间距离的1/10,将扩展源作为点目标进行计算,所得到的辐照度与精确计算值的相对误差,将小于1%。

2.4.3 成像系统像平面的辐照度

如图2.11所示,物空间辐亮度为 L_0 的微面元 ds_0 经过成像物镜成像在像空间 ds_1 微面元上,确定 ds_1 上的辐照度。微面元向透镜口径 D 所张立体角发射的辐射通量为

$$d\Phi=\pi L_0 ds_0\sin^2 u_0 \tag{2.94}$$

式中，u_0 为物点对成像系统的张角。

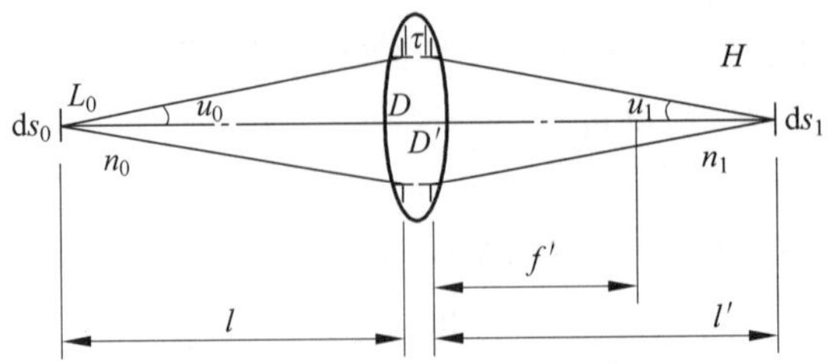

图 2.11　成像系统像平面的辐照度

$\mathrm{d}\Phi$ 经过透过率为 τ 的成像物镜后照射在微面元 $\mathrm{d}s_1$ 上的辐照度为

$$H=\frac{\tau \mathrm{d}\Phi}{\mathrm{d}s_1}=\pi L_0\tau\frac{\mathrm{d}s_0}{\mathrm{d}s_1}\sin^2 u_0 \tag{2.95}$$

利用光学理论中的拉格朗日-亥姆霍兹不变式 $n_0\cdot r_0\cdot \sin u_0=n_1\cdot r_1\cdot \sin u_1$（其中 r_0 和 r_1 分别为物高和像高），可将式(2.95)改写为

$$H=\pi L_0\tau\frac{n_1^2}{n_0^2}\sin^2 u_1 \tag{2.96}$$

在一般光电成像系统中，$n_0=n_1\approx 1$，且光瞳放大率 $\beta_{\mathrm{p}}=D'/D=1$，其中 D 和 D' 分别为物镜的物方和像方孔径。于是

$$\begin{aligned}H&=\pi L_0\tau\left(\frac{D}{2}\right)^2\Big/\left[\left(\frac{D}{2}\right)^2+l'^2\right]=\frac{1}{4}\pi L_0\tau\left(\frac{D}{l'^2}\right)^2\Big/\left[1+\left(\frac{D}{2l'^2}\right)^2\right]\\&=\frac{1}{4}\pi L_0\tau\left(\frac{D}{f'}\right)^2\left(\frac{l-f'}{l}\right)^2\Big/\left[1+\frac{1}{4}\left(\frac{D}{f'}\right)^2\left(\frac{l-f'}{l}\right)^2\right]\end{aligned} \tag{2.97}$$

式中，l 和 l' 分别为物距和像距。对大多数成像系统的应用，基本满足 $l\gg f'$，即物距远大于光学系统的焦距，则

$$H=\frac{1}{4}\pi L_0\tau\left(\frac{D}{f'}\right)^2\Big/\left[1+\frac{1}{4}\left(\frac{D}{f'}\right)^2\right] \tag{2.98}$$

值得一提的是，在一般应用中，光学系统的$\dfrac{D}{f'}$较小，在实际应用和资料中常采用如下简化式：

$$H_0=\frac{1}{4}\pi L_0\tau\left(\frac{D}{f'}\right)^2 \tag{2.99}$$

对于夜视系统的光学系统，由于属于低信噪比系统，往往需要加大光学系统的孔径，通常要求光学系统的 F 数($F=f'/D$)尽量小，$F\to 1$，则采用式(2.99)导致的相对误差为

$$\left|\frac{H-H_0}{H}\right|=\frac{1}{4F^2}=\frac{1}{4}\left(\frac{D}{f'}\right)^2 \tag{2.100}$$

显然，当 $F\to 1$ 时，相对误差将达到 25%。

2.5　非规则辐射体的辐射通量计算及目标面积的取法

在实际工作中，常常面对非规则辐射体，如何计算其辐射通量，以及其目标面积如何选取，是必须要考虑的问题。

2.5.1　非规则辐射体的辐射通量计算

当辐射体的纵向辐射强度曲线不能用初等函数表示时，则不能利用上述公式计算辐射通量，而必须利用所谓角系数法。该方法的原理是：将整个辐射体划分为许多立体角元，在每个立体角元内，认为辐射强度等于常数，而在每一立体角元内，辐射通量即等于元立体角量与该元立体角内辐射强度的乘积，整个辐射通量则等于这些乘积的代数和。已知

$$d\Omega = \sin\alpha \, d\alpha \, d\varphi \tag{2.101}$$

积分得

$$\Omega = 2\pi(1-\cos\alpha) \tag{2.102}$$

因此，对应于平面角 α_1，有立体角 $\Omega_1=2\pi(1-\cos\alpha_1)$；对应于平面角 α_2，有立体角 $\Omega_2=2\pi(1-\cos\alpha_2)$（见图 2.12）。所以

$$\Omega = \Omega_2 - \Omega_1 = 2\pi(\cos\alpha_1 - \cos\alpha_2) \tag{2.103}$$

数值 Ω 称为 $\alpha_1 \to \alpha_2$ 范围内的角系数，把角系数乘上该范围内的平均辐射强度 I_i，得到该范围内的辐射通量 P_i 和总辐射通量 P。

$$P_i = I_i \Omega_i \tag{2.104}$$

$$P = \sum_{i=1}^{k} I_i \Omega_i \tag{2.105}$$

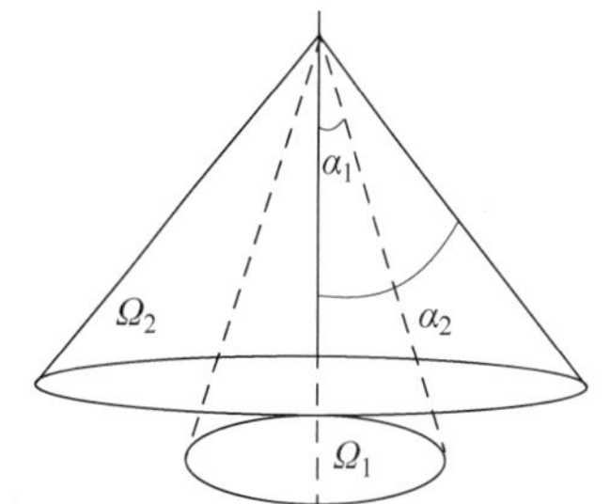

图 2.12　由于平面角 α_1 和 α_2 旋转而得到的立体角 Ω_1 和 Ω_2

当计算立体角时，通常要确定 0°～10°、10°～20°、20°～30°等区域，因此各区域的平均辐射强度应取 5°、15°、25°等角度处的值。

区间取得越小，则计算结果越准确，根据实际情况，也可以取其间隔为 5°、2°等。如辐射强度对于轴为非对称，则对于每一区间均应取平均值。一般绕轴转动，每隔 36°取一个值，并将这样得到的辐射强度平均值乘以相应的立体角值。

表 2.22 给出以 0°～10°、10°～20°、20°～30°等为区间的角系数的数值，供计算时使用。

表 2.22　角系数表

各小区平均辐射强度的方向与对称轴的夹角（平面角 α）/(°)	角系数 Ω/sr	各小区平均辐射强度的方向与对称轴的夹角（平面角 α）/(°)	角系数 Ω/sr
5	0.0995	95	1.091
15	0.283	105	1.058
25	0.463	115	0.993
35	0.628	125	0.897
45	0.774	135	0.774
55	0.897	145	0.628
65	0.993	155	0.463
75	1.058	165	0.283
85	1.091	175	0.0955

2.5.2　辐射计算中目标面积的取法

1. 关于发光圆柱体的辐射通量计算

【例 2.3】　对一个发光圆柱体，直径为 D，长度为 l，发光表面为均匀漫射表面，其亮度 L 为一常数，求其光通量 Φ_v 等于多少？

解：已知 $\Phi_v=\pi LS$，而 $S=2\pi r\cdot l=\pi Dl$，所以 $\Phi_v=\pi^2 LDl$。

令 $S_0=Dl$（圆柱体的投影面积），则 $\Phi_v=\pi^2 LS_0$。

由表2.20，已知 $\Phi_v=\pi^2 I_{90}$，可见 $I_{90}=LS_0$。

I_{90} 为与发光圆柱体轴线成90°方向的最大发光强度。根据漫射体的基本特性，有 $I_0=LS$。此处 I_0 和 I_{90} 都是最大发光强度，而 S_0 是沿最大辐射强度方向看过去的发光体的投影面积（即截面积）。可见 $I_0=LS$ 公式中，S 必须是投影面积，而不是发光体的全面积。

2. 关于地球平均温度的计算

已知太阳表面温度约 $T_s=6000\text{K}$，日地平均距离 $L=1.495\times10^8\text{km}$，太阳半径 $R_s=6.955\times10^5\text{km}$，如将太阳与地球都近似地看作黑体，求地球表面的平均温度。

地球每秒钟从太阳那里吸收的能量必须等于地球每秒钟向宇宙空间放出的能量。否则地球将越来越冷（或越来越热），这是不符合实际情况的。

地球每秒钟吸收的能量为

$$P_{e,a}=ES_e=\frac{P_s}{4\pi}\frac{1}{L^2}\pi R_e^2 \tag{2.106}$$

式中，$P_s=4\pi I_0$，$S_e=\pi R_e^2$，E 为辐照度。地球接收能量的面积只能取投影面积（即截面积）。

而每秒钟放出的能量为

$$P_{e,e}=\sigma T_e^4\cdot 4\pi R_e^2 \tag{2.107}$$

因此对外辐射时，地球面积必须取全面积。

当辐射平衡时，有

$$P_{e,a}=P_{e,e} \tag{2.108}$$

所以

$$\frac{1}{4\pi}\sigma T_s^4\cdot 4\pi R_s^2\frac{1}{L^2}\pi R_e^2=\sigma T_e^4\cdot 4\pi R_e^2 \tag{2.109}$$

最后得到

$$\begin{aligned}T_e&=T_s\sqrt[4]{\frac{R_s^2}{4L^2}}\\&=6000\sqrt[4]{\frac{(6.955\times10^5)^2}{4(1.495\times10^8)^2}}\\&=289.377(\text{K})\end{aligned}$$

故一般取地球表面常温约为15℃。

3. 几点结论

(1) 在 $I_0=LS$（或 $I_{90}=LS_0$）中，S 必须取投影面积（即在最大辐射强度方向的投影面积）；对于球、半球、圆盘形光源，取 $S=\pi R^2$；对于圆柱形光源，取 $S_0=Dl$。

(2) 在 $\Phi=\pi LS$ 中，S 必须取全面积，此时，对于球形光源 $S=4\pi R^2$，半球形光源 $S=2\pi R^2$，圆盘形光源 $S=\pi R^2$，圆柱形光源 $S=2\pi Rl$。

(3) 当研究球形（或不规则曲面形）光源的相互作用时，对外辐射必须取全面积，而从他物接收辐射时，则只能取接收体在辐射方向的投影面积。

2.6 目标与环境光学特性的分类及特点

所谓目标就是系统进行探测、测量、定位或识别的对象，而背景则是从外界到探测装置的可以干扰这种探测过程的辐射功率。研究目标与背景的光学特性(辐射)，对于光电系统工程和技术应用都十分重要。因为任何光电系统都是针对某个具体目的使用的，一个目标可能是另一个目标的背景，所以，目标和背景实际上都是相对的。但是，严格讲，目标辐射一般具有较明显的稳定性，而背景辐射则应该具有较突出的随机性。因此，通常对背景辐射的描述多采用统计方法。

根据目标与背景所在地理位置高度或性质的不同，可把目标与背景分成下列四类，即空间目标与深空背景、空中目标与天空背景、地面目标与地物背景、海面目标与海洋背景。下面分别简要介绍它们的主要光学特性。

2.6.1 空间目标与深空背景

空间目标指高度约 100km 的战略导弹、卫星、空间飞行器、空间站和中继站。导弹和飞行器发射时有强大的光辐射，利用同步卫星上的红外和紫外双波段光学监测系统，可以探测、识别导弹发射。利用导弹弹头和假目标再入大气层时所产生可见光和红外辐射特性(强度和光谱)不同，供反导弹武器系统探测和识别出真弹头。绕地球飞行的各种空间目标(包括在中段飞行的导弹弹头)，在向阳区的太阳光照射下可以探测的光学特性有太阳光散射特性(主要是可见光和紫外光)和表面温度约 300～450K 的红外辐射。在无太阳光照射的阴影区，空间目标可探测的光学特性仅有表面温度约 200K 的红外辐射。

深空背景是辐射温度大约 3.5K 的冷背景，对于许多红外系统，3.5K 的深空背景辐射非常微弱，可以忽略不计，假定空间目标表面温度为 200～400K，有效发射面积(投影面积和发射率的乘积)$1m^2$，在距离空间目标 250km 的 8～14μm 红外探测系统处，能产生的红外辐照度约 10^{-14}～10^{-15} W/cm^2。深空中具有类似辐射量值的星体总数只有几十个。上述空间目标在太阳光照射下，散射的可见光强度约等于表观星等 5～10 等星，深空中 5 等星以上的星体数目有 1000 多颗，10 等星以上的星体数目有 30 多万颗。

2.6.2 空中目标与天空背景

高度 20～30km 的空中目标有各种类型的飞机(战斗机、直升机、轰炸机、预警机、加油机和运输机等)和战术导弹(巡航导弹、飞航导弹、空地导弹、空舰导弹、空空导弹和地空导弹等)，以及飞机和导弹可能施放的光学诱饵。天空背景除了由地球大气散射和辐射形成的光学天空背景外，还应包括云、雾、霾、雪、雨等。

上述空中目标光辐射源有发动机的光辐射和蒙皮光辐射。发动机的光辐射是由近似黑体的喷口辐射，以及发动机排出的热气体和粒子形成的尾喷焰辐射组成。发动机的光辐射能量主要分布在近红外 1～3μm 和中红外 3～5μm 范围内，但由于战术导弹发动机和加力状态的飞机发动机的工作温度很高，辐射温度达 1800～2000K，因此在可见光和紫外区均有较强的光辐射。飞机和导弹蒙皮的光辐射包括白天散射的太阳光辐射和蒙皮表面温度的红外热辐射。散射的太阳光辐射特性与下列因素有关：目标、太阳、接收器三者之间的几何关系；目标形状和尺寸；目标距离；大气状态和目标表面材料性质参数(折射率和表面粗糙度等)。散射的太阳光辐射主要在可见光和近红外区。蒙皮红外热辐射不仅与目标形状尺寸、表面材料性质有关，而且还与目标速度、目标高度和环境气象参数(地理位置、太阳辐射、天空辐射和大气成分分布等）有关。空中目标通常相对于天空背景在红外区有较强的红外辐射强度，因此，可以利用简单的点源式的红外系统对空中目标进行跟踪制导。如对于飞机，若选用近红外（2～3μm）波段，就能对飞机进行尾追式的跟踪制导（白天，飞机在太阳光照射下可进行前向探测）；若利用中红外（3～5μm）波段，可对飞机进行前向跟踪制导；若应用远红外（8～12μm）波段，可以实现全方位（前向、侧向、尾向）和准全天候的跟踪制导。

天空光辐射特性（如辐射温度和光谱分布等）和天空光传输特性（如透过率和大气层辐射）是由大气参数（如温度、压力、水蒸气、二氧化碳、臭氧和气溶胶等）的垂直分布加以确定，可利用大气传输模型，如低分辨率传输模型（LOWTRAN）进行计算，计算精度在10%～20%。对于晴朗天空，在地面沿水平方向的天空红外辐射特性近似等于地面大气温度的黑体辐射，随着仰角增加，天空等效的红外辐射温度降低，光谱分布由黑体辐射的连续分布渐变成气体辐射的非连续分布，对应大气的三个红外窗口（即1～3μm、3～5μm和8～14μm）的光谱辐射亮度变小。

2.6.3 地面目标与地物背景

地面目标包括坦克、装甲、车辆、电站、桥梁、机场、建筑物和发射场等。对于有带动力的地面目标，如坦克和车辆等，其发动机部位、发动机排气口和发动机排出热气所形成的烟尘相对于周围背景有较高的温度外，其他部位的温度与周围背景温度相比，在白天太阳光照射下因受到太阳光照射的向阳部位，其温度比周围温度高，而长时间未受到太阳光照射的阴影部位，其温度比周围背景低。到了夜间，这些由金属制成的传导性好的地面目标的表面温度（除上述热区外）均低于周围背景温度。对于无内热源的地面目标，如桥梁、机场跑道和水库大坝等，其温度既可以高于周围背景，也可以低于周围背景。总之，相对于由土壤、沙漠、植被、树林和水体组成的地物背景的地面目标的探测、跟踪、制导可采用红外8～12μm（或8～14μm）成像技术。在白天，当气象条件良好时，利用体积小，成本低的可见光电视对地面目标进行探测和识别仍是一种有效的手段。

2.6.4 海面目标与海洋背景

海面目标主要是指各种海面舰艇，如航空母舰、巡洋舰、驱逐舰、护卫舰、猎潜舰、扫雷舰、运输舰、军用快艇和军用气垫船等。上述海面舰艇的烟囱和动力舱部位相对于海洋背景有较高的温度（发动机工作时），尤其是烟囱部位相对于海洋背景有较强的红外辐射。所以利用红外3～5μm点源非成像系统，可以在海面上对舰船进行探测、跟踪和制导。但在白天因海面反射太阳光干扰作用，当舰船位于太阳、舰船和红外系统三者几何位置所确定的亮带区时（即形成镜面反射的海域），红外3～5μm系统的工作性能将大为降低，甚至丧失工作能力。除了烟囱和发动机部位外，舰船其他部位（甲板和船舷）大多由相对薄的金属板制成，因传导性好、比热小（即热惯量小），所以在白天太阳光照射下，其温度升高快，比热惯量大的海水温度高。但是，夜间因太阳光消失了，舰船甲板和船舷的温度随海面气温而变化，并可近似认为两者相等。与夜间海水温度相比，舰船甲板和船舷的温度低于海水温度。利用红外8～12μm成像系统可对舰船进行昼夜的探测、识别、跟踪和制导，在白天也可不受海面反射的太阳光的干扰。但应注意，在昼夜24h中，舰船与海洋背景之间的红外辐射温度近似为零的两个瞬间，红外8～12μm系统不能从海洋背景中检测和识别舰船。在白天，当海面风浪不是很大和舰船不位于因反射太阳光而形成的海面亮带区时，则可利用可见光电视成像系统（尤其在海面气象条件良好时）对舰船进行探测、识别、跟踪和制导。

2.7 环境与目标光辐射特性

环境光辐射可来自动物、海面、大气、气溶胶和星体的自身发射，也可来自这些环境的反射辐射或散射辐射。地面、空气和海面的背景辐射典型特征如图 2.13 所示。在波长 3μm 以下，背景辐射是以反射或散射的太阳辐射为主，其光谱分布近似于 6000K 黑体的光谱分布，但实际辐射亮度与背景的反射和散射特性有关。在波长大于 4.5μm 时，背景辐射主要是地面和大气的近似 300K 的热辐射。在 3～4.5μm，背景辐射最小。从 37km 高空气球上看到地球上的 5μm 以上的辐射亮度如图 2.14 所示。可以看到大气效应对 5μm 以上的辐射亮度曲线有较强的影响，在大气窗口 8～14μm 内，辐射亮度大。这是因为地球温度比周围大气温度高。

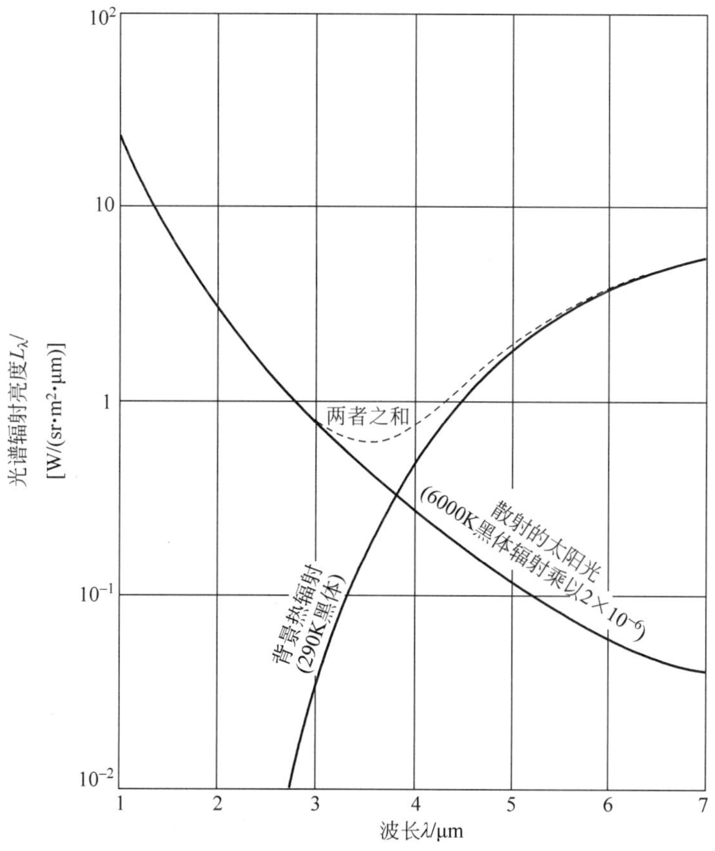

图 2.13 理想化的背景辐射光谱

人为干扰物分为无源和有源两种。无源干扰指干扰条、充气的球或锥等假目标发生器；有源干扰有红外干扰弹、热诱饵和模拟目标光辐射的各类假目标发生器。

2.7.1 天体背景光辐射特性

除了各类星体（恒星和行星）外，地球大气层外的空间背景是辐射温度约 3.5K 的深空冷背景。3.5K 所对应的峰值辐射波长 827.9μm 的光谱辐射亮度为

$$L_{\lambda_m}(T)=4.104\times10^{-12}T^5[\mathrm{W/(sr\cdot m^2\cdot \mu m)}] \tag{2.110}$$

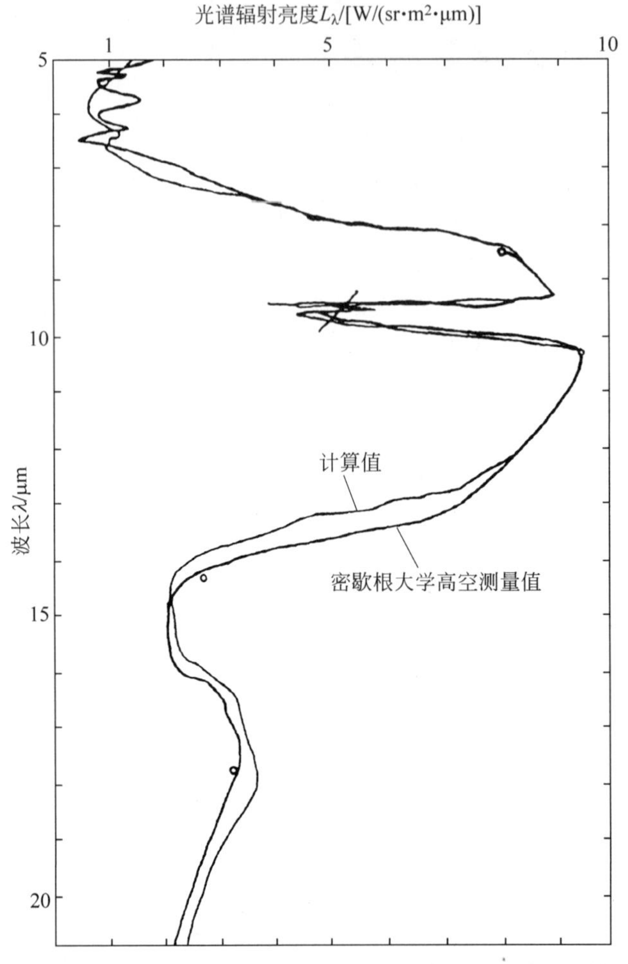

图 2.14　地球辐射亮度计算值与 37km 高度测量值的比较

而其他波长的光谱辐射亮度为

$$L_{\lambda}(T)=L_{\lambda_{m}}(T)f(x) \tag{2.111}$$

这里 $x=\lambda/\lambda_{max}$，而函数 $f(x)$为

$$f(x)=\frac{1}{x^{5}}\cdot\frac{142.32}{e^{\frac{4.9651}{x}}-1} \tag{2.112}$$

许多军用红外系统，大多工作在 2～14μm 波段，3.5K 的深空冷背景光辐射很小，影响不大。

2.7.2　太阳光辐射特性

太阳是距地球最近的球形炽热恒星天体，太阳常数是描述太阳辐射能密度的一个物理量，它是指地球与太阳平均距离 1AU 处（AU 是一个天文单位），太阳在单位时间内投射到地球大气层外垂直于射线方向的单位面积上的全部辐射能。也就是在平均日地距离处、地球大气层外太阳的正入射照度。太阳向 4π 球面度的空间均匀辐射，太阳常数 E_0 等于太阳在半径为平均日地（地球与太阳）之间距离 R 处的球面上的辐照度，即

$$E_{0}=\frac{\Phi}{A}=\frac{M\cdot 4\pi r^{2}}{4\pi R^{2}}=M\cdot\left(\frac{r}{R}\right)^{2} \tag{2.113}$$

式中，Φ 为太阳表面向 4π 球面度的空间的辐射通量；r 为太阳半径，6.9627×10^5km；R 为平均日地距离 1AU；M 为太阳表面的辐射出射度。

但是，值得指出的是，美国宇航局空间飞行器设计规范数据给出：太阳半径为 6.3638×10^5km。地球与太阳之间平均距离 $1\text{AU}=1.49985\times10^8$km。在地球与太阳距离为 1AU 时，太阳在地球大气层外产生的总辐照度(即太阳常数)为

$$E_0=\int_0^{\infty}E_\lambda \mathrm{d}\lambda=1353\text{W/m}^2$$

利用黑体辐射的斯特藩-玻耳兹曼定律，可以求得此时太阳等效的黑体辐射温度为 $T=5762$K。

太阳辐射功率为 3.805×10^{26}W，与此相应的太阳质量损失为 4.670×10^9kg/s。在一年 365 天中，地球大气系统接收太阳的能量为 5.441×10^{24}J。

表 2.23 列出在 1AU 距离下的太阳光谱辐照度，表中 λ 为波长，E_λ 为在波长 λ 处的太阳光谱辐照度，$D_{0\sim\lambda}$ 为在波长 $0\sim\lambda$ 处太阳辐照度与太阳常数之比。可以测出地球在大气层外的太阳光谱辐照度和太阳天顶角为 0°(通过一个大气团，即 $m_a=1$)时在海平面上太阳光谱辐照度近似值，以及 5900K 的黑体光分布。太阳在地球上的辐照度与太阳在地平面上的高度角、观测者的海平面高度和天空中的云霾与尘埃含量有关。

太阳天顶角为 0°且天空较晴朗时，太阳在海平面上产生的可见光照度为

$$E_V=1.24\times10^5\,\text{lx}$$

表 2.24 列出了在地平面上不同的太阳高度角下，太阳在地平面上产生的照度。

表 2.23 太阳光谱辐照度 E_λ(大气团 $m_a=0$)

λ/μm	E_λ /[W·(m²·μm)⁻¹]	$D_{0\sim\lambda}$/%	λ/μm	E_λ /[W·(m²·μm)⁻¹]	$D_{0\sim\lambda}$/%	λ/μm	E_λ /[W·(m²·μm)⁻¹]	$D_{0\sim\lambda}$/%
0.120	0.100	0.000 44	0.275	204.0	0.4857	0.375	1157.0	6.582
0.140	0.030	0.000 53	0.280	222.0	0.5644	0.380	1120.0	7.003
0.150	0.07	0.000 57	0.285	315.0	0.6636	0.385	1098.0	7.413
0.160	0.23	0.000 68	0.290	482.0	0.8109	0.390	1098.0	7.81
0.170	0.63	0.001 00	0.295	584.0	1.0078	0.395	1189.0	8.241
0.180	1.25	0.001 69	0.300	514.0	1.2107	0.400	1429.0	8.725
0.190	2.71	0.003 16	0.305	603.0	1.4171	0.405	1644.0	9.293
0.200	10.7	0.008 11	0.310	689.0	1.6558	0.410	1751.0	9.920
0.210	22.9	0.020 53	0.315	764.0	1.9243	0.415	1774.0	10.571
0.220	57.5	0.050 24	0.320	830.0	2.2188	0.420	1747.0	11.222
0.225	64.9	0.0728	0.325	975.0	2.552	0.425	1693.0	11.858
0.230	66.7	0.0971	0.330	1059.0	2.928	0.430	1639.0	12.473
0.235	59.3	0.1204	0.335	1081.0	3.323	0.435	1663.0	13.083
0.240	63.0	0.1430	0.340	1074.0	3.721	0.440	1810.0	13.725
0.245	72.3	0.1680	0.345	1069.0	4.117	0.445	1922.0	14.415
0.250	70.4	0.1944	0.350	1093.0	4.517	0.450	2006.0	15.140
0.255	104.0	0.226	0.355	1083.0	4.919	0.455	2057.0	15.891
0.260	130.0	0.2698	0.360	1068.0	5.316	0.460	2066.0	16.653
0.265	185.0	0.3280	0.365	1132.0	5.723	0.465	2048.0	17.413
0.270	232.0	0.4051	0.370	1181.0	6.150	0.470	2033.0	18.167

续表

λ/μm	E_λ /[W·(m²·μm)⁻¹]	$D_{0\sim\lambda}$/%	λ/μm	E_λ /[W·(m²·μm)⁻¹]	$D_{0\sim\lambda}$/%	λ/μm	E_λ /[W·(m²·μm)⁻¹]	$D_{0\sim\lambda}$/%
0.475	2044.0	18.921	0.760	1211.0	52.595	1.85	142.0	92.149
0.480	2074.0	19.681	0.770	1185.0	53.480	1.90	126.0	92.644
0.490	1976.0	20.430	0.780	1159.0	54.346	1.95	114.0	93.088
0.495	1960.0	21.878	0.790	1134.0	55.194	2.00	103.0	93.489
0.500	1942.0	22.599	0.800	1109.0	56.023	2.10	90.0	94.202
0.505	1920.0	23.312	0.810	1085.0	56.834	2.20	79.0	94.826
0.510	1882.0	24.015	0.820	1060.0	57.627	2.30	69.0	95.373
0.515	1833.0	24.701	0.830	1036.0	58.401	2.40	62.0	95.8580
0.520	1833.0	25.379	0.840	1013.0	59.158	2.50	55.0	96.2903
0.525	1852.0	26.059	0.850	990.0	59.899	2.60	48.0	96.6710
0.530	1842.0	26.742	0.860	968.0	60.622	2.70	43.0	97.0073
0.535	1818.0	27.418	0.870	947.0	61.330	2.80	39.0	97.3103
0.540	1783.0	28.084	0.880	926.0	62.022	2.90	35.0	97.5838
0.545	1754.0	28.737	0.890	908.0	62.700	3.00	31.0	97.8277
0.550	1725.0	29.380	0.900	891.0	63.365	3.10	2.60	98.0383
0.555	1720.0	30.017	0.910	880.0	64.019	3.20	22.6	98.2179
0.560	1695.0	30.648	0.920	869.0	64.665	3.30	19.2	98.3724
0.565	1705.0	31.276	0.930	858.0	65.304	3.40	16.6	98.5047
0.570	1712.0	31.907	0.940	847.0	65.934	3.50	14.6	98.6200
0.575	1719.0	32.541	0.950	837.0	66.556	3.60	13.5	98.7238
0.580	1715.0	33.176	0.960	820.0	67.168	3.70	12.3	98.8192
0.585	1712.0	33.809	0.970	803.0	67.768	3.80	11.1	98.9056
0.590	1700.0	34.439	0.980	785.0	68.355	3.90	10.3	98.9847
0.595	1682.0	35.064	0.990	767.0	68.928	4.00	9.5	99.0579
0.600	1666.0	35.683	1.000	748.0	69.488	4.10	8.7	99.1252
0.605	1647.0	36.295	1.050	668.0	72.105	4.20	7.8	99.1861
0.610	1635.0	36.902	1.100	593.0	74.435	4.30	7.1	99.2412
0.620	1602.0	38.098	1.150	535.0	76.519	4.40	6.5	99.291 507
0.630	1570.0	39.270	1.200	485.0	78.404	4.50	5.9	99.337 331
0.640	1544.0	40.421	1.250	438.0	80.109	4.60	5.3	99.378 721
0.650	1511.0	41.550	1.300	397.0	81.652	4.70	4.8	99.416 045
0.660	1486.0	42.657	1.350	358.0	83.047	4.80	4.5	99.450 413
0.670	1456.0	43.744	1.400	337.0	84.331	4.90	4.1	99.482 195
0.680	1427.0	44.810	1.450	312.0	85.530	5.00	3.83	99.511 500
0.690	1402.0	45.855	1.500	288.0	86.639	6.00	1.75	99.717 708
0.770	1369.0	46.879	1.550	267.0	87.665	7.00	0.99	99.818 965
0.710	1344.0	47.882	1.600	245.0	88.611	8.00	0.60	99.877 723
0.720	1314.0	48.864	1.650	223.0	89.475	9.0	0.380	99.913 939
0.730	1290.0	49.826	1.70	202.0	90.261	10.0	0.250	99.937 221
0.740	1260.0	50.769	1.75	180.0	90.967	11.0	0.170	99.952 742
0.750	1235.0	51.691	1.80	159.0	91.593	12.0	0.120	99.963 459

续表

$\lambda/\mu m$	E_λ /[W·(m²·μm)⁻¹]	$D_{0\sim\lambda}/\%$	$\lambda/\mu m$	E_λ /[W·(m²·μm)⁻¹]	$D_{0\sim\lambda}/\%$	$\lambda/\mu m$	E_λ /[W·(m²·μm)⁻¹]	$D_{0\sim\lambda}/\%$
13.0	0.087	99.971 108	19.0	0.020 00	99.989 623	50.0	0.000 38	99.998 525
14.0	0.055	99.976 365	20.0	0.006 00	99.990 953	60.0	0.000 19	99.998 736
15.0	0.049	99.980 199	25.0	0.006 10	99.995 037	80.0	0.000 07	99.998 928
16.0	0.038	99.983 414	30.0	0.003 00	99.996 718	100.0	0.000 03	99.999 002
17.0	0.031	99.985 964	35.0	0.001 60	99.997 568	1000.0	0.000 00	100.000 000
18.0	0.024	99.987 997	40.0	0.000 94	99.998 037	—	—	—

表 2.24　太阳在地面上的照度值

太阳高度角/(°)	地平面照度 E_V/lx	说　明
−18	6.51×10^{-4}	天文微光下限
−12	8.31×10^{-3}	海上微光下限
−6	3.40	城市微光下限
−5	10.8	
−0.8	453	日出或日落
0	732	
5	4760	
10	1.09×10^{4}	
15	1.86×10^{4}	
20	2.73×10^{4}	
25	3.67×10^{4}	
30	4.70×10^{4}	
35	5.70×10^{4}	
40	6.67×10^{4}	
45	7.59×10^{4}	
50	8.50×10^{4}	
55	9.40×10^{4}	
60	1.02×10^{5}	
65	1.08×10^{5}	
70	1.13×10^{5}	
75	1.17×10^{5}	
80	1.20×10^{5}	
85	1.22×10^{5}	
90	1.24×10^{5}	

从空间观测地球大气系统(亦称地球),需要考虑地球(含大气)反射的太阳辐射百分比(反射率)和地球发射的热辐射,地球反射率指总的入射太阳辐射中,被地球反射到空间的百分比,它是大气散射、地球表面和云反射的结果,这种反射辐射主要分布在波长为 0.29～5μm 范围内。被地球和大气吸收的入射太阳辐射以热辐射形式发出,其辐射主要分布在波长大于 4μm 的红外区域。

利用气象卫星获得的数据,可分析得出地球反射率和热辐射的年平均值如下:热辐射为 $237\pm7(W/m^2)$;反射率为 0.30 ± 0.02。

2.7.3 天空背景光辐射特性

天空的光辐射来自于太阳光（含星光）散射和大气的热辐射。天空的光谱辐亮度曲线呈现出大体上与地面类似的特征，即波长小于 3μm 的天空辐射为散射的太阳光，大于 3μm 的是热辐射。

1）天空可见光辐射

晴天，地面上总照度的 1/5 来自天空，即来自大气散射的太阳光。表 2.25 列出了不同条件的地面照度。表 2.26 给出不同条件下，靠近地平方向的天空亮度。

表 2.25 不同条件下地面照度 E_V

天空状态	$E_V/(\mathrm{lm \cdot m^{-2}})$
直射太阳光	$1\sim1.3\times10^5$
全部散射太阳光	$1\sim2\times10^4$
阴天	10^3
阴暗的天	10^2
曙（暮）光	10
暗曙（暮）光	1
满月	10^{-1}
四分之一月亮	10^{-2}
晴天无月	10^{-3}
阴天无月	10^{-4}

表 2.26 不同条件下靠近地平方向的天空亮度 L_V

天空状态	天空亮度 $L_V/(\mathrm{lm \cdot m^{-2}})$
晴天*	10^4
阴天	10^3
阴晴天	10^2
阴天日落时	10
晴天日落后 15min	1
晴天日落后 30min	10^{-1}
很亮月光	10^{-2}
无月的晴朗夜空	10^{-3}
无月的阴天夜空	10^{-4}

* 在太阳光照射下的云或雾也有该亮度值。

在夜晚地面上，产生辐照度（$\mathrm{W/m^2}$）的夜空辐射源有：

黄道光	15%
银河光	5%
气辉（大气发光）	40%
散射光辉	10%
星光（含直射和散射）	30%
银河外辐射	<1%

晴天，天空色温近似 20 000～25 000K。这是由于大气中粒子产生的散射光反比于波长四次方，因而蓝、紫光比红光散射厉害，天空呈蓝色。图 2.15 给出晴朗天空的相对光谱分布和 25 000K 黑体的相对光谱分布。

2）天空红外辐射

白天，天空的红外辐射是散射的组合。在 3μm 以下，以散射太阳光为主；在 5μm 以上以大气热辐射为主；在 3～5μm，天空的红外辐射最小。图 2.16 示出白天天空的红外光谱辐射亮度。

夜间，因不存在散射的太阳光，天空的红外辐射为大气的热辐射。大气的热辐射主要与水蒸气、二氧化碳和臭氧等的温度与含量有关。为计算大气的红外光谱辐射亮度，必须知道大气的压力、温度和视线的仰角。图 2.17 所表示的是晴朗夜空光谱辐射亮度随仰角的变化情况。在低仰角时，大气路程很长，光谱辐射亮度为低层大气温度（图中为 8℃）的黑体辐射。在高仰角时，大气路径变短，在那些吸收率（即发射率）很小的波段上，红外辐射变小。但在 6.3μm 的水蒸气发射带和 15μm 的二氧化碳发射带上，吸收很厉害，甚至在一个短的路程上，发射率就基本上等于 1，而 9.6μm 的发射是由臭氧引起的。这些曲线都是相对夜空而言，在白天，除了加上波长小于 3μm 的散射太阳光之外，其余都是相似的。

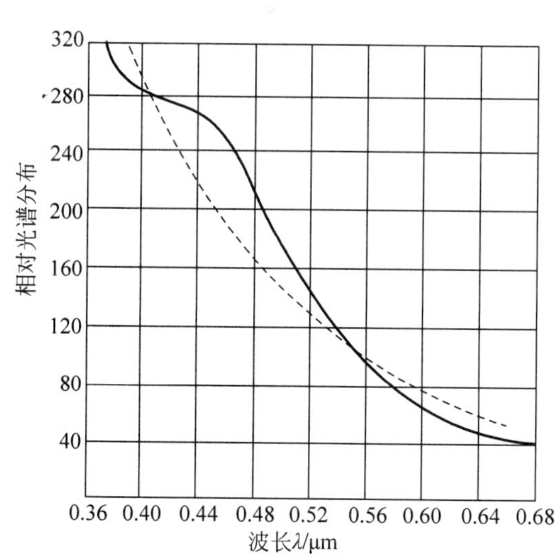

图 2.15　晴朗天空的光谱分布

（虚线为 25 000K 黑体的相对光谱分布）

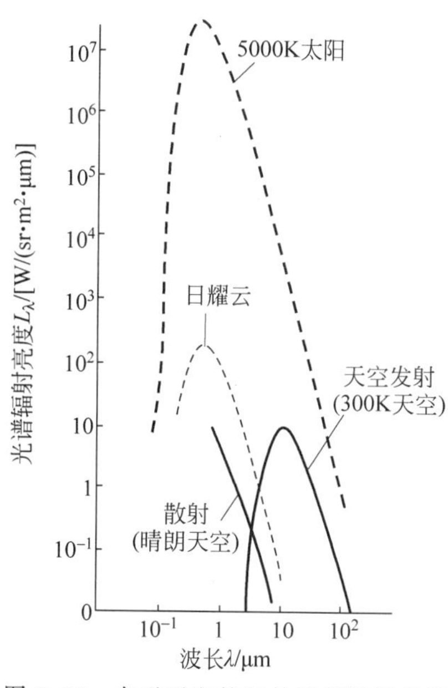

图 2.16　白天天空的红外光谱辐射亮度

（日耀云是指在太阳光照射下的云）

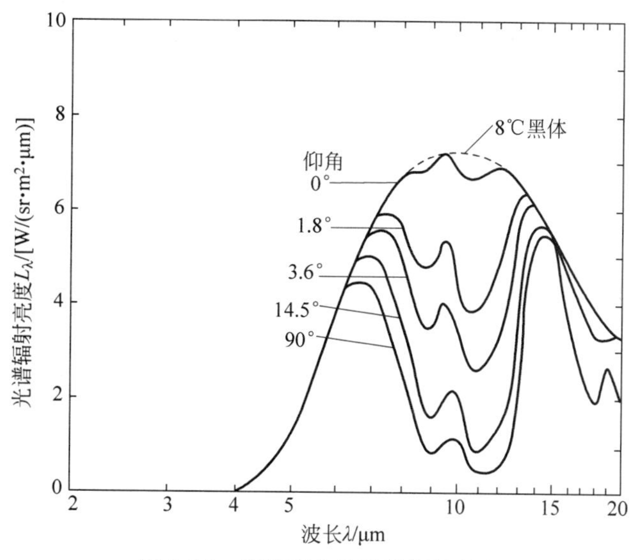

图 2.17　晴朗夜空的光谱辐射亮度

阴暗天空的光谱辐亮度曲线可以和黑体的相比拟，大多数阴暗天空是在几百到几千米的高度上，其温度与地球表面空气温度一般相差几摄氏度。

2.7.4　海洋背景光辐射特性

海洋的光辐射由海洋本身的热辐射和它对环境辐射（如太阳和天空）的反射组成。图 2.18 所表示的是海洋在白天时的光辐射亮度，在波长 3μm 以下，白天海洋的光辐射主要是对太阳和天空辐射的反射。在波长 4μm 以上，无论是白天和晚上，海洋的光辐射主要来自海洋的热辐射。

正如图 2.19 和表 2.27 所示的海水光谱吸收曲线和数据一样，由于海水对光波传输不透明，海面的热辐射主要是海面几毫米厚的海水温度辐射。

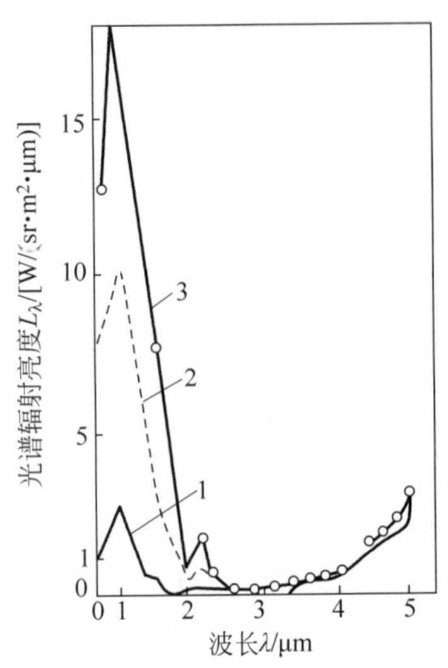

图 2.18　海洋在白天时的光谱辐射亮度

1—平静的海洋；2—碎浪之间不平坦海面；3—碎浪

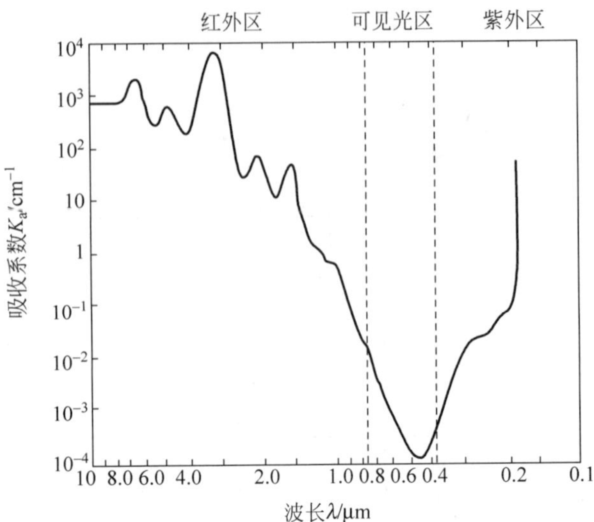

图 2.19　海水的光谱吸收曲线

表 2.27　海水的光谱吸收数据

波长/μm	吸收系数/m⁻¹	波长/μm	吸收系数/m⁻¹	波长/μm	吸收系数/m⁻¹	波长/μm	吸收系数/m⁻¹
0.32	0.58	0.52	0.019	0.85	4.12	1.60	800.0
0.34	0.38	0.54	0.024	0.90	6.55	1.70	730.0
0.36	0.28	0.56	0.030	0.95	28.80	1.80	1700.0
0.38	0.148	0.58	0.055	1.00	39.70	1.90	7300.0
0.40	0.072	0.60	0.125	1.05	17.70	2.00	8500.0
0.42	0.041	0.62	0.178	1.10	20.30	2.10	3900.0
0.44	0.023	0.65	0.210	1.20	123.30	2.20	2100.0
0.46	0.015	0.70	0.84	1.30	150.00	2.30	2400.0
0.48	0.015	0.75	2.72	1.40	1600.00	2.40	4200.0
0.50	0.016	0.80	2.40	1.50	1940.00	2.50	8500.0

图 2.20 给出平静水面(粗糙度 $\sigma=0$)在不同入射角下光谱反射率与波长的关系，图 2.21 所示是由此得到的水面反射率和发射率(在 2～15μm 内的平均值)与入射角的关系。

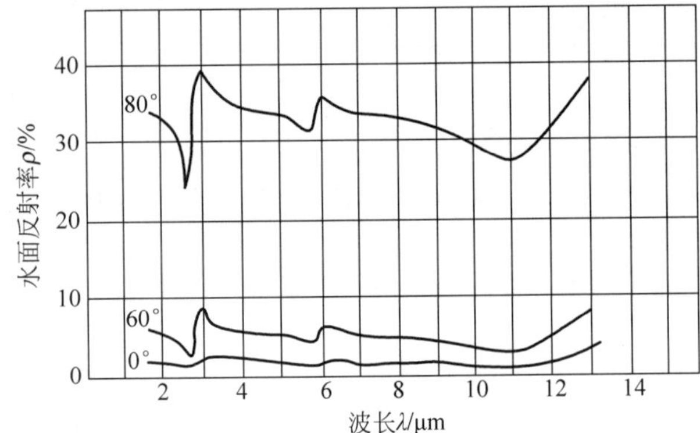

图 2.20　平静水面在不同入射角下光谱反射率与波长的关系

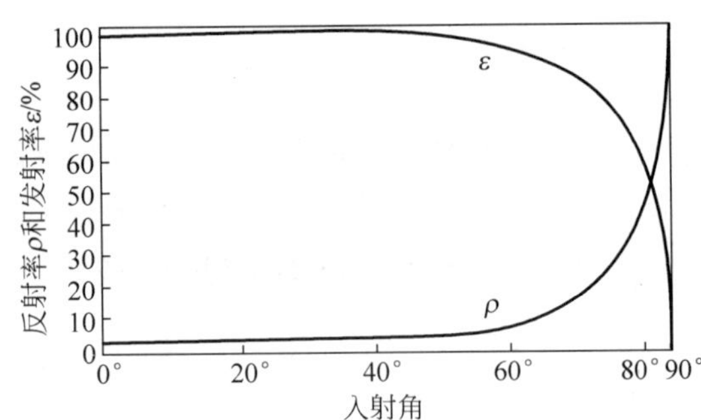

图 2.21　水面反射率和发射率(在 2～15μm 内的平均值)与入射角的关系

海水的反射率和发射率，与海面粗糙度有关，尤其是靠近水平方向。图 2.22 示出不同的粗糙度 σ 下的海面反射率 ρ 与入射角的关系。海面发射率 $\varepsilon = 1 - \rho$。美国加利福尼亚大学的考克斯(C. Cox)和芒克(W. Munk)发现海面粗糙度 σ 与海风风速 v 有如下关系：

$$\sigma^2 = 0.003 + 5.12 \times 10^{-3} v \tag{2.114}$$

式中，v 为海风风速，单位为 m/s，例如 $v = 2\text{m/s}$，$\sigma = 0.1$；而当 $v = 17\text{m/s}$ 时，$\sigma = 0.3$。

在用探测器测量海背景的光辐射时，如图 2.23 所示，探测器接收到的海背景光辐射中包括：海面的热辐射、海面反射的天空（含太阳和云层）辐射、海面至探测器间光学路径上的大气辐射。其表示式为

$$L_\lambda = \tau_\lambda \varepsilon_\lambda L_{\lambda bT(\text{sea})} + \tau_\lambda \rho_\lambda L_{\lambda(\text{sky})} + L_{\lambda(\text{air})} \tag{2.115}$$

式中，τ_λ 为大气光谱透过率；ρ_λ 为海面光谱反射率；ε_λ 为海面光谱反射率；$L_{\lambda bT(\text{sea})}$ 为海面温度的黑体光谱辐射亮度；$L_{\lambda(\text{sky})}$ 为天空光谱辐射亮度；$L_{\lambda(\text{air})}$ 为光学路径上的大气光谱辐射亮度。

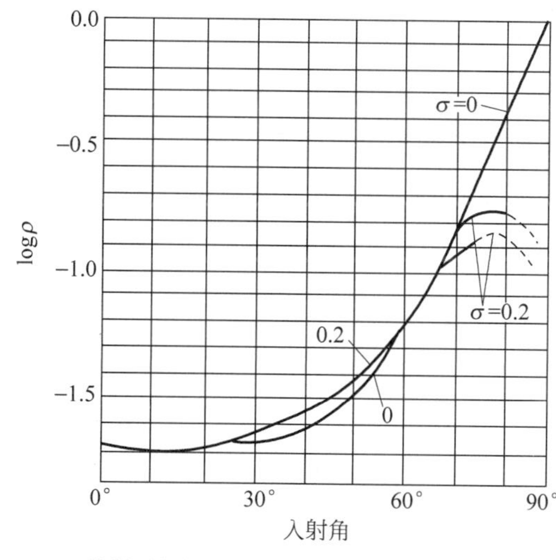

图 2.22 不同粗糙度 σ 下的海面反射率 ρ 与入射角的关系

注：对于 $\sigma = 0.2$，在大入射角下的反射率位于曲线的上、下分支之间

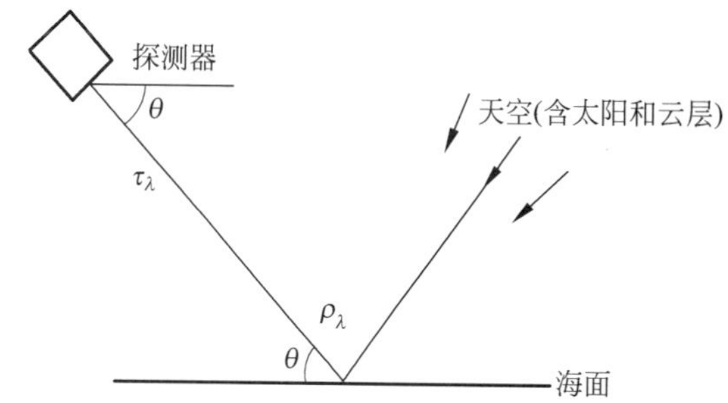

图 2.23 海面辐射探测示意图

由于存在海面的镜面反射现象，所以在波长 5μm 以下，当探测器指向太阳反射而形成的海面亮带区，或者探测器俯仰角 θ 较小且按反射定律所对应低空方向存在云层时，海背景光谱辐射亮度 L_λ 因对太阳和云层的强烈反射而增大。在红外 3～5μm，海面亮带区的平均辐射温度达 44.2℃，而非亮带区海面平均辐射温度只有 27℃。但在长波 8～14μm，海背景的光谱辐射亮度基本上不受太阳和云层的影响，所以利用红外 8～14μm 成像系统，可以有效地抑制海背景杂波干扰，以探测和识别海面舰船。

理论和实验都证明，海天交界线附近的海天背景，在红外 3～5μm 和 8～14μm 有下列规律性，即当环境温度高于海水温度时，低空辐射亮度 L_{sky}、海天交界线辐射亮度 $L_{\text{s-s}}$ 和海面辐射亮度 L_{sea} 有如下关系：$L_{\text{s-s}} > L_{\text{sky}} > L_{\text{sea}}$。当环境气温低于海水温度时，出现反转现象，并有如下关系：$L_{\text{sea}} > L_{\text{s-s}} > L_{\text{sky}}$。

2.7.5 自然辐射源与目标辐射源

自然辐射源与目标辐射源是相对的，有多种多样。这里仅就太阳、月球、行星和恒星等常见自然辐射源和飞机、舰船等目标辐射源进行分析和介绍。

1. 太阳

大气范围以外的太阳辐射出射度的光谱分布大致与温度为 6000K 的绝对黑体相同。太阳有将近一半的能量辐射在红外波段，其余 40%在可见光波段，10%在紫外和 X 射线波段。

太阳辐射在通过大气时受大气组分的吸收和散射，结果射至地球表面的仅是 0.3～3μm 波长的辐射。射至地球表面的太阳辐射的功率和光谱成分与太阳高度和大气状态的关系很大。红外波段的辐射通量 F'和太阳的全部辐射通量 F 之比见表 2.28。

表 2.28 不同太阳高度红外波段的辐射通量 F'和太阳的全部辐射通量 F 之比

太阳高度/(°)	5	10	20	30	40	50	90
F'/F	0.79	0.71	0.64	0.61	0.59	0.57	0.5

随着季节、昼夜时间、辐照地区的地理坐标、云量和大气状态的不同，太阳对地球表面辐照度的变化范围很宽。

2. 月球、行星、恒星

月球和行星的红外辐射由自身辐射和对太阳辐射的反射所组成。月球辐射如同加热到 400K 的绝对黑体。相应于自身辐射最大值的波长为 7.2μm。月球表面的光谱反射系数随波长的延伸而增大，所以光谱辐射出射度曲线的最大值移向长波波段。一般认为，月球总辐射出射度的最大值的对应的波长为 0.64μm，而其总亮度不超过 500W/(m^2 · sr)。

由月球造成的辐照度取决于相角。随着月球的相变，它对地球表面造成的辐照度变化很大。

大气密度较大的行星(金星、火星)在整个表面上自身的红外辐射出射度大致相同。行星表面的太阳反射辐射量，随着季节和地形的变化而有很大变化。反射辐射约有 95%是在小于 2μm 的波长范围内。

为了恒星辐射等级强度的估算，引入“恒星值”这一概念，它由下式确定：

$$m=-2.5\lg E+m_0 \tag{2.116}$$

式中，E 为在地球大气边界附近，恒星在与光传播方向垂直的平面上所产生的辐照度；m_0 为产生 1lx 辐照度的恒星值(在地球表面边界附近 $m_0=-13.89$，对于地球表面 $m_0=-14.2$)。

由恒星值为 m 的恒星所产生的辐照度，按下式计算：

$$E=10^{-\frac{m-m_0}{2.5}} \tag{2.117}$$

所有的恒星除按恒星值分组外，还根据其自身温度分成光谱等级。每级用字母 O、B、A、F、G、K、M、R、N 和 S 表示(见表 2.29)，并补充分成从 0～9 的十组，所以恒星是由两个代号表示的，如 B2、A7 等。根据这样的代号可以确定恒星表面温度，并说明辐射通量的光谱分布。假使恒星辐射类似于黑体，光谱能量辐照度值通过计算途径求得。

表 2.29 恒星等级及其相应温度

恒星等级	O	B	A	F	G	K	M
温度/K	35 000～25 000	25 000～15 000	11 000	7500	6000	5000	3500～2000

表 2.30 列出了部分最亮恒星的特性。大部分最亮恒星光谱辐射出射度的最大值在 0.5～1μm 的波长范围内。恒星射至地球表面的等效光通量为 2.4×10^{-8}lm/cm^2，或约为 3×10^{-10}W/(cm^2 · μm)(波长为 5.5μm 的单色辐射)。云量可能大大减小月球和一系列恒星所产生的辐照度值。

表 2.30 最亮恒星的特性

名称	半球	温度/K	恒星造成的	
			辐亮度/lx	能量辐照度/($W\cdot cm^{-2}$)
天狼星	南	11 200	1.15×10^{-5}	1.73×10^{-11}
老人星	南	6200	5.60×10^{-6}	6.30×10^{-12}
南门二	南	6000	4.00×10^{-6}	4.30×10^{-12}
织女一	北	11 200	3.00×10^{-6}	4.64×10^{-12}
牛郎星	北	7500	1.50×10^{-6}	1.76×10^{-12}

3. 大气、云、极光

下面对含有水汽、二氧化碳和臭氧的大气自身辐射和太阳散射辐射加以区别。实验确认：3～4μm波段，自身辐射和散射辐射的辐亮度几乎在任何条件下都相同。在较短波段，散射辐射占多数，自身辐射夜间不大，在白昼它一般可忽略。当波长大于4μm时，自身辐射占优势。

大气温度通常在200～300K，所以大气辐射强度最大值在10μm波段。理论计算所得的光谱辐亮度最大值为$10^{-3}W/(cm^2\cdot sr\cdot \mu m)$。辐亮度的光谱分布取决于空气温度、大气中臭氧和水汽含量以及相对于地平线的观测角。观测角为0°时，辐亮度相当于环境温度下的黑体。观测角增大，这一波段的辐亮度就减少。

晴朗夜空光谱辐亮度的实验曲线表明：7μm以下和15μm以上波段，大气辐亮度的光谱分布可用相应温度下绝对黑体的普朗克定律足够良好地加以描述。在吸收带中心附近，天空的辐亮度实际上等于黑体的辐亮度。因为在这些波段，大气几乎不透红外辐射，观察人员仅能记录处于环境温度下的低层大气的辐射。环境温度对辐亮度值的影响也较严重。

白昼天空辐亮度的测量表明：其最大值在3～4μm处。波长更远时大气的自身辐射占优势。

大气的辐亮度靠散射辐射而取决于观测线和太阳方向之间的夹角，随此角的增大而迅速减少。正如实验研究表明，充满浓密低云的天空的辐射如同绝对黑体。

大气的短波辐射主要是大气对太阳辐射的散射造成的。大气的另外一种辐射形式就是气晖，它是高层大气的一种发光现象。太阳紫外辐射进入地球大气后，可以直接引起大气原子和分子的激发，也可以通过二次过程间接引起激发，当被激发的原子和分子恢复到正常状态时发出的光就是气晖。气晖是昼夜都存在的，分别称为日气晖、夜气晖与曙暮气晖。

当卫星在地球日照的一边运行时，日气晖被太阳辐射光、地球的反射光和散射光所掩盖。然而在夜间没有地球的反照，气晖就成为重要的光学现象。

夜气晖光谱中有连续光谱，约从0.4μm延伸到红外区，在这个连续光谱上叠加有原子谱线和分子谱带。在紫外有O_2的赫兹堡带从0.24～0.50μm，H的L_α线在0.1215μm；在可见光区有O的0.5577μm、0.6300μm线，Na的0.5893μm线；在红外区有O_2的0.8645μm线，OH的梅乃尔带从0.38～4.5μm，其中主要能量集中在1.0～4.5μm内。

气晖只产生在大气层的某一层内，即77～100km的高度内，厚度为24±3km。气晖的强度很弱，它的地面照度相当于1烛光的灯在距离100m处产生的照度。气晖的强度受季节、纬度、太阳活动等的影响。

在极区还有另一种经常可见的发光现象，称为极光。沾满天空的极光强度相当于满月的照度。

大气的长波辐射与大气的吸收率有光，而吸收率又是波长的函数。对非透明谱段，大气的吸收率为1，地面的长波辐射全部被大气层吸收，相当于一个黑体，因此大气在非透明区的辐射与黑体辐射谱相同。在红外谱段吸收系数最大的物质是 H_2O 与 CO_2，它们主要集中在对流层中。特别是 H_2O，在对流层顶以上几千米处含量已下降到零。除去水的吸收，其他主要的吸收峰较少，这就是说，平流层以上的大气对于红外辐射是相当透明的。平流层底的等温层还可以看作黑体，等温层的温度相当于 218K。因此从外空间看，大气非透明区的长波辐射相当于 218K 的黑体辐射，辐射峰值在 13μm 左右。在大气透明光谱区——大气窗口，由于大气吸收率 $\alpha(\lambda, T)$ 很小，从而大气发射率 $\varepsilon(\lambda, T)=\alpha(\lambda, T)$ 也很小，因此大气窗口内，大气的长波辐射对大气辐射的影响不大。

4. 地面和水面

在白天，地表面的辐射由反射和散射的太阳光和自身热辐射组成。太阳的最大光谱辐亮度约在波长 0.5μm(0.48μm)处，而地球的约在 10μm 处。因而地球表面辐射的光谱特性有两个最大值：一个在 $\lambda=0.5\mu m$ 波长处(太阳辐射)，此短波峰值由散射的太阳光所产生；另一个在 $\lambda=10\mu m$ 波长处(相当于 280K 表面温度的自身辐射)，此长波峰值是由于地球的热辐射所致。其中的最小值在 3.5μm 波长处。

在夜间，散射的太阳光消失，地球表面辐射的光谱分布就称为处于地球环境温度的灰体的光谱分布。

当 λ 小于 4μm 时，大部分辐射出自于太阳的反射辐射，其强度取决于太阳位置、云量和地壳的反射系数。

在天黑以后和夜间，远处地表面的反射辐射就观察不到，随着黎明的到来，辐射增强，而当太阳光线方向和观察方向重合时达到最大值。日落后，辐射又迅速减弱。

当 λ 大于 4μm 时，地面背景光谱辐射曲线与相同温度下的黑体辐射曲线近似一致。该辐射受大气强烈吸收，只有在 8～14μm“透射窗”内才能无阻碍地通过。

地表面的自身热辐射取决于它的辐射系数和温度。表 2.31 和表 2.32 给出了某些地面覆盖物辐射系数的平均值。至于地表面的温度根据不同的自然条件，范围为 −40～40℃。波长 $\lambda<3\mu m$ 的自身热辐射强度就极小。

表 2.31　某些地面覆盖物辐射系数的平均值

绿草	稀草	红褐地	土壤	黑土	砂	石灰石	雪	黏土	水面
0.97	0.84	0.93	0.85	0.87	0.39	0.91	0.90	0.85	0.96

表 2.32　某些地面覆盖物不同波段的辐射系数平均值

覆盖物种类	不同波段的辐射系数		
	1.8～2.7μm	3～5μm	8～13μm
绿叶	0.84	0.90	0.92
干叶	0.82	0.94	0.96
压平的枫叶	0.58	0.87	0.92
绿叶(多)	0.67	0.90	0.92
绿色针叶树枝	0.86	0.96	0.97
干草	0.62	0.82	0.88
各种沙	0.54～0.62	0.64～0.82	0.92～0.98
树皮	0.75～0.78	0.87～0.90	0.94～0.97

3μm 和 4μm 之间既有散射又有自身辐射，而且根据观察条件的不同，某种辐射可能占优势。当 $\lambda<3\mu m$ 时，接近地平线的地面和天空的亮度彼此接近；当 $\lambda>4\mu m$ 时，在吸收不很强的光谱范围内，低

于地平线若干度观测时，地球亮度一般高于地平线若干度观测时的天空亮度。

水面的辐射取决于它的温度和状态。北极条件下的海面温度接近于0℃，赤道附近的海面温度高达30℃。表面以下1mm和50mm的海水层温度相应比水温约低0.6℃和1.2℃。

无波浪时的水面反射良好而辐射甚差，只有当出现波浪时，海面才成为良好的辐射体。浪花的辐射如同黑体。

必须指出在对自然源辐射特性研究时，在描述背景情况中所产生的困难，因为背景情况的变化在时间上是随机的。近年来国内外学者正在努力研究描述背景的统计方法，类似于描述随机电噪声时所采取的那种方法。与电噪声的一维频谱不同，统计法描述背景不能不考虑二维波谱，当背景为大气时则必须考虑背景辐亮度甚至三维的变化。

5. 飞机的辐射

飞机的辐射主要包括发动机以及喷气形成尾焰的辐射，此外还有飞机外壳产生的蒙皮辐射。具体对喷气飞机来说，其红外辐射源于：被加热的金属尾喷管热辐射；发动机排出的高温尾喷焰辐射；飞机飞行气动加热形成的蒙皮温度辐射；对环境辐射（太阳、地面、天空）的反射。

1）涡轮喷气发动机飞机

涡轮喷气发动机飞机亚声速飞行时主要辐射源是温度很高的发动机零件以及喷气形成的尾焰。现代涡轮喷气发动机的排气温度在短时间间隔内可达1000K，在长时间飞行时它保持在800～900K，而在低速飞行时则为500～700K。

飞机尾喷管实际上是发动机排出气体加热的金属腔体，被加热后的热辐射与黑体辐射相似。在工程计算中，飞机的现代涡轮喷气发动机可看成辐射系数为0.9、温度等于排气温度、面积等于喷口面积的灰体。

尾焰能量高度取决于气体分子的数量和温度，而这两者又取决于发动机中燃料的消耗。当飞机以很高的超声速飞行时，加力状态运转的涡轮喷气发动机尾焰的辐射，与发热长管的辐射相比甚弱。

当尾随观察亚声速飞行时，尾焰辐射一般从略。从看不到喷嘴截面的方向（如从前半球体）进行观察时，发动机的尾焰可能是飞机唯一的辐射源。

冲压空气喷气发动机的辐射类似于涡轮喷气发动机的辐射。长管管壁的最高温度在1600～1800K，由于冲压空气喷气发动机的压缩度高，其高速时的排气温度低于涡轮喷气发动机的排气温度。

活塞发动机飞机的主要辐射源是排气管，排气管排出的发动机废气和发动机外壳。其辐射的功率取决于温度、尺寸、辐射系数和燃料燃烧的充分程度。辐射量还取决于热辐射表面和体积受飞机其他零件屏蔽的程度。发动机外壳的温度较低（90～100℃），辐射系数甚小（0.2～0.4），因而这类辐射源发射的能量相对不大。

2）飞机外壳的辐射

任何一个在大气中高速运动的物体都会变热。当速度超过马赫数2时，温度会迅速升高，从而产生更多的辐射。在飞行器前面，空气气流变到完全静止的驻点，运动着的空气气流的动能，以高温和高压的形式转变成势能。这一温度称为驻点温度（蒙皮温度）。而飞机在空中飞行时，当速度接近或大于声速时，气动加热产生的飞机蒙皮热辐射不能忽视，尤其在飞机的前向和侧向，飞机蒙皮温度 T_S 为

$$T_S = bT_0\left[1 + k\left(\frac{\gamma - 1}{2}\right)Ma^2\right] \tag{2.118}$$

式中，T_S 为飞机蒙皮温度（K）；T_0 为周围大气温度（K）；k 为恢复系数，其值取决于附面层中气流的流场，层流 $k=0.82$（有文献为0.85），紊流 $k=0.87$（有文献为0.89）；γ 为空气的定压热容量和定容热容

量之比，$\gamma=1.4$；Ma 为飞机马赫数；b 为恒压反射真空气体效应系数，当 Ma 低于 6 时，$b\approx 1.0$，当 $Ma>8$ 时，$b\approx 0.5$。

飞机以超声速飞行时，飞机外壳由其空气动力加热引起的辐射开始显现。当速度相当于 $Ma\geqslant 2$ 时，空气动力加热强度变得特别明显。而飞机蒙皮加热到下式温度：

$$T_S=T_0(1+0.2Ma^2) \tag{2.119}$$

对于层流和同温层飞行（高度 11km 以上），气动加热产生的飞机蒙皮温度 T_S 为

$$T_S=216.7(1+0.164Ma^2) \tag{2.120}$$

理论计算，飞机巡航飞行高度一般为 10～15km，基本上是在同温层内。按国际标准大气，同温层空气温度为－56.5℃。实际上飞机不是在标准大气中飞行，有时可能要在冷得多的非标准大气中飞行，对于亚音速飞行的飞机，则可根据下式计算飞机蒙皮温度：

$$T_S=T_0(1+0.178Ma^2) \tag{2.121}$$

因太阳光是近似 6000K 的黑体辐射，所以飞机反射的太阳光光谱类似于大气衰减后的 6000K 黑体辐射光谱，飞机反射太阳光的量值与下列因素有关：

（1）太阳、飞机和探测器之间的夹角。

（2）飞机反射表面形状。

（3）反射表面性质，即与表面粗糙度有关的漫反射与镜反射。

（4）表面反射率。

飞机反射太阳光辐射主要在近红外 1～3μm 和中红外 3～5μm 波段。而飞机对地面和天空热辐射的反射主要在远红外 8～14μm 和中红外 3～5μm 波段。

6. 舰船的辐射

舰船上的热辐射源是烟囱、上层建筑、船壳和夹板的个别部分，主要在布置动力装置的地方，以及烟囱的气焰。辐射射向上半球，因此若相应辐射表面的温度和面积已知，就可算出辐射特性。计算气焰辐射特征有很大困难，近似估算时气焰可视为灰体，辐射系数根据实验数据选取。

7. 人体和地面车辆的辐射

人体皮肤的发射率很高，波长在 4μm 以上的平均值为 0.99。值得指出的是，这个值与肤色无关，当皮肤辐射在 2μm 以上时，完全和黑体的一样。

皮肤温度是皮肤和周围环境之间辐射交换的复杂函数。当人的皮肤骤冷时，其温度可降到 0℃。在正常的室温环境中空气温度是 21℃，露在外面的脸部和手的皮肤温度大约是 32℃。为了计算裸露人体的辐射，必须知道身体的辐射面积。为进行分析，曾用表面积为 1.86m^2 的一组圆柱体表示男性的平均值。假定皮肤是一个漫反射体，有效辐射面积等于人体的投影面积，或约 0.6m^2，在皮肤温度为 32℃时，裸露男子的平均辐射强度（假定他是一个点目标）为 93.5W/sr。在约 300m 的距离上（如果大气吸收可以忽略），他所产生的辐照度是 10^{-3}W/m^2，大约有 32％的能量处在 8～13μm 波段，仅有 1％的能量处在 3.2～4.8μm 波段。穿衣服后，这些数值要下降，因为衣服的温度和发射率都低于裸露的皮肤。

地面车辆可以辐射出足够的能量，是一个值得注意的目标。用于这些车辆的涂料的发射率，通常都达 0.85 或更高一些；涂料因气候和自然变质以及灰尘和污垢的堆积，均使发射率增大。由于排气管和消声器的温度高，其辐射能量比车辆的其余部分高好多倍。

2.8　目标辐射的简化计算程序

在工程设计中，在研究目标辐射特性时，通常需要计算目标在某一方向的辐射能通量和目标辐射的光谱分布。因此需要知道：目标的温度 t(℃)(或温度分布)、目标在辐射方向的投影面积 A_T、目标的发射率。具体计算步骤如下：

(1) 将目标温度换算成热力学温度：

$$T=(t+273)\mathrm{K}$$

(2) 求目标的全辐射度：

$$M=\varepsilon\sigma T^4$$

(3) 计算目标的辐射能通量：

$$\Phi=MA_\mathrm{T}$$

(4) 计算波长范围内的辐出度：

$$M_{\lambda_1\sim\lambda_2}=(F_{0\sim\lambda_2}-F_{0\sim\lambda_1})\sigma T^4$$

(5) 求目标的最大辐射波长：

$$\lambda_\mathrm{m}=\frac{2898}{T}(\mu\mathrm{m})$$

(6) 根据实际情况确定波长范围，给定一系列的 λ 值，查 $f(\lambda T)$ 函数表，确定一系列函数值。

(7) 求各波长的光谱辐射出射度：

$$M_{\lambda_i}=T^5 f(\lambda T)$$

(8) 求相应各波长值的光谱辐射能通量：

$$\Phi_{\lambda_i}=M_{\lambda_i}A_\mathrm{T}$$

(9) 作出目标光谱辐射曲线 Φ_{λ_i}—λ_i。

第 3 章 辐射大气透过率的工程理论计算

CHAPTER 3

辐射大气透过率对光电系统(跟踪系统、搜索系统、警戒系统和热成像系统等)的设计、性能和评价等具有重要影响。大气透过率对气象卫星光学遥感仪器的通道选择和气象卫星遥感的资料反演等民用工作也是至关重要的参数。大气窗口在气象卫星成像遥感工作中更为重要,利用它可得到表面温度、云图,也可用于监测火情和水情等。本章的主要目的是以红外辐射为例(延伸至可见光和近紫外),探讨大气中影响辐射传输的现象,并研究这些现象对系统性能影响的计算方法——大气透过率的工程理论计算方法,以及提供计算所需的一些基本资料。

红外辐射与物质相互作用的一个重要领域,就是红外辐射在气体、液体和固体等媒质中传播时发生的各种现象。其中包括:因媒质的吸收和散射效应引起的辐射衰减;在不同媒质交界面上引起入射辐射的反射与折射,甚至改变辐射的偏振;因不同波长辐射在媒质中传播速度不同而出现色散现象;若媒质的光学性质有随机起伏(如大气湍流),还会引起更复杂的现象。如此种种,辐射在其他波谱区虽有某些共性,但在红外谱区有许多值得研究的特殊机理和规律。从实用的观点看,研究红外辐射在(不同)媒质中的传播特性,具有十分重要的意义。它不仅指明某些红外技术与红外材料应用的可能性,而且也为红外系统的工程设计、系统性能评价、红外光学元部件的研究和红外辐射度量等,提供必要的理论基础和实验依据。

对于辐射大气透过率的计算,以往的计算方法要么有一定的局限性,没有综合考虑高度修正、倾斜路程以及与大气衰减有关的因素,给系统设计和评价带来了一定的误差;要么需要提供太多参数,给实际使用带来不便,尤其是对非专业人员的使用带来较大困难。因此,建立有效、完整且便于工程应用的大气光谱透过率、平均透过率、积分透过率的模型与计算方法是必要的。

本章在介绍地球大气的组成与结构及其辐射吸收作用、大气衰减与透过率、大气中辐射衰减的物理基础、大气透过率数据表的基础上,分析海平面上大气气体的分子吸收、不同高度时的分子吸收修正问题、大气分子与微粒的散射、与气象条件(云、雾、雨、雪)有关的散射与衰减。接着,给出平均透过率与积分透过率的计算方法。然后,给出工程理论计算示例。最后,简要研讨辐射在湍流大气中的传输以及激光辐射与部分相干辐射在大气中的传输,并对几种大气辐射传输计算软件进行比较分析。

3.1 地球大气的组成与结构及其辐射吸收作用

通过分析地球大气的组成,以及大气层各层的特点,可以明晰辐射大气传输特性和规律,了解辐射吸收效应,尤其是对不同波段的具体大气窗口的情况,这将是光电系统的分析、设计和使用等诸多方面的基础。

3.1.1 地球大气的组成

大气由多种气体——氮(N_2)、氧(O_2)、水蒸气(H_2O)、二氧化碳(CO_2)、甲烷(CH_4)、一氧化碳(CO)、臭氧(O_3)、一氧化二氮(N_2O)(不稳定,遇光、湿或热变成二氧化氮(NO_2)及一氧化氮(NO),一氧化氮又变为二氧化氮)等,以及悬浮在大气之中的一些液体和固体的粒子组成(这些各种各样的悬浮粒子被称为“气溶胶”粒子)。大气的主要成分是氮(体积比约为78%)和氧(体积比约为20%)。水蒸气约占总量的1%,二氧化碳只占0.03%~0.05%。

在低层大气中,按气体组成百分比的变化程度,可分为不变气体和可变气体两部分。所谓不变气体是指那些组成百分比不随时间、空间而变的气体,主要有氮(N_2)、氧(O_2)和氩(Ar)等。所谓可变气体是指组成百分比随时间、空间而变的气体,主要有水蒸气(H_2O)、二氧化碳(CO_2)和臭氧(O_3)等。如果把大气中的水汽和气溶胶粒子除去,这样的大气常被称为干洁大气。在80km以下的干洁大气,其组成百分比基本保持不变。

表3.1列出了低层干洁大气的组成百分比的数字。从表中可以看到,N_2、O_2及Ar的总含量占整个大气的99.97%,其余的稀有气体如Ne、He、Kr、Xe、H_2等,总和不超过0.03%。二氧化碳在表中列为不变气体,但实际上从工业革命以来,因化石燃料的燃烧而一直在慢慢地增加。

表3.1 海平面大气成分表

气体	分子量	容积百分比/%
氮(N_2)	28.0134	78.084
氧(O_2)	31.9988	20.9476
氩(Ar)	39.948	0.934
二氧化碳(CO_2)	44.009 95	0.0322①
氖(Ne)	20.183	0.001 818
氦(He)	4.0026	0.000 524
氪(Kr)	83.80	0.000 114
氢(H_2)	2.015 94	0.000 05
氙(Xe)	131.30	0.000 008 7
甲烷(CH_4)	16.043	0.000 16
一氧化二氮(N_2O)	44	0.000 028
一氧化碳(CO)	28	0.000 007 5

① 据报道,此值目前已达到0.034,甚至以上。

实测表明,在高度z小于80km的大气层中,干洁大气组成百分比保持不变。若要计算80km以下某种成分的数密度n_0时,可按下式计算:

$$n_i = F_i N (z < 80\text{km}) \tag{3.1}$$

式中,F_i为第i种气体成分在海平面大气中的容积百分比,N为所研究高度上的大气总数密度,N可参见表3.2。

在表3.2中同时列出了1000km以下的标准大气的主要参数温度、压力及密度随高度的变化。在表3.2中所谓的标准大气,是一种理想的、中纬度的在太阳黑子最多和最少活动范围内的年平均状况下的大气模型。所搜集的热带、中纬度夏季、中纬度冬季、北极夏季和北极冬季的五种大气模型在100km以下的数据表(见表3.3),可供计算不同纬度、季节时的大气光学特性的需要。在使用这些模式大气进行应用分析时,应注意这些模式大气只考虑纬度变化的地理特征,而没有考虑经度上的变化。实际上,不同纬度、不同季节的大气会有一定的变化。

表 3.2　标准大气的参数随高度的变化表

高度 z/m	温度 T/K	压　力		密　度		分子数密度 N/m^{-3}
		p/Pa	p/p_0	ρ/(kg·m^{-3})	ρ/ρ_0	
0	288.150	1.0133×10^{5}	1.0000	1.2250	1.0000	2.5470×10^{25}
100	287.500	1.0012×10^{5}	9.8820×10^{-1}	1.2133	9.9044×10^{-1}	2.5226×10^{25}
200	286.850	9.8945×10^{4}	9.7651×10^{-1}	1.2017	9.8094×10^{-1}	2.4984×10^{25}
300	286.200	9.7772×10^{4}	9.6494×10^{-1}	1.1901	9.7152×10^{-1}	2.4744×10^{25}
400	285.550	9.6611×10^{4}	9.5348×10^{-1}	1.1786	9.6216×10^{-1}	2.4506×10^{25}
500	284.900	9.5461×10^{4}	9.4212×10^{-1}	1.1673	9.5288×10^{-1}	2.4269×10^{25}
600	284.250	9.4322×10^{4}	9.3088×10^{-1}	1.1560	9.4366×10^{-1}	2.4035×10^{25}
700	283.601	9.3194×10^{4}	9.1975×10^{-1}	1.1448	9.3451×10^{-1}	2.3802×10^{25}
800	282.951	9.2077×10^{4}	9.0873×10^{-1}	1.1337	9.2543×10^{-1}	2.3571×10^{25}
900	282.301	9.0971×10^{4}	8.9781×10^{-1}	1.1226	9.1642×10^{-1}	2.3341×10^{25}
1000	281.651	8.9876×10^{4}	8.8700×10^{-1}	1.1117	9.0748×10^{-1}	2.3113×10^{25}
1100	281.001	8.8791×10^{4}	8.7630×10^{-1}	1.1008	8.9860×10^{-1}	2.2887×10^{25}
1200	280.351	8.7717×10^{4}	8.6570×10^{-1}	1.0900	8.8979×10^{-1}	2.2663×10^{25}
1300	279.702	8.6654×10^{4}	8.5521×10^{-1}	1.0793	8.8105×10^{-1}	2.2440×10^{25}
1400	279.052	8.5602×10^{4}	8.4482×10^{-1}	1.0687	8.7237×10^{-1}	2.2219×10^{25}
1500	278.402	8.4559×10^{4}	8.3453×10^{-1}	1.0581	8.6376×10^{-1}	2.2000×10^{25}
1600	277.753	8.3527×10^{4}	8.2435×10^{-1}	1.0476	8.5521×10^{-1}	2.1782×10^{25}
1700	277.103	8.2505×10^{4}	8.1427×10^{-1}	1.0372	8.4673×10^{-1}	2.1566×10^{25}
1800	276.453	8.1494×10^{4}	8.0428×10^{-1}	1.0269	8.3832×10^{-1}	2.1352×10^{25}
1900	275.804	8.0492×10^{4}	7.9440×10^{-1}	1.0167	8.2996×10^{-1}	2.1139×10^{25}
2000	275.154	7.9500×10^{4}	7.8461×10^{-1}	1.0066	8.2168×10^{-1}	2.0920×10^{25}
2200	273.855	7.7548×10^{4}	7.6534×10^{-1}	9.8648×10^{-1}	8.0529×10^{-1}	2.0511×10^{25}
2400	272.556	7.5634×10^{4}	7.4645×10^{-1}	9.6672×10^{-1}	7.8916×10^{-1}	2.0100×10^{25}
2600	271.257	7.3758×10^{4}	7.2794×10^{-1}	9.4726×10^{-1}	7.7328×10^{-1}	1.9695×10^{25}
2800	269.958	7.1921×10^{4}	7.0980×10^{-1}	9.2811×10^{-1}	7.5764×10^{-1}	1.9297×10^{25}
3000	268.659	7.0121×10^{4}	6.9204×10^{-1}	9.0925×10^{-1}	7.4225×10^{-1}	1.8905×10^{25}
3200	267.360	6.8357×10^{4}	6.7463×10^{-1}	8.9069×10^{-1}	7.2710×10^{-1}	1.8519×10^{25}
3400	266.062	6.6630×10^{4}	6.5759×10^{-1}	8.7243×10^{-1}	7.1219×10^{-1}	1.8139×10^{25}
3600	264.763	6.4939×10^{4}	6.4089×10^{-1}	8.5445×10^{-1}	6.9751×10^{-1}	1.7765×10^{25}
3800	263.465	6.3282×10^{4}	6.2454×10^{-1}	8.3676×10^{-1}	6.8307×10^{-1}	1.7398×10^{25}
4000	262.166	6.1660×10^{4}	6.0854×10^{-1}	8.1935×10^{-1}	6.6885×10^{-1}	1.7036×10^{25}
4200	260.868	6.0072×10^{4}	5.9286×10^{-1}	8.0222×10^{-1}	6.5487×10^{-1}	1.6679×10^{25}
4400	259.570	5.8517×10^{4}	5.7752×10^{-1}	7.8536×10^{-1}	6.4111×10^{-1}	1.6329×10^{25}
4600	258.272	5.6995×10^{4}	5.6250×10^{-1}	7.6878×10^{-1}	6.2758×10^{-1}	1.5984×10^{25}
4800	256.974	5.5506×10^{4}	5.4780×10^{-1}	7.5247×10^{-1}	6.1426×10^{-1}	1.5643×10^{25}
5000	255.676	5.4048×10^{4}	5.3341×10^{-1}	7.3643×10^{-1}	6.0117×10^{-1}	1.5312×10^{25}
5200	254.378	5.2621×10^{4}	5.1933×10^{-1}	7.2065×10^{-1}	5.8829×10^{-1}	1.4983×10^{25}
5400	253.080	5.1225×10^{4}	5.0556×10^{-1}	7.0513×10^{-1}	5.7562×10^{-1}	1.4661×10^{25}
5600	251.782	4.9860×10^{4}	4.9208×10^{-1}	6.8987×10^{-1}	5.6316×10^{-1}	1.4344×10^{25}
5800	250.484	4.8524×10^{4}	4.7889×10^{-1}	6.7487×10^{-1}	5.5091×10^{-1}	1.4032×10^{25}
6000	249.187	4.7217×10^{4}	4.6600×10^{-1}	6.6011×10^{-1}	5.3887×10^{-1}	1.3725×10^{25}

续表

高度 z/m	温度 T/K	压力		密度		分子数密度
		p/Pa	p/p_0	ρ/(kg·m^{-3})	ρ/ρ_0	N/m^{-3}
6500	245.943	4.4075×10^4	4.3499×10^{-1}	6.2431×10^{-1}	5.0946×10^{-1}	1.2981×10^{25}
7000	242.700	4.1105×10^4	4.0567×10^{-1}	5.9002×10^{-1}	4.8165×10^{-1}	1.2267×10^{25}
7500	239.457	3.8299×10^4	3.7798×10^{-1}	5.5719×10^{-1}	4.5485×10^{-1}	1.1585×10^{25}
8000	236.215	3.5651×10^4	3.5185×10^{-1}	5.2579×10^{-1}	4.2921×10^{-1}	1.0932×10^{25}
8500	232.974	3.3154×10^4	3.2720×10^{-1}	4.9576×10^{-1}	4.0470×10^{-1}	1.0308×10^{25}
9000	229.733	3.0800×10^4	3.0397×10^{-1}	4.6706×10^{-1}	3.8128×10^{-1}	9.7110×10^{24}
9500	226.492	2.8584×10^4	2.8210×10^{-1}	4.3966×10^{-1}	3.5891×10^{-1}	9.1413×10^{24}
10 000	223.252	2.6499×10^4	2.6153×10^{-1}	4.1351×10^{-1}	3.3756×10^{-1}	8.5976×10^{24}
11 000	216.774	2.2699×10^4	2.2403×10^{-1}	3.6480×10^{-1}	2.9780×10^{-1}	7.5848×10^{24}
12 000	216.650	1.9399×10^4	1.9145×10^{-1}	3.1194×10^{-1}	2.5464×10^{-1}	6.4857×10^{24}
13 000	216.650	1.6579×10^4	1.6302×10^{-1}	2.6660×10^{-1}	2.1763×10^{-1}	5.5430×10^{24}
14 000	216.650	1.4170×10^4	1.3985×10^{-1}	2.2786×10^{-1}	1.8601×10^{-1}	4.7375×10^{24}
15 000	216.650	1.2111×10^4	1.1953×10^{-1}	1.9476×10^{-1}	1.5898×10^{-1}	4.0493×10^{24}
16 000	216.650	1.0352×10^4	1.0217×10^{-1}	1.6647×10^{-1}	1.3589×10^{-1}	3.4612×10^{24}
17 000	216.650	8.8497×10^3	8.7340×10^{-2}	1.4230×10^{-1}	1.1616×10^{-1}	2.9587×10^{24}
18 000	216.650	7.5652×10^3	7.4663×10^{-2}	1.2165×10^{-1}	9.9304×10^{-2}	2.5292×10^{24}
19 000	216.650	6.4674×10^3	6.3829×10^{-2}	1.0400×10^{-1}	8.4894×10^{-2}	2.1622×10^{24}
20 000	216.650	5.5293×10^3	5.4570×10^{-2}	8.8910×10^{-2}	7.2580×10^{-2}	1.8486×10^{24}
21 000	217.581	4.7289×10^3	4.6671×10^{-2}	7.5715×10^{-2}	6.1808×10^{-2}	1.5742×10^{24}
22 000	218.574	4.0475×10^3	3.9945×10^{-2}	6.4510×10^{-2}	5.2661×10^{-2}	1.3413×10^{24}
23 000	219.567	3.4668×10^3	3.4215×10^{-2}	5.5006×10^{-2}	4.4903×10^{-2}	1.1437×10^{24}
24 000	220.560	2.9717×10^3	2.9328×10^{-2}	4.6938×10^{-2}	3.8317×10^{-2}	9.7591×10^{23}
25 000	221.552	2.5492×10^3	2.5158×10^{-2}	4.0084×10^{-2}	3.2722×10^{-2}	8.3341×10^{23}
26 000	222.544	2.1883×10^3	2.1597×10^{-2}	3.4257×10^{-2}	2.7965×10^{-2}	7.1225×10^{23}
27 000	223.536	1.8799×10^3	1.8553×10^{-2}	2.9298×10^{-2}	2.3917×10^{-2}	6.0916×10^{23}
28 000	224.527	1.6161×10^3	1.5950×10^{-2}	2.5076×10^{-2}	2.0470×10^{-2}	5.2138×10^{23}
29 000	225.518	1.3904×10^3	1.3722×10^{-2}	2.1478×10^{-2}	1.7533×10^{-2}	4.4657×10^{23}
30 000	226.509	1.1970×10^3	1.1813×10^{-2}	1.8410×10^{-2}	1.5029×10^{-2}	3.8278×10^{23}
32 000	228.490	8.8906×10^2	6.6685×10^{-3}	1.3555×10^{-2}	1.1065×10^{-2}	2.8183×10^{23}
34 000	233.743	6.6341×10^2	6.5473×10^{-3}	9.8874×10^{-3}	8.0714×10^{-3}	2.0558×10^{23}
36 000	239.282	4.9582×10^2	4.9200×10^{-3}	7.2579×10^{-3}	5.9248×10^{-3}	1.5090×10^{23}
38 000	244.818	3.7713×10^2	3.7220×10^{-3}	5.3666×10^{-3}	4.3809×10^{-3}	1.1158×10^{23}
40 000	250.350	2.8714×10^2	2.8338×10^{-3}	3.9957×10^{-3}	3.2618×10^{-3}	8.3077×10^{22}
42 000	255.878	2.1996×10^2	2.1709×10^{-3}	2.9948×10^{-3}	2.4447×10^{-3}	6.2266×10^{22}
44 000	261.403	1.6949×10^2	1.6728×10^{-3}	2.2589×10^{-3}	1.8440×10^{-3}	4.6965×10^{22}
46 000	266.925	1.3134×10^2	1.2962×10^{-3}	1.7142×10^{-3}	1.3993×10^{-3}	3.5640×10^{22}
48 000	270.650	1.0229×10^2	1.0095×10^{-3}	1.3167×10^{-3}	1.0749×10^{-3}	2.7376×10^{22}
50 000	270.650	7.9779×10	7.8735×10^{-4}	1.0269×10^{-3}	8.3827×10^{-4}	2.1351×10^{22}
55 000	260.771	4.2525×10	4.1969×10^{-4}	5.6810×10^{-4}	4.6376×10^{-4}	1.1812×10^{22}
60 000	247.021	2.1958×10	2.1671×10^{-4}	3.0968×10^{-4}	2.5280×10^{-4}	6.4387×10^{21}
65 000	233.292	1.0929×10	1.0786×10^{-4}	1.6321×10^{-4}	1.3323×10^{-4}	3.3934×10^{21}

续表

高度 z/m	温度 T/K	压力		密度		分子数密度
		p/Pa	p/p_0	$\rho/(\text{kg}\cdot\text{m}^{-3})$	ρ/ρ_0	N/m^{-3}
70 000	219.585	5.2209	5.1526×10^{-5}	8.2829×10^{-5}	6.7616×10^{-5}	1.7222×10^{21}
75 000	208.399	2.3881	2.3569×10^{-5}	3.9921×10^{-5}	3.2589×10^{-5}	8.3003×10^{20}
80 000	198.639	1.0524	1.0387×10^{-5}	1.8458×10^{-5}	1.5868×10^{-5}	3.8378×10^{20}
85 000	188.893	4.4568×10^{-1}	4.3985×10^{-6}	8.2196×10^{-6}	6.7099×10^{-6}	1.7090×10^{20}
90 000	186.87	1.8359×10^{-1}	1.8119×10^{-6}	3.416×10^{-6}	2.789×10^{-6}	7.116×10^{19}
95 000	188.42	7.5966×10^{-2}	7.4973×10^{-7}	1.393×10^{-6}	1.137×10^{-6}	2.920×10^{19}
100 000	195.08	3.2011×10^{-2}	3.1593×10^{-7}	5.604×10^{-7}	4.575×10^{-7}	1.189×10^{19}
110 000	240.00	7.1042×10^{-3}	7.0113×10^{-8}	9.708×10^{-8}	7.925×10^{-8}	2.144×10^{18}
120 000	360.00	2.5382×10^{-3}	2.5050×10^{-8}	2.222×10^{-8}	1.814×10^{-8}	5.107×10^{17}
130 000	469.27	1.2505×10	1.2341×10^{-8}	8.152×10^{-9}	6.655×10^{-9}	1.930×10^{17}
140 000	559.63	7.2028×10^{-4}	7.1087×10^{-9}	3.831×10^{-9}	3.128×10^{-9}	9.322×10^{16}
150 000	634.39	4.5422×10^{-4}	4.4828×10^{-9}	2.076×10^{-9}	1.694×10^{-9}	5.186×10^{16}
160 000	696.29	3.0395×10^{-4}	2.9997×10^{-9}	1.233×10^{-9}	1.007×10^{-9}	3.162×10^{16}
170 000	747.57	2.1210×10^{-4}	2.0933×10^{-9}	7.815×10^{-10}	6.380×10^{-10}	2.055×10^{16}
180 000	790.07	1.5271×10^{-4}	1.5072×10^{-9}	5.194×10^{-10}	4.240×10^{-10}	1.400×10^{16}
190 000	825.31	1.1266×10^{-4}	1.1118×10^{-9}	3.581×10^{-10}	2.923×10^{-10}	9.887×10^{15}
200 000	854.56	8.4736×10^{-5}	8.3628×10^{-10}	2.541×10^{-10}	2.074×10^{-10}	7.152×10^{15}
210 000	878.84	6.4576×10^{-5}	6.3910×10^{-10}	1.846×10^{-10}	1.507×10^{-10}	5.337×10^{15}
220 000	899.01	5.0149×10^{-5}	4.9494×10^{-10}	1.367×10^{-10}	1.116×10^{-10}	4.040×10^{15}
230 000	915.78	3.9276×10^{-5}	3.8763×10^{-10}	1.029×10^{-10}	8.402×10^{-11}	3.106×10^{15}
240 000	929.73	3.1059×10^{-5}	3.0653×10^{-10}	7.858×10^{-11}	6.415×10^{-11}	2.420×10^{15}
250 000	941.33	2.4767×10^{-5}	2.4443×10^{-10}	6.073×10^{-11}	4.957×10^{-11}	1.906×10^{15}
260 000	950.99	1.9894×10^{-5}	1.9634×10^{-10}	4.742×10^{-11}	3.871×10^{-11}	1.515×10^{15}
270 000	959.04	1.6083×10^{-5}	1.5872×10^{-10}	3.738×10^{-11}	3.052×10^{-11}	1.215×10^{15}
280 000	965.75	1.3076×10^{-5}	1.2905×10^{-10}	2.971×10^{-11}	2.429×10^{-11}	9.807×10^{14}
290 000	971.34	1.0685×10^{-5}	1.0545×10^{-10}	2.378×10^{-11}	1.941×10^{-11}	7.967×10^{14}
300 000	976.01	8.7704×10^{-6}	8.6557×10^{-11}	1.916×10^{-11}	1.564×10^{-11}	6.509×10^{14}
320 000	983.16	5.9796×10^{-6}	5.9014×10^{-11}	1.264×10^{-11}	1.032×10^{-11}	4.405×10^{14}
340 000	988.15	4.1320×10^{-6}	4.0779×10^{-11}	8.503×10^{-12}	6.941×10^{-12}	3.029×10^{14}
360 000	991.65	2.8878×10^{-6}	2.8501×10^{-11}	5.605×10^{-12}	4.739×10^{-12}	2.109×10^{14}
380 000	994.10	2.0384×10^{-6}	2.0117×10^{-11}	4.013×10^{-12}	3.276×10^{-12}	1.485×10^{14}
400 000	995.83	1.4518×10^{-6}	1.4328×10^{-11}	2.803×10^{-12}	2.288×10^{-12}	1.056×10^{14}
420 000	997.04	1.0427×10^{-6}	1.0219×10^{-11}	1.975×10^{-12}	1.612×10^{-12}	7.575×10^{13}
440 000	997.90	7.5517×10^{-7}	7.4529×10^{-12}	1.402×10^{-12}	1.144×10^{-12}	5.481×10^{13}
460 000	998.50	5.5155×10^{-7}	5.4434×10^{-12}	1.002×10^{-12}	8.180×10^{-13}	4.001×10^{13}
480 000	98.93	4.0642×10^{-7}	4.0111×10^{-12}	7.208×10^{-13}	5.884×10^{-13}	2.947×10^{13}
500 000	999.24	3.0236×10^{-7}	2.9840×10^{-12}	5.215×10^{-13}	4.257×10^{-13}	2.192×10^{13}
550 000	999.67	1.5137×10^{-7}	1.4939×10^{-12}	2.384×10^{-13}	1.946×10^{-13}	1.007×10^{13}
600 000	999.85	8.2130×10^{-8}	8.1056×10^{-13}	1.137×10^{-13}	9.279×10^{-14}	5.950×10^{12}
650 000	999.93	4.8865×10^{-8}	4.8226×10^{-13}	5.712×10^{-14}	4.663×10^{-14}	3.540×10^{12}
700 000	999.97	3.1908×10^{-8}	3.1491×10^{-13}	3.070×10^{-14}	2.506×10^{-14}	2.311×10^{12}

续表

高度 z/m	温度 T/K	压　力		密　度		分子数密度
		p/Pa	p/p_0	ρ/(kg·m^{-3})	ρ/ρ_0	N/m^{-3}
750 000	999.99	2.2599×10^{-8}	2.2303×10^{-13}	1.788×10^{-14}	1.460×10^{-14}	1.637×10^{12}
800 000	999.99	1.7036×10^{-8}	1.6813×10^{-13}	1.136×10^{-14}	9.272×10^{-15}	1.234×10^{12}
850 000	1000.00	1.3415×10^{-8}	1.3240×10^{-13}	7.824×10^{-15}	6.387×10^{-15}	9.717×10^{11}
900 000	1000.00	1.0873×10^{-8}	1.0731×10^{-13}	5.759×10^{-15}	4.701×10^{-15}	7.876×10^{11}
950 000	1000.00	8.9816×10^{-9}	8.8642×10^{-14}	4.453×10^{-15}	6.635×10^{-15}	6.505×10^{11}
1 000 000	1000.00	7.5138×10^{-9}	7.4155×10^{-14}	3.561×10^{-15}	2.907×10^{-15}	5.442×10^{11}

表 3.3　计算大气光学特性的五种大气模型

热　带					
高度/km	压力/Pa	温度/K	密度/(g·m^{-3})	水汽密度/(g·m^{-3})	臭氧密度/(g·m^{-3})
0	1.013×10^{5}	299.7	1.178×10^{3}	1.9×10	5.6×10^{-5}
1	9.040×10^{4}	294.7	1.073×10^{3}	1.3×10	5.6×10^{-5}
2	8.050×10^{4}	287.7	9.754×10^{2}	9.3	5.4×10^{-5}
3	7.150×10^{4}	283.7	8.787×10^{2}	4.7	5.1×10^{-5}
4	6.330×10^{4}	277.0	7.964×10^{2}	2.2	4.7×10^{-5}
5	5.590×10^{4}	270.3	7.209×10^{2}	1.5	4.5×10^{-5}
6	4.920×10^{4}	263.6	6.507×10^{2}	8.5×10^{-1}	4.3×10^{-5}
7	4.320×10^{4}	257.0	5.858×10^{2}	4.7×10^{-1}	4.1×10^{-5}
8	3.780×10^{4}	250.3	5.266×10^{2}	2.5×10^{-1}	3.9×10^{-5}
9	3.290×10^{4}	243.6	4.708×10^{2}	1.2×10^{-1}	3.9×10^{-5}
10	2.860×10^{4}	237.0	4.202×10^{2}	5.0×10^{-2}	3.9×10^{-5}
11	2.470×10^{4}	230.1	3.740×10^{2}	1.7×10^{-2}	4.1×10^{-5}
12	2.130×10^{4}	223.6	3.320×10^{2}	6.0×10^{-3}	4.3×10^{-5}
13	1.820×10^{4}	217.0	2.929×10^{2}	1.8×10^{-3}	4.5×10^{-5}
14	1.560×10^{4}	210.3	2.586×10^{2}	1.0×10^{-3}	4.5×10^{-5}
15	1.320×10^{4}	203.7	2.259×10^{2}	5.6×10^{-4}	4.7×10^{-5}
16	1.110×10^{4}	197.0	1.964×10^{2}	3.7×10^{-4}	4.7×10^{-5}
17	9.370×10^{3}	194.8	1.677×10^{2}	3.0×10^{-4}	6.9×10^{-5}
18	7.890×10^{3}	198.8	1.384×10^{2}	2.4×10^{-4}	1.1×10^{-4}
19	6.660×10^{3}	202.7	1.145×10^{2}	1.9×10^{-4}	1.8×10^{-4}
20	5.650×10^{3}	206.7	9.527×10	1.5×10^{-4}	2.2×10^{-4}
21	4.800×10^{3}	210.7	7.940×10	1.3×10^{-4}	2.4×10^{-4}
22	4.090×10^{3}	214.6	6.642×10	1.2×10^{-4}	2.6×10^{-4}
23	3.500×10^{3}	217.0	5.622×10	1.0×10^{-4}	3.2×10^{-4}
24	3.000×10^{3}	219.2	4.771×10	9.5×10^{-5}	3.4×10^{-4}
25	2.570×10^{3}	221.4	4.046×10	8.2×10^{-5}	3.6×10^{-4}
30	1.220×10^{3}	232.3	1.831×10	4.6×10^{-5}	2.8×10^{-4}
35	6.000×10^{2}	243.1	8.604	2.5×10^{-5}	1.4×10^{-4}
40	3.050×10^{2}	254.0	4.186	1.4×10^{-5}	5.2×10^{-5}
45	1.590×10^{2}	264.8	2.093	7.4×10^{-6}	1.6×10^{-5}
50	8.540×10	270.2	1.102	4.1×10^{-6}	5.1×10^{-6}
70	5.800	218.9	9.234×10^{-2}	2.6×10^{-7}	4.6×10^{-8}
100	2.890×10^{-2}	190.7	5.281×10^{-4}	1.3×10^{-10}	3.5×10^{-10}

续表

中纬度夏季					
高度/km	压力/Pa	温度/K	密度/(g·m^{-3})	水汽密度/(g·m^{-3})	臭氧密度/(g·m^{-3})
0	1.013×10^5	294.2	1.200×10^3	1.4×10	6.0×10^{-5}
1	9.020×10^4	289.7	1.085×10^3	9.3	6.0×10^{-5}
2	8.020×10^4	285.2	9.802×10^2	5.9	6.0×10^{-5}
3	7.100×10^4	279.2	8.864×10^2	3.3	6.2×10^{-5}
4	6.280×10^4	273.2	8.013×10^2	1.9	6.4×10^{-5}
5	5.540×10^4	267.2	7.229×10^2	1.0	6.6×10^{-5}
6	4.870×10^4	261.2	6.498×10^2	6.1×10^{-1}	6.9×10^{-5}
7	4.260×10^4	254.7	5.829×10^2	3.7×10^{-1}	7.5×10^{-5}
8	3.720×10^4	248.2	5.223×10^2	2.1×10^{-1}	7.9×10^{-5}
9	3.240×10^4	241.7	4.673×10^2	1.2×10^{-1}	8.6×10^{-5}
10	2.810×10^4	235.3	4.163×10^2	6.4×10^{-2}	9.0×10^{-5}
11	2.430×10^4	228.8	3.702×10^2	2.2×10^{-2}	1.1×10^{-4}
12	2.090×10^4	222.3	3.277×10^2	6.0×10^{-3}	1.2×10^{-4}
13	1.790×10^4	215.8	2.891×10^2	1.4×10^{-3}	1.4×10^{-4}
14	1.530×10^4	215.7	2.473×10^2	7.7×10^{-4}	1.8×10^{-4}
15	1.300×10^4	215.7	2.101×10^2	4.4×10^{-4}	1.7×10^{-4}
16	1.110×10^4	215.7	1.794×10^2	3.7×10^{-4}	1.8×10^{-4}
17	9.500×10^3	215.7	1.535×10^2	3.1×10^{-4}	1.8×10^{-4}
18	8.120×10^3	216.8	1.306×10^2	2.6×10^{-4}	2.2×10^{-4}
19	6.950×10^3	217.9	1.112×10^2	2.2×10^{-4}	2.8×10^{-4}
20	5.950×10^3	219.2	9.460×10	1.9×10^{-4}	3.1×10^{-4}
21	5.100×10^3	220.4	8.065×10	1.7×10^{-4}	3.2×10^{-4}
22	4.370×10^3	221.6	6.873×10	1.5×10^{-4}	3.3×10^{-4}
23	3.760×10^3	222.8	5.882×10	1.4×10^{-4}	3.3×10^{-4}
24	3.220×10^3	223.9	5.011×10	1.2×10^{-4}	3.3×10^{-4}
25	2.770×10^3	225.1	4.290×10	1.1×10^{-4}	3.4×10^{-4}
30	1.320×10^3	233.7	1.969×10	5.8×10^{-5}	2.3×10^{-4}
35	6.520×10^2	245.2	9.268	2.9×10^{-5}	1.4×10^{-4}
40	3.330×10^2	257.5	4.508	1.4×10^{-5}	5.6×10^{-5}
45	1.760×10^2	269.9	2.273	7.7×10^{-6}	1.7×10^{-5}
50	9.510×10	275.7	1.202	4.1×10^{-6}	5.6×10^{-6}
70	6.710	218.1	1.071×10^{-1}	2.5×10^{-7}	7.1×10^{-8}
100	2.580×10^{-2}	190.5	4.721×10^{-4}	1.2×10^{-10}	3.1×10^{-10}

中纬度冬季					
高度/km	压力/Pa	温度/K	密度/(g·m^{-3})	水汽密度/(g·m^{-3})	臭氧密度/(g·m^{-3})
0	1.108×10^5	272.2	1.301×10^3	3.5	6.0×10^{-5}
1	8.973×10^4	268.7	1.162×10^3	2.5	5.4×10^{-5}
2	7.897×10^4	265.2	1.037×10^3	1.8	4.9×10^{-5}
3	6.938×10^4	261.7	9.244×10^2	1.2	4.9×10^{-5}
4	6.081×10^4	255.7	8.291×10^2	6.6×10^{-1}	4.9×10^{-5}
5	5.313×10^4	249.7	7.411×10^2	3.8×10^{-1}	5.8×10^{-5}
6	4.627×10^4	243.7	6.614×10^2	2.1×10^{-1}	6.4×10^{-5}

续表

中纬度冬季					
高度/km	压力/Pa	温度/K	密度/$(g\cdot m^{-3})$	水汽密度/$(g\cdot m^{-3})$	臭氧密度/$(g\cdot m^{-3})$
7	4.016×10^{4}	237.7	5.892×10^{2}	8.5×10^{-2}	7.7×10^{-5}
8	3.473×10^{4}	231.7	5.222×10^{2}	3.5×10^{-2}	9.0×10^{-5}
9	2.993×10^{4}	225.7	4.623×10^{2}	1.6×10^{-2}	1.2×10^{-4}
10	2.568×10^{4}	219.7	4.072×10^{2}	7.5×10^{-3}	1.6×10^{-4}
11	2.199×10^{4}	219.2	3.497×10^{2}	2.2×10^{-3}	2.1×10^{-4}
12	1.882×10^{4}	218.7	3.000×10^{2}	1.1×10^{-3}	2.6×10^{-4}
13	1.611×10^{4}	218.2	2.574×10^{2}	8.0×10^{-4}	3.0×10^{-4}
14	1.378×10^{4}	217.7	2.207×10^{2}	6.6×10^{-4}	2.9×10^{-4}
15	1.178×10^{4}	217.2	1.891×10^{2}	5.5×10^{-4}	2.8×10^{-4}
16	1.007×10^{4}	216.7	1.620×10^{2}	4.6×10^{-4}	3.0×10^{-4}
17	8.610×10^{3}	216.2	1.388×10^{2}	3.9×10^{-4}	3.2×10^{-4}
18	7.360×10^{3}	215.7	1.189×10^{2}	3.3×10^{-4}	3.5×10^{-4}
19	6.280×10^{3}	215.2	1.017×10^{2}	2.8×10^{-4}	3.9×10^{-4}
20	5.370×10^{3}	215.2	8.700×10	2.4×10^{-4}	4.2×10^{-4}
21	4.580×10^{3}	215.2	7.421×10	2.1×10^{-4}	4.3×10^{-4}
22	3.910×10^{3}	215.2	6.334×10	1.8×10^{-4}	4.1×10^{-4}
23	3.340×10^{3}	215.2	5.411×10	1.5×10^{-4}	3.9×10^{-4}
24	2.860×10^{3}	215.2	4.633×10	1.3×10^{-4}	3.6×10^{-4}
25	2.440×10^{3}	215.2	3.952×10	1.1×10^{-4}	3.3×10^{-4}
30	1.110×10^{3}	217.4	1.780×10	5.3×10^{-5}	1.8×10^{-4}
35	5.180×10^{2}	227.9	7.921	2.4×10^{-5}	9.3×10^{-5}
40	2.530×10^{2}	243.2	3.626	1.1×10^{-5}	4.1×10^{-5}
45	1.290×10^{2}	258.5	1.740	5.4×10^{-6}	1.3×10^{-5}
50	6.830×10	265.7	8.960×10^{-1}	2.8×10^{-6}	4.1×10^{-6}
70	4.700	230.7	7.104×10^{-2}	1.5×10^{-7}	3.8×10^{-8}
100	4.074×10^{-2}	218.6	6.498×10^{-4}	1.6×10^{-10}	4.3×10^{-10}

北极夏季					
高度/km	压力/Pa	温度/K	密度/$(g\cdot m^{-3})$	水汽密度/$(g\cdot m^{-3})$	臭氧密度/$(g\cdot m^{-3})$
0	1.010×10^{5}	287.2	1.226×10^{3}	9.1	4.9×10^{-5}
1	8.960×10^{4}	281.7	1.109×10^{3}	6.0	5.4×10^{-5}
2	7.929×10^{4}	276.3	1.000×10^{3}	4.2	5.6×10^{-5}
3	7.000×10^{4}	270.9	9.008×10^{2}	2.7	5.8×10^{-5}
4	6.160×10^{4}	265.5	8.089×10^{2}	1.7	6.0×10^{-5}
5	5.410×10^{4}	260.1	7.253×10^{2}	1.0	6.4×10^{-5}
6	4.740×10^{4}	253.1	6.526×10^{2}	5.4×10^{-1}	7.1×10^{-5}
7	4.130×10^{4}	246.1	5.848×10^{2}	2.9×10^{-1}	7.5×10^{-5}
8	3.590×10^{4}	239.2	5.233×10^{2}	1.3×10^{-1}	7.9×10^{-5}
9	3.108×10^{4}	232.2	4.666×10^{2}	3.8×10^{-2}	1.1×10^{-4}
10	2.677×10^{4}	225.2	4.144×10^{2}	1.1×10^{-2}	1.3×10^{-4}
11	2.300×10^{4}	225.2	3.560×10^{2}	2.9×10^{-3}	1.8×10^{-4}
12	1.977×10^{4}	225.2	3.060×10^{2}	1.1×10^{-3}	2.1×10^{-4}
13	1.700×10^{4}	225.2	2.631×10^{2}	7.3×10^{-4}	2.2×10^{-4}

续表

北极夏季					
高度/km	压力/Pa	温度/K	密度/(g·m^{-3})	水汽密度/(g·m^{-3})	臭氧密度/(g·m^{-3})
14	1.460×10^4	225.2	2.260×10^2	5.6×10^{-4}	2.2×10^{-4}
15	1.260×10^4	225.2	1.950×10^2	4.8×10^{-4}	2.3×10^{-4}
16	1.080×10^4	225.2	1.672×10^2	4.2×10^{-4}	2.4×10^{-4}
17	9.280×10^3	225.2	1.437×10^2	3.6×10^{-4}	2.4×10^{-4}
18	7.980×10^3	225.2	1.235×10^2	3.3×10^{-4}	2.7×10^{-4}
19	6.860×10^3	225.2	1.062×10^2	3.0×10^{-4}	3.0×10^{-4}
20	5.900×10^3	225.2	9.133×10	2.6×10^{-4}	3.2×10^{-4}
21	5.070×10^3	225.2	7.849×10	2.3×10^{-4}	3.5×10^{-4}
22	4.360×10^3	225.2	6.748×10	2.0×10^{-4}	3.7×10^{-4}
23	3.750×10^3	225.2	5.805×10	1.7×10^{-4}	3.6×10^{-4}
24	3.228×10^3	226.6	4.968×10	1.5×10^{-4}	3.5×10^{-4}
25	2.780×10^3	228.1	4.249×10	1.3×10^{-4}	3.2×10^{-4}
30	1.340×10^3	235.1	1.987×10	6.2×10^{-5}	1.9×10^{-4}
35	6.610×10^2	247.2	9.321	2.9×10^{-5}	1.2×10^{-4}
40	3.400×10^2	262.1	4.522	1.4×10^{-5}	5.2×10^{-5}
45	1.820×10^2	273.6	2.319	7.2×10^{-6}	1.6×10^{-5}
50	9.870×10	277.2	1.241	3.8×10^{-6}	5.1×10^{-6}
70	7.100	216.6	1.143×10^{-1}	2.3×10^{-7}	7.6×10^{-8}
100	2.480×10^{-2}	190.4	4.541×10^{-4}	1.1×10^{-10}	3.0×10^{-10}

北极冬季					
高度/km	压力/Pa	温度/K	密度/(g·m^{-3})	水汽密度/(g·m^{-3})	臭氧密度/(g·m^{-3})
0	1.013×10^5	257.1	1.372×10^3	1.2	4.1×10^{-5}
1	8.878×10^4	259.1	1.193×10^3	1.2	4.1×10^{-5}
2	7.775×10^4	255.9	1.058×10^3	9.4×10^{-1}	4.1×10^{-5}
3	6.789×10^4	252.7	9.378×10^2	6.8×10^{-1}	4.3×10^{-5}
4	5.932×10^4	247.7	8.349×10^2	4.1×10^{-1}	4.5×10^{-5}
5	5.158×10^4	240.9	7.464×10^2	2.0×10^{-1}	4.7×10^{-5}
6	4.467×10^4	234.1	6.651×10^2	9.8×10^{-2}	4.9×10^{-5}
7	3.853×10^4	227.3	5.911×10^2	5.4×10^{-2}	7.1×10^{-5}
8	3.308×10^4	220.6	5.228×10^2	1.1×10^{-2}	9.0×10^{-5}
9	2.829×10^4	217.2	4.540×10^2	8.4×10^{-3}	1.6×10^{-4}
10	2.418×10^4	217.2	3.881×10^2	4.8×10^{-3}	1.9×10^{-4}
11	2.067×10^4	217.2	3.318×10^2	2.1×10^{-3}	1.9×10^{-4}
12	1.766×10^4	217.2	2.834×10^2	1.1×10^{-3}	1.9×10^{-4}
13	1.510×10^4	217.2	2.423×10^2	6.7×10^{-4}	2.6×10^{-4}
14	1.291×10^4	217.2	2.072×10^2	5.8×10^{-4}	3.1×10^{-4}
15	1.103×10^4	217.2	1.770×10^2	5.0×10^{-4}	3.5×10^{-4}
16	9.431×10^3	216.6	1.518×10^2	4.3×10^{-4}	3.8×10^{-4}
17	8.058×10^3	216.0	1.300×10^2	3.8×10^{-4}	4.1×10^{-4}
18	6.882×10^3	215.4	1.114×10^2	3.3×10^{-4}	4.5×10^{-4}
19	5.875×10^3	214.8	9.532×10	2.8×10^{-4}	4.9×10^{-4}
20	5.014×10^3	214.2	8.162×10	2.4×10^{-4}	5.0×10^{-4}

续表

北极冬季					
高度/km	压力/Pa	温度/K	密度/(g·m^{-3})	水汽密度/(g·m^{-3})	臭氧密度/(g·m^{-3})
21	4.277×10^{3}	213.6	6.978×10	2.1×10^{-4}	4.6×10^{-4}
22	3.647×10^{3}	213.0	5.969×10	1.8×10^{-4}	4.2×10^{-4}
23	3.109×10^{3}	212.4	5.103×10	1.6×10^{-4}	3.8×10^{-4}
24	2.649×10^{3}	211.8	4.360×10	1.4×10^{-4}	3.3×10^{-4}
25	2.256×10^{3}	211.2	3.723×10	1.2×10^{-4}	2.9×10^{-4}
30	1.020×10^{3}	216.0	1.646×10	5.1×10^{-5}	1.5×10^{-4}
35	4.701×10^{2}	222.3	7.373	2.3×10^{-5}	7.6×10^{-5}
40	2.243×10^{2}	234.7	3.331	1.0×10^{-5}	3.3×10^{-5}
45	1.113×10^{2}	247.0	1.571	4.9×10^{-6}	1.1×10^{-5}
50	5.719×10	259.3	7.690×10^{-1}	2.4×10^{-6}	3.3×10^{-6}
70	4.000	245.4	5.680×10^{-2}	1.2×10^{-7}	4.7×10^{-8}
100	4.230×10^{-2}	218.5	6.748×10^{-4}	1.7×10^{-10}	4.5×10^{-10}

3.1.2 大气层结构

按照大气层内垂直方向的温度分布及运动特点，按国际通用的术语，可将整个大气层在铅垂方向分成五层。它们是对流层、平流层、中间层、暖层及散逸层(见图 3.1)。现将各层的特点简述如下。

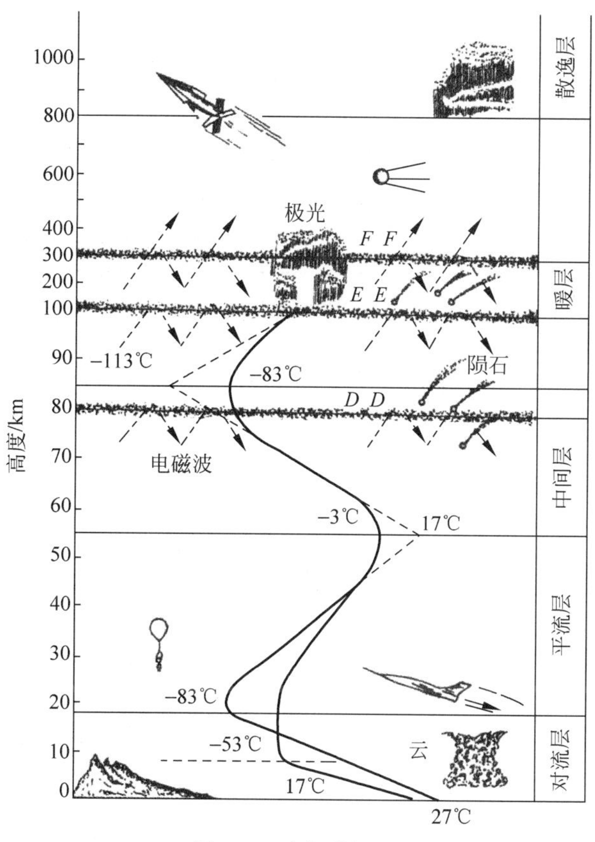

图 3.1 大气分层图

1. 对流层

对流层是大气层的最底层。它也是各层中最薄的一层。然而整个大气层质量的3/4和90%以上的水汽及主要的天气现象都集中在这一层内，因而此层也是和人类活动关系最密切的一层。由于不同纬度地球表面受太阳辐射加热的程度不同，不同季节时地球表面的受辐射加热的情况也不同，与之相应，大气的垂直运动也会不同，因而对流层的厚度会随纬度和季节而变化。对流层的厚度在热带平均为17～18km，温带平均为10～12km；在寒带则只有8～9km。夏季的厚度通常要大于冬季的厚度。

对流层的特征是，它有强烈的对流运动，在高低层之间有质量和热交换，这就使近地面的水汽向上输送，形成云雨；在层内的大气温度随高度而线性地降低，其温度递减率为0.65℃/100m。显然，对流层厚度大的低纬度区域的对流层顶部的温度要比高纬度区域的顶部温度低。

2. 平流层

平流层是从对流层顶至55km高度之间的大气层。平流层的特征是：它没有强烈的上下对流运动，因之气流平稳，远程的喷气式客机通常在此层内飞行；在平流层的下部，温度随高度的变化很少，从30km左右的高度开始，温度随高度的增加而增加，到此层的顶层可达－3～－17℃。这主要是臭氧对太阳辐射的强烈吸收而造成的。此层内水汽和尘埃的含量均很少，空气透明度很好。

3. 中间层

中间层是高度为55～85km的一层大气。此层和对流层有相似的特点，温度随高度而迅速下降，至此层顶时温度已降至－83～－113℃。此层内也有相当强烈的上下对流运动，故也称为高空对流层。

在0～85km高度范围内，温度T可以用七个连续的线性方程描述，其形式为

$$T = T_b + L_b(H - H_b) \tag{3.2}$$

式中，T_b为b层的温度，L_b为b层的温度梯度，H为高度，H_b为b层的高度，脚注b的值为0～6，第一层为0，第二至第七层的b分别为1～6，L_b的值列在表3.4中。

表3.4 0～85km内温度廓线图各段的参考高度和梯度

b	高度 z/km	温度梯度 L_b/(K·km^{-1})
0	0	−6.5
1	11	0.0
2	20	1.0
3	32	2.8
4	47	0.0
5	51	−2.8
6	71	−2.0
7	84.85	

在上述高度范围内的标准大气温度-高度廓线图如图3.2所示。

4. 暖层

暖层是从中间层顶部向上直至800km高度之间的一层大气。此层的大气温度随高度的增加而迅速上升。到300km高度时，温度可接近1000℃左右。此层内的大气由于强烈的太阳紫外线和宇宙线的照射，存在着几个电离层，即D、E、F（包括F_1和F_2）层。这些电离层的高度及电子浓度如表3.5所示。

表 3.5 各电离层的高度及电子浓度

层次名称	组　成	高度/km		最大电子浓度/(10^5 个·cm^{-3})	
		白天	夜间	白天	夜间
D	$O_2^+ + e^-$	60～90	—	0.15～2.0	0
E	$O_2^+ + e^-$	90～130	90～100	1.5～3.0	0.2
F_1	$N_2^+ + e^-$	160～280	—	2.5～4.0	0
F_2	$O^+ + e^-$	300～350	280～300	10～30	0.2

由于电离层的存在,使短波无线电的远距离传输成为可能。在 1000km 以下整个大气层的温度廓线图可参见图 3.3。

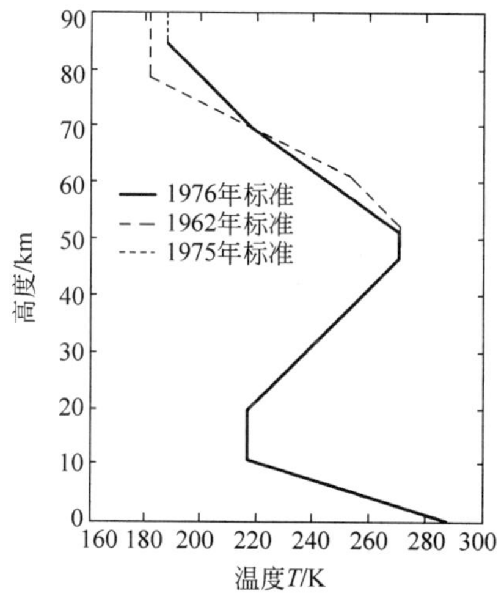

图 3.2 标准大气温度-高度廓线图

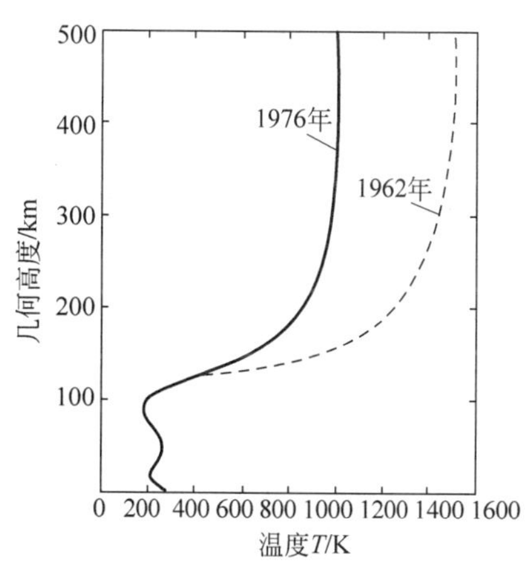

图 3.3 1000km 以下整个大气层的温度廓线图

5. 散逸层

自暖层向上,统称为散逸层。它是大气层和星际空间的过渡带。该层离地球较远,引力小,空气稀薄。某些高速运动的空气分子一旦被撞击出去,就很难再回向地球,因而不断散逸到宇宙空间。近代卫星探测资料表明,大气层上界为 2000～3000km。

3.1.3 大气的辐射吸收作用

大气的吸收和散射与波长有关,即有明显的选择性。例如,对于波长范围为 1～1.1μm、1.2～1.3μm、1.6～1.75μm、2.1～2.4μm、3.4～4.2μm 和 8～13μm 等波段内的辐射,大气的吸收作用较小,有所谓"大气窗口"的称谓。表 3.6 列出了八个大气窗口的波段范围、透过率值及其物理机制,其中,透过率值为特定条件下的典型平均值。有效利用大气窗口,可以使系统的作用距离达到相对最大化。值得一提的是,在高空使用,对红外系统有着更好的条件,这是因为高空水蒸气及 CO_2 很少的缘故。

表 3.6 八个大气窗口的波段范围、透过率值及其物理机制

序　号	窗口名称	波段范围	透过率/%	散射吸收机制 γ 为散射系数
1	紫外、可见、近红外	0.3～1.115μm	70、95、80	瑞利散射,$\gamma \propto \lambda^{-4}$,臭氧吸收
2	近红外窗口	1.4～1.9μm	60～95	米氏散射,$\gamma \propto \lambda^{-2}$,$CO_2$ 吸收
3	近红外窗口	2.0～2.5μm	80	米氏散射,$\gamma \propto \lambda^{-2}$,$H_2O$ 吸收

续表

序　　号	窗 口 名 称	波 段 范 围	透过率/%	散射吸收机制 γ 为散射系数
4	中红外窗口	3.5～5.0μm	60～70	米氏散射，$\gamma \propto \lambda^{-2}$，$H_2O$ 吸收
5	远(热)红外窗口	8.0～14.0μm	80	米氏散射，$\gamma \propto \lambda^{-2}$，$H_2O$ 吸收
6	微波窗口	1.0～1.8mm	35～40	瑞利散射，$\gamma \propto \lambda^{-4}$，可忽略
7	微波窗口	2.0～5.0mm	50～70	只在 1.63mm 和 3.48mm 处有水汽吸收带，其他波长无吸收损失
8	微波窗口	8.0～1000mm	100	无任何散射和吸收损失

CO_2 在 2.7μm、4.3μm 为中心的附近及 11.4～20μm 间的区域有吸收带，在 1.4μm、1.6μm、2.0μm、4.8μm、5.2μm、9.4μm、10.4μm 处有弱的吸收带。水汽在 1.87μm、2.7μm、6.27μm 处有强吸收带，在 0.94μm、1.1μm、1.38μm、5.2μm 处有弱吸收带。N_2O 在 4.5μm 处有一个较强的吸收带，在 2.9μm、4.05μm、7.7μm、8.6μm、17.1μm 处还有弱吸收带。CO 在 4.6μm 处有一个较强的吸收带，在 2.3μm 处有一个弱的吸收带。CH_4 在 3.31μm、6.5μm、7.65μm 处有吸收带。O_3 在 9.6μm 处有一个较强的吸收带，在 4.7μm、8.9μm、14μm 处有弱吸收带。

综合统计分析可知，吸收红外辐射的主要因素是水蒸气，它主要集中在 2～3km 大气层以下；虽然 CO_2 只占大气体积的 0.03%～0.05%，但它是红外辐射衰减的另一重要原因，它在空气中的分布比水蒸气均匀。大气中 O_3 含量很少，它主要位于 10～40km 空间范围中，特别是集中在 20～30km 高度上。而在 20km 以下的大气层中，O_3 对辐射的吸收影响是非常小的，只有在雷雨之后，大气中 O_3 的含量才突然增大。因此对用在 20km 以下的红外系统，O_3 的衰减作用可以忽略不计。另外，在下层大气中，NO、NO_2 和 CO 等气体的吸收，通常可以忽略。

3.2 大气衰减与透过率

大多数光电系统必须通过地球大气才能观察到目标，从设计者的角度来看，这是不利的。因为从目标来的辐射量在到达光电传感器之前，受到大气中某些气体的选择性吸收，大气中悬浮微粒的散射，同时还要经受大气某些特性剧烈变化的调制。对于干洁大气，服从瑞利的分子散射定律。但在通常情况下，实际大气中总含有较大的悬浮质点，特别是在近地层大气中，常常存在有雾、雨和尘粒等，其大小不仅与入射辐射的波长相仿，而且还可能远远超过波长。因此当辐射落在这些质点上时，将会发生散射、衍射及折射现象。

当大气分子或微粒遇到入射的光时，会受激而向四面八方发射出频率与入射光相同的光，这种现象就是光的散射。当有散射存在时，沿某一方向传输的光会因散射而使传输受到衰减。此种因散射产生的衰减将和吸收造成的衰减一样，服从朗伯-比尔定律。通过大气而减弱的整个过程称为衰减。通过大气的透过率可以表达如下：

$$\tau = e^{-\sigma x} \tag{3.3}$$

式中，σ 称为衰减系数，x 是路程长度。大气对辐射能传播的衰减作用表现为散射损失、吸收损失和反射损失三种物理机制。因此，大气光谱衰减系数 σ 可表示为

$$\sigma = \alpha + \gamma + \sigma_{反射} \tag{3.4}$$

式中，α、γ、$\sigma_{反射}$ 分别表示由大气分子吸收、散射、反射机制引起的大气衰减系数（km^{-1}）。这里 α 是吸收系数，起因于大气分子的吸收；而 γ 是散射系数，起因于气体分子、烟、雾等的散射。可想而知，α 和 γ 二

者均随波长而变化。其中，γ 与辐射波长的 λ^{-4} 或 λ^{-2} 成正比(瑞利散射定律或米氏散射定律)，即波长越大，散射损失越小。

实验测定，大气微粒包括水滴(云雾和降水)、冰粒和尘埃，它们的直径一般不超过 100μm；大气降水云层的粒子中包括有雨滴、冰粒、雪花和干湿冰雹，其直径均大于 100μm，有的可达几毫米(如雨滴)、几厘米(如冰雹)。可见在绝大部分(除了冰雹)天候情况下，它们都远小于微波波长，尤其是对于波长为 8.0～1000mm 的微波，不存在散射和吸收损失，大气透过率为 100%。一般而言，对于红外、可见和紫外三个波段，它们的大气透过率大小的排序依次是 $\tau_{红外}>\tau_{可见}>\tau_{紫外}$。

在大多数情况下，如果忽略 $\sigma_{反射}$，则衰减由吸收、散射因素造成，可得 $\sigma=\alpha+\gamma$。

在红外波段，吸收比散射严重得多。雾和云、霾、雨、雪等是很强的散射物质，实际上对红外辐射衰减很大。正因如此，红外系统受天气影响较严重，难以具有全天候性能，尤其是被动红外系统。

辐射的大气透过率取决于大气气体的性质和它的质点浓度、分布。因而也就取决于气象条件，特别是在大气中的水蒸气、其他气体和尘粒的含量不断变化，大气透过率也随之变化，同时还与海拔高度有关。理论研究只能对上述关系得出近似的结果，因此需要在各种气象条件下，对不同高度和不同波长进行大量的测量弥补理论研究之不足，从试验数据中构成经验公式和半经验公式，从而可以近似求出各种大气条件下的大气透过率。因此，辐射的大气透过率取决于气象条件，而且随天气条件和高度而变。用理论方法只可求出近似的大气衰减和透过率，而在一定的天气条件和高度下，可用已推导出的经验公式求出精确的近似值。

值得一提的是，在大气层外(距地表 100km 外)气象变化小，大气极其稀薄，其大气透过率可近似为 100%。

3.3 大气中辐射衰减的物理基础

光电(红外)系统用于观测、搜索、跟踪远距离目标时，目标辐射在到达系统的光学系统之前必须通过大气，并被衰减。在衰减的同时，因大气梯度和湍流引起空气折射率不均，使辐射发生畸变。此外，大气是固有辐射源。所有这些现象使远距离目标的图像质量变坏。光与物质相互作用时的可能情况包括透射、反射与散射。大气传输过程依赖于大气分子的种类和浓度以及悬浮粒子的大小特征；同时还受传输路径下的压强、温度和气候条件的影响。大气对光电(红外)系统的影响基本表现在辐射衰减，(红外)辐射衰减主要与以下三种现象有关：

(1) 大气气体分子的吸收。主要是 CO_2、H_2O、O_2、O_3 等分子的选择性吸收，这些分子的分布函数受大气高度的影响。其中 H_2O 和 CO_2 的吸收带确定红外大气窗口区域，O_2 和 H_2O 的吸收带确定毫米波和微波的大气窗口区域。

(2) 大气中分子、气溶胶、微粒的散射。包括气体分子和波长级大小的粒子的瑞利散射；气溶胶粒子吸收、米氏散射、多次散射和折射。

(3) 因气象条件(云、雾、雨、雪)而产生的衰减。亦即大气湍流、气象条件的衰减等其他因素。

这样，在分析红外系统工作时必须全面考虑上述三种现象。同时值得一提的是，当气象衰减与天气条件有关时，气体分子和微粒的红外辐射吸收与散射经常发生。

大气传输的特征是，光谱透过率 $\tau_a(\lambda)$ 和衰减系数(消光系数)$\mu(\lambda)$之间的关系可用布盖乐-朗伯定律表示，即

$$\tau_a(\lambda)=\varphi_e(\lambda,R)/\varphi_e(\lambda,0)=\exp(-\mu(\lambda)R) \tag{3.5}$$

式中，R 为目标与红外系统之间的距离，$\varphi_e(\lambda,R)$为距离 R 处(或红外系统处)目标或背景辐射通量光谱密度，$\varphi_e(\lambda,0)$为 $R=0$ 时 $\varphi_e(\lambda,R)$的特例，λ 为波长。

平均透过率和平均衰减系数分别为

$$\bar{\tau}_a=\frac{1}{\lambda_2-\lambda_1}\int_{\lambda_1}^{\lambda_2}\tau_a(\lambda)\mathrm{d}\lambda \tag{3.6}$$

$$\bar{\mu}=\frac{1}{\lambda_2-\lambda_1}\int_{\lambda_1}^{\lambda_2}\mu(\lambda)\mathrm{d}\lambda \tag{3.7}$$

式中，$\lambda_1\sim\lambda_2$ 为光谱范围。积分透过率为

$$\tau_a=\frac{\int_{\lambda_1}^{\lambda_2}\varphi_e(\lambda,0)\tau_a(\lambda)\mathrm{d}\lambda}{\int_{\lambda_1}^{\lambda_2}\varphi_e(\lambda,0)\mathrm{d}\lambda} \tag{3.8}$$

大气光谱透过率 $\tau_a(\lambda)$用下式确定：

$$\tau_a(\lambda)=\tau_1(\lambda)\cdot\tau_2(\lambda)\cdot\tau_3(\lambda) \tag{3.9}$$

式中，$\tau_1(\lambda)$、$\tau_2(\lambda)$和 $\tau_3(\lambda)$分别为被吸收、散射和因气象衰减制约的大气光谱透过率。

3.4 大气透过率数据表

早期关于大气红外衰减方面的研究，主要集中在大气气体分子的带吸收研究，这期间在实验室和野外都进行了大量的测量工作，限于当时的理论和实验手段，所得的大气红外辐射和传输特性数据没有足够高的光谱分辨力，限制了这些数据在实际工程中的应用。由波带模型法描述的大气吸收模型已被广泛地应用到工程计算中。但是，在用波带模型法计算中，需要知道谱线的参数，如线强、线宽和线距等，然而这些参数的获得并非易事。

很早以前，有些学者将实验确定的透过率数据，和经考察的一些有用的测量，制成了以 0.1μm 为间隔、范围为 0.3～7μm 的一个很宽的吸收物质浓度范围内的光谱透过率表。表 3.7 是可降水分含量为 0.1～1000mm 的水蒸气光谱透过率表；表 3.8 是路程长度 0.1～1000km 的二氧化碳光谱透过率表。之后，小哈得逊将这两个表格从 7μm 扩展到 14μm，水蒸气的计算结果列在表 3.9 中，二氧化碳的计算结果列在表 3.10 中。这些表格是基于实验数据并用 Elsasser 波带模型插值而编制的，最后形成波长间隔为 0.1μm 的光谱透过率表。

表 3.7 海平面水平路程上的水蒸气的光谱透过率(0.3～6.9μm)

波长/μm	水蒸气含量(可降水分毫米数)												
	0.1	0.2	0.5	1	2	5	10	20	50	100	200	500	1000
0.3	0.980	0.972	0.955	0.937	0.911	0.860	0.802	0.723	0.574	0.428	0.263	0.076	0.012
0.4	0.980	0.972	0.955	0.937	0.911	0.860	0.802	0.723	0.574	0.428	0.263	0.076	0.012
0.5	0.986	0.980	0.968	0.956	0.937	0.901	0.861	0.804	0.695	0.579	0.433	0.215	0.079
0.6	0.990	0.986	0.977	0.968	0.955	0.929	0.900	0.860	0.779	0.692	0.575	0.375	0.210
0.7	0.991	0.987	0.980	0.972	0.960	0.937	0.910	0.873	0.800	0.722	0.615	0.425	0.260
0.8	0.989	0.984	0.975	0.965	0.950	0.922	0.891	0.845	0.758	0.663	0.539	0.330	0.168
0.9	0.965	0.951	0.922	0.890	0.844	0.757	0.661	0.535	0.326	0.165	0.050	0.002	0
1.0	0.990	0.986	0.977	0.968	0.955	0.929	0.900	0.860	0.779	0.692	0.575	0.375	0.210

续表

波长/μm	水蒸气含量(可降水分毫米数)												
	0.1	0.2	0.5	1	2	5	10	20	50	100	200	500	1000
1.1	0.970	0.958	0.932	0.905	0.866	0.790	0.707	0.595	0.406	0.235	0.093	0.008	0
1.2	0.980	0.972	0.955	0.937	0.911	0.860	0.802	0.723	0.574	0.428	0.263	0.076	0.012
1.3	0.726	0.611	0.432	0.268	0.116	0.013	0	0	0	0	0	0	0
1.4	0.930	0.902	0.844	0.782	0.695	0.536	0.381	0.216	0.064	0.005	0	0	0
1.5	0.997	0.994	0.991	0.988	0.982	0.972	0.960	0.944	0.911	0.874	0.823	0.724	0.616
1.6	0.998	0.997	0.996	0.994	0.991	0.986	0.980	0.972	0.956	0.937	0.911	0.860	0.802
1.7	0.998	0.997	0.996	0.994	0.991	0.986	0.980	0.972	0.956	0.937	0.911	0.860	0.802
1.8	0.792	0.707	0.555	0.406	0.239	0.062	0.008	0	0	0	0	0	0
1.9	0.960	0.943	0.911	0.874	0.822	0.723	0.617	0.478	0.262	0.113	0.024	0	0
2.0	0.985	0.979	0.966	0.953	0.933	0.894	0.851	0.790	0.674	0.552	0.401	0.184	0.006
2.1	0.997	0.994	0.991	0.988	0.982	0.972	0.960	0.944	0.911	0.874	0.823	0.724	0.616
2.2	0.998	0.997	0.996	0.994	0.991	0.986	0.980	0.972	0.956	0.937	0.911	0.860	0.802
2.3	0.997	0.994	0.991	0.988	0.982	0.972	0.960	0.944	0.911	0.874	0.823	0.724	0.616
2.4	0.980	0.972	0.955	0.937	0.911	0.860	0.802	0.723	0.574	0.428	0.263	0.076	0.012
2.5	0.930	0.902	0.844	0.782	0.695	0.536	0.381	0.216	0.064	0.005	0	0	0
2.6	0.617	0.479	0.261	0.110	0.002	0	0	0	0	0	0	0	0
2.7	0.361	0.196	0.040	0.004	0	0	0	0	0	0	0	0	0
2.8	0.453	0.289	0.092	0.017	0.001	0	0	0	0	0	0	0	0
2.9	0.689	0.571	0.369	0.205	0.073	0.005	0	0	0	0	0	0	0
3.0	0.851	0.790	0.673	0.552	0.401	0.184	0.060	0.008	0	0	0	0	0
3.1	0.900	0.860	0.779	0.692	0.574	0.375	0.210	0.076	0.005	0	0	0	0
3.2	0.925	0.894	0.833	0.766	0.674	0.506	0.347	0.184	0.035	0.003	0	0	0
3.3	0.950	0.930	0.888	0.843	0.779	0.658	0.531	0.377	0.161	0.048	0.005	0	0
3.4	0.973	0.962	0.939	0.914	0.880	0.811	0.735	0.633	0.448	0.285	0.130	0.017	0.001
3.5	0.988	0.983	0.973	0.962	0.946	0.915	0.881	0.832	0.736	0.635	0.502	0.287	0.133
3.6	0.994	0.992	0.987	0.982	0.973	0.958	0.947	0.916	0.866	0.812	0.738	0.596	0.452
3.7	0.997	0.994	0.991	0.988	0.982	0.972	0.960	0.944	0.911	0.874	0.823	0.724	0.616
3.8	0.998	0.997	0.995	0.994	0.991	0.986	0.980	0.972	0.956	0.937	0.911	0.860	0.802
3.9	0.998	0.997	0.995	0.994	0.991	0.986	0.980	0.972	0.956	0.937	0.911	0.860	0.802
4.0	0.997	0.995	0.993	0.990	0.987	0.977	0.970	0.960	0.930	0.900	0.870	0.790	0.700
4.1	0.977	0.994	0.991	0.988	0.982	0.972	0.960	0.944	0.911	0.874	0.823	0.724	0.616
4.2	0.994	0.992	0.987	0.982	0.973	0.958	0.947	0.916	0.866	0.812	0.738	0.596	0.452
4.3	0.991	0.984	0.975	0.972	0.950	0.937	0.910	0.873	0.800	0.722	0.615	0.425	0.260
4.4	0.980	0.972	0.955	0.937	0.911	0.860	0.802	0.723	0.574	0.428	0.263	0.076	0.012
4.5	0.970	0.958	0.932	0.905	0.866	0.790	0.707	0.595	0.400	0.235	0.093	0.008	0
4.6	0.980	0.943	0.911	0.874	0.822	0.723	0.617	0.478	0.262	0.113	0.024	0	0
4.7	0.950	0.930	0.888	0.843	0.779	0.658	0.531	0.377	0.161	0.048	0.005	0	0
4.8	0.940	0.915	0.866	0.812	0.736	0.595	0.452	0.289	0.117	0.018	0.001	0	0
4.9	0.930	0.902	0.844	0.782	0.695	0.536	0.381	0.216	0.064	0.005	0	0	0
5.0	0.915	0.880	0.811	0.736	0.634	0.451	0.286	0.132	0.017	0	0	0	0
5.1	0.885	0.839	0.747	0.649	0.519	0.308	0.149	0.041	0.001	0	0	0	0

续表

波长/μm	水蒸气含量(可降水分毫米数)												
	0.1	**0.2**	**0.5**	**1**	**2**	**5**	**10**	**20**	**50**	**100**	**200**	**500**	**1000**
5.2	0.846	0.784	0.664	0.539	0.385	0.169	0.052	0.006	0	0	0	0	0
5.3	0.792	0.707	0.555	0.406	0.239	0.062	0.008	0	0	0	0	0	0
5.4	0.726	0.611	0.432	0.268	0.116	0.013	0	0	0	0	0	0	0
5.5	0.617	0.479	0.261	0.110	0.035	0	0	0	0	0	0	0	0
5.6	0.491	0.331	0.121	0.029	0.002	0	0	0	0	0	0	0	0
5.7	0.361	0.196	0.040	0.004	0	0	0	0	0	0	0	0	0
5.8	0.141	0.044	0.001	0	0	0	0	0	0	0	0	0	0
5.9	0.141	0.044	0.001	0	0	0	0	0	0	0	0	0	0
6.0	0.180	0.058	0.003	0	0	0	0	0	0	0	0	0	0
6.1	0.260	0.112	0.012	0	0	0	0	0	0	0	0	0	0
6.2	0.652	0.524	0.313	0.153	0.043	0.001	0	0	0	0	0	0	0
6.3	0.552	0.401	0.182	0.060	0.008	0	0	0	0	0	0	0	0
6.4	0.317	0.157	0.025	0.002	0	0	0	0	0	0	0	0	0
6.5	0.164	0.049	0.002	0	0	0	0	0	0	0	0	0	0
6.6	0.138	0.042	0.001	0	0	0	0	0	0	0	0	0	0
6.7	0.322	0.162	0.037	0.002	0	0	0	0	0	0	0	0	0
6.8	0.361	0.196	0.040	0.004	0	0	0	0	0	0	0	0	0
6.9	0.416	0.250	0.068	0.010	0	0	0	0	0	0	0	0	0

表 3.8 海平面水平路程上的二氧化碳的光谱透过率(0.3～6.9μm)

波长/μm	路程长度/km												
	0.1	**0.2**	**0.5**	**1**	**2**	**5**	**10**	**20**	**50**	**100**	**200**	**500**	**1000**
0.3	1	1	1	1	1	1	1	1	1	1	1	1	1
0.4	1	1	1	1	1	1	1	1	1	1	1	1	1
0.5	1	1	1	1	1	1	1	1	1	1	1	1	1
0.6	1	1	1	1	1	1	1	1	1	1	1	1	1
0.7	1	1	1	1	1	1	1	1	1	1	1	1	1
0.8	1	1	1	1	1	1	1	1	1	1	1	1	1
0.9	1	1	1	1	1	1	1	1	1	1	1	1	1
1.0	1	1	1	1	1	1	1	1	1	1	1	1	1
1.1	1	1	1	1	1	1	1	1	1	1	1	1	1
1.2	1	1	1	1	1	1	1	1	1	1	1	1	1
1.3	1	1	1	0.999	0.999	0.999	0.998	0.997	0.996	0.994	0.992	0.987	0.982
1.4	0.996	0.995	0.992	0.988	0.984	0.975	0.964	0.949	0.919	0.885	0.838	0.747	0.649
1.5	0.999	0.999	0.998	0.998	0.997	0.995	0.993	0.990	0.984	0.976	0.967	0.949	0.927
1.6	0.996	0.995	0.992	0.988	0.984	0.975	0.964	0.949	0.919	0.885	0.838	0.747	0.649
1.7	1	1	1	0.999	0.999	0.999	0.998	0.997	0.996	0.994	0.992	0.987	0.982
1.8	1	1	1	1	1	1	1	1	1	1	1	1	1
1.9	1	1	1	0.999	0.999	0.999	0.998	0.997	0.996	0.994	0.992	0.987	0.982
2.0	0.978	0.969	0.951	0.931	0.903	0.847	0.785	0.699	0.541	0.387	0.221	0.053	0.006

续表

波长/μm	路程长度/km												
	0.1	**0.2**	**0.5**	**1**	**2**	**5**	**10**	**20**	**50**	**100**	**200**	**500**	**1000**
2.1	0.998	0.997	0.996	0.994	0.992	0.987	0.982	0.974	0.959	0.942	0.919	0.872	0.820
2.2	1	1	1	1	1	1	1	1	1	1	1	1	1
2.3	1	1	1	1	1	1	1	1	1	1	1	1	1
2.4	1	1	1	1	1	1	1	1	1	1	1	1	1
2.5	1	1	1	1	1	1	1	1	1	1	1	1	1
2.6	1	1	1	1	1	1	1	1	1	1	1	1	1
2.7	0.799	0.718	0.569	0.419	0.253	0.071	0.011	0	0	0	0	0	0
2.8	0.871	0.804	0.695	0.578	0.432	0.215	0.079	0.013	0	0	0	0	0
2.9	0.997	0.995	0.993	0.990	0.985	0.977	0.968	0.954	0.927	0.898	0.855	0.772	0.683
3.0	1	1	1	1	1	1	1	1	1	1	1	1	1
3.1	1	1	1	1	1	1	1	1	1	1	1	1	1
3.2	1	1	1	1	1	1	1	1	1	1	1	1	1
3.3	1	1	1	1	1	1	1	1	1	1	1	1	1
3.4	1	1	1	1	1	1	1	1	1	1	1	1	1
3.5	1	1	1	1	1	1	1	1	1	1	1	1	1
3.6	1	1	1	1	1	1	1	1	1	1	1	1	1
3.7	1	1	1	1	1	1	1	1	1	1	1	1	1
3.8	1	1	1	1	1	1	1	1	1	1	1	1	1
3.9	1	1	1	1	1	1	1	1	1	1	1	1	1
4.0	0.998	0.997	0.996	0.994	0.991	0.986	0.980	0.971	0.955	0.937	0.911	0.859	0.802
4.1	0.983	0.975	0.961	0.944	0.921	0.876	0.825	0.755	0.622	0.485	0.322	0.118	0.027
4.2	0.673	0.551	0.445	0.182	0.059	0.003	0	0	0	0	0	0	0
4.3	0.098	0.016	0	0	0	0	0	0	0	0	0	0	0
4.4	0.481	0.319	0.115	0.026	0.002	0	0	0	0	0	0	0	0
4.5	0.957	0.949	0.903	0.863	0.807	0.699	0.585	0.439	0.222	0.084	0.014	0	0
4.6	0.995	0.993	0.989	0.985	0.978	0.966	0.951	0.931	0.891	0.845	0.783	0.663	0.539
4.7	0.995	0.993	0.989	0.985	0.978	0.966	0.951	0.931	0.891	0.845	0.783	0.663	0.539
4.8	0.976	0.966	0.945	0.922	0.891	0.828	0.759	0.664	0.492	0.331	0.169	0.030	0.002
4.9	0.975	0.964	0.943	0.920	0.886	0.822	0.750	0.652	0.468	0.313	0.153	0.024	0.001
5.0	0.999	0.998	0.997	0.995	0.994	0.990	0.986	0.979	0.968	0.954	0.935	0.897	0.855
5.1	1	0.999	0.999	0.998	0.998	0.996	0.994	0.992	0.988	0.984	0.976	0.961	0.946
5.2	0.986	0.980	0.968	0.955	0.936	0.899	0.857	0.799	0.687	0.569	0.420	0.203	0.072
5.3	0.997	0.995	0.993	0.989	0.984	0.976	0.966	0.951	0.923	0.891	0.846	0.760	0.666
5.4	1	1	1	1	1	1	1	1	1	1	1	1	1
5.5	1	1	1	1	1	1	1	1	1	1	1	1	1
5.6	1	1	1	1	1	1	1	1	1	1	1	1	1
5.7	1	1	1	1	1	1	1	1	1	1	1	1	1
5.8	1	1	1	1	1	1	1	1	1	1	1	1	1
5.9	1	1	1	1	1	1	1	1	1	1	1	1	1
6.0	1	1	1	1	1	1	1	1	1	1	1	1	1
6.1	1	1	1	1	1	1	1	1	1	1	1	1	1

续表

波长/μm	路程长度/km												
	0.1	0.2	0.5	1	2	5	10	20	50	100	200	500	1000
6.2	1	1	1	1	1	1	1	1	1	1	1	1	1
6.3	1	1	1	1	1	1	1	1	1	1	1	1	1
6.4	1	1	1	1	1	1	1	1	1	1	1	1	1
6.5	1	1	1	1	1	1	1	1	1	1	1	1	1
6.6	1	1	1	1	1	1	1	1	1	1	1	1	1
6.7	1	1	1	1	1	1	1	1	1	1	1	1	1
6.8	1	1	1	1	1	1	1	1	1	1	1	1	1
6.9	1	1	1	1	1	1	1	1	1	1	1	1	1

表3.9　海平面水平路程上的水蒸气的光谱透过率（7.0～13.9μm）

波长/μm	水蒸气含量（可降水分毫米数）									
	0.2	0.5	1	2	5	10	20	50	100	200
7.0	0.569	0.245	0.060	0.004	0	0	0	0	0	0
7.1	0.716	0.433	0.188	0.035	0	0	0	0	0	0
7.2	0.782	0.540	0.292	0.085	0.002	0	0	0	0	0
7.3	0.849	0.664	0.441	0.194	0.017	0	0	0	0	0
7.4	0.922	0.817	0.666	0.444	0.132	0.018	0	0	0	0
7.5	0.947	0.874	0.762	0.582	0.258	0.066	0	0	0	0
7.6	0.922	0.817	0.666	0.444	0.132	0.018	0	0	0	0
7.7	0.978	0.944	0.884	0.796	0.564	0.328	0.102	0.003	0	0
7.8	0.974	0.937	0.878	0.771	0.523	0.273	0.074	0.002	0	0
7.9	0.982	0.959	0.920	0.842	0.658	0.433	0.187	0.015	0	0
8.0	0.990	0.975	0.951	0.904	0.777	0.603	0.365	0.080	0.006	0
8.1	0.994	0.986	0.972	0.945	0.869	0.754	0.568	0.244	0.059	0.003
8.2	0.993	0.982	0.964	0.930	0.834	0.696	0.484	0.163	0.027	0
8.3	0.995	0.988	0.976	0.953	0.887	0.786	0.618	0.300	0.090	0.008
8.4	0.995	0.987	0.975	0.950	0.880	0.774	0.599	0.278	0.077	0.006
8.5	0.994	0.986	0.972	0.944	0.866	0.750	0.562	0.237	0.056	0.003
8.6	0.996	0.992	0.982	0.965	0.915	0.837	0.702	0.411	0.169	0.029
8.7	0.996	0.992	0.983	0.966	0.916	0.839	0.704	0.416	0.173	0.030
8.8	0.997	0.993	0.983	0.966	0.917	0.841	0.707	0.421	0.177	0.031
8.9	0.997	0.992	0.983	0.966	0.918	0.843	0.709	0.425	0.180	0.032
9.0	0.997	0.992	0.984	0.968	0.921	0.848	0.719	0.440	0.193	0.037
9.1	0.997	0.992	0.985	0.970	0.926	0.858	0.735	0.464	0.215	0.046
9.2	0.997	0.993	0.985	0.971	0.929	0.863	0.744	0.478	0.228	0.052
9.3	0.997	0.993	0.986	0.972	0.930	0.867	0.750	0.489	0.239	0.057
9.4	0.997	0.993	0.986	0.973	0.933	0.870	0.756	0.498	0.248	0.061
9.5	0.997	0.993	0.987	0.973	0.934	0.873	0.762	0.507	0.257	0.066
9.6	0.997	0.993	0.987	0.974	0.936	0.876	0.766	0.516	0.265	0.070
9.7	0.997	0.993	0.987	0.974	0.937	0.878	0.770	0.521	0.270	0.073
9.8	0.997	0.994	0.987	0.975	0.938	0.880	0.773	0.526	0.277	0.077

续表

波长/μm	水蒸气含量(可降水分毫米数)									
	0.2	0.5	1	2	5	10	20	50	100	200
9.9	0.997	0.994	0.987	0.975	0.939	0.882	0.777	0.532	0.283	0.080
10.0	0.998	0.994	0.988	0.975	0.940	0.883	0.780	0.538	0.289	0.083
10.1	0.998	0.994	0.988	0.975	0.940	0.883	0.780	0.538	0.289	0.083
10.2	0.998	0.994	0.988	0.975	0.940	0.883	0.780	0.538	0.289	0.083
10.3	0.998	0.994	0.988	0.976	0.940	0.884	0.781	0.540	0.292	0.085
10.4	0.998	0.994	0.988	0.976	0.941	0.885	0.782	0.542	0.294	0.086
10.5	0.998	0.994	0.988	0.976	0.941	0.886	0.784	0.544	0.295	0.087
10.6	0.998	0.994	0.988	0.976	0.942	0.887	0.786	0.548	0.300	0.089
10.7	0.998	0.994	0.988	0.976	0.942	0.887	0.787	0.550	0.302	0.091
10.8	0.998	0.994	0.988	0.976	0.941	0.886	0.784	0.544	0.295	0.087
10.9	0.998	0.994	0.988	0.976	0.940	0.884	0.781	0.540	0.292	0.085
11.0	0.998	0.994	0.988	0.975	0.940	0.883	0.779	0.536	0.287	0.082
11.1	0.998	0.994	0.987	0.975	0.939	0.882	0.777	0.532	0.283	0.080
11.2	0.997	0.993	0.986	0.972	0.931	0.867	0.750	0.487	0.237	0.056
11.3	0.997	0.992	0.985	0.970	0.927	0.859	0.738	0.467	0.218	0.048
11.4	0.997	0.993	0.986	0.971	0.930	0.865	0.748	0.485	0.235	0.055
11.5	0.997	0.993	0.986	0.972	0.932	0.868	0.753	0.493	0.243	0.059
11.6	0.997	0.993	0.987	0.974	0.935	0.875	0.765	0.513	0.262	0.069
11.7	0.996	0.990	0.980	0.961	0.906	0.820	0.673	0.372	0.138	0.019
11.8	0.997	0.992	0.982	0.969	0.925	0.863	0.733	0.460	0.212	0.045
11.9	0.997	0.993	0.986	0.972	0.932	0.869	0.755	0.495	0.245	0.060
12.0	0.997	0.993	0.987	0.974	0.937	0.878	0.770	0.521	0.270	0.073
12.1	0.997	0.994	0.987	0.975	0.938	0.880	0.773	0.526	0.277	0.077
12.2	0.997	0.994	0.987	0.975	0.938	0.880	0.775	0.528	0.279	0.078
12.3	0.997	0.993	0.987	0.974	0.937	0.878	0.770	0.521	0.270	0.073
12.4	0.997	0.993	0.987	0.974	0.935	0.874	0.764	0.511	0.261	0.068
12.5	0.997	0.993	0.986	0.973	0.933	0.871	0.759	0.502	0.252	0.063
12.6	0.997	0.993	0.986	0.972	0.931	0.868	0.752	0.491	0.241	0.058
12.7	0.997	0.993	0.985	0.971	0.929	0.863	0.744	0.478	0.228	0.052
12.8	0.997	0.992	0.985	0.970	0.926	0.858	0.736	0.466	0.217	0.047
12.9	0.997	0.992	0.984	0.969	0.924	0.853	0.728	0.452	0.204	0.041
13.0	0.997	0.992	0.984	0.967	0.921	0.846	0.718	0.437	0.191	0.036
13.1	0.996	0.991	0.983	0.966	0.918	0.843	0.709	0.424	0.180	0.032
13.2	0.996	0.991	0.982	0.965	0.915	0.837	0.701	0.411	0.169	0.028
13.3	0.996	0.991	0.982	0.964	0.912	0.831	0.690	0.397	0.153	0.025
13.4	0.996	0.990	0.981	0.962	0.908	0.825	0.681	0.382	0.146	0.021
13.5	0.996	0.990	0.980	0.961	0.905	0.819	0.670	0.368	0.136	0.019
13.6	0.996	0.990	0.979	0.959	0.902	0.813	0.661	0.355	0.126	0.016
13.7	0.996	0.989	0.979	0.958	0.898	0.807	0.651	0.342	0.117	0.014
13.8	0.996	0.989	0.978	0.956	0.894	0.800	0.640	0.328	0.107	0.011
13.9	0.995	0.988	0.977	0.955	0.891	0.793	0.629	0.313	0.098	0.010

表 3.10　海平面水平路程上的二氧化碳的光谱透过率（7.0～13.9μm）

波长/μm	路程长度/km									
	0.2	0.5	1	2	5	10	20	50	100	200
7.0	1	1	1	1	1	1	1	1	1	1
7.1	1	1	1	1	1	1	1	1	1	1
7.2	1	1	1	1	1	1	1	1	1	1
7.3	1	1	1	1	1	1	1	1	1	1
7.4	1	1	1	1	1	1	1	1	1	1
7.5	1	1	1	1	1	1	1	1	1	1
7.6	1	1	1	1	1	1	1	1	1	1
7.7	1	1	1	1	1	1	1	1	1	1
7.8	1	1	1	1	1	1	1	1	1	1
7.9	1	1	1	1	1	1	1	1	1	1
8.0	1	1	1	1	1	1	1	1	1	1
8.1	1	1	1	1	1	1	1	1	1	1
8.2	1	1	1	1	1	1	1	1	1	1
8.3	1	1	1	1	1	1	1	1	1	1
8.4	1	1	1	1	1	1	1	1	1	1
8.5	1	1	1	1	1	1	1	1	1	1
8.6	1	1	1	1	1	1	1	1	1	1
8.7	1	1	1	1	1	1	1	1	1	1
8.8	1	1	1	1	1	1	1	1	1	1
8.9	1	1	1	1	1	1	1	1	1	1
9.0	1	1	1	1	1	1	1	1	1	1
9.1	1	1	0.999	0.999	0.998	0.995	0.991	0.978	0.955	0.914
9.2	1	1	0.999	0.998	0.995	0.991	0.982	0.955	0.913	0.834
9.3	0.999	0.997	0.995	0.990	0.975	0.951	0.904	0.776	0.605	0.363
9.4	0.993	0.982	0.965	0.931	0.837	0.700	0.491	0.168	0.028	0.001
9.5	0.993	0.983	0.967	0.935	0.842	0.715	0.512	0.187	0.035	0.001
9.6	0.996	0.990	0.980	0.961	0.906	0.821	0.675	0.363	0.140	0.029
9.7	0.995	0.986	0.973	0.947	0.873	0.761	0.580	0.256	0.065	0.004
9.8	0.997	0.992	0.984	0.969	0.924	0.858	0.730	0.455	0.206	0.043
9.9	0.998	0.995	0.989	0.979	0.948	0.897	0.811	0.585	0.342	0.123
10.0	1	1	0.999	0.997	0.994	0.989	0.978	0.945	0.892	0.797
10.1	1	0.999	0.998	0.996	0.990	0.980	0.960	0.902	0.814	0.663
10.2	0.997	0.994	0.988	0.977	0.943	0.890	0.792	0.558	0.312	0.097
10.3	0.997	0.994	0.987	0.975	0.939	0.881	0.777	0.532	0.283	0.080
10.4	1	1	0.999	0.998	0.995	0.991	0.982	0.955	0.913	0.834
10.5	1	1	0.999	0.998	0.998	0.995	0.991	0.978	0.955	0.914
10.6	1	1	0.999	0.999	0.998	0.995	0.991	0.978	0.955	0.914
10.7	1	1	1	0.999	0.999	0.997	0.995	0.986	0.973	0.947
10.8	1	1	0.999	0.998	0.998	0.995	0.991	0.978	0.955	0.914
10.9	1	0.999	0.999	0.997	0.993	0.986	0.973	0.934	0.872	0.761
11.0	1	0.999	0.999	0.997	0.993	0.986	0.973	0.934	0.872	0.761

续表

波长/μm	路程长度/km									
	0.2	0.5	1	2	5	10	20	50	100	200
11.1	1	0.999	0.998	0.997	0.992	0.984	0.969	0.923	0.855	0.726
11.2	1	0.999	0.998	0.995	0.989	0.978	0.955	0.892	0.796	0.633
11.3	0.999	0.999	0.997	0.994	0.985	0.971	0.942	0.862	0.742	0.552
11.4	0.999	0.998	0.997	0.993	0.983	0.966	0.934	0.842	0.709	0.503
11.5	0.999	0.998	0.996	0.992	0.980	0.960	0.921	0.814	0.661	0.438
11.6	0.999	0.998	0.995	0.991	0.977	0.955	0.912	0.794	0.632	0.399
11.7	0.999	0.998	0.995	0.991	0.977	0.955	0.912	0.794	0.632	0.399
11.8	0.999	0.998	0.997	0.993	0.983	0.966	0.934	0.842	0.709	0.503
11.9	1	0.999	0.998	0.995	0.989	0.978	0.955	0.892	0.796	0.633
12.0	1	1	0.999	0.999	0.997	0.993	0.986	0.966	0.934	0.872
12.1	1	1	0.999	0.998	0.998	0.995	0.991	0.978	0.955	0.914
12.2	1	1	0.999	0.998	0.998	0.995	0.991	0.978	0.955	0.914
12.3	0.998	0.995	0.990	0.981	0.952	0.907	0.823	0.614	0.376	0.142
12.4	0.994	0.985	0.970	0.941	0.859	0.738	0.545	0.218	0.048	0.002
12.5	0.987	0.968	0.936	0.877	0.719	0.517	0.268	0.037	0.001	0
12.6	0.980	0.950	0.903	0.815	0.599	0.358	0.129	0.006	0	0
12.7	0.996	0.989	0.979	0.959	0.899	0.809	0.654	0.346	0.120	0.015
12.8	0.990	0.974	0.949	0.901	0.770	0.592	0.351	0.072	0.005	0
12.9	0.985	0.962	0.925	0.856	0.677	0.458	0.210	0.020	0	0
13.0	0.991	0.977	0.955	0.912	0.794	0.630	0.397	0.099	0.010	0
13.1	0.990	0.974	0.949	0.900	0.768	0.592	0.348	0.071	0.005	0
13.2	0.978	0.946	0.895	0.801	0.575	0.330	0.109	0.004	0	0
13.3	0.952	0.884	0.782	0.611	0.292	0.085	0.007	0	0	0
13.4	0.935	0.846	0.715	0.512	0.187	0.035	0.001	0	0	0
13.5	0.901	0.767	0.593	0.352	0.070	0.005	0	0	0	0
13.6	0.901	0.792	0.627	0.351	0.097	0.009	0	0	0	0
13.7	0.916	0.803	0.644	0.415	0.110	0.012	0	0	0	0
13.8	0.858	0.681	0.464	0.215	0.021	0	0	0	0	0
13.9	0.778	0.534	0.286	0.082	0.002	0	0	0	0	0

表3.7～表3.10的使用并不困难。例如，要想求得某一段水平路程上与水蒸气有关的透过率，那么可以根据已知的气象条件（温度、湿度），以及水平路程的长度计算可凝结水量，再通过查表得各波长上或0.1μm波长间隔的与水蒸气有关的透过率。同样，根据已知的水平路程，可以由表查得各个波长上或0.1μm波长间隔的与二氧化碳有关的透过率。

这些表只适用于海平面的水平路程上。在高空，由于大气压力和温度降低，光谱吸收线和光谱带的宽度都变窄了。可以预料，通过同样的路程时，吸收变小，所以大气的透过率就会增加。伴随温度的降低，也使透过率稍有增加，不过其影响很小，一般都忽略不计。如果作稍微简单的修正，这些表格就可用于高空。在高度为 h 的 x 水平路程上，其光谱透过率等于水平长度为 x_0 的等效海平面路程上的透过率，x 和 x_0 有如下关系：

$$x_0 = x(P/P_0)^k \tag{3.10}$$

式中，P/P_0 是 h 高度的大气压力与海平面大气压力之比；k 为常数，对水蒸气是 0.5，对二氧化碳是 1.5。值得一提的是，等效海平面路程是大气透过率计算时的一个重要概念，很显然，在具有相同透过率的情况下，高空的路程要比海平面的路程更长一些。如果要计算某一高度上的一段路程上的透过率时，可以根据表 3.11 给出的高度修正因子，再由式(3.10)求出等效海平面路程，这样就可以计算不同高度的水平路程的透过率了。

表 3.11　用以折合成等效海平面路程的高度修正因子$(P/P_0)^k$ 的值

高度/km	高度修正因子		高度/km	高度修正因子	
	水蒸气	二氧化碳		水蒸气	二氧化碳
0.305	0.981	0.940	6.10	0.670	0.299
0.610	0.961	0.833	6.86	0.643	0.266
0.915	0.942	0.840	7.62	0.609	0.226
1.22	0.923	0.774	9.15	0.552	0.168
1.52	0.904	0.743	10.7	0.486	0.115
1.83	0.886	0.699	12.2	0.441	0.085
2.14	0.869	0.660	15.2	0.348	0.042
2.44	0.852	0.620	18.3	0.272	0.020
2.74	0.835	0.580	21.4	0.214	0.010
3.05	0.819	0.548	24.4	0.167	0.005
3.81	0.790	0.494	27.4	0.134	0.002
4.57	0.739	0.404	30.5	0.105	0.001
5.34	0.714	0.364			

3.5　海平面上大气气体的分子吸收

水汽(H_2O)、CO_2 分子产生最强的选择性红外辐射吸收，因此，综合透过率结果为水汽透过率 $\tau_{H_2O}(\lambda)$和 CO_2 分子透过率 $\tau_{CO_2}(\lambda)$的乘积，即

$$\tau_1(\lambda)=\tau_{H_2O}(\lambda)\cdot\tau_{CO_2}(\lambda) \tag{3.11}$$

1) $\tau_{H_2O}(\lambda)$的确定

引用“可降水分”的概念，可降水分 ω 是由底面 S_a 和长度等于红外系统到目标距离 R 的圆柱体内大气含水汽凝结的水层厚度来量度的。也可表述为：截面积为 $1cm^2$，长度等于全部辐射路程的水蒸气气柱中所含水蒸气凝结成为液态水后的水柱长度。重要的是，不要把给定厚度的可降水分的吸收和相同厚度的液体水的吸收混淆了。10mm 厚的液体水层，在超过 1.5μm 的波段上，实际就不透过了，而对含有 10mm 可降水分的路程的透过率则超过 60%。ω_0 为每千米路程的可降水分(相对湿度 $H_r=100\%$)时，可查表 3.12，由绝对湿度 H_a(大气中水蒸气的量，单位为 g/m^3)而得，即

$$\omega_0=\frac{1}{10\rho}H_a \tag{3.12}$$

式中，ρ 为水的密度。

$$\omega=\omega_0 R \tag{3.13}$$

ω_0 也可查表 3.13 得到。

表 3.12　标准大气的绝对湿度　　单位：g/m^3

t/℃	0	1	2	3	4	5	6	7	8	9
−40	0.1200	0.1075	0.0962	0.0861	0.0769	0.0687	0.0612	0.0545	0.0485	0.0431
−30	0.341	0.308	0.279	0.252	0.227	0.205	0.1849	0.166	0.149	0.134
−20	0.888	0.810	0.738	0.672	0.611	0.556	0.505	0.458	0.415	0.376
−10	2.154	1.971	1.808	1.658	1.520	1.393	1.275	1.166	1.066	0.973
−0	4.84	4.47	4.13	3.82	3.52	3.25	2.99	2.76	2.54	2.33
0	4.84	5.18	5.55	5.94	6.35	6.79	7.25	7.74	8.26	8.81
10	9.39	10.00	10.64	11.33	12.05	12.81	13.61	14.45	15.34	16.28
20	17.3	18.3	19.4	20.5	21.7	23.0	24.3	25.7	27.2	28.7
30	30.3	32.0	33.7	35.6	37.5	39.5	41.6	43.6	46.1	48.5
40	51.0	53.6	56.3	59.2	62.1	65.2	68.4	71.8	75.3	78.9

表 3.13　H_r=100% 时，不同温度下每千米大气中的可降水分厘米数　　单位：cm/km

t/℃	0	0.2	0.4	0.6	0.8
0	0.486	0.493	0.500	0.507	0.514
1	0.521	0.528	0.535	0.543	0.550
2	0.557	0.565	0.573	0.580	0.588
3	0.596	0.604	0.612	0.621	0.629
4	0.637	0.646	0.655	0.663	0.672
5	0.681	0.690	0.700	0.709	0.719
6	0.728	0.738	0.748	0.758	0.768
7	0.778	0.788	0.798	0.808	0.818
8	0.828	0.839	0.851	0.862	0.874
9	0.885	0.896	0.907	0.919	0.930
10	0.941	0.953	0.965	0.978	0.990
11	1.002	1.015	1.028	1.042	1.055
12	1.068	1.082	1.095	1.109	1.122
13	1.136	1.150	1.165	1.179	1.194
14	1.208	1.223	1.238	1.253	1.268
15	1.283	1.299	1.316	1.332	1.349
16	1.365	1.382	1.399	1.415	1.432
17	1.449	1.467	1.485	1.503	1.521
18	1.539	1.558	1.572	1.597	1.613
19	1.632	1.652	1.672	1.692	1.712
20	1.732	1.753	1.773	1.794	1.814
21	1.835	1.857	1.897	1.901	1.923
22	1.945	1.963	1.991	2.013	2.036
23	2.059	2.083	2.108	2.132	2.157
24	2.181	2.206	2.231	2.255	2.280
25	2.305	2.332	2.359	2.386	2.413
26	2.440	2.467	2.495	2.522	2.550
27	2.577	2.607	2.636	2.666	2.695
28	2.725	2.775	2.785	2.815	2.846

续表

t/℃	0	0.2	0.4	0.6	0.8
29	2.876	2.908	2.941	2.973	3.006
30	3.038				
−30	0.046				
−29	0.050	0.049	0.048	0.046	0.045
−28	0.054	0.053	0.052	0.052	0.051
−27	0.059	0.058	0.057	0.056	0.055
−26	0.065	0.064	0.063	0.061	0.060
−25	0.070	0.069	0.068	0.067	0.066
−24	0.076	0.075	0.074	0.072	0.071
−23	0.084	0.082	0.081	0.079	0.078
−22	0.091	0.090	0.088	0.087	0.085
−21	0.099	0.097	0.096	0.094	0.093
−20	0.108	0.106	0.104	0.103	0.101
−19	0.117	0.115	0.113	0.112	0.110
−18	0.127	0.125	0.123	0.121	0.119
−17	0.137	0.135	0.133	0.131	0.129
−16	0.149	0.147	0.144	0.142	0.139
−15	0.161	0.159	0.156	0.154	0.151
−14	0.174	0.171	0.169	0.166	0.164
−13	0.188	0.185	0.182	0.180	0.177
−12	0.203	0.200	0.197	0.194	0.191
−11	0.219	0.216	0.213	0.209	0.206
−10	0.237	0.233	0.230	0.226	0.233
−9	0.255	0.251	0.248	0.241	0.241
−8	0.274	0.270	0.266	0.263	0.259
−7	0.295	0.291	0.287	0.282	0.278
−6	0.318	0.313	0.309	0.304	0.300
−5	0.341	0.336	0.332	0.327	0.323
−4	0.367	0.362	0.357	0.351	0.346
−3	0.394	0.389	0.383	0.378	0.372
−2	0.423	0.417	0.411	0.406	0.400
−1	0.453	0.447	0.441	0.435	0.429
−0	0.486	0.479	0.473	0.466	0.460

已知空气温度 t，查表 3.13 得到 ω_0，然后乘以实际空气相对湿度 H_r，即得到此实际空气相对湿度下的可降水分 ω

$$\omega = \omega_0 H_r R = \omega_0 R \cdot H_r \tag{3.14}$$

由可降水分 ω 查海平面水平路程上水汽光谱透过率表，即可求得不同波长时所对应的 $\tau_{H_2O}(\lambda)$。如果不能直接查表得到，可通过外推法或内插法求得。

2) $\tau_{CO_2}(\lambda)$的确定

研究试验证明，CO_2 的密度在大气近表层中实际保持不变，直到非常高的高空，CO_2 在大气中的浓度是常数，因而它在大气中的分布随时间变化是很小的，系数 $\tau_{CO_2}(\lambda)$只与辐射通过的距离有关。因此，

由 CO_2 的吸收造成的辐射衰减，可以认为与气象条件无关，$\tau_{CO_2}(\lambda)$只与辐射通过的距离有关。表 3.8 和表 3.10 列出了海平面路程 $\tau_{CO_2}(\lambda)$的值：在 0.3～6.9μm、海平面水平路程为 0.1～1000km，以及在 7.0～13.9μm、海平面水平路程为 0.2～200km 的光谱透过率。$\tau_{CO_2}(\lambda)$可以通过查表得到。

在波段 3～5μm 和 8～14μm 内，为求取与吸收损耗有关的平均大气透过率 $\bar{\tau}_a$，J. M. Lloyd 采用近似式：

$$\bar{\tau}_a = 0.8326 - 0.0277\omega_0 \tag{3.15}$$

为评价在水汽和 CO_2 中与可降水分 ω_0 有关的平均衰减系数，在 10μm±0.1μm、10μm±2μm 范围内，可采用经验公式：

$$\bar{\alpha}_a(10 \pm 0.1) = 0.0124\sqrt{\omega_0} + 0.0088 \tag{3.16}$$

$$\bar{\alpha}_a(10 \pm 2) = 0.0338\sqrt{\omega_0} + 0.045 \tag{3.17}$$

式中，$\bar{\alpha}_a$ 的单位为 km^{-1}。

3.6　不同高度时的分子吸收修正问题

对不同高度，由于气温和气压的不同，辐射的吸收是不同的；同时，分子密度也是不同的。因此，应从以下两方面考虑分子吸收修正的问题。

3.6.1　吸收本领随高度而改变所引起的修正

由 3.5 节可知，水汽对辐射的吸收会随气温和气压而变，因此对于高空的情况需要进行修正。也就是说，修正时，只需用修正系数乘以该高度处的水平距离，就得到等效海平面距离，并以此等效海平面距离计算沉积水厚度(可降水分)。修正系数 β_{H_2O} 由下式确定：

$$\beta_{H_2O} = \left(\frac{P}{P_0}\right)^{1/2}\left(\frac{T_0}{T}\right)^{(1/4)} \tag{3.18}$$

式中，P_0、T_0 为海平面上的气压和气温；P、T 为给定高度上的气压和气温。

由式(3.18)可知，温度的影响很小(≤4%)，可以忽略不计，因此，一般取高度修正系数：

$$\beta_{H_2O} = (P/P_0)^{1/2} \tag{3.19}$$

假定用 ω_e 表示辐射传输路程中按吸收本领折算成大气近地层水汽的等效可降水分的有效厚度，用 ω_H 表示 H 高度下可降水分层的实际厚度，则

$$\omega_e = \omega_H \beta_{H_2O} \tag{3.20}$$

β_{H_2O} 可以通过查修正系数表得到，或者在实际应用中，得到具有足够精度的近似值，可由下式确定：

$$\beta_{H_2O} = e^{-0.0654H} \tag{3.21}$$

式中，H 的单位为 km。

对于 CO_2，类似可得到下列关系式：

$$\beta_{CO_2} = (P/P_0)^{1.5} \approx e^{-0.19H} \tag{3.22}$$

$$R_e = R'_H \beta_{CO_2} \tag{3.23}$$

式中，R'_H 为在高度 H 上辐射传输的距离(此处 R'_H 未考虑 CO_2 质量引起的修正)；R_e 为按吸收本领折算成近地层的有效距离。

3.6.2 分子密度随高度而改变所引起的修正

由于高度不同，引起水平、倾斜路程中水汽量的不同，以及空气压强和质量的不同，因而分子密度也是不同的。为此，因高度变化带来的对可降水分和路程长度的影响需要进行修正。

1. 水平、倾斜路程中水汽量变化引起的修正

由式(3.14)和式(3.20)可得：

$$\omega_H = \omega_0 H'_r R = \omega_0 R H'_r \tag{3.24}$$

式中，R 为给定高度处的水平路程，$\omega_0 H'_r$ 为相应高度处的可降水分。$\omega_0 H'_r$ 是与相应高度处的温度、湿度有关的，忽略气温变化的影响，$\omega_0 H'_r$ 与湿度有关，而湿度随高度的分布服从下面的定律(对于标准大气)：

$$H_{a,H} = H_{a,0} e^{-\beta H} \tag{3.25}$$

式中，$H_{a,H}$ 为高度 H 处的绝对湿度；$H_{a,0}$ 为近地处或海平面处的绝对湿度；β 为 0.45/km。

由相对湿度和绝对温度的定义可知：

$$H'_r = k H_{a,H} \tag{3.26}$$

$$H_r = k H_{a,0} \tag{3.27}$$

式中，H'_r 和 H_r 分别为高度 H 处、海平面处的相对湿度；k 为一定温度下饱和空气中的水蒸气质量，仅与温度有关，在忽略高度 H 处和海平面处的温度差异时，可知不同高度的 k 值相同。

由式(3.25)、式(3.26)和式(3.27)可得：

$$H'_r = H_r e^{-\beta H} = H_r e^{-0.45H} \tag{3.28}$$

将式(3.28)代入式(3.24)得到：

$$\omega_H = \omega_0 R H_r e^{-0.45H} \tag{3.29}$$

综合考虑水汽的吸收本领和水汽量随高度的变化，结合式(3.20)和式(3.21)，得到距海平面上高度为 H 的辐射沿水平传输路程中的可降水分的有效厚度的公式为

$$\omega_e = \omega_0 R \cdot H_r e^{-0.45H} \cdot e^{-0.0654H} = \omega_0 R \cdot H_r e^{-0.515H} \tag{3.30}$$

在倾斜路程中的可降水分的有效厚度可由下面的方法计算。根据式(3.30)，位于高度 h 处的大气元层 ds(见图 3.4)中的可降水分的有效厚度为

$$d\omega_e = \omega_0 H_r e^{-0.515H} ds \tag{3.31}$$

式中，$h = s\cos\gamma$，为高度的瞬时值；γ 为地面(海平面)法线与辐射传输方向之间的夹角。

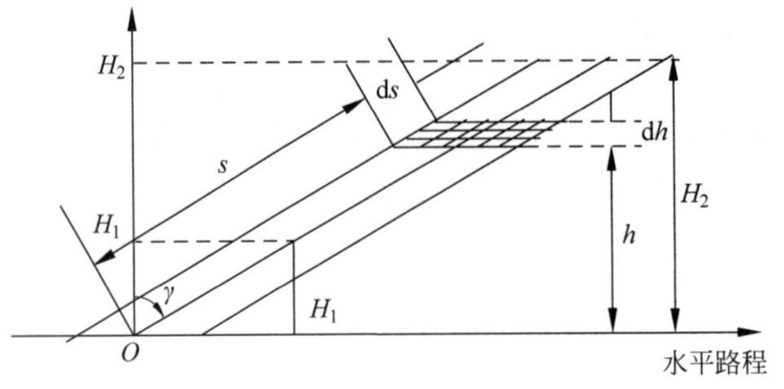

图 3.4 倾斜路程中可降水分的有效厚度计算

在不考虑地面曲率的情况下，对式(3.31)积分可求得从高度 $H_1 \sim H_2$ 的倾斜路程上大气中可降水分的有效总厚度为

$$\omega_e = \omega_0 H_r \int_{s_1}^{s_2} e^{-0.5154 s\cos\gamma} ds = \omega_0 H_r \frac{e^{-0.5154H_1} - e^{-0.5154H_2}}{0.5154\cos\gamma} \tag{3.32}$$

式中，$H_1 = s_1\cos\gamma$，$H_2 = s_2\cos\gamma$。如果 $H_1 = 0$，$H_2 = H$，则有

$$\omega_e = \omega_0 H_r \frac{1 - e^{-0.5154H}}{0.5154\cos\gamma} \tag{3.33}$$

值得一提的是，令 $\gamma = 0$，就可以由式(3.32)求得垂直路程上大气中可降水分的有效总厚度。

2. 水平、倾斜路程中因空气压强和质量引起的修正

因为空气压强随高度的变化规律如下：

$$P_H = P_0 e^{-0.123H} \tag{3.34}$$

考虑到式(3.34)，可按下式把距地面(海平面)高度为 H 的水平路程折算成近地水平路程：

$$R'_H = R_H e^{-0.123H} \tag{3.35}$$

式中，R_H 为高度 H 上的辐射传输距离；R'_H 为等效近地水平路程。

在倾斜路程的情况下，与式(3.32)和式(3.33)类似，可得到折算成近地层辐射路程的公式。

在 $H_1 \sim H_2$ 范围内

$$R'_H = \frac{e^{-0.123H_1} - e^{-0.123H_2}}{0.123\cos\gamma} \tag{3.36}$$

综合考虑 CO_2 的吸收本领和质量随高度的变化，结合式(3.23)和式(3.35)，得到折算成近地层的路程有效长度为

$$R_e = R_H e^{-0.123H} \cdot e^{-0.19H} = R_H e^{-0.313H} \tag{3.37}$$

在倾斜路程的情况下，按 CO_2 的吸收能力折算成大气近地层的路程有效长度的计算公式，由式(3.37)，类似得到折算成近地层的路程有效长度：

(1) 对于高度从 $H_1 \sim H_2$ 的范围

$$R_e = \frac{e^{-0.313H_1} - e^{-0.313H_2}}{0.313\cos\gamma} \tag{3.38}$$

(2) 对于高度从 $0 \sim H$ 情况下，即 $H_1 = 0$，$H_2 = H$，则有

$$R_e = \frac{1 - e^{-0.313H}}{0.313\cos\gamma} \tag{3.39}$$

3.6.3 纯吸收时的透过率计算方法

仅考虑纯吸收的透过率时，可按下述方法计算：

1. 对水蒸气

(1) 根据温度，查 $H_r = 100\%$ 时，地面上每千米大气中的可降水分厘米数表，或根据表 3.7 和表 3.8，求出地面上的可降水分，得到 ω_0。

(2) 根据高度进行辐射传输距离修正(吸收本领和大气本身密度随高度减小所产生的影响)。

(3) 求出全路程的可降水分 ω_e，即 $\omega_e = \omega_0 H_r \cdot$ 修正以后得到的近地层有效距离。亦即，根据不同的要求，由式(3.30)或式(3.32)计算 ω_e。

(4) 查海平面水平路程上水蒸气的光谱透过率表，得到仅考虑水蒸气时的大气透过率 $\tau_{H_2O}(\lambda)$。

2. 对 CO_2

(1) 同上，根据高度进行路程距离修正，亦即，按不同的要求，由式(3.37)或式(3.38)计算成近地层

的路程有效长度 R_e。

（2）查海平面水平路程上的 CO_2 光谱透过率表，得到仅考虑 CO_2 时的大气透过率 $\tau_{CO_2}(\lambda)$。

3. 连乘得到纯吸收时的透过率 $\tau_1(\lambda)$

$$\tau_1(\lambda)=\tau_{H_2O}(\lambda)\cdot\tau_{CO_2}(\lambda) \tag{3.40}$$

3.7 大气的散射衰减

从微观上说，当光（电磁）波射入介质时（按经典电磁学的说法是光（电磁）波；按量子力学的说法是光（量子），即通常所说的光），若介质中存在某些不均匀性（如电场、相位、粒子数密度、声速等）使光波的传播发生变化，这就是光散射。经典电磁波（场）的观点是：介质中的电子在光波电磁场的作用下做受迫振动，消耗能量，激发电子振动。因而电子产生次波，次波再变为沿各个方向传播的辐射。因此，光散射就是一种电磁辐射，是在很小范围的不均匀性引起的衍射，而且在 4π 立体角内都能检测到。按经典量子力学的说法是：当电子感应偶极矩遵从一定选择定则的初、末态能级之间发生跃迁时，就发生了光散射。光与介质之间作用可以有以下三种情况：

（1）若介质是均匀的，且不考虑其热起伏，光通过介质后，不发生任何变化：沿原光（电磁）波传播方向进行，与介质间无任何作用。这是一种理想的情况，几乎找不到与之相应的真实过程。

（2）若介质不很均匀（有某种起伏），光（电磁）波与其作用后，被散射到其他方向；只要该起伏与时间无关，散射光的频率就不会发生变化，只是波矢方向受到偏射，这就是弹性散射。这种情况与真实的瑞利散射、米氏散射、非选择性（或无选择）散射等相对应。

（3）若介质的不均匀性随时间而变化，光（电磁）波与这些起伏交换能量，使散射光的能量，即频率发生了变化，这就产生了非弹性散射。这种情况与真实的非弹性散射过程（拉曼散射、布里渊散射）的情况相对应。布里渊散射的谱线对称分布在瑞利谱线的两侧，而拉曼散射的谱线不仅对称分布在瑞利谱线的两侧，而且谱线分布得很广。

这里主要考虑以上第(2)种情况。

从宏观上说，电磁波在传播的路径上遇到原子、分子或气溶胶等小微粒时，将改变传播的方向，向各个方向散开，这种现象称为散射。在可见光谱段内，吸收的作用对光波的影响很小，消光的主要原因是散射作用。散射的影响可表现为下列几个方面：

（1）使到达地面的辐射削弱，或地面辐射到外界的强度减弱。

（2）改变了太阳辐射的方向。太阳辐射的大部分能量仍以原来的方向传播，而散射的太阳光则依据散射形式的不同射向 4π 的不同空间方向。

（3）散射光中的一部分向下辐射，增加地面的辐照，还有一部分向上辐射进入传感器。向下辐射与向上辐射的强度一般是不相同的，而向上辐射进入传感器对光电系统（如光学遥感系统）是不利的，它减小了目标的对比度、降低了 MTF。

辐射在大气中传输时，除因吸收引起的辐射衰减外，大气中的分子和各种悬浮微粒的散射作用也会导致辐射衰减。在仅考虑散射的情况下，通过距离 R 的透过率为

$$\tau_s(\lambda,R)=\exp[(-\gamma(\lambda))R] \tag{3.41}$$

式中，R 为作用距离（km），$\gamma(\lambda)$ 为散射系数（km^{-1}），λ 为波长（μm）。

散射产生于媒质的不均匀性。大气中的气体分子和密度起伏，各种悬浮微粒都是大气的散射元。散射过程可看作辐射光子与散射元粒子之间的碰撞过程。若为简单起见只考虑弹性碰撞，则散射后不

会改变辐射能量的光谱分布，即纯散射不引起总辐射能量的损耗，但会使辐射能量改变其原来的空间分布或偏振状态。因此，散射后在原来方向或以某种偏振方式传输的辐射受到衰减。在红外区，随着波长增大，散射衰减逐渐减小。但在吸收很低的大气窗口区，相对来说，散射就是辐射衰减的重要原因了。散射的强弱与大气中散射元的浓度、大小及辐射波长有密切关系，并用散射系数 $\gamma(\lambda)$ 表征。

3.7.1 散射系数

任何散射理论必须解决的基本问题，是确定散射随辐射波长、方向角及散射元的特性和尺寸的变化关系。在分析散射时通常采用一个尺寸因子对大气的散射衰减进行分类。定义散射元尺寸因子为

$$a=\frac{2\pi r}{\lambda} \tag{3.42}$$

式中，r 为散射粒子的半径；λ 为入射光波长。

根据被散射的辐射波长与散射元尺寸之间的关系，可以得到三种处理方法和散射规律：①瑞利散射；②米氏散射；③非选择性散射。

1. 瑞利散射

当辐射波长比粒子半径大得多时($a<2.0$ 时)，产生的散射称为瑞利散射。也有定义为比辐射波长小得多的(<0.1 倍)粒子(即空气分子)的散射。因为这种情况下的散射元基本上是大气中的气体分子(尤其在可见光范围)，所以，有时也把瑞利散射称为分子散射。下面会证明散射强度与 λ^{-4} 成正比。在图 3.5 中(a)为瑞利散射的散射强度角分布。

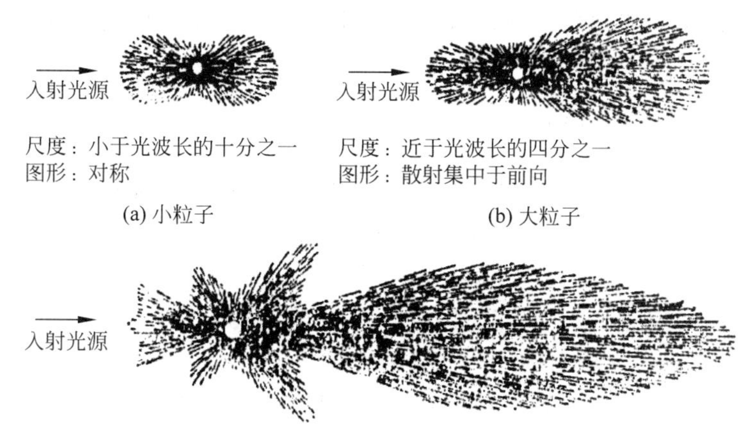

图 3.5　粒子相对波长的散射强度角分布

设想在小体积元 $\mathrm{d}v$ 中包含 $N_s=n_s\mathrm{d}v$ 个散射元，若它受到光谱辐照度为 $E_i(\lambda)$ 的平行单色辐射的照射，则在沿空间方向 φ(或叫散射角) 的单位立体角内，被 $\mathrm{d}v$ 中的散射元散射掉的光谱辐射功率 $P_s(\lambda)$，应该正比于入射的光谱辐照度 $E_i(\lambda)$ 及 $\mathrm{d}v$ 内的散射元数目 N_s，亦即

$$\frac{\mathrm{d}P_s(\lambda)}{\mathrm{d}\Omega}=I_s(\lambda)=\alpha(\lambda,\varphi)N_sE_i(\lambda)=\alpha(\lambda,\varphi)n_sE_i(\lambda)\mathrm{d}v=\alpha(\lambda,\varphi)n_sP_i(\lambda)\mathrm{d}x \tag{3.43}$$

式中，$\alpha(\lambda,\varphi)$是与散射角 φ 及波长 λ 有关的比例系数，n_s 是散射元浓度，$E_i(\lambda)\mathrm{d}v=P_i(\lambda)\mathrm{d}x$ 是在厚度 $\mathrm{d}x$ 的元体积上的入射光谱辐射功率。

因只考虑散射而忽略吸收过程，于是应有

$$P_i(\lambda)=P_s(\lambda)+P_\tau(\lambda) \tag{3.44}$$

式中，$P_\tau(\lambda)$为透射辐射。因此，被散射的辐射功率

$$\mathrm{d}^2P_s(\lambda)=P_i(\lambda)\alpha(\lambda,\varphi)n_s\mathrm{d}\Omega\mathrm{d}x=-\mathrm{d}^2P_\tau(\lambda) \tag{3.45}$$

即散射的增量等于透射的减少量。将式(3.45)对立体角元 $\mathrm{d}\Omega=\sin\varphi\mathrm{d}\varphi\mathrm{d}\theta$ 积分后(θ 为方位角)，得到

$$\mathrm{d}P_\tau(\lambda)=-P_i(\lambda)n_s\left[\int_0^{2\pi}\mathrm{d}\theta\int_0^{\pi}\alpha(\lambda,\phi)\sin\varphi\mathrm{d}\varphi\right]\mathrm{d}x \tag{3.46}$$

或

$$\frac{\mathrm{d}P_\tau(\lambda)}{P_i(\lambda)}=-n_e\left[2\pi\int_0^{\pi}\alpha(\lambda,\varphi)\sin\varphi\mathrm{d}\varphi\right]\mathrm{d}x \tag{3.47}$$

对 x 积分后得到

$$\frac{P_\tau(\lambda)}{P_i(\lambda)}=\tau_s(\lambda,R)=\mathrm{e}^{-\gamma(\lambda)R}=\exp\left[-\left(n_s2\pi\int_0^{\pi}\alpha(\lambda,\varphi)\sin\varphi\mathrm{d}\varphi\right)R\right] \tag{3.48}$$

因此得到散射系数为

$$\gamma(\lambda)=n_s2\pi\int_0^{\pi}\alpha(\lambda,\varphi)\sin\varphi\mathrm{d}\varphi=n_s\sigma(\lambda) \tag{3.49}$$

式中，$\sigma(\lambda)=2\pi\int_0^{\pi}\alpha(\lambda,\varphi)\sin\varphi\mathrm{d}\varphi$ 是每个散射元对波长 λ 辐射束的散射截面，而 $\alpha(\lambda,\varphi)$ 一般称为微分散射截面。式(3.49)就是散射系数的最普遍描述。

在瑞利散射情况下，若假设散射元是折射率为 n、体积为 $V_s(\mathrm{cm}^3)$ 的均匀球体，则应用经典电磁理论可以证明，散射系数可表示为

$$\gamma(\lambda)=\frac{4\pi^2n_sV_s^2(n^2-n_0^2)}{(n^2+2n_0^2)}\cdot\frac{1}{\lambda^4}(\mathrm{cm}^{-1}) \tag{3.50}$$

式中，n_0 是支撑散射元的媒质折射率。对于悬浮在空气中的球形微细水珠而言，当不考虑吸收带附近的反常色散时，因 $n=1.33$，$n_0=1$，所以可将式(3.50)简化为

$$\gamma(\lambda)=0.827n_sA^3/\lambda^4 \tag{3.51}$$

式中，A 是散射水珠的横截面积(cm^2)。由此可见，与辐射波长 λ 相比，只要散射元直径($2\sqrt{A/\pi}$)很小，则当乘积 n_sA^3 相同时，对大量的小粒子或少量的大粒子可以产生同样的散射衰减。此外，式(3.50)或式(3.51)表明，瑞利散射系数与辐射波长的四次方成反比。因此，短波辐射(尤其紫外和可见光)比长波红外辐射的瑞利散射强得多。这就是白天的晴朗天空呈蓝色，傍晚前后的太阳呈橘红色的原因。基于上述理由，与可见光相比，大气分子对红外辐射的瑞利散射可以忽略。但对波长几十微米的远红外辐射而言，半径几微米的悬浮微粒的散射，仍属于瑞利散射。

在天空中无云、能见度极好的情况下，辐射衰减几乎全是由瑞利散射引起的。散射物质是气体分子，分子尺寸近似 1nm，远小于大气窗口的短波限 0.3μm。分子散射是偶极散射，散射光强与 λ^{-4} 成正比，且有方向因子($1+\cos^2\varphi$)(归一化的瑞利散射的相函数为 $3(1+\cos^2\varphi)/4$)，散射光是部分偏振光。瑞利散射引起的消光系数还有文献表述为

$$\gamma(\lambda)=32\pi^3\ \frac{(n_0'-1)^2}{3N_1\lambda^4} \tag{3.52}$$

式中，N_1 为单位体积中的分子数；n_0'为空气折射率。

大气中 N_1 及 n_0'的值是相当稳定的，随气候不变化，因此瑞利散射引起的衰减量也是比较稳定的。

由于瑞利散射与λ^{-4}成正比，所以散射强度随波长的增加很快减小，例如对$\lambda=4\mu m$的红外光，它的散射强度只有$\lambda=0.4\mu m$的蓝光散射强度的万分之一。因此，瑞利散射对可见光的影响较大，而对红外辐射的影响较小，对微波的影响就更可忽略不计。

2. 米氏散射和非选择性散射

当粒子的尺寸和辐射波长差不多时($a=2.0\sim20$时)，发生的散射为米氏散射。也有定义为大小与辐射波长相近的(0.1～10倍)粒子的散射，是大气中的微粒，如烟、尘埃、小水滴及气溶胶等小颗粒粒子引起的散射。图3.5中(b)、(c)为米氏散射强度角分布，随着粒子线度的增大，散射光强度波动的幅度逐渐减小，且散射光主要集中在入射方向上。当粒子尺寸与电磁波的波长相近时，散射就不是偶极散射，必须考虑各散射元之间的相干性。米氏散射的散射强度与λ^{-2}成正比，并且主要是前向散射，米氏散射光的偏振度也比瑞利散射要小。如云雾的粒子大小与红外光($0.76\sim15\mu m$)的波长接近，云、雾对红外光的散射主要是米氏散射，所以在多云潮湿天气，米氏散射对光传输影响较大。云雾的米氏散射是影响红外大气衰减的主要因素。当颗粒直径较大时，米氏散射可近似为夫琅禾费衍射。

米氏散射理论是对于处于均匀介质的各向同性的单个介质球在单色平行光照射下，基于麦克斯韦方程边界条件下的严格数学解。多年来，米氏散射理论得到了很大发展，适用范围逐渐推广。如颗粒形状推广到多层的各向同性介质球和折射率渐变的各向同性介质球，无限长圆柱形颗粒(折射率按柱面分布)。入射光束从很宽的平行光束推广到高斯光束和其他形状光束，称为广义米氏理论。广义米氏理论还可推广到椭球散射体。

而当粒子尺寸比辐射波长大很多时($a>20$时)，则发生非选择性散射。也有定义为尺寸比辐射波长大得多的粒子的散射。如云、雾等对可见光的散射就属于非选择性散射；雾滴的半径为$1\sim60\mu m$，比可见光波长大得多，雾对可见光各波长光散射相同。非选择性散射的散射强度与波长无关，粒子对辐射的反射和折射占主要地位，在宏观上形成散射。其散射系数数值可简化为等于单位体积内所含有半径为r_i的N个粒子的截面积总和，即

$$\gamma=\pi\sum_{i=1}^{N}r_i^2 \tag{3.53}$$

雨的粒子半径通常在0.25～3nm，对于波长小于$15\mu m$的红外辐射满足$r\gg\lambda$的条件，所以也是非选择性散射，散射系数取决于每秒降落在单位水平面积的雨滴数。因此，此时红外系统性能虽然将要下降，但仍能继续工作。雨在红外谱段的散射系数的一个经验公式为

$$\gamma_{雨}=0.248J_{雨}^{0.67} \tag{3.54}$$

式中，$J_{雨}$为降雨速率(mm/h)。

式(3.43)表明，球形粒子散射的辐射强度$I_s(\lambda)$与方位角θ无关，只是仰角(散射角)φ的函数。因此，在所有方向上散射的总辐射功率为

$$P_s(\lambda)=\int_0^{4\pi}I_s(\lambda)\mathrm{d}\Omega=2\pi\int_0^{\pi}I_s(\lambda)\sin\varphi\mathrm{d}\varphi \tag{3.55}$$

而每个粒子对单位辐照度的散射功率为

$$\frac{P_s(\lambda)}{N_sE_i(\lambda)}=2\pi\int_0^{\pi}\alpha(\lambda,\varphi)\sin\varphi\mathrm{d}\varphi=\sigma(\lambda) \tag{3.56}$$

若将上式两边除以散射元的横截面积πr^2，其中r为粒子半径，则得到

$$K(\lambda)=\frac{P_s(\lambda)}{N_sE_i(\lambda)\pi r^2}=\frac{2}{r^2}\int_0^{\pi}\alpha(\lambda,\varphi)\sin\varphi\mathrm{d}\varphi=\frac{\sigma(\lambda)}{\pi r^2} \tag{3.57}$$

式中，$K(\lambda)$称为散射面积比，它表示被粒子散射的辐射波前面积与粒子本身横截面积之比。于是，对于具有相同散射截面的粒子群，由式(3.49)得到

$$\gamma(\lambda)=n_s\sigma(\lambda)=K(\lambda)n_s\pi r^2 \tag{3.58}$$

对于 m 种不同类型的粒子群，散射系数为

$$\gamma(\lambda)=\pi\sum_{j=1}^{m}n_{sj}K_j(\lambda)r_j^2 \tag{3.59}$$

式中，n_{sj} 是半径为 r_j 的 j 型散射元浓度，$K_j(\lambda)$是 j 型粒子的散射面积比。对于散射元浓度随半径连续变化的大量粒子情况，式(3.59)变为下列积分：

$$\gamma(\lambda)=\pi\int_{r_1}^{r_2}r^2K(\lambda)n_s(r)\mathrm{d}r \tag{3.60}$$

由此可见，要想确定任意尺寸分布的散射元的散射系数，必须知道散射面积比 $K(\lambda)$。一般情况下，完成 $K(\lambda)$的计算是烦琐而冗长的，虽然当 $r/\lambda>1.5$ 时可以应用几何光学方法计算，但是当 $r/\lambda<1.5$ 时，必须运用电磁理论的普遍方法，即严格按照散射场所决定的边界条件，求解平面波与均匀球体相互作用的麦克斯韦方程组。在此，只引用对于辐射在大气中传输研究有重要意义的结果。对于没有吸收的球形水珠散射的特殊情况，折射率为实数并等于 1.33，散射面积比

$$K(\lambda)=2-\frac{4}{\rho}\sin\rho+\frac{4}{\rho^2}(1-\cos\rho) \tag{3.61}$$

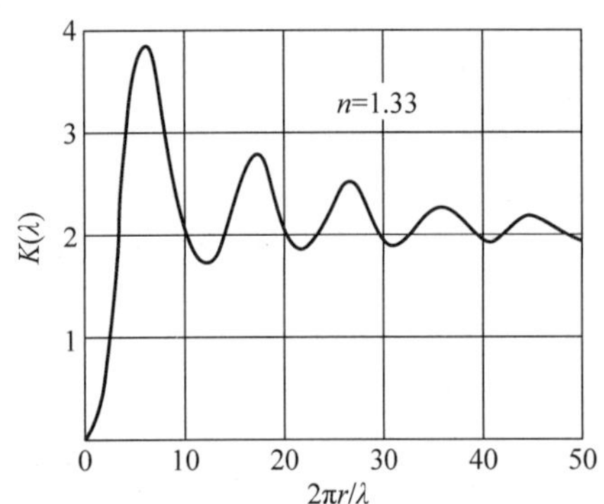

图 3.6　球形水珠($n=1.33$)的散射面积比随 $2\pi r/\lambda$ 的变化

式中，$\rho=2a(n-1)$，$a=\dfrac{2\pi r}{\lambda}$。由此得到的散射面积比随 $2\pi r/\lambda$ 的函数变化关系如图 3.6 所示。在表 3.14 中还列举了其他一些特殊情况下的散射面积比。由图 3.6 和表 3.14 看出，对于 $n=1.33$ 的球形水珠而言，当粒子半径 r 比辐射波长 λ 小很多时，$K(\lambda)$随波长 λ 的缩短(或粒子半径的增加)迅速增大，直到 $2\pi r/\lambda\approx5$ 时，$K(\lambda)$达到极大值 3.8。随着 $2\pi r/\lambda$ 的进一步增大，$K(\lambda)$值作衰减振荡形式的变化。但对于足够大的 r/λ 值，$K(\lambda)$逐渐趋于恒值 2，并且与波长 λ 几乎无关。因此，当 $r\gg\lambda$ 时，则为非选择性散射，此时的散射面积比 $K(\lambda)\approx2$。而当 $r\approx\lambda$ 时，则为米氏散射，此时的散射系数按式(3.58)和式(3.61)计算。

表 3.14　几种特殊情况下的散射面积比

a	$n-1$	$(n-1)a$	散射面积比 $K(\lambda)$
$\ll1$	$\ll1$	$\ll1$	$K(\lambda)=\frac{32}{27}(n-1)^2a^4$
$\gg1$	$\ll1$	$\ll1$	$K(\lambda)=2(n-1)^2a^2$
$\gg1$	$\ll1$	$\gg1$	$K(\lambda)=2$
$\gg1$	$\gg1$	$\gg1$	$K(\lambda)=2$
$\ll1$	$\gg1$	$\gg1$	$K(\lambda)=\frac{10}{3}a^4$
$\ll1$	$\gg1$	$\ll1$	$K(\lambda)=\frac{8}{3}a^4$
$\ll1$	任意值	$\ll1$	瑞利散射

由于云雾粒子半径在5～15μm间出现分布最大值，所以对常用的λ<15μm红外波段，$K(\lambda)\approx3.8$。出现强烈的米氏散射。但对可见光($r\gg\lambda$)，在云和雾中出现非选择性散射，因此雾呈白色，透过雾看太阳呈白色圆盘形状。工业区上空的霾粒子半径很少超过0.5μm，比红外波长小得多，因而从散射的观点看，红外辐射透霾能力比可见光要强。因为霾对短波辐射有较强的散射，所以含有大量霾粒子的上空呈淡蓝灰色。

上述讨论的散射系数单位均以cm^{-1}表示，若乘以10^5，则可以把散射系数单位化为km^{-1}。

云对太阳的辐射影响很大。这些大水滴对辐射的吸收很少，当厚度超过500m时吸收已成为一常数，而反射的作用是主要的。当云层厚度超过1200m时太阳的辐射已全部遮挡。在大气窗口内，辐射的衰减主要是因为散射而损失。如在可见光区，吸收的能量只占衰减能量的3%。散射衰减的类型和强弱与波长密切相关，如云中小雨滴的散射对可见光是非选择性散射，而对微波波段，雨滴的直径小于微波波长，因而是属于瑞利散射。根据瑞利散射的规律，散射光强与λ^{-4}成正比，而微波波长比可见光波长长1000倍以上，散射强度要弱10^{-12}以上，因此微波有极强的穿透云层的能力。红外辐射穿透云层的能力虽不如微波，但比可见光的穿透能力要大10倍以上。也可以说波长增加，传播距离增加，这就是为什么红外光比可见光传播距离远，而无线电波又比红外光传播远的原因之一。

3.7.2 大气分子与微粒的散射

大气中传输的辐射通量，同样会受到空气分子散射(大气分子散射和微粒散射)，微粒散射即为仅存在于大气中的地球表面灰尘、烟雾、水滴和盐粒等不同粒子的散射。分子散射可以作较精确的计算，而微粒散射与大气状态有关。

由于分子热运动造成分子密度的局部涨落所引起的散射称为分子散射。此时有瑞利定律，即线性散射系数$\gamma_{\lambda\varphi}$为

$$\gamma_{\lambda\varphi}=\frac{8\pi^3(n^2-1)}{3\lambda^4 N}(1+\cos^2\varphi) \tag{3.62}$$

式中，$\gamma_{\lambda\varphi}$为与波长为λ的辐射通量成φ角的方向上的线性散射系数；n为大气折射率；N为分子密度(cm^{-3})。

瑞利定律适用于散射质点的直径远小于波长的情况。对于直径不超过0.42μm的小质点，瑞利定律成立。对于红外波段来说，这种散射是很弱的，在大多数情况下，在每单位体积内仅散射原光束能量的10^{-6}～10^{-7}。因为瑞利散射与λ^{-4}有关系，所以当波长超过2μm时，分子散射就没有意义了。结果是与吸收相比，微粒大小远小于波长的分子散射是没有意义的，而只有分子聚集才产生散射。

实际大气并不是干净的，而含有各种液态或固态的杂质，因此它不服从瑞利定律，而服从米氏散射理论。在此情况下，它的线性散射系数为

$$\gamma_\lambda=2\pi N r^2 K(a) \tag{3.63}$$

$$a=\frac{2\pi r}{\lambda} \tag{3.64}$$

式中，r为散射粒子的半径；$K(a)$为波长的函数，并由介质的折射率决定。对于水滴来说，$K(a)$的具体数值如表3.15所示。

表 3.15　$K(a)$函数表

a	$K(a)$	a	$K(a)$	a	$K(a)$
1	0.06	8	1.7	15	1.35
2	0.07	9	1.4	20	1.35
3	0.82	10	1.12	25	1.15
4	1.45	11	0.89	30	1.09
5	1.83	11.2	0.82	35	1.06
6	1.95	12	1.00	40	1.03
7	1.90	13	1.25		

在不同能见度情况下，大气中所含微粒的情况如表 3.16 所示。计算 γ_λ 时，应根据当时当地的气象条件，选好 N 和 a，再按式(3.63)计算不同波长的线性散射系数，从而得到散射情况下的透过率。

表 3.16　大气中所含微粒情况

大气情况	大多数微粒直径/μm	直径范围 d/μm	微粒数 N/cm^{-3}	气象能见度/m
海烟	16	1～45	1～5	2750
海雾	16～32	1～45	1～10	90～360
地烟	0.2	0.2～1.4	1～200	约 9000
地雾(非工业区)	3～18	1～40	1～3000	90～360
地雾(工业区)	2～10	1～100	1～8000	约 50
压层云	2～10	1～70	450～9000	＜50

由此可知，利用线性散射系数计算由于散射引起的大气衰减时，均需知道大气中悬浮粒子的材料、大小以及密度等详细资料，而这些资料又是很难确定和测量的。因此在气象学中，采用一种实验方法处理散射问题，这就是如下所述的利用气象能见度求光谱线性散射系数的方法，即采用依标准气象能见度 D_V 确定的试验数据计算光谱透过率，这种方法在应用时既方便，又可靠。

气象能见度(气象学距离)D_V 表征大气的模糊度，并且是白天能看见天空背景下水平方向上角尺度大于 30′模糊物体的最大距离。它代表了大气的透射性能在可见光区的指定波长 λ_0 处(通常取 $\lambda_0=0.555\mu\mathrm{m}$ 或 $\lambda_0=0.61\mu\mathrm{m}$)，目标和背景之间对比减弱的程度。在这些波长处，大气的吸收为零，因而影响透射的原因将只是散射这一种因素。

表 3.17 列出了国际能见度等级和与之相应的能见度、透过系数及线性消光系数的值，以供参考。

表 3.17　国际能见度等级

等级	能见度特征	气象能见度 D_V/km	观察条件	τ^*	μ
0	很差	＜0.05	浓雾	$<10^{-34}$	＞78
1		0.05～0.2	大雾、稠密的大雪	$10^{-8.5}$	19.5
2		0.2～0.5	中雾、大雪	$10^{-3.4}$	7.8
3	差	0.5～1	薄雾、中雪	0.02	3.9
4		1～2	暴雨、中等薄雾或雪	0.14	1.95
5	中等	2～4	大雨、小雾或小雪	0.38	0.98
6		4～10	中雨、很小的雾或雪	0.68	0.39
7	好	10～20	无沉积物或小雨	0.82	0.195
8	很好	20～50	无沉积物	0.92	0.078
9	非常好	＞50	纯洁空气	＞0.92	＜0.078

线性消光系数 μ=线性散射系数 γ+线性吸收系数 α。

即透过率

$$\tau = e^{-\mu R} = e^{-(\gamma+\alpha)R} \tag{3.65}$$

当距离 $R=1\text{km}$ 时的透过率称为透过系数，用 τ^* 表示，即

$$\tau^* = e^{-\mu} \tag{3.66}$$

表 3.18 列出了国际能见度等级与散射系数的关系，可供参考。

表 3.18 国际能见度等级与散射系数的关系

等 级	气象能见度 D_V/km	散射系数 γ/km^{-1}
0	<0.05	>78.2
1	0.05 0.2	78.2 19.6
2	0.2 0.5	19.6 7.82
3	0.5 1	7.82 3.91
4	1 2	3.91 1.96
5	2 4	1.96 0.954
6	4 10	0.954 0.391
7	10 20	0.391 0.196
8	20 50	0.196 0.078
9	>50	0.078
纯净空气	277km	0.0141

注：表中数值是由分子散射构成。

3.7.3 大气散射系数的经验计算法

在确定由大气散射决定的透过率的经验方法中，除利用模型大气的图解法和低分辨率透射率程序(LOWTRAN)等方法外，较简单且实用的方法是利用气象能见度，以经验公式计算大气对给定辐射波长的散射系数。

气象能见度或可见距离，通常定义为人眼对着地平线天空刚好能分辨出大的黑色(无反射)目标的平均距离。严格讲，就是在可见区的指定波长 λ_0(通常取 $\lambda_0=0.555$ 或 $0.61\mu\text{m}$)处目标与背景对比度降低到它在零距离值的 2%的距离。

因在距观察点 R 千米的目标与背景对比度

$$C_R = \frac{L_R(t) - L(b)}{L(b)} \tag{3.67}$$

式中，$L_R(t)$和 $L(b)$分别为在距离 R 千米处的目标和背景(通常是天空)的表观辐亮度。若用 C_{D_V} 和 C_0 分别表示上述对比度在 $R=D_V$ 和 $R=0$ 处的值，则根据上述定义，满足下列关系式的距离 D_V 就是

气象能见度：

$$\frac{C_{D_V}}{C_0}=\frac{L_{D_V}(t)-L(b)}{L(b)}\bigg/\frac{L_0(t)-L(b)}{L(b)}=0.02 \tag{3.68}$$

因背景（天空）表观辐亮度不随距离变化，故当 $L(t)\gg L(b)$ 时，式(3.68)简化为

$$\frac{C_{D_V}}{C_0}\approx\frac{L_{D_V}(t)}{L_0(t)}=0.02 \tag{3.69}$$

因在选定的波长 λ_0 处大气吸收可忽略，所以，在距离 D_V 内的大气对 λ_0 辐射的透过率，完全由大气散射所决定：

$$\tau_s(\lambda_0,D_V)=\frac{L_{D_V}(t)}{L_0(t)}=\mathrm{e}^{-\gamma(\lambda_0)\cdot D_V} \tag{3.70}$$

由式(3.69)和式(3.70)得到

$$\ln\tau_s(\lambda_0,D_V)=-\gamma(\lambda_0)\cdot D_V=\ln 0.02=-3.91 \tag{3.71}$$

因此得到波长 λ_0 的散射系数 $\gamma(\lambda_0)$ 与 D_V 的关系式

$$\gamma(\lambda_0)=\frac{3.91}{D_V}\quad 或\quad D_V=\frac{\ln 50}{\gamma(\lambda_0)} \tag{3.72}$$

气象能见度 D_V 可从当时当地的气象部门取得，也可进行野外测量。用 $\lambda_0=0.55\mu\mathrm{m}$ 或 $0.61\mu\mathrm{m}$ 辐射，在给定距 R(km)路程上测量大气透过率 $\tau_s(\lambda_0,R)$，因波长 λ_0 的辐射在大气中的吸收实际为零，所以

$$\tau_s(\lambda_0,R)=\mathrm{e}^{-\gamma(\lambda_0)\cdot R} \tag{3.73}$$

利用式(3.72)，从而得到气象能见度为

$$D_V=-\frac{3.91R}{\ln\tau_s(\lambda_0,R)}=\frac{-R\ln 50}{\ln\tau_s(\lambda_0,R)} \tag{3.74}$$

剩下的问题是如何根据已知的气象能见度计算任意波长的散射系数。已经知道，除粒子半径远大于波长的非选择性散射情况外，无论瑞利散射还是米氏散射，散射系数 $\gamma(\lambda)$ 都是波长的函数，并随波长的增加而减小。因此，原则上，可设想把散射系数表示成下列形式：

$$\gamma(\lambda)=A\lambda^{-q}+B\lambda^{-4} \tag{3.75}$$

式中，A、B 和 q 都是待定参数。其中第二项正好表示瑞利散射，在红外区可忽略，于是可改写成

$$\gamma(\lambda)=A\lambda^{-q} \tag{3.76}$$

当 $D_V>80$km 时，取式中经验常数 $q=1.6$，在中等能见度的典型大气中，取 $q=1.3$。对于 $D_V<6$km 的浓霾大气，可取 $q=0.585D_V^{1/3}$，其中 D_V 的单位为 km。

因为关系式(3.76)同样满足波长 λ_0 处的散射系数，所以，利用式(3.72)和式(3.76)可以得到

$$\gamma(\lambda_0)=\frac{3.91}{D_V}=A\lambda_0^{-q} \tag{3.77}$$

由此可以确定出待定参数

$$A=\frac{3.91}{D_V}\cdot\lambda_0^{q} \tag{3.78}$$

代入式(3.76)后，得到任意波长 λ 的散射系数为

$$\gamma(\lambda)=\frac{3.91}{D_V}\left(\frac{\lambda_0}{\lambda}\right)^{q} \tag{3.79}$$

也有文献，对任意波长 λ 的散射系数通过如下推导得到。

眼睛感知的最小对比度(阈值对比度)等于2%，因此，气象能见度 D_V 就是目标对比度 $K_V(0)$ 为1时，通过大气后感知的对比度 $K_V(D_V)$ 为0.02的距离，即

$$K_V(D_V)=K_V(0)\exp(-a_V D_V) \tag{3.80}$$

式中，$K_V(0)=1$，$K_V(D_V)=0.02$。

由此得：

$$\alpha_V=-\frac{1}{D_V}\ln\frac{K_V(D_V)}{K_V(0)}=\frac{3.91}{D_V} \tag{3.81}$$

式中，D_V 的单位为km，α_V 的单位为 km^{-1}。

由实测结果确定，在0.3～14μm的衰减系数与散射 $\gamma\sim\lambda^{-q}$ 有关，因此，依赖大气分子微粒散射的光谱散射系数 $\gamma(\lambda)$ 可用下式得到：

$$\gamma(\lambda)=\alpha_V(\lambda_0)\left(\frac{\lambda_0}{\lambda}\right)^q=\frac{3.91}{D_V}\left(\frac{\lambda_0}{\lambda}\right)^q \tag{3.82}$$

式中，λ_0 取0.555μm(0.61μm)；λ 为红外辐射波长(μm)；对能见度特别好(例如 $D_V>50$km时)，修正因子 $q=1.6$；对于中等能见度(例如 $D_V=10$km)，$q=1.3$；如果大气中的霾很厚，以致能见度很差($D_V<6$km)时，可取 $q=0.585D_V^{1/3}$；对于0.3～14μm区间，一般可取 $q=1.3$。表3.19详细列出了不同气象能见度对应的修正因子。

表3.19　不同能见度对应的修正因子

修正因子 q	气象能见度 D_V/km	等　级	气象状况
1.6	>50	9	极晴朗
1.3	$6<D_V<50$	6～8	晴朗
$0.16D_V+0.34$	$1<D_V<6$	4～6	霾
$D_V-0.5$	$0.5<D_V<1$	3	轻雾
0	$D_V<0.5$	<3	中、浓、厚雾

从而由式(3.82)求得纯粹由散射导致的透过率 $\tau_2(\lambda)$ 为

$$\tau_2(\lambda)=\exp(-a_p R)=\exp\left[-\frac{3.91}{D_V}\left(\frac{\lambda_0}{\lambda}\right)^q\cdot R\right] \tag{3.83}$$

式中，R 为作用距离。

此外，还有文献把式(3.72)中的因子ln50用一个随波长增加而减小的因子 A_λ 代替，因而推广到任意波长的散射系数为

$$\gamma(\lambda)=\frac{A_\lambda}{D_V} \tag{3.84}$$

式中，A_λ 与波长及大气的气象能见度 D_V 有关。根据各种大气模型的统计资料和内插法，得到在0.55～10.6μm之间计算任意波长散射系数的下列经验公式：

$$\gamma(\lambda)=\frac{\exp[1.144-0.0128D_V-(0.368+0.0214D_V)\ln\lambda]}{D_V} \tag{3.85}$$

应该指出，与雾不同的是，霾在气象学上的定义为在大气相对湿度 H_r 小于80%时，由大气中悬浮的大量微小颗粒物(沙尘、烟煤等)使水平能见度降低到10km以下的天气现象。同时，霾也是一种灾害性天气，其灾害性具体表现为：①大大降低能见度；②导致局部气候恶劣，影响民众的日常生活和健康

状况。通常将霾按不同能见度分为4个等级，如表3.20所示。

表3.20 霾的划分等级

等级	相对湿度	能见度	等级	相对湿度	能见度
轻微霾	$H_r \leqslant 80\%$	$5\text{km} < D_V \leqslant 10\text{km}$	中度霾	$H_r \leqslant 80\%$	$2\text{km} < D_V \leqslant 3\text{km}$
轻度霾	$H_r \leqslant 80\%$	$3\text{km} < D_V \leqslant 5\text{km}$	重度霾	$H_r \leqslant 80\%$	$D_V \leqslant 2\text{km}$

在现实生活中，雾天气和霾天气给普通人带来的视觉感受是类似的，很难区分。但是，当光电系统在实际雾霾天气中应用时，由于雾和霾的本质区别，应将两种天气环境加以区分，从两种天气的本质入手，更好地研究雾环境和霾环境对辐射传输造成的影响。如表3.21所示，列出了两种环境的不同点。

表3.21 雾与霾的不同点

特征区别	雾	霾
组成成分	细微水滴、冰晶质点及其混合物	大气中悬浮的沙尘颗粒、烟煤颗粒等
相对湿度	$H_r \geqslant 90\%$	$H_r \leqslant 80\%$
边界特征	浅淡掺和	模糊杂糅
外观颜色	白色、灰色	黄色、橙灰色
能见度	$D_V \leqslant 30\text{km}$	$D_V \leqslant 10\text{km}$

在有霾的情况下，人们根据多次观察数据，提出一个由于霾的散射所造成的大气透过率经验计算公式：

$$\tau'_2 = (0.998)^{\omega} \tag{3.86}$$

式中，ω为可降水分(cm/km)。

3.8 与气象条件（云、雾、雨、雪）有关的散射衰减

辐射在云和雾中被吸收和散射衰减，取决于微粒的浓度、尺寸分布、折射率和云雾层的厚度。若已清楚了解这些参数，则可根据前述理论作出估算。然而，不同种类的云（卷云、卷层云、高积云、积云、高层云和雨层云）和雾（水滴雾、冰雾等），具有不同的结构和光学性质，而且在不同地理条件、高度和季节，可能会有不同的尺寸及浓度分布。例如，天然雾和低水平的云，一般由球形水滴组成，而卷云和高积云等往往由六角形片状或柱状冰晶组成。因此，当辐射通过不同种类的云和雾时，不仅受到的吸收有所变化，而且散射也有差别。此外，当冰晶有一定相互取向时，还会引起偏振现象。

雾是悬浮在近地面大气中的大量可见微细水滴（或冰晶）的集合体，是由近地面悬浮着的水滴和冰晶粒子经过长时间沉降形成的一种气溶胶系统。它会使地面的水平能见度下降，雾中的粒子会吸收光（激光）和散射光（激光），使得传输的光（激光）发生衰减。与初生雾相比，长时间存在或趋于消散阶段的雾滴间的尺度相差较大。雾滴在形成初期或消散过程中其半径r可能小于1μm。当能见度小于50m时，r可达20～30μm；当能见度大于100m时，大部分雾滴的平均半径小于8μm。当环境温度$T>0$℃时，r通常在7～15μm，如我国南方的暖雾；当环境温度$T<0$℃时，r通常在2～5μm，如我国北方的冷雾。

根据地域和形成机理，雾可分成平流雾（海雾）和辐射雾（内陆雾）两大类。平流雾的平均直径约为20μm，辐射雾的雾滴直径通常小于20μm。

根据形成雾环境的过程划分，还可以将其分为以下几类：①辐射雾：由于白天气温较高，地表会受

到太阳持续不断的热辐射。当太阳落山后，地表逐渐冷却，造成近地面潮湿空气中的水汽冷凝析出所形成的雾；②平流雾：潮湿空气中的水汽受到流经的低温环境的影响而形成的雾；③蒸发雾：水面上积聚的水蒸气在冷空气的作用下冷凝析出形成的雾；④锋面雾：在冷暖空气的交界面附近，较大的温差导致温暖的潮湿空气冷凝析出形成的雾。

大气中悬浮的雾滴粒子可以使大气的水平能见度大幅降低，根据水平能见度 D_V 的大小，如表 3.22 所示，将雾按浓度分为以下几个等级。

表 3.22　雾的浓度分级

等级	能见度 D_V	分级名称
0	$D_V \leqslant 0.05\text{km}$	重雾
1	$0.05\text{km} < D_V \leqslant 0.2\text{km}$	浓雾
2	$0.2\text{km} < D_V \leqslant 0.5\text{km}$	大雾
3	$0.5\text{km} < D_V \leqslant 1\text{km}$	轻雾
4	$1\text{km} < D_V \leqslant 2\text{km}$	弱雾
5	$2\text{km} < D_V \leqslant 4\text{km}$	薄雾

雾环境的发展趋势和稳定程度决定了雾滴粒子的尺寸大小。一般情况下，对于形成初期的雾环境而言，雾滴的大小分布较为均匀。而对于即将消散的雾环境，雾滴粒子之间的尺寸差距会变大，且谱分布会变得较宽。

雨比雾对红外辐射的散射衰减要低一些，原因是雨滴比红外辐射波长大许多倍，故散射与波长无关。通常，雨的散射系数可用降雨量 z(cm/s)和雨滴半径 r(cm)按下式计算：

$$\gamma = 1.25 \times 10^{-6}\ \frac{z}{r^3}(\text{cm}^{-1}) \tag{3.87}$$

因为雨滴半径是随机分布的，所以，应用式(3.87)时不能采用平均或等效雨滴尺寸，而需采用统计分布。雪的衰减因其晶粒形状的复杂性，理论计算较为困难。有实验表明，对于给定的等量液态水而言，雪介于雨和雾的衰减值之间。

为了计算云、雾、雨等的衰减系数 $\beta(\lambda)$，可以仿照式(3.60)，把它写成下列形式：

$$\beta(\lambda) = \pi\int_{r_1}^{r_2} Q(\lambda, r)n(r)r^2\,\text{d}r \tag{3.88}$$

式中，$Q(\lambda, r) = K(\lambda, r) + \dfrac{C(\lambda, r)}{\pi r^2}$，$K(\lambda, r)$是半径为 r 的微粒对波长 λ 辐射的散射面积比，$C(\lambda, r)$为吸收截面。若假定云、雾或雨中水滴近似为球形，则运用几何光学与惠更斯原理的结合，或者利用米氏的严格电磁理论计算，可以得到下列结果：

$$Q(\lambda, r) = 2 - 4\text{e}^{-\rho\text{tg}\varphi}\left(\frac{\cos\varphi}{\rho}\right)\sin(\rho-\varphi) - 4\text{e}^{-\rho\text{tg}\varphi}\left(\frac{\cos\varphi}{\rho}\right)^2\cos(\rho-2\varphi) + 4\left(\frac{\cos\varphi}{\rho}\right)^2\cos2\varphi \tag{3.89}$$

式中，$\rho = \dfrac{4\pi r}{\lambda}(n-1)$，$\tan\varphi = \dfrac{k}{n-1}$，$n - \text{j}k = \hat{N}$ 为水滴的复折射率，它们随波长的变化如图 3.7 所示。若云和雾可看作由球形冰晶组成，则式(3.89)仍适用，但折射率应取图 3.8 所示的冰的折射率值。很明显，当把水滴近似看作无吸收($k=0$)的球形水珠时，从式(3.89)可以直接得到散射面积比表达式(3.61)。

应该指出，式(3.89)是在假设$(n-1)\ll 1$，$k\ll 1$ 和$\dfrac{2\pi r}{\lambda}\gg 1$ 的情况下推出的，但对$|n-1-\text{j}k|\ll 1$ 和 $\dfrac{2\pi r}{\lambda}\gg 1$ 依然适用。而且，当 $\rho\ll 1$ 时，式(3.89)简化为

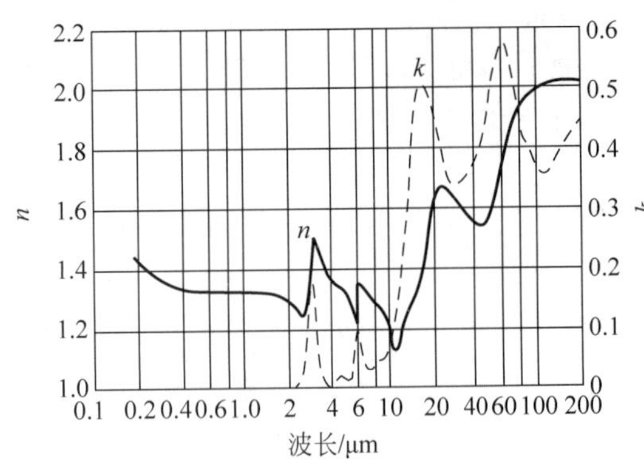

图 3.7　液态水的复折射率($n-\mathrm{j}k$)

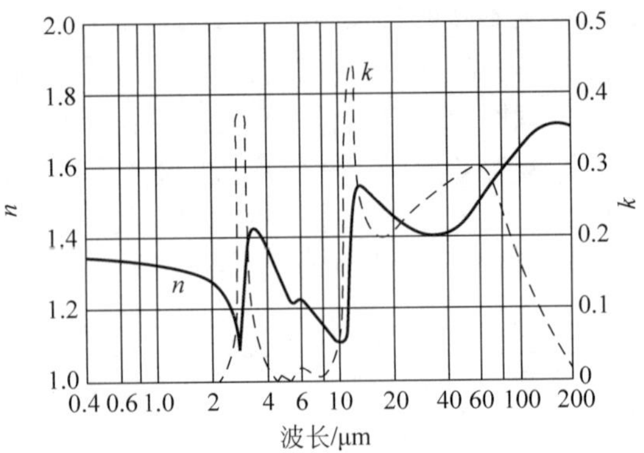

图 3.8　冰的复折射率($n-\mathrm{j}k$)

$$Q(\lambda,r)=\frac{4}{3}\rho\tan\varphi+\frac{1}{2}\rho^2(1-\tan^2\varphi) \tag{3.90}$$

为了按照式(3.88)计算衰减系数，通常采用下列液滴数密度模型：

$$n\left(\frac{r}{r_m}\right)=C\left(\frac{r}{r_m}\right)^p\exp\left[-D\left(\frac{r}{r_m}\right)^{q'}\right] \tag{3.91}$$

式中，$C=\left(\frac{p}{q'}\right)^{(p+1)/q'}\cdot\frac{q'}{\Gamma\left(\frac{p+1}{q'}\right)}\cdot\frac{N}{r_m}$，$D=\frac{p}{q'}$；$N$ 为每单位体积的液滴总数；r_m 为个数最多液滴半径；p 和 q' 为能够调整为适合实际液滴尺寸分布的参数；$\Gamma\left(\frac{p+1}{q'}\right)$ 为 Γ 函数。

应该指出，式(3.91)给出的液滴分布模型，对于不同地理位置、不同时间(如起雾和消散过程中)和不同类型的云中，可能会有较大的偏差。

因为气象(雾、雨、雪)粒子尺寸通常比红外辐射波长大得多，所以根据米氏理论，这样的粒子产生非选择的辐射散射。

雾粒的尺寸各有不同。虽然辐射在雾中有吸收衰减，但随波长的变化，比在大气分子和粒子散射时要弱些，而不比 8～14μm 透过窗口的衰减小，通常在雾中红外辐射的衰减比可见光的衰减小 2～2.5 倍。

对于小粒状雾，光谱散射衰减系数可按式(3.82)近似计算。

在可见光和红外光谱区，雨和雪的辐射衰减与雾的衰减有别，是非选择性的。因此，对于决定与其强度相关的雨、雪的衰减系数可采用在 10.6μm 波长得到的经验公式：

$$a_{雨}=0.66J_{雨}^{0.66}\qquad(\mathrm{km}^{-1}) \tag{3.92}$$

$$a_{雪}=6.5J_{雪}^{0.7}\qquad(\mathrm{km}^{-1}) \tag{3.93}$$

式中，$J_{雨}$、$J_{雪}$ 分别为与气象条件有关的降雨、降雪强度(mm/h)。

在没有实测数据的情况下，可采用下面的降雨(雪)强度数值进行估算：小雨(雪)，2.5mm/h；中雨(雪)，12.5mm/h；大雨(雪)，25mm/h；倾盆大雨：100mm/h。

由雨的衰减所导致的透过率为

$$\tau'_3=\exp(-a_{雨}\cdot R) \tag{3.94}$$

由雪的衰减所导致的透过率为

$$\tau''_3(\lambda)=\exp(-a_{雪}\cdot R) \tag{3.95}$$

式中，R 为作用距离。

3.9 平均透过率与积分透过率的计算方法

对于非连续的离散型数据，可采用将积分形式变为求和形式的方法计算平均透过率与积分透过率。

3.9.1 平均透过率的计算方法

如上所述，首先求出 $\tau_1(\lambda)$、$\tau_2(\lambda)$和 $\tau_3(\lambda)$，由式(3.9)即可求出大气光谱透过率 $\tau_a(\lambda)$，然后将平均透过率的积分形式变为求和形式，即由式(3.6)变为下式：

$$\begin{aligned}\bar{\tau}_a &= \frac{1}{\Delta\lambda}\left[\tau_a(\lambda_1)\times\frac{1}{2}\mathrm{d}\lambda + \tau_a(\lambda_1+\mathrm{d}\lambda)\mathrm{d}\lambda + \cdots + \tau_a(\lambda_1+(n-1)\mathrm{d}\lambda)\mathrm{d}\lambda + \frac{1}{2}\tau_a(\lambda_2)\mathrm{d}\lambda\right] \\ &= \frac{\mathrm{d}\lambda}{\Delta\lambda}\left[\frac{1}{2}(\tau_a(\lambda_1)+\tau_a(\lambda_2)) + \sum_{i=1}^{n-1}\tau_a(\lambda_1+i\,\mathrm{d}\lambda)\right]\end{aligned} \tag{3.96}$$

式中，$\lambda_1 \sim \lambda_2$ 为光谱范围；$\Delta\lambda=\lambda_1\sim\lambda_2$；$\mathrm{d}\lambda$ 为光谱间隔，亦即求和间隔；$n=\Delta\lambda/\mathrm{d}\lambda$，$n$ 应为正整数，n 越大，$\bar{\tau}_a$ 的精确程度越高。

将有关数据代入式(3.96)，可以求出平均透过率 $\bar{\tau}_a$。

3.9.2 积分透过率的计算方法

积分透过率的计算方法如下：

(1) 用式(3.9)求出波段内的大气光谱透过率 $\tau_a(\lambda)$。

(2) 确定大气积分透过率。

把式(3.8)中的积分形式变为求和形式，即用下式确定大气积分透过率：

$$\tau_a = \frac{\sum_{i=0}^{N-1}\varphi_e(\lambda_1+i\,\mathrm{d}\lambda)\tau_a(\lambda_1+i\,\mathrm{d}\lambda)}{\sum_{i=0}^{N-1}\varphi_e(\lambda_1+i\,\mathrm{d}\lambda)} \tag{3.97}$$

式中，$\mathrm{d}\lambda$ 为求和间隔；$N=(\lambda_2-\lambda_1)/\mathrm{d}\lambda$。

目标辐射通量由下式确定(对朗伯灰体辐射源)：

$$\varphi_e(\lambda)=\varepsilon_0 M_e(\lambda,T)S_0 \tag{3.98}$$

式中，ε_0 为灰体辐射系数；$M_e(\lambda,T)$为绝对黑体的辐射出射度；S_0 为目标辐射的面积；T 为目标热力学温度。

将式(3.98)代入式(3.97)，得：

$$\tau_a = \frac{\sum_{i=0}^{N-1}M_e(\lambda_1+i\,\mathrm{d}\lambda)\tau_a(\lambda_1+i\,\mathrm{d}\lambda)}{\sum_{i=0}^{N-1}M_e(\lambda_1+i\,\mathrm{d}\lambda)} \tag{3.99}$$

(3) 计算 $M_e(\lambda,T)$。

在红外系统中，$M_e(\lambda,T)$的常用形式为

$$M_e(\lambda)=c_1/[\lambda^5(\exp(c_2/\lambda T)-1)] \tag{3.100}$$

式中，c_1 为第一辐射常量；c_2 为第二辐射常量；λ 为辐射波长(μm)。

(4) 求 τ_a。

由 $M_e(\lambda_1+i\mathrm{d}\lambda)$ 和 $\tau_a(\lambda_1+i\mathrm{d}\lambda)$，代入式(3.99)可求得 τ_a。

3.10 计算示例

【例 3.1】 气象条件如下：水平路程距离 $D=2\text{km}$，气象能见度 $D_V=20\text{km}$（在 $\lambda_0=0.55\mu\text{m}$ 处），空气温度 $t_B=20℃$，空气相对湿度 $H_r=80\%$，无雾和雨。计算 $\lambda_1=4\mu\text{m}$ 和 $\lambda_2=10\mu\text{m}$ 时的大气光谱透过率。

解：

(1) 求 $\tau_{H_2O}(\lambda)$。

根据 $t_B=20℃$，查表 3.13 得到空气相对湿度 $H_r=100\%$ 时的可降水分，$\omega_0(100\%)=17.3\text{mm/km}$，由式(3.14)可知，相对湿度 $H_r=80\%$、路程距离 $D=2\text{km}$ 的可降水分为

$$\omega=\omega_0 DH_r=27.7\text{mm}$$

由表 3.7 和表 3.9，用插值法或外推法可分别求出：

$$\tau_{H_2O}(\lambda_1)=0.952,\quad \tau_{H_2O}(\lambda_2)=0.718$$

(2) 求 $\tau_{CO_2}(\lambda)$。

路程距离 $D=2\text{km}$ 时，从表 3.8 和表 3.10 中查得

$$\tau_{CO_2}(\lambda_1)=0.991,\quad \tau_{CO_2}(\lambda_2)=0.997$$

(3) 求 $\tau_2(\lambda_1)$、$\tau_2(\lambda_2)$。

根据式(3.83)求出纯粹由散射导致的透过率为

$$\tau_2(\lambda_1)=0.972,\quad \tau_2(\lambda_2)=0.991$$

(4) 求 $\tau_a(\lambda_1)$、$\tau_a(\lambda_2)$。

由于没有气象衰减，所以 $\tau_3(\lambda)=1$，因此由式(3.9)得到：

$$\tau_a(\lambda_1)=0.952\times0.991\times0.972=0.917$$

$$\tau_a(\lambda_2)=0.718\times0.997\times0.991=0.709$$

【例 3.2】 气象条件如下：水平路程距离 $D=2\text{km}$，气象能见度 $D_V=10\text{km}$（在 $\lambda_0=0.55\mu\text{m}$ 处），空气温度 $t_B=5℃$，空气相对湿度 $H_r=85\%$，小雨强度为 1mm/h。计算 8～14μm 范围内的大气光谱透过率。

解：

(1) 求 $\tau_{H_2O}(\lambda)$。

根据 $t_B=5℃$，查表 3.13 得到空气相对湿度 $H_r=100\%$ 时的可降水分，$\omega_0(100\%)=6.8\text{mm/km}$，由式(3.14)可知，相对湿度 $H_r=85\%$、路程距离 $D=2\text{km}$ 的可降水分为

$$\omega=\omega_0 DH_r=11.6\text{mm}$$

由表 3.9 用插值法或外推法，可分别求出 8～14μm 范围内的 $\tau_{H_2O}(\lambda)$，结果列于表 3.23。

(2) 求 $\tau_{CO_2}(\lambda)$。

由表 3.10，对路程距离 $D=2\text{km}$ 时，可确定 8～14μm 范围内的 $\tau_{CO_2}(\lambda)$，结果列于表 3.23。

(3) 求 $\tau_2(\lambda)$。

根据式(3.83)求出纯粹由散射导致的透过率 $\tau_2(\lambda)$，结果列于表 3.23。

(4) 求 $\tau_3'(\lambda)$。

由式(3.92)得 $a_{雨}=0.66\times1^{0.66}=0.66\text{km}^{-1}$，由式(3.94)计算出小雨的衰减所导致的非选择气象透过率 $\tau_3'(\lambda)=e^{-2\times0.66}=0.267$。

(5) 求 $\tau_a(\lambda)$。

由式(3.9)可计算出 8～14μm 范围内的大气光谱透过率 $\tau_a(\lambda)$，结果列于表 3.23，按照此表，可作出相应的大气光谱透过率曲线。为了说明计算方法，这里仅列出了有限的几组数据。

表 3.23　例 3.2 的大气光谱透过率

$\lambda/\mu m$	$\tau_{H_2O}(\lambda)$	$\tau_{CO_2}(\lambda)$	$\tau_2(\lambda)$	$\tau_a(\lambda)$
8.0	0.565	1	0.976	0.147
8.4	0.746	1	0.978	0.195
8.8	0.820	1	0.979	0.214
9.6	0.858	0.961	0.981	0.216
10.0	0.867	0.997	0.982	0.226
10.4	0.869	0.998	0.983	0.228
10.6	0.871	0.999	0.983	0.228
11.0	0.866	0.997	0.984	0.227
11.8	0.842	0.993	0.986	0.220
12.6	0.849	0.815	0.987	0.182
13.0	0.826	0.912	0.987	0.199
13.6	0.789	0.351	0.988	0.073
13.8	0.774	0.215	0.988	0.044

【例 3.3】 气象条件如下：水平路程距离 $D=3\text{km}$，气象能见度 $D_V=15\text{km}$(在 $\lambda_0=0.55\mu m$ 处)，空气温度 $t_B=27℃$，空气相对湿度 $H_r=70\%$，无雾和雨，目标是温度 $t_o=27℃$ 的朗伯灰体辐射源。计算在 8～14μm 范围内的大气积分透过率。

解：与例 3.2 类似，首先用式(3.9)确定大气光谱透过率，然后由式(3.99)计算大气积分透过率。

(1) 求 $\tau_{H_2O}(\lambda)$。

根据 $t_B=27℃$，查表 3.13 得到空气相对湿度 $H_r=100\%$时的可降水分，$\omega_0(100\%)=25.8\text{mm/km}$，由式(3.14)可知，相对湿度 $H_r=70\%$、路程距离 $D=3\text{km}$ 的可降水分为

$$\omega=\omega_0 DH_r=54\text{mm}$$

由表 3.9 用插值法或外推法，可分别求出 8～14μm 范围内的 $\tau_{H_2O}(\lambda)$，结果列于表 3.24。

(2) 求 $\tau_{CO_2}(\lambda)$。

由表 3.10，对路程距离 $D=3\text{km}$ 时，用外推法确定 8～14μm 范围内的 $\tau_{CO_2}(\lambda)$，结果列于表 3.24。

(3) 求 $\tau_2(\lambda)$。

根据式(3.83)求出纯粹由散射导致的透过率 $\tau_2(\lambda)$，结果列于表 3.24。

用式(3.9)计算出大气光谱透过率，结果列于表 3.24。

表 3.24　例 3.3 的大气光谱透过率

$\lambda/\mu m$	$\tau_{H_2O}(\lambda)$	$\tau_{CO_2}(\lambda)$	$\tau_2(\lambda)$	$\tau_a(\lambda)$
8.0	0.07	1	0.98	0.07
8.4	0.26	1	0.98	0.25

续表

$\lambda/\mu m$	$\tau_{H_2O}(\lambda)$	$\tau_{CO_2}(\lambda)$	$\tau_2(\lambda)$	$\tau_a(\lambda)$
8.8	0.40	1	0.98	0.39
9.6	0.49	0.94	0.98	0.45
10.0	0.51	0.99	0.98	0.49
10.4	0.52	0.99	0.98	0.50
10.6	0.52	1	0.98	0.51
11.0	0.51	0.99	0.98	0.50
11.8	0.44	0.99	0.99	0.43
12.6	0.47	0.74	0.99	0.34
13.0	0.41	0.87	0.99	0.35
13.6	0.34	0.27	0.99	0.09
13.8	0.31	0.15	0.99	0.05

(4) 计算大气积分透过率。

取求和间隔 $\Delta\lambda=0.5\mu m$，由式(3.99)和式(3.100)计算大气积分透过率。计算得到：

$$\tau_a=0.39$$

【例 3.4】 气象条件如下：水平路程距离 $D=1.8km$，高度 $H=2km$，气象能见度 $D_V=13.8\ km$（在 $\lambda_0=0.61\mu m$ 处），空气温度 $t_B=2℃$，空气相对湿度 $H_r=50\%$。计算 2.0～2.5μm 波段内的平均大气透过率。

解：

(1) 求 $\tau_{H_2O}(\lambda)$。

根据 $t_B=2℃$，查表 3.13 得到空气相对湿度 $H_r=100\%$时的可降水分，$\omega_0(100\%)=0.557cm/km$，由式(3.30)可知，相对湿度 $H_r=50\%$、$D=1.8km$、$H=2km$ 上的可降水分为

$$\omega_e=\omega_0 R\cdot H_r e^{-0.515H}=0.178cm\approx 0.2cm$$

由表 3.7 可查出 2.0～2.5μm 范围内的 $\tau_{H_2O}(\lambda)$，结果列于表 3.25。

(2) 求 $\tau_{CO_2}(\lambda)$。

由式(3.37)可得到有效海平面距离为

$$R_e=R_H e^{-0.313H}=0.962km$$

查表 3.8，$\tau_{CO_2}(\lambda)$结果列于表 3.25。

表 3.25　例 3.4 的大气光谱透过率和平均大气透过率

$\lambda/\mu m$	$\tau_{H_2O}(\lambda)$	$\tau_{CO_2}(\lambda)$	$\tau_2(\lambda)$	$\bar{\tau}_a$
2.0	0.933	0.931	0.91	0.845
2.1	0.982	0.994		
2.2	0.991	1.000		
2.3	0.982	1.000		
2.4	0.911	1.000		
2.5	0.695	1.000		

(3) 求 $\tau_2(\lambda)$。

根据式(3.83)求出纯粹由散射导致的透过率 $\tau_2(\lambda)$。由于 $D_V=13.8km$，故取 $q=1.3$。因为这个光谱带很窄，由散射导致的透过率随波长变化较慢，故取光谱带的中心波长 $\lambda=2.25\mu m$ 处的 $\tau_2(\lambda)$作为

平均的 $\tau_2(\lambda)$，得 $\tau_2(2.25)=91\%$。

(4) 求 $\bar{\tau}_a$。

由式(3.96)可计算出 2.0～2.5μm 的平均大气光谱透过率 $\bar{\tau}_a$。取 $\Delta\lambda=0.5\mu m$，而光谱间隔 $d\lambda=0.1\mu m$，得 $\bar{\tau}_a=0.845$。

这里所述的计算方法，仅需要查阅有关的基本数据表，就可以顺利地进行多种情况下大气透过率的较准确计算，尤其是对大气窗口的透过率计算，并且便于工程应用。此外，还可以在计算机上编制软件进行计算。

3.11 激光辐射在大气中的传输及计算方法

由于对流层以上对激光传输的影响是很小的，实际大气对激光的传输影响主要是指对流层对激光传输的影响。对流层是多种气体(N_2、O_2、CO_2 等)与水蒸气的混合体，处于大气的最底层，其大气密度随高度的增加而下降，其介电特性随时空而变，激光在其中传输会产生折射效应，对流层大气有明显的大尺度变化，同时还叠加有大气的局部湍流运动，其气体分子和水气凝结物(云、雾、雨、雪)具有吸收和散射作用，激光通过对流层大气时，因大气密度不均而出现折射现象，大气折射率与光波波长、空气温度、湿度、压强、高度等有关。因此激光在大气中传输路径是弯曲的，大气折射率使光程加长，光束角度发生变化，引起测量距离和高度误差。

激光在大气中传输时，受到大气气溶胶的折射、吸收、散射、湍流畸变、热晕畸变等多种因素的综合作用。在低能激光作用下，主要是大气湍流影响占优势；在高能激光作用下，热晕引起的畸变影响显得突出。在低空、湿度较大的大气中，大气的吸收、散射、湍流作用都较强，同时这些较强的作用将增加热晕效应的影响；而在高空、干洁的大气中，大气的吸收、散射、湍流、热畸变效应都将明显减弱。

激光在大气中传输时，受到大气分子和气溶胶的吸收与散射，其强度将受到衰减。由于大气湍流的影响，将导致目标上的光斑扩大。这两者属于激光在大气中传输的线性光学效应。当激光功率足够大时，还会产生非线性的热晕现象。热晕效应属于非线性光学效应，其效应的大小与激光强度密切相关。这些效应将会使目标上的激光功率密度下降，影响激光对目标的作用效果。

与非相干辐射光束类似，大气湍流对相干光束特性的影响程度与形式同光束直径与湍流尺度有很大关系，大致可分为三种情况：当光束直径远远小于湍流尺度时，湍流主要使光束产生随机偏折，接收机端光束漂移；当湍流尺度约等于光束直径时，湍流主要使光束截面发生随机偏转，从而形成到达角起伏，使接收端的焦平面上出现像点抖动；更常见的情况是，即光束直径远大于湍流尺度，湍流对光束起衍射作用，引起光束强度和相位在时空上的随机分布，导致光束截面的扩展，这时光束截面内包含许多小湍流旋涡，各自对照射的那一小部分光束起衍射作用，相干性退化，光束面积也会扩大，衰减总体接收光强。

激光对目标的作用主要取决于功率密度，即主要取决于传递到远场的激光功率和远场的光斑半径。传递到远场的激光功率主要取决于大气透过率和发射端激光功率。远场光斑半径的扩展可分为激光光束在自由空间传播时由衍射造成的光束扩展，激光光束在实际大气中传播时由大气湍流、热晕产生的扩展半径以及由瞄准抖动产生的扩展半径。光束的扩展对实际激光的作用效果影响很大。如果激光光束扩展太大，即使不存在由大气造成的功率损耗，光束强度也将随传输距离的增大而迅速减小。

高功率激光在大气中传输时，除受到大气分子和气溶胶粒子造成的吸收、散射，大气湍流引起的光束随机漂移、扩展和畸变等多种线性效应因素的影响之外，同时还会受到大气击穿、非线性热晕以及受激拉曼散射等非线性效应的影响。

激光在大气中传输，当激光功率密度大于空气击穿阈值时，将在空气周围形成等离子体效应，激光束在等离子区域将被强烈吸收，不能穿过等离子区继续向前传播，形成“屏蔽”效应。研究激光传输问题，激光功率密度必须小于击穿阈值。当激光脉宽大于1.0ns时，大气击穿阈值功率 p_{th} 与波长 λ 的关系为

$$p_{th}=3.2\times 10^{11}/\lambda^2 \tag{3.101}$$

一般而言，干洁大气中，CO_2 激光的击穿阈值为 $10^8\sim10^{10}\,\mathrm{W/cm^2}$，Nd：YAG激光的击穿阈值为 $10^{10}\sim10^{12}\,\mathrm{W/cm^2}$，短波的击穿阈值高于长波。当空气中含有气溶胶等杂质粒子时，击穿阈值大约要降低2～3个数量级，实际大气中或多或少地存在气溶胶等杂质粒子，激光功率密度小于 $10^7\,\mathrm{W/cm^2}$ 时，强激光在大气中传输时不会产生“屏蔽”现象。可以自由传播。对激光系统，在光束传输中将激光击穿阈值条件定为 $10^7\,\mathrm{W/cm^2}$ 相对合适，在这一条件以内，光束可以自由传输。

因此，激光辐射在大气中传输，除遇到非相干红外辐射传输时碰到的共同问题（吸收和散射衰减，大气闪烁等）以外，由于激光束的相干性和高功率密度，还会出现一些特殊效应。影响激光在大气中传输的重要因素包括：①大气分子和悬浮微粒的线性吸收和散射；②大气湍流引起的光束随机漂移、扩展和畸变；③非线性热晕效应；④强光下气体击穿引起的等离子体强烈衰减效应；⑤云雾中的复杂散射问题。上述诸因素既取决于大气的各种条件，也取决于激光波长以及工作方式是连续波还是脉冲的，激光传输还与发射机和接收机的光束宽度有重要关系。应该指出，激光在大气中传输时，这些因素中，主要会受到大气三种因素效应的影响：大气分子和气溶胶的吸收与散射效应，大气湍流效应，非线性热晕效应。这些效应会使目标上的激光功率密度下降，从而影响激光对目标的作用效果。

此外，当激光在大气湍流中传输时，由于大气折射率的随机起伏，将会产生光强闪烁、光束扩展和光斑漂移等效应。在强起伏情况下，多次散射的出现将会导致激光相干性严重退化，激光在传输过程中由完全相干光变成了部分相干光。

3.11.1 线性传输效应及计算方法

激光束在大气中产生的传输效应，包括光束漂移、光强闪烁、相位起伏与偏振变化、光束扩展，以及吸收和散射产生的衰减效应等。

1. 光束漂移、光强闪烁、相位起伏与偏振变化

具体如下所述。

1）光束漂移

当激光通过湍流大气时，传播方向的随机起伏造成光束偏离预期位置，这种效应称为光束漂移，通常采用漂移角或漂移幅度来度量。漂移角为光斑中心偏离其平均位置的角度；到达角为光束入射到接收面时的发散角。可以证明，到达角起伏方差为漂移角起伏方差的3倍。

光束漂移反映了光斑空间位置随时间的变化。光束漂移对激光在大气中的应用具有重要的影响。理论和实验研究光束漂移通常以光斑质心位置的变化来描述。光斑漂移与波长无关，汇聚光束的漂移小于准直光束。

光束漂移和像点抖动的概率分布是正态分布，一般情况下漂移角和到达角起伏都小于50μrad。光漂移角和折射率结构常数随时间变化一致，折射率结构常数变大时，漂移角也变大，反之亦然。由于折射率结构常数是大气光学中的一个重要的参数，它描述了大气折射率起伏的强度，可以用它来表示湍流的强弱，成为表征湍流强度的物理量，所以光束漂移和湍流强度密切相连，湍流强时漂移角大，湍流弱时

漂移角小。

2）光强闪烁

光强闪烁是当光束直径比湍流尺度大很多时，光束截面内包含多个湍流漩涡，每个漩涡各自对照射其上的那部分光束独立散射和衍射，引起光强的忽大忽小，即大气闪烁。在激光通信系统中，大气闪烁可引起接收机探测电流的随机涨落，从而导致探测系统的噪声增加。

3）相位起伏

大气折射率的起伏与不均匀性引起波前畸变。随着时间和路程的增加，引起各部分光束的光程起伏和相位起伏，从而使到达接收机孔径的相位发生显著的不规则变化。在相干光束情况下，该起伏效应明显破坏光束相干性，使波束发散，频率漂移和图像模糊。

4）偏振变化

偏振光束通过湍流大气后，偏振方向将产生变化。当折射率有 10^{-2} 数量级的变化时，偏振变化约为 $1°\sim2°$。

2. 衍射和抖动引起的光束扩展

在连续波情况下，为评价在特定焦距时的大气传输特性，常用对随机抖动和湍流效应平均的峰值焦点辐照度来描述。若为方便起见，假设光源光束为高斯型，则在良好近似下，有光束抖动和湍流引起漂移与扩展效应的平均焦点辐照度图形也是高斯型的，其峰值辐照度为

$$E_p=\frac{P}{\pi\rho^2}\exp(-\beta R) \tag{3.102}$$

式中，P 为激光总发射功率；β 为衰减系数；R 为距离；ρ 为无热晕时平均辐照图像的 $1/e$ 半径。由光源的光束质量、衍射、抖动和大气湍流等各种效应共同决定的均方根光束半径 ρ 由下式确定：

$$\rho^2=\rho_d^2+\rho_j^2+\rho_t^2 \tag{3.103}$$

式中，ρ_d^2 为衍射效应项；ρ_j^2 为光束抖动项；ρ_t^2 为光束扩展项。

$$\rho_d^2=B^2\frac{R}{k^2\rho_0^2}+\rho_0^2\left(1-\frac{R}{F}\right)^2 \tag{3.104}$$

式中，ρ_0、F 和 $k=\dfrac{2\pi}{\lambda}$ 分别是波长为 λ 的光源 $1/e$ 光束半径、焦距和波数。$F=\infty$ 或 R 分别对应于准直光束或在距离 R 上聚焦的光束。B 是以源的远场或焦距光束半径来表征的源光束质量参数，这个远场或焦距光束半径就是参数 B 乘以衍射极限半径。当光源波前的像差或缺陷很小时，参数 B 与均方波前误差 $\overline{\Delta\phi^2}$ 的关系为 $B^2=1+\overline{\Delta\phi^2}$。

式(3.103)中的光束抖动项 ρ_j^2 可以用焦点的均方径向位移给出：

$$\rho_j^2=2\langle\alpha_x^2\rangle R^2 \tag{3.105}$$

式中，$\langle\alpha_x^2\rangle$ 是单轴抖动角的方差。若假定各向同性，则 $\langle\alpha_x^2\rangle=\langle\alpha_y^2\rangle$。

3. 在湍流中的光束扩展

大气衰减往往未考虑大气的动态特性。实际上大气始终处于一种湍流状态，即大气的折射率随空间、时间作无规则的变化。而折射率起伏直接影响激光的传输特性。大气湍流效应对激光光束的影响主要包括光斑漂移、光斑（束）扩展和光斑闪烁。大气湍流对光束传播的影响与光束直径、湍流尺度之比有关。这些效应不是独立存在的，因为湍流尺度是分布在一定范围内的，不同尺度的湍涡各自起着相应的作用。

激光在大气湍流中传播时，其光斑在时刻漂移着。湍流大气会使激光束的瞬时光斑扩大，通常称为

短时扩展。而湍流大气中传播的激光光斑又在时刻漂移着，如果长时间观测（长曝光光斑），由于瞬时光斑随机漂移引起的累加效应，在接收端上会形成比瞬时光斑（短曝光光斑）大得多得弥散斑，通常称为长时扩展。弱起伏条件下的光传播理论分析中，假定光源为高斯光束的激光经大气传播后，被湍流扩展后的短时和长时扩展光斑的空间分布仍然服从高斯分布。

这里主要讨论激光在大气湍流中存在的光束扩展相关问题。

1）光束扩展

许多文献广泛地研究了激光辐射在湍流大气中的传输效应，并得到式(3.103)中湍流引起的光束扩展项 ρ_t 的近似表达式：

$$\rho_t=\frac{2R}{k\omega_0} \tag{3.106}$$

$$\omega'_0=(0.545k^2C_n^2R)^{-3/5} \tag{3.107}$$

式中，ω'_0是当沿路程有均匀湍流度时球面波的横向相干长度。C_n^2 为大气折射率结构常数或大气结构常数（量纲是 $\mathrm{m}^{-2/3}$）。

当 $C_n^2>2.5\times10^{-13}$ 时，大气湍流为强湍流；当 $6.4\times10^{-17}<C_n^2<2.5\times10^{-13}$ 时，大气湍流为中等强度湍流；当 $C_n^2<6.4\times10^{-17}$ 时，大气湍流为弱湍流。

对于大气湍流理论，Kolmogorov 率先提出了的著名的“2/3 定律”，即两个相距长度为 r 的在自由空间中的点，二者的大气折射率结构表述式为 $D_n(r)=C_n^2r^{2/3}$。

Tatarskii 以 Kolmogorov 理论模型为基础，提出了电磁波在湍流信道中进行传输的模型。其后，Freid 基于该模型提出了又一个表述湍流强弱的概念，被称为大气相干长度，用 r_0 来表示。假设激光在大气湍流中传输距离为 R 时，其穿过湍流的衍射极限通常用激光截面上的相干距离来表述，有表达式 $r_0=(0.423k^2C_n^2R)^{-3/5}$，其中 k 为波数，$k=2\pi/\lambda$，λ 为波长。

由于大气湍流的不确定性和复杂性，尽管大气湍流领域经过几十年的发展，还没有出现一个统一的湍流模型。在众多模型中，Kolmogorov 模型是经常被采用的一种大气湍流模型。

对式(3.107)，最有意义的路程范围为 $Z_0<R<Z_i$。

$$Z_c=(0.39k^2C_n^2L_0^{5/3})^{-1}\quad Z_i=(0.39k^2C_n^2l_0^{5/3})^{-1} \tag{3.108}$$

式中，l_0 和 L_0 分别为湍流的内、外标尺，通常 $l_0\approx(1\sim10)\mathrm{mm}$，$L_0\approx(10\sim100)\mathrm{m}$。当 $R<Z_c$ 时，因 $\omega'_0\sim\infty$，故湍流扩展可忽略。当 $R>Z_i$ 时，相干长度取下列形式：

$$\omega'_0=(0.76C_nR^{1/2}l_0^{-1/6}k)^{-1} \tag{3.109}$$

它依赖于内标尺 l_0。在 $R\geqslant Z_i$ 的情况下，从式(3.106)和式(3.109)看出，湍流光束与波长无关。然而，对于大多数情况而言，湍流光束扩展与波长有关，并且，根据式(3.106)和式(3.107)有

$$\rho_t=2.01(\lambda^{-1/5}C_n^{6/5}R^{8/5}) \tag{3.110}$$

虽然湍流光束扩展与 $\lambda^{-1/5}$ 成比例表明与波长变化并不很密切，但是，因为衍射造成的光束扩展与 λ 成比例，所以，对于给定的湍流水平、范围和孔径的传播，应该有一种最佳波长。

如果可以忽略式(3.103)中的光束抖动项，则式(3.102)给出的平均峰值辐照度与 $(\rho_d^2+\rho_t^2)$ 成反比，因此，假如设光束在距离 R 处聚焦，那么，波长 λ 与某种基准波长 λ_0 的峰值辐照度之比为

$$\frac{E(\lambda)}{E(\lambda_0)}=\left(\frac{\lambda_0}{\lambda}\right)^2\frac{1+A}{1+A(\lambda_0/\lambda)^{12/5}} \tag{3.111}$$

式中，$A=\left(\frac{\rho_t}{\rho_d}\right)^2_{\lambda=\lambda_0}=16.12\pi^2\rho_0(C_n^2R\lambda_0^{-2})^{6/5}/B^2$。所以，峰值辐照度随波长的缩小而增大。由式(3.111)

可以证明，存在一个临界波长 $\lambda_c=(A/5)^{5/12}\lambda_0$，当 $\lambda<\lambda_c$ 时，在衍射极限聚焦中以湍流扩展为主，并且，辐照度随波长 $\lambda^{2/5}$ 而减弱。

2）角加宽和相关距离

当激光束在湍流大气中传输时，接收机处光波不仅来自发射机的定向入射，而且由于多次散射作用，将出现一定的角度加宽（见图 3.9）。这个角加宽 θ_c 的大小近似由下式确定：

$$\theta_c=(1.46C_n^2k^{1/3}R)^{3/5} \tag{3.112}$$

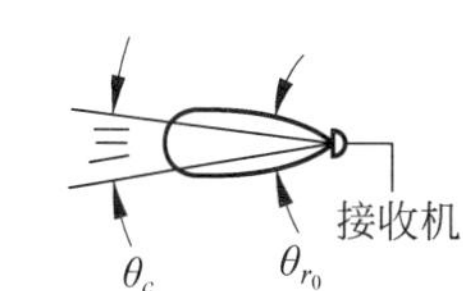

图 3.9　入射到接收机上的光束角加宽

应该指出，只要角加宽 θ_c 小于接收机束宽 θ_{r_0}，则对无湍流自由空间输出归一化的输出不受接收机特性的影响。但是，若角加宽 θ_c 与 θ_{r_0} 相当或大于该束宽，则输出将受接收机特性的影响。

接收机的相关距离 ρ_c 通过下式与 θ_c 相联系：

$$\rho_c=(k\theta_c)^{-1} \tag{3.113}$$

3）脉冲加宽和相干带宽

当激光束以短脉冲形式在湍流大气中传输时，接收到的脉冲 $I(t)$ 具有图 3.10 所示的一般形状。开始陡峭上升，尾部缓慢下降。

脉冲加宽 T_c 为：

$$T_c=2.6\times10^{-9}C_n^{12/5}k^{2/5}R^{11/5} \tag{3.114}$$

脉冲加宽 T_c 与角加宽 θ_c 之间有如下关系：

$$\frac{T_c}{R/C}=\theta_c^2/2 \tag{3.115}$$

式中，C 为光速。因角加宽 θ_c 很小，所以式(3.115)表明脉冲加宽 T_c 是在距离为 R 的路程内脉冲总传播时间 R/C 的一个很小部分，并且意味着脉冲加宽 T_c 相当于直接路程和夹角为 θ_c 的路程之差（见图 3.11）。

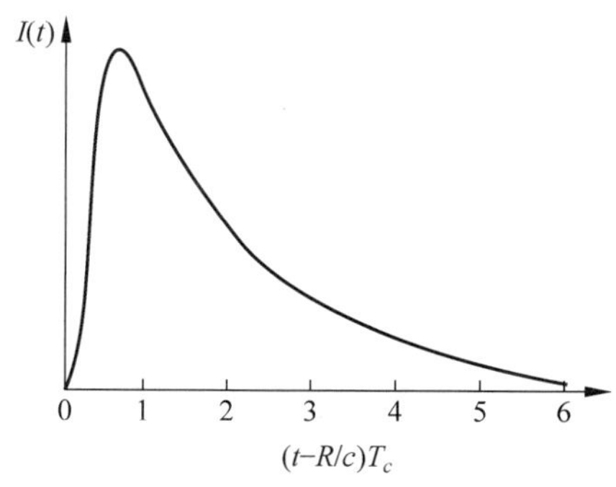

图 3.10　湍流中脉冲加宽（R/C 是自由空间的传输时间）

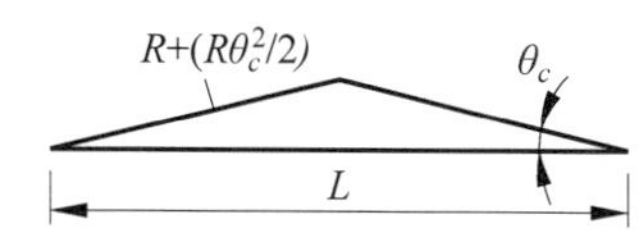

图 3.11　角加宽和脉冲加宽之间的关系

相干带宽 f_c 与脉冲加宽 T_c 的倒数关系为

$$f_c=(2\pi T_c)^{-1}=6.12\times10^7(C_n^{12/5}k^{2/5}R^{11/5})^{-1} \tag{3.116}$$

4. 吸收和散射产生的衰减效应

大气会对激光束传输产生衰减效应。激光通过大气传输时由于气体分子和大气气溶胶的吸收和散射作用引起的能量损失为大气衰减。大气分子和气溶胶的吸收与散射是造成光束能量衰减的主要因素。大气吸收使激光的功率衰减，但不改变光束质量。而大气散射不会造成散射方向上的激光能量损失，但是它将改变激光强度的分布，改变光斑。大气衰减程度与大气条件、辐射波长以及激光在大气中的传输距离有关。对于 1.064μm 波长的激光来说，激光在大气传输中分子吸收和散射可忽略，主要衰减是气溶胶的吸收和散射。

计算激光在大气中的吸收和散射，仍可应用前面 3.3 节给出的物理基础。但在具体处理吸收问题时，必须根据极精确的谱线参数作高分辨率的计算。这是因为激光波长的微小变化，都会导致吸收的显著改变。

在雨、雪天气，激光衰减系数有如下近似经验公式：对于 1.06μm 波长，$\alpha_{雨}=0.25J_{雨}^{0.59}$ 和 $\alpha_{雪}=0.56J_{雪}^{0.57}$；对 3～5μm 波长，$\alpha_{雨}=0.336J_{雨}^{0.577}$；对 8～12μm 波长，$\alpha_{雨}=0.444J_{雨}^{0.525}$。

在雾环境下激光衰减系数有如下模型：

1）Kreid 模型

Kreid 模型建立了雾环境下激光衰减系数 $\alpha_{雾}$ 与能见度 D_V 之间的关系，如式(3.117)所示。

$$\alpha_{雾}=4.343q''/D_V \tag{3.117}$$

式中，q''为经验系数，如表 3.26 所示；D_V为能见度(km)。

表 3.26 不同波长对应的 q'' 值

λ/μm	0.53	0.65	1.06	10.6
q''	2.46	3.18	3.06	2.1

2）Chylek 模型

Chylek 针对雾滴粒径小于 13μm 时的衰减系数 $\alpha_{雾}$ 提出了一个广适性的经验公式，如式(3.118)所示。

$$\alpha_{雾}=1500\pi C'W/\lambda \quad (\text{km}^{-1}) \tag{3.118}$$

式中，W 为雾的含水量，单位是 g/m^3；平流雾的含水量和能见度的经验关系公式为 $W=0.0156D_V^{-1.43}$，辐射雾的含水量和能见度的经验关系公式为 $W=0.003\,16D_V^{-1.54}$；λ 为波长，C'为常数，不同波长所对应的 C'值如表 3.27 所示。

表 3.27 不同波长对应的 C' 值

λ/μm	1.06	3.8	5.3	10.6	11	12
C'	0.61	0.68	0.58	0.33	0.30	0.35

在得到对应的波长和 C'值后，利用式(3.118)，建立不同入射波长时对应的衰减系数与能见度的关系：

(1) 当激光波长为 1.06μm 时，平流雾与辐射雾的衰减系数 α_{adv}、α_{rad} 分别如式(3.119)和式(3.120)所示。

$$\alpha_{adv}=42.3048D_V^{-1.43} \quad (\text{km}^{-1}) \tag{3.119}$$

$$\alpha_{rad}=8.5694D_V^{-1.54} \quad (\text{km}^{-1}) \tag{3.120}$$

(2) 当激光波长为 10.6μm 时，平流雾与辐射雾的衰减系数 α_{adv}、α_{rad} 分别如式(3.121)和式(3.122)所示。

$$\alpha_{adv}=2.288\,619D_V^{-1.43} \quad (\text{km}^{-1}) \tag{3.121}$$

$$\alpha_{rad}=0.463\,59D_V^{-1.54} \quad (\text{km}^{-1}) \tag{3.122}$$

3）Naboulsi 模型

在 Naboulsi 提出的经验模型中，激光在平流雾与辐射雾中的衰减系数 α_{adv}、α_{rad} 分别如式(3.123)和式(3.124)所示。

$$\alpha_{\text{adv}}=\frac{0.11478\lambda+3.8367}{D_V}\quad(\text{km}^{-1})\tag{3.123}$$

$$\alpha_{\text{rad}}=\frac{0.18126\lambda^2+0.13709\lambda+3.7502}{D_V}\quad(\text{km}^{-1})\tag{3.124}$$

4) Vasseur 模型

Vasseur 提出的激光入射波长为 0.63μm 和 10.6μm 对应的衰减系数经验模型 $\alpha_{0.63}$、$\alpha_{10.6}$ 分别如式(3.125)和式(3.126)所示。

$$\alpha_{0.63}=360W^{0.64}\quad(\text{km}^{-1})\tag{3.125}$$

$$\alpha_{10.6}=610W\quad(\text{km}^{-1})\tag{3.126}$$

当激光波长为 0.63μm 时,有

$$\alpha_{\text{adv}}=360W^{0.64}=25.1132D_V^{-0.9152}\quad(\text{km}^{-1})\tag{3.127}$$

$$\alpha_{\text{rad}}=360W^{0.64}=9.038622D_V^{-0.9856}\quad(\text{km}^{-1})\tag{3.128}$$

当激光波长为 10.6μm 时,有

$$\alpha_{\text{adv}}=610W=9.516D_V^{-1.43}\quad(\text{km}^{-1})\tag{3.129}$$

$$\alpha_{\text{rad}}=610W=1.9276D_V^{-1.54}\quad(\text{km}^{-1})\tag{3.130}$$

经过分析,比较式(3.118)~式(3.130)和式(3.82)模型,对不同波长对应的衰减系数随能见度变化的曲线均表现出相对一致的下降趋势,其中长波长激光的衰减系数小于短波长激光。在能见度 $1\text{km}<D_V<30\text{km}$ 时各模型对应的衰减系数结果较为接近,能见度 $0\text{km}<D_V<1\text{km}$ 时的衰减曲线略有区别。

对入射波长为 1.06μm 和 10.6μm 时各模型衰减系数,在能见度较低时的衰减系数差别较大,这是因为用经验模型分析雾环境中的激光传输衰减特性时,在低能见度的情况下,由多重散射所造成的衰减影响是不可忽略的,且有多种因素会对多次散射的效果造成影响。

应该强调指出,激光在无规媒质中传输时,由于云雾和其他物质微粒的散射,不仅导致辐射衰减,而且引起相干性、束宽和脉冲波形的变化。这种变化既取决于媒质特性,也依赖于发射机与接收机的特性。

3.11.2 非线性传输效应(热晕)

当一束高能激光通过大气传输时,光束的部分能量被空气中的某些分子或特定物质吸收,使得传输路径上的空气被加热,气体以声速膨胀,密度降低以使压力趋于平衡,从而导致传输路径上的气体介质的折射率下降,产生一个负透镜效应,使光束发散。这种效应称为热晕。当存在侧向风时,在光轴顺风方向空气密度降低,因而光轴逆风方向的折射率减小,形成特有的弯向上风的弯月形光束分布,造成光束的畸变、弯曲和发散,严重影响了光束质量和到达靶面的激光功率密度。热晕效应是由于大气分子、气溶胶吸收激光能量导致发射激光束横截面上空气折射率的变化,从而使激光束发生弯曲、畸变等。大气热晕属于非线性效应。热晕效应与激光的强度有关。热晕效应是由于大气对激光能量有吸收才产生的,因此理论上认为只要大气对激光能量有吸收就会产生热晕效应。

当激光功率增加到一定值时,靶面上的功率密度达到最大值。而当激光功率进一步增加,不仅不会增加靶面上的功率密度,而且靶面上的功率密度反而会减小。热晕不仅造成光束偏转、扩展、畸变,而且还限制了激光在大气中传输的最高功率密度。如果激光功率超过了临界功率,随着发射功率的增加,远场聚焦功率密度反而下降。这个功率密度伴随着大气湍流的存在而进一步减小。即所谓的湍流与热晕相互作用的小尺度热晕不稳定性。

也就是说，激光在大气中传输时，因与大气组分相互作用而产生一系列非线性效应。如动力冷却效应、自聚焦或增强效应、吸收饱和效应以及因粒子蒸发引起的气溶胶加热饱和效应等。但对大功率激光传输而言，很重要的非线性效应就是大气分子和气溶胶吸收激光功率引起的热晕效应。热晕指的就是激光束的自感扩展、畸变和弯曲。因空气吸收了激光辐射而变热，形成密度梯度和折射率梯度。这种梯度起着非线性透镜作用。热晕限制激光大气传输的最高功率密度，如果激光功率超过了临界功率，随着发射功率的增加，远场聚焦功率密度反而下降。因此，热晕除使光束畸变外，还限制了传输到目标的最大辐照度。与有效发射功率无关，但与工作方式是连续的还是脉冲的有关。

1. 连续波热晕效应

为估计连续波传输中热晕效应对峰值辐照度的影响，可将式(3.102)乘以因子 $F(N)$，因而得到

$$E_p=\frac{P}{\pi\rho^2}\exp(-\beta R)F(N) \tag{3.131}$$

式中，因子 $F(N)$是有晕和无晕时峰值辐照度之比。虽然可用非线性波动光学传输模式测定每种有意义情况下的 $F(N)$值，但更为方便和有效的是用该因子与无量纲热畸变参数 N 的依赖关系。实验与理论比较得到的简单经验关系式为

$$F(N)=\frac{1}{1+0.0625N^2} \tag{3.132}$$

式中，热畸变参数 N 包含了光束功率与直径、焦距、目标距离和移动，以及大气吸收和风速等参数的共同影响，并由下式给出：

$$N=N_0\left[\frac{2}{R^2}\int_0^R\frac{\rho_0}{\rho(R')}\mathrm{d}R'\int_0^{R'}\frac{\rho_0^2\upsilon_0\exp(-\beta R'')}{\rho^2(R'')\upsilon(R'')}\mathrm{d}R''\right] \tag{3.133}$$

式中，υ_0 为光束路径上的均匀横向风速；$\upsilon(R'')$是非均匀速度分布；N_0 是 $1/e$ 半径为ρ_0（假设为高斯光束）的准直光束在弱衰减极限（即 $\beta R\ll1$）和均匀风速 υ_0 时的畸变参数，并可表示为

$$N_0=\frac{-n_T\alpha PR^2}{\pi n_0d_0c_p\upsilon_0\rho_0^3} \tag{3.134}$$

式中，n_0、n_T、α、d_0 和 c_p 分别为折射率、随温度变化的折射率系数、吸收系数、密度和媒质定压比热，P 和 R 分别为激光功率和距离。

热晕过程的一个重要特征是它与激光光束功率 P 的依赖关系。具体讲，对于给定的光束大小、焦距和大气条件而言，有一个临界功率 P_c，在该功率下峰值辐照度达到最大值。超过该功率时峰值辐照度开始下降。对于大功率激光器的应用，热晕成为一种严重的潜在限制，并且，不能像线性传输那样以简单地增大激光功率来克服。可以证明，该临界激光功率为

$$P_c=\frac{N_c}{N}P=\frac{N_c\pi n_0d_0c_p\upsilon_0\rho_0^3}{-n_T\alpha fgsR^2} \tag{3.135}$$

式中，N_c 为临界畸变参数，它与 $F(N)$基本上可看作是一个具体光束形状、光束参数及传输条件在有限距离变化下的常数。对适用于式(3.132)的经验模型而言，可以证明，$N_c=4$，$F(N_c)=0.5$。式(3.135)中的因子 f、g 和 s 分别为

$$\left.\begin{aligned}
f(N_A)&=\frac{2}{N_A^2}[N_A-1+\exp(-N_A)]\\
g(x)&=\frac{2x^2}{x-1}\left(1-\frac{\ln x}{x-1}\right)\\
s(N_\infty)&=\frac{2}{N_\infty^2}[(N_\infty+1)\ln(N_\infty+1)-N_\infty]
\end{aligned}\right\} \tag{3.136}$$

式中，$N_A=\beta R$，$x=\dfrac{\rho_0}{\rho}$，扭摆数 $N_\infty=\omega R/\upsilon_0$ 是在距离 R 处发射机光束以角速度 ω 扭摆的速度与均匀风速 υ_0 之比。由式(3.136)得到临界辐照度为

$$E_c=\frac{N_c F(N_c)n_0 d_0 c_p \upsilon_0}{-n_T \alpha f g s}\frac{\rho_0^3}{\rho^2 R^2}\exp(-\beta R) \tag{3.137}$$

利用 $F(N)$ 和 $N=4P/P_c$ 关系式的经验模型，得到峰值辐照度与功率的关系为

$$E_p=E_{P_0}(P_c)\frac{P/P_c}{1+(P/P_c)} \tag{3.138}$$

式中，$E_{P_0}(P_c)=\dfrac{P_c}{\pi\rho^2}\exp(-\beta R)$ 是在无热晕的情况下 $P=P_c$ 时的峰值辐照度。这些结果表明，虽然 $P\ll P_c$ 是峰值辐照度如在真空传输那样随功率线性增大，但热晕效应把峰值辐照度限制在 $P=P_c$ 时所得的最大值 E_c，而当功率 $P>P_c$ 时，峰值辐照度将会下降。

2. 脉冲波热晕效应

为在大气中获得最佳大功率传输，对连续与脉冲激光工作的选择，一方面包括连续光束静态热晕效应间的折中；另一方面包括脉冲光束瞬态和静态热晕及气体击穿之间作出折中。

在海平面条件下，单脉冲和程度较轻的连续波传输，分别受到颇严重的瞬时及静态热晕效应限制，至少原则上可看到热晕限制如何因多脉冲传输而下降。基本途径是：

(1) 利用一系列短得足以避免单脉冲热晕的脉冲，因定性地讲大气没有时间来响应每个脉冲吸收激光束的能量所引起的加热。

(2) 以某种脉冲重复率发射，该脉冲重复率能以风和光扭摆的联合效应将早期脉冲引起的受热空气从光束路程中排除掉。

脉冲有多短才能避免大气的瞬时热晕效应，基本上由流体力学时间 $t_h=\rho_d/c_s$、吸收的能量和光束几何形状确定。其中流体力学时间一般是以速度 c_s 横跨聚焦光束半径 ρ_d 的声波传播时间。对于脉冲长度 $t_p\ll t_h$，密度变化按 t^3 增长，导致在这一段时间 t 内出现热晕，并称作 t 立方热晕。有固定吸收能量的 t 立方热晕的强度与脉冲长度的平方成比例，而利用很短脉冲则可把它减到最小。当有固定脉冲能量的脉冲长度变得更短时，峰值辐照度增大，直到气体击穿占支配地位并变为一种限制因素为止。

最佳多脉冲和临界或最佳连续波方式传输的比较表明，在长距离内，多脉冲比连续波传输优越，而且，最佳多脉冲方式的波长依赖关系比最佳连续波情况下要弱一些。

3.12　部分相干辐射在大气中的传输

通常将频率相同，且振动方向相同的辐射(光)称为相干辐射(光)，两束满足相干条件的光也可称为相干光。时间相干性和空间相干性都很好。而完全非相干光，它的光源谱线范围和线度都无限大，无时间相干性和空间相干性，任意两个时空点间的扰动没有相互联系。

长期以来，人们对光束的认知局限于完全相干光束和完全非相干光束，而没有部分相干光束的意识。其中，部分相干光束的部分相干针对的是空间上或者时间上。实际上，从发光的量子本质来讲，在外界温度、湿度、振动等多方面因素及发光原子本身的统计涨落及非均匀衰减的影响下，光场的振幅和位相不可避免地受到扰动。因此对于激光谐振腔而言，原子所激发的相干波列不可能无限长，即使其相干长度为几十千米也是有限的。而被认为是完全非相干的太阳光，其相干长度一般也有几十微米并不

是完全非相干光。因此可以说自然界中的所有的光束都是部分相干光束。亦即所接触到的光束都为部分相干光束，相干度介于0～1，即介于完全相干光束与完全非相干光束之间的一种，而后面两种只能存在理想情况。而且部分相干光束和相干光束在传输方面也有很大的不同。

基于对部分相干光束的不断研究和拓展，部分相干光束理论取得了长足的发展，提出了各式各样的部分相干光束源模型，典型代表有高斯-谢尔模型（Gaussian Schell-Model，GSM），其相干度（关联函数）为高斯分布，称为传统空间关联结构分布的部分相干光束。此外还有关联函数为贝塞尔函数的部分相干光束，其传输特性与完全相干光束非常相似，并且在远场形成空心光强分布。

由于激光在大气中传播时，其在接收面上的光强分布等因素都受到大气湍流影响。通过分析可以得出部分相干光受大气湍流的影响要比完全相干光小。部分相干光，可以有效地减小大气湍流对其闪烁指数的影响。

对波长为1.55μm，光束半径为10mm，相干长度为0.01m，内标尺为10mm，外标尺为1m，在不同大气折射率结构常数情况下，部分相干GSM光束扩展半径随传输距离的变化关系，可以得出，随着大气湍流的减小，波束扩展逐渐减弱。当大气折射率结构常数$C_n^2=1.0\times10^{-14}$时，在大气湍流中传输的部分相干GSM光束扩展半径已经很接近与在自由空间中传输的光束扩展半径。随着相干长度的减小，即光源相干性变差，光束的相对扩展半径会逐渐增加。但是，当相干长度为0.1m时，部分相干光在大气湍流中的相对扩展半径和其在真空中传播时相比，变化比较大；而随着相干长度的减小（从0.1m减小到0.01m）时，部分相干光在大气湍流中的相对扩展半径和其在真空中传播时相比，之间差别也在逐渐减小。这表明当光束在大气湍流中传播时，随着光源相干长度的减小，光源相干性变差，光束受到湍流的影响也会逐渐减小。

完全相干光在大气湍流中传输时的峰值光强要比其在真空中传输时的峰值光强要小得多，由大气湍流引起的波束扩展也非常明显。在自由空间中部分相干光的光强分布不集中，引起的光束扩展比完全相干光要严重得多；但是，部分相干光在大气湍流中的峰值光强和其在真空中传输时的峰值光强相比，变化并不明显，而且由大气湍流引起的波束扩展程度也不大。相对而言，部分相干光受到大气湍流的影响程度要比完全相干光束小很多。

当传输距离较近时，随着光源相干度的减小，即相干性下降，闪烁指数同时减小。但当距离较大时，部分相干光的闪烁指数有可能超过完全相干光，这可能是由于随着部分相干光的传播，光束越来越接近于球面波的原因。部分相干光的离轴闪烁指数比完全相干光的离轴闪烁指数小，当光束接近完全非相干光时，离轴闪烁指数接近零，降低光源的相干性会减小离轴闪烁指数，并降低光束闪烁指数对离轴距离的依赖性。

因此，部分相干光受大气湍流的影响较完全相干光要小，利用部分相干光可以减小大气湍流对光束光强分布、光强闪烁和光束扩展等效应的影响。在实际应用中，选择合适的光束参数，利用部分相干光来减小大气湍流的影响，可以有效地改善大气激光通信等系统的性能，提高系统的（通信）作用距离。

应用研究表明，部分相干光束在光束强度的均匀性、传输的不变性等方面具有显著优势，这使得部分相干光束在许多领域得到广泛应用。研究者发现，虽然降低相干性，会导致光束在传输的过程中发散角增大等，但是在有些方面，反而起到更好的效果，比如在激光材料表面热处理、激光涂覆等方面，由于降低相干性，能使光束能量分布更均匀，从而有更好的效果；当激光在湍流介质传输中，发现低相干光束要比高相干光束更稳定，包括光束闪烁指数变小以及光束漂移减小，这个在大气通信有着重要的作用。从而表明研究部分相干光束的重要性。由此针对其传输优势，部分相干光束被广泛地应用于自由空间的光通信、空间目标的跟踪与探测、空间遥感等诸多领域。由于传输介质的影响，特别是湍流大气对光束传输的影响，阻碍了部分相干光束研究的进一步发展与应用。因此，如何降低部分相干光束在传输过程中受传输介质的不良影响，成为科研人员重点研究的课题。目前，部分相干辐射（光束）大气透过率的工程理论计算方法还处于进一步发展中，具体可关注和参阅相关最新文献。

3.13　几种大气辐射传输计算软件应用比较分析

当前国内外已有多种大气辐射传输的模式与算法，常见的有 LOWTRAN（Low Resolution Transmission）、FASCODE（Fast High Resolution Code）、MODTRAN（Moderate Resolution Transmission）、PCMODWIN（Personal Computing Modtran for Windows Interface）、DISORT（Discrete Ordinate Method）大气辐射传输计算软件。此外，还有 6S（Second Simulation of Satellite Signal in the Solar Spectrum）软件、SBDART（Santa Barbara Disort Atmospheric Radiative Transfer）软件、中国科学院安徽光机所的通用大气辐射传输软件 CART（Combined Atmospheric Radiative Transfer）等。

大气辐射传输软件主要包括大气分子吸收谱线数据库（如 HITRAN（High Resolution Transmission））、逐线积分程序（如 LBLRTM（Line-by-line Radiative Transfer Mode））、谱带吸收透过率程序（如 MODTRAN、6S）、辐射传输方程（多次散射）求解程序（如 CART、DISORT、SBDART），以及矢量（偏振）辐射传输方程求解程序（如 6SV1（6S 的矢量版））等。从实用角度看，常用算法软件主要分为两大类：一类是以 MODTRAN 为代表的“应用型”软件；另一类是以 DISORT 为代表的“数学型”软件。

就低分辨力（分辨力$\geqslant 20\text{cm}^{-1}$）大气辐射传输模式而言，美国空军地球物理实验室（AFGL）开发的低分辨力透过率计算模式（LOWTRAN）程序是公认的有效而方便的大气效应计算软件，是一种 FORTRAN 的计算机程序。LOWTRAN 从 1970 年推出至今已有 7 个版本。LOWTRAN 从一开始就是为应用而建，在 50 多年的发展过程中不断扩充和修订基础资料，改进算法，增加可计算的辐射传输结果，从原意义上的“低分辨力大气透过率计算模式”扩展到目前能导出复杂天气条件下多种辐射传输量的“低分辨力大气辐射传输计算模式”，提供了许多新的应用可能性，已被国际上许多应用专家广泛应用于各自的实际问题。它的主要用途是为了军事和遥感的工程应用，以 20cm^{-1} 的光谱分辨力的单参数带模式计算 $0\sim 50000\text{cm}^{-1}$ 的大气透过率、大气背景辐射、单次散射的阳光和月光辐射亮度，亦即用于计算低频谱分辨力（20cm^{-1}）系统给定大气路径的平均透过率和路程辐射亮度。LOWTRAN 可计算从紫外到微波（$0.2\mu\text{m}$～微波波段）的大气传输问题。早期的 LOWTRAN 主要用于计算光在大气中传输的透过率。后来的版本可用于计算给定倾斜路程的大气透过率、大气辐射及背景由太阳光和月光散射的辐射。应用于大气透过率计算、背景辐射计算、探测几何路径、大气折射、吸收气体含量、非对称因子的光谱分布。特点优势：计算迅速、结构灵活多变、可作为下层大气的辅助工具和地表面战术系统的辅助工具等。

LOWTRAN 7 版本是一款功能较强大的大气透过率和背景辐射计算软件，一个单参数带模式的低分辨力大气透过率和背景辐射计算软件包，它能够有效地帮助用户快速计算出大气透过率和背景辐射，软件规模小巧，操作简单，支持大气温度、气压、密度的垂直廓线、水汽、臭氧、甲烷、一氧化碳和一氧化二氮等大气模式输入，是工程计算人员的一个辅助工具。包含了大气分子的吸收和散射、水汽吸收、气溶胶的散射和吸收、大气背景辐射，日光或月光的单次散射和地表反射、直接大气辐射以及日光、大气热辐射的多次散射等。大气模式设立了热带、中纬度夏季/冬季、近北极夏季/冬季、1976 年美国标准大气及自定义模式选择。气溶胶消光扩充为城市型、乡村型、海洋型、对流层和平流层等多种模式，并考虑了对风速的依赖关系，建立了雾、雨和卷云的模型。由于该版本软件引入了多次散射模型，从实际计算效果看，多次散射的影响可能会比较明显，会损失信息细节，这种现象在一些气象条件较差的情况下会表现出来。

LOWTRAN 7 大致可分为如下三大块：

(1) 大气模式输入。包括大气温度、气压、密度的垂直廓线、水汽、臭氧、甲烷、一氧化碳和一氧化二氮的混合比垂直廓线及其他 13 种微量气体的垂直廓线，城乡大气气溶胶、雾、沙尘、火山灰、云、雨的廓线和辐射参量，如消光系数、吸收系数、非对称因子的光谱分布及地外太阳光谱。

(2) 探测几何路径、大气折射及吸收气体含量。

(3) 光谱透过率计算及大气太阳背景辐射计算(包括或不包括多次散射)。

LOWTRAN 7 共有五个主输入卡。LOWTRAN 考虑因素较全面，只要给定温度、气压、水汽含量、气溶胶模型、能见度距离、辐射波长范围、路径长度和类型(水平或斜程)等，就能得到光谱透过率等结果。在一些仿真软件系统中，LOWTRAN 模块已成为一个重要的组成部分。

LOWTRAN 从 1989 年的版本 7 以后就发展成中光谱分辨力大气辐射传输模式(MODTRAN)。其目的在于改进 LOWTRAN 光谱分辨力，它将光谱的半宽度由 LOWTRAN 的 20cm^{-1} 减小到 2cm^{-1}；它的主要改进包括发展了一种 2cm^{-1} 光谱分辨力的分子吸收的算法和更新了对分子吸收的气压温度关系的处理，同时维持 LOWTRAN 7 的基本程序和使用结构；程序以卡片的形式进行参数设置，操作起来清晰简洁。

MODTRAN 是目前流行的红外辐射传输计算模型。应用 FORTRAN 语言编写源代码，设计了 MODTRAN 软件图形界面。针对 FORTRAN 语言计算效率高而图形功能弱，Visual Basic(VB)计算效率低而图形功能强的特点，用 VB 和 FORTRAN 两种语言混合编程，实现 FORTRAN 计算程序资源的再利用。应用于：计算吸收物质的路径透过率、计算吸收物质的大气辐射率、计算吸收物质单次(多次)散射的太阳/月亮辐射率、计算中等光谱分辨力、计算大气透过率。特点优势：模式选择性强；辐射过程几乎考虑了大气中所有大气分子的吸收、散射和气溶胶、云的吸收和散射效应；数据输入、结果输出方便等。

MODTRAN 较之 LOWTRAN 不但提高了光谱分辨力，而且还包括了多次散射辐射传输精确算法——离散纵标法。对有散射大气的辐射传输如太阳短波辐射，比 LOWTRAN 中的近似算法有更高的精度和更大的灵活性。该软件在以下各方面有应用：

(1) 计算不同地面反射率、太阳天顶角、云类型、气溶胶条件和臭氧分布情况下的紫外、可见光波段的辐射。

(2) 计算平流层上层的辐射场，并与气球辐射探测作比较。

(3) 计算地表辐射场，并与地基辐射观测作对比。

(4) 对紫外和可见波段，作不同近似条件下的辐射传输方程的精度评估。

MODTRAN 3 版本使用说明与早期的 LOWTRAN 7 版本类似，但是已经加入了一些新的参数，增加了一张新输入卡片，对另外两张卡片也作了一些小改动。新参数主要是为了控制：

(1) 第二个多次散射选项(根据 DISORT 多流算法)。

(2) 新的带可选的三角光滑函数的高分辨力太阳光谱辐照度(根据全部计算的辐照度)。

(3) 对 CO_2 混合比的“步”更新。

目前 MODTRAN 的版本为 MODTRAN 5。

与 LOWTRAN、MODTRAN 同步发展的是 FASCODE。FASCODE 提供了标准大气模式、大量的气溶胶模式(包括雾、沙漠尘埃和海洋气溶胶等)、水和冰云模式。它假定大气为球面分层结构，其最佳分层已经达到辐射的出射度或透过率计算中的特定精度。它具有比 LOWTRAN 更高的光谱分辨力，相应的计算量也大一些。FASCODE 适用于研究精确的单色波长和激光大气传输问题。对一般光电系统分析和设计，LOWTRAN 已具有足够的精度。

PCMODWIN 程序是由美国空军菲利普斯实验室以 LOWTRAN 模式系列为基础而发展的 Windows 环境下运行的程序包，PCMODWIN 的内核是 MODTRAN 3，最初发行年份为 1997 年，包含 LOWTRAN 7 低等分辨力和 MODTRAN 中等分辨力辐射模式，可以进行大气透过率、辐射传输计算。该程序有以下特点：

(1) 模式选择性强，可任意选择 LOWTRAN 7 或 MODTRAN 辐射传输模式，在选择的模式下，可以计算吸收物质的路径透过率、大气辐射率、单次(多次) 散射的太阳/月亮辐射率和直接透过的太阳辐射等。

(2) 辐射过程几乎考虑了大气中所有大气分子的吸收、散射和气溶胶、云的吸收和散射效应。

(3) 数据输入、结果输出方便，既可以应用现有标准模式大气和模式气溶胶、云等，又可以由用户直接输入观测或指定资料进行模式计算，当某些观测(如 CH_4、N_xO 等)缺失时，这种输入方式对辐射传输计算特别有效。

(4) 该程序在 Windows 环境下操作，操作界面简便直观，输出结果丰富，既可以在 Windows 窗口下直观地看到模式计算结果的辐射图解，还可以按设计要求的透过函数进行模拟计算。当计算所得大气透过率或辐射随波数起伏较大时，可以进行过滤平滑，得到以 ASCII 码形式给出的结果，便于后续进行有关分析。

DISORT 是一种能处理多次散射的辐射传输计算方法，用于散射吸收大气的单色辐射传输计算，是用 FORTRAN 语言编写的按照结构化程序设计的辐射传输计算专用软件。DISORT 软件包最早是由 Stamnes 等于 1988 年开发的，采用离散坐标法求解辐射传输方程，给出了完全稳定的解析解，已经成为辐射传输精确算法的实用软件包。该软件可求解从紫外到微波段、垂直非均匀、各向异性并含热源的平面平行介质中的辐射传输问题，计算包括热辐射、散射、吸收、下边界双向反射和发射等物理过程。后来 DISORT 软件包又加入了大气模式参数，以及消光系数、相函数和光学厚度计算等多个子程序，使其成为用户使用方便的实用软件(UVSPEC)。UVSPEC 是针对紫外和可见光波段(176～850nm)设计的，光谱分辨率为 1nm，可计算 0～100km 高度的散射、直射辐射通量和辐射强度。与 LOWTRAN 7 比较，离散坐标法虽是一种精确的辐射传输计算方法，但它的计算精度与所采用的流数有关，而且在视角很大的方向上，它考虑的是平面平行大气，没有考虑地球曲率和大气折射的影响，可能有较大的误差。

第4章 光学系统及其设计

CHAPTER 4

利用光学原理进行各种搜索、探测、观察、识别、测量和分析记录等工作的仪器称为光学仪器。光学仪器往往是现代光电系统(仪器)不可缺少的重要组成部分,它广泛应用于国防工业和国民经济建设的各个方面。光学/光电仪器的发展涉及光学、精密机械、电子技术、计算机等方面的综合发展,从这个意义上来说,它是衡量一个国家科学技术水平高低的尺度。而光学系统是指由一个或若干个光学零部件组成的具有所需光学功能(成像、非成像、信息处理等)的系统,是由透镜、反射镜、棱镜、光阑等多种传统光学元件,和/或衍射元件、主动光学元件等现代光学元件,按一定次序组合成的整体。作为光学/光电仪器重要组成部分的光学系统对仪器性能水平有重要影响,进而可以说光学系统设计优劣决定着光学/光电系统(仪器)的性能和质量水平。

本章首先在回顾光学仪器及其发展、光学设计及其发展的基础上,提出读者应掌握的光学设计基础。然后,简要介绍光线追迹及像差校正常用方法,分析光学设计的大致类型及各类镜头的设计差别。最后列举三类光学系统(基于谐衍射与自由曲面的离轴三反光学系统、非成像光学系统、光机一体化红外成像光学系统)的设计示例。

4.1 光学仪器及其发展

从宏观上看,光学仪器是人类认识与改造自然的工具。因而,光学仪器的发展与人类同自然界做斗争的需要紧密相连。人们为了探索物质结构内部的奥秘并对物质进行微量、超微量分析而发明了光谱仪器;为生物学和医学的需要发明了显微镜与各种人体窥镜;为观察远距离的目标及军事上的需要发明了各种望远镜、瞄准镜;为满足人们日常生活的需要和研究高速运动的瞬间变化状态,发明了各种静态和高速照相设备;为研究天体运动的规律和探索宇宙的奥秘而发展天文光学仪器。与此同时,光学仪器的发展也大大加深和加速了人类在宏观上、微观上、时间上、空间上对自然界的认识。从总体上看,光学仪器是基于生产发展、科学实验的需要而产生发展起来的。

那么,从技术角度上看,光学仪器的发展与哪些学科有关呢?作为工程科学的特殊领域——光学仪器工程,它不仅涉及光学、精密机械、电子技术等学科的发展,而且与光学仪器的基础理论、设计水平、制造工艺、试验和使用有关。有必要先分析一下光学理论、原材料、新工艺、新设计、新器件和电子技术等方面的进展对光学仪器的影响。

4.1.1 光学理论的发展

光学仪器的基础理论有近代光学和古典光学,生活中常见到的显微镜、望远镜、照相机都是以几何光学或应用光学作为基础理论，属于古典光学范畴。20世纪60年代以来出现的激光全息、纤维光学、集成光学、非线性光学、二元光学、自适应光学、海洋光学、空间光学、微纳光学、衍射光学、激光光学、红外光学和紫外光学、计算光学、超快光学、超短波光学等新领域则属于近现代光学范畴，它的理论基础是物理光学、薄膜光学、傅氏光学和量子光学等。

20世纪50年代逐渐发展起来的“傅氏光学”为现代光学信息处理、现代像质评价等奠定了理论基础。20世纪60年代“薄膜光学”的兴起，为解决各种分光和光谱滤波提供了正确的理论。纤维光学的迅速发展，特别是20世纪70年代研制成低损耗光学纤维之后，光通信才取得了很大的进展，同时为内窥光学系统、微光技术和光纤传感技术的发展提供了强有力的手段。20世纪60年代初第一台红宝石激光器问世以来，近60年内激光技术取得惊人进展，各式各样的激光器层出不穷，目前常见的激光器有全固态激光器、气体激光器、半导体激光器和光纤激光器等。光纤激光器因具有光束质量高、成本相对低廉、散热性能优异、电光转换效率高、结构简单和空间体积小等优点，在一众激光器中脱颖而出，受到广泛关注。这些进展使得激光在工业加工制造(激光切割、焊接、打孔、打标、清洗、打磨等)、精密测量(测距)、全息检测、激光雷达、激光制导、激光导航、遥感遥测以及激光通信、激光育种、激光医疗等方面的应用获得了许多可喜的成果，有力地促进了现代科学技术的发展。20世纪70年代初开始发展的自适应光学，将闭路反馈控制技术用到光路传输中，用适当的波面校正器主动地对测出的波面误差作实时校正，使人们对光学系统的认识和利用进入能动控制的阶段。自适应光学为光学设计提供了一个极限的补偿，使控制系统和光学系统形成内在的联系，实现对动态变化的波面误差进行实时检测和校正，从而使光学系统成为能动、可控和具有抗环境干扰能力的自适应系统，在高能激光的应用方面起到了重要作用。由此看出，光学理论的发展极大地推动了光学/光电系统(仪器)的发展。

4.1.2　新设计的发展

传统的光学系统设计是从理想光学公式出发得出初始结构，再以初级像差理论为基础，“由像差决定光学结构系统”，也就是由初级像差确定结构参数，如P-W方法，并通过预先估算和多次光线追迹对高级像差进行补偿。由于光学设计没有解析解，且高级像差复杂和不可预知，所以任何一个系统的设计，特别是像差的优化平衡，费时费力，也往往难以达到最好的性能。而光学材料(玻璃)的选择更是一个困难的设计过程，传统光学玻璃品种少，覆盖区域(折射率n_d和阿贝数ν_d)很小，参数分立、间隔较大。何种类型的设计应采用何种材料，当像差不满足要求时需更换何种玻璃，虽有公式初步估算，但基本上靠经验。以上情况决定了复杂、优秀的光学设计主要依靠经验。高级的光学系统设计只有光学专家才能胜任。光学设计的近现代化，首先是设计理念和流程发生了重大的变革，国内外流行的设计理念或“新概念”光学设计的理念，在于“充分利用计算机软件的功能，把计算机能做的事尽量交给计算机去做”。虽然光学设计的出发点还是理想光学，设计师仍然需要懂得像差，但初步设计后一般不再进行三级像差和P-W计算。

新设计包括光学设计与机构设计。由于采用电子计算机设计光学系统，光学设计的周期得以大大缩短，质量得到极大提高，成本逐步下降。值得一提的是，光学/光电仪器设计和单纯光学设计有很大不同，单靠几何光学和物理光学不能完全解决所遇到的问题，这就促进了光机一体化设计和光机电一体化设计的发展。目前光学设计正向标准化、程序化、自动化方向、自由曲面化、多学科技术设计综合最优化发展。由于新设计的光学系统不断出现、性能不断完善，极大地促进了光学仪器的发展。比如，随着新设计的发展，实现了分辨力高达16nm，甚至亚纳米的光刻机物镜，虚拟现实(VR)和增强现实(AR)所用的自由曲面光学系统，极低畸变、蓝光高透的3D打印光学系统，360°周视全景中的折反光学系统，超大倍率变焦光学系统，多光谱共口径光学系统等，其使用特点更鲜明，技术指标和技术要求更特殊，更具个性化。

光学设计的主要优化方法是阻尼最小二乘法（Damped Deast Square，DLS），在评价函数（Merit Function）约束下，以透镜的曲率半径和间隔为变量，寻求评价函数的极小值。DLS运用数值微分计算，在一个较小的评价函数设计的解空间里确定优化方向。这种梯度方法是为光学系统设计专门开发的，被推荐用于所有成像和经典光学优化问题。然而，在纯非序列系统优化中，由于采用像素探测器进行探测，DLS的优化效果较差。并且评价函数本身是不连续的，这也可能导致梯度搜寻方法失败。还有一种优化方法——正交下降法（Orthogonal Descent，OD）。正交下降优化利用变量的正交化和解空间的离散采样降低评价函数值。OD算法不计算评价函数的数值微分。对于评价函数存在原本噪声的系统而言，例如非序列系统，OD通常比DLS算法要好。它在照度最大化、亮度增强和均匀性优化等优化问题中非常有用。

ZEMAX提供三种具体优化：局部优化（Local Optimization）、全局优化（Global Optimization）、锤形优化（Hammer Optimization）。局部优化这种方法强烈依赖初始结构，系统初始结构通常也被称为系统的起点，在这一起点处优化驱使评价函数逐渐降低，直至到最低点。注意这里的最低点是指再优化评价函数就会上升，不管是不是优化到了最佳结构（软件认为的最佳指评价函数最小的结构），这种近似与初始点的选择有关。全局优化是全域搜索，使用多起点同时优化的算法，目的是找到系统所有的结构组合形式并判断哪个结构使评价函数值最小。锤形优化，虽然也属于全局优化类型，但它更倾向于局部优化，一旦使用全局搜索找到了最佳结构组合，便可以使用锤形优化锤炼这个结构。锤形优化加入了专家算法，可帮助设计人员按有经验的设计师的设计方法处理系统结果。

ZEMAX中的默认评价函数有三种优化目标：

1）波前（Wavefront）优化方法

优化目标：优化光线的光程差，也称波像差优化。

适用场合：要求相对严格，像差较小时优化效果比较显著，大像差复杂系统[通常OPD（Optical Path Difference，光程差）大于50～100个波长时]波前优化会变得停滞不前。

2）光斑尺寸（Spot Radius）优化方法

优化目标：优化物方视场光束在像面上的光斑最小。

适用场合：优化模式只能为聚焦模式（无论General对话框中无焦模式是否打勾），绝大多数成像系统中都使用这种方法优化光斑大小，也是在聚焦系统设计时的最好初始评价条件。

3）角谱半径（Angular Radius）优化方法

优化目标：优化物方视场光束至像空间时边缘光线与主光线间的角度差最小化。

适用场合：由于所有光线间角度之差的均方根最小，便会产生准直效果。这种属于无焦优化模式（无论General对话框中无焦模式是否打钩）。

随着光学设计软件的发展，设计软件更加快速化、多功能化和智能化。新一代软件，除了光线追迹和优化（Optimization）等基本功能以外，还具有非序列（Nnon-Sequential）、多组态（Multi-Configuration）、热分析（Thermal Analysis）、偏振分析（Polarization Analysis）、公差设定（Tolerance Budgeting）等功能，可以处理高斯光束、多光束、棱镜、光栅、数字微反射镜、微机电系统（MEMS）等特殊器件。特别是全局优化功能中的锤形优化，具备自动选择光学材料（玻璃）的功能，可以充分发挥软件的智能化功能，即将玻璃作为变量，选择最优化或比较优化的玻璃组合。可以说，设计软件的智能化，使得设计人员设计复杂光学系统更为便捷。

要做好一项设计工作，首先要满足性能好和费用低的要求，这个要求并不是新课题。长久以来，工程技术人员总是同时研究几个方案，再从中选择一个“最佳”方案。但是，因时间和费用的关系，能研究的方案数量受到很大限制，以致选出的方案可能并不是“最佳方案”。近十年来结构设计领域进展突出。一方面，几乎所有的复杂结构问题都能借助于计算机求解，随着结构设计过程“计算机化”，自然要建立一些更迅速有效的方法，以探求“最佳”设计。目前看来有两类不同的方法：其一是充分利用计算机的潜力，使之自动地进行求解；其二则利用人的判断，以人机配合的方式指导计算机进行运算。我国十分重视机械产品的计算机辅助设计(CAD)。有些高等院校和研究机构正从事建立数据库，研究光学仪器(系统)中典型机构的计算机辅助设计，进行机构的最佳化设计，使机构设计向通用化、标准化、组合化、自动化方向发展。另一方面，由于结构设计的进步，新结构的出现，必将促进光学仪器的发展，如密螺滚动轴系，由于其精度高、摩擦力矩小，使仪器的精度和稳定性有所提高。

4.1.3　新材料、新工艺、新器件的发展

材料学科的发展为光学仪器提供新的材料，使仪器的性能不断提高，如采用石英玻璃做大平面反射镜和刻线尺，由于它有低的与钢接近的温度线膨胀系数，很大程度上减小了因温度变化带来的误差，提高了仪器的精度和稳定性。由于多层镀膜技术和高速精磨、高速抛光以及精加工、超精加工、微纳加工的进步，显著提高了光学元件、机构零件的质量，降低了成本。电子学科的发展，出现了很多新型的光电器件，如微通道板、CCD(CMOS)器件、固态红外(紫外)探测器、大规模焦平面器件、大面积硅光电器件、宽光谱光电器件的出现，使可见光、红外、紫外和微光等仪器取得突破性的成果，其中，CCD器件在几何量的高速、动态、自动检测上应用广泛，使生产效率显著提高。

4.1.4　先进光学薄膜技术的发展

发展先进光学薄膜技术，开展各种特殊光学薄膜镀制工艺与设备研究，是高性能光学仪器，特别是某些重要光电项目研制的必要技术支撑，其发展主要体现在以下几方面：

(1) 先进薄膜光学理论及成膜技术。

(2) 大口径光学元件表面镀膜技术。

(3) 新型反射镜光学表面改性技术与装备。

(4) 可见、近红外、中波红外、长波红外等多谱段共用光学薄膜。

(5) 激光对抗高损伤阈值薄膜及激光的防护。

4.1.5　先进光学检测与调整技术的发展

开展复杂光学元件及系统新型检测方法研究，以突破制约高精度光学系统制造的瓶颈技术。先进光学检测与调整技术是复杂光学系统集成制造技术的重要组成部分，该技术不仅决定了光学元件加工精度，而且决定了光学系统的最终集成精度。同时，先进光学检测与调整技术也是复杂光学系统的瓶颈技术，只有突破了复杂光学曲面的高精度检测技术，才能制造出符合设计要求的光学元件。可见，光学检测与调整技术是贯穿光学设计、光学加工和光学装调全过程的综合性技术。根据复杂光学系统对光学检测与调整的技术要求，其发展主要体现在以下几方面：

(1) 复杂光学曲面检测新方法。

(2) 非球面干涉测量及计算机辅助调整技术。

(3) 非球面反射镜面形轮廓和几何参量测量与控制技术。

(4) 大尺度/精度比的复杂型面全频段误差测量与评价技术。

(5) 复杂光学系统计算机辅助装调检验技术。

(6) 复杂光学系统“共基准”光学检验及光学系统像质评价技术。

4.1.6 高精度非球面(自由曲面)组件先进制造技术的发展

高精度非球面组件制造技术是面向特定应用(如空间应用)的非球面光学系统制造技术的关键技术和主要难点。非球面组件制造的关键技术包括大口径非球面反射镜轻量化加工、高精度精密光学加工、无应力支撑(主动支撑)等内容,针对这些关键技术应用,其发展主要体现在以下几方面:

(1) 光学表面研磨、抛光新方法及其材料去除机理。

(2) 数控光学表面成形设备与确定性误差收敛工艺。

(3) 纳米精度复杂光学表面误差收敛算法与计算机控制软件。

(4) 高精度非球面数控加工设备及工艺。

(5) 反射镜组件应力耦合状态分析与解耦方法。

(6) 大口径轻质反射镜主动支撑技术。

(7) 大口径反射镜轻量化技术。

4.1.7 先进光学与结构材料的发展

近年来,发展以 SiC 为代表的新型空间反射镜镜坯及支撑材料制备工艺与设备,是重大工程项目的需要。SiC 材料因其具有良好的化学稳定性,而且具有比刚度高、热传导率高和线膨胀系数小等优异的物理性能而引起各国广泛关注,被公认为是空间反射镜的首选材料。其发展主要体现在以下几个方面:

(1) 大口径 RB-SiC 光学材料制备技术与装备。

(2) 大尺寸 SiC 材料缺陷形成机理研究与控制技术。

(3) 高性能空间反射镜结构材料制备(性能增强)技术与装备。

4.1.8 电子技术的发展

近代光学仪器是光、机、电、控制等方面的综合体,电子技术的进步给光学仪器的发展带来了新的动力。如莫尔条纹的现象早就为人所发现,但直到电子细分技术的发展,莫尔条纹技术才广泛地应用在现代光学检测技术中。近年来计算机的应用,尤其是单片机和专用芯片,如 DSP(数字信号处理)、CPLD(复杂可编程逻辑器件)、FPGA(现场可编程门阵列)等,其应用使光学仪器的自动化、数字化水平快速提高,进行数据处理,还能消除和补偿一部分系统误差,有利于提高仪器的精度。

由此可见,光学仪器的发展促进了新理论、新设计、新工艺、新器件等的进步,而新理论、新设计、新工艺、新器件等的进步又反过来推动了光学仪器的不断发展,如此互相促进,不断前进。

4.1.9 光学仪器的类别

随着新材料、新器件、新技术的出现和发展,新的光学仪器类别正在不断涌现。光学仪器从不同角度有不同的分类,这里按用途大致可分为十大类。

1) 光学计量仪器

光学计量仪器就是利用光学原理对一些基本物理量的测试、标定及传递的装置,可分成长度计量和角度计量两类。

2）物理光学仪器

利用物理光学原理进行物质分析的光学仪器称为物理光学仪器，包括发射光谱仪器、吸收光谱仪器以及偏振、干涉和衍射测量仪器三类。它广泛地应用于机械制造、冶金、地质、石油、化工、制药、农业以及科学研究之中。

3）显微镜

显微镜广泛应用于工业、农业、医学和教学，其品种和数量在不断增加。显微镜的种类很多，如计量读数显微镜、生物显微镜和高温金相显微镜等。此外，还出现了许多新型的显微镜，如低温偏光显微镜、红外显微镜、自动遥控显微镜、彩色电视显微镜、激光显微镜和全息显微镜等。

4）测绘仪器

测绘仪器可分为两类：大地测量仪器和摄影测量仪器。大地测量仪器是用于测量高程、角度和距离的光学仪器。它包括水准仪、经纬仪、测距仪和地形仪。摄影测量仪器包括在相片上间接地测量地面坐标而绘制成图的仪器以及所需的摄影器械等，例如航摄仪器、高空侦察相机以及侦察卫星上的照相设备都属于此类。侦察相机同时又属军用仪器。

5）光学测试仪器

用于检查光学材料和测定光学常数、光学元件尺寸、表面质量以及光学系统像质的光学仪器都属于光学测试仪器。例如"V"棱镜折光仪和光学传递函数测试仪等。

6）天文光学仪器

用于观察和研究天体运动规律以及重演天体活动规律的光学仪器都属于天文光学仪器，例如天文望远镜和大型天象仪。

7）军用光学/光电仪器

军用光学/光电仪器是用来研究地形，搜索目标；观察火炮弹着点，确定射弹效果，以修正射击诸元；测量目标坐标；赋予武器的基准射向以及测量弹丸的飞行速度等任务的光学装置。如各种军用瞄准镜、潜望镜、激光测距机、弹道相机、光电跟踪设备、光电对抗系统、红外系统和电影摄影经纬仪等。

8）医用光学仪器

利用光学原理来观察、检查、治疗人体内部疾病的光学仪器称医用光学仪器。如各种激光治疗仪、各种人体内窥镜、激光手术刀、人造模拟眼等。

9）照相机

用来记录和存储光学信息的装置称为照相机。其中，有用于拍摄人物或风景的普通照相机，有用于拍摄文献资料的微缩照相机，有用于拍摄高速运动物体的高速摄影机，还有用于太空的空间相机以及用于瞬态（超快）光学（如阿秒光学、飞秒光学）的条纹相机等。它们的应用非常广泛，无论军用或民用都离不开各种类型的照相机。

10）电影机械

凡用于放映影片的光学机械装置称电影机械。如各种规格的电影机（窄幅和宽幅）。由于电影机中除放映物镜外，大部分是机械传动部分，所以称作电影机械。

4.1.10 光学仪器发展简史及其发展趋势

光学仪器的发展大致分为以下三个阶段：

1）第二次世界大战前

16、17 世纪：伽利略、牛顿、惠更斯时代，已经有望远镜、显微镜和目镜等雏形，以经验设计为主。

19世纪：像差理论、设计方法、衍射成像理论趋于成熟。有Seidel、Abbe、Schott和Zeiss等光学仪器工厂。由光学设计而制造光学仪器，德国领先世界近百年。

光学仪器的制造已有近三百年的历史，但是光学仪器工业是在20世纪初才逐渐发展起来的。在第一次世界大战期间，德国、美国、日本和英国的光学仪器工业都转入军事生产，由于扩军备战以及战后的工业和科学技术的发展，才促使它有较大的进步。例如：随着互换性要求的提高，促进了光学计量仪器的发展；为了精确分析物质的成分而发展了物理光学仪器；为了满足工业、医学和生物学日益增长的需要而发展了显微镜；为了地形、建筑和农田水利的勘测，发展了大地测量仪器；对于山脉起伏和幅员辽阔的国家，为了寻求高效率的成图方法而发展了航测仪器等，到了第二次世界大战时，光学仪器已初步形成系列。

2）第二次世界大战至20世纪50年代

这期间，光学仪器的发展比较缓慢。它的发展主要表现在：改进仪器的结构，扩大仪器的使用范围和增加产量，提高质量方面。

3）20世纪60年代以来

电子工业的迅速发展给光学仪器的产品更新，实现光、机、电相结合打下了良好的基础。自从1963年联邦德国奥普托厂生产了数字式小型工具显微镜以后，数字式光学仪器有了很大发展。而激光的发展，又为光学仪器开拓了新的领域。由于电子计算机的广泛应用，极大地缩短了设计周期，改善了仪器的质量。所以在20世纪60年代光学仪器有了较大的发展。从20世纪60年代至80年代，光学仪器取得了前所未有的成就，激光仪器已深入生活领域之中。

在随后几十年内，光学仪器取得了更大的发展。在科研方面，全国共有大型的属于中国科学院的光学精密机械研究所五个，分布在上海、长春、成都等地，成为我国光学工程科学研究基地。在人才培养方面，在许多高等院校中设立光学仪器系和光学专业。这些院校为祖国培养了大批光学人才，成为培养人才和进行光学科学研究的中心。在生产方面，大型的光学仪器工厂分布在全国各地，在产品方面，无论是大型高精度的电影数字经纬仪、大型光谱仪、精密激光测距仪，还是普通的民用显微镜和照相机都已能生产，在质量上、数量上达到了一定水平，很多产品都在向标准化、系列化方向发展。但我国光学仪器工业与西方先进国家相比较，无论在产品数量和质量上，还是工艺水平和设计水平上都存在一定差距。

光学仪器的发展趋势主要有如下五方面：

1）数字化和自动化

随着工业生产和科学技术的发展，要求光学仪器在提高测量和分析精度的同时，实现读数的数字化和测量过程的自动化。这种技术称为"数字读数技术"，应用较为广泛的有：计量光栅数字显示技术、光电轴角编码器和干涉条纹计数技术等。

2）激光技术的应用

自1965年激光开始在工业中应用以来，激光技术有了很大发展，在光学仪器中采用激光作光源使计量技术和光谱技术在精度、稳定性以及测量范围上都有很大提高。但是，促使激光迅速发展的主要原因是它在军事上的应用，例如：激光测距、激光制导、激光雷达和激光通信、激光武器等。美国已用激光测距仪测定月球和地球之间的距离，精度可达1.5m，经改进可达15cm。

3）全息术的应用

全息术是在1948年由加柏提出的，只是由于激光的发展，提供了良好的相干光源，才使全息摄影技术获得发展。所谓全息摄影是记录两条相干光的照片，一条叫参考光束，另一条叫试样光束，当两条光束相遇时就产生了干涉，其记录图就叫全息图，然后通过全息图的再现而重现物体像。用照相机拍摄的照片只记录它所接收的光波振幅，而全息摄影同时记录试样光束的相位，因而全息图就具有重现原来波阵面所需的全部信息。

全息术的应用很广，如计算机的存储、全息立体电影、全息立体电视、全息干涉显微镜和全息干涉测量等。全息干涉法可用来观察子弹飞行时的冲击波，测量弹道轨迹，测量爆炸现象，测量复杂的几何形状和检验光学零件。

4）纤维光学的应用

纤维光学是20世纪60年代里迅速发展起来的一项新技术，现已应用于光学仪器和医疗仪器上，它与激光器的结合可治疗心肌梗死。它与电子学相结合，可用于计算机、雷达、星际导航和制导系统中。光学纤维就是在高折射率的玻璃（或塑料）纤维的表面覆盖一层低折射率的玻璃（或塑料）构成光导，根据全反射原理，光线可以在光学纤维内传输。

光学纤维不仅具有良好的传输光和图像的性能，而且柔韧可曲，可以按需要做成各种形状。已应用于光学仪器的照明、成像系统等，并促进了光纤传感与光纤通信之类产业的形成。

5）计算机的应用

除了在光学设计方面普遍应用计算机之外，在光学仪器中也采用各种型号的计算机，如计算机与光量计的联用、计算机与分光光度计的联用、计算机和三维光学测量仪、三维激光扫描仪等的联用都极大地提高了仪器的质量和效能。

此外，还有红外技术、紫外技术、太赫兹技术、光纤传感技术、X射线技术、衍射/谐衍射技术、光纤通信技术、微纳技术等的发展与应用，对传统光学仪器及其产业的发展和更新换代，以及光学、光电新产业的形成，带来了日新月异的变化和深远的影响。

4.2　光学设计及其发展

为了使读者全面掌握光学设计，有必要对光学设计所要完成的工作内容、光学设计的主要过程和基本步骤、像差与光学设计过程、光学系统设计要求，以及光学设计的发展等方面作详细的介绍。

4.2.1　光学设计概述

光学设计所要完成的工作应该包括光学系统设计和光学结构设计，这里主要讨论光学系统设计。所谓光学系统设计，就是根据仪器所提出的使用要求和使用条件，来决定满足使用要求的各种数据，即决定光学系统的性能参数、外形尺寸和各光组的结构等。

为光电（光学）仪器设计一个光学系统，大体上可以分成两个阶段：第一阶段是根据仪器总体的技术要求（性能指标、外形体积、重量以及有关技术条件），从仪器的总体（光学、机械、电路、控制及计算技术等）出发，拟定出光学系统的原理图，并初步计算系统的外形尺寸，以及系统中各部分要求的光学特性等。一般称这一阶段的设计为"初步设计"或者"外形尺寸计算"。第二阶段是根据初步设计的结果，确定每个透镜组的具体结构参数（半径、厚度、间隔、玻璃材料），以保证满足系统光学特性和成像质量的要求。这一阶段的设计称为"像差设计"，一般简称"光学设计"。

这两个阶段既有区别，又有联系。在初步设计时，就要预计到像差设计是否有可能实现，以及系统大致的结构形式，反之，当像差设计无法实现，或者结构过于复杂时，则必须回过头来修改初步设计。一个光学仪器工作性能的好坏，初步设计是关键。如果初步设计不合理，严重时可致使仪器根本无法完成工作，其次会给第二阶段的像差设计工作带来困难，导致系统结构过分复杂，或者成像质量不佳。当然在初步设计合理的条件下，如果像差设计不当，同样也可能造成上述不良后果。评价一个光学系统设计的好坏，一方面要看它的性能和成像质量；另一方面还要看系统的复杂程度，一个好的设计应该是在满足使用要求（光学性能、成像质量）的情况下，结构设计最简单的系统。

初步设计和像差设计这两个阶段的工作，在不同类型的仪器中所占的地位和工作量也不尽相同。在某些仪器，例如大部分军用光学仪器中，初步设计比较繁重，而像差设计相对来说比较容易，在另一些光学仪器，例如一般显微镜和照相机中，初步设计则比较简单，而像差设计却较为复杂。

也可以把光学设计过程分为四个阶段：外形尺寸计算、初始结构的计算和选择、像差校正和平衡以及像质评价。

1. 外形尺寸计算

在这个阶段里要设计拟定出光学系统原理图，确定基本光学特性，使其满足给定的技术要求，即确定放大倍率或焦距、线视场或角视场、数值孔径或相对孔径（相对口径）、共轭距、后工作距离、光阑位置和外形尺寸等。因此，常把这个阶段称为外形尺寸计算。一般都按理想光学系统的理论和计算公式进行外形尺寸计算。在计算时一定要考虑机械结构和电气系统，以防止在机构结构上无法实现。每项性能的确定一定要合理，过高要求会使设计结果复杂造成浪费；过低要求会使设计不符合要求，因此这一步骤需慎重行事。

2. 初始结构的计算和选择

初始结构的确定常用以下两种方法：

1）根据初级像差理论求解初始结构

这种求解初始结构的方法就是根据外形尺寸计算得到的基本特性，利用初级像差理论来求解满足成像质量要求的初始结构。

2）从已有的资料中选择初始结构

这是一种比较实用又容易获得成功的方法，因此它被很多光学设计者广泛采用。但其要求设计者对光学理论有深刻了解，并有丰富的设计经验，只有这样才能从类型繁多的结构中挑选出简单而又合乎要求的初始结构。

初始结构的选择是光学设计的基础，选型是否合适关系到以后的设计是否成功。如果选择了一个不好的初始结构，再好的设计者也无法使设计获得成功。

3. 像差校正和平衡

初始结构选好后，要在计算机上用光学计算程序进行光路计算，算出全部像差及各种像差曲线。从像差数据分析就可以找出主要是哪些像差影响光学系统的成像质量，从而找出改进的办法，开始进行像差校正。像差分析及平衡是一个反复进行的过程，直到满足成像质量要求为止。

4. 像质评价

可以把目标看作是由大量的点元组成的集合体。目标中的每个点通过光学系统成像后均为一个弥散斑，这些弥散斑的集合就构成了目标的图像。因此，详细讨论点目标（包括轴上点和轴外点）的成像特性，并对其成像质量进行评价是十分有意义的。

现在面对的事实是：一个光学系统对点目标所成的像，即弥散斑的尺寸有多大；是衍射效应占主导，还是几何像差占主导；多大尺寸的弥散斑是可以接受的；弥散斑内的能量是如何分布的；图像的对比度降低了多少；该系统的整体质量如何；这些问题集中起来就是像质评价要解决的主要内容。

一个光学系统，如果像差校正得很好，整个波前变形量控制在1～2个波长范围之内，这样的像差主要影响爱里斑内的能量分布，基本上不影响爱里斑中央亮盘的大小。把这类光学系统称为小像差系统；

对于大于上述波像差的光学系统，称为大像差系统，二者的评价方法是有差别的。对于小像差光学系统，通常用波像差来考虑，对于大像差系统，常用几何像差来评价。

像质评价经历了一个由简单到复杂，由主观评价到客观评价的发展历程。有一些评价方法，如点列图法和能量集中度法，虽然是很好的客观评价方法，但由于需要计算的光线太多，在计算机出现之前是无法实际应用的。

光学系统的成像质量与像差的大小有关，光学设计的目的就是要对光学系统的像差给予校正。但是任何光学系统都不可能也没有必要把所有像差都校正到零，必然有剩余像差的存在，剩余像差大小不同，成像质量也就不同。因此光学设计者必须对各种光学系统的剩余像差的允许值和像差公差有所了解，以便根据剩余像差的大小判断光学系统的成像质量。对光学系统的质量评价一般分两个阶段进行：第一阶段是对光学系统的设计质量的评价；第二阶段是对加工装调好的镜头或仪器的整体质量进行评价。评价光学系统成像质量的方法很多，对设计质量的评价方法主要有像差曲线、极限分辨率、点列图、能量集中度和光学传递函数等。对加工装调好的镜头的评价方法主要有星点法、刀口法、阴影法、分辨率测量和调制传递函数测量等。这里简单介绍几种最常用的像质评价方法。

1）瑞利判断

使用实际波面与理想(参考)波面之间的最大波像差 ΔW 来判断系统质量。当 $\Delta W \leqslant \frac{\lambda}{4}$ 时，认为系统是完善的。主要适用于小像差系统，如望远镜、显微物镜等。优点是计算量较小，也比较方便；缺点是不够严格(对于不同的光学系统，或一个光学系统的不同视场，不应该都以 $\Delta W \leqslant \frac{\lambda}{4}$ 为指标，而应有所不同)。

2）分辨力

分辨力是反映光学系统分辨物体细节的能力(或两个像点间的距离)。瑞利提出“能分辨开两点间的距离等于爱里斑半径”。亦即当一个点的衍射图中心与另一个点的衍射图的第一暗环重合时，正好是这两个点刚能分开的界限。分辨力由不同系统的具体情况确定，主要用于大像差系统。优点是定量，方便；缺点是对于小像差系统不准确(因为分辨力主要和相对孔径、照明条件和观测对象有关，不能准确反映像差情况)。

3）点列图

由一点发出的许多光线经光学系统以后，由于像差等原因，使其与像面的交点不全集中于同一点，而形成一个分布在一定范围内的弥散图形(散开的点阵分布)，称为点列图。通常用集中30%以上的点或光线的圆形区域为其实际有效的弥散斑，它的直径的倒数，为系统能分辨的条数。有时也将能量集中在68%左右的弥散斑直径视为像点尺寸，以此作为点列图度量。其一般用于评价大像差系统。优点是方便，直观；缺点是不够严谨(计算的光线越少，越不准确)。

4）星点检验

通过考察点光源(称为星点)经过光学系统后，在像面及其前后不同截面所形成的衍射像(即星点像)的光强分布，定性评价光学系统的成像质量。它是把实际系统的星点像与理论系统进行比较，不同系统有不同的要求。可应用于一般光学系统。优点是方便，直观；缺点是不定量，只是定性比较。

5）中心点亮度

有像差时衍射图形中最大亮度与无像差时最大亮度之比称为中心点亮度(S.D)。当 S.D≥0.8 时，认为系统是完善的。主要适用于望远镜、显微镜等小像差系统。优点是比较严格，可靠；缺点是计算比较复杂。

6）光学传递函数

一个非相干光学系统，可看作是一个低通线性滤波器，即给光学系统输入一个正弦信号（光强正弦分布的目标），其输出仍是同频率的正弦信号，但像的对比有所下降（Modulation Transfer Function，MTF），位相有所移动（Phase Transfer Function，PTF），而且对比下降程度和位相移动的大小是空间频率 N 的函数。其中 MTF(N)称为调制传递函数或对比传递函数，PTF(N)称为位相传递函数，二者统称光学传递函数（Optical Transfer Function，OTF）OTF(N)。

也就是说，此方法是基于把物体看作是由各种频率的谱组成的，即将物的亮度分布函数展开为傅里叶级数或傅里叶积分。把光学系统看作是线性不变系统。这样，物体经光学系统成像，可视为不同频率的一系列正弦分布线性系统的传递。传递的特点是频率不变，但对比度有所下降，相位发生推移，并截止于某一频率。对比度的降低和相位的推移随频率而异，它们之间的函数关系称为光学传递函数。由于光学传递函数与像差有关，故可用来评价光学系统成像质量。它具有客观、可靠的优点，并且便于计算和测量，它不仅能用于光学设计结果的评价，还能控制光学系统设计的过程、镜头检验、光学总体设计等各方面。

4.2.2 光学设计的主要过程和基本步骤

了解光学设计包括哪些主要过程和基本步骤，是进行设计工作的基本要求。

1. 光学设计的主要过程

1）制定合理的技术参数

从光学系统对使用要求满足程度出发，制定光学系统合理的技术参数，这是设计成功与否的前提条件。

2）光学系统总体设计和布局

光学系统总体设计的重点是确定光学原理方案和外形尺寸计算。

3）光组的设计

光组的设计一般分为选型、确定初始结构参数和像差校正、平衡与像质评价三个阶段。

（1）选型。光组的划分，一般以一对物镜共轭面之间的所有光学零件为一个光组，也可将其进一步划小。现有的常用镜头可分为物镜和目镜两大类：目镜主要用于望远和显微系统；物镜可分为望远、显微和照相摄影物镜三大类。镜头在选型时首先应依据孔径、视场及焦距选择镜头的类型，特别要注意各类镜头各自能承担的最大相对孔径、视场角。在大类型的选型上，应选择既能达到预定要求而又结构简单的一种，选型是光学系统设计的出发点，选型是否合理、适宜是设计成败的关键。

（2）初始结构参数的计算和选择。初始结构的确定常用以下两种方法：①解析法（代数法），即根据初级像差理论来求解初始结构。这种方法是根据外形尺寸计算得到的基本特性，利用初级像差理论来求解满足成像质量要求的初始结构，即确定系统各光学零件的曲率半径、透镜的厚度和间隔、玻璃的折射率和色散等。②缩放法，即根据对光组的要求，找出性能参数比较接近的已有结构，将其各尺寸乘以缩放比，得到所要求的结构，并估计其像差的大小或变化趋势。

（3）像差校正、平衡与像质评价。初始结构选好后，要在计算机上进行光路计算，或用像差自动校正程序进行自动校正，然后根据计算结果画出像差趋向，分析像差，找出原因，再反复进行像差计算和平衡，直到满足成像质量要求为止。

4）长光路的拼接与统算

以总体设计为依据，以像差评价为准绳，进行长光路的拼接与统算。若结果不合理，则应反复试算并调整各光组的位置与结构，直到达到预期的目的为止。

5）绘制光学系统图、部件图、零件图

绘制各类图纸，包括确定各光学零件之间的相对位置，光学零件的实际大小和技术条件。这些图纸是光学零件加工、检验，部件的胶合、装配、校正乃至整机装调、测试的依据。

2. 光学设计基本步骤

光学设计就是选择和安排光学系统中各光学零件的材料、曲率和间隔，使得系统的成像性能符合应用要求，一般设计过程基本是减小像差到可以忽略不计的程度。从某种角度来说，光学设计可以概括为以下几个步骤：①选择系统的类型；②分配元件的光焦度和间隔；③校正初级像差；④减小残余像差（高级像差）。

以上每个步骤可以包括几个环节，重复循环这几个步骤，最终会找到一个满意的结果。

从另一个角度来说，光学设计也可以概括为以下几个步骤：①确定设计指标；②光学系统外形尺寸计算、可行性分析、设计指标修正；③光学系统初始结构设计；④像差平衡，必要时修改初始结构；⑤像质评价与公差分析；⑥绘制光学系统图、部件图、零件图；⑦完成设计报告或设计说明书；⑧必要时进行技术答辩或技术评审。

4.2.3　像差与光学设计过程

光学设计在很大程度上来讲就是像差设计。光学系统的具体设计也分为三个阶段：①选型；②初始结构的计算和选择；③像差校正、平衡与像质评价。初始结构选好后，逐次修改结构参数，使像差得到最佳的校正与平衡，接着对结果进行评价。这几个阶段都需要设计者掌握较全面和扎实的像差理论。

像差校正与平衡是一项反复修改结构参数逐步逼近最佳结果的工作。在计算机辅助光学设计中，采用像差自动平衡的方法，充分挖掘系统各结构参数的校正潜力，极大地加快了设计进程，显著地提高了设计质量。值得指出的是，好结果的取得仍然是相当艰难的事，好结果也往往是在结果比较中优中选优或良莠不齐中选优。

当像差已校正和平衡到良好的状态后，需要借助适当的方法对像质作全面的评价，其判据（或指标）视像差的允差或传递函数的值，决定设计结果是否符合要求。如尚未达到要求，仍需继续做像差平衡工作；如发现再怎样做像质还是提高不大，则可以基本上判定这是“迷宫”中某道路的“死胡同”，应另选结构形式或另定初始参数，重复上述设计步骤，继续工作，直到取得满意的结果为止。

4.2.4　光学系统设计要求

任何一种光学仪器的用途和使用条件必然会对它的光学系统提出一定的要求，因此，在进行光学设计之前一定要了解对光学系统的要求。这些要求概括起来有以下几方面：

1）光学系统的基本特性

光学系统的基本特性有：数值孔径或相对孔径；线视场或视场角；系统的放大率或焦距。此外还有与这些基本特性有关的一些特性参数，如光瞳的大小和位置、后工作距离、共轭距等。

2）系统的外形尺寸

系统的外形尺寸，即系统的横向尺寸和纵向尺寸。在设计多光组的复杂光学系统时，外形尺寸计算以及各光组之间光瞳的衔接都是很重要的。

3）成像质量

成像质量的要求和光学系统的用途有关。不同的光学系统按其用途可提出不同的成像质量要求。对于望远系统和一般的显微镜只要求中心视场有较好的成像质量；对于照相物镜要求整个视场都要有较好的成像质量。

4）仪器的使用条件

在对光学系统提出使用要求时，一定要考虑在技术上和物理上实现的可能性。如生物显微镜的放大率Γ要满足$500NA \leqslant \Gamma \leqslant 1000NA$条件（NA为数值孔径），望远镜的视觉放大率一定要综合考虑望远系统的极限分辨率和眼睛的极限分辨率。

具体来说，还可分为光学系统的基本要求和光学系统的技术要求。

1）光学系统的基本要求

光学系统的基本要求包括如下几点：

（1）性能：①提供理想像质，足够分辨视场内最小尺寸的特定物体；②弥散像元尺寸与探测器像素尺寸匹配；③有效孔径和透过率必须充分满足设计要求。

（2）构形选择：①设计形式必须能满足所需的性能；②特殊的技术要求，例如在扫描系统，在红外系统中的光阑等要符合要求。

（3）可制造性考虑：最小尺寸、成本、重量、环境影响。

2）光学系统的技术要求

光学系统的技术要求包括如下几点：

（1）基本要求：物距、成像形式、像距、结构、F数或数值孔径（Numerical Aperture，NA）、放大率、全视场、透过率、焦距、渐晕及其他。

（2）成像质量要求：探测器类型、主波长、光谱范围、光谱权重（@3或5λ）；MTF、均方根值（Root Mean Square，RMS）、波前衰减、能量中心度、畸变及其他。

（3）机械和包装要求：长度、直径、后焦距、光学载重、物像间距离及其他。

（4）具体要求：中心遮拦、环境、离轴抑制、温度、元件数量、材料、倾斜度、价格准则、振动、光照图及其他。

（5）红外系统的要求：冷反射、扫描噪声、放大、扫描几何图、冷屏效率及其他。

（6）其他系统要求。

3）典型规格及举例

光学系统的典型规格如下：焦距、F数、通光孔径、全视场、光谱范围和相对波长权重、封装要求（长度、直径、后焦距）、环境参数[温度变化、梯度（径向、轴向）]、透过率和相对照度（有渐晕）、畸变、性能（MTF、RMS、波前衰减、能量中心度、其他）。

举例来说，对航天光学遥感中应用的摄影光学系统，其性能主要由三个参数决定：即焦距、相对孔径和视场。航天光学遥感对光学系统的要求，一个基本特点是焦距长（由于焦距长，所以一般F数较大），因为航天器轨道至少在200km以上，焦距都在米级以上。同时，一般也要求大视场。对视场的要求还与轨道高度相关，轨道越低，一般要求视场越大。另外，由于航天应用的特点，要求光学系统质量轻，以节约发射成本。由于航天器工作的空间，热环境较差，还有微重力和真空的影响，要求光学系统像质对光学元件的位置误差和真空度不敏感。为了提高信噪比，要求光学系统透过率高。此外，为提高分辨力，要求口径大、焦距长。上述要求可以归结为轻质量、高透过率、高稳定性、高分辨力。

4.2.5 光学设计的发展概况

光学设计是20世纪发展起来的一门学科，至今已经历了一个漫长的过程。最初生产的光学仪器是利用人们直接磨制的各种不同材料、不同形状的透镜按不同的情况进行组合，找出成像质量比较好的结构。由于实际制作比较困难，要找出一个质量好的结构，势必要耗费很长的时间和很多的人力、物力，而且也很难找到各方面都较为满意的结果。

为了节省人力、物力，后来逐渐把这一过程用计算的方法来代替。对于不同结构参数的光学系统，由同一物点发出，按光线的折射、反射定律，用数学方法计算若干条光线；根据这些光线通过系统以后的聚焦情况，即根据这些光线像差的大小，可以大体知道整个物平面的成像质量；然后修改光学系统的结构参数，重复上述计算，直到成像质量满意为止。这样的方法叫作“光路计算”，或者叫作“像差计算”，光学设计正是从光路计算开始发展的。用像差计算代替实际制作透镜当然是一个很大的进步，但这样的方法仍然不能满足光学仪器生产发展的需要，因为光学系统结构参数与像差之间的关系十分复杂，要找到一个理想的结果，仍然需要经过长期繁重的计算过程，特别是对于一些光学特性要求比较高、结构比较复杂的系统，这个矛盾就更加突出。

为了加快设计进程，促进人们对光学系统像差的性质及像差和结构参数之间的关系进行研究，人们希望能够根据像差要求，用解析的方法直接求出结构参数，这就是所谓“像差理论”的研究。但这方面的进展不能令人满意，至今为止像差理论只能给出一些近似的结果，或者给出如何修改结构参数的方向以加速设计的进程，仍然没有使光学设计从根本上摆脱繁重的像差设计过程。

正是由于光学设计的理论还不能采用一个普遍的方法根据使用要求直接求出系统的结构参数，而只能通过计算像差，逐步修改结构参数，最后得到一个较满意的结果，所以设计人员的经验对设计的进程有着十分重要的意义。因此，学习光学设计，除了要掌握像差的计算方法和熟悉像差的基本理论之外，还必须学习不同类型系统的具体设计方法，并且不断地从实践中积累经验。

由于计算机的出现，使光学设计人员从繁重的手工计算中解放出来，过去一个人花费几个月的时间进行的计算，现在用计算机只要几分钟或几秒钟就完成了。设计人员的主要精力已经由像差计算转移到整理计算资料和分析像差结果上来。光学设计的发展除了应用计算机进行像差计算外，还进一步让计算机代替人工做分析像差和自动修正结构参数的工作，这就是所谓的“自动设计”或者“像差自动校正”。

现在大部分光学设计都在不同程度上借助于自动设计程序来完成。有些人认为在有了自动设计程序以后，似乎过去有关光学设计的一些理论和方法已经没用了，只要能上机计算就可以进行光学设计了。其实不然，要设计一个光学特性和像质都满足特定使用要求而结构又最简单的光学系统。只靠自动设计程序是难以完成的。在使用自动设计程序的条件下，特别是那些为了满足某些特殊要求而设计的新结构形式，主要是依靠设计人员的理论分析和实际经验来完成的。因此，即使使用了自动设计程序，也必须学习光学设计的基本理论，以及不同类型系统具体的分析和设计方法，从而真正掌握光学设计。

光学设计的发展经历了人工设计和光学自动设计两个阶段，实现了由手工计算像差、人工修改结构参数进行设计，到使用计算机和光学自动设计程序进行设计的巨大飞跃。国内外已出现了不少功能相当强大的光学设计 CAD 软件。如今，CAD 已在工程光学领域中普遍使用，从而使设计者能快速、高效地设计出优质、经济的光学系统。然而，不管设计手段如何变革，光学设计过程的一般规律仍然是必须遵循的。

值得指出的是，光学系统设计领域从早期的球面系统到旋转对称式的非球面系统，再到非旋转对称式系统，光学系统朝着紧凑、轻量、高性能的方向发展。随着高精度加工和检测技术的提升，自由曲面逐渐被应用于各类光学系统中，为地面遥感、光谱成像、固态照明等领域带来了革命性的变化。

不断发展的先进光学设计理论与方法，正引领并带动光学材料、光学制造、检测、系统集成等技术的进步，推动光学事业日新月异的发展。

1. 非常规光学设计理论与方法

在时代发展和需求的不断牵引下，光学设计作为应用光学的基础学科得到迅速发展，光学系统日益复杂，新型式、高性能光学系统更新之迅速、光学技术领域前进步伐之快前所未有，光学系统的性能和质量在发展中不断的追求着极限。非球面技术的应用；衍射光学、微光学、非成像光学、主动光学、共形光学等新概念的创立；合成孔径、负折射率、自由曲面、智能光瞳、波前编码和超分辨等新技术的应用，亦不断冲击着人们对传统光学系统设计理念的认知。创立出具有特色、并适应新型光学系统的光学设计理论和光学设计方法已迫在眉睫。亦即研究各种不同应用领域提出的非常规光学系统的新设计方法和理论，例如偏轴光学系统设计方法、自由曲面光学系统设计方法等。值得一提，基于光线映射(Ray Mapping)的自由曲面非成像光学设计方法，运用特殊数学理论及光传输机制构建的自由曲面对光束行为进行更为精准的控制，可应用在道路照明(包括半导体照明)、激光光束调控、激光投影、激光雷达等领域，相关设计技术还包括复合光线映射法、最优质量传输法、最小二乘光线映射法、反卷积法、迭代波前构建法、反馈补偿优化法、全局优化以及快速光线追迹、面向相干光束的几何光学-物理光学复合法等。

自由曲面被广泛认为是一种革命性光学成像技术，是目前国际光学设计领域的研究热点，其颠覆了传统光学曲面回转/平移对称的局限性，为光学设计人员提供了更多设计自由度，具备大幅提升特别是非对称光学系统视场、像质、体积等的潜力，成为光学设计的重要发展方向之一。然而，自由曲面的非对称和多自由度特点也给光学设计、加工、检测等环节带来了挑战。考虑到自由曲面技术各环节之间的相互关联性，有研究团队就自由曲面理论、设计、加工、检测等方面开展了系统研究，突破了可见光波段自由曲面的多参量高效优化设计、高精度零位补偿干涉检测以及超精密迭代补偿加工等关键技术，已研制出新型“低成本、可快速响应、全铝光机、全自由曲面”大视场可见光相机，铝基自由曲面(7 阶以上 XY 多项式)制造精度达到 RMS1/30λ@632.8nm，相机视场角 20°×15°、实测传函 0.4@78lp/mm。该研究团队还研制了多款全铝光机全自由曲面大视场非致冷和致冷红外相机，并获得优异的成像质量。随着自由曲面技术的快速发展，未来该技术有望为光电空天领域等新型颠覆性光学系统的研制提供重要支撑。

另外，同时实现高分辨、宽覆盖、轻小型化的先进光学系统，既是国际先进光学技术的发展趋势，又是光学系统设计的一个技术瓶颈。为解决这一技术难题，必须在设计论证中综合考虑制造、检测、装调和试验方法等一系列问题，来降低加工、制造、装调难度。而对光学系统进行全面的工程建模，是提高光学系统综合指标、获得高质量光学系统的有效途径。工程建模平台的建立将实现设计与制造两方面的理论集成，从光学、机械、热学、杂散光等角度建立全面的数理分析模型，对系统的综合性能指标进行提升、优化，最终得到性能、指标、效益最佳匹配的光学系统。

2. 光学系统工程建模、分析仿真与优化

围绕光学系统的性能和质量，现代光学工程要求，开展全面的包括光学、机械、热学和杂散光等的工程分析，同时为了能质量最优、效率最高地制造这些高性能光学系统或特殊光学系统，必须在设计论证中统筹考虑制造、检测、装调和试验方法，要对工程实现有深入明确的认识和规避风险的措施。因此要综合研究制造过程引入的各项误差源，制订合理可行而又经济的公差分配和补偿环节。

这项工作的重要性已越来越引起人们的重视，Hubble空间望远镜的教训不能重演。计算机集成制造技术需要对光学系统在实现的各个过程进行准确和精细的建模并给出仿真度较高的结果，最终将设计与制造两方面真正的集成为一体。只有光学、机械、热学和杂散光等角度出发建立全面的数理分析模型，才能全面考虑问题，才能对系统的综合性能指标进一步提升、优化，最终达到系统级的优化质量，制造出指标性能最优、最均衡，体积、重量、功耗最优，经济性最好的光机系统。

建立光学、机械、热学、杂散光等集成一体化设计分析的实用平台，对光学系统在实现中的各个过程进行准确和精细的建模，深入研究工程实现中规避风险的措施，最优化光机系统建立光学系统成像仿真平台，开展面向实际制造过程的光学系统静态成像质量乃至动态成像质量的预判，实时指导实际制造过程；从大量的工程实践中挖掘、提炼共性的性质，以不断完善建模、仿真的准确性。

实现由单纯的光学设计向制造过程中的核心决策单元迈进，完善光学设计软件与其他机械设计软件、力学、热学分析软件、虚拟加工软件、测量软件之间的接口，实现基于像质预判的全程虚拟制造，提高可行性分析的准确性，降低制造成本，为最后的系统级检验、联调提供标准。

3. 成像与非成像光学的前沿问题

近年来，光学技术领域出现了很多新的分支和学科，如：合成孔径、共形光学、负折射率、自由曲面、智能光瞳、波前编码和超分辨技术，这些都促使光学设计要从更宽、更高的层面考虑问题，光学和电学共同对获取的信息进行再加工和处理将是今后不可避免的发展趋势，因此研究基于这些方向的光学系统已是迫切需要，而且必须突破经典光学系统设计理论，研究新的手段和方法，甚至是全新的理论体系。

1）自由曲面光学及矢量像差理论

自由曲面通过打开光学表面自由度来实现像差平衡能力的提升。自由曲面光学涵盖了自由曲面数理模型、自由曲面光学系统设计、自由曲面加工检测、装调等理论与技术交叉的新兴光学方向。矢量像差理论是用于研究自由曲面光学系统和偏轴光学系统中的复杂像差规律的指导理论。

2）计算成像及超分辨率成像技术

计算成像是通过光学、机械、探测器和数字图像处理的方法来产生常规光学系统极难获得或无法获得的图像，它可以提供更优越的成像特性，同时在简易系统上获得高性能。计算成像中有很多技术可以实现超分辨重建。重点研究波前编码技术和自适应编码孔径成像技术，以及探讨通过计算成像来实现超分辨复原的可能性。

3）超大型光学系统和灵巧型光学系统研究

超大型光学系统研究是指高精度超大口径复杂光学系统的设计技术和方法研究。灵巧型光学系统研究是指具有紧凑、轻巧特点的高精度光学系统设计技术和方法研究。

此外，由于传统的应用光学基础——标量衍射光学理论受到冲击，需要更高级的理论和更新的算法去探索这些新领域的原理和基础。因此，应研究相关学科，如基于光学理论的计算机图像处理（如计算成像）和其他边缘学科来联合分析新型光学系统的设计理论和方法；应探索采用新的工艺方法，如磁流变、离子束抛光、光刻等给光学系统设计带来的新的自由度；应探索采用零位补偿、数字样板、计算全息、口径拼接等方法，来解决新型光学元件的光学检测难题；从原理出发，重点分析新型光学元件特性，开展新型光学系统的研究和应用开发。

4.3 应掌握的光学设计基础

要进行光学设计，应掌握如下光学设计基础。

1. 不同光学系统的基本特点和主要选用原则

不同光学系统，各有其特点。掌握不同光学系统的特点及其选用原则，对开展光学设计是必要的。这里以激光与红外光学系统的基本特点和主要选用原则为例进行分析。

1）基本特点

激光与红外光学系统，由于在频域和空域内所传播的光信息的特有性能，使之具有与普通光学系统，特别是目视和照相系统不同的特点。

(1) 红外辐射源和相当多的激光器的辐射波长处于 1μm 以上的不可见光区，由于受相应的透明材料的限制，使反射式和折反式光学系统占有较重要的地位。

(2) 几乎所有的红外系统和绝大部分激光系统都属于光电子系统，作为接收器的是各种光电器件。因此，光学系统的性能应以灵敏度和信噪比作为主要评定的依据，而不是分辨率，因为分辨率往往受光电器件本身尺寸的限制，故可适当降低对光学系统的要求。

(3) 红外探测器的小尺寸和激光光束的高度方向性，使激光和红外光学系统的视场一般很小。同时，轴外像差通常可以不考虑，又由于反射系统没有色差和激光光束的单色性，在多数情况下只要满足消球差和正弦条件即可。因而，激光和红外系统由于像质要求不高，而要求高的灵敏度，因此多数是大相对孔径的光学系统。

(4) 由于大多数激光器的辐射往往以高斯光束形式传播，这种高斯光束既不同于普通的均匀单波面，也不同于普通的均匀球波面。因此，激光光学系统的参数应根据光学元件对高斯光束的变换特性来确定，而不同于普通几何光学中的处理方式。

2）选用原则

鉴于上述特点，在选用激光和红外光学系统时，应遵循下列原则：

(1) 光学系统应对所工作的波段有良好的透过率，即有高的光学效率。

(2) 光学系统应具有尽可能大的接收口径，在纵向尺寸受限时，有大的相对孔径，以保证高的灵敏度。

(3) 光学系统应对噪声有较强的抑制能力，以便于采用各种辅助元件，如场镜、浸没透镜和光锥等来减小探测器尺寸，提高信噪比。

(4) 光学系统的型式和组成应有利于充分发挥探测器的效能。如合理利用光敏面面积及保证高的光斑均匀性等。

(5) 光学系统和组成的元件应力求简单，以利减少红外系统中高折射元件的反射损失、避免激光高度相干性所带来的能量分布的改变，及在高功率、大能量场合下的元件损伤。

(6) 对传输高斯光束的光学系统，应满足前后单元的最佳匹配条件。

2. 光学系统对成像特性的影响

光学系统对成像特性的影响可分为四个方面：高斯光学性质、光度性质、衍射及像差校正状况。它们并不是完全孤立的，而是相互影响的，同时它们的数值或特征可以在相当宽的范围内变化。这种情况就使光学系统的性能选择和设计成为匹配整体中各个单元的主要手段。

光学系统最重要的成像特性是高斯光学性质，首先，它使物体在一定位置形成一定大小的像，以符合整体的需要。其次是它的光度性质，光学系统会使光束亮度降低，但将接收器与高折射率介质相贴合时可使亮度加大。另外，接收器感知的照度由孔径角决定，约与通光直径平方成正比。由于光度性质直接影响信号强度，从而影响到整体的信噪比。由于衍射和像差校正状况决定了光学系统的传递函数值，从而决定了它能区分的图像细节的限度。衍射决定了理想条件下使用光学系统的限度，而像差校正不完善则使这个限度更为紧缩。

光学系统设计的主要矛盾是仪器尺寸要求与高斯光学的矛盾；增大孔径、视场与像差校正的矛盾。增大孔径不仅使光信号强度增大，而且使理想传递函数加大，但像差则将使传递函数减小。优良的设计在于在具体条件下合理地解决这个矛盾，使各个要求恰到好处地满足。

光学成像不仅可以用几何光学方法实现，也可以由物理光学的方法实现。Fresnel 环带板就是一个例子，Gabor 的"波面重构术"成像实质上是它的一个发展。Zernike 的位相显微镜又是另一方面的例子，它由光阑函数的变更而有意使物像不一致，使位相物体变得可观察。采用这种方法——光阑函数作适当的振幅和位相变化，可使图像的清晰度提高、除去图像中的某些线条、变更焦深、增加瞄准精度等。光学系统对成像的这种特殊影响具有重要的意义。

3. 几何光学基础

几何光学的基本定律包括折射定律、反射定律、Malus 定律、Fermat 原理和 Lagrange 不变量。几何光学是光学设计的基础。光学系统至少应该在高斯光学区域满足预定的设计要求，亦即在不计及像差时，光学系统的概略结构应使预定位置、预定大小的物体，经过预定直径、预定长度和预定光路转折的通光孔后，成像在预定像面上，像的大小和正倒应符合预定要求。

值得注意的是，在进行光学设计时，为了便于表征各量之间的相互关系，还应制定并严格遵循它们的符号规则。根据符号规则从某一具体图形导出的公式就不失其普遍性。为此，可有如下约束规定：

(1) 光线从左向右为正向光路，反之为反向光路。

(2) 直线量从坐标原点起向右向上为正，反之为负。不同直线量的坐标原点的选择方式不同：如焦距以主点为原点；曲率半径和物(像)距以折射面(或反射面)顶点为原点；物(像)高以轴上点为原点。

(3) 角度以锐角来衡量，对于光线与光轴(或法线)所形成的角度，规定以光轴(或法线)为起始轴，由光轴(或法线)转向光线顺时针为正，逆时针为负。必须指出，在光路图上，负的线段(或角度)，必须在表示该值的符号前加上"－"号。

要进行光学设计必须懂得各种光学仪器的成像原理、外形尺寸计算方法，了解各种典型光学系统的设计方法和设计过程。实际光学系统大多由球面和平面构成。掌握共轴球面系统光轴截面内光路计算的三角公式，了解公式中各参数的几何意义是必要的，具体公式可参考有关光学书籍。对于平面零件有平面反射镜和棱镜，它们的主要作用多为改变光路方向，使倒像成为正像，或把白光分解为各种波长的单色光。

在光学系统中造成光能损失的主要原因有三点：透射面的反射损失、反射面的吸收损失和光学材料内部的吸收损失。

除此之外，由于非球面在像差校正等方面的优越性，以及光学非球面加工、检测水平的提高，光学系统中采用非球面已是比较常见的情形，因此对于非球面光学系统的设计方法也应有较深入的了解和掌握。

4. 像差理论

光学系统有七种初级像差：球差、彗差、像散、场曲、畸变、位置色差和垂轴色差。此外，还有高级像差、二级光谱色差等。

应该指出，消色差虽然消除了初级色差，但往往还存在一定程度的高级色差，即校正了任何两种色光的初级色差之后，光学系统对第三种色光仍会产生剩余色差，这就是所谓的“二级光谱”。消除二级光谱的过程也被称为复消色差。

5. 光学材料的选择和光学系统的公差分配及分析

光学材料按下列各项质量指标分类和分级：折射率和色散系数、同一批光学材料中折射率及色散系数的一致性、光学均匀性、应力双折射、条纹度、气泡度和光吸收系数等。

光学系统中各部件本身及其相互间的公差分配及分析，对系统设计成功与否具有重要影响，在设计中应给予高度重视。

6. 了解、掌握光机结构和光学工艺

光学机械结构对光学设计的成功与否具有重要作用，必须对其有所了解和掌握。光学工艺大致分为切割、粗磨、精磨、抛光和磨边等，最后还有镀膜和胶合以及装配工艺等。光学工艺是光学设计实现的保证，因此必须根据实际工作需要，对光学工艺要有不同程度的了解、掌握。

4.4 光线追迹及像差校正的常用方法

光线追迹是像差计算与校正的基础，而分析与计算像差，以及像差校正又是光学系统设计的重要工作内容。

4.4.1 光线追迹概述

设计和分析光学系统需要计算大量的光线。在近轴光学中讨论近轴光线追迹和子午面内的光线追迹、光线经过表面后的路径可用折射定律和反射定律求出来，然后利用转面公式，转到下一面的量，继续计算。光学计算经历了一个较长的历史过程。追迹光线最早是用查对数表的办法，速度很慢，不但需要一套追迹光线的公式，还要有相应的校对公式，以便核对所追迹的光线是否正确，有时还需要两个人同时追迹同一条光线，以便进一步核对。这样一来，追迹一条通过一个折射表面的子午光线路可能要3～10min，甚至更多。后来出现了台式手摇计算机，追迹光线的速度有所提高，但由于光线的计算量太大，特别是结构比较复杂的光学系统，往往要花费光学设计者大量的时间进行光学计算。而且那时所追迹的光线基本上仅限于近轴光线和子午光线，因为空间光线计算起来实在太复杂了。20世纪60年代末期以来，计算机的发展和逐步普及使光学计算的速度加快。由于最初的计算机需要输入二进制的数据，这样就要用穿孔机在条带上穿出成千上万个孔而不许有任何差错，这是件十分困难的事情。再后来由于个人计算机的出现和迅速普及，才真正地把光学设计者从烦冗的、单调的光学计算中解脱出来，使光学设计者有足够的精力和时间去考虑光学总体结构和优化设计，从而为提高光学系统整体质量和性能价格比创造了条件。由于光学计算经历了一个由手工计算到自动计算的历史演变过程，因此出现了适应于不同阶段的光线追迹公式。因为查阅对数表进行光学计算的时代早已成为历史，相应的适合于用对数表计算光线的公式也就基本上没有实用价值了。

光线追迹要解决的问题是：给定一个光学系统的结构参数，如半径、厚度或间隔、折射率等，再给出入射到光学系统的光线方向和空间位置(也就是目标的位置)，最后求出光线通过该系统后的方向和空间位置。

光线追迹计算通常要经历下面四个步骤：

(1) 起始计算。这一步的目的是在给出光学系统结构参数的基础上能够进入系统，给出光线的初始位置和方向。

(2) 折射计算。这是光线追迹的关键一步，确定光线经过表面折射(或反射)后的方向和位置。

(3) 转面计算。该步骤完成到下一个表面的数据转换，以便于继续光线追迹。

(4) 终结计算与处理。本步骤确定光线的最后截点长度或高度，有时还需要计算像差值。

在上述步骤中，折射计算和转面计算是重复使用的，也就是说，对系统的每个表面都要计算一次。而起始和终结计算仅在开始和结束的时候才各计算一次。

4.4.2 光学系统的像差概述

读者需掌握各种像差的基本概念，特别是初级像差，以及各种表面和薄透镜的三级像差。光学计算通常要求 6 位有效数字的精度，这取决于光学系统的复杂程度、仪器精度和应用领域。三角函数应在小数点后面取 6 位数，相当于 0.2″，这样的精度基本上满足了绝大多数使用要求。当然，结构尺寸较大的衍射极限光学系统要求的精度比这还要高些。

光学计算所花费的时间明显取决于设计者的技巧和所使用的计算设备的先进程度。计算技术发展到今天，使用普通的个人计算机，光学计算所需的时间也已经很少了。但要对一个复杂的系统进行优化设计，特别是全局优化设计时，还是要花费一定的时间的。

关于如何进行光学设计，一直有两种观点：一种观点主张以像差理论为基础，根据对光学系统的质量要求，用像差表达式，特别是用三级像差表达式来求解光学系统的初始结构，然后计算光线并求出像差，对其结果进行分析。如果不尽人意，那么就要在像差理论的指导下，利用校正像差的手段(弯曲半径、更换玻璃、改变光焦度分配等)进行像差平衡，直到获得满意的结果。如果最后还得不到满意的结果，那么就要重新利用像差理论求解初始结构，而后再重复上述的过程，直到取得满意的结果。另一种观点是从现存的光学系统的结构中找寻适合于使用要求的结构，这可从专利或文献中查找，然后计算光线，分析像差，采用弯曲半径，增加或减少透镜个数等校正像差的手段，消除和平衡像差，直到获得满意的结果。对于常规物镜，如 Cooke 三片、双高斯、匹兹瓦尔物镜等，常采用这种方法。这种方法需要计算大量的光线(计算机发展到今天，计算已不成问题)，同时需要光学设计者有较丰富的设计经历和经验，以便对设计结果进行评价。

通常可以把二者结合起来，以像差理论为指导，进行像差平衡。特别是计算机发展到今天，光学计算已经不是干扰光学设计者的问题了。对于常规镜头，通常不再需要像以前那样从求解初始结构开始，而是根据技术指标和使用要求、从光学系统数据库或专利目录中找出合适的结构，然后进行计算和分析。采用自动光学设计程序和优化方法，再加上设计者的丰富经验，常会得到令人满意的结果。但对于非寻常的物镜结构，或者特殊要求的物镜，采用现成结构很可能满足不了要求，这时就要从技术指标和像差要求出发，求解初始结构。然而不管采用哪种力法，都要掌握光学设计理论并积累丰富的光学设计经验。

在近轴光学中，讨论了理想光学系统的成像特性。也就是说，在这些系统中，所推导出的公式和得出的结论仅适用于光轴附近很小的区域，这个区域称为近轴区域。如果一个光学系统的成像仅限于近轴区域是没有什么实际意义的，因为进入的光能量太少，分辨率又很低。可以知道，分辨率和光学系统的通光口径有直接关系，口径越大，分辨率越高，进入系统的能量也越多。

事实上，任何光学系统都具有一定的孔径和视场。有的光学系统相对孔径很大，有的光学系统视场很大，大孔径大视场的镜头也不少见。在这些情况下，仅仅用近轴光学理论来研究光学系统就不适合了。

用近轴光线追迹公式进行光线计算得出的像点(理想像点)与在不同孔径下用精确的三角追迹公式进行光线计算得出的像点之间往往并不重合，这个差别称为像差。这样的像差是以近轴像点作为参考点来计算的。事实上，近轴像点不一定是最佳像点，如果以最佳像点作为参考点，那么像差值就不一样了。因此，确切地说，像差的大小和正负是对具体的参考点(或面)而言的。

像差是一个比较复杂的概念，很难用简单几句话表达清楚。上面的说法并不很准确，只说明了轴上点的情况，还没有论及不同视场的像差情况。

按照几何光学和近轴光学理论，一个点目标经过光学系统成像后仍为一个点。然而，实际情况并非如此，根据光的衍射理论，即使光学系统没有任何像差，理想成像，一个点目标经过该系统成像后，也不是一个点像，而是一个弥散的爱里斑(也称弥散斑)。实际上，绝对无像差的光学系统是不存在的。因此，由于光的衍射和光学系统像差的存在，一个点目标经过光学系统所成的像是一个比较复杂的图像，而不是一个点像，目标上各个点经过光学系统所成的像的综合就构成了整个目标的图像。

像差可以校正得尽量好，但衍射效应的影响是无法消除的。为了减少因衍射效应所导致的弥散斑的尺寸，在使用波长确定的情况下，唯一的方法就是加大系统的通光口径，但通光口径的增加又受到像差等因素的制约。

为做好光学设计，有必要回顾一下像差的知识。这里主要介绍一下像差的基本概念，通过理解像差的物理意义及产生的主要原因，以降低或消除像差。

学习像差的概念就要了解绝大多数实际光学系统的成像是不完善的，像差就是不完善之处的具体表现，几何像差是最直观、最容易同光学系统结构参数建立联系的表述方法。

像差(Aberration)是指在光学系统中由透镜材料的特性或折射(或反射)表面的几何形状引起实际像与理想像的偏差。理想像就是由理想光学系统所成的像。实际的光学系统，只有在近轴区域以很小孔径角的光束所生成的像才是完善的。但在实际应用中，需有一定大小的成像空间和光束孔径，同时还由于成像光束多是由不同颜色的光组成的，同一介质的折射率随颜色而异，因此实际光学系统的成像具有一系列缺陷，这就是像差。像差的大小反映了光学系统质量的优劣。像差可以分为几何像差和波像差两类。

几何像差主要有七种：球差(Spherical Aberration)、彗差(Comatic Aberration)、像散(Astigmatism)、像面弯曲亦称像场弯曲、场曲(Curvature of Field)、畸变(Distortion)、复色光像差(有轴向色差和垂轴色差两种)。几何像差还可分为单色几何像差(球差、彗差、像散、场曲、畸变)和色差(位置色差、倍率色差)。进一步全面细分如下：

球差：轴上球差(包括轴向球差、垂轴球差)、轴外球差(包括子午轴外球差、弧矢轴外球差)。

彗差：子午彗差、弧矢彗差、正弦差(相对弧矢彗差)。

像散：细光束像散、宽光束像散。

场曲：宽光束子午场曲、宽光束弧矢场曲、细光束子午场曲、细光束弧矢场曲。

畸变：绝对畸变、相对畸变。

位置色差：非近轴区域位置色差(轴向色差)、近轴区域位置色差、色球差、二级光谱。

倍率色差：非近轴区域倍率色差(亦称放大率色差、垂轴色差)、近轴区域倍率色差。

轴外点以单色光被球面成像时，轴外单色像差有：球差、彗差、像散、场曲、畸变。其中，球差和彗差属宽光束像差，像散、场曲和畸变属细光束像差。除场曲外，它们皆由辅轴球差引起，轴外点所处位置球差越大，其主光线偏离于辅轴越大，轴外像差也越大。若轴外点的主光线正好过球心，即主光线与辅轴重合时，即不会产生轴外像差。不过像面弯曲仍然存在。

用高斯公式、牛顿公式或近轴光线计算得到的像的位置和大小是理想像的位置和大小；而实际光线计算结果所得到的像的位置和大小相对于理想像的偏差，可作为像差的尺度。

在实际的光学系统中，各种像差是同时存在的，对不同的光学系统影响的力度各异。因此在设计具体类型的光学系统时要抓住重点，有针对性地校正对其像质影响大的像差。像差影响了光学系统成像的清晰度、相似性和色彩逼真度等，降低了成像质量。值得一提的是，在所有的光学零件中，平面反射镜是唯一能成完善像的光学零件。

确定光学系统像差的最普通和最直接的方法就是追迹光线。除了追迹近轴光线之外，还要用光学三角公式追迹不同口径和视场下的光线(有时也称这样的光线为大光线)，然后根据光线计算的结果来确定和分析各种像差。在计算机没有普及之前，光学设计者要把70%以上的精力花在“追”光线上。个人计算机的发展和普及把光学设计者从烦冗的光线计算中解脱出来，使其有充分的时间和精力致力于光学仪器和光电设备的总体结构分析，光学系统的总体设计、优化设计和质量评价等方面，以便研制出性能更好、功能更齐全的设备来。

单色初级像差有轴上点像差和轴外点像差之分。轴上点单色像差只有球差一种，轴外点单色像差有彗差、像散、像面弯曲和畸变等。颜色像差的初级量主要有轴向(纵向)色差和倍率(横向)色差两种，高级色差主要有二级光谱、色球差等。像差有初级像差和高级像差之分，初级像差也叫作三级像差或赛得(Seidel)像差，而高级像差有五级像差、七级像差之分。这里主要讨论像差的初级量。

以上讨论的都属几何像差，这种像差虽然直观、简单，且容易由计算得到。但对高质量要求的光学系统，仅用几何像差来评价成像质量有时是不够的，还需进一步研究光波波面经光学系统后的变形情况，以评价系统的成像质量。

几何光学中的光线相当于波阵面的法线，因此，物点发出的同心光束与球面波对应。此球面波经光学系统后改变了曲率。如光学系统是理想的，则形成一个新的球面波，其球心即为物点的理想像点(实际上，由于受系统有限孔径的衍射，即使是理想系统也不可能对物点形成点像)。但是实际的光学系统的像点将使出射波面或多或少地变了形，不复为理想的球面波。这种实际波面相对理想波面的偏离就是波像差，一般可用实际波面和理想波面之间的光程差表示。

4.4.3 像差校正的常用方法

应用初级像差理论求解初始结构参数的方法，最多只能满足初级像差的要求，并且随着系统中各组元光焦度的分配、玻璃的选取和对某些参数的选择的不同，满足初级像差的解会有很多，其中往往只有少数的解有实用意义。这就需要进行全面、系统的计算、分析、归纳，以求得较好的初始解。一个好的初始解，应该满足像差分布合理、透镜弯曲恰当，特别是高级像差不能很大。

校正了初级像差的解并不是直接能够应用的解。特别是当系统比较复杂、相对孔径和视场都较大时，初始解和最后的结果之间，差别会很大。这表明，从一个初始解到成为一个可实用的解，尚需进行大量的像差校正和平衡工作，尽管已有许多颇为实用的光学自动设计程序问世，在操作中仍然需要很多的人工干预，设计工作不可能完全由计算机完成。同时，好的计算机软件也必须由人来设计。因此设计者仍需了解如下校正光学系统像差的原则和常用方法。

第一，各光组以及各面的像差分布要合理。在考虑初始结构时，可将要校正的像差列成用 P、W(初级像差系数)表示的方程组，这种方程组可能有多组精确解，也可能是病态的或无解。若是前者，应选一合理的解；若是后者，应取最小二乘解。总之，有多种解方程组的算法可以利用，在计算机上实现并不困难。然后，应尽量做到各个面上以较小的像差值相抵消，这样就不至于会有很大的高级像差。在此，各透镜组的光焦度分配、各个面的偏角负担要尽量合理，要力求避免由各个面的大像差来抵消很多面的异号像差。

第二，相对孔径或入射角很大的面一定要使其弯向光阑，以使主光线的偏角或 i_p 角（第二近轴光线的入射角）尽量小，以减少轴外像差。反之，背向光阑的面只能有较小的相对孔径。

第三，像差不可能校正到完美无缺的理想程度，最后的像差应有合理的匹配。这主要是指：轴上点像差与各个视场的轴外像差要尽可能一致，以便能在轴向离焦时使像质同时有所改善；轴上点或近轴点的像差与轴外点的像差不要有太大的差别，使整个视场内的像质比较均匀，至少应使 0.7 视场范围内的像质比较均匀。为确保 0.7 视场内有较好的质量，必要时宁愿放弃全视场的像质（让全视场有更大像差）。因为在 0.7 视场以外已非成像的主要区域，当画幅为矩形时，此区域仅是像面一角，其像质的相对重要性可以较低些。

第四，挑选对像差变化灵敏、像差贡献较大的表面改变其半径。当系统中有多个这样的面时，应挑选既能改良所要校正的像差，又能兼顾其他像差的面来进行修改。在像差校正的最后阶段尚需对某一、两种像差作微量修改时，作单面修改也是能奏效的。

第五，若要求单色像差有较大变化而保持色差不变，可对某个透镜或透镜组作整体弯曲。这种做法对消除色差和匹兹凡及以外的所有像差均属有效。

第六，利用折射球面的反常区。在一个光学系统中，负的发散面或负透镜常是为校正正透镜的像差而设置的，它们只能是少数。因此，让正的会聚面处于反常区，使其在对光起会聚作用的同时，产生与发散面同号的像差就显得特别有利。设计者应善于利用这一性质。

第七，利用透镜或透镜组处于特殊位置时的像差性质。例如，处于光阑或与光阑位置接近的透镜或透镜组，主要用于改变球差和彗差（用整体弯曲的方法）；远离光阑位置的透镜或透镜组，主要用来改变像散、畸变和倍率色差。在像面或像面附近的场镜可以用来校正像面弯曲。

第八，对于对称型结构的光学系统，可以选择成对的对称参数进行修改。作对称变化以改变轴向像差，作非对称变化以改变垂轴像差。

第九，利用胶合面改变色差或其他像差，并在必要时调换玻璃。可以在原胶合透镜中更换等折射率不等色散的玻璃，也可在适当的单块透镜中加入一个等折射率不等色散的胶合面。胶合面还可用来校正其他像差，尤其是高级像差。此时，胶合面两边应有适当的折射率差，可根据像差的校正需要，使它起会聚或发散作用，半径也可正可负，从而在像差校正方面有很大的灵活性。同时，在需要改变胶合面两边的折射率差以改变像差的形态、或微量控制某种高级像差，以及需要改变某透镜所承担的偏角等场合，都能通过调换玻璃材料而奏效。

第十，合理地拦截光束和选定光阑位置。孔径和视场都比较大的光学系统，轴外的宽光束常表现出很大的球差和彗差，使 y'（像高）$\sim \tan U'$（U'为像方孔径角）特性曲线上下很不对称。原则上，应首先立足于把像差尽可能校正好，在确定无法把宽光束部分的像差校正好的情况下，可以把光束中 y'值变化大的外围部分光线拦去，以消除其对像质的有害影响，并在设计的最后阶段，根据像差校正需要最终确定光阑位置。

最后值得指出，在像差校正的过程中，重要的问题是能够判断各结构参数，包括半径、间隔和折射率等对像差变化影响的倾向。知道这种倾向，像差校正就不致盲目。一般来讲，像差随结构参数而变化的定性判断应能够作出，至少应能够部分作出。但要把握每一结构参数对所有像差的影响，特别是对最终像差的综合影响是不可能的。因此，逐个改变结构参数，求出各参数对各种像差影响的变化量表是必要的。这也是光学自动设计过程的必经之路。另外，如果像差难以校正到预期的要求，或希望所设计的系统在光学性能，即孔径或视场上要有扩大时，也常采用复杂化的方法。如把某一透镜或透镜组分为两块或两组，或者在系统的适当位置加入透镜(例如，在会聚度较大的光束中加入齐明透镜)等。

4.5　光学设计的大致类型及各类镜头的设计差别

了解光学系统(镜头)设计的大致类型，以及各类镜头的设计差别，对于具体光学设计者拓展视野、有效开展和提高设计水平是必要的。

4.5.1　光学设计的大致类型

光学设计大致可分为以下几种类型：

1）望远物镜

望远系统的基本组成部分是望远物镜和望远目镜。望远系统的光学性能指标主要有视场角、视放大率、出瞳直径、出瞳距离和分辨力等。此外，还经常提出一些保证产品质量的技术要求，如视差和视度误差等。对双眼仪器，还有光轴平行性和相对像倾斜等技术要求。对望远系统的光学性能和技术条件的要求，决定了对望远物镜和望远目镜的要求。

望远物镜的常用结构形式有折射式、反射式、折反式。折射式望远物镜包括双胶物镜、双分离物镜、三分离物镜、摄远物镜。望远物镜的一般要求如下：

(1) 光学特性：①主要有焦距、相对孔径、视场；②相对孔径不大，通常小于1/5；③视场较小，通常不大于10°。

(2) 像差校正：根据望远物镜的光学特性，需校正球差、彗差和轴向色差。

2）显微物镜

显微镜的成像系统由显微物镜和显微目镜组成，它是影响显微镜性能和成像质量的主要因素。显微镜的光学特性包括入瞳、出瞳、数值孔径、视场、分辨本领、有效放大率、成像深度(景深)、照明方式，以及有效光束的限制情况等。其光学性能指标包括放大率、物方线视场、分辨本领、数值孔径，以及景深等。

显微物镜按其特征有多种分类方法：按结构形式可分为折射式、反射式、折反式显微物镜；按使用光谱区段可分为可见光与不可见光(紫外光、红外光)显微物镜；按像差校正情况可分为消色差(双胶型、里斯特型、阿米西型、阿贝油浸型)、复消色差、平场消色差、平场半复消色差和平场复消色差显微物镜等。显微物镜的一般要求如下：

(1) 光学特性：①主要有放大倍率、工作距离、盖玻片的参数、数值孔径；②相对孔径大；③数值孔径是选用显微物镜应考虑的最重要的性能参数，它决定了物镜的分辨能力，也决定了物镜结构的复杂程度。

(2) 像差校正：根据显微物镜的光学特性，主要校正球差、轴向色差和正弦差，特别是减小高级像差。

3）目镜

常用的望远目镜类型有冉斯登目镜、凯涅尔目镜、对称式目镜、无畸变目镜、艾尔菲Ⅰ型目镜、艾尔菲Ⅱ型目镜和广角目镜等。常用的显微目镜类型有冉斯登目镜、惠更斯目镜、平场补偿目镜和霍尔马型摄影目镜等。目镜类型的选择在很大程度上取决于物镜的类型，即考虑目镜与物镜的像差补偿关系。目镜的一般要求如下：

(1) 光学特性：①望远目镜主要有焦距、相对孔径、视场、出瞳距离；②显微目镜主要有放大倍率、线视场、出瞳距离；③焦距短，通常在15～30mm；④相对孔径比较小，通常小于1/5；⑤视场角大，通常不大于40°，广角目镜视场在60°左右，特广角镜可达100°。

(2) 像差校正：根据目镜的光学特性，一般不校正场曲，只是用像散进行补偿，所以实际上只校正像散、垂轴色差和彗差。

4) 照相物镜

(1) 光学特性：①焦距，根据顾客要求；②相对孔径，根据顾客要求；③视场角，根据顾客要求。

在一定的成像质量要求下，照相物镜的这三个光学特性参数之间存在着相互制约的关系。在物镜结构的复杂程度大致相同的情况下，提高任意一个光学特性，都必然使其他两个光学特性降低。

(2) 像差校正：根据照相物镜的光学特性，由于视场和相对孔径都比较大，所以七类像差都需要校正，而且在一定程度上也要校正高级像差。

5) 鱼眼镜头

(1) 光学特性：①焦距，根据顾客要求；②相对孔径，根据顾客要求；③视场角，根据顾客要求。

(2) 像差校正：根据鱼眼镜头的光学特性，由于视场很大，所以畸变不可避免地存在。

6) 折反射系统

(1) 光学特性：①焦距，根据顾客要求；②相对孔径，根据顾客要求；③视场角，根据顾客要求。在此类型的系统中存在中心遮拦。

(2) 像差校正：一般用作望远物镜，像差校正与望远物镜类似。

7) 变焦距系统

(1) 光学特性：①焦距，根据顾客要求；②相对孔径，根据顾客要求；③视场角，根据顾客要求；④变倍率，根据顾客要求。

(2) 像差校正：根据变焦距物镜设计的基本要求，焦距在变化时，成像面的位置保持不变，所对应的成像质量应满足要求。

(3) 非球面光学特性：引进非球面可以提高系统的相对孔径，扩大视场角，简化结构和改善成像质量等。非球面有利于校正除场曲外的各种单色像差。

4.5.2 光学镜头的分类

镜头是集聚光线，使CCD或CMOS传感器(胶片)能获得清晰影像的结构。早期的镜头都是由单片凸透镜所构成。因为清晰度不佳，又会产生色像差，而渐被改良成复式透镜，即以多片凹凸透镜的组合，来纠正各种像差或色差，并且借着镜头的镀膜处理，增加进光量，减少炫光，使像质大大提高。

一般而言，摄影用的透镜均为聚焦透镜，依照光学原理，由远处而来的光线穿过具有聚焦作用的透镜后，会全部聚焦于一点，这一点即焦点。而从焦点到镜头的中心点之距离即称焦距。在相机上，镜头的中心点通常位于光圈处，而焦点位于焦点平面上(即传感器面或胶片面)。故相机的焦距为镜头对焦在无限远时，光圈到传感器面或胶片间的距离。

光学镜头是许多光电系统(如机器视觉系统)中必不可少的部件，直接影响成像质量的优劣，影响算法的实现和效果。光学工业镜头广泛用于反射度极高的物体检测，如金属、玻璃、胶片、晶片等表面的划伤检测，芯片和硅晶片的破损检测，MARK点定位，玻璃割片机、点胶机、表面贴装技术(Surface Mounted Technology，SMT)检测、贴版机等工业精密对位、定位、零件确认，以及尺寸测量、工业显微等CCD视觉对位、测量装置等领域。

从不同角度，光学镜头有不同分类，这里仅介绍三种分类。

1. 按结构分类

按结构可分为固定光圈定焦镜头、手动光圈定焦镜头、自动光圈定焦镜头、手动光圈变焦镜头、自动光圈电动变焦镜头、电动三可变镜头。

1）固定光圈定焦镜头

这种镜头只有一个可以手动调整的对焦调整环，左右旋转。该环可使成像在CCD靶面上的图像最清晰。没有光圈调整环，光圈不能调整，进入镜头的光通量不能通过改变镜头因素而改变，只能通过改变视场的光照度来调整。结构简单、价格便宜。

2）手动光圈定焦镜头

手动光圈定焦镜头比固定光圈定焦镜头增加了光圈调整环，光圈范围一般从F1.2或F1.4到全关闭，能方便地适应被摄现场地光照度，光圈调整是通过手动人为进行的。光照度比较均匀，价格较便宜。

3）自动光圈定焦镜头

在手动光圈定焦镜头的光圈调整环上增加一个齿轮合传动的微型电机，并从驱动电路引出3或4芯屏蔽线，接到摄像机自动光圈接口座上。当进入镜头的光通量变化时，摄像机CCD靶面产生的电荷发生相应的变化，从而使视频信号电平发生变化，产生一个控制信号，传给自动光圈镜头，从而使镜头内的电机做相应的正向或反向转动，完成调整大小的任务。

4）手动光圈变焦镜头

这种镜头焦距可变，有一个焦距调整环，可以在一定范围内调整镜头的焦距，其可变比一般为2～3倍，焦距一般为3.6～8mm。实际应用中，可通过手动调节镜头的变焦环，可以方便地选择被监视视场的视场角。但是当摄像机安装位置固定下来以后，再频繁地手动调整变焦是很不方便的。因此，工程完工后，手动变焦镜头的焦距一般很少调整。仅起定焦镜头的作用。

5）自动光圈电动变焦镜头

与自动光圈定焦镜头相比增加了两个微型电机：其中一个电机与镜头的变焦环合，当其转动时可以控制镜头的焦距；另一个电机与镜头的对焦环合，当其受控转动时可完成镜头的对焦。但是由于增加了两个电机且镜片组数增多，镜头的体积也相应增大。

6）电动三可变镜头

与自动光圈电动变焦镜头相比，只是将对光圈调整电机的控制由自动控制改为由控制器手动控制。

2. 按焦距分类

按焦距可分为标准镜头（约50°）、广角镜头、长焦距镜头、反射式望远镜头、微距镜头。

1）标准镜头

视角约50°，也是人单眼在头和眼不转动的情况下所能看到的视角，所以又称为标准镜头。5mm相机的标准镜头的焦距多为40mm、50mm或55mm。120相机的标准镜头焦距多为80mm或75mm。CCD芯片越大则标准镜头的焦距越长。

2）广角镜头

视角90°以上，适用于拍摄距离近且范围大的景物，又能刻意夸大前景表现强烈远近感即透视。35mm相机的典型广角镜头是焦距28mm，视角为72°。120相机的50，40mm的镜头便相当于35mm相机的35，28mm的镜头。

3）长焦距镜头

适于拍摄距离远的景物，景深小容易使背景模糊主体突出，但体积笨重且对动态主体对焦不易。35mm 相机长焦距镜头通常分为三级：135mm 以下称中焦距；135～500mm 称长焦距；500mm 以上称超长焦距。120 相机的 150mm 的镜头相当于 35mm 相机的 105mm 镜头。由于长焦距的镜头过于笨重，所以有望远镜头的设计，即在镜头后面加一负透镜，把镜头的主平面前移，便可用较短的镜体获得长焦距的效果。

4）反射式望远镜头

这是另一种超望远镜头的设计，利用反射镜面来构成影像，但因设计的关系无法装设光圈，仅能以快门来调整曝光。

5）微距镜头

除作极近距离的微距摄影外，也可远摄。

3. 按接口分类

按接口可分为 C 型镜头、U 型镜头、特殊镜头。

1）C 型镜头

C 型镜头是指这种镜头，其法兰焦距是安装法兰到入射镜头平行光的汇聚点之间的距离。法兰焦距为 17.526mm 或 0.690in，亦即从镜头安装基准面到焦点的距离是 17.526mm。安装螺纹为：直径 1in(25.4mm)，32 牙/in。镜头可以用在长度为 0.512in(13mm)以内的(线阵)传感器。

但是，由于几何变形和视场角特性，必须鉴别短焦镜头是否合用。如焦距为 12.6mm 的镜头不应该用长度大于 6.5mm 的线阵。如果利用法兰焦距尺寸确定了镜头到列阵的距离，则对于物方放大倍数小于 20 倍时需增加镜头接圈。接圈加在镜头后面，以增加镜头到像的距离。镜头接长距离为焦距/物方放大倍数。

CS 型镜头是 C 型镜头的特型，应将摄像机前部的垫圈取下再安装镜头，其镜头安装基准面到焦点的距离是 12.5mm。要注意 CS 型和 C 型的差别，不同类型的摄像机和不同类型的镜头连接时，要定制转接环，亦即使用镜头转换器。

2）U 型镜头

U 型镜头是指一种可变焦距的镜头，其法兰焦距为 47.526mm 或 1.7913in，安装螺纹为 M42×1。主要设计作 35mm 照片应用(如国产和进口的各种 135 相机镜头)，可用于任何长度小于 1.25in(38.1mm)的列阵。一般建议不要用于短焦距镜头。

3）特殊镜头

特殊镜头是指除 C 型镜头、U 型镜头之外的一些镜头，如显微放大镜头。

此外，如果按具体用途分类还有场镜、振镜、变倍扩束镜等。

值得一提的是，光学镜头的主要参数和评价。光学镜头的主要参数有焦距、视场、物距、光圈、快门等。对于镜头最完善的评价莫过于 MTF。但是由于像差(标定的原因)，镜头的每个范围都有一个 MTF 值。这些范围指的是：①近轴部分；②离轴部分；③当光学系统存在不对称畸变时，上述两部分在不同方向上的子部分。每个部分对于不同的辐射能量波长范围，都有各自相应的 MTF 值。MTF 是评价成像系统最常用的指标。

4.5.3 各种镜头的设计差别

这里仅就照相镜头、投影镜头和扫描镜头的设计特点、差别作简要介绍。其他类型镜头的设计特点、差别也可作相应分析。

1) 照相镜头

照相镜头的光学特性可由三个参数表示：即照相镜头的焦距 f'、相对孔径 D/f'和视场角 $2\omega'$。其实就 135 照相机而言，其标准画幅已确定为 24mm×36mm，则其对角线长度为 $2D=43.266$mm。可以得出照相机镜头的焦距 f'和视场角 ω'之间存在着以下关系：$\tan\omega'=D/f'$，其中，$2D$ 为画幅的对角线长度，f'为镜头的焦距。

照相机镜头的一个最重要的光学特征指标是相对孔径。它表示镜头通过光线的能力，用 D/f'表示。它定义为镜头的光孔直径(也称入瞳直径)D 与镜头焦距 f'之比，相对孔径的倒数称为镜头的光圈系数或光圈数，又称 F 数，即 $F=f'/D$。当焦距 f'固定时，F 数与入瞳直径 D 成反比。由于通光面积与 D 的平方成正比，通光面积越大则镜头所能通过的光通量越大。因此当光圈数在最小数时，光孔最大，光通量也最大。随着光圈数的加大，光孔变小，光通量也随之减少。如果不考虑各种镜头透过率差异的影响，不管是多长焦距的镜头，也不管镜头的光孔直径有多大，只要光圈数值相同，它们的光通量都是一样的。对照相机镜头而言，F 是个特别重要的参数，F 数越小，镜头的适用范围越广。与目视光学系统相比，照相物镜同时具有大相对孔径和大视场。因此，为了使整个像面都能看到清晰并与物平面相似的像，差不多要校正所有七种像差。照相物镜的分辨率是相对孔径和像差残余量的综合反映。在相对孔径确定后，制定一个既满足使用要求，又易于实现的像差最佳校正方案。为方便起见，往往采用"弥散圆半径"衡量像差的大小，最终以光学传递函数对成像质量作出评价。

近年来兴起的数码相机镜头(包括手机镜头)同上述的传统相机镜头的特性和设计评价上大同小异，主要差别有：①相对孔径较传统相机大；②较短的焦距，使得景深范围增大，可根据视场角的大小算出相当传统相机镜头的焦距值；③较高的分辨率，根据光电器件的像素(Pixel)的大小，一般数码镜头光学设计要达到 1/(2×Pixel)线对。

2) 投影镜头

投影物镜是将被照明的物成一明亮清晰的实像在屏幕上，一般来讲，像距比焦距大得多，所以物平面在投影物镜物方焦平面外侧附近。

投影物镜的放大率是测量精度、孔径大小、观测范围和结构尺寸的重要参数。放大率越大，测量精度越高，物镜孔径越大。当工作距离一定时，放大率越大，共轭距越大，投影系统的结构尺寸越大。由于其是起放大作用，由光学知识可知，像面中心照度与相对孔径的平方成正比，可用增大相对孔径的方法来增加像面照度。

液晶式投影机上所用的投影镜头同传统的投影物镜的区别：①相对孔径较大；②出瞳距长，即需要设计成近远心光路；③工作距离长；④解像力高；⑤畸变要求高。

以上几点，皆使得用于 LCD 投影机上的投影物镜较传统的物镜要复杂得多，一般要 10 个镜片左右，而传统的一般只要 3 个镜片即可。

3) 扫描镜头

扫描物镜可用三个光学特性来表示：即相对孔径、放大率和共轭距。放大率是扫描物镜的一个重要指标，由于一般物体的大小是固定的，故放大率越小，意味着镜头的像面越小，焦距也就越短，相对来讲扫描系统结构可以做得更小，但同时要求镜头的解像力也越高。共轭距是指物像之间的长度，对镜头来讲，一般希望其越长越好，共轭距越短，意味着镜头越难设计(视场角增大)。其原理图同照相物镜一样，是一个缩小的过程。

扫描物镜的设计特点：①扫描物镜属于小孔径小像差系统，要求的光学解像力较高；②由于光电器件的原因，不仅要校正白光（混合光）的像差，同时需要考虑R、G、B三种独立波长的像差；③严格校正畸变像差。

4.5.4 数码相机的镜头焦距与光学镜头

数码相机采用CCD（CMOS）传感器代替了传统相机中的胶卷，其镜头焦距与光学镜头有相应的特点。

1. 镜头焦距

与人类的眼睛一样，数码照相机通过镜头来摄取世界万物，人类的眼睛如果焦距出现误差（近视眼），则会无法正确地分辨事物。同样，作为数码相机的镜头，其最主要的特性也是镜头的焦距值。镜头的焦距不同，能拍摄的景物广阔程度就不同，照片效果也迥然相异。如果读者经常使用普通的35mm相机，对相机的镜头焦距应该会有基本的认识，例如，一般使用35mm左右的镜头拍摄风景、纪念照，而用80mm左右的镜头拍证件照所需要的“大头像”。

与传统的相机相比，由于数码相机使用CCD感光器件，因而其镜头上标明的焦距通常是5.0mm、10mm等，在普通的35mm相机上一般都使用超广角或鱼眼镜头，而数码相机厂家一般使用的镜头只是相当于35mm相机的小广角镜头。不难看出，对于相同的成像面积，镜头焦距越短，视角就越大；而对于同样焦距的镜头而言，成像面积越小，镜头的视角也越小。35mm相机的成像面积等于135胶卷的感光面积（标准的36mm×24mm）。数码相机使用CCD或CMOS传感器代替了传统相机中胶卷的位置，它的面积却有好几种规格，从高档专业相机的18.4mm×27.6mm到普通数码相机的2/3in、1/2in、1/3in甚至1/4in（1in=2.54cm）各不相同。也就是说，同样的镜头，在有的数码相机上是广角效果，但另外的相机上可能就变成了标准镜头。因此，要依靠焦距值来区分数码相机镜头的视角是不方便的，所以数码相机厂家通常都会提供一个容易比较的相对值，也就是标出与数码相机镜头视角相同的35mm相机镜头焦距，这样对应的焦距值就很容易理解了。相机镜头焦距是7.6mm，对角线视角70°，相当于35mm镜头，是个小广角；有的数码相机装有相当于35～105mm的小广角变焦镜头。在评价与选购数码相机时，也只要参考换算到35mm相机的镜头焦距就可以了，镜头具体的实际焦距是多少，使用者可以不作了解，也不用具体核算。其实数码相机的光学变焦的倍数就基本上能够反应这个指标，虽然不同型号的数码相机会有一定的差别，但差别不会太大，如果不是刻意追求具体的相当于35mm相机的对应焦距，参照数码相机的光学变焦的倍数一般就可以了。

也许有的使用者对数码相机的镜头的实际焦距还不很理解，因为如果是35mm相机上的7.6mm焦距，就属于极为罕见的鱼眼镜头，必然体积庞大、价格不菲，而且拍出的照片畸变严重，有很强烈的透视感。但数码相机上的7.6mm镜头也就是拇指大小，加上整个数码相机也比传统镜头便宜得多，虽说成像只用了中心的一小块，但一联想起夸张的鱼眼效果就让人对它的画质产生怀疑。实际上这种担心是不必的，35mm相机的镜头口径很大，是为了保证画面周边的成像质量，而CCD或CMOS的面积远小于胶片，要实现小面积的优质成像，只要很小的透镜尺寸就足够了。而且，实际上决定镜头结构的是它的有效视角，而不是简单的焦距值，数码相机上的7.6mm镜头采用的是传统相机上35mm小广角镜头的设计，而不是7.6mm鱼眼镜头的结构。因此，数码相机镜头的焦距值与实际成像效果并无直接联系。由于透镜的体积小了，相对成本也降低了，反而可以轻松地实现较高的成像质量。

2. 光学镜头

对于相机，镜头的好坏一直是影响成像质量的关键因素，数码相机当然也不例外。一方面，由于数码相机的CCD或CMOS分辨率有限，原则上对镜头的光学分辨率要求较低。另一方面，由于数码相机的成像面积较小(因为数码相机是成像在 CCD 或 CMOS 上,而 CCD 或 CMOS 的面积较传统 35mm 相机的胶片小很多),因而需要镜头保证一定的成像质量。例如,对某一确定的被摄体,水平方向需要 200 个像素才能完美再现其细节,一方面,如果成像宽度为 10mm,则光学分辨率为 20 线/mm 的镜头就能胜任;如果成像宽度为 1mm,则要求镜头的光学分辨率必须在 200 线/mm 以上。另一方面,传统胶卷对紫外线比较敏感,外拍时常需要加装 UV 镜,而 CCD 或 CMOS 对红外线比较敏感,镜头增加特殊的镀层或外加滤镜也会极大地提高成像质量。镜头的物理口径也是必须要考虑的,且不管其相对口径如何,其物理口径越大,光通量就越大,数码相机对光线的接受和控制就会更好,成像质量也就越好。

商用或家用数码相机的镜头,有些厂家采用了相对比较好的镜头。如采用 170 线/mm 解析度的专业镜头,这种内置的镜头比大多数同类镜头更清晰。不仅在精度上保证了图像拍摄的品质,而且其镜头错误率也达到令人惊异的 0.3%,较一般的数码相机低 2/3。另外在部分数码相机中,还提供了远距及广角两种镜头方式,这在选择数码相机时,也是一个参考的指标。在传统的数码相机中,广角镜头是一种焦距短于标准镜头、视角大于标准镜头、焦距长于鱼眼镜头、视角小于鱼眼镜头的摄影镜头。广角镜头又分为普通广角镜头和超广角镜头两种。135 照相机普通广角镜头的焦距一般为 24～38mm,视角为 60°～84°;超广角镜头的焦距为 20～13mm,视角为 94°～118°。由于广角镜头的焦距短、视角大,在较短的拍摄距离范围内,能拍摄到较大面积的景物,所以广泛用于大场面风景摄影作品的拍摄。

在摄影中,使用广角镜头拍摄,能获得以下几个方面的效果:一是能增加摄影画面的空间纵深感;二是景深较长,能保证被摄主体的前后景物在画面上均可清晰地再现(所以,大多数的袖珍式自动照相机,俗称傻瓜照相机,采用 35～38mm 的普通广角镜头);三是镜头的涵盖面积大,拍摄的景物范围宽广;四是在相同的拍摄距离处所拍摄的景物,比使用标准镜头所拍摄的景物在画面中的影像小;五是在画面中容易出现透视变形和影像畸变的缺陷,镜头的焦距越短,拍摄的距离越近,这种缺陷就越显著。商用级的数码相机中多使用与普通 35mm 相机相同的普通广角镜头,由于其景深深,拍摄范围广等优点,因而在选择数码相机时,同样性能的数码相机,具有广角和远距的数码相机性能将会更好一些。

4.5.5　新型光学系统类型及其设计差别

随着现代科学技术的发展,光学系统类型及其设计有了很大的发展。光学系统的类型及其结构形式,从不同角度有不同的分类:按工作波段,有 X 射线光学系统、紫外光学系统、可见光光学系统、红外光学系统、太赫兹光学系统;按是否采用单色光,有单色光(激光)光学系统、多色光光学系统;按使用环境,有空间(太空)光学系统、地面光学系统、海洋光学系统、水下光学系统;按使用载体,有航天(飞船、星载)光学系统、机载光学系统、弹载光学系统、车载光学系统、舰艇光学系统、单兵光学系统;按是否采用非球面,有球面光学系统、非球面光学系统、球面/非球面混合光学系统;按传统结构形式,有折射式光学系统、反射式光学系统、折反式光学系统;按是否采用衍射面,有衍射光学系统、非衍射光学系统、衍射/非衍射混合光学系统;按是否采用自由曲面,有自由曲面光学系统、非自由曲面光学系统、自由曲面/非自由曲面混合光学系统;按是否成像,有成像光学系统和非成像光学系统;按是否共光轴,有共轴光学系统、非共轴光学系统、共轴/非共轴混合光学系统;按是否采用主动光学元件(变形反射镜、液晶空间调制器等),有主动光学系统、非主动光学系统、主动/非主动混合光学系统等。

为了满足不断出现的新技术的需求,近年来已出现了一些具体的新型光学系统,如折衍混合光学系统、自由曲面光学系统、共形光学系统、自适应光学系统、合成孔径光学系统、光谱光学系统、偏振光学系统、干涉仪光学系统、光纤干涉光学系统、微纳光学系统、谐衍射光学系统、非成像光学系统、非对称光学系统、离轴(二反、三反、四反、五反)定焦光学系统、共轴反射变焦光学系统、离轴反射变焦光学系统和主动反射变焦光学系统等。

新型光学系统设计与传统光学系统设计相比较，从理论基础到具体设计方法，往往是有其特点和差别的。例如，与成像光学系统设计相比较，非成像光学系统设计目前还难以通过商用的光学设计软件直接优化出最后的结果。究其原因如下：①非成像光学系统很难找到现成的初始结构；②非成像光学系统如照明系统需要计算辐照度分布，这需要追迹几十万甚至上百万条光线，因此优化速度会很慢、很难得到最佳结果。尽管如此，许多设计人员依然使用商用软件，通过反复调试的方法得到一个设计结果。此外，值得指出的是，新型光学系统设计同时也带来了加工、装调与检测等许多技术的变化。

4.6 基于谐衍射与自由曲面的离轴三反设计示例：机载红外双波段成像光学系统设计

常用的机载红外成像探测器的工作范围大多在 3～5μm 波段或 8～12μm 波段，随着探测环境的复杂化以及伪装技术的不断发展，单一的工作波段已不能满足高端产品的需要，因此研究多波段工作的红外成像系统是非常有必要的。

与传统光学元件相比，谐衍射（光学）元件可将不同谐波长汇聚至同一焦点处，该特性不仅能有效解决一般红外成像系统的宽波段离焦问题，实现多波段成像，而且谐衍射元件与折射元件组成的混合结构具有较好的消热差特性，提高光学系统的成像质量。由此可知，将谐衍射元件应用于双波段、多波段红外成像，对改善单波段光学系统获得信息偏少、探测准确度较低等问题起到重要作用，而且谐衍射元件在环境温度变化的混合系统中能够同光路实现无热化设计。因此，谐衍射元件的应用对双波段红外热成像系统的研制具有重要价值，能够提高红外目标探测识别能力。此外，从目前研究情况来看，谐衍射元件较多应用于短焦距、小口径透射式系统，而较少应用于机载的长焦距大口径系统，这将拓展谐衍射元件的应用领域。

与此同时，为解决系统总长、材料、中心遮拦等问题，长焦距大口径系统可采用离轴三反光学系统结构型式，并在反射式结构的基础上使用谐衍射元件，可设计长焦距大口径且成像质量更佳的双波段红外成像光学系统。长焦距反射式系统的视场较小，为增大系统视场、简化系统结构并进一步提高系统成像质量，将自由曲面引入系统。与一般光学面型相比，光学自由曲面具有更强的像差校正能力，其非旋转对称性能为光学设计者提供更多的设计自由度，使设计更加灵活，光学自由曲面的使用为研究结构更简单紧凑，成像质量更佳的多波段红外成像系统提供了更多的可能性。为此，提出一种基于谐衍射与自由曲面的离轴三反机载红外双波段成像光学系统。

4.6.1 系统主要技术要求

系统主要技术要求如表 4.1 所示。

表 4.1 系统主要技术要求

项目	指标要求值	项目	指标要求值
焦距	1200mm±5mm	弥散斑半径	≤25μm
有效口径	300mm±5mm	调制传递函数（MTF）	＞0.4（10lp/mm）（双波段）
工作波段	红外中波/长波	工作温度	－60～＋60℃
半视场	≥2°	系统长度	≤750mm

4.6.2 自由曲面与谐衍射元件设计理论基础

为便于在光学系统设计中应用自由曲面与谐衍射元件，有必要对其进行简要理论分析。

1. 自由曲面

自由曲面包括多项式自由曲面、径向基函数自由曲面以及非均匀有理B样条(Non-Uniform Rational B-Splines，NURBS)自由曲面等。在成像领域，多项式自由曲面使用较多，主要有Zernike多项式自由曲面和XY多项式自由曲面，二者均被主流光学设计软件收录，设计难度相对较低。其中，XY多项式自由曲面具有旋转对称性，设计时可通过挑选符合要求的项，设计关于YZ平面对称的自由曲面或关于XZ平面对称的自由曲面；Zernike多项式自由曲面在单位圆域内正交，多项式系数与赛德尔像差一一对应，添加或删除多项式时，不会影响其余像差，设计过程中可对成像质量影响较大的像差进行针对性校正，降低自由曲面光学系统设计难度。

这里提出的机载红外成像系统需在长焦距大口径的基础上实现双波段成像，设计过程中需要判断对系统像质影响最大的像差，并提出针对的解决方案，选择单位圆域正交的Zernike多项式自由曲面更容易满足技术指标要求。

Zernike多项式自由曲面的数学表达，如式(4.1)所示：

$$z=\frac{cr^2}{1+\sqrt{1-(1+k)c^2h^2}}+\sum_{j=1}^{N}A_j p_j \tag{4.1}$$

此表达式分为前后两部分：前一部分表示Conic曲面，其中z为空间坐标z方向的矢高，c为曲面顶点处的曲率，h为光轴方向的半径高度，k为二次曲面系数；后一部分为由多项式描述的曲面，其中，N为多项式用来描述自由曲面的项数，A_j为对应各项的系数，p_j为Zernike多项式。

Zernike多项式在极坐标系下表示为

$$p_j(\rho,\theta)=Z_{n'}^{l}=R_{n'}^{l}(\rho)\mathrm{e}^{il\theta} \tag{4.2}$$

式中，l与n'奇偶性相同，$l=n'-2m'$，ρ为径向坐标，θ为方位坐标，$R_{n'}^{l}(\rho)$为模函数。

主流设计软件Zemax中完整系统地收录了Zernike多项式，依靠Zemax软件可完成Zernike多项式的设计，需要注意的是在设计过程中，要不断观察系统的各项像差，判断对系统影响最大的因素，通过不断调整Zernike多项式参数，控制参数变化范围，完成系统的优化。

2. 谐衍射元件

衍射(光学)元件独特的光学性能在物理上主要体现在负色散、负热差。这两点特性，可以为光学系统的消色差、复消色差、无热化设计提供新的思路。在计算机辅助光学设计中，衍射元件为系统优化提供了更多的参数自由度，既起到了简化系统结构的作用，也能改善光学系统性能。而作为普通衍射元件的衍生，谐衍射元件具有更加独特的光学特性，它对一些特殊要求的光学系统有更好的应用前景。

谐衍射元件与通常使用的衍射元件的主要区别在于：衍射表面微结构的最大高度。谐衍射元件的衍射表面微结构的最大高度是普通衍射元件的正整数p倍($p\geqslant 2$，p为相位深度因子)。谐衍射元件可以被看作是一种介于普通衍射与折射之间的元件，当p值从$1\sim\infty$，谐衍射元件就从普通衍射元件演化为折射元件。因此，可以认为其色散等光学性能介于衍射与折射之间。

随着p值增大，谐衍射微结构的深度逐渐增大，由微结构产生的负色散逐渐减小，而材料本身产生的普通色散逐渐增大，p 值的物理意义正是在衍射色散与材料色散之间的一个平衡。谐衍射有一个更重要的特点，即对谐波长上的光，其公共焦点达到衍射极限；对其他波长，焦点会出现微量的轴向展宽，展宽的量对称于焦面。

谐衍射元件的出现给双波段甚至多波段成像光学系统的设计带来了新方向，增大设计自由度，谐衍射元件能够在多波段、多波长混合成像系统中采用较少的光学元件实现色差校正，改善传统单层衍射元件强烈负色散特性的缺点。谐衍射元件不仅保持了衍射元件的负色散性；更能满足对多个谐波长，成像在相同像面位置；保证各个谐波长的衍射效率能够满足 100% 的理论设计要求；对衍射元件因在宽波段的大色散而产生的离焦现象得以改善。

谐衍射元件相邻环带间的光程差是设计波长 λ_0 的 p 倍，在空气中谐衍射元件的最大厚度为 $p\lambda_0/(n-1)$，其中 n 为材料的折射率。谐衍射元件的关键参数主要包括设计波长 λ_0、相位深度因子 p 以及衍射级次 m。若使用波长为 λ，则该波长的光通过谐衍射元件后的焦距为

$$f'_\lambda=\frac{\lambda_0}{\lambda}f'_0 \tag{4.3}$$

谐衍射元件环带间光程差为 $p\lambda_0$，相当于设计波长为 $p\lambda_0$，焦距为 f'_0 的普通衍射透镜。若对波长的 m 级次成像，其焦距为

$$f'_{m,\lambda}=\frac{p\lambda_0}{m\lambda}f'_0 \tag{4.4}$$

要求 $f'_{m,\lambda}$ 与设计焦距 f'_0 重合，即应满足条件

$$\frac{p\lambda_0}{m\lambda}=1 \tag{4.5}$$

由此可得

$$\lambda=\frac{p\lambda_0}{m} \tag{4.6}$$

满足式(4.6)的 λ 称为谐(振)波长。对这些谐波长，衍射效率达到 100%，光焦度保持不变。

谐衍射元件谐波长与衍射级次的确定：该机载红外成像光学系统工作波段为中波和长波，红外中长波的大气窗口分别为 3～5μm 和 8～12μm。由式(4.6)可知，设计波段位于红外长波范围，其谐振波长可位于红外中波，反之则不符合要求。不同设计波长产生的谐振波长如表 4.2 所示。

表 4.2　不同设计波长产生的谐振波长

设计波长/μm		8						10						12					
$p=2$	衍射级次	2	3	4	5	6	7	2	3	4	5	6	7	2	3	4	5	6	7
	谐振波长/μm	8	5.3	4	3.2	2.7	2.2	10	6.7	5	4	3.3	2.9	12	8	6	5	4	3.4
$p=3$	衍射级次	2	3	4	5	6	7	2	3	4	5	6	7	2	3	4	5	6	7
	谐振波长/μm	12	8	6	4.8	4	3.4	15	10	7.5	6	5	4.2	18	12	9	7.2	6	5.1

由表 4.2 可知：

(1) $p=2$ 时，设计波长 8μm 的谐振波长只有一个位于红外长波范围，且位于红外长波大气窗口(8～12μm)边缘，像差较大且较难校正，不满足双波段要求；设计波长 10μm 的谐振波长位于红外中波的为 3.3μm、4μm、5μm，均位于红外中波大气窗口(3～5μm)且 4μm 为红外中波大气窗口中心波长，像差校正容易，位于红外长波的为 10μm，位于红外长波大气窗口中心，像差校正较容易，满足双波段要

求；设计波长 12μm 的谐振波长位于红外长波大气窗口的为 12μm 和 8μm，位于大气窗口边缘位置，不满足双波段要求。

（2）$p=3$ 时，设计波长 8μm 的谐振波长位于红外长波大气窗口的为 12μm 和 8μm，位于大气窗口边缘位置，不满足双波段要求；设计波长 10μm 的谐振波长与 $p=2$ 的情况较为接近，但位于红外中波的谐振波长需要更高的谐振级次，而谐衍射元件加工的台阶数与谐振级次的平方成正比，台阶数越多加工难度和成本越大；设计波长 12μm 的谐振波长位于红外大气窗口的仅有 12μm 且位于窗口边缘，不符合双波段要求。

综上所述，选择 $p=2$，设计波长 10μm 作为谐衍射元件参数，考虑到谐振级次和衍射效率的影响，该双波段系统以 8～12μm 作为主设计波段，3～5μm 作为从设计波段。

4.6.3 光学系统初始结构选型

常用的机载红外成像系统型式包括：传统反射式、折反射式以及离轴三反式。选取系统焦距 $f=1200$mm、有效口径 300mm、视场±2°、波长 3～5μm 四个参数作为技术指标，初步添加自由曲面进行量化示例分析。传统反射式选择 RC 光学系统，其设计示例如图 4.1 所示，折反射式选择施密特-卡塞格林光学系统，其设计示例如图 4.2 所示，离轴三反光学系统设计示例如图 4.3 所示。

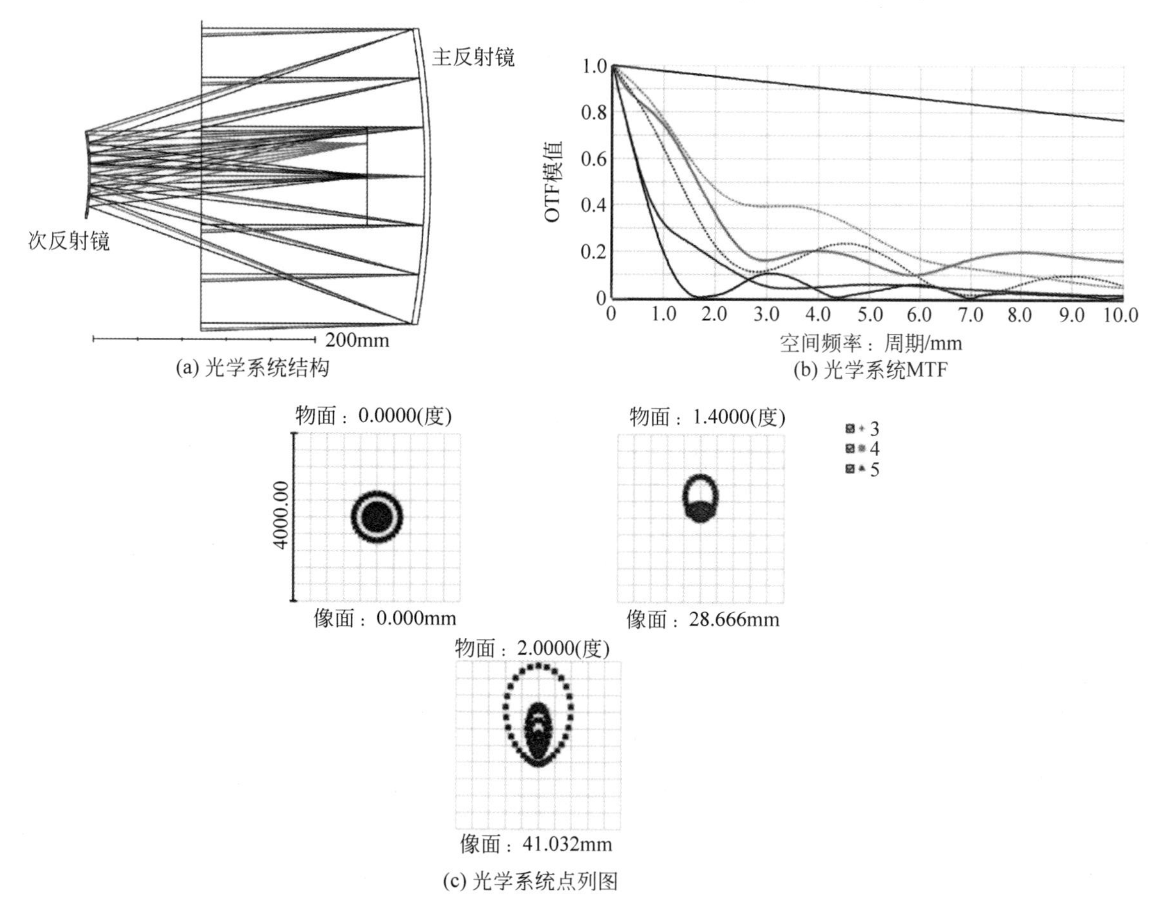

图 4.1 RC 光学系统设计示例

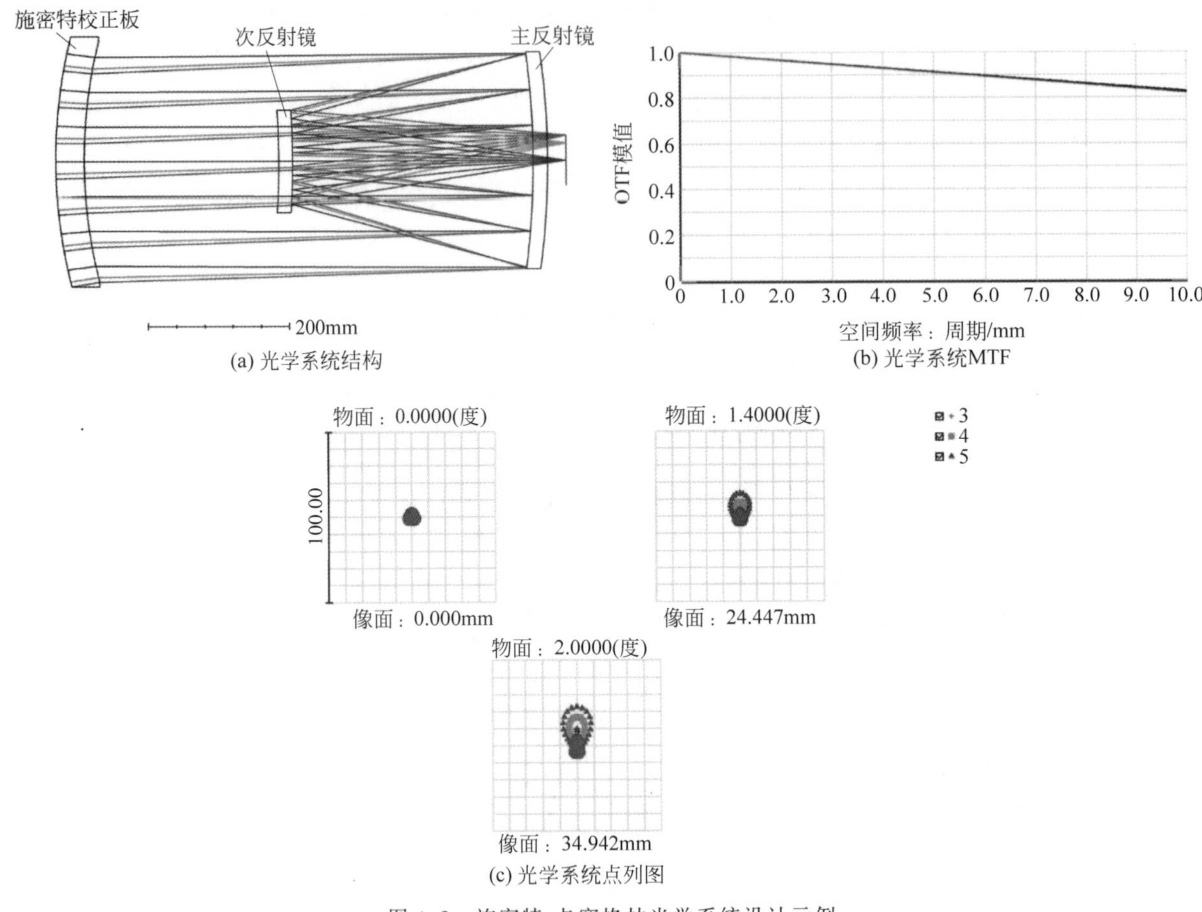

(a) 光学系统结构

(b) 光学系统MTF

(c) 光学系统点列图

图 4.2 施密特-卡塞格林光学系统设计示例

由图 4.1～图 4.3 的设计结果来看：①在该技术指标下，RC 光学系统成像质量最差，原因在于在长焦距大口径条件下，为保证光学系统成像质量，RC 光学系统视场难以做到很大（通常在 1°），若要提高系统大视场的成像质量则需牺牲系统遮拦比；②施密特-卡塞格林光学系统与离轴三反光学系统成像质量均良好，接近衍射极限，但是施密特-卡塞格林系统仍存在两个问题：一是系统仍存在次镜遮拦，进入系统的有效能量降低；二是大口径的施密特校正板制备和加工难度较大；③ 离轴三反光学系统结构简单、成像质量好，不存在中心遮拦，综合性能更符合要求。

在有限的技术指标内，离轴三反光学系统的设计已经取得了较为不错的结果，但是这一结果未将双波段以及工作温度纳入考虑范围。该初始结构受温度影响较大，在光学系统中引入具有消色差性能的折谐衍射混合元件，既能实现光学系统的无热化，又能克服宽波段条件下普通折谐衍射混合元件引入的色差和系统离焦，进一步提高成像质量，实现机载大口径长焦距双波段红外成像。

4.6.4 光学系统材料选择

光学系统的材料主要包括反射镜基底材料和折谐衍射透镜材料。反射镜基底材料需选择热膨胀系数小、材料导热大、比弹性模量高、机械强度高、无毒安全的材料；折谐衍射透镜应选择在红外中长波具有较好的透射透过率、热稳定性良好、导热率大、热膨胀系数小、努氏硬度较小、断裂强度大的材料。

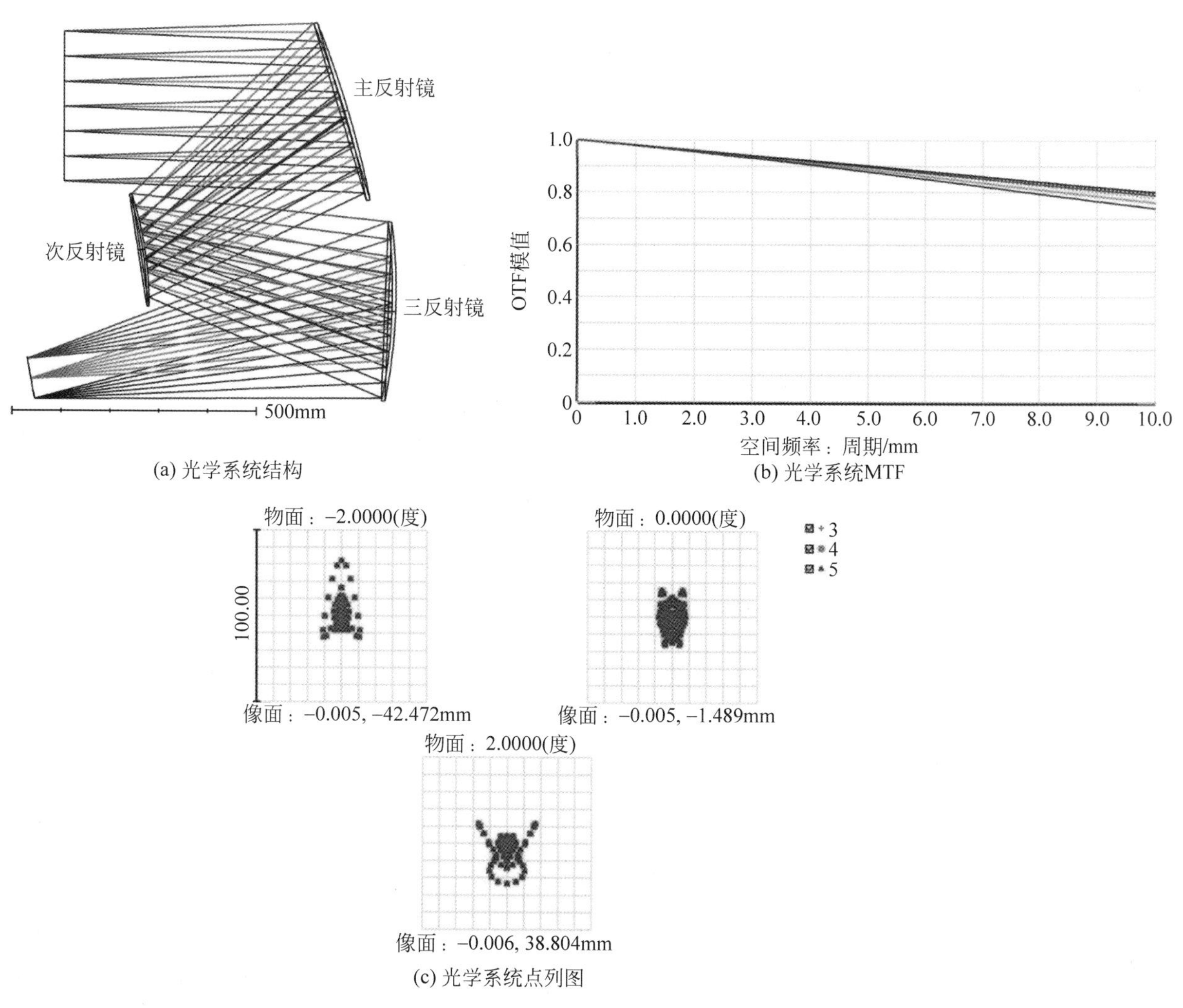

(a) 光学系统结构

(b) 光学系统MTF

(c) 光学系统点列图

图 4.3 离轴三反光学系统设计示例

1. 反射镜基底材料选择

可供选择的反射镜基底材料性能如表 4.3 所示。

表 4.3 可供选择的反射镜基底材料性能

材料	密度 /(g/cm^3)	弹性模量 /GPa	比弹性模量 /($10^7N\cdot mm/g$)	导热率 /(W/(m·K))	热膨胀系数 /(10^{-6}/K)	热变形系数 /(10^{-8}m/W)
SiC	3.05	400	12.6	185	2.5	1.4
Be	1.85	280	15.1	160	11.4	7.2
低膨胀微晶玻璃	2.5	92	3.7	1.46	0.05	3
低膨胀熔石英	2.2	67	3.1	1.3	0.03	2.3

其中，低膨胀熔石英和低膨胀微晶玻璃具有极低的热膨胀系数，目前国内 3m 直径的低膨胀熔石英反射镜相关技术研究已相对成熟，已达到工程应用要求；低膨胀微晶玻璃实现 600mm 口径微晶玻璃小批量生产，性能达到国际领先水平，打破国外垄断，两种材料在航天相机中已有较多应用，但对于性能和口径与航天相机具有较大差距的机载红外相机，两种材料过于昂贵，且其机械性能较差、材料刚度低、弹

性模量较低，因而在有其他选择的情况下不适宜作为反射镜的基底材料；Be在所有光学材料中密度最低，热膨胀系数也较低，同时也和大多数光学设备上的镀层材料的热膨胀系数接近，但是其具有毒性，加工困难，不适宜选用；SiC热膨胀系数低、弹性模量高、热变形系数低、导热率高、轻量化处理工艺成熟、制备工艺成熟，综合性能更适合作为反射镜的基底材料。

2. 折谐衍射透镜材料选择

可供选择的折谐衍射透镜材料性能如表4.4所示。

表4.4 可供选择的折谐衍射透镜材料性能

材料	透射波长 /μm	理论透过率 /%	折射率	弹性模量 /GPa	导热率 /(W/(m·K))	热膨胀系数 /(10^{-6}/K)	努氏硬度 /(kg/mm^2)	断裂强度 /MPa
Si	1.1～9	53.9	3.426	130.91	596(125K) 163(313K) 105.1(400K)	−0.5(75K) 2.5(293K) 4.6(1400K)	1150	70～340
Ge	1.8～23	47.1	4.0032	103	165.8(125K) 59(293K) 43.95(400K)	2.4(100K) 6.1(298K) 8.0(1200K)	780	90～100
标准ZnS	1～13	75	2.20	74.5	17(296K)	4.6(173K) 6.6(273K) 7.7(473K)	230～250	97.95
标准ZnSe	0.5～20	71	2.40	70.3	18(300K)	5.6(173K) 7.1(273K) 8.3(293K)	105	52.55
GaAs	0.9～15	55.85	3.276	82.68	55(300K)	0.9(75K) 5.7(300K) 7.3(1000K)	—	130
CaF_2	0.13～12	94	1.43	75.79	8.4	18.7	158	37

在可供选择的材料中：Si在9μm处有极强的吸收率，在9～11μm波段，透过率下降，不符合双波段要求；ZnS和ZnSe是重要的长波红外材料，但是其弹性模量较低、材料刚度不足，不能适应复杂的机载平台环境，其在−60～+60℃的温度范围内导热率低，材料内部存在明显温度梯度，较高的热膨胀系数材料会因温度变化产生较大的形变，不符合系统要求；GaAs大部分指标接近Ge，但该材料弹性模量和导热率较低；CaF_2材料各项性能较为普通，不适合用作复杂的机载红外成像光学系统。综合分析来看，Ge虽然理论透过率较低，但是弹性模量高、导热率高、热膨胀系数低、断裂强度高，其综合性能更加符合该项目要求。综合考虑透镜材料选择Ge较为理想。

4.6.5 宏语言优化控制和像质评价

在初始结构设计的基础上使用折谐衍射透镜组，通过宏语言对系统进一步优化，以实现光学系统的无热化和双波段成像并完成对系统的像质评价。

1. 宏语言优化控制

离轴三反光学系统在优化过程中，需要使用Zemax软件的宏语言功能，自编离轴控制优化函数，对结构加以限制。优化过程中需要限制的结构有两处：一是通过孔径光阑下边缘的光线与次反射镜上边缘之间的距离；二是通过孔径光阑上边缘经三反射镜反射后的光线与次反射镜下边缘之间的距离。构建的结构控制数学模型如图 4.4 所示。

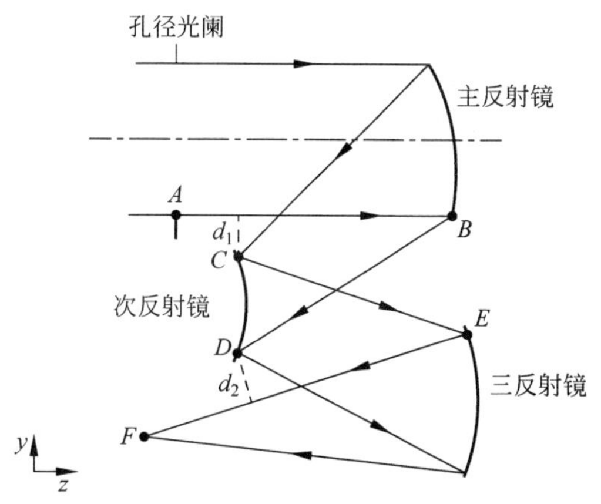

图 4.4 构建的结构控制数学模型

图 4.4 中，直线 AB 是通过孔径光阑下边缘的光线，A 点和 B 点坐标分别为(y_A, z_A) 和(y_B, z_B)；直线 EF 是通过孔径光阑上边缘经三反射镜反射后的光线，E 点和 F 点坐标分别为(y_E, z_E)和(y_F, z_F)；C 点为次反射镜上边缘点，坐标为(y_C, z_C)；D 点为次反射镜下边缘点，坐标为(y_D, z_D)；d_1 为 C 点到直线 AB 的距离，d_2 为 D 点到直线 EF 的距离。在优化过程中，将以上数学模型使用 Zemax 的宏语言进行编程，依据系统优化状态控制 d_1 和 d_2 大于某一值。

优化过程中，各点的坐标可以通过光线追迹得到，在 Zemax 宏语言命令中，光线追迹的函数名为 Raytrace，在使用 Raytrace 进行光线追迹时，需要指定光线的视场和孔径光阑位置，一般的格式为 Raytrace H_x, H_y, P_x, P_y，其中，(H_x, H_y)为归一化视场坐标，(P_x, P_y)为归一化孔径光阑坐标，编写过程中所关注的是在 YOZ 平面内的点线位置，因此有 X 下标的坐标都设定为 0，有 Y 下标的坐标根据实际情况进行设定。除此以外，配合 Raytrace 使用的函数还有 RAGY 和 RAGZ，分别是求取光线与表面的交点的 Y 坐标与 Z 坐标，使用方法是 RAGY(n)、RAGZ(n)，n 表示该表面在 Zemax 中的编号。依据结构控制数学模型和编写的宏语言程序如下：

```
!surface definition:     surface    element
!                           3         mirror 1
!                           6         mirror 2&aperture stop
!                           9         mirror 3
!                          11         image
!-------- clearance between 2nd mirror and rays between surface 2 and 3
RAYTRACE 0,1,0,-1
Z1 = RAGZ(1)
Y1 = RAGY(1)
Z2 = RAGZ(3)
Y2 = RAGY(3)
RAYTRACE 0,1,0,1
Z3 = RAGZ(6)
Y3 = RAGY(6)
A1 = Y2 - Y1
A2 = Z2 - Z1
M1 = A1/A2
B1 = Y1 - M1 * Z1
Y32 = M1 * Z3 + B1
X0 = Y3 - Y32
PRINT "X0 = ",X0
OPTRETURN 1 =  X0
!-------- clearance between 2nd mirror and rays between surface 7 and 8
RAYTRACE 0,1,0,1
Z4 = RAGZ(9)
Y4 = RAGY(9)
Z5 = RAGZ(11)
Y5 = RAGY(11)
```

```
RAYTRACE 0, - 1,0, - 1
Z6 = RAGZ(6)
Y6 = RAGY(6)
A3 = Y5 - Y4
A4 = Z5 - Z4
M2 = A3/A4
B2 = Y4 - M2 * Z4
Y62 = M2 * Z6 + B2
X1 = Y6 - Y62
PRINT "X1 = ",X1
OPTRETURN 2 =  X1
!-------- clearance between 2nd mirror and rays between surface 7 and 8
RAYTRACE 0,1,0, - 1
Z1 = RAGZ(1)
Y1 = RAGY(1)
Z2 = RAGZ(3)
Y2 = RAGY(3)
RAYTRACE 0,1,0,1
Z9 = RAGZ(9)
Y9 = RAGY(9)
A1 = Y2 - Y1
A2 = Z2 - Z1
M1 = A1/A2
B1 = Y1 - M1 * Z1
Y92 = M1 * Z9 + B1
X2 = Y9 - Y92
PRINT "X2 = ",X2
OPTRETURN 3 =  X2
```

2. 优化结果与像质评价

在优化评价函数中添加 ZPLM 操作数调用该宏语言程序，在三反射镜后添加三块平行平板，在最后一面上设置谐衍射面（相位深度因子 $p=2$，设计波长 10μm）添加多重结构设置不同衍射级次，以及双波段（3～5μm，8～12μm）条件，将自由曲面系数、谐衍射系数、反射镜倾斜角、平行平板半径及厚度设置为变量，对系统进行优化，依据优化结果对优化操作数进行调整，反复优化，逐渐逼近，最终得到符合要求的设计结果。

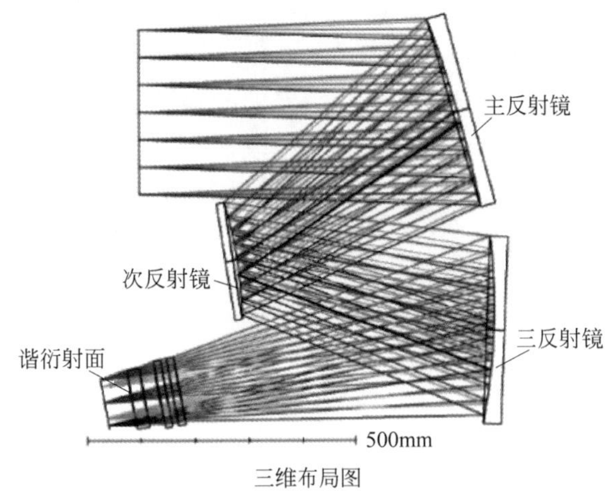

图 4.5　最终优化后系统的结构

最终优化后系统的结构如图 4.5 所示，双波段 MTF 如图 4.6 所示，双波段点列图如图 4.7 所示。

由图 4.6 和图 4.7 得知：①3～5μm 波段：MTF＞0.6@10lp/mm，接近衍射极限；−2°、−1.4°、0°、1.4°、2°五个视场弥散斑半径（RMS）分别为 18.335μm、14.272μm、9.171μm、11.999μm、16.807μm，均小于 25μm，系统的 MTF 以及弥散斑半径（RMS）均符合技术指标要求。②8～12μm 波段：MTF＞0.45@10lp/mm，接近衍射极限；−2°、−1.4°、0°、1.4°、2°五个视场弥散斑半径（RMS）分别为 15.811μm、13.572μm、8.625μm、12.547μm、13.825μm，均小于 25μm，系统的 MTF 以及弥散斑半径（RMS）均符合技术指标要求。

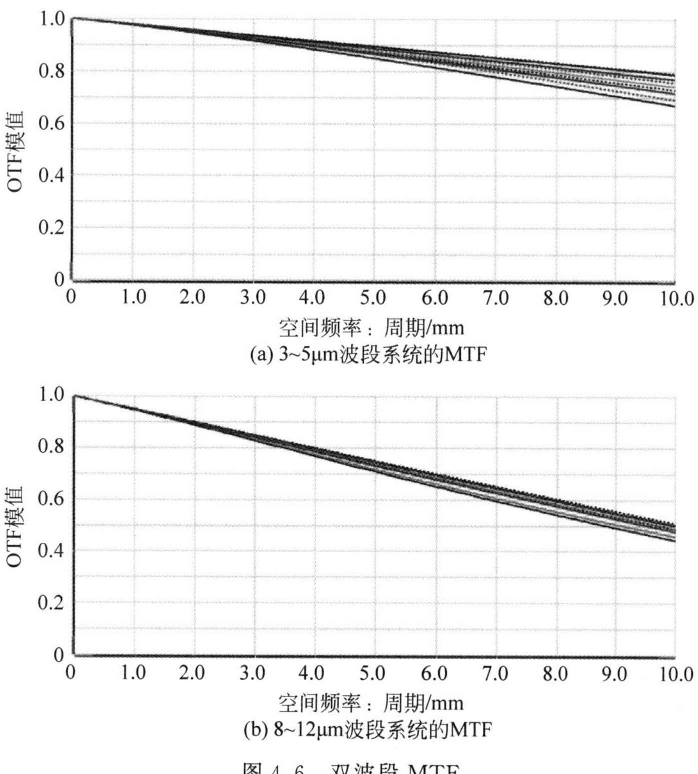

(a) 3~5μm波段系统的MTF

(b) 8~12μm波段系统的MTF

图 4.6　双波段 MTF

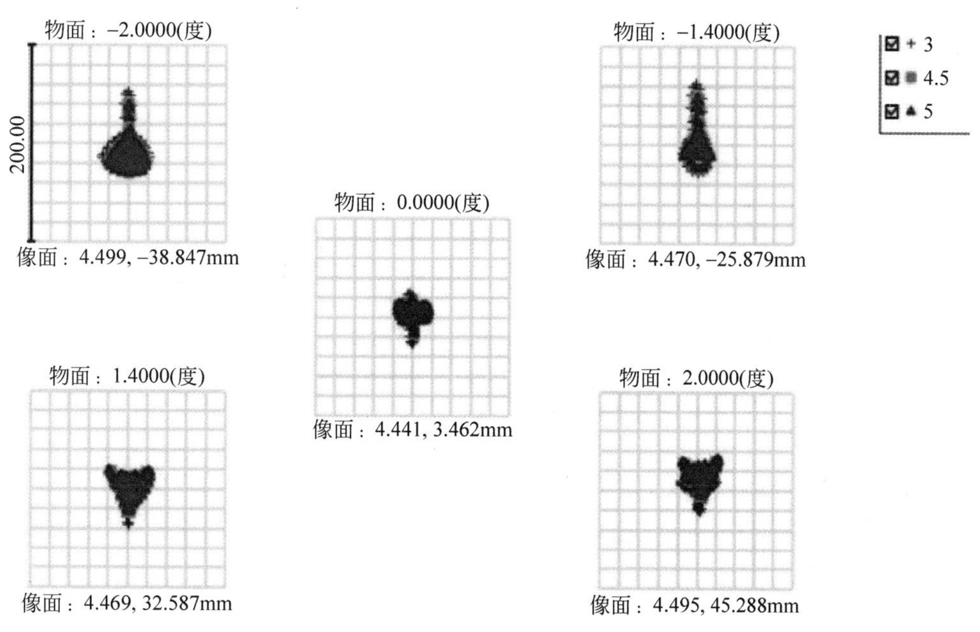

(a) 3~5μm波段系统的点列图

图 4.7　双波段点列图

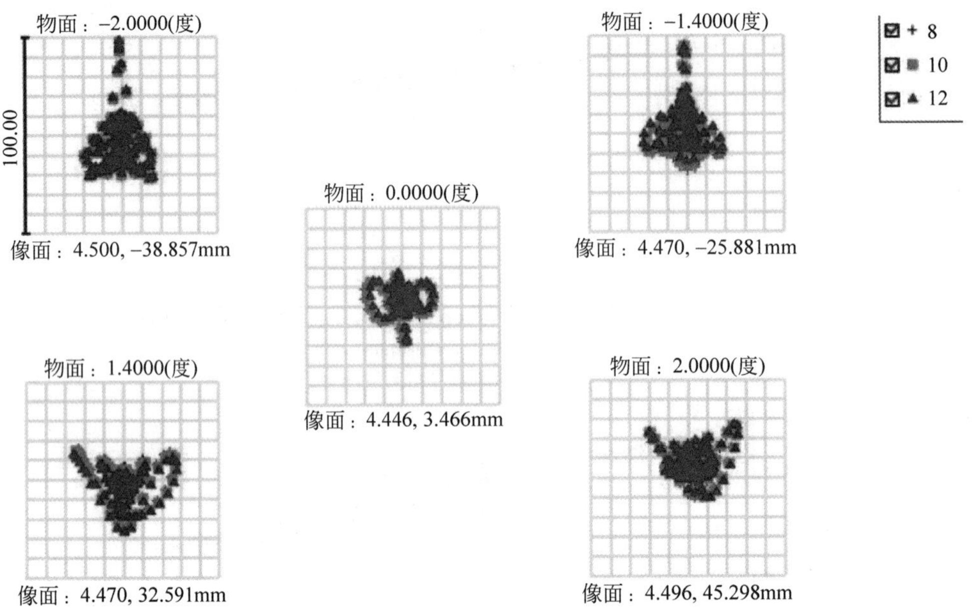

(b) 8~12μm波段系统的点列图

图 4.7 （续）

优化后的光学系统，圈内能量如图 4.8 所示，场曲和畸变如图 4.9 所示，赛德尔像差图如图 4.10 所示。

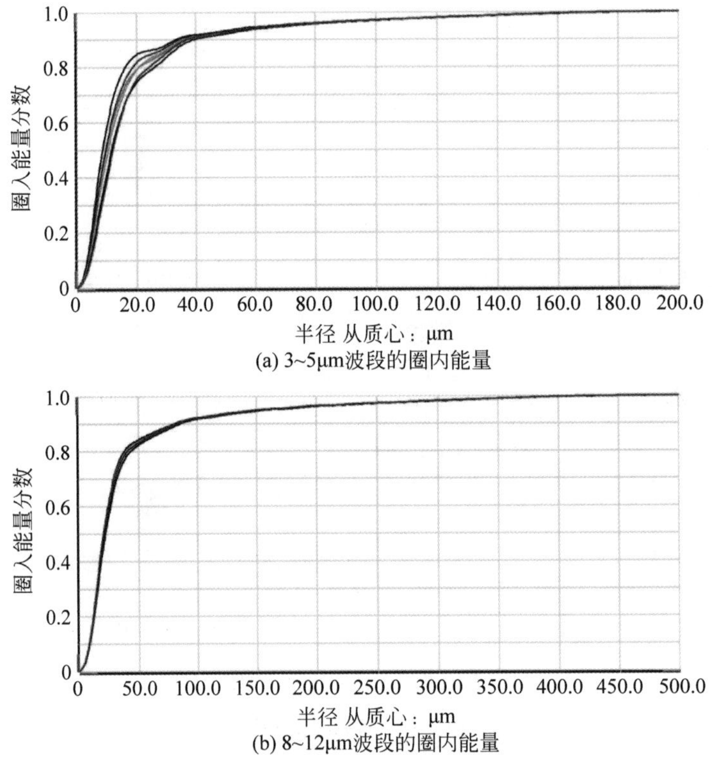

(a) 3~5μm波段的圈内能量

(b) 8~12μm波段的圈内能量

图 4.8 优化后的光学系统，圈内能量

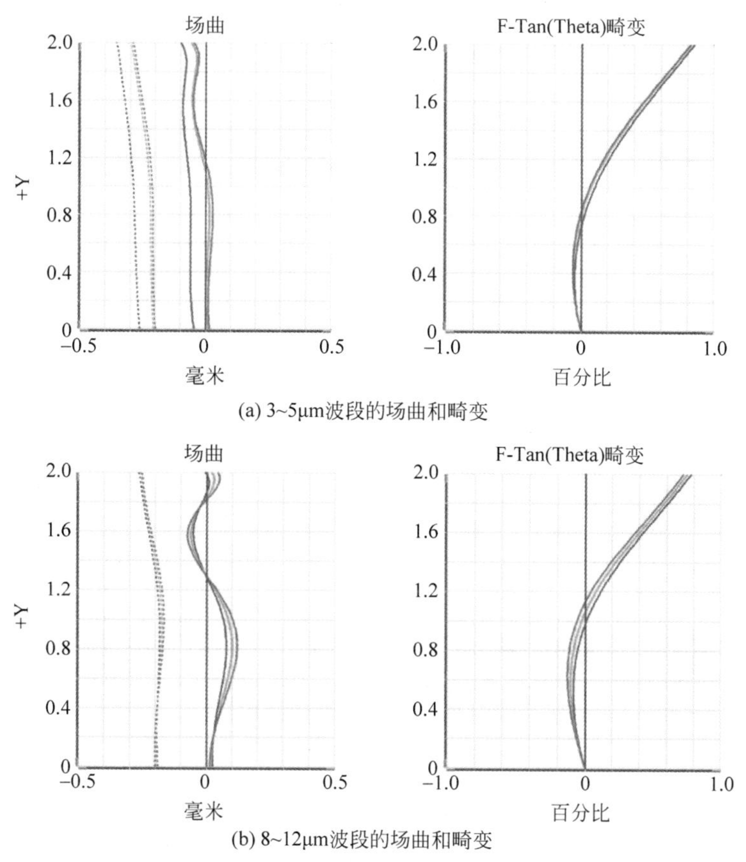

(a) 3~5μm波段的场曲和畸变

(b) 8~12μm波段的场曲和畸变

图 4.9　场曲和畸变

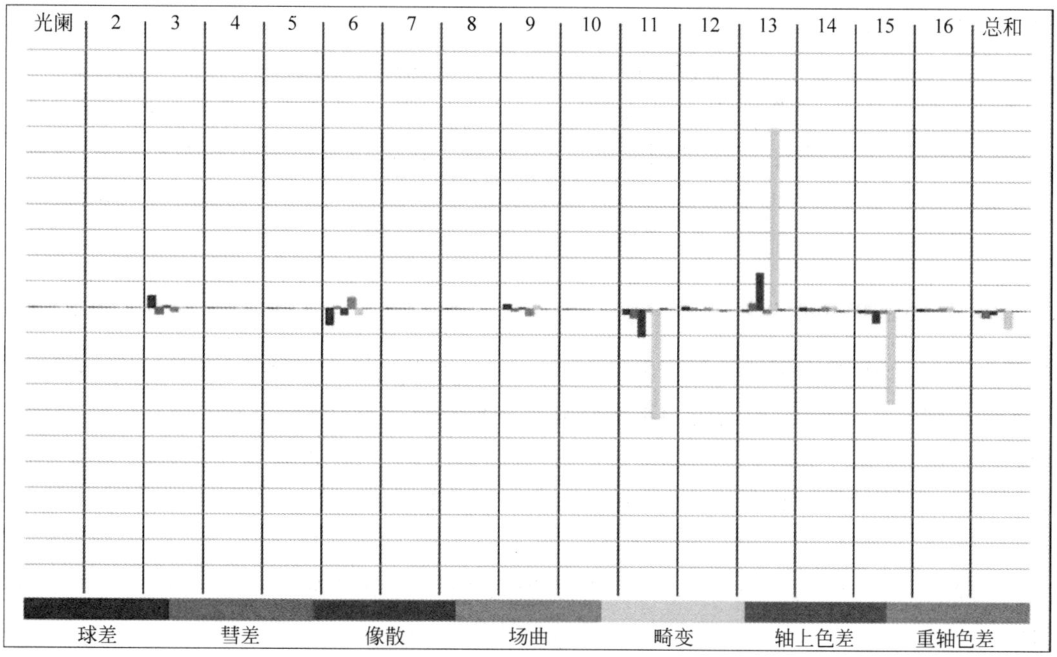

(a) 3~5μm波段的赛德尔像差图

图 4.10　赛德尔像差图

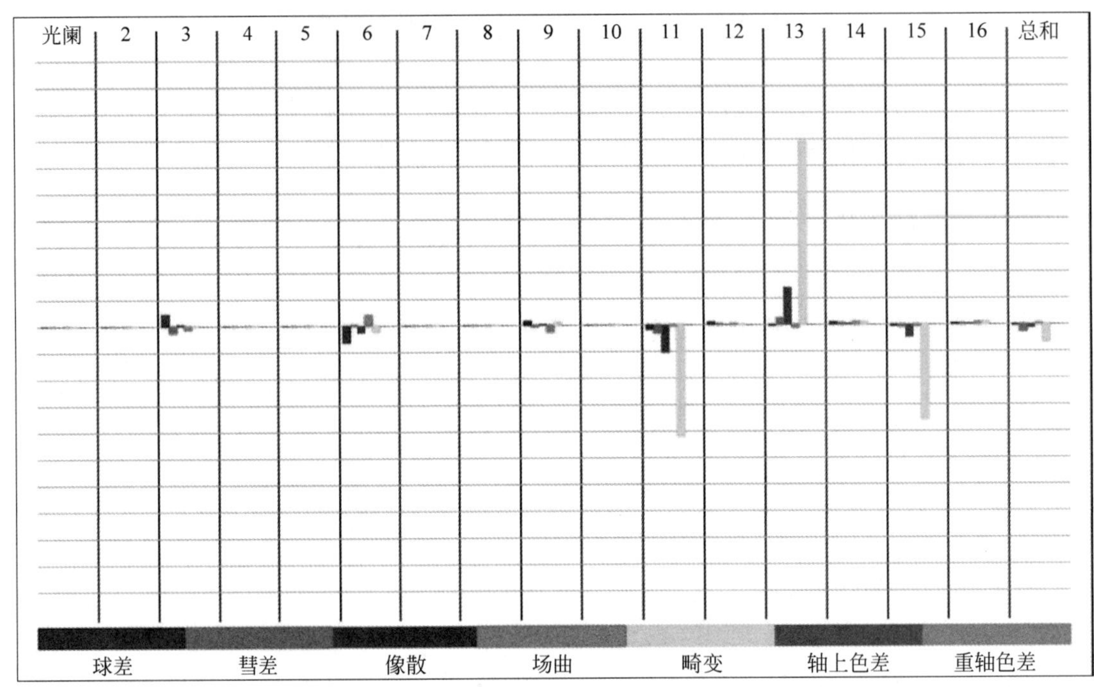

(b) 8~12μm波段的赛德尔像差图

图 4.10 （续）

由图 4.8 和图 4.9 可知，该系统在 3～5μm 和 8～12μm 双波段，圈内能量均接近衍射极限，场曲均小于 0.5mm，畸变均小于 1%，由图 4.10 可知，该系统在两个波段的像差都得到了较好的校正，在两个波段均获得较好的成像质量。

3. 光学系统热分析

该系统要求在－60～＋60℃的温度范围内正常工作，在该温度范围内用 Zemax 分别对 3～5μm 和 8～12μm 波段采样分析，分别取－60℃、－20℃、20℃、60℃，得到双波段分别在不同温度下的 MTF。3～5μm 波段不同温度下系统的 MTF 如图 4.11 所示，8～12μm 波段不同温度下系统的 MTF 如图 4.12 所示，由图 4.11 和图 4.12 可知，双波段在不同温度条件下的 MTF 基本不发生变化，说明该系统在不同温度下均成像质量良好，符合系统无热化的技术要求。

4.6.6 公差分析

为便于加工与装配，提高系统的可实现性，需对设计结果进行公差分析。该系统在光学方面的误差主要包括反射镜曲率半径误差、反射镜间距误差以及 x 轴倾斜误差；透镜组曲率半径误差、透镜厚度误差，这些偏差在元件加工完成后就不可更改。经过分析，该系统主镜、次镜以及三镜的 x 轴倾斜误差和曲率半径误差约束较为严格，其余误差约束较为宽松。经多次分析-调整-分析-调整后，最终公差分配如表 4.5 所示。

公差分配表中，COMP 为后焦补偿、TWAV 为测试波长、TRAD 为半径公差、TETX 为 x 轴倾斜公差、TTHI 为厚度公差。该系统为双波段红外成像光学系统，分别使用 4μm 和 10μm 作为测试波长，公差分析结果如表 4.6 所示。

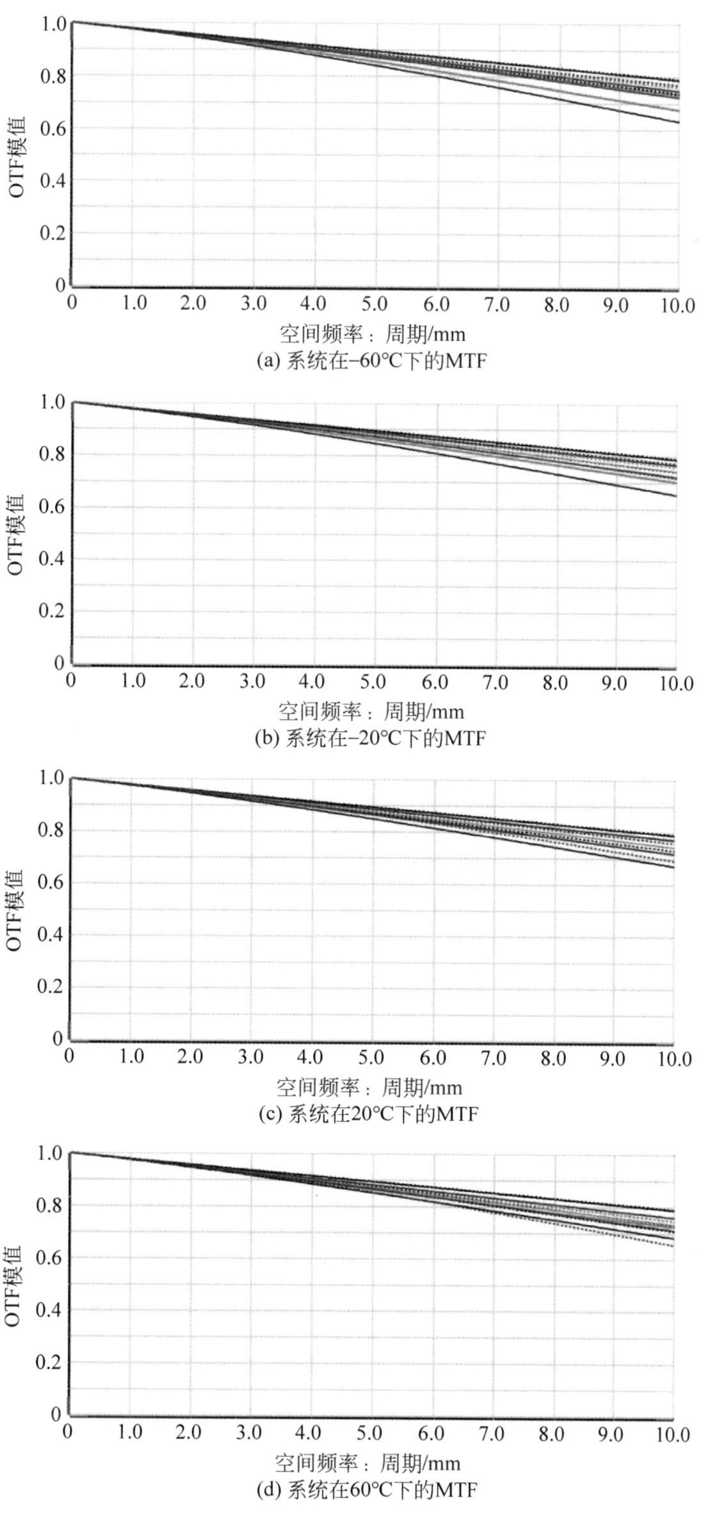

(a) 系统在−60℃下的MTF

(b) 系统在−20℃下的MTF

(c) 系统在20℃下的MTF

(d) 系统在60℃下的MTF

图 4.11 3～5μm 波段不同温度下系统的 MTF

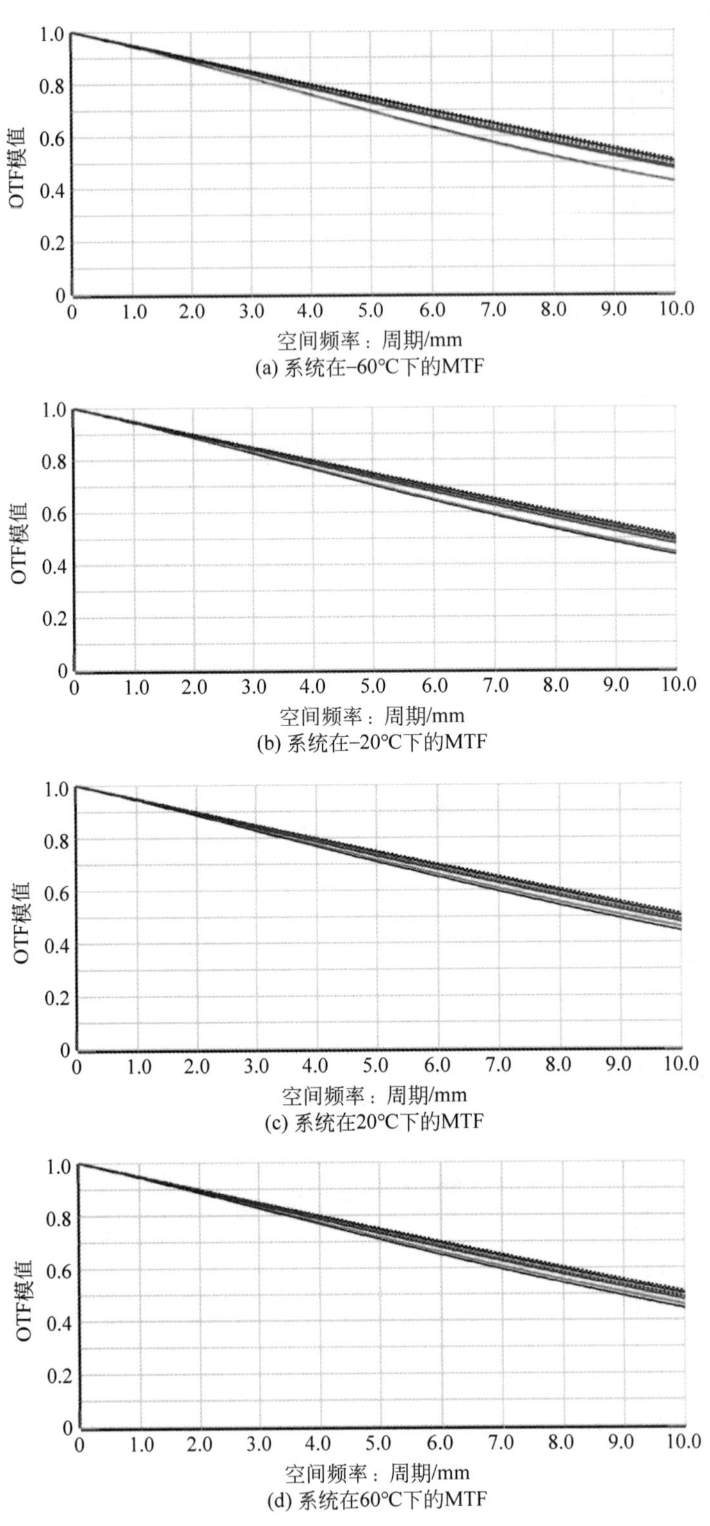

图 4.12 8～12μm 波段不同温度下系统的 MTF

表 4.5 最终公差分配

操作数	表面 1	表面 2	值	最小值	最大值
COMP	16	—	−50	−50	50
TWAV	—	—	—	4(10)	—
TRAD	3	—	−1999.900	−0.02	0.02
TRAD	6	—	−666.652	−0.02	0.02
TRAD	9	—	−999.950	−0.02	0.02
TRAD	11	—	2728.675	−0.2	0.2
TRAD	12	—	2406.081	−0.2	0.2
TRAD	13	—	1054.373	−0.2	0.2
TRAD	14	—	916.156	−0.2	0.2
TRAD	15	—	1439.644	−0.2	0.2
TRAD	16	—	1112.167	−0.2	0.2
TETX	3	3	—	−0.018	0.018
TETX	6	6	—	−0.018	0.018
TETX	9	9	—	−0.018	0.018
TTHI	1	2	600.000	−0.2	0.2
TTHI	4	5	−499.975	−0.2	0.2
TTHI	7	8	499.975	−0.2	0.2
TTHI	10	12	−600.000	−0.2	0.2
TTHI	11	12	−13.166	−0.2	0.2
TTHI	12	14	−11.801	−0.2	0.2
TTHI	13	14	−13.855	−0.2	0.2
TTHI	14	16	−27.165	−0.2	0.2
TTHI	15	16	−23.399	−0.2	0.2

表 4.6 公差分析结果

测试波长/μm	评价值/μm	最好值/μm	最好结果所在表面	最差值/μm	最差结果所在表面	90%</μm	80%</μm	50%</μm	20%</μm	10%</μm
4	9.932	9.966	11	28.964	19	24.032	22.089	15.796	11.907	11.544
10	9.076	9.839	3	31.187	14	22.770	19.863	14.095	11.403	11.012

注：表中用 90%<表示弥散斑半径小于多少时的概率，其余类推。

公差分析结果显示，在该公差条件下，测试波长为 4μm 时，弥散斑半径小于 24.032μm 概率为 90%；测试波长为 10μm 时，弥散斑半径小于 22.770μm 概率为 90%，二者均小于 25μm，系统在双波段均符合技术指标要求。

4.6.7 设计结果

系统设计结果与相应的技术指标要求比较如表 4.7 所示。由表 4.7 可知，该系统的主要参数满足技术指标要求。此外，该系统在给定公差条件下弥散斑直径 90%概率小于 25μm，且其在−60～+60℃温度范围内均成像良好，同时对于温度、振动和气压等环境具有良好的适应性，符合机载红外光学系统设计技术指标。

表 4.7 系统设计结果与相应的技术指标要求比较

主要项目	指标要求值	设计结果
系统焦距/mm	1200±5	1200
有效口径/mm	300±5	300
视场/°	≥±2	±2
工作波长/μm	中波/长波	3～5μm/8～12μm
MTF@10 lp/mm	≥0.4	≥0.6(3～5μm) ≥0.45(8～12μm)
弥散斑半径(RMS)/μm	≤25	18.335(3～5μm) 15.811(8～12μm)

4.6.8 结论

这里提出了一种基于谐衍射与自由曲面的机载双波段红外成像光学系统,在离轴三反的基础上使用谐衍射面与自由曲面,不仅扩大了机载红外成像光学系统的视场,解决了传统反射式结构的中心遮拦问题,而且实现了红外中波与长波同时成像,同时克服了宽温度变化范围的环境对系统的影响。较为合理的公差分析和机械结构设计使该系统的加工和装调具有较高的可实现性,为该产品的成功研制奠定了基础。所提出的基于谐衍射的机载双波段红外成像光学系统的设计思路与设计结果,对多波段机载红外成像光学系统的进一步研究和发展具有重要意义。

4.7 非成像光学系统设计示例:太阳能采集用 1000mm 口径菲涅耳透镜设计

针对太阳能利用率较低、光伏发电成本过高的问题,从聚光器的角度出发,采用菲涅耳透镜对太阳光进行聚焦。在分析菲涅耳透镜结构的基础上,提出透镜的主要性能指标,设计一个满足要求的1000mm 口径透镜,对聚光时透镜位置的放置进行讨论。该设计具有一定的通用性,可以适用于其他大口径的菲涅耳透镜设计,对于促进太阳能采集发展具有重要意义。

对于太阳能光伏发电,提高太阳能利用率、降低成本是目前主要研究方向。利用性价比高的聚光器对太阳光进行聚焦,减少了昂贵的太阳能电池使用,从而使太阳能光伏发电总成本大幅降低。因此,聚光器的运用与设计显得尤为重要。

菲涅耳透镜一般是由一系列同心棱形槽构成,实则由平凸透镜演变而来,与普通透镜一样具有会聚光线的功能,且光强分布较均匀。为此设计一个由 PMMA(聚甲基丙烯酸甲酯)材料压制而成的大口径的菲涅耳透镜,使其具有厚度薄、重量轻、孔径大等特点,是非常必要的。

4.7.1 菲涅耳透镜结构

19 世纪 20 年代,法国物理学家菲涅耳提出一个假设:连续光学表面的成像特性,主要取决于光学表面的曲率,而透镜轴向厚度是次要的因素,在大多数情况下,透镜轴向厚度的增加是由于表面曲率或口径的要求所造成的。将透镜两个表面之间的厚度减少,光学元件仍可把光线聚焦到原来的厚透镜焦点上。

如图 4.13 所示,其中图 4.13(a)为平凸透镜,光线通过透镜后,在与空气的交界面处发生折射。对平凸透镜进行不断的纵向分割,其中阴影部分并未对光线的传播造成影响,将其挖去,将剩余部分重新排列在共同基面上，如图 4.13(b)所示，便可得到菲涅耳透镜。图 4.13(b)所示的小棱镜(即锯齿)在三维空间便为同心棱形环带，每一环带都相当于一独立折射面，使入射光线会聚到同一焦点上。

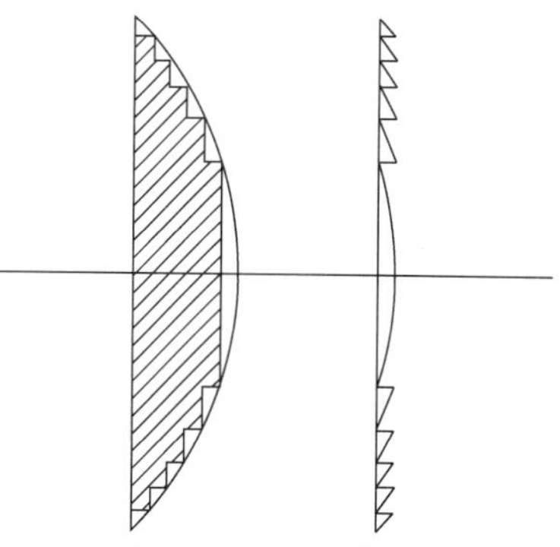

图 4.13　平凸透镜与菲涅耳透镜

4.7.2　主要技术指标要求

主要技术指标要求如下：

(1) 口径：1000mm±5mm。

(2) 材料透过率：≥90%。

(3) α 值：≤50°。

(4) k 值：0.27～0.87。

(5) 槽宽 b：0.05～2.5mm。

要获得高聚光度，首先要保证投射到菲涅耳透镜上的光线尽可能多地通过，减少反射损失、吸收和散射损失，因而要保证透镜材料具有一定的透过率。

α 定义为小棱镜顶角值。α 值将决定光线偏离原来方向的角度，受到口径与焦距比值的影响。

k 定义为透镜相对口径值的一半，光线从光密介质进入光疏介质时，入射角大于临界角时，会发生全反射，根据光学计算，k 值就必须小于$\sqrt{n_D^2-1}$，n_D 为材料折射率。

槽宽越小，透镜聚光性能越好，但受加工的限制，齿距不宜太小。一般为每毫米 2～8 个槽，精密加工可达每毫米 20 个槽左右。

4.7.3　设计计算过程

设计前提出了设计指标，在指标所约束的范围内进行后续工作。消球差是菲涅耳透镜的固有特点，因此，设计部分未对成像质量进行评价，而是计算透镜结构等参数，包括口径、k 值、槽宽和 α 值。

1) 口径

通过实际制造工艺和加工技术确保菲涅耳透镜口径达到 1000mm±5mm。

2) 材料选择

可用于制作菲涅耳透镜的光学材料主要有光学玻璃、光学塑料和透明橡胶三类。基于需要高透过率的材料来制作透镜，这里选取 PMMA，它是热塑性的光学材料，具有优良的耐气候性，能在热带气候下暴晒多年；透明度和色泽变化很小；能耐酸、碱、酯的侵蚀，绝缘性好。最大缺点是热变形大，表面硬度较差，易于擦伤。PMMA 的各项参数如表 4.8 所示。

表 4.8　PMMA 的各项参数

参　　数	数　　值
折射率 n_D(589.3nm)	1.491
折射率 n_C(656.3nm)	1.488
折射率 n_f(486.1nm)	1.496
色散系数 γ_d	57.2
最高长期工作温度/℃	92
热导率/(W・m^{-1}・℃$^{-1}$)	0.21
透过率/%	92

3）棱镜顶角计算

当平行光线垂直入射到菲涅耳透镜平面时，其光路如图 4.14 所示。对于小棱镜，结合几何关系与 Snell 定律，可知光线偏向角 β_i 为

$$\beta_i = \arcsin(n\sin\alpha_i) - \alpha_i \tag{4.7}$$

由图 4.14 可知，在环带间距相等，并忽略小棱镜的高度情况下，可得出光线偏向角 β_i 还具有如下关系：

$$\tan\beta_i = \frac{r_i}{f_i} = k_i \tag{4.8}$$

整理式(4.7)、式(4.8)，则可得出棱镜顶角计算公式：

$$\alpha_i = \tan^{-1}\frac{r_i}{n\sqrt{f^2 + r_i^2} - f} = \tan^{-1}\frac{k_i}{n\sqrt{k_i^2 + 1} - 1} \tag{4.9}$$

式中：α_i 为第 i 个小棱镜的顶角值；r_i 为第 i 个小棱镜中心距透镜中心的距离；n 为材料折射率；f 为菲涅耳透镜焦距；k_i 为第 i 个小棱镜的 k 值。

由式(4.9)可计算出每个小棱镜的顶角，在 $n=1.491$，$k=0.5$(由下文所得)时，计算出最外层小棱镜的顶角为 36.86°。利用 MATLAB 即可计算出其他小棱镜顶角。

4）焦斑半径计算

当平行光线斜入射到菲涅耳透镜平面时，将会造成光斑扩展，其光路图如图 4.15 所示，R_1 为光线垂直入射时光斑半径，R_2 为光线斜入射时附加光斑尺寸。对于跟踪系统，其最大跟踪误差为 32′(即太阳光平均视角)，并不能消除，这对于聚焦光斑的影响至关重要。光线在平面和倾斜面分别发生折射，入射角 $\alpha'=16'$，由 Snell 定律可得出射光线的折射角为

$$\theta_{i1} = \sin^{-1}\left[n\sin\left(\alpha_i + \sin^{-1}\frac{\sin\alpha'}{n}\right)\right] \tag{4.10}$$

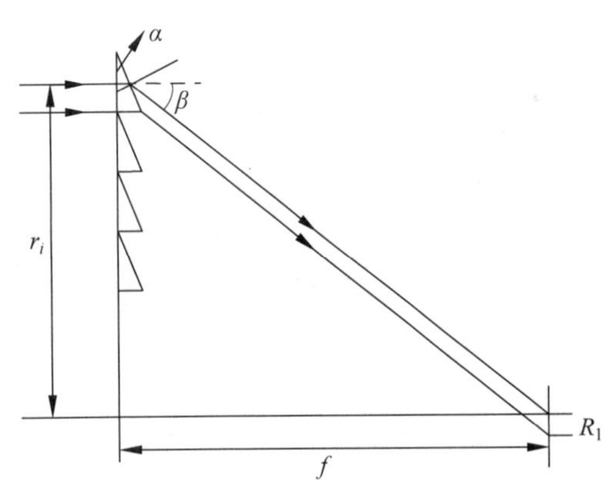

图 4.14　当平行光线垂直入射到菲涅耳透镜平面时

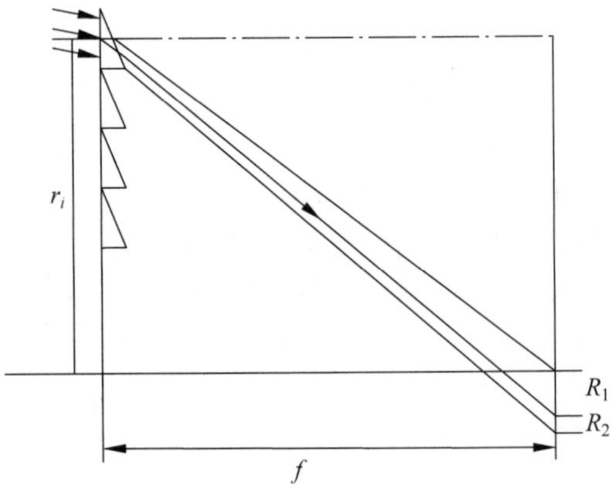

图 4.15　光线斜入射时的菲涅耳透镜光路图

由图 4.15 中的几何关系可推得：

$$R_1 = \frac{b\cos\theta_{i1}}{2\cos\alpha_i\cos(\theta_{i1} - \alpha_i)} \tag{4.11}$$

$$R_2 = \left(f - \frac{b}{2}\tan\alpha_i\right)[\tan(\theta_{i1} - \alpha_i) - \tan(\theta_i - \alpha_i)] \tag{4.12}$$

则有焦斑半径 $R=R_1+R_2$，对于菲涅耳透镜有效边缘的棱镜所形成的焦斑尺寸最大，因此焦斑尺寸为

$$R=\frac{b\cos\theta_1}{2\cos\alpha\cos(\theta_1-\alpha)}+\left(f-\frac{b}{2}\tan\alpha\right)[\tan(\theta_1-\alpha)-\tan(\theta-\alpha)] \tag{4.13}$$

其中：$\theta_1=\sin^{-1}\left[n\sin\left(\alpha+\sin^{-1}\frac{\sin\alpha'}{n}\right)\right]$，$\alpha'=16'$

$\alpha=\tan^{-1}[k/(n\sqrt{k^2+1}-1)]$

$\theta=\sin^{-1}(n\sin\alpha)$

由式(4.13)即可计算非垂直入射焦斑半径。在 $n=1.491$，$b=0.2\text{mm}$，$k=0.5$(由下文所得)时计算得焦斑半径为 10.6mm。

5) k 值确定

菲涅耳透镜的几何聚光比 X 为菲涅耳透镜面积 S_i 与光斑面积 S_o 之比，如式(4.14)所示：

$$X=S_i/S_o \tag{4.14}$$

对于 k 值，从菲涅耳透镜几何聚光比的角度进行优化，选取材料折射率 $n=1.491$，槽宽 $b=0.2\text{mm}$，透镜口径 $D=1000\text{mm}$，由于 $k<\sqrt{n_D^2-1}$，通过计算确定优化范围为 0.27～0.87。根据式(4.13)和式(4.14)，由 MATLAB 绘出几何聚光比与 k 值关系如图 4.16 下端曲线。改变透镜口径，使其分别为 1500mm 和 2000mm，得到关系如图 4.16 所示的中间曲线和上端曲线。分析可知，口径大小变化对透镜的最优 k 值(即最佳几何聚光比所对应的 k 值)产生的影响并不明显。几何聚光比是从理论上进行模拟，由于透镜的反射损失、吸收损失、散射损失的存在，与实验的聚光比会有一定的出入，因此最佳 k 值的取值区域将会发生偏移，在此设定 k 值为 0.5，则焦距为 1000mm。

6) 槽宽确定

当选取材料折射率 $n=1.491$，透镜口径 $D=1000\text{mm}$，槽宽 b 分别为 0.1mm、0.2mm 和 0.5mm，k 值的优化范围为 0.27～0.87，通过根据式(4.13)和式(4.14)，由 MATLAB 绘出几何聚光比与 k 值关系如图 4.17 上端曲线、中间曲线和下端曲线。分析可知，槽宽越小，几何聚光比越大。槽宽的变化对于最优 k 值的影响程度不是很明显。综上可得，对于不同的口径、槽宽，最优 k 值却都相同。根据实际情况取 b 值为 0.2mm。

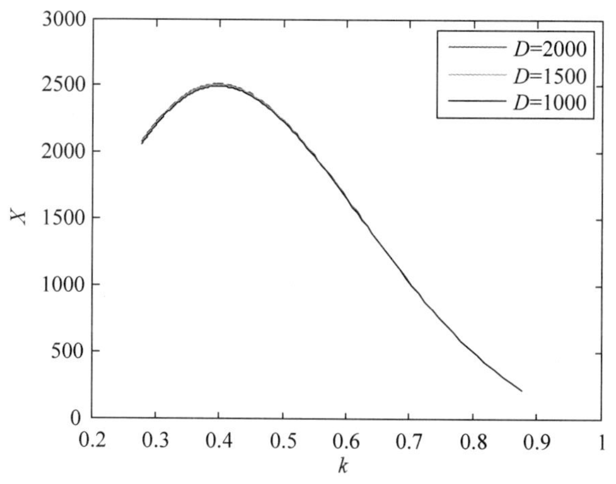

图 4.16　几何聚光比与 k 值关系(口径不同)

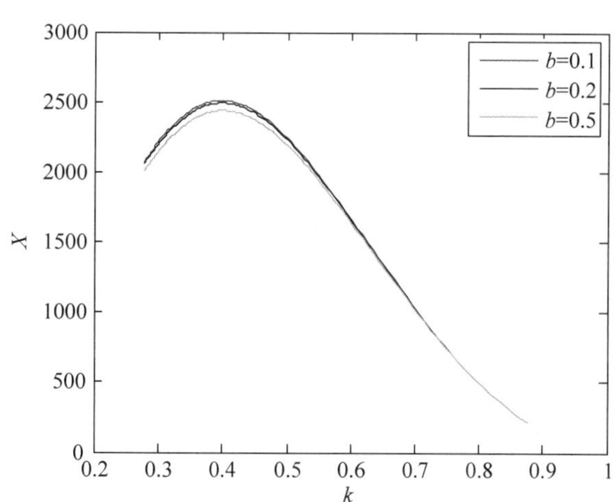

图 4.17　几何聚光比与 k 值关系(槽宽不同)

4.7.4 设计结果分析与讨论

综合菲涅耳透镜设计部分，归纳出透镜主要参数如表 4.9 所示。分析数据可知，满足设计时所提出的技术指标，具有可行性。

表 4.9 菲涅耳透镜主要参数

性能类别	指标要求值	设计值
口径	1000mm±5mm	1000mm
材料透过率	≥90%	92%
α 值	≤50°	≤36.86
k 值	0.27～0.87	0.5
槽宽	0.05～2.5mm	0.2mm

光线垂直入射到菲涅耳透镜时，透镜有两种放置方式，即菲涅耳环带分别位于迎光面和背光面。对于第一种放置方式，光路图如图 4.18 所示，光线 1 通过小棱镜后在 AB 面上恰好能发生折射，最终会聚到焦平面上。入射到 CD 面上的光线主要经过折射-反射-折射过程后，将会发散出去，这部分光线并未得到利用。对于第二种放置方式，将不会出现类似的传播光线，聚光效率相比而言会得到提高。

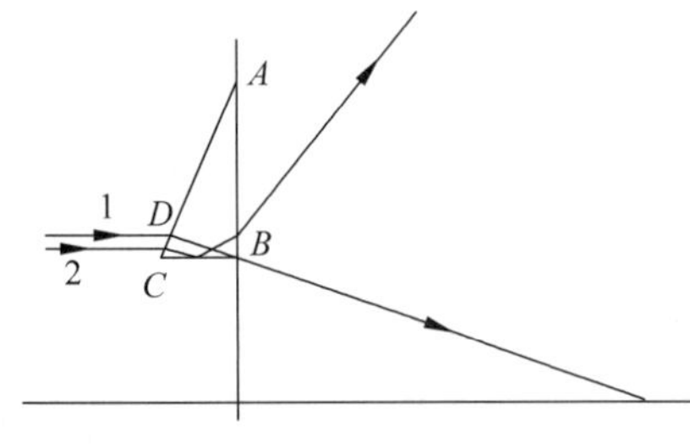

图 4.18 环带位于迎光面时的光路图

从界面反射损失的角度来讲：第一种放置方式，两次折射时的入射角都为锐角；第二种放置方式两次折射时的入射角分别为零和锐角。利用菲涅耳公式理论推算可得，第二种放置方式的反射损失较小。

因此，比较而言，菲涅耳环带位于背光面时光学效率要高。该设计过程同样适用于其他口径菲涅耳透镜的设计。

4.8 光机一体化设计示例：某型红外成像光学系统工程设计

针对某型红外成像光学系统（镜头）的使命任务、技术要求，分析其设计特点、提出相应的设计思路，从光机一体化角度进行相应的工程设计。

4.8.1 使命任务

根据其特定使用要求和环境条件，为某型设备红外光学通道提供镜头，该镜头能将目标与背景的红外光能会聚、成像到红外探测器的灵敏面上，实现对目标的探测与监视。

4.8.2 设计特点

本任务来源于《红外光学系统（XXX 型）设计任务书》，主要特点是：①保持之前（XXX-1 型）红外镜头特性参数不变；②保持之前（XXX-1 型）红外镜头的机械、电气接口不变；③保持之前（XXX-1 型）红外镜头像质不降低。

4.8.3 设计思路

实际上这是一个红外成像系统，包含红外光学系统、红外探测器与信号处理（狭义的，仅用于成像的信号处理）（有时后两部分称为红外传感器，有时整个称为红外传感器，注意辨析）。

在细化技术规格（即功能、技术指标、物理特性、环境条件、机械和电气接口等）的基础上，首先进行光学系统和结构两部分设计：①红外光学设计，包括外形尺寸计算、初始结构计算、像差校正和平衡以及像质评价，确定光学系统的性能参数、外形尺寸和各光组的结构等；②遮光罩的设计，机械结构设计，包括主基座设计、电动镜头盖设计、调焦组设计、红外电源板、驱动板及热像仪的安排、保护玻璃组设计、干燥剂盒设计。

其次，进行系统设计，主要是作用距离指标的计算，以及其他指标的校核计算，确定透镜元件、传感器选型。值得注意的是：①实际设计中需要反复选择、权衡，这里仅给出了最后结果；②有的指标既是单元指标，也是系统指标。

再次，设计结果与分析。包括是否达到规定的功能和给定的技术指标要求；与其他类似系统比较。

最后，输出设计文件。

4.8.4　设计依据

设计依据包括：①《红外光学系统（XXX 型）设计任务书》；②《XXX 型红外镜头技术规格书》；③《XXX 型红外镜头可靠性保证大纲》；④《XXX 型红外镜头质量保证大纲》；⑤《XXX 型红外镜头标准化大纲》；⑥有关标准、规范。

4.8.5　主要功能与性能要求

主要功能与性能要求如下：

1. 主要功能

主要功能包括：①将目标与背景的红外光能会聚、成像到红外探测器的灵敏面上，实现对目标的探测与监视；②电动开、关镜头盖；③电动调焦，补偿温度变化引起的像面漂移。

2. 主要技术指标要求

主要技术指标要求如下：

(1) 焦距：$f'=880\text{mm}(\pm 5\%)$。

(2) 口径：$D=220\text{mm}(-1\%)$。

(3) F 数：$F/4$。

(4) 视场：对角线视场为 0.78°（±5%），水平 0.61°（±5%），垂直视场为 0.49°（±5%）。

(5) 工作波段 3～5μm，中心波长 $\lambda=4\mu\text{m}$。

(6) 弥散圆直径：<70μm。

(7) 冷屏直径：Φ5mm（见图 4.21）。

(8) 探测器灵敏面尺寸：9.6mm×7.2mm。

(9) 探测器灵敏面至冷屏：20mm。

(10) 光学系统透过率 $\tau \geqslant 86\%$（不含保护窗）。

(11) 电控调焦，调焦范围：1000m～∞。

(12) 电动调焦的全程动作时间不小于 1min。

(13) 电动开、关镜头盖动作时间小于 8s，开启角度大于 180°。

3. 物理特性

物理特性如下：

(1) 外形尺寸不大于：1000mm×600mm×350mm（L×H×W）；总重量不大于 65kg。

(2) 红外光学系统的外形为流线型，外壳体为铝合金件，前面设置保护窗口和遮光罩，镜筒内壁要进行防杂光处理。

(3) 设置可电动开、关的镜头盖，可完全关闭光路，关闭动作时间8s。红外光学系统内部（光学部件和热像仪部件）整体密封充干燥的氮气，并设有充气孔（后部下方）、排气孔（前部下方）。

(4) 红外镜头表面颜色为军绿色·A04—10·Ⅰ·H（GB4054—83，色卡号GB3181），遮光罩内表面为黑色。

(5) 红外镜头外部安装螺钉一律采用不锈钢内六角螺钉，所有螺纹孔均应镶嵌不锈钢钢丝螺套。

(6) XXX型红外镜头中信号输出插头座为气密插头座，且隐藏在安装面的中间。

(7) 红外镜头的安装基面设置在底部（见图4.19），它通过L型法兰盘安装在指向器的左侧（面对镜头），要求红外镜头的光轴与安装平面的平行度≤20″。

(8) 安装红外电源板（另外提供），尺寸为166mm×228.6mm×60mm；安装调焦及开盖电路板，尺寸为140mm×100mm×40mm。调焦及开盖电路板的安装应便于修理。

(9) 使用的所有元器件均为军级品。

4. 环境条件

根据《红外光学系统（XXX型）设计任务书》，对红外光学系统的环境条件要求如下：①环境温度：－30～＋60℃，相对湿度≥95％±3％；②满足有关国军标GJB74A—98“军用地面雷达通用技术条件”和GJB4“舰用电子设备环境试验条件”的要求；③应能适应高湿热、多盐雾、多霉菌和抗台风、抗雷击的工作环境。

4.8.6 系统组成与接口

系统组成与接口是设计工作的重要内容，通过设计分析，可确定具体组成与机械接口形式。

1. 系统组成

该红外镜头是一个相对独立的系统，它主要包括光学系统和结构两部分（见图4.19）。光学系统由卡塞格林反射组、红外补偿组两部分组成。反射组起缩短光路、提供大口径、长焦距的作用；补偿组用于补偿像差及温度变化引起的像面变化。

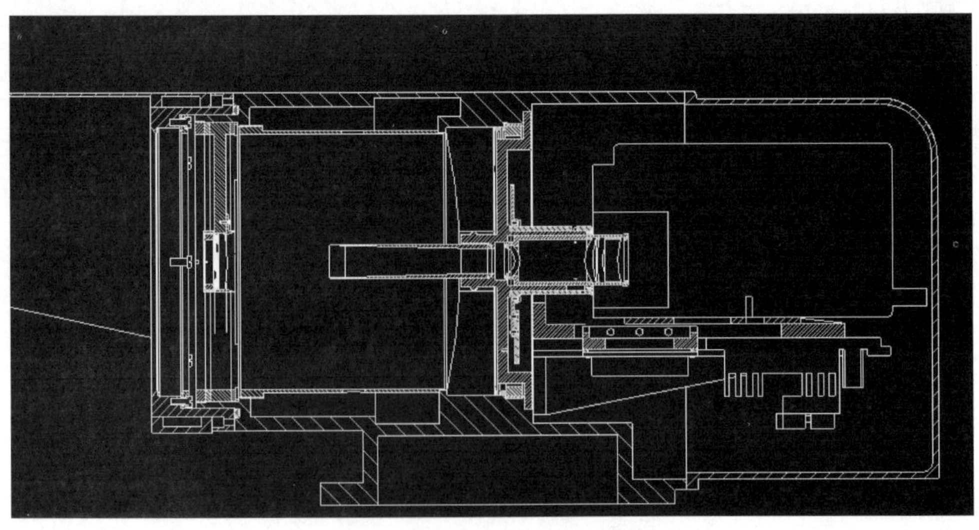

图4.19 XXX型红外镜头总图

结构主要由壳体、调焦机构、开盖机构和热像仪支承机构等组成。

2. 接口

该红外镜头安装于设备的红外通道上，机械接口尺寸和图 4.20 所示。

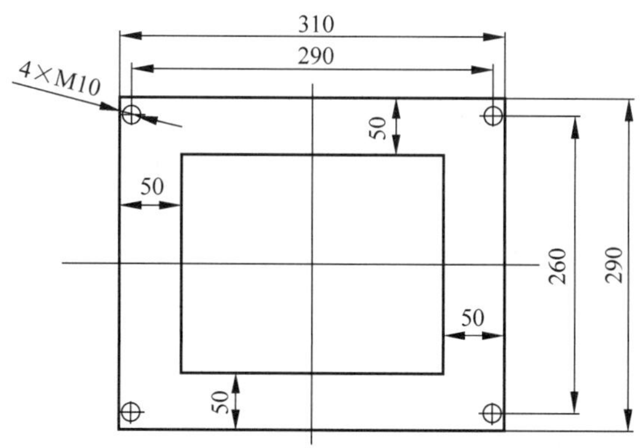

图 4.20　机械接口尺寸

红外镜头的接收器是红外探测器，其灵敏面尺寸为 9.6mm×7.2mm，冷屏直径为 Φ5mm（见图 4.21），电气接口见其他附件。

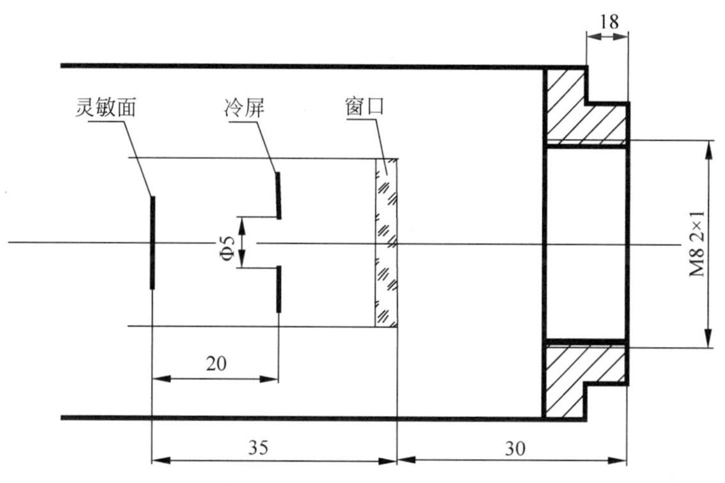

图 4.21　红外探测器接口图

4.8.7　工作原理

目标辐射出的光能通过卡式反射系统的主、次镜的反射后进入红外补偿组（见图 4.22），再由红外补偿组成像于热像仪的灵敏面上。这种设计可提供大口径、长焦距、小体积的光学镜头。由于红外光学材料受温度变化的影响较大，在温度变化导致像面发生变化时，调焦电机带动补偿组前后运动，以补偿其像面的变化。

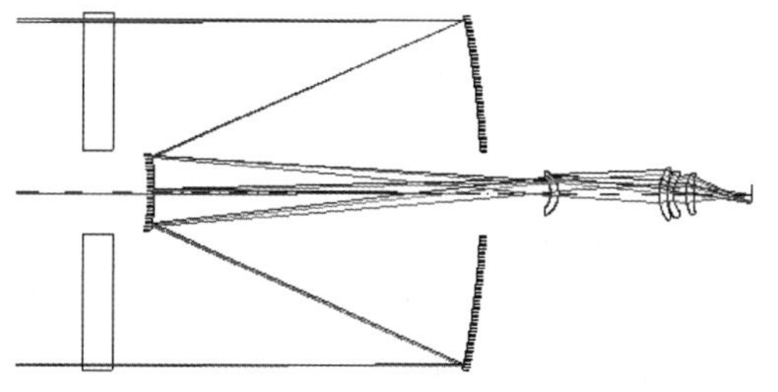

图 4.22　光学系统组成原理图

4.8.8 光学系统的设计

这里光学系统的设计主要包括光学系统初始结构的计算、光学系统优化设计、设计结果和公差分配等内容。

1. 光学系统初始结构的计算

由于探测器冷屏直径为Φ5mm，探测器灵敏面至冷屏距离为20mm，需要研究在充分利用冷屏直径的情况下，减少光学系统的口径和重量，并使系统像质得到优化。因此，在进行光学设计时，必须采用100%冷光栏效率的红外光学系统的设计技术。其次，由于红外材料受温度影响较大，为了保持像面的稳定，需要分析卡式红外镜头受温度变化的影响，并以此设计相应的调焦机构。另外，为了装调的方便，设计时采用分段消像差的设计方法。

1）卡塞格林系统和红外补偿组的焦距分配

根据结构尺寸要求，系统的后截距不能小于35mm。又由于红外光学系统受温度变化的影响较大，为了得到清晰的成像面，必须留出调焦的距离。

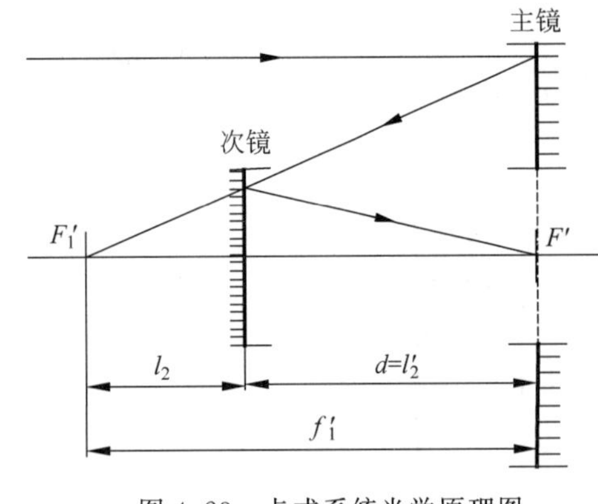

图 4.23 卡式系统光学原理图

2）卡塞格林系统主镜、次镜焦距分配

由于卡塞格林系统不仅有总焦距和系统总长度的限制，还有中心遮挡、杂光遮挡和轴外渐晕等一系列的特殊问题需要考虑，其主镜、次镜的曲率半径分配无法用解方程的方法直接确定，只能通过多次试算，逐步确定系统的各参数，如图 4.23 所示。

3）红外补偿组焦距分配

红外补偿组的设计原则是便于调焦。本系统要求的调焦范围为1000m～∞，根据采用的结构形式，可采用两种方式进行调焦：一种是通过同时移动红外组来实现调焦；另一种是只移动最后一个单透镜来实现调焦。

在设计过程中，对上述两种调焦方式都进行了分析计算，且对两者的像质进行了比较。考虑到红外组的体积不大，重量较轻(整组镜头重约 920g)，且采用整体移动红外组调焦方式的像质相对而言较好，最后确定了整体的调焦方式。

为了便于装调，卡塞格林系统和红外补偿组分别独立消像差。根据初步计算，红外补偿组的焦距为18.6mm，补偿组最后一面到焦面的距离为39mm。结构要求冷屏至像面距离为20mm，且像面尺寸为9.6mm×7.2mm。根据以上初始条件，利用光路可逆的原理对红外补偿组进行选型。

确定了卡塞格林系统主镜、次镜的曲率半径、两镜之间的间隔及补偿组的焦距后，利用 CODE V 软件对该系统进行优化设计。

2. 光学系统优化设计

这里主要包括优化变量的设置、优化约束条件的设置。

1）优化变量的设置

优化变量的设置包括：①透镜各面的曲率半径；②各透镜的厚度、透镜间的间隔；③玻璃材料。

2）优化约束条件的设置

优化约束条件的设置包括：①系统的像距、出瞳距、出瞳直径；②透镜的最大中心厚度及最小边缘厚度；③卡式反射组与红外调焦组之间的间隔；④卡式反射组的中心遮挡比；⑤系统的总长。

3. 设计结果

设计结果如图 4.24 和表 4.10 所示。

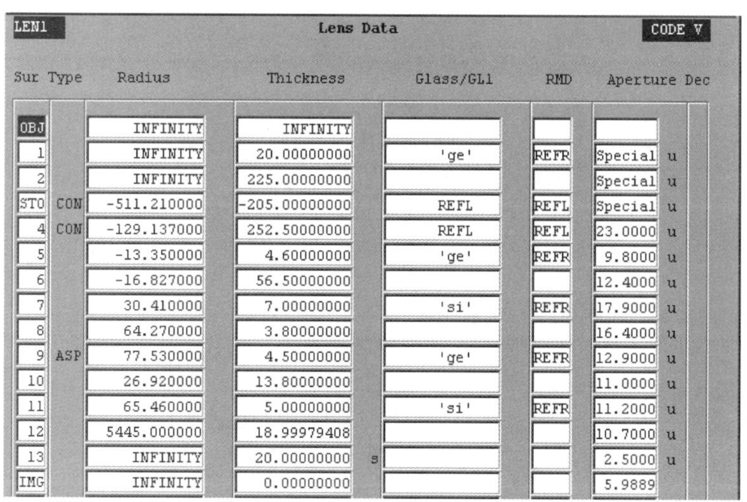

LEN1 Lens Data CODE V

Sur	Type	Radius	Thickness	Glass/GL1	RMD	Aperture	Dec
OBJ		INFINITY	INFINITY				
1		INFINITY	20.00000000	'ge'	REFR	Special u	
2		INFINITY	225.00000000			Special u	
STO	CON	-511.210000	-205.00000000	REFL	REFL	Special u	
4	CON	-129.137000	252.50000000	REFL	REFL	23.0000 u	
5		-13.350000	4.60000000	'ge'	REFR	9.8000 u	
6		-16.827000	56.50000000			12.4000 u	
7		30.410000	7.00000000	'si'	REFR	17.9000 u	
8		64.270000	3.80000000			16.4000 u	
9	ASP	77.530000	4.50000000	'ge'	REFR	12.9000 u	
10		26.920000	13.80000000			11.0000 u	
11		65.460000	5.00000000	'si'	REFR	11.2000 u	
12		5445.000000	18.99979408			10.7000 u	
13		INFINITY	20.00000000 s			2.5000 u	
IMG		INFINITY	0.00000000			5.9889	

图 4.24 光学结构设计详细参数

表 4.10 光学结构设计结果

组合焦距/mm	入瞳直径/mm	出瞳直径/mm	近轴像高/mm	近轴像距/mm
879.8	220	5	6	39

从对样机的口径、焦距等特性参数的检测结果看,光学系统设计合理,符合研制任务书的要求。

4. 公差分配

这里给出空间频率为 16lp/mm,在 0°和 90°方向的公差分配。

1) 16lp/mm、0°方向公差分配及结果

16lp/mm、0°方向公差分配及结果如表 4.11 所示。

表 4.11 公差分配及结果(16lp/mm、0°方向)

视 场	空间频率/($lp \cdot mm^{-1}$)	传函值(设计值)	传函值(加公差)
0	16	0.591	0.468
0.7	16	0.589	0.474
1.0	16	0.581	0.362

2) 16lp/mm、90°方向公差分配及结果

16lp/mm、90°方向公差分配及结果如表 4.12 所示。

表 4.12 公差分配及结果(16lp/mm、90°方向)

视 场	空间频率/($lp \cdot mm^{-1}$)	传函值(设计值)	传函值(加公差)
0	16	0.591	0.345
0.7	16	0.567	0.452
1.0	16	0.568	0.107

4.8.9 遮光罩的设计

该红外镜头的光学系统是由卡塞格林反射组和红外补偿组两部分组成。由于卡塞格林光学系

统特殊的结构形式，受杂光的影响比较严重，其杂光的形式主要有三种：①不经主镜、次镜由物空间直接射到像面的杂光，这是卡塞格林系统结构形式所特有的；②系统视场内的成像光束，不按正常成像光路，经镜面来回反射到像面形成的杂光；③系统视场以外的光线经镜筒壁漫反射到像面的杂光。若杂光遮挡不好，则可降低目标的对比度、降低系统的分辨率。若遮光罩设计合理，则可极大减少杂光对系统的影响。为了消除杂光的影响，这里分别对轴上、轴外光线进行追迹，按实际光线的轨迹用作图的方法设计内、外遮光罩（见图 4.25）。从样机的实景成像效果看，遮光罩设计合理，杂光抑制效果好。

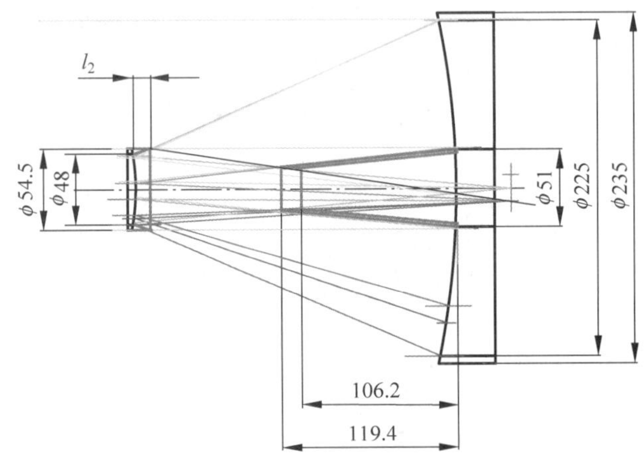

图 4.25　主、次镜遮光罩

4.8.10　主体机械结构设计

主体机械结构包括：主基座，电动镜头盖组，调焦组，红外电源板、驱动板及热像仪的安排，保护玻璃组，干燥剂盒。按照要求对 XXX 型红外镜头的结构进行了设计，两镜头的模型如图 4.26 和图 4.27 所示，其内部结构如图 4.19 所示，镜头的外形尺寸如表 4.13 所示。

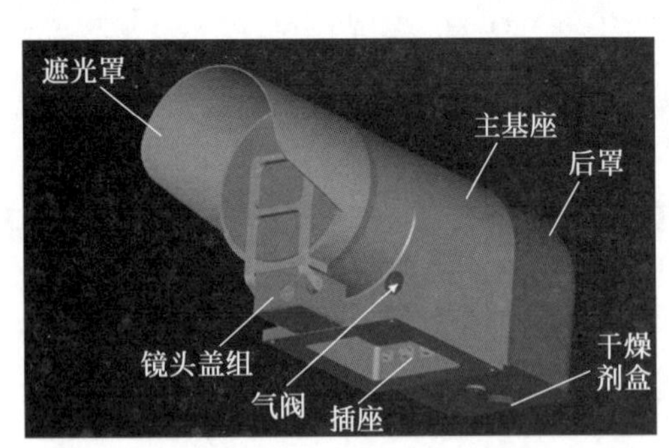

图 4.26　红外镜头模型一

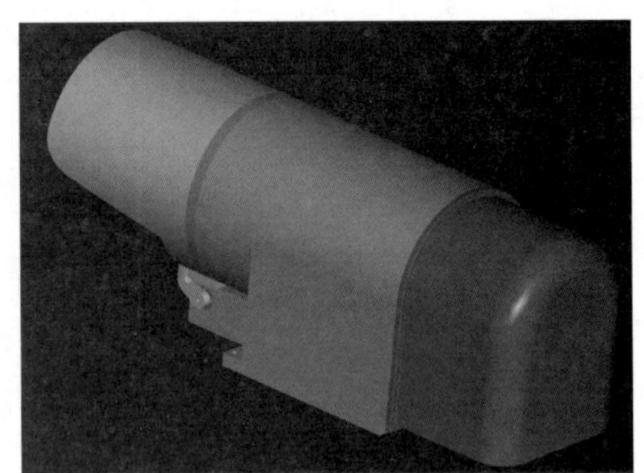

图 4.27　红外镜头模型二

表 4.13　镜头的外形尺寸

型　号	长/mm	宽/mm	高/mm	总重量/kg
XXX	930	290	355	52
XXX-1	947	290	386	53.5

1. 主基座

设计过程中，在保证系统的性能、功能、精度、可安装性、可维修性、可靠性和工艺性的基础上，通过反复分析和计算，使系统体积和重量尽量小，满足任务书要求，其模型如图 4.28 所示。

2. 电动镜头盖组

设计完成的镜头盖组在系统中的安装位置如图 4.28 所示。电动镜头盖组的内部结构模型如图 4.29 所示。

图 4.28 主基座模型图

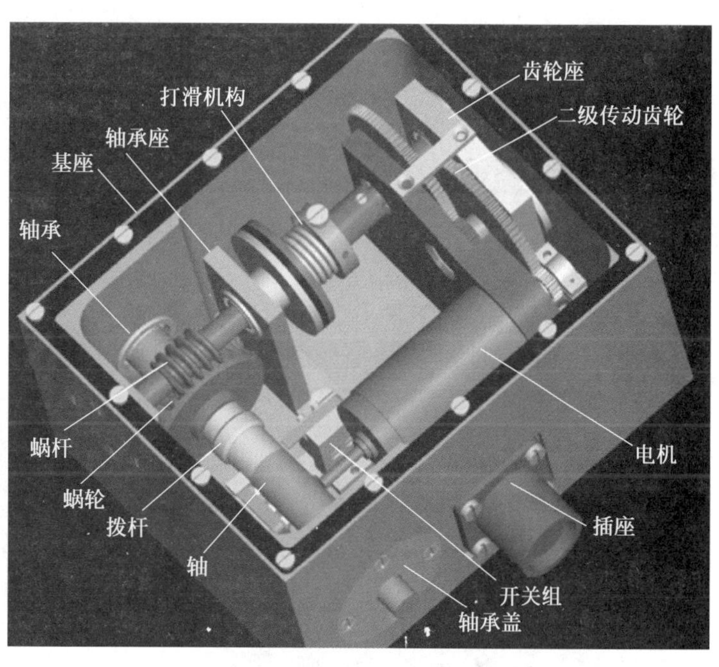

图 4.29 电动镜头盖组内部结构模型图

镜头盖组尺寸为 125mm×102mm×75mm。镜头盖组通过蜗轮、蜗杆实现自锁，通过打滑机构实现电机防过载。为了缩小体积，采用了二级传动齿轮机构，同时保证了部件的安装性。

3. 调焦组

调焦组结构组成如图 4.30 所示。

工作原理：图 4.30 中盖板与主基座连接固定，凸起部分均布三个轴向直槽，凸轮与大齿轮连接，调焦滑动筒通过螺钉连接在调焦镜组上。当调焦电机组驱动凸轮组(包括大齿轮与凸轮)时，由于调焦滑动筒受到盖板上直槽的限制，凸轮组的旋转运动转化为调焦滑动筒的轴向运动，从而带动调焦镜组做轴向移动，实现调焦功能。

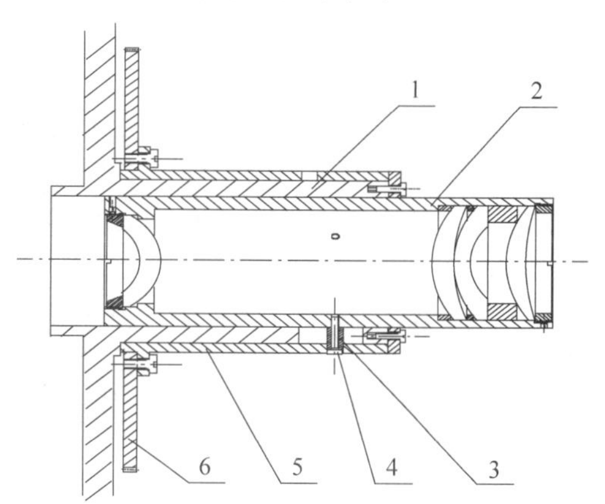

图 4.30 调焦组结构组成

1. 盖板；2. 调焦镜组；3. 调焦滑动筒；4. 螺钉；5. 凸轮；6. 大齿轮

凸轮结构形式如图 4.31 所示。

4. 红外电源板、驱动板及热像仪的安排

按照要求，需要对系统后部空间红外电源板、驱动板、热像仪、调焦电机组、支架的位置及结构形式进行安排，后部结构如图 4.32 所示。

图 4.31　凸轮结构形式

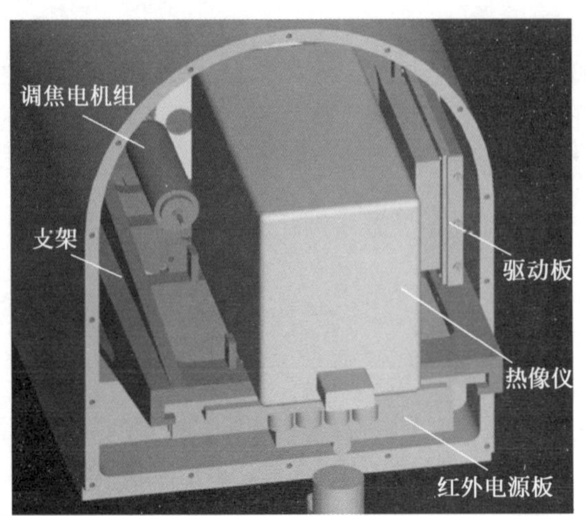

图 4.32　系统后部结构模型图

5. 保护玻璃组

系统保护玻璃组及前部模型分别如图 4.33 和图 4.34 所示。

图 4.33　保护玻璃组分解视图

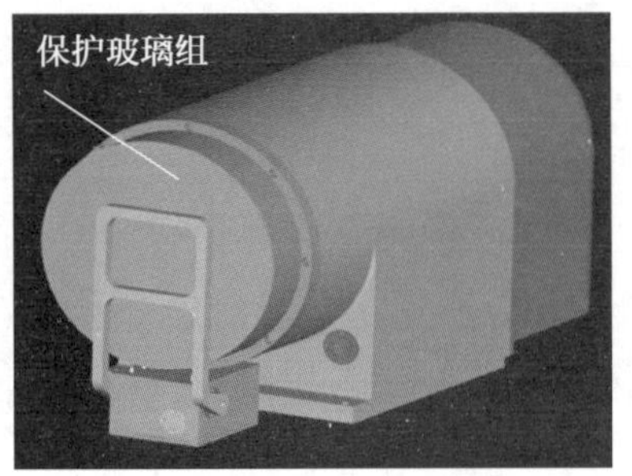

图 4.34　系统前部模型图

去掉保护玻璃组后模型图如图 4.35 所示。

6. 干燥剂盒

为保证系统内部干燥，需要增加干燥剂盒，设计的模型如图 4.36 和图 4.37 所示。

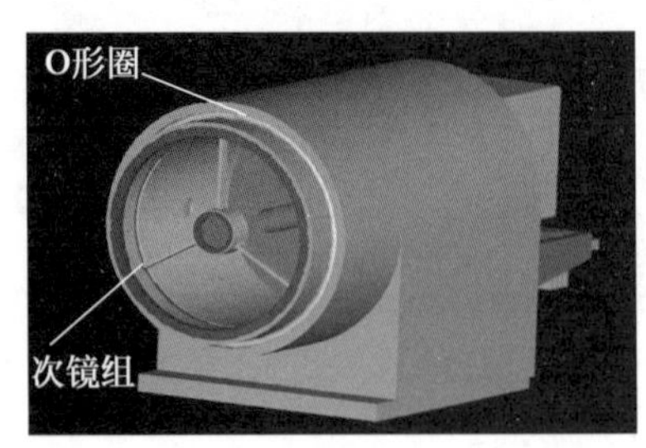

图 4.35　去掉保护玻璃组后模型图

图 4.36　干燥剂盒模型图

图 4.37　干燥剂盒分解视图

4.8.11　关重件特性分析

该红外镜头的设计过程中进行了关重件特性分析，详细内容见《XXX 型红外镜头关重件特性分析报告》。

4.8.12　可靠性与电磁兼容性设计

该红外镜头的可靠性设计严格遵循《XXX型红外镜头可靠性保证大纲》的规定，详细内容见《XXX型红外镜头可靠性设计与分析报告》。该红外镜头主体为光机结构，电气部分只有调焦和开盖电机，对电磁兼容性不作要求。

4.8.13　标准化执行情况

该红外镜头的设计严格遵循《XXX型红外镜头标准化大纲》的有关规定，具体设计结果见《XXX型红外镜头标准化设计报告》。

4.8.14　系统主要技术指标计算(系统设计计算)

系统主要的技术指标计算包括作用距离计算、容差计算、各透镜的焦距计算、视场角计算、入瞳直径(口径)计算、光学系统透过率计算和像质计算等。

1. 作用距离计算(总体设计计算)

任务书要求，在某环境条件下，当能见度为20km时，对XXX型飞机的发现距离不小于50km。红外系统作用距离的普遍方程为

$$R^2 \cdot e^{\alpha R} = \frac{\pi \cdot J_{\Delta\lambda}}{(\mathrm{NETD}) \cdot (\mathrm{SNR}) \cdot \omega \cdot X_{\mathrm{T}} \cdot \eta} \tag{4.15}$$

式中，R为红外系统的作用距离(km)；α为大气衰减系数(km^{-1})；ω为传感器的瞬时视场(sr)；SNR为信噪比，即峰值信号电压与均方根噪声电压之比；$J_{\Delta\lambda}$为工作波段内目标的红外辐射强度(W/sr)；X_{T}为微分辐射量($\mathrm{W \cdot m^{-2} \cdot K^{-2}}$)；NETD为噪声等效温差(K)；$\eta$为信号处理等因素引起的修正因子(经验系数)。

通过计算得$\alpha=0.1$；查文献知$X_{\mathrm{T}}=0.393$、$J_{3.7\sim4.8}=24$(对XXX型飞机)；取NETD=0.021(平均值)；SNR=6.5；$\eta=2$。探测器灵敏面像元尺寸为30μm，当$f'=880\mathrm{mm}$时，$\omega=1.1622\times10^{-6}\mathrm{sr}$。则当能见度取20km时，对XXX型飞机$R=53.5\mathrm{km}>50\mathrm{km}$。

从以上计算可知，当光学系统的组合焦距$f'=880\mathrm{mm}$时，红外系统作用距离满足任务书的要求。

2. 容差计算

对于容差的计算，只考虑红外光学系统的参数f'和F数的影响，而F数又是由探测器的类型决定的，因此，这里只需考虑f'的影响。当按国军标给定$f'=880\pm5\%$，取下限$f'=836$时，$\omega=1.287\,75\times10^{-9}\mathrm{sr}$。则当能见度20km时，对XXX型飞机$R=52.7\mathrm{km}>50\mathrm{km}$。

3. 各透镜的焦距计算

计算得各透镜的焦距值如表4.14所示。

表4.14　各透镜的焦距值

零件号	104-00-1G	104-00-2G	104-00-3G	104-00-4G	104-00-5G	104-00-6G	104-00-7G
焦距/mm	∞	255.605	64.57	−3693.35	20.77	−14.61	27.31

4. 视场角计算

根据任务书要求：对角线视场为0.78°(±5%)，水平0.61°(±5%)，垂直视场为0.49°(±5%)。通过计算可知，当探测器灵敏面尺寸为9.6mm×7.2mm时，满足要求。

5. 入瞳直径(口径)计算

根据任务书要求，当光学系统的组合焦距 $f'=880\text{mm}$ 时，$D=220\text{mm}$；当光学系统的组合焦距 $f'=900\text{mm}$ 时，$D=225\text{mm}$。从上述的计算可以看出，光学系统的组合焦距和视场是相互矛盾的，要保证视场，必须缩短焦距。而当焦距和 F 数一定时，口径也就确定了。

6. 光学系统透过率计算(不含保护窗)

该光学系统有2个反射面，8个透射面(4个透镜)。反射面，反射率 $R'\geqslant 97.5\%$；透射面，锗透过率 $T_{Ge}\geqslant 98.5\%$，硅透过率 $T_{Si}\geqslant 98\%$(热像仪工作波段 $\Delta\lambda=3.7\sim4.8\mu\text{m}$ 内的平均值)；透镜材料的吸收损失按透镜实际厚度计算，吸收率≤1.5%。计算光学系统透过率为86.4%。因此样机光学系统透过率>86%(实测各光学零件样片的透过率、反射率的计算值)，满足任务书的要求。

7. 光学系统像质计算

这里光学系统像质选取弥散斑直径和传递函数值。

1）弥散斑直径的计算(RMS)

弥散斑直径的计算结果如图4.38所示。

WAVELENGTH	WEIGHT	POINTS TRACED	POINTS ATTEMPTED
5000.0	1	36	50
4000.0	2	68	94
3000.0	1	36	50

```
Field 1, ( 0.00, 0.00) degrees. Focus 0.00000
Displacement of centroid from chief ray              RMS spot diameter
X: 0.00000E+00     Y: 0.52125E-21                    0.10319E-02 MM

Field 2, ( 0.00, 0.28) degrees. Focus 0.00000
Displacement of centroid from chief ray              RMS spot diameter
X: 0.00000E+00     Y: -0.18526E-02                   0.48547E-02 MM

Field 3, ( 0.00, 0.39) degrees. Focus 0.00000
Displacement of centroid from chief ray              RMS spot diameter
X: 0.00000E+00     Y: 0.39646E-04                    0.84751E-02 MM

The scale factor has been set such that one inch represents 0.05000 MM
```

图4.38 弥散斑直径计算

由以上计算可知，该镜头弥散斑直径的设计值(几何光斑)满足任务书的要求。

2）传递函数值的计算

传递函数值如图4.39所示。

8. 动作时间计算

通过计算负载力矩，以确定镜盖组的开盖时间和调焦组的调焦时间。

1）负载力矩计算

负载力矩由调焦组负载力矩和开盖组负载力矩组成。

(1) 调焦组负载力矩估算。假定大齿轮负载为0.3N·m，传动比 $i=6.5$，如图4.40所示。负载力矩 $T_{\Sigma}\approx 60\text{mN}\cdot\text{m}$。

(2) 开盖组负载力矩估算。按照有关计算方法，可估算得开盖组总负载力矩约为0.3N·m。

2）镜盖组开盖时间计算

要求8s内转动180°。设计结果：蜗轮蜗杆传动比 $i_1=31$；二级齿轮传动比 $i_2=20$；电机型号RE25Φ25，货号118746，其最大连续转矩为29mN·m，空载转速为5200r/min。

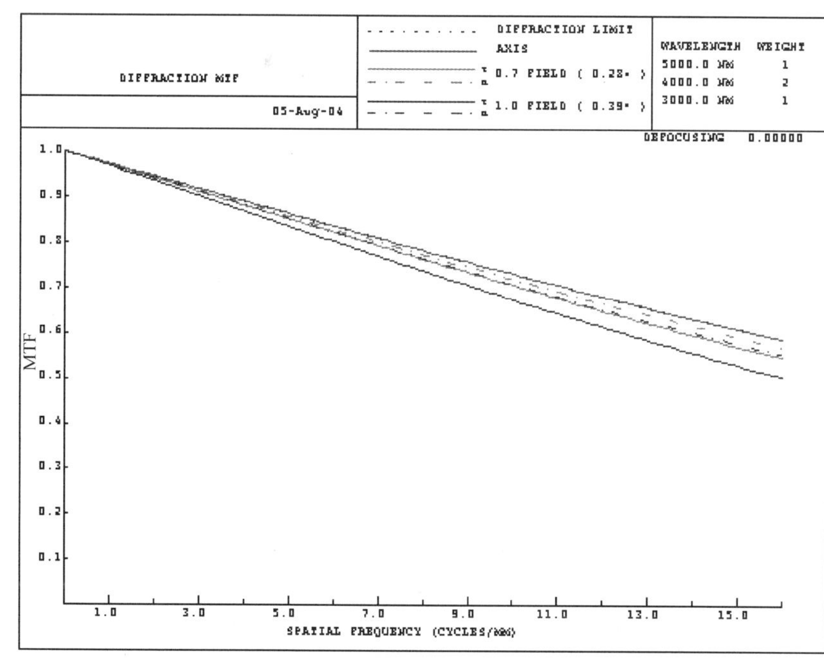

图 4.39　传递函数曲线图

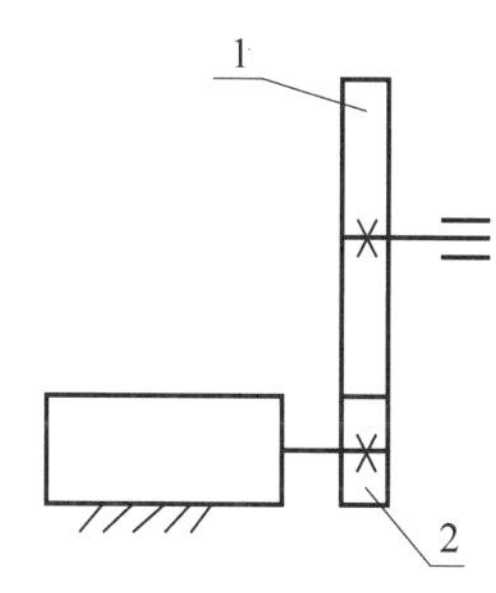

图 4.40　齿轮传动示意图

开盖时间计算：电机转速，5200×2π/60；转换到蜗轮的转速，5200×2π/60/20/31；转轴转 180°所需时间，π/(5200×2π/60/20/31)=3.6s。

3）调焦组调焦时间计算

选用电机型号 RE25Φ25，货号 118746，其最大连续转矩为 29mN·m，空载转速为 5200r/min。选用减速比为 3052∶1 的减速箱，型号 GP32AΦ32，货号 114510，其最大传动效率为 50%；调焦时拨杆旋转角度 108°；大小齿轮传动比 $i=6.5$；电机轴输出转速，5200×2π/60/3052/6.5；调焦时间，108/180×π/(5200×2π/60/3052/6.5)=68.7s。

4.8.15　设计结果与分析

该红外镜头设计的主要功能符合要求，其主要技术指标就是光学系统（光、机、电、控制）的技术指标。根据设计计算结果，可以达到的主要技术指标如下：

(1) 焦距：$f'=879.8$mm。

(2) 口径：$D=220$mm。

(3) 视场：对角线视场 0.78°，水平视场 0.62°，垂直视场 0.46°。

(4) 像距：39mm。

(5) 像面到出瞳的距离：20mm。

(6) 相对孔径：1∶4。

(7) 出瞳直径：Φ5mm。

(8) 光学系统透过率：$\tau\geqslant 86\%$(不含保护玻璃)。

(9) 中心遮挡比：0.24。

(10) 弥散圆直径：$<70\mu$m。

(11) 电动调焦的全程动作时间不小于 1min。

(12) 电动开、关镜头盖动作时间小于 8s，开启角度大于 180°。

与以往 XXX-1 型、XXX-2 型红外镜头主要技术指标及像质比较，具体如表 4.15 和表 4.16 所示。

表 4.15　XXX 型与 XXX-1 型、XXX-2 型红外镜头主要技术指标比较

技术指标	XXX-1 型	XXX-2 型	XXX 型(本设计)
焦距/mm	900	900(实测 879)	880
口径/mm	225	225(对应实测焦距的口径为 220)	220
视场/(°)	对角线视场 0.76，水平视场 0.61，垂直视场 0.45。(无实测值)	对角线视场 0.78，水平视场 0.62，垂直视场 0.46。(实测计算)	对角线视场 0.78，水平视场 0.62，垂直视场 0.46
F 数	F/4	F/4	F/4
探测器灵敏面尺寸/(mm×mm)	9.6mm×7.2mm	9.6mm×7.2mm	9.6mm×7.2mm
探测器冷屏直径/mm	Φ5	Φ5	Φ5
工作波段/μm	3～5	3～5	3～5

表 4.16　XXX 型与 XXX-1 型、XXX-2 型像质比较

型号		XXX-1 型	XXX-2 型	XXX 型
弥散斑直径/μm		90	—	60
传递函数/(16lp/mm)	子午方向	12.2	—	18.5
	弧矢方向	3.8	—	19
实景观测		—	看不到气球，气球下热源目标像呈椭圆形	能看到气球，气球下热源目标像呈圆形

4.8.16　设计输出文件

主要设计输出文件如下：①《XXX 型红外镜头设计全套图样》；②《XXX 型红外镜头设计计算书》；③《XXX 型红外镜头设计报告》；④《XXX 型红外镜头可靠性设计与分析报告》；⑤《XXX 型红外镜头标准化工作总结报告》；⑥《XXX 型红外镜头关重件特性分析报告》；⑦《XXX 型红外镜头制造与验收技术条件》；⑧《XXX 型红外镜头验收大纲》。

第5章

CHAPTER 5

红外凝视成像系统及其工程技术设计

红外成像系统靠探测目标与景物之间的辐射温差来产生景物的图像，它不需要借助红外光源和夜天光，是全被动式的，不易被对方发现和干扰。随着计算机技术的发展，很多红外成像系统都带有完整的软件系统，可实现图像处理和图像运算等功能，以改善图像质量。红外成像系统产生的信号可以转换为全电视信号，实现与电视兼容，使其具有与电视系统一样的优越性，如可以多人同时观察、录像等。而且它还能透过伪装，探测出隐蔽的热目标。由于红外成像系统本身的特点，使它在战略预警、战术报警、侦察、观瞄、导航、制导、遥感、气象、医学、搜救、森林防火、冶金和科学研究等军事和民用的许多领域中都得到了广泛的应用。

在红外成像系统中，多采用红外焦平面(探测器)阵列，它相对于单元探测器和线列探测器具有体积小、功耗低、探测器面宽、可同时监视多个目标等优点。由于(红外)焦平面阵列(Focal Plane Array，FPA)由排成矩阵形的许多微小探测单元组成，在一次成像时间内即可对一定的区域成像，真正实现了即时成像，采用红外焦平面阵列(Infrared Focal Plane Array，IRFPA)的无光机扫描机构的系统又叫红外凝视成像系统。

本章在综述红外热成像技术特点和红外凝视成像技术发展的基础上，介绍红外凝视成像系统的各主要组成部分及其工作原理。对比扫描型红外成像系统，说明红外凝视成像系统组成和工作原理、性能评价常用指标和具有的主要优点。分析 IRFPA 非均匀性产生的原因及其校正技术。研讨红外凝视系统中的微扫描技术。选例介绍热像仪产品概况和技术性能。并举例进行红外传感器工程设计与分析，包括工作波段的选取分析、光学系统无热化设计方法、总体对红外传感器提出的功能及性能指标要求、红外传感器工作原理与组成、红外探测器件及物镜光学参数选取。

5.1 热成像技术特点

红外成像技术，顾名思义，是利用红外辐射成像的技术，主要包括近红外(短波红外)成像技术、中波红外成像技术、长波红外成像技术，是世界先进国家都在竞相研究和发展的高新技术。红外热成像技术主要指利用中波红外和/或长波红外成像的技术。红外成像具有很强的抗干扰能力，它可以穿透薄雾、黑夜和伪装等，并具有一定的目标识别能力，而且可以提供 24h 全天候的服务。红外成像探测器可探测到具有 0.01℃温差甚至更低温差的目标，它在军用和民用领域都占有相当重要的位置。由于红外线对极大部分的固体及液体物质的穿透能力极差，因此红外热成像检测是以测量物体表面的红外辐射能量为主。

人眼所能觉察的电磁辐射波段很窄。人们周围物体在可见光波段的反射、透射和散射，使人们得以看见周围的物体。在可见光波段内，温度 $T>900\text{K}$ 的物体发射出易于被人们发觉的能量。

热成像技术肩负的任务，是把环境温度下物体的本征辐射变成可以看得见的图像。为此必须解决能量摄录仪器问题，要使这种仪器能够摄录红外波段的热辐射，能够进行非接触探测并将景物的空间能量结构显示出来。只有采用电子方法才有可能，因为信息存储介质只有通过周围的辐射才能够像照相胶片那样被曝光。

在电磁光谱图 5.1 中，特意放大了热成像技术涉及的波段。可见光波段中的不同波长被人的眼睛感觉为紫色、蓝色、绿色、黄色、橙色和红色。人眼的最大灵敏度是对于 0.55μm 波长的辐射，感觉为绿色。低于 0.38μm 波长的辐射是富能的紫外波段的开始，人的眼睛看不见紫外光。高于 0.76μm 波长的辐射划归红外波段，这种划分反映了各种不同的应用和技术解决办法的界线。还有资料认为，在红外波段中，3μm 波长以下为近红外，其中通常将 0.9～1.7μm 定义为短波红外，有时扩展至 0.7～2.5μm；3～7μm 波段为中红外；7～14μm 波段为长波红外；14μm 以上波段为远红外，对于热成像技术仅具有从属的意义。相对而言，中红外和长波红外被称作热红外区（热成像），短波红外往往不归属为热成像。由此可见，对这些波段的划分，在不同场合并不完全统一，具有一定的相对性。

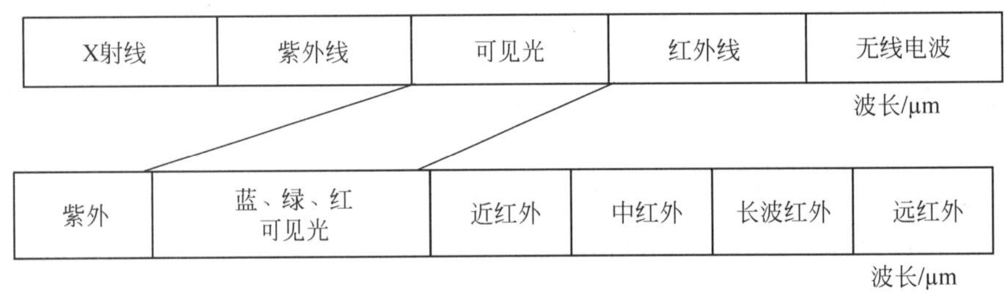

图 5.1　热成像技术涉及的电磁波段分布

应该指出的是，短波红外范围敏感是由于 InGaAs 传感器的发展才成为现实的。短波红外相对于其他波长探测而言，既具有类似可见光反射式成像可分辨细节的能力和相对明显的穿云透雾的能力，又具有不可见光探测能力，具有鲜明的不可替代的成像优势，可广泛应用于众多领域。此外，短波红外成像与人眼所看到的非常类似，在其图像上也有阴影和反差，这增强了识别能力，减少了潜在的误判，而且能够透过玻璃进行成像，以及短波红外在白天可避免可见光强光干扰，在夜晚又可以具有高灵敏探测能力，适用性广泛，可用于全天候监控。

如果将短波红外与长波红外融合，将以最大化进行目标检测和识别。短波红外与中长波红外相比较，有一项重要的差异是，它利用反射光成像，而不是热成像。短波红外这个名字，往往会把人带进误区，让人觉得跟中长波红外类似，反应的是物体温度的差异性。当中长波探测器难以看到海上目标的重要细节特征时，短波红外可以对此提供辅助。在视觉增强以及恶劣天气低能见度条件下，短波红外是热像仪的有益补充。热像仪能很好地检测出冷背景下温暖的目标，然而短波红外能很好地识别出该目标是什么，例如船舶、车辆、人员。由于处在热交叉点上，海岸与海水的细节在热成像中都丢失了，短波红外能对反射光成像而不是依赖温度差，海岸线图像清晰可辨，同时由于短波红外的透雾能力，相比可见光成像能捕获更多细节。因此，短波红外具有高灵敏度、高分辨率、能在夜空辉光下观测、昼夜成像、隐蔽照明、能看到隐蔽的激光信标、无须低温致冷、可采用常规的低成本可见光透镜、尺寸小、功率低等特点。

热成像系统的示意图如图 5.2 所示。

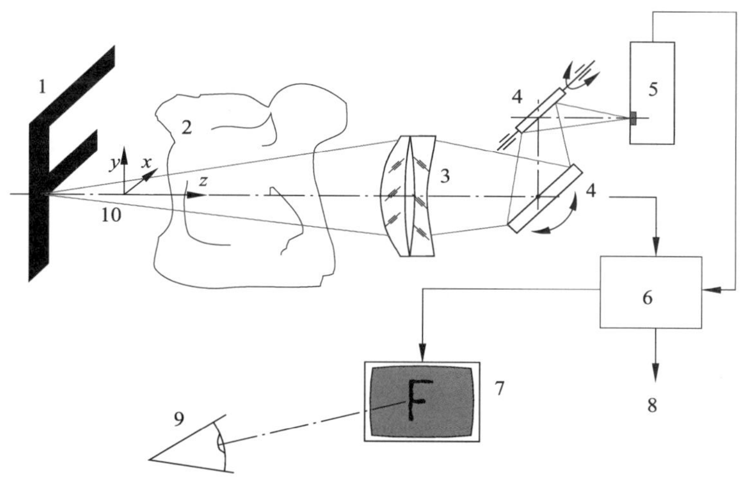

图 5.2 热成像系统的示意图

1. 与背景有关的物体；2. 大气；3. 红外会聚透镜；4. 光机扫描系统；
5. 红外探测器；6. 信号处理；7. 显示器；8. 功能启动；9. 观察者；10. 坐标系

对于热成像系统工作方式的说明，需从景物的辐射定律说起，连同待识别、待测量的物体和背景考虑。从目标和背景发射出来的辐射穿过大气后被红外光学系统聚焦到红外探测器上。由于温谱成像不是采用照相胶片而是采用适合的红外探测敏感材料，因而景物图像被分解成为一个个的像素而被瞬时依次扫描并按信号顺序编码。

信号处理的主要作用是重现景物，进行信号处理多数是要在监视器上显示，也可以采取电子方式存储并处理。功能启动在监控系统中得到实施。热像传感系统的终端是观察者，其作用是解释所获得的信息并适当地做出反应。

图 5.2 说明了从物体的本征辐射到图像显示，不需要外加光源。由于任何物体都放射本征辐射，所以这门技术可用于制造被动式夜视仪器，利用物体的本征辐射，在不需要光源的情况下能够看见物体。在过去的 40 多年中，这些优点在军事上带来的很大利益促进了热成像技术的迅速发展，在有薄雾的天气下使用红外手段，观察距离得到扩大。

在民用方面，例如温度场和辐射分布情况的显示，受益于红外探测器的发展。现在，热成像仪作为新增加的诊断设备，已在工业建筑和医学等方面占领了稳定的应用地位。

在任何一台摄录一体摄像机内，都实现了按时序分解景物。景物被一个物镜成像在 CCD 阵列元件上，在 CCD 阵列的每个像元上聚集的电荷按视频周期依次读出。令人满意的最初温谱成像结果，就是运用这样一种方式，通过最初研发的红外探测器阵列来实现的，其造价当然昂贵。第一批高分辨率热成像系统的工作是采用一个致冷的红外单一敏感元探测器加上一个光机扫描系统来实现的，该扫描系统向红外探测器传递目标景像，其原理示于图 5.2。

表 5.1 概括了采用红外探测器与扫描系统进行组合的重要应用领域。采用单一敏感元探测器和凝视线列探测器，在研发这两种探测器的过程中，人们获得了一系列技术结合的好处，确定了多种不同的仪器概念，这些仪器概念的变化取决于价格和应用目的的不同。这类仪器的特点是所有像素具有高度的均匀性。因为受单位时间内被扫描像素数量的限制，所以系统中的振镜必须产生振动式运动。

在监控任务中，采用凝视线列探测器有利于选用省钱的技术解决方案，为此，在红外摄像机与景物之间的相对运动由程序规定并与录像能力相配合。

高速多面转镜装有不同倾斜度的反射镜面，转镜以匀速转动，高速多面转镜对景物进行全面扫描，转镜的转动达到沿线列探测器的扫描，即以倾斜度不同的反射镜扫描成像。与此有关的红外探测器阵列的像元数与转镜相适应：反射镜的面数与红外探测器阵列的行数之积等于红外图像的行数，红外图像一行的像素数为探测器阵列每行像元数的整数倍。转镜扫描系统也称作微扫描系统，红外探测器与微扫描系统相结合，可以把噪声带宽缩小到最低程度。

表 5.1 热成像技术扫描机理

探测器结构	光机扫描系统	典型应用	产品举例
单一敏感元探测器	振镜和转镜	具有较高分辨率的测量用摄像机	AGEMA900LW FSI IQ812 Inframetrics760
凝视线列探测器	无	生产线监控，空中侦察	ZKS128
焦平面线列探测器	采用转镜：转镜表面反射镜的倾斜度各不相同	具有中等空间分辨率的测量用摄像机	Avio TV2100 FSI IQ3225
FPA 探测器	采用转镜：转镜表面反射镜的倾斜度各不相同	观察距离较远的观察仪器	Orphelios-Modul
热释电 Vidikon	无	具有较低热分辨率的观察仪器	EEV 热像仪
红外凝视阵列	无	具有较高热分辨率的观察仪器	Amber Sentinel Mitsubishi IR M500 Inframetrics Thermal-CAM

热释电 Vidikon 是最老式的红外析像器件：经典的热释电原理乃是采用电子束对所摄的景物进行扫描，通过红外专用探测器材料来敏感景物图像。热释电成像的缺点是热分辨率和空间分辨率均不高。

红外凝视阵列的应用使得在没有机械运动部件的情况下也能成像。在制造过程中必须考虑探测器像元的整齐均匀性、快速读出和校准。常规的半导体技术并不适于探测器件制造。唯有半导体材料锗(Ge)、硅(Si)和砷化镓(GaAs)等少数几种能够透射热红外辐射，所以将其用作红外透镜的材料。

5.2 红外凝视成像技术的发展

人类认识五彩缤纷、千姿百态自然世界的一个主要途径就是通过眼睛的观察，然而从人类诞生到 19 世纪初，人类都是通过外界的光照或者物体本身发光认识自然万物，用现代科学的话说，人类通过人眼感知自然万物发射或者反射 400～760nm 间的电磁波来认识自然万物的。

1800 年，William Herschel 为了寻找观察太阳时保护眼睛的方法，在研究太阳光谱各部分的热效应时，发现了后来被称为红外线的电磁波，揭示了人眼看不见的热辐射。他让太阳光穿过一个分光棱镜，用温度计证明了远离于可见红色光波段的一种辐射，这种红外辐射遵循与可见光波段一样的物理学定律。从此以后，人类开拓了观察、认识自然界的崭新领域——红外技术。红外技术主要研究物体红外辐射的产生、传输、探测、识别及其广泛的应用。

1830 年，Nobili 发明了第一个热敏元件，1833 年他把这些热敏元件连接成串构成了第一个温差电池，能够把红外辐射转换成电信号。

1880 年，有人首次利用温度改变电阻的方法来探测红外辐射，通过把热敏电阻按桥式电路进行排列，做成了第一个热敏电阻式辐射热测量计。

在1870—1920年期间，随着技术的不断发展，人们具有了制造量子探测器的能力。量子探测器采用全新的工作原理，无须把辐射转换为温度变化，从而可以获得数量级更高的探测灵敏度和较短的反应时间，其灵敏范围截止在近红外波段。

20世纪20年代发展起来的蒸汽成像术曾经应用于早期的热像仪。早先由Herschel发明的采用有机物蒸汽法蒸制在一种膜片上、可随温度起反应的沉积物，在当时找到了应用。在这种膜片上涂上特殊黑漆，使膜片的热辐射吸收率提高到最大限度。膜片背面贴着一个特制的小盒子，通过小盒内适当的温度/压力调节，使蒸制在膜片上的沉积物性能得到最佳发挥。使景物成像在膜片上，当曝光时间为30s时，最高可达1K的温度分辨率。

在军事应用方面，1930年德国的Gudden、Görlich和Kutscher研制成功了硫化铅(PbS)量子探测器，其灵敏范围从1.5～3μm波段扩展到红外其他工作波段。在第二次世界大战中，采用锑化铟(InSb)量子探测器(灵敏范围3～5μm波段)。德国人的红外测向仪作用距离，对于行船为30km，对于坦克为7km，当时所需的红外光学零部件由卡尔·蔡司·耶那(Carl Zeiss Jena)提供，从1940年起，该厂通过熔炼法制造出可以透射长波红外的透镜材料KPS-5晶体。

军事上的应用推动了红外量子探测器的进一步发展，20世纪50年代中期，第一批装备用红外寻的头的自动寻向导弹投入使用。

热探测器继续保持军用优先的发展势头。1954年，出现了以温差电池为基础的红外摄像机(每帧曝光时间为20min)和以热敏电阻式辐射热测量计为基础的红外摄像机(每帧曝光时间为4min)。

1960年提出了把碲镉汞(MCT)(HgCdTe)半导体作为探测器材料，采用这种材料解决了在长波红外波段的曝光时间快且灵敏度高的问题。

1964年，瑞典AGA公司推出了660型温谱成像系统，该系统重量为40kg，采用致冷式锑化铟单一敏感元探测器配合光机扫描器，每帧曝光时间为1/16s。同一时期，首批前视红外(Forward Looking Infra-Red，FLIR)系统装备于战车上，这种前视红外系统采用锑化铟(InSb)和锗掺汞(Ge：Hg)探测器和光机扫描器，能够观察到距离很远的目标热特性辐射。

20世纪70年代中期，通过淀积敏感区可以延伸到长波红外的热释电探测器材料，成功地研制成Vidikon摄像管，这种Pyrikon热释电摄像管与望远技术相结合，构成了热分辨率为1K的实时成像仪器，望远技术叩开了热像仪设计的大门。

20世纪80年代，商业化温谱摄像仪从量子探测器发展中获得利益。随着对MCT技术的成熟，长波红外区域可以得到利用。1986年AGEMA公司做成采用Sprite探测器的870型温谱成像系统，其功能可与线列探测器的功能相比拟。

20世纪90年代初，许多制造商发觉了民用市场的潜力。采用液氮致冷的单一敏感元探测器制成的温谱成像系统达到了当时最好的分辨率，软件组件使温谱图信息的存储和处理变得容易，计算机技术的发展成果也被结合在其中。还将CCD原理应用于红外探测器，从而产生了三代不同特点的热像仪：第一代热像仪实现了实时成像，几何分辨率和图像均匀性达到可与普通电视图像相比的愿望，所有采用扫描系统的温度分辨率达到0.2K；第二代热像仪达到了接近于电视图像质量的水平，采用热基准来校正图像的不均匀性，其热分辨率低于0.1K；而第三代热像仪的工作采用大探测器阵列，不采用(或者只采用很小的)光机扫描运动部件(称作微型扫描器)，达到电视图像质量的温度分辨率，低于0.05K。

近年来，MCT的FPA技术取得的成就更加突出。通过改变组分调控禁带宽度，截止波长0.8～16.5μm的MCT FPA可以达到极低的暗电流，这是探测极远、极小信号的重要条件，可以做到2K×2K

以上的阵列规模，甚至通过拼接最大可以达到1.47亿像元，每个像元的尺寸可以做到10μm甚至更小，以实现极高的分辨率，可以实现短波、中波、长波之间各种双波段甚至三波段组合FPA。

红外热成像技术和红外技术一样，其主要应用在军事方面，红外成像（热成像）作为红外技术的一个新领域，出现于20世纪20年代末，最早的热成像系统就是Circa-1930温度记录仪，这是一台颇不敏感的非扫描式装置，是采用薄膜浸积在超饱和的油化气中制作而成，其对比度、灵敏度和响应时间存在固有的限制，因而不能满足大多数热成像的要求。原始扫描热像仪以前称自动温度记录仪，它以照相胶卷记录图像，是单个探测器单元和慢帧扫描器，不是实时记录装置。1934年在德国，第一只主动红外变相管问世。它利用光子-电子转换原理，使银氧铯光阴极接受红外辐射，由光子转变为电子，再通过荧光屏使电子转换为光子，得到人眼能察觉的图像。它在第二次世界大战和朝鲜战争的夜战中得到了应用。随后十年间，经改进的这种成像仪用作夜视镜及夜间瞄准具装备应用于美国部队。

20世纪40年代，热成像的研究出现了两种不同的方向：一种是发展具有分立探测器的光机扫描系统；另一种是发展诸如红外光导摄像管一类的非光机扫描成像器件。20世纪50年代期间，随着快速时间响应探测器件（如InSb）的出现，实时快帧速热像仪应运而生，相继问世了几种实时的光机扫描热像仪。60年代以后是热成像技术飞速发展的时期。在20世纪60年代初期，机械红外前视系统的概念由美国空军和德州仪器公司及海军和休斯飞机公司分别制定的发展计划而受到重视。经德州仪器公司近一年的探索，在1965年开发研制了一代用于军事领域的红外成像装置，称为FLIR系统。在1960—1974年期间，至少研制了60多种不同的FLIR，产品有几百件，其地面和空中用的FLIR功能相类似，而且在很多情况下都是相同的。所以FLIR这个术语现在已经完全代表任何一种实时热像仪。比军用稍后，到20世纪60年代红外热成像技术也开始用于工业领域。世界上各个国家几乎都是从电力工业部门的应用扩展到其他应用领域的。第一套工业用红外热成像仪用于电力工业，是1964年由瑞典AGA公司和瑞典国家电力局联合研制成功的。他们采用热像探测所有的变电站，每年一次，为了避免停电，还对主要目标进行连续监测。

实质上红外热成像技术是一种波长转换技术，即把红外辐射图像转换为可视图像的技术。它利用景物自身各部分辐射的差异获得图像的细节，通常采用3～5μm和8～14μm两个波段，这是由大气透红外性质和目标自身辐射所决定的。热成像技术既克服了主动红外夜视需要依靠人工热辐射，并由此产生容易自我暴露的缺点，又克服了被动微光夜视完全依赖于环境自然光和无光不能成像的缺点。红外热成像仪具有一定透过烟雾、尘、雾、雪以及识别伪装的能力，不受战场上强光、眩光干扰而致盲，可以进行远距离、全天候观察。这些特点使它特别适合于军事应用。正因为如此，一些技术发达的国家，特别是美、英、法、俄等国竞相研究热成像技术，以巨大的人力、物力进行开发，发展十分迅速。

红外成像技术的发展过程是与红外探测器的发展密切相关的，可以说红外探测器是热成像技术的核心，探测器的技术水平决定了热成像的技术水平。在红外成像技术发展的早期，由于当时使用的红外探测器响应时间较长，热电器件的灵敏度低、响应慢，因此不可能出现实时显示的红外热成像仪。20世纪60年代以后出现了多种工作在3～5μm和8～14μm波段的红外探测器，其性能也能满足红外成像技术的基本要求，因此红外成像技术开始得到了飞速发展。

红外热成像技术可分为致冷式和非致冷式两种类型，前者又有第一代、第二代、第三代之分，后者使用非致冷阵列热电探测器，被称为第四代。进入21世纪以来，随着非致冷焦平面阵列的性能显著提高，非致冷红外成像技术逐渐成熟，在航空航天工程和某些中、高端项目中也开始应用，并在许多应用领域有逐渐取代致冷红外成像技术和微光技术的趋势。值得一提的是，氧化钒（VOx）和非晶硅（a-Si）是红外热成像探测器的主要热敏材料，但是目前氧化钒探测器厂商多于非晶硅探测器厂商。这两种技术路线各有特点：氧化钒探测器的优势在于灵敏度高、噪声小，相对适用于静态观察场景；非晶硅探测器的优势在于工艺兼容性好、均匀性和稳定性高、响应快，相对适用于运动及测温场景。

第一代红外热成像系统主要由红外探测器(含致冷器)、光机扫描器、信号处理电路和视频显示器组成。图 5.3 所示为最简单的第一代红外热成像系统的工作原理图。

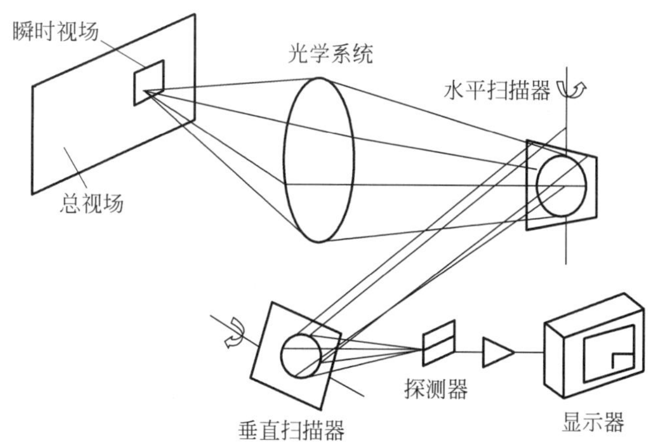

图 5.3 第一代红外热成像系统的工作原理图

第二代红外热成像系统采用位于光学系统焦平面、具有 $m \times n$ 元且带有信号处理的面阵探测器，即红外焦平面探测器阵列。它借助集成电路的方法将探测器装在同一块芯片上，并利用极少量引线把每个芯片上成千上万个探测器信号传输到信号处理器中。这种焦平面阵列的优点是，既能在焦平面上封装高密度探测器，又能在焦平面上进行信号处理。

红外焦平面探测器阵列是探测器制造技术和大规模集成电路结合的产物，有两种工作方式：一种是扫描式，其阵列规模多在 50×4～1000×32 元(也可有更大规模)，前一数字表示分辨通道的数目，后一数字决定时间延迟和积分的次数；另一种是凝视式，其列阵规模可在 32×32～1024×1024 元(现在甚至发展到更大规模)。列阵中元数越多，能获得视场景物的分辨率就越高。红外焦平面凝视式阵列(称为第三代红外热成像器件)日趋成熟。

自 1991 年海湾战争以后，红外夜视热成像技术更加受到关注和重视。许多国家为加强自身防御能力和提高夜战水准，不仅把热成像技术作为现代先进武器装备的重要技术纳入国防发展战略和计划，而且加大了红外热成像研制经费的投入，使得红外热成像技术不仅在军事上而且在民用上也得到了迅猛发展。

跨入 21 世纪，由前视红外热成像技术发展起来的红外热摄像技术已经历了四十余年，其应用不仅从当初的夜视目的扩展到军事领域的精确武器制导、星载和机载侦察监视、预警、隐蔽物体探测、红外搜索与跟踪等，而且扩展到了工业监测探测、执法、安全、医疗、遥感、设备前期性故障诊断与维护、海上救援、天文探测、驾驶员夜视增强仪等广阔的民用领域，而且还在向前所未有的领域进展，如微型机器人和微型飞行器等。尤其是非致冷 IRFPA 技术的飞速发展，使红外热成像系统实现了高密度、高性能、高可靠性及微型化，并得以向更为广泛的应用领域扩展。

我国红外技术的发展起步相比国外晚，特别是红外成像技术的核心部分红外探测器，更是由于探测器材料、工艺落后等原因，使我国的红外热成像系统的研发曾经长期落后于西方发达国家。如今，由于红外成像技术对于一个国家的国防和国民经济有着重要影响，我国也非常重视红外成像技术的发展，加大了对这方面的投入，形成了从核心器件到整机的相应产业，已取得明显成效。

5.3 红外凝视成像系统

红外凝视成像系统是指系统在所要求覆盖的范围内，采用红外探测器面阵充满物镜焦平面视场的方法来实现对目标的成像，即指采用IRFPA探测器的红外成像系统。换句话说，这种系统完全取消了光机扫描，采用元数足够多的探测器面阵，使探测器单元与系统观察范围内的目标一一对应。所谓红外焦平面阵列就是将红外探测器与信号处理电路相结合，并将其设置在光学系统焦平面上。而“凝视”是指红外探测器响应景物或目标的时间与取出阵列中每个探测器响应信号所需的读出时间相比很长。探测器“看”景物时间很长，而取出每个探测器的响应信号所需的时间很短，即“久看快取”就称为“凝视”。

由于景物中的每一点对应一个探测器单元，凝视阵列在一个积分时间周期内对全视场积分，然后由信号处理装置依次读出。由此，在给定帧频条件下，凝视型红外系统的采样频率取决于所使用的探测器数目，而信号通道频带只取决于帧频。在红外凝视成像系统中，以电子扫描取代光机扫描，从而显著地改善了系统的响应特性，简化了系统结构，缩小了体积和重量，提高了系统的可靠性，给使用者带来极大的方便。

5.3.1 红外凝视成像系统的组成和工作原理

红外凝视成像系统一般由红外光学系统、IRFPA探测器、信号放大及处理和显示记录系统等组成。其组成方框图如图5.4所示。

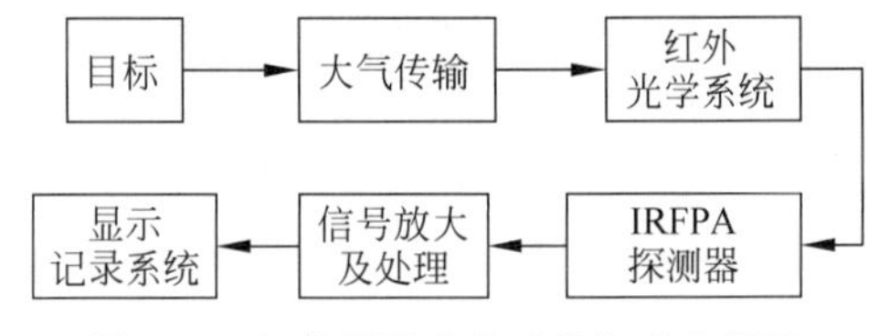

图5.4 红外凝视成像系统组成方框图

系统设计时应使工作波长与应用相匹配。红外波长的光谱通常分为三个光谱带：短波红外（SWIR）、中波红外（MWIR）和长波红外（LWIR）。每个频段各有如下自身特点：

短波红外（波长约1～3μm）一般应用于产生清晰的图像，因为与可见光一样，光子也会被物体反射、吸收和散射，从而产生较高分辨率所需的高对比度。处理短波红外的传感器至今还比较昂贵。由于这一因素，基于短波红外的应用通常集中在高价值领域，如防伪、过程质量控制、医学成像和半导体制造等。

中波红外（约3～5μm）是检测快速温度波动并避免从大气条件散射的理想选择。MWIR系统往往需要内部冷却，因此价格更高。MWIR系统通常用于关键任务的应用中，如识别战斗机的排气、工业热成像等。

长波红外（大约8～14μm）具有最广泛的应用范围，尤其是在公共安全领域。LWIR摄像机可用于高精度测量物体的表面温度分布；这样的系统即使在很远的距离或完全黑暗的情况下也能实现热辐射成像。LWIR的图像分辨率可能会较差，但这并不会影响其应用。LWIR可用在包括建筑物检查、热成像监视、个人夜视、消防员的搜救工具以及其他低成本非冷却系统等。

在过去的一些年中，大多数红外系统的核心用途仅限于军事和工业领域。但是，在其他领域使用红外热像系统已逐渐形成普遍趋势。

由于红外辐射的特有性能，使得红外成像光学系统具有以下一些特点：①红外辐射源的辐射波段一般位于1μm以上的不可见光区，普通光学玻璃对2.5μm以上的光波不透明，而在所有可能透过红外波段的材料中，只有为数不多的材料有需要的机械性能，并能得到一定的尺寸，如锗、硅等，这就大大限制了透镜系统在红外光学系统设计中的应用，使反射式和折反射式光学系统占有比较重要的地位；

②为了探测远距离的微弱目标，红外光学系统的孔径一般比较大；③8～14μm 波段的红外光学系统必须考虑衍射效应的影响；④在各种气象条件下或在抖动和震动条件下，具有稳定的光学性能。

红外成像光学系统应该满足以下几个方面的基本要求：物像共轭位置、成像放大率、一定的成像范围，以及在像平面上有一定的光能量和反映物体细节的能力(分辨力)。

传统红外光学系统的结构形式，一般可分为反射式(见图 5.5(b)、(c)、(d))、折射式(透射式)(见图 5.5(a))和折反射式(见图 5.5(e)、(f))三种，后两种结构形式需采用具有良好红外光学性能的材料。新型红外光学系统结构形式主要有折衍混合系统、定焦离轴两反系统、定焦离轴三反系统、双视场光学系统、机械反射变焦光学系统(共轴反射变焦光学系统、离轴反射变焦光学系统)、主动反射变焦光学系统(三反主动变焦光学系统、四反主动变焦光学系统)、自由曲面光学系统等。

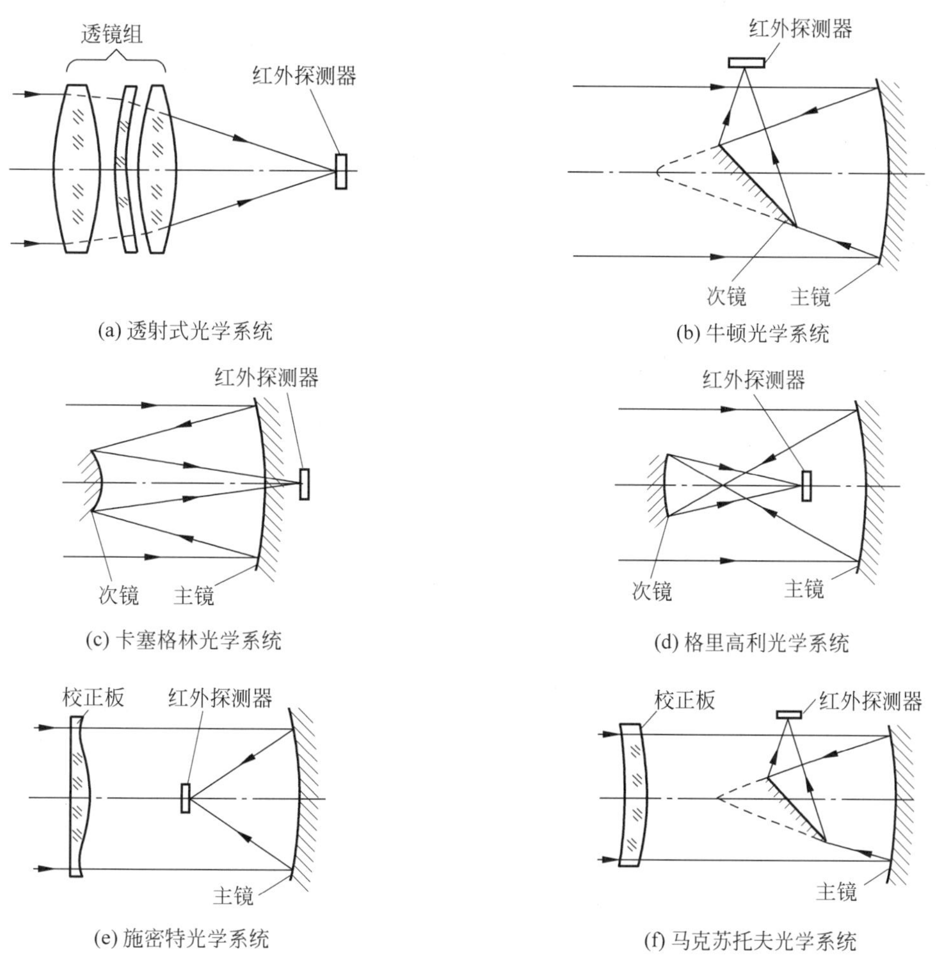

图 5.5　红外凝视成像系统的光学系统结构示意图

在红外凝视成像系统中，IRFPA 探测器作为辐射能接收器，通过光电变换作用，将接收的辐射能转变为电信号。再将电信号放大、处理，形成图像。IRFPA 探测器是构成红外凝视成像系统的核心器件。IRFPA 探测器可分为两大类：致冷 FPA 探测器和非致冷 FPA 探测器。致冷红外焦平面阵列探测器是当今使用较多的 IRFPA 探测器，为了探测很小的温差，降低探测器的噪声，以获得较高的信噪比，红外探测器必须在深冷的条件下工作，一般为 77K 或更低。为了使探测器传感元件保持这种深冷温度，探测器都集成于“杜瓦瓶”组件中。这种杜瓦瓶尺寸虽小，但由于制造困难，所以价格特别昂贵；杜瓦瓶实际上就是绝热的容器，类似于“保温瓶”。如图 5.6 所示为通用探测器/杜瓦瓶组件的剖视图。“冷指”贴向探测器，并使之冷却；这种冷指是一种用气罐或深冷泵冷却至深冷的元件。透过红外线的杜瓦瓶起到真空密封的作用。图 5.6 中的“冷屏”(或“冷阑”)，是杜瓦瓶组件不可分割的一部分。冷屏后表面上的低温呈不均匀分布(尽管只比探测器阵列的温度略高)，因此会发射少许热能，或不发射。冷屏的作用是限制探测器观察的立体角。另外，还有气体节流式致冷器、斯特林循环致冷器和半导体致冷器等，致冷器的致冷原理主要有相变致冷、焦耳-汤姆逊效应致冷、气体等熵膨胀致冷、辐射热交换致冷和珀尔帖效应致冷。采用何种致冷器，需视系统结构、所用探测器类型和使用环境而定。

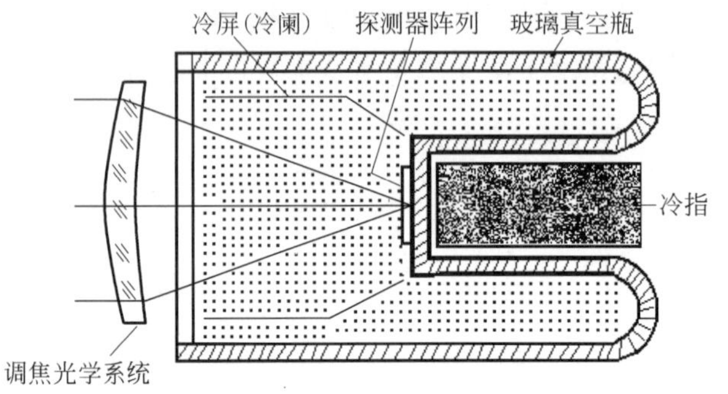

图 5.6 通用探测器/杜瓦瓶组件

中波红外焦平面阵列探测器是最成熟的探测器产品，最早的 PtSi 中波红外焦平面阵列探测器已逐渐由 InSb 和碲镉汞中波 IRFPA 探测器所取代。长波 IRFPA 探测器主要有 MCT，它是今后继续研究和发展的热点之一。大力研究与开发非致冷焦平面阵列探测器技术与产品以及应用是当前红外技术的热点之一，自 1991 年美国防御部门解密以来，非致冷的 IRFPA 及其在红外成像系统中的应用已取得惊人成就。对 3 种非致冷热敏探测器机理进行了研究开发，最成熟的是混合型铁电-热电效应 FPA。二维非致冷焦平面阵(LW IRFPA)成像器性能已超过低温线阵扫描成像器的性能，并接近二维低温焦平面阵 IRFPA 成像器的性能。市场上已出现大量商用非致冷 IRFPA 探测器热像仪。

红外成像系统为了获取景物图像，首先将景物进行空间分解，然后依次将这些单元空间的景物温度转换成相应的时序视频信号。红外凝视成像系统中信号放大和处理的基本任务是放大探测器输出的电信号，形成与景物温度相应的视频信号，如要测温，还要根据景物各单元对应的视频信号标出景物各部分的温度。为了提高图像质量和测温精度，需要对探测器输出的信号进行必要的补偿、校正、转换、量化及伪彩色编码等处理，然后按一定的格式进行显示。实时图像处理基本上用硬件来实现。如图 5.7 所示为 IR-64N 红外焦平面凝视热像仪数字图像处理器的原理框图。

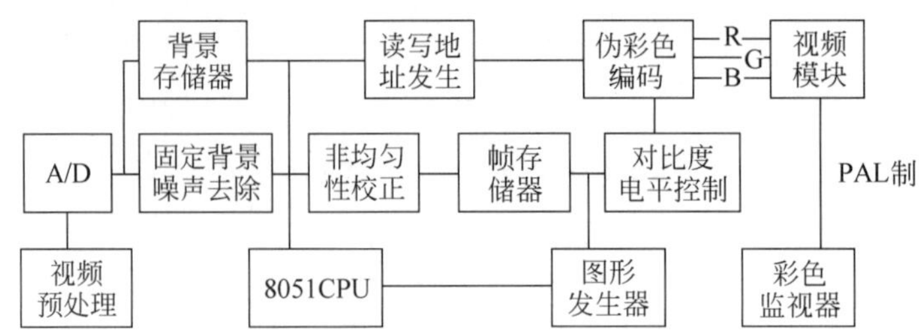

图 5.7 IR-64N 红外焦平面凝视热像仪数字图像处理器的原理框图

要将时序视频信号转换成景物的二维图像，必须经过同步复扫，最后完成热图像的显示。常用的显示方式有电视兼容显示、发光二极管显示、阴极射线管显示和液晶显示器显示等。

红外凝视成像系统的工作原理：红外光学系统把目标的红外辐射集聚到红外探测器上，并以光谱和空间滤波的方式抑制背景干扰。红外探测器将集聚的辐射能转换成电信号。微弱的电信号经放大和处理后，输送给控制和跟踪执行机构或送往显示记录装置。信号处理系统把前置放大器输出的信号进一步放大和处理，从信号中提取控制装置或显示记录设备所需的信息。一般非成像系统视目标为点辐射源，相应的信号处理和显示记录系统比较简单。红外成像系统通常需将目标红外辐射转换成黑白或伪彩色视频图像。这种图像不像可见光摄像机所得的图像那样直观，它反映的是目标的辐射温度分布。

5.3.2 红外光学材料

对应于地球大气在红外波段的传输窗口，如图 5.8 所示，红外光学系统主要针对三个工作波段：短波红外、中波红外和长波红外。

应用于红外光学系统的材料首先需要在这三个红外波段具有良好的透过率。除此之外，由于红外光学系统大多用于一些条件较为严苛的工作环境，所以对红外材料的热力学性质(热膨胀系数、折射率温度系数)、硬度、断裂模量/抗折强度、化学稳定性等物理、化学特性都提出了较高的要求。常用于红外光学系统的材料包括硅(Si)、锗(Ge)、硫化锌(ZnS)、硒化锌(ZnSe)、氟化物晶体[氟化钙(CaF_2)、氟化钡(BaF_2)、氟化镁(MgF_2)等]、卤化物晶体[溴化铯(CsBr)、溴化钾(KBr)、碘化铯(CsI)等]，以及硫系玻璃等。

二氧化硅(SiO_2)等氧化物玻璃，独特而卓越的性能统治着光学领域。光谱范围覆盖了从紫外、可见光到近红外，其中红色是人眼视网膜敏感的区域。SiO_2 以方晶石到石英的多种形式存在。SiO_2 是出色的玻璃成型剂，材料的机械强度高，也能较好的抵御结晶和腐蚀。

SiO_2 玻璃有一个缺点：波长超过 3μm 不透明。透明度的限制是由于 Si-O 化学键的高振动模式(high vibration mode)。

为了研发出能够透射超过 3μm 波长的光学器件，要寻找化学键较弱且由较重原子组成的新成分。氟化物和硫属化物玻璃有良好的优势。在长波长应用具备潜力的是第 VI 族元素—硫族元素 S、Se 和 Te 足够重要，可以透射红外光。还表现出一些有益的玻璃性能和良好的化学稳定性。制造出实际的硫系玻璃，最重要的是玻璃需要有足够强的机械性能，能形成大块的玻璃。可以找到大量的硫系玻璃照片，如图 5.9 所示的玻璃块具有典型的 Se-As-Ge 成分，可以透射 1～15μm 的光，看起来更像一块金属。

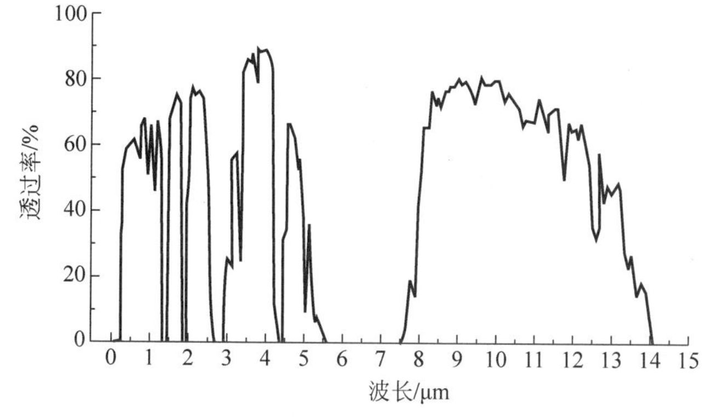

图 5.8 地球大气在红外波段的传输窗口

图 5.9 Se-As-Ge 成分的玻璃

硫系玻璃在紫外和可见光波段显示出较差的透射率。大多数 Se 玻璃是黑色的(或者金属色)。石英玻璃在 2μm 以内导光非常通透，之后是氟化物玻璃、硫元素玻璃、硒元素玻璃、碲酸盐玻璃等。Se 和

Te 玻璃导光性可覆盖非常重要的光学区域(大气窗口)。

根据黑体定律，温度较高的物体会发出较多红外辐射。室温下的物体(包括在正常体温下的人类)在波长 10μm 附近发射大部分能量。发射功率约为 1W/kg。这种辐射可以通过由 Se 玻璃制成的光学探测系统所捕获。与其他红外晶体材料(如单晶 Ge)相比，Se 玻璃的优势在于：它们的成本以及在玻璃转化温度(Tg)以上压制成型的可能性。硫系玻璃的成型能力较强。压制硫系玻璃的方式有不少，硫系玻璃的热稳定性良好，及在 Tg 点以上的温度滞留较长的时间也不至于析晶。另外 Tg 点一般也比较低，容易压制成型。最后，这种玻璃材料的脱膜工艺也较为简单。是一种适宜操作的材料，应用前景好。日益增长的高质量红外玻璃材料新需求，使光学系统变得更小、更轻，并且不需要内部冷却系统。

应该指出，硫系玻璃是指以元素周期表第六主族(Ⅵ A)元素中除氧以外的硫、硒或碲等元素为主，引入一定量其他金属或非金属元素形成的非晶态材料。如硫化砷(As_2S_3)玻璃、硒化物玻璃、碲化物玻璃，以及多样组份的硫化物玻璃(如 $Ge_{28}Sb_{12}Se_{60}$ 等)。与氧化物玻璃相比，硫系玻璃具有较长的红外截止波长(>12μm)，其透过波段可覆盖三个红外大气窗口，是一种优异的红外光学材料。硫系玻璃拥有可精密模压成型和优异折射率热差性能等优势，可制作消热差光学元件或廉价红外透镜，已应用于高低端的红外成像系统中。除此之外，硫系玻璃还在相变(随机)存储器、红外光纤(微结构光纤)等方面实现了商业应用；由于拥有低声子能量($200\sim400cm^{-1}$)、高三阶非线性折射率(约为石英玻璃的 1000 倍)、独特的光敏性和多种光致效应等特点，在多类新型光电器件(全光芯片、固态电池等)中也有较好的潜在应用价值，是一种极具研究价值的非晶态材料。

如图 5.10 所示为多种常见红外光学材料的透过光谱图。这些材料中卤化物在短波、中波、长波红外波段均具有较高(约 90%)的透过率。但是卤化物的机械性能极差，且易受潮解，因此较多用于温度、湿度有良好控制保障的实验室环境。氟化物材料硬度适中，但是折射率较低，且在长波红外波段透过率不高，因此较难用于长波红外光学系统。Si 是最便宜的红外材料，且密度较低($2.329g/cm^3$)，因此有利于降低红外光学系统的制备成本以及整体重量，但是由于 Si 材料具有较高的硬度，所以基于 Si 材料的镜片加工较为困难。此外，Si 材料在超过 7μm 时红外透过率较低，因此与氟化物一样不适用于长波红外波段。Ge、ZnS、ZnSe 是目前流行的红外光学材料，在各个红外波段均具有良好的透过率和较好的化学稳定性。Ge 材料也是折射率较高的红外材料之一，因此很多结构简单的红外光学系统可以使用较少片数的 Ge 镜片获得较好的成像质量。但是 Ge 材料的折射率温度系数较大，由它制作的镜片在温度变化大的环境中使用可能出现严重的热差问题。此外 Ge 的密度($5.323g/cm^3$)较高，在设计对重量有限制的红外光学系统时需要考虑选用更轻质的材料。ZnS、ZnSe 和 Ge 一样在各个红外波段也具有良好的透过率，甚至在局部可见光和近红外波段也具有一定的透过率。光学等级 ZnS、ZnSe 需要采用化学气相沉淀法(CVD)制备，难以降低制作红外光学系统所需的时间和经济成本。

正因为现有的红外材料在相关性能方面存在各种各样的缺点，所以人们始终没有停止过对新型红外光学材料的探索和研究工作。近年来，硫系玻璃在红外光学领域的应用引起了人们的兴趣。硫系玻璃不仅在短波、中波、长波三个红外波段均具有良好的透过率，而且它的折射率温度系数较低，折射率/色散参数选择较为丰富，并且化学稳定性较好，制备成本较低，因此越来越受到人们的重视。除此之外，随着一些实际应用领域对红外系统像质要求的日益提升，红外成像系统中的特殊面形镜片(包括衍射面和非球面镜片)的使用也越来越广泛。常规的单点金刚石车削技术逐渐无法满足特殊面形镜片的批量生产任务，高精度模压制备技术开始成为高品质红外量产镜片的主要制备技术，如图 5.11 所示为镜片模压成型的工艺流程，如图 5.12 所示为硫系玻璃精密模压过程示意图。硫系玻璃镜片的制造公差包括面形精度(PV)(μm)、粗糙度(R_a)(nm)、倾斜(arcmin)、偏心(μm)、3～5μm 或 8～12μm 的透过率等。

随着硫系玻璃镜片(透镜)尺寸增大,精密模压的技术难度呈非线性增长(可模压成型的硫系玻璃透镜最大口径已达 Φ60mm,甚至更大)。

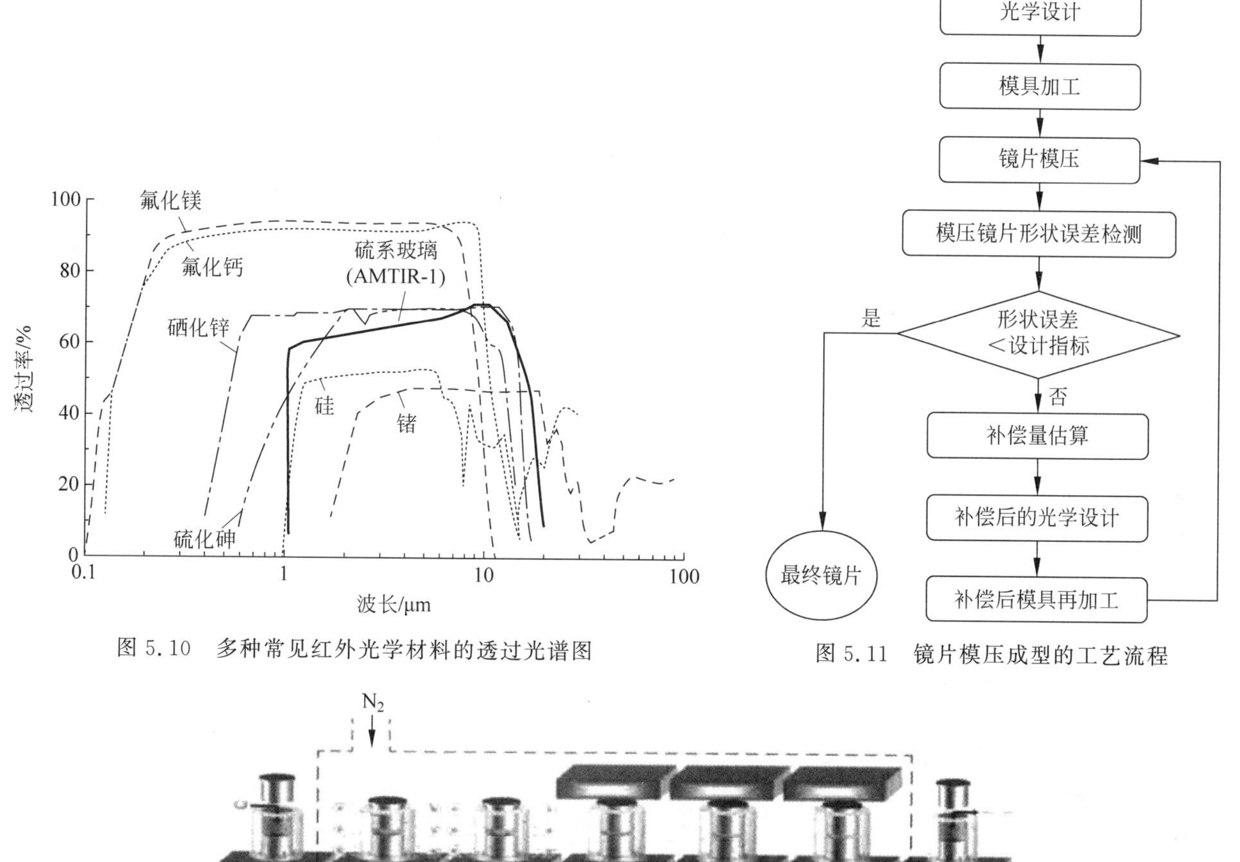

图 5.10　多种常见红外光学材料的透过光谱图

图 5.11　镜片模压成型的工艺流程

图 5.12　硫系玻璃精密模压过程示意图

晶体态的 Ge、ZnS、ZnSe 具有较高的熔点(分别为 938.25℃、1185℃和 1525℃),并且在达到熔点时直接由固态转变液态,因此模压工艺难以实施。相反,硫系玻璃则以玻璃态存在,没有固定的熔点。随着温度的升高,硫系玻璃呈现一种逐渐软化的状态,在较低温度下即可实施镜片的模压工艺。相比于常规红外材料,硫系玻璃在多项与红外光学设计相关的性能参数上有所提升,并且还具有制备成本低、符合量产模压镜片的工艺特点等优势,因此近年来在红外系统中得到越来越多的应用。

成型能力是硫系玻璃一项重要的性能,与 Ge、ZnS、ZnSe 和 Si 基材料等更常见的红外材料形成鲜明对比。这些更常见的材料具有晶体结构,在 SWIR、MWIR 和 LWIR 波长下表现出色,确实具有一些优势。例如,Ge 透镜往往是类金刚石镀层的优选基材;另外,它的高折射率倾向于使其自身具有较短的光路。ZnS 的透射范围非常广,从可见光谱到约 19μm。然而,这些材料必须以接近最终用户所需形状的形式生产,或者需要将它们研磨和抛光成最终形状,一般会浪费大量时间。

对于 Ge 单晶、ZnSe 单晶和硫系玻璃这三种红外透镜材料,其相关材料特性如表 5.2 所示。总体上从材料性质看，三种材料各具优劣，但硫系玻璃与红外晶体材料的一个重要差别在于前者为非晶态，而后者为晶态。晶体材料在加热至熔点时直接由固态转变为液态，无法进行模压加工。而玻璃材料与塑料相似，在加热过程中黏度逐渐降低，直至最佳黏度范围，能按照模具提供的形状通过压制精确成型。镜片模压成型是硫系光学玻璃的优势之一，能大大降低光学镜片加工成本。因此，在民用市场快速增长导致低成本红外透镜元件需求急剧扩大的情况下，尤其是车载夜视等民用系统的发展，精密模压硫系镜片已成为在热成像系统中取代晶体镜片的优质红外光学材料。

表 5.2　热成像用几种红外透镜材料特性比较

红外材料	透过范围/μm	$dn/dT/(10^{-6}K^{-1})$	最大口径/mm	资源利用情况	制备加工成本
Ge 单晶	1.8～25	～450	～φ380	锗稀散资源消耗高、成本高	单点金刚石车削加工，效率低、成本高
ZnSe 晶体	0.5～20	～6	～φ82	无锗资源消耗	单点金刚石车削加工，效率低、成本高
硫系玻璃(Se 基)	1.1～16	50～90	～φ240	锗资源消耗少	精密模压镜片成型制造和加工成本低

5.3.3　红外热成像系统性能评价的常用指标

红外热成像系统总体性能评价的常用指标有噪声等效温差（Noise Equivalent Temperature Difference，NETD）、最小可分辨温差（Minimum Resolvable Temperature Difference，MRTD）、最小可探测温差（Minimum Detectable Temperature Difference，MDTD），以及调制传递函数（MTF）、作用距离等，这里介绍前三个常用的重要指标。

1. 噪声等效温差

NETD 定义：一个扩展目标处于均匀背景中，当系统扫描使基准电子滤波器输出产生的峰值信号电压 V_S 等于系统均方根噪声电压 V_N 时，目标与背景的温差为 ΔT。其表达式为

$$\mathrm{NETD}=\frac{\Delta T}{V_S/V_N} \tag{5.1}$$

对于受探测器噪声电压限制的热成像系统，其噪声等效温差为

$$\mathrm{NETD}=\frac{4F^2(\Delta f_n)^{1/2}}{\pi A_d^{1/2} n_s^{1/2}\tau_a\tau_o\int_{\Delta\lambda} D_\lambda^*(f_1)L'_{\lambda T}\,\mathrm{d}\lambda} \tag{5.2}$$

式中，F 为光学系统的 F 数；A_d 为探测器面积(cm^2)；τ_a 为在 $\Delta\lambda$ 光谱带内平均大气透过率；τ_o 为在 $\Delta\lambda$ 光谱带内光学系统的平均透过率；$L'_{\lambda T}$ 为在波长 λ 和等效背景辐射温度 T 时，光谱辐射亮度对温度的微商($\mathrm{W/(cm^2\cdot rad\cdot \mu m)}$)，$L'_{\lambda T}=\pi^{-1}\cdot\dfrac{\partial M(\lambda,T)}{\partial T}$，$M(\lambda,T)$ 为(黑体)目标的光谱辐出度；$D_\lambda^*(f_1)$ 为信号频率 f_1 时，探测器的光谱探测率($\mathrm{cm\cdot Hz^{1/2}/W}$)；$n_s$ 为(串扫)探测元数；Δf_n 为基准滤波器的等效噪声带宽。

在背景限制光子探测条件下，系统的噪声等效温差为

$$\mathrm{NETD}=\frac{2F(\Delta f_n)^{1/2}}{\pi A_d^{1/2} n_s^{1/2}\eta_{cs}^{1/2}\eta_q^{1/2}\tau_a\tau_o\int_{\Delta\lambda} D_\lambda^{**}(f_1)L'_{\lambda T}\,\mathrm{d}\lambda} \tag{5.3}$$

式中，η_{cs} 为冷屏效率；η_q 为探测器量子效率；$D_\lambda^{**}(f_1)$ 为具有 2π 立体角(半球)视场的探测器的探测

率，且

$$D_{\lambda}^{*}(f_1)=2F\eta_{cs}^{1/2}\eta_{q}^{1/2}D_{\lambda}^{**}(f_1) \tag{5.4}$$

2. 最小可分辨温差

MRTD的定义：具有不同空间频率，高宽比为7∶1的四杆状目标处于均匀背景中，如图5.13所示，目标与背景的温差从零逐渐增大，在确定的空间频率下，观察者刚好能分辨出四杆状图形时，目标与背景的等效黑体温差。

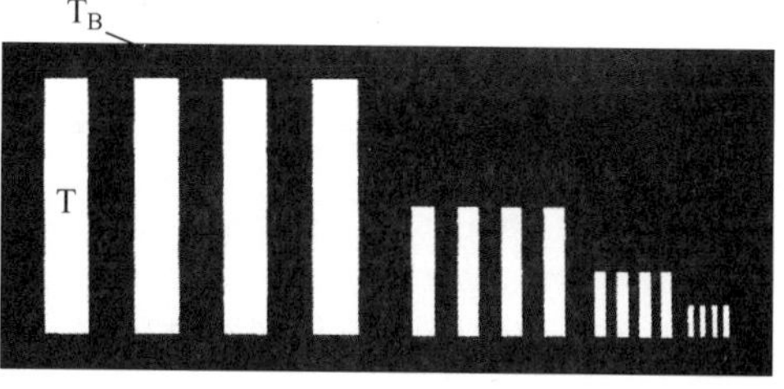

图5.13 用于MRTD测定的目标

当探测概率为90%，取探测一线条的阈值显示信噪比$SNR_{DT}=4.5$时，MRTD的一般表达式为

$$MRTD=3\frac{NETD}{MTF_s}f_T\left\{\frac{\alpha\beta}{T_e\dot{F}\tau_d\Delta f_n}\right\}^{1/2} \tag{5.5}$$

式中，MTF_s为不包括显示器在内的系统的MTF；f_T为空间频率(lp/mm)；T_e为人眼的积分时间(s)；$\dot{F}$为帧频(Hz)；τ_d为探测器驻留时间；α、β为探测器的水平、垂直瞬时视场。

3. 最小可探测温差

MRTD是实验室评价热像仪性能的重要函数，但不能表征实际探测目标的性能水平，引入最小可探测温差可用来表征受噪声限制的野外探测性能。它被定义为观察者恰能发现处于大面积均匀背景中的方形或圆形目标时所需的黑体温差，它是目标大小的函数。

MDTD的计算公式为

$$MDTD(f_T)=\sqrt{2}SNR_{DT}\left(\frac{NETD}{I(x,y)}\right)\left(\frac{f_T\beta Q(f_T)}{T_e\dot{F}\Delta f_n}\right)^{1/2} \tag{5.6}$$

式中，SNR_{DT}为阈值显示信噪比；$Q(f_T)$为噪声滤波函数；$I(x,y)$是归一化为单位振幅的方形目标的像，即像分布函数的傅里叶变换，对于比探测器立体角小得多的目标，$I(x,y)$为目标立体张角与探测器立体张角之比。

$$Q(f_T)=\int_0^{\infty}g^2(f_T)H_e(f_T)H_m(f_T)H_{ey}(f_T)\mathrm{d}f_T \tag{5.7}$$

式中，$g(f_T)$为噪声频谱；$H_e(f_T)$、$H_m(f_T)$、$H_{ey}(f_T)$分别为电路系统、显示器和人眼的MTF。

5.3.4 凝视成像系统的优点

过去使用的单元扫描成像方法不适合制作更高级的红外成像系统，即使使用一维线阵探测器也受到限制。首先是线阵探测器仍需采用二维扫描，使系统结构复杂，而凝视型焦平面阵列由于取消了光机扫描机构，减小了体积和质量，结构紧凑；其次，凝视型焦平面的探测器单元有较长的积分时间，因而有更高的灵敏度。

此外，与扫描型系统相比，凝视型焦平面还具备以下优点。

1）提高了信噪比和热灵敏度

设单个探测器对视场扫描的驻留时间为

$$\tau_{cs}=\frac{\eta_s\alpha\beta}{ABF'} \tag{5.8}$$

式中，η_s为扫描效率，α、β分别为水平和垂直方向上的瞬时视场，A、B分别为水平和垂直方向上的总视场，F'为取像效率。

相应的信号通道频带宽度为

$$\Delta f_{\mathrm{is}}=\frac{\pi}{4}\frac{1}{\tau_{\mathrm{cs}}}=\frac{\pi}{4}\frac{ABF'}{\eta_{\mathrm{s}}\alpha\beta} \tag{5.9}$$

若使用 $n_{\mathrm{h}}\times n_{\mathrm{v}}$ 个探测器单元，则驻留时间为

$$\tau=n_{\mathrm{h}}n_{\mathrm{v}}\tau_{\mathrm{cs}} \tag{5.10}$$

频带宽度为

$$\Delta f=\frac{\pi}{4}\cdot\frac{1}{\tau}=\frac{1}{n_{\mathrm{h}}n_{\mathrm{v}}}\Delta f_{\mathrm{is}} \tag{5.11}$$

由于系统的信噪比与频带宽度的平方根成反比，所以，由 $n_{\mathrm{h}}\times n_{\mathrm{v}}$ 个探测器构成的系统信噪比为单个探测器的 $(n_{\mathrm{h}}n_{\mathrm{v}})^{1/2}$ 倍。另外，扫描系统的热灵敏度公式为

$$(\mathrm{NETD})_{\mathrm{si}}=k\frac{F^2}{A_{\mathrm{d}}^{1/2}\tau_{\mathrm{o}}D_{\mathrm{P}}^{*}}\left(\frac{ABF'}{\alpha\beta\eta_{\mathrm{s}}}\right)^{1/2} \tag{5.12}$$

式中，F 为系统的相对孔径；A_{d} 为探测器敏感面积；τ_{o} 为光学系统透过率；D_{P}^{*} 为探测器峰值探测率；k 为常数，与工作波长范围、背景及目标温度有关。

凝视系统的热灵敏度公式为

$$(\mathrm{NETD})_{\mathrm{si}}=k\frac{F^2}{A_{\mathrm{d}}^{1/2}\tau_{\mathrm{o}}D_{\mathrm{P}}^{*}}\left(\frac{F'}{n_{\mathrm{h}}\times n_{\mathrm{v}}}\right)^{1/2} \tag{5.13}$$

式中，$n_{\mathrm{h}}=A/(\eta_{\mathrm{h}}\alpha)$，$n_{\mathrm{v}}=B/(\eta_{\mathrm{v}}\beta)$；$\eta_{\mathrm{s}}=\eta_{\mathrm{h}}\times\eta_{\mathrm{v}}$，$\eta_{\mathrm{h}}$、$\eta_{\mathrm{v}}$ 分别为水平和垂直方向的扫描效率。

从式(5.12)和式(5.13)看出，当系统参数相同时，凝视型红外系统的灵敏度为扫描型系统的 $n_{\mathrm{h}}n_{\mathrm{v}}$ 倍。提高信噪比和灵敏度，就提高了整个红外系统的性能。

2）最大限度地发挥探测器的快速性能

在达到相同的扫描频率时，凝视型比扫描型对探测器的响应速度要求低。设扫描一帧包括 N 个分辨单元的图像，探测器为 n 元的列阵，每个探测器扫过 N/n 个分辨元，则探测器的驻留时间为

$$\tau=n\times\frac{T_{\mathrm{F}}}{N}\times\eta_{\mathrm{s}} \tag{5.14}$$

式中，T_{F} 为帧周期；η_{s} 为扫描效率。

例如：$T_{\mathrm{F}}=(1/20)\mathrm{s}$，$N=500$ 像元×500 像元，假定扫描效率为 100%，则单元探测器扫描的驻留时间为 0.2μs。而对 $n=100$ 元×100 元的探测器，驻留时间增加到 2000μs，大大降低了探测器的响应速度；另外，当探测器的响应速度相同时，凝视型的扫描速度为扫描型的 n 倍。即驻留时间 $\tau=0.2\mu\mathrm{s}$ 时，单个探测器的帧周期为(1/20)s；而 $n=100$ 元×100 元的探测器的帧周期 $T_{\mathrm{F}}=(1/200\ 000)\mathrm{s}$，提高扫描速度近一万倍。

由于凝视型成像极大地提高了系统的快速响应能力，使目标图像能随目标机动变化，这对于红外成像跟踪系统是非常重要的。

3）简化信号处理，提高可靠性

由于红外焦平面列阵本身具有多路到单路的信号传输功能，所以凝视型系统简化了信号处理和信号读出电路，提高了可靠性。在红外成像导引头信号处理中，可采用体积小、质量轻、运算速度快、软件固化灵活等优点的高速单片机来完成图像信号的读出与处理。

4）可以批量生产，易于形成规模

由于凝视系统不需要机械扫描，因此生产步骤简化，可以省略调校、加工等复杂环节。凝视红外焦平面可以集成为一块电路板，适于大批量生产。

5.4 IRFPA 非均匀性产生的原因及其校正技术

近几十年无论在军事上还是在商业领域，红外成像技术都获得了突飞猛进的发展，其中红外焦平面探测器的应用是一个关键的因素。IRFPA 器件是一种辐射敏感和信息处理功能兼备的新一代红外探测器，是当今技术性能最先进的红外探测器，相比传统的光机扫描红外成像系统，用它构成的红外成像系统具有结构简单、工作稳定可靠、灵敏度高、噪声等效温差小等优点。但 IRFPA 器件由于受探测器材料和工艺水平所限，也存有其弱点——非均匀性问题，正是由于非均匀性问题的存在又限制了红外凝视成像系统的探测性能。FPA 成像的非均匀性是指焦平面在均匀辐射输入时各单元输出的不一致性，又称为固有空间噪声。

由于制造和使用环境的影响，也就是说由于量子效率差异、光谱响应差异、各个像元暗电流的差异、像元视场角的差异、读出电路输入级零点偏移不均匀、读出电路 A/D 非线性和焦平面工作温度稳定性的影响，使得图像的非均匀性成为制约红外焦平面探测器性能的限制性因素。其中，像元线性度(包括读出电路)是关键因素之一，敏感材料本身的均匀性也是十分重要的。

一般意义上的非均匀性是指由探测器各阵列的红外响应度不一致而导致的像质降低。更一般意义上的非均匀性还包括由 FPA 所处环境温度的变化，电荷传输效率以及 $1/f$ 噪声等诸多因素所造成的成像质量的下降。红外图像的非均匀性严重影响着红外传感器的成像质量，因此，必须进行红外非均匀性校正(Non-uniformity Correction，NUC)。

探讨红外成像非均匀性的来源及其表现形式对于 NUC 是十分重要的。通过对非均匀性来源的分析，探讨其成因，以利于校正算法的研究。非均匀性的主要来源及表现形式如下：

(1) 探测器中各阵列元的响应特性不一致。这种不一致是由制造过程中的随机性所引起的，如 FPA 各探测元有效感应面积的不同以及半导体掺杂的变化等原因，其表现为信号乘性和加性的变化。当阵列具有较高的稳定性时，这种非均匀性在像平面上的模式是固定的。

(2) $1/f$ 噪声。虽然目前对 $1/f$ 噪声的成因尚未完全清楚，但通常认为它是由半导体的表面电流所引起的。不同的阵列元内部的 $1/f$ 噪声可以近似地认为彼此互不相关。$1/f$ 噪声为一非平稳随机过程。

(3) 电荷传输效率。这种非均匀性存在于采用移位读出的 FPA 中，表现为图像平面上的阴影，随像素点与阵列读出节点的距离作指数变化，距离越大，亮度越暗。通常也表现为固定的乘性噪声。

(4) 红外光学系统的影响。如镜头的加工精度、孔径的影响等因素，它表现为固定的乘性噪声。当孔径的中轴和光轴重合时，表现为中间亮、四周暗。

(5) 无效探测阵列元的影响。在焦平面上，有少量的阵列敏感元对红外辐射的响应很弱或几乎不响应，这些阵列元在图像上一直表现为黑点。

(6) FPA 所处环境的温度变化。温度的变化将对所有的阵列元起作用，温度的变化是随机的。

从上面的分析可以看出，红外非均匀性表现为乘性和加性噪声，并且噪声会随时间发生变化，NUC 的目的即是要消除以上因素的影响，提高图像质量。

虽然造成红外焦平面探测器成像的非均匀性的原因有很多，但总的可分为两类：一类是与探测器本身性能有关；另一类是与探测器本身无关。对于第一类因素比较容易校正，而对第二类因素却很难校正。正是红外焦平面探测器成像非均匀性的复杂特点，增加了对它校正的难度，至今红外焦平面探测器成像的 NUC 主要集中在对第一类因素的校正上。

目前常用、有效且易行的校正方法有单点温度校正法(单点法)、两点温度校正法(两点法)和多点温度校正法(多点法)。NUC方法采用较多的是两点校正法，即假定探测元的响应特性在所感兴趣的温度范围内是线性的，实际情况并非完全如此。为弥补两点校正方法的不足，可进一步采用多个温度点进行多点校正。但由于FPA响应特性的时间性及有些情况下辐射体温度的不可预知性，NUC应随环境的变化作自适应调整。但是，由于现在阵列的像元数越来越多，多点校正需要的数据量相当庞大，所以实际工作中多点法还没有普遍采用。

对于最关心红外目标的情况(如末制导)，至于背景杂波的模糊和淡化对后续的检测还是十分有利的因素，因而采用高通滤波校正方法具有较好的应用效果。

另外，通过分析可以得到，高通滤波校正方法一般具有以下特点：

(1) 高通滤波的结果保留在图像平面中不断移动的物体上，包括不断抖动的斑点目标、云层的边缘以及时域上的高频噪声。

(2) 高通滤波校正方法要求目标在像平面上处于不断地移动之中，这样才能保证目标不至于被滤除。

(3) 每个像素点的滤波都是彼此独立的，因此高通滤波校正方法易于硬件并行实现。

值得一提的是，利用人工神经网络方法进行红外焦平面非均匀性自动校正是一种有前途的技术手段。

具体来说，探测器NUC的常用方法主要有两点温度校正法、恒定统计平均法、时域高通滤波法和人工神经网络法。这些方法可以分为两类：即线性校正和非线性校正，其中前两种属于线性校正技术，后两种属于非线性校正技术。线性校正相对非线性校正来说技术上较为成熟。此外，后来国内外又研究提出了基于场景的代数算法、基于干扰抵消原理的自适应校正法和基于低次插值的多点校正算法等。

5.4.1 红外焦平面非均匀性产生的原因

红外焦平面非均匀性产生的主要原因如下：

1. 器件本身的非均匀性

器件本身的非均匀性是红外图像非均匀性的主要产生原因。以MCT光伏探测器/CCD混合FPA结构为例，它的非均匀性主要由红外探测器、CCD及探测器与CCD的相互耦合三方面的原因组成，它们主要由器件的材料及其制造工艺水平所决定。一旦IRFPA器件制造完成，由这种制造工艺产生的非均匀性因素将始终存在。

红外探测器方面的原因可分为：基底材料的非均匀性、探测器面积的差异、光谱响应的变化、探测器掺杂水平的波动、探测器偏置电压以及其他一些制造因素。国内外研究成果表明：$Hg_{1-x}Cd_xTe$材料中的x组分的变化和CCD注入效率的变化将影响红外探测器的非均匀性。当组分变化为0.002时，中波IRFPA有10%的固有非均匀性；当注入效率为90%时，非均匀性为20%～22%；当注入效率提高到99.9%后，非均匀性最大值降低为1.7%。

红外探测器的输出信号一般是很微弱的，为有效利用这种信号，必须对探测器采取适当的偏置并且将信号放大。探测器的偏置是指通过偏置电路对探测器加上一定的偏置电压或电流，使探测器在正常的状态下工作，发挥出最好的性能；信号放大是指将一定偏置状态下的探测器与前置放大器耦合，以便将微弱信号的电压幅度或功率予以放大。在当今使用的探测器中，热敏电阻型探测器、外光电探测器和光电导探测器，需要外加偏置电源，这几种探测器需要通过外加电场才能形成光电信号电流或电压。光生伏特探测器可以加正向偏置电压工作，也可以加反向偏置电压工作，其他探测器不需加电源就可以工作。偏置电压的波动和信号放大的不稳定性都将产生红外图像的非均匀性。

CCD方面的原因主要有：CCD势阱的不均匀、CCD传递效率的变化及脉冲电压的波动。CCD势阱是存储照到探测器上的红外辐射产生的信号电荷，所有CCD势阱不可能相同，它的变化将造成红外探测器成像不均匀。当势阱中产生信号电荷时，用一定相位差的时钟脉冲电压实现势阱间的电荷耦合和转移，因此时钟脉冲电压的变化和 CCD 的传递效率的改变也可造成红外成像的非均匀性。

2. 器件工作状态引入的非均匀性

红外热成像系统的性能中，与焦平面器件工作状态相关的主要参数有：焦平面工作温度波动和温度的非均匀性、CCD 器件单元的驱动信号变化等。光伏探测器的辐射响应性能与它所处的实际温度相关，焦平面器件和探测单元的温度均匀性变化将影响整个器件响应率的均匀性。同样，CCD 器件单元驱动信号的变化也将对器件的响应率有影响。这种非均匀性主要由焦平面器件的工作状态所决定，同一焦平面器件在不同的成像系统中有着不同的非均匀性效果。

3. 与外界输入有关的非均匀性

在红外热成像系统中，目标和背景红外辐射的变化、红外热像仪光学系统辐射等外界特性也可对焦平面器件的非均匀性产生影响。影响红外辐射变化主要有辐射总量和辐射光谱两种形式。由于红外探测器光谱响应变化比较复杂，辐射总量的响应均匀性并不能保证其辐射光谱变化后仍有相同的均匀性。一般在红外探测器的敏感元件前有光学部件（或称光学系统），用来获取被测目标的红外辐射，并将其聚焦于敏感元件表面上。由于各探测器离开光学系统光轴的夹角不同，使相同面积的探测器实际得到的红外辐射产生差异，从而导致红外成像的非均匀性。红外光学系统的背景辐射条件的变化将直接影响到红外探测器所处的工作环境、工作参数和工作性能。

这类非均匀性与实际外界条件密切相关，在焦平面器件的研制和红外热成像的设计中很难直接观察到。

如果把红外热成像系统看成是图像色彩的变换系统，则人们可从实际红外成像系统的图像信息传递过程去分析图像非均匀性的产生机理和变化形态，但要获得完整的分析结果将是很困难的，因为在红外图像的传递过程中许多非均匀性因素是相互耦合并以综合形态表现出来的。

在完整的红外图像非均匀性产生机理和分析理论确立以前，采用实际测量方法是人们分析红外图像非均匀性的一种有效手段。测试采用标准黑体辐射源，通过比较红外热成像系统的输入与输出图像的均匀性来获得对被测器件或系统的总体认识。

5.4.2 红外焦平面 NUC 方法

红外焦平面 NUC 方法有许多，这里仅介绍两点温度校正法、恒定统计平均法、时域高通滤波法和人工神经网络法。值得一提的是，由于各种算法层出不穷，应针对具体对象和应用场合，提出或选择采用相应的算法。

1. 两点温度校正法

从红外图像非均匀性的来源和表现形式可以看出，如果各阵列元的响应特性在所感兴趣的温度范围内为线性、在时间上稳定、并假定 $1/f$ 噪声的影响较小，则非均匀性引入固定模式的乘性和加性噪声。在此条件下，FPA 探测器中第(i,j)个阵列元的响应输出为

$$P(i,j,\phi)=R_{i,j}\phi_{s}+O_{i,j} \tag{5.15}$$

式中，(i,j)是探测器在阵列上的坐标，ϕ_{s} 是入射到探测器的光子流，$R_{i,j}$ 和 $O_{i,j}$ 分别为增益和偏移量。

对应于高低参考辐射源的红外焦平面探测器的响应为

$$P(i,j,\phi_{L})=R_{i,j}\phi_{L}+O_{i,j} \tag{5.16}$$

$$P(i,j,\phi_{H})=R_{i,j}\phi_{H}+O_{i,j} \tag{5.17}$$

式中，ϕ_L 和 ϕ_H 分别为对应于场景高低端温度定标辐射通量。由式(5.16)和式(5.17)得

$$R_{i,j}=\frac{P(i,j,\phi_L)-P(i,j,\phi_H)}{\phi_L-\phi_H} \tag{5.18}$$

ϕ_L 和 ϕ_H 是温度的非线性函数。即使用黑体进行温度定标，也很难确定探测器上的 ϕ_L 和 ϕ_H，因此很难计算 $R_{i,j}$，为此最好从方程中消除 ϕ_L 和 ϕ_H。如果定义所有像素的空间平均量为

$$\bar{P}=\frac{\sum_{i=j=1}^{i=N,j=M}P(i,j)}{N\times M} \tag{5.19}$$

式中，$N\times M$ 为探测器阵列的尺寸。对于 ϕ_L 和 ϕ_H 阵列平均响应度为

$$\bar{R}=\frac{\bar{P}(\phi_L)-\bar{P}(\phi_H)}{\phi_L-\phi_H} \tag{5.20}$$

由式(5.18)～式(5.20)得增益系数：

$$\frac{\bar{R}}{R_{i,j}}=\frac{\bar{P}(\phi_L)-\bar{P}(\phi_H)}{P(i,j,\phi_L)-P(i,j,\phi_H)} \tag{5.21}$$

式(5.21)中所有参数已知，并且可以算出每像素的 $\frac{\bar{R}}{R_{i,j}}$，目的是用平均响应度表示所有像素，用 ϕ_L 量把偏移量在平均值中表示出来。

$P(i,j,\phi)$表示任意温度(在高低温度间)任意未校正像素(i,j)的响应，它减去低端温度时的偏移，获得偏移校正，然后乘以增益系数实现增益校正，最后加上所有像素在低端温度时响应的平均值(为避免辐射信息丢失)，得到校正后的像素响应：

$$\begin{aligned}P_C(i,j,\phi)&=[P(i,j,\phi)-P(i,j,\phi_L)]\frac{\bar{R}}{R_{i,j}}+\bar{P}(\phi_L)\\&=[P(i,j,\phi)-P(i,j,\phi_L)]m_{i,j}+\bar{P}(\phi_L)\end{aligned} \tag{5.22}$$

式中，$m_{i,j}$ 为增益/响应度因子，式(5.22)可以改写为

$$P_C(i,j,\phi)=P(i,j,\phi)m_{i,j}+[\bar{P}(\phi_L)-P(i,j,\phi_L)m_{i,j}] \tag{5.23}$$

$m_{i,j}$ 和$[\bar{P}(\phi_L)-P(i,j,\phi_L)m_{i,j}]$需要重新计算并存在增益和偏移量的存储器中。在实际当中每一探测单元的计算包括一次乘积和一次加法运算。

2. 恒定统计平均法

恒定统计平均法建立在如下假设之上：每个探测器单元的输出信号的统计平均值是恒定的；输入每个探测器单元的输入信号 $x(t)$的统计方差都相等。待测输出 $y(t)$($y(t)=ax(t)+b$)的平均值和方差可由下面的公式得到：

$$m_y=E[y]=E[ax+b]=aE[x]+b=am_x+b \tag{5.24}$$

$$\delta_y^2=\mathrm{Var}[y]=\mathrm{Var}[ax+b]=a^2\delta_x^2 \tag{5.25}$$

为了不失一般性，假定 $E[x]=0$ 和 $\delta_x^2=1$，则得每像素的未知变量 a 和 b 分别为

$$b=E[y]=m_y \tag{5.26}$$

$$a=\delta_y \tag{5.27}$$

标准偏移量为

$$s_y = \frac{1}{T}\int_0^T \mid y(t) - m_y \mid \mathrm{d}t = \frac{1}{T}\int_0^T \mid ax(t) \mid \mathrm{d}t = as_x \tag{5.28}$$

增益因子为

$$a = \frac{s_y}{s_x} \tag{5.29}$$

对于每个探测器的参数 δ_x 和 s_x 都相同，都作为一个比例因子，单位变量信号可由下面偏移归一化方程得到：

$$x = \frac{y - m_y}{s_y} \tag{5.30}$$

采用下列方程估计非连续信号的平均和标准偏移量：

$$\hat{m}_y(n) = \frac{1}{n}\sum_{k=1}^{n} y(k) \tag{5.31}$$

$$\hat{s}_y(n) = \frac{1}{n}\sum_{k=1}^{n} \mid y(k) - \hat{m}_y(k) \mid \tag{5.32}$$

为了减少计算，上式可改为

$$\hat{m}_y(n) = \frac{y(n) + (n-1)\hat{m}_y(n-1)}{n} \tag{5.33}$$

$$\hat{s}_y(n) = \frac{\mid y(n) - \hat{m}_y(n) \mid + (n-1)\hat{s}_y(n-1)}{n} \tag{5.34}$$

使用这种方法，每个探测器每一步只需四次乘法/除法和四次加法/减法运算。国外针对恒定统计平均法进行了专用模拟芯片的研究，提出了另一种更接近实际的线性模型：

$$y = ax + b + n' \tag{5.35}$$

相对于 $y(t) = ax(t) + b$ 增加了相应的噪声项 n'，并提出了使用 Wiener 滤波方法估计增益和偏移因子的方法。理论上，这种方法优于恒定统计平均法，但其计算复杂，不适合实际系统使用。

3. 时域高通滤波法

阵列单元的响应特性随时间的缓慢变化和阵列元内部的 $1/f$ 噪声集中在低频部分。目标相对于背景杂波在像面上有较大的运动速度，因此目标信号具有相当的高频能量；而背景杂波，如云层等因素在像平面上的移动速度很小或相对静止，因而表现为低频分量。因此，采用高通滤波器方法可以在实现 NUC 的同时达到突出目标的目的。其原理如图 5.14 所示（假设增益为 1）。

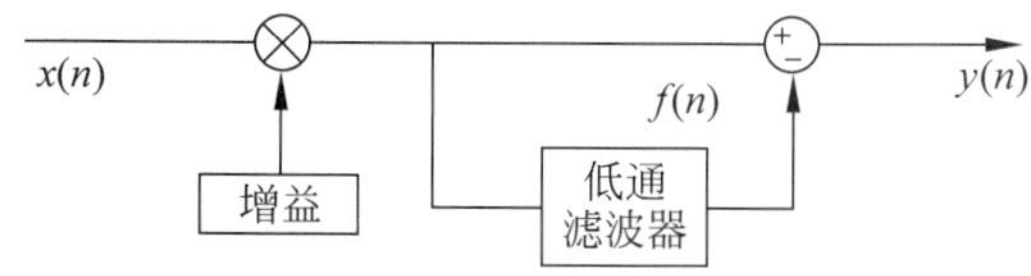

图 5.14　时域高通滤波法原理图

图 5.14 中，

$$y(n) = x(n) - f(n) \tag{5.36}$$

低通采样输出为

$$f(n) = x(n)/N + (1 - 1/N)f(n-1) \tag{5.37}$$

式中，N 为设置的帧数。可以先假设某像素在第 n 帧经校正后得到一个滤波器输入量 $x(n)$，经过无限冲击响应滤波器（IIR-DF）低通滤波后，得到了低通滤波输出 $f(n)$，再通过减法运算，得到一个高通滤波输出 $y(n)$。经 z 变换，得到传递函数为

$$H(z) = Y(z)/X(z) = \frac{(N-1)(z-1)}{Nz - (N-1)} \tag{5.38}$$

这种方法抑制了 $1/f$ 噪声对图像的 NUC 影响，克服了基于参照元校正存储大的问题，但也要求探测器响应率有较好的线性。

4. 人工神经网络法

可以不对 FPA 进行定标(或自动定标)是红外成像系统的理想情况。依赖于神经网络方法，自适应地进行校正系数的更新是其研究的热点内容之一。

具体方法是：让每个神经元连接一个阵列元，再设计一个隐含层，它的每个神经元就像水平细胞元那样与邻近几个阵列元连接起来，得到它们的平均输出值，反馈到其上层神经元，计算非均匀性；采用最陡下降法，依据实际景像逐帧迭代，直到最佳状态，如图 5.15 所示。过程如下：

1) 计算邻域平均值

计算邻域平均值：

$$x_{ij}=\frac{x_{(i-1,j)}+x_{(i,j-1)}+x_{(i+1,j)}+x_{(i,j+1)}}{4} \tag{5.39}$$

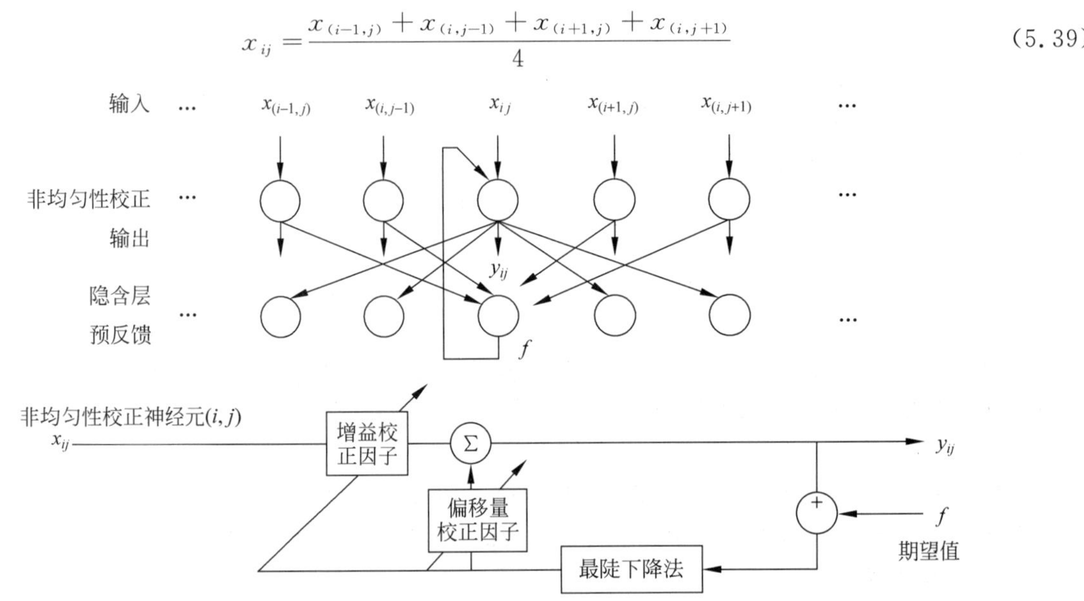

图 5.15 人工神经网络法原理图

2) 计算增益校正因子和偏移量校正因子

令 $y=Gx+O$，其中 G 为增益校正因子，O 为偏移量校正因子。误差函数为

$$F(G,O)=(Gx+O-f)^2 \tag{5.40}$$

利用此函数的梯度函数和最陡下降法，可以得到计算 G 和 O 的迭代公式：

$$G_{n+1}=G_n-2ax(y-f) \tag{5.41}$$

$$O_{n+1}=O_n-2ax(y-f) \tag{5.42}$$

式中，a 为下降步长，n 为帧数。

3) 计算 y_{n+1}

利用线性校正算法，计算：

$$y_{n+1}=G_{n+1}\times x_{n+1}+O_{n+1} \tag{5.43}$$

可见，神经网络方法在理论上无须对 FPA 进行定标，校正系数可以连续更新，对探测器参数的线性和稳定性要求不高，但研究工作量大，应用时计算量大，需要特殊并行计算机结构来实现。

5.4.3 四种算法的优点和缺点

两点温度校正法精度低、动态范围小，特别是当 IRFPA 各探测器单元响应的非线性比较突出时，校正效果显著变差。但是两点温度校正法适合于所有类型的红外图像 NUC，被广泛应用于军事上和商业领域。其他几种方法虽然在一定范围内精度较高，但由于适用性小，一般用在特殊领域。四种方法的优缺点对比如表 5.3 所示。

表 5.3 四种校正方法的优点和缺点

方法	优点	缺点
两点温度校正法	算法简单；实时工作；不需要场景运动，也适用于静止景物的观测	需要用参考黑体源先进行初始定标；长时间工作后，需要重新定标；由于像素的漂移和非线性，空间噪声大于时间噪声；需要附加设备
恒定统计平均法	不需要初始定标；在低时间噪声情况下，方法简单、可靠、易实现，信噪比高；空间噪声能降低到接近时间噪声水平	这种方法收敛性差，许多情况下不易实现
时域高通滤波法	不需要初始定标；实时工作；方法简单；使用适当的时间常数能使空间噪声降低到时间噪声水平；本身具有滤掉低频噪声和渐晕效应的能力	只能用于偏移校正，因此必须有良好的增益均匀性；需要场景运动或探测器运动，否则将图像衰减；对于较小的时间常数，会出现像阴影，有时可能出现信号和场景内容的轻度丢失
人工神经网络法	不需要初始定标；空间噪声能降低到接近时间噪声水平；背景改变时可以跟踪像素的非均匀性；在相对短的周期内可以连续更新增益和偏移量	实时工作需要先进的多处理结构；要求场景运动或探测器运动否则会出现像模糊；网络稳定性问题需要更多的试验去验证其原理的正确性

用可见光 CCD 相机采集 128×128 像元、64 灰度水平的图像，在各像元点加入不同的增益和偏移系数模拟红外 CCD 相机采集的图像，利用上述四种方法进行校正计算，如图 5.16～图 5.21 所示。

图 5.16 原始图像

图 5.17 仿真图像

图 5.18 两点温度校正法校正图像

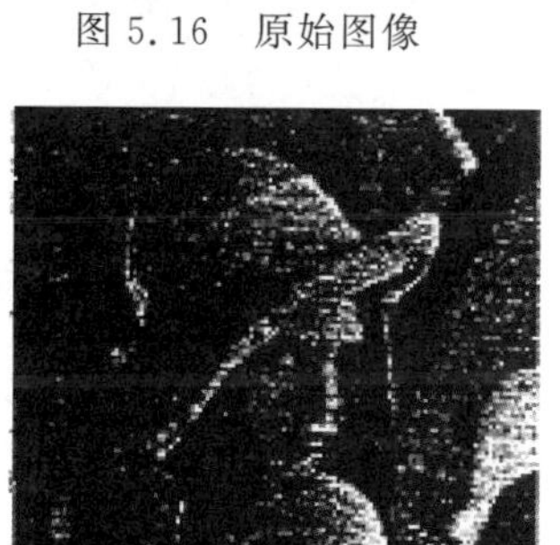

图 5.19 时域高通滤波法校正图像

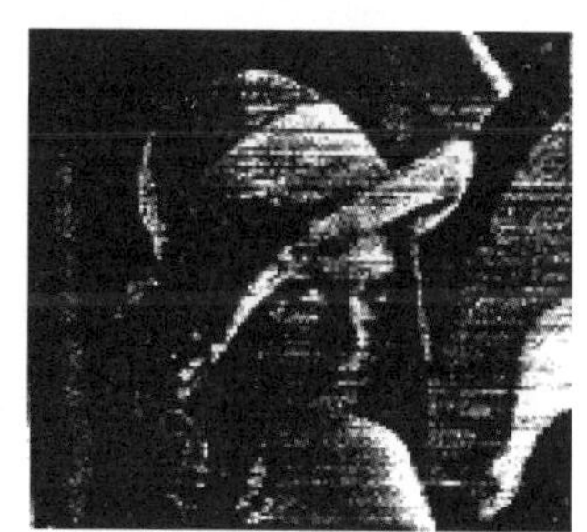

图 5.20 恒定统计平均法校正图像

图 5.21 人工神经网络法校正图像

5.4.4 三种新算法

这里介绍三种新的红外焦平面 NUC 方法：基于场景的代数算法、基于干扰抵消原理的自适应校正方法和基于低次插值的 IRFPA 非均匀性多点校正算法。

1. 基于场景的代数算法

基于场景的代数算法具体如下：

1）原理

考虑由一个 FPA 探测器产生的 $M\times N$ 像序列 $y_n(n=1,2,\cdots)$表示帧数。焦平面探测器输出的线性模式为

$$y_n(i,j)=a(i,j)z_n(i,j)+b(i,j) \tag{5.44}$$

式中，$z_n(i,j)$为帧时间内对探测器有效面积积分的辐射通量，$a(i,j)$和 $b(i,j)$分别为探测器的增益和偏移量。在多数探测器当中，由于偏移非均匀性占主要地位，增益非均匀性可以忽略，假设所有探测器的增益相同且为 1，因此式(5.44)可简化为

$$y_n(i,j)=z_n(i,j)+b(i,j) \tag{5.45}$$

为了方便，$M\times N$ 探测器的偏移非均匀性矩阵 $\boldsymbol{B}$ 定义为

$$\boldsymbol{B}=\begin{bmatrix} b(1,1) & b(1,2) & \cdots & b(1,N) \\ b(2,1) & b(2,2) & \cdots & b(2,N) \\ \vdots & \vdots & \vdots & \vdots \\ b(M,1) & b(M,2) & \cdots & b(M,N) \end{bmatrix} \tag{5.46}$$

假定在帧时间内被观测的物体温度恒定，可用内插法对与第 n 帧相邻两帧场景模拟出第$(n+1)$帧场景。为了简单方便，选择线性内插法。对于出现 α 个像素纯垂直亚像素偏移的相邻两帧场景，第 k 帧场景和第 $k+1$ 帧场景间的像素数关系为

$$y_{k+1}(i+1,j)=\alpha z_k(i,j)+(1-\alpha)z_k(i+1,j)+b(i+1,j),\quad 0<\alpha\leqslant 1 \tag{5.47}$$

同样，对于出现 β 个像素纯水平亚像素偏移的相邻两帧场景，第 m 帧场景和第 $m+1$ 帧场景间的像素数关系为

$$y_{m+1}(i,j+1)=\beta z_m(i,j)+(1-\beta)z_m(i,j+1)+b(i,j+1),\quad 0<\beta\leqslant 1 \tag{5.48}$$

规定：α 正号表示场景向下运动，β 正号表示向左运动。原理就是把一个探测单元的偏移值转换为它的垂直相邻的探测单元的偏移值，把整个一列探测器的偏移归化为统一的数值，同理对所有列和行进行如此处理，最终把阵列上所有的偏移归化为统一的数值。

2）算法

对于探测器 B 定义 α 个像素偏移中间校正矩阵为$\widetilde{\boldsymbol{V}}_{\boldsymbol{B}}$：当 $j=1,2,\cdots,N$ 时，令 $\widetilde{V}_B(1,j)=0$，定义

$$\widetilde{V}_B(i,j)=\frac{1}{\alpha}[\alpha y_n(i-1,j)+(1-\alpha)y_n(i,j)-y_{n+1}(i,j)] \tag{5.49}$$

式中，$i=2,3,\cdots,M$，$j=1,2,\cdots,N$，$M\times N$ 为帧图像的尺寸。将 $y_k(i-1,j)$，$y_k(i,j)$和 $y_{k+1}(i,j)$代入式(5.49)可得

$$\begin{aligned}\widetilde{V}_B(i,j)=&\frac{1}{\alpha}[\alpha z_B(i-1,j)+\alpha b(i-1,j)+(1-\alpha)z_B(i,j)+(1-\alpha)b(i,j)-\\&\alpha z_B(i-1,j)-(1-\alpha)z_B(i,j)-b(i,j)]=b(i-1,j)-b(i,j)\end{aligned} \tag{5.50}$$

通过累加每列的$\widetilde{\boldsymbol{V}}_{\boldsymbol{B}}$，得到垂直校正矩阵$\boldsymbol{V}_{\boldsymbol{B}}$。更确切地说，对于$i=2,3,\cdots,M$，$j=1,2,\cdots,N$，定义垂直校正矩阵$\boldsymbol{V}_{\boldsymbol{B}}$的第$(i,j)$单元为$V_B(i,j)=\sum_{c=2}^{i}\widetilde{V}_B(c,j)$，$\boldsymbol{V}_{\boldsymbol{B}}$的矩阵形式为

$$\boldsymbol{V}_{\boldsymbol{B}}=\begin{bmatrix} 0 & 0 & \cdots & 0 \\ b(1,1)-b(2,1) & b(1,2)-b(2,2) & \cdots & b(1,N)-b(2,N) \\ \vdots & \vdots & \vdots & \vdots \\ b(1,1)-b(M,1) & b(1,2)-b(M,2) & \cdots & b(1,N)-b(M,N) \end{bmatrix} \tag{5.51}$$

同理，由已校正垂直偏移的探测器的偏移矩阵$\boldsymbol{B}'=\begin{bmatrix} b(1,1) & b(1,2) & \cdots & b(1,N) \\ \vdots & \vdots & \vdots & \vdots \\ b(1,1) & b(1,2) & \cdots & b(1,N) \end{bmatrix}$得到水平校正矩阵：

$$\boldsymbol{H}_{\boldsymbol{B}'}=\begin{bmatrix} 0 & b(1,1)-b(1,2) & \cdots & b(1,1)-b(1,N) \\ 0 & b(1,1)-b(1,2) & \cdots & b(1,1)-b(1,N) \\ \vdots & \vdots & \vdots & \vdots \\ 0 & b(1,1)-b(1,2) & b(1,1)-b(1,3) & b(1,1)-b(1,N) \end{bmatrix} \tag{5.52}$$

总的校正矩阵为

$$\boldsymbol{C}=\boldsymbol{V}_{\boldsymbol{B}}+\boldsymbol{H}_{\boldsymbol{B}'}=\begin{bmatrix} 0 & b(1,1)-b(1,2) & \cdots & b(1,1)-b(1,N) \\ b(1,1)-b(2,1) & b(1,1)-b(2,2) & \cdots & b(1,1)-b(2,N) \\ \vdots & \vdots & \vdots & \vdots \\ b(1,1)-b(M,1) & b(1,1)-b(M,2) & \cdots & b(1,1)-b(M,N) \end{bmatrix} \tag{5.53}$$

在实际计算当中，由于式(5.47)和式(5.48)的线性内插近似的误差以及α和β偏移估计误差，将导致偏移校正矩阵误差(噪声)，为了减少这种噪声的影响，得到两个集合C_α和C_β，它们分别由不同的α和β像素偏移的连续两像帧组成。用这两个集合，可以得到许多垂直和水平校正矩阵，形成平均垂直和水平校正矩阵$\overline{\boldsymbol{V}}_{\boldsymbol{B}}$和$\overline{\boldsymbol{H}}_{\boldsymbol{B}'}$，总校正矩阵为两者之和。

此种方法简单、可靠、容易实现，只需少量的像帧就可获得有效的校正矩阵，在场景辐射分布差异较小时也能有效地实现校正。缺点是只能校正偏移量。

2. 基于干扰抵消原理的自适应校正方法

假定IRFPA在第n个时刻的输出为$x(n)$，它是存在非均匀性的失真图像，由有用信号$S(n)$和噪声$N_1(n)$混合而成：$x(n)=S(n)+N_1(n)$，$S(n)$和$N_1(n)$是不相关的。因为产生噪声的复杂性和有用信号的多样性，设计者无法得到它们的先验知识，所以，可以设计用自适应滤波器去抵消噪声。

自适应干扰抵消的基本思想就是对噪声信号进行自适应的估计，然后从输入信号中减去此噪声得到信号的最佳估计。自适应校正方法的原理如图5.22所示。

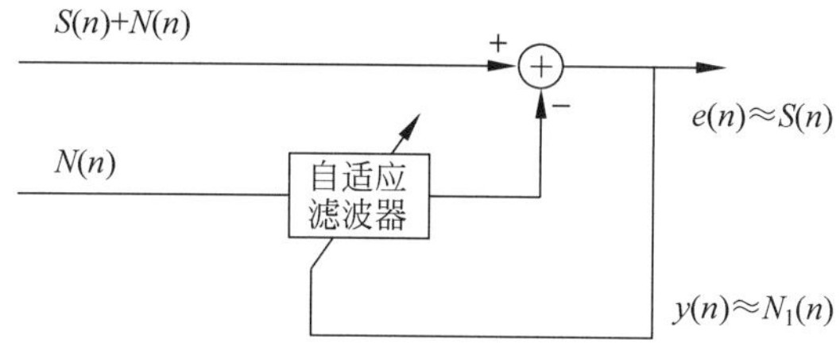

图5.22 基于干扰抵消原理的自适应校正方法的原理图

图 5.22 中 $N(n)$是与 $N_1(n)$相关的噪声，经自适应滤波器后得到 $y(n)$，则系统的输出为

$$e(n)=S(n)+N_1(n)-y(n) \tag{5.54}$$

为了书写简便，下面表达式中省去了时间下标 n。对式(5.54)平方后，得到

$$e^2=S^2+(N_1-y)^2+2S(N_1-y) \tag{5.55}$$

对此式两边取数学期望，并考虑到 S 与 N_1 和 N 不相关，得到

$$E[e^2]=E[S^2]+E[(N_1-y)^2] \tag{5.56}$$

当自适应调节滤波器使 $E[e^2]$最小时，信号功率 $E[S^2]$将不受影响，也就是自适应滤波器使 $E[(N_1-y)^2]$达到最小。所以，自适应滤波器的输出 y 即为原始噪声 N_1 的最佳均方估计。又由于 $N_1-y=e-S$，因此可知 $E[(N_1-y)^2]$最小时，也使 $E[(e-S)^2]$最小。即 e 是 S 的最佳均方估计，从而实现了噪声的消除。

3. 基于低次插值的 IRFPA 非均匀性多点校正算法

基于低次插值的 IRFPA 非均匀性多点校正算法具体如下：

1）多点校正算法原理

根据 IRFPA 器件工作时场景的变化范围，选定 M 个辐射度 $\varphi_1,\varphi_2,\cdots,\varphi_M$ 作为校正定标点，分别对 IRFPA 中所有 N 个探测单元的输出 $S_j(\varphi_i)$求平均，得：

$$\bar{S}_i=\sum_{j=1}^{N}\frac{f[S_j(\varphi_i)]}{N} \quad (i=1,2,\cdots,M) \tag{5.57}$$

IRFPA 的多点校正算法的思想就是找到在任意辐射照度 φ 下，第 j 个探测单元的输出值 $S_j(\varphi)$与其校正值 $S_j'(\varphi)$之间的函数映射关系为 $S_j'(\varphi)=f[S_j(\varphi_i)]$，满足：

$$\bar{S}_i=f[S_j(\varphi_i)] \quad (i=1,2,\cdots,M) \tag{5.58}$$

可利用多项式插值法求得该函数映射关系 f，但是高次插值多项式(如 Lagrange 插值多项式等)并不是随着插值节点的增多而逼近精度越高，且其计算量相对较大，不利于工程上实时实现。

2）分段线性插值算法

所谓分段线性插值就是通过插值节点用折线段连接起来逼近 $f(x)$。设已知节点 $a=x_0<x_1<\cdots<x_n=b$ 上的函数值 $f_0,f_1,\cdots,f_n$，求折线函数 $I_h(x)$满足：①$I_h(x)\in C(a,b)$；②$I_h(x_k)=f_k,k=0,1,\cdots,n$；③$I_h(x)$在每个小区间$[x_k,x_{k+1}]$上是线性函数，则称 $I_h(x)$为分段线性插值函数。据此原理，可得到 IRFPA 非均匀校正的分段线性插值算法为

$$S_j'(\varphi)=\frac{S_j(\varphi)-S_j(\varphi_{i+1})}{S_j(\varphi_i)-S_j(\varphi_{i+1})}\bar{S}_i+\frac{S_j(\varphi)-S_j(\varphi_i)}{S_j(\varphi_{i+1})-S_j(\varphi_i)}\bar{S}_{i+1} \tag{5.59}$$

式中，$S_j(\varphi)\in[S_j(\varphi_i),S_j(\varphi_{i+1})](j=1,2,\cdots,N)$。

3）三次样条插值算法

根据三次样条插值算法原理可构造如下的 IRFPA 非均匀性多点校正算法：

$$S_j'(\varphi)=\bar{S}_i(1-t)+\bar{S}_{i+1}t-6^{-1}h_i^2t(1-t)[(2-t)m_i+(1+t)m_{i+1}] \tag{5.60}$$

式中，$t=(S_j(\varphi)-S_j(\varphi_i))/h_i$；$h_i=S_j(\varphi_{i+1})-S_j(\varphi_i)$；$S_j(\varphi)\in[S_j(\varphi_i),S_j(\varphi_{i+1})](i=1,2,\cdots,M;j=1,2,\cdots,N)$。

$$\begin{bmatrix} 2 & \lambda_0 & & & \\ \mu_1 & 2 & \lambda_1 & & \\ & \ddots & \ddots & \ddots & \\ & \mu_M & 2 & \lambda_M & \\ & & & \mu_{M+1} & 2 \end{bmatrix}\begin{bmatrix} m_0 \\ m_1 \\ \vdots \\ m_M \\ m_{M+1} \end{bmatrix}=\begin{bmatrix} d_0 \\ d_1 \\ \vdots \\ d_M \\ d_{M+1} \end{bmatrix} \tag{5.61}$$

式中，$\mu_i=h_{i-1}/(h_{i-1}+h_i)$；$\lambda_i=1-\mu_i$；$d_i=(6/h_{i-1}+h_i)(\bar{S}_{i+1}-\bar{S}_i)/h_i-(\bar{S}_i-\bar{S}_{i-1})/h_{i-1}(i=1,2,\cdots,M)$；$\lambda=\mu_{M+1}=1, d_0=d_{M+1}=0$。

式(5.61)中，$\{m_i, i=0,1,\cdots,M+1\}$可事先用追赶法快速求解、存储以备实时校正时使用。

基于分段线性插值和三次样条插值的IRFPA非均匀性多点校正算法，能显著地提高IRFPA器件的均匀性，具有校正精度高、动态范围大的特点，并且对IRFPA各探测单元的非线性影响不敏感。这两种方法均具有较好的收敛性，即随着均匀参考辐射源的增强，其校正精度越来越高。算法简单，在线计算量小，易于工程上实时实现。

红外成像技术正在突飞猛进地发展，红外探测器是其中的核心部件，但它的非均匀性问题严重影响性能的发挥。因此解决非均匀性问题是红外探测器发展的一个关键问题，虽然方法很多，但是一般难以令人十分满意。无论在军事上还是在商业领域，应用最广泛的仍是两点温度校正法。国内外许多研究机构都正在进行这项研究工作，希望找到更加高效、高速、高精度的软硬件校正方法。

5.4.5 非均匀性表示方法

焦平面阵列非均匀性的表示方法主要有以下4种：

(1) 响应率的标准偏差和相对标准偏差。焦平面阵列的非均匀性是该阵列像元响应率的标准偏差与平均响应率之比，是一个百分比。在实际工作中，用一个指定温度的面源黑体为辐射源，测得像元响应电压的标准偏差及其平均值，其比值就是该阵列响应非均匀性的度量。以标准偏差和平均值来表示非均匀性是最经典的做法。

(2) 空间噪声(Spatial Noise)。凝视阵列的探测器响应非均匀性可作为一个重要的噪声源来对待。它同探测器其他噪声源具有不同的性质。非均匀性貌似一种固定图案的噪声，也称为空间噪声。焦平面的总噪声是瞬时噪声和空间噪声的总和。空间噪声的大小等于焦平面的残存非均匀性乘上信号电子数，它是对整个阵列而言的。

(3) 残余固定图形噪声(Residual Fixed Pattern Noise，RFPN)。表示经过一次或多次非均匀性校正后还残余的非均匀性，并且赋予这一概念温度量纲。也可以说是非均匀性所对应的噪声等效温差。

(4) 可校正系数(Correctability)。可校正系数 $c=\sqrt{\frac{\sigma_t^2}{\sigma_n^2}-1}$，其中，$\sigma_t^2$ 是经过非均匀性校正后的残余噪声，σ_n^2 是瞬时噪声。非均匀性校正的目的是使 $c<1$，即空间噪声小于时间噪声。在一次校正后，随着长时间的使用，c 逐渐上升，达到或超过1时，又要进行新一轮的校正。长期稳定性时间常数就是表征两次校正之间的有效工作时间。

以上四种表示方法，区别仅在于考察的角度不同，其实质是一样的。

5.5 红外凝视系统中的微扫描技术

红外探测器阵列由于受到工艺水平的限制，不能制成用于产生高分辨率红外图像所要求的密度，一般会产生空间欠采样图像，图像中有严重的混淆现象，为了减小这种混淆、提高分辨率，引入了微扫描技术。

通过理论和计算机仿真分析可知，微扫描能有效地减小频谱混淆，提高图像分辨率。由于微扫描利用了同一景像的序列图像之间不同却相互补充的信息，可以更好地重建原始图像。

5.5.1 红外成像过程

凝视成像技术的运用，使探测器所探测到的目标是一个图像而不是一个点，在很大程度上提高了识别真假目标的能力，FPA 可以有效提高探测的灵敏度和探测距离。随着 IRFPA、二元光学和计算机的发展，新一代的大视场、轻结构的红外凝视成像系统已经形成。现在正在研制和开发"灵巧型"IRFPA，它是一种将 IRFPA 读出电路和信号处理结合在一起的智能化系统。要求帧成像积分时间、帧图像传输时间和帧图像处理时间在帧周期之内完成。红外热像仪中的焦平面探测器阵列靠探测目标和背景间的微小温差而形成热分布图来识别目标，即使在漆黑的夜晚也能准确地辨别目标。红外焦平面探测器阵列接收到目标物体的红外辐射后，通过光电转换和电信号处理等方式，将目标物体的温度分布图像转换成视频图像。由于红外成像系统在军事、医疗、航天、工业和消防等领域的广泛应用价值，而成为国际上竞相发展的重点。

在凝视成像的过程中，景像首先被光学系统所模糊，经过光学系统模糊的图像再被探测器阵列模糊和采样，最后，利用探测器的采样数据重建并显示图像。众所周知，如果一个系统是线性的和空间不变的，常用 MTF 来对系统的性能进行评价。然而，采样系统并不满足空间不变的条件，即不满足 MTF 的假设条件，因此不能用传统的 MTF 进行分析。

焦平面探测器阵列对模糊图像进行离散采样，在这个过程中，由于探测器单元的尺寸有限会引起模糊，以及由于采样会引入频谱混叠。探测器将采集到的数据输入存储器，然后传输到显示器上进行显示，这时所显示的图像的效果是限定的。

随着探测器阵列在光电系统中的广泛应用，且红外探测器阵列的单元尺寸比较大，那么如何提高红外凝视成像系统的分辨率就成为首要的任务。目前，提高红外凝视成像系统分辨率的方法主要有四类：第一类为纯硬件方法，就是直接改进探测单元的制作工艺，减小探测单元感光单元尺寸，增加探测单元像素数，提高光敏面的使用率。但是减小感光单元的尺寸，增加像素数，受到工艺水平的限制，而且像元减小会带来灵敏度的降低和信噪比的减小。第二类方法采用多块探测器进行几何拼接，以提高探测单元的总像素数。第三类为纯软件方法，即在图像原始信息有限的前提下，用软件插值算法，增加输出图像的像素数，但是，因其原始信息量没有增加，严格意义上来讲难以提高分辨率。第四类即是微扫描方法，它是在不增加探测单元像素数的情况下有效提高分辨率的常用方法。

现在，在可见光领域的探测器的填充因子可达 100%，而红外探测器由于制造工艺等问题还不能做到很高的填充因子，由于探测单元之间有间隔，探测单元的实际填充因子只有 30%～90%。提高填充因子对于制作工艺的要求是很高的，成本也很昂贵。具有高分辨率的红外探测器阵列不容易获得。因此，讨论在红外凝视系统中引入微扫描的方法，在不对探测器阵列提出过高要求的前提下，有效地提高含有探测器阵列的成像系统的分辨率。因此，微扫描技术的研究对于红外成像系统的发展具有现实意义。

5.5.2 微扫描

CCD 图像传感器在对空间频率较丰富的景物进行成像时，由于有限的 CCD 像元尺寸的限制，图像分辨率低，混频现象有时很严重，红外成像系统尤其如此。目前我国高密度的 IRFPA 的制备技术还不完善，而且制作成本昂贵。CCD 对图像的接收和记录过程直接影响到最终的成像质量，尤其在航天、遥感和目标识别等领域，要求系统有较高的分辨率。微扫描技术的引进可以在不对 CCD 探测器阵列提出过高要求的前提下，有效地改善系统的成像质量。因此，微扫描是一种在不增加探测器数目的情况下，提高成像系统分辨率、改善成像质量的重要方法。微扫描技术常用在凝视成像系统中，它在红外凝视成像系统中的应用尤为普遍。随着 FPA 和计算机技术的快速发展，微扫描技术获得了更大的发展空间。

微扫描技术是以采样定理为理论基础的，采样定理给出了一个重要的结论：一个连续的带限函数可以由它的离散的采样序列代替，而且并不丢失信息。实际情况下，图像的带宽并不满足带限及系统的 Nyquist 条件，采样过程会引起频谱混叠。为了减少频谱混叠对图像造成的模糊效应，最直接的办法就是减小探测器单元之间的间距。但是高度密集的探测器受到工艺水平的限制，而且成本较高，因此发展了微扫描技术，它能够在不增加探测器单元数的前提下有效地提高系统分辨率，减小频谱混叠的影响，下面就来详细的阐述微扫描的工作原理。

1. 微扫描的工作原理

微扫描是一种减少频谱混叠的常用方法，它利用微扫描装置将光学系统所成的图像在 x，y 方向进行 $1/N$（N 为整数）像素距的位移，得到 $N\times N$ 帧欠采样图像，并运用数字图像处理器将多帧经过亚像素位移的图像重建成一帧图像，从而最终实现提高分辨率的目的。

在光电成像过程中包含探测器阵列对图像的采样过程，根据采样定理可以知道，对于带限的图像，只要采样频率高于图像的 Nyquist 频率的两倍，利用重建系统进行滤波处理，就可以完全恢复图像。但是，通常情况下采样频率都低于图像的两倍 Nyquist 频率，这种情况称为欠采样，这会引起图像信号的频谱混叠，从而使成像质量下降。为了减小采样的影响，而不提高对探测器的要求，引入了微扫描方法。

通常微扫描有两种模式：一种是在垂直和水平方向进行的双向扫描，也称矩形双向扫描模式，以 2×2 微扫描为例，它是将图像沿水平和垂直方向分别移动像素间距的一半，得到四帧低分辨率图像，3×3 微扫描是将图像沿水平和垂直方向分别移动像素间距的三分之一，得到九帧低分辨率图像；另一种是对角线扫描模式，它是将图像沿着由相邻四个有效像元之间的间距对角线移动对角线长度的一半，得到两帧低分辨率图像。其中最常用的是矩形双向微扫描模式。考虑下面的 2×2 微扫描的情况，假设 FPA 的采样栅格如图 5.23 所示，该采样栅格用一个矩形点阵来表示。采样间距取作 1 毫弧度（mrad），黑点表示单个探测器单元，空间的空白部分表示非敏感区。

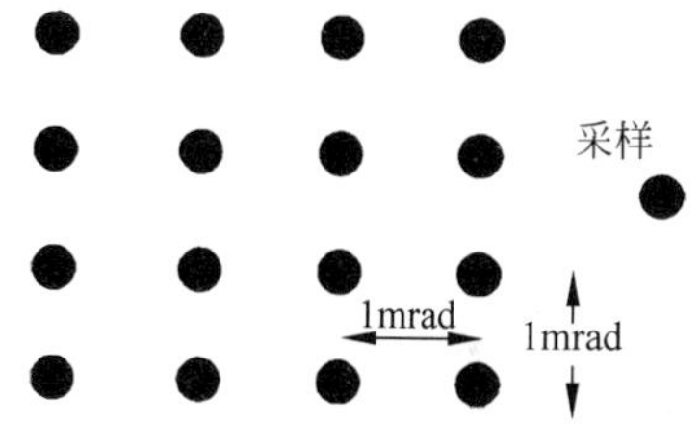

图 5.23　每帧场像的采样栅格

图 5.24 显示了矩形双向微扫描模式。第一帧场像是在位置 1 处，当微扫描装置固定时由 FPA 所采集的图像经过时间 τ，微扫描装置将采样位置向右移动阵列间距的一半到达位置 2，在微扫描装置移动时，经由 FPA 采样的第一帧场像被输出到数字存储器中。微扫描装置稳定在位置 2，采集第二帧场像，这帧场像里包含了一些在第一帧场像里没有采集到的探测器单元之间的非敏感区的信息。图像被移动到采样位置 3 时，进行第三帧场像的采集。这个过程重复到第四帧场像，并返回 1 位置，开始下一帧图像的采集。如果景像是静态的，当所有的场像组合时，水平和垂直方向的有效采样间距为 0.5mrad。这说明，使用微扫描方法可使采样间距减小 1/2，则水平和垂直方向的采样频率增大为原来的 2 倍，最高可探测频率也增大为原来的 2 倍。

与矩形双向微扫描模式类似，对角线微扫描模式是将图像在 FPA 上移动了由四个相邻探测器单元所确定的矩形对角线间距的一半，如图 5.25 所示。

由微扫描产生的序列图像必须在显示前进行处理，依照所选择的微扫描模式，利用所有的序列图像的交错像素形成微扫描图像。在成像系统中包含一个实时图像处理器，这个处理器是一个双重帧缓存器结构。这个缓存器有不同的读写次序。实时微扫描处理器直接由序列图像建立微扫描图像，并把它发送到高速视频总线进行显示。图像的重建就是利用同一物体的多帧场像之间不同但相互补充的信息进行超分辨率复原，从一系列低分辨率的图像恢复出高分辨率的单帧图像，从而改善成像系统的成像质量。

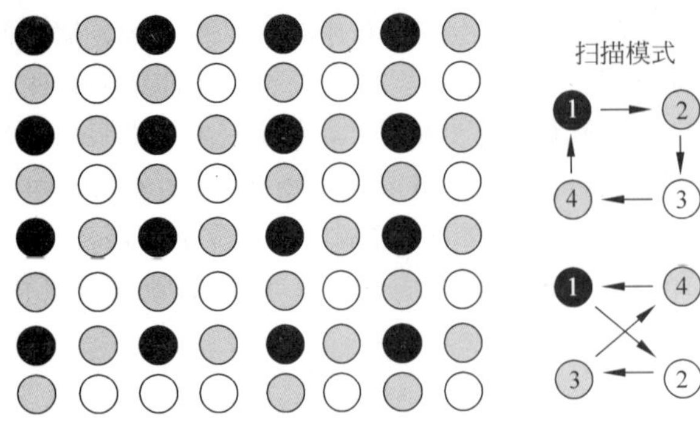

图 5.24 矩形双向微扫描模式

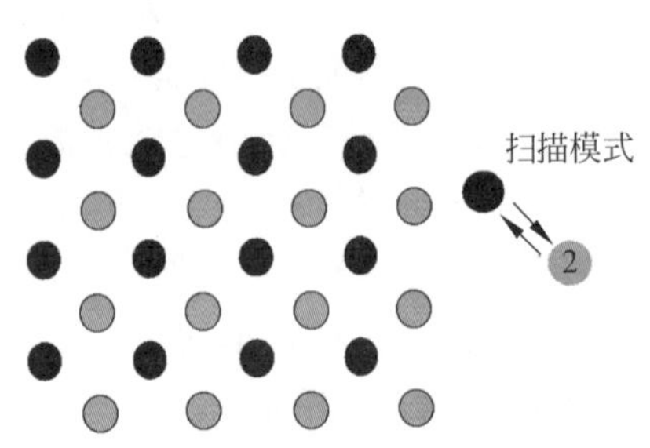

图 5.25 对角线微扫描模式

由于人眼的视觉残留特性，当帧频足够高，如每秒 24 帧时，人眼就感觉不到一帧图像是不连续的，因此，为不使人眼对图像有闪烁的感觉，在微扫描中帧频应高于每秒 24 帧，假设采用的帧频为 30Hz，则在 2×2 微扫描模式时，场频为 120Hz，也就是说，在(1/120)s 的时间内，一帧场像已经完成了移动和采集图像的过程。现有的红外探测器的积分时间能满足执行微扫描所需的条件。

2. 微扫描的工作模式

微扫描的工作模式决定了在探测器平面上图像的移动的周期和路线。图 5.26 所示是一些常用的微扫描模式，它们的实质是相同的，只是路线、帧频和周期略有不同。微扫描的步数越多，说明探测器的采样间距越小，空间采样率越高，对图像分辨率的提高越好。

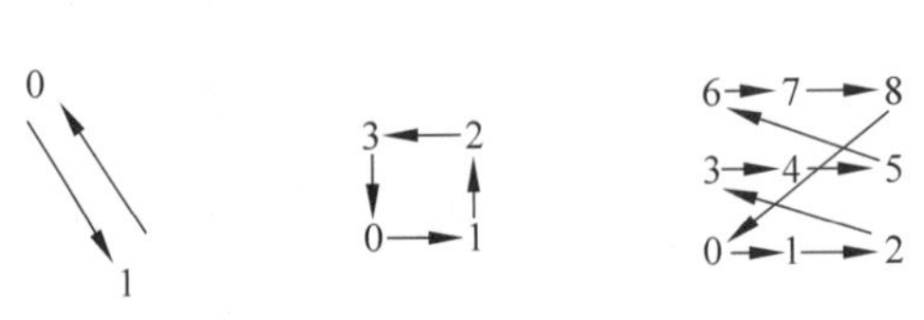

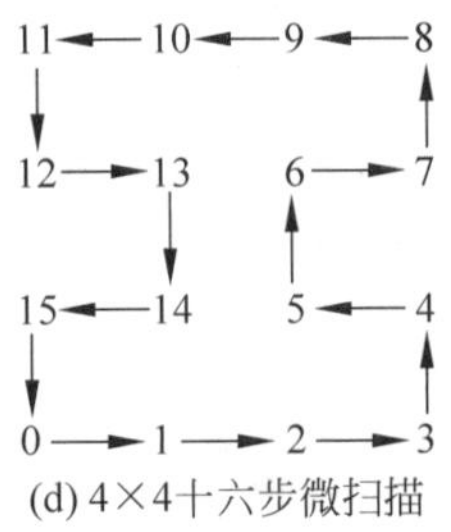

(a) 1×1两步微扫描 (b) 2×2四步微扫描 (c) 3×3九步微扫描 (d) 4×4十六步微扫描

图 5.26 微扫描工作模式

3. 微扫描装置

为了实现图像在阵列上的移动，要求系统内有一些移动机械装置，即微扫描装置。常用的微扫描机械装置是将扫描反射镜、扫描透镜、扫描探测器和扫描棱镜与压电陶瓷驱动器进行组合构成的，它们都有各自的优缺点。移动焦平面自身当然是最直接的方法，但这并不是一个好的选择，FPA 常安装在沉重的模块上，由于压电陶瓷驱动器上的重量过载，精确和快速地移动很难实现。采用扫描棱镜的方法可以实现快速移动，且重量较轻，但是会引入一些色差，对于宽波带的系统是不适用的。扫描反射镜有消除像差的优势，然而它要求光路的折转，在有些系统中可能很麻烦，而且它可能引起图像在探测器上不可忽略的旋转，这也是很难补偿的。两个摆动平面镜可以使图像在阵列上产生二维的移动，摆动平面镜做快速移动，因为机构本身有一定的惯性，所以摆动平面镜稳定性很差，不适合高速扫描。而且在高速摆动的情况下，视场边缘变得不稳定，并且要求较高的电机传动功率，总体来说不适合高速扫描。

扫描透镜是指移动探测器阵列前的聚焦透镜的方法，这种方法的优势是非常简洁，通常只需要驱动一块扫描透镜，扫描透镜产生低的色差可以通过前面的固定的透镜组来实现校正。而且透镜的移动量正好是所要求的图像在像面上的移动量，如图 5.27 所示。

微扫描装置的作用是使图像的位移频率与 FPA 的帧频同步，并将微扫描的步长设置成所选的工作模式，确定扫描路线。微扫描装置的转动是很小的，图像在FPA上进行亚像素(小于采样间距)的平移，而且微扫描装置可以制成对几个轴进行扫描。例如，图5.28给出的是微扫描透镜与压电陶瓷驱动器相结合的微扫描装置。微扫描透镜前是一个望远系统，利用微扫描透镜将景像成像在FPA上，微扫描透镜被固定在一个双轴移动平台上，这个移动平台受到压电陶瓷驱动器的驱动产生亚像素的位移，从而使图像在FPA上产生移动。

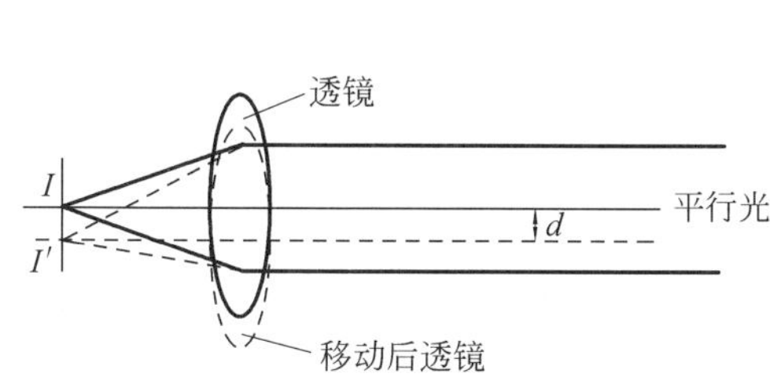

图5.27 微扫描透镜移动示意图

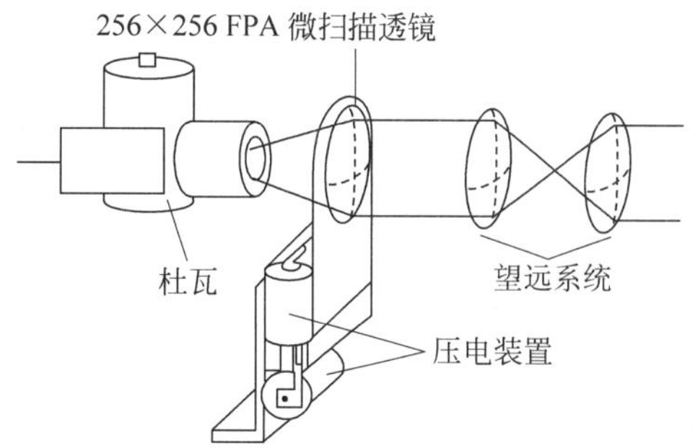

图5.28 微扫描装置

4. 微扫描的过程模型

光电成像系统一般包括光学成像子系统、采样子系统和重建子系统。光学成像子系统对目标成像，这个像是模糊像，它是由于光学系统的衍射和像差等多种因素所造成的；采样子系统利用探测器阵列对光学系统产生的模糊图像进行离散采样，产生场像；重建子系统是将经过探测器阵列离散采样的图像数据进行重建并显示的过程。这里重点考虑采样子系统。

物$o(x,y)$经光学成像子系统成像，产生模糊像$i(x,y)$，假设光学成像子系统是线性系统，$i(x,y)=o(x,y)*h(x,y)$，在这里$h(x,y)$是系统的点扩散函数，符号$*$表示卷积运算，由探测器阵列对连续图像$i(x,y)$采样产生采样图像为$i_s(x,y)$，则有

$$i_s(x,y)=\left[\frac{1}{w_x w_y}a\left(\frac{x}{w_x},\frac{y}{w_y}\right)*o(x,y)*h(x,y)\right]\frac{1}{d_x d_y}\mathrm{comb}\left(\frac{x}{d_x},\frac{y}{d_y}\right) \tag{5.62}$$

式中，$a(x,y)$是描述每个探测器单元(像素)形状的函数；w_x和w_y分别代表在x和y方向的像素宽度；d_x和d_y表示在x和y方向的像素之间的间距。在式(5.62)中忽略了探测器阵列的有限尺寸的影响。其中梳状函数的定义为

$$\mathrm{comb}(x,y)=\sum_{n=-\infty}^{\infty}\sum_{m=-\infty}^{\infty}\delta(x-n,y-m) \tag{5.63}$$

对式(5.62)进行傅里叶变换，获得图像的空间频率谱$I_s(\xi,\eta)$如下：

$$I_s(\xi,\eta)=[A(w_x\xi,w_y\eta)O(\xi,\eta)H(\xi,\eta)]*\mathrm{comb}(d_x\xi,d_y\eta) \tag{5.64}$$

大写字母表示相应小写字母的傅里叶变换。从式(5.64)可以看出，像素孔径和光学系统会对物的空间频率内容进行滤波(或模糊)，并且由于梳状函数卷积的原因，模糊的物光谱在采样点处被复制，产生频谱混叠。

现在考虑2×2微扫描的情况，即连续图像被微扫描装置在x和y方向分别移动了像素间距的一半，微扫描过程产生的采样图像为

$$\begin{aligned}i_{ms}(x,y)=&\frac{1}{4}\left[\frac{1}{w_x w_y}a\left(\frac{x}{w_x},\frac{y}{w_y}\right)*o(x,y)*h(x,y)\right]\frac{1}{d_x d_y}\left\{\mathrm{comb}\left(\frac{x}{d_x},\frac{y}{d_y}\right)+\right.\\&\left.\mathrm{comb}\left(\frac{x}{d_x}-\frac{1}{2},\frac{y}{d_y}\right)+\mathrm{comb}\left(\frac{x}{d_x},\frac{y}{d_y}-\frac{1}{2}\right)+\mathrm{comb}\left(\frac{x}{d_x}-\frac{1}{2},\frac{y}{d_y}-\frac{1}{2}\right)\right\}\end{aligned} \tag{5.65}$$

式(5.65)中的系数 1/4 表示每帧场像积分时间相对于非微扫描时间的减少，四帧微扫描图像上收集的总能量与单个的、非微扫描图像的总能量相同。

对式(5.65)进行傅里叶变换，得到微扫描图像的空间频率光谱为

$$I_{\mathrm{ms}}(\xi,\eta)=\frac{1}{4}[A(w_x\xi,w_y\eta)O(\xi,\eta)H(\xi,\eta)]*\{\mathrm{comb}(d_x\xi,d_y\eta)\times [1+\mathrm{e}^{-\mathrm{i}\pi d_x\xi}+\mathrm{e}^{-\mathrm{i}\pi d_y\eta}+\mathrm{e}^{-\mathrm{i}\pi(d_x\xi+d_y\eta)}]\} \tag{5.66}$$

运用式(5.63)可将式(5.66)写为：

$$I_{\mathrm{ms}}(\xi,\eta)=\frac{1}{4}[A(w_x\xi,w_y\eta)O(\xi,\eta)H(\xi,\eta)]* \left\{\sum_{n=-\infty}^{\infty}\sum_{m=-\infty}^{\infty}\delta(d_x\xi-n,d_y\eta-m)[1+\mathrm{e}^{-\mathrm{i}\pi n}+\mathrm{e}^{-\mathrm{i}\pi m}+\mathrm{e}^{-\mathrm{i}\pi(m+n)}]\right\} \tag{5.67}$$

注意式(5.67)中的大括号内，当 n、m 为偶数时，值为 4，对于 n 和 m 的其他组合则值为 0，也就是说只有偶级谱引入混叠，由此可知 2×2 微扫描可以减小基带内的频谱混叠，非零级谐波与基带图像频谱有了较大的分离，等效于 Nyquist 频率提高了一倍。这种影响如图 5.29 所示，为了简便用一维表示，图中带有竖线的部分表示基带，ξ_0 表示不采用微扫描时的频域的采样间距。由前述的采样定理可知，在图像重建的过程中只取基带部分，从图 5.29 可以看出基带内含有其他谐波的成分，也就是说在重建图像中会有混叠。采取 2×2 微扫描后采样间距减小到原来的一半，则频域的采样频谱间距增大到原来的两倍，即 $2\xi_0$。比较图 5.29 和图 5.30，可以看到基带和谐波的交叠减少了，这个减少量也取决于频谱的形状。如果要减小高级频谱的影响，则只能增加微扫描步数。

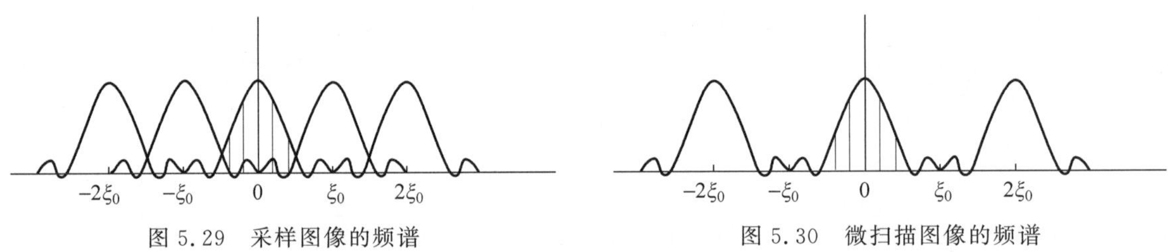

图 5.29　采样图像的频谱

图 5.30　微扫描图像的频谱

由 2×2 四步微扫描产生的图像结果，给出 3×3 九步微扫描空间频率光谱的结果：

$$I_{\mathrm{ms}}(\xi,\eta)=\frac{1}{9}[A(w_x\xi,w_y\eta)O(\xi,\eta)H(\xi,\eta)]*\left\{\sum_{n=-\infty}^{\infty}\sum_{m=-\infty}^{\infty}\delta(d_x\xi-n,d_y\eta-m)\times\left[1+\mathrm{e}^{\frac{-\mathrm{i}2\pi n}{3}}+\mathrm{e}^{\frac{-\mathrm{i}4\pi n}{3}}+\mathrm{e}^{\frac{-\mathrm{i}2\pi m}{3}}+\mathrm{e}^{\frac{-\mathrm{i}4\pi m}{3}}+\mathrm{e}^{\frac{-\mathrm{i}2\pi(n+m)}{3}}+\mathrm{e}^{\frac{-\mathrm{i}2\pi(2n+m)}{3}}+\mathrm{e}^{\frac{-\mathrm{i}2\pi(n+2m)}{3}}+\mathrm{e}^{\frac{-\mathrm{i}4\pi(n+m)}{3}}\right]\right\} \tag{5.68}$$

只使用 1×1 两步微扫描就可以实现频谱混淆的减少，对于两步微扫描采样图像为

$$i_{\mathrm{ms}}(x,y)=\frac{1}{2}\left(\frac{1}{w_xw_y}a\left(\frac{x}{w_x},\frac{y}{w_y}\right)*o(x,y)*h(x,y)\right)\frac{1}{d_xd_y}\left\{\mathrm{comb}\left(\frac{x}{d_x},\frac{y}{d_y}\right)+\mathrm{comb}\left(\frac{x}{d_x}-\frac{1}{2},\frac{y}{d_y}-\frac{1}{2}\right)\right\} \tag{5.69}$$

相应的空间频率光谱为

$$I_{\mathrm{ms}}(\xi,\eta)=\frac{1}{2}(A(w_x\xi,w_y\eta)O(\xi,\eta)H(\xi,\eta))*\sum_{n=-\infty}^{\infty}\sum_{m=-\infty}^{\infty}\delta(d_x\xi-n,d_y\eta-m)\{1+\mathrm{e}^{-\mathrm{i}\pi(m+n)}\} \tag{5.70}$$

从式(5.70)可以看出，当 n、m 相等或均为奇数和偶数时，大括号内的项的值为 2，其他情况均为 0。

与式(5.67)比较可知两步微扫描的非零项多于四步微扫描的情况，因此两步微扫描的频谱混叠大于四步微扫描的频谱混叠。

微扫描技术引入红外凝视成像系统中，等效于减小了采样间距，增加了空间采样率，从前面的叙述可知，微扫描能够减小图像中的频谱混叠，提高分辨率。

5.5.3 非均匀微扫描

前面所描述的微扫描技术，能有效地减小红外图像的频谱混叠，提高成像系统分辨率。通常说的 N 级微扫描是一种均匀微扫描：将目标图像分别在 x,y 方向上进行 $1/N$(N 为整数)像素距的亚像素位移，得到 $N\times N$ 幅欠采样图像置在更精细的网格上，合成一幅 Nyquist 频率提高到 N 倍的微扫描图像。在微扫描技术中包括了多幅图像的插值，这些图像包含了同一场景的近似但又不完全相同的信息，利用了这些相互补充的信息，就可以更好地还原原始图像。利用压电陶瓷驱动器和光学元件相结合的微扫描装置来产生微位移，从而得到了多幅低分辨率的图像。这种微扫描的方式被称为受控微扫描，简称微扫描，是一种均匀微扫描。

但在一些实际应用中，并不能保证得到的多帧图像的相对位移在像素网格上是均匀分布的。但是只要图像之间有非整数倍的位移，就可以获得更多的信息，直观上讲，就该有机会合成一幅质量更好、混叠减少的图像，所以有必要注意非均匀微扫描的情况。

前视红外探测器阵列系统经常被安装在无人机、小型直升机、车辆和坦克上，安装平台会由于运动而产生正常的抖动，利用这种抖动也可以获得图像的移动，只要这种移动是亚像素的，图像之间就会包含有互补的信息，同样也可以利用这些互相补充的信息来重建高分辨率的图像，这种微扫描的方式被称为抖动微扫描或非受控微扫描，是一种非均匀微扫描。因此这种系统中不再需要微扫描镜和驱动系统。但是由抖动得到的这些图像之间的移动量是随机的，如果能利用某种算法得到图像之间的这种移动量，就可以利用这些多幅图像重建高分辨率图像，下面介绍这种运算法则。

如果红外凝视成像系统被安装在一个抖动的移动平台上，这样就产生了一个非受控的、随机的抖动模式。这里得到的每一幅图像的移动量都是未知的，要利用这些图像重建一幅高分辨率图像，首先必须估计出图像之间的这些移动量，然后根据这些移动量将多幅低分辨率图像插值重建成高分辨率的图像。

第一幅获得的图像用 $o_1(x,y)$来表示，并将它定义为参考图像，其余图像的移动量是相对于参考图像得出的。h_k、v_k 代表第 k 幅图像在水平和垂直方向的移动量，p 表示抖动过程所得到的图像的总数。那么，观察到的第 k 幅图像可以表示为

$$o_k(x,y)=o_1(x+h_k,y+v_k)(k=2,3,\cdots,p) \tag{5.71}$$

对于参考图像来说，$h_1=0,v_1=0$。对式(5.71)进行泰勒级数展开，前三项可以表示为

$$o_k(x,y)\approx o_1(x,y)+h_k\frac{\partial o_1(x,y)}{\partial x}+v_k\frac{\partial o_1(x,y)}{\partial y} \tag{5.72}$$

式(5.72)本身就是一个近似，x,y 方向的移动估计量是分离的，可利用最小二乘法对 h_k、v_k 求解，最小二乘法误差表示为

$$E_k(h_k,v_k)\approx\frac{1}{MN}\sum_{m=1}^{M}\sum_{n=1}^{N}\left[o_k(m,n)-o_1(m,n)-h_k\frac{\partial o_1(m,n)}{\partial m}-v_k\frac{\partial o_1(m,n)}{\partial n}\right]^2 \tag{5.73}$$

这个计算的目的是为了使误差值最小，也就是使 $o_k(x,y)$尽量接近 $o_1(x,y)$，这里 m、n 是 x、y 方向的独立变量。M、N 代表在 x、y 方向的像素的总数。h_k、v_k 仍然分别表示第 k 幅图像和参考图像之

间在x、y方向的移动量。为了对误差进行最小化,对式(5.73)求一阶导数,并使一阶导数的值为零。对式(5.73)中的h_k、v_k进行微分,得到了下面的两个等式:

$$\begin{aligned}&\sum_{m}^{M}\sum_{n}^{N}\left(o_k(m,n)-o_1(m,n)-h_k\frac{\partial o_1(m,n)}{\partial m}-v_k\frac{\partial o_1(m,n)}{\partial n}\right)\left(-\frac{\partial o_1(m,n)}{\partial m}\right)=0\\&\sum_{m}^{M}\sum_{n}^{N}\left(o_k(m,n)-o_1(m,n)-h_k\frac{\partial o_1(m,n)}{\partial m}-v_k\frac{\partial o_1(m,n)}{\partial n}\right)\left(-\frac{\partial o_1(m,n)}{\partial n}\right)=0\end{aligned}\tag{5.74}$$

式(5.74)利用矩阵的形式求解更方便,写成矩阵的形式为

$$\begin{bmatrix}\sum_{m=1}^{M}\sum_{n=1}^{N}\left(\frac{\partial o_1(m,n)}{\partial m}\right)^2 & \sum_{m=1}^{M}\sum_{n=1}^{N}\left(\frac{\partial o_1(m,n)}{\partial m}\frac{\partial o_1(m,n)}{\partial n}\right)\\ \sum_{m=1}^{M}\sum_{n=1}^{N}\left(\frac{\partial o_1(m,n)}{\partial m}\frac{\partial o_1(m,n)}{\partial n}\right) & \sum_{m=1}^{M}\sum_{n=1}^{N}\left(\frac{\partial o_1(m,n)}{\partial n}\right)^2\end{bmatrix}\begin{bmatrix}h_k\\ v_k\end{bmatrix}=$$
$$\begin{bmatrix}\sum_{m=1}^{M}\sum_{n=1}^{N}(o_k(m,n)-o_1(m,n))\frac{\partial o_1(m,n)}{\partial m}\\ \sum_{m=1}^{M}\sum_{n=1}^{N}\left(o_k(m,n)-o_1(m,n)\frac{\partial o_1(m,n)}{\partial n}\right)\end{bmatrix}\tag{5.75}$$

式(5.75)的简化形式为

$$\boldsymbol{M}\cdot\boldsymbol{S}=\mathbf{V}\tag{5.76}$$

式中,$\boldsymbol{S}=[h_k \quad v_k]^{\mathrm{T}}$

$$\begin{aligned}&\boldsymbol{M}=\begin{bmatrix}\sum_{m=1}^{M}\sum_{n=1}^{N}\left(\frac{\partial o_1(m,n)}{\partial m}\right)^2 & \sum_{m=1}^{M}\sum_{n=1}^{N}\left(\frac{\partial o_1(m,n)}{\partial m}\frac{\partial o_1(m,n)}{\partial n}\right)\\ \sum_{m=1}^{M}\sum_{n=1}^{N}\left(\frac{\partial o_1(m,n)}{\partial m}\frac{\partial o_1(m,n)}{\partial n}\right) & \sum_{m=1}^{M}\sum_{n=1}^{N}\left(\frac{\partial o_1(m,n)}{\partial n}\right)^2\end{bmatrix}\\&\mathbf{V}=\begin{bmatrix}\sum_{m=1}^{M}\sum_{n=1}^{N}(o_k(m,n)-o_1(m,n))\frac{\partial o_1(m,n)}{\partial m}\\ \sum_{m=1}^{M}\sum_{n=1}^{N}\left(o_k(m,n)-o_1(m,n)\frac{\partial o_1(m,n)}{\partial n}\right)\end{bmatrix}\end{aligned}\tag{5.77}$$

因此用$\boldsymbol{S}=\boldsymbol{M}^{-1}\mathbf{V}$,可以算出移动估计量。

对于一个离散函数$f(i,j)$,利用差分来代替微分,在x和y的一阶差分的定义为

$$\begin{aligned}\Delta_x f(i,j)&=f(i,j)-f(i-1,j)\\ \Delta_y f(i,j)&=f(i,j)-f(i,j-1)\end{aligned}\tag{5.78}$$

因此

$$\begin{aligned}\frac{\partial o_1(m,n)}{\partial m}&=o_1(m,n)-o_1(m-1,n)\\ \frac{\partial o_1(m,n)}{\partial n}&=o_1(m,n)-o_1(m,n-1)\end{aligned}\tag{5.79}$$

利用式(5.77)就可以求出图像之间的移动量。为了验证这种算法的正确性,以四帧低分辨率图像进行计算,以第一帧图像为参考图像,求出其他三帧图像相对于第一帧图像的移动估计量。理论的移动量与算法得到的移动估计量之间的比较如图5.31所示。

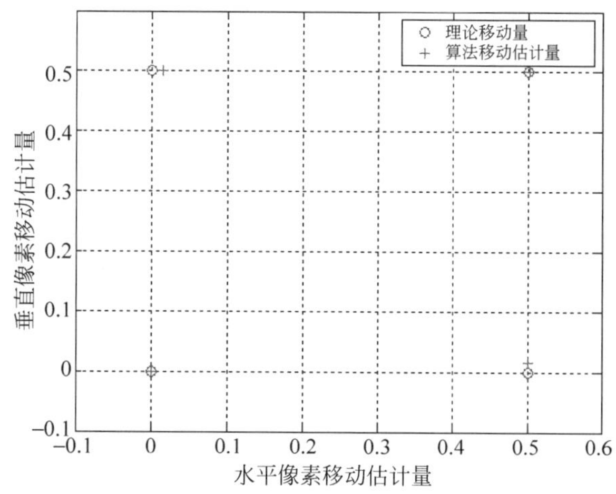

图 5.31 理论的移动量与算法得到的移动估计量之间的比较

图 5.31 中的圆圈表示四帧图像的理论移动量,加号表示由上面的算法得到移动估计量。图 5.31 说明这种移动估计算法能很好地求出图像之间的移动估计量。

得到了图像之间的移动估计量,就可以利用这些图像和它们之间的移动量重建高分辨率图像。取移动估计量的最邻近值,也就是正好使图像之间的这种移动量等于高分辨率图像的单元长度。同样采用在空域错位叠加的方法,可以得到这个高分辨率图像。

传统的图像插值方法是在一帧图像上利用局部信息进行线性插值或样条函数插值,这些方法使图像的高频细节被丢失,且无唯一解。1981 年,Tsay 首次提出了从多帧互有位移的图像序列中插值产生一帧高分辨率图像的概念,根本上解决了图像超分辨率无唯一解的问题。后来研究者们又提出了迭代反向投影算法、凸集投影算法、实时串行迭代算法、能量连续降减法和贝叶斯方法等多种算法。

采用空域错位叠加的方法,已经很好地证明微扫描在成像过程中的重要作用,如果采用一些更优的重建算法,得到的图像会比直接叠加重建的图像效果要好一些。

微扫描是一种在不增加探测器数目的情况下,提高成像系统分辨率,改善成像质量的有效方法。非均匀微扫描,只要能够求出图像之间的移动量,就可以利用图像之间互补的信息重建高分辨率的图像。

微扫描过程可以有效地改善 FPA 的分辨率,可达到与单个探测器连续扫描几乎接近的性能。然而目前微扫描技术主要受到以下几方面的限制:

(1) 对于给定的帧频,探测器对图像进行采样的积分时间减少了,对探测器的灵敏度和响应时间有较高的要求。需要明确的是,对于每帧图像要求的积分时间乘以微扫描过程的步数的结果不可超过可用的帧周期。为了尽量减小微扫描镜振动的影响,应尽量减小微扫描镜的移动时间,多留时间稳定微扫描镜。

(2) 微扫描过程要进行大量的数据处理,要进一步研究图像的重建算法,尽量减小运算时间,以便进行实时处理。微扫描步数和探测器灵敏度的要求要和实时的数字图像处理达到一个折中。

(3) 微扫描技术还受到压电陶瓷从一点移动图像到另一点的时间和精度限制。

微扫描技术是一种有效的提高成像系统分辨率的技术。因此,研究微扫描的工作原理和工作过程,并对其进行计算机仿真,以此来指导微扫描的开发和研制,具有理论研究价值和应用价值。

5.6 热像仪产品选例

这里对不同公司生产的热像仪产品进行选例介绍，可以看出不同公司的产品，其性能类别和参数是不同的。

1. 某公司 640×480 IRFPA

该产品概况和技术性能具体如下：

1）产品概况

某公司的这种红外技术可生产多种扫积性 IRFPA 和凝视 IRFPA。典型产品是 640 元×480 元器件，在长波红外和中波红外中都可获得 640 元×480 元器件。这种 FPA 采用碲镉汞敏感材料，调节所需的截止波长。

2）技术性能

光谱频带　长波红外 10～10.5μm

　　　　　中波红外 5～5.5μm

像元间距　25μm

信号输出数　4

额定探测率

　长波红外 D^*　>5×10^{9}Jones（1Jones=1cm·$\mathrm{Hz}^{1/2}$·W^{-1}）

　中波红外 D^*　>5×10^{10}Jones

2. 某公司的红外探测器

该产品概况和技术性能具体如下：

1）产品概况

某公司生产多种第 2 代和第 3 代 MCT 红外探测器。这些探测器可作为探测杜瓦装置（DDA）或整体探测杜瓦致冷器装置（IDDCA）提供。这些探测器适用于热像仪、寻的器、红外搜索与跟踪系统和其他应用。

可提供工作在 1～3μm、3～5μm 或 8～12μm 波段的光伏探测器。碲镉汞线性 CCD 阵列已生产有 32～1500 元，甚至更大规模。所有这些阵列都采用 CMOS 读出技术。线性阵列采用机内时间延迟积分，可获得 4 元×48 元～6 元×480 元，甚至更大规模阵列。在绝大多数种类中均可获得 3.5μm、5μm 和 10.5μm 截止波长。

面阵可获得 128 元×128 元、256 元×256 元、320 元×256 元，甚至更大规模，也可获得 3.5μm、5μm 和 10.5μm 截止波长。所有都采用互补性金属氧化物半导体读出。640 元×480 元较大阵列已商品化。

该公司研制的 288 元×4 元探测器阵列用于许多红外系统，多作为特定用途，如导弹、瞄具，用于飞机、舰船的红外搜索与跟踪系统等。

2）技术性能

288 元×4 元长波 IRFPA/IDCA（红外焦平面阵列/集成探测器/致冷器装置）

阵列类型　碲镉汞 8～12μm TDI（Time Delay and Integration，时间延时积分）/多路调制 FPA

探测器　288 元×4 元碲镉汞 PV 二极管

TDI　4 元时可获得

信号输出数　16

输出动态范围	2.5V(>80dB)
元件灵敏尺寸	25μm×28μm
NETD(平均)	20mK
像元速率	2MHz 最大(每次输出)

128 元×128 元长波 IRFPA/IDCA

阵列类型	8～12μm 凝视/快摄 FPA
元数	16384 碲镉汞 PV 二极管
阵列格式	128 元×128 元
动态范围	2.8V(81 dB)
NETD(平均)	10mK
帧频	直到 300Hz

480 元×6 元长波 IRFPA/IDCA

阵列类型	碲镉汞 8～12μm TDI/多路调制 FPA
探测器	480 元×6 元碲镉汞 PV 二极管
TDI	6 元时可获得
信号输出数	16
输出动态范围	3V(74dB)
NETD(平均)	20mK
像元速率	5MHz 最大(每次输出)

320 元×256 元中波 IRFPA/IDCA

探测器类型	碲镉汞 3～5μm 凝视/快摄 FPA
元数	81920 碲镉汞 PV 二极管
阵列格式	320 元×256 元
NETD(平均)	88mK
帧频	可变至 400Hz
信号输出数	1～4(可选择)

3. 某通用非致冷红外热像机芯

技术性能如下：

器件类型：320 元×240 元非致冷非晶硅 FPA；

响应波段：8～14μm；

NETD：0.12℃(@25℃)；

启动时间：25s(@25℃)；

稳定时间：≤3min(@25℃)；

工作时间限制：>2h；

视频输出：BNC 插座，模拟视频 CCIR 制；

数字视频(选配)：DB15 插座 10bit 输出；

功耗：≤5W(@25℃)；

外形尺寸：108mm×108mm×100mm；

重量：≤750g；

供电要求：DC7.2V；

外接操作控制(断接)：NUC 1D(单点校正)，AUTO(对比度调节)；

一次单点校正所需时间：约 10s；

工作温度：0～+45℃；

防护：IP55；

电源控制盒(选配)：220V、50Hz；提供热像仪电源，提供单点校正与对比度调节按键。

4. 某型通用非致冷热像仪机芯

技术性能如下：

器件类型：320 元×240 元非致冷非晶硅 FPA；

响应波段：8～14μm；

NETD：0.1℃(@25℃)；

启动时间：30s(@25℃)；

稳定时间：1min(@25℃)；

增益：自动增益；

单点校正：每隔 5min 自动校正；

校正时间：3s；

视频输出：BNC 插座，模拟视频 CCIR 制；

数字视频(选配)：LEMO EGG4B(50 芯) LVDS 14bit 输出；

功耗：≤6W(@25℃)；

供电：DC7～14V；

外形尺寸：110mm×80mm×80mm；

重量：≤900g，带数字口输出重量为 1050g；

工作温度：－20～+45℃；

防护：IP67。

该通用热像仪允许在露天和供用户做二次开发使用，其整机设计能够抵御风沙、潮湿和雨雪。并且热像仪设备本身在冲击、振动和高热低温环境下均能正常工作。

作为一种通用光电装备，可主要用于武器瞄准器、目标侦察、光电火控、警戒探测、空降导航和杀伤力评估等军事领域，适合于多军兵种通用设备的使用和进一步开发增强功能的基本设备。

5. 某型红外瞄准镜

某型红外瞄准镜配合肩扛式导弹使用，用于射手准确捕捉、瞄准目标。红外瞄准镜与装筒导弹、发射机构组成完整的武器系统，也可配置成用于手持式设备。

红外探测器：320 元×240 元非致冷焦平面列阵；

响应波段：8～12μm；

红外镜头：焦距 75mm/F0.8；

视场角：12°×9°；

重量：2.2kg；

供电方式：锂电池、7.2V、2A·h；
工作时间：一次充电设备可连续工作1h；
显示器件：2.5in液晶显示屏，目镜观察；
产品优点：集成红外线机芯、锂电池、液晶显示器一体化，适合便携。

6. 某型红外镜头

某型红外镜头如图5.32所示。

图5.32　某型红外镜头

技术性能如下：
焦距：75mm；
相对孔径：0.8；
调焦方式：手动调焦；
像面尺寸：18mm。

7. 某型监控热像仪机芯

某型监控热像仪机芯技术性能如下：
器件类型：320元×240元非晶硅FPA；
响应波段：8～14μm；
NETD：0.1℃(@25℃)；
启动时间：≤5s(@25℃)；
稳定时间：≤15s；
自动单点校正间隔：5min；
单点校正时间：≤1s；
增益：固定增益；
视频输出：BNC插座，模拟视频CCIR制；
数字视频(选配)：Thomas &Betts SCSI IDC (26芯)；
功 耗：≤2.5W(@25℃)；
供电：DC6～15V；
外形尺寸：94mm(W)×64mm(H)×64mm(L)；
重 量：≤320g；
工作温度：−20～+50℃；
防护：IP55；
产品优点：启动迅速，整机性能稳定，图像均匀性很好，像质优等。

8. 某型热像摄像机

图5.33　某型热像摄像机

某型热像摄像机如图5.33所示。
技术性能如下：
适用极限夜视环境：0lx；
识别人体距离：350m(使用电子放大功能距离可以增加1.3～1.9倍)；
外形尺寸：110mm×180mm×360mm，不计把手高130mm；
整机重量：2.2kg(不包括锂电池)；
工作温度：−20～50℃；
工作湿度：在85%以内。

热像摄像机可昼夜两用，还可用于对抗烟幕迷茫，揭示、识别敌方伪装和微波隐身目标。是全天候、24h作战的一种重要工具。热像仪不需要人工辅助照明，热像仪在某种程度上可以穿透烟、雾进行观察，并且作用距离远。在观察大于1km的远距离目标时，使用效果优于微光夜视仪。热像仪的优点还在于它可以探测到用其他手段难以发现(或无法区别)的目标。例如，它可以发现军事人员与车辆活动过后来又撤离的场所，还可以揭露各种军事伪装，"透过"丛林及伪装网看清目标。但有的热成像系统分辨本领赶不上近红外和可见光成像系统。夜光下(和昼间阳光下)物体的阴影有助于形成立体形象，但热图中物像几乎没有阴影，因而缺乏立体感。

5.7 红外传感器工程设计出发点及分析

红外传感器是红外系统的主要功能单元之一，主要任务是对各种动静态目标进行探测，并将探测到的目标信号送给红外信息与图像处理单元进行处理。红外传感器工程设计的优劣对整个系统的性能实现具有至关重要的作用。因此，针对具体的应用对象和场合，对红外传感器的工作波段、组成、探测器选型、红外光学系统和红外信号预处理等工程设计内容进行研究是不可或缺的。

从红外物理学的基本概念和普朗克定律出发，可以通过对目标背景光谱辐射对比度的分析和两个波段的工作环境、实际应用情况等因素的比较，给出红外成像系统工作波段的选择方法，所给出的选择因素是红外系统设计的基本出发点。根据某型红外系统的功能性能要求，提出相应红外传感器的主要功能和具体性能指标。在分析红外传感器工作原理的基础上，进行红外传感器的组成方案设计，包括物镜、红外探测器的组成、红外信号预处理电路、控制与通信电路等方面的内容，尤其是分析确定NUC的工程方法。对红外探测器组件的选型进行分析，对物镜光学系统进行工程方案设计，确定其具体参数。针对物镜的温度补偿问题，确定选用具体有效的温度补偿方法。

5.8 红外工作波段的选取分析

3～5μm和8～12μm波段的红外成像技术，一直是红外成像技术发展的重点。两个波段哪个波段在远距离探测方面性能优越，因假定的条件、应用的场合和选用的数据不同，结论有所差别。从20世纪70年代开始，该问题一直在讨论中，可见该问题的重要性。由于红外成像系统的敏感器件探测器响应的是目标、背景的辐射功率，因此确切地讲，红外成像是利用目标与背景的辐出度(Radiant Exitance)差实现的。这个辐出度差称为辐射对比度(Radiant Contrast)，它不等同于辐射温差，对于相同的温差，辐射对比度会随着波段的不同有所变化。因此，可以通过选择合适的光谱通带，获得最大的目标背景辐射对比度。下面将探讨不同的目标温度应用场合，如何选择红外系统的工作波段，以获得最大的辐射对比度。

5.8.1 光谱辐出度

由普朗克辐射公式：

$$M(\lambda,T)=\frac{c_1}{\lambda^5(e^{c_2/\lambda T}-1)} \tag{5.80}$$

可知黑体的光谱辐出度$M(\lambda,T)$有一个极大值，对应极大值的波长λ_m称为峰值波长。假定背景辐射温度为$T_1=T$，目标辐射温度为$T_2=T+\Delta T$，可以得到如图5.34所示的两条光谱曲线。不难看出，尽管目标背景的辐射温差 ΔT 相同，但辐出度 ΔM 却不相同，而且 ΔM 的极大值也不在峰值波长 λ_m 处。后面将详细说明辐出度 ΔM 与 λ 的关系。

5.8.2 光谱辐射对比度

在目标背景温差相对较小的情况下，以微分近似有限差分，可以得到由温差变化引起的黑体辐射功率的变化：

$$\frac{\Delta M(\lambda,T)}{\Delta T}=\frac{\partial M(\lambda,T)}{\partial T}=\frac{c_1c_2}{\lambda^6T^2}\frac{e^{c_2/\lambda T}}{(e^{c_2/\lambda T}-1)^2} \tag{5.81}$$

也即

$$\Delta M(\lambda,T)=\frac{c_1c_2}{\lambda^6T^2}\frac{e^{c_2/\lambda T}}{(e^{c_2/\lambda T}-1)^2}\Delta T \tag{5.82}$$

它表明辐出度的增量随温差的变化幅度与温度、波长有关，对某一特定的温度，可以得到光谱辐射对比度曲线如图 5.35 所示，从中可以直观地发现光谱辐射对比度存在一个极大值。但它是否存在且只存在一个极大值，这个极大值存在于何处呢？下面将进行详细说明。

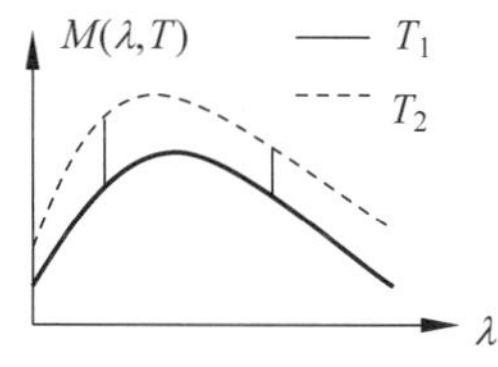

图 5.34 两条光谱曲线

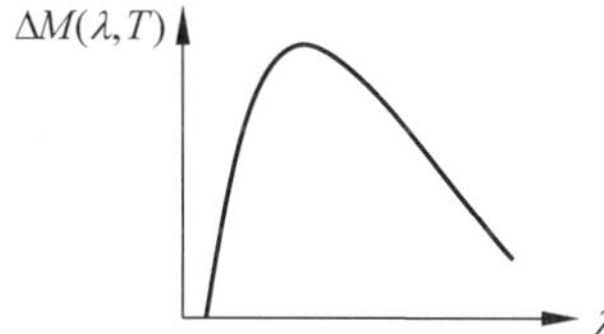

图 5.35 光谱辐射对比度曲线

5.8.3 光谱辐射对比度极值波长

为求得光谱辐射对比度的极大值，对式(5.82)进行微分，并令其结果等于零。由于只考察在某一特定温度下，ΔM 与 λ 的变化关系，故可在推导中将 T、ΔT 看成常量，即

$$\frac{d}{d\lambda}(\Delta M)=0 \tag{5.83}$$

得到

$$\frac{c_1c_2\Delta T}{\lambda^7T^2}\frac{e^{c_2/\lambda T}}{(e^{c_2/\lambda T}-1)^2}\left(\frac{2c_2}{\lambda T}\frac{e^{c_2/\lambda T}}{e^{c_2/\lambda T}-1}-\frac{c_2}{\lambda T}-6\right)=0 \tag{5.84}$$

式(5.84)中前两项均不可能等于零，只有

$$\frac{2c_2}{\lambda T}\frac{e^{c_2/\lambda T}}{e^{c_2/\lambda T}-1}-\frac{c_2}{\lambda T}-6=0 \tag{5.85}$$

就目前红外成像所采用的工作波段和温度范围，取极端情况也能满足 $c_2>3\lambda T$，则 $e^{c_2/\lambda T}/(e^{c_2/\lambda T}-1)\approx 1$，故式(5.85)可简化为

$$\frac{2c_2}{\lambda T}-\frac{c_2}{\lambda T}-6=0 \tag{5.86}$$

解此方程，得

$$\lambda T=2398\mu\text{m}\cdot\text{K} \tag{5.87}$$

式中，c_2 为第二辐射常数。如果对式(5.85)采用计算机数值解法精确求解，可求得

$$\lambda T = 2410\mu\text{m} \cdot \text{K} \tag{5.88}$$

至此，可以判定光谱辐射对比度仅存在一个极大值，也就是最大值。该最大值存在于 $\lambda_M = 2410/T$ 处。式(5.88)简洁地表达了对温度为 T 的目标，如果想获得最大光谱辐射对比度，就应选择 λ_M 附近的谱带作为红外成像系统的工作波段。

例如，对用于观察常温目标的红外成像系统，常温约 305K，由维恩位移定律，知道其峰值辐射波长为 $\lambda_m = 2897/T = 2897/305 = 9.498\mu\text{m}$。假定某距离上大气传输透过率为 $\tau = 0.66$，常温目标辐射系数 $\varepsilon = 0.99$，则目标到达成像系统的辐射温度传递为 $T' = \dfrac{c_2 T}{c_2 - \lambda T \ln(\tau\varepsilon)} = 281\text{K}$。代入式(5.88)，得 $\lambda_M = 2410/T' = 8.57\mu\text{m}$。

因此，8～12μm 是比较理想的观察波段。如果需要观察高温目标，如以 $Ma = 3$ 速度飞行的某型飞机，其蒙皮温度可达 605K，则 $\lambda_m = 2897/T = 2897/606\mu\text{m} = 4.78\mu\text{m}$。其表面辐射系数 $\varepsilon = 0.9$，同样对 $\tau = 0.66$，经大气传输路程后，有 $T' = \dfrac{c_2 T}{c_2 - \lambda T \ln(\tau\varepsilon)} = 548\text{K}$。代入式(5.88)，得 $\lambda_M = 2410/T' = 4.39\mu\text{m}$。即选用 3～5μm 的工作波段是合适的。

5.8.4 两个红外波段的实际比较

较高温度的目标在 3～5μm 波段有很强的辐射。对于侧面或尾追探测时，喷口的尾焰辐射 3～5μm 波段占总能量的 60%以上，此时蒙皮辐射较小，适于探测空中目标。在南方湿热或大气水分高的地区，3～5μm 波段优于 8～12μm 波段。而 8～12μm 波段适宜于低温干燥的气候条件下工作。从探测的目标特性来考虑，探测超音速导弹，采用 3～5μm 波段更好；探测亚音速导弹，采用 8～12μm 波段更好。

对红外系统而言，在光学衍射限制和同一分辨角的情况下，3～5μm 波段的光学口径要比 8～12μm 波段小一半，这对降低红外系统的体积与重量有显著的贡献，适装性更强。而且两个波段相同规模的探测器、光学系统的成本价格比较，3～5μm 波段的价格一般低于 8～12μm 波段的价格。

正确选择工作光谱通带对充分发挥红外成像系统性能、提高灵敏度至关重要。当然，工作波段的选择，还应充分考虑大气传输窗口及探测对象、工作环境等因素，这里所给出的选择因素只是红外系统设计的基本出发点。值得一提的是，3～5μm 波段和 8～12μm 波段各有优劣，因此从长远来看，采用双波段探测甚至包括短波红外波段探测是发展趋势。

对于 300K 左右的目标(如直升机、飞机和迎头导弹)，其蒙皮辐射主要集中在 8～12μm 波段，这是因为 300K 时辐射的峰值波长为 10μm，而且 8～12μm 波段较宽。这是采用单波段情况下，某型红外系统选取 8～12μm 波段的主要原因之一。从响应性能考虑，8～12μm 应选择 MCT 材料。

5.9 红外光学系统无热化设计方法

通常设计一个光学系统只考虑常温条件，这样设计出的光学系统在一般条件下使用是可行的，但是，如果在非常温条件下使用时，其光学性能将会变差。造成这种现象的主要原因是随着环境温度的变化，光学系统中光学元件和支撑该光学元件的机械部件物理性能发生了变化，即存在折射率温度系数和线膨胀系数，从而造成光学系统性能下降。

许多光学系统的工作温度范围较宽，尤其军用系统大多为 −40℃～60℃，甚至更宽，在这个温度变化范围内，光学系统(尤其是红外光学系统)的焦面会随温度变化产生轴向位移，成像质量恶化。因此，要保证红外光学系统的正常工作，必须消除温度对光学系统的影响(即进行无热化设计)，使光学系统能承受较大范围的温度变化，保持其光学性能的稳定。

红外光学系统多用于较为严苛的应用环境中，易受环境温度变化的影响。环境温度的变化不仅可以导致红外光学元件(镜片)的厚度、曲率、面形、折射率、折射率温度系数等发生较大的变化，用于制备镜头的结构材料(铝、钛合金或其他材料)也会发生热胀冷缩的现象。因此，镜片及其外壳材料在温度变化时发生的光学/机械参数的变化共同决定着红外系统像质的变化。这种由于温度变化导致的像质变化称为热差(热像差)。

热差可分为两类：在两种温度下轴上物点成像位置的差异称为位置热像差，而两种温度下因成像倍率不同造成的像的大小的差异称为倍率热像差。

值得指出的是，光学系统的色差是由于透镜介质的折射率随波长的不同而产生的，光学系统的热差主要是由于透镜介质的折射率随温度的不同而产生的，二者产生的原因很相似。而且色差也有位置色差和倍率色差之分，这与位置热像差和倍率热像差很相似。但是，对于热差来说，除对折射率的影响外，它对透镜的曲率、面形以及透镜间的间隔等也会发生影响，所以热差比色差要更复杂，也更难消除。由于热差与色差有一定的相似性，往往可以考虑用一种方法来同时消除这两种像差。

通常认为引起热差的最主要因素是镜片材料的折射率(n)随环境温度(T)变化而发生变化，常用折射率温度系数($\mathrm{d}n/\mathrm{d}T$)来表征这个现象。红外光学材料的折射率温度系数比可见光材料的折射率温度系数大得多。例如，红外光学材料单晶 Ge 的 $\mathrm{d}n/\mathrm{d}T$ 值为 3.96×10^{-4}℃$^{-1}$，而普通(可见光)光学玻璃 BK7 的 $\mathrm{d}n/\mathrm{d}T$ 值为 3.60×10^{-6}℃$^{-1}$(K9 的 $\mathrm{d}n/\mathrm{d}T$ 值为 2.8×10^{-6}℃$^{-1}$)，两者差距约 100 倍，甚至更大。因此，红外光学系统需要有针对性地根据环境温度的变化改进光学设计，解决红外光学系统在温度变化环境中由折射率变化而导致的离焦等像质降低问题。

红外系统的离焦与折射率温度系数的关系(仅考虑此单一因素)可以用式(5.89)表示。

$$\mathrm{d}f=\frac{f}{n-1}\frac{\mathrm{d}n}{\mathrm{d}T}\mathrm{d}T \tag{5.89}$$

式中，f 为光学系统的焦距；$\mathrm{d}f$ 为系统焦平面的位移；$\mathrm{d}T$ 为系统温度变化。

例如，一个焦距为 200mm，F 数(F/#)为 4 的 Ge 镜片，设计波长为 10μm，则其由衍射极限决定衍射斑(半径)大小约为 48.8μm。假设此镜片工作在沙漠环境中，昼夜温差变化为 40℃，则此系统由温度变化引起的离焦量约为 1mm。此离焦量约为瑞利衍射极限的 20 倍。因此，由温度变化引起的焦面变化是红外光学设计中一个不可忽视的问题。

20 世纪 30 年代，J. W. Perry 等研究人员阐述了温度变化对光学系统的影响，并提出了无热化设计的概念，后经 Jamieson、Rogers 和 Kanagawa 等人的继续研究，特别对于红外系统提出了几种无热化设计方法：机械式无热化设计方法、光学被动式无热化设计方法和机电式无热化设计方法。近 30 年来，人们又提出了折/衍射消热差方法，这种方法是利用光学系统的折/衍射效应实现消热差，它将波动光学理论应用于光学系统的无热化设计中。

光学系统的无热化设计是利用不同手段消除环境温度变化对光学系统性能影响的非热敏化设计，亦即以某种光学、机械或者软件算法的方法消除或者补偿光学系统在一个较大的温度范围内发生热差与像质变化的设计。红外光学系统的无热化设计有不同的分类方法，这里主要分为主动式和被动式两大类，具体如图 5.36 所示。

大多数的无热化设计是通过机械补偿式方法实现高低温补偿，也有一些镜头实现了机械被动式无热化设计，还有一些镜头实现了光学被动式无热化设计。其中，光学被动式无热化设计分为两类：一类

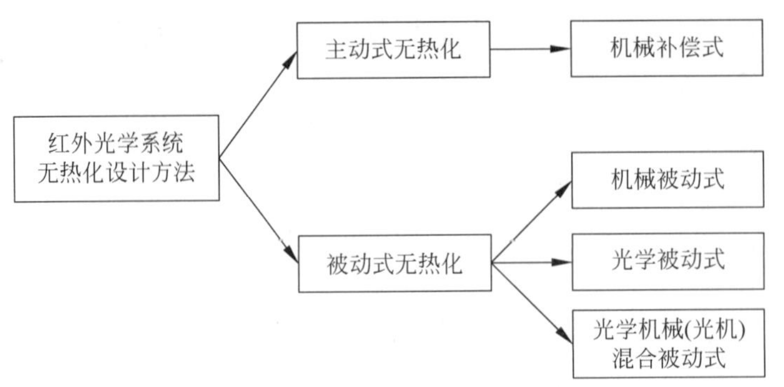

图 5.36　红外光学系统无热化设计方法分类

采用多种材料组合与非球面(包括自由曲面)实现,这部分镜头设计大多数都是短焦镜头设计；另一类是对于焦距稍长的系统,大多采用折/衍混合实现,像质良好,在无热化设计方面取得了突破。

主动式无热化方法是在光学系统中外加测温反馈系统和机械调焦机构,主要利用凸轮或者电机来驱动透镜组元或者探测器阵列发生位移以抵消系统在温度变化下发生的离焦量,实现系统成像效果的稳定。主动式无热化方法也常称为机械补偿方法,多用于红外变焦系统的设计。这种方法会造成系统的体积和复杂性变大,使系统的可靠性下降。

被动式无热化方法通过匹配光学材料的 dn/dT 和线膨胀系数以及光学机械材料的线膨胀系数,使各影响因素的温度离焦互相抵消/补偿,使光学系统的成像质量在工作环境温度范围内始终保持可以接受的水平。由于红外光学材料的 dn/dT 是造成离焦的主要因素,因此,被动式无热化方法需采用多种红外光学材料,有时还需要借助特殊结构才能实现。

被动式无热化设计方法又包含光学被动式无热化设计方法、机械被动式无热化设计方法以及光学机械(光机)混合式无热化设计方法。机械被动式和光机被动式无热化设计方法都需要使用特殊的机械结构来控制热差,系统结构较为复杂,而且在使用过程中易发生机械故障。光学被动式无热化方法是利用光学材料在温度特性上的差异,通过对具有不同折射率温度系数的光学材料进行适当组合,使光学元件产生的离焦与机械结构产生的离焦相互补偿,从而将系统的离焦量控制在允许范围内的。光学被动式无热化设计方法则使无热化光学系统抛弃了对精密机械机构的依赖,使其具有结构简单、灵活紧凑、尺寸较小、重量较轻、成本较低、系统可靠性好以及不需要供电、不引入运动部件等优点,其综合效率最高,因此受到了人们普遍重视。光学被动式消热差设计是目前定焦红外光学系统设计的主要方法。

在各种红外系统的无热化设计方法中,硫系玻璃在一种被称为坐标法的光学被动式无热化设计中的应用具有一定的独特性。

坐标法无热化设计,首先需要根据红外材料的热差系数(θ)、色差系数(ω)分别为直角坐标系的 x、y 轴绘制红外材料的"热差～色差"($\theta\sim\omega$)图。色差系数为色散引起的光焦度的相对变化,数值上等于材料阿贝数的倒数。不同的红外材料根据其热差、色差系数的不同在"热差～色差"图中表现为位置离散的点。根据材料在"热差～色差"图中的位置关系选择两种或多种不同材料制备镜片,通过调整各个镜片的光焦度及其在光轴上的位置,可以使整个红外光学系统由于温度变化产生的像面离焦量与镜筒材料热胀冷缩产生的像面离焦互相抵消,实现光学系统在温度变化的环境中成像位置基本不变,以及成像质量相对稳定的目的。坐标法可以提高红外光学系统无热化的设计效率,并降低光学设计的计算复杂度。目前,已有许多科技人员采用这种方法设计了种类众多的无热化红外镜头。

如果无热化系统由 i 个镜片组成,则坐标法无热化设计要求各个镜片的光焦度、色差系数和热差系数应满足以下要求。

各镜片光焦度满足：

$$\frac{1}{h_1}\sum_i (h_i \cdot \varphi_i) = \varphi \tag{5.90}$$

各镜片色差系数满足：

$$\left(\frac{1}{h_1\varphi}\right)^2 \sum_i (h_i^2 \cdot \omega_i \cdot \varphi_i) = 0 \tag{5.91}$$

各镜片热差系数满足：

$$\left(\frac{1}{h_1\varphi}\right)^2 \sum_i (h_i^2 \cdot \theta_i \cdot \varphi_i) = \alpha_m L \tag{5.92}$$

$$\omega_i = \frac{1}{n_i - 1}\frac{\mathrm{d}n_i}{\mathrm{d}\lambda} \tag{5.93}$$

$$\theta_i = \alpha_i - \frac{1}{n_i - 1}\frac{\mathrm{d}n_i}{\mathrm{d}T} \tag{5.94}$$

式中，h_1 为第一近轴光线在第一片镜面的入射高度；h_i 为第一近轴光线在第 i 片镜面的入射高度（如果透镜组为密接型，可忽略镜片厚度引起的相邻镜片间高度差异）；φ_i、ω_i、θ_i 分别为第 i 镜片组的光焦度、色差系数和热差系数，θ_i 未考虑镜筒随温度的变化，即未考虑其结构材料的线膨胀系数；n_i 为第 i 片镜的折射率；α_i 为第 i 片镜的线膨胀系数；α_m 为镜筒的线膨胀系数；L 为镜筒结构件的长度（光学系统的总长度）。φ 为系统光焦度。

以 θ、ω 分别为 x、y 轴即可绘制红外无热化设计的"热差～色差"图，可以直观地衡量各种红外材料的热差和色差性能，如图 5.37 所示。不同的材料根据其 θ、ω 值的大小可在"热差～色差"图中标注各自相应的位置。由图 5.37 可见，常规红外材料多分布于"热差～色差"图的中部位置，在右上角以及左下角缺少更多的材料选择。进行无热化设计时，首先选择在"热差～色差"图中可构成三角形的三种不同的红外材料。这种在"热差～色差"图中构成的三角形通常称为无热化三角形。根据 Tama-gawa 等提出的理论，无热化三角形的形态、位置和面积的大小决定了所选择材料组合的无热化光学性能，面积大且饱满的三角形的无热化性能优于小且扁平的三角形的性能。

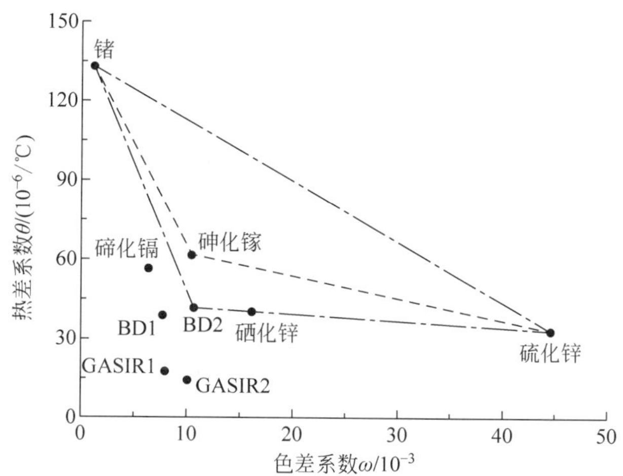

图 5.37 多种红外材料在 8～12μm 波段的 ω～θ 图

图 5.37 中，BD1($Ge_{33}Sb_{12}Se_{55}$)、BD2($Ge_{28}Sb_{12}Se_{60}$)为 Light Path 公司的硫系玻璃产品；GASIR1($Ge_{22}As_{20}Se_{58}$)、GASIR2($Ge_{20}Sb_{15}Se_{65}$)为 Umicore 公司的硫系玻璃产品。可见，硫系玻璃都位于“热差～色差”图的左下角。根据红外材料在图 5.37 中的位置，通常可选择 Ge 和 ZnS 这两种分别位于左上角以及右下角且距离较远的材料进行无热化设计。第三种材料可以选择位于左下角的材料以形成面积较大的无热化三角形。从这个设计思路看，硫系玻璃的出现进一步丰富了“热差～色差”图在左下角的材料选择，有利于进一步产生更大的无热化三角形。例如，在图 5.37 中标记了由 Ge、ZnS 与硫系玻璃 BD2 组成的无热化三角形（点画线三角形）和由 Ge、ZnS 及砷化镓组成的无热化三角形（点线三角形）。明显可见，利用点画线三角形所包含的红外光学材料进行无热化设计的性能，将有可能优于选用点线三角形所包含的红外光学材料进行无热化设计的性能。

5.10 系统总体对红外传感器提出的功能及性能指标要求

系统总体对红外传感器提出的功能及性能指标要求具体如下。

5.10.1 主要功能

红外传感器的主要功能包括：①接收目标与背景的红外辐射，并将其转换成电信号；②二次稳定（陀螺稳定反光镜）；③电子滤波及 A/D 转换；④NUC；⑤疵点消除；⑥合成排序、并行信号输出及长线传输；⑦自检。

5.10.2 红外传感器的性能

红外传感器的性能指标包括：①目标特性，包括运动状态、辐射强度、目标面积；②环境条件，包括环境温度、相对湿度、能见度；③红外传感器运动状态；④探测距离；⑤信噪比；⑥信号响应的非均匀性、信号带宽、信号传输距离；⑦二次稳定精度；⑧可靠性、维修性；⑨连续工作时间、间歇时间、启动时间；⑩红外传感器的重量、几何尺寸（长、宽、高）；⑪其他。

5.11 红外传感器的工作原理与组成

红外传感器的工作原理与组成具体如下。

5.11.1 红外传感器的工作原理

目标与背景的红外辐射经物镜后，成像在探测组件的焦平面上，红外探测组件将红外辐射转换成电信号，通过红外信号预处理电路，对红外信号经相关双采样（Correlated Double Sample，CDS）、电子滤波、A/D 转换后，进行 NUC、疵点消除与合成排序，经一定距离传输线以并行数字信号输送到目标处理单元进行下一步处理。

5.11.2 红外传感器的组成

红外传感器由物镜（红外光学系统）、红外探测组件、红外信号预处理电路、二次稳定装置和控制与通信电路组成，其组成框图如图 5.38 所示。

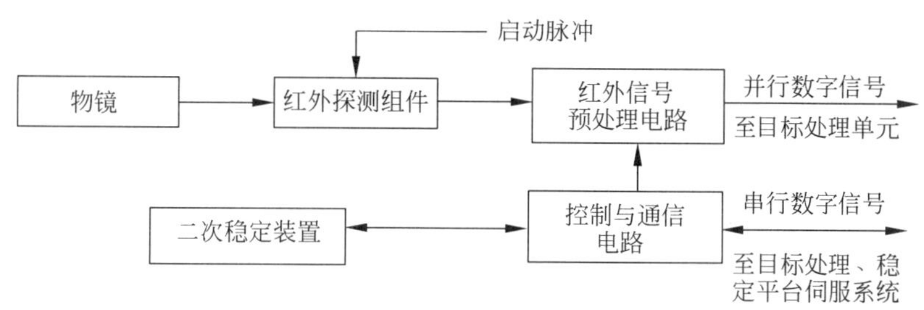

图 5.38 红外传感器组成框图

1. 物镜

红外传感器的物镜对成像质量和光学效率的要求都很高，经典的光学设计难以保证物镜的光学效率要求，因此要采用非球面设计，将物镜设计为非球面的透射式光学系统。设计上采用多种材料校正工作波段内的色差。

2. 红外探测组件

某红外探测组件由以下 4 部分组成：

(1) ID TL005 288×4 LWIR IDDCA 组件。

(2) 探测器时钟脉冲发生电路：产生保证探测器正常工作所需的脉冲信号。

(3) 探测器偏压电路：产生探测器正常工作所需的偏置电压。

(4) 启动脉冲发生电路：探测器 CCD 读出电路的启动脉冲信号由测角系统产生，启动脉冲到来后，时钟脉冲发生电路即产生 CCD 所需的脉冲信号。

3. 红外信号预处理电路

红外信号预处理电路的组成框图如图 5.39 所示。

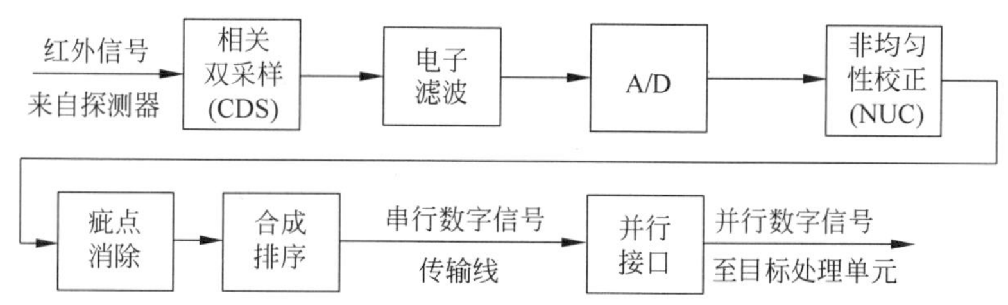

图 5.39 红外信号预处理电路的组成框图

(1) 相关双采样(CDS)：对探测器输出的信号进行 CDS，滤除探测器读出电路产生的开关噪声。

(2) 电子滤波：滤除低频噪声，抑制高频噪声，提高信噪比。

(3) A/D：对红外信号进行模拟量/数字量转换，量化等级为 12bit。

(4) 非均匀性校正(NUC)：对探测器 288 个通道中每一通道的输出信号逐一进行校正，以保证在相同的红外辐射能量作用下，各个通道所产生信号的非均匀性≤0.5%。对于线性响应的探测器，进行响应度和偏置点两点校正；对于非线性响应的探测器，需要采用多点分段线性逼近的算法进行校正。由于某型红外系统需覆盖 360°，不可能把温度基准装入系统中，通过对两点、多点分段线性逼近和基于场景的非均匀性校正进行研究，工作情况良好，于是研制可执行这三种算法的通用硬件。

(5) 疵点消除：用疵点邻域的两个非疵点通道的信号平均值替代疵点信号，实现疵点消除。

(6) 合成排序：使前一列信号延迟相当于相邻两列间隔的时间，两列信号复合处理后形成一列信号，完成合成排序。

(7) 并行接口：以并行方式向目标处理单元输出数字红外信号、像素同步信号和列同步信号，同时接收来自测角单元的列同步信号。

4. 控制与通信电路

控制与通信电路完成以下功能：

(1) 接收来自目标处理单元的控制信号(包括均匀性校正控制信号、自检控制信号、增益控制信号)，向目标处理单元发送自检结果信号。

(2) 接收来自稳定平台伺服系统的平台姿态信号。

(3) 控制二次稳定装置。

(4) 控制红外信号预处理电路。

5. 二次稳定装置

二次稳定装置由反射镜、陀螺、伺服电机和驱动电路组成，其功能是对红外光轴进行二次精稳定。

5.12 红外探测器件及物镜光学参数选取

红外探测器件及物镜光学参数具体选取如下。

5.12.1 红外探测器组件的选取

考虑到某红外系统对红外器件的具体使用要求，在系统研制时选用 $4N$ 型红外探测器件。该探测器不但性能良好，而且在市场上可以采购到。由于该探测器采用延时积分技术，将 4 个像元的信号积累起来，信噪比增大 2 倍，从而使器件的探测灵敏度和响应率都有很大的提高，也补偿了该器件因工作波段(7.7～10.3μm)变窄而产生的不足。经过对比分析，同时借鉴同类红外系统红外传感器的研制经验，选用某公司生产的 288 元×4 元 TDI 焦平面红外探测器组件，组件型号为 ID TL005，红外探测组件的排列方式如图 5.40 所示。它是一种集成化的红外探测器——杜瓦——微致冷器组件(IDDCA)。

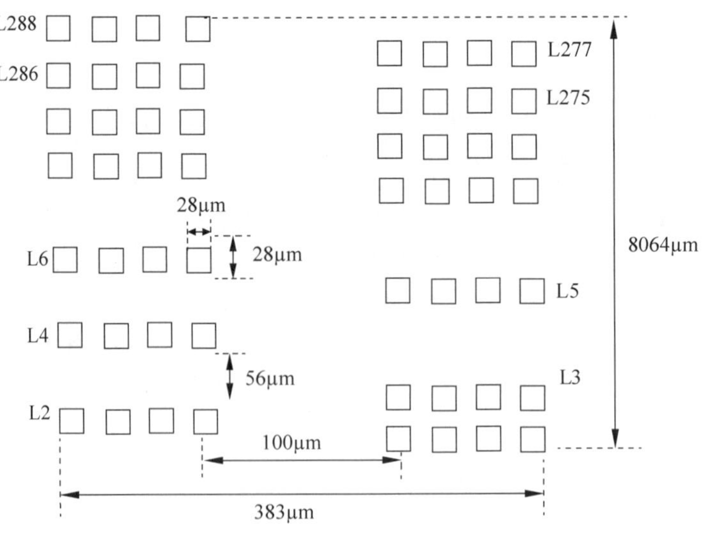

图 5.40 红外探测组件的排列方式

ID TL005 型 288 元×4 元长波红外探测器组件的主要性能指标如表 5.4 所示。

表 5.4　ID TL005 型 288 元×4 元长波红外探测器组件的主要性能指标

参　　数	说　　明
波段/μm	7.7～10.3
单元尺寸$(a\times b)/(\mu m\times\mu m)$	25×28
像元数	288×4
平均峰值探测率$\overline{D_{\lambda_p}^*}/(cm\cdot Hz^{1/2}\cdot W^{-1})$	$\geqslant 1.5\times10^{11}$
致冷方式	直线驱动斯特林闭路循环致冷
致冷器启动时间/min	≤10(@20℃)
工作温度	－54～＋71℃
MTBF/h	＞3000h(按 MIL-STD-781-C 标准)
杜瓦保真空时间/年	＞10
质量/kg	＜1.4

5.12.2　物镜光学系统的设计考虑及参数选取

该物镜光学系统的设计考虑及参数选取如下。

1. 物镜光学系统的设计考虑

一般来说，红外光学系统的设计与可见光系统的设计从根本上并没有什么区别。主要考虑：F 数、视场、焦距、有效口径、透过率、像差和红外光学材料。此外还必须满足冷屏效率、镜像效应以及选用的绝热方法等条件。同时还必须决定是使用折射还是反射光学系统，并对非球面和/或衍射光学系统等的采用做出决定。

适用于红外系统的光学材料有多种，包括：硫化玻璃、碱金属卤化物和电解质。其中最常用的材料有硅、锗、硒化锌和硫化锌。满足野外使用的特性：折射率要高，色散和吸收率要低，要与防反射膜适配，折射率的热系数应低，应具有较高的表面硬度和机械强度高，无水溶性等。由于它们的折射率高，界面反射损失大，所以每面应镀增透膜。

2. 物镜光学系统的参数选取

物镜光学系统的参数选取包括视场 θ、物镜焦距 f'、物镜口径 D_0、物镜的总透过率 K、点弥散圆的线直径 d。

1）视场

某型红外系统研制中要求系统高低视场 $\theta\geqslant4°$，因此实际设计中选取物镜视场为 $\theta=4.2°$。

2）物镜焦距

由图 5.40 可知，探测器的总线度 $L=8.064\text{mm}$，则 $f'=\dfrac{L/2}{\tan(\theta/2)}=109.96\text{mm}$，取整为 $f'=110\text{mm}$。

3）物镜口径

物镜口径的大小对作用距离的影响很大，大口径的物镜能较大地提高作用距离。但从光学设计来讲，如果物镜的 $F_{数}$ 取得过小，不仅设计加工难度大，而且要增加镜片数量，降低光学透过率。因此，综合各个因素考虑，物镜系统选取 $F_{数}=1$，于是 $D_0=f'/F_{数}=110\text{mm}$。

4）物镜的总透过率

国外的红外光学透镜单片的透过率可高达 99%以上，国内可达 98%以上，通过采用非球面设计，物

镜的总透过率可达 $K \geqslant 95\%$（在 7.7～10.3μm 波长范围内）。

5）点弥散圆的线直径

弥散圆的大小不仅对信号有相当大的影响，而且对成像的清晰度有很大的影响。当 $\lambda = 9\mu m$ 时，$d = 2.44\lambda F_{数} = 21.96\mu m$，弥散圆线直径 d 值小于像元尺寸 25μm，表明物镜参数的选取是正确的。

5.12.3 物镜的温度补偿

由于大多数的红外材料（特别是锗）的$\frac{\partial n}{\partial T}$（折射率温度系数）很高，所以热效应是红外系统的固有特性。此外，大多数红外系统的使用环境中的极限工作温度常常不低于－20～＋40℃，因此，需考虑到折射率随温度变化而对成像系统的影响。单个薄透镜在空气介质中的热散焦（离焦）δ 由式（5.95）求出：

$$\delta = \left(\alpha f + \alpha_m L - \frac{f}{n-1}\frac{\partial n}{\partial T}\right)\Delta T \tag{5.95}$$

式中，α 为折射介质的热膨胀系数；f 为焦距；α_m 为透镜框的热膨胀系数；L 为透镜系统的总长度；n 为透镜的折射率；ΔT 为温度变化。

然而，在光学系统设计中，多透镜组的热效应更加复杂。如果 δ 大于系统的焦深，则必须考虑补偿。可采用主动的也可采用被动的绝热法。可用的方法有：①采用手动调焦；②自动机电调焦；③利用有效的$\frac{\partial n}{\partial T}$值为 0 的组合透镜材料对透镜绝热；④利用具有不同热扩散系数的透镜框使光学系统反向胀缩来补偿散焦对透镜绝热；⑤使用衍射光学系统实现被动绝热。

由此分析可知，某型红外系统将在较宽的温度范围内（－30～＋65℃）工作，而温度的变化对红外光学材料的特性有一定的影响，导致物镜光学系统焦面漂移。因此，要使设备满足工作环境温度的要求，使设备能在各温度条件下正常工作，就应该对物镜光学系统进行温度补偿。

目前国内外普遍采用的物镜光学系统的温度补偿（无热化）技术有三种方式，即机械温度补偿、电动温度补偿及自动温度补偿。图 5.41 是一个自动温度补偿红外光学系统示意图，利用在硫系镜片上加工出二元衍射面（衍射光学元件（Diffractive Optical Elements，DOE））进行色差校正，同时利用硫系玻璃的低折射率温度系数，可不需要进行额外的无热化机械设计。

(a) DOE硫系玻璃镜片

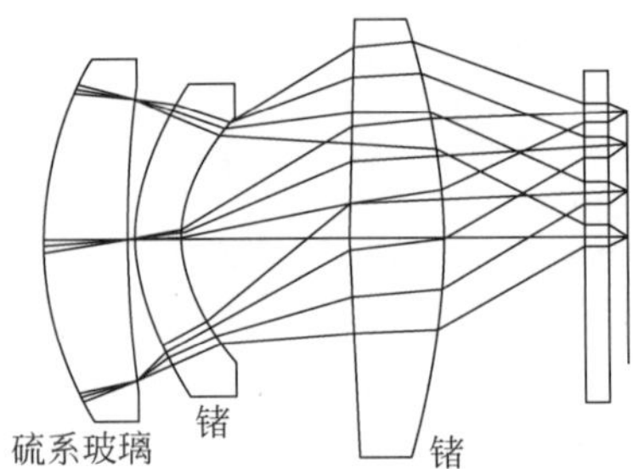

(b) 温度自适应光学系统

图 5.41　自动温度补偿红外光学系统示意图

鉴于红外传感器安装部位的特殊性以及对体积、重量的严格要求，选用电动温度补偿方法进行物镜的温度补偿是合理可行的。即当红外光学系统工作的环境温度发生变化时，按一定关系通过移动其中的透镜，实现红外光学系统的热不敏，保证整个红外光学系统在环境温度发生变化时，依然具有较高的传递函数。

第6章 CCD和CMOS及其应用系统设计

CHAPTER 6

人类通过视觉器官所得到的信息量约占人能摄取的总信息量的80%以上。CCD和CMOS传感器是当前被普遍采用的两种图像传感器，两者都是利用感光二极管(Photodiode)进行光电转换将光像转换为电子数据。自20世纪60年代末期美国贝尔实验室开发出CCD固体摄像器件以来，CCD技术在图像传感、信号处理和数字存储等方面得到了迅速发展。然而随着CCD固体摄像器件的广泛应用，其不足之处逐渐显露出来：生产工艺复杂、功耗较大、价格高、不能单片集成和有光晕、拖尾等。

为此，人们又开发出了另外几种固体图像传感器，其中最有发展潜力的是采用标准CMOS集成电路工艺制造的CMOS图像传感器。实际上，早在20世纪70年代初，国外就已经开发出了CMOS图像传感器，但因成像质量不如CCD，一直无法与之相抗衡。20世纪90年代初，随着超大规模集成电路工艺技术的飞速发展，CMOS图像传感器在单芯片内集成了A/D转换、信号处理、自动增益控制、精密放大和存储等功能，从而极大地改善了设计系统的复杂性、降低了成本，因而显示出强劲的发展势头。此外，CMOS图像传感器还具有低功耗、单电源、低工作电压(3.3～5.0V)、无光晕、抗辐射、成品率高和可对局部像素随机访问等突出优点。因此，CMOS图像传感器重新成为研究开发的热点。在军民两用领域，已经同CCD图像传感器形成强有力的竞争态势。

本章首先在介绍CCD的基本原理及其主要性能指标的基础上，对CCD成像器件与真空摄像管进行比较。接着介绍CMOS传感器的基本原理及其主要性能指标，比较CCD和CMOS传感器，并分析其发展趋势。然后，提出CCD摄像机分类和CCD的工程技术应用，阐述CCD图像传感器在微光电视系统和紫外成像系统中的应用。最后，举例分析高灵敏度CCD光电信号检测系统设计。

6.1 CCD的基本原理及其主要性能指标

为了掌握和应用CCD，并进行系统设计，就必须了解CCD的基本原理和其性能指标。

6.1.1 CCD器件的基本原理

CCD电荷耦合器件，是一种金属氧化物半导体结构的新型器件，能够把光学影像转化为数字信号。CCD上植入的微小光敏物质称作像素(Pixel)。单位面积的像素数越多，面积越大，成像质量越高、越清晰。CCD基本结构是一种密排的MOS电容器，能够存储由入射光在CCD像敏单元激发出的光信息电荷，并能在适当相序的时钟脉冲驱动下，把存储的电荷以电荷包的形式定向传输转移，实现自扫描，完成从光信号到电信号的转换。这种电信号通常是符合电视标准的视频信号，可在电视屏幕上复原成物体的可见光像，也可以将信号存储在存储介质内，或输入计算机，进行图像增强、识别和存储等处理。因此，CCD器件是一种比较理想的摄像器件，在很多领域中有广泛的应用。

CCD是一种光电转换器件，是20世纪70年代以来逐步发展起来的半导体器件。它是在MOS集成电路技术的基础上发展起来的，为半导体技术应用开拓了新的领域。它具有光电转换、信息存储和传输等功能，具有集成度高、功耗小、结构简单、寿命长和性能稳定等优点，因此在固体图像传感器、信息存储和处理等方面得到了广泛的应用。CCD能实现信息的获取、转换和视觉功能的扩展，能给出直观、真实、多层次的内容丰富的可视图像信息，被广泛应用于军事、天文、医疗、广播、电视、传真通信以及工业检测和自动控制系统。实验室用的数码相机和光学多道分析器等仪器，都用了CCD作图像传感元件。

一个完整的CCD器件由光敏单元、转移栅、移位寄存器及一些辅助输入、输出电路组成。CCD工作时，在设定的积分时间内由光敏单元对光信号进行采样，将光的强弱转换为各光敏单元的电荷多少。采样结束后各光敏单元电荷由转移栅转移到移位寄存器的相应单元中。移位寄存器在驱动时钟的作用下，将信号电荷顺次转移到输出端。将输出信号接到示波器、图像显示器或其他信号存储、处理设备中，就可对信号再现或进行存储处理。由于CCD光敏单元可做得很小（约10μm甚至更小），所以它的图像分辨率很高。

CCD的基本单元是MOS电容器，这种电容器能存储电荷，其结构如图6.1所示。以P型硅为例，在P型硅衬底上通过氧化在表面形成SiO_2层，然后在SiO_2上淀积一层金属为栅极，P型硅里的多数载流子是带正电荷的空穴，少数载流子是带负电荷的电子，当金属电极上施加正电压时，其电场能够透过SiO_2绝缘层对这些载流子进行排斥或吸引。于是带正电的空穴被排斥到远离电极处，剩下的带负电的少数载流子在紧靠SiO_2层形成负电荷层（耗尽层），电子一旦进入，由于电场作用就不能复出，故又称为电子势阱。

当器件受到光照时（光可从各电极的缝隙间经过SiO_2层射入，或经衬底的薄P型硅射入），光子的能量被半导体吸收，产生电子-空穴对，这时出现的电子被吸引存储在势阱中，这些电子是可以传导的。光越强，势阱中收集的电子越多，光弱则反之，这样就把光的强弱变成电荷的数量，实现了光与电的转换，而势阱中收集的电子处于存储状态，即使停止光照一定时间内也不会损失，这就实现了对光照的记忆。

可以看出，CCD的基本工作过程主要是信号电荷的生成、存储、转移和检测、输出，如图6.2所示。

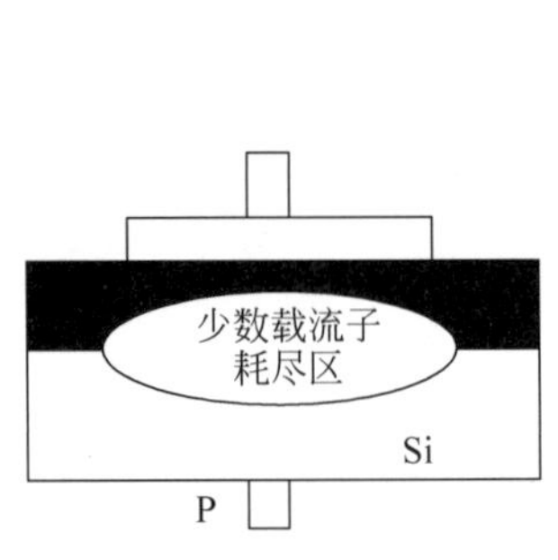

图6.1 用作少数载流子存储单元的MOS剖面图

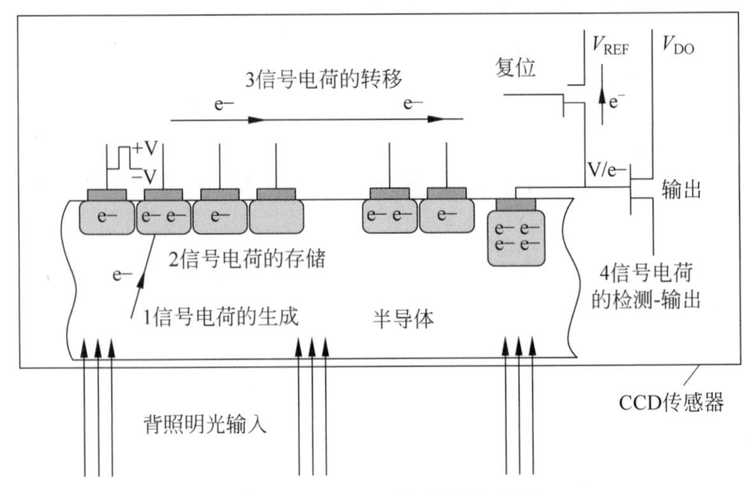

图6.2 CCD工作过程示意图

(1) 信号电荷的注入(生成)：在 CCD 中，电荷注入的方式可分为光注入和电注入两类。当光照射到 CCD 硅片上时，在栅极附近的半导体体内产生电子-空穴对，多数载流子被栅极电压排斥，少数载流子则被收集在势阱中形成信号电荷，这就是光注入。所谓电注入就是 CCD 通过输入结构对信号电压或电流进行采样，然后将信号电压或电流转换为信号电荷注入相应的势阱中。电注入常用的有电流注入和电压注入两种方式。

(2) 信号电荷的存储：就是信号电荷的收集，将入射光子激励出的电荷收集起来成为信号电荷包的过程。当向 SiO_2 表面的电极加正偏压时，P 型硅衬底中形成耗尽区(势阱)，耗尽区的深度随正偏压升高而加大。其中的少数载流子(电子)被吸收到最高正偏压电极下的区域内，形成电荷包(势阱)。对于 N 型硅衬底的 CCD 器件，电极加正偏压时，少数载流子为空穴。

(3) 信号电荷的传输(耦合)：就是信号电荷包的转移，将所收集起来的电荷包从一个像元转移到下一个像元，直到全部电荷包输出完成的过程。

(4) 信号电荷的检测、输出：就是电荷检测，并将转移到输出级的电荷转化为电流或者电压的过程。其中电荷输出类型，主要有三种：①电流输出；②浮置栅放大器输出；③浮置扩散放大器输出。

由上可知，CCD 图像传感器是按一定规律排列的 MOS(金属—氧化物—半导体)电容器组成的阵列。在 P 型或 N 型硅衬底上生长一层很薄(约 120nm)的二氧化硅，再在二氧化硅薄层上依次序沉积金属或掺杂多晶硅电极(栅极)，形成规则的 MOS 电容器阵列，再加上两端的输入及输出二极管就构成了 CCD 芯片。

按照像素排列方式的不同，可以将 CCD 分为线阵和面阵两大类。

1) 线阵 CCD

线阵 CCD 每次扫描一条线，为了得到整个二维图像的视频信号，就必须用扫描的方法实现。线阵 CCD 进一步可分为以下两种：

(1) 单沟道线阵 CCD：转移次数多、效率低。只适用于像素单元较少的成像器件。

(2) 双沟道线阵 CCD：转移次数减少一半，它的总转移效率也提高为原来的两倍。

2) 面阵 CCD

按照一定的方式将一维线阵 CCD 的光敏单元及移位寄存器排列成二维阵列，就可以构成二维面阵 CCD。面阵 CCD 同时曝光整个图像。面阵 CCD 进一步可分为以下两种：

(1) 帧转移面阵 CCD——优点：电极结构简单，感光区面积可以很小。缺点：需要面积较大暂存区。

(2) 隔列转移面阵 CCD——优点：转移效率大大提高。缺点：结构较为复杂。

6.1.2 CCD 传感器的主要性能指标

CCD 器件是一种光电探测器件，它不同于大多数以光电流或电压为信号载体的器件，而是以电荷的形式存储和转移信息。常见的 CCD 一般包括 CCD 摄像头和图像采集卡。为了全面评价 CCD 成像器件的性能及应用的需要，制定了一系列特征参量。表 6.1 为某 CCD 器件的部分性能参数。

表 6.1　某 CCD 器件的部分性能参数

性能参数	说明
光学尺寸	1/2in
总像元数	1434(H)×1050(V)
有效像元数	1360(H)×1024(V) (7.959mm diagonal)
芯片尺寸	7.60mm(H)×6.20mm(V)

续表

性能参数	说　明
像元尺寸	4.65μm(H)×4.65μm(V)
虚位数	水平 20　垂直 3
基板材料	Si

一般而言，具体有以下几种特征参数。

1）表征器件总体性能的特征参数

表征器件总体性能的特征参数有像素数，CCD 几何尺寸（总尺寸及像元尺寸），帧频，光谱特性，信噪比，MTF 和分辨率，动态范围，非均匀性，暗电流，质量、功耗与可靠性（寿命），接口。

2）表征器件内部性能的特征参数

表征器件内部性能的特征参数有转移效率和转移损失率，工作频率（时钟频率的上、下限），光电转换特性与响应度，响应时间，噪声。

3）表征器件工作环境适应性的特征参数

表征器件工作环境适应性的特征参数有工作温度范围，存储温度范围，相对湿度，振动与冲击，抗霉菌、强辐射等。

下面就 CCD 器件的主要性能指标作进一步分析。

1）CCD 几何尺寸

一般来说，尺寸越大，包含的像素越多，清晰度就越高，性能也就越好。在像素相同的条件下，尺寸越大，则显示的图像层次越丰富。

2）CCD 像素

CCD 像素是 CCD 的主要性能指标，它决定了显示图像的清晰程度，分辨率越高，图像细节的表现越好。CCD 是由面阵感光元素组成，每个元素称为像素，像素越多，图像越清晰。

3）灵敏度

灵敏度是指在一定光谱范围内单位曝光量的输出信号电压（电流），也相当于投射在光敏单元上的单位辐射功率所产生的电压（电流）。

4）分辨率

分辨率是图像器件的重要特性，常用调制传递函数 MTF 来评价。如图 6.3 所示，为某线阵 CCD 的 MTF 曲线（f 为空间频率）。

5）信噪比

信噪比指的是信号电压对于噪声电压的比值，通常用符号 S/N 表示。S 表示 CCD 在假设无噪声时的图像信号值，N 表示 CCD 本身产生的噪声值（如热噪声），二者之比即为信噪比，用分贝（dB）表示。信噪比越高越好，典型值为 46dB。

6）光谱响应

目前广泛应用的 CCD 器件是以硅为衬底的器件，其典型光谱响应范围在 400～1100nm。红外 CCD 器件用多元红外探测器阵列替代可见光 CCD 图像器件的光敏单元部分，光敏单元部分主要的光敏材料有 InSb、PbSnTe 和 HgCdTe 等，其光谱范围延伸至 1～3μm、3～5μm 和 8～14μm。

7）动态范围

饱和曝光量和等效噪声曝光量的比值称为 CCD 的动态范围，CCD 器件的动态范围一般在 10^3～10^4 数量级，甚至可以更大。

8）暗电流

暗电流的存在限制了器件的动态范围和信号处理能力。暗电流的大小与光积分时间、周围环境温度密切相关，通常温度每升高30～35℃，暗电流提高约一个数量级。CCD摄像器件在室温下的暗电流约为5～10nA/cm²。

9）光电转换特性

CCD图像器件的光电转换特性如图6.4所示。图中横轴为曝光量，纵轴为输出信号电压值。它的光电转换特性与硅靶摄像管相似，具有良好的线性。特性曲线的拐点G所对应的曝光量叫饱和曝光量（S_E），当曝光量大于S_E时，CCD输出信号不再增加，G点所对应的输出电压V_{SAT}为饱和输出电压。V_{DRK}为暗输出电压，即无光照时，CCD的输出电压值。

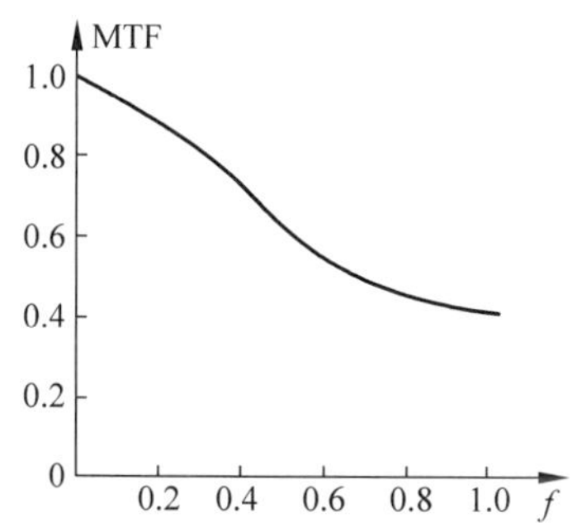

图6.3 某线阵CCD的MTF曲线

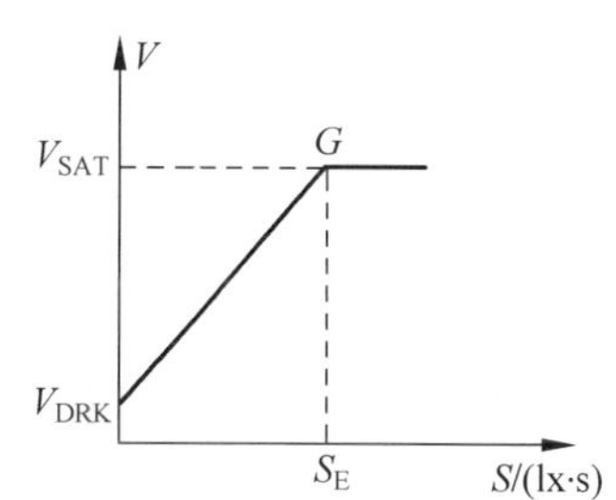

图6.4 CCD图像器件的光电转换特性

10）转移效率η与转移损失率ε

在一定的时钟脉冲驱动下，设电荷包的原电量为Q_0，转移到下一个势阱时的电量为Q_1，则转移效率η与转移损失率ε分别为

$$\eta = Q_1/Q_0 \tag{6.1}$$

$$\varepsilon = (Q_0 - Q_1)/Q_0 \tag{6.2}$$

一个电量为Q的电荷包，经过n次转移后的输出电荷量应为

$$Q_n = Q_0/\eta^n \tag{6.3}$$

总效率为

$$\eta^n = Q_n/Q_0 \tag{6.4}$$

一个CCD器件总效率太低时，就失去了实用价值。一定的η值，限定了器件的最大位数，如表6.2所示，这一点对器件的设计者及使用者都是十分重要的。

表6.2 总效率随η值的变化（三相1024位器件）

总效率随η值的变化（三相1024位器件）					
η	0.999 00	0.999 50	0.999 90	0.999 95	0.999 99
Q_n/Q_0	0.1289	0.3591	0.8148	0.9027	0.9797

值得注意的是，转移损失并不是部分信号电荷的消失，而是损失的那部分电荷在时间上的滞后。其后果不仅是信号的衰减，更有害的是滞后的那部分电荷叠加到后面的电荷包上，引起传输信息的失真（CCD传输信号的拖尾情况）。

11）量子效率

如果说灵敏度是从宏观角度描述CCD光电特性，那么量子效率是对同一个问题的微观描述，可以理解为 1 个光子能产生的电子数。

12）不均匀度

CCD 成像器件的不均匀性包括光敏单元不均匀和 CCD 不均匀。一般 CCD 是近似均匀的，即每次转移效率是一样的。光敏单元响应不均匀是由于工艺过程及材料不均匀引起的，像素越多，均匀性问题越突出，不均匀度是影响像素提高的因素，也是成品率下降的重要原因。

13）线性度

线性度表征了在动态范围内，输入信号与曝光量关系是否成直线关系。通常在弱信号和接近满阱信号时，线性度比较差。在弱信号时，噪声影响大，信噪比低；在接近满阱信号时，耗尽层变窄，使量子效率下降，灵敏度降低，线性度变差。

以上是对 CCD 图像器件主要性能指标的介绍，除去以上指标之外，影响 CCD 性能的指标还有影响 CCD 总体性能的功耗与可靠性、质量等；表征 CCD 内部性能的如工作频率、响应时间以及 CCD 器件所处的温度、湿度、所受振动与冲击等环境条件。

6.2 CCD 成像器件与真空摄像管的比较

与真空摄像管相比，CCD 成像器件的主要特性如下：

(1) 体积小、重量轻、耗电少、启动快、寿命长和可靠性高。

(2) 光谱响应范围宽。一般的 CCD 器件可工作在 400～1100nm 波长范围内。最大响应约在 900nm。在紫外区，由于硅片自身的吸收，量子效率下降，但采用背部照射减薄的 CCD，工作波长极限可达 100nm。

(3) 灵敏度高。CCD 具有很高的单元光量子效率，正面照射的 CCD 的量子效率可达 20%以上，若采用背部照射减薄的 CCD，其单元光量子效率可达到 90%以上。

(4) 暗电流小、检测噪声低。即使在低照度下(10^{-2}lx)，CCD 也能顺利完成光电转换和信号输出。

(5) 动态响应范围宽。CCD 的动态响应范围在 4 个数量级以上，最高可达 8 个数量级。

(6) 分辨率高。线阵器件已有 7000 像元以上，可分辨最小尺寸优于 7μm；面阵器件已达 4096×4096 像元以上，CCD 摄像机分辨率已超过 1000 线以上。

(7) 与微光像增强器级联，低照度下可采集信号。

(8) 有抗过度曝光性能。过强的光会使光敏单元饱和，但不会导致芯片毁坏。

6.3 CMOS 传感器的基本原理及其主要性能指标

为了掌握和应用 CMOS，并进行系统设计，必须了解 CMOS 的基本原理及其性能指标。

6.3.1 CMOS 的基本原理

CMOS 图像传感器的像素结构主要有两种：无源像素图像传感器(PPS)和有源像素图像传感器(APS)，其结构如图 6.5 所示。PPS 出现于 1991 年之前。从 1992 年至今，APS 发展日益迅猛。由于 PPS 信噪比低、成像质量差，目前应用的绝大多数 CMOS 图像传感器都采用 APS 结构。APS 结构的像素内部包含一个有源器件，该放大器在像素内部具有放大和缓冲功能，具有良好的消噪功能，且电荷不需要像 CCD 器件那样经过远距离移位到达输出放大器，因此避免了所有与电荷转移有关的 CCD 器件的缺陷。值得一提的是，CMOS 图像传感器新技术已有 C3D 技术和 FoveonX3 技术等。

由于每个放大器仅在读出期间被激发，将经光电转换后的信号在像素内放大，然后用 X-Y 地址方式读出，提高了固体图像传感器的灵敏度。APS 像素单元有放大器，它不受电荷转移效率的限制，速度快，图像质量较 PPS 得到明显改善。但是，与 PPS 相比，APS 的像素尺寸较大，填充系数小，其设计填充系数典型值为 20%～30%。

一个典型的 CMOS 图像传感器的总体结构如图 6.6 所示。在同一芯片上集成有模拟信号处理电路、I^2C(Inter-Integrated Circuit，集成电路总线)控制接口、曝光/白平衡等控制、视频时序产生电路、数字转换电路、行选择、列选及放大、光敏单元阵列。芯片上模拟信号处理电路主要执行 CDS(Correlated Double Sampling，相关双采样电路)功能。芯片上 A/D 转换器可以分为像素级、列级和芯片级几种情况，即每个像素有一个 A/D 转换器、每列像素有一个 A/D 转换器，或者每个感光阵列有一个 A/D 转换器。由于受芯片尺寸的限制，像素级的 A/D 转换器不易实现。CMOS 芯片内部提供了一系列控制寄存器，通过总线编程(如 I^2C 总线)对自动增益、自动曝光、白平衡和 γ 校正等功能进行控制，编程简单、控制灵活。直接输出的数字图像信号可以很方便地和后续处理电路接口，供数字信号处理器对其进行处理。

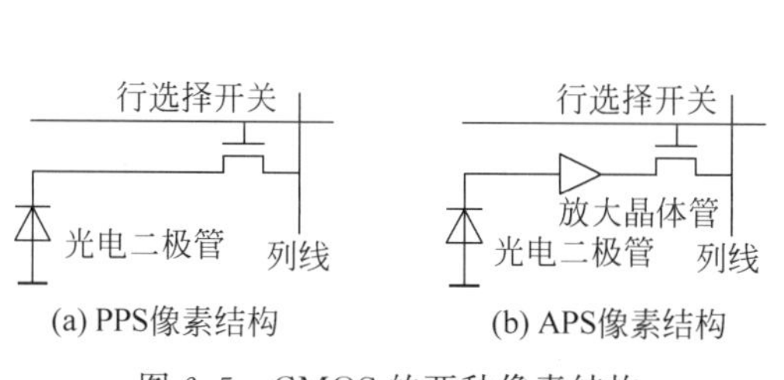

图 6.5　CMOS 的两种像素结构

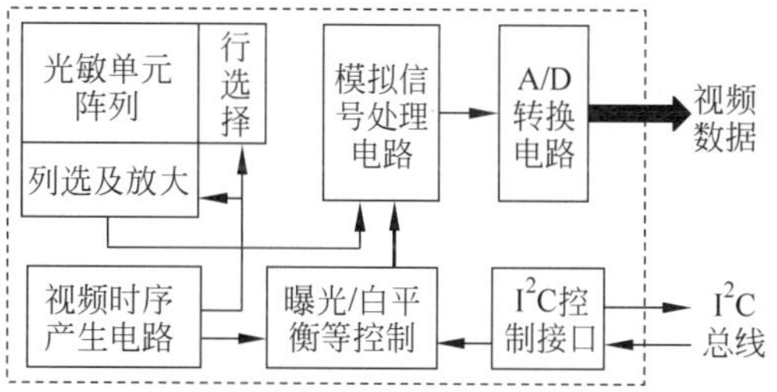

图 6.6　CMOS 图像传感器的总体结构

6.3.2　CMOS 传感器的主要性能指标

表 6.3 是一个 2048 面阵 CMOS 的部分性能指标参数。

表 6.3　2048 面阵 CMOS 的部分性能指标参数

性能指标	说　　明
总像元数	2048(H)×2048(V)
像元尺寸	7μm×7μm
有效像元数	2048(H)×2048(V)
主芯片尺寸	14mm×14mm
光学格式	1in
输出最大帧频	500f/s
输出典型帧频	60f/s、120f/s、500f/s
输出最大数据率	528Mb/s(f=66MHz)
功耗	100mW@60f/s；450mW@500f/s
数字响应度	500bits/(lx・s)
动态范围	72dB
供应电压	+3.3V
工作温度范围	−55～+125℃
器件封装形式	145—PIN 陶瓷 PGA(Pin Grid Array)封装

衡量 CMOS 性能的指标参数很多，表 6.3 只是其中一部分指标。下面就 CMOS 器件的主要性能指标作进一步分析。

1）传感器尺寸

CMOS 图像传感器的尺寸越大，则成像系统的尺寸越大。目前，CMOS 图像传感器的常见尺寸有 1in、2/3in、1/2in、1/3in 和 1/4in 等。

2）像素总数和有效像素数

像素总数是衡量 CMOS 图像传感器的主要技术指标之一。CMOS 图像传感器的总体像素中被用来进行有效的光电转换并输出图像信号的像素为有效像素。显而易见，有效像素总数属于像素总数集合。有效像素数目直接决定了 CMOS 图像传感器的分辨能力。

3）最小照度

最小照度是指在使用最大光圈增益、摄取特定目标时视频信号输出幅度为 100IRE 所对应的入射光的最小值。

4）动态范围

动态范围由 CMOS 图像传感器的信号处理能力和噪声决定，反映了 CMOS 图像传感器的工作范围。参照 CCD 的动态范围，其数值是输出端的信号峰值电压与均方根噪声电压之比，通常用 dB 表示。

5）灵敏度

图像传感器对入射光功率的响应能力被称为响应度。对于 CMOS 图像传感器来说，通常采用电流灵敏度来反映响应能力，电流灵敏度也就是单位光功率所产生的信号电流：

$$S_{\mathrm{d}}=\frac{I_{\mathrm{S}}}{P_{\mathrm{S}}}\quad(\text{单位为 mA/W})\tag{6.5}$$

式中，P_{S} 是入射光功率；I_{S} 是信号电流，取有效值，即均方根值。有些文献或器件手册中也会采用电压响应度来反映响应能力。电压响应度 R_{V} 定义为图像传感器的输出信号电压 V_{S} 与入射光功率 P_{S} 之比，即单位光功率所产生的信号电压：

$$R_{\mathrm{V}}=\frac{V_{\mathrm{S}}}{P_{\mathrm{S}}}\tag{6.6}$$

光辐射能流密度在光度学中常用照度来表示，可以利用关系式 $1\mathrm{W/m^2}=20\mathrm{lx}$。对于一定尺寸的 CMOS 图像传感器而言，电压响应度可用 V/(lx・s)表示，电流灵敏度可用 A/(lx・s)表示。

6）分辨率

分辨率是指 CMOS 图像传感器对景物中明暗细节的分辨能力。通常用调制传递函数（MTF）表示，同时也可以用空间频率 lp/mm 表示。由于 CMOS 图像传感器是离散采样器件，由奈奎斯特定理可知，它的极限分辨率为空间采样频率的一半。如果某一方向上的像元间距为 d，则该方向上的空间采样频率为 $1/d$（单位为 lp/mm），其极限分辨率将小于 $1/2d$（单位为 lp/mm）。因此 CMOS 图像传感器的有效像素数（行或列）以及 CMOS 传感器的尺寸（行或列）是衡量分辨率的重要的相关指标。由此可以得到极限分辨率（行或列）$=\frac{\text{有效像素数（行或列）}}{2\times\text{传感器尺寸（行或列）}}$（lp/mm）。

7）光电响应不均匀性

CMOS 图像传感器是离散采样型成像器件，光电响应不均匀性定义为 CMOS 图像传感器在标准的均匀照明条件下，各个像元的固定噪声电压峰-峰值与信号电压的比值，记为 PRNU，即

$$\mathrm{PRNU}=\frac{\mathrm{FPN}}{\mathrm{Signal}}\times 100\%\tag{6.7}$$

固定模式噪声(FPN)是指非暂态空间噪声，产生的原因包括像素与色彩滤波器之间的不匹配、列放大器的波动、PGA 与 ADC(模数转换器)之间的不匹配等。FPN 可以是耦合的或非耦合的。行范围耦合类 FPN 噪声也可以由较差的共模抑制造成。在实际的应用中，由于受到测量的约束，常常将上面的定义等效为：在标准的均匀照明条件下，各个像元的输出电压中的最大值(V_{max})与最小值(V_{min})的差同各个像元输出电压的平均值(V_o)的比值，即

$$\mathrm{PRNU}=\frac{V_{max}-V_{min}}{V_o}\times 100\% \tag{6.8}$$

由于每个像元的输出电压直接对应于输出的灰度值，所以在这里将像元集合中的灰度最大数据作为灰度最大值，记为 G_{max}；将像元集合中的灰度最小数据作为灰度最小值，记为 G_{min}；将像元集合中的灰度数据的平均值作为平均灰度值，记为 G_o。则上面的计算公式可以通过像元的灰度数据来表示：

$$\mathrm{PRNU}=\frac{G_{max}-G_{min}}{G_o}\times 100\% \tag{6.9}$$

8）光谱响应特性

CMOS 图像传感器的信号电压 V_S 和信号电流 I_S 是入射光波长 λ 的函数。光谱响应特性就是指 CMOS 图像传感器的响应能力随波长的变化关系，它决定了 CMOS 图像传感器的光谱范围。通常可以选用光谱特性曲线来描述，其横坐标是波长，纵坐标是灵敏度。CMOS 图像传感器的光谱响应的含义与一般的光电探测器的光谱响应相同，指的是相对的光谱响应。CMOS 图像传感器的光谱响应范围是由光敏面的材料决定的，本征硅的光谱响应范围大约在 0.4～1.1μm。

6.4 CCD 和 CMOS 传感器的比较及发展趋势

1973 年，仙童公司把 CCD 技术应用于商业领域，制造出第一只商用 CCD 成像器件，这开辟了 CCD 在工业领域的道路。20 世纪 80 年代后期，CCD 在大多数视频应用中取代了电子管。进入 20 世纪 90 年代后，CCD 应用于分辨成像，广泛应用于专业电子照相、空间探测、X 射线成像及其他科研领域。

促进 CCD 快速发展主要有三个因素：①CCD 的尺寸小、重量轻、消耗功率少、超低噪声、动态范围较大、线性良好、可靠、耐用；②这种器件在形状、快速、外形质量和成本方面能与真空管抗衡；③空间成像应用需要新的探测器。

随着科技进步，1998 年，CMOS 图像传感器诞生了。CMOS 的光电信息转换功能与 CCD 的基本相似，区别就在于这两种传感器的光电转换后信息传送的方式不同。CMOS 具有读取信息的方式简单、输出信息速率快、耗电少(仅为 CCD 芯片的 1/10 左右)、体积小、重量轻、集成度高、价格低等特点。从 2008 年开始，各大厂商都开始逐渐把背照式 CMOS 使用在不同的数码相机和手机镜头产品上。从此，CMOS 图像传感器迅速发展。

CCD 和 CMOS 是目前两类主流图像传感器，对其进行制造工艺、性能差异的比较，了解其发展趋势，对于掌握、应用这两类图像传感器进行系统设计是必要的。

6.4.1 制造工艺的差异

CCD 和 CMOS 的制造工艺，都是基于 MOS 的构造，不过从细节来看，两者还是有很大差异。表 6.4 虽然不能完全符合任何图像传感器，但是以最常用的隔行转移方式 CCD 图像传感器及其使用 0.35～0.5μm 设计法则的 CMOS 图像传感为例进行了比较。CCD 的制造工艺是以光电二极管与 CCD

的构造为中心，大部分使用N型基板。此外，为了驱动CCD，必须使用相当高的电压，除了形成较厚的栅极绝缘膜外，同时CCD转移电极也是多层重叠的构造。在Al遮光膜下，垂直CCD为了达到充分遮光，抑制漏光，不进行平坦化。

对CMOS图像传感器，虽然也使用N型基板，但大多数依照标准的CMOS制造工艺使用P型基板。又由于使用以低电压动作的MOS晶体管，因此形成的栅极绝缘膜较薄。栅极电极使用硅化物类材料，为了达到多层配线的目标，层间膜需要进行平坦化。

表6.4 CCD和CMOS制造工艺与特性比较

类别	CCD图像传感器	CMOS图像传感器
制造工艺	实现光电二极管、CCD特有的构造	基于DMOS(Depletion MOS) LSI的标准制造工艺
基板、阱	N型基板、P-well	P型基板、N-well
元件分离	LOCOS(Local Oxidation of Silicon)或注入杂质	LOCOS
栅极绝缘膜	较厚(50～100nm)	较薄(约10nm或以下)
栅极电极	2～3Poly-Si(重叠构造)	1～2Poly-Si(多晶硅)
层间膜	重视遮光性、光谱特性的构造、材料	重视平坦性
遮光膜	Al、W	Al
配线	1层(与遮光膜共用)	2～3层

6.4.2 性能差异

CCD与CMOS传感器是当前成像设备普遍采用的两种图像传感组件。两种传感器都是利用感光二极管进行光与电转换，将图像信号转换为数字信号，它们的根本差异在于传送信号数据的方式不同。由于信息传送方式不同，CCD与CMOS传感器在效能与应用上存在诸多差异，如表6.5所示，这些差异具体表现在以下12个方面。

表6.5 CCD与CMOS图像传感器比较

类　别	CCD	CMOS
生产线	专用	通用
成本	高	低
集成状况	低，需外接芯片	单片高度集成
电源	多电源	单一电源
抗辐射	弱	强
电路结构	复杂	简单
灵敏度	优	良
信噪比	优	良
图像	顺次扫描	同时读取
红外线	灵敏度低	灵敏度高
动态范围	>70dB	>70dB
模块体积	大	小

(1) 灵敏度。灵敏度代表传感器的光敏单元收集光子产生电荷信号的能力。CCD图像传感器灵敏度较CMOS图像传感器高30%～50%。这主要是因为CCD的感光信号以行为单位传输，电路占据像素的面积比较小，这样像素点对光的感受就高些；而CMOS传感器的每像素由多个晶体管与一个感光

二极管构成(含放大器与 A/D 转换电路),使得每像素的感光区域只占据像素本身很小的表面积,像素点对光的感受就低。CCD 像素单元耗尽区深度可达 10nm,具有可见光及近红外光谱段的完全收集能力。CMOS 图像传感器由于采用 0.18～0.5mm 标准 CMOS 工艺,且采用低电阻率硅片须保持低工作电压,像素单元耗尽区深度只有 1～2nm,导致像素单元对红光及近红外光吸收困难。

(2) 动态范围。动态范围表示器件的饱和信号电压与最低信号阈值电压的比值。在可比较的环境下,CCD 动态范围较 CMOS 高。主要由于 CCD 芯片物理结构决定通过电荷耦合,电荷转移到共同的输出端的噪声较低,使得 CCD 器件噪声可控制在极低的水平。CMOS 器件由于其芯片结构决定它具有较多的片上放大器、寻址电路和寄生电容等,导致器件噪声相对较大,这些噪声即使通过采用外电路进行信号处理和芯片冷却等手段,CMOS 器件的噪声仍不能降到与 CCD 器件相当的水平。CCD 的低噪声特性是由其物理结构决定的。

(3) 噪声。CCD 的特色在于充分保持信号在传输时不失真(有专属通道设计),通过每像素集合至单一放大器上作统一处理,可以保持信息的完整性；相对地,CMOS 的设计中每像素旁就直接连着 ADC(放大兼模拟/数字信号转换器),信号直接放大并转换成数字信号。CMOS 的制造工艺较简单,没有专属通道的设计,因此必须先放大再整合各个像素的信息。所以 CMOS 计算出的噪点要比 CCD 多,这将会影响到图像品质。

(4) 功耗。CMOS 传感器的图像采集方式为主动式,即感光二极管所产生的电荷会直接由晶体管放大输出；而 CCD 传感器为被动式采集,需外加电压让每像素中的电荷移动,除了在电源管理电路设计上的难度更高之外,高驱动电压更使其功耗远高于 CMOS 传感器。CMOS 传感器使用单一电源,耗电量非常小。

(5) 响应速度。由于大部分相机电路可与 CMOS 图像传感器在同一芯片上制作,信号及驱动传输距离缩短,电感、电容及寄生延迟降低,信号读出采用 X-Y 寻址方式,CMOS 图像传感器工作速度优于 CCD。通常 CCD 由于采用顺序传输电荷,组成相机的电路芯片有 3～8 片,信号读出速率不超过 70MPixels/s。CMOS 图像传感器的设计者将模数转换(ADC)做在每个像素单元中,使 CMOS 图像传感器信号读出速率可达 1000MPixels/s 以上,比 CCD 图像传感器快很多。

(6) 响应均匀性。由于硅片工艺的微小变化、硅片及工艺加工引入缺陷、放大器变化等导致图像传感器光响应不均匀。响应均匀性包括有光照和无光照(暗环境)两种环境条件。CMOS 图像传感器由于每个像素单元中均有开环放大器,器件加工工艺的微小变化导致放大器的偏置及增益产生可观的差异,且随着像素单元尺寸进一步缩小,差异将进一步扩大,使得在有光照和暗环境两种条件下 CMOS 图像传感器的响应均匀性较 CCD 有较大差距。

(7) 集成度。CMOS 图像传感器可将光敏元件、图像信号放大器、信号读取电路、模数转换器、图像信号处理器及控制器等集成到一块芯片上。

(8) 驱动脉冲电路。CMOS 芯片内部集成了驱动电路,极大地简化了硬件设计,同时也降低了系统功耗。

(9) 带宽。CMOS 具有低的带宽、并增加了信噪比,还有一个固有的优点是防模糊(Blooming)特性。在像素位置内产生的电压先是被切换到一个纵列缓冲区内,再被传送到输出放大器中。由于电压是直接被输出到放大器中去,就不会发生传输过程中的电荷损耗以及随后产生的图像模糊现象。不足之处是每个像素中的放大器的阈值电压都有着细小差别,这种不均匀性会引起“固定模式噪声”。

(10) 访问灵活性。CMOS 具有对局部像素图像的编程进行随机访问的优点。如果只采集很小区域的窗口图像,则可以有很高的帧频,这是 CCD 图像传感器难以做到的。

（11）分辨率。CMOS传感器比CCD传感器具备更加复杂的像素，这使得它的像素尺寸难以实现CCD传感器的标准，为此，在比较尺寸一样的CCD传感器与CMOS传感器的情况下，CCD传感器可以做得更密，通常有着更高的分辨率。

（12）成本。由于CMOS的集成度高，单个像素的填充系数远低于CCD。而且从成本上来说，由于CMOS传感器采用半导体电路最常用的CMOS工艺，可以轻易地将周边电路，如自动增益控制（Automatic Gain Control，AGC）、CDS、时钟和数字信号处理（Digital Signal Processing，DSP）等，集成到传感器芯片中，因此可以极大地减少外围芯片的费用。此外，CCD应用电荷传递数据的情况下，倘若存在一个不可以工作的像素，那么会阻碍传输整排的数据。为此，与CMOS传感器相比，CCD传感器的成品率更加难以控制。

6.4.3 CCD与CMOS的发展趋势

从CMOS与CCD的应用及技术发展看，未来的发展趋势存在以下两种可能。

（1）CMOS可能逐渐成为主流。CMOS与90%的其他半导体都采用相同标准的芯片制造技术，而CCD则需要一种极其特殊的制造工艺，故CCD的制造成本高得多。由此看来，具有较高解像率、制作成本低得多的CMOS器件将会得到发展。随着CMOS图像传感器技术的进一步研究和发展，过去仅在CCD上采用的技术正在被应用到CMOS图像传感器上，CCD在这些方面的优势也逐渐黯淡，而CMOS图像传感器自身的优势正在不断地发挥，其光照灵敏度和信噪比可达到甚至超过CCD。基于此，可以预测，CMOS图像传感器将会在很多领域取代CCD图像传感器，并开拓出新的更广阔的市场。

（2）CCD与CMOS技术互相结合。研究人员做成了CCD和CMOS混合的图像传感器——BCMD（Bulk Charge Modulation Device，体电荷调制器件），兼有CCD和CMOS技术两者的优点，即低成本和高性能。BCMD传感器利用了这两种传感器的长处但不继承它们的缺点，因而消除了许多障碍。主要优点有：①消除了CCD图像传感器的驱动要求；②可以实现单片系统集成和简化的电源设计，成本低；③暗电流很小，暗电流的减小得益于所谓的表面态锁定技术；④低噪声，是由于采用了相关双采样电路，这种电路能有效抑制由于器件失配而引起的像素固定模式噪声和消除复位噪声；⑤采用工业标准的5V和3.3V电源，淘汰了CCD所需的复杂、昂贵的非标准电源电压。

具体来说，CCD和CMOS的发展趋势如下：

1. CCD器件的发展趋势

经过30多年的发展，CCD图像传感器从最初的8像元移位寄存器发展至今已具有数百万至上千万像元。由于CCD具有很大的潜在市场和广阔的应用前景，因此近年来国际上在这方面的研究工作进行的相当活跃。近些年出现了超级CCD技术（Super CCD）、X3CCD（多层感色CCD）技术和四色滤光CCD技术等。从CCD的技术发展趋势来看，主要有以下几个方向：

（1）高分辨率。CCD像元数已从100万提高到了4000万像元以上，大面阵、小像元的CCD摄像机层出不穷。

（2）高速度。在某些特殊的高速瞬态成像场合，要求CCD具有更高的工作速度和灵敏度。CCD的频率特性受电荷转移速度的限制，时钟脉冲电压变化太大，电荷来不及完全转移，致使转移效率大幅度降低。为保证器件具有较高转移效率，时钟电压变化必须有一个上限频率，即CCD的最高工作频率。因此，提高电荷转移效率和提高器件频率特性是提高CCD质量的关键。

（3）微型、超小型化。微型、超小型化CCD的发展是CCD技术向各个领域渗透的关键。随着国防科技、生物医学工程、显微科学的发展，十分需要超小型化的 CCD 传感器。

(4) 新型器件结构。为提高 CCD 图像传感器的性能，扩大其使用范围，就需要不断地研究新的器件结构和信号采集、处理方法，以便赋予 CCD 图像传感器更强的功能。在器件结构方面，有帧内线转移 CCD(FIT CCD)、虚像 CCD(VP CCD)、亚电子噪声 CCD(NSE CCD)、TDI-CCD(即时间延迟积分 CCD)、EMCCD(电子倍增 CCD)等。

(5) 微光 CCD。由于夜空的月光和星光辐射主要是可见光和近红外光，其波段正好在硅 CCD 的响应范围，因此 CCD 刚一诞生，美国以 TI、仙童为代表的一些公司就开始研制微光 CCD，如增强型 CCD (ICCD)。目前的微光 CCD 最低照度可达 10^{-6}lx，分辨率优于 510TVL。

(6) 多光谱 CCD 器件。除可见光 CCD 以外，红外及微光 CCD 技术也已得到应用。正在研究的 X 射线 CCD、紫外 CCD 和多光谱红外 CCD 等，都将拓展 CCD 的应用领域。

2. CMOS 器件的发展趋势

CMOS 图像传感器的研究热点主要有以下几方面：

(1) 多功能、智能化。传统的图像传感器仅局限于获取被摄对象的图像，而对图像的传输和处理需要单独的硬件和软件来完成。由于 CMOS 图像传感器在系统集成上的优点，可以从系统级水平来设计芯片。如可以在芯片内集成相应的功能部件应用于特定领域；如某公司开发的高质量手机用摄像机，内部集成了 ISP(Image Signal Processing)，并整合了 JPEG 图像压缩功能。也可以从通用角度考虑，在芯片内部集成通用微处理器。为了消除数字图像传输的瓶颈，还可以将高速图像传输技术集成到同一块芯片上，形成片上系统型数字相机和智能 CMOS 图像传感器。另外，在新的图像处理算法、体系结构、电路设计以及单片 PDC(Programmable Digital Camera)的研究方面也取得了一些令人瞩目的成果。

(2) 高帧速率。由于 CMOS 图像传感器具有访问灵活的优点，所以可以通过只读出感光面上感兴趣的很小区域来提高帧速率。同时，CMOS 图像传感器本身在动态范围和光敏感度上的提高也有利于帧速率的提高。

(3) 宽动态范围。有研究将用于 CCD 的自适应敏感技术用于 CMOS 传感器中，使 CMOS 传感器的整个动态范围可达 84dB 以上，并在芯片上进行了实验，还致力于将 CCD 的工作模式用于 CMOS 图像传感器中。

(4) 高分辨率。CMOS 图像传感器最高分辨率已达 3170 像素×2120 像素(约 616 万像素)以上。

(5) 低噪声技术。用于科学研究的高性能 CCD 能达到的噪声水平为 3～5 个电子，而 CMOS 图像传感器则为 300～500 个电子。有实验室采用 APS 技术的图像传感器能达到 14 个电子。

(6) 模块化、低功耗。由于 CMOS 图像传感器便于小型化和系统集成，所以可以根据特定的应用场合，将相关的功能集成在一起，并通过优化设计进一步降低功耗。

总之，CMOS 图像传感器正在向高灵敏度、高分辨率、高动态范围、集成化、数字化和智能化的“片上相机”解决方案方向发展。芯片加工工艺不断发展，从 0.5μm→0.35μm→0.25μm→0.18μm，接口电压也在不断降低，从 5V→3.3V→2.5V/3.3V→1.8V/3.3V。研究人员致力于提高 CMOS 图像传感器的综合性能，缩小单元尺寸，调整 CMOS 工艺参数，将数字信号处理电路、图像压缩和通信等电路集成在一起，并制作滤色片和微透镜阵列，以实现低成本、低功耗、低噪声和高度集成的单芯片成像微系统。随着数字电视和可视通信产品的增加，CMOS 图像传感器的应用前景一定会更加广阔。

6.5 CCD 摄像机分类与示例

从不同的角度，CCD 摄像机有不同的分类，这里仅对其简要介绍，并进行具体示例。

6.5.1 CCD 摄像机分类

一般来说，CCD 摄像器件按结构可分为线阵 CCD 和面阵 CCD；按光谱可分为可见光 CCD、红外 CCD、X 光 CCD 和紫外 CCD。可见光 CCD 又可分为黑白 CCD、彩色 CCD 和微光 CCD。在不同领域中有不同的分类方法，下面主要以安防领域中的应用为例进行分类。

1）按成像色彩划分

按成像色彩分为：

(1) 彩色摄像机：适用于景物细部辨别，如辨别衣着或景物的颜色。因有颜色而使信息量增大，信息量一般认为是黑白摄像机的 10 倍以上。

(2) 黑白摄像机：适用于光线不足地区及夜间无法安装照明设备的地区。在仅监视景物的位置或移动时，可选用分辨率通常高于彩色摄像机的黑白摄像机。

2）按摄像机分辨率划分

按摄像机分辨率分为：

(1) 影像在 25 万像素左右、彩色分辨率为 330～420 线、黑白分辨率为 380～450 线左右的低档型。

(2) 影像在 38 万像素以上、彩色分辨率大于或等于 480 线，黑白分辨率为 600 线以上的中高档型。

3）按摄像机灵敏度划分

按摄像机灵敏度分为：

(1) 普通型：正常工作所需照度为 1～3lx。

(2) 月光型：正常工作所需照度为 0.1lx 左右。

(3) 星光型：正常工作所需照度为 0.01lx 以下。

(4) 红外照明型：原则上可以为零照度，采用红外光源成像。

参考环境照度如表 6.6 所示。

表 6.6　参考环境照度

环　　境	照度/lx
夏日阳光下	100 000
阴天室外	10 000
电视台演播室	1000
距 60W 台灯 60cm 桌面	300
室内日光灯	100
黄昏室内	10
20cm 处烛光	10～15
夜间路灯	0.1

4）按摄像组件的 CCD 靶面的大小划分

按摄像组件的 CCD 靶面的大小分为：

(1) 1in，靶面尺寸为 12.7mm×9.6mm，对角线 16mm。

(2) 2/3in,靶面尺寸为 8.8mm×6.6mm,对角线 11mm。
(3) 1/2in,靶面尺寸为 6.4mm×4.8mm,对角线 8mm。
(4) 1/3in,靶面尺寸为 4.8mm×3.6mm,对角线 6mm。
(5) 1/4in,靶面尺寸为 3.2mm×2.4mm,对角线 4mm。

5) 按电源频率划分

按电源频率分为:
(1) 欧洲标准(50Hz):彩色 PAL,黑白 CCIR。
(2) 美国标准(60Hz):彩色 NTSC,黑白 EIA。

6) 按外形样式划分

按外形样式分为:
(1) 传统标准型:枪型。
(2) 机板型:鱼眼、针孔镜头。
(3) 伪装型:半球型、灯饰型和侦烟型等。
(4) 子弹型。
(5) 简单型(机板型加铁壳)。
(6) 一体型:一体机、红外线型。

7) 按制程划分

按制程分为:
(1) ANALOG:模拟信号处理。
(2) ASP:半数字信号处理。
(3) 数字信号处理(如 DSP)。

8) 按电源系统划分

按电源系统分为:
AC110V、AC220V、AC240V、AC24V 和 DC12V 等。

9) 按同步系统划分

按同步系统分为:
(1) 内同步。
(2) 外同步:LINE LOCK、SYNC 同步、VBS 同步、HD 和 VD 同步等。

6.5.2 CCD 摄像机示例

下面举例列出几款代表性的 CCD 摄像机产品。

1. 黑白 CCD 专用摄像机

某低照度黑白 CCD 摄像机,使用 1/3in 高灵敏芯片,如图 6.7 所示,对 300~1100nm 的可见光和非可见光具有很强的感应能力,在 5×10^{-3}lx 照度条件下,能提供清晰可辨的影像,当外界有红外光时,其灵敏度可降为 0lx,能实现昼夜监视之目的。

主要技术指标:

图像传感器: 1/3in HAD CCD;
像面尺寸: 4.8mm(H)×3.6(V)mm;
总像素数: 795(H)×596(V);

有效像素数： 752(H)×582(V)；
电视制式： CCIR；
扫描方式： 隔行扫描；
最低照度： 0.05lx(F1.2)；
AGC 范围： 4～18dB；
自动电子光圈： 1/5s～1/100 000s；
背光补偿(BLG)： ON；
水平分辨率： ≥550TVL；
同步方式： 内同步或行/场同步；
信噪比： ≥55dB；
灰度等级： ≥9 级(标准测试卡)；
伽马校正： 1；
输出视频信号幅度： 1.0±0.1 $V_{p\text{-}p}$(75Ω 不平衡负载)；
工作温度： －40～＋55℃；
存储温度： －50～＋70℃；
工作电压： DC12V±10%，DC5V±0.25V；
外形尺寸： 37mm×37mm×7mm(单板)。

2. 数码彩色 3CCD 摄像机

某型 3CCD 彩色摄像机是为用户设计的专用产品，如图 6.8 所示，采用分光棱镜和 3 片 CCD，解决了水平分辨率不够的问题，性能符合用户的特殊要求，已应用于诸多领域。

图 6.7 某低照度黑白 CCD 摄像机，使用 1/3in 高灵敏芯片

图 6.8 某型 3CCD 彩色摄像机

主要技术指标：
图像传感器： 1/3in IT/HAD CCD(3)；
像面尺寸： 4.8mm(H)×3.6(V)mm；
总像素数： 795(H)×596(V)；
有效像素数： 752(H)×582(V)；
电视制式： PAL；
扫描方式： 隔行扫描；
最低照度： 4lx(F2)；
AGC 范围： 0～24dB；
同步方式： 内同步/外同步可选，外同步为复合视频信号 1.0$V_{p\text{-}p}$(75Ω)；

手动电子快门： OFF/STEP/VARIABLE/CCD IRIS 为 8.0～1/100 000s；
白电平模式： 自动；
背光补偿： ON；
水平分辨率： ≥750TVL；
信噪比： ≥61dB；
灰度等级： ≥9 级(标准测试卡)；
伽马校正： 1；
自动光圈控制： 亮度变化信号驱动输出；
工作温度： −40～+60℃；
存储温度： −50～+85℃；
工作电压： DC 12V；
外形尺寸： 128mm×56mm×50mm；
质量： ≤370g。

3. 基于 DSP 的数码彩色 CCD 摄像机

基于 DSP 的某型数码彩色 CCD 摄像机是为用户设计的专用产品(见图 6.9)，其性能符合用户的特殊要求，已应用于诸多领域。

(a) 正面图

(b) 侧面图

图 6.9 基于 DSP 的某型数码彩色 CCD 摄像机

主要技术指标：
图像传感器： 1/3in Exview CCD；
镜头接口： 标准 C/S 接口；
像面尺寸： 4.8(H)mm×3.6(V)mm；
总像素数： 795(H)×596(V)；
有效像素数： 752(H)×582(V)；
电视制式： PLA-D；
扫描方式： 隔行扫描；
最低照度： 0.01lx (F1.2)；
AGC 范围： 4～18dB；
同步方式： 内同步/外同步可选，外同步为复合视频信号 1.0$V_{p\text{-}p}$(75Ω)；
自动电子快门： (1/50)～1/100 000s；
水平分辨率： ≥480TVL；
信噪比： ≥55dB(AGC 18dB)；

灰度等级：　≥9 级(标准测试卡)；
伽马校正：　1(机内改装)；
白电平模式：　自动；
工作温度：　−40～+60℃；
存储温度：　−50～+85℃；
工作电压、电流：　DC12V±10%，≤150mA；DC5V±10%，≤200mA；
外形尺寸：　45mm×44mm×44mm；
质量：　≤85g。

4. 可见光可控变焦摄像机

某可见光可控变焦摄像机是为用户设计的专用产品，其性能符合用户提出的特殊指标要求。主要特点：高品质的图像质量；100%通过出厂检测，确保产品质量；物镜焦距在 15～300mm 范围内连续可变；电动调焦，在最长焦微调焦至图像最佳状态后，整个变倍过程中图像都清晰；连续变倍，变倍同时通过 RS-422 接口实时输出焦距值。

主要技术指标：
图像传感器：　1/3in 黑白 CCD，水平分辨率大于 550TVL；
视场：　18°～0.9°(水平方向)；
物镜焦距：　15～300mm 连续可变；
焦距输出：　具有实时输出焦距功能；
焦距输出精度：　短焦<2%，长焦<5%；
图像畸变：　<2%；
变倍时视轴晃动：　<0.3mrad；
光轴与图像中心的不重合度：　<4 像素；
功能：　自动调光、电动变倍、电动调焦；
最低可用照度：　200 lx；
输出信号制式：　CCIR 制式全电视模拟信号；
通信接口：　RS-422；
状态自检：　能输出整机工作正常与否信号；
结构尺寸：　63.5mm×109.1mm×175mm；
安装底基准面与光轴的不平行度：　≤0.5mrad；
安装板上侧面与光轴的不平行度：　≤0.5mrad；
功耗：　<20W；
工作电压：　22～29V DC；
质量：　<1.5kg(含窗口玻璃)；
MTBF：　≥3000h；
工作温度：　−40～+55℃；
存储温度：　−40～+65℃。

结构尺寸如图 6.10 所示。

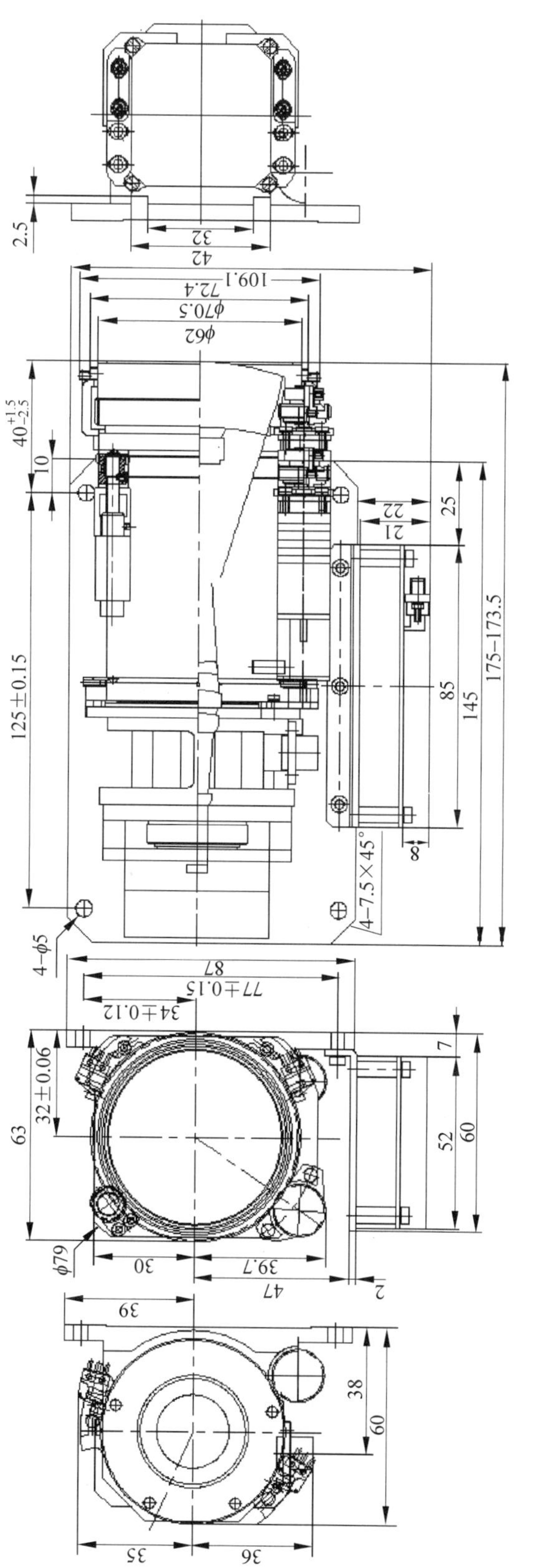

图 6.10　某可见光可控变焦摄像机结构尺寸

6.6 CCD的工程技术应用

CCD在许多领域有广泛的应用，这里对其举例介绍。

6.6.1 CCD的七个主要应用领域

这里介绍CCD的七个主要应用领域，具体如下。

1. 小型化黑白、彩色TV摄像机

这是面阵CCD应用最广泛的领域。例如，日本松下CDT型超小型CCD彩色摄像机，直径17mm，长48mm，使用超小型镜头，质量54g。典型TV用IS（图像传感器）尺寸如7mm×9mm，480像元×380像元等。

2. 传真通信系统

用1024～2048像元的线阵CCD作传真机，可在不到1s内完成A4开稿件的扫描。

3. 光学字符识别

IS代替人眼，把字符变成电信号进行数字化，然后用计算机识别。

4. 广播TV

用SSIS（Solid State Imaging Sensor，固态图像传感器）代替光导摄像管。1986年已有公司推出140万像素的IS，尺寸7mm×9mm，比当时电视图像信号强4倍以上。

5. 工业检测与自动控制

这是IS应用量很大的一个领域，统称机器视觉应用。

(1) 在钢铁、木材、纺织、粮食、医药和机械等领域作零件尺寸的动态检测，如产品质量、包装、形状识别、表面缺陷或粗糙度检测。

(2) 在自动控制方面，主要作计算机获取被控信息的手段。

(3) 还可作机器人视觉传感器。

6. 检测与摄像

可用于各种标本分析（如血细胞分析仪）、眼球运动检测、X射线摄像、胃镜和肠镜摄像等。

7. 天文观测

天文观测包括：①天文摄像观测。②从卫星遥感地面；例如，美国用5个2048位CCD拼接成10240位长取代125mm宽侦察胶卷，作地球卫星传感器。③航空遥感、卫星侦察；例如，1985年欧洲航天局首次在SPOT卫星上使用大型线阵CCD扫描，地面分辨率提高到10m。

此外，还有军事上的应用：如微光夜视、导弹制导、目标跟踪和军用图像通信等。

6.6.2 尺寸测量

尺寸测量是CCD常见的一类应用。

1. 微小尺寸的检测(10～500μm)

1) 原理

微小尺寸测量原理图如图6.11所示。

用衍射的方法对细丝、狭缝、微小位移和微小孔等进行测量，如图6.12所示。

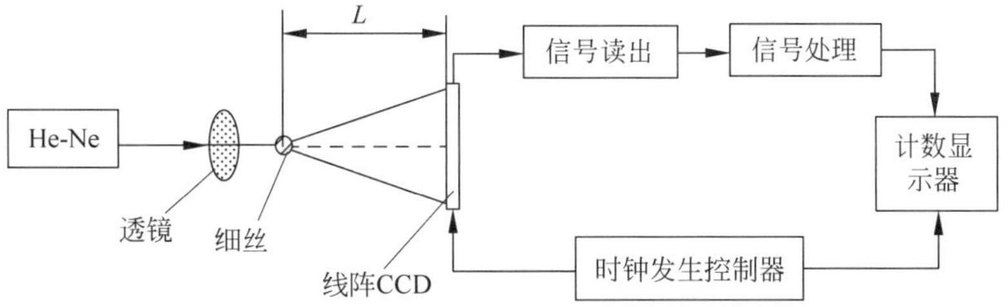

图 6.11　CCD 微小尺寸测量原理图

当满足远场条件 $L \gg d^2/\lambda$ 时，根据夫琅和费衍射公式可得到

$$d = K\lambda/\sin\theta \tag{6.10}$$

式中，d 为细丝直径；K 为暗纹周期（$K=\pm 1,2,3\cdots$）；λ 为激光波长；L 为被测细丝到 IS 光敏面的距离；θ 为被测细丝到第 K 级暗纹的连线，与光线主轴的夹角。

当 θ 很小时（即 L 足够大时）

$$\sin\theta \approx \tan\theta = X_K/L$$

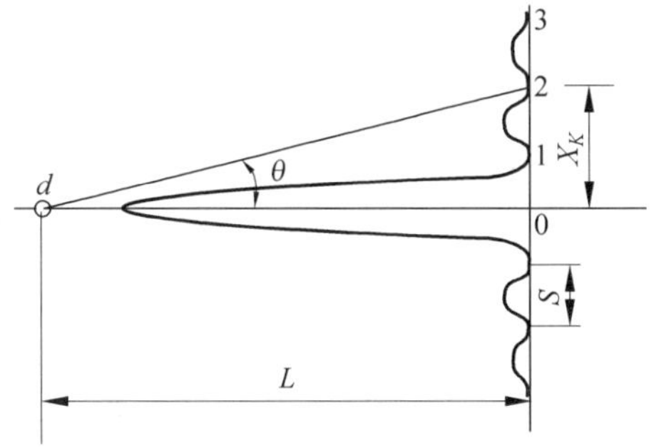

图 6.12　衍射法测量微小尺寸原理图

式中，X_K 为第 K 级暗纹到光轴的距离，上式代入式(6.10)得

$$d = \frac{K\lambda L}{X_K} = \frac{\lambda L}{X_K/K} = \frac{\lambda L}{S} \tag{6.11}$$

式中，S 为暗纹周期，$S = X_K/K$ 是相等的，则测细丝直径 d 转化为用 CCD 测 S 的误差分析：

$$\Delta d = \frac{L}{S}\Delta\lambda + \frac{\lambda}{S}\Delta L + \frac{\lambda L}{S^2}\Delta S \tag{6.12}$$

由于激光波长误差 $\Delta\lambda$ 很小（$<10^{-5}\lambda$），可忽略不计，则

$$\Delta d = \frac{\lambda}{S}\Delta L + \frac{\lambda L}{S^2}\Delta S \tag{6.13}$$

例，He-Ne 激光 $\lambda = 632.8\text{nm}$，$L = 1000\text{mm} \pm 0.5\text{mm}$，$d = 500\mu\text{m}$，则根据式(6.11)有

$$S = \frac{\lambda L}{d} = \frac{632.8\times 10^{-6}\times 10^{3}}{5\times 10^{2}\times 10^{-3}} = 1.265\text{mm}$$

根据 CCD 像元，可取 $\Delta S = 10\mu\text{m}$，测量误差为

$$\Delta d = \frac{\lambda}{S}\Delta L + \frac{\lambda L}{S^2}\Delta S = \frac{\lambda}{S}\left(\Delta L + \frac{L}{S}\Delta S\right) = \frac{632.8\times 10^{-6}}{1.265}\left(0.5 + \frac{1000\times 10\times 10^{-3}}{1.265}\right) = 4.2\mu\text{m}$$

丝越细，测量精度越高（d 越小，S 越大），甚至可达到 $\Delta d = 10^{-2}\mu\text{m}$。

2) S（暗纹周期）的测量方法

暗纹周期的测量示意图如图 6.13 所示。

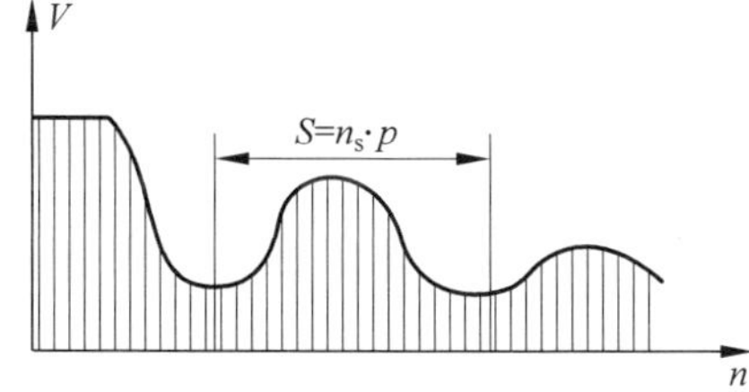

图 6.13　暗纹周期的测量示意图

图像传感器 IS 输出的视频信号经放大器 A 放大，再经峰值保持电路 PH 和采样保持电路 S/H 处理，变成方形波，送到 A/D 转换器进行逐位 A/D 转换，最后读入计算机内进行数据处理，如图 6.14 所示。判断并确定两暗纹之间的像元数 n_s，则暗纹周期 $S = n_s \cdot p$（p 为图像传感器的像元中心距），代入

式(6.11)算得 d。

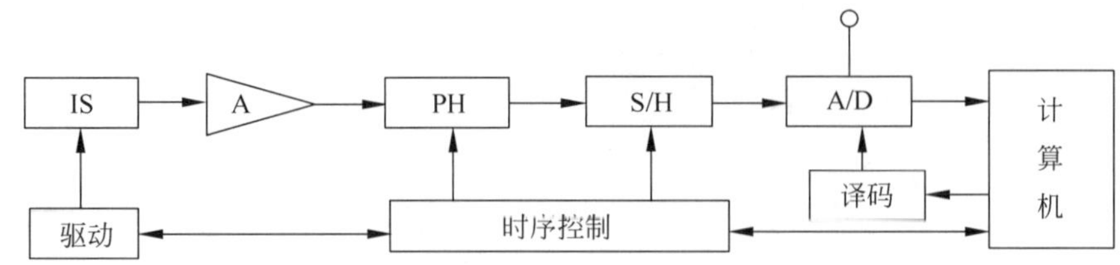

图 6.14 激光测微装置电路框图

2. 小尺寸的检测

小尺寸的检测是指待测物体可与光电器件尺寸相比拟的场合。

1）原理

小尺寸检测原理图如图 6.15 所示。

$$L=\frac{np}{\beta}=\left(\frac{a}{f'}+1\right)\cdot np \tag{6.14}$$

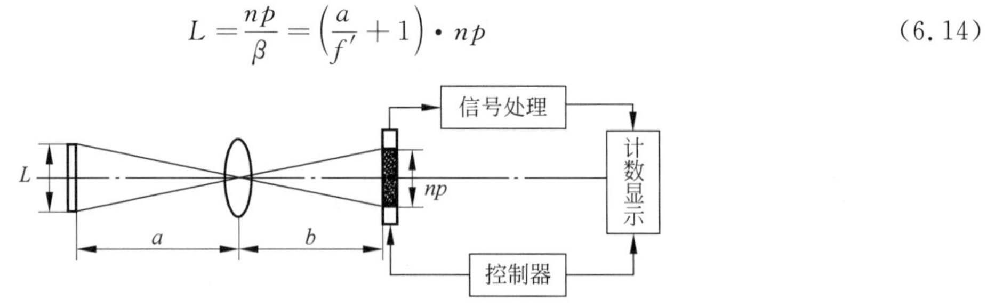

图 6.15 小尺寸检测原理图

式中，f'为透镜焦距；a 为物距；b 为像距；β 为放大倍率；n 为像元数；p 为像元间距。因为

$$\frac{1}{a}-\frac{1}{b}=\frac{1}{f'} \quad \text{（成像公式）} \tag{6.15}$$

$$\beta=\frac{b}{a}=\frac{np}{L} \tag{6.16}$$

解得：$L=\frac{np}{\beta}=\left(\frac{a}{f'}+1\right)\cdot np$。

2）信号处理

光电 IS 中被物体遮住和受到光照部分的光敏单元输出有着显著区别，可以把它们的输出看成 0、1 信号。通过对输出为“0”的信号进行计数，即可测出物体的宽度，这就是信号的二值化处理。

实际应用时，物像边缘明暗交界处，实际光强是连续变化的，而不是理想的阶跃跳变，要解决这一问题可用两种方法：①比较整形法；②微分法。

3）比较整形法（即阈值法）

如图 6.16 和图 6.17 所示。在低电平期间对计数脉冲进行计数，从而得 np。

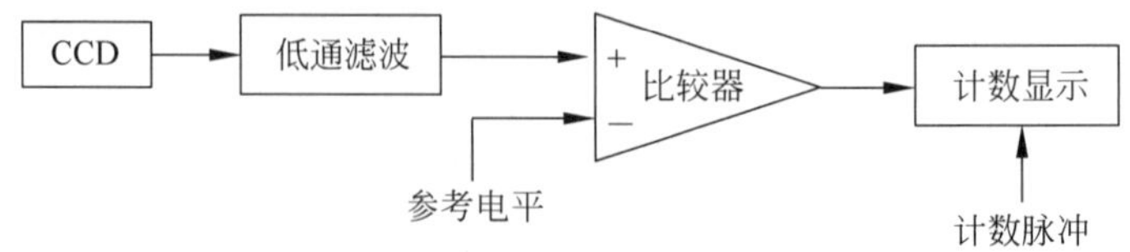

图 6.16 比较整形法原理图

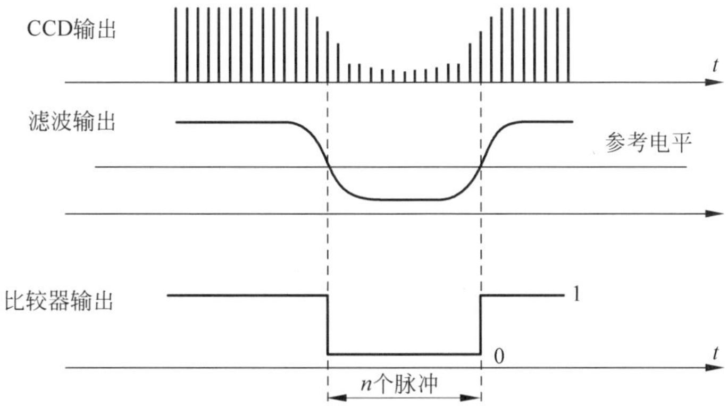

图 6.17 比较整形法信号时序波形图

固定阈值法如图 6.18 所示。

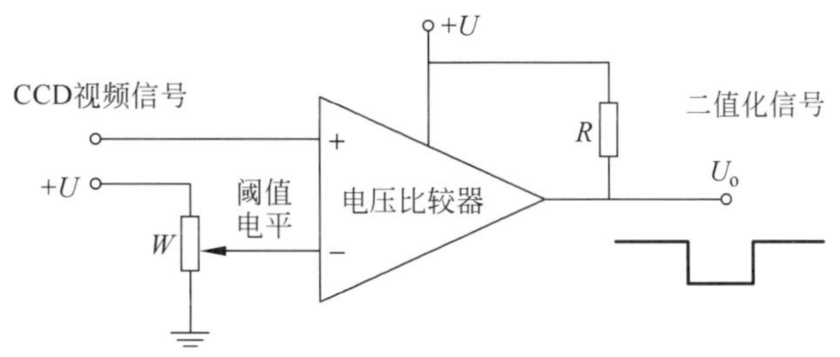

图 6.18 固定阈值法原理图

固定阈值法是将 CCD 输出的视频信号送入电压比较器的同相输入端，比较器的反相输入端加上可调的电平就构成了固定阈值二值化电路。当 CCD 视频信号电压的幅度稍稍大于阈值电压（电压比较器的反相输入端电压）时，电压比较器输出为高电平（为数字信号 1）；当 CCD 视频信号小于或等于阈值电压时，电压比较器输出为低电平（为数字信号 0）。CCD 视频信号经电压比较器后输出的是二值化方波信号。

调节阈值电压，方波脉冲的前、后沿将发生移动，脉冲宽度发生变化。当 CCD 视频信号输出含有被测物体直径的信息时，可以通过适当调节阈值电压获得方波脉冲宽度与被测物体直径的精确关系。这种方法常用于 CCD 测径仪中。

固定阈值法要求阈值电压稳定、光源稳定、驱动脉冲稳定、对系统提出的要求较高。浮动阈值法可以克服这些缺点。浮动阈值法如图 6.19 所示。

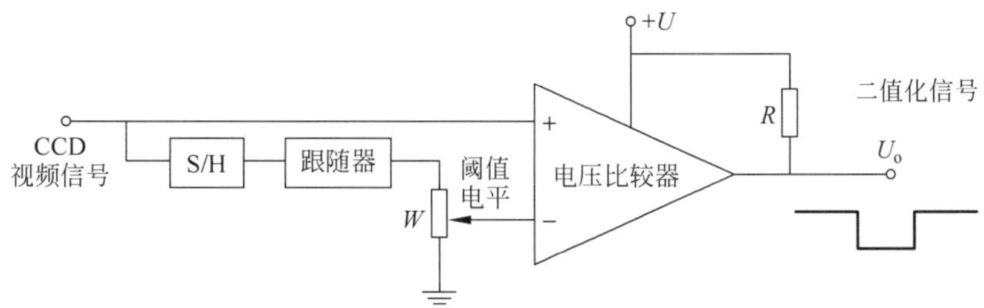

图 6.19 浮动阈值法原理框图

浮动阈值法是使电压比较器的阈值电压随测量系统的光源或随 CCD 输出视频信号的幅值浮动。这样，当光源强度变化引起 CCD 输出视频信号起伏变化时，可以通过电路将光源起伏或 CCD 视频信号的变化反馈到阈值上，使阈值电位跟着变化，从而使方波脉冲宽度保持基本不变。

4）微分法

因为被测对象边沿处，输出脉冲的幅度具有最大变化斜率，因此，若对低通滤波信号进行微分处理，则得到的微分脉冲峰值点坐标即为物像的边沿点，如图 6.20 所示。

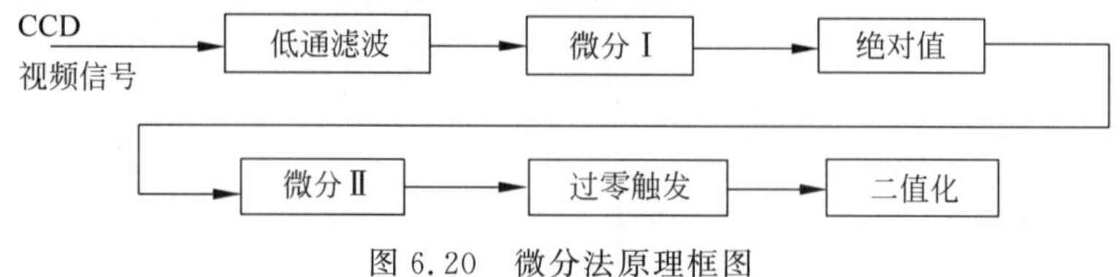

图 6.20　微分法原理框图

用这两个微分脉冲峰值点作为计数器的控制信号，在两个峰值点间对计数脉冲计数，即可测出物体宽度，如图 6.21 所示。

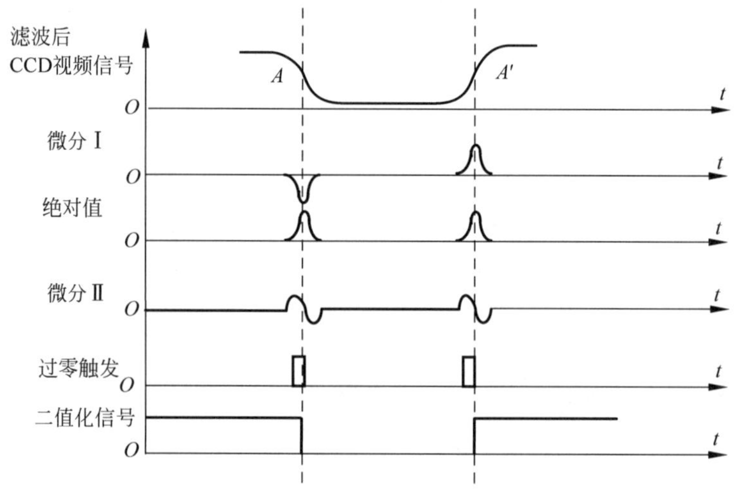

图 6.21　微分法波形图

将 CCD 视频输出的调幅脉冲信号经采样保持电路或低通滤波后变成连续的视频信号（第一条波形）；将连续的视频信号经过微分电路Ⅰ微分，它的输出是视频信号的变化率，信号电压的最大值对应于视频信号边界过渡区变化率最大的点（A 点、A'点）。在视频信号的下降沿产生一个负脉冲，在上升沿产生一个正脉冲（第二条波形）；将微分Ⅰ输出的两个极性相反的脉冲信号送给取绝对值电路，经该电路将微分Ⅰ输出的信号变成同极性的脉冲信号（第三条波形），信号的幅值点对应于边界特征点；将同极性的脉冲信号送入微分电路Ⅱ再次微分获得对应绝对值最大处的过零信号（第四条波形）；过零信号再经过零触发器，输出两个下降边沿对应于过零点的脉冲信号（第五条波形）；用这两个信号的下降沿去触发一个触发器，便可获得视频信号起始和终止边界特征的方波脉冲及二值化信号（第六条波形）。其脉冲宽度为图像 AA'间的宽度。

这套方法可由硬件电路完成，也可由数字信号处理方法软件完成（数字信号处理：CCD 直接进行 A/D 同步采样，再用计算机对数字处理，省去了滤波及以后的环节）。

5）实例

测量：钢珠直径，小轴承内外径，小轴径、孔径，小玻璃管直径，微小位移及机械振动等。

3. 大尺寸检测（或高精度工件检测）

对于大尺寸工件或测量精度要求高的工件，可采用“双眼”系统检测物体的两个边沿视场，如

图 6.22 所示。这样,可用较低位数的传感器,达到较高的测量精度。

$$L_L(\text{或 } L_X)=\frac{np}{\beta} \tag{6.17}$$

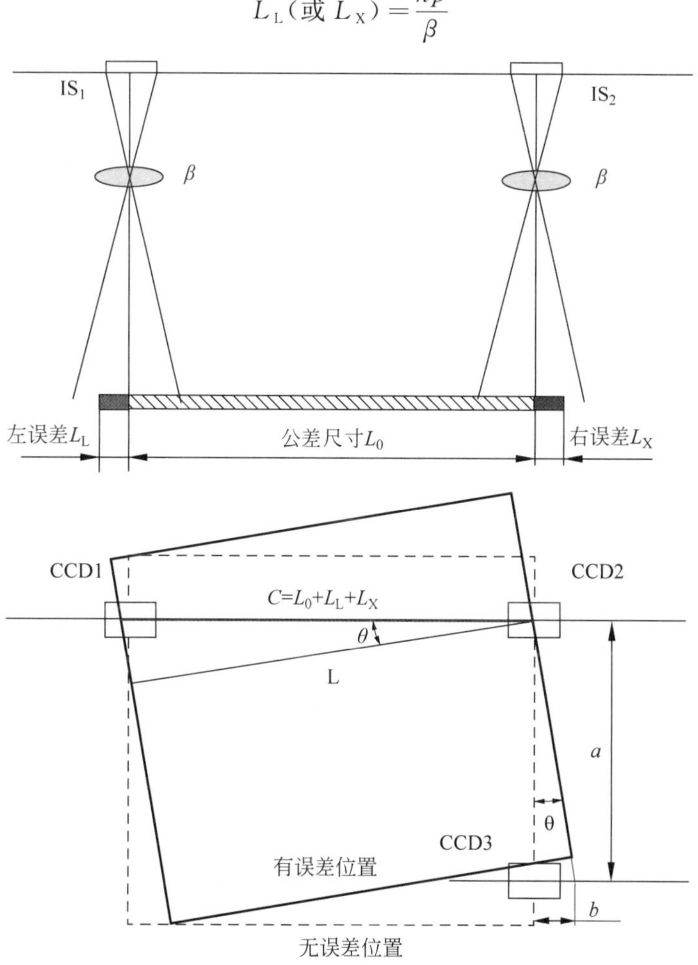

图 6.22　采用“双眼”系统检测物体的两个边沿视场

单个像元代表的实际尺寸 $L_L/np=1/\beta$,当 L_L 很大时,成缩小的像($\beta<1$),且 L_L 越大,则每个像元代表的实际尺寸也越大,精度就差。分辨力 $R=P/\beta$(P 为像元中心距),L_L(或 L_X)$=nR$。

缩小视场(只测 L_L 或 L_X),可提高 β,增大分辨力 R,提高精度。考虑钢板水平偏转 θ,用 CCD3 测出 b。

$$\theta=\arctan(b/a) \tag{6.18}$$

钢板宽度:

$$L=(L_0+L_L+L_X)\cos\theta \tag{6.19}$$

【例 6.1】 若 $L=1700\text{mm}$,$\theta=5°$,求不考虑角度误差 θ 时的测量误差。

解:$C=L/\cos\theta=1700/\cos 5°=1706.49\text{mm}$,则 $\Delta L=C-L=6.49\text{mm}$。可见不考虑角度误差是不能准确测量的。

【例 6.2】 若 $\Delta L=1\text{mm}$,求角度误差 θ。

解:$\cos\theta=L/(L+\Delta L)=1700/1701$,$\theta=1.96°$。

6.6.3 工件表面质量检测（粗糙度、伤痕、污垢）

工件表面质量检测是 CCD 的另一类常见应用。

1. CCD 采集系统原理

工件表面质量检测原理图如图 6.23 所示。

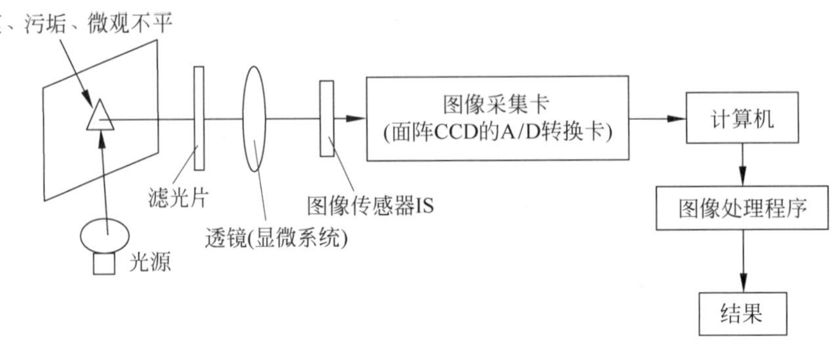

图 6.23 工件表面质量检测原理图

工件粗糙度是它的微观不平度的表现，各种等级的粗糙度对光源的反射强度是不同的，根据这种差别，可用计算机处理得到粗糙度的等级。

伤痕或污垢表现为工件表面的局部与其周围的 CCD 输出幅值具有差别。采用面阵 CCD 采样，利用计算机进行图像处理可得到伤痕或污垢的大小。

以上方法偏重软件，把比较、校正和显示等硬件环节给省去了。

2. 工件表面质量检测——光切显微镜原理

工件表面质量检测——光切显微镜原理如图 6.24 所示。

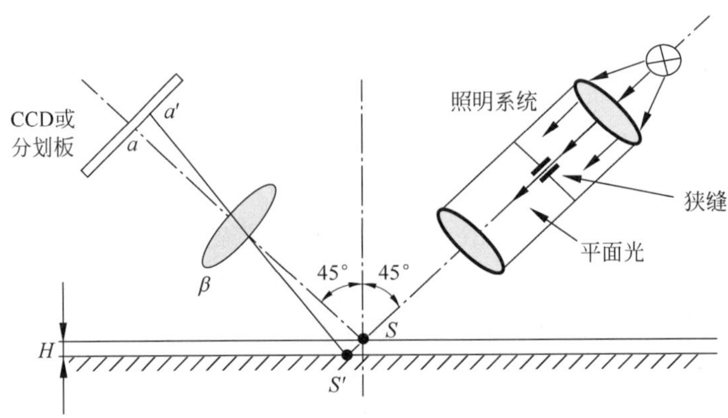

图 6.24 工件表面质量检测光切显微镜原理图

测量方法如图 6.25 所示。

工件粗糙度（轮廓最大高度 R_Y）实际峰谷高由 H 计算：

$$H = SS'\cos 45^\circ = \frac{SS'}{\sqrt{2}} = \frac{h}{\beta\sqrt{2}} \tag{6.20}$$

式中，β 为物镜放大率。用 CCD 测得 h，可得粗糙度 H。

【例 6.3】 光洁度∇14 相当于粗糙度 R_Y，R_Z 0.05（单位：μm），即 $H=0.05\mu$m，如图 6.26 所示，求物镜倍率。

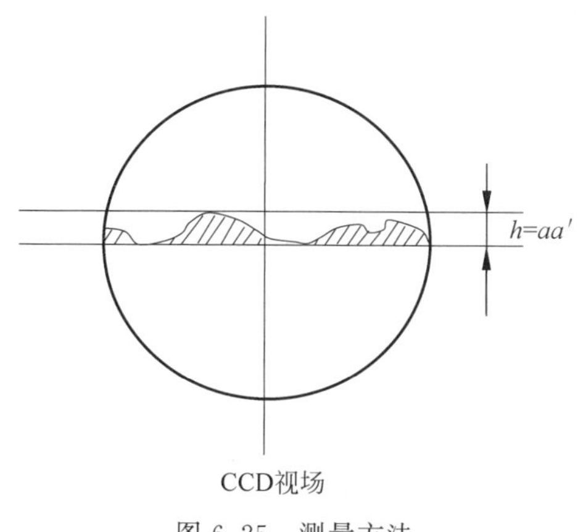

图 6.25 测量方法

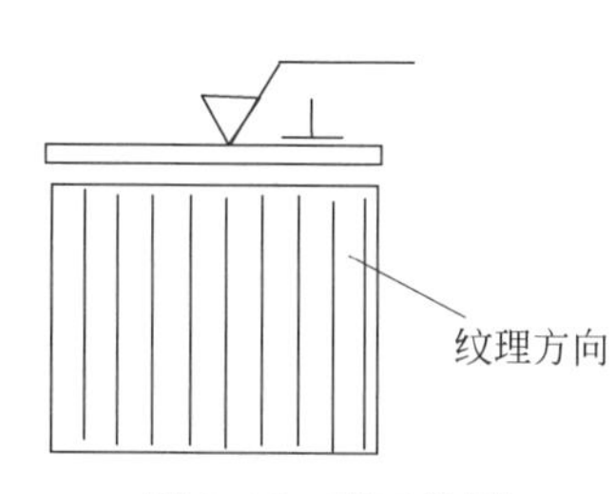

图 6.26 某工件图

解：若 CCD 像元尺寸$=15\mu m=h$，则物镜倍率为

$$\beta=\frac{h}{H\sqrt{2}}=\frac{15}{0.05\sqrt{2}}=212.2$$

6.7 CCD 图像传感器在微光电视和紫外成像系统中的应用

CCD 图像传感器在多类成像系统中有重要应用，这里介绍在微光电视和紫外成像系统中的应用。

6.7.1 CCD 图像传感器在微光电视系统中的应用

随着观察距离的增加和要求在更低照度下进行观察，对微光电视系统的要求越来越高，因此必须研制新的高灵敏度、低噪声的摄像器件。CCD 图像传感器灵敏度高和低光照成像质量好的优点正好迎合了微光电视系统这一发展趋势。作为新一代微光成像器件，CCD 图像传感器在微光电视系统中发挥着关键的作用。

1. CCD 微光电视系统的组成

CCD 微光电视系统的组成如图 6.27 所示。

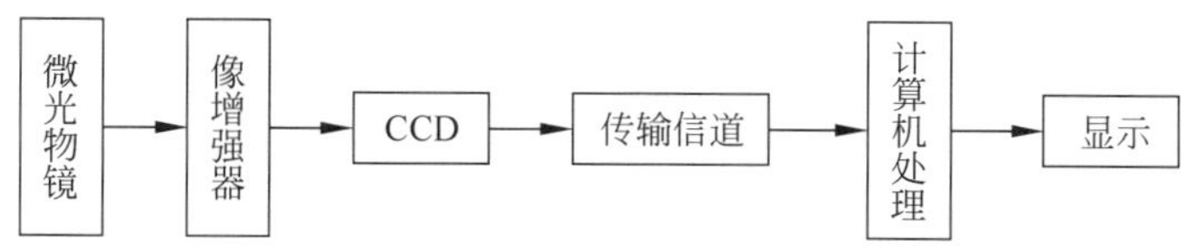

图 6.27 CCD 微光电视系统组成结构图

2. 像增强器与 CCD 的耦合

现在，单独的高灵敏度 CCD 器件虽然可以在低照度环境下工作，但要将 CCD 单独应用于微光电视系统还有不足之处。因此，可以将微光像增强器与 CCD 进行耦合，让光子在到达 CCD 器件之前使光子先得到增益。微光像增强器与 CCD 的耦合方式有以下 3 种。

1）光纤光锥耦合方式

光纤光锥也是一种光纤传像器件，它一头大，另一头小，利用纤维光学传像原理，可将微光管光纤面板荧光屏（通常，有效孔径 Φ 为 18mm、25mm 或 30mm）的输出经增强的图像耦合到 CCD 光敏面（对角线尺寸通常是 12.7mm 或 16.9mm）上，从而可达到微光摄像的目的，如图 6.28 所示。

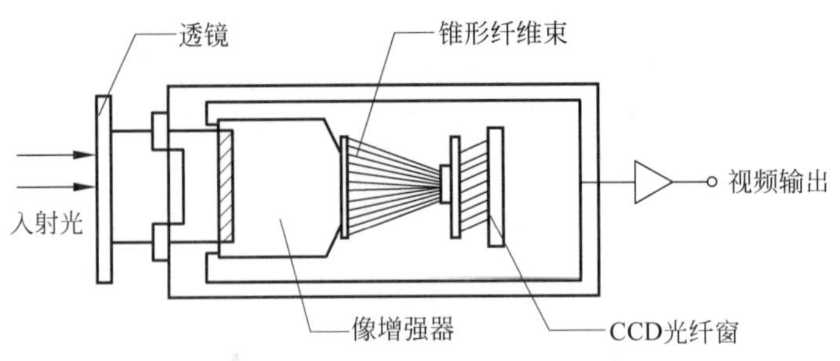

图 6.28　光纤光锥耦合方式结构图

这种耦合方式的优点是荧光屏光能的利用率较高，理想情况下，仅受限于光纤光锥的漫射透过率（≥60%）。缺点是需要带光纤面板输入窗的 CCD；对于背照明模式 CCD 的光纤耦合，有离焦和 MTF 下降的问题。此外，光纤面板、光锥和 CCD 均为若干像素单元阵列的离散式成像元件，因而，三阵列间的几何对准损失和光纤元件本身的疵病对最终成像质量的影响等都是值得认真考虑并需严格对待的问题。

2）中继透镜耦合方式

采用中继透镜也可将微光管的输出图像耦合到 CCD 输入面上，其优点是调焦容易，成像清晰，对正面照明和背面照明的 CCD 均可适用；缺点是光能利用率低（≤10%），仪器尺寸稍大，系统杂光干扰问题需特殊考虑和处理。

3）电子轰击式 CCD（即 EBCCD 方式）

前两种耦合方式的共同缺点是微光摄像的总体光量子探测效率及亮度增益损失较大，加之荧光屏发光过程中的附加噪声，使系统的信噪比特性不甚理想。为此，人们发明了电子轰击 CCD（Electron Bombardment CCD，EBCCD），即把 CCD 做在微光管中，代替原有的荧光屏，在额定工作电压下，来自光阴极的（光）电子直接轰击 CCD。实验表明，每 3.5eV 的电子就可在 CCD 势阱中产生一个电子-空穴对；10kV 工作电压下，增益达 2857 倍。如果采用缩小倍率电子光学倒像管（如倍率 $m=0.33$），则可进一步获得 10 倍的附加增益，即 EBCCD 的光子-电荷增益可达 10^4 以上；而且，精心设计、加工、装调的电子光学系统，可以获得较前两种耦合方式更高的 MTF 和分辨率特性，无荧光屏附加噪声。因此，如果选用噪声较低的 DFGA-CCD（Distributed Floating Gate Amplifier，DFGA，分布式浮栅放大器）并入 $m=0.33$ 的缩小倍率到像管中，有望实现景物照度 $\leq 2\times10^{-7}$lx 光量子噪声受限条件下的微光电视摄像。

微光电视系统的核心部件是像增强器与 CCD 器件的耦合。中继透镜耦合方式的耦合效率低，较少采用。光纤光锥耦合方式适用于小成像面 CCD。

耦合 CCD 器件的性能由像增强器和 CCD 两者决定，光谱响应和信噪比取决于前者，暗电流、惰性、分辨率取决于后者，灵敏度则与两者有关。

6.7.2　CCD 图像传感器在紫外成像系统中的应用

紫外成像系统的组成结构图与 CCD 微光电视系统组成结构图（见图 6.27）相似，只不过相应采用紫外物镜、紫外像增强器、紫外 ICCD（Intensified CCD，增强 CCD）或紫外 ICMOS（Intensified CMOS，增强 CMOS），另外增加日盲紫外滤光片。像增强器与 CCD 的耦合方式一般有光纤光锥耦合、直接耦合和镜头耦合。读出帧频（f/s）从 25f/s 可到 1000f/s，甚至更大。

紫外线的波长范围大致是 40～400nm，太阳光中也含紫外线，但由于地球的臭氧层吸收了部分波长的紫外线，实际上辐射到地面上的太阳紫外线波长大都在300nm以上，低于300nm的波长区间被称为日盲区。利用这一特性，紫外成像系统在电力故障检测等方面具有重要应用。

在高压设备电离放电时，根据电场强度(或高压差)的不同，会产生电晕、闪络或电弧。电离过程中，空气中的电子不断获得和释放能量。当电子释放能量即放电时，会辐射出光波和声波，还有臭氧、紫外线和微量的硝酸等。紫外成像系统，就是利用特殊的仪器接收放电产生的紫外线信号，经处理后成像并可与可见光图像叠加，达到确定电晕的位置和强度的目的，从而为进一步评价设备的运行情况提供依据。

紫外成像系统利用紫外线束分离器将输入的影像分离成两部分。它用日盲光滤光器过滤掉太阳光，并将第一部分的影像传送到一个影像放大器上，因为电晕放电会发射出230～405nm的紫外线，而紫外光滤波器的工作范围为240～280nm，这个比较窄的波长范围内产生的影像信号也比较微弱(因为电晕信号只包括很少的光子)，因此影像放大器的工作是将微弱的影像信号变成可视的影像。因没有太阳光辐射的影响，可以得到高清晰的图像。影像放大器将紫外光影像发送到一个装有CCD的装置中，而同时被探测目标的影像发送到第二个标准的视频CCD装置中，经过特殊的影像处理工艺将两个影像叠加起来，最后生成显示绝缘子、导线或其他输电线路元件及其电晕的图像。

由于电晕一般在正弦波的波峰或波谷产生，且高压设备的电晕在放电初期总是不连续、瞬间即逝的，紫外成像系统根据电晕的这个特性，在观测电晕时，有两种模式供选择：一种是活动模式，实时观察设备的放电情况，并实时显示一个与一定区域内紫外线光子总量成比例关系的数值，便于定量分析和比较分析；另一种是集成模式，将一定时间区域内(该区域长短可调)的紫外线光子显示并保留在屏幕上，按照先进先出和动态平均的算法实时更新。该模式下若正确调节仪器，可清楚地看到设备放电区域的形状和大小。

实践表明，紫外成像系统能有效、直观地观测到高压设备放电的情况，为故障检测提供了新的诊断手段，且发展到了可在白天进行检测的水平，技术上完全可以达到观察放电的目的。紫外成像系统还可与红外成像系统互补，紫外检测放电异常，红外检测发热异常，原理不同，各自具有不可互替的优点，检测目的、应用方法也各具特性。这两项技术的结合应用，将会增强高压设备故障点的全面检测能力，完善电力系统的故障检测。融合CCD(CMOS)的紫外成像系统在高压设备故障检测中的应用还有更多有待拓展。值得一提的是，紫外成像系统在导弹紫外告警、紫外制导和紫外成像辅助导航等军事方面也有许多应用。

6.7.3 存在的问题及解决途径

从成像的要求考虑，最主要的是要提高器件的信噪比。为此应降低器件噪声(即减少噪声电子数)和提高信号处理能力(即增加信号电子的数量)，可以采用致冷CCD和EBCCD两种方法。其主要目的是在输出信噪比为1时尽可能减少成像所需的光通量。

满足电视要求50～60f/s(f/s为帧/秒)的CCD在室温下有明显的暗电流，它将使噪声电平增加。在消除暗电流尖峰的情况下，暗电流分布的不均匀也会在输入光能减少时产生一种噪声的“固定图形”。此外，在高帧频工作时，还不希望减少每个像元信号的利用率。器件致冷会使硅中的暗电流明显改善。每冷却8℃噪声将下降一半。用普通电气致冷到－20～－40℃时，暗电流是室温下的1%～1‰，但这时的其他噪声就变得很突出了。

尽管CCD图像传感器至今被公认为低照度成像最有前景的器件，尤其在小信号的情况下，对低照度成像系统电荷转移效率不是主要限制，主要限制还是输出放大器和低噪声输出检测器，因此，必须了解成像的低噪声检测情况。配合致冷，采用浮置栅放大器的低噪声输出，CCD的检测效果将更为理想。

6.8 高灵敏度CCD光电信号检测系统设计示例

图像传感器的发展极为迅速，采用CCD图像传感器设计光谱仪，使得光谱仪具有测量快速、没有运动部件、体积小、重量轻和使用方便等一系列突出的优点，是光谱仪等检测仪器的发展方向。

光谱光电检测系统对CCD输出信号处理的目的就是尽可能地消除各种噪声和干扰，并尽量减少有效信号细节的损失，保证输出幅度，提高输出信号的稳定性，使得CCD动态范围内检测到的信号强度随被测信号的变化成线性变化，同时为了便于计算机处理和大容量存储，还必须对CCD输出信号进行数字化处理。

6.8.1 光电信号检测系统的组成

针对CCD的输出信号的特点和光谱系统检测原则，设计如图6.29所示的光电信号检测系统。图中，SHP、SHD是相关双采样工作时序，SHD是视频信号的采样/保持脉冲，SHP是噪声信号的采样/保持脉冲，DATACLK是数据时钟。整个设计分为电源设计、CCD驱动电路设计、CCD输出信号的预处理、A/D转换以及微控制器五部分。限于篇幅，这里着重介绍CCD输出信号的预处理、A/D转换以及微控制器三部分的内容。

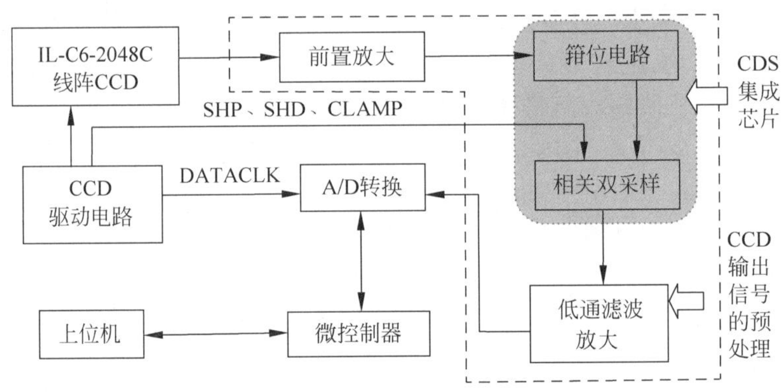

图6.29 光电信号检测系统示例

6.8.2 高性能CCD简介

这里采用的是某公司生产的埋沟道型IL-C6-2048C线阵CCD，主要的性能特点如下：

(1) 单输出，最大数据输出率可达25Mb/s。

(2) 2048个有效光敏单元，每行另有5个隔离单元和4个遮光单元(遮光单元用于暗电流检测)；在行转移时钟为750Hz时，25℃室温下，暗信号大小仅为8mV。

(3) 光敏单元的尺寸为13μm×500μm，中心距为13μm，有效光敏阵列总长为26.6mm。

(4) 具有抗光晕(Anti-Blooming)和曝光控制功能。

(5) 高灵敏度：峰值(800nm)响应率为360V/(μJ/cm^2)；饱和曝光量达到6.5nJ/cm^2。

(6) 埋沟道器件，动态范围宽，最大可达23 600∶1。

6.8.3 CCD 输出信号的预处理

CCD 的输出信号由于是负极性的离散模拟信号，并且混杂有幅度较大的复位脉冲干扰，为了获得高质量的脉动光谱信号，必须对 CCD 输出信号进行适当的预处理，才能通过 A/D 转换，进行进一步的处理。CCD 输出信号的预处理包括前置放大电路、箝位电路、相关双采样、低通滤波和差动放大几部分。

1. 前置放大电路

CCD 器件是低功耗器件，其输出的视频信号电流非常小，也就是说，CCD 的输出信号不足以驱动后面的视频信号处理电路。因此，在 CCD 输出级要加上一级电流放大电路，以提高带负载能力。这部分电路在电路布局上，应尽量靠近 CCD 芯片的输出端，以减少传输延迟和信号变形。

2. 箝位电路

箝位设计的目的是实现直流电平箝位。由于 CCD 的输出信号包含了一个较大的直流成分，这个直流量很容易造成放大器的饱和或者引起共模效应，因此，CCD 的输出信号往往不能直接加到后续放大器的输入端去。直流恢复的目的是从信号中恢复出优化的信号直流分量，即将叠加在 CCD 像素上的直流电平恢复到一个希望的值。在实际电路设计中，直流恢复的实现是将前置放大后的 CCD 输出信号经过一个耦合电容连接到 CDS 芯片的 CCD 信号输入端。CDS 芯片会在输入箝位脉冲(CLAMP)为高电平时，在耦合电容端产生一个理想的直流偏置电压。所以需要为相关双采样设计一个合理的箝位脉冲，此脉冲信号由 CPLD(复杂可编程逻辑器件)产生。

3. 相关双采样

CCD 直流电平箝位与相关双采样功能是由双采样集成芯片完成的。相关双采样是根据 CCD 输出信号和噪声信号的特点而设计，它能消除复位噪声的干扰，对 $1/f$ 噪声和低频噪声也有抑制作用，可以显著改善动态光谱检测系统的信噪比，提高信号检测精度。

4. 低通滤波和差动放大

低通滤波和差动放大电路的设计主要考虑视频信号的幅度、噪声、工作频率以及系统所要求的分辨能力。

CCD 输出信号处理的相关双采样步骤消除了信号中的复位噪声，也抑制了 $1/f$ 噪声和低频噪声，但是 CCD 输出信号中还含有高频噪声。高频噪声的主要来源有被耦合到 CCD 信号中驱动脉冲的高频分量，还有在采样脉冲开关时刻产生的尖峰干扰。要提高动态光谱检测系统的动态范围，需要采用低通滤波来滤除 CCD 输出信号中的高频噪声，以限制信号频率，防止在数字化时发生频率混叠而产生有效信号的干扰。

由于脉动信号微弱，所以在进行 A/D 转换前，需要对信号进行放大，使信号的变化范围符合 A/D 转换器的最大量程范围，从而充分利用模数 A/D 转换的量化分辨率。

6.8.4 A/D 转换

CCD 图像传感器完成了光电信号的转换以及相应的预处理，为了存储这些代表脉动光谱信号强度的信息，需要将它们变成相应的数字信号。这就需要对 CCD 的输出信号进行 A/D 转换。本着系统设计高精度的设计原则，在兼顾一定采样率的同时，A/D 转换精度的选择更为重要。这里选用模数转换器 AD7674，其主要性能指标如下：

(1) 18 位高精度分辨率，最大转换时钟频率可达 800MHz。

（2）±0.5LSB 非线性误差。

（3）3 种工作模式（WARP、NORMAL 和 IMPULSE），可根据不同需要进行选择：WARP 模式适合于高速转换需要，此模式下，可达到最大转换速度 800ksps（ksps：每秒千次采样）；IMPULSE 模式是低功耗模式，最大转换速度可达 570ksps；NORMAL 模式介于两者之间，最大转换速度为 666ksps。

（4）5V 工作电压；量程范围－4.096～＋4.096V。

（5）内部集成有内部转换时钟、内部参比缓冲、误差校正电路，以及串、并行的输出信号接口。串行接口与 3V、5V 逻辑兼容。并行输出模式还可选择 8 位或 16 位工作模式。

（6）逐次逼近型原理，支持全差分输入模式。

6.8.5 微控制器

CCD 输出信号经 A/D 转换后变成数字信号，这些数字信号需要送到计算机，以便进一步对这些数据进行处理。此设计中，由微控制器 LPC2104 来完成 A/D 转换的数据与计算机之间的通信。

LPC2104 是 PHILIPS 半导体公司生产的一款 ARM7TDMI-S 内核的处理器，其主要性能特征如下：

（1）CPU 工作频率达 60MHz。

（2）128KB 片内 Flash 程序存储器，具有 ISP（在系统可编程）和 IAP（在应用可编程）功能；16KB 静态存储器。

（3）向量中断控制器。

（4）仿真跟踪模块，支持实时跟踪；RealMonitor 模块支持实时调试。

（5）晶振操作频率范围：10～25MHz，片内 PLL（锁相环）允许 CPU 以最大速度运行，可以在超过整个晶振操作频率范围的情况下使用。

（6）双 UART（Universal Asynchronous Receiver/Transmitter，通用异步收发传输器），其中一个带有完全的调制解调器接口，I^2C、SPI（Serial Peripheral Interface，串行接口）。

（7）通用 I/O 口。

LPC2104 与 A/D 之间的接口电路连接由图 6.29 给出，其主要作用是通过 SPI 串口读取 A/D 转换的数据，并且通过串口送到上位机，以便进一步地分析数据。

LPC2104 在 SPI 串口中是作为主机模式。设计中，晶振频率为 11.0592M，系统的工作时钟通过 PLL 倍频到 44.2368M，外设器件的时钟也设置为 44.2368M，以尽可能快的速度读取 A/D 转换的数据。由于 SPI 数据寄存器为 8 位，所以要读取 18 位数据，需要读 3 次。为了减少数据向上位机传送的误码率，并且有效利用空闲时间，在芯片的 RAM 数据存储器内部开辟了一块 8×4 字节的空间，存放 CCD 每行输出信号的 8 个像素点的数据及其对应通道的编号，等 8 个数据全部读完以后，再一次性向上位机传送。在程序设计中，SPI 的读数启动和串口向上位机传送数据的启动都是采用外部中断来完成的。SPI 读数中断由 A/D 转换完成的标志位 BUSY 启动，BUSY 为低电平时，数据转换完成并启动 LPC2104 读数；串口的外部中断 INT0 由 CPLD 产生，INT0 低电平启动外部中断，此时序低电平设置在 CCD 无有效像元信号输出的时间段内，保证了两个中断之间时序的对应。串口送数的优先级设置比 SPI 读数中断的优先级要高。程序的框图如图 6.30 所示。

整个程序由一个主程序和两个中断服务程序构成。主程序中系统初始化包括系统和外设器件的工作频率初始化；在 I/O 口工作模式设置中，配置 I/O 口的 SPI、UART 和外部中断功能；SPI 初始化用来设置 SPI 时钟分频和 SPI 接口模式，此程序中，微控制器设置为主机模式，SPI 的工作时钟设置为

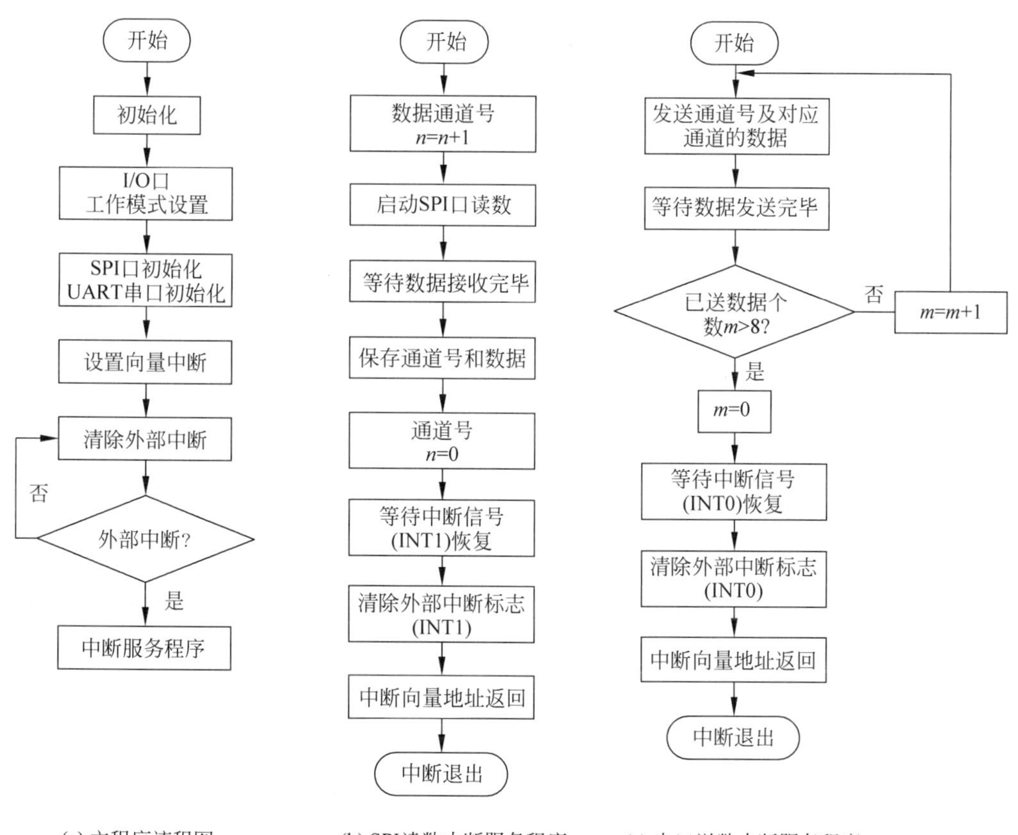

(a) 主程序流程图　(b) SPI读数中断服务程序　(c) 串口送数中断服务程序

图 6.30　微控制器程序框图

5.53M；UART 串口初始化即设置串口数据传输模式为 8 位数据位、1 位停止位、无奇偶校验位，波特率为 115 200；设置向量中断，即是把中断通道分配到向量 IRQ 中断优先级寄存器中，对应通道设置为 IRQ 中断类型，并且具有一定的优先级和中断对应的向量地址，外部中断 0(INT0)设置为串口传输启动中断，外部中断 1(INT1)设置为 SPI 读数启动中断，INT0 的优先级>INT1 的优先级；向量中断设置完成后，执行清除外部中断指令。INT1 在电路上连接 A/D 转换完成的标志位 BUSY，由 BUSY 的低电平启动 INT1 所对应的外部中断服务程序。

SPI 读数中断服务，完成 CCD 模拟输出信号的对应像素数值的 A/D 转换结果；转换结果与通道编号存放在片内外部数据存储器中。UART 串口送数中断服务程序就是把片内外部数据存储器中的采样数据送到上位机。

该设计本着降低噪声信号的原则，对 CCD 输出信号分别从预处理电路设计(包括前置放大电路、箝位电路、相关双采样、低通滤波和差动放大)、A/D 转换和微控制器三个方面，介绍光谱仪中高灵敏度光电信号检测的硬件电路设计；同时，对于微控制器的数据信号采集和传送功能的软件实现进行相应的介绍。该系统在光谱仪中具有实际应用意义。

第7章 光电微弱信号处理及设计

CHAPTER 7

根据光电效应原理可以进行光电探测。随着科学技术的发展，人们对各类研究的不断深入，需要处理(探测、检测)的信号也越来越微小，它们的处理变得越来越困难，如在量子通信以及超远距离光通信研究中，由于发射端的信号源本身非常微弱或者传输链路的损耗非常大，需要在接收端对各种极微弱的光进行探测，甚至对单个光子进行极限探测，这就需要进行光电微弱信号处理。微弱信号处理主要用于传统方法不能检测到的微弱量(如微弱光信号)，微弱信号检测实际面临的问题是如何从噪声中检测出人们感兴趣的信号。

光电微弱信号处理(检测)的首要任务是提高信噪比，其次是尽可能地保证信号的不失真。这就需要采用电子学、信息论、计算机和物理学的方法，以便从强噪声中检测出有用的微弱信号，从而满足现代科学研究和技术发展的需要。光电微弱信号处理不同于一般的信号处理(包括目标图像处理与识别)技术，它注重的不是传感器的物理模型和传感原理、相应的信号转换电路和仪器实现方法，而是如何抑制噪声和提高信噪比，因此可以说，微弱信号处理是一门专门抑制噪声的技术。

本章首先在概述微弱信号及其检测的基础上，介绍微弱信号检测(Weak Signal Detection，WSD)的理论方法和提高微弱信号检测能力的途径。接着，研讨紫外目标探测微弱信号处理方法。最后，对基于现场可编程门阵列(Field-Programmable Gate Array，FPGA)的紫外通信微弱信号放大器进行设计举例。

7.1 微弱信号检测概述

微弱信号检测技术大量应用在光谱学、天文、光通信、雷达、声呐以及生物医学工程等领域。目前常用的微弱信号检测方法有窄带滤波、采样积分、相关检测、三重相关匹配、随机共振、混沌振子和小波变换等方法。

近年来，小波理论逐渐应用到微弱信号检测中来，小波变换是一种多分辨分析方法，可同时进行时域和频域的分析，利用小波变换可以提取强噪声背景下信号的检测，出现了小波滤波器消噪方法和小波阈值消噪方法。非线性科学的不断发展，尤其是混沌、随机共振理论的提出，为微弱信号检测开辟了新的思路。基于混沌理论的微弱信号检测方法是利用混沌振子对同频信号具有极强的敏感性和对噪声具有极强的免疫力来实现。随机共振的概念最初是由 Benzi 等研究古气象冰川问题时提出的，进一步的理论研究指出在一定范围内增加噪声不仅不会降低信噪比，反而会在某一“共振”点处大幅度提高信噪比，从而使得原来被噪声掩盖的信号突显出来。混沌方法、随机共振方法与传统检测方法的区别在于它是利用噪声而不是消除噪声来达到信号检测的目的。这两种方法易于硬件实现，可大幅度降低检测成本，因而具有应用潜力。随着各个学科之间的交叉，神经网络、功率谱、三重相关匹配、随机共振和数字相关等理论给微弱信号检测这一学科注入了新的活力。

在光电信号处理(检测)中，常常遇到待测信号被噪声淹没的情况。例如，对于空间物体的检测，常常伴随着强烈的背景辐射；在光谱测量中特别是吸收光谱的微弱谱线更容易被环境辐射或检测器件的内部噪声所淹没。为了进行稳定和精确的检测，需要从噪声中提取、恢复和增强被测信号。由于检测对象、任务要求、检测原理及检测精度等指标的不同，技术措施也不同。因此有必要对不同的微弱光信号检测方法进行比较研究，根据不同的信号和噪声，采取不同的方法。

微弱信号检测的发展有两方面：一是理论方面；二是技术和检测仪器(软硬件)方面。在检测理论方面，需要解决的问题有：①噪声理论和模型及噪声的克服途径；②应用功率谱方法解决单次信号的捕获；③少量积累平均，极大改善信噪比的方法；④快速瞬变处理；⑤对低占空比信号的再现；⑥测量时间的减少及随机信号的平均；⑦改善传感器的噪声特性；⑧模拟锁相量化与数字平均技术结合。

如果要不断改善传感器的噪声等特性，就要针对新的方案，涉及新的弱信号检测系统并对原有系统加以改进。许多弱信号检测技术既相互独立，又密切相关，如能互相联系起来，可将检测水平提高到一个新的高度。在此，提出新的发展方案，即利用混沌振子来检测微弱信号，有望降低设备成本，简化理论，使这项技术更加具有应用前景。科学技术的进步推动了光电微弱信号检测技术的发展，而新型光电检测系统的出现无疑又给科学技术的发展注入了新鲜血液。

微弱信号的检测方法较多，物理思想新颖，根据信号和噪声的不同特点，可采用不同的方法。通常的噪声(闪烁噪声和热噪声等)在时间和幅度变化上都是随机发生的，分布在很宽的频谱范围内，而信号所占的频带比较集中，噪声的频谱分布和信号频谱大部分不相重叠，也没有同步关系。因此，降低噪声、改善信噪比的基本方法可以采用压缩检测通道频带宽的方法。当噪声是随机白噪声时，检测通道的输出噪声正比于频带宽的平方根，只要压缩的带宽不影响信号输出就能大幅降低噪声输出。此外，采用采样平均处理的方法使信号多次同步采样积累。由于信号的增加取决于采样总数，而随机白噪声的增加却仅由采样数的平方根决定，所以可以改善信噪比。根据这些原理，通常弱光信号检测可分为锁相放大器、采样积分器和光子计数器等多种方式。

值得一提的是，作为光电微弱信号探测的高速单光子探测技术。单个光子所产生的光电流很难检测到，因此在进行单光子探测时，通常使用基于多级倍增原理的光电倍增管，或者基于半导体雪崩效应的盖革模式雪崩二极管，将光电流进行放大以便检测。盖革模式 APD(Avalanche Photo Diode，雪崩光电二极管)反偏电压大于二极管的击穿电压。当光子被吸收产生一个电荷时，电荷倍增(雪崩)直到饱和，饱和电流一般由外部电路限制，电流可以自我维持。在 APD 能够响应后续光脉冲前，必须使偏置电压低于击穿电压来终止饱和雪崩电流。

此外，还有一种新型的超导纳米线单光子探测技术，由于具有更高的探测效率，更短的死时间和更低的暗计数率，逐渐成为主流的单光子探测技术。超导纳米线探测器是一种新型单光子探测器，工作在稍低超导临界电流的状态；其吸收光子形成一个电阻态区域，通过检测这个电阻态即可以检测到入射光子利用低温超导下入射光子带来的电阻效应，具有高探测效率(约 90%)、高灵敏度，低噪声、死时间短(约 5ns)及小抖动等优点，多通道交错排列结构的纳米线阵列有望将通信速率提升至数 Gb/s 的水平，应用潜力较大。

光子通信对单光子探测的要求主要是光子分辨和探测速率，即具备识别同时到达光子数的能力，以充分利用信噪比剔除噪声影响，并且探测死时间足够小，能够满足目标通信速率要求。常规探测器诸如光电倍增管、硅基雪崩单光子探测器、超导纳米线探测器（Superconducting Nanowire Single Photon Detector，SNSPD）等虽然性能各具优势，但都难以同时满足高计数率与光子数分辨要求，因此，目前较有潜力的方法是采用多像元SNSPD阵列和基于光纤分束的盖革APD多路接收方法。

7.2 微弱信号检测的基本理论

在研究不同微弱信号的检测方法之前，有必要对微弱信号检测的基本理论知识作出阐述。这里主要对微弱信号的基本知识和检测理论基础等方面加以介绍。

7.2.1 微弱信号的基本知识

“微弱信号”不仅意味着信号的幅度小，一般还指的是可能被强噪声淹没的信号，“微弱”是相对于噪声而言的。为了检测被背景噪声覆盖的微弱信号，人们进行了长期的研究工作，分析噪声产生的原因与规律，研究被测信号的特点、相关性及噪声的统计特性，以寻找出从背景噪声中检测出有用信号的方法。对微弱信号，也可从两方面进行理解：其一是指有用信号的幅度相对于噪声显得微弱，例如有用信号幅度是噪声幅度的1/10、1%乃至万分之一，但目前还没有一个具体的量的概念加以限定；其二是指有用信号幅度的绝对值非常小，例如检测微伏、纳伏、皮伏量级的电信号振幅，检测每秒钟多少个光子的弱光信号与图像，微弱信号检测的灵敏度可达到电压<0.1nV、电流$<10^{-14}$A、位移$<10^{-3}\sim10^{-4}\mu$m等，比常规测量灵敏度高3～4个数量级。

随着科学技术的不断发展，被噪声掩盖的各种微弱信号的检测（如弱光、微温差、微振动、弱磁和微电流等）越来越受到人们的重视。对于众多的微弱量，一般都通过各种传感器、放大器作非电量转换，使检测对象变换成可测的电量。传统观念认为，若信号小于噪声，则无法进行信号测量。而WSD开创了从噪声中提取信号，使可检测下限低于噪声水平这一新途径，其具体方法随信号类型的不同而不同。但微弱检测本身的涨落，以及传感器的优劣与检测系统的噪声影响总的检测效果。目前，相干检测技术是使信噪比改善最大，恢复信号原形最佳的技术，同时也是众多检测技术中相对成熟的技术。

检测有用微弱信号的困难并不一定在于信号的微小，而更可能主要在于信号不干净，被噪声污染了、淹没了，所以将有用信号从强噪声下检测出来的关键是设法抑制噪声。提高信号检测灵敏度或抑制、降低噪声的基本方式有以下两种：①从传感器及放大器入手，降低它们的固有噪声水平，研制设计低噪声放大器，例如，对直流信号采用斩波稳零运算放大器，对交流信号采用OP系列运算放大器等；②分析噪声产生的原因和规律以及被测信号的特征，采用适当的技术手段和方法，把有用信号从噪声中提取出来，即研究其检测方法。微弱信号检测主要是利用后一种路径。

噪声被定义为有害信号，它普遍存在于测量系统之中，妨碍了有用信号的检测，成为限制测量信号的主要因素。除噪声之外，实际的测量中，信号通道还可能存在干扰，它与噪声有本质的区别。噪声由一系列随机信号（如随机电压）组成，其频率和相位都是彼此不相干的，而且连续不断；而干扰通常都有外界的干扰源，是周期的或瞬时的、有规律的。无论是噪声还是干扰，它们都是有害信号，有时为方便考虑，统称为噪声。在微弱信号检测中，往往是噪声电平远远大于测量信号，即信号“深埋”（或称“淹没”）于噪声之中。产生噪声的噪声源有很多类型，主要有信号源电阻的热噪声、接收及处理信号仪器的电路产生的噪声、电源和环境干扰等。

在模拟测量中，所谓“信号”，是指反映某些物理量在一定的实验条件下变化的信息。在使用电子（光电）测量技术时，一般是先将这些信息转化成电压量或电流量，再进行接收、处理，以便获得实验者所需要的信息数据。通常来说，一个信号要包括以下几方面的参数：波形、幅值、(有效值或平均值)、频谱、波形的时间特征等。在实际工作中，要检测一个信号，并不要求检测这些参数的全部，而是根据需要，只要检测到有关参数即可。一般从探测器得到的"总信号"中包括了载有信息成分的有用信号 S 和附加的噪声成分 N。当均用有效值来表示它们的大小时，可用信噪比的改善表示所得信息的可靠程度。

对于需要被测量的微弱信号(如微弱光)，需要通过相应的传感器将其转换为微电流或弱电压，再经过放大以达到检测的目的。但是，通过传感器获取的信号幅值较小，而传感器、放大器以及测量仪器的本底噪声、固有噪声以及外界的干扰噪声，这些噪声比被测信号大很多，而且会被放大电路放大。因此，仅仅采用放大技术是不能将微弱信号检测出来的。只有在有效抑制噪声的基础上，加大被测信号的幅值，才能达到检测微弱信号的目的。因此，微弱信号处理实际上就是如何抑制噪声从而将"湮没"在噪声中的信号检测出来的技术。

因为在实际应用中，需要处理的信号长度或持续时间会受到限制，所以需要发展快速检测的方法。因此，微弱信号处理有两个重要特点：一是要求在较低的信噪比下检测信号；二是要求检测具有一定的快速性和实时性。鉴于微弱信号处理应用的广泛性和迫切性，它已经成为一个研究热点，并促使人们不断探索与研究微弱信号处理的新理论和新方法。它采用近年来迅速发展起来的电子学、信息科学、数学以及物理学等领域的方法，分析噪声产生的原因及规律，研究被测量信号的特性，建立相应的数学模型，通过研究两者的区别，达到检测微弱信号的目的，以满足科学研究和技术应用的需要。

信号通常具有特定的规律，而噪声一般具有随机性，针对这些特点，发展了一系列基于时域和频域的处理方法。

7.2.2　微弱信号检测的理论方法

物理量的检测首先是确定物理信号的测量方法，对基本量的测量是建立"原器"或标准，对复杂的派生量(如物理、工程技术参量的测量)是利用相关物理效应做成的传感器进行测量，建立物理量-电量的传感器模型和比较方法，然后在提高精度上作进一步的研究。信号在转换和传输过程中往往夹带大量的噪声，其中包含传感器本身的噪声、测量仪表的噪声、传输通道的噪声、被测量在测量时间内的起伏等。研究信号低于噪声的检测方法，使测量的下限可低于测量系统的噪声水平，其检测的基本物理模型，如图 7.1 所示。

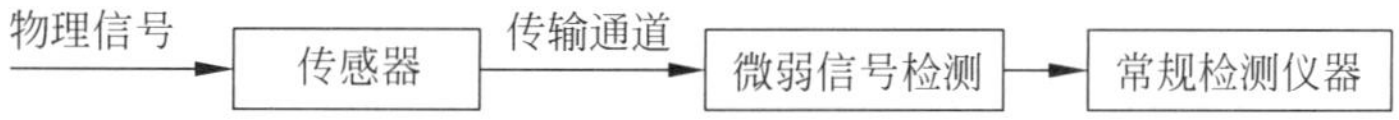

物理信号 → 传感器 →(传输通道)→ 微弱信号检测 → 常规检测仪器

图 7.1　检测基本物理模型

1. 微弱信号检测的一般原理

定义信噪比改善 SNIR 为

$$\mathrm{SNIR}=\frac{\text{输出功率信噪比}}{\text{输入功率信噪比}} \tag{7.1}$$

表面上看起来，SNIR 似乎是噪声系数 F 的倒数，但实际上两者是有区别的。目前讨论噪声系数时，是假设输入噪声的带宽等于放大系统的带宽。这对于由信号源和前置放大器组成的系统通常是正确的，因为前置放大器的带宽一般并不一定等于信号处理系统的带宽，通常要大于后者。因此，采用噪声系数 F 来描述整个信号处理系统就不合适了。这样就引出了信噪比改善的概念。下面导出当输入噪声为白噪声时 SNIR 的明显表达式。

图 7.2　推导 SNIR 的示意图

在图 7.2 中，设信号处理系统的输入信号电压和输入噪声电压分别为 V_{si} 和 V_{ni}，输入噪声为宽带白噪声，其噪声带宽为 B_i，噪声功率谱密度为 S_{ni}。则输入噪声的均方值为

$$V_{ni}^2 = S_{ni} \cdot B_i \tag{7.2}$$

若系统的电压增益为 $K_v(f)$，系统的噪声等效带宽为 B_e，则输出噪声的均方值为

$$V_{no}^2 = \int_0^{\infty} S_{ni} \cdot K_v^2(f)\mathrm{d}f = S_{ni}\int_0^{\infty} K_v^2(f)\mathrm{d}f = S_{ni} \cdot B_e \cdot K_w \tag{7.3}$$

其中，$K_v = \dfrac{V_{so}}{V_{si}}$。于是可得到系统的 SNIR 为

$$\mathrm{SNIR} = \frac{V_{so}^2/V_{no}^2}{V_{si}^2/V_{ni}^2} = \frac{K_v \cdot S_{ni} \cdot B_i}{K_v \cdot S_{ni} \cdot B_e} = \frac{B_i}{B_e} \tag{7.4}$$

由式(7.4)可以看到，信号处理系统的信噪比改善等于输入白噪声带宽与系统的噪声等效带宽之比。因此，减少系统的噪声等效带宽，便可以提高系统的输出信噪比。对于信噪比小于 1 的被噪声淹没的信号，只要信号处理系统的噪声等效带宽降至很小，就有可能将信号(或信号携带的信息)从噪声中提取出来。这就是通常的微弱信号检测的指导思想之一。

2. 理论方法概述

由于信号特点不同，检测方法亦不同，微弱信号检测一般有三种途径：一是降低传感器与放大器的固有噪声，尽量提高其信噪比；二是研制适合微弱信号检测的原理并能满足特殊需要的器件；三是利用微弱信号检测技术，通过各种手段提取信号。这三者缺一不可，但主要还是第三条，即研究其检测方法。由于检测方法必须与信号的特点相适应，因此在发展检测方法的过程中也发展了微弱信号检测这门技术。

在实际应用中，要将各种不同的信号从噪声中提取出来，需要根据不同的信号、不同的要求、不同的条件，采用不同的微弱信号检测方法。

1）窄带滤波法

使用窄带滤波器，滤掉带宽噪声只让窄带信号通过(仅有极少量窄带噪声通过)。下面对 $1/f$ 噪声的情况进行简单分析。设 $1/f$ 噪声通过一个带宽 $B = f_2 - f_1$ 的滤波器后，$1/f$ 噪声的功率谱密度为 $K_0 \cdot 1/f$，则输出噪声电压均方值为

$$\begin{aligned} E_{no}^2 &= \int_{f_1}^{f_2} K_v^2(K_0 \cdot 1/f)\mathrm{d}f = K_v^2 K_0 \int_{f_1}^{f_2}(1/f)\mathrm{d}f = K_v^2 K_0 \ln[(f_2 - f_1 + f_1)/f_1] \\ &= K_v^2 K_0 \ln(1 + B/f_1) \end{aligned} \tag{7.5}$$

由式(7.5)可看出，B 越小，即通频带越窄，噪声电压均方值越小，抑制噪声的能力越强。对于任何单个脉冲信号(方波、正弦波等)，可认为它的带宽为 $1/\Delta t$，为了检测单次信号，滤波器带宽满足 $B \geqslant \Delta f = 1/\Delta t$，且信噪比改善 $\mathrm{SNIR} \leqslant \Delta f_m \cdot \Delta t$（$\Delta f_m$ 为噪声带宽）。

窄带滤波法能减少噪声对有用信号的影响。滤除掉通频带以外的噪声，提高信号的信噪比。但是，由于一般滤波器的中心频率不稳定，不能满足更高的滤除噪声的要求。

2）双路消噪法

由于信号噪声的性能完全不同，信号一般为一些变化规律已知的量，而噪声是一些满足统计规律的随机量。根据这个条件设计出一种双路消噪法，如图 7.3 所示。当随机性的噪声从两路到达加法器时，极性正好相反，经过加法器相加后把噪声消除掉。只有少数强噪声才通过阈值电路而产生本底计数，根

据统计规律，本底计数时间较长时为恒定值。故可以先测出它，然后从总计数中把它减掉得到信号计数。这种方法只能检测到微弱的正弦信号是否存在，而不能复现信号波形。

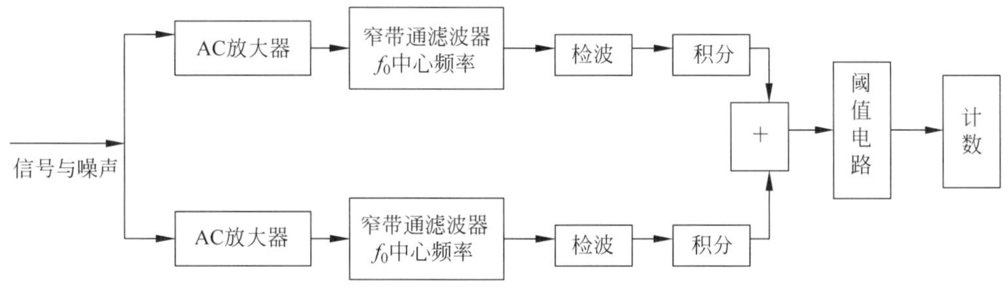

图 7.3 双路消噪法示意图

3）同步累积法

同步累积法的原理框图如图 7.4 所示，其中 $V_o(t)$ 为输出，$V_1(t)$、$V_2(t)$ 为输入。利用信号的重复性，噪声的随机性，对信号进行重复累积（n 次），使 SNIR 提高，但需消耗时间。下面给出详细的分析。

重复累积 n 次后输出信号与噪声分别为

输出噪声电压：

$$V_{no}^2=\sum_{i=1}^{n}V_{ni}^2\Rightarrow V_{no}=\sqrt{n(V_{n1}^2+V_{n2}^2+\cdots+V_{nn}^2)}=\sqrt{n\overline{V_n^2}} \tag{7.6}$$

输出信号电压：

$$V_{so}=\sum_{i=1}^{n}V_{si}=n\cdot\frac{1}{n}(V_{s1}+V_{s2}+\cdots+V_{sn})=n\bar{V}_s \tag{7.7}$$

则

$$\text{SNIR}=(V_{so}^2/V_{no}^2)/(V_s^2/V_n^2)=n \tag{7.8}$$

其中，V_{si} 和 V_{ni} 分别为第 i 次输出信号电压和输出噪声电压，V_s 和 V_n 分别为输入信号电压和输入噪声电压。由式(7.8)可知，累积次数 n 越大，则 SNIR 越大。

4）锁定接收法

锁定接收法是频域分析法。锁定接收法是利用互相关原理，使输入待测的周期信号与频率相同的参考信号在相关器中实现互相关，从而将深埋在噪声中的周期信号携带的信息检测出来，图 7.5 是锁定接收法的原理框图。

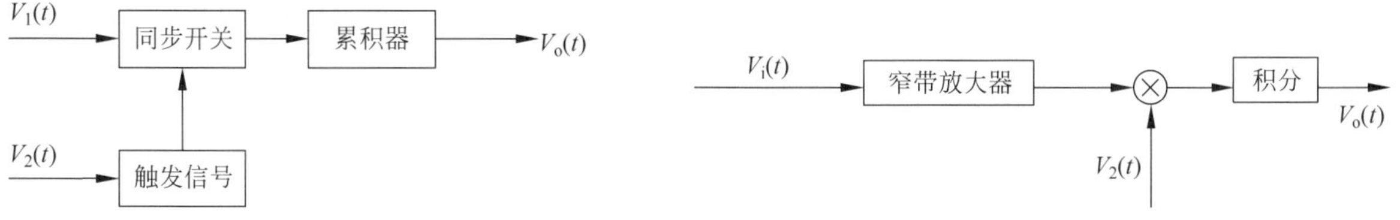

图 7.4 同步累积法原理框图

图 7.5 锁定接收法原理框图

对于最简单的情况，即只有信号无噪声。

输入信号：

$$V_i(t)=V_{s1}(t)=V_{s1}\sin(\omega_1 t+\varphi_1) \tag{7.9}$$

参考信号：

$$V_2(t)=V_2\sin(\omega_2 t+\varphi_2) \tag{7.10}$$

令 $\omega=\omega_1=\omega_2$，则输入信号与参考信号的乘积为

$$V_i(t)V_2(t)=V_2V_{s1}\sin(\omega t+\varphi_1)\sin(\omega t+\varphi_2) \tag{7.11}$$

积分时间常数为 $T=RC$，令 $T=2\pi/\omega$，则输出

$$V_o(t)=\frac{K_v}{T}\int_0^T V_i(t)V_2(t)\mathrm{d}t=\frac{K_v}{2}V_2V_{s1}\cos(\varphi_1-\varphi_2) \tag{7.12}$$

由式(7.12)知，输出是一直流量。

对于只有噪声输入，设输入为

$$V_i(t)=V_{ni}(t)=\rho(t)\sin(\omega_2 t+\varphi(t)) \tag{7.13}$$

其中，$\rho(t)$、$\varphi(t)$均为随机变量，则

$$V_{no}(t)=\frac{K_v}{T}\int_0^T V_i(t)V_2(t)\mathrm{d}t=\frac{V_2K_v}{2T}\int_0^T\rho(t)\{\cos[\varphi(t)-\varphi_2(t)]-\cos[2\omega_2 t+\varphi(t)+\varphi_2]\}\mathrm{d}t \tag{7.14}$$

当 $T\to\infty$ 时，$V_{no}(t)\to 0$。

对于输入为信号与噪声之和，可将上面的结果相加，如将积分时间取得较长，就可抑制噪声，将信号检测出来。

5）相关检测法

相关函数和协方差函数用于描述不同随机过程之间或同一随机过程内不同时刻取值的相互关系。确定信号的不同时刻的取值一般具有较强的相关性；而噪声和干扰具有较强的随机性，不同时刻取值的相关性一般较差；相关检测就是基于信号和噪声的统计特性之间的差异来进行检测的。自相关的方法可以恢复被测微弱周期信号的幅值和频率，但是不能恢复相位信息；互相关的方法需要一个参考信号来抑制所有与参考信号不相关的各种噪声，从而可以完全重构被测微弱周期信号。

因此，相关检测技术是应用信号周期性和噪声随机性的特点，通过自相关或互相关运算，去除噪声检测出信号的一种技术。由于信号和噪声是相互独立的过程，根据相关函数和互相关函数的定义，信号只与信号本身相关，与噪声不相关，而噪声之间一般不相关。图 7.6 是实现自相关检测的原理框图。

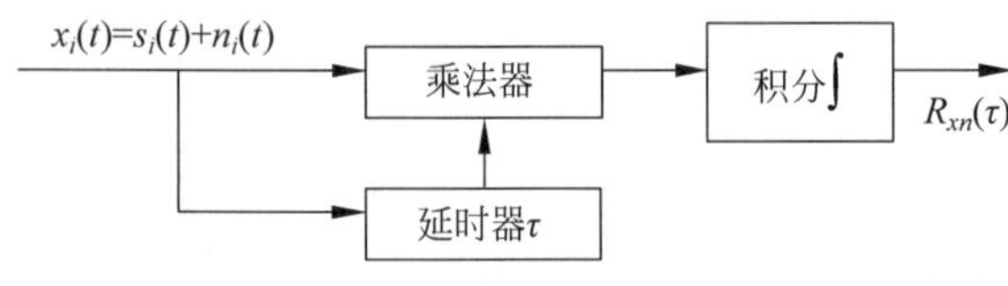

图 7.6　自相关检测原理框图

则输出

$$R_{xx}(\tau)=\lim\frac{1}{T}\int_{-T/2}^{T/2}x_i(t)x_i(t-\tau)\mathrm{d}t=R_{ss}(\tau)+R_{sn}(\tau)+R_{nn}(\tau) \tag{7.15}$$

根据互相关函数的性质，由于信号 $s(t)$与噪声 $n(t)$不相关，并且噪声的平均值为零，得到 $R_{sn}(\tau)=0$，$R_{ns}(\tau)=0$ 则

$$R_{xx}(\tau)=R_{ss}(\tau)+R_{nn}(\tau) \tag{7.16}$$

随着 τ 的增大，$R_{nn}(\tau)\to 0$，则对充分大的 τ，可得

$$R_{ss}(\tau)=R_{xx}(\tau) \tag{7.17}$$

就得到了信号 $s(t)$的自相关函数 $R_{xx}(\tau)$，它包含着 $s(t)$所携带的某些信息。

6）谱估计法

通常用功率谱密度描述平稳随机信号的谱特征，揭示信号内含的周期、谱峰及谱强度等重要信息。布莱克曼(Blackman)和图基(Tukey)提出用自相关函数估计值作傅里叶变换，得到功率谱估计，称为

BT 法。随着快速傅里叶变换(Fast Fourier Transform，FFT)的出现，人们对周期图法也重视起来，成为流行的功率谱估计算法。1967 年后，又出现了最大熵谱估计及 AR(Autoregressive，自回归)谱估计等近代谱估计方法。

(1) 周期图法：对平稳随机信号 $x(t)$，其功率谱密度为 $s_x(w)$，采样总时间为 T(即数据记录长度)。若采样间隔 $\Delta t=1$，则周期图计算公式为 $s_x(w,N)=\frac{1}{N}|X_T(w)|^2$，其中 $X_T(w)=\int_0^T x(t)\mathrm{e}^{-\mathrm{j}wt}\mathrm{d}t$，对于离散量情况，$X_T(w)=\sum_{n=0}^{N-1}x(n)\mathrm{e}^{-\mathrm{j}wn}$。由于周期图法所固有的截断效应，即把 N 个数据序列看作无限长的随机数据序列经矩形窗开启后窗截断的结果。从而产生了“泄漏”现象。该现象除了引起谱值估计畸变外，还会使功率谱估计的分辨率下降。对周期图法进行改进的方法包括平均周期图法和平滑周期图平均法，其中所用的窗函数有汉宁(Hanning)窗和哈明(Hamming)窗等。当被估计的信号 $s(t)$ 中混有观测噪声 $n(t)$ 时，为一种混合谱形式；当观测噪声谱较强时，就会妨碍信号谱的识别和测量。一方面由于观测噪声谱的有偏估计，使信号谱测量无法保证准确性；另一方面，当观测噪声较强时，观测噪声谱的起伏使微弱信号功率谱无法分辨。

(2) 最大似然谱估计：这种谱估计法是用一个有限长的滤波器实现，滤波器对所关心的频率的正弦信号有单位频率响应，可以无失真地通过；而对所有其他频率的噪声，使其输出功率最小。这时滤波器输出的均方值就是作为正弦信号的谱估计。最大似然估计的估计性能中的分辨率不如皮萨伦(Pisarenko)方法，但该方法可用于在白噪声中对纯连续谱随机信号进行谱估计，而不局限于对正弦组合信号的谱估计。

(3) AR(P)信号谱估计：对于具有 AR(P)模型(Autoregressive Modeling)的随机信号谱估计，可以通过自相关延迟序列对 AR(P)信号模型参量进行计算，然后再求出谱估计。与周期图法不同，它具有很高的谱估计分辨率，尤其适用于短数据的情况。当有观测噪声时，可使实际得到的谱估计更平滑，影响对信号谱的估计。解决的方法包括建立超定方程、使用更多的自相关函数的估值，以及对延迟时间的自相关函数所含的有用信息加以利用，从而改善估计性能。

7) 卡尔曼滤波法

对于平稳随机信号的最优预测与滤波，一般采用维纳滤波方法。对于非平稳随机信号，则采用卡尔曼(Kalman)滤波技术。这是一种对系统(信号模型和观测模型)及其统计特性进行某些假设后，提供的一整套最佳线性滤波的递推算法，可用于解决矢量信号波形的最佳线性滤波。

(1) 标量信号的线性最小均方递推估计。卡尔曼滤波器又称为线性递推滤波。滤波过程包括两种加权项：一种是加权过去估计；另一种是加权目前观测值。加权系数要保证均方误差最小。卡尔曼预测也可预测随机信号波形，包括预测步长的概念及选择适当的权系数使预测均方误差最小，以实现最佳线性预测。

(2) 矢量信号的卡尔曼滤波及预测。这是卡尔曼滤波的一般形式，可实现对多个信号进行波形估计。首先也需确定矢量信号的信号模型与观测，对于任何 $t>t_0$，利用从时间 t_0 直到现在的时间 t 观测的资料去确定不同分量的线性最小均方差估计。$t_i=t$ 时，称为滤波问题；$t_i>t$ 时，称为预测问题；$t_0\leqslant t_i<t$ 时，称为平滑问题。

8) 盲源分离方法

盲源分离(Blind Signal Separation，BSS)方法最早起源于对“鸡尾酒会效应”的研究，即在一个语音环境非常嘈杂的酒会现场，不同的人和音响发出的声音是相互独立的，人耳能够很容易捕捉到感兴趣的声音,然而要计算机具备这种功能,却是一个很复杂的过程,这就需要盲源分离技术。盲源分离的主要任务就是在不知道或者知道很少的源信号和传输信道的先验信息的情况下,根据输入源信号的统计特性,仅由观测到的混合信号恢复或分离源信号。

盲信号分离指仅从观测的混合信号(通常是多个传感器的输出)中恢复独立的源信号,这里的"盲"是指:①源信号是不可观测的;②混合系统是事先未知的。在科学研究和工程应用中,很多观测信号都可以假设成不可见的源信号的混合。如果混合系统是已知的,则以上问题就退化成简单的求混合矩阵的逆矩阵。但是在更多的情况下,人们无法获取有关混合系统的先验知识,这就要求人们从观测信号来推断这个混合矩阵,实现盲源分离。

根据不同的标准,盲源分离可被分为不同的类型。根据混合系统的不同,盲源分离可分为线性混叠模型和非线性混叠模型,目前大多数算法都是基于线性混叠模型的,虽然非线性混叠模型更接近实际情况,但是由于非线性模型有更多的不确定性,因此有待进一步研究。根据源信号的混叠是否有时延,盲源分离有瞬时混叠模型和卷积混叠模型之分。虽然卷积混叠模型的求解要比瞬时混叠模型的难度大很多,但是卷积混叠模型有更高的实际研究价值。

9) 独立分量分析法

独立分量分析(Independent Component Analysis,ICA)是近年来由盲信源分离技术发展起来的多道信号处理方法,其基本含义是将多道观测信号根据统计独立的原则通过优化算法分离为若干独立成分,从而实现信号的增强和分解。各信号源产生的原始信号经混合而形成混合信号,如果信号源间是相互独立的,则使用ICA法就可以在没有其他先验知识的条件下,由混合信号分离出信号源输出的原始信号。ICA是以原始信号之间的独立性为前提,旨在分离一些相互叠加的独立信号。这种分解技术的特点是把信号分离成若干相互独立的成分,使各个成分之间的独立性最大,各独立信号的混合,可以看作是由各独立信号与混合矩阵相乘的结果,而ICA的目的则在于找到一个解混矩阵,并使此解混矩阵与混合信号相乘后得到的各输出信号之间的独立性达到最大。

10) 自适应滤波法

其工作过程包括两部分:①根据输入信号产生输出信号(这是一般的滤波);②为了调整滤波器的权重而进行的自适应控制。

这两个过程是相互联系、相互影响的。自适应滤波器由自适应滤波的工作情况决定它的两部分组成:一部分是可编程滤波部分;另一部分是自适应算法部分(自适应控制部分)。在自适应滤波器中,算法部分十分关键,而算法又与可编程滤波器的结构有很大的关系。自适应滤波器的结构主要有两种:一种是横式滤波器;另一种是格型滤波器。横式滤波器又有FIR(Finite Impulse Response,有限脉冲响应)和IIR(Infinite Impulse Response,无限脉冲响应)两种。FIR是一种全零点滤波器,它始终是稳定的,而且能实现线性的相移特性,因此在自适应滤波器中得到了广泛的应用,这里也可选用这种结构的滤波器。

自适应滤波器最主要的应用有以下几种类型。

(1) 预测器。预测器原理图如图7.7所示。输入信号S是期望信号,S的延时形式被送给自适应处理器,自适应处理器试图去预测现在信号的输入信号,而让y去对消d并将e推向零。预测器在信号编码、噪声消除方面是非常有用的。

(2) 噪声消除器。信号S受到加性噪声n的污染,同时具有一个畸变了的但与n相关的噪声n'可利用,自适应处理器的目的是产生出一个尽可能与n相像的y。因此,总输出e将逼近于S。噪声消除器原理图如图7.8所示。经证明,在一定的条件下,最佳的自适应处理器是使e均方值达到最小的处理器。

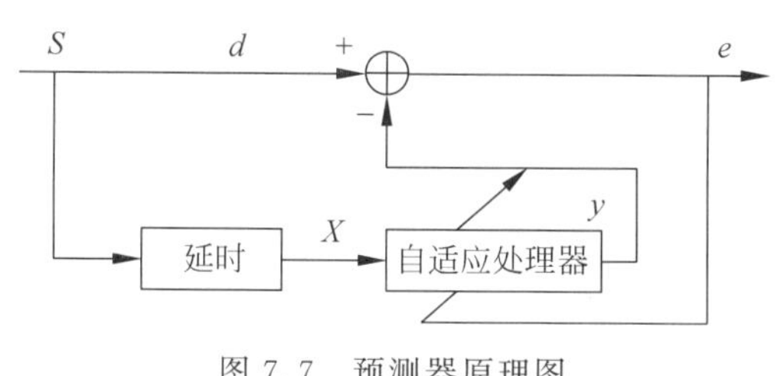

图 7.7 预测器原理图

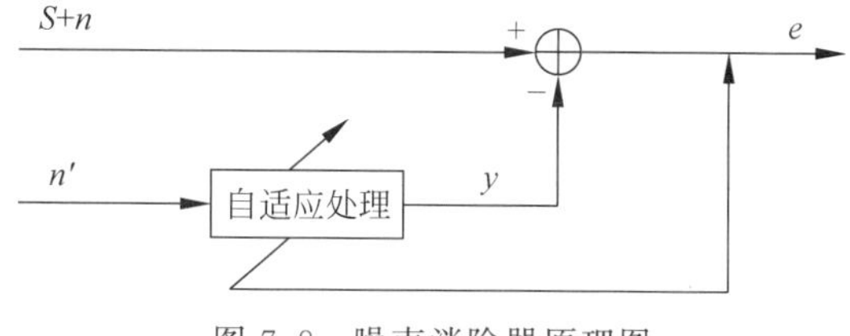

图 7.8 噪声消除器原理图

自适应滤波器工作时会依照一定的最佳准则来不断地调整自己的参数，最佳准则不同就有不同的自适应算法，但是，总的来说，自适应算法都是递归算法。它依照某种最佳准则不断地调整更新自己的参数。自适应滤波器所采用的最佳准则主要有最小均方误差(Least Mean Square，LMS)准则、最小二乘准则、最大信噪比准则和统计检测准则等。

11）维纳滤波法

维纳(Wiener)滤波法的前提条件是待测信号为平稳信号，噪声为随机平稳信号且与待测信号不相关地叠加在一起，是分离两个具有不同谱密度的平稳随机过程的最佳处理和最常用的方法。这类方法的实质是在频域上根据信号与噪声的不同比例进行加权，使滤波器的输出是待测信号的LMS估计。在进行处理时，信号的谱利用平均后所得的待测信号得到，噪声谱可通过一般的平均法维纳滤波法、交替平均法及部分集平均法得到。这类方法的主要缺点是它假设各次待测信号与噪声的功率谱是不变的，而这在实际情况下是不满足的，它只能用于提高叠加平均后的待测信号的信噪比，以减少所需的叠加次数，不能反映单次待测信号的不同。

12）神经网络滤波法

神经网络本质上就是一个把向量化的输入信号通过几个隐藏层映射到一个向量化的输出信号的非线性函数。神经网络的基本组成单元是神经元。也就是说，神经网络就是将多个单一的神经元组合到一起，使其中一些神经元的输入信号成为另外一些神经元的输出信号，组成一个网络。神经网络是一个十分复杂的机器学习模型，通常难以求得神经网络各个参数的解析解。对于无法求得解析解的优化问题，通常通过梯度下降的方式进行求解。

人工神经网络(Artificial Neural Network，ANN)是参照生物神经系统中有关的神经传导、加工的知识来人为构造的信号处理方法。它可以通过学习实现网络期望的输入、输出关系，从而适应环境的变化。其种类很多，有先学习的神经网络滤波器以及自适应神经网络滤波器等类型。概括起来，其共性是由大量的简单处理单元(神经元)相互广泛连接构成的自适应非线性动态系统，是对人脑的抽象、简化和模拟，反映人脑的基本特性。其优点在于它的非线性特性、大量的并行分布结构以及学习过程是不停止的，滤波的过程也就是学习的过程。

7.2.3 提高微弱信号检测能力的途径

传统观念认为，若信号弱于噪声，是无法进行信号测量的，而微弱信号检测开创了从噪声中提取信号、使可检测下限低于噪声水平的先河。

1. 频域信号的窄带化及相干检测技术

单频余弦(或正弦)信号，或频带很窄的正、余弦信号，由于信号频率固定，可以通过限制测量系统带宽的方法，把大量带宽外的噪声排除，此种技术称为窄带化技术。如果信号具有相干性，而噪声不相干，则可利用相干检测技术，把与信号不相干的噪声部分排除掉。

20世纪50年代后发展的锁相放大器，是以相敏检波(Phase Sensitive Detection，PSD)为基础的，是频域信号相干检测的主要仪器。其基本原理是利用PSD既作变频，又作相干降噪，再用直流放大器作积分、滤波，最后作信号幅度测量。它比选频放大的测量灵敏度提高了3～4个数量级。

2. 时域信号的平均处理——采样积分与数字平均

信号若是脉冲序列，则信号有很宽的频域，因此相干检测将无用武之地。这时，可根据噪声是随机的、多次测量的平均可排除噪声的影响，接近信号真实值的特性来进行测量。这种逐点多次采测，求平均的方法，称为平均处理。Boxcar(累积平均器)是电信号时域处理的主要设备，主要用于频率较高的时域信号处理。对频率低的重复信号，其测量时间很长，测量效率较低。计算机发展后，出现了数字平均器，它适用于较低的频率范围，由于两者有许多相同部件，现已生产出将两者合二为一的产品。

采样积分的概念和原理于20世纪50年代被提出，随后于1962年利用电子技术实现了采样积分，即Boxcar。该方法将每个信号周期分成若干个时间间隔，间隔大小取决于恢复信号的精度。然后对这些时间间隔的信号进行采样，并将各个周期中处于相同位置的采样进行平均或积分。采样积分过程常用模拟电路实现，数字平均过程常通过计算机数字处理的方式实现。平均的次数越多，输出的信噪比就越大，相应的检测时间越长。该方法适合检测频率已知的微弱周期性信号。

3. 离散量的计数统计

有些信号可看成是一些极窄的脉冲信号，人们关心的是单位时间到达的脉冲数，而不是脉冲的形状，如光子流、宇宙射线流的测量。这些脉冲的计数统计方法，要选择或设计传感器，使信号有尽量相近的窄脉冲幅度输出；要利用幅度甄别器，大量排除噪声计数；要利用信号的统计规律，来决定测量参数并作数据修正。比较成熟的离散量测量仪器以光子计数器为代表。

4. 并行检测

有些事件只发生一次，而又想从中获得许多信息，如对单次闪光光谱，想从一次闪光中，获得其许多谱线的辐射强度；有时希望同时获得许多点的测量值，如一个区域的光强度(即获得图像)；或一个空间一瞬间的光场分布等，这时就要采用并行检测的方法。虽然并行检测的不一定都是微弱量，但由于并行检测必须有传感器列阵，每一列阵元面积不大，故对传感器而言，通常检测的是较弱信号，所以也把它们归结在弱信号检测中。

5. 计算机数字处理

随着计算机的发展，原来一些需要硬件完成的任务，现在可用软件来实现。可利用曲线拟合(平滑)、逐点平均、数字滤波、FFT及最大熵估计等方法，对含噪声信号的采样结果进行处理，也可提高信噪比。在一些测量中，可能出现一些随机干扰，使测量曲线在某些点处有较大偏差。此时，可以采用曲线拟合或数据平滑等办法，使偏差大大减少。如果被测定信号有确定规律(经验或理论所得)或有确定值，要寻求最佳的拟合参数；如果尚不知规律，则由测量值确定合适的拟合参数。上述方法是对时域信号的直接处理。也可对时域信号作傅里叶变换，若时域信号是周期性的，则可得离散频谱的频域信号，用频域窄带化可提高信噪比；若为非周期性的，可设法取极限，通过傅里叶变换将频域信号移至时域处理。利用计算机做傅里叶变换，需把傅里叶积分式改写成离散形式。若作变换时需作P次乘法，当P较大时，运算对计算机而言是一个繁重的任务。从FFT的出现以来，极大地提高了计算速度。FFT有许多功能，如瞬时记录、功率谱、相位谱、平均概率密度谱、三维谱、连续存储谱、频谱微分和积分等，为弱信号检测提供了良好的信号处理工具。

6. 随机共振

随机共振(Stochastic Resonance，SR)是指在某些非线性系统中，在输入信号不变的前提下，通过改变噪声的强度，产生类似于动力学的共振机制，使得信号的提取变得容易。

7. 自适应消噪

自适应消噪的方法不需要预先知道噪声的有关特性，它利用噪声与被测信号不相关的特点，采用迭代的方法，在迭代过程中自适应地调整滤波器的特性，使其达到最优状态，达到抑制噪声的目的。

8. 混沌检测

将混沌理论应用于信息检测是现阶段混沌学发展的主要趋势之一。混沌系统具有对小信号的敏感性及对噪声的免疫性等特点，使得混沌理论在微弱信息检测技术中具有较大的潜力。

传统的信号处理方法通常把混沌当作随机噪声处理，忽略了混沌信号固有的几何性质，使建立的模型精度差，影响微弱信号检测的效果。基于混沌理论的检测方法是利用混沌的确定性性质对混沌背景信号建模，提取强噪声背景中的微弱信号。

9. 压缩感知

压缩感知可以在远小于奈奎斯特采样率的条件下获取信号的离散样本，保证信号的无失真重建。压缩感知理论是新的采样理论。压缩感知理论一经提出，就引起学术界和工业界的广泛关注。压缩感知理论认为，只要信号在某已知变换域具有稀疏性，就可以通过原信号在某投影域的投影近似无损地重构原始信号（即只要求投影域的基与已知变换域的基是不相干的）。根据压缩感知理论，不仅可以对信号进行采样和压缩，而且可以去除微弱信号噪声，更加精确地实现原始信号的恢复和重构。

10. 深度学习

深度学习(Deep Learning,DL)和人工智能技术将成为揭示科学原理、升级现有产业模式的重要工具，其应用空间涵盖各个细分行业。事实上，深度学习可以应用于任何需要理解复杂模式、进行长期计划并制定决策的领域。大多数机器学习方法的难点在于从原始输入数据中识别出特征。而深度学习去掉了这一环节，改为从训练过程的输入样本中发觉最有用的模式。虽然需要对网络的内部布局做出选择，但自动挖掘特征能够获得较好的特征。

DL是神经网络技术的一种。其最具变革性的一点是，只要有足够的学习数据，神经网络自身就可以将数据群的特征自动提取出来。在此之前的图像和数据的解析，需根据各个数据和问题进行析取算法的操作。但是，深度学习则不需要人为操作，而是自动提取特征。稍微粗略地说，就是这样的意思：只要向神经网络注入数据，就可以任意提取特征。

7.3　紫外目标探测微弱信号处理方法示例

由于紫外探测技术具有一些独特的探测性能，已引起人们足够的重视，其与红外探测技术相结合可提高系统的性能，并在多个领域取得了重大突破。低噪声处理和微弱信号检测是紫外探测的关键。紫外辐射较弱加上紫外大气衰减严重，紫外辐射到达探测系统时已离散成光子状态，且光子本身服从统计规律。所以，对紫外探测系统信号检测的灵敏度提出了更高要求。因离散量计数统计技术具有高灵敏性等优势，将是紫外探测微弱信号处理的主要研究工作，再加上国内研究水平与国外尚存在一些差距，所以对紫外微弱信号处理的进一步研究就显得十分必要和迫切。

紫外目标探测微弱信号指在紫外场景中对比度和信噪比较小的目标辐射信号。紫外目标辐射信号处理是实现紫外目标识别的重要前提，也是紫外探测技术发展的关键技术之一，其性能高低直接决定紫外探测系统的灵敏度和作用距离。红外目标探测虽其目标红外辐射较强，但是红外背景辐射干扰也较强，增加了红外目标探测、识别难度。而紫外目标虽辐射信号较弱，但紫外背景干扰较少，采用适当的信号处理方式就可实现紫外目标探测、识别。

紫外辐射信号以模拟方式入射到紫外探测器上，相应的模拟检测方式包括紫外信号的采集、光电转换和放大、调制解调以及编码-解码方式，尤其是抗干扰和去噪声是关键内容。对于热噪声、散弹噪声、低频噪声和放大器噪声等来自多方面的噪声，必须对微弱信号进行如相关处理、信号平均、锁定放大、低噪声前置放大、自适应噪声抵消等有效的信号处理方法，最大化地滤除探测系统的噪声，提高系统信噪比。这里主要研究自适应噪声抵消来提高系统信噪比，研究自适应噪声抵消信号处理的一般方法，以及基于 LMS 准则、RLS（Recursive Least Square，递推最小二乘法）准则和线性神经网络 ADALINE（Adaptive Linear Element，自适应线性元）的三种具体的自适应噪声抵消算法，提出采用功率信噪比来衡量滤波算法的性能，通过仿真计算比较分析这三种算法的滤波效果。

7.3.1 微弱信号自适应处理

自适应噪声抵消是滤除探测系统的噪声，提高系统信噪比的有效的处理方式。自适应滤波器已经在回波消除、线性预测和系统识别等领域得到了广泛应用。研究基于维纳理论的自适应噪声抵消信号处理方法来提高系统的信噪比。而为了实现维纳滤波，必须使用有限加权滤波器，才能使输出信号误差极小化。

图 7.9 是基于维纳滤波理论的自适应噪声抵消原理方框图，主输入端信号 $x(n)$ 由有用信号 $s(n)$ 和噪声 $v(n)$ 构成，其中 $s(n)$ 和 $v(n)$ 不相关。参考输入端信号 $r(n)$ 与 $v(n)$ 相关。$\hat{v}(n)$ 是噪声 $v(n)$ 的最佳估计。假如输入端只有噪声信号 $v(n)$，通过维纳滤波理论，可得最佳 FIR 维纳滤波器的最佳加权 $w(n)$，从而使输出误差最小。于是噪声 $v(n)$ 的最佳估计 $\hat{v}(n)$ 有如下关系式：

$$\begin{aligned}\hat{v}(n) &= \sum_{m=0}^{M} w_m(n) r(n-m) \\ &= w_0(n)r(n) + w_1(n)r(n-1) + \cdots + w_M(n)r(n-M), \quad 0 \leqslant m \leqslant M \end{aligned} \tag{7.18}$$

式中，M 表示滤波器的阶数，$r(n-m)$ 由 $r(n)$ 延时获得。

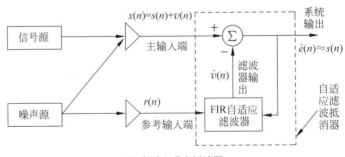

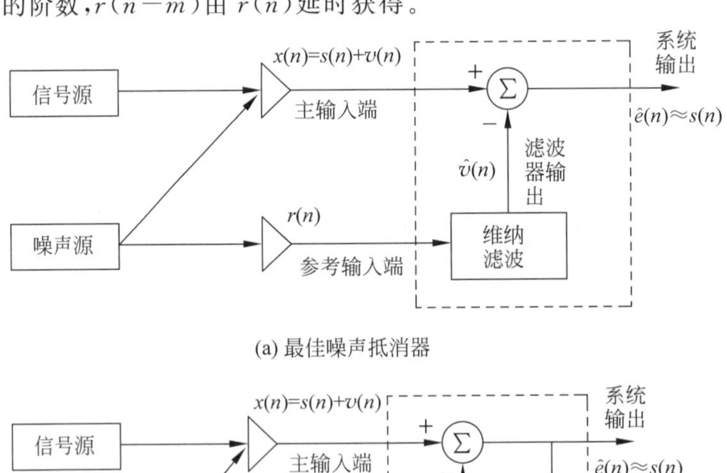

图 7.9 自适应噪声抵消原理方框图

通过维纳滤波理论，得出了噪声 $v(n)$ 的最佳估计 $\hat{v}(n)$，所以系统输出误差 $e(n)$ 有如下关系式：

$$e(n)=x(n)-\hat{v}(n)=x(n)-w(n)'r(n) \tag{7.19}$$

式中，$w(n)=(w_0(n),w_1(n),\cdots,w_M(n))'$，$r(n)=(r(n),r(n-1),\cdots,r(n-M))'$。

由正交原理有 $E(e(n)r(n))=0$，所以 $e(n)$ 和 $r(n)$ 正交。

对式(7.19)，等式两边先取平方，然后再取数学期望，可得如下关系式：

$$e(n)^2=x(n)^2-2x(n)r(n)'w(n)+w(n)'r(n)r(n)'w(n) \tag{7.20}$$

$$\begin{aligned}E[e(n)^2]&=E[x(n)^2]-2E[x(n)r(n)']w(n)+w(n)'E[r(n)r(n)']w(n)\\&=E[x(n)^2]-2\boldsymbol{P}'\boldsymbol{w}+w'\boldsymbol{Rw}\end{aligned} \tag{7.21}$$

式中，$\boldsymbol{P}$ 为输入信号 $s(n)$ 和参考矢量 $r(n)$ 互相关函数，即

$$\boldsymbol{P}=E[x(n)r(n)'] \tag{7.22}$$

$\boldsymbol{R}$ 表示参考矢量 $r(n)$ 自相关矩阵，即

$$\boldsymbol{R}=E[r(n)r(n)'] \tag{7.23}$$

式(7.21)中的均方估计误差应该相对于滤波器权重有极小值，即

$$\frac{\partial E(e^2(n))}{\partial w(n)}=-2\boldsymbol{P}+2\boldsymbol{Rw} \tag{7.24}$$

令式(7.24)等于零，可得如下关系式：

$$\boldsymbol{w}=\boldsymbol{R}^{-1}\boldsymbol{P} \tag{7.25}$$

实际上，通常输入信号 $s(n)$ 和参考矢量 $r(n)$ 的互相关函数 $\boldsymbol{P}$、参考矢量 $r(n)$ 的自相关函数 $\boldsymbol{R}$ 的统计量是不确定的。然而，用 Windrow 和 Hoff 提出的方法迭代求解式(7.25)能够克服这一限制。

当通过式(7.25)求最佳权矢量时，存在统计的运算量大的问题，特别是样本容量大，矩阵求逆运算时。为了解决以上问题可用最速下降法或 RLS 得到式(7.25)的解。

当第 n 步的自适应加权值为 w 时，那么第 $(n+1)$ 步的加权值 $w(n+1)$ 可用如下关系式表示：

$$w(n+1)=w(n)+\Delta w(n) \tag{7.26}$$

而通过常用的最速下降法，可得 $\Delta w(n)$ 应为

$$\varepsilon(w+\Delta w)\leqslant\varepsilon(w)=\varepsilon(e(n)^2) \tag{7.27}$$

式中，$\varepsilon(w)$ 表示性能指标。

如果 Δw 的值很小，则式(7.27)可简化为

$$\varepsilon(w)+\Delta w'\frac{\partial\varepsilon(w)}{\partial w}\leqslant\varepsilon(w) \tag{7.28}$$

再令 $\Delta w=-\mu\dfrac{\partial\varepsilon(w)}{\partial w}$，代入式(7.28)可得

$$\varepsilon(w)-\mu\left|\frac{\partial\varepsilon(w)}{\partial w}\right|^2\leqslant\varepsilon(w) \tag{7.29}$$

式中，μ 是自适应算法控制其收敛速度和稳定性的收敛因子。

把 Δw 代入式(7.26)，可得如下关系式：

$$w_m(n+1)=w_m(n)+\mu(-\nabla J(n))=w_m(n)-\mu\frac{\partial\varepsilon(w(n))}{\partial w} \tag{7.30}$$

1. 基于 LMS 准则的自适应噪声抵消算法

如果通过选取恰当的收敛因子，并能够精确测量第一次迭代的梯度向量 $\boldsymbol{\nabla J}(\boldsymbol{n})$，对于平稳信号，则

最速下降法能够使得抽头权向量收敛于维纳解。但是，梯度向量的精确测量需要知道抽头输入的相关矩阵 $\boldsymbol{R}$ 以及抽头输入与期望响应之间的互相关向量 $\boldsymbol{P}$，因此，当最速下降法应用于未知环境时，梯度向量的精确测量是不可能的。必须根据可用信号数据对梯度向量 $\hat{\boldsymbol{\nabla}}\boldsymbol{J}(\boldsymbol{n})$ 进行估计，于是有

$$w_m(n+1)=w_m(n)-\mu\,\hat{\boldsymbol{\nabla}}\boldsymbol{J}(\boldsymbol{n}) \tag{7.31}$$

在 LMS 算法中，则是直接利用单次采样数据获得的 $e^2(n)$ 来代替均方误差 $J(n)$，从而进行比较粗糙的梯度估计。所以，把这种梯度估计称为瞬时梯度估计。于是在自适应过程的每次迭代时，其梯度估计为

$$\hat{\boldsymbol{\nabla}}\boldsymbol{J}(\boldsymbol{n})=\frac{\partial e^2(n)}{\partial w(n)}=-2e(n)r(n) \tag{7.32}$$

把式(7.32)代入式(7.31)可得

$$w_m(n+1)=w_m(n)+2\mu e(n)r(n) \tag{7.33}$$

若 μ 值较小，则程序的运算量大，从而使收敛速度变慢；若 μ 值较大，收敛速度较快，但往往滤波效果不佳。

对式(7.32)做如下变换：

$$E[\hat{\boldsymbol{\nabla}}\boldsymbol{J}(\boldsymbol{t})]=E[-2e(t)r(t)]=-2(P-RW)=\boldsymbol{\nabla}\boldsymbol{J}(\boldsymbol{t}) \tag{7.34}$$

说明此梯度估计是无偏估计。

综上所述，基于 LMS 准则的自适性噪声抵消算法的步骤可分为：

(1) 设一个初值 $w_m(0)$；

(2) 对自适应滤波器的噪声进行最佳估计，其关系式可表示为 $\hat{v}(n)$

$$\hat{v}(n)=\sum_{m=0}^{M}w_m(n)r(n-m) \tag{7.35}$$

(3) n 时刻的信号为 $x(n)$，则此时刻的信号误差 $e(n)$ 为

$$e(n)=x(n)-\hat{v}(n)\approx\hat{s}(n) \tag{7.36}$$

(4) 通过式(7.31)知，$w_m(n)$ 的表达式可表示为

$$w_m(n+1)=w_m(n)+2\mu e(n)r(n-m),\quad 0\leqslant m\leqslant M \tag{7.37}$$

(5) 判断信号误差是否小于规定的值。如果是，则停止计算；如果不是，则重复以上步骤，直到小于规定的值。

2. 基于 RLS 准则的自适应噪声抵消算法

虽 LMS 算法对噪声抵消固有其优势，但该算法对处理快速变化的信号的滤波效果很差。然而，RLS 算法较 LMS 算法具有较好的收敛性和稳定性，因而在紫外目标识别等方面得到了应用。

RLS 算法对噪声信号的处理有如下关系式：

$$\varepsilon(n)=\sum_{i=0}^{n}e(i)^2=\min \tag{7.38}$$

$$e(i)=x(i)-\hat{v}(i) \tag{7.39}$$

通过式(7.38)可定义信号误差为如下关系式：

$$\varepsilon(n)=\sum_{i=0}^{n}\lambda^{n-i}e^2(i)=e^2(n)+\lambda e^2(n-1)+\cdots+\lambda^n e^2(0) \tag{7.40}$$

式中，λ 是遗忘因子。$0<\lambda\leqslant 1$，当信号为平稳信号时，遗忘因子等于 1。

式(7.40)对 $w(n)$ 求导，可得

$$\frac{\partial \varepsilon(n)}{\partial w} = -2\sum_{i=0}^{n}\lambda^{n-i}e(i)r(i) \tag{7.41}$$

把式(7.39)代入式(7.41)，并令式(7.41)等于零，可得如下关系式：

$$-2\left[\sum_{i=0}^{n}\lambda^{n-i}[x(i)-w'(i)r(i)]r(i)\right]=0 \tag{7.42}$$

$$\left[\sum_{i=0}^{n}\lambda^{n-i}r(i)r'(i)\right]W = \sum_{i=0}^{n}\lambda^{n-i}x(i)r(i) \tag{7.43}$$

式(7.43)，可简化为

$$R(n)W(n)=P(n) \tag{7.44}$$

式(7.44)中，有

$$R(n)=\sum_{i=0}^{n}\lambda^{n-i}r(i)r'(i) \tag{7.45}$$

$$P(n)=\sum_{i=0}^{n}\lambda^{n-i}x(i)r(i) \tag{7.46}$$

由式(7.44)可得如下关系式：

$$W(n)=R^{-1}(n)P(n) \tag{7.47}$$

而 $\boldsymbol{R}$ 和 $\boldsymbol{P}$ 在时刻 n 的估计量可表示为

$$\boldsymbol{R}(n)=\lambda\boldsymbol{R}(n-1)+r(n)r'(n) \tag{7.48}$$

$$\boldsymbol{P}(n)=\lambda\boldsymbol{P}(n-1)+x(n)r(n) \tag{7.49}$$

$R^{-1}(n)$可定义为

$$\boldsymbol{R}^{-1}(n)=[\lambda\boldsymbol{R}^{-1}(n-1)+r(n)r'(n)]^{-1} \tag{7.50}$$

可简化为

$$\boldsymbol{R}^{-1}(n)=\frac{1}{\lambda}\left[\boldsymbol{R}^{-1}(n-1)-\frac{\boldsymbol{R}^{-1}(n-1)r(n)r'(n)\boldsymbol{R}^{-1}(n-1)}{\lambda+r'(n)\boldsymbol{R}^{-1}(n-1)r(n)}\right]^{-1} \tag{7.51}$$

利用式(7.50)、式(7.51)和式(7.47)，可以表示如下：

$$w(n)=w(n-1)+g(n)e\left(\frac{n}{n-1}\right) \tag{7.52}$$

式中，$g(n)$为增益矢量，$e\left(\frac{n}{n-1}\right)$为在时刻 $n-1$ 时自适应滤波器权重的误差估计，可分别用如下关系式表示：

$$g(n)=\frac{R^{-1}(n-1)r(n)}{\lambda+r'(n)R^{-1}(n-1)r(n)}=R^{-1}(n)r(n) \tag{7.53}$$

$$e\left(\frac{n}{n-1}\right)=x(n)-w'(n-1)r(n) \tag{7.54}$$

通过式(7.52)、式(7.53)和式(7.54)知

$$w(n)=w(n-1)+R^{-1}(n)r(n)e\left(\frac{n}{n-1}\right) \tag{7.55}$$

最后，信号的估计误差 $e(n)$可表示为

$$e(n)=x(n)-w'(n)r(n) \tag{7.56}$$

综上所述，可知 RLS 算法的算法流程如下：

$$R^{-1}(0)=\boldsymbol{I}/\sigma, \quad \sigma=0.01, \quad w(0)=0$$

式中，$\boldsymbol{I}$ 为单位矩阵。

(1) 运用式(7.53)迭代计算得到 $g(n)$；

(2) 运用式(7.54)计算误差信号 $e\left(\frac{n}{n-1}\right)$；

(3) 选取合适的遗忘因子，用式(7.51)计算 $R^{-1}(n)$；

(4) 运用式(7.55)更新滤波器权重 $w(n)$；

(5) 噪声的最佳估计 $\hat{v}(n)$ 可表示为 $\hat{v}(n)=w'(n)r(n)$；

(6) 估计误差 $e(n)$ 可表示为 $e(n)=x(n)-\hat{v}(n)$；

(7) 判断信号误差是否小于规定的值。如果是，则停止计算；如果不是，则重复以上步骤，直到小于规定的值。

3. 基于线性神经网络 ADALINE 的自适应噪声抵消算法

ADALINE 自适应滤波器原理图如图 7.10 所示。设 ADALINE 的输入层处理单元为 n，输出层处理单元为 q，学习模式对为 m，其中的模拟输入量为 $X^k=(x_0^k,x_1^k,\cdots,x_n^k)'$，$x_0^k$ 恒为 1。期望输出向量为 $D^k=(d_1^k,d_2^k,\cdots,x_q^k)'$，$k=0,1,\cdots,m$。输入层处理单元至输出层处理单元的连接权向量为 $W=(w_{01},w_{02},\cdots,w_{0p},w_{i1},\cdots,w_{ip})'$ $(i=0,1,\cdots,n;j=1,\cdots,p)$，以 t 表示学习次数，$t=0$ 表示学习初始状态。

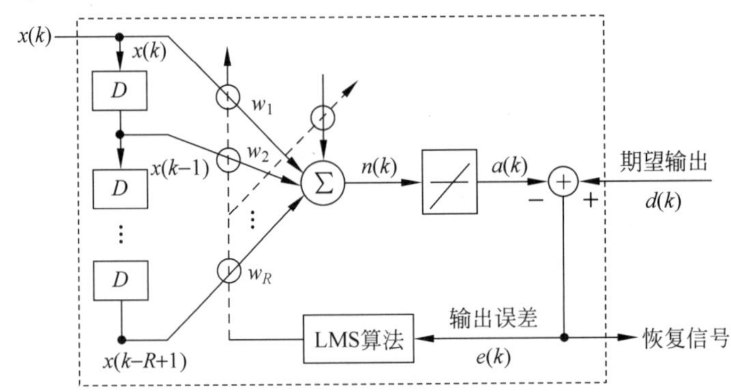

图 7.10 ADALINE 自适应滤波器原理图

LMS 最陡学习算法的 ADALINE 的算法步骤如下：

(1) 初始化，将输入层处理单元至输出层处理单元的各个连接权值 $w_{ij}(0)$ $(i=0,1,\cdots,n;j=1,2,\cdots,p)$ 赋予 $-1\sim1$ 的随机值。

(2) 计算输出层各个处理单元的实际输出：

$$y_j^k(t)=\sum_{i=0}^{n}w_{ij}(t)x_i^k, \quad (j=1,2,\cdots,p) \tag{7.57}$$

(3) 计算输出层各个处理单元的期望输出 d_j^k 与实际输出 y_j^k 之间误差：

$$e_j^k(t)=d_j^k-d_j^k(t), \quad (j=1,2,\cdots,p) \tag{7.58}$$

(4) 调整输入层至输出层之间的各个连接权值以及输出层各个处理单元的阈值：

$$w_{ij}(t+1)=w_{ij}(t)+\Delta w_{ij}(t)=w_{ij}(t)+\alpha e_j^k(t)x_i^k \tag{7.59}$$

α 为学习速率，它控制着算法的稳定性和自适应速率。学习速率越大，学习速度越快。但过大的学习速率会使修正过度，造成不稳定，反之使误差更大。

(5) 输入学习模式对 m，重复步骤(2)～步骤(4)直到误差趋于零或小于预先给定的误差限。

7.3.2　滤波性能评价

信噪比 SNR(Signal to Noise Ratio)是指信号强度与噪声强度的比值，是衡量信号优劣最重要的指标。

定义信噪比 SNR 为

$$\mathrm{SNR}=10\times\log\frac{\sum_{i=1}^{n}y^{2}(i)}{\sum_{i=1}^{n}x^{2}(i)}=10\times\log\frac{\sum_{i=1}^{n}P(i)}{\sum_{i=1}^{n}Q(i)} \tag{7.60}$$

式中，$y(i)$为除去噪声后的信号；$x(i)$为噪声；$P(i)$为有用信号功率；$Q(i)$为噪声功率。

7.3.3　仿真计算与结果分析

仿真程序中设采样频率为 600Hz，输入信号为 $\cos(2\pi\times0.02t)$，由 MATLAB 产生服从高斯分布的噪声、信号和加噪声信号如图 7.11 所示。

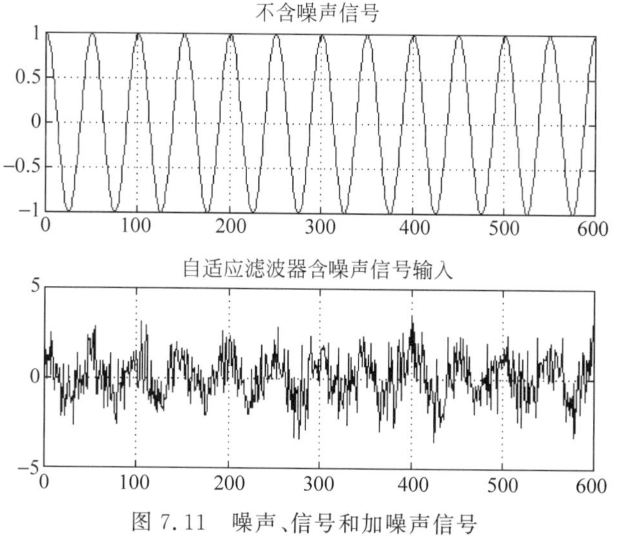

图 7.11　噪声、信号和加噪声信号

LMS 和 RLS 算法滤波结果分别如图 7.12 和图 7.13 所示。RLS 算法在迭代过程中产生的误差明显小于 LMS 算法，LMS 算法和 RLS 算法在提取仿真过程中的输入信号时，LMS 算法较 RLS 算法收敛速度慢。与 RLS 算法相比，LMS 估计精度和算法稳定性较差。LMS 算法的权系数估计值因瞬时梯度估计围绕精确值波动较大，权噪声大，而 RLS 算法可以明显抑制振动加速度收敛过程，故对非平稳信号的适应性强。但是，RLS 算法的运算量大，从算法的特征可知，RLS 的运算量比 LMS 高一个数量级。仿真结果也表明，LMS 算法滤波运行时间为 0.0755s，RLS 算法滤波运行时间为 0.6743s。

ADALINE 算法在迭代过程中产生的误差明显小于 RLS 和 LMS 算法，提取有用信号的精度高，如图 7.14 所示。ADALINE 算法的运行时间为 1.3866s。输入信号信噪比从−9.3dB 上升到 0.86dB 的过程中，整体信噪比的改善如表 7.1 所示。LMS 和 RLS 算法提高了约 12.5dB，两者滤波性能大致相当，但 LMS 算法较 RLS 算法略优。而 ADALINE 算法的信噪比改善较前两种算法明显，滤波性能提高较大。ADALINE 算法在信噪比相对较小时，除噪效果显著，说明 ADALINE 算法能够比较好地滤除目标信号中的噪声，可实现高性能滤波。

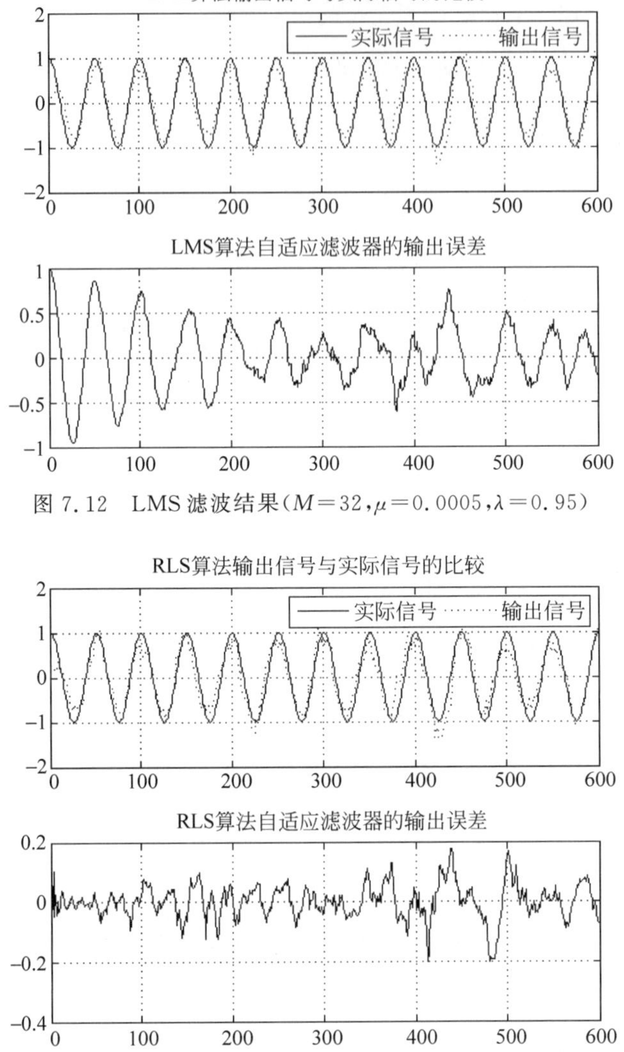

图 7.12　LMS 滤波结果（$M=32,\mu=0.0005,\lambda=0.95$）

图 7.13　RLS 滤波结果（$M=32,\mu=0.0005,\lambda=0.95$）

表 7.1　三种自适应滤波器滤波效果的比较

原 SNR/dB	LMS	LMS 信噪比改善/dB	RLS	RLS 信噪比改善/dB	ADALINE	ADALINE 信噪比改善/dB
−9.3	4.68	13.98	4.4	13.7	40.73	50.66
−8.07	5.37	13.44	4.16	12.23	35	43.07
−7.28	6.12	13.4	6.46	13.74	40.32	47.6
−5.48	7.23	12.71	7.06	12.73	35.4	40.88
−4.61	7.75	12.36	7.21	11.82	34.78	39.39
−3.34	10.35	13.69	9.99	13.33	34.17	37.51
−1.19	10.21	11.4	10.4	11.59	28.37	29.56
0.86	12.76	11.9	11.84	10.98	27.46	26.6

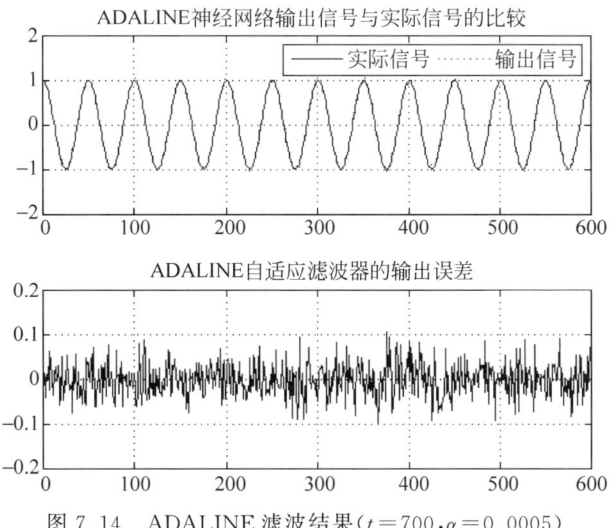

图 7.14 ADALINE 滤波结果($t=700$,$\alpha=0.0005$)

结果表明：采用 LMS 和 RLS 算法信噪比提高约 12.5dB，且 LMS 算法比 RLS 算法略优，而采用 ADALINE 算法信噪比至少改善 26.6dB，可实现高性能滤波。这对紫外目标探测微弱信号处理方法的发展与深入研究具有一定的作用和意义。

7.4 基于 FPGA 的紫外通信微弱信号放大器设计示例

紫外光在近地层大气中的传输特性使得其在通信方面具有低窃听率、抗干扰能力强和非视距通信等众多优势。由于空间散射作用以及器件本身的原因，紫外光信号到达接收机时衰减很严重，因此放大器设计成为了紫外通信的关键。可编程逻辑器件 FPGA 具有修改逻辑设计方便、开发周期短、成本低和运算速度快等优点，以 FPGA 作为放大器的控制核心可以满足高集成度、灵活性等要求，同时提高系统的性能。

7.4.1 放大器技术指标、组成与工作原理

放大器技术指标、组成与工作原理具体如下。

1. 放大器技术指标

放大器的主要技术指标如下：

(1) 总放大倍数：要求在 1～10 000 连续可调；

(2) 通带中心频率：30kHz、50kHz；

(3) 通带中心附近带宽≤4kHz；

(4) 放大器等效输入噪声电压≤$5\text{nV}/\sqrt{\text{Hz}}$(30kHz、50kHz)。

2. 放大器组成

紫外光通信中常用的解调方法是 2FSK(二进制频移键控)，此处频移键控载波：发送 0 对应 30kHz 正弦波，发送 1 对应 50kHz 正弦波。因此，放大器中需要有滤波功能。放大器总体框图如图 7.15 所示。

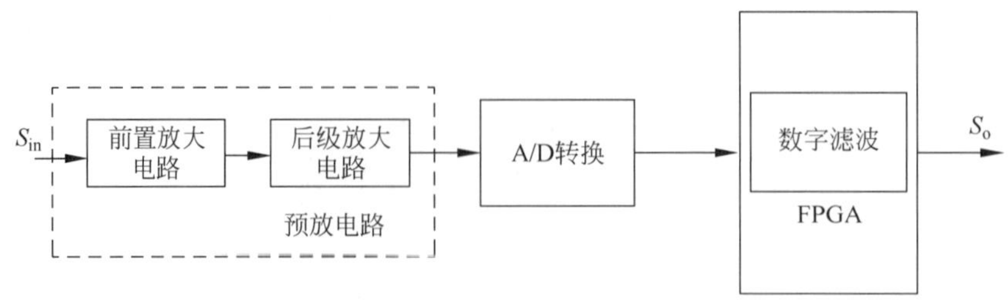

图 7.15　放大器总体框图

3. 放大器工作原理

针对紫外光信号微弱的特点，信号首先经过光电转换等预处理，由光信号转化为电信号 S_{in}，微弱信号再经过前置放大电路被放大 100 倍，然后经过后级放大电路，后级放大电路可以实现增益 1/100～100 倍连续可调的功能，两级联放实现 1～10 000 倍连续可调。被放大的信号经过 A/D 转换，模拟信号经过转换得到数字信号。基于 FPGA 的 FIR 数字滤波器有精度高、不受温度影响和实时性好等特点，信号经过数字滤波在 30kHz 和 50kHz 两个频点附近对信号进行放大，达到精确滤波的目的。滤波后将得到的数字信号进行进一步处理，以满足对信号不同的处理需求。

7.4.2 预放电路设计与仿真

预放电路设计与仿真包括前置放大电路与后级放大电路的设计及仿真。

1. 前置放大电路的设计

前置放大电路的技术指标：放大倍数 100 倍，等效输入噪声电压$\leqslant 5\text{nV}/\sqrt{\text{Hz}}$（30kHz、50kHz）。

前置放大电路将接收到的微弱信号进行放大。在实际工作中，由于电路中存在热噪声、光电探测器中的噪声等固有噪声，都会对有用信号产生很大影响。前置放大电路的好坏直接影响后续电路对信号的处理，因此，必须保证前置放大电路的噪声足够小。LMH6624MF 是美国国家半导体（National Semiconductor）公司生产的一款具有高增益带宽、低输入噪声的芯片，其放大倍数如式(7.61)所示，表 7.2 为 LMH6624MF 的主要性能参数。

表 7.2　LMH6624MF 的主要性能参数

序　　号	指标内容	技术参数
1	开环增益	81dB
2	增益带宽	1.5GHz(单个)
3	输入噪声电压	$0.92\text{nV}/\sqrt{\text{Hz}}$
4	输入噪声电流	$2.3\text{pA}/\sqrt{\text{Hz}}$
5	输入电阻	共模模式 6.6MΩ
		差分模式 4.6kΩ
6	共模抑制比(CMRR)	95dB
7	工作温度范围	−40～+125℃
8	工作电压	±2.5V，±6V 双电源
		+5～+12V 单电源

$$A_v = \frac{V_{out}}{V_{in}} = 1 + \frac{R_f}{R_g} \tag{7.61}$$

式中，A_v 为集成运放芯片 LMH6624MF 放大倍数，V_{out} 为输出电压，V_{in} 为输入电压，R_f 为反馈电阻，

R_g 为接地电阻。

前置放大器可以接成同向比例运算放大器和反向比例运算放大器。对于同向比例运算放大器，引入了反馈，当运放具有理想特性时，输入电阻应为无穷大，但当运放特性不理想时，输入电阻应为有限值。高输入阻抗可以减小噪声对信号的影响，芯片 LMH6624MF 具有高输入阻抗，共模模式(Common Mode)时为 6.6MΩ，差分模式(Differential Mode)时为 4.6kΩ，因此前置放大电路采用 LMH6624MF 的同向比例运算电路，所连接的电路图如图 7.16 所示。

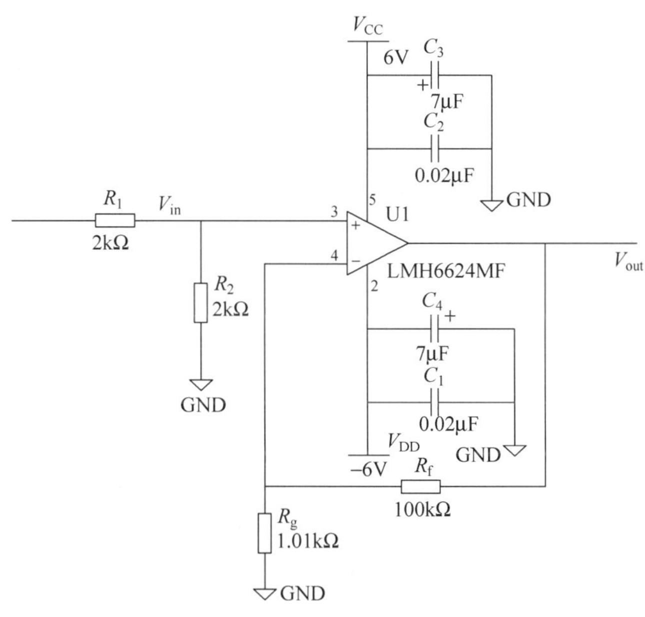

图 7.16 前置放大电路

2. 前置放大电路的仿真

用 Multisim 对前置放大电路进行仿真验证，所选择的输入波形是频率为 30kHz、振幅为 10mV 的正弦信号。前置放大电路的输入、输出波形如图 7.17 所示。

当输入波形是振幅为 10mV 的微弱正弦信号时，由于有效值和峰值的关系，示波器的输入波形如图 7.17(a)所示，根据虚短和虚断理论，图 7.16 中 V_{in} 值为 5mV，又由式(7.61)可知，理论放大 100 倍应该为 500mV，转化为峰值约为 707mV，即理论输出应该为 707mV，又如图 7.17(b)所示，实际输出为 689.433mV，两者近似相等。可见，前置放大电路满足设计要求。

3. 后级放大电路的设计

后级放大电路的技术指标：放大倍数为 1/100～100 连续可调，等效输入噪声电压≤$5\text{nV}/\sqrt{\text{Hz}}$(30kHz、50kHz)。

前置放大电路将信号放大了 100 倍，总的设计指标中要求放大倍数 1～10 000 连续可调，那么对于后级放大电路的设计，要求后级放大电路在 1/100～100 倍连续可调。VCA610P 是一款宽带、连续可变电压控制增益放大器。根据电路实测，单块 VCA610P 在放大倍数为 30dB 时，会出现自激振荡。因此本设计用两块 VCA610P 级联不仅能消除自激振荡，而且还可以扩大增益的动态范围为－80～80dB。控制电压 V_C 可以接电位器调节增益。表 7.3 为该芯片的主要性能参数。

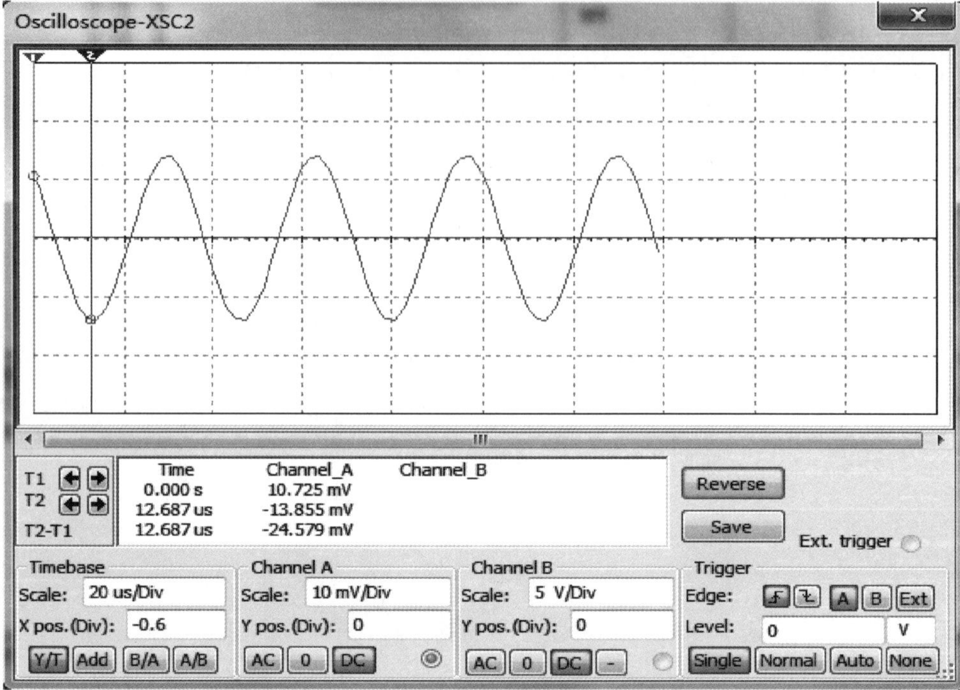

(a) 验证输入波形

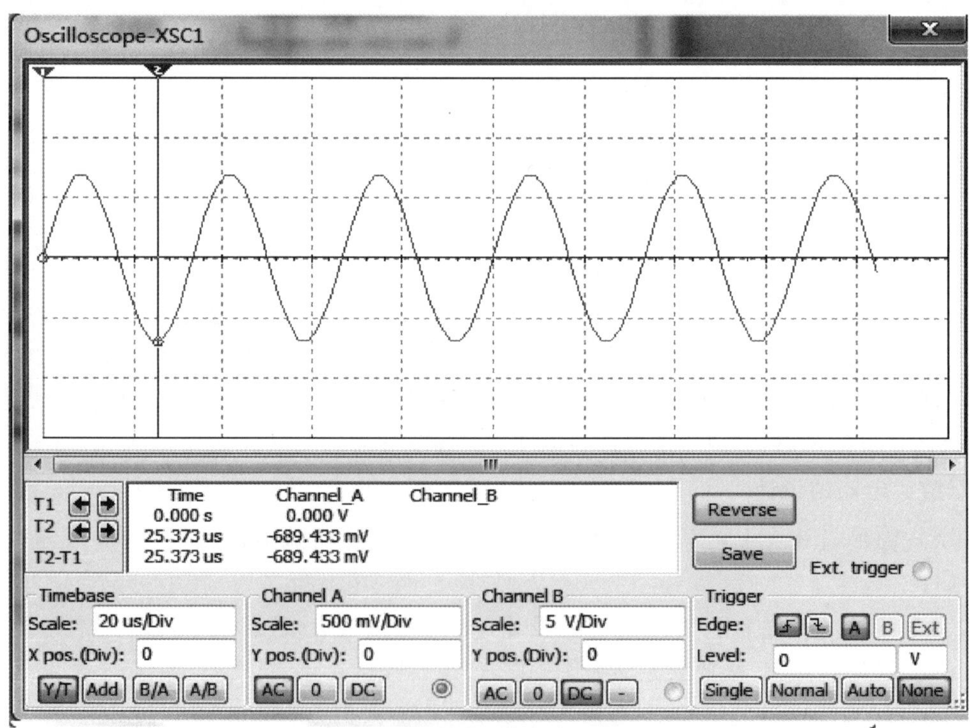

(b) 放大后的波形

图 7.17　前置放大电路的输入、输出波形

表 7.3 芯片 VCA610P 的主要性能参数

序　　号	指 标 内 容	性 能 参 数
1	增益动态范围	±40dB
2	可控增益带宽	30MHz
3	增益线性度	±0.3dB
4	输入噪声电压	$2.2\mathrm{nV}/\sqrt{\mathrm{Hz}}$
5	增益控制电压范围	−2～0V
6	输入电流噪声	$1.4\mathrm{pA}/\sqrt{\mathrm{Hz}}$
7	工作温度范围	−25～+85℃
8	工作电源电压	±5V

通过改变控制电压 V_C 可以灵活地改变增益的大小，可以满足后级放大的要求。放大倍数满足：

$$G = 10^{-2(V_C+1)} \tag{7.62}$$

式中，G 为电压控制芯片 VCA610P 的增益，V_C 为增益控制电压。根据后级电路的要求以及芯片性能和使用方法，连接的电路如图 7.18 所示。

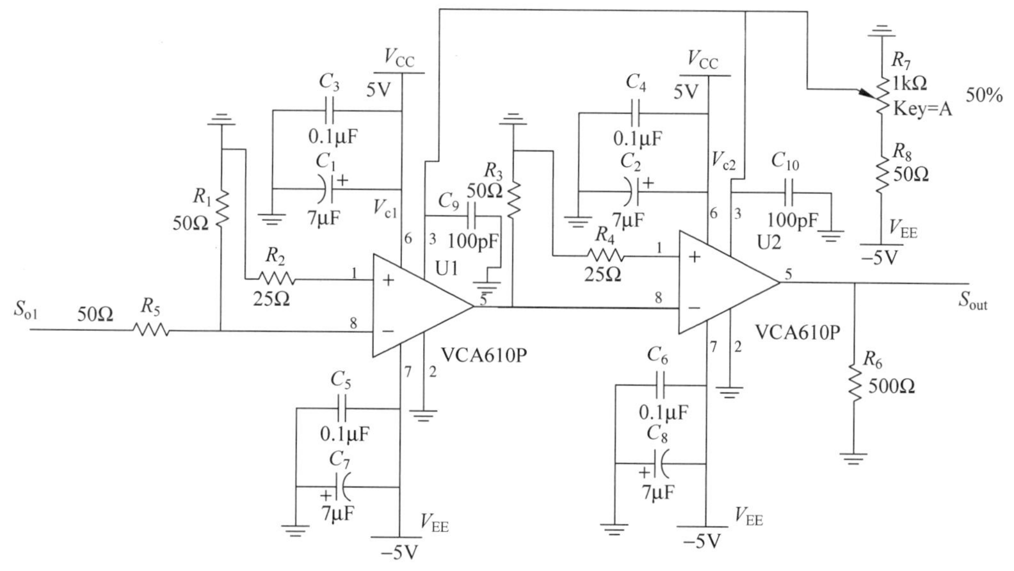

图 7.18 后级放大电路

4. 后级放大电路的仿真

用 Multisim 进行仿真，如图 7.19 所示为后级放大电路的输入、输出波形，所用的测试源是 10mV、30kHz 的正弦信号，设置 V_C 电压为−1.5V。在实际应用时，结合要求和前置放大电路自由设置增益，有特殊需要时可对后级放大进行改进，通过独立对 V_{C1} 和 V_{C2} 分别进行控制，不仅能够使增益的动态范围更加灵活，而且可以提高系统抗噪声的性能。

分析方法和前置放大电路相似，当 V_{C1} 和 V_{C2} 均为−1.5V 时，放大倍数应该为 100，所以理论输出为 707mV。如图 7.19(b)所示，实际输出为 705.532mV，两者近似相等，可见后级放大电路满足设计要求。

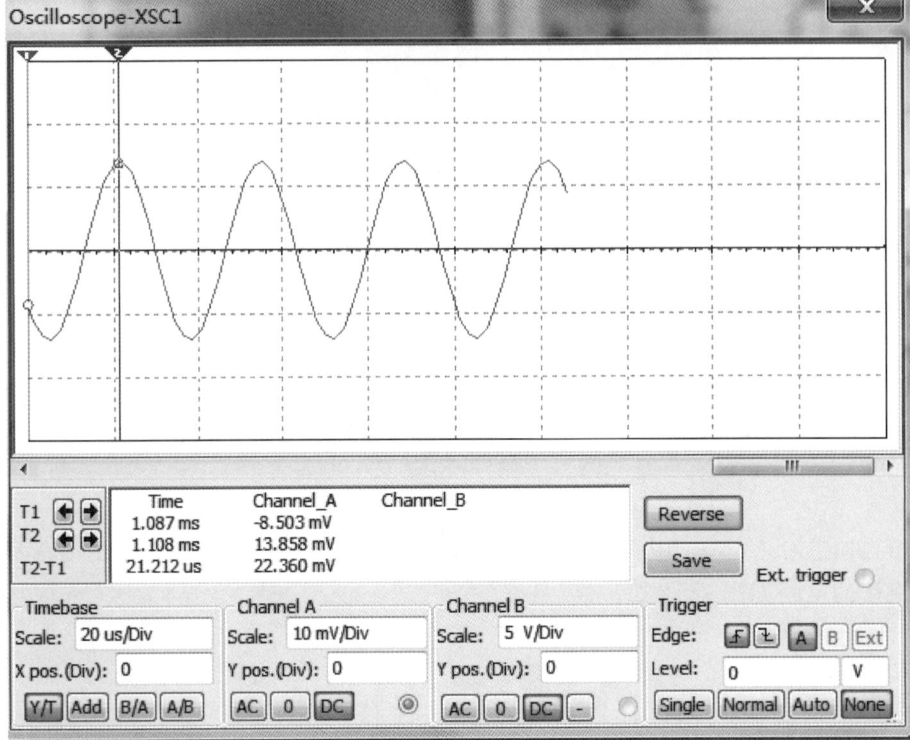

(a) 验证输入波形

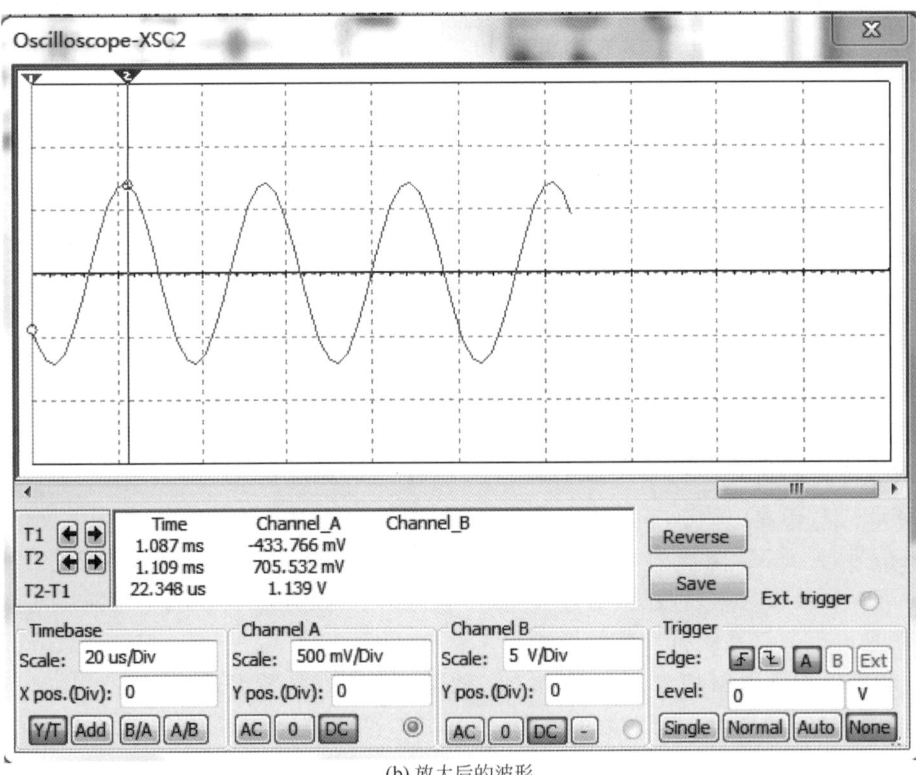

(b) 放大后的波形

图 7.19　后级放大电路的输入、输出波形

7.4.3　A/D 转换

A/D 转换(模数转换)就是把模拟信号转换为数字信号。主要有积分型、逐次逼近型、并行比较型、串并行型、Σ-Δ 调制型、电容阵列逐次比较型及压频变换型。本设计采用 AD9214 作为 A/D 转换芯片,该芯片是一款低功耗高速 10 位模数转换芯片,数据采样率最高可达 105 兆次/秒。模拟信号经过 A/D 部分转换为 10 位数字信号被送入 FPGA 中,进行数字滤波。

7.4.4　数字滤波的设计及仿真

数字滤波的设计及仿真包括数字滤波的原理、FIR 数字滤波器的算法实现、FIR 数字滤波器的硬件实现和 FIR 数字滤波器的仿真验证。

1. 数字滤波的原理

所谓的数字滤波器,是指输入、输出均为数字信号,通过一定运算改变输入信号所含频率成分的相对比例或者滤除某些频率成分的器件。与模拟滤波器相比数字滤波器具有精度高、稳定性强、体积小、设计灵活和不要求阻抗匹配等优点。FIR 数字滤波器具有稳定性、因果性和线性相位等特点,因此在设计时选择了 FIR 滤波器。FIR 滤波器的一般表示如下:

$$y[n]=x[n]*h[n]=\sum_{i=0}^{N-1}x[n-i]h[i] \tag{7.63}$$

式中,$x[n]$是 n 时刻滤波器的输入信号,$h[n]$是滤波器的脉冲响应,$h(i)$是滤波器第 i 级的抽头系数,$y[n]$是滤波器的输出,N 是滤波器的抽头系数。脉冲系数具有对称和反对称特点,如下所示:

$$h(n)=-h(N-1-n),\quad h(n)=h(N-1-n) \tag{7.64}$$

而线性相位 FIR 滤波器的差分方程如下:

$$\begin{aligned}y(n)&=h_0x(n)+h_1x(n-1)+\cdots+h_1x(n-N+2)+h_0x(n-N+1)\\&=h_0[x(n)+x(n-N+1)]+h_1[x(n-1)+x(n-N+2)]+\cdots\end{aligned} \tag{7.65}$$

当滤波器的阶数为奇数和偶数时,线性相位结构 FIR 滤波器如图 7.20 所示。

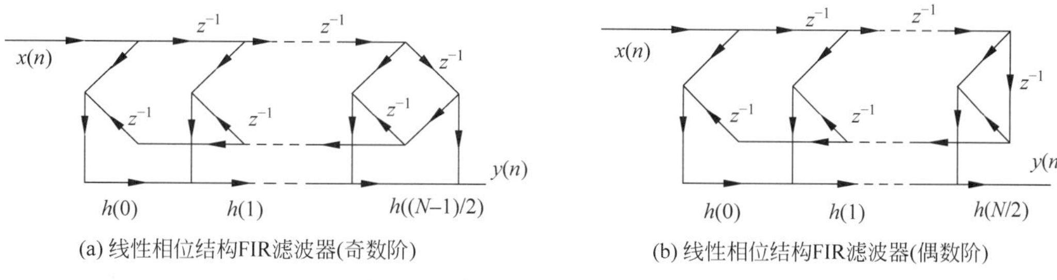

图 7.20　线性相位结构 FIR 滤波器

2. FIR 数字滤波器的算法实现

数字滤波是一个卷积计算的过程,在计算中要用到乘法器。而在硬件实现中,乘法器不仅消耗很多的资源,而且随着乘法器数目的增加,系统处理速度明显变慢。所以可以考虑采用分布式算法,将复杂的乘法器转化为 LUT(查找表)结构,FIR 滤波器的 IP(Intellectual Property,知识产权)核主要是用分布式算法(Distributed Arithmetic,DA)实现的,利用 LUT 替换硬件中较难实现的乘法器,可以减少资源的消耗并提高运算速度。下面简述分布式算法。

将式(7.63)变形为

$$y(n)=\sum_{i=0}^{N-1}h_i x_i(n) \tag{7.66}$$

式中，h_i 即为 $h_i(x)$，$x_i(n)$ 即为 $x_i(n-i)$。将 $x_i(n)$ 变换为二进制的补码形式：

$$x_i(n)=\sum_{b=1}^{C}x_{ib}(n)2^b-2^C x_{io}(n) \tag{7.67}$$

式中，$x_{ib}(n)$ 为 0 或者 1，表示 $x_i(n)$ 的第 b 位，C 为数据位宽，$x_{io}(n)$ 为符号位，取 0（代表正数）或者 1（代表负数）。将式(7.67)代入式(7.66)中有：

$$\begin{aligned}y(n)&=\sum_{i=0}^{N-1}h_i\left[-2^C x_{io}(n)+\sum_{b=0}^{C-1}x_{ib}(n)2^b\right]\\&=-2^C x_{io}(n)\sum_{i=0}^{N-1}h_i+\sum_{b=0}^{C-1}\left[\sum_{i=0}^{N-1}h_i x_{ib}(n)\right]2^b\end{aligned} \tag{7.68}$$

式(7.68)的方括号中，$\sum_{i=0}^{N-1}h_i x_{ib}(n)$ 可以用 LUT 实现，由此可见，DA 算法简化了设计的复杂性，将复杂占用资源较大的乘法器用 LUT 代替，不仅可以减少资源的占用，而且可以提高处理速度，实现很好的实时性。

3. FIR 数字滤波器的硬件实现

随着 FPGA 的发展，其不可替代的优点使得它正在成为数字电路设计的主流方案。合理的 FPGA 选型不仅可以避免设计问题，还可以减少成本、提高系统性价比、延长产品的生命周期等。目前，Xilinx 和 Altera 是世界上最大的两家 FPGA 供应商，分别有集成开发环境 ISE 和 Quarters Ⅱ，这两种开发环境支持本公司所有器件的开发而且可以获得很多第三方合作伙伴的技术支持，方便产品的开发并获得更高的性能。根据以上因素，选择 Xilinx 公司的 Virtex-6 系列的 XC6VCX240T-2FF784，该型号的 FPGA 具有丰富的硬件资源和较高的处理速度。特别是利用 Xilinx 公司的开发软件 ISE 中的 IP 核，可以加速设计的进行。利用 MATLAB 设计一个 208 阶的带通和带阻级联的滤波器。得到 FIR 滤波器的频谱图如图 7.21 所示。XC6VCX240T-2FF784 资源利用评估如表 7.4 所示。

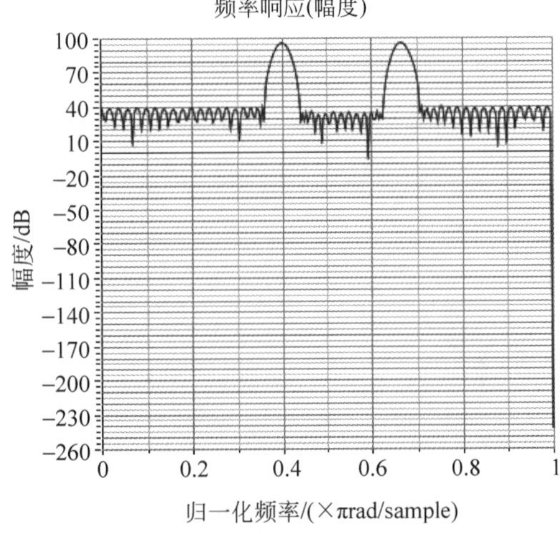

图 7.21 FIR 滤波器的频谱图

表 7.4 XC6VCX240T-2FF784 资源利用评估

资 源	已用资源	可用资源	利用率/%
寄存器数目	3424	301 440	1
LUT 数目	3260	150 720	2
LUT-FF 数目	2099	4585	45
IOB 数目	40	400	10
BUFG/BUFGCTRL 数目	1	32	3
DSP48E1 数目	104	768	13

4. FIR 数字滤波器的仿真验证

利用 ISE 14.2 对设计出来的滤波器进行时序仿真，如图 7.22 所示，可见满足时序要求，在 MATLAB 空间运行程序如表 7.5 所示。

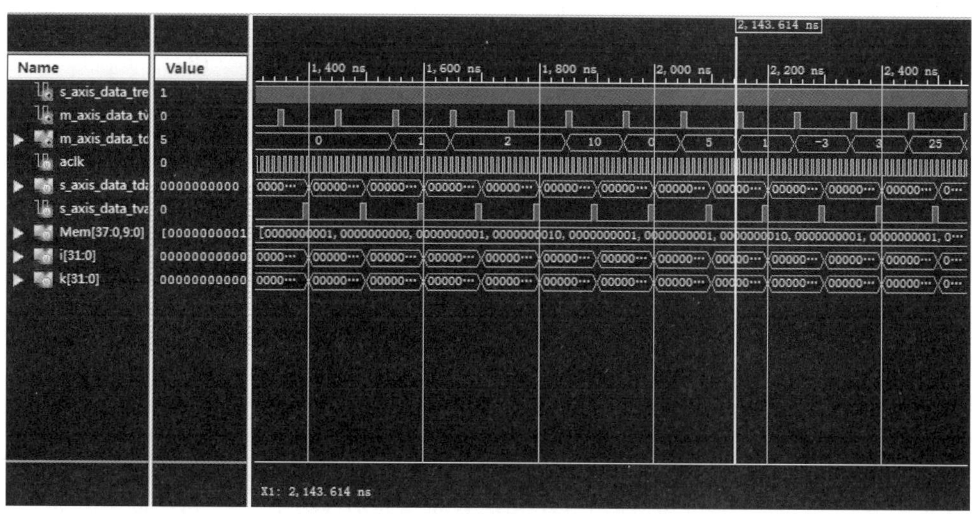

图 7.22　FIR 滤波器的时序仿真

表 7.5　FIR 滤波器 MATLAB 分析

FIR 滤波器 MATLAB 分析																	
序号	1	2	3	4	5	6	7	8	9	10	11	12	13	14	15	16	17
输出	0	0	1	2	2	10	0	5	1	−3	3	25	−3	4	−1	−19	33

通过比较图 7.22 和表 7.5，对比两者输出，可以认为滤波器满足设计要求。

7.4.5　设计结果分析

结合以上设计过程，可得放大器的设计结果，如表 7.6 所示。

表 7.6　放大器设计结果

技术指标	要　　求	设计结果
放大倍数	1～10 000	1～10 000
通带中心频率	30kHz、50kHz	30kHz、50kHz
通带中心附近带宽	≤4kHz	≤4kHz
等效输入噪声电压	≤5nV/$\sqrt{\text{Hz}}$(30kHz、50kHz)	≤4nV/$\sqrt{\text{Hz}}$(30kHz、50kHz)

根据表 7.6 可知，放大器设计达到了指标要求。由 FPGA 实现滤波，如有特殊需要，可通过编程改变滤波器指标和效果，以适应不同频段的通信要求，方便升级与维护。而且由于 FPGA 器件实时性比较好，所以能够满足通信中对实时性的要求。

本章针对近地层自由空间紫外通信信号微弱的特点，设计基于 FPGA 的微弱信号放大器。在提出放大器指标基础上，分析放大器的组成与工作原理。运用 LMH6624MF 型号的集成运算放大器和 VCA610P 型号的电压控制放大器分别设计前置放大器和后级放大器，采用 AD9214 作为 A/D 转换，选用 XC6VCX240T-2FF784 型号的 FPGA 设计选频数字滤波器。用 Multisim、MATLAB、ISE 进行设计仿真验证，结果表明：该放大器在 30kHz 和 50kHz 两个中心频率具有 1～10 000 连续可调的放大倍数，中心频率附近带宽约为 4kHz，等效输入噪声电压≤5nV/$\sqrt{\text{Hz}}$（30kHz、50kHz），符合设计技术指标要求。设计中采用了低噪声器件，可用于微弱信号的检测放大。同时增益具有连续可调的功能，可以灵活方便地调节增益大小。利用基于 DA 算法的 IP 核设计的数字 FIR 滤波器，具有良好的幅频特性，采用 FPGA 实现滤波，具有精度高、实时性好、便于升级等优点。

第 8 章

CHAPTER 8

光电系统作用距离工程理论计算及总体技术设计

目标探测、搜索、识别、跟踪、测距、通信等用途的军、民用光电系统，例如红外跟踪仪、电视跟踪仪、微光电视、激光雷达、激光测距仪和光通信等，往往是有距离指标要求的。一般来说，光电系统在一定环境条件、探测概率(误码率)、虚警概率情况下，对特定目标的工作距离(跟踪距离、搜索距离和发现距离等)，称为作用距离。对于这类光电系统，作用距离是衡量其水平的重要综合性能指标，也是系统设计的核心所在。

本章首先在推导被动红外系统作用距离方程一般形式的基础上，得出背景限制探测器的一般作用距离方程式，从而推演出特殊系统(搜索系统、跟踪系统)的作用距离方程式。接着介绍脉冲式激光测距仪测距方程式、电视跟踪仪的作用距离计算、微光电视的作用距离计算。然后，介绍光纤通信系统的作用距离计算。最后，通过示例某型红外搜索系统的设计，研讨系统总体技术设计方法。

8.1 红外系统的作用距离计算

从不同角度出发，红外系统可分为不同类别，其作用距离方程也有相应的形式。这里，由红外系统作用距离方程一般形式推导，得到背景限制探测器的一般作用距离方程式，进一步得出特殊系统的作用距离方程式。

8.1.1 方程一般形式推导

在许多应用中，红外系统能探测或跟踪目标的最大距离是一个重要的量值。因此，将推导出一般作用距离方程，用来进行综合设计。唯一的假定是，系统的噪声受探测器噪声所限制。如果因设计不良或装配不妥而满足不了上述假定，则实际探测距离将小于方程式所计算的值。

分辨不出来的目标(即不充满瞬时视场的目标)的光谱辐射照度是

$$H_{\lambda}=\frac{I_{\lambda}\tau_{a}(\lambda)}{R^{2}} \tag{8.1}$$

式中，I_{λ} 是目标的光谱辐射强度，$\tau_{a}(\lambda)$是从传感器到目标的路程上的光谱透过率，R 是到目标的距离。

入射在探测器上的光谱辐射功率为

$$P_{\lambda}=H_{\lambda}A_{0}\tau_{0}(\lambda) \tag{8.2}$$

式中，A_{0} 是光学系统入射孔径的面积，$\tau_{0}(\lambda)$是传感器的光谱透过率(包括保护窗口和光学系统等)。

探测器产生的信号电压是

$$V_s = P_\lambda \mathcal{R}(\lambda) \tag{8.3}$$

式中，$\mathcal{R}(\lambda)$是探测器的光谱响应度。

以上推导过程仅适用于在中心波长 λ 附近的一个无限小的光谱区间。对于任一光谱区间，信号电压可以在整个区间进行积分而得到：

$$V_s = \frac{A_0}{R^2}\int_{\lambda_1}^{\lambda_2} I_\lambda \tau_a(\lambda)\tau_0(\lambda) \mathcal{R}(\lambda)\mathrm{d}\lambda \tag{8.4}$$

导入探测器的均方根噪声值 V_n，可得信噪比：

$$\frac{V_s}{V_n} = \frac{A_0}{V_n R^2}\int_{\lambda_1}^{\lambda_2} I_\lambda \tau_a(\lambda)\tau_0(\lambda) \mathcal{R}(\lambda)\mathrm{d}\lambda \tag{8.5}$$

遗憾的是，这个式子不能直接求解，因为大气透过率 $\tau_a(\lambda)$是波长和距离的函数。由于积分中含有和波长有关的若干项，求解式(8.5)就十分复杂。将与波长有关的各项由积分形式换成传感器光谱通带内的平均值或积分值，就可以避开这一困难。做法是，假定光谱通带为一矩形，即在 λ_1 和 λ_2 之间的透过率为 τ_0，在此区间以外的透过率为零。λ_1 和 λ_2 之间的辐射强度 $I_\lambda \mathrm{d}\lambda$ 可用 I 来代替。进一步假定目标是黑体，I 的值就能方便地计算出来。$\tau_a(\lambda)$项可用某些假定距离上的 λ_1 和 λ_2 之间的大气透过率的平均值 τ_a 代替。同样，$\mathcal{R}(\lambda)$用 λ_1 和 λ_2 之间的平均响应度$\mathcal{R}$代替。除非几个函数中有一个函数在光谱通带内变化很迅速，否则上述近似求解法的误差是很小的。代入这些变化的值，解出作用距离，得

$$R = \left[\frac{A_0 I \tau_a \tau_0 \mathcal{R}}{V_n (V_s/V_n)}\right]^{1/2} \tag{8.6}$$

用 D^* 表示探测器的性能比用响应度更恰当。

$$\mathcal{R} = \frac{V_s}{HA_d} \tag{8.7}$$

$$D^* = \frac{V_s (A_d \Delta f)^{1/2}}{V_n H A_d} \tag{8.8}$$

由此

$$\mathcal{R} = \frac{V_n D^*}{(A_d \Delta f)^{1/2}} \tag{8.9}$$

式中，H 为辐射照度，A_d 是探测器的面积，Δf 是等效噪声带宽。和上述做法一样，D^* 考虑为 λ_1 和 λ_2 之间的平均值，其值可根据 D^* 对波长的曲线来估算，或者根据 D^* 的峰值和相对响应曲线来估算。如果传感器的瞬时视场是 ω(球面度)，探测器的面积为

$$A_d = \omega f^2 \tag{8.10}$$

这里，f 是光学系统的等效焦距。用数值孔径表征光学系统是很方便的，即

$$\mathrm{NA} = \frac{D_0}{2f} \tag{8.11}$$

这里 D_0 是光学系统入射孔径的直径。代入这些值，并用 $\pi D_0^2/4$ 置换 A_0，则距离方程变为

$$R = \left[\frac{\pi D_0 (\mathrm{NA}) D^* I \tau_a \tau_0}{2(\omega \Delta f)^{1/2} (V_s/V_n)}\right]^{1/2} \tag{8.12}$$

当用距离方程求解最大探测或跟踪距离时，V_s/V_n 项表示为系统正常工作所需的最小信噪比。如果系统用调制盘提供已调载波，则 V_s 和 V_n 都取均方根值。在脉冲系统中，V_s 通常取峰值，V_n 取均方根值。对不同的系统，方程均需进行相应的修正。为了估算各个参数变化的影响，可将 $V_s/V_n = 1$ 时的

距离定义为理想作用距离：

$$R_0=\left[\frac{\pi D_0(\mathrm{NA})D^* I\tau_a\tau_0}{2(\omega\Delta f)^{1/2}}\right]^{1/2} \tag{8.13}$$

如果目标处在理想作用距离上，则入射孔径上的照度称为等效噪声照度（NEI），根据式（8.1）和式（8.13），它等于

$$\mathrm{NEI}=H_0=\frac{2(\omega\Delta f)^{1/2}}{\pi D_0(\mathrm{NA})D^*\tau_0} \tag{8.14}$$

为了更清晰地看出各种因素对最大探测距离的影响，把各项重新组合如下：

$$R=\underbrace{[I\tau_a]^{1/2}}_{\text{目标和大气透过率}}\underbrace{\left[\frac{\pi}{2}D_0(\mathrm{NA})\tau_0\right]^{1/2}}_{\text{光学系统}}\underbrace{[D^*]^{1/2}}_{\text{探测器}}\underbrace{\left[\frac{1}{(\omega\Delta f)^{1/2}(V_s/V_n)}\right]^{1/2}}_{\text{系统特性和信号处理}} \tag{8.15}$$

第一项属于目标的辐射强度和沿视线方向的透过率，虽然系统工程师靠选择传感器的光谱通带可对这两个量作某些控制（但实质上无法控制这两个量）。当缺乏目标特性的有关数据时，可利用第 2 章中所述的方法估算辐射强度。

第二项包括了表征光学系统特性的各个参数。数值孔径的理论最大值为 1，实际上很少大于 0.5。按式（8.15）直观地推论，似乎推导出最大探测距离应该直接随入射孔径的直径而变，而不是随它的平方根而变。通常认为，由于入射到探测器上的功率与孔径面积成正比，则信噪比必然与入射孔径的平方成正比。这种推论漠视了一个事实，即按比例放大某一光学设计时，一般必须保持数值孔径的值不变。因此，放大光学系统的直径，就需要按比例地放大焦距。焦距变长了，为了保持视场不变，探测器的线性尺寸也相应增大。最后，探测器的噪声随探测器面积的平方根增加。结果，信噪比随放大系数而正比地增大，而最大探测距离随放大系数的平方根而正比地增加。因为传感器的重量大致与放大系数的立方成正比，因此，最大探测距离近似与传感器重量的 6 次方根成正比。

第三项属于探测器的特性。因为许多探测器已经十分接近 D^* 的理论极限，因此，依靠进一步改进探测器使最大探测距离大幅度增加的希望很小。当然，从探测器的辐射屏蔽方面得到的增益例外。

第四项包含系统和信号处理特性的因素。它表明，减小视场或带宽可增加最大探测距离，但由于有一个四次方的关系，故增加得不快。当然，这种增益的获得是牺牲信息速率来换取探测距离的。

值得指出的是，以上推导并没有考虑辐射背景的影响，否则，应予适当修正，即用目标辐射强度与视场范围内背景辐射强度的差值取代目标辐射强度。

8.1.2 背景限制探测器的一般作用距离方程式

有些光子探测器能工作在背景限制（Blip）条件下，也就是说，此时探测器噪声是因背景光子引起载流子的产生以及随后复合的速率的起伏而产生的。

光电导型 Blip 探测器的 D^* 是

$$D_\lambda^*=\frac{\lambda}{2\mathrm{hc}}\left(\frac{\eta}{Q_b}\right)^{1/2} \tag{8.16}$$

式中，h 是普朗克常数，c 是光速，η 是量子效率，Q_b 是背景光子通量。假定 D_λ^* 是光谱峰值，就必须乘以 s，s 是相对光谱响应在传感器光谱通带内的平均值（假定相对光谱响应已对光谱峰值归一化了）。这样，求得的 D_λ^* 值与推导一般作用距离方程式所采用的类似值是一致的。当用致冷屏蔽限制探测器的视场时，落在探测器上的总光子数与 $\sin^2\theta$ 成正比，这里 θ 是屏蔽孔径对探测器所张圆锥的半角，则

$$D^* = \frac{s\lambda}{2\mathrm{hc}}\left(\frac{\eta}{\sin^2\theta\, Q_\mathrm{b}}\right)^{1/2} \tag{8.17}$$

若系统工作在空气中，数值孔径为

$$\mathrm{NA} = \sin u' \tag{8.18}$$

式中，u'是会聚在焦点上的光锥的半角。如果屏蔽孔径恰好让光学系统的全部光线通过，则 u'等于 θ，因而背景限制探测器的理想作用距离为

$$R_0(\mathrm{Blip}) = \left\{\frac{\pi D_0 I\tau_\mathrm{a}\tau_0 s\lambda}{4\mathrm{hc}}\left(\frac{\eta}{Q_\mathrm{b}\omega\Delta f}\right)^{1/2}\right\}^{1/2} \tag{8.19}$$

这里，重要的是数值孔径已从距离方程中消去了，因此，影响 Blip 探测器最大作用距离的是光学系统的直径，而不是光学系统的相对孔径。Q_b 项表示从半球背景内所接收的光子能量，其值可计算求得。

在屏蔽孔径和光学系统匹配以后，还可采取以下几种措施以进一步降低背景的光子能量：

(1) 用光谱滤波，把光谱通带限制在目标通量最有利的范围内。该通带不应处在大气强烈吸收的波段里，因为这些波段只会增大背景噪声而不增大信号。

(2) 把所有光学零件的发射本领降到最小。

(3) 减少探测器视场内的那些光学支撑件的尺寸。总的原则是任何这类部件应有高反射率(降低它们的发射本领)，且它们的球截面的曲率中心应在探测器上。

(4) 冷却探测器视场内的所有光学零件及其支撑件。

假定由致冷屏蔽来的光子数可忽略不计，那么，落在探测器上的背景能量 $Q_{\mathrm{b}\theta}$ 等于通过屏蔽孔径所接收的通量。其来源有二：①被观察目标的背景以及目标和背景之间的大气向系统发射或散射的通量；②探测器感受到的光学系统及其支持的辐射。如果目标背景和光学零件全考虑为已知温度和发射本领的灰体，则 $Q_{\mathrm{b}\theta}$ 的值由式(8.20)求得：

$$Q_{\mathrm{b}\theta} = \sin^2\theta\int_{\lambda_1}^{\lambda_2}[Q_{\mathrm{tb}}(\lambda)\varepsilon_{\mathrm{tb}} + Q_\mathrm{o}(\lambda)\varepsilon_\mathrm{o}]\mathrm{d}\lambda \tag{8.20}$$

式中，脚注 tb 和 o 分别表示目标背景和光学系统，ε 是它们相应的发射本领。注意到这一点很重要，即 $\sin^2\theta$ 已经包括在式(8.19)中(通过式(8.17))。因此要取代式(8.19)中 Q_b 时，真正的值是 $Q_{\mathrm{b}\theta}/\sin^2\theta$，或者简单地说，式(8.20)中积分值不要乘以 $\sin^2\theta$。如前所述，Q_b 和 $Q_{\mathrm{b}\theta}$ 的值可计算求得。

应再次强调一下，只有当①探测器只是依靠冷屏蔽通过光学系统来接收辐射通量；②探测器工作在背景限制条件下；③系统的噪声由探测器所限制时，式(8.19)才是正确的。当这些条件满足时，最大的探测距离是

$$R_0(\mathrm{Blip}) \approx \frac{I^{1/2}}{Q_\mathrm{b}^{1/4}} \tag{8.21}$$

因此，背景限制系统的最大探测距离与目标辐射强度的平方根成正比，与辐射到探测器上的背景通量的四次方根成反比。可能还没有性能真正受背景限制的系统，但是，用于空间的系统似乎肯定将实现这一点。

8.1.3　特殊系统的作用距离方程式

从原则上说，一般作用距离方程式(8.12)能用于任何类型的红外系统。本节将距离方程适当修改，使之能用于搜索系统和其他几类跟踪系统。

1. 搜索系统

以往大多数搜索系统都使用单个探测器或线列阵探测器，通过光学或机械方法来扫描整个搜索视

场。因为这类系统都是当扫描运动使瞬时视场扫过目标时产生一个脉冲，所以都属于脉冲系统。

对于脉冲系统，式(8.12)的信噪比(V_s/V_n)普遍认为应该用峰值信号对噪声均方根的比来取代，因此，V_s 应该用 V_p 来代替。不过，只有当脉冲是正弦时，或者信号处理系统的带宽为无限时，V_s 才等于 V_p。大多数脉冲系统的脉冲接近于矩形，因而，信号占有很宽的频谱，其中一部分被信号处理系统的有限带宽衰减掉了，结果，V_p 小于 V_s；V_p/V_s 则表示脉冲通过信号处理系统时信号损失的度量。考虑到这部分的损失，理想作用距离方程中必须包括 V_p/V_s 项：

$$R_0(\text{搜索})=\left[\frac{\pi D_0(\mathrm{NA})D^* I\tau_a\tau_0 V_p}{2(\omega\Delta f)^{1/2}V_s}\right]^{1/2} \tag{8.22}$$

搜索视场的分解元数目为

$$r=\frac{\Omega}{\omega C} \tag{8.23}$$

式中，Ω 是搜索视场的大小(球面度)，C 是单个探测器元件的数目(每个元件覆盖 ω 球面度的瞬时视场)。搜索速率是

$$\dot{\Omega}=\frac{\Omega}{\mathfrak{J}} \tag{8.24}$$

式中，$\mathfrak{J}$ 是帧时间，即扫描整个搜索视场所需要的时间。目标脉冲的持续时间等于目标的像通过一个探测器所需要的时间，这个时间称为弛豫时间，由式(8.25)给出：

$$\tau_d=\frac{\mathfrak{J}}{r}=\frac{\omega C}{\dot{\Omega}} \tag{8.25}$$

由此

$$\omega=\frac{\tau_d\dot{\Omega}}{C} \tag{8.26}$$

理想作用距离是

$$R_0(\text{搜索})=\left[\frac{\pi D_0(\mathrm{NA})D^* I\tau_a\tau_0 V_p}{2(\dot{\Omega}\tau_d\Delta f/C)^{1/2}V_s}\right]^{1/2} \tag{8.27}$$

V_s、V_p、Δf 和 τ_d 这四项实际上都与信号处理系统的特性有关。它们可以用脉冲能见度系数来代替：

$$\upsilon=\left(\frac{V_p}{V_{ss}}\right)\frac{1}{\tau_d\Delta f} \tag{8.28}$$

用以表示信号处理系统从噪声中分离出信号的效率。V_p 项是信号处理系统输出端的脉冲峰值幅度，V_{ss} 是在信号处理系统中脉冲不受损失时的峰值幅度。因此，式(8.22)和式(8.27)中的 V_p/V_s 与 V_p/V_{ss} 是一样的，理想距离方程变为

$$R_0(\text{搜索})=\left[\frac{\pi}{2}D_0(\mathrm{NA})D^* I\tau_a\tau_o\right]^{1/2}\left[\frac{\upsilon C}{\dot{\Omega}}\right]^{1/4} \tag{8.29}$$

υ 值取决于噪声的频谱特性和信号处理系统滤波器的带宽。对于线性处理系统，υ 不超过 2；实际上，这个值大致在 0.25～0.75。υ 值也可由系统电子学的传递函数计算出来。

由式(8.29)明显看出，搜索装置的理想作用距离与探测器单元的个数的四次方根成正比。大多数探测器制造厂都能生产 288×4 以上元件的列阵，面阵列元件是获得较大搜索距离的最廉价的手段，所以，搜索装置的设计者们会倾向于使用大阵列元件。

应用统计学概念,可以计算在给定的探测概率和虚警时间 τ_{fa} 所需的信噪比。如果观测时间等于帧时间,且搜索视场内只有单一的目标,则观测间隔内恰好出现一个信号脉冲,探测到这种信号的概率称为单次发现探测概率。图 8.1 绘出了单次发现探测概率的曲线,它表示为信号峰值对噪声均方根电压的比 V_p/V_n 以及实际距离对理想距离之比 R/R_0 的函数。曲线上的参数 n' 为虚警时间间隔内产生的噪声脉冲的总数。假定每秒钟的噪声脉冲数近似等于系统的带宽,

$$n' \approx \tau_{fa}\Delta f \tag{8.30}$$

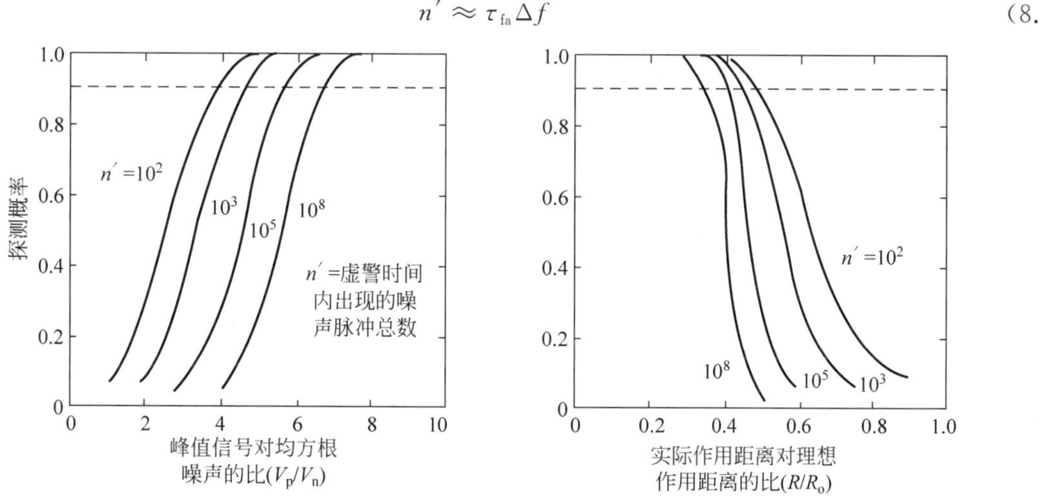

图 8.1 脉冲型搜索系统单次发现探测概率

例如,如果系统带宽是 2000Hz,虚警时间 τ_{fa} 是 50s,则 n' 为 10^5,曲线表明,探测概率为 90%,需要的信噪比是 5.7,对目标的作用距离为 $0.42R_0$。由曲线明显看出,这些值随虚警时间的变化并不快,例如,把虚警时间增大到 50×10^3s,这样,n' 为 10^8,所需要的信噪比仅增大到 6.9。

可以把统计学的方法推广到计算连续两次扫描间目标距离变化的影响、目标闪烁的影响以及开始扫描时目标距离的影响。

2. 用调制盘的跟踪系统

跟踪系统的功用是跟踪或追随一指定的目标,并提供用作导引或导航目的的目标空间方位信息。这类跟踪器,大体上包括一个安装在万向支架上的光学装置、信号处理系统以及伺服控制机构。例如,如果跟踪器用于导引,即把一枚导弹导向目标,这个跟踪器就必须连续测量出目标相对导弹的坐标。实际上,光学组件中的调制盘就产生一个与瞄准线和跟踪器轴线间夹角成正比的误差信号。误差信号输送给伺服控制机构,然后使用跟踪器去跟踪目标。

典型的跟踪器具有一个圆形的瞬时视场(球面度),视场由起视场光栏作用的调制盘的大小确定。调制盘的有效透过率为 τ_r,对调频系统,τ_r 的值是 0.5,对调幅系统,值是 0.25。最简单的情况是探测器是圆形的,直接放在视场光栏的后面,则理想作用距离是

$$R_0(\text{跟}) = \left[\frac{\pi D_0(\mathrm{NA})D^* J\tau_a\tau_0\tau_r V_p}{2(\omega\Delta f)^{\frac{1}{2}}V_s}\right]^{\frac{1}{2}} \tag{8.31}$$

并不是所有探测器都能做成圆形的。如果探测器是方的,并与视场光栏的圆面积外切,则探测器产生的噪声要大,从而,作用距离比式(8.31)的计算值减少约 10%。

大多数用调制盘的跟踪系统,也借助场镜来减小视场光栏的像,以允许使用较小的探测器。探测器的直径(因而它的噪声)按主光学系统对场镜的数值孔径之比减小,因此

$$R_0(\text{跟})=\left[\frac{\pi D_0(\mathrm{NA})_{\mathrm{f}}D^* J\tau_{\mathrm{a}}\tau_0\tau_{\mathrm{r}}V_{\mathrm{p}}}{2(\omega\Delta f)^{\frac{1}{2}}V_{\mathrm{s}}}\right]^{\frac{1}{2}} \tag{8.32}$$

式中，$(\mathrm{NA})_{\mathrm{f}}$ 是场镜的数值孔径。注意，带场镜系统的作用距离取决于主光学系统的直径，而不是其相对孔径。

式(8.31)和式(8.32)中保留了$\frac{V_{\mathrm{p}}}{V_{\mathrm{s}}}$项，为的是要再次强调信号处理的作用。不可能给出在各种情况下都适用的这一项的精确数值；读者必须就其特定系统来计算这个值。在跟踪系统里，一般认为信噪比是指信号均方根对噪声均方根的比。因此，信号处理系数$\frac{V_{\mathrm{p}}}{V_{\mathrm{s}}}$必须包括把这些公式中所用的峰值照度转变为其基波的均方根值的系数。对于方波调制，这一转换系数为 0.45($\sqrt{2}/\pi$)。同时还须指明信噪比是在哪一点测量的，也就是指明信噪比的值是检波前的值还是检波后的值。对于调幅系统，实现满意的跟踪一般要求检波前的信噪比约为 5；对调频系统，要求稍微高些。然而，鉴于调幅系统的带宽相当窄，检波后的信噪比为 0.5，即能满意地跟踪了。

3. 采用脉位调制的跟踪系统

这种跟踪系统不用调制盘，而用一个正交阵列探测器来产生脉位调制。相对的两个探测器元件相连而形成一个信号通道。每一对覆盖了 $\alpha\times\beta$ 的瞬时视场。对任一通道，理想作用距离为

$$R_0(\text{跟})=\left[\frac{\pi D_0(\mathrm{NA})D^* J\tau_{\mathrm{a}}\tau_0 V_{\mathrm{p}}}{2(\alpha\beta\Delta f)^{\frac{1}{2}}V_{\mathrm{s}}}\right]^{\frac{1}{2}} \tag{8.33}$$

因 $\alpha\beta$ 值通常比 ω 小很多，且没有调制盘引起的 τ_{r} 项的损失，似乎能得出这样一个结论：脉位跟踪器的跟踪距离比用调制盘的跟踪器大。实际上，这是难以实现的，因为脉位系统的带宽比调制盘系统的大得多，且调制盘系统可以用场镜来提升性能，而脉位系统则不能。

举一个涉及带宽的例子，假定脉冲型和调制盘型的跟踪器都使用了章动光学系统，章动频率都是100Hz。如果调制盘跟踪器采用调幅形式，调制频率是 100Hz。最小带宽（检波前）需要 200Hz。对于脉冲跟踪器，如果探测器的长度(β)等于章动圆的直径，则弛豫时间等于 $\alpha/\pi\beta f_{\mathrm{n}}$。$\alpha$ 的典型值是 1mrad，β 为 35mrad，代入这些值，弛豫时间等于 9.3×10^{-5}s。这种脉冲的最佳带宽是 5500Hz。因此，脉冲型跟踪器的带宽大约是调制盘型跟踪器的 27 倍。

4. 几种常用红外跟踪设计的作用距离方程形式

常用红外跟踪设计的作用距离方程形式包括考虑扫描机构的红外跟踪器的作用距离方程、红外热像跟踪器的作用距离估算。

1）考虑扫描机构的红外跟踪器的作用距离方程

根据式(8.12)，可以推导出该红外跟踪器的作用距离方程如下：

$$R=\left(\frac{\pi D_0 D^*\sqrt{2T_{\mathrm{f}}n\eta_{\mathrm{sc}}}\,\tau_0 I_{\Delta\lambda}\tau_{\mathrm{a}}\sigma}{4F\sqrt{A\times B}\,\mathrm{SNR}}\right)^{\frac{1}{2}} \tag{8.34}$$

或

$$R=\left(\frac{\pi D_0^2 D^*\tau_0 I_{\Delta\lambda}\tau_{\mathrm{a}}\sigma}{4\sqrt{A_{\mathrm{d}}\Delta f}\,\mathrm{SNR}}\right)^{\frac{1}{2}} \tag{8.35}$$

式中，R 为探测系统至目标的距离；D_0 为光学系统入射孔径；D^* 为探测器的平均探测率；T_f 为扫描

帧周期；n 为探测器并联元数；η_{sc} 为扫描效率；τ_0 为光学系统透过率；$I_{\Delta\lambda}$ 为目标辐射强度；τ_a 为大气透过率；σ 为信号过程因子；F 为光学系统 F 数(f 数)；A 为方位视场；B 为高低视场；SNR 为保证稳定跟踪时系统所需的信噪比；Δf 为信号带宽；A_d 为探测器光敏面积。

【例 8.1】 设 $D_0=190\text{mm}$；$D^*=1.5\times10^{10}\text{cm}\cdot\text{Hz}^{1/2}\cdot\text{W}^{-1}$；$T_f=1/25$；$n=4$；$\eta_{sc}=0.70$；$\tau_0=0.65$；$I_{8\sim12}=12.17\text{W/sr}$(工作波段为 8～12μm)；$\tau_a=0.198$；$\sigma=0.67$；$F=1.0$；$A=1.87°$；$B=1.40°$；保证稳定跟踪时，系统所需信噪比 SNR 取 7.4。将以上参数代入式(8.34)计算得：$R=7.24\text{km}$。

2) 红外热像跟踪器的作用距离估算(一)

可推出红外热像跟踪器的作用距离估算公式

$$R^2=\frac{I_\lambda \mathrm{e}^{-\alpha R}}{\text{NETD}\omega\Delta N\text{SNR}\eta} \tag{8.36}$$

式中：I_λ 为目标辐射强度；NETD 为热像仪的等效噪声温差；ω 为热像仪的瞬时视场(sr)；ΔN 为辐射亮度差为($\text{W}\cdot\text{cm}^{-2}\cdot\text{sr}^{-1}\cdot\text{K}^{-1}$)；SNR 为信噪比；$\alpha$ 为大气衰减系数；η 为经验系数。

【例 8.2】 设 I_λ 对 1 马赫(Ma)目标约为 5.7W/sr，对 2Ma 目标约为 20W/sr，对某型飞机约为 100W/sr；NETD=0.08K；$\omega=0.07\times0.07\text{mrad}^2=6.4\times10^{-9}\text{sr}$；$\Delta N=7.4\times10^{-5}\text{W}\cdot\text{cm}^{-2}\cdot\text{sr}^{-1}\cdot\text{K}^{-1}$；信噪比 SNR 取 10；大气衰减系数 α 取 0.172/km；经验系数 η 取 4。将各参数代入式(8.36)可得：对 1Ma 目标，$R\approx9.6\text{km}$；对 2Ma 目标，$R\approx13.3\text{km}$；对飞机，$R\approx18.6\text{km}$。

3) 红外热像跟踪器的作用距离估算(二)

当已知目标的红外辐射强度 $J_{\Delta\lambda}$ 时，可按式(8.37)计算作用距离：

$$R^2=\frac{\pi J_{\Delta\lambda}\mathrm{e}^{-\alpha R}}{(\text{NETD})(\text{SNR})\omega X_T\eta} \tag{8.37}$$

$$X_T=\frac{c_2}{\lambda_2 T^2}\int_{\lambda_1}^{\lambda_2}M_{\lambda T}\mathrm{d}\lambda \tag{8.38}$$

$$M_{\lambda T}=\frac{c_1}{\lambda^5(\mathrm{e}^{c_2/\lambda T}-1)} \tag{8.39}$$

式中，c_1 为第一辐射常量；c_2 为第二辐射常量；λ_2 为工作波段的截止频率；$M_{\lambda T}$ 为光谱辐射通量密度。

当不知道目标的红外辐射强度，但能得知目标的温度 T、面积 A_t 和表面材料的发射率 ε 时，可按式(8.40)估算作用距离。

$$R^2=\frac{\lambda_2 A_t\varepsilon T^2\mathrm{e}^{-\alpha R}}{c_2(\text{NETD})(\text{SNR})\omega\eta} \tag{8.40}$$

8.2 脉冲激光测距系统的作用距离计算

从激光测距公式可以推导出脉冲激光测距系统的作用距离方程。

8.2.1 激光测距公式

激光测距的基本公式如下：

$$R=\mathrm{c}t/2 \tag{8.41}$$

式中，R 为被测目标距离(m)；c 为光在空气中的传播速度(m/s)；t 为激光从发射到接收往返一次的时间(s)。

顺便指出，根据光传播时间的测量方法不同，激光测距分为脉冲激光测距仪和相位激光测距仪。脉冲激光测距仪是通过测量激光脉冲在测距仪和目标之间往返一次所用的时间来确定目标距离的。相位激光测距仪是通过强度调制的连续光波在测站与被测目标间往返传播过程中的相位变化来测量其传播时间，从而确定目标距离的。这里主要介绍脉冲激光测距作用距离的计算。

8.2.2 脉冲式激光测距仪测距方程式

脉冲式激光测距仪测距方程及其讨论、推导如下。

1. 测距方程式

假设目标为漫反射目标，则测距方程为

$$R=\{P_tK_t\rho A_tK_rA_r\mathrm{e}^{-2\alpha R}/(A_s\pi P_r)\}^{1/2} \tag{8.42}$$

式中，R 为目标距离（m）；P_t 为激光器发射功率（W）；K_t 为发射系统光学透过率；ρ 为目标漫反射系数；A_t 为目标面积（m^2）；K_r 为接收系统光学透过率；A_r 为接收物镜有效接收面积（m^2）；A_s 为光束在目标处的照射面积（m^2）；P_r 为接收器可接收的激光功率；α 为大气衰减系数。

在测程估算时，可采用以下经验公式来确定大气衰减系数：

$$\alpha=2.66/V \tag{8.43}$$

式中，V 为大气能见度（km）；$\mathrm{e}^{-2\alpha R}$ 中 R 的单位为 km，以下同。

若用接收系统的最小可探测功率 $P_{\min}$ 代替式中 P_r，则可得到最大测程公式为

$$R_{\max}=\{P_tK_t\rho A_tK_rA_r\mathrm{e}^{-2\alpha R_{\max}}/(A_s\pi P_{\min})\}^{1/2} \tag{8.44}$$

2. 讨论

大目标和小目标的最大测程公式是有区别的，接收视场对测程也是有影响的。

1）对大目标测距时的最大测程公式

所谓大目标，是指被测目标的面积大于或等于激光束在目标处形成的照射面积，换言之，发射的激光束能全部落在目标上，此时

$$A_t/A_s=1$$

最大测程公式可简化为

$$R_{\max}=\{P_tK_t\rho K_rA_r\mathrm{e}^{-2\alpha R_{\max}}/(\pi P_{\min})\}^{1/2} \tag{8.45}$$

2）对小目标测距时的最大测程公式

所谓小目标，即指目标小于激光束在目标处所形成的照射面积，此时，测距仪发射的激光只有一部分被目标截获，即

$$A_t<A_s$$

激光束照射面积 A_s 为

$$A_s=\pi R^2\theta_t^2/4 \tag{8.46}$$

式中，θ_t 为激光束散角（rad）。

将式(8.46)代入式(8.44)并稍加整理可得

$$R_{\max}=\{4P_tK_t\rho A_tK_rA_r\mathrm{e}^{-2\alpha R_{\max}}/(\pi^2\theta_t^2P_{\min})\}^{1/4} \tag{8.47}$$

【例 8.3】 设 $P_t=20\mathrm{MW}$；$\rho=0.15$；$K_t\cdot K_r=0.9\times0.5$；$A_r=0.0113\mathrm{m}^2$；$A_t=0.1\mathrm{m}^2$；$P_{\min}=1.5\times10^{-8}\mathrm{W}$；$\alpha=0.27$；$\theta_t=1.8\mathrm{mrad}$。将以上参数代入式(8.47)，计算得：$R_{\max}=5.237\mathrm{km}$。

3）接收视场对测程的影响

一般情况下，光学接收系统视场角 θ_r 应设计成等于或稍大于激光束散角 θ_t，上面的测距方程式就是以此为条件而成立的，如果接收视场角小于发射激光束散角，式(8.42)应改写成

$$R=\left[\frac{P_t K_t \rho A_t K_r A_r}{A_s \pi P_r}\left(\frac{\theta_r}{\theta_t}\right)^2 e^{-2\alpha R}\right]^{1/2} \tag{8.48}$$

对小目标测距，目标对应激光发射窗的视场角小于或等于 θ_r 时，则 $\theta_r/\theta_t=1$，此时接收视场对测程无影响；对大目标测距，或者目标对应发射窗的视场角大于 θ_r，则测程公式为式(8.48)。

3. 测距公式的推导

根据测距仪发射到目标上的激光功率能接收到的回波激光功率，来推导测距公式。

1）测距仪发射到目标上的激光功率 P'_t

$$P'_t=P_t A_t K_t T_\alpha / A_s \tag{8.49}$$

式中，P_t 为激光器发射功率(W)；K_t 为发射系统光学透过率；A_t 为目标面积(m^2)；A_s 为激光束在目标处形成的照射面积(m^2)；T_α 为大气单程透过系数，$T_\alpha=e^{-\alpha R}$。

2）激光回波在单位立体角内所含有的激光功率 P_e

$$P_e=P'_t \Omega_t^{-1} T_\alpha \rho \tag{8.50}$$

式中，Ω_t 为目标辐射形成的立体角；ρ 为目标漫反射系数；T_α 为大气单程透过系数。

根据朗伯反射定理，并假设激光发射轴与目标表面法线重合，又因接收视场角很小(约 1mrad)，于是 $\Omega_t \approx \pi$，因此

$$P_e=P'_t \pi^{-1} T_\alpha \rho \tag{8.51}$$

3）测距仪能接收到的激光功率 P_r

假设测距仪接收视场角等于激光发射的束散角，则有

$$P_r=P_e \Omega_r K_r \tag{8.52}$$

式中，Ω_r 为测距仪接收窗对目标形成的立体角；K_r 为接收系统的光学透过率。

根据立体角的概念

$$\Omega_r=A_r/R^2$$

式中，A_r 为测距仪接收窗的有效接收面积(m^2)；R 为目标的距离(m)。

如此可得

$$P_r=P_e A_r K_r / R^2 \tag{8.53}$$

4）测距公式

由式(8.49)、式(8.51)和式(8.53)可得测距公式：

$$P_r=P_t K_t \rho K_r A_r A_t T_\alpha^2/(A_s \pi R^2) \tag{8.54}$$

用 P_{min} 代替公式中的 P_r，则可得最大测距公式如下：

$$R_{max}=\{P_t K_t \rho A_t K_r A_r e^{-2\alpha R}/(A_s \pi P_{min})\}^{1/2}$$

式中，P_{min} 为正常测距时测距仪的最小可探测功率。

4. 几点补充说明

束散角的定义通常为在 1mrad 内所含有的激光能量对总能量的比值。但这种说法在讨论具体的测距公式时是不够的。

对于目标大于激光束在目标处形成的照射面积而言，可以认为激光发出的全部能量均落在目标上。

对于目标等于激光束在目标处所形成的面积而言，在最大测程公式中的发射功率 P_t，应该乘一个

束散角比值系数。例如，某激光发射器在1mrad内所含激光能量对总能量的比值为K_1，则$P''_t=K_1P'_t$，(P'_t为激光器总能量)，而$\theta_t=1$mrad。

对于目标面积小于激光束在目标处所形成的面积，例如目标面积是光束面积的一半，则在0.5mrad内所含激光能量对总能量的比值K_2，$P''_t=K_2P'_t$，而$\theta_t=0.5$mrad。

由此可见激光束的束散角对测程的影响，特别是对小目标测距时测程的影响是比较大的。

8.3 电视跟踪仪的作用距离计算

有以下三种常见的电视跟踪仪的作用距离计算方法。

8.3.1 电视跟踪仪的作用距离计算(一)

电视作用距离是指能把目标的特征信号提取出来，并能实现稳定跟踪的最大距离。电视跟踪仪实现稳定跟踪的基本条件一般有三个：目标像照度要求≥0.3lx；目标压行数≥2～3行；信噪比大于7dB。

1）按目标在摄像器靶面上的像照度估算

目标在摄像器靶面上的像照度如下：

$$E_{目像}=\frac{1}{4}\rho E_{目}(1-\upsilon^2)\left(\frac{D}{f}\right)^2 K_{光}K_{大}\left(\frac{\sigma_t^2}{\sigma_\varepsilon^2}\right) \tag{8.55}$$

$$\sigma_\varepsilon=\sqrt{\sigma_t^2+\sigma_1^2+\sigma_2^2+\sigma_3^2+\sigma_4^2} \tag{8.56}$$

$$\sigma_t=\sqrt{\frac{A}{\pi}}\frac{1}{R}\times 2.06\times 10^5 \tag{8.57}$$

式中，A为目标发光体的漫反射面积；R为作用距离；σ_1为大气介质抖动在电视帧时间内引起弥散的均方根值(4″)；σ_2为光学系统衍射分辨率限制引起的角弥散的均方根值($1.09\times10^5\lambda/D$)；λ为摄像器光谱灵敏度的峰值波长；D为光学系统的通光口径；σ_3为摄像管分辨率限制引起的角弥散的均方根值($0.9\times10^5/n/f$)；n为电视摄像机的极限分辨率；f为光学系统焦距；σ_4为跟踪角速度误差在电视帧时间内引起的角弥散的均方根值($2078.52|\Omega|T_{帧}$)；$|\Omega|$为角速度误差绝对值，一般取最大跟踪速度的0.5%；$T_{帧}$为电视帧扫描时间；ρ为目标的漫反射系数；$E_{目}$为目标的照度；υ为光学系统的遮拦比；$K_{光}$为光学系统的透过率；$K_{大}$为大气透过率；σ_t为目标相对于光轴的张角的均方根值；σ_ε为目标经大气、光学系统、摄像装置的振动和跟踪误差等因素在像面上引起的角弥散的均方根值；$E_{目像}$为目标在摄像器靶面上的照度。

【例8.4】 设$A=3\times0.1\text{m}^2$；$R=5.5$km；$\sigma_1=4''$；$\sigma_2=1.09\times10^5\lambda/D$；$\lambda=0.8\times10^{-3}$mm(对硅靶管)；$D=120$mm或150mm；$\sigma_3=0.9\times10^5/n/f$；$n=59.9$行/mm；$f=300$mm或600mm；$|\Omega|=0.35°/\text{s}$；$T_{帧}=0.02$s；$\rho=0.3$；$E_{目}=10^3$lx；$\upsilon=0.2$；$K_{光}=0.45$；$K_{大}=0.68$。将已知参数代入式(8.55)～式(8.57)，可得：$\sigma_t=11.58''$，σ_ε与$E_{目像}$分别见表8.1和表8.2。

表8.1 不同光学系统通光口径、不同焦距时的σ_ε

f	σ_ε	
	$D=120$mm	$D=150$mm
300mm	19.64″	19.635″
600mm	19.16″	19.156″

表 8.2 不同光学系统通光口径、不同焦距时的 $E_{目像}$

f	$E_{目像}$	
	$D=120\text{mm}$	$D=150\text{mm}$
300mm	1.24lx	1.89lx
600mm	0.33lx	0.49lx

2）按目标像的压行数估算

目标像的压行数如下：

$$N=\frac{f\sigma_{\varepsilon}}{2.06\times10^{5}}n \tag{8.58}$$

式中，N 为压行数。

【例 8.5】 定义及参数如例 8.4 所示，求得压行数见表 8.3。

表 8.3 不同光学系统通光口径、不同焦距时的 N

f	N	
	$D=120\text{mm}$	$D=150\text{mm}$
300mm	1.71	1.71
600mm	3.35	3.35

3）按信噪比的估算

目标与背景亮度之比为

$$\frac{B_{目}}{B_{背}}=\frac{\rho E_{目}}{\pi B_{背}} \tag{8.59}$$

式中，$B_{背}$ 为背景亮度；$B_{目}$ 为目标亮度。目标-背景信噪比为

$$\left(\frac{S}{N}\right)_{目\text{-}背}=20\lg\frac{V_{\text{sp-p}}}{V_{\text{N1}}}=20\lg\frac{\sqrt{2}B_{目}}{B_{背}} \tag{8.60}$$

背景噪声为

$$V_{\text{N1}}=\frac{V_{\text{sp-p}}}{10^{\frac{\left(\frac{S}{N}\right)_{目\text{-}背}}{20}}} \tag{8.61}$$

摄像机的噪声为

$$V_{\text{N2}}=\frac{V_{\text{sp-p}}}{10^{\frac{\left(\frac{S}{N}\right)_{摄}}{20}}} \tag{8.62}$$

式中，$(S/N)_{摄}$ 为摄像机的信噪比，$V_{\text{sp-p}}$ 为信号峰-峰值电压。

总的噪声为

$$V_{\text{N}}=V_{\text{N1}}+V_{\text{N2}} \tag{8.63}$$

总的信噪比为

$$\frac{S}{N}=\left[\left(\frac{S}{N}\right)_{目\text{-}背}+\left(\frac{S}{N}\right)_{摄}\right]-20\lg\left(10^{\frac{(S/N)_{目\text{-}背}}{20}}+10^{\frac{\left(\frac{S}{N}\right)_{摄}}{20}}\right) \tag{8.64}$$

【例 8.6】 设 $B_{背}=10^3\text{cd/m}^2$；$B_{目}=95.5\text{cd/m}^2$；$(S/N)_{摄}=50\text{dB}$；其他定义及参数与例 8.4 相同。由式(8.60)得目标-背景信噪比为

$$\left(\frac{S}{N}\right)_{目\text{-}背}=17.34\text{dB}$$

由式(8.64)得总的信噪比为

$$\frac{S}{N}=(17.34+50)-20\lg\left(10^{\frac{17.34}{20}}+10^{\frac{50}{20}}\right)=10.14\text{dB}$$

由例 8.4、例 8.5 和例 8.6 可知，所举例电视跟踪仪在作用距离 $R=5.5\text{km}$ 时，其目标像照度要求、目标压行数和信噪比能满足实现稳定跟踪的三个基本条件。

8.3.2 电视跟踪仪的作用距离计算(二)

电视作用距离用最小压行数法计算，计算公式为

$$R=FHN/(Dn) \tag{8.65}$$

式中，F 为电视光学系统焦距；H 为目标高度；N 为摄像机分辨率；D 为摄像机靶面高度；n 为电视跟踪器能提取出目标信息的最小压行数，$n=3$。

8.3.3 电视跟踪仪的作用距离计算(三)

电视跟踪仪作用距离也可用式(8.66)计算：

$$R=\frac{d_{\text{m}}f'N_{\text{v}}}{0.6Dn} \tag{8.66}$$

式中，d_{m} 为目标大小(m)；f' 为系统焦距(mm)；N_{v} 为电视分辨率(电视行)；D 为靶面有效直径(mm)；n 为探测目标所需的行数。

由式(8.66)可知，R 与 N_{v} 成正比关系。如果 N_{v} 越大，探测距离就越远，反之亦然。同时与目标所占电视行数 n 成反比。即在其他相同条件下，目标信号提取所需 n 越小，其作用距离就越远，反之亦然。

1) 光学镜头分辨率的确定

电视系统的分辨率一般由光学镜头分辨率和摄像管(器)的分辨率所确定。光学镜头的分辨率常用每毫米内的黑白线对 R_{n} 表示(线对/毫米，lp/mm)，R_{n} 与电视线之间的关系为

$$R_{\text{n}}=(N_{\text{v}}/2)/h \tag{8.67}$$

式中，N_{v} 为像高 h 的线数。

因电视图像的幅宽比为 $h/b=3/4$，所以式(8.67)也可表示为

$$R_{\text{n}}=(N_{\text{v}}/2)/h=2N_{\text{v}}/(3b) \tag{8.68}$$

式中，b 表示电视画像的宽度。

2) 电视摄像管分辨率的确定

在广播电视系统中，对电视系统分辨率分为水平分辨率和垂直分辨率。垂直分辨率 R_{m} 与有效扫描行 Z' 之间关系为

$$R_{\text{m}}=0.7Z' \tag{8.69}$$

对于我国标准体制来讲，标称行数为 625 行，有效行由于帧消隐减少 8%，即 575 行。因此，有时也用 $R_{\text{m}}=0.65Z$ 表示(Z 为标称行数)。

取水平分辨率 R_{n} 等于垂直分辨率时的图像质量最佳，当考虑高宽比因素时其关系为

$$R_n = kR_m = 0.65kZ \tag{8.70}$$

式中，k 为宽高比，即 $k=4/3$。

对于 CCD 摄像机水平分辨率和垂直分辨率，其水平和垂直两个方向的像元素 M 与图像宽度 ω 的关系为 $M=2R_n\omega$，则 $R_n=\dfrac{M}{2\omega}$(lp/mm)。

8.4 微光电视的作用距离计算

广播电视和工业电视一般需要在 200lx 照度下工作，而通常将利用月光、星光和大气辉光等自然微光，光照度低于 0.1lx 条件下工作的电视系统称为微光电视。普通夜视仪是用人眼直接与仪器合作完成在微光条件下对目标的观察；微光电视可以远距离间接(即摄像与显示分开)观测目标。允许多点同时观测，并可对图像进行存储、处理，提高观测质量。

微光电视也是由摄像机(含光学成像系统、光电转换器件(像增强器))、显示器和电子线路等组成。像增强器是系统的关键部件。基本要求是：正确选择高灵敏度摄像管(像增强器)；设计像质好的大相对孔径、长焦距微光物镜；在大的光照范围(如 $10^8:1$)实现自动调光；低噪声的视频通道和有效的视频处理电路等。

微光电视作用距离可用式(8.71)计算：

$$R = \frac{f'MN_v}{An} \tag{8.71}$$

式中，f'为光学系统焦距(mm)；M 为目标最小投影尺寸(m)；N_v 为微光电视极限分辨率(电视行)；n 为扫过目标像的电视行数；A 为显示器上图像的幅面高度(mm)。

根据经验，对不同的识别水平，建议 n 的取值为：发现目标取 4；识别目标取 14；辨认目标取 22。N_v 为每帧像高方向所能分辨的电视线数，这和正常的电视定义是一致的，其取值与输入到靶面的照度及对比度有关。

根据极限分辨率的定义，必须先求出靶面照度 E 的大小：

$$E = \frac{1}{4}\rho E_0 \tau_0 \tau_a \left(\frac{D}{f'_0}\right)^2 \tag{8.72}$$

式中，E_0 为景物面发光度($\mathrm{lx/m^2}$)；ρ 为目标反射率；D 为光学系统的有效口径；f'_0为光学系统焦距；τ_0 为光学系统的透过率；τ_a 为大气透过率。

再根据式(8.73)计算调制对比度 C：

$$C = \frac{E' - E''}{E' + E''} \tag{8.73}$$

式中，E'、E''分别为摄像机靶面上的目标照度与背景照度。

由于每个微光摄像机均有一组极限分辨率曲线与靶面照度和靶面对比度相联系，即可由此曲线估计相应的极限分辨率 N_v，进而可得作用距离。

8.5 光纤通信系统的作用距离计算

光纤通信系统的作用距离，亦即传输距离，对系统设计具有重要作用。光纤通信系统通常由若干个中继光链路组成。系统作用距离的计算就转为中继段长的估算，即中继段传输距离的估算。

1. 计算方法（一）

确定系统能达到的传输距离，是传输系统总体设计的主要问题。通信距离长时需要加光中继器延长通信距离，如图 8.2 所示。对于具有中继器的长距离通信系统，中继距离设计得是否合理，对系统的性能和经济效益有重要影响。

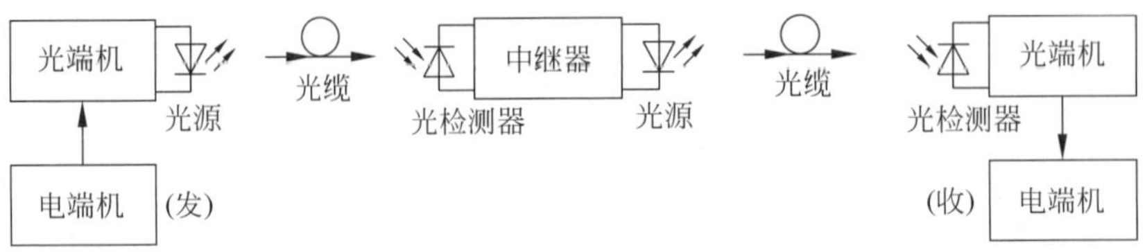

图 8.2　通信距离长时需要加光中继器延长通信距离

没有中继器的传输系统如图 8.3 所示。

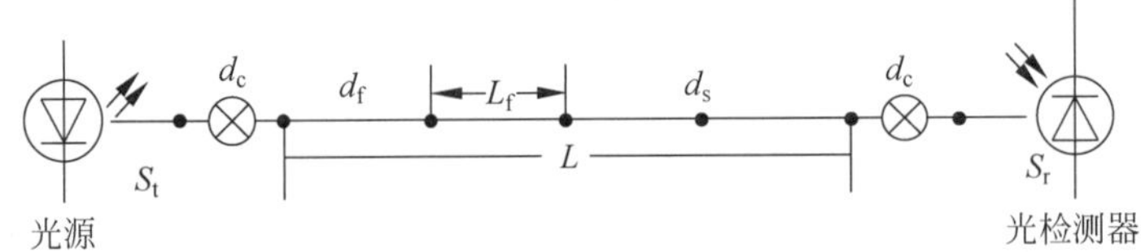

图 8.3　没有中继器的传输系统

注：S_t 为光源；S_r 为光检测器；L_f 为每段光纤光缆长度；d_c 为光纤活接头；d_s 为光纤固定接头；d_f 为光纤衰减

当发送光功率、光接收机灵敏度和光纤线路参数已知时，可用式(8.74)对系统的传输距离 L 进行估算。这里的传输距离是指中间没有中继器的传输距离。

$$L=\frac{S_t-S_r-2\alpha_c-M_E}{\alpha_f+\alpha_s/L_f+M_c} \tag{8.74}$$

式中，S_t 为发射平均光功率(dBm)；S_r 为光接收机灵敏度(dBm)；α_c 为一个光纤活接头的损失(dB)；α_s 为一个光纤固定接头的损失(dB)；α_f 为光纤每千米衰减(dB/km)；L_f 为每段光纤光缆长度(km)；M_E 为设备富余度(dB)；M_c 为光纤线路每千米富余度(dB/km)。

发射平均光功率 S_t 一般是指驱动信号为随机码时光源尾巴光纤发出的平均光功率。光接收机灵敏度 S_r 是信号为随机码时，从光接收机尾巴光纤输入的平均光功率。一般光纤活接头带有两根尾巴光纤，所以它的损失 α_c 应包括两个尾巴光纤与光纤线路和光电器件接续的固定接头的损失，还要考虑活接头的互换性损失。一般 α_c 为 1.0～2dB，固定接头损失 α_s 为 0.1～0.3dB。

一般设备富余度 M_E 为 3～10dB，用以预防下列因素发生：①光纤包层模损失和稳态模建立损失(1.5～2dB)；②光源衰减(1～3dB)；③光接收机失调(0.5～1dB)；④光检测器老化(0.5～1dB)；⑤码型抖动(0.5～1dB)；⑥其他(0～2dB)。

对于光接收机的温度影响，如果接收机灵敏度指标内已包括抵抗温度影响的能力，则富余度内不必再考虑。一般光纤线路富余度 M_c 为 0.5dB/km，包括环境气候变化引起的附加衰减、光纤线路老化的附加衰减、光纤线路安装的剩余应力和弯曲引起的附加衰减、光源谱线与光纤窗口失配引起的衰减、维护需要增加的接头损失。

式(8.74)是用于计算系统传输距离的公式。在市内通信中，传输距离较短，采用光纤通信系统时无须光中继器，传输距离由两个市局的局址所确定，不存在确定传输距离的问题。此时，利用式(8.74)可以反过来选择光源的发射光功率、选择光纤的衰减，或者对接收机灵敏度等提出合理的经济要求。

对于系统的传输距离受光纤衰减限制的情况，实际上传输距离还要受光纤带宽的限制。尤其在码率较高、距离较长而光纤带宽不够的情况下，系统的传输距离主要受光纤带宽的限制。图 8.4 是某工程计算的结果，它表明系统码率 f_b、光纤带宽和传输距离 L 的关系。由图 8.4 中可以看出，当码率高到一定程度时，允许的传输距离急剧下降，此时传输距离主要受光纤带宽限制。

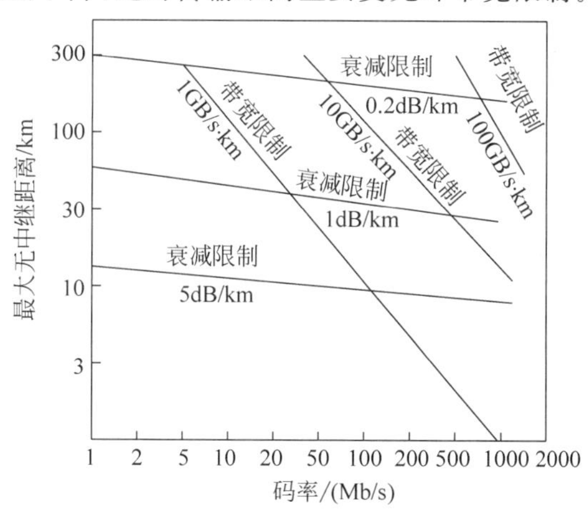

图 8.4　中继距离受衰减、带宽的限制

光纤传输系统的传输距离受光纤衰减的限制，这是在假设光纤线路的带宽足够宽的情形下。实际上，传输距离由光纤的衰减和带宽两个因素来决定。当光纤带宽有限，且在传输速率较高的情况下，经过较长距离后，传输波形变劣，脉冲展宽，码间干扰变大，这就限制了传输距离。

通常突变光纤的带宽最窄，约 50MHz·km。渐变光纤的带宽为 200～1000MHz·km。单模光纤一般约为 3～30GHz·km。一般中、短距离传输可采用突变或渐变光纤，长距离采用单模光纤。

2. 计算方法(二)

一个中继段内的光链路如图 8.5 所示。其中，TX 为光发送设备，RX 为光接收设备。在发、收设备之间有光缆连接、有 C 连接器。Mc 为无形的不可见的光缆富余度估算值(dB/km)；Me 为无形的设备的富余度估算值(dB)。T′、T 分别为光端机与数字复用设备接口。S 为紧靠光发送机 TX 或中继机 REG 的光连接器 C 后面的光纤点。R 为紧靠光接收机 RX 或中继机 REG 的光连接器 C 前面的光纤点。

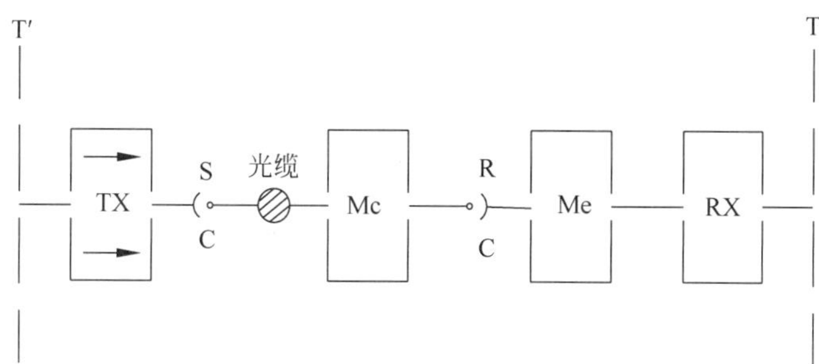

图 8.5　中继段光链路

光纤数字传输系统中的中继距离的长度，应根据光发送机、光接收机的性能，以及光纤的衰减、色散等指标的大小进行估算。因此，中继距离的段长可按式(8.75)计算：

$$L=\frac{P_S-P_R-M_e-\sum A_c}{A_f+A_S+M_c} \tag{8.75}$$

式中，L 为中继段长度(km)；P_S 为 S 点入纤光功率(即发送光功率)(dBm)；P_R 为 R 点出纤光功率

(即接收灵敏度)(dBm)；M_e 为设备富余度(dB)；$\sum A_c$ 为 S 和 R 点间其他连接器的衰减(dB)；A_f 为光缆光纤的衰减常数(dB/km)；A_S 为光缆固定接头平均熔接衰减(dB/km)；M_c 为光缆富余度(dB/km)。

说明：

(1) P_S 为 S 点的入纤光功率(即发送光功率)，这里已考虑了连接器的衰减和激光器 LD 耦合反射噪声代价。

(2) P_R 为 R 点出纤光功率(即接收灵敏度)，这里已考虑了连接器 C 的衰减和色散的影响。如用 $5B6B$ 线路码型，还要减去调顶方式的代价，并要满足误码特性的要求。

(3) M_e 作为设备富余度，由于考虑到时间效应(设备的老化)和温度因素对设备性能影响所需的余量，也包括注入光功率、光接收灵敏度和连接器等性能劣化，一般取 M_e 为 3～4dB。

(4) $\sum A_c$ 为 S 和 R 点间除设备连接器 C 以外的其他连接器，如 ODF(Optical Distribution Frame，光分配架)、水线倒换开关等上面的连接器衰减，连接器衰减 A_c 为 0.5 ～ 0.8dB。

(5) A_f 为光纤的衰减系数，取厂家报出的中间值。

(6) A_S 为光纤固定接头的平均熔接衰减，其衰减大小与光纤质量、熔接机的性能和操作人员的水平有关，一般 A_s 取 0.05～0.04dB/km。

(7) M_c 为光缆富余度。在一个中继段内，光缆富余度总值不宜超过 5dB。①光缆线路运行中的变动，如维护时附加接头和光缆长度的增加，可取值 0.05～0.1dB/km。②由于环境因素引起的光缆性能劣化：不考虑敷设效应，充油膏光缆不考虑氢损，温度影响按工程所在地段实际环境温度与光缆衰减温度特性确定。例如，光缆温度特性，安装应力弯曲引起的衰耗增加；光源波长误差与光纤衰减测量波长不一致而附加的光纤衰减(一般为 0.1～0.2dB/km)。③S 和 R 点间其他连接器(若配置时)性能劣化，可取 0.5dB/个。

按照式(8.75)采用有关最坏值法算出的最大中继距离 L 偏小、保守、不经济，但它简便可靠。一般说来，并非所有的设计都要估算最大的中继距离，而在实际通信路由上，若干城镇已定，通信的站址就已定了，不必再去算 L 了，只需核算验证一下选用光缆衰耗量值的范围，光器件的技术指标是否满足要求，光、电设备的各项指标是否与有关技术要求相符。

要设计一个光纤传输系统，并能满足有关标准和技术要求，就要建立一个传输模型。其中参考数字段及其参考数字链路与光纤传输系统的设计有密切关系。所谓参考数字段是指由两个光端机，并和一个或若干个光中继机，以及光传输介质(光缆)所组成的光纤传输系统，如图 8.6 所示。输入和输出接口均符合标准数字接口。一个很长距离的传输系统往往包含有若干个数字段，由这些数字段连接起来构成了一个参考数字链路。光纤传输系统的设计，首先要根据通信工程的应用要求，确定参考数字链路由几个数字段组成，各个数字段的长度，每个站应配置的设备，以及总的系统要求的技术指标如何在各数字段、各站之间进行分配。

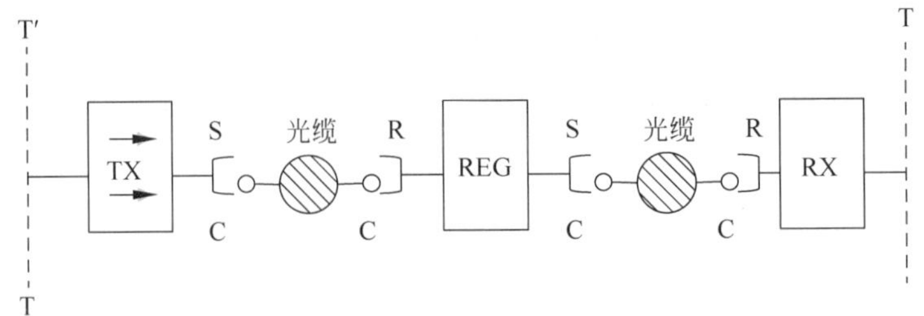

图 8.6　光缆传输数字段的组成

光纤通信系统工程设计的主要内容包括：传输系统的制式选定，中继段长的决定，光线路码型的选择，传输设备的配置，中继站电源的供给，监控及辅助系统的设计，光缆芯数的决定及其结构的选择，以及各种地理条件下的设计考虑等。

具体情况不同，设计的方法和步骤也应不同。以上都是假设光纤的色散很小，带宽很宽，对传输距离影响不大。但是，光纤线路到底需要多少带宽才够传输所要求的某一高比特的光信息呢？可按照经验公式来选择。在保证光纤线路色散代价 $P_{代}\leqslant 3\text{dB}$ 时，光纤线路的总带宽 f_{CL} 应满足

$$f_{CL}\geqslant 0.75f'_{b} \tag{8.76}$$

式中，f'_{b}是光线路的码速率。

8.6　总体技术设计与示例

光电系统（仪器）与一般仪表、机器的主要区别在于光电系统（仪器）取得主要信息的渠道是通过光学系统，而一般仪表、机器则不然，它们不必通过光学系统而是通过机械或别的渠道获取、传递信息或能量。

一般而言，光电系统（仪器）虽然种类繁多、功能各不相同，设计方法也有很大差异，但从传递信息的角度来看，其总的功能不过是人类视觉器官的延伸。无论什么光电系统（仪器）都是传递光信息和光能量的工具。如高速摄影仪器的功能为扩大人眼对时间频率（每秒多少次）的分辨能力（一般人眼对时间频率的分辨能力为 $10/s$）；望远镜、显微镜的功能为扩大人眼对空间频率（每毫米的线对数）的分辨能力（在广度和深度上）；摄影仪器（包括现代的全息术）的功能是扩大人眼之存储信息的能力，光谱仪器的功能为扩大人眼对光谱线的分辨能力和微量分析的能力。

光电系统（仪器）是由光学系统、精密机械、电子系统等结合的复杂装置，它是涉及多个领域、多方面、多层次、多功能的系统，可以看作为一个系统工程。因此，光电系统（仪器）设计必须运用系统工程的观点来研究光电系统（仪器）的内部结构与外部环境，把它看作一个整体，综合考虑它们之间的关系。

光电系统（仪器）总体设计的基本问题包括：技术指标、设计原则、系统设计的初始数据、系统分析与研究、总体设计的一般步骤、系统精度分析等内容。

总体技术设计是战略性、方向性、把握全局性的设计，是系统功能与性能成败的关键。既要考虑先进性（原理、结构），还要着眼经济性（加工和装配，性能和价格比），更要顾及实用性（操作方便，适合国情）。总体设计对设计师要求很高，要实现技术上先进，经济上合理，使用方便，维修简便的目标。其指导思想为：原理正确，技术先进，实践可行，经济合理，产品有竞争力（效率、寿命和造型等）。

由于光电系统的技术要求、使用环境千差万别，光电系统所涉及的工作原理、系统组成、关键技术、元器件（零部件）、材料、结构、工艺、装配等各异，所以至今还难以找出一个完全统一的总体设计模式，现举例说明一般的总体设计过程。

这里通过示例，简要介绍拟用在远程喷气运输机上的某型红外搜索系统的总体技术设计，以期对总体技术设计思路和方法有所启示。

8.6.1　预先分析与研究

进行系统技术设计之前，一般应开展使用功能分析、使用技术要求分析、适装性与结构问题分析、技术实现方案比较研究等技术需求与使用需求方面的预先分析和研究工作。

1. 使用功能分析

认识性阶段研究表明，当飞临终点时，驾驶员会遇到一系列的问题。详细分析这些问题，就可以确信：①红外搜索装置能作为地面飞行控制系统的补充，它以一种易为驾驶员识别的形式提供附近地区的飞行情况。因此，在爬高、从高空下降以及在为降落而进行的飞行中（指飞机在降落前按规定高度在降落地点上转圈时的飞行）都是很有用的。②当飞机在既定高度上巡航时，搜索系统可以及早预报在附近出现的其他飞机，从而减少碰撞的可能性。③最后，正常的导航设备失灵时，搜索系统可以为应急导航提供粗略的地形图形。

一般说来，搜索系统应该可靠性高，易于维护；要求使用的特殊地面支持设备应该最少；操作人员不必进行专门训练；无论在地面或在空中，进行系统工作是否正常的测试要尽量简单。安装系统时，要尽可能少地改动飞机的结构。信号处理系统和电源应组装成小的组件，以便利用飞机现有的少量空间分散放置，而无须重新改放原来的设备。

2. 使用技术要求分析

由于搜索系统的主要作用之一是预报附近出现的其他飞机，所以，首要的是要有大的搜索视场。常平架望远机构（光学系统和探测器）能产生任意所需的扫描图形。带有半球形整流罩的传感器，能够扫描140°的角度范围，对于这种应用，它就是一个广角方位仪。考虑有10°的俯仰范围，使飞行员从水平面以下30°到水平面以上30°任意地选择一个10°×140°的搜索视场。对角分辨率要求进行的初步计算表明，需要有0.25°×0.25°的瞬时视场。常平架望远机构能以高达250°/s的速度作线性扫描运动，为了延长使用寿命，在预备性设计中决定，扫描速率不应超过100°/s。当然，在作反向扫描运动时，每条扫描线的终端存在一些停滞时间。在设计得很好的系统里，停滞时间约占总扫描时间的5%。由于距离方程和扫描速率有关，计算停滞时间的最简单的方法是假定搜索视场比实际视场略大。所以，在预备性设计中，是以150°的方位角来计算扫描速率的，不过，能显示出来的只有140°。用单个探测器来扫描整个搜索视场需要60s，用10个元件的线列阵探测器（可以采用更大规模的探测器）扫描一幅画面的时间可减小到6s，这就和本应用相适应了。由于喷气运输机的座舱里已装有气象雷达用的阴极射线管（显示器），而两个系统又无须同时工作，所以，能够腾出时间来显示红外搜索装置的输出（共用一个显示器）。

3. 适装性与结构问题分析

传感器是必须延伸到飞机蒙皮外面的系统唯一的部分。对某型（A）洲际喷气运输机（装有涡轮风扇发动机）的研究表明，可以安放传感器的位置是比较少的。最好的位置是在机头，但在这一部位已经放了气象雷达。如果恰好装在雷达天线罩的后方，则可以放在机头的上部，也可以放在机头的下部，虽然在极大的仰角或俯角时雷达天线罩可能伸到搜索视场里，但该位置还是合适的。再往后放就有问题了，因为会被机身所遮挡。一个可能的例外是正好放在飞行员风挡玻璃的顶上；可以看出，机头的遮挡是可以容许的。把传感器装在机翼的前缘，并处在机翼和机身连接处3m之内，能够得到符合空气动力学的安装。如果选择这一位置的话，则必须在机身的两侧各装一个传感器，使每个传感器大约扫描半个搜索视场。安装在翼尖要受到机身的遮挡，且因为机翼柔性较大，可能要受到很高的加速力，在传感器附近也不可能有足够的余地放置探测器的致冷器。最后一个方案是把传感器装到垂直安定面的顶上，但这并不理想；在该型飞机上，这样放置会与已经装在那里的空速管发生冲突。在其他飞机上，需要对安定舵进行结构上的修改，以支持传感器带来的额外负载。也要考虑到这个位置被机身和机翼所遮挡，并且传感器必然会扫描到发动机，而引起系统暂时饱和。因此，推荐放在机头附近。若最后选定这个位置，还要详细研究已在此处放置的设备，安装传感器的结构问题，以及在该处装上传感器后而带来的任何不希望的空气动力学影响。

4. 技术实现方案比较研究

根据对该型号飞机的有关特性，喷气发动机辐射能量光谱分布曲线的峰值位于 3～5μm，恰好与大气窗口一致。考虑到具体探测器 D^* 值，在这个窗口，高性能探测器必须致冷到 77K。如果用在民用运输机上，除了闭式循环致冷器以外，任何类型的致冷器都可能给地勤设备带来沉重的负担。有关数据表明，当时的斯特林致冷器大约使系统增加了 6.8kg 的重量，还需要供给 500W 的功率。根据探测器 D^* 值表明，有其他一些探测器能在较高的温度下工作，且能覆盖住 3.2～4.8μm 的窗口，但它们的探测度太低，用在这种装置中是不实际的。

这里读者思考一下是否能采用其他方案呢，以及是否可以不用致冷探测器。分析不同探测器及其 D^* 值，发现 8～13μm 窗口的高性能探测器必须致冷到更低的温度，它们的探测度和目标的有效辐射强度都低于 3.2～4.8μm 窗口的相应值。由于不致冷的硫化铅的探测度高于任何一种用于 3.2～4.8μm 窗口的致冷探测器，从这一情况看来，使用不致冷的探测器和 2～2.5μm 窗口是比较有希望的。可惜，在 2～2.5μm 窗口，目标辐射强度要小得多，所以，选择不致冷的硫化铅探测器要损失最大探测距离。但为了得到不用致冷探测器的好处，探测距离必须损失一些。遗憾的是，白天在 2～2.5μm 窗口工作，很可能要受到背景反射的太阳光的限制。典型背景的光谱辐射亮度在 3.2～4.8μm 窗口最小，由于反射太阳光线，3μm 以下，光谱辐射亮度迅速增加。由此可知，窗口和探测器的工作波段最好是选择 3.2～4.8μm，探测器要致冷到 77K。

第二种选择是 2～2.5μm 窗口，用不致冷的硫化铅探测器。采用第二种选择，意味着设计者不想用致冷设备，而宁愿接受短些的探测距离以及在白天工作时有较高的虚警概率。

8.6.2　系统初步设计

基于以上的研究，可以先从系统设计上着手工作，并预先估算一下系统的性能。

1. 确定传感器的形状和大小

基于过去同类产品的经验以及安放位置的分析，传感器封装应该是一个直径 165.1mm 的圆柱体，圆柱体的一端装一个半球形的整流罩。包括整流罩在内，封装的总长是 0.3556m。

2. 确定所用的探测器类型

由于预先研究中已明确指出，用 3.2～4.8μm 的窗口和致冷到 77K 的探测器是合适的，假定在预先设计中就是这么选用的。根据当时可选探测器及其 D^* 值，可能选择的探测器有光伏型或光电导型的锑化铟和硒化铅。这些探测器的详细数据图表指出了每种探测器的优缺点。以 D^* 为基础比较这三种探测器时，显然，光伏型锑化铟是最好的探测器。而比较响应度时，该结论可能是有异议的，因为硒化铅的响应度是另外两类探测器的 10 倍。一方面，在理想的工作环境中，既然不存在外来的噪声源，设计者感兴趣的是用 D^* 表示的探测器的信噪比，而不是用响应度表示的信号电平。另一方面，对灵敏的低噪声设备来说，飞机是一个很不利的环境。在这种喧闹的环境中，选择有最高信号电平(响应度)的探测器是有利的，因为这种探测器更容易实现受探测器噪声限制的系统。只有在系统已经应用到最终的工作环境中后，才能确定噪声干扰的厉害程度。出于谨慎考虑，在先期设计中还是选择硒化铅作探测器用于最初的样机。如果装置不受外来噪声的干扰，则可用光伏锑化铟取代硒化铅。除了改动前置放大器外，无须改动系统的任何部分，就能使两种探测器互换。

3. 整流罩的考虑

为了适合宽广的方位扫描角，需要用半球整流罩。因为它安装在直径为 165.1mm 的圆柱体的一端，故整流罩的直径也应该是 165.1mm，外表面的半径是 82.55mm。由于整流罩不装在飞机里面，故必须经受得住各种空气动力学的影响，在起飞和着陆时能经受灰尘、污垢和昆虫的摩擦，同时还要经受雨水的侵蚀。在优选光学材料时，硅是这类应用的很好材料。镀上增透膜时，3～5μm 微米波段的透过率也是很好的。就材料供应以及光学车间的研磨和抛光能力来看，直径为 165.1mm 的半球整流罩都是能实现的。由于整流罩的厚度必须经受得住预期的空气动力学的影响，用一般的应力分析方法计算表明，在亚音速飞行时，硅的厚度为 3.048mm 即可。从光学意义上来说，内外表面应该精确地同心，经验表明，如果厚度增加到 0.003 81m，比较容易保证同心度的严格公差。因此，整流罩外表面的半径定为 82.55mm，内表面的半径是 78.74mm。

4. 光学系统结构选型及分析

光学系统既可以是反射式的，也可以是折射式的。如果探测器的光敏元件放在常平架的中心（常平架的轴相交点），且整流罩也对此中心同心，则大视场的机械扫描系统是最简单的形式之一。由于折射光学系统的装置要简单些，可将它用在搜索系统中。因为要求透镜的前表面距整流罩的内表面不大于 2.54mm，故可能要将透镜的第二主点设计得与其前表面重合，透镜的焦距定为 76.2mm；硅是作透镜的合适材料。由于每个探测器元件的张角是 0.25°(4.4mrad)，故透镜的 F 数必须使弥散圆不大于这个值。通过分析、计算，$F/2.3$ 的硅透镜的弥散圆的直径是 4.4mrad。光学设计师建议，如果透镜的第二表面是非球面的，$F/2$ 的硅透镜就能给出这一大小的弥散圆。因此，可采用焦距 76.2mm、直径 38.1mm 的硅透镜。

5. 探测器选型分析

根据硒化铅的数据图表，使用与 $F/2$ 透镜相匹配的冷却滤光片及屏蔽孔径，估计在 3.2～4.8μm 波段的探测度可达 5×10^{10}Jones。当选用 76.2mm 焦距的透镜时，探测器的张角是 0.25°×0.25°，每个元件的三维边长则为(7.6cm×0.017 45cm×0.025cm)即 0.0033cm^3，这种大小的元件是当时制作工艺所能容易达到的。

6. 传感器构成

从设计阶段来看，传感器应如图 8.7 所示。可以看到，它包括了整流罩、透镜、探测器、常平机构、方位和俯仰驱动马达及与其相连的驱动电路、I/O 通道的前置放大器以及把致冷剂输送到探测器的柔性管道等。确定望远机构瞬时位置的分解器和提供稳定基准用的垂直陀螺，在图 8.7 中没有表示出来。因为望远机构有足够的功率，所以，能够使用液体传输系统把致冷剂传给探测器。这就意味着致冷器既可以用闭式循环焦耳-汤姆逊型的，也可以用有外部液化器的斯特林型的。估计传感器组件约重 6.8kg。

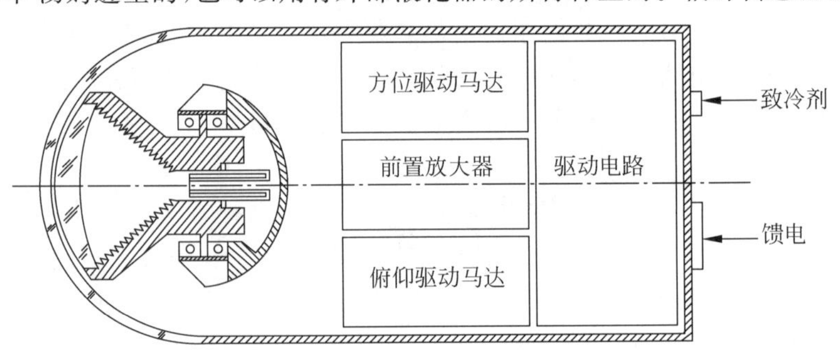

图 8.7　试验性的传感器设计

7. 系统最大探测距离估算

现在，可以用红外系统作用距离公式来确定传感器的最大探测距离了。在进行这一工作之前，需要计算几个附加的参数值。光学系统的透过率 τ_0 取决于整流罩和透镜的透过率（除非在具体测量探测器

的 D^* 时已包括了这些值，否则还应算入探测器封装的保护窗口和致冷滤光片的透过率）。根据增透膜的资料，估计在整流罩和透镜的每一表面镀上单层增透膜将使每一部件在 3.2～4.8μm 光谱通带内的透过率为 0.9。因而，τ_0 的值是 0.9×0.9，即 0.81。

民用喷气运输机的一般巡航高度大约是 9144m，为了预先估算一下大气透过率 τ_a，假定探测距离是 48.28km。根据沿水平路程大气水蒸气含量的典型值图表，这个高度上的可降水分含量大约为 0.035mm/304.8m（夏季温带）。因此，48.28km 距离上的可降水分约为 5.5mm。根据在海平面水平路程中几个典型光谱通带的有效透过率图表，海平面上沿具有此可降水分含量路程的透过率大约为 0.7，由于所需路程的高度在 9144m，透过率将大于 0.7。然而，因为 48.28km 的路程本身是任意规定的，所以，暂不用精确地确定透过率值。

有效搜索视场 Ω 是 10°×140°，帧时间 Γ 是 6s。搜索视场的宽度用 150°（考虑到扫描停滞时间），得出搜索速率为

$$\dot{\Omega}=\frac{\Omega}{\Gamma}=\frac{(10\times 150)(3.045\times 10^{-4})}{6}=7.61\times 10^{-2}\,\mathrm{sr\cdot s^{-1}}$$

式中的 3.045×10^{-4} 是将正方形的平面度数转换成球面度的系数。探测器的弛豫时间是

$$\tau_d=\frac{\omega C}{\dot{\Omega}}=\frac{0.25\times 0.25\times 3.045\times 10^{-4}}{7.16\times 10^{-2}}=2.50\times 10^{-3}\,\mathrm{s}$$

对于矩形脉冲，最佳的 3dB 带宽是 $B=\frac{1}{2\tau_d}=\frac{1}{2\times 2.5\times 10^{-3}}=200\mathrm{Hz}$。假定 3dB 带宽等于等效噪声带宽，则 Δf 值为 200Hz。

脉冲能见度系数 υ 的精确值只有在已经确定了系统电子学的传递函数后才能计算出来。根据同类系统以往的经验表明，该值多位于 0.25～0.75。假定取 υ 值等于 0.5 作为起点，初步设计的特殊参数概括在表 8.4 中。

表 8.4　红外搜索系统初步设计的特性参数

参　数	符　号	数　值	单　位
入射孔径直径	D_0	3.8	cm
数值孔径	NA	0.25	—
探测度	D^*	5×10^{10}	$\mathrm{cm\cdot Hz^{1/2}\cdot W^{-1}}$
光学系统透过率	τ_0	0.81	—
脉冲能见度系数	υ	0.5	—
探测器元件数目	C	10	—
每个探测器元件的瞬时视场	ω	1.90×10^{-5}	sr（球面度）
		（0.25×0.25）	°（度）
搜索视场（有效值）	Ω	0.42	sr
		（10×140）	°
帧时间	Γ	6	秒
搜索速率	$\dot{\Omega}$	7.61×10^{-2}	$\mathrm{sr\cdot s^{-1}}$
电路带宽	Δf	200	Hz
光谱带宽	—	3.2～4.8	μm

根据最大巡航推力时某型（B）涡轮喷气发动机的有效辐射强度的数据，即整个飞机（分辨不出单个发动机）有效辐射强度（3.2～4.8μm）为 $2100\mathrm{W\cdot sr^{-1}}$，根据红外搜索系统理想作用距离方程得出理想

作用距离是

$$R_0 = \left[\frac{\pi}{2} \times 3.8 \times 0.25 \times 5 \times 10^{10} \times 2100 \times 0.7 \times 0.81\right]^{1/2} \left[\frac{0.5 \times 10}{7.61 \times 10^{-2}}\right]^{1/4} = 268.35\text{km}$$

对于 500s 的虚警时间,可以得出噪声脉冲的总数为 $n' = \tau_{fa}\Delta f = 500 \times 200 = 10^5$。

由脉冲型搜索系统的单次发现探测概率图,对于 0.9 的探测概率,实际距离与理想距离的比是 0.41;因此,$R_{0.9} = 0.41R_0 = 110.02$km。脉冲型搜索系统的单次发现探测概率图同时表明,对于这一虚警时间,为了使探测距离等于 $R_{0.9}$,要求信噪比为 5.6。

8. 初步设计结果分析

由于并未排除采用不致冷的硫化铅探测器和 2～2.5μm 窗口的方案,所以,计算这种组合时的最大探测距离是有意义的。根据相关数据,某型(B)的总辐射强度是 7900W・sr^{-1}。用有关辐射计算公式或辐射计算尺简单计算表明(873K 黑体),在 2～2.5μm 窗口的有效辐射强度是 300W・sr^{-1}。硫化铅探测器的数据图表表明,探测度为 9×10^{10} cm・$Hz^{1/2}$・W^{-1} 是有可能达到的。由海平面水平路程中几个典型光谱通带的有效透过率图表,大气透过率约为 0.9。对于这一光谱范围,最好是选择熔凝石英整流罩,其透过率为 0.95,且镀增透膜收益也不大。其他设计中仍留用硅透镜,由于光谱间隔比以前窄,应该有可能得到 0.95 的透过率(在镀增透膜后)。同样,将光谱通带限制到 2～2.5μm 的干涉滤光片的平均透过率应为 0.85。因而,光学系统的透过率为(0.95×0.95×0.85)=0.77。把这些值代入红外搜索系统的理想作用距离方程式,并如前假定,探测概率为 0.9,虚警时间为 500s,则对某型(B)的最大探测距离为 61.155km。这样,用 2～2.5μm 窗口的不致冷硫化铅探测器的系统的探测距离是用 3.2～4.8μm 窗口的致冷硒化铅探测器的同类系统的探测距离的一半多。弥补探测距离损失的一个方法是将硫化铅系统的光学系统直径增加为原来的$(110.02/61.155)^2$,即 3.2 倍。这样一来,需要整流罩的直径接近 53.34cm。试想这样应用的话,整个传感器将大得不切实际。

至此,已经看出设计存在一系列的缺陷:200Hz 的宽带太窄了。由于这是一个脉冲系统而不是一个载波系统,带宽 Δf 是指视频带宽,因此它从直流一直延伸到 200Hz。在这么低的频率,探测器的 $1/f$ 噪声将是过量的,探测距离将远低于计算值。消除这种设计缺陷可有几种办法:如把探测器元件做窄些,或者增加扫描速率以缩短弛豫时间。二者的作用都将增大带宽,使得能用高通滤波器滤除低频时的过量的 $1/f$ 噪声。另一种办法是在传感器中加上调制盘,使其成为调制载波系统,但这样就必须大量修改原计划。可是,它能够保持窄的带宽,而使带宽的中心处在频率高得足以远离 $1/f$ 噪声区域的载频附近。

8.6.3 综合权衡研究和系统最终设计

尽管由于过量 $1/f$ 噪声带来了明显缺陷,但从初步性设计中仍然得到了很大的鼓励。下一步是进行一系列工程综合研究,从中修改设计,然后,重新分析以确定修改方案对性能的影响。最终,应得到一个满足系统用途的设计。

通过和航空公司及飞机制造厂的研究结果表明,可将传感器安装在雷达天线罩后面的机头顶上,于是就确定了在该位置上的传感器封装的直径不能超过 127mm。与此同时,要仔细研究闭式循环致冷器可能放置的位置。发现在齿轮槽的一处有足够的空间放致冷器,因为就在传感器封装的后面有放液化器的空余空间,所以决定采用有外部液化器的闭式循环斯特林致冷器。这一决定清楚地表明是要采用致冷探测器和 3.2～4.8μm 的大气窗口。

较大的角分辨率是非常需要的。飞机驾驶员要求能分辨出另一架保持航线飞行的飞机上的单个发动机，并能帮助他识别出飞机的类型，从而计划本机的飞机动作。在初步性设计中，方位角分辨率是0.25°。根据某型洲际喷气运输机的特性数据，该型飞机同一机翼上的发动机间距离是11.58m。要鉴别出单台发动机，需要此飞机和传感器的距离不大于2651.76m。从飞行员的角度来看，该距离至少应该增加到7620m，将每一探测器的宽度减小就能做到这一点。假设探测器仍是10个元件的阵列，但使每个元件的水平张角仅为0.05°。这样修改，至少在12.192km的距离上能够鉴别出该型飞机上的单个发动机。此外，减小探测器的宽度也有助于消除窄带宽的问题。

假定将传感器封装直径限制为127mm，整流罩外表面半径限制为63.5mm。尽管尺寸缩小了，整流罩厚度仍然采用原来的3.81mm，因而，内表面半径为59.69mm。

初步性设计中使用单一的硅透镜，由于其弥散圆太大，故不能使用较窄的探测器元件。为了满足这一要求，必须用两块透镜：一个是用三硫化砷制作的；另一个是用IRTRAN-1制作的。通过两块透镜的配置，光学设计者能将透镜的相对孔径增加到$f/1.5$(NA=0.33)，而弥散圆直径仍为0.05°。已经确定，透镜的前表面和整流罩内表面的间隙可以减小到1.9mm。由于透镜设计成第二个主点与第一个表面重合，焦距则为5.8cm。假定镀膜的硅整流罩和不镀膜的IRTRAN-1透镜(由于IRTRAN-1的折射系数低，所以镀增透膜使透过率增加很少，不足以抵消耗费的成本)的透过率均为0.9，镀膜的三硫化砷透镜的透过率是0.95，则光学系统的透过率τ_0是0.77。

由于减小了整流罩和透镜的尺寸，则望远机构、常平架机构和扫描马达都要变小。新的传感器封装的直径是127mm，长为279.4mm(包括整流罩)，重为4.99kg。

由于望远机构和常平架机构的尺寸都减小了，有可能使角扫描速率增加到185°/s，而不会过多地缩短传感器的寿命。由于扫描速率加快，帧时间减小到3.25s。随着扫描速率和探测器尺寸的变化，系统的最佳带宽变为1850Hz(该值的计算过程将在后面介绍)，因而有可能用高通滤波器来滤掉较低的频率及其带来的$1/f$噪声。用650～1850Hz的电路带宽对硒化铅探测器的各种试样进行实验测量表明，上述过量的$1/f$噪声成分已经滤除得令人满意了。选用硒化铅探测器阵列，以使系统进行试飞评价，同时还可选用同样数目的光伏型锑化铟探测器阵列。从计算来看，锑化铟最终必将取代硒化铅。

用高通滤波器来滤除$1/f$噪声的同时也损失了一些信号频率，其结果是使信号处理的效率比以前稍低。对于最后选定的电路通带，度量信号处理效率的脉冲能见度系数为0.35。

在初步设计中计算最大探测距离时，是以48.28km的距离来估算大气透过率的。由于探测距离的计算值是110.02km，所以，应该采用更合理的大气透过率的值，来重新估算探测距离。因此，假定距离是120.7km，和以前的步骤一样，新的τ_a估算值是0.6(这可能是一个保守的估算值)。

完成机械和电子设计后，做三套工程样机。一套样机装在飞机上做飞行试验。全部信号引出线要仔细地屏蔽，电源线应该装上低通滤波器。在初次飞行期间发现有各种噪声的干扰；最后发现它们是连接传感器和信号处理系统的电缆接地回路引起的。为了去掉这些接地回路，需要进行长时间的耐心试验。在飞行中经过一系列测量后，证实限制的噪声是来自探测器的。因此，决定用光伏型锑化铟探测器取代硒化铅探测器。当这种探测器装上致冷滤光片和致冷屏蔽时，对于3.2～4.8μm的系统光谱通带，其探测度是8×10^{10}Jones。

最后设计的特性参数概括在表8.5中。对这些新的系统参数，重复原来的计算，得到：$\dot{\Omega}=0.14\mathrm{sr\cdot s^{-1}}$；$\tau_d=2.71\times10^{-4}\mathrm{s}$；$\Delta f=1846\mathrm{Hz}$；$R_0=296\mathrm{km}$；$\tau_{fa}=500\mathrm{s}$；$n'=9.2\times10^5$；$R_{0.9}=0.40R_0=118.4\mathrm{km}$。

表 8.5 红外搜索系统最终设计的特性参数

参 数	符 号	数 值	单 位
入射孔径直径	D_0	3.8	cm
数值孔径	NA	0.33	—
探测度	D^*	8×10^{10}	$\text{cm}\cdot\text{Hz}^{1/2}\cdot\text{W}^{-1}$
光学系统透过率	τ_0	0.77	—
脉冲能见度系数	υ	0.35	—
探测器元件的数目	C	10	—
每个探测器元件的瞬时视场	ω	3.8×10^{-6}	sr
		(0.05×0.25)	°
搜索视场(有效值)	Ω	0.42	sr
		(10×140)	°
帧时间	Γ	3.25	s
搜索速率	$\dot{\Omega}$	0.14	$\text{sr}\cdot\text{s}^{-1}$
电路带宽	Δf	1846	Hz
光谱带宽	—	3.2～4.8	μm

某型(A)(涡轮风扇)的有效辐射强度(3.2～4.8μm)为 $1520\text{W}\cdot\text{sr}^{-1}$,某型(B)(涡轮喷气)的有效辐射强度(3.2～4.8μm)为 $2100\text{W}\cdot\text{sr}^{-1}$。对某型(A)(涡轮风扇)的最大探测距离相应为

$$R_{0.9}=118.4\times\left(\frac{1520}{2100}\right)^{\frac{1}{2}}=100.7\text{km}$$

当然,这些探测距离仅适用于尾部方向。由于没有表示辐射强度随方位角变化的数据,所以,难以计算其他方向上的最大探测距离。对于亚音速喷气飞机,一个粗略的经验法则是,机头方向上的最大探测距离是尾部方向上的十分之一。因而,机头方向上的探测距离大约是 9656.06m。横向的探测距离大约是 48.28km。

图 8.8 表示了红外搜索系统最后设计的各个组成部分及其与飞机的接口。传感器封装内的前置放大器用来放大信号电平,使得信号能够通过屏蔽电缆传输到信号处理系统中去。将信号进一步放大后,从每个探测器的通道输出端取出信号,加到显示器上,作为亮度调制。为了保证在脉冲峰值上取样,每隔 50μs 从每一探测器通道中取出信号(等于弛豫时间的脉冲宽度是 271μs)。与多路调制器相连的对数放大器,把脉冲的动态范围压缩到约为 20dB,使脉冲与显示器的动态范围相适应。用具有固定触发电平的施米特触发器作门限检波器,每当信噪比超过 5.5 时,信号选通电路就打开,让脉冲通到显示器。

使用稳定伺服机构可以减小飞机运动对搜索图案的影响,这里没有详细给出,因为这和该装置与飞机系统内原有的一些部件结合的特定方式有关。

标有"系统接口"的方块,是指红外搜索系统与飞机上已有显示器之间的电接口。它有一个开关,飞行员可通过它选择红外或是雷达输入给显示器。对于红外输入,显示器为改型的 C 型显示,表示目标的方位和俯仰的位置。为了提高显示器上的目标能见度,显示既可以是亮度调制也可以是偏振调制。

表 8.6 给出了红外搜索系统的估算重量、体积和功率消耗。

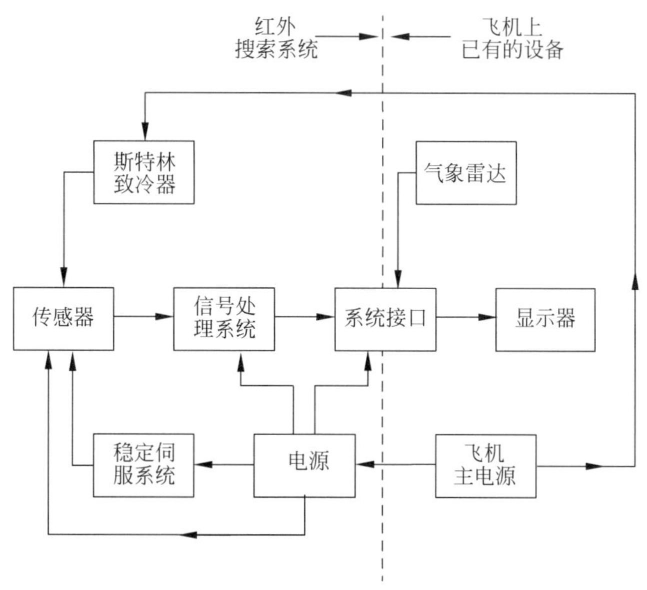

图 8.8　红外搜索系统最后设计的各个组成部分及其与飞机的接口

表 8.6　红外搜索系统的估算重量、体积和功率消耗(最后设计)

部　　件	重量/kg	体积/cm^3	功率消耗/W
传感器	4.99	4247.5	55
信号处理系统、稳定伺服机构和电源	7.26	11 326.7	80
接口	1.36	2831.68	15
斯特林致冷器	6.8	4247.5	550
总计	20.41	22 653.38	700

最后,值得指出的是,随着光学系统、传感器(探测器)和信号处理等技术的发展和不同选择,尤其是关键器件(如探测器)性能水平的提高,系统设计结果会有很大差别。也可以说,系统设计(优化设计)是与技术、经济等一系列约束条件密切相关的。

第 9 章 太阳能光伏发电及其系统设计

CHAPTER 9

现有能源主要有三种，即火电、水电和核电。随着经济的发展和社会的进步，人们对能源的要求越来越高，寻找新能源成为当前人类面临的重要课题。新能源要同时符合两个条件：一是蕴藏丰富，不会枯竭；二是安全、干净，不会威胁人类，破坏环境。

目前找到的新能源主要有两种：一是太阳能；二是燃料电池。另外，风力发电也可算作辅助性的新能源。最理想的新能源是太阳能，太阳能转换为电能有两种基本途径：一种是把太阳辐射能转换为热能，再将热能转化为电能，即“太阳能热发电”；另一种是通过光电器件将太阳光直接转换为电能，即“太阳能光发电”。

本章首先概述太阳能发电、历史及应用领域，并在此基础上介绍太阳能电池和光伏发电系统组成；接着，阐述太阳能光伏发电系统的设计方法；然后，通过示例讲解一些具体的太阳能光伏发电系统设计内容，包括住宅用太阳能光伏系统简易设计、太阳能并网发电系统设计、太阳能和风能一体化发电系统设计。最后介绍太阳能光伏/光热综合利用的温控系统设计。

9.1 太阳能发电概述

入射到地球表面的太阳能是广泛而分散的，要充分收集并使之发挥热能效益，就必须采用一种能把太阳光集中在一起变成电能的系统。一种方法是把太阳光发射集中加热，转换成为高温水蒸气，以蒸汽涡轮机变换为电；也可以采用抛物面型的聚光镜将太阳热集中，使用计算机让聚光镜追随太阳转动。后者的热效率很高，这种将引擎放置在焦点的技术，发展的可能性最大。这两种方法都属于太阳能热发电。

除了太阳能热发电技术外，人类社会也正在大力开发太阳光技术。太阳辐射的光子带有能量，当光子照射半导体材料时，光能便转换为电能，这个现象叫“光伏效应”。太阳能电池就是利用光伏效应制成的一种光电器件。太阳能电池与普通的化学电池（干电池、蓄电池）完全不同，是一种物理性质电源。虽然太阳光一照射太阳能电池就能发电，但它与一般的发电机大相径庭，它无旋转和磨损，能静悄悄地发电。

如图 9.1 所示，当太阳光照射到半导体上时，其中一部分被表面反射掉，其余部分被半导体吸收或透过。被吸收的光，有一些变成热，另一些光子则同组成半导体的原子价电子碰撞，于是产生电子-空穴对。这样，光能就以产生电子-空穴对的形式转变为电能，如果半导体内存在 PN 结，则在 P 型和 N 型交界面两边形成势垒电场，能将电子驱向 N 区，空穴驱向 P 区，从而使得 N 区有过剩的电子，P 区有过剩的空穴，在 PN 结附近形成与势垒电场方向相反的光生电场。

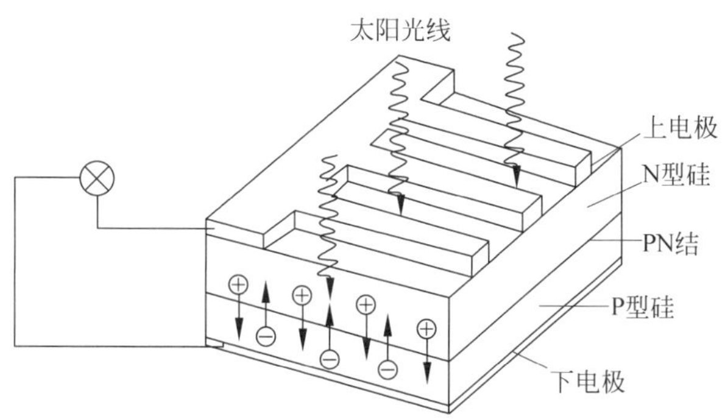

图 9.1 太阳能电池发电原理图

若分别在 P 型层和 N 型层焊上金属引线，接通负载，则外电路便有电流通过。如此形成的一个个电池元件，把它们串联、并联起来，就能产生一定的电压和电流，输出功率。制造太阳能电池的半导体材料已知的有十几种，因此太阳能电池的种类也很多。其中技术最早成熟，并具有商业价值的太阳能电池是硅太阳能电池。

太阳光发电是指无须通过热过程直接将光能转变为电能的发电方式。它包括光伏发电、光化学发电、光感应发电和光生物发电。人们通常所说太阳光发电就是太阳能光伏发电，亦称太阳能电池发电。

太阳能发电具有以下特点：无枯竭危险；干净(无公害)；不受资源分布地域的限制；可在用电处就近发电；能源质量高；使用者从感情上容易接受；获取能源花费的时间短；结构简单、体积小且重量轻；易安装、易运输、建设周期短；容易启动、维护简单、随时使用、保证供应；可靠性高、寿命长；太阳能无处不有，应用范围广；降价速度快，能量成本偿还时间有可能大大缩短。

不足之处是：照射的能量分布密度小，能量分散，即要占用巨大面积；获得的能源同四季、昼夜及阴晴等气象条件有关，间歇性大；小功率光伏发电系统可用蓄电池补充，大功率光伏电站的控制运行比常规火电厂、水电站、核电厂要复杂；地域性强。

总的说来，太阳能发电瑕不掩瑜，作为新能源，太阳能具有极大优点，因此受到世界各国的重视。要使太阳能发电真正达到实用水平，一是要提高太阳能光电变换效率并降低其成本；二是要实现太阳能发电同已有的电网联网。

9.2 光伏发电历史及应用领域

从发现光伏效应，到光伏发电进入大规模实用，经历了很长时间，了解此历史过程和光伏发电的应用领域，有重要意义。

9.2.1 光伏发电历史

自从 1954 年第一块实用光伏电池问世以来，太阳光伏发电取得了长足的进步。但比计算机和光纤通信的发展要慢得多。其原因可能是人们对信息的追求特别强烈，而常规能源还能满足人类对能源的需求。1973 年的石油危机和 20 世纪 90 年代的环境污染问题极大地促进了太阳光伏发电的发展。其发展过程简列如下：

1893 年，法国科学家贝克勒尔发现“光生伏打效应”，即“光伏效应”。

1876 年，亚当斯等在金属和硒片上发现固态光伏效应。

1883年，弗里茨制成第一个“硒光电池”，用作敏感器件。

1930年，肖特基提出 Cu_2O 势垒的“光伏效应”理论。同年，朗格首次提出用“光伏效应”制造“太阳能电池”，使太阳能变成电能。

1941年，奥尔在硅上发现光伏效应。

1954年，恰宾和皮尔松在美国贝尔实验室，首次制成了实用的单晶太阳能电池，效率为6%。同年，韦克尔首次发现了砷化镓有光伏效应，并在玻璃上沉积硫化镉薄膜，制成了第一块薄膜太阳能电池。

1955年，吉尼和罗非斯基进行材料的光电转换效率优化设计。同年，第一个光电航标灯问世。美国 RCA 研究砷化镓太阳能电池。

1957年，硅太阳能电池效率达8%。

1958年，太阳能电池首次在空间应用，装备美国先锋1号卫星电源。我国开始太阳能电池的研制工作。

1959年，第一个多晶硅太阳能电池问世，效率达5%。

1971年，我国将研制的太阳能电池用于发射的第二颗卫星，以太阳能电池作为电源可以使卫星安全工作达20年之久。

1972年，罗非斯基研制出紫光电池，效率达16%。

1974年，世界上第一架太阳能电池飞机在美国首次试飞成功。

1975年，非晶硅太阳能电池问世。同年，带硅电池效率达6%。

1978年，美国建成100kWp太阳能地面光伏电站。

1985年，美国阿尔康公司研制的太阳能电池发电站，用108个太阳板，256个光电池模块，年发电能力300万千瓦时。

1990年，德国建造的小型太阳能电站，光电转换率可超30%，适于为家庭和团体供电。

1997年，美国宣布了太阳能“百万屋顶计射”。

1998年，德国提出了太阳能“10万屋顶计划”。

2015年，碲化镉薄膜太阳能电池光电转化率达到21.5%。

2017年，我国太阳能光伏发电装机容量达到1.3亿kW。

太阳能光伏发电是以半导体为载体，通过光伏效应产生电流的发电装置。20世纪80年代以前，价格昂贵，产量很少，全球每年的产量未超过3MW，主要应用于空间。据报道，全世界发射成功的人造卫星中，90%以上都采用了太阳能电池供电。自20世纪80年代以来，光伏发电取得了快速发展，无论是性能、规模和价格都有明显的进步，已经扩大到地面应用。从20世纪90年代以来，太阳能光伏发电的发展迅猛，已广泛用于航天、通信、交通，以及偏远地区居民的供电等领域，近年来又开辟了太阳能路灯、草坪灯和屋顶太阳能光伏发电等新的应用领域。

太阳能电池的发展经历了三代：第一代是指以单晶或多晶硅为代表的太阳能电池，已经完全产业化，成为太阳能电池的主体，从发展趋势分析，预计在未来的30～50年内，仍将以此为主体；第二代是指各种薄膜太阳能电池和某些特种电池，其中以非晶硅、铜铟（镓）硒、碲化镉（CdTe）为代表，这一代电池正处于从实验室向产业化过渡阶段；第三代是指转换效率更高、原材料资源更丰富、环境更友好、成本更低廉的新型太阳能电池，如多结太阳能电池、热载流子光伏电池、中间带隙太阳能电池和量子阱光伏电池、叠层太阳能电池、柔性太阳能电池、染料敏化太阳能电池、量子点敏化太阳能电池、无机薄膜太阳能电池、有机薄膜太阳能电池、钙钛矿太阳能电池、生物太阳能电池等。表9.1列出了几种太阳能电池的最高效率。

表 9.1 几种太阳能电池的最高效率(%)

电池类型	电池材质	最高效率
单结晶体电池	s-Si	24.7
	GaAs	25.1
	InP	21.9
多结晶体电池	p-Si	20
	GaInP/GaAs/Ge	31.0
	CdTe	16.5
薄膜电池	CIGS(单结)	18.9
	a-Si/a-SiGe(多结)	13.5
新型电池	染料敏化 TiO_2 电池	11.0
	酞箐铜/C60(双层电池)	3.6

9.2.2 应用领域

光伏发电的主要应用领域如下：

1) 通信和工业应用

通信和工业应用包括微波中继站，光缆通信系统，无线寻呼台站，卫星通信和卫星电视接收系统，农村程控电话系统，部队通信系统，铁路和公路信号系统，灯塔和航标灯电源，气象、地震台站，水文观测系统，水闸阴极保护和石油管道阴极保护。

2) 农村和边远地区应用

农村和边远地区应用包括独立光伏电站(村庄供电系统)，小型风光互补发电系统，太阳能用户系统，太阳能照明灯，太阳能水泵，农村社团(学校、医院、饭馆、旅社和商店等)。

3) 光伏并网发电系统

光伏并网发电系统当前处于试验示范阶段，全国总装机容量非常有限。

4) 太阳能商品及其他

太阳能商品包括太阳帽，太阳能充电器，太阳能手表、计算器，太阳能路灯，太阳能钟，太阳能庭院，汽车换气扇，太阳能电动汽车，太阳能游艇和太阳能玩具等。

5) 航空航天应用

在轨航天器利用太阳能电池阵列收集太阳能，通过光伏转换为航天器系统提供能源。太阳能电池能够直接将太阳光能转化为所需电能，在航天飞机、空间站、人造卫星中的应用范围非常广泛。

9.3 太阳能电池

一个完整的硅光伏组件一般由如下几大类材料组成：①主体材料——硅；②配套材料——银浆、铝浆、银铝浆、掺杂材料和靶材等；③封装材料——聚酯胶(Ethylene-Vinyl Acetate Copolymer，EVA)、聚氟乙烯复合膜、钢化玻璃、外框和接线盒等。这些材料的好坏直接影响电池的质量。硅是太阳能电池最主要的基础材料，占到全部太阳能电池产量的 90%，也占到电池成本的 70%～80%。减少硅材料的消耗，或降低硅材料的成本，是关系到太阳能电池大面积推广应用的关键。

最早问世的太阳能电池是单晶硅太阳能电池，硅是地球上极丰富的一种元素，几乎到处都有硅的存在，可以说是取之不尽。用硅来制造太阳能电池，原料不缺，但是提炼它却不容易，所以人们在生产单晶硅太阳能电池的同时，又研究了多晶硅太阳能电池和非晶硅太阳能电池。至今商业规模生产的太阳能电池，还没有跳出硅的系列。在光伏产业的起步阶段，由于材料用量不大，仅仅依靠来自于半导体电子工业用硅材料的头尾料、剩余产能和废料就能满足。然而随着光伏市场的快速增长，使得硅材料的供应面临巨大的压力，因此开发低成本太阳能级硅材料已成为各国共同关注的问题。

其实，可供制造太阳能电池的半导体材料很多，随着材料工业的发展，太阳能电池的品种将越来越多。太阳能电池的主要品种有单晶硅、多晶硅和非晶硅等。单晶硅太阳能电池的光电转换效率最高可达25%以上，用于宇宙空间站的还有效率高达50%以上的太阳能电池板，但价格昂贵。非晶硅太阳能电池变换效率较低，但价格也相对便宜，它是最有希望用于一般发电的电池。一旦它的大面积组件光电变换效率达到10%以上，每瓦发电设备价格降到1～2美元时，便可以同现在的发电方式竞争。当然，特殊用途和实验室用的太阳能电池效率要高得多，如美国波音公司开发的由砷化镓半导体同锑化镓半导体重叠而成的太阳能电池，光电变换效率可达36%，赶上了燃煤发电的效率。但由于价格太贵，大多只应用于卫星等场合。

已进行研究和试制的太阳能电池，除硅系列外，还有硫化镉、砷化镓、铜铟硒和叠层串联电池等许多类型。由于各种不同材料制成的太阳能电池所吸收的太阳光谱是不同的，将不同材料的电池串联起来，就可以充分利用太阳光谱的能量，极大地提高太阳能电池的效率，因此叠层串联电池的研究已引起世界各国的重视，成为最有前途的太阳能电池。常用太阳能电池按其材料可以分为：①硅太阳能电池；②以无机盐如砷化镓Ⅲ-Ⅴ化合物、硫化镉和铜铟硒等多元化合物为材料的电池；③功能高分子材料制备的太阳能电池；④纳米晶太阳能电池等。以下介绍几种较常见的太阳能电池及其主要性能参数。

1. 单晶硅太阳能电池

单晶硅太阳能电池是开发最快的一种太阳能电池，它的构成和生产工艺已定型，产品已广泛用于宇宙空间和地面设施。这种太阳能电池以高纯的单晶硅棒为原料，纯度要求为99.999%。为了降低生产成本，现在地面应用的太阳能电池采用太阳能级的单晶硅棒，材料性能指标有所放宽。有的也可使用半导体器件加工的头尾料和废次单晶硅材料，经过复拉制成太阳能电池专用的单晶硅棒。将单晶硅棒切成片，一般片厚约0.3mm。硅片经过成型、抛磨和清洗等工序，制成待加工的原料硅片。加工太阳能电池片，首先要在硅片上掺杂和扩散，一般掺杂物为微量的硼、磷和锑等。扩散是在石英管制成的高温扩散炉中进行，这样就在硅片上形成PN结。然后采用丝网印刷法，将配好的银浆印在硅片上做成栅线，经过烧结，同时制成背电极，并在有栅线的面涂覆减反射源，以防大量的光子被光滑的硅片表面反射掉。至此，单晶硅太阳能电池的单体片就制成了。单体片经过抽查检验，即可按所需要的规格组装成太阳能电池组件（太阳能电池板），用串联和并联的方法构成一定的输出电压和电流，最后用框架和封装材料进行封装。用户根据系统设计，可将太阳能电池组件组成各种大小不同的太阳能电池方阵，亦即太阳能电池阵列。

2. 多晶硅太阳能电池

单晶硅太阳能电池的生产需要消耗大量的高纯硅材料，而制造这些材料工艺复杂，电耗很大，在太阳能电池生产总成本中已超二分之一。加之拉制的单晶硅棒呈圆柱状，切片制作太阳能电池也是圆片，组成太阳能组件平面利用率低。因此，20世纪80年代以来，欧美一些国家投入了多晶硅太阳能电池的研制。太阳能电池使用的多晶硅材料，多半是含有大量单晶颗粒的集合体，或用废次单晶硅料和冶金级硅材料熔化浇铸而成。其工艺过程是选择电阻率为100～300Ω·cm的多晶块料或单晶硅头尾料，经破碎，用1∶5的氢氟酸和硝酸混合液进行适当的腐蚀，然后用去离子水冲洗呈中性，并烘干。用石英坩埚装好多晶硅料，加入适量硼硅，放入浇铸炉，在真空状态中加热熔化。熔化后应保温约20min，然后注入石墨铸模中，待慢慢凝固冷却后，即得多晶硅锭。这种硅锭可铸成立方体，以便切片加工成方形太阳能电池片，可提高材质利用率，方便组装。多晶硅太阳能电池的制作工艺与单晶硅太阳能电池差不多，其光电转换效率约12%，稍低于单晶硅太阳能电池，但是材料制造简便，节约电耗，总的生产成本较低，因此得到了大量应用。随着技术提高，多晶硅的转换效率已可以达到16%左右。

3. 非晶硅太阳能电池

非晶硅太阳能电池是1976年出现的新型薄膜式太阳能电池，它与单晶硅和多晶硅太阳能电池的制作方法完全不同，硅材料消耗很少，电耗更低，非常吸引人。制造非晶硅太阳能电池的方法有多种，最常见的是辉光放电法，还有反应溅射法、化学气相沉积法、电子束蒸发法和热分解硅烷法等。辉光放电法是将一石英容器抽成真空，充入氢气或氩气稀释的硅烷，用射频电源加热，使硅烷电离，形成等离子体。非晶硅膜就沉积在被加热的衬底上。若硅烷中掺入适量的氢化磷或氢化硼，即可得到N型或P型的非晶硅膜。衬底材料一般用玻璃或不锈钢板。这种制备非晶硅薄膜的工艺，主要取决于严格控制气压、流速和射频功率，对衬底的温度也很重要。

非晶硅太阳能电池的结构有不同形式，其中一种较好的结构为PiN。它是在衬底上先沉积一层掺磷的N型非晶硅，再沉积一层未掺杂的i层，然后再沉积一层掺硼的P型非晶硅，最后用电子束蒸发一层减反射膜，并蒸镀银电极。此种制作工艺，可以采用一连串沉积室，在生产中构成连续程序，以实现大批量生产。

同时，非晶硅太阳能电池很薄，可以制成叠层式，或采用集成电路的方法制造。在一个平面上，用适当的掩模工艺，一次制作多个串联电池，以获得较高的电压。因为单个普通晶体硅太阳能电池只有0.5V左右的电压，有的非晶硅串联太阳能电池可达2.4V。

非晶硅太阳能电池存在的问题是光电转换效率偏低，先进水平为10%左右，且不够稳定，常有转换效率衰降的现象，所以尚未大量用于大型太阳能电源，而多半用于弱光电源，如袖珍式电子计算器、电子钟表及复印机等方面。估计效率衰降问题克服后，非晶硅太阳能电池将促进太阳能利用的大发展，因为它成本低，重量轻，应用更为方便，可以与房屋的屋面结合构成住户的独立电源。多晶硅和单晶硅太阳能电池板已属于重点应用对象。

4. 多元化合物太阳能电池

多元化合物太阳能电池是指不用单一元素半导体材料制成的太阳能电池，这里简要介绍几种。

1）硫化镉太阳能电池

早在1954年雷诺兹就发现了硫化镉具有光伏效应。1960年采用真空蒸镀法制得硫化镉太阳能电池，光电转换效率为3.5%。到1964年，美国制成的硫化镉太阳能电池，光电转换效率提高到4%～6%。后来欧洲掀起了硫化镉太阳能电池的研制高潮，把光电效率提高到9%，但是仍无法与多晶硅太阳能电池竞争。不过人们始终没有放弃它，除了研究烧结型的块状硫化镉太阳能电池外，更着重研究薄膜型硫化镉太阳能电池。它采用硫化亚铜为阻挡层，构成异质结，按硫化镉材料的理论计算，其光电转换效率可达16.4%。国内有研究机构于20世纪80年代初曾把薄膜硫化镉太阳能电池的光电转换效率做到7.6%。尽管非晶硅薄膜电池在国际上有较大影响，但是至今有些国家仍指望发展硫化镉太阳能电池，因为它在制造工艺上比较简单，且设备问题容易解决。

2）砷化镓太阳能电池

砷化镓是一种很理想的太阳能电池材料，它与太阳光谱的匹配较适合，且能耐高温，在250℃的条件下，光电转换性能仍很好，其最高光电转换效率约30%，特别适合做高温聚光太阳能电池。已研究的砷化镓系列太阳能电池有单晶砷化镓、多晶砷化镓、镓铝砷-砷化镓异质结、金属-半导体砷化镓、金属-绝缘体-半导体砷化镓太阳能电池等。砷化镓材料的制备类似硅半导体材料的制备，有晶体生长法、直接拉制法、气相生长法和液相外延法等。由于镓比较稀缺，砷有毒，制造成本高，使得此种太阳能电池的发展受到影响。

3）铜铟硒太阳能电池

以铜铟硒三元化合物为基本材料制成的太阳能电池，是一种多晶薄膜结构，光学带隙1.04eV。一般采用真空镀膜、电沉积、电泳法或化学气相沉积法等工艺来制备，材料消耗少，成本低，性能稳定，光电转换效率在10%以上。因此是一种可与非晶硅薄膜太阳能电池相竞争的新型太阳能电池。近年还发展用铜铟硒薄膜加在非晶硅薄膜之上，组成叠层太阳能电池，借此提高太阳能电池的效率，并克服非晶硅光电效率的衰降。

铜铟硒薄膜电池适合光电转换，不存在光致衰退问题，转换效率和多晶硅一样，具有价格低廉、性能良好和工艺简单等优点，将成为今后发展太阳能电池的一个重要方向。唯一的问题是材料的来源，由于铟和硒都是比较稀有的元素，因此，这类电池的发展又必然受到限制。

4）碲化镉电池

碲化镉为Ⅱ-Ⅵ族半导体化合物，光学带隙1.4eV，与太阳光谱非常匹配，具有较高光电转化效率，再加上材料性能稳定，被看作最有潜力的薄膜电池材料。

1963年，Cusano最先研制出了以碲化镉为n型、以碲化亚铜为p型结构的太阳能电池。1982年，Tyan等人首次制备出异质结构p-CdTe/n-CdS薄膜太阳能电池，其转换效率达到10%，促进碲化镉薄膜太阳能电池产业化发展。碲化镉薄膜太阳能电池，又称“发电玻璃”，被誉为“挂在墙上的油田”。从特点来看，碲化镉薄膜太阳能电池生产成本大大低于晶体硅和其他材料的太阳能电池生产成本，其次它和太阳的光谱一致，可吸收95%以上的太阳光，是一种高效、稳定且相对低成本的薄膜太阳能电池材料，容易实现规模化生产。

5）染料敏化TiO_2太阳能电池

染料敏化TiO_2太阳能电池实际上是一种光电化学电池。早期的TiO_2光电化学电池存在严重的稳定性差和转化效率低等诸多问题，在技术上一直没有质的突破。在1991年，瑞士的GrYtzel将染料敏化引入TiO_2太阳能电池中使电池效率达到7.1%，从而开辟成为该电池研究热的先驱。到现在染料敏化TiO_2太阳能电池实验室最高效率可达到12%。将该种电池研究列入重大课题研究，在光电转化的效率方面已取得可喜的成绩，小面积电池效率已突破11%。但是由于存在液体电解质的问题，其稳定性还存在诸多问题。现在科学家们的研究已将固态电解质稳定性问题作为这种电池研究的重要方向。

6）钙钛矿太阳能电池

1839年，俄国矿物学家von Perovski首次发现钙钛矿存在于乌拉尔山的变质岩中。至今，已知有数百种此类矿物质，其家族成员从导体到绝缘体范围极为广泛，最著名的是高温氧化铜超导体。制备钙钛矿太阳能电池所用的钙钛矿材料通常为$CH_3NH_3PbI_3$，属于半导体。

钙钛矿，一般化学式为ABX_3，其中A为碱金属阳离子（如Cs^+等），在有机-无机杂化钙钛矿中，A位置也可为有机甲胺离子$CH_3NH_3^+$（MA^+）等，占据立方八面体的体心位置；B为过渡金属元素，通常为可配位形成八面体的金属阳离子（如Pb^{2+}、Sn^{2+}等）；X为可与B配位形成八面体的阴离子（如Cl^-、Br^-、I^-、O^{2-}等）。

钙钛矿太阳能电池一般分为有机-无机杂化钙钛矿太阳能电池和全无机钙钛矿太阳能电池两类。近年来，有机-无机杂化钙钛矿太阳能电池以充满希望的光伏器件候选者身份被科研工作者广泛关注，其发展迅速，2009年第一次制成的有机-无机杂化钙钛矿光伏器件效率仅为3.8%，目前其光电效率可达到23.3%。但在光电转换效率发展迅速的背后，其稳定性问题也不可回避。有机-无机杂化钙钛矿中

的有机成分 MA^+ 和甲脒离子 $HC(NH_2)_2^+$（FA^+）极易挥发，热稳定性差，对空气中的湿度和氧都比较敏感，这些问题对电池效率和寿命都有很大的影响，是其实现商业化的阻碍。相较于有机-无机杂化钙钛矿太阳能电池，全无机钙钛矿太阳能电池的效率已超过17%，虽比不上前者，但其热稳定性良好，组分在空气中一般不挥发，发展前景广阔。

钙钛矿电池有着广泛的应用前景，例如，通过在钙钛矿材料中掺杂其他元素改变其带隙制备彩色电池；此外，钙钛矿电池厚度较薄，而且钙钛矿电池可以在低温环境下制备，非常有利于柔性电池的制备；还可以采用纳米编织材料作为基底，以实现可穿戴太阳能电池等。

5. 太阳能电池的主要性能参数与特性

太阳能电池的输出特性一般用如图9.2所示的电流-电压曲线即伏安特性曲线来表示。太阳能电池的工作特性示意图如图9.3表示，描述了太阳能电池的主要性能参数。图9.3(a)表示光照太阳能电池后产生的开路电压；图9.3(b)表示无光照时外加电压形成正向偏置，产生整流作用的正向电流；图9.3(c)表示光照时太阳能电池的短路电流。

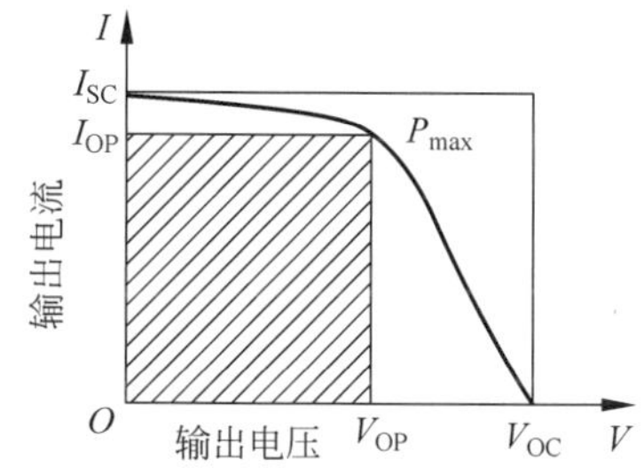

图9.2 太阳能电池的输出特性

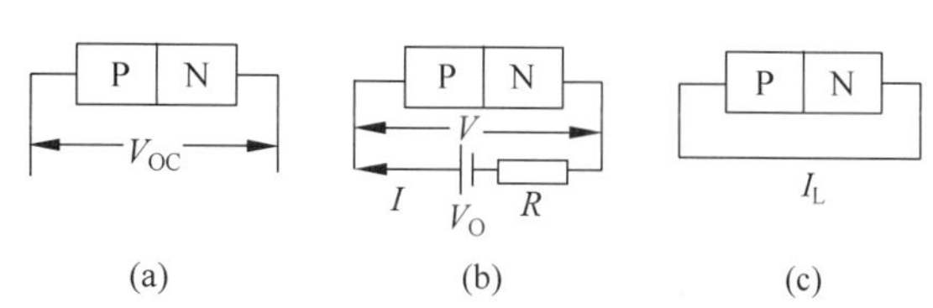

图9.3 太阳能电池的工作特性示意图

1）开路电压 V_{OC}

在PN结开路的情况下（$R\to\infty$），此时PN结两端的电压即为开路电压 V_{OC}。

这时，$I=0$，即 $I_L=I_P$（即光生电流 I_P=PN结正向电流 I_L）。将 $I=0$ 代入光电池的电流电压方程，得开路电压为

$$V_{OC}=\frac{kT}{q}\ln\left(\frac{I_L}{I_S}+1\right) \tag{9.1}$$

式中，k为玻耳兹曼常量，T 为绝对温度，I_S 为光电池的反向饱和电流，q 为电子电量。

2）短路电流 I_{SC}

如将PN结短路（$V=0$），这时所得的电流为短路电流 I_{SC}。显然，短路电流等于光生电流，即

$$I_{SC}=I_L \tag{9.2}$$

3）填充因子FF

在光电池的伏安特性曲线任一工作点上的输出功率等于该点所对应的矩形面积，其中只有一点输出最大功率，称为最佳工作点，该点的电压和电流分别称为最佳工作电压 V_{OP} 和最佳工作电流 I_{OP}。填充因子定义为

$$FF=\frac{V_{OP}I_{OP}}{V_{OC}I_{SC}}=\frac{P_{max}}{V_{OC}I_{SC}} \tag{9.3}$$

它表示了最大输出功率点所对应的矩形面积在 V_{OC} 和 I_{SC} 所组成的矩形面积中所占的百分比。特性好的太阳能电池就是能获得较大功率输出的太阳能电池，也就是 V_{OC}、I_{SC} 和FF乘积较大的电池。FF值越高，表明光伏电池输出曲线越趋近于矩形，光伏电池的转换效率越高。填充因子随开路电压

V_{OC} 的提高而提高，所以禁带较宽的半导体材料可以得到较高的开路电压，因而具有较高的填充因子。对于有合适效率的电池，该值应在 0.70～0.85 范围内。

4）能量转换效率 η

表示入射的太阳光能量有多少能转换为有效的电能，即

$$\eta = (\text{太阳能电池的输出功率} / \text{入射的太阳光功率}) \times 100\% \\ = (V_{OC} I_{OP})/(P_{in} S) \times 100\% \tag{9.4}$$

式中，P_{in} 是入射光的能量密度，S 为太阳能电池的面积。当 S 是整个太阳能电池的面积时，η 称为实际转换效率；当 S 指电池中的有效发电面积时，η 称为本征转换效率。

5）光谱特性

太阳能光伏电池的光谱特性（工作光谱范围和峰值波长）主要由其所用的材料和制造工艺决定。不同的光照射时所产生的电能是不同的，一般还可用光的波长与所转换生成的电能的关系，即用分光感度特性来表示。

6）峰值功率

工作点不一样，光伏电池的输出功率也不一样，I-V 曲线上能使输出功率达到最大值的工作点称为最大功率点，其对应最大功率点电压 V_{OP} 和最大功率点电流 I_{OP}。峰值功率是表征光伏电池输出能力和容量的一个重要参数。在标准测试条件下，光伏电池的结温为 25℃的环境中测得光伏电池的最大输出功率称为该光伏电池的峰值功率，用符号 W_P 表示。

7）照度特性

太阳能电池的输出随照度（光的强度）而变化。短路电流 I_{SC} 与照度成正比；开路电压 V_{OC} 随照度的增加而缓慢地增加；最大输出功率几乎与照度成比例增加。另外，填充因子 FF 几乎不受照度的影响，基本保持一定。由于光的强度不同，太阳能电池的输出也不同。

8）温度特性

太阳能电池的输出随温度的变化而变化。太阳能电池的特性：随温度的上升，短路电流 I_{SC} 增加；温度再上升时，开路电压 V_{OC} 减少，转换效率（输出）变小。由于温度上升导致太阳能电池的输出下降，因此，有时需要用通风的方法来降低太阳能电池板的温度以便提高太阳能电池的转换效率，使输出增加。太阳能电池的温度特性一般用温度系数表示，温度系数小说明即使在温度较高的情况下，输出的变化也较小。

6. 太阳能电池方阵

目前太阳能光伏电池单体面积较小，最大也不过 150mm×150mm，功率约为 1.5W，电压大约 0.5V，必须根据不同的用途构成组合板，小组合板功率有 10W、17W、70W 和 100W 等多种，其组合用 EVA 等封装盖好保护玻璃，用玻璃或金属制作底板架。

由单体太阳能电池封装成满足一定电压和功率的小组合，根据需要可由小组合构成太阳能电池光伏发电系统方阵，阵列与支架组成一个整体，其力学性能一般应耐八级风，为避免腐蚀，要经过防腐处理，盖板保护玻璃宜采用钢化玻璃，应耐 50g 冰雹冲击。为保证最高输出电压，阵列的电阻压降设计为 $U<0.3$V，或为负载电压的 3%。为隔离蓄电池与方阵反向放电需要加接阻塞二极管，压降 $U_D=0.7$V。

太阳能电池方阵工作电压一般为负载工作电压的 1.4 倍。太阳能电池可以串联，为得到需要的方阵电压，可将太阳能电池组串联起来，串联后的电流取决于电流最小的组件，串联后输出电压 U 是单体电压 $U_i(i=1,2,\cdots,n)$ 之和，即

$$U = U_1 + U_2 + U_3 + \cdots + U_n \tag{9.5}$$

为获得较大的输出电流，可把太阳能电池组件并联，并联后的电流 I 是电池组件电流 $I_i(i=1,$

2,…,n)之和,即

$$I = I_1 + I_2 + I_3 + \cdots + I_n \tag{9.6}$$

太阳能电池方阵总功率 P 的计算为

$$P = k \times [\text{负载工作电压(V)} \times \text{负载工作电流(A)} \times \text{日工作小时数(h)}] / \text{年辐射总量(kcal/cm}^2\text{)} \tag{9.7}$$

式中,k 为转换系数;1cal=4.19J。

9.4 太阳能光伏发电系统的组成

一套基本的太阳能发电系统主要由太阳能电池板、充电控制器、蓄电池和逆变器等构成。

9.4.1 太阳能电池板

太阳能电池板是太阳能发电系统的核心部分,也是太阳能发电系统中价值最高的部分。其作用是将太阳的辐射能转换为电能,或送往蓄电池中存储起来,或推动负载工作。一般根据用户需要,将若干太阳能电池板按一定方式连接,组成太阳能电池方阵,再配上适当的支架及接线盒组成。

9.4.2 充电控制器

太阳能充电控制器的作用是控制整个系统的工作状态,并对蓄电池起到过充电保护、过放电保护的作用。在温差较大的地方,合格的控制器还应具备温度补偿的功能。其他附加功能如光控开关、时控开关等都应当是控制器的可选项。

1. 控制器类型

太阳能专用控制器按其应用场合(见表 9.2)分为:①小型充电控制器;②多路控制器;③智能控制器。

光伏路灯照明系统中多采用智能控制器。

表 9.2 控制器的基本类型、技术特点和应用场合比较

类　型	技术特点	应用场合
小型充电控制器	① 两点式(过充和过放)控制,也有充电过程采用脉冲宽度调制(Pulse Width Modulation,PWM)	用于太阳能户用电源(500Wp 以下)
	② 继电器或金属-氧化物半导体场效应晶体管(Metal-Oxide-Semiconductor Field-Effect Transistor,MOSFET)作开关器件	
	③ 防反充电	
	④ 有过充电和过放电点 LED 指示	
	⑤ 一般不带温度补偿	
多路控制器	① 可接入 2~8 路太阳能电池,充满时逐路断开,电流渐小	较大型光伏系统和光伏电站
	② 过放电控制:一点式	
	③ 开关器件:继电器、MOSFET、绝缘栅双极型晶体管(Insulated Gate Bipolar Transistor,IGBT)、可控硅	
	④ 防反充电	
	⑤ LED 和表头指示	
	⑥ 普通型没有温度补偿功能	

续表

类　型	技术特点	应用场合
智能控制器	① 采用单片机控制 ② 充满断开：多路控制或 PWM 控制 ③ 过放电控制：一点式 ④ 开关器件：继电器、MOSFET、IGBT、可控硅 ⑤ 防反充电 ⑥ LED 和数字表头指示 ⑦ 有温度补偿功能 ⑧ 有运行数据采集和存储功能 ⑨ 有远程通信和控制功能	主要用于通信系统（50～200A）

2. 控制器性能

控制器的作用是控制太阳能系统的工作状态，如照明灯的光控或设置开关、调光、雷电保护、电路短路保护，对蓄电池进行过充电保护、反充电保护、过放电保护和温度补偿等。控制器是太阳能灯的“大脑”。有了合格的控制器，太阳能灯才能顺利工作，同时延长蓄电池等器件的寿命。

对负载供电时，也是让蓄电池的电流先流入太阳能控制器，经过它的调节后，再把电流送入负载。这样做的目的：一是为了稳定放电电流；二是为了保证蓄电池不被过放电；三是可对负载和蓄电池进行一系列的监测保护。

3. 太阳能路灯智能控制器的特点

太阳能路灯智能控制器的特点如下：

(1) 使用单片机和专用软件，实现了智能控制。

(2) 利用蓄电池放电率特性修正的准确放电控制。放电终了电压是由放电率曲线修正的控制点，消除了单纯的电压控制过放的不准确性。

(3) 具有过充、过放、短路、过载保护和独特的防反接保护等全自动控制，以上保护均不损坏任何部件，不烧保险。

(4) 采用串联式 PWM 充电主电路，使充电回路的电压损失较使用二极管的充电电路降低近一半，充电效率较非 PWM 高 3%～6%，增加了用电时间；过放恢复的提升充电，正常的直充，浮充自动控制方式使系统有更长的使用寿命。

(5) 具有高精度温度补偿。

(6) 直观的 LED 发光管指示当前电平状态。

(7) 所有控制全部采用工业级芯片，能在寒冷、高温和潮湿环境正常运行。

(8) 使用数字 LED 显示及设置，一键式操作即可完成所有设置，方便直观。

9.4.3 蓄电池

其作用是在有光照时将太阳能电池板所发出的电能存储起来，达到一定阈值，需要时再释放出来，一般为铅酸电池，小微型系统中也可用镍氢电池、镍镉电池或锂电池。

1. 蓄电池的基本结构

常用蓄电池属于电化学电池，它把化学中氧化还原所释放出来的能量直接转变为直流电能。其基本构成如图 9.4 所示。

(1) 正极活性物质。为蓄电池正极，蓄电池工作时进行结合电子的还原反应。

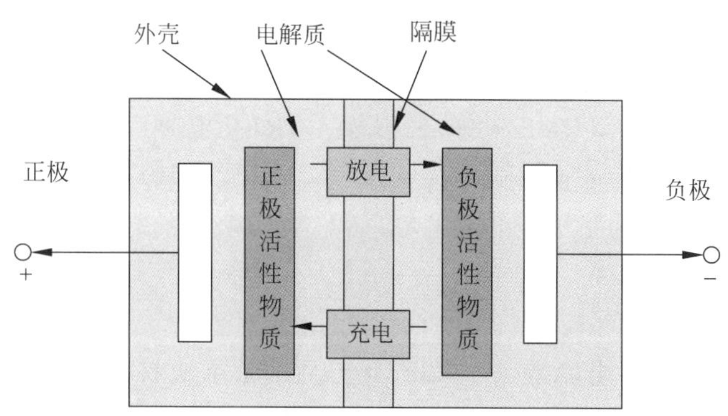

图 9.4　蓄电池内部的基本结构

(2) 负极活性物质。为蓄电池负极，蓄电池工作时进行氧化反应，给出电子，通过外电路传给正极。

(3) 电解质。提供蓄电池内部离子导电的介质。

(4) 隔膜。为保证正负极活性物质不因直接接触而短路，又使正负极之间保持最小距离，以减小蓄电池内阻而加的隔片，一般为绝缘性良好的材料。

(5) 外壳。为蓄电池的容量，能耐电解质的腐蚀，具有一定的机械强度。

蓄电池内部的活性物质耗尽后可利用充电的方法使之恢复，由此蓄电池得以再生，故也称为充电电池。蓄电池内部自发反应，发生向蓄电池外部用电设备输出电流的过程称为放电；反之，外部向蓄电池内输入电流，形成与放电电流方向相反的电流，使蓄电池内部发生与放电反应相反的反应，此过程称为充电。

2. 蓄电池的分类及特性

常用蓄电池主要有四种，其特性如下：

(1) 铅酸蓄电池。传统蓄电池，能量密度低，对环境污染较为严重，逐渐被淘汰。

(2) 镍镉蓄电池。性能较铅酸蓄电池优越，但能量密度不足，镉的污染严重，多数国家严格控制此类蓄电池的生产和使用。

(3) 镍氢蓄电池。具有能量密度高、重量轻、寿命长和无污染等优点，各国正在积极开发，并逐步进入产业化阶段。

(4) 锂电池。新型高能化学电源，具有高容量、高功率、小型化、无污染的特点，主要用于笔记本电脑和手机等。

光伏路灯系统主要应用的是免维护铅酸蓄电池和胶体蓄电池。①铅酸蓄电池：铅酸蓄电池的正极活性物质是二氧化铅，负极活性物质是海绵铅，电解液是稀硫酸溶液，其放电化学反应为二氧化铅、海绵铅与电解液反应生成硫酸铅和水。其充电反应为硫酸铅和水转化为二氧化铅、海绵铅与稀硫酸。铅酸蓄电池免维护主要通过抑制充电过程中气体的产生或通过电池内的特殊材料将气体吸收转化成水。铅酸蓄电池的单格额定电压为 2V，一般串联成 12V、24V 使用。②胶体蓄电池：胶体蓄电池属于铅酸蓄电池的一种发展分类，最简单的做法是在硫酸中添加胶凝剂，使硫酸电液变为胶态。电液呈胶态的电池通常称为胶体蓄电池。

3. 蓄电池性能参数

蓄电池的特性直接影响系统的工作效率、可靠性和价格。蓄电池的失效和短寿命也是阻碍光伏发电独立系统扩大应用的主要原因之一。目前，我国用于光伏发电系统的蓄电池多数是铅酸蓄电池，下面对铅酸蓄电池的电参数进行简要说明。

1）蓄电池的端电压

铅酸蓄电池的端电压是随着充电和放电过程的变化而变化的，可表示为

$$U=E+\Delta\varphi_{+}+\Delta\varphi_{-}+IR（充电时）\tag{9.8}$$

$$U=E-\Delta\varphi_{+}+\Delta\varphi_{-}-IR（放电时）\tag{9.9}$$

式中，U 为蓄电池端电压；$\Delta\varphi_{+}$ 为正极板的超电势；$\Delta\varphi_{-}$ 为负极板的超电势；I 为充、放电电流；R 为蓄电池内阻。

2）蓄电池容量

蓄电池容量就是蓄电池的蓄电能力，通常以充足电后的蓄电池放电至其端电压到终止电压时，电池所放出的总电量 Q 来表示，$Q=C\times$负载工作电流$\times$日工作时数$\times$最长连续阴雨天数/CC。其中，C 为安全系数，$C=1.2\times1.25=1.5$（碱性电池），$C=1.2\times1.5=1.8$（酸性电池）。若蓄电池放置地点的最低温度为-10℃，则求总电量时还要乘以 1.1；最低温度为-20℃时，则乘以 1.2。CC 为蓄电池的放电深度，一般铅酸蓄电池取 0.75，碱性镍镉蓄电池取 0.85。

在风光互补发电系统当中，风力和光伏同时不能供电的概率很小，因此蓄电池容量应按照系统供电不足的存储天数设计，蓄电池容量如下式：

$$C_{\mathrm{B}}=n\,Q'/(1-\mathrm{SOC}_{\min})\tag{9.10}$$

式中，C_{B} 为蓄电池容量（A·h）（安时）；n 为蓄电池完全供电天数；Q'为负载年平均日用电量，$Q'=I_{\mathrm{L}}t$，I_{L} 为负载电流，t 为放电时间；$\mathrm{SOC}_{\min}$ 为蓄电池的放电深度限度。

蓄电池容量过小时不能够满足夜晚照明的需要，蓄电池容量过大，则蓄电池始终处在亏电状态，影响蓄电池寿命，同时造成系统成本增加。为了提高系统的经济性和可靠性，需要保证系统在全年均衡供电的前提下尽可能减少蓄电池的容量。

3）蓄电池的荷电状态

蓄电池的荷电状态 SOC 用来反映蓄电池的剩余容量。其定义为蓄电池剩余容量占总容量的百分比，即

$$\mathrm{SOC}=\frac{Q_{\mathrm{R}}}{Q_{\mathrm{sum}}}\tag{9.11}$$

式中，Q_{R} 为电池在当前条件下还能输出的容量（剩余容量），Q_{sum} 为电池在当前条件下所能放出的最大容量。

如果将电池充满电状态定义为 SOC=1，且有

$$Q_{\mathrm{sum}}=Q+Q_{\mathrm{R}}\tag{9.12}$$

式中，Q 为电池已放出的容量。则式(9.11)可表示为

$$\mathrm{SOC}=1-\frac{Q}{Q_{\mathrm{sum}}}\tag{9.13}$$

4）放电深度（DOD）

放电深度是指蓄电池放出的容量占其能输出总容量的百分比，即

$$\mathrm{DOD}=\frac{Q}{Q_{\mathrm{sum}}}\tag{9.14}$$

对照式(9.13)可以看出，它是荷电状态对 1 的补值。因此式(9.14)也可以表示为

$$\mathrm{DOD}=1-\mathrm{SOC}\tag{9.15}$$

5）放电速率

放电速率简称放电率，常用时率和倍率表示。时率是以放电电流的数值为额定容量数值的倍数表示。一般用符号 C 及其下标表示放电时率。在研究电池时，常常规定统一的放电时间，称为放电制。利用给出的放电制就能通过额定的容量求出放电电流。放电电流(A)＝电池的额定容量(A・h)/放电制时间(h)，为了对容量不同的电池进行比较，放电电流不用绝对值(安培)表示，而用额定容量与放电制时间的比来表示，称作放电速率或放电倍率。

9.4.4 逆变器

在很多场合，都需要提供 220VAC 和 110VAC 的交流电源。由于太阳能的直接输出一般都是 12VDC、24VDC 和 48VDC，为能向 220VAC 的电器提供电能，需要将太阳能发电系统所发出的直流电能转换成交流电能，因此需要使用 DC-AC 逆变器。在某些场合，需要使用多种电压的负载时，也要用到 DC-DC 逆变器，如将 24VDC 的电能转换成 5VDC 的电能。

9.4.5 太阳能供电系统的特点及类型

太阳能供电系统的特点：①不必拉设电线，不必挖开马路，安装使用方便；②一次性投资，可保证 20 年不间断供电(蓄电池一般为 5 年需更换)；③免维护，无任何污染。

太阳能供电系统的类型：①按供电类型分为直流供电系统、交直流供电系统；②按供电特点分为独立光伏发电系统和并网光伏发电系统。

9.4.6 独立光伏发电系统

独立光伏发电系统是指仅仅依靠太阳能电池供电的光伏发电系统或主要依靠太阳能电池供电的光伏发电系统，在必要时可以由油机发电、风力发电、电网电源或其他电源作为补充。从电力系统来说，千瓦级以上的独立光伏发电系统也称为离网型光伏发电系统。

根据负载的种类、用途不同，独立型太阳能光伏系统的构成也不同。独立系统一般由太阳能电池、充放电控制器、蓄电池、逆变器以及负载(直流负载、交流负载)等构成。其工作原理是：如果负载为直流负载，太阳能电池的输出可直接供给直流负载；如果为交流负载，太阳能电池的输出则通过逆变器将直流变成交流后供给交流负载。蓄电池则用来存储电能，当夜间、阴雨天等太阳能电池无输出或输出不足时，则由蓄电池向负载供电。

独立系统由于负载只有太阳能光伏系统供电，且太阳能光伏系统的输出受诸如日照和温度等气象条件的影响，因此当供给负载的电力不足时，需要使用蓄电池来解决。由于太阳能电池的输出为直流，一般可直接用于直流负载。当负载为交流时，还需要使用逆变器，将直流变成交流供给交流负载。由于蓄电池在充放电时会出现损失且维护检修成本高，因此，独立型太阳能光伏系统一般容量较小，主要用于时钟、无线机、路标、岛屿以及山区无电地区等领域。

1. 独立系统的用途

独立系统一般适用于下列情况：①需要自由携带的设备，如普通、便携型设备用电源；②夜间、阴雨天等不需要电网供电；③远离电网的边远地区；④不需要并网；⑤不采用电气配线施工；⑥不需要备用电源。

一般来说，远离送、配电线而又必须使用电力的地方以及如柴油发电需要运输燃料、发电成本较高的情况下使用独立系统比较经济，此时，可优先考虑使用独立系统。

2. 独立光伏发电系统的构成

独立光伏发电系统的框图如图 9.5 所示，其主要部件如下：

(1) 太阳能电池。由硅半导体材料制成的方片、圆片或薄膜，在阳光照射下产生电压和电流。

(2) 太阳能电池组件，也称为“光伏组件”。预先排列好的一组太阳能电池，被层压在超薄、透明、高强度玻璃和密封的封装底层之间。太阳能电池组件有各种各样的尺寸和形状，典型组件是矩形平板。

(3) 太阳能电池方阵，简称“方阵”。在金属支架上用导线连在一起的多个光伏组件的组合体。太阳能电池方阵产生所需要的电压和电流。

(4) 蓄电池组。提供存储直流电能的装置。

(5) 控制器，系统控制装置。通过对系统输入/输出功率的调节与分配。实现对蓄电池电压的调整，以及系统赋予的其他控制功能。

(6) 逆变器。将直流电转变为交流电的电气设备。

(7) 直流负载。以直流电供电的装置或设备。

(8) 交流负载。以交流电供电的装置或设备。

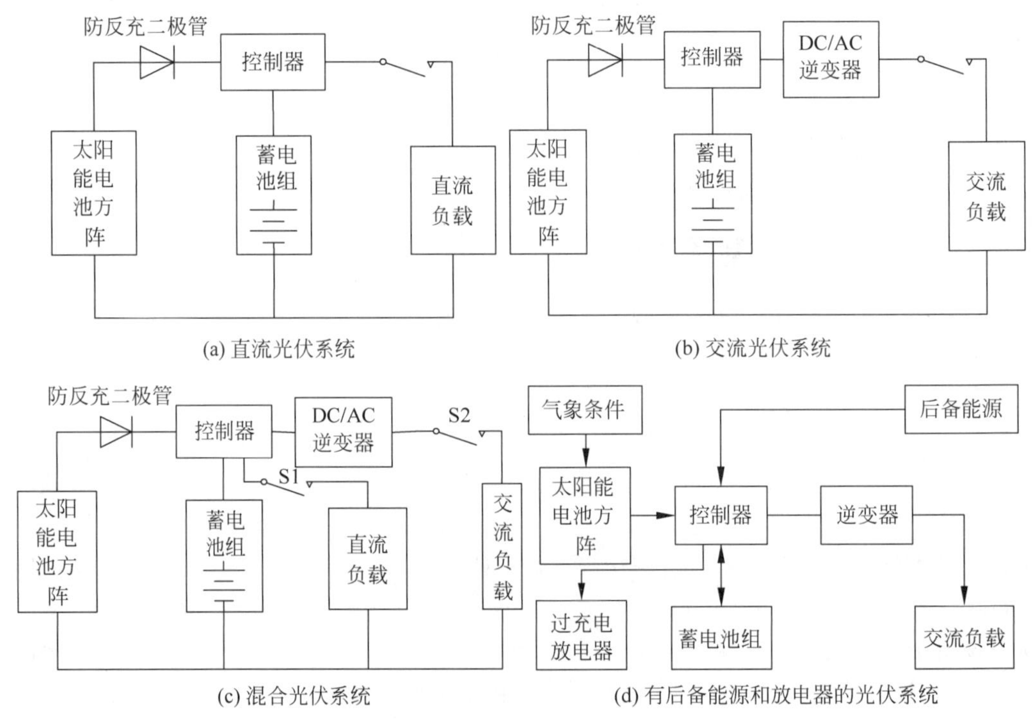

图 9.5 独立光伏发电系统框图

9.4.7 并网光伏发电系统

光伏发电系统的主流发展趋势是并网光伏发电系统。太阳能电池所发的电是直流，必须通过逆变装置变换成交流，再同电网的交流电合起来使用，这种形态的光伏系统就是并网光伏系统。并网光伏系统可分为住宅用并网光伏系统和集中式并网光伏系统（电站）两大类。前者的特点是光伏系统发的电直接被分配到住宅内的用电负载上，多余或不足的电力通过连接电网来调节；后者的特点是光伏系统发的电直接被输送到电网上，由电网把电力统一分配到各个用电单位。

在并网光伏系统的设计中，不提供蓄电池存储单元，白天不用的多余电量，可以通过逆变器将这些电能出售给当地的公用电力网，该逆变器是为这类光伏系统专门设计的。当光伏系统产生的电能不够用户使用时，可从公共电力网补充用户需要的功率。

1）有逆潮流并网系统

有逆潮流并网系统如图9.6所示，太阳能的输出供给负载后，若有剩余电能且剩余电能流向电网的系统，称为有逆潮流并网系统。对于逆潮流并网系统来说，由于太阳能电池产生的剩余电能可以供给其他的负载使用，因此可发挥太阳能电池的发电能力，使电能得到充分利用。当太阳能电池的输出不能满足负载的需要时，则从电力系统得到电能。这种系统可用于家庭用电源和工业用电源等场合。

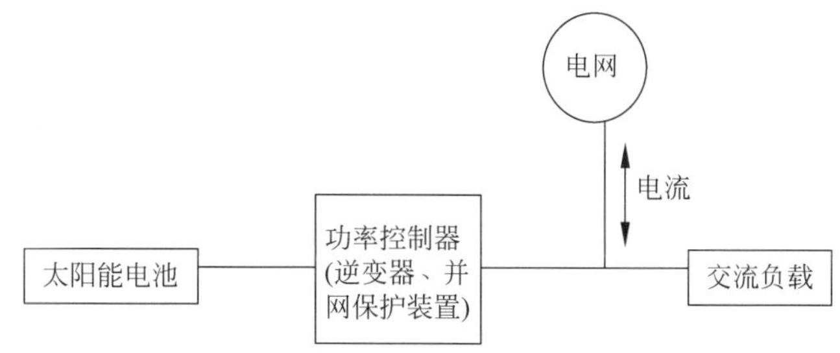

图9.6 有逆潮流并网系统

2）无逆潮流并网系统

无逆潮流并网系统如图9.7所示，太阳能电池的输出供给负载，即使有剩余电能，但剩余电能并不流向电网，此系统称为无逆潮流并网系统。当太阳能电池的输出不能满足负载的需要时，则从电力系统得到电能。

并网式系统的最大优点是可省去蓄电池。这不仅可以节省投资，使太阳能光伏系统的成本大大降低，有利于太阳能光伏系统的普及，而且可以省去蓄电池的维护和检修等费用，所以该系统是一种十分经济的系统。这种不带蓄电池、无逆潮流的并网式屋顶太阳能光伏系统正得到越来越广泛的应用。

3）切换式并网系统

切换式并网系统如图9.8所示，该系统主要由太阳能电池、蓄电池、逆变器、切换器以及负载等构成。正常情况下，太阳能光伏系统与电网分离，直接向负载供电。而当日照不足或连续雨天，太阳能光伏系统的输出不足时，切换器自动切向电网一边，由电网向负载供电。这种系统在设计蓄电池的容量时可选择较小容量的蓄电池，以节省投资。

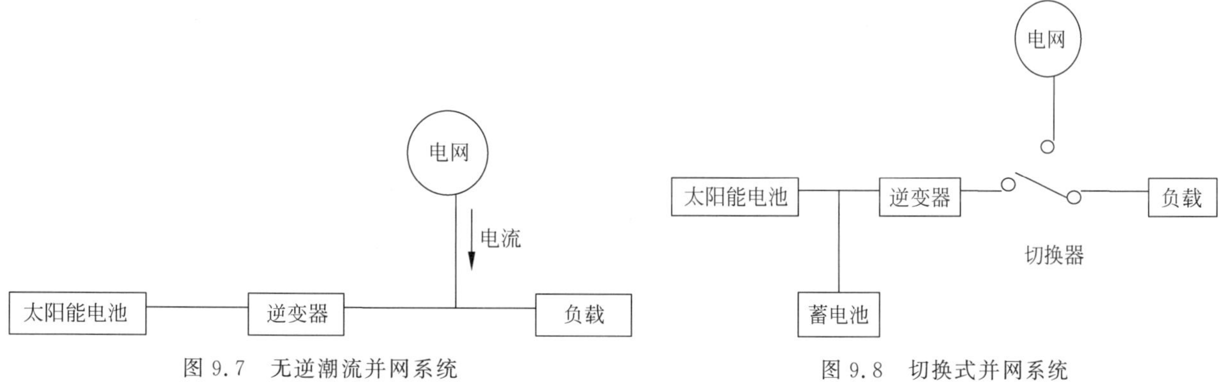

图9.7 无逆潮流并网系统

图9.8 切换式并网系统

4）自立运行切换型太阳能光伏系统(防灾型)

自立运行切换型太阳能光伏系统一般用于灾害和救灾等情况。通常,该系统通过系统并网保护装置与电力系统连接,太阳能光伏系统所产生的电能供给负荷。当灾害发生时,系统并网保护装置动作使太阳能光伏系统与电力系统分离。带有蓄电池的自立运行切换型太阳能光伏系统可作为紧急通信电源、避难所、医疗设备、加油站、道路指示以及照明等的电源,当灾害发生时向灾区的紧急负荷供电。

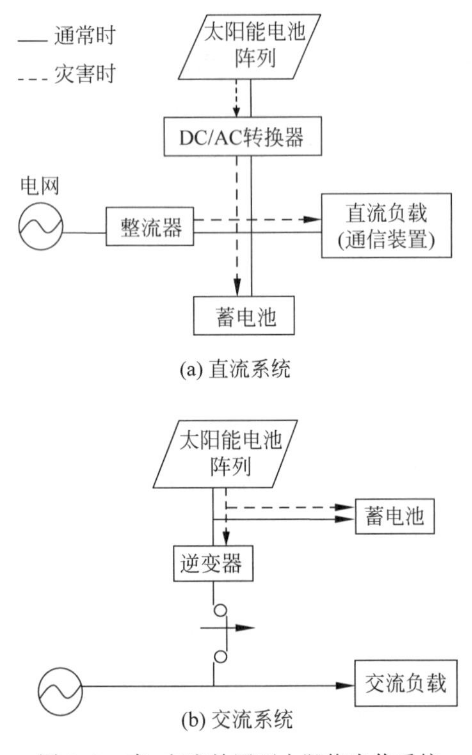

图 9.9　直、交流并网型太阳能光伏系统

5）直、交流并网型太阳能光伏系统

图 9.9(a)所示为直流并网型太阳能光伏系统。由于情报通信用电源为直流电源,因此,太阳能光伏系统所产生的直流电可以直接供给情报通信设备使用。为了提高供电的可靠性和自立性,太阳能光伏系统也可同时与商用电力系统并用。图 9.9(b)所示为交流并网型太阳能光伏系统,它可以为交流负载提供电能。图中,实线为通常情况下的电能流向,虚线为灾害情况下的电能流向。

6）地域并网型太阳能光伏系统

传统的太阳能光伏系统由太阳能电池、逆变器、控制器、自动保护系统和负荷等构成。其特点是太阳能光伏系统分别与电力系统的配电线相连。各太阳能光伏系统的剩余电能直接送往电力系统(称为卖电)；各负荷的所需电能不足时,直接从电力系统得到电能(称为买电)。

传统的太阳能光伏系统存在如下问题：

(1) 逆充电问题。所谓逆充电问题,是指当电力系统的某处出现事故时,尽管将此处与电力系统的其他线路断开,但此处如果有太阳能光伏系统的话,太阳能光伏系统的电能会流向该处,有可能导致事故处理人员触电,严重时会造成伤亡。

(2) 电压上升问题。由于大量的太阳能光伏系统与电力系统并网,晴天时太阳能光伏系统的剩余电能会同时送往电力系统,使电力系统的电压上升,导致供电质量下降。

(3) 太阳能发电成本的问题。太阳能发电的价格太高是制约太阳能发电普及的重要因素,如何降低成本是人们最为关注的问题。

(4) 负荷均衡的问题。为了满足最大负荷的需要,必须相应地增加发电设备的容量,但这样会使设备投资增加,不经济。为了解决上述问题,提出了地域并网型太阳能光伏系统,如图 9.10 所示。图中的虚线部分为地域并网太阳能光伏系统的核心部分,各负荷、太阳能发电站以及电能存储系统与地域配电线相连,然后与电力系统的高压配电线相连。

太阳能发电站可以在某地域的建筑物的墙面、学校、住宅等的屋顶、空地等处,太阳能发电站、电能存储系统以及地域配电线等设备由独立于电力系统的第三方建造并经营。

该系统的特点是：

(1) 太阳能发电站发出的电能首先向地域内的负荷供电,有剩余电能时,电能存储系统先将其存储起来,若仍有剩余电能则卖给电力系统；太阳能发电站的输出不能满足负荷的需要时,先由电能存储系统供电,仍不足时则从电力系统买电。这种并网系统与传统的并网系统相比,可以减少买卖电量。太阳能发电站发出的电能可以在地域内得到有效利用,提高电能的利用率。

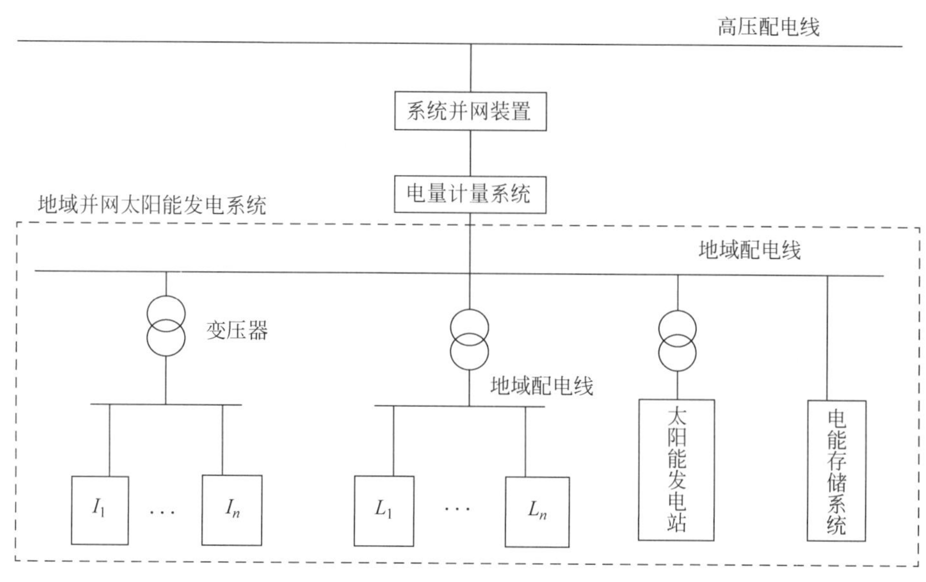

图 9.10　地域并网型太阳能光伏系统

(2) 地域并网太阳能光伏系统通过系统的并网装置与电力系统相连。当电力系统的某处出现故障时，系统并网装置检测出故障，并自动断开开关，使太阳能光伏系统与电力系统脱离，防止太阳能光伏系统的电流流向电力系统，有利于检修与维护。因此这种并网系统可以很好地解决逆充电问题。

(3) 地域并网太阳能光伏系统通过系统并网装置与电力系统相连，所以只需在并网处安装电压调整装置或使用其他方法，就可解决由于太阳能光伏系统同时向电力系统送电时所造成的系统电压上升的问题。

(4) 由上述的特点(1)可知，与传统的并网系统相比，太阳能光伏系统的电能首先供给地域内的负荷，若仍有剩余电能则由电能存储系统存储，因此，剩余电能可以得到有效利用，可以极大地降低成本，有助于太阳能发电的应用与普及。

(5) 负荷均衡问题。由于设置了电能存储装置，可以将太阳能发电的剩余电能存储起来，可在最大负荷时向负荷提供电能，因此可以起到均衡负荷的作用，从而极大地减少调峰设备，节约投资。

9.5　太阳能光伏发电系统的设计方法

太阳能光伏系统设计时应对设计场所的状况、方位和周围的情况等进行调查；选定设置可能的场所，根据调查的结果选定太阳能电池阵列的设置方式；计算出可能的太阳能电池组件的数量，设计太阳能台架，选定控制器等系统设备；然后，根据设置可能的太阳能电池组件数计算发电量；根据设计结果购买太阳能电池组件以及其他设备；安装太阳能电池组件并对其配线，安装工事结束后对各个部分进行检查，如不存在问题则可开始发电。

太阳能电池组件设计的一个主要原则就是要满足平均天气条件下负载的每日用电需求。因为天气条件有低于和高于平均值的情况，所以要保证太阳能电池组件和蓄电池在天气条件有别于平均值的情况下协调工作；蓄电池在数天的恶劣气候条件下，其荷电状态(SOC)将会降低很多。在太阳能电池组件大小的设计中不要考虑尽可能快地给蓄电池充满电，这样就会导致一个很大的太阳能电池组件，使得系统成本过高；而在一年中的绝大部分时间里太阳能电池组件的发电量会远远大于负载的耗量，从而造成太阳能电池组件不必要的浪费。蓄电池的主要作用是在太阳辐射低于平均值的情况下给负载供电，在随后太阳辐射高于平均值的天气情况下，太阳能电池组件就会给蓄电池充电。

设计太阳能电池组件要满足光照最差季节的需要。在进行太阳能电池组件设计时，首先要考虑的问题就是设计的太阳能电池组件输出要等于全年负载需求的平均值。在这种情况下，太阳能电池组件将提供负载所需的所有能量。但这也意味着每年都有将近一半的时间蓄电池处于亏电状态。蓄电池长时间内处于亏电状态将使得蓄电池的极板硫酸盐化，而在独立光伏系统中没有备用电源在天气较差的情况下给蓄电池进行再充电，这样蓄电池的使用寿命和性能将会受到很大的影响，整个系统的运行费用也将大幅增加。太阳能电池组件设计中较好的办法是太阳能电池组件能满足最恶劣季节里的负载需要，也就是保证在光照最差的情况下蓄电池也能够被完全充满电。这样，蓄电池全年都能达到全满状态，可延长蓄电池的使用寿命，减少维护费用。

如果按照最差情况，即全年光照最差的季节，光照度大大低于平均值考虑设计太阳能电池组件大小，那么所设计的太阳能电池组件在一年中的其他时候就会远远超过实际所需，而且成本高昂。这时就可以考虑使用带有备用电源的混合系统，但是对于很小的系统，安装混合系统的成本会很高；而在偏远地区，使用备用电源的操作和维护费用也相当高。所以，设计独立光伏系统的关键就是选择成本效益最好的方案。

9.5.1 一般工程设计步骤

太阳能光伏系统的设计是一个非常复杂的工作，在设计时要考虑各个方面的因素，所以在设计时必须有周密计划。在工程实践中一般采用如下步骤：①设想所需电力；②确定场所形状；③确定可设置太阳能电池组件的面积；④决定所必需的太阳能电池容量；⑤算出太阳能电池的面积；⑥判断设置太阳能电池组件的可能性；⑦决定必要的组件枚数；⑧决定逆变器的容量；⑨确定逆变器等设置场所、分电盘的电路、配线、走向等；⑩设计与施工方案，试用运行。

设计时，根据事前调查对设计条件进行充分分析，在此基础上进行太阳能电池阵列及支架的设计。

9.5.2 设计因素分析

太阳能光伏系统设计时，必须考虑诸多因素，进行各种调查，了解系统设置用途、负载情况，决定系统的形式、构成，选定设置场所、设置方式、阵列容量、太阳能电池的方位角、倾斜角、可设置的面积、台架形式以及布置方式等。

1. 太阳能光伏系统设计时的调查

一般来说，太阳能光伏系统设计时首先应调查如下项目：①与用户商量，如发电输出、设置场所、经费预算、实施周期以及其他特殊条件；②进行建筑物的调查，如建筑物的形状、结构、屋顶的结构、当地的条件（日照条件等）以及方位等；③电气设备的调查，如电气方式、负荷容量、用电合同的状况、设备的安装场所（逆变器、连接箱以及配线走向等）；④施工条件的调查，如搬运设备的道路、施工场所、材料安放场所以及周围的障碍物等。

其次，应对太阳能光伏系统设置的用途、负载情况进行调查，决定系统的形式、构成，选定场所、设置方式，解决太阳能电池的方位角、倾斜角、可设置面积等密切相关的问题。

2. 太阳能光伏系统设置的用途、负载情况

首先，要明确在何处设置太阳能光伏系统，是在建筑物的屋顶上还是在地上、空地等处设置。其次，太阳能电池产生的电力用在何处，即为何种负载。

另外，要清楚负载是直流负载还是交流负载，是昼间负载还是夜间负载。一般来说，住宅、公共建筑物等处为交流负载，因此需要使用逆变器。由于太阳能光伏系统只能在白天有日光的条件下才能发电，因此可直接为昼间负载提供电力，但对夜间负载来说则要考虑装蓄电池。

对独立系统来说，在负载大小已知的情况下，要针对负载的大小来设计相应的太阳能光伏系统的容量。

3. 系统的类型、构成的选定

系统的类型、构成取决于系统使用的目的、负载的特点以及是否有备用电源等。对构成系统的各部分设备的容量进行设计时必须事先决定系统的类型，其次是负载的情况、太阳能电池阵列的方位角、倾斜角、逆变器的种类等。

(1) 系统类型的选定。根据是独立系统还是并网系统，系统形式可以有许多种类。独立型太阳能光伏系统根据负载的种类可分成直流负载直接型、直流负载蓄电池使用型、交流负载蓄电池使用型和直、交流负载蓄电池使用型等系统。并网系统也有许多种类，如有潮流、无潮流并网系统、切换式系统、以及防灾系统等。

(2) 系统装置的选定。系统装置的选定除了太阳能电池外，还包括功率调节器和接线盒等。对安装蓄电池的系统，还要选定蓄电池和充放电控制器等。

4. 设置场所、设置方式的选定

太阳能阵列的设置场所、设置方式较多，大体可分为建筑物上设置和地面上设置。目前，一般在杆柱、屋顶、屋顶平台上以及地面上设置太阳能电池阵列。具体可分为如下几种类型：杆上设置型、地上设置型(平地设置型和斜面设置型)、屋顶设置型(整体型、直接型、架子型以及空隙型)、高楼屋顶设置型和墙壁设置型(建材一体型、壁面设置型以及窗上设置型)。应根据具体要求和环境条件选定设置场所和设置方式。

5. 太阳能电池的方位角、倾斜角的选定

太阳能电池阵列的布置、方位角、倾斜角的选定是太阳能光伏系统设计时最重要的因素之一。所谓方位角，一般是指东、西、南、北方向的角度，对于太阳能光伏系统来说，方位角以正南为0°，顺时针方向(西)取正(如+45°)，逆时针方向取负(如−45°)，倾斜角为水平面与太阳能电池组件之间的夹角。倾斜角为0°时表示太阳能电池组件为水平设置，90°则表示太阳能电池组件为垂直设置。

(1) 选择太阳能电池的方位角。一般来说，太阳能电池的方位角取正南方向(0°)，以使太阳能电池的单位容量的发电量最大。如果受太阳能电池设置场所，如屋顶、土地、建筑物的阴影等的限制时，则考虑与屋顶、土地、建筑物的方位角一致，以避开山、建筑物等的阴影的影响。例如在已有的屋顶上设置时，为了有效地利用屋顶的面积应选择与屋顶方位角一致。如果旁边的建筑物或树木等的阴影有可能对太阳能电池阵列产生影响时，则应极力避免，以适当的方位角设置。另外，为了满足昼间最大负载的需要，应将太阳能电池阵列的设置方位角与昼间最大负载出现的时刻相对应进行设置。因此，太阳能电池的方位角可以选择南向、屋顶或土地的方位角，以及昼间最大负载出现时的方位角等，避开建筑物或树木等阴影的角度。

(2) 选定太阳能电池的倾斜角。最理想的倾斜角可以根据太阳能电池年间发电量最大时的年间最大倾斜角来选择。但是，在已建好的屋顶设置时则可与屋顶的倾斜角相同。有积雪的地区，为了使积雪能自动滑落，倾斜角一般选择50°～60°。所以，太阳能电池阵列的倾斜角可以选择年间最大倾斜角、屋顶的倾斜角以及使雪自动滑落的倾斜角等。

我国主要30个城市的平均日照及最佳安装倾角如表9.3所示。

表 9.3 我国主要 30 个城市的平均日照及最佳安装倾角

城　市	纬度(北)	最佳倾角	年平均日照时间/h	城　市	纬度(北)	最佳倾角	年平均日照时间/h
北京	39.80°	纬度+4°	5	杭州	30.23°	纬度+3°	3.43
天津	39.10°	纬度+5°	4.65	南昌	28.67°	纬度+2°	3.80
哈尔滨	45.68°	纬度+3°	4.39	福州	26.08°	纬度+4°	3.45
沈阳	41.77°	纬度+1°	4.60	济南	36.68°	纬度+6°	4.44
长春	43.90°	纬度+1°	4.75	郑州	34.72°	纬度+7°	4.04
呼和浩特	40.78°	纬度+3°	5.57	武汉	30.63°	纬度+7°	3.80
太原	37.78°	纬度+5°	4.83	广州	23.13°	纬度−7°	3.52
乌鲁木齐	43.78°	纬度+12°	4.60	长沙	28.20°	纬度+6°	3.21
西宁	36.75°	纬度+1°	5.45	香港	22.00°	纬度−7°	5.32
兰州	36.05°	纬度+8°	4.40	海口	20.03°	纬度+12°	3.84
西安	34.30°	纬度+14°	3.59	南宁	22.82°	纬度+5°	3.53
上海	31.17°	纬度+3°	3.80	成都	30.67°	纬度+2°	2.88
南京	32.00°	纬度+5°	3.94	贵阳	26.58°	纬度+8°	2.86
合肥	31.85°	纬度+9°	3.69	昆明	25.02°	纬度−8°	4.25
拉萨	29.70°	纬度−8°	6.70	银川	38.48°	纬度+2°	5.45

6. 可设置面积

设置太阳能电池阵列时，要根据设置的规模、构造和设施方式等决定可设置的面积。可设置的面积受到条件的限制时，要考虑地点的形状、所需的发电容量以及周围的环境等，对太阳能电池阵列的配置进行设计，使太阳能光伏系统的输出功率最大。

7. 太阳能电池阵列设计

太阳能电池阵列设计包括如下内容：

(1) 太阳能电池组件的选定。太阳能电池组件的选定一般应根据太阳能光伏系统的规模、用途和外观等而定。太阳能电池组件的种类较多，现在比较常用的是单晶硅、多晶硅以及非晶硅太阳能电池等。

(2) 太阳能电池阵列容量的计算。

(3) 台架设计。台架设计时应考虑设置地点的状况和环境等因素。要考虑风压的作用力、固定的载荷、积雪的载荷以及地震载荷等。

8. 结构设计条件选择

结构设计条件选择包括确定太阳能电池阵列用的支架、组件的安装方向和支架固定地基等。

1) 太阳能电池阵列用的支架

从支架的材质、支架的强度和支架的使用寿命等方面来选择确定太阳能电池阵列用的支架。

(1) 支架的材质。支架的材质是根据环境条件和设计使用寿命选择决定的。阵列的支架结合安装场所设计制造的情况较多，但是为控制人工费，在可能的范围内仍建议采用制造厂的标准支架。最廉价的产品为考虑使用寿命的 SS400 型钢制热浸镀锌产品。

SUS316 不锈钢对盐害等具有高抵抗性，但很难得到且价格又高，因此，在国内特别是在海上安装的场合，采用 SUS304 不锈钢材料的情况较多。也有使用铝合金制品的场合，这种产品价格高。应避免在品种选择和表面处理上存在问题，因为铝合金与铁相比化学活性高、易腐蚀、要特别考虑。

(2) 支架的强度。除雪特别大的地区外，支架强度要能承受自重和风压相加的荷重；在房顶上安装的场合，支架的强度也要能承受自重和风压的最大荷重。

(3) 支架的使用寿命。根据设定的使用寿命、维护保养等选择材料。以下是根据使用寿命不同采取的不同方法：钢制＋表面涂漆(有颜色)，5～10 年，再涂漆；钢制＋热浸镀锌，20～30 年；不锈钢，30 年以上。

2) 组件的安装方向

太阳能电池组件大部分是长方形形状。把组件的长边纵向安装的方式称为太阳能电池阵列纵置型，长边横向安装的方式称为横置型。

因为横置型阵列中组件使用量比纵置型少一些，因此常常采用横置型。但是横置型组件的铝框架和玻璃面的断层差比纵置型高两倍，因此它的自然降雨洗净效果较差。而且，在有积雪时，雪滑落的效果也差。因此，尘埃、火山灰、飘浮的盐粒子等较多的地区，以及积雪地区，常采用纵置型。

3) 支架固定地基

在地面上安装的场合，要调查地基的承受力。施工时考虑到地震，采用混凝土底座基础或者其他稳固基础，使用较多的是用钢筋增加强度，但是避免过多采用钢材，在保证足够强度的同时也要考虑经济性。

在房顶上安装的场合，根据防水层的情况，只要有条件，采取混凝土埋入 L 型地角螺栓或者塑料螺栓固定支架。不能使用塑料螺栓的场合，则采用钢材或混凝土做成固定型基础。

9.5.3 常用设计方法

由于太阳光能量变化的无规律性、负载功率的不确定性以及太阳能电池特性的不稳定性等因素的影响，太阳能光伏系统的设计比较复杂。

太阳能光伏系统的设计方法一般可分为解析法和计算机仿真法两种。解析法是根据系统的数学模型，并使用设计图表等进行设计，得出所需的设计值的方法。解析法可分为参数分析法以及 LOLP (Loss of Load Probability，电力不足概率或缺电风险)法两种。

参数分析法是一种将复杂的非线性太阳能光伏系统当作简单的线性系统来处理的方法。设计时可从负载与太阳光的入射量着手进行设计，也可以从太阳能电池组件的设置可能面积着手进行设计。此方法不仅使用价值高，而且设计方法简单。

LOLP 法是一种用概率变量来描述系统的方法。由于系统的状态变量、系数等变化无规律可循，直接处理起来不太容易，采用 LOLP 法可以较好地解决此问题。

计算机仿真法则是利用计算机对日射、不同类型的负载以及系统的状态进行动态计算，实时模拟实际系统的状态的方法。由于此方法可以秒、时为单位对日射量与负载进行一年的计算，因此，可以准确地反映日射量与负载之间的关系，设计精确度较高。

上面列举了三种设计方法，一般常用参数分析法和计算机仿真法，这里着重介绍利用参数分析法和计算机仿真分析法进行系统设计的方法。

1. 参数分析法

太阳能光伏系统设计时，一般采用根据负载消费量决定所需太阳能电池容量的方法。但是太阳能电池在安装时，往往出现设置面积受到限制等问题，因此，应事先调查太阳能电池可设置的面积，然后计算出太阳能电池的容量，最后进行系统的整体设计。

1) 阵列容量的计算

用参数分析法对系统进行设计时，要对阵列容量进行计算。太阳能计算简易公式如式(9.16)和式(9.17)所示。

$$太阳能电池组件功率=\frac{用电器功率\times 用电时间}{当地峰值日照时间}\times 损耗系数(1.6\sim 2.0) \tag{9.16}$$

$$蓄电池容量=\frac{用电器功率\times 用电时间}{系统电压}\times 阴雨天数\times 系统安全系数\times 损耗系数(1.6\sim 2.0) \tag{9.17}$$

一般分为两种情况进行计算：一种是负载已决定时的情况；另一种是阵列面积已决定时的情况。下面对两种情况分别进行讨论。

(1) 负载已经决定时，根据负载消费量决定所需太阳能电池容量，一般使用式(9.18)进行计算：

$$P_{AS}=\frac{E_L DR}{(H_A/G_S)K} \tag{9.18}$$

式中，P_{AS}为标准状态时太阳能电池阵列的容量(kW)(标准状态：太阳质量AM1.5，日射强度1000W/m^2，太阳能电池单元温度25℃)；H_A为某期间得到的阵列表面的日射量(kW/(m^2·期间))；G_S为标准状态下的日射强度(kW/m^2)；E_L为某期间负载消费量(需要量)(kW·h/期间)；D为负载对太阳能光伏系统的依存率(=1－备用电源电能的依存率)；R为设计余量系数，通常在1.1～1.2的范围；K为综合设计系数(包括太阳能电池组件输出波动的修正、电路损失和机器损失等)。

式(9.18)中的综合设计系数K包括直流修正系数K_d、温度修正系数K_t和逆变器转换效率η等。直流修正系数K_d用来修正太阳能电池表面的污垢，太阳日射强度的变化引起的损失，以及太阳能电池的特性变化等，K_d值一般为0.8左右；温度修正系数K_t用来修正因日射引起的太阳能电池的升温、转换效率变化等，K_t值一般为0.85左右；逆变器转换效率η是指逆变器将太阳能电池发出的直流电转换为交流电时的转换效率，通常为0.85～0.95。

对于住宅用太阳能光伏系统而言，某期间负载消费量E_L可用两种方法加以概算：一种方法是根据使用的电气设备以及使用时间来计算；另一种方法是根据电表的消费量进行推算。根据使用的电气设备以及使用时间计算负载的消费量时，一般采用式(9.19)：

$$E_L=E_1T_1+E_2T_2+\cdots+E_nT_n \tag{9.19}$$

式中，消费量E_L一般以年为单位，即用E_L表示年间总消费量，并用单位(kW·h/a)表示；$E_k(k=1,2,\cdots,n)$为各电气设备的消费电量；$T_k(k=1,2,\cdots,n)$为各电气设备的年使用时间。

某期间得到的阵列表面的日射量H_A与设置场所(如屋顶)、阵列的方向(方位角)以及倾斜角有关，当然，各月也不尽相同。太阳能电池阵列面向正南时日射量最大，太阳能电池阵列倾斜角与设置地点的纬度相同时，理论上的年间日射量最大。但实测结果表明，倾斜角略小于纬度时日射量较大。

(2) 阵列面积已经决定时。设置太阳能光伏系统时，有时会受到设置场所的限制，即太阳能电池阵列的设置面积会受到限制。系统设计时需要根据设置面积算出太阳能电池的容量。如果已知设置地点的日射量H_A、标准太阳能电池阵列的输出P_{AS}以及综合设计系数K，则可根据式(9.20)计算出太阳能光伏系统的日发电量：

$$E_P=H_AKP_{AS} \tag{9.20}$$

标准状态下的太阳能电池阵列的转换效率可由式(9.21)表示：

$$\eta_S=\frac{P_{AS}}{G_SA}\times 100\% \tag{9.21}$$

式中，A为太阳能电池阵列的面积。

太阳能电池单元、太阳能电池组件的转换效率可用式(9.21)进行计算。一般简单地称为转换效率，有时需要加以区别。这些转换效率之间的关系是：太阳能电池单元转换效率＞太阳能电池组件的转换效率＞太阳能电池阵列的转换效率。

2）太阳能电池组件的总枚数

计算出必要的太阳能电池容量(kW)之后，下一步则需要决定太阳能电池组件的总枚数以及串联的枚数(一列的组件枚数)。组件的总枚数可以由必要的太阳能电池容量计算得到，串联枚数可以根据必要的电压(V)算出。

太阳能电池组件的总枚数由式(9.22)计算：

$$\text{组件的总枚数}=\text{必要的太阳能电池容量(W)}/\text{每枚组件的最大输出功率(W)} \tag{9.22}$$

太阳能电池组件的串联枚数由式(9.23)计算：

$$\text{串联枚数}=\text{必要的电压}/\text{每枚组件的最大输出电压(V)} \tag{9.23}$$

根据太阳能电池组件的总枚数以及串联组件的枚数可计算出太阳能电池组件的并联枚数：

$$\text{并联枚数}=\text{组件的总枚数}/\text{串联枚数} \tag{9.24}$$

实际太阳能电池组件使用枚数为

$$\text{太阳能电池组件总枚数}=\text{串联枚数}\times\text{并联枚数} \tag{9.25}$$

3）太阳能电池阵列的年发电量的估算

所设计的太阳能电池阵列的年发电量，可以由式(9.26)估算：

$$E_P=\frac{H_A K P_{AS}}{G_S} \tag{9.26}$$

式中，E_P 为年发电量(kW・h)；P_{AS} 为标准状态时太阳能电池阵列的容量(kW)；H_A 为年阵列表面的日射量(kW/(m^2・年))；G_S 为标准状态下的日射强度(kW/m^2)；K 为综合设计系数。

4）蓄电池容量的计算

光伏系统设计时，根据负载的情况有时需要装蓄电池。蓄电池容量的选择要根据负载的情况和日射强度等进行。下面介绍负载较稳定的供电系统以及根据日射强度来控制负载容量的系统的蓄电池容量的设计方法。

(1) 负载较稳定的供电系统。

负载的用电量不太集中时，可用式(9.27)决定蓄电池的容量：

$$B_C=E_L N_d R_b/(C_{bd}U_b\delta_{bv}) \tag{9.27}$$

式中，B_C 为蓄电池容量(kW・h)；E_L 为负载每日的需要电量(kW・h/d)；N_d 为无日照连续日数(d)；R_b 为蓄电池的设计余量系数；C_{bd} 为容量递减系数；U_b 为蓄电池可利用放电范围；δ_{bv} 为蓄电池放电时的电压低下率。其中 C_{bd}、U_b、δ_{bv} 可以由蓄电池的技术资料得到。

(2) 根据日射强度来控制负载容量的系统。

无论是雨天还是夜间，当需要向负载提供最低电力时，必须考虑无日照的连续期间向最低负载提供电力的蓄电池容量。在这种情况下，一般采用式(9.28)进行计算：

$$B_C=E_{LE}-P_{AS}(H_{A1}/G_S K)N_d R_b/(C_{bd}U_b\delta_{bv}) \tag{9.28}$$

式中，E_{LE} 为负载所需的最低电量(kW・h/d)；H_{A1} 为无日照的连续日数期间所得到的平均阵列面日射量(kW・h/d)。

5）逆变器容量的计算

对于独立系统来说，逆变器容量一般用式(9.29)进行计算：

$$P_{in} = P_m R_e R_{in} \tag{9.29}$$

式中,P_{in} 为逆变器容量(kV·A);P_m 为负荷的最大容量;R_e 为突变率;R_{in} 为设计余量系数(一般取1.5~2.0)。

对于并网系统来说,逆变器在负载率较低的情况下工作时效率较低。另外,逆变器的容量较大时价格也高,应尽量避免使用大容量的逆变器。选择逆变器的容量时,应使其小于太阳能电池阵列的容量,即 $P_{in}=P_{AS}C_n$,这里 C_n 为递减率,一般取 0.8~0.9。

2. 计算机仿真法

计算机仿真法主要用来对太阳能光伏系统进行最优设计以及确定运行模式。仿真时通常以一年为对象,利用日射量、温度、风速以及负载等数据进行计算,决定太阳能光伏系统的太阳能电池阵列容量、蓄电池容量、负载的非线性电压电流特性以及运行工作点等。

1) 各部分的数学模型

太阳能电池阵列、铅蓄电池和逆变器等部分的数学模型如下:

(1) 太阳能电池阵列

设 T 为在任意日射强度 S(W/m^2)及任意环境温度 T_{air}(℃)下的太阳能电池温度,则有以下公式:

$$T = T_{air} + KS \tag{9.30}$$

式中,K 为光伏电池模块的温度系数(℃·m^2/W)。

设在参考条件 $S_{ref}=1000$W/m^2,$T_{ref}=25$℃下,I_{SC} 为短路电流,U_{OC} 为开路电压,I_m 和 U_m 为最大功率点电流和电压,则当光伏阵列电压为 U,其对应点电流 I 为

$$I = I_{SC}(1 - C_1(e^{\frac{U}{C_2 U_{OC}}} - 1)) \tag{9.31}$$

其中,

$$C_1 = (1 - (I_m/I_{SC}))e^{-\frac{U_m}{C_2 U_{OC}}} \tag{9.32}$$

$$C_2 = ((U_m/U_{OC}) - 1)/\ln(1 - (I_m/I_{SC})) \tag{9.33}$$

考虑太阳辐射变化和温度影响时,

$$I = I_{SC}(1 - C_1(e^{\frac{U-DV}{C_2 U_{OC}}} - 1)) + \mathrm{DI} \tag{9.34}$$

其中,

$$\mathrm{DI} = \alpha S/(S_{ref}\mathrm{DT}) + ((S/S_{ref}) - 1)I_{SC} \tag{9.35}$$

$$\mathrm{DV} = -\beta\mathrm{DT} - R_S\mathrm{DI} \tag{9.36}$$

式中,α 为在参考日照下电流变化温度系数(A/℃);β 为在参考日照下,电压变化温度系数(V/℃);R_S 为光伏阵列模块的内阻;DI 为电流变化量;DT 为温度变化量。

(2) 铅蓄电池

太阳能光伏系统中常用铅蓄电池存储电能,这里以铅蓄电池为例说明其数学模型。由铅蓄电池的输出电压源与串联电阻组成,其数学表达式如下:

$$V_b = E_b - I_b R_{sb} \tag{9.37}$$

式中,V_b 为铅蓄电池单元的端电压;E_b 为铅蓄电池单元的电压;I_b 为铅蓄电池单元的充放电电流;R_{sb} 为铅蓄电池单元的内阻。

蓄电池一般由 N_{bs} 个蓄电池串联、N_{bp} 个蓄电池并联构成铅蓄电池系统。因此,蓄电池的端子电压为 $V_B=V_b N_{bs}$,端子电流为 $I_B=I_b N_{bp}$,所使用的蓄电池的数量可由 N_{bs} 与 N_{bp} 的乘积得到。

(3) 逆变器

逆变器的数学模型需要考虑无负载损失、输入电流损失以及输出电流损失等因素,其数学表达式如下:

$$I_o = P_i \eta / (V_o \phi) \tag{9.38}$$

$$P_o = P_i - L_o - R_i I_i^2 - R_o I_o^2 \tag{9.39}$$

$$I_i = P_i / V_i \tag{9.40}$$

$$\eta = P_o / P_i \tag{9.41}$$

$$P_o = V_o I_o \tag{9.42}$$

式中,V_i 为逆变器的输入电压; I_i 为逆变器的输入电流; P_i 为逆变器的输入功率; V_o 为逆变器的输出电压; I_o 为逆变器的输出电流; P_o 为逆变器的输出功率; ϕ 为功率因素; η 为逆变器效率; L_o 为逆变器无负载损失; R_i 为逆变器等效输入电阻; R_o 为逆变器等效输出电阻。

无负载损失与负载无关,为一常数。电流损失一般可分为输入侧与输出侧来加以考虑。另外,如果逆变器具有最大输出跟踪控制功能时,由于逆变器的输入电压与阵列的最大输出点的动作电压一致,因此逆变器可以在保持最大输出点的状态下工作。此时,逆变器的输入电流与阵列的最大输出点的动作电流一致。

实际上,逆变器由于受跟踪响应与日射变动等因素影响,对最佳工作点的跟踪并非理想,一般会偏离最大功率点。因此,计算机仿真时以秒为单位进行仿真,可使计算结果更加精确。

2) 计算机仿真用标准气象数据

计算机仿真时需要使用太阳能光伏系统设置地点的标准气象数据,如户外温度、直达日射量、风向、风速和云量等。根据负载的要求、标准气象数据以及阵列的面积可以算出阵列的输出、蓄电池容量和逆变器的大小等。

9.5.4 成本核算

太阳能光伏系统的费用一般可分为设置费和年经费。设置费包括系统设备费用、安装施工以及土地使用费用,系统设备费用中逆变器以及系统并网保护装置的费用约占一半。太阳能光伏系统的年经费(年直接费用)包含人工费和维护检查费等。住宅用太阳能光伏系统的年经费非常低。

太阳能光伏系统的成本一般用发电成本来评价,用式(9.43)计算:

$$\text{发电成本} = \text{年经费} / \text{年发电量} \tag{9.43}$$

年发电量可以由式(9.44)估算:

$$E_P = \frac{H_A K P_{AS}}{G_S} \tag{9.44}$$

式中,E_P 为年发电量(kW·h); P_{AS} 为标准状态时太阳能电池阵列的容量(kW); H_A 为年平均阵列表面的日射量[kW·h/(m^2·a)]; G_S 为标准状态下的日射强度(kW/m^2); K 为综合设计系数。

火力发电、核电等的发电成本一般根据电力公司的年经费(人事费、燃料费以及其他诸费用)算出,但太阳能光伏系统则采用式(9.45)计算:

$$\text{发电成本}[\text{元}/(\text{kW}\cdot\text{h})] = [(\text{设置费用}/\text{使用年数}) + \text{年直接费用}]/\text{年发电量} \tag{9.45}$$

与其他发电方式如火力发电和核电等比较,太阳能光伏系统的发电成本偏高。但随着太阳能光伏系统的大量应用与普及,将来会与现在的发电方式成本接近或基本相同。

9.6 住宅用太阳能光伏系统简易设计示例

这里用参数分析法，以住宅型屋顶设置的太阳能光伏系统为例，介绍在给定的条件下太阳能电池阵列的设计方法，计算必要的太阳能电池容量、阵列的枚数、串、并联数，并对系统的年发电量进行估算。

9.6.1 设计步骤

假设住宅用太阳能光伏系统为有逆潮流的并网系统。设计步骤如下：①房屋调查，包括结构形状、方位和周围的状况等；②太阳能电池设置场所的选定(强度和面积等)；③确定功率调节器输出电压；④太阳能电池组件的串联数的确定；⑤各纵列组件面积的计算；⑥设置面积的计算；⑦最终方案设计；⑧并联组数的确定。

9.6.2 设计条件

设计条件如下：①屋顶面积为 40m^2，不受阴影遮盖；②实地调查结果，设置面积为 36m^2；③房顶正南向，倾斜度 30°；④家庭内的年总消费量为 3000kW·h；⑤设置场所的年平均日射量为 3.92kW·h/m^2；⑥太阳能电池组件：100W、35V、985mm×885mm；⑦功率调节器的输入电压 220V DC。

9.6.3 太阳能电池阵列设计

太阳能电池阵列设计包括太阳能电池容量计算、太阳能电池组件的必要枚数计算、太阳能电池组件的串联枚数计算和并联组数计算等。

1）太阳能电池容量计算

这里，假定家庭内的全部消费电力由太阳能光伏系统提供。因此，负载对太阳能光伏系统的依存率为 100%(=1)，设计余量系数 R 取 1.1，综合设计系数取 0.77，满足年消费量时的必要的太阳能电池容量为

$$P_{AS}=\frac{E_L DR}{(H_A/G_S)K}=\frac{3000/365\times 1.0\times 1.1}{(3.92/1.0)\times 0.77}\text{kW}=2.994\text{kW}$$

2）太阳能电池组件的必要枚数计算

太阳能电池组件的必要枚数=2.994kW÷100W=2994÷100=29.94(枚)，取 30 枚。

3）太阳能电池组件的串联枚数计算

由于功率调节器的输入电压为 DC 220V，一枚太阳能电池的输出电压为 35V，所以串联枚数为 220V÷35V=6.29(枚)。因此，6 枚串联的太阳能电池组件构成一组，此组的输出为 600W(100W×6 枚)，电压为 210V(35V×6 枚)，面积约为 6m^2。

4）并联组数计算

由于设置面积为 36m^2，一组太阳能电池所占面积为 6m^2，所以并联组数为 36m^2/6m^2=6(组)，即可配 6 组。将各组并联起来便可构成阵列，设置可能的太阳能电池阵列的容量为 600W×6=3600W。因此，此户可设置 3.6kW 的太阳能光伏系统。

最后，考虑屋顶的形状、阴影和维护等，对太阳能电池组件进行布置设计，以确保 3kW 级的太阳能电池阵列设置无误，至此，太阳能光伏系统的设计结束。

系统设计完后，为确定所设计的太阳能电池阵列到底能产生多大的年发电量，还必须对此系统的年

发电量进行估算，可由式(9.46)估算：

$$E_P = \frac{H_A K P_{AS}}{G_S} = 3.92 \times 365 \times 0.77 \times 3.6/1\text{kW} \cdot \text{h} = 3966.2\text{kW} \cdot \text{h} \tag{9.46}$$

一年的发电量为 3966.2kW·h，能满足年 3000kW·h 的需要。值得指出的是，住宅并网型太阳能光伏系统设计时，用参数分析法设计一般比较粗略，而采用计算机仿真法，使用日射量、温度、风速以及负载等数据进行实时计算，得出的结果比较精确。

9.7　10kW 太阳能并网发电系统设计示例

本节对 10kW 太阳能并网发电系统进行研究和设计，整个设计包括电池组件及其支架、逆变器、配电室、系统的防雷保护等各个部分的设计，并且对系统的安装、调试和验收进行具体安排。

9.7.1　并网发电系统的组成

并网发电系统主要由太阳能电池组件和直流/交流逆变器两部分组成。

1) 太阳能电池组件

一个太阳能电池只能产生大约 0.5V 的电压，远低于实际使用所需的电压。为了满足实际应用的需要，需要把太阳能电池连接成组件。太阳能电池组件包含一定数量的太阳能电池，这些太阳能电池通过导线连接。如一个组件上，太阳能电池的数量是 36 片，这意味着一个太阳能组件大约能产生 17V 的电压。

通过导线连接的太阳能电池被密封成的物理单元称为太阳能电池组件，具有一定的防腐、防风、防雹和防雨的能力，广泛应用于各个领域和系统。当应用领域需要较高的电压和电流而单个组件不能满足要求时，可把多个组件组成太阳能电池方阵，以获得所需要的电压和电流。

2) 直流/交流逆变器

将直流电变换成交流电的设备。由于太阳能电池发出的是直流电，而一般的负载是交流负载，所以逆变器是不可缺少的。逆变器按运行方式，可分为独立运行逆变器和并网逆变器。独立运行逆变器用于独立运行的太阳能电池发电系统，为独立负载供电。并网逆变器用于并网运行的太阳能电池发电系统，将发出的电能馈入电网。逆变器按输出波形又可分为方波逆变器和正弦波逆变器。

9.7.2　10kW 太阳能并网发电系统的设计

下面在设计总则的基础上，进行电池组件及方阵支架的设计。

1. 设计总则

(1) 太阳能并网发电系统在原有的线路基础上增加，采取尽量不改造原有回路的原则。因此，将光伏系统的并网点选择在并网点的低压配电柜上。

(2) 考虑到并网系统在安装及使用过程中的安全及可靠性，在并网逆变器直流输入加装直流配电接线箱。

(3) 并网逆变器采用三相四线制的输出方式。

2. 电池组件及方阵支架的设计

1) 电池组件

选用型号为 120(34)P1447×663，主要参数为：输出峰值功率 120Wp，峰值电压 17V，峰值电流 7.05A，开路电压 22V，短路电流 7.5A。

太阳能电池由18块串联成1路，共5路，需要120Wp规格组件90块方阵，总功率为120×18×5Wp=10 800Wp。

太阳能电池方阵的主要技术参数为：①工作电压306V，开路电压396V；②工作电流35A，短路电流37.5A；③转换效率大于14%；④工作温度－40℃～90℃。

太阳能电池方阵的主要特点：①采用高效率晶体硅太阳能电池片，转换效率高（≥14%）；②使用寿命长（≥25年），衰减小；③采用无螺钉紧固铝合金边框，便于安装，机械强度高；④采用高透光率钢化玻璃封装，透光率和机械强度高；⑤采用密封防水的多功能接线盒。

2）方阵支架及光电场设计

太阳能电池支架采用混凝土标桩、槽钢底框和角钢支架，支架倾角为30°。

9.7.3 并网逆变器

并网逆变器采用最大功率跟踪技术，最大限度地把太阳能电池板转换的电能送入电网。逆变器自带的显示单元可显示太阳能电池方阵电压、电流，逆变器输出电压、电流、功率，累计发电量、运行状态、异常报警等各项电气参数。同时具有标准电气通信接口，可实现远程监控。具有可靠性高、多种并网保护功能（如孤岛效应等）、多种运行模式、对电网无谐波污染的特点。

根据以上要求选用Line Back $\sum$ 10kW并网逆变器。该逆变器的特征如下：①无变压器，实现了小型轻量化；②功能模块化，可根据需要制定出合理的安装模块；③有自立运行功能；停电时自动进行自立运行，向负荷供电；④自立运行或者并网运行时有相同容量的功率；⑤具有显示单元，可显示输出功率、累计电量、运行状态及异常等内容；⑥具有通信功能，使用标准计量软件，可由PC（Personal Computer，个人计算机）计量其电流、电压等值；⑦可全自动运行；⑧主要技术参数为：额定容量10kV·A、直流额定电压300V、直流额定电流37A、直流电压输入范围160～480V、交流输出功率因数0.99、频率50Hz、三相AC220V、输出电流失真度THD<5%、逆变器效率>90%。

9.7.4 配电室设计

由于并网发电系统没有蓄电池及太阳能充放电控制器及交直流配电系统，如果条件允许的话可以将并网发电系统的逆变器放在并网点的低压配电室内，否则只要单独建一座4～6m^2的低压配电室就可以了。

9.7.5 防雷

为了保证系统在雷雨等恶劣天气下能够安全运行，要对这套系统采取防雷措施。主要有以下几个方面：

（1）地线是避雷、防雷的关键，在进行配电室基础建设和太阳能电池方阵基础建设的同时，选择光电场附近土层较厚、潮湿的地点，挖一个2m深地线坑，采用40扁钢，添加降阻剂并引出地线，引出线采用35mm^2铜芯电缆，接地电阻应小于4Ω。

（2）在配电室附近安装避雷针，高15m，并单独做一个地线，方法同上。

（3）太阳能电池方阵电缆进入配电室的电压为DC220V，采用PVC管地埋，加防雷器保护。此外电池板方阵的支架应保证良好的接地。

（4）并网逆变器交流输出线采用防雷箱一级保护（并网逆变器内有交流输出防雷器）。

9.7.6　系统建设及施工

项目的施工包括：配电室及太阳能电池支架的基础制作，太阳能电池支架制作安装，太阳能电池方阵的安装，电气设备的安装调试及系统的并网运行调试。

1. 施工顺序

配电室及太阳能电池支架的基础制作→太阳能电池支架制作安装→太阳能电池方阵的安装→电气设备的安装调试→并网运行调试→试运行→竣工验收。

2. 施工准备

施工准备包括技术准备和现场准备。

1）技术准备

技术准备是决定施工质量的关键因素，它主要进行以下几方面的工作：①先对实地进行勘测和调查，获得当地有关数据并对资料进行分析汇总，做出切合实际的工程设计；②准备好施工中所需规范，作业指导书，施工图册有关资料及施工所需的各种记录表格；③组织施工队熟悉图纸和规范，做好图纸初审记录；④技术人员对图纸进行会审，并将会审中的问题做好记录；⑤会同建设单位和设计部门对图纸进行技术交底，将发现的问题提交设计部门和建设方，并由设计部门和建设方做出解决方案（书面）并做好记录；⑥确定和编制切实可行的施工方案和技术措施，编制施工进度表。

2）现场准备

现场准备工作内容如下：

(1) 物资的存放：准备一座临时仓库，主要存储并网发电系统的逆变器、太阳能电池、太阳能电池支架、线缆及其他辅助性的材料。

(2) 物资准备：施工前对太阳能电池组件、方阵支架和并网逆变器等设备进行检查验收，准备好安装设施及各种施工所需的主要原材料和其他辅助性的材料。

9.7.7　设备安装部分

设备安装包括太阳能电池组件安装和检验以及总体控制部分安装。

1）太阳能电池组件安装和检验

预埋太阳能电池阵列架基柱，检查其横列水平度，符合标准后再进行铁架组装。检测单块电池板电流、电压，合格后进行太阳能电池组件的安装。最后检查接地线和铁架紧固件是否紧固，太阳能电池组件的接插头是否接触可靠，接线盒和接插头须进行防水处理。检测太阳能电池组件阵列的空载电压是否正常，此项工作应由组件提供商技术人员完成。

2）总体控制部分安装

参照产品说明书的要求，对并网逆变器、太阳能电池组件和交流电网的低压配电室按相应顺序连接，观察并网逆变器的各项运行参数，并做好相应记录，将实际运行参数和标称参数做比较，分析其差距，为以后的调试做准备。

9.7.8　检查和调试

检查和调试的工作内容如下：

(1) 根据现场考察的要求，检查施工方案是否合理，能否全面满足要求。

(2) 根据设计要求和供货清单，检查配套元件、器材、仪表和设备是否按照要求配齐，供货质量是否符合要求。对一些工程所需的关键设备和材料，可视具体情况按照相关技术规范和标准在设备和材料制造厂或交货地点进行抽样检查。

(3) 现场检查验收：检查太阳能电池组件方阵水泥基础、配电室施工质量是否符合要求，并做记录。此项工作应由组件提供商技术人员完成。

(4) 调试是按设备规格对已完成安装的设备在各种工作模式下进行试验和参数调节。系统调试按设备技术手册中的规定和相关安全规范进行，完成后须达到或超过设备规格所包含的性能指标。如在调试中发现实际性能和手册中的参数不符，设备供应商须采取措施进行纠正，达标后才具备验收条件。

9.7.9 并网电站建设流程图

并网电站建设流程图如图 9.11 所示。

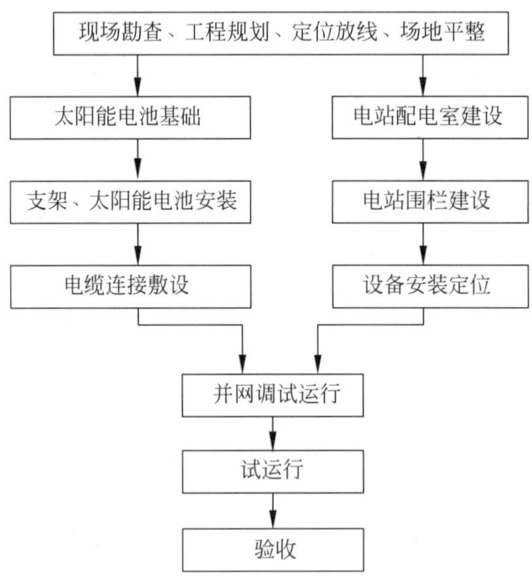

图 9.11 并网电站建设流程图

9.7.10 并网发电系统配置表

10kW 并网发电系统的配置如表 9.4 所示。

表 9.4 10kW 并网发电系统的配置

序号	名　称	规　格	单　位	数　量	备　注
1	太阳能电池组件	120W	块	90	
2	支架线缆		套	5	
3	并网逆变器	10kW	台	1	并网型 3 相 4 线
4	接线箱		台	1	
5	避雷器及接地设备		套	1	避雷针高要求≥15m
6	配电室		m^2	4～6	如有配电室则不考虑

9.7.11 10kW 并网发电系统光电场配套图纸

光伏发电场配套图纸如图 9.12 所示，包括：整体方阵正视图、单体侧视图、方阵正视图和方阵侧视图。需要说明的是，光电场的详细设计方案将在实地考察后进行。

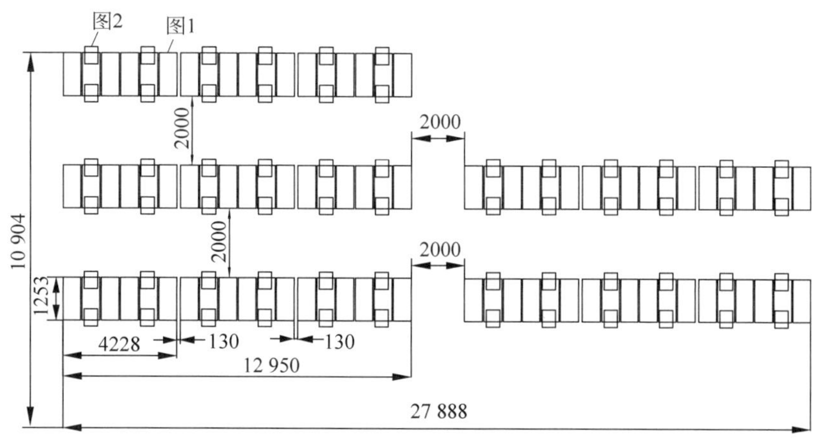

(a) 整体方阵正视图

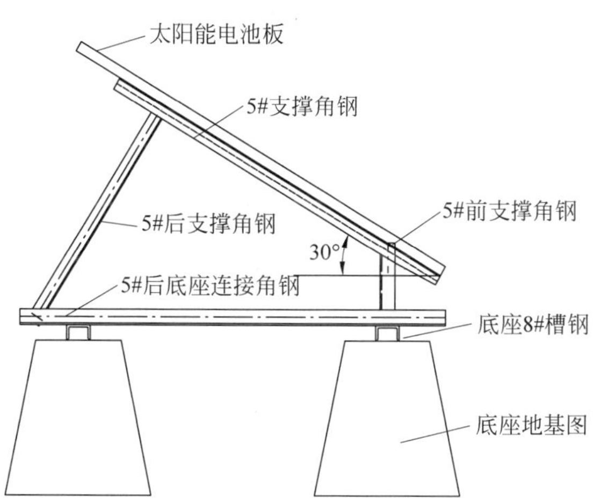

(b) 单体侧视图

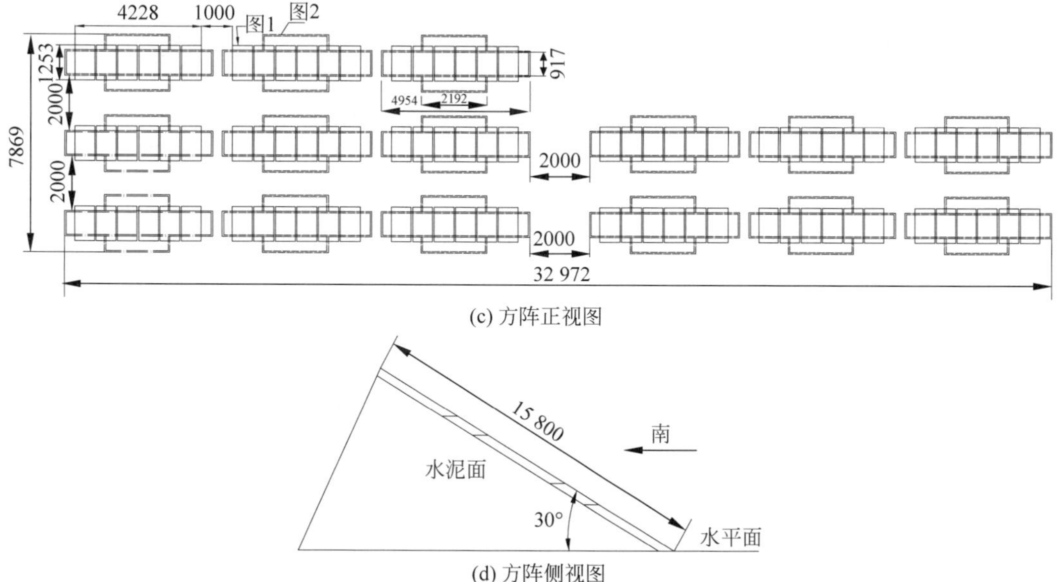

(c) 方阵正视图

(d) 方阵侧视图

图 9.12　光伏发电场配套图纸

该系统具有转换效率高，供电稳定可靠，安装方便和无须维护等特点。作为常规电的一种补充和替代，太阳能并网发电是太阳能电源的发展方向，是最具吸引力的能源利用技术，会得到越来越广泛的应用。

9.8 太阳能和风能一体化发电系统设计示例

风光互补发电系统，是新能源复合应用的发展方向之一，合理匹配设计是充分发挥风光互补发电系统优越性的关键。以此为研究背景，在明确目的和意义的基础上，分析风光互补发电系统在国内外的发展现状。市场上的系统配置一般采用经验来估算，造成系统装机容量严重不足或者过剩，而研究中忽略了市场价格，仅进行系统模拟仿真，形成了理论与实际相去甚远的现象。

本示例针对上述问题，参照国家标准，以实地调查为基础，确定住宅离网户型风光互补发电系统的技术指标和性能要求。对系统中各部件进行市场调查，筛选出多个性价比高的部件备选。使用光伏仿真模拟软件 PVsyst 和风力发电机功率数据，计算出各型号规格组件发电量，采用表格法进行多种方案的优化组合，提出五种设计方案。结合设计要求、系统参数、部件性能和价格等因素，选出最优配置 2.4kW、全年 2500kW・h 的离网户型风光互补发电系统，并进行系统可行性分析，验证该设计方案的有效性。对于风光互补发电系统优化配置的模拟仿真与市场部件相结合具有重要的作用和意义。

9.8.1 太阳能与风能一体化发电系统

风光互补发电系统是太阳能和风能一体化的应用，是一种将太阳能和风能转化为电能的装置，可以很好地克服太阳能及风能提供能量的随机性、间歇性的缺陷，达到资源优化配置。风/光混合供电系统具有以下优点：①与风电系统相比，可以提高电站运行的稳定性和可靠性；②在保证供电的条件下，可极大地减少储能蓄电池的容量；③与光伏系统相比，节省投资，发电经济性好。

9.8.2 风光互补发电系统的组成和分类

风光互补发电系统由不同部件组成，可分成不同类别。

1. 系统的组成

风光互补发电系统结构如图 9.13 所示。风力发电机及太阳能电池发出的电通过控制器存储在蓄电池中，当负载为直流时，通过控制器直接输送给负载；当负载为交流时则需经逆变器将直流转化为交流输送给负载。

系统由风力发电机、太阳能光伏电池阵列、蓄电池组、充电控制器和逆变器等组成。其各个组件的具体功能如下所述：

(1) 太阳能光伏电池阵列：将太阳光转换为电能。

(2) 风力发电机：将风能转换为电能。

(3) 充电控制器：防止方阵对蓄电池过充电或防止蓄电池对负载过放电。

(4) 逆变器：将低压直流变为指定的交流电。

(5) 蓄电池组：储能单位，将多余电量存储起来，供无光照、无风时使用。

2. 系统的分类

风光互补发电系统分为独立系统、并网系统和混合系统。

根据系统的应用形式、应用规模和负载类型，对供电系统进行细致的划分，可将风光互补发电系统

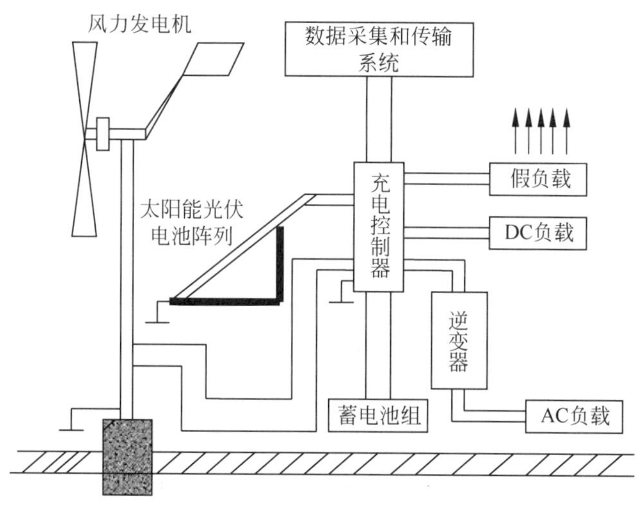

图 9.13　风光互补发电系统结构图

大致分为以下七种类型：小型风光互补供电系统，简单直流系统，大型风光互补供电系统，交流、直流供电系统，并网系统，混合供电系统，以及并网混合系统。

9.8.3　风力发电机

风能发电是通过风力发电机，把风能转换成机械能后再转换成电能。风力发电机是风力发电的核心设备，式样很多，其原理和结构总的说来大同小异。以水平轴风力发电机为例，它主要由以下几部分组成：风轮、传动机构(增速箱)、发电机、机座、塔架、调速器或限速器、调向器和停车制动器等。

1. 风力发电机模型

由空气动力学特性可知，通过叶轮旋转面的风是否能全部被叶轮吸收利用，可以定义出一个风能利用系数 C_p：

$$C_p = W/W_{in} = P_m/P_W \tag{9.47}$$

式中，W 为 t 时间内叶轮吸收的风能；W_{in} 为 t 时间内通过叶轮旋转面的全部风能；P_m 为单位时间内叶轮吸收且转换的机械能，即风力发电机的机械能输出功率；P_W 为单位时间内通过叶轮扫掠面的风能，即风力发电机的输入功率。

系数 C_p 反映了风力发电机利用风能的效率，是一个与风速、叶轮转速、叶轮直径均有关系的量。为了在不考虑叶轮转速和直径的条件下对叶轮性能作更普遍的讨论，还可以定义出风力发电机的另一个重要参数叶轮尖速比 λ，即叶轮的叶尖速度与风速之比：

$$\lambda = R\Omega/V = R2\pi n/60V \tag{9.48}$$

式中，R 为叶轮半径(m)；Ω 为叶轮的旋转的角速度(rad/s)；n 为叶轮的转速(r/min)；V 为风速(m/s)。

风能利用系数 C_p 与叶轮尖速比 λ 之间为非线性关系，且在 λ_m 处取得最大值 C_{pmax}。

对于一台实际的风力发电机，其机械输出功率 P_m 可用式(9.49)表示：

$$P_m = C_p P_W = \frac{1}{2}\rho A V^3 C_p = \frac{\pi}{8}\rho D^2 V^3 C_p \tag{9.49}$$

式中，ρ 为空气密度；A 为风轮面积；D 为风轮直径；C_p 为风能利用系数；V 为风轮远前方风速。

2. 风力发电机每小时发电量的计算

风力发电机每小时的发电量是由风力发电机转轴高度处每小时的平均风速和风力发电机的输出特性决定的。因为近地表面的风速随高度呈指数规律变化，并且风能与风速的三次方成正比，所以风力发电机转轴的架设高度对风力发电机的输出具有极大的影响。在计算风力发电机的输出时，必须先把实测的每小时的平均风速折算到风力发电机转轴高度处的相应值。最常用的是指数率公式，其表达式为

$$\frac{v}{v_0}=k\left(\frac{h}{h_0}\right)^a \tag{9.50}$$

式中，v 为目标高度 h 处的风速；v_0 为参考高度 h_0 处的风速；a 为地面粗糙度因子，对于开阔的陆地该值约为 1/7；k 为相关比例系数。

即使具有相同额定功率的不同型号的风力发电机在同一地点使用，由于输出特性曲线的不同，其输出的电能也大不相同。在计算风力发电机每小时的发电量时，最好使用该型风力发电机实际的输出特性方程。这里，风力发电机的输出特性方程通过最小二乘法对实际的输出特性曲线拟合得到。为了保证拟合的精度，使用了三个二项式进行拟合。

$$P_{\mathrm{W}}(v)=\begin{cases}0 & (v<v_{\mathrm{c}})\\ a_1\cdot v^2+b_1\cdot v+c_1 & (v_{\mathrm{c}}\leqslant v\leqslant v_1)\\ a_2\cdot v^2+b_2\cdot v+c_2 & (v_1\leqslant v\leqslant v_2)\\ a_3\cdot v^2+b_3\cdot v+c_3 & (v>v_{\mathrm{f}})\end{cases} \tag{9.51}$$

式中，$P_{\mathrm{W}}(v)$为风速（风力发电机转轴高度处）为 v 时风力发电机输出的功率；v_{c} 为风力发电机的启动速度；v_{f} 为风力发电机的刹车速度；a_1、a_2、a_3、b_1、b_2、b_3、c_1、c_2、c_3 为系数；v_1、v_2 为介于 v_{c} 和 v_{f} 之间的两个工作速度。

9.8.4 风光互补发电系统的设计方法

在进行风光互补发电系统设计之前，必须对安装场所的气候资料、用电负载、环境状况和周围的情况进行详细调查，根据结果来决定器件型号和系统结构。由所选的器件型号和数量计算出发电量，验证设计是否符合要求。

1. 系统设计原理

风光互补发电系统设计的最基本原则就是要满足平均天气条件下负载的每日用电需求。因为天气条件有低于和高于平均值的情况，所以要保证太阳能组件、风力发电机和蓄电池在天气条件恶劣的情况下协调工作。蓄电池在连续数天的恶劣气候条件下，其荷电状态（SOC）将会降低很多。蓄电池就会长时间内处于亏电状态，使得蓄电池的极板硫酸盐化，这样蓄电池的使用寿命和性能将会受到很大的影响，整个系统的运行费用也将大幅度增加。

在设计中若考虑尽可能快地给蓄电池充满电，就必须增加太阳能组件数和风力发电机功率，使得系统成本过高，导致一年中的绝大部分时间里发电量会远远大于负载的耗量，从而造成不必要的浪费。蓄电池的主要作用是在发电量低于负载的情况下供电，当发电量高于负载时，就会给蓄电池充电。

系统设计的关键，在于选用多大功率的太阳能电阵列和风力发电机互补，以达到资源的最优化。

2. 系统设计前实地考察

系统的设计是一个非常复杂的工作，需要整合各方面资源，考虑到各个方面的因素，所以在设计前必须进行实地考察。

(1) 设计尽量简单化，以尽可能地提高系统可靠性。

(2) 尽可能详尽地了解系统及各部件的效率,适当确定设计值。

(3) 估算负载时,要考虑今后的扩容情况,可扩展性要好。

(4) 详细了解当地太阳能资源、地形、朝向、负载及系统走线、用电习惯等各种情况。

上述一切都需要进行现场调研,现场调研的另一个好处是,可以和用户深入交换意见,引导消费,在满足基本需要的前提下,放弃不现实的使成本增大的过分要求。只有掌握了第一手资料,才能以灵活的原则设计出在满足用电需求下的最经济的风光互补系统。

3. 系统设计步骤

系统设计时,根据事前调查对设计条件进行充分分析,在此基础上进行设计。具体与太阳能光伏系统的设计步骤类似,只是相应要增加确定风力发电机容量的内容。

9.8.5 离网户型风光互补发电系统的设计

我国云南、青海、新疆、湖北和浙江等区域的一些高寒山区和湖区,因为远离电网,可能处于无电状态,且人烟稀少,用电负荷低,加上交通不便等情况,如果采用市电输送的话,会造成高额成本的不必要投资,所以常采用单一型的风电或光伏等方式来保证日常的基本用电。随着人民生活水平的不断提高,用电需求不断增高,传统的单一供电远远不能满足他们的用电需要。

由于太阳能和风能有天然的互补性,所以风光互补发电系统成为人们关注的方向。特别是近年来国家支持措施的实施,将会让更多的风光互补发电系统进入广大农、牧、渔民的家中。它价格低,绿色环保,便捷可靠,使风光互补发电系统成为资源条件较好的独立电源系统。

下面就以某高寒山区的典型户用家庭用电为例,设计一个离网户型风光互补发电系统。

1. 设计条件

设计条件包括安装场所、用电负载、标准规范和设计参数等。

1) 安装场所调查

安装场所调查结果如下:

(1) 房屋为2层半独户结构,层高3m,屋顶面积为60m^2,实际使用面积为40m^2。

(2) 屋顶正南向,常年无阴影遮盖。

(3) 周边多户人家居住,对噪声要求高,低于45dB。

(4) 房屋为框架结构,屋顶承重符合国家标准,强度高,可使用高强度的地角螺栓固定塔架。

(5) 屋顶设有四处排水管,暴雨不会造成积水。

(6) 年平均气温20℃,冬季无雪灾、冰冻,阴雨气候有雷击,需加装避雷针。

2) 用电负载

根据调查可知,一户典型的普通小康家庭中的电器及日耗电如表9.5所示。

表9.5 一户典型的普通小康家庭中的电器及日耗电

设备名称	数量	额定功率/W	工作时间/h	日耗电/(kW·h)
节能灯	6	11	5	0.33
32寸液晶电视	1	75	4	0.3
洗衣机	1	300	1	0.3
节能冰箱	1	24	24	0.576
电饭煲	1	500	1	0.5
微波炉	1	800	0.15	0.12

续表

设备名称	数量	额定功率/W	工作时间/h	日耗电/(kW·h)
电风扇	1	50	2	0.1
电脑	1	200	5	1
总计		1960		3.226

由表 9.5 可知，负载总功率为 1.96kW，日常耗电量为 3.226kW·h，在设计总容量时应预留一定的电量，以每日耗电量不低于 4.5kW·h 为前提，根据实际情况，每月用电量会有所波动，11 月、12 月、1 月、2 月为冬天，使用取暖器等电器，耗电增加；6 月、7 月、8 月为夏天，风扇等使用时间增多，耗电略增；10 月为资源能量最低月，需节约用电，具体如表 9.6 所示。

表 9.6　用电负载/(kW·h)

月份	1	2	3	4	5	6	7	8	9	10	11	12	总计(全年)
负载	260	260	250	240	220	190	160	190	150	140	190	250	2500

3）标准规范

工程设计除了要以上述实际环境条件为基础外，还要遵循国家相关标准。设计中的各项指标都严格按照国家标准，具体参照标准如下：

(1) GB 4706.1 家用和类似用途电器的安全第 1 部分：通用要求。

(2) GB /T 9535 地面用晶体硅光伏组件设计鉴定和定型。

(3) GB /T 14162 产品质量监督计数抽样程序及抽样表(适用于每百单位产品不合格数为质量指标)。

(4) GB /T 10760.1 离网型风力发电机组第 1 部分：技术条件。

(5) GB /T 19115.2 离网型户用风光互补发电系统第 2 部分：试验方法。

(6) JB /T 7143.1 风力发电机组用逆变器技术条件。

(7) JB /T 10395 离网型风力发电机组安装规范。

(8) JB /T 6939.1 离网型风力发电机组用控制器第 1 部分：技术条件。

4）设计参数的确定

通过分析，设计参数确定如下：

(1) 家庭内年总消费量为 2500kW·h，具体如表 9.6 所示。

(2) 蓄电池放电深度取 0.75V，最少自维持时间为 2 天。

(3) 屋顶实际使用面积为 $40m^2$，光伏阵列占地面积不超过 $15m^2$，风力发电机占地面积不超过 $10m^2$。

(4) 系统输出单向 220VAC/50Hz，负载能力总功率不低于 2000W。

(5) 避雷针最大通流不低于 200kA。

(6) 系统噪声不超过 30dB。

2. 设计重点考虑

通过以上系统设计条件的调查，在设计时，需要重点考虑以下四方面：

(1) 系统类型的确定。系统的类型对设计方案很重要，决定了整个系统所需要的组件。在本设计中，负载是家用电器，根据我国市电的标准，需要提供的是 220V/50Hz 的交流电，并且是独户使用，所以设计出一个离网户型风光互补发电系统，由风力发电机组、太阳能光伏电池阵列组、蓄电池组、控制器和逆变器等主要部件构成。

(2) 系统运行环境的分析。设计的是风光互补发电系统，受环境及气候影响很大，所以在设计时要考虑到系统的稳定性和免维护性等。因为环境气温常年平均20℃，不会过高或过低，就避免了雪灾、冰冻等自然灾害的发生，但在阴雨时有雷击，就必须在系统中加装避雷针，防止雷击损坏系统。同时还要考虑当地气候资料及经纬度，选定最佳倾斜角和最佳辐射系数等。

(3) 蓄电池的容量应根据自给天数的要求确定，并且发电系统必须提供足够的电量保证该放电期的储备，不能小于或等于负载，否则在连续无光无风期后，蓄电池经过放电后不能及时充满，对蓄电池造成亏损，直接影响蓄电池的寿命，增加了维护费用。更不应该简单采取增加蓄电池容量或增加系统功率方式来解决，要结合实际条件进行优化配置。

(4) 系统要满足负载电压和功率的要求，保证设备的正常运行。控制器的总功率要大于系统功率，要注意系统与负载连接的电线必须要能承受住负载的最大功率，否则会造成电线过热发生火灾等安全隐患。

3. 风力发电机组设计

风力发电的成本远低于光伏发电，在风光互补系统设计中，应优先考虑风电容量。

1) 风力发电机的设置

风电功率的确定，一般要考虑3个因素：当地年均风速、当地风资源最差季节的平均风速、当地的风资源日变化的特点。风力发电机功率按最差季节的日平均风速来计算，那么在风资源丰富季节就会经常处于过充状态，对蓄电池不利，且造成资源浪费；风力发电机功率按年均风速计算，又容易在资源贫乏期电量不足，太阳能系统必需配大，造成整体系统价高。

经过市场调查，选择了市场上口碑较好厂家的水平轴与垂直轴风力发电机典型代表，分别是型号C&G600、C&G1000和型号P300、P1000及型号DS300、DS1500，具体参数如表9.7所示。

表9.7　几种型号风力发电机参数

型　　号	类型	启动风速 /(m·s^{-1})	额定风速 /(m·s^{-1})	额定功率 /W	最大功率 /W	安装高度 /m	噪声/dB	价格/元
C&G600	水平轴	2.3	12.4	600	680	10	35～60	8000
C&G1000	水平轴	2.5	12.5	1000	1200	10	35～60	10 000
P300	垂直轴	3	12	300	400	5	0	10 000
P1000	垂直轴	3	12	1000	1200	5	0	20 000
DS300	垂直轴	3	12	300	350	3	0	5000
DS1500	垂直轴	3	12	1500	1600	3	0	80 000

由上述数据可知，垂直轴和水平轴风力发电机在启动和额定风速等参数上相差不大，但垂直轴风力发电机的价格要比水平轴的高。根据厂家提供风力发电机的风速和输出功率数据，制成图9.14。对比可知，在相同风速的情况下，垂直轴风力发电机的输出功率更大。

垂直轴风力发电机的出现使风电建筑一体化成为可能，与水平轴风力发电机比较，有以下优点：

(1) 环保噪声低，水平轴风轮的尖速比一般在5～7，在这样的高速下叶片切割气流将产生很大的气动噪声，垂直轴风轮的尖速比则要比水平轴的小得多，一般在1.5～2，这样的低转速基本上不产生气动噪声，完全达到了静音的效果。

(2) 无风向影响，水平轴风力发电机一般需要偏航系统，使风轮转轴保持与风向一致，一定程度上降低了风能的利用率，而垂直轴的无须考虑风向，提高了风能的利用率。

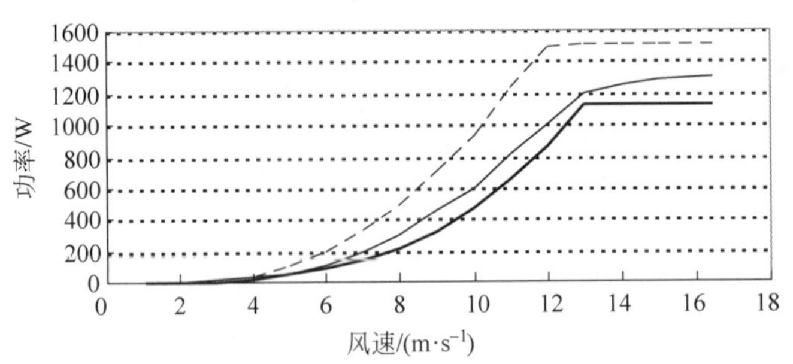

图 9.14 风力发电机功率输出图

(3) 安装维护简单，水平轴风力发电机的安装高度一般在 10m 以上，使得风力发电机维修保养的难度增大，而垂直轴风力发电机一般安装在地面或风轮下，便于安装和维护。

但由于垂直轴风力发电机的研究起步较短，价格比水平轴的要高，所以在实际工程设计中，要结合实际情况来进行选型。

2）风力发电机的发电量计算

查阅相关资料可知，某高寒山区各月平均风速如表 9.8 所示，取高度为 10m 处的风速。

表 9.8 某高寒山区各月平均风速/($m \cdot s^{-1}$)

月份	1	2	3	4	5	6	7	8	9	10	11	12
风速	8.8	8.1	7.1	6.7	7.1	6.9	6.6	5.6	5.7	6.4	7.3	7.7

由表 9.8 可知，全年平均风速为 7m/s，为有效发电风速，取每天 10h 的有效工作时间，根据厂家提供的风速-功率数据，可计算出各种型号每月日平均发电量，如表 9.9 所示。

表 9.9 各种型号每月日平均发电量/kW·h

型　　号	**1 月**	**2 月**	**3 月**	**4 月**	**5 月**	**6 月**	**7 月**	**8 月**	**9 月**	**10 月**	**11 月**	**12 月**
P300	1.9	1.5	1.3	1.1	1.3	1.3	1.1	0.7	0.7	1.1	1.3	1.7
P1000	4.5	3.0	1.9	1.5	1.9	1.9	1.4	0.8	0.8	1.7	1.9	2.5
C&G600	2.2	1.5	1.0	0.8	1.0	1.0	0.8	0.5	0.5	0.8	1.0	1.2
C&G1000	3.2	2.1	1.3	1.1	1.3	1.3	1.1	0.6	0.7	1.1	1.3	1.7
DS300	1.3	1.0	0.7	0.6	0.7	0.7	0.6	0.4	0.4	0.6	0.7	0.8
DS1500	7.0	5.0	3.3	2.7	3.3	3.3	2.7	1.5	1.5	2.7	3.3	4.2

4. 太阳能电池阵列设计

太阳能电池阵列的设计包括太阳能电池的确定和软件仿真计算等。

1）太阳能电池的确定

太阳能电池阵列功率的确定，同风力发电机一样，也要考虑当地平均辐射、当地太阳能资源最差季节及当地的辐射日变化的特点。

在风光互补发电系统的设计中，要综合考虑风机功率、控制器、太阳能电池板规格等。因为光伏发电高于风力发电，所以在优先设计了风力发电机功率后才设置光伏阵列功率，现在市场上的太阳能板有各种规格，所以要针对总功率，选用合适的规格，以优化设计。

通过市场调查，选择了品牌型号（STP180S-24/Ad、SYSM180-Mono、SYSM180-Poly）的太阳能电池板。具体参数如表 9.10 所示。

表 9.10 几种型号太阳能电池参数

型号	STP180S-24/Ad	SYSM180-Mono	SYSM180-Poly
开路电压(V_{oc})/V	44.8	44.3	31.98
最佳工作电压(V_{mp})/V	36.0	36.73	26
短路电流(I_{sc})/A	5.29	5.2	7.41
最佳工作电流(I_{mp})/A	5.0	4.91	6.92
峰值功率(P_{max})/Wp	180	180	180
类型	单晶硅	单晶硅	多晶硅
光电转换效率/%	18	16.5	15.5
价格/元	3600	2500	2300

2）太阳能电池的软件仿真计算

太阳能光伏电池的发电量输出受环境影响很大，不能采用单一公式进行计算。据实际数据研究表明，前文介绍过的峰值小时法计算出的太阳能电池方阵发电量，只能作为大概估算结果，与实地进行的数据采集有一定误差，为使设计出的系统更加准确，本文采用 PVsyst 光伏工程软件进行模拟仿真计算。

（1）PVsyst 光伏工程仿真软件简介

PVsyst 是一款利用计算机来研究、仿真和分析数据的完整光伏系统设计软件，它可以依据不同的太阳能系统以及具体太阳能电池（单晶硅、多晶硅、品牌、型号等），分别设定环境参数、日射量、温度、经纬度及建筑物相对高度等，计算出太阳能电池的发电总量。

（2）软件的仿真输出

在软件仿真中，可以选择初步设计、项目设计和系统设计三种不同的方法来进行模拟仿真，为了能设定各种详细参数，在此选用项目设计。然后要确定太阳能光伏系统的系统类型，这里选择离网独立型光伏发电系统，如图 9.15 所示。

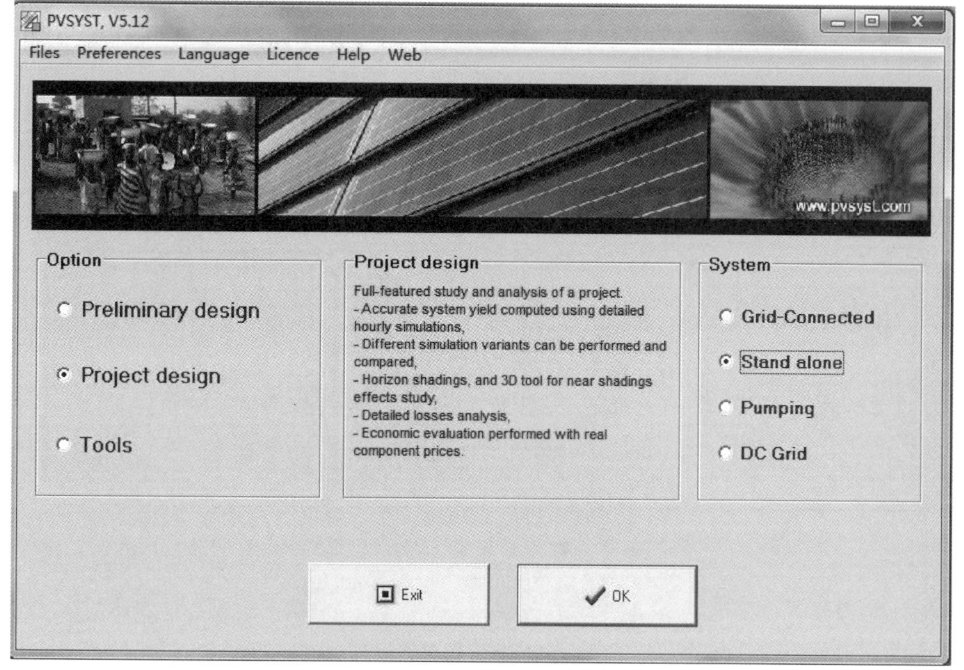

图 9.15 选择系统类型

通过软件自带的数据库，选择相应的仿真地点，根据资料数据修正各月的太阳辐射数值，如图 9.16 所示。

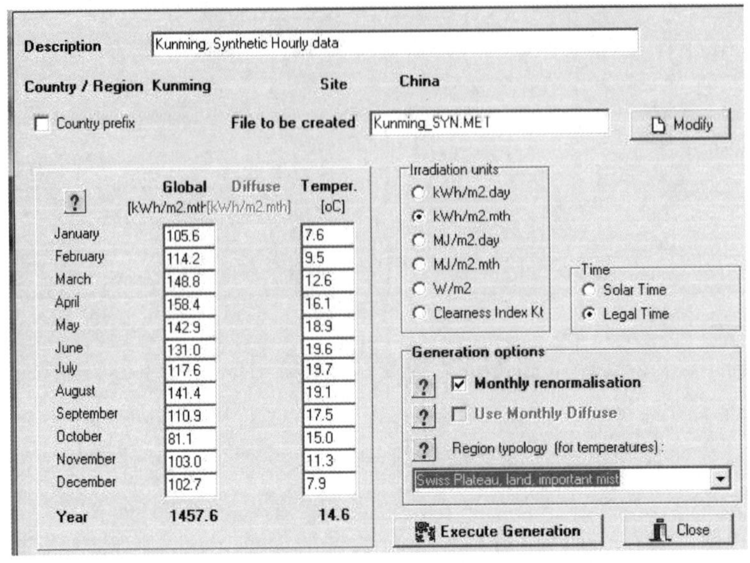

图 9.16　太阳辐射参数设定

如图 9.17 所示，选择朝向正南，27°倾斜角，年辐射量为 1620kW · h/m^2。

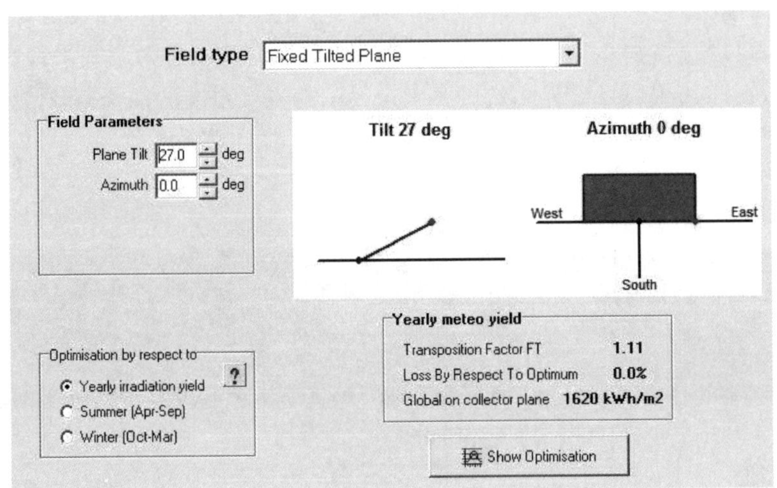

图 9.17　光伏阵列倾斜角参数设置

根据之前的实际调查结果，常年无遮蔽，设置为 No Shadings，如图 9.18 所示。

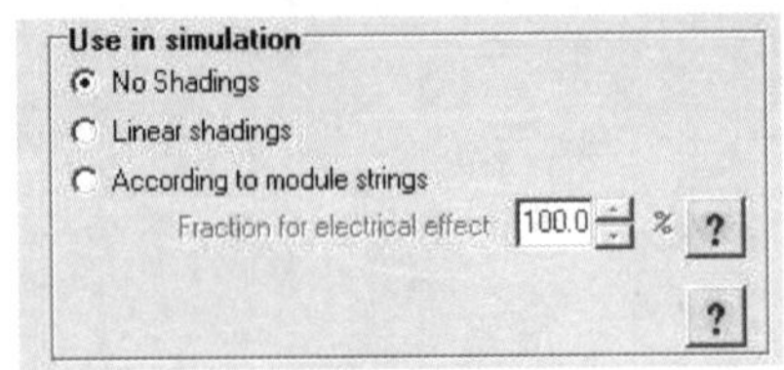

图 9.18　遮掩物参数设置

根据上面的负载预算，取每天 3kW・h 的负载，如图 9.19 所示。

Daily consumptions

Number		Power		Mean Daily use		Daily energy
6	Fluorescent lamps	11	W/lamp	5.0	h/day	330 Wh
1	TV / Magnetoscope / PC	75	W/app.	4.0	h/day	300 Wh
1	Domestic appliances	24	W/app.	24.0	h/day	576 Wh
1	Fridge / Deep-freeze			0.00	kWh/day	0 Wh
1	Dish-washer, Cloth-washer			0.294	kWh/day	294 Wh
	Other uses	1500	W tot	1.0	h/day	1500 Wh
	Stand-by consumers	0	W tot	24h/day		0 Wh

? Appliances info　Hourly distribution　?

Total daily energy　3000 Wh/day

Total monthly energy　90.0 kWh/month

图 9.19　家用负载参数设置

设置 3 天的自给天数，96V 控制器工作电压，选取 8 块 VOLTA 6SB100 12V 100A・h 的蓄电池，通过串联组成，如图 9.20 所示。

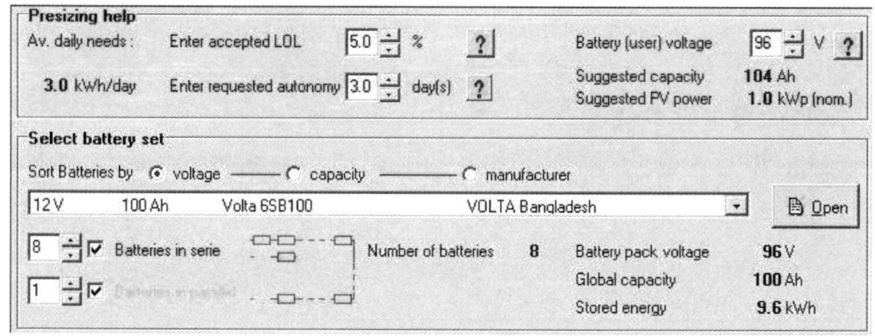

图 9.20　蓄电池参数设置

选取 6 块 STP 180S-24/Ab 型号的太阳能电池板，每 3 块串联成一组，两组电池并联组成，一共 1.1kW 功率的太阳能阵列，如图 9.21 所示。

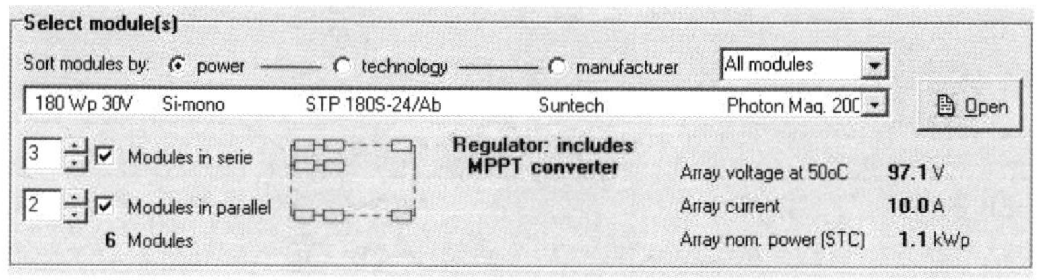

图 9.21　太阳能电池参数设置

经过软件仿真模拟，可得计算出每月发电量，如表 9.11 所示。

表 9.11　每月发电量的模拟结果

月份	GlobHor /(kW・h・m^{-2})	GlobEff /(kW・h・m^{-2})	E Avail /(kW・h)	E Unused /(kW・h)	E User /(kW・h)	E Load /(kW・h)	SolFrac
1	105.6	128.6	122.1	22.52	92.82	92.88	0.999
2	114.2	131.0	126.8	38.01	83.82	83.89	0.999
3	148.8	154.4	152.9	51.68	92.77	92.88	0.999

续表

月份	GlobHor /(kW·h·m^{-2})	GlobEff /(kW·h·m^{-2})	E Avail /(kW·h)	E Unused /(kW·h)	E User /(kW·h)	E Load /(kW·h)	SolFrac
4	158.4	150.1	145.1	48.41	89.79	89.88	0.999
5	142.9	128.5	116.5	21.38	92.82	92.88	0.999
6	131.0	114.4	99.4	11.38	89.84	89.88	0.896
7	117.6	104.7	89.3	10.34	92.83	92.88	0.808
8	141.4	130.4	116.8	23.64	92.82	92.88	0.999
9	110.9	107.3	90.1	2.76	89.87	89.88	0.899
10	81.1	82.8	67.9	0.13	92.87	92.88	0.800
11	103.0	121.7	110.4	15.94	89.82	89.88	0.902
12	102.7	132.6	127.7	28.64	92.81	92.88	0.999
总计	1457.6	1486.5	1364.9	274.84	1092.88	1093.54	0.941

3）光伏阵列的发电量仿真计算

通过仿真可知，1.1kW的光伏阵列能满足系统日耗电3kW·h的负载，为了能和风机功率进行优化配置，分别选取900W和1400W的光伏阵列进行仿真计算。

（1）900W光伏阵列的发电量计算

如图9.22所示，选取型号为SYSM180-Mono的太阳能电池板，一共5块，通过并联组成900W光伏阵列。

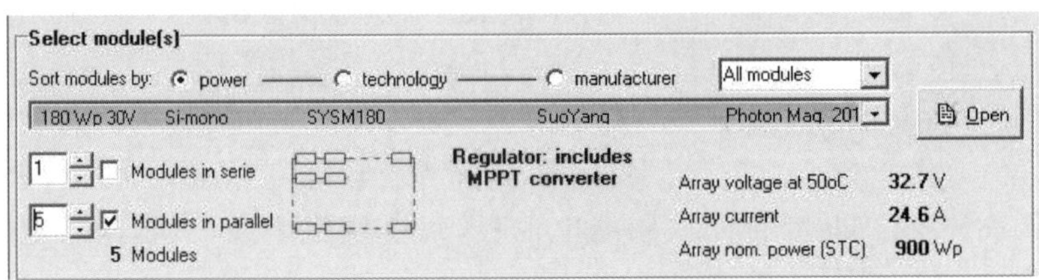

图9.22 900W光伏阵列设置

然后通过软件仿真计算，得出各月发电量，如表9.12所示。

表9.12 900W光伏阵列发电量计算结果

月份	GlobHor /(kW·h·m^{-2})	GlobEff /(kW·h·m^{-2})	E Avail /(kW·h)	E Unused /(kW·h)	E User /(kW·h)	E Load /(kW·h)	SolFrac
1	105.6	128.6	87.6	0.10	92.88	92.88	0.908
2	114.2	131.0	91.9	11.07	83.84	83.89	0.892
3	148.8	154.4	106.9	11.05	92.81	92.88	0.999
4	158.4	150.1	99.6	6.06	89.85	89.88	1.000
5	142.9	128.5	83.0	0.15	92.88	92.88	0.904
6	131.0	114.4	73.2	0.09	89.88	89.88	0.800
7	117.6	104.7	66.2	0.10	92.88	92.88	0.705
8	141.4	130.4	82.9	0.49	92.87	92.88	0.818
9	110.9	107.3	69.6	0.08	89.89	89.88	0.794
10	81.1	82.8	53.5	1.13	92.87	92.88	0.514

续表

月份	GlobHor /(kW·h·m^{-2})	GlobEff /(kW·h·m^{-2})	E Avail /(kW·h)	E Unused /(kW·h)	E User /(kW·h)	E Load /(kW·h)	SolFrac
11	103.0	121.7	80.9	0.01	89.88	89.88	0.900
12	102.7	132.6	94.4	9.31	92.82	92.88	0.804
总计	1457.6	1486.5	989.8	39.63	1093.35	1093.54	0.836

Legends: GlobHor Horizontal global irradiation; E User Energy supplied to the user
GlobEff Effective Global corr for IAM and shadings; E Load Energy need of the user(Load)
E Avail Available Solar Energy; SolFrac Solar fraction(E Used/E Load)
E Unused Unused energy(full battery)loss

(2) 1400W 光伏阵列的发电量计算

如图 9.23 所示，选取型号为 SYSM180-Mono 的太阳能电池板，一共 8 块，分为 2 组串联，每组为 4 块并联组成，最后组成 1400W 光伏阵列。

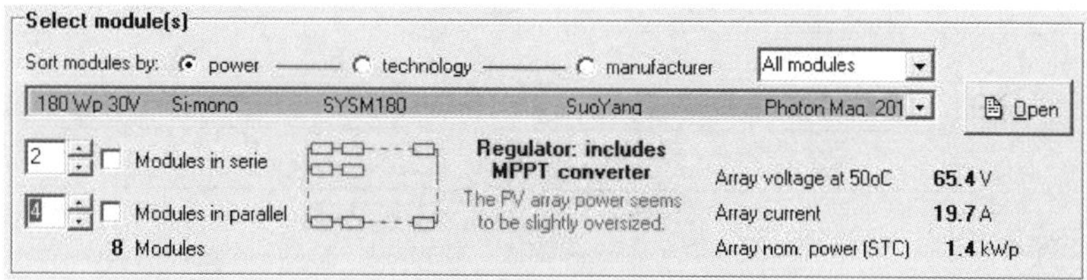

图 9.23 1400W 光伏阵列设置

然后通过软件仿真计算，得出各月发电量，如表 9.13 所示。

表 9.13 1400W 光伏阵列发电量计算结果

月份	GlobHor /(kW·h·m^{-2})	GlobEff /(kW·h·m^{-2})	E Avail /(kW·h)	E Unused /(kW·h)	E User /(kW·h)	E Load /(kW·h)	SolFrac
1	105.6	128.6	165.7	58.7	92.79	92.88	0.999
2	114.2	131.0	170.4	78.1	83.80	83.89	0.999
3	148.8	154.4	202.3	100.6	92.76	92.88	0.999
4	158.4	150.1	190.9	89.9	89.78	89.88	0.999
5	142.9	128.5	159.7	58.1	92.78	92.88	0.999
6	131.0	114.4	136.1	36.3	89.80	89.88	0.999
7	117.6	104.7	116.1	17.1	92.83	92.88	0.999
8	141.4	130.4	156.4	55.9	92.79	92.88	0.999
9	110.9	107.3	126.8	30.4	89.80	89.88	0.999
10	81.1	82.8	90.2	5.9	92.85	92.88	0.898
11	103.0	121.7	155.1	54.7	89.78	89.88	0.999
12	102.7	132.6	175.6	71.4	92.78	92.88	0.999
总计	1457.6	1486.5	1845.5	657.1	1092.57	1093.54	0.990

Legends: GlobHor Horizontal global irradiation; E User Energy supplied to the user
GlobEff Effectiv Global corr for IAM and shadings; E Load Energy need of the user(Load)
E Avail Available Solar Energy; SolFrac Solar fraction(E Used/E Load)
E Unused Unused energy(full battery)loss

5. 电气部分设计

风光互补系统中的电气部分主要包括控制部分的控制器、逆变器和储能部分的蓄电池，这些是整个系统的关键设备，直接关系到系统的可靠性。因为本设计的系统是安装在偏远山区的，交通困难，维修不方便，因此对部件的要求很高。

1）控制器的设置

控制器分为离网型和并网型两类，每类又分为风机控制器、光伏控制器和风光互补控制器。

在系统设计中，控制器的设置要根据系统类型，如风力发电机功率、太阳能阵列功率、智能化控制程度和价格等各方面来综合选择。通过调查，选择市场上口碑较好的几个型号的控制器，分别是型号WWS30、WWS50和型号C&G-WSC-2000，具体参数如表9.14所示。

表 9.14 各型号风光互补控制器参数

型　　号	额定风机功率/kW	额定太阳能功率/kW	额定蓄电池电压/V	蓄电池浮充电压/V	价格/元
WWS30	3	0.9	48	56	2000
WWS50	5	1.5	48	56	4000
C&G-WSC-2000	2	0.6	48	56	2500

2）逆变器的设置

逆变器的主要功能是将电源的可变直流电压输入转变为无干扰的交流正弦波输出以供设备使用，一般分为并网型和离网型两大类。

在设计系统时，选择逆变器要考虑系统负载、空载电流和价格等因素。通过调查，选择市场上的WWI30、WWI20和C&G-I-2000三种型号，具体参数如表9.15所示。

表 9.15 几种型号风光互补逆变器的参数

型　　号	输出额定功率/kW	空载电流/A	过载能力/%	逆变效率/%	价格/元
WWI30	3	0.3	120	90	3500
WWI20	2	0.2	120	90	2500
C&G-I-2000	2	0.4	120	90	4000

3）蓄电池的设计

风光互补发电系统的设计中蓄电池的设置是很重要的，蓄电池性价比的高低直接关系着系统的可靠性。

(1) 蓄电池的型号设置

蓄电池的容量配置是否合理，对系统发电的技术经济指标影响很大。若容量选择偏小，就会造成能量的浪费，而且在系统无输出时用电得不到满足；容量选择过大，蓄电池可能会长期处于充电不足状态，影响使用效果和寿命。要选择合适的蓄电池容量，一定要根据当地的资源情况，并为系统设置一个合适的自给天数。然后通过蓄电的容量、放电深度和价格等综合因素进行考虑，通过调查，选择了三家品牌的蓄电池，具体参数如表9.16所示。

表 9.16 各型号蓄电池参数

型号	BL100-12	6-FM-100	HYS121000C
品牌	品牌 1	品牌 2	品牌 3
电压/V	12	12	12
容量/(A・h)	100	100	100
寿命/年	5	4	6
重量/kg	31.5	30	32
价格/元	660	600	750(备注)

注：此价格参照基准铅价为 13 000 元/吨，当铅价变化 500 元/吨时，电池价格上下浮动 2.5%。

(2) 蓄电池的容量计算

根据设计条件要求可知，自给时间为 2 天，日平均负载量为 3kW・h，蓄电池放电深度为 75%，由蓄电池容量式(9.10)有

$$C_{\mathrm{B}}=nQ'/(1-\mathrm{SOC}_{\min})=2\times\frac{3000}{12}/(1-0.75)\mathrm{A\cdot h}=2000\mathrm{A\cdot h}$$

即需要 12V、100A・h 规格的蓄电池 20 只。

6. 系统优化设计

衡量风光互补发电系统优劣的主要指标是可靠性和经济性，因此，必须通过科学分析，使系统既能长期满足用户的负载需要，又能使系统配置的容量最小，具有最佳的经济性。

这里根据经验值选定各种厂家的配件，设计五种方案，然后通过风力资源和太阳能资源，测算出各种规格风力发电机在这期间的发电量，计算是否满足系统负载要求，用表格计算法推算出满足要求、价格最优的风光互补系统功率。具体方案如表 9.17 所示。

表 9.17 系统优化配置方案

方案一				
设备	型号	数量	总功率/kW	价格/元
风力发电机	C&G1000	2 台	2	20 000
光伏阵列	SYSM180-Mono	5 块	0.9	12 500
控制器	WWS30	1 个	风机 3、光伏 0.9	2000
逆变器	WI30	1 个	3	3500
蓄电池	BL100-12	20 个	24	13 200
总价格				51 200
方案二				
设备	型号	数量	总功率/kW	价格/元
风力发电机	P1000	2 台	2	40 000
光伏阵列	SYSM180-Mono	5 块	0.9	12 500
控制器	WWS30	1 个	风机 3、光伏 0.9	2000
逆变器	WI30	1 个	3	3500
蓄电池	BL100-12	20 个	24	13 200
总价格				71 200

续表

方案三				
设备	**型号**	**数量**	**总功率/kW**	**价格/元**
风力发电机	C&G1000	1台	1	10 000
光伏阵列	SYSM180-Mono	8块	1.44	20 000
控制器	WWS50	1个	风机5、光伏1.5	4000
逆变器	WI30	1个	3	3500
蓄电池	BL100-12	20个	24	13 200
总价格				50 700

方案四				
设备	**型号**	**数量**	**总功率/kW**	**价格/元**
风力发电机	P1000	1台	1	20 000
光伏阵列	SYSM180-Mono	8块	1.44	20 000
控制器	WWS50	1个	风机5、光伏1.5	4000
逆变器	WI30	1个	3	3500
蓄电池	BL100-12	20个	24	13 200
总价格				60 700

方案五				
设备	**型号**	**数量**	**总功率/kW**	**价格/元**
风力发电机	C&G1000	2台	2	20 000
光伏阵列	SYSM180-Mono	8块	1.44	20 000
控制器	WWS50	1个	风机5、光伏1.5	4000
逆变器	WI30	1个	3	3500
蓄电池	BL100-12	20个	24	13 200
总价格				60 700

为了验证哪个方案最优，需要计算出各方案风电和光电各月的发电量，然后找出总发电量最低月，对比系统设计要求，验证能否满足系统负载。

采用风力发电机生产厂家提供的风速与功率曲线图，根据实地的风能资源数据表，计算出风力发电机全年各月的发电数据，然后用PVsyst模拟计算出全年各月的光伏发电量，分别对各方案的发电量进行统计制表，汇总得出各方案发电量，如表9.18所示。

然后，针对系统设计参数，日平均负载不低于4.5kW·h，周边住户多，噪声不高于30dB等条件进行筛选。

表9.18　各方案系统发电量结果　　（单位：kW·h）

月份	方案一			方案二			方案三			方案四			方案五		
	风电	光电	合计	风电	光电	合计	风电	光电	合计	风电	光电	合计	风电	光电	合计
1	6.4	2.8	**9.2**	9.0	2.8	**11.8**	3.2	5.3	**8.5**	4.5	5.3	**9.8**	6.4	5.3	**11.7**
2	4.2	3.3	**7.5**	6.0	3.3	**9.3**	2.1	6.0	**8.1**	3.0	6.0	**9.0**	4.2	6.0	**10.2**
3	2.6	3.5	**6.1**	3.8	3.5	**7.3**	1.3	6.5	**7.8**	1.9	6.5	**8.4**	2.6	6.5	**9.1**
4	2.2	3.3	**5.5**	3.0	3.3	**6.3**	1.1	6.4	**7.5**	1.5	6.4	**7.9**	2.2	6.4	**8.6**
5	2.6	2.7	**5.3**	3.8	2.7	**6.5**	1.3	5.2	**6.5**	1.9	5.2	**7.1**	2.6	5.2	**7.8**

续表

月份	方案一			方案二			方案三			方案四			方案五		
	风电	光电	合计	风电	光电	合计	风电	光电	合计	风电	光电	合计	风电	光电	合计
6	2.6	2.4	**5.0**	3.8	2.4	**6.2**	1.3	4.5	**5.8**	1.9	4.5	**6.4**	2.6	4.5	**7.1**
7	2.2	2.1	**4.3**	2.8	2.1	**4.9**	1.1	3.7	**4.8**	1.4	3.7	**5.1**	2.2	3.7	**5.9**
8	1.2	2.7	**3.9**	1.9	2.7	**4.6**	0.6	5.0	**5.6**	0.8	5.0	**5.8**	1.2	5.0	**6.2**
9	1.4	2.3	**3.7**	1.9	2.3	**4.2**	0.7	4.2	**4.9**	0.8	4.2	**5.0**	1.4	4.2	**5.6**
10	2.2	1.7	**3.9**	3.4	1.7	**5.1**	1.1	3.0	**4.0**	1.7	3.0	**4.7**	2.2	3.0	**5.1**
11	2.6	2.7	**5.3**	3.8	2.7	**6.5**	1.3	5.2	**6.5**	1.9	5.2	**7.1**	2.6	5.2	**7.8**
12	3.4	3.0	**6.4**	5.0	3.0	**8.0**	1.7	5.7	**7.4**	2.5	5.7	**8.2**	3.4	5.7	**9.1**

9.8.6 系统最终设计方案

由上述分析可得，方案四与方案五都符合系统设计负载要求，但方案五噪声超过30dB，且性价比低于方案四，则最优配置为方案四。系统配置清单如表9.19所示，系统参数如表9.20所示。

表9.19 风光互补独立发电系统配置清单

序号	设备名称	型号和规格	数量	备注
1	太阳能电池组件	180W	8块	单晶硅
2	风力发电机	P1000	1台	含电机主体、叶片
3	铅酸蓄电池	12V、100A·h	20个	免维护蓄电池
4	风光互补控制器	WWS50	1个	蓄电池充电、保护风机
5	逆变器	WI30	1个	方波
6	光伏阵列支架	3×3角钢	1套	热镀锌 喷塑
7	风力发电机塔架		1套	钢材/SS400
8	避雷针	HD-NC28	1套	I_{max}：250kA
9	太阳能专用电缆	$3mm^2$	1套	硅橡胶紫铜电缆

表9.20 系统参数

离网户型风光互补发电系统		**蓄电池**	
系统总功率/W	2400	总容量/(A·h)	2000
年总负载/(kW·h)	2500	放电深度/%	75
年总输出/(kW·h)	2556.8	最少自维持时间/d	2
系统工作噪声/dB	10	占地面积/m^2	1.5
系统工作温度/℃	−30～+70	重量/kg	630
光伏阵列		风力发电机组	
实配方阵功率/Wp	1400	风力发电机组功率/W	1000
组件特定功率/Wp	180	风机功率/W	1000
方阵倾角/°	27°	安装高度/m	5
占地面积/m^2	15	占地面积/m^2	5
重量/kg	120	重量/kg	160
控制器		逆变器	
风力发电机最大功率/W	5000	输出额定功率/W	3000
太阳能最大功率/W	1500	空载电流/A	0.3
额定蓄电池电压/V	48	过载能力/%	120

9.8.7 系统性能分析

对于已经建成的风光互补发电系统,有必要对系统进行性能分析。性能分析的主要目的就是了解已建成的系统的工作状况,看系统是否能够正常工作,通过各种参量的分析找出对该系统性能产生影响的主要因素,以便设计出更好的风光互补发电系统。因此,需要对已建风光互补发电系统进行长期的累计观测,以了解系统的工作过程,了解各种因素对系统性能的影响以及考核系统的部件和整体的工作性能。根据上述资料数据,整理得到表 9.21。

表 9.21 系统运行分析盈亏

月份	Ht(总辐射量) /(kW·h·m^{-2})	光伏发电 /(kW·h)	风力发电 /(kW·h)	发电总量 /(kW·h)	负载耗电 /(kW·h)	盈亏量 /(kW·h)	蓄电池 /(kA·h)
1	128.6	164.3	139.5	303.8	260	43.6	24
2	131.0	168	84	252	260	−8	16
3	154.4	201.5	58.9	260.4	250	10.4	24
4	150.1	192	45	237	240	−3	21
5	128.5	161.2	58.9	220.1	220	0.1	21.1
6	114.4	135	57	192	190	2	23.1
7	104.7	114.7	43.4	158.1	160	−1.9	21.2
8	130.4	155	24.8	179.8	190	−10.2	11
9	107.3	126	24	150	150	0	11
10	82.8	93	43.4	136.4	140	−3.6	7.4
11	121.7	156	57	213	190	23	24
12	132.6	176.7	77.5	254.2	250	4.2	24
全年	1486.5	1843.4	713.4	2556.8	2500	56.6	

由表 9.21 分析得,系统全年发电量为 2556.8kW·h,家庭负载为 2500kW·h,发电量大于负载。其中,2 月、4 月、7 月、8 月和 10 月的电量为亏,由蓄电池供电,放电深度最高为 10 月的 70%,高于系统设计 75%的放电深度,能正常供电。所设计的发电系统满足需求。

这里在研究太阳能和风能一体化发电系统相关理论的基础上,分析了风光互补发电系统的设计特点,提出了风光互补发电系统的优化设计方法,并以此为基础,针对某山区气象资源数据,设计出 2.4kW 离网户型风光互补发电系统,论证了风光互补发电系统优化设计方法的有效性。值得指出的是,设计中对系统安装和施工等细节并没有过多考虑,在工程实用化方面还有待进一步深入研究。

9.9 太阳能光伏/光热综合利用的温控系统设计示例

安装的太阳能光伏发电系统,其太阳能电池普遍直接暴露于室外,强烈的太阳光线一方面致热升温,使电池温度升高,导致光伏转换效率降低,影响工作性能;另一方面,也会老化设备,缩短其使用寿命,增加使用成本。要解决这一系列的问题,可采用一种光伏/光热集热器,回收热量,同时降低电池温度,一定程度上提高光伏转换效率。但这种集热器未能改变输入光谱,无法减弱紫外线的老化作用,也不能增加可见光的利用率。这里,在以集热器为核心的热循环系统的基础上,设计一种集光伏/光热综合利用的温控系统,利用光学薄膜改变太阳光谱输入,实现其优化利用,从而提高太阳能电池的转换效率,延长太阳能电池的使用寿命。

9.9.1 温控系统的组成及工作原理

该温控系统组成及工作原理具体如下。

1. 系统组成

该温控系统由两个部分组成，即光学薄膜系统和热循环系统，如图 9.24 所示。分别从光学和传热学角度出发，综合利用太阳能光伏/光热效应，最大限度地利用太阳能资源。

基于光学设计的光学薄膜，如图 9.25 所示，既能有效增透可见光以利于光伏效应，又能反射一定带宽的紫外光谱，减少紫外辐射，从而实现对太阳光的选择性利用。热循环系统利用传热学基本原理，一方面利用流体吸收热量以实现降温；另一方面通过热循环收集热量，提高太阳能的利用效率。

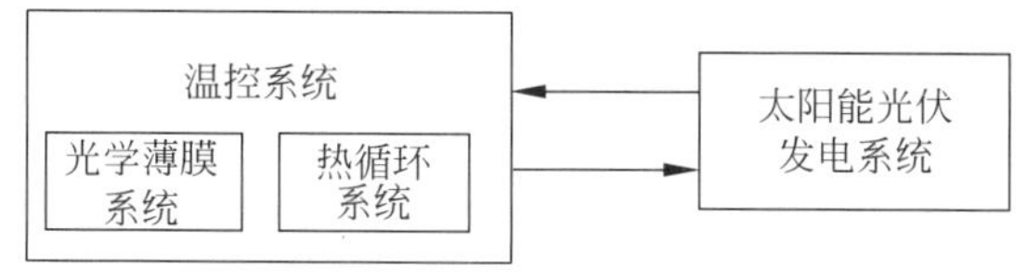

图 9.24　系统结构框图

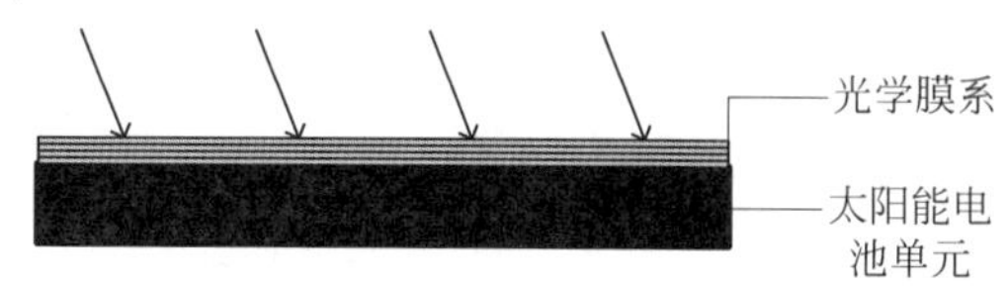

图 9.25　光学薄膜示意图

太阳能光伏发电系统与温控系统组成整个光伏发电系统。其中，光伏发电系统是主体部分，为用户提供所需电力；温控系统作用于太阳能电池，使之发挥更好的性能。

2. 系统工作原理

太阳光携带致热光谱，在太阳能电池受到照射，吸收能量而升温，这就是太阳光的光热效应。尽管这会导致电池效率降低，但是如果将这种热能转移并存储起来，既能将太阳能电池控制在适宜温度，也能提高太阳能利用率。

光学薄膜中，利用光的干涉原理，常用多层折射率高低交错、光学厚度为 $\lambda/4$(λ 为中心波长)的光学薄膜构成膜系，作为高反膜。要获得高反射率，膜系的两侧最外层均应为高折射率层，因此高折射率膜一定是奇数层，且膜系层数越多，反射率越高。膜系的参量只对一种波长 λ_0 成立，这个波长称为该膜系的中心波长，当入射光偏离中心波长时，其反射率会相应地下降。光学膜系不但起到选择性应用太阳光谱的作用，还可以在表面保护太阳能电池。

热循环系统的核心部分是集热器，主要由太阳能电池板和吸热板组成，其结构如图 9.26 所示。集热器的基本原理是利用太阳能电池板与太阳能吸热板对太阳光谱波长吸收范围的不同，采用二者结合的方式使太阳光谱能够在整个波长区得到最大吸收，并且通过能量回收装置有效地利用太阳能。热循环首先应用光热效应有效利用太阳光谱中的光热波段，更大效率地利用太阳热能，同时应用热循环机制，冷却太阳能电池，提高其光电转换效率。

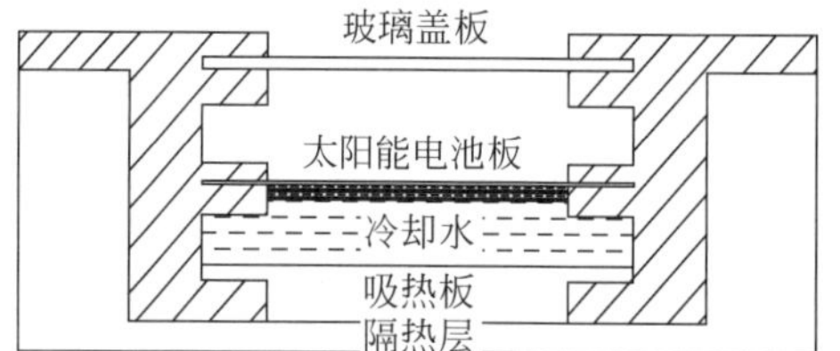

图 9.26　集热器结构示意图

9.9.2 设计指标

设计指标由薄膜设计指标和热循环系统设计指标组成。

1. 薄膜设计指标

薄膜主要设计指标如下：

(1) 材料：硫化锌 ZnS，氟化镁 MgF_2；

(2) 材料折射率：$n_H=2.35$(ZnS)，$n_L=1.38$(MgF_2)，强化玻璃 $n_G=1.52$(K9)；

(3) 反射光谱中心波长 λ_0：0.9μm(红外)，0.3μm(紫外)；

(4) 对垂直入射中心波长光线的反射率 R：$R \geqslant 98\%$；

(5) 正常工作温度：$-10℃ \sim 85℃$；

(6) 平均透过率 R_{ave}：$R_{ave} \geqslant 65\%$。

2. 热循环系统设计指标

热循环系统的主要设计指标如下：

(1) 工作温度：0℃～75℃；

(2) 有效抑制效率降低程度：≥30%；

(3) 控制温度范围：≤30℃；

(4) 传热效率：$\eta_{th} \geqslant 50\%$。

9.9.3 系统设计

系统设计包括光学薄膜设计和热循环系统设计。

1. 光学薄膜设计

根据等效面的概念，对于多层 $\lambda_0/4$ 膜系，正入射情况下的反射率可计算如下：

如图 9.27 所示，若在基片 G 上镀一层 $\lambda_0/4$ 的高折射率膜，其反射率 R_1 为

$$R_1 = \left(\frac{n_A - n_I}{n_A + n_I}\right)^2 \tag{9.52}$$

式中，$n_I = n_H^2 / n_G$，是第一层膜厚的等效折射率。n_G、n_A、n_H、n_L 分别为基片、空气、高、低折射率膜层的折射率。

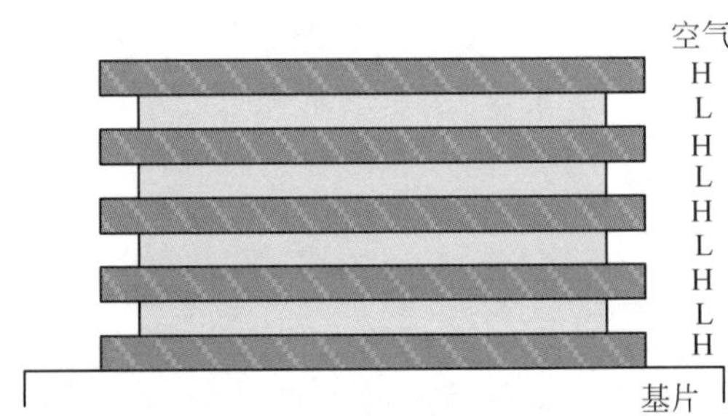

图 9.27 $\lambda_0/4$ 膜系的多层高反射膜示意图

若在高折射率膜上再镀一层低折射率膜层，其反射率 R_2 为

$$R_2 = \left(\frac{n_A - n_{II}}{n_A + n_{II}}\right)^2 \tag{9.53}$$

式中，

$$n_{II} = \frac{n_L^2}{n_I} = \left(\frac{n_L}{n_H}\right)^2 n_G \tag{9.54}$$

是镀双层膜厚的等效折射率。以此类推，当膜层为偶数($2p$)层时，$(HL)^p$ 膜系的等效折射率为

$$n_{2p} = \left(\frac{n_L}{n_H}\right)^{2p} n_G \tag{9.55}$$

相应的反射率为

$$R_{2p}=\left(\frac{n_A-n_{2p}}{n_A+n_{2p}}\right)^2 \tag{9.56}$$

当膜层为奇数$(2p+1)$层时，$(HL)^pH$膜系的等效折射率为

$$n_{2p+1}=\left(\frac{n_H}{n_L}\right)^{2p}\left(\frac{n_H^2}{n_G}\right) \tag{9.57}$$

相应的反射率表达式为

$$R_{2p+1}=\left(\frac{n_A-n_{2p+1}}{n_A+n_{2p+1}}\right)^2 \tag{9.58}$$

根据设计指标，对于高反射膜系，中心波长反射率$R\geqslant 98\%$，代入式(9.58)，得到

$$R_{2p+1}=\left(\frac{n_A-n_{2p+1}}{n_A+n_{2p+1}}\right)^2\geqslant 98\% \tag{9.59}$$

已知$n_H=2.35$(ZnS)，$n_L=1.38$(MgF_2)，$n_G=1.52$，$n_A=1.0$，解析得到$p\geqslant 3.75$，取$p=4$，则膜层有$2p+1=9$层。此时，由式(9.57)，膜系等效折射率为

$$n_{2p+1}=\left(\frac{n_H}{n_L}\right)^{2p}\left(\frac{n_H^2}{n_G}\right)=256.923 \tag{9.60}$$

膜系对中心波长的反射率为

$$R_{2p+1}=\left(\frac{n_A-n_{2p+1}}{n_A+n_{2p+1}}\right)^2=0.9846 \tag{9.61}$$

随着膜层数增加，高反射率的波长区趋于一个极限，所对应的波段称为该反射膜系的反射带宽。反射带宽的计算公式为

$$2\Delta g=\frac{4}{\pi}\arcsin\left(\frac{n_H-n_L}{n_H+n_L}\right) \tag{9.62}$$

式中，$g=\lambda/\lambda_0$。由此可见，$2\Delta g=\Delta\lambda/\lambda_0$只与$n_H/n_L$有关，$n_H/n_L$越大，带宽就越大。代入数据$n_H=2.35$，$n_L=1.38$，计算得到$\Delta g=0.1905$。

反射带宽$\Delta\lambda$最终表示为

$$\Delta\lambda=\lambda_0\cdot(2\Delta g) \tag{9.63}$$

中心波长$\lambda_0=900$nm处，膜系的反射带宽：$\Delta\lambda=900\times0.381=342.87$nm。

中心波长$\lambda_0=300$nm处，膜系的反射带宽：$\Delta\lambda=300\times0.381=114.29$nm。

综合以上计算，薄膜的特征参量列于表9.22。

表9.22　薄膜特征参量

特征参量	参　数
功能	高反射膜层
膜材料	ZnS ($n_H=2.35$)，MgF_2($n_L=1.38$)
基底	强化玻璃($n_G=1.52$)
膜系层数	9
中心波长λ_0	900nm、300nm
最大反射率R_M	98.46%
等效折射率n_e	256.923
反射带宽$\Delta\lambda$	342.87($\lambda_0=900$nm)，114.29($\lambda_0=300$nm)

2. 热循环系统设计

根据集热器设计的思想,热循环系统在太阳能电池板背部安装了窄条流道,水流经此道吸收电池板的热能,以达到温控的目的。

集热器和循环部件构成整个热循环系统,集热器安装于太阳能电池背面,如图 9.28 所示。水箱的功能与太阳能热水器类似,既可以太阳能致热,也可以安装辅助加热设备由电加热。水泵以及辅助加热设备的电力可以直接由未逆变的太阳能电池直流提供。太阳能电池的表面温度与水箱中水温的智能监测以及水泵转速的智能控制由智能监控系统实现。

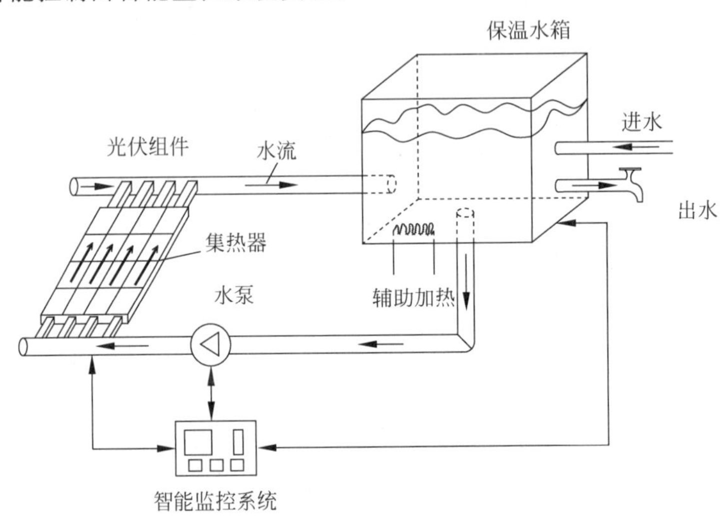

图 9.28　热循环系统结构示意图

1)循环部件设计

图 9.28 中,窄条流道中的冷却水需要保持一定的流速以保证能及时带走热量但不至于流速太快,以免效率降低,浪费电能。热循环系统有自然循环和强制循环两种类型。自然循环通过水上下温度差而形成密度差从而发生对流,这种方式的装置,只需将水箱置于改进的太阳能电池上方,集热器中的水吸收热量即形成密度梯度。但是自然循环系统水流速较慢,热量不能及时带走会明显影响温控效果。强制循环方式是在循环系统中安装水泵,从而可以控制水流速度,可随意安置水箱。为了提高循环效率,本系统采用强制循环的方式,利用电力带动水泵,加快水流速度。

此外,热循环系统也可配备智能监控系统,以实时监测太阳能电池温度、水泵转速、水箱水位和温度等信号,并及时作出反馈。

2)集热器设计

基于普通集热器的设计原理,对太阳能电池的外围进行整体设计,如图 9.29 所示。镀膜后的封装太阳能电池背后紧贴扁盒流道,扁形可以增加电池背面与水的接触面积,加快热传递,同样在流道下层安装保温层,以减少吸热水流热能的散失。在电池的两侧,同样设计有窄条流道,与盖板直接接触,这样还可以吸收盖板热量,进而降低盖板表面薄膜的工作温度,使之性能稳定。

3)传热效率的影响因素

由热循环系统的传热效率公式:

$$\eta_{\mathrm{th}}=\tau(\alpha'-\eta_{\mathrm{r}})-\left(\frac{K'}{G}-\tau\beta_{\mathrm{r}}\eta_{\mathrm{r}}\right)(T-T_{\mathrm{a}}) \tag{9.64}$$

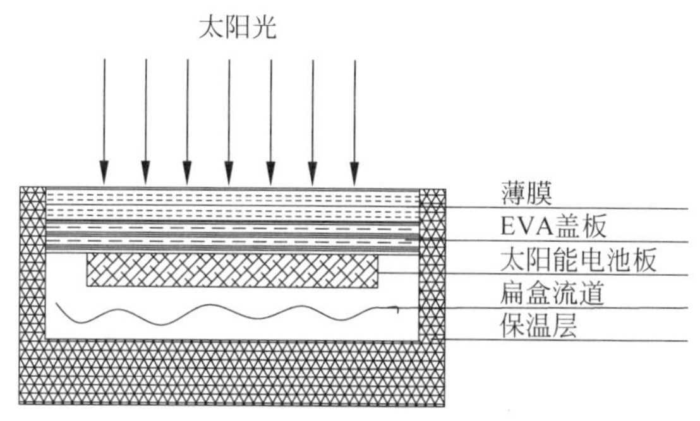

图 9.29　应用于太阳能电池的集热器示意图

式中，T 是电池板的温度；薄膜对太阳光的平均透过率 $\tau=0.65$；太阳能电池的吸收系数 $\alpha'=0.9$；标称电池工作温度 $T_r=318\text{K}(45℃)$；标称电池工作温度下的电池效率 $\eta_r=13.45\%$；电池的温度系数 $\beta_r=-0.47\%/\text{K}$；环境温度 $T_a=298\text{K}$；入射的太阳能能量 $G=1000\text{W/m}^2$；传热系数 $K'=7.489\text{W/(m}^2\cdot\text{K)}$。

代入式(9.64)得到

$$\eta_{th}=0.4976-0.0074(T-298)=2.7028-0.007\,078T \tag{9.65}$$

即热效率与电池板的温度呈线性关系，如图 9.30 所示。

设计指标中传热效率 $\eta_{th}\geqslant 50\%$，则

$$\eta_{th}=2.7028-0.007\,078T\geqslant 0.5 \tag{9.66}$$

$$T\leqslant 311.2\text{K} \tag{9.67}$$

要使传热效率达到 50%，必须将电池板温度控制在 311.2K (38.2℃)以内；要提高传热效率，可以增大透过率。电池板温度 $T=303\text{K}$(@30℃)时，传热效率与透过率的关系曲线可以看出，当其他因素一定时，随着薄膜透过率的增大，传热效率也随之线性增大，如图 9.31 所示。

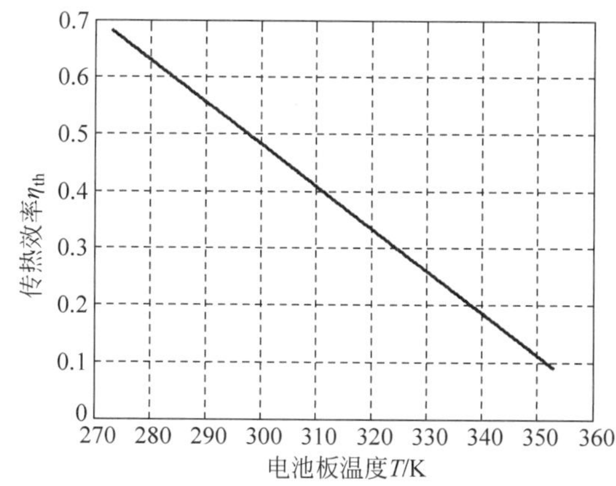

图 9.30　热效率与电池板的温度呈线性关系

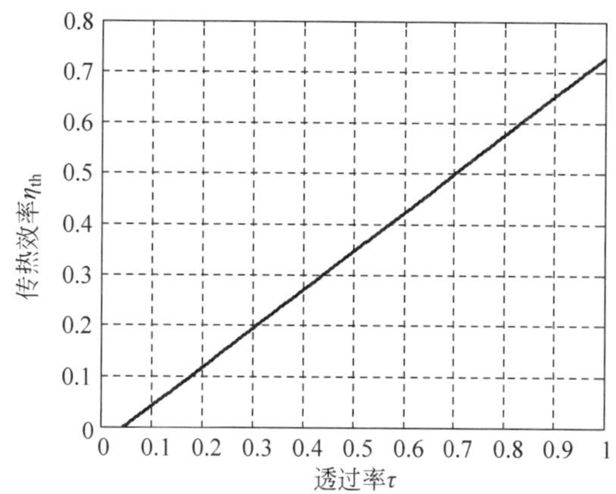

图 9.31　传热效率与透过率变化曲线

9.9.4　光学薄膜仿真

根据设计薄膜的综合参数，运用 Software Spectra 公司专业薄膜设计软件 TFCALC 仿真输出薄膜在 200～2000nm 波段范围内的反射光谱曲线，如图 9.32 所示。

由图 9.32 可以得到以下结论：

(1) 在中心波长 900nm、300nm 处分别有反射率峰值，反射带宽随波长增大而增大；

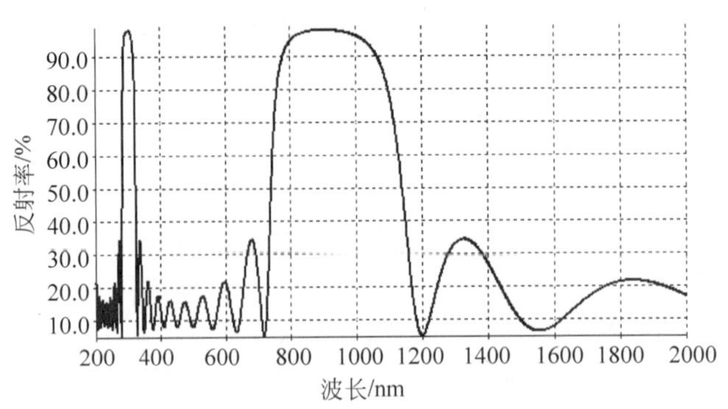

图 9.32 光学薄膜反射率曲线

(2) 在可见光区域(400～800nm),反射率普遍很低,这对于增透可见光以提高光伏效应有作用。

通过公式和软件的计算,得到光学薄膜的一系列特征参数,其中在可见光区域不存在反射带宽。由此得知,要提高光伏发电系统的转换效率,一种有效的途径就是增加光伏作用区的光谱输入,即增透可见光谱,尽量避免反射。表 9.23 列出了所设计的光学薄膜的一系列特征参数。在 200～2000nm 范围内,薄膜对太阳光的平均反射率为 $\bar{R}=35.61\%$。

表 9.23 设计的光学薄膜的一系列特征参数

波长范围/nm	200～400	400～800	800～1200
波段功能	光热区	光伏区	光热区
中心波长 λ_0/nm	300	—	900
最小反射率 R_{min}/%	5.273(λ=277nm)	5.270(λ=720nm)	5.267(λ=1200nm)
最大反射率 R_{max}/%	98.089(λ=300nm)	94.660(λ=800nm)	98.062(λ=900nm)
平均反射率 R_{ave}/%	31.863	25.437	39.650
反射带宽$\Delta\lambda$/nm	114.29	—	342.8699
起止波长	242.9～357.1	—	728.6～1071.4

这里,为了改善太阳能光伏发电系统中太阳能电池的使用性能,减弱环境温度和紫外线对太阳能电池的光电转换效率和使用寿命的影响,基于光学薄膜和传热学原理,利用特定光学薄膜滤除紫外线,以及热循环系统降低太阳能电池工作温度,设计了光伏/光热综合利用的温度控制系统。在阐述温控系统工作原理及其设计思路的基础上,提出系统指标体系,分析环境温度以及光谱透过率对传热效率的影响,并提出合理的改进方法。应用 TFCALC 薄膜设计软件设计特定的光学薄膜,仿真结果表明所设计的薄膜能反射一定带宽的紫外光谱。

太阳能光伏转换效率取决于制作太阳能电池的材料,但也受应用环境的影响,改变不利的环境因素(即高温)以及采取可行的温控技术,有助于保持光伏系统的转换效率,可增加太阳光的利用率和太阳能电池的使用寿命。

本节提出的一种光伏/光热综合应用的温度控制系统,较以往有较大改进,综合了光伏和光热效应的优点,更高效率地利用太阳能,同时,可有效地克服太阳能电池因温度升高而导致的光电转换效率降低和紫外线对电池老化的影响。该温控系统对于广泛使用的太阳能光伏发电系统具有一定的参考价值。

第 10 章 光电系统软件开发与设计

CHAPTER 10

光电系统除了光、机、电、计算机、控制等组成硬件之外，还应包含软件。光电系统中的软件(如图像处理软件、目标识别软件、伺服控制软件和跟踪软件等)担负着重要的工作：数据采集、信息处理、人机交互、系统控制、系统决策和系统协同等。其中，任何一个环节的软件性能都会对系统总体性能和任务完成产生重要影响。光电系统的软件往往与硬件结合紧密，尤其是嵌入式软件，这就要求在硬件设计的同时，同步开展光电系统软件开发与设计。

本章首先在介绍光电系统软件开发程序流程及文档类别要求的基础上，提出进程管理的目的和要求、开发情况检查。接着，对软件设计予以概述，阐述软件设计开发控制程序。然后，讲解嵌入式软件及其设计。最后，通过示例简要研讨系统软件设计。

10.1 软件开发程序流程及文档

软件开发是指一个软件项目的开发，是根据用户要求建造出软件系统或者系统中的软件部分的过程，包括立项、需求分析、概要设计、详细设计、软件实现、软件测试、文档编制等。软件开发要从需求分析开始，考虑用户需要什么功能，软件有没有可行性，需要多长时间能做出来，软件要怎么设计，用户需要的功能划分成什么样的功能模块，每个模块需要实现什么样的功能，数据库怎么设计，还要编写相关技术文档，与项目相关的内容都要考虑到。

软件开发程序流程图如图 10.1 所示。表 10.1 列举了软件开发各阶段的工作进程及应完成的文档。文档可视项目规模、复杂程度和风险程度等作适当剪裁，并在任务书或合同中写明。

表 10.1　软件开发各阶段的工作进程及应完成的文档

文　档	阶　段				
	系统分析与软件定义	软件需求分析	软件设计	软件实现	软件测试
任务书或合同	——→				
可行性研究报告	——→				
项目开发计划	——→				
软件需求说明		——→			
数据要求说明		——→			
编程标准和约定		——→			
软件质量保证计划		——→			

续表

文档	阶段				
	系统分析与软件定义	软件需求分析	软件设计	软件实现	软件测试
软件配置管理计划		→			
概要设计说明			→		
详细设计说明			→		
数据库设计说明			→		
用户手册		→	→	→	
操作手册			→	→	
程序维护手册			→	→	
测试计划		→	→	→	
测试分析报告					→
安装实施过程					→
软件验收计划					→
软件验收报告					→
开发进度月报	→	→	→	→	→
项目开发总结报告		→ 软件需求与验证确认评审	→ 软件设计评审	→	→ → 功能、物理、综合审查管理评审

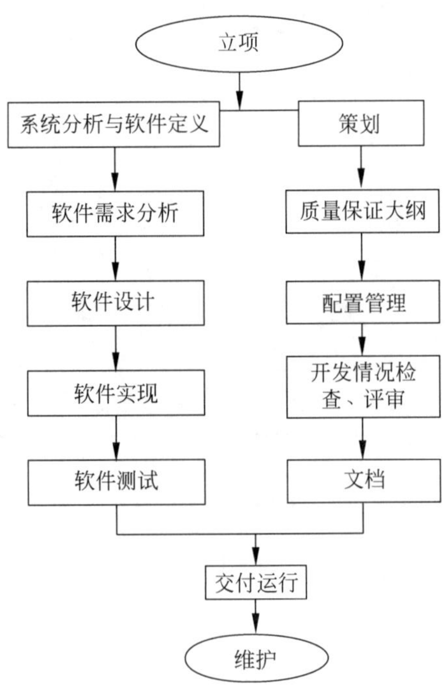

图 10.1 软件开发程序流程图

10.1.1　进程管理的目的和要求

按照表 10.1 所列举的工作内容，对软件开发各阶段的进程实施有效的控制和管理，以求做到：项目开发能够按计划的进度进行并满足所有的软件需求；按时生成文档并符合有关标准的要求；及时进行各阶段的评审和审查并满足 GJB 439A 或相关标准的要求；及时掌握软件开发的动态进程，通过开发情况检查，发现薄弱环节，采取有效措施；及时协调软件开发各阶段之间和内部各软件成分之间的工作；做好承办单位、交办单位和用户之间的联系和协调工作；将软件项和各种数据及时存入软件开发库，并置于软件配置管理之下。

10.1.2　开发情况检查

项目管理人员必须掌握软件开发的动态情况，定期进行开发工作状态的检查，以便及时发现和处理项目开发中发生的问题。

1）开发情况检查的项

开发情况检查的项包括：开发进度及其预测，机构或人员的变动情况，设计情况，编码情况，测试情况，软件错误报告及修改建议，可交付的项与新增的项，文档编制情况，出现的问题，设备使用情况，财务概算情况及其他。

2）检查项内容

对每个检查项还包括以下几方面的内容：当前进度安排，遇到的主要困难与克服的办法，未完成计划的任务或单位以及解决措施，引起进度修改的原因、效果及其他信息，不符合要求的问题，在开发期间举行的有关会议纪要，其他。

10.2　软件设计概述

软件设计是软件开发的一个子过程。软件设计一般由软件需求说明、软件概要设计和软件详细设计组成。软件设计的任务是从软件需求规格说明书出发，根据需求分析阶段确定的功能设计软件系统的整体结构、划分功能模块、确定每个模块的实现算法、形成软件的具体设计方案等。它涉及程序设计语言、数据库、软件开发工具、系统平台、标准、设计模式等方面。

对于软件设计的目标和目的而言，软件需求是解决“做什么”；软件设计是解决“怎么做”。软件设计的问题包括：①工具，如何描述软件的总体结构；②方法，用什么方法由问题结构导出软件结构；③评估准则，什么样的软件结构是“最优的”。

软件设计方法一般包括：结构化设计方法、面向数据结构的设计方法和面向对象的设计方法。软件设计一般分为两个阶段：①概要设计（总体设计），确定软件的结构以及各组成成分（子系统或模块）之间的相互关系；②详细设计，确定模块内部的算法和数据结构，产生描述各模块程序过程的详细文档。

软件体系结构包括两部分：①过程构件（模块）的层次结构；②数据构件。

改进软件结构设计的指导原则（软件结构设计的启发式规则）包括：①模块功能的完善化；②消除重复功能；③将模块的影响限制在模块的控制范围内；④深度、宽度、扇出和扇入适中；⑤模块大小适中；⑥降低模块接口的复杂性；⑦模块功能可预测；⑧避免模块的病态连接；⑨根据设计约束和可移植性要求对软件打包。

概要设计确定软件系统的结构以及各模块功能及模块间联系（接口）。概要设计的一般过程包括：①设想可能的方案；②选取合理的方案；③推荐最佳方案；④功能分解；⑤设计软件结构；⑥数据库设计；⑦制定测试计划；⑧编写文档；⑨审查与复审。

10.3 软件设计开发控制程序

软件设计开发控制程序与硬件设计开发控制程序类似，包括设计和开发的输入、输出、评审、验证、确认和更改等工作内容。

10.3.1 设计和开发的输入

为了确保项目设计和开发的质量并使设计开发输出的验证有据可依，应正确地确定设计和开发的输入，并保持相关的输入记录。设计和开发输入应包括：项目的功能和性能要求；项目适用的法律法规要求；适用时，以前类似设计提供的信息；设计和开发所必需的其他要求。

应对设计和开发输入进行评审，以确保输入是充分与适宜的。要求应完整、清楚，并且不能自相矛盾。阶段性的输入为前一阶段的输出文件，可包括顾客提供的技术文件。

设计开发各阶段的输入如下：①需求分析阶段的输入包括：项目开发计划的相关要求、可行性研究的评审结果、顾客的具体需求。②概要设计阶段的输入包括：《软件需求规格说明书》、可行性研究的评审结果、《项目开发计划》的相关要求，以及其他相关的具体需求。③详细设计阶段的输入包括：《概要设计说明书》《数据库设计说明书》《测试说明书》《项目开发计划》，以及顾客其他的具体需求。④代码编程、检查及单元测试阶段的输入包括：《详细设计说明书》《项目开发计划》《测试说明书》，以及顾客提供的具体需求。⑤软件测试阶段的输入包括：《概要设计说明书》《详细设计说明书》《测试说明书》《项目开发计划》，以及顾客提出的具体需求。

设计开发输入由项目主管编制《设计开发输入清单》。对设计开发输入的评审以单位主管审核批准的方式进行，以确保设计开发输入的充分、适宜。项目主管依据评审确认后的设计输入文件组织开发人员进行开发前的准备工作。

10.3.2 设计和开发的输出

设计和开发的输出文件是后续设计、开发、测试、安装、服务过程的依据和工作标准，应以能针对设计开发输入进行验证的方式提出。

设计和开发的输出文件在放行前应得到批准，并应确保：满足设计开发输入的要求；给出采购、生产和服务提供的适当信息；包含或引用产品接收准则；规定对产品的安全和正常使用所必需的产品特性；对产品的防护要求。

本阶段设计和开发的输出应满足本阶段输入的要求，输出文件经过评审后作为后一阶段的输入。设计开发各阶段的输出如下：①概要设计阶段的输出，包括《概要设计说明书》《数据库设计说明书》《测试说明书》《开发进度报告》和《用户手册》。②详细设计阶段的输出包括：《详细设计说明书》《测试说明书》《开发进度报告》和《用户手册》。③代码编程、检查及单元测试阶段的输出包括源代码文件、执行代码文件和《开发进度报告》。④软件测试阶段的输出包括：经过测试后用于交付顾客的执行文件、《测试结果报告》和《开发进度报告》。⑤软件安装阶段的输出包括《软件安装手册》和《安装部署方案书》。设计开发输出文件经批准后发布。

10.3.3 设计和开发的评审

应依照设计策划的安排对设计和开发进行系统的评审，以便评价设计和开发各阶段的结果满足要求的能力；识别任何问题并提出必要的措施。

评审的参加者应包括与所评审的设计和开发阶段有关的职能代表。评审结果及任何必要措施的记录应予保持。

项目主管负责制定阶段评审计划，包括：评审时机、评审内容、参加评审人员；负责阶段评审的技术准备；负责组织相关人员实施评审活动。根据项目的规模确定评审级别和方式，在设计和开发各阶段结束后，都需要按照规定的评审级别和方式对本阶段的输出结果进行评审，并填写《设计开发评审记录》。

设计和开发各阶段的成果要以前一阶段的输出和相关的文件输入作为依据，以保证评审的质量。设计和开发评审结果及评审引起的任何措施的记录应予以保持，如需改进或重新设计时，其内容也应予以记录并重新评审。未通过评审的设计，不能进入下一阶段。

10.3.4 设计和开发的验证

为确保设计开发输出满足输入的要求，应依据项目开发计划的安排对设计和开发进行验证并保持验证结果及任何必要措施的记录。

由于软件产品的特殊性，设计开发各阶段的成果需通过软件测试的方式进行验证。在设计开发各阶段评审通过后，按照《测试说明书》以及《不合格品控制程序》进行验证。设计开发验证由项目主管组织实施，验证结果填写《验证结果报告》。验证结果及任何必要措施的记录应予以保持。

10.3.5 设计和开发的确认

为确保计算机软件设计项目能够满足规定的使用要求或已知的预期用途要求，应依照项目开发计划的安排对设计和开发进行确认。软件产品的确认应经过测试验证后，在项目交付或实施之前进行。

设计开发的确认一般由项目主管负责组织人员与顾客进行沟通，在保证最终产品满足顾客的使用要求的情况下，由项目主管填写《软件工程完工验收（确认）报告》，提交部门主管及单位主管（如总工程师）确认，并由顾客签署确认，通过相关部门验收即为通过确认。确认结果及任何必要措施的记录应予以保持。

10.3.6 设计和开发的更改

应识别和控制设计开发的更改，并保持记录。应对设计开发的更改进行适当的评审、验证和确认，并在实施前得到批准。对设计开发更改的评审应包括评价更改对产品组成部分和已交付产品的影响。

设计开发的更改，应对设计和开发更改进行适当的评审、验证、确认，一般通过填写《软件设计更改记录》的方式实施，重大更改应由单位主管审批。

对已通过评审阶段的设计文件进行更改时，项目主管应综合评价更改后对交付产品及其他组成部分的影响程度，若更改涉及满足规定的使用要求或预期用途的要求时，由单位主管决定是否进行验证、确认，根据评价结果做出决定，必要时对更改进行评审、验证和确认。更改的评审结果及任何必要措施的记录应予以保持。

10.4 嵌入式软件及其设计

嵌入式软件是一类重要的软件，具有与通用软件不同的特点，其设计也有相应的特殊性。

10.4.1 嵌入式软件的概念及特点

应用在嵌入式计算机系统当中的各种软件统称为嵌入式软件。嵌入式软件就是给专门的嵌入式系统设计的软件，和一般的PC软件差别不大，主要区别在于嵌入式系统对功耗和内存大小等有严格的限制，所以嵌入式软件一定要精简、高效。作为嵌入式系统的一个组成部分，目前嵌入式软件的种类和规模都得到了极大的发展，形成了一个完整、独立的体系。嵌入式软件除了具有通用软件的一般特性，同时还具有一些与嵌入式系统密切相关的特点，如：

(1) 规模较小。在一般情况下，嵌入式系统的资源多是比较有限的，要求嵌入式软件必须尽可能地精简，多数的嵌入式软件都在几MB以内。

(2) 开发难度相对较大。嵌入式系统由于硬件资源的有限，使得嵌入式软件在时间和空间上都受到严格的限制，需要开发人员对编程语言、编译器和操作系统有深刻的了解，才有可能开发出运行速度快、存储空间少、维护成本低的软件。嵌入式软件一般都涉及底层软件的开发，应用软件的开发也是直接基于操作系统的，这就要求开发人员具有扎实的软、硬件基础，能灵活运用不同的开发手段和工具，具有较丰富的开发经验。嵌入式软件的运行环境和开发环境比计算机复杂，嵌入式软件是在目标系统上运行的，而嵌入式软件的开发工作则是在另外的开发系统中进行，当应用软件调试无误后，再把它放到目标系统上去。

(3) 高实时性和可靠性要求。具有实时处理的能力是许多嵌入式系统的基本要求，实时性要求软件对外部事件做出反应的时间必须要快，在某些情况下还要求是确定的、可重复实现的，不管系统当时的内部状态如何，都是可以预测的。同时，对于事件的处理一定要在限定的时间期限之前完成，否则就有可能引起系统的崩溃。光电搜索、光电跟踪和光电制导等实时系统对嵌入式软件的可靠性要求是非常高的，一旦软件出了问题，其后果是非常严重的。

(4) 软件固化存储。为了提高系统的启动速度、执行速度和可靠性，嵌入式系统中的软件一般都固化在存储器芯片或微处理器中。

10.4.2 嵌入式软件的分类

一般嵌入式软件可分类如下：

(1) 系统软件。系统软件控制和管理嵌入式系统资源，为嵌入式应用提供支持，如设备驱动程序、嵌入式操作系统和嵌入式中间件等。

(2) 应用软件。应用软件是嵌入式系统中的上层软件，它定义了嵌入式设备的主要功能和用途，并负责与用户进行交互。应用软件是嵌入式系统功能的体现，如飞行控制软件、播放软件和电子地图软件等，一般面向于特定的应用领域。

(3) 支撑软件。支撑软件指辅助软件开发的工具软件，如系统分析设计工具、在线仿真工具、交叉编译器、源程序模拟器和配置管理工具等。

在嵌入式系统当中，系统软件和应用软件运行在目标平台(即嵌入式设备上)，而对于各种软件开发工具来说，它们大部分都运行在开发平台(计算机)上，运行Windows或Linux操作系统。

10.4.3 嵌入式软件的体系结构

嵌入式软件的体系结构包括无操作系统的嵌入式软件和有操作系统的嵌入式软件。

1. 无操作系统的嵌入式软件

早期嵌入式系统的应用范围主要集中在控制领域，硬件的配置比较低，嵌入式软件的设计主要是以应用为核心，应用软件直接建立在硬件上，没有专门的操作系统，软件的规模也很小。

无操作系统的嵌入式软件主要采用循环轮转和中断(前后台)两种实现方式。

1) 循环轮转方式

循环轮转方式的基本设计思想是把系统的功能分解为若干个不同的任务，放置在一个永不结束的循环语句当中，按照时间顺序逐一执行。当程序执行完一轮后，又回到程序的开头重新执行，循环不断。

循环轮转方式的程序简单、直观、开销小、可预测。软件的开发可以按照自顶向下、逐步求精的方式，将系统要完成的功能逐级划分成若干个小的功能模块进行编程，最后组合在一起。循环轮转方式的软件系统只有一条执行流程和一个地址空间，不需要任务之间的调度和切换，其程序的代码都是固定的，函数之间的调用关系也是明确的，整个系统的执行过程是可预测的。

循环轮转方式的缺点是程序必须按顺序执行，无法处理异步事件，缺乏并行处理的能力，缺乏硬件上的时间控制机制，无法实现定时功能。

2) 中断方式

中断方式又称为前后台系统形式，系统在循环轮转方式的基础上增加了中断处理功能。ISR(Interrupt Service Routine，中断服务程序)负责处理异步事件，即前台程序(Foreground)，也称为事件处理级程序。而后台程序(Background)是一个系统管理调度程序，一般采用的是一个无限的循环形式，负责掌管整个嵌入式系统软、硬件资源的分配、管理以及任务的调度。后台程序也称为任务级程序。一般情形下，后台程序会检查每个任务是否具备运行条件，通过一定的调度算法来完成相应的操作。而一些对实时性有要求的操作通常由中断服务程序来完成，大多数的中断服务程序只做一些最基本的操作，如标记中断事件的发生等，其余的事情会延迟到后台程序去完成。

2. 有操作系统的嵌入式软件

从20世纪80年代开始，操作系统出现在嵌入式系统上。如今，嵌入式操作系统在嵌入式系统中广泛应用，尤其是在功能复杂、系统庞大的应用中显得越来越重要。在应用软件开发时，程序员不是直接面对嵌入式硬件设备，而是采用一些嵌入式软件开发环境，在操作系统的基础上编写程序。

在控制系统中，采用前后台系统体系结构的软件，在遇到强干扰时，可能会使应用程序产生异常、出错，甚至死循环的现象，从而造成系统的崩溃。而采用嵌入式操作系统管理的系统，在遇到强干扰时，可能只会引起系统中的某一个进程被破坏，但这可以通过系统的监控进程对其进行修复，系统具有自愈能力，不会造成系统崩溃。

在嵌入式操作系统环境下，开发一个复杂的应用程序，通常可以按照软件工程的思想，将整个程序分解为多个任务模块，每个任务模块的调试、修改几乎不影响其他模块。利用商业软件提供的多任务调试环境，可大大提高系统软件的开发效率，降低开发成本，缩短开发周期。

嵌入式操作系统本身是可以剪裁的，嵌入式系统外设和相关应用也可以配置，所开发的应用软件可以在不同的应用环境和不同的处理器芯片之间移植，软件构件可复用，有利于系统的扩展和移植。

嵌入式软件的体系结构如图10.2所示，最底层的是嵌入式硬件系统，包括嵌入式微处理器、存储器、键盘、LCD显示器等输入/输出设备。在硬件层之上的是设备驱动层，它负责与硬件直接打交道，并为操作系统层软件提供所需的驱动支持。操作系统层可以分为基本部分和扩展部分：基本部分是操作系统的核心，负责整个系统的任务调度、存储管理、时钟管理和中断管理等功能；扩展部分为用户提供网络、文件系统、图形用户界面（Graphical User Interface，GUI）和数据库等扩展功能，扩展部分的内容可以根据系统的需要来进行剪裁。在操作系统的上层是一些中间件层。中间件层为应用软件层提供一些对操作系统的便捷服务和广泛使用的库函数，如常用的数据运算、数据格式的变换函数以及数据表格图线的绘制函数等。应用软件层则是实现具体应用功能的用户程序，根据不同的测量任务，应用程序以合适的形式表示出测量的结果。也即，最上层是网络浏览器、MP3 播放器、文本编辑器和电子邮件客户端等各种应用软件，实现嵌入式系统的功能。

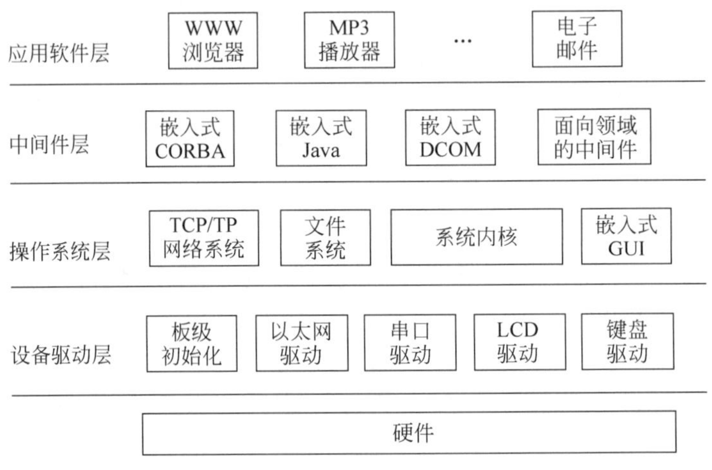

图 10.2　嵌入式软件的体系结构

10.4.4　嵌入式软件的设计流程

嵌入式软件的设计流程如图 10.3 所示。

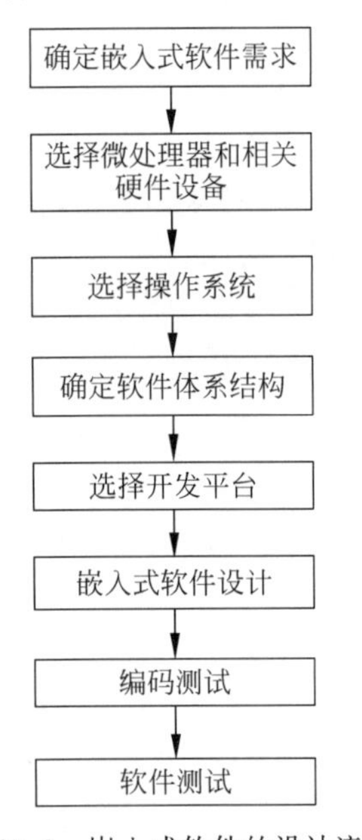

图 10.3　嵌入式软件的设计流程

嵌入式软件的设计原则：尽量简单；使用静态表；尽量减少动态性；任务数目恰当；避免使用复杂算法；使用有限状态自动机辅助设计；面向对象设计。嵌入式软件新的设计方法：软硬件协同设计；基于构件的设计方法；基于中间件的设计方法。

其软件设计思路和方法的一般过程，包括设计软件的功能和实现的算法和方法、软件的总体结构设计和模块设计、编程和调试、程序联调和测试以及编写、提交程序。

几个重要环节如下：

1）需求调研分析

需求调研分析包括如下工作内容：

（1）相关系统分析员和用户初步了解需求，然后用 Word 列出要开发的系统的大功能模块，每个大功能模块下的小功能模块，如有些需求有比较明确的界面时，在这一步可以初步定义好少量的界面。

（2）系统分析员深入了解和分析需求，根据自己的经验和需求用 Word 或相关的工具再做出一份文档系统的功能需求文档。该文档会清楚描述系统大致的大功能模块，大功能模块有哪些小功能模块，并且还示出相关的界面和界面功能。

(3) 系统分析员和用户再次确认需求。

2) 设计开发

设计开发包括如下工作内容：

(1) 系统分析员根据确认的需求文档所描述的界面和功能需求，用迭代的方式对每个界面或功能做系统的概要设计。

(2) 系统分析员把写好的概要设计文档给程序员，程序员根据功能逐个编写。

3) 测试

测试编写好的系统，交给用户使用，用户使用后逐个确认功能。

10.4.5　嵌入式系统的硬件结构

嵌入式处理系统主要包括嵌入式微处理器、存储设备、模拟电路及电源电路、通信接口，以及外设电路。嵌入式系统的硬件架构示例如图 10.4 所示，该图为嵌入式系统硬件模型结构，此系统主要由微处理器 MPU、外围电路，以及外设组成，微处理器为 ARM 嵌入式处理芯片，如 ARM7TMDI 系列及 ARM9 系列微处理器，MPU 为整个嵌入式系统硬件的核心，决定了整个系统功能和应用领域。外围电路根据微处理器不同而略有不同，主要由电源管理模块(Power)、时钟模块(Real Time Clock，RTC)、闪存 FLASH、随机存储器 RAM，以及只读存储器 ROM 组成。这些设备是一个微处理器正常工作所必需的设备。外部设备将根据需要而各不相同，如通用通信接口 USB、GPIO(General Purpose Input Output)、RS-232 和 RJ-45 等，输入/输出设备，如键盘和 LCD 等。外部设备将根据需要定制。

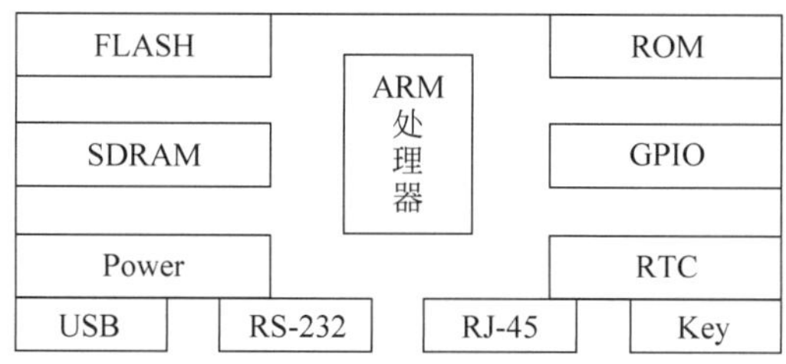

图 10.4　嵌入式系统的硬件架构示例

10.4.6　嵌入式系统的软件结构

嵌入式系统与传统的单片机在软件方面最大的不同就是可以移植操作系统，从而使软件设计层次化。传统的单片机在软件设计时将应用程序与系统、驱动等全部混在一起编译，系统的可扩展性和可维护性不高，上升到操作系统后，这一切变得简单可行。

嵌入式操作系统在软件上呈现明显的层次化，从与硬件相关的 BSP 到实时操作系统内核系统(RTOS)，再到上层 FS(File System)文件系统、GUI，以及应用程序层。各部分可以清晰地划分开来，如图 10.5 所示。当然，在某些时候这种划分也不完全符合应用要求。需要程序设计人员根据特定的需要来设计自己的软件。

<table>
<tr><td colspan="3">应用程序层 (Application)</td></tr>
<tr><td>FS文件系统</td><td>GUI</td><td>系统管理接口</td></tr>
<tr><td colspan="3">实时操作系统内核系统 (RTOS)</td></tr>
<tr><td colspan="3">板级支持包 (BSP)</td></tr>
<tr><td colspan="3">硬件层</td></tr>
</table>

图 10.5　嵌入式系统软件的基本架构

板级支持包(Board Support Packet，BSP)主要用来完成底层硬件相关的信息，如驱动程序、加载实时操作系统等功能；实时操作系统内核系统(RTOS)主要是常见的嵌入式操作系统，设计者根据自己特定的需要来设计移植自己的操作系统，即添加、删除部分组件，添加相应的硬件驱动程序，为上层应用提供系统调用。

10.4.7 嵌入式软件的开发流程

嵌入式软件的开发流程如图10.6所示。

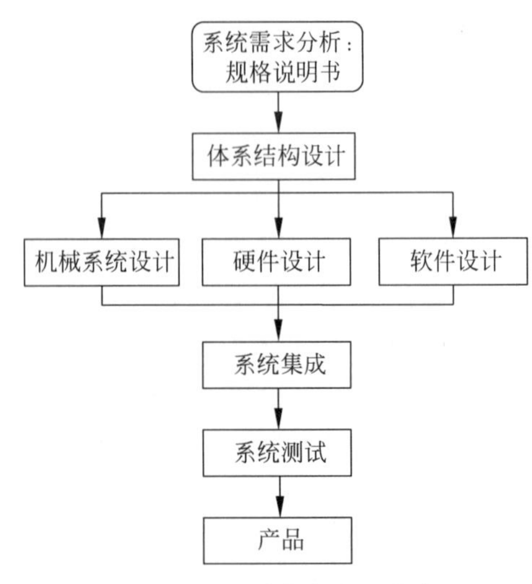

图10.6 嵌入式软件的开发流程

1）系统需求分析

确定设计任务和设计目标，并提炼出设计规格说明书，作为正式设计指导和验收的标准。系统的需求一般分功能性需求和非功能性需求两方面。功能性需求是系统的基本功能，如输入/输出信号、操作方式等；非功能需求包括系统性能、成本、功耗、体积和重量等因素。

2）体系结构设计

描述系统如何实现所述的功能和非功能需求，包括对硬件、软件和执行装置的功能划分，以及系统的软件、硬件选型等。一个好的体系结构是设计成功与否的关键。

3）硬件/软件协同设计

基于体系结构，对系统的软件、硬件进行详细设计。为了缩短产品开发周期，设计往往是并行的。嵌入式系统设计的工作大部分都集中在软件设计上，面向对象技术、软件组件技术和模块化设计是现代软件工程经常采用的方法。

4）系统集成

把系统的软件、硬件和执行装置集成在一起进行调试，发现并改进单元设计过程中的错误。

5）系统测试

对设计好的系统进行测试，看其是否满足规格说明书中给定的功能要求。嵌入式系统开发模式最大的特点是软件、硬件综合开发。这是因为嵌入式产品是软、硬件的结合体，软件针对硬件开发、固化、不可修改。如果在一个嵌入式系统中使用Linux技术开发，根据应用需求的不同有不同的配置开发方法，但是，一般情况下都需要经过如下过程：①建立开发环境，操作系统一般使用RedHat Linux，选择定制安装或全部安装，通过网络下载相应的GCC交叉编译器进行安装（如arm-linux-gcc、arnl-uclibc-gcc），或者安装产品厂家提供的相关交叉编译器；②配置开发主机，配置MINICOM（串口通信工具），一般的参数为波特率115200Baud/s，数据位为8，停止位为1，无奇偶校验，软件和硬件流控设为无。在Windows下的超级终端的配置也是这样。MINICOM软件的作用是作为调试嵌入式开发板的信息输出的监视器和键盘输入的工具。配置网络主要是配置NFS（网络文件系统），需要关闭防火墙，简化嵌入式网络调试环境的设置过程。

10.5 软件设计示例

智能电机保护系统是某光电产品的主要组成之一，这里仅简要介绍其系统硬件组成分析与系统软件设计。

10.5.1　系统硬件组成分析

系统的整体硬件部分包括信号调理电路、人机接口电路、通信电路以及电源、时钟、复位和动作电路等。系统的硬件框图如图 10.7 所示。

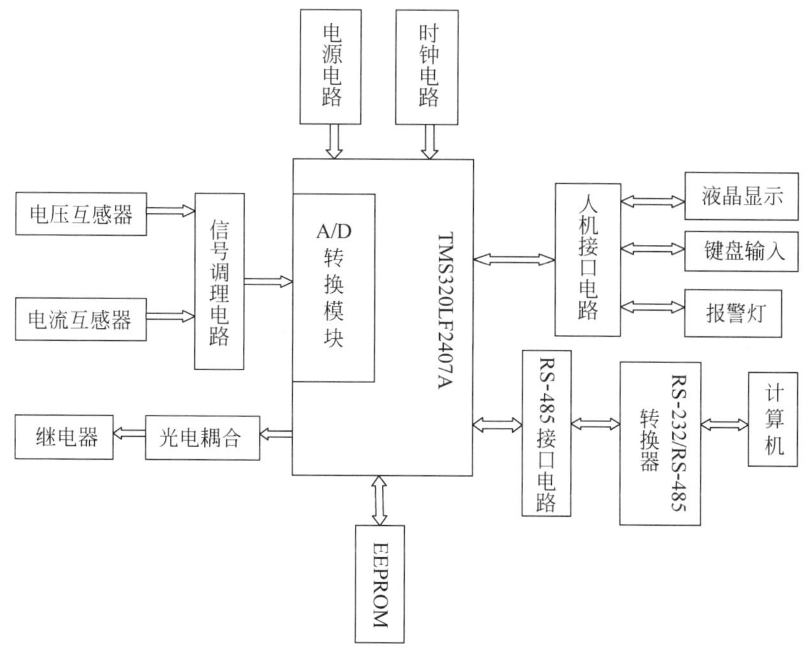

图 10.7　系统的硬件框图

电动机的电压电流信号经一次电压互感器和电流互感器变成标准额定电压 100VAC、220VAC、57.7VAC 和标准额定电流 5A，然后送往测量仪表的二次电压互感器和电流互感器，其输出经信号调理后变成峰-峰值为 0～3.3V 的交流电压信号送往 DSP 模块进行交流采样。

TMS320LF2407A 定点 DSP 数字信号处理器内置 10 位 A/D 采样保持处理模块，可以满足交流采样的转换精度和速度的需要，以保证 DSP 可靠工作。另外还配有 EEPROM 存储器 24LC256，用于保存设定数据及测量数据。

在人机接口方面，设计有 LCD 液晶显示器，液晶显示器选用 320×240 点阵液晶显示模块 LCM320240。系统在通信模块是 RS-485 通过 RS-232/RS-485 转换器来和计算机相接。

10.5.2　系统软件设计

智能电机保护系统通过检测线路中的电流和电压，经计算、分析来实现各种保护功能，并且实时显示线路的参数和记录故障状态。

系统通过 TMS320LF2407A 内部定时器中断启动 A/D 转换。设定初始采样频率 2.56kHz，则采样间隔 390.625μs，即 390.625μs 触发一次 A/D。TMS320LF2407A 内部输入 A/D 转换完成后，发送中断请求信号到 DSP。控制程序的流程图如图 10.8 所示。

1. 显示程序设计

显示部分的程序流程如图 10.9 所示。

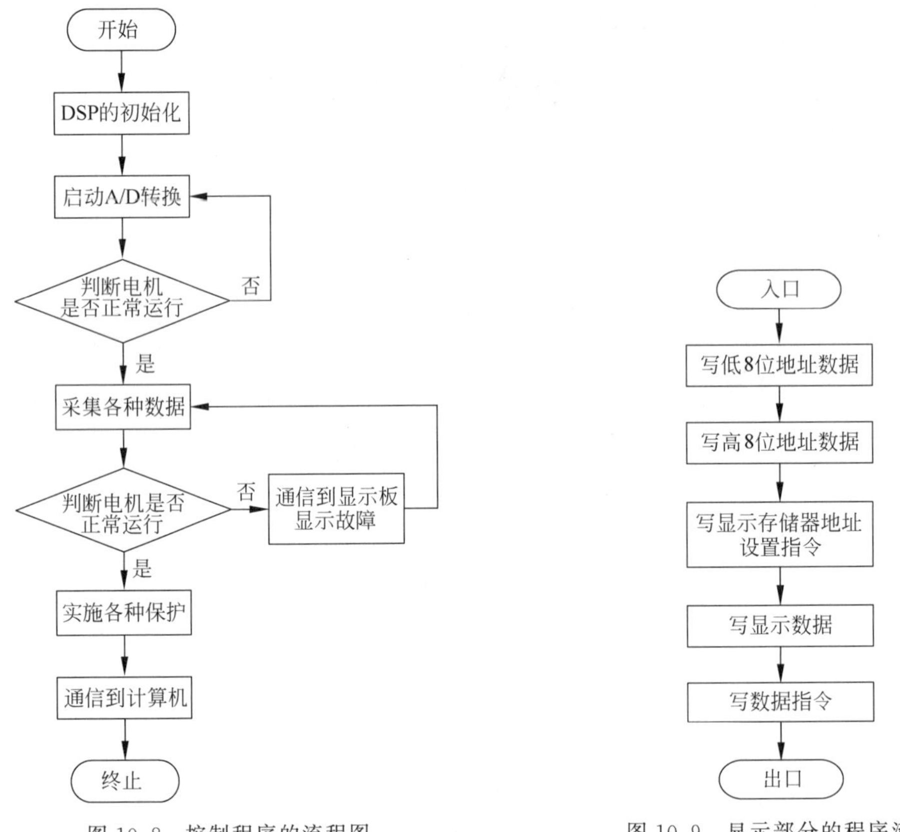

图 10.8　控制程序的流程图

图 10.9　显示部分的程序流程

2. 按键子程序设计

按键程序流程如图 10.10 所示。CPU 每 20ms 查询按键一次，并将相应的按键值存入相应的存储单元，然后通过对按键值的判断处理控制液晶的显示、整定值的设定和延时时间的调整等。

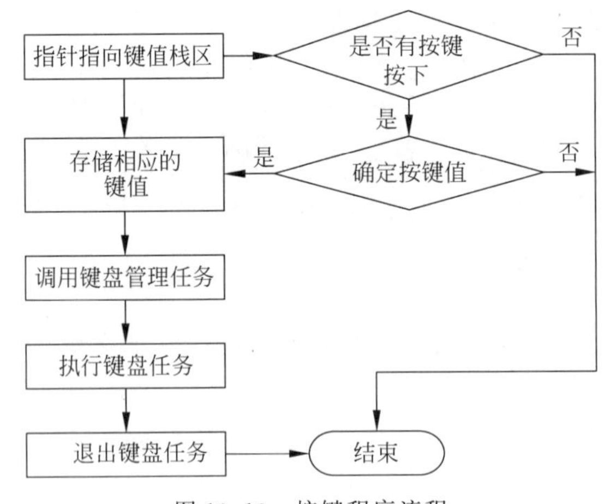

图 10.10　按键程序流程

3. 中断部分程序设计

故障处理功能是根据数据处理得到的结果、各种保护的原理及整定值进行判断，以决定是否动作或报警。保护中断流程如图 10.11 所示。

4. 通信部分程序设计

由于RS-232具有数据传输速率不高、传送距离短、接口处各信号间容易产生串扰及未规定标准的连接器等缺点，美国电子工业协会(EIA)制定了RS-499、RS-423(RS-423-A)、RS-422(RS-422-A)和RS-485标准。

RS-485标准是一种以平衡方式传输的标准，最大传输速率可达10Mb/s，最远可传的距离为1.2km，能够实现多点对多点的通信，RS-485允许平衡电缆上连接32个发送器/接收器，允许双绞线上一个发送器驱动32个负载设备，负载设备可以是被动发送器、接收器或收发器等，因此在远程通信和多机通信中得到了广泛应用。

系统采用总线型分布式网络结构，网络结构如图10.12所示。各保护器通过MAX485组建RS-485通信总线，PC和RS-485总线之间通过RS-232/RS-485转换卡连接。PC功能是提供良好操作界面，允许管理者修改参数。管理者通过操作界面可以向各保护器发送控制命令。保护器可以接收主机命令，根据命令驱动电气设备合闸或跳闸，以及测量各个电气参数，并将电气参数传输到显示模块显示。显示部分使用LCD模块显示电气参数。

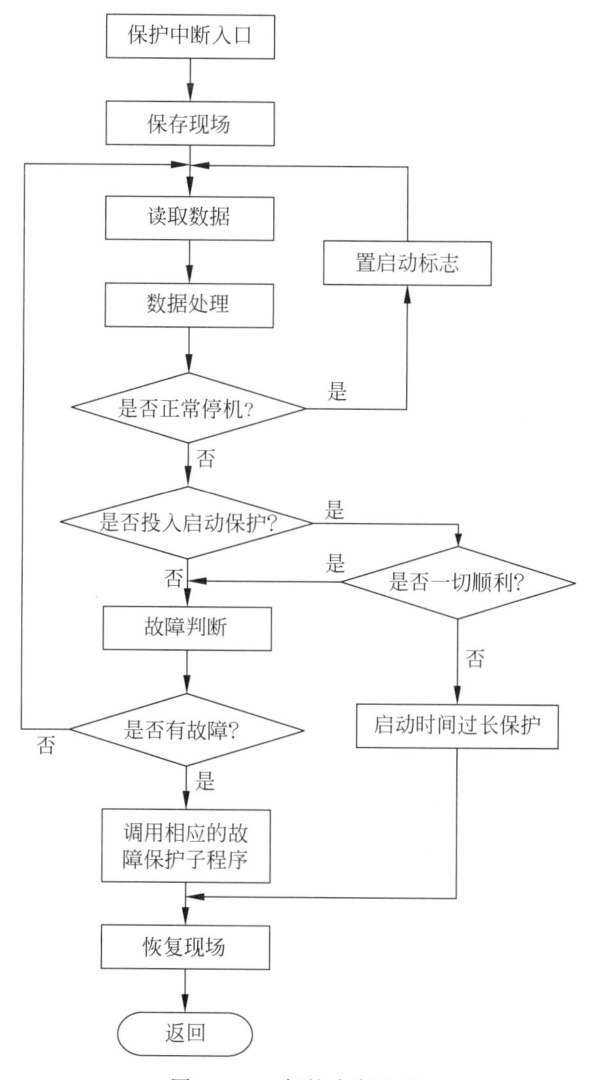

图10.11　保护中断流程

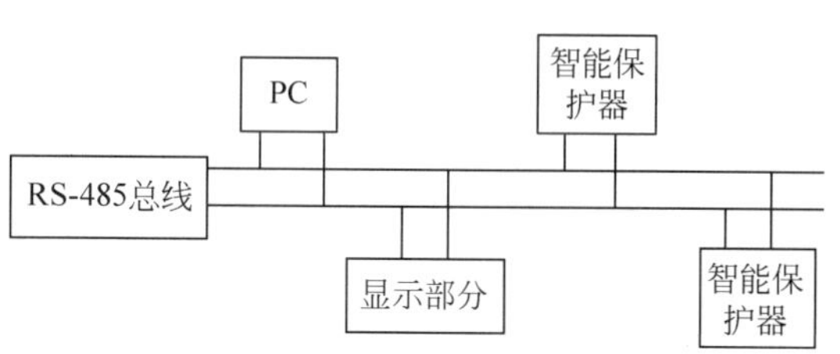

图10.12　网络结构

串行通信在上位机采用 VB 编程语言，在下位机采用汇编语言编程。TMS320LF2407A 的串行通信设计有查询和中断两种实现方式。查询方式就是在主程序中查询相应的中断标志位，满足条件就执行相应的中断处理程序，否则就不执行，但是这种工作方式需要在计算机和 DSP 之间交换数据，查询、等待会很大程度地占用 CPU 的内存，从而大大降低 CPU 的工作效率，浪费了 CPU 有限的工作资源。为节省 CPU 的资源，通常采用中断的通信方式，在中断方式下，DSP 在启动串口后就不再查询它的工作状态，而是按照自己的主程序顺序执行，当串口产生中断请求，DSP 再响应中断，转而处理中断通信程序，并保存现有的工作状态，包括程序的执行地址以及各个控制字的状态，处理完中断程序以后，再回到中断的地方继续执行自己的主程序。

在实际运用中，要完成 DSP 与上位机的通信，还要对 DSP 中有关串行通信控制字和标志寄存器进行正确的设置。在上位机与 DSP 构成的通信中，软件是整个系统的重要部分，软件具有可模块化的特点，经过模块化以后具有更好的可读性和通用性。在设计过程中将整个软件设计划分为以下几个模块：主程序、串口初始化、数据发送和数据接收等。主程序在整个软件设计的过程中是一个相当关键的部分，主程序除了完成对 DSP 进行系统初始化（包括中断设置、溢出设置以及倍频等）和设计系统的应用功能以外，更重要的是将各个子程序有机地结合在一起，对子程序进行管理和控制，并且为子程序提供相应的程序入口，从而实现整个系统的功能。串口初始化程序完成对串行通信的基本设置，包括设置通信的波特率、有无校验位、设置通信协议、开串口以及中断等。接收和发送子程序则负责完成数据的接收和发送。系统运行从主程序开始，执行自己相应的程序，实现用户的预定功能，在不产生串行中断请求时是不处理串行通信程序的，一旦产生串行中断请求，则转去处理串行通信子程序，从而完成一次数据的接收和发送，串行通信结束，程序返回。上、下位机的串行中断子程序的软件流程如图 10.13 和图 10.14 所示。

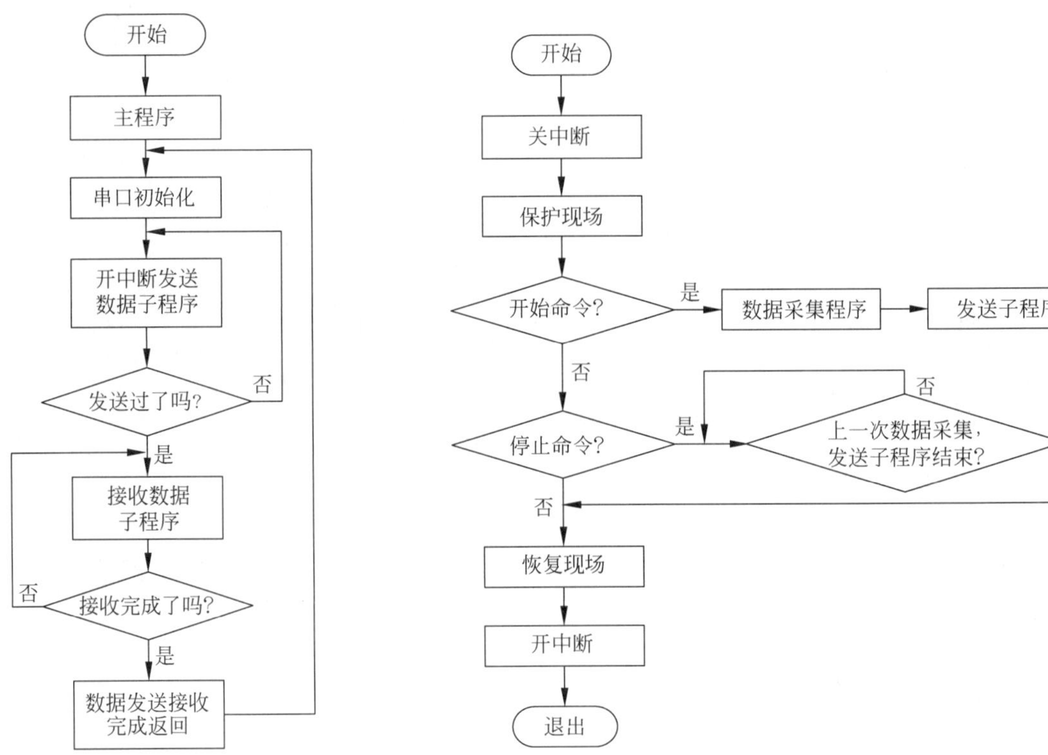

图 10.13　上位机的串行中断子程序的软件流程

图 10.14　下位机的串行中断子程序的软件流程

第 11 章 光电系统结构及模块化设计

CHAPTER 11

结构是指光电系统各组成部分间具有一定相对位置和/或相对运动的装置,能固定各组成部分,和/或能传递、转换运动,和/或实现某种特定的运动。结构是光电系统不可或缺的重要组成部分,模块化是其特定形式,因此,结构总体及模块化设计是光电系统设计的主要内容之一,这对全面保证光电系统性能、可靠性与质量的实现起着重要的作用。

本章首先在概述结构设计与工艺的基础上,阐述结构总体设计,包括结构设计要求、结构设计程序、基准选择和尺寸标注、光学零件的结构设计、结构总体布局、结构形式确定、抗振抗冲击、密封性设计等多方面的内容;接着介绍光学零件的紧固设计、模块化设计;然后讲解优化设计;最后以光电跟踪指向器为例,详细研讨其结构的工程设计问题。

11.1 结构设计与工艺概述

光电系统的结构设计与工艺密切相关,包含相当广泛的技术内容,涉及力学、机械学、化学、电学、热学、光学、无线电电子学、金属热处理、工程心理学、环境科学和美学等多门基础学科。这里只重点介绍电子部件的结构设计与工艺的基础知识,光学部件、光机部件和光电部件等产品的结构设计有其相似或借鉴之处。

工艺是使各种原材料、半成品成为产品的方法和过程。工艺包括工艺文件、工艺参数、工艺尺寸、工艺设备、工艺装备(工装)、工艺过程、工艺规程以及工艺过程卡片、工艺卡片、工艺附图、工艺纪律和工艺路线等一系列内容。

工艺文件是指导工人操作和用于生产、工艺管理等的各种技术文件。工艺参数是为了达到预期的技术指标,在工艺过程中所需选用或控制的有关量。工艺尺寸为根据加工的需要,在工艺附图或工艺规程中所给出的尺寸。工艺设备是完成工艺过程的主要生产装置。工艺装备(工装)为产品制造过程中所用的各种工具的总称。工艺过程是改变生产对象的形状、尺寸,相对位置和性质等,使其成为成品或半成品的过程。

工艺规程是规定产品或零部件制造工艺过程和操作方法等的工艺文件。机械加工工艺规程的作用:把工艺过程按一定的格式用文件的形式固定下来,便成为工艺规程。如机械加工工艺过程卡片和工序卡等。生产中有了这种工艺规程,有利于稳定生产秩序,保证产品质量,指导车间的生产工作,便于计划和组织生产。工艺规程是一切有关的生产人员都应严格执行、认真贯彻的纪律性文件。

工艺过程卡片是以工序为单位简要说明产品或零部件的加工(或装配)过程的一种工艺文件。工艺卡片是按产品或零部件的某一工艺阶段编制的一种工艺文件。它以工序为单元，详细说明产品（或零部件）在某一工艺阶段中的工序号、工序名称、工序内容、工艺参数、操作要求以及采用的设备和工艺装备等。工艺卡片是在工艺过程卡片或工序卡片的基础上，按每道工序所编制的一种工艺文件。工艺附图是附在工艺规程上用以说明产品或零部件加工或装配的简图或图表。工艺纪律是在生产过程中，有关人员应遵守的工艺秩序。工艺路线是产品或零部件在生产过程中，由毛坯准备到成品包装入库，经过企业各有关部门或工序的先后顺序。

11.1.1 光电电路设计与结构设计的概念

一个完整的光电产品从机、电（或结构、电路）角度来说，由两个相对独立的部分组成，因此其设计也相应地分为电路设计和电学结构设计。

电路设计是指根据产品的性能要求和技术条件，制定方框图或电路原理图，画出 PCB，并进行必要的线路计算，初步确定元器件参数，制作好印制电路板并做相应的实验，确定出最终的电路图的设计过程。

电学结构设计是指根据电路设计提供的资料（电路图和元器件资料），并考虑产品的性能要求、技术条件等，安装固定电路板，合理放置特殊元器件。与此同时还要进行各种防护设计和机械结构设计，最后组成一部完整的产品，并给出全部工作图的设计过程。值得一提的是，光学结构设计也有类似之处。

实质上光电电路设计完成后还不能成为一台光电产品，要变成一台光电产品，还必须完成很多结构设计内容。电学结构设计在光电产品设计中，占有较大的工作且它直接关系到光电产品的性能和技术指标的实现。光电产品结构设计已发展成一门独立的综合学科。在设计光电产品的过程中，电路和结构设计很难截然分开，这就要求电路设计者和结构设计者协同配合，密切合作，以圆满完成设计任务。作为电路设计人员，掌握和了解结构与工艺知识，密切与结构设计人员配合，是很有益的。

11.1.2 光电产品结构设计与工艺的内容

光电产品结构设计与工艺包括整机机械结构与造型设计、整机可靠性设计、热设计、防护与防腐设计、隔振与缓冲设计、电磁兼容性设计、印制电路板的设计与制造工艺、焊接工艺、组装与调试和结构试验等。

1. 整机机械结构与造型设计

一般具体内容如下：

1）结构件设计

包括机柜、机箱（或插入单元）、机架、机壳、底座、面板装置及其附件的设计。

2）机械传动装置设计

根据信号的传递或控制过程中对某些参数（电的或机的）的调节和控制所必需的各种执行元件进行合理设计，方便操作者使用。

3）总体外观造型与色彩设计

从心理学及生物学的角度来设计总体及各部件的形状、大小及色彩，给人以美的享受。

4）整体布局

在完成上述各方面的设计后，合理安排整体结构布局、互相之间的连接形式及结构尺寸的确定等，做到产品既好用又好看。

2. 整机可靠性设计

研究产品产生故障的原因，可靠性的表示方法及提高产品可靠性的方法和措施。

3. 热设计

研究温度对产品产生性能的影响及各种散热方法。

4. 防护与防腐设计

主要研究各种恶劣环境（如潮湿、盐雾和霉菌等）对产品的影响及相应的防护方法。

5. 隔振与缓冲设计

讨论振动与冲击对光电产品的影响及隔振、缓冲的方法。

6. 电磁兼容性设计

研究光电产品如何提高抗干扰能力和减小对外界的干扰。设计方法有屏蔽设计和接地设计等。

7. 印制电路板的设计与制造工艺

印制电路板是光电产品中的重要部件。设计中既要满足电性能要求，还要考虑温度、防腐、防震、电磁干扰和导线的抗剥强度等问题。

8. 焊接工艺

在光电产品中，导线之间、元器件之间的连接绝大部分是焊接问题，因此必须讨论各种焊接方法及存在的质量问题。

9. 组装与调试

光电产品的组装是将各种电子元器件、机电元件及结构件，按设计的要求，装在规定的位置上，组成具有一定功能的完整的光电产品的过程。要保证结构安排合理、工艺简单、产品可靠。光电产品装配后，必须通过调试才能达到规定的技术要求。

10. 结构试验

根据光电产品的技术要求和特殊用途，模拟产品，对产品及其有关元器件、部件进行各种结构试验，以考核设计的正确性和可行性。

11.1.3　光电产品结构设计与工艺的任务

产品结构设计与工艺的任务是以结构设计与工艺为手段，保证所设计的产品在既定的环境条件和使用要求下，达到规定的各项指标，并能稳定可靠地完成预期的功能。如今，随着科技的发展和人们生活水平的提高，人们的要求也越来越高，市场竞争也越来越激烈，这就要求设计与生产出来的产品既要“好用”，又要“好看”，还要“好卖”。

11.1.4　光电产品的装配及其工艺过程

光电产品的装配就是将一整套光电（光学）零件和机械零件等，按照产品图纸要求组装成一个合格产品的过程，并解决这一过程所具有的特殊问题。装配工艺过程是将所有合格零件组装成完整的合格产品的过程。

1. 产品的装配过程

产品的装配过程，大体上包括如下几个方面：

（1）装配。按产品图纸所表示的关系和要求，将全部合格零件和部件连接在一起。

（2）检验。根据给定的技术要求，采取相应的检查方法和手段，进行观察和测量，查明产品应消除的误差。

(3) 调整。根据产品装配图上的技术要求,采用相应补偿方法,将已检验出的误差减小到符合要求的范围内。

(4) 紧固。固定调整结果。

(5) 试验。根据使用条件的要求,进行必要的试验(如振动、密封和高低温等)以考核产品的设计和装配质量。

2. 光学系统的装配特点

光学系统与其他机械类、电子类等系统相比较,其装配工作具有如下的特点:

(1) 光学零件与机械零件连接时,应具有足够的牢固性,同时应尽量减少由于联结而使光学零件变形所产生的内应力,以保证光学零件应有的成像质量。

(2) 零件表面要求非常清洁,尤其是光学零件的表面。如果系统中光学零件表面不清洁,则会影响光学系统的透光度,从而影响产品的观察、测量等性能。如果在成像面或成像面附近的光学零件上有了脏物,则会影响对目标的观察、测量等。此外,还要求产品内表面的清洁,否则当产品受到振动和冲击时,产品内表面的脏物(如灰尘、纤维、漆粒、金属颗粒等)落到光学零件表面上,同样会产生上述不良影响。

(3) 在装配过程中采用不同的装配方法来消除由于零件加工的经济性所造成精度的总的超差。这些装配方法都是在产品设计时所规定的,并标注在产品装配图的技术要求栏中。通常称这些方法为补偿法。

(4) 不同类型的光学系统应满足各自的使用要求。有的在室内使用,工作地点固定,而且是在室温或恒温的条件下工作;有的在野外使用,工作地点不固定,受到使用环境(例如振动、冲击、日晒、淋雨,以及风沙、尘土等)的影响较大。因此,对这类产品的牢固性、密封性、稳定性提出严格的要求。

为此,在装配过程中不允许镜筒内留有潮湿气体和其他有害气体,与光学零件相接触的机械零件应进行脱脂处理;镜管内所用的防尘油脂、润滑油脂以及密封材料一定要保证质量。否则,将会随着时间的推移而引起光学零件表面生霉、生雾。

3. 装配工艺过程

光电产品(仪器)的装配过程一般分为机械装配、光学装配、电气装配和总装配等几个阶段。

(1) 机械装配是指机械零件之间的装配。它是将合格的机械零件直接结合,或通过各种补偿方法,以达到零件之间的配合精度和相对运动精度的要求。

(2) 光学装配是指光学零件与相关的机械零件或部件之间的装配。按照设计要求,固定光学系统中的各光学零件之间的相对位置。对于由透镜组成的系统来说,主要是保证各组成透镜光轴的共轴性和各透镜之间的间距要求;对于反射镜、棱镜来说,主要是保证光学零件的某一工作面与同它连接的机械零、部件中的某一基准之间的相对位置要求。

(3) 电气装配是指机电执行系统、光电信号处理系统、电路处理系统的逻辑调整和灵敏度的调整。在含有放大器单元的电路系统中,要将灵敏度及放大系数调整到电路设计要求的范围内。调整顺序是首先将产品所用的交、直流电源调整到所需要的值,然后再进行逻辑调整及灵敏度的调整等。

(4) 总装配是指经机械装配和光学装配完成的部件,加上总装配图所列的零件组装成一个产品的整体。这一阶段的主要任务就是使产品达到总装配图所规定的各项技术性能的要求,使之成为合格产品。

光电产品(仪器)装配阶段的主要工作框图如图11.1所示。根据产品结构的复杂程度,精度要求的高低,生产规模的大小,装配工作量的多少,装配阶段可以明显分开,也可以不分开。

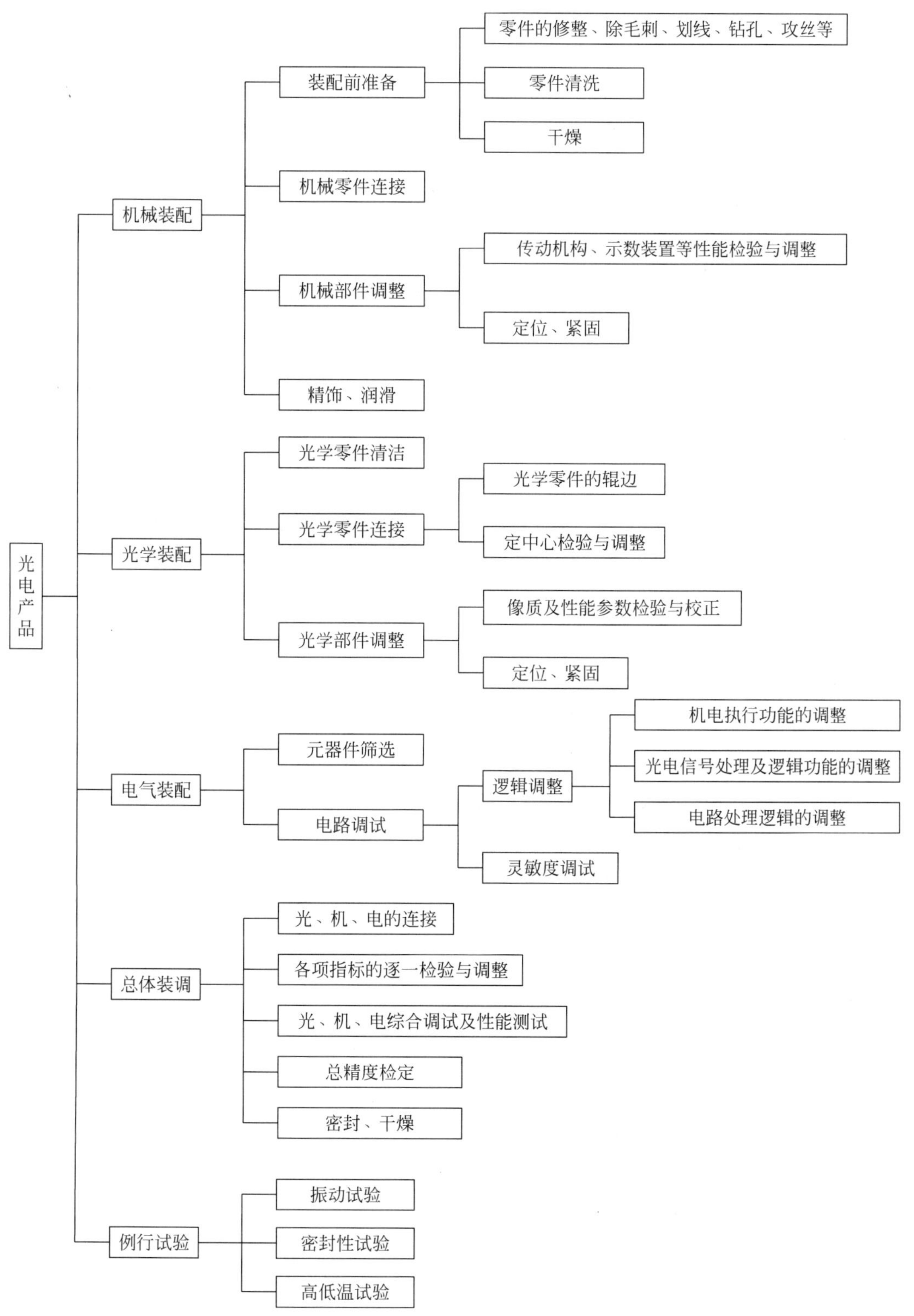

图 11.1　光电产品(仪器)装配阶段的主要工作框图

11.2 结构总体设计

结构总体设计一般包括结构设计要求、结构设计程序、基准选择和尺寸标注、光学零件的结构设计、结构总体布局、模块尺寸及总体尺寸的确定、结构形式确定、热设计方案的确定、抗振抗冲击、电磁兼容性设计、密封性设计、尺寸链计算、精度设计等。

11.2.1 结构设计要求

结构设计是根据总体设计的技术要求而进行的。总体设计为结构设计必须提供切实可靠的原理方案和操作要求。结构设计的任务在于通过设计，利用具体的零件结构的组合，使之经济合理地实现总体设计提出的原理方案和操作要求。

1. 结构设计的一般要求

结构设计的一般要求如下。

1）确保使用要求

设计产品（仪器）是为了使用产品，因此，在整个设计过程中，必须贯彻“合理地满足使用要求”的总方针。离开了这一点，就谈不到设计的合理性和正确性，更谈不上产品的质量好坏等。但是，对使用要求必须全面了解和具体分析，盲目地“一切为了使用”的观点是值得商榷的。设计者必须合理地满足使用要求，也就是说，必须同时考虑到结构的工艺性和经济性等。

2）结构的工艺性好

工艺性就是产品加工和装调的合理性。例如，这个零件的工艺性好，就是指这个零件加工方便、工时少。产品的工艺性包含着两个方面：加工工艺性和装配工艺性。产品的加工工艺性与加工设备、工夹具及加工方法很有关系。先进的加工工艺，没有先进的设备（包括工夹具）和先进的加工方法做保证是不能实现的。因此，一个产品设计人员对自己设计的零件加工工艺必须要有所了解，否则，将使其设计的零件工艺性差，有时甚至于使它无法加工。装配工艺性是产品装配校正的合理性，它与装校方法和校具很有关系。装校的合理性包含着两个方面的内容：装校方便和保证精度。设计人员在整个设计过程中，必须认真思考结构的装校方法和使用的校具，否则将给装校带来困难，甚至可能造成无法装校。

3）技术经济合理

在保证合理满足使用要求的前提下，设计人员必须尽量降低产品制造的成本，也就是说，必须从技术角度提高产品的经济效果。后者常称为技术经济性。决定技术经济性的因素很多，例如，合理选择材料和零件加工公差、结构的工艺性、结构中的标准化和通用化的程度等。

结构中的标准化程度是指该结构中采用标准零部件的数量占总零件数的百分比。通用化包含着两个方面的意义：一方面是本结构内部通用的零部件数量；另一方面是本结构与本生产单位生产的其他产品通用的零部件数量。后者在工厂常称为产品的继承性。因此，提高结构的标准化和通用化的程度就可以减少加工和装校的工时，从而提高技术经济指标。

4）造型美观大方

在不影响或很少影响以上三个要求的前提下，必须对结构的造型美观大方、人机友好性等给予相应的注意。

2. 装配工艺对结构设计的要求

装配工艺过程是产品生产过程的最后阶段，产品设计（包括原理设计、结构设计和各种计算）是否合理，将在这一阶段中体现出来。

产品的结构设计首先取决于它们的用途，只要能满足规定的技术要求，其结构方案可以各不相同。但是，从装配的观点来看，光电系统（仪器）的设计是否成功，从某种意义上说，可以由装配来检验。因此，在设计时进行误差分析的同时，应该事先考虑到产品装配的可能性和大致过程。如果在设计上忽略这一点，就会给装配工作带来较大的困难，有时甚至无法进行装配。作为一个光电系统的设计师来说，必须全面掌握装配和调整的基本知识，以便设计出较为合理的并能符合生产实际的产品。

为此，从装配工艺角度出发，对产品结构设计提出如下要求：

1）装配过程的连续性

就是在零件或部件顺序相连接装配成成品时，无中间拆卸的过程，以免使装配过程复杂化。这一点在成批生产和大量生产中显得尤为重要。

2）部件装配的独立性

产品结构设计时，应该考虑到把产品分成若干个独立的部件，使它们能够平行地进行独立装配。在划分部件时，应尽可能地使装配单元与结构单元相一致。

结构单元是指在产品中能独立地起作用的部分。如光学系统的物镜结构、目镜结构、轴系和水准器等。装配单元是指在产品中能独立地进行装配的部分。它们都是产品的组成部分，也叫作部件。如果装配单元与结构单元两者相重合，就很容易将部件的装配从整个产品的装配中分解出来，以简化装配工艺过程，给产品的装配与调整带来方便。此外，由于可以采取平行作业而提高装配工作效率。对于流水作业，这一点尤为重要。如果装配单元与结构单元不重合，则装配不方便，有时甚至装好后无法进行调整。

结构单元与装配单元相一致，可以简化产品的维护和修理工作。维修时，只要拆下已损坏的部件进行单独修理，或更换上一个合格部件并进行适当调整即可。此外，各装配单元还可以进行独立的检验和校正，这样对装成产品的质量具有保证作用。

3）选择合理的装配基准

结构设计应尽可能地使装配基准与设计基准相一致，以减小由于基准转换而产生的装配误差。

设计基准是指在设计时确定用作保证结构单元中的主要构件之间相互位置要求的点、线或面。

装配基准是指在装配时所确定用作保证装配单元中主要构件要求的点、线或面。

4）产品结构要有装配的可能性和方便性

产品的结构应保证装配工作能顺利进行，不致于由于设计不当或设计工作中的疏忽，使装配工作不能实现或实现困难。

5）联结件尽可能采用统一的标准

为使装配与调整工作简单、方便和迅速进行，设计产品的结构时，应尽量采用同类的联结件（如螺栓、螺母等），这样可以使装配工人避免不断更换工具，在整个装配和调整过程中只要用少量的工具即能完成全部的联结和调整工作，也就无须使用较多的专用工具和设备。

6）尽可能减少手修工作量

在产品装配过程中，手工装配工作是增大整个装配工作量的重要因素。由于在修配工作以后，必须重新清洗零件，因此需要重复地将部件或整个产品拆卸和安装。手修工作量，除了取决于零件加工的精度以外，还与产品的结构是否合理有关。满足装配工艺要求的结构应使手工修配的工作量降至最低。

7）产品结构应有调整的可能性和方便性

在结构设计时，应预先考虑到该产品装配过程中可能产生误差的部位，给以适当调节的可能，或设置专门的调节机构。并要求每种调节机构仅消除某一种误差，否则，在消除某一误差时，又会产生另一误差。这样调整工作就变得复杂了，有时甚至会难以调整。同时，要求调节机构的设置尽可能简单、可靠。

8）尽量消除装配应力的影响

在装配过程中，既要保证联结的可靠性，同时又不致于使光电零件（尤其是光学零件）发生变形而影响产品的质量。因此，对于大口径的薄透镜，易受温度变化而变化的或精度要求高的部件等，必须采用具有消应力的结构，以防止产生附加应力。

由此可见，光电系统（仪器）结构不仅需要满足使用上的要求（这是首要的），同时也需要满足生产上的要求。经过对产品结构的工艺分析，可以发现不合理的结构对装配的工作量和质量影响很大。因此，设计出满足工艺要求的光电系统结构，是降低产品成本，提高生产率的重要因素之一。

11.2.2 结构设计程序

每个结构设计都是要经过下列四个阶段：

1）了解和熟悉总体设计和它提出的使用要求

了解和熟悉总体设计和它提出的使用要求，是发挥设计人员的创造性的前提。只有充分了解使用需要，才能合理地满足使用要求。有的设计人员对此缺乏足够的认识，往往在设计时陷入盲目行动之中，其结果是一事无成，或效果不佳。这既浪费了时间和精力，又影响了设计进度。

2）结构的总体技术设计和标准件与通用件的选择（简称技术设计）

根据总体设计的要求，每个结构必须进行技术设计。技术设计可以在纸上进行，或利用计算机进行。技术设计的总图中必须可见每个零件，但不一定要可见每个零件的形状。技术设计必须保证实现总体设计的要求。在技术设计的同时，必须考虑尽量采用标准件和通用件。标准件和通用件不需绘制图纸，只要写明代号。

3）零件图设计

技术设计总图是零件设计的依据。决定零件的要素是形状、尺寸和它的精度。零件的形状和主要尺寸是由技术设计所决定的。零件尺寸的标注与选择的基准有关系，而设计基准应尽量与加工基准相重合，从而提高零件的加工精度。

4）绘制校验装配图

绘制校验装配图是一个很重要的设计过程，它是利用设计好的零件图和部件图、标准件和通用件的主要图纸或尺寸画出必要数量的总体装配和部件装配的投影图。在绘制校验装配图时，必须准确地计算出尺寸，并将它准确地画在图上，各个零部件的尺寸缩小比例要严格一致。校验装配图的作用是：

（1）校验零件图的正确性；

（2）校验结构的装配工艺性。

绘制校验装配图，实质上是在纸（或计算机）上装配产品结构，在某种意义上，它可起着实物装配的指导作用。正确地绘制校验装配图能发现零件图的错误和装配的困难等。根据发现的错误可以及时修改零件图和修改装配工艺。对于复杂的产品，总体装配图无法完全表示其结构，应将能独立分组装配的部件，单独绘制部件装配图。

因此，必须特别仔细地绘制校验装配图，以求避免许多不应该发生的错误。因为这些错误带到加工或装配过程中去，将会造成严重的人力和物力的损失。产品批量愈大，则损失愈严重。

11.2.3 基准选择和尺寸标注

这里所说的基准是定位的基准。定位基准可能是面、线或点。定位基准与物体的自由度有关。因此，先讨论一下空间物体的固定问题。

空间物体有六个自由度：沿着三个相互垂直的坐标轴分别往返运动和绕着它们各自的轴转动。为了确定空间物体的位置，必须限制其六个自由度，即必须要有六个定位点（支点）。下面举两个例子加以说明。

【例 11.1】 平行六面体有六个自由度，为了限制它，必须采用六个支点。这六个支点分布如图 11.2 所示。*OEGF* 面有三个支点，限制了三个自由度，称为主基面。*ABOE* 面有两个支点，限制了另外两个自由度，称为导向基面。*BCFO* 面具有一个支点，限制了沿 y 轴转动的自由度，称为支承基面。消除了六个自由度，空间平行六面体的位置才能确定下来。

【例 11.2】 空间圆柱体也有六个自由度，需要六个支点才能确定它的位置。这六个支点如图 11.3 所示的那样分布。圆柱面是主基面，又是导向面，它必须具有四个支点。圆柱体的端面和键槽面是支承基面，它分别具有一个支点。后者均是限制零件转动的。

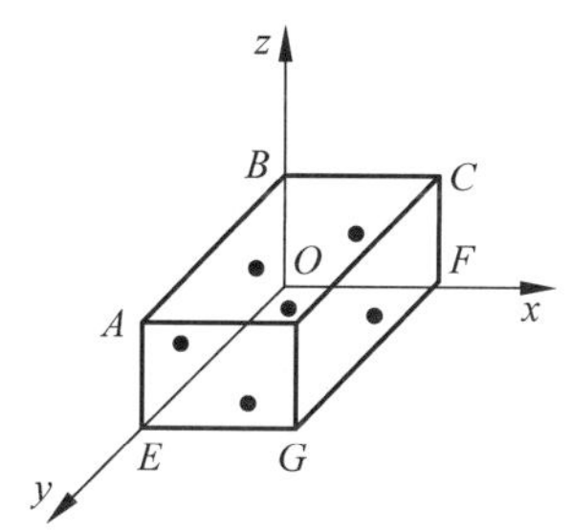

图 11.2 平行六面体六个支点分布

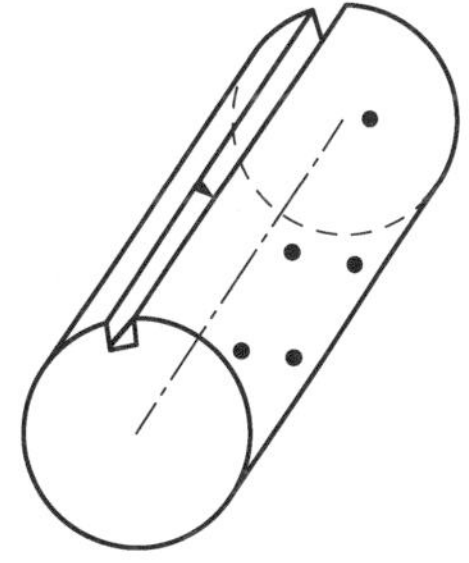

图 11.3 圆柱体六个支点分布

以上所讨论的是空间物体的定位。如果需要完全固定它，还必须在垂直基面的方向施加三个接合力，即需要三个着力点。由此可知，六个支点可以完全确定空间物体的位置，九个支点才能完全固定物体，缺少其中一个支点，则物体在此方向必有运动的自由。

定位基准可分为三种：设计定位基准、加工定位基准和装配定位基准。设计定位基准是相对它标注尺寸的面、线或点。加工定位基准是零件在加工时相对它定出待加工面的位置。加工定位基准也称为安装基准。装配定位基准是相对它实际定出产品中其他零件的安装位置。

设计定位基准和加工定位基准不仅常采用实际的面，而且也用孔、轴的轴线、角的等分线和球心等。装配定位基准大多数是实际的表面。设计人员在选择设计定位基准时，必须尽量使它与加工定位基准或装配定位基准相重合，更理想的是三者重合。这种重合能提高总体结构的精度或降低对零件加工的精度要求。

当选定设计定位基准以后，必须根据结构的最短尺寸链，直接从零件的设计定位基准标注准确的尺寸。要使所有的尺寸都从设计定位基准开始标注是有困难的，但是其重要尺寸必须符合这个原则。达到这点要求而关键在于设计人员在设计该零件时，必须预先决定零件制造的基本工艺和主要的安装基准（加工定位基准），同时，还必须了解该零件在整个结构中的作用和与装配基准的关系。

合理地标注尺寸的规则可以归纳为五点：

(1) 尽可能环绕零件的外轮廓标注尺寸，当这种标注法有困难时，才允许在其内部标注尺寸，但不能影响图纸的清晰度；

(2) 尺寸不能重复标注，更不能标注其他无用的尺寸。尺寸不能成为封闭链状。标注尺寸的数目既不能多，也不能少；

(3) 至少必须保证重要尺寸是从设计定位基准开始标注；

(4) 尺寸的标线尽量少与零件的轮廓线相交，为了避免误解，尺寸标线应比零件轮廓线稍细些；

(5) 尺寸的数字应该清晰端正，字底向下或朝右。

关于制图的规则和有关标准，请参看国家标准和有关设计手册。

11.2.4 光学零件的结构设计

光学零件的结构要素可以分为两类：设计结构要素和工艺结构要素。

光学零件的设计结构要素是由光学设计和光学计算所确定的。例如，透镜的曲率半径、通光口径、中心厚度、透镜之间的距离以及和它们有关的公差（表面光圈、定中心精度、镀膜、胶合等）、棱镜的各工作表面的通光口径、夹角、角度公差、平面性以及和光通过棱镜的光阑有关的结构要素等均是设计结构要素。

光学零件的工艺结构要素是由加工工艺和装配工艺要求等所决定的。工艺结构要素不应该影响设计要素，即不影响光学系统的成像关系。工艺结构要素应该保证光学零件在制造和使用过程中不受损坏。因此，光学零件结构设计的主要任务是根据加工装配工艺和使用要求来确定光学零件的工艺结构要素。

11.2.5 结构总体布局

应结合（光）电原理框图与（光）电总体一起进行模块的划分，使每个模块具有独立的功能，有利于设备的操作、维修、调试；有利于标准化、系列化。一般一个模块包括一个（光）电原理方框，有时也包括几个（光）电原理方框。当由几个单元方框组合起来时，要预防级间的耦合作用。当级间有耦合作用时，应作必要的调整。

模块的布局首先应遵循低重心原则。一般应将重的模块及器件布局于设备的下部，轻的模块及器件布于设备上部。其次，应遵循质量中心与几何中心一致的原则。重量不等的模块布局，前后左右应轻重搭配，保持质量中心与几何中心基本一致，不能出现前重后轻，或左轻右重等质量中心远离几何中心的现象。

经受较高加速度值的模块、器件应靠设备的外部；刚性好的模块、器件应布于中外部，以加强设备中外部的刚度。不能经受高加速度值的模块、器件应布于高冲击载荷作用点弹性距离最大处（通常应是设备的中心）。

发热量大的模块、器件通常布于设备上部；发热量小的模块器件、热敏元器件布于设备下部。当遇到发热量大、重量重的模块或器件布局时，应权衡利弊。热量影响大的应布局于设备上部，反之应布于设备下部。

功率发射模块应远离敏感接收模块，一般不要布在一个机柜内。当必须布在一个机柜内时，两者不仅要远离，而且应采取有效的屏蔽措施。干扰严重的发射机柜与接收机柜不应布于同一个舱室内。

设备内部的布局应有合理的组装密度。所谓合理的组装密度就是在组装密度高的同时，必须保证维修装拆方便，不能因组装密度高而影响维修装拆。设计师应根据具体情况和设计经验掌握尺度。

11.2.6 模块尺寸及总体尺寸的确定

插箱模块尺寸应根据插箱模块所装的电器元件、零部件、印制板模块的性能体积大小，确定插箱模块的长、宽、高三个主要尺寸。其基本尺寸可按GB3047.1，高度进制为44.45mm、插箱插件宽度进制为5.08mm的基本尺寸系列中选取。

总体尺寸应根据插箱模块尺寸以及与总体尺寸有密切关系的隔振缓冲系统，散热系统的设计方案以及“三防”措施等确定设备总体尺寸。高度和深度尺寸应符合相关标准(如HJB68-92)规定。

结构总体尺寸及模块尺寸应经过反复协调和修改后才能确定。

11.2.7 结构形式确定

设备的骨架结构形式，包括钢板弯制的钣金焊接结构、铝合金铸造结构、钢型材与钢板弯制组合的焊接结构、钢型材焊接与铝合金铸造件组装式结构等，确定何种形式应根据热设计、抗振抗冲击、屏蔽、防护等要求，综合考虑确定。

11.2.8 热设计方案的确定

现有的装备热设计往往凭经验设计。现有设备大多采用强迫通风冷却，一个机柜里装有3～4只轴流风机(如150FZY2型)抽风，有的还加3～4只鼓风。有的设备在设计时，由电路人员确定一个机柜里设置几个风机，结构人员只将风机装进机柜，至于热耗有多大，不仅结构人员不清楚，连电路人员也说不出确切的热耗，更谈不上热计算。这种仅凭经验的设计是非常有害的，设计人员的水平也不可能提高。

1) 热设计方案确定的依据

热设计方案确定的依据包括：①设备(包括所有发热元件)的热特性，设备的发热功率、发热元件(或设备)的散热面积、发热元件和热敏感元件的最高允许工作温度等是热设计的主要参考数据，冷却方法的选择和冷却流量的计算都与这些数值有关。②设备(或元器件)所处的工作环境温度及最高允许温度是冷却系统冷却进出口温度的主要参考数据，是冷却系统进行热计算的依据。③热设计方案应通过定量的计算、模型测试和经济效益等综合分析来确定。④模拟试验和测试是验证热设计方案是否满足设计要求的重要手段和依据。

2) 冷却方法的选择

冷却方法的选择包括：①单元模块可采用冷板式密封冷却；②整体密封机柜、显控台可采用气-水或气-气混合冷却；③风冷却和半导体冷却等。

11.2.9 抗振抗冲击

设备的刚度、强度设计是提高设备抗振抗冲击性能的基本措施。高水平的刚度设计，应使设备的三个坐标轴向的一阶固有频率均大于扫频激励上限频率。即使产生局部共振，其共振放大因子应小于3。设备采取隔振缓冲是抗振抗冲击的重要措施，一个好的隔振缓冲系统可有效地降低振动传递率、碰撞传递率和冲击传递率。

1. 刚度强度设计

设备的刚度设计必须遵守倍频程规划规则。光电装备显控台、机柜均可作为层次结构，按倍频程规则设计。机架的固有频率应大于扫频激励频率。装于机架内的模块和插箱的固有频率应大于2倍的机架固有频率；而装于模块插箱内的结构件、器件和印制板等的固有频率应大于2倍的模块、插箱的固有频率。

1）提高机柜、机架的刚度设计

机柜、机架的刚度主要取决于组成机架、机柜各构件的本身刚度和各构件连接处的刚度。由此可见，铝合金整体铸造结构具有较高的抗弯、抗扭刚度；整板式焊接结构机架、机柜的刚度不亚于铝合金铸造结构；而弯板立柱和钢型材立柱的机架、机柜刚度均差于前两种。在相同截面尺寸条件下，弯板立柱结构的机架、机柜，比钢型材立柱的机架、机柜还差。组成机架、机柜各构件的连接应采用焊接而不得采用螺装。

设备选用加强筋是提高刚度的有效措施。合理选择构件的截面形状和尺寸，可以有效提高抗弯抗扭刚度。

2）机箱、机柜固有频率的估算

对于一个复杂的机箱、机柜，在作初步动力分析时，通常假设机箱、机柜的横截面相对不变，机箱、机柜在下端支承均匀载荷的简支梁。用简支梁来分析，可以暴露出初步设计的许多薄弱环节，使暴露在设计阶段的问题得到解决，避免将存在的问题带到试验阶段，造成更改困难。机箱、机柜弯曲固有频率 f_N(Hz)由下式求得：

$$f_N = \frac{\pi}{2}\left(\frac{EIg}{WL^3}\right)^{1/2} \tag{11.1}$$

式中，E 为弹性模量；I 为惯性矩；g 为重力加速度；W 为质量；L 为长度。

由上式可初步估算出机箱、机柜三个方向的固有频率。如果计算值大于或等于要求值，则设计有效；如果计算值小于要求值，则设计必须作更改，设法进一步提高刚度。

机箱、机柜通常采用底部安装，设备重心高出支承平面。光电设备在工作时，所受的真实载荷是三维的。如果机箱、机柜在载荷作用下同时产生弯曲和转动，这就意味着沿该轴向振动时，弯曲和扭转将发生耦合。这种耦合将降低机箱、机柜的共振频率。在这种情况下，必须先求出扭转振型的固有频率，然后再求出耦合型的固有频率。

假设机箱、机柜相当于单自由度系统，则扭转型的固有频率 f_W 由式(11.2)求得：

$$f_W = \frac{1}{2\pi}\left(\frac{K_\theta}{I_m}\right)^{\frac{1}{2}} \tag{11.2}$$

式中，$K_\theta = \dfrac{2GJ}{L}$ 为扭转刚度；G 为剪切弹性模量；J 为抗扭转惯性矩；I_m 为转动惯量。

弯曲和扭转耦合型的近似固有频率 f_c 可由邓柯莱(Dunkerley)法求得：

$$\frac{1}{f_c^2} = \frac{1}{f_N^2} + \frac{1}{f_W^2} \tag{11.3}$$

式(11.3)f_c 表明，如果忽视耦合，高重心机箱、机柜的共振频率可能比预期的低得多。

3）提高插箱模块的刚度

提高插箱刚度的关键是提高插箱底板的刚度。插箱底板是安装电器元件的主要承载件。由于底板面积较大，一般垂直于底板方向的固有频率较低。最常用的钢板弯制底板一般应采用2～2.5mm厚的钢板，四周折弯并焊牢。底板上应冲压一定数量的加强筋，切记在底板上开排孔。另外铝合金铸造底板也为常用的底板，只要设计合理，其刚度强度比钢结构还好。提高模块的刚度采用钢板焊接结构和铝合金铸造整体结构均可得到满意的效果。

4）加强连接刚度

机柜、显控台和插箱模块虽有较高刚度，如果它们之间没有好的连接刚度，设备的固有频率仍不可能提高，因此必须提高层次结构之间的连接刚度。

插箱与机柜的连接经常采用导轨连接，但导轨连接不能保证两者之间的连接刚度，只能作为方便维修的活动滑轨。采用刚硬的导销、导套和楔块螺钉等联合作为连接件，当插箱装入机柜后，可取得令人满意的连接效果。插箱面板上的连接螺钉应有足够的大小和数量才能得到满意的效果。有些人主张面板上螺钉用得越少越好，甚至主张不采用，其目的是为了美观，这种观点与提高连接刚度是不相容的。为了维修方便，面板上螺钉不宜过多，但从提高连接刚度的角度出发，必须要有足够数量的螺钉连接。

印制板、印制板插件在插箱中有多种不同的支承连接形式，不同的支承连接边界条件（自由、简支、固定）是影响震动、冲击响应的重要因素。采取紧固型印制板边缘导轨是必要的。这种紧固能够降低由于边缘转动和平动引起的变形，提高印制板的固有频率，有利于提高印制板，印制板插件与插箱的支承连接刚度。

结构设计时，还必须注意提高显控台、机柜侧板和后板门等与其连接的刚度。常见的连接形式有：用一定数量螺钉连接、插销和1/4旋螺钉连接和门销插销连接等。要真正实现提高连接刚度，还必须采用楔块限位消隙，才能起到刚性连接的作用。提高侧板、后板、门与机柜的连接刚度的原则是根据侧板、后板和门等装到机架上是否对刚度作“贡献”。

2. 隔振缓冲设计

刚度强度设计是提高设备抗振抗冲击性能的基本措施。但只从提高刚度、强度来满足设备抗振、抗冲击性能是很难的。目前国内显控台、机柜的水平方向的一阶固有频率一般在20～30Hz，垂直方向一阶固有频率在40～50Hz，因此必须进行隔振缓冲设计。隔振缓冲是提高设备抗振抗冲击能力的有效措施，但隔振缓冲设计必须建立在设备具有足够的刚度、强度的基础上，才能取得较好的隔振缓冲效果。对需要安装隔振器的显控台、机箱、机柜组成光电设备，在未安装隔振器之前，三个坐标轴向的一阶固有频率均不得小于30Hz。这一要求对安装隔振系统的设备而言，似乎是对基本刚度设计提出了高要求，并增加了设计的难度，但对提高设备的抗振抗冲击性能和可靠性是有利的。

隔振缓冲系统的设计，首先必须知道设备底部四只隔振器所承受的实际载荷。实际上由于设备质量中心和几何中心有偏差，四只隔振器的实际承载不一样。如果质量中心与几何中心偏离不大，则选用相同的公称载荷的隔振器是可行的；如果质量中心与几何中心偏离较多，则不能选用相同的公称载荷的隔振器。实际振动试验中常见到设备不稳，摇晃严重，隔振效果不好，事实上是由于质量中心与几何中心偏离太大，而又选用相同公称载荷隔振器所致。

背架隔振器的选用必须与底部隔振器相匹配，以减小耦联振动。背架安装的隔振系统，耦联振动是客观存在的，但是若选用的底部隔振器和背架隔振器相匹配，则耦联振动可减到最小程度。在选用背架隔振器时，应充分考虑其与底部隔振器的匹配特性，避免振动试验时发生严重的动态耦联现象，甚至出现振坏器件的严重后果。

隔振系统不是万能的，它必须建立在足够的刚度强度基础上。如果设备本身刚度很差，即使设计再好的隔振系统也不能取得满意的隔振效果。

在选用隔振器时，必须了解隔振器使用性能及调整措施。为了取得满意的隔振效果，隔振器的支承高度和阻尼力均应可调。

3. 光机抗振设计

自然界中的振动对光学仪器的干扰，可以是周期性的，也可以是非周期性的。当周期作用力的频率近似或完全对应于被驱动结构的固有频率时，就会出现一个很重要的现象，除非有效地加以阻尼，否则由此产生的谐振所形成的振幅将会超过同样大小（但具有较低或较高频率）的力所形成的振幅。固有频率 f_N 仅取决于振动体的质量 m 和振动系统的刚性（度）k。由式(11.4)给出：

$$f_N=\frac{0.5}{\pi}\left(\frac{k}{m}\right)^{1/2} \tag{11.4}$$

成功进行光机仪器的工程化设计，在很大程度上依赖工程师预测和补偿谐振问题的能力。该问题可以通过如下方法解决：就是使零件具有高的刚性，从而使其固有频率比相关驱动力的频率更高，因此安全性更好。从技术层面讲，设计和安装阻尼辅助机构会产生补偿力，使用这种阻尼力以减轻谐振。

对于一个受到随机振动干扰的系统，经受某频率范围内的所有频率的扰动。根据被驱动体方均根(RMS)加速度响应原理，用统计方法表示这种效应，将这种响应表示为 ξ。在通过外部驱动基体来施加应力的情况下，有

$$\xi=\left(\frac{\pi f_N \mathrm{PSD_A}}{4\zeta}\right)^{1/2} \tag{11.5}$$

式中，ζ 是系统在某已知频率 f 时的阻尼系数，f_N 是基频，$\mathrm{PSD_A}$ 是输入（振动）的加速度功率谱密度，单位为 g^2/Hz。

有文献给出了常见的军用和航空航天环境下 $\mathrm{PSD_A}$ 的代表值，包括战船、飞机、一些空间发射火箭和航天飞机，频率范围为 1～200Hz，$\mathrm{PSD_A}$ 值为 0.001～0.17g^2/Hz，这些 $\mathrm{PSD_A}$ 值都是按相同标准测量确定的。在光机振动工程中，通常假设，大部分机械损伤是由 3ξ 加速度所致。如果可能，仪器设计中应当保证每个机械零件都要基于 3ξ 加速度量级进行设计。

【例 11.3】 求解一种简单振动体系（通过外部驱动基体来施加应力）的方均根(RMS)随机加速度响应。假设一块反射镜的质量是 2.00kg，系统的阻尼系数是 0.05，刚度 k 是 1.5×10^5 N/m，在频率 30～200Hz 范围内，基板（支架）处输入额功率谱密度 $\mathrm{PSD_A}$ 是 0.1g^2/Hz，计算以下几个参数：①固有频率 f_N；②均方根(RMS)加速度响应；③为了使系统满足规定的输入值，确定设计级需要的加速度值。

解：① 由式(11.4)，有 $f_N=(0.5/\pi)\times(1.5\times10^5/2.00)^{1/2}\approx43.61\mathrm{Hz}$。

② 由式(11.5)，有 $\xi=[(\pi\times43.6\times0.1)/(4\times0.05)]^{1/2}\approx8.3$，即约 8 倍环境重力。

③ 设计级加速度应是 $3\xi=3\times8.3\approx25$，即约 25 倍环境重力。

11.2.10 电磁兼容性设计

电磁兼容性设计措施如下：

1）外部干扰及抑制措施

外部干扰通过辐射、传导或两者同时存在的传递方式，经设备外壳缝隙及线缆进入设备内部。抑制外部干扰的措施：①将整个设备屏蔽；②机壳要有良好的接地；③活动门、盖的周围加有金属弹性接触片等，使连接处具有良好的导电性，防止外部干扰通过活动处的缝隙进入设备内部；④所有进出设备机壳的引线必须采用屏蔽电缆并将屏蔽层接地；⑤加滤波器去耦。

2）抑制设备内部干扰

抑制设备内部干扰主要是减小寄生耦合，通常从两方面着手：一是正确布置元器件、部件；二是把电磁能量限制在一定的空间范围内，使干扰源和受感器隔离开，以减少对受感器的干扰。

3）电场屏蔽

用接地良好的金属板将干扰源与受感器隔离开。在屏蔽要求较高的情况下，用接地良好的金属罩将受感器完全封闭起来。

4）磁场屏蔽

磁场屏蔽主要是为了抑制电感耦合。对低频磁场采用铁磁材料屏蔽，对高频磁场采用非磁性金属材料屏蔽。

5）整体密封

整体密封结构能有效抑制外部干扰，单元模块单独密封结构既能有效地抑制外部干扰，又能抑制设备的内部干扰。

6）良好接地系统

为设备设置一套良好的接地系统，除可以改善电磁场的屏蔽性能外，对抑制传导干扰也是必不可少的，即同时可满足电场、磁场屏蔽的要求。

11.2.11 密封性设计

密封性是许多装备的重要指标，要求通过各种密封（真空）途径将漏气（液）率限制在允许的范围之内。正确地设计各种密封结构、选择适当的密封材料是决定装备密封质量好坏的关键之一。

从不同角度，有不同的密封分类。从密封介质，可分为液体（如水）密封和气密封；从密封可否拆卸，可分为可拆密封和不可拆密封（又称永久密封，如各种焊接、封接），可拆密封中又有静密封和动密封之分。这里主要介绍静密封。

静密封是指连接件不能做相对运动的密封。对于普通密封（真空）性要求，可拆静密封一般采用弹性很大的橡胶做密封材料。对于高密封（真空）性、超高密封（真空）性要求，可拆静密封由于受高温烘烤和出气率的限制，通常使用软金属做密封材料。

光电装备如果工作在湿度高、含盐量大、霉菌繁殖快的恶劣环境（如海洋环境）中，密封性设计是抗恶劣环境的有效途径，装备应优先采取密封性设计。

以往，光电装备大多数采用敞开式，尽管在设计中采取了“三防”措施，但大量的潮气、盐雾和霉菌仍侵入设备之中，严重影响了设备的可靠性。

密封性结构虽然是抗恶劣环境的有效措施，但不是唯一措施。采取密封结构后，设备内不可能将潮气、盐雾和霉菌清除干净。密封性结构不可避免地需要打开维修，而使潮湿空气和盐雾等侵入设备。因此光电装备抗恶劣环境最有效的措施是密封性结构设计与其他防腐蚀设计（如镀涂）等综合运用，形成有效的防护体系。

1）密封性结构的优选顺序要求

从密封的难易程度和成本考虑，规定了单元模块单独密封、显控台机箱、机柜整体密封的优先顺序。单元模块相对来讲易密封、成本低些。单元模块单独密封后，整机可以不采取密封。但这一优先顺序不是唯一的，有时仍需采取整体密封（如舱室外的设备），而单元模块不密封，对提高设备防护性能更为有利。

2）密封要求的四种形式

密封要求中规定了四种形式：舱外露天设备采用水密式，这种形式密封要求高，密封性能好；舱室里的设备一般采用全封闭式；要求高的采用气密式；按抗恶劣环境的要求，应不用或少采用防溅式。

3）密封设备的散热问题

密封设备不仅可提高设备抗恶劣环境的能力，而且也提高了设备抗振抗冲击性能和电磁屏蔽性能。

但密封后的设备如何将内部的热量及时有效地排到设备外，保证设备正常工作，是有待热设计解决的课题。

（1）单元模块单独密封，一般采用冷板式冷却。模块内热量由导热条传到模块两侧冷板上，再由强迫通风带走。

（2）整机密封的散热，一般采用气-水或气-气混合冷却系统。气-水和气-气混合冷却系统的共同点是：设备内部由风机热交换器和风道等组成内循环，冷风通过机内发热元器件及模块，将热量带走。热风经热交换器将热量由外循环系统带走。气-水和气-气混合冷却系统的不同点是：气-水混合冷却系统外循环冷却剂是水，而气-气混合冷却系统外循环冷却剂为空气。气-气混合冷却系统的冷却剂是由舱室内提供的空气或致冷空气，热量排出舱室外或舱室内。排到舱室内的热空气造成舱室内气温逐渐升高；设备内外温差逐渐减小，热交换效率降低，同时使操作人员在高温下易发生误操作。气-水混合冷却系统的热量由冷却水带走，不影响舱室内的温度。气-水混合冷却系统的冷却剂有两种：一种为致冷水；另一种为非致冷水，它是取之不尽，用之不完的廉价冷却剂。

（3）气-水混合冷却系统较适宜作为密封机柜的冷却系统。如某光电系统，首次采用的密封机柜冷却系统，经环境温度为55℃高温试验，冷却水进口温度为15℃，机内布置10个测点的最高温度为45℃，其余测点温度＜40℃。如另一系统也采用气-水混合冷却系统，以12℃的冷却水作为冷却剂。用海水作为冷却剂时腐蚀性较大，水质较制冷水差，在设计时应慎重选择。

4）密封设备的凝露问题

密封设备密封后，不可能将潮气清除干净，即使清除干净，维修时空气仍可进入机内，所以机内的潮气总是存在的。只要机内温度低于凝露温度，机内则会产生凝露。凝露出现不仅产生腐蚀，更严重的是降低绝缘电阻，甚至短路，影响电气性能或烧坏电气元器件，严重影响设备的可靠性。

如果密封设备内有一个“低温小区”（所谓低温小区指设备工作时，温度始终低于设备内的工作环境温度，在设备内占空间较小的部分），设备工作时，潮湿的空气则可经低温区形成凝露，而设备的其他区域成为干燥空气区。设备内存放干燥剂是解决凝露的一种临时办法，不能从根本上解决问题。

采用密封机柜气-水混合冷却系统可解决设备的冷凝问题。冷却系统中的换热器设置于机柜底部，外循环冷却水通过换热器使换热器成为低温区，当机柜内的循环热空气经过换热器时，潮湿空气可在换热器上凝露。从换热器出来的冷空气相对成为干燥空气，如此不断循环地在换热器上凝露，机柜内的潮湿空气成为干燥空气。换热器上的冷凝水通过设置在机柜下的出水管排出。

密封机柜气-水混合冷却系统在解决设备凝露的同时，也解决了防霉、防盐雾引起的腐蚀问题。实践证明，某光电系统采用气-水混合冷却系统后，无论在高低温试验、湿热试验、调试以及随后的使用过程，机柜内模块、元器件和印制板等均没有产生凝露现象。

由于凝露产生在换热器上，换热器的工作环境条件很差，因此在设计或选用换热器时不仅需要考虑热交换的效率，而且还应考虑“三防”的要求。

5）密封材料选取及影响分析

在装备密封中，橡胶作为密封材料的应用最为普遍，主要是由于它具有高弹性、较高的耐磨性和适宜的机械强度，因而具有在常温下密封可靠、可反复拆卸安装、易于加工、价格低廉的优点。缺点是不能承受高温和低温的环境条件，与金属材料密封相比有较大的出气率和渗透率，通常只能用于普通密封（真空）系统，不采取相应的措施，难以适用于超高密封（真空）要求的装备中。

而金属密封圈有两个突出的优点：①放气远比橡胶少；②用它密封的系统和装置可以在高温下烘烤去气，因此能满足超高密封（真空）的要求。金属密封也有如下缺点：①金属密封圈弹性差，需要很大的密封力才能保障可靠的真空密封；②重复使用性很差，有些金属密封圈只能使用一次；③法兰密封面和刀口的粗糙度和配合精度要求高，很小的伤痕都能破坏密封，特别是大尺寸法兰加工很困难；④密封圈和法兰材料的热膨胀系数相差较大，加热不均匀或密封结构设计得不正确，会引起局部变形而造成漏气。

用于(真空)密封的橡胶(塑料)材料，除要求具有光洁表面、无划伤、无裂纹外，还要有低的出气率、挥发率和透气率，良好的耐热性、耐油性、抗老化和适宜的耐压缩变形值(如小于35%)及压力松弛系数(如不小于0.65)。最常用于(真空)密封的橡胶材料主要有下列几种：①天然橡胶；②丁基橡胶；③丁腈橡胶；④聚氨酯橡胶；⑤氟橡胶；⑥硅橡胶。

虽然橡胶的种类很多，性质各有不同，但都具有很大的弹性，在很小的作用力下能产生很大的形变。橡胶的体积是很不容易被压缩的。在某一方向上受压就在另一方向上伸长，总体积几乎不变。因此，橡胶不仅可以用作压紧密封，而且还可以用作胀紧密封。橡胶长期处于压缩状态，会发生永久变形，即残余变形。残余变形的大小随温度升高而急剧增加。

橡胶密封影响因素如下：

(1) 温度对橡胶密封的影响。高温容易使橡胶产生残余变形，加速橡胶的老化；低温容易使橡胶发生结晶硬化，丧失弹性。因此，橡胶都有一定的使用温度范围。普通橡胶的使用温度范围为－30～90℃；氟橡胶的使用温度范围为－40～250℃；丁腈胶橡胶的使用温度范围为－25～150℃。

(2) 渗漏对橡胶密封的影响。气体能够通过橡胶等密封材料向非密封一侧渗漏。不同橡胶在不同温度下对空气的透气性不尽相同，天然橡胶透气率很大，丁基橡胶含有甲基基团，透气率较低，并且随丙烯腈的含量增高而降低；氟橡胶十分致密，加入炭黑之后，透气率更小。气体经橡胶的渗漏速度，开始时很快，然后逐渐降低，经一定时间后，达到一稳定的渗透值。增塑剂对橡胶的透气性影响很大，因为加入增塑剂之后，使聚合物的间距加大，气体的渗透率随之增加。另外，增塑剂大多是在高温下容易挥发的蜡类、酯类，在烘烤过程中容易挥发出来，并使橡胶老化变脆，所以用于高密封系统中的密封橡胶，尽量选用含量少或不含任何增塑剂的品种。

(3) 出气速率对橡胶密封的影响。橡胶的出气速率是影响系统密封性能的一个重要参数。特别是超高密封(真空)系统的密封，一般要求采用出气速率低的氟橡胶。

(4) 质量损失(质损)在真空条件下对橡胶密封的影响。橡胶在常温常压下长期存放或在真空中使用会逐渐老化变脆，填料和易挥发成分的丧失，使其质量逐渐减少的现象称为质损。卫星、飞船等航天器在宇宙空间条件下的质损造成的污染，是一个不可忽视的问题。特别是真空用密封橡胶的选用，除了考虑其弹性、耐油性、机械强度、压缩永久变形和出气率等因素外，用于空间的橡胶，还要选择较小的质损率。

(5) 预压力对橡胶密封的影响。为了保证(真空)密封，橡胶密封垫圈上要施加一定的预压力。橡胶密封圈的压缩量与橡胶的硬度有关。例如，对直径72mm、截面直径(或高度)为4mm的各种橡胶垫圈作渗漏试验所得的结果表明，如果橡胶硬度大于50(HS)，密封表面没有径向擦伤，当压缩量为15%时，不论垫圈形状如何，其渗漏量都小于10^{-7}Pa·L/s。

值得一提的是，密封法兰的槽沟容积如果小于橡胶密封圈的体积，两个法兰表面就压不到一起。使用这种法兰时，螺栓如果拧得过紧，橡胶圈就会产生永久变形甚至被压坏而影响密封性能。密封槽容积大于橡胶密封圈体积的法兰，可部分地避免这种情况。设计密封槽的截面面积要求稍大于橡胶密封圈的截面面积，橡胶压缩后的充填因数大于1，橡胶的压缩量通常为5%～30%。

11.2.12 尺寸链计算

设计各类结构及其零部件时，除了进行运动、刚度、强度等分析与计算以外，还需要进行几何精度的分析与计算，以协调零部件的各有关尺寸之间的关系，并经济而合理地规定每个零部件的尺寸公差和形位公差，从而确保产品的质量。尺寸链计算即通过对设计尺寸的分析，验证设计的合理性，为公差分配提供技术基础。

也就是说，在机械结构设计、制造和装配过程中，根据产品的功能要求合理地确定各零件的尺寸公差与形位公差，使产品获得最佳的技术经济效益，对这些问题的研究可归于尺寸链的计算。为此，在机械设计和工艺工作中，为保证加工、装配和使用的质量，经常要对一些相互关联的尺寸、公差和技术要求进行分析和计算，为使计算工作简化，可采用尺寸链原理。尺寸链原理是分析和计算工序尺寸很有效的工具，在制定机械加工工艺规程和保证装配精度中都有很重要的应用。

1. 尺寸链的定义、组成、特性与分类

尺寸链就是在零件加工或机器装配过程中，一些相互联系，按一定顺序连接、构成封闭形式的尺寸组合。

尺寸链由环组成，列入尺寸链中的每个尺寸都称为“环”，它可以是长度或角度。根据各环在尺寸链中的作用又分为封闭环和组成环两种。在零件加工或装配过程中间接获得或最后形成的环称为封闭环。尺寸链中对封闭环有影响的全部环称为组成环。这些环中任一环的变动必然引起封闭环的变动。此外，还有补偿环，即尺寸链中预先选定的某一组成环，可以通过改变其大小或位置，使封闭环达到规定要求。各组成环对封闭环影响的大小可用传递系数表示。

尺寸链中封闭环 L_0 与组成环 $L_i(i=1,2,\cdots)$ 的关系，可用函数方程式表示，即

$$L_0=f(L_1,L_2,\cdots,L_i) \tag{11.6}$$

组成环又可分为增环和减环：①若该环的变动引起封闭环的同向变动，则该环为增环。②若该环的变动引起封闭环的反向变动，则该环为减环。设第 i 组成环的传递系数为 ξ_i，$\xi_i=\dfrac{\partial f}{\partial L_i}$；对于增环 ξ_i 为正值；对于减环 ξ_i 为负值。

判定增环和减环也可以采用绘图法（回路做图法），如图 11.4 所示。即在尺寸链简图上以封闭环为准，按尺寸链首尾相接原则，将各环的尺寸顺序画出箭头。凡是箭头方向与封闭环箭头相反为增环；箭头方向与封闭环箭头相同的为减环。回路作图应注意：明确工艺要求；从封闭环开始，找出与之关联尺寸；形成封闭图形；判别增、减环。

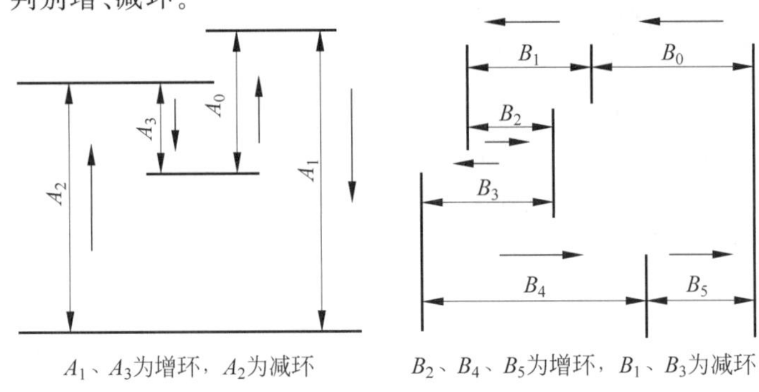

图 11.4 绘图法判断增环、减环示意图

确定封闭环的关键是：加工顺序或装配顺序确定后才能确定封闭环；封闭环的基本属性为派生，表现为尺寸间接获得。

确定组成环的关键是：封闭环确定后才能确定组成环；直接获得，对封闭环有影响。

确定封闭环应注意：设计尺寸往往是封闭环，加工余量往往是封闭环。零件尺寸链的封闭环应为公差等级要求最低的环，一般在零件图上不进行标注，以免引起加工中的混乱；在确定封闭环之后，应确定对封闭环有影响的各个组成环，使之与封闭环形成一个封闭的尺寸回路。

尺寸链特性如下：

(1) 封闭性：尺寸链必是一组相互关联的有关尺寸首尾相接所形成的尺寸封闭图(回路)，即尺寸链按一定顺序连接，形成封闭外形。其中应包含一个间接保证的尺寸和若干个对此有影响的直接获得的尺寸。

(2) 关联性或制约性：尺寸链具有函数性，一个尺寸变化，必将影响其他尺寸的变化，彼此之间具有一定的函数关系。尺寸链中间接保证的尺寸受精度直接保证的尺寸精度支配，且间接保证的尺寸精度必然低于直接获得的尺寸精度。

尺寸链从不同的角度有不同的分类。

按应用范围可分类为：

(1) 工艺尺寸链：全部组成环为同一零件工艺尺寸所形成的尺寸链。相对于同一个零件、工序尺寸相关联。由单个零件在工艺过程中的有关尺寸所形成的尺寸链。

(2) 装配尺寸链：全部组成环为不同零件设计尺寸所形成的尺寸链。相对于相关联的不同零件、不同设计尺寸。

(3) 零件尺寸链：全部组成环为同一零件设计尺寸所形成的尺寸链。

(4) 设计尺寸链：装配尺寸链与零件尺寸链，统称为设计尺寸链。

按几何特征及空间位置可分类为：

(1) 长度尺寸链：全部环为长度的尺寸链。

(2) 角度尺寸链：全部环为角度的尺寸链。

(3) 直线尺寸链：全部组成环平行于封闭环的尺寸链。

(4) 平面尺寸链：全部组成环位于一个或几个平行平面内，但某些组成环不平行于封闭环的尺寸链。

(5) 空间尺寸链：组成环位于几个不平行平面内的尺寸链。

按相互影响及标量和矢量尺寸可分类为：

(1) 基本尺寸链：全部组成环皆直接影响封闭环的尺寸链。

(2) 派生尺寸链：一个尺寸链的封闭环为另一尺寸链组成环的尺寸链。

(3) 标量尺寸链：全部组成环为标量尺寸所形成的尺寸链。

(4) 矢量尺寸链：全部组成环为矢量尺寸所形成的尺寸链。

2. 尺寸链计算

尺寸链计算是根据结构或工艺上的要求，确定尺寸链中各环的基本尺寸及公差或偏差。尺寸链的计算包括：①正计算：已知各组成环，求封闭环；②反计算：已知封闭环，求各组成环；③中间计算：已知封闭环和部分组成环的基本尺寸及公差，求其余的一个或几个组成环基本尺寸及公差(或偏差)。中间计算可用于设计计算与工艺计算，也可用于验算。

尺寸链的计算方法有许多种，主要包括极值法、概率法、分组互换法、修配法、调整法等。不同的装配方法应采用不同的尺寸链解法，但是它们的基本理论和计算方法仍然是极值法和概率法。

极值法（也称极限法、极大极小法、完全互换法）是以各组成环的最大值（上极限、上偏差）和最小值（下极限、下偏差）为基础，求出封闭环的最大值和最小值。用这种方法计算尺寸链时，并不考虑各组成环尺寸偏差的分布特性，认为所有组成环尺寸不是出现极大值就是出现极小值。计算时，都按极限值进行，所以计算所得的封闭环尺寸偏差也是极限值。

概率法是以概率理论为基础来解算尺寸链。概率法计算尺寸链，是将各组成环的尺寸偏差视为彼此独立，而且各自按一定误差规律分布的随机量。因此，计算所得的封闭环尺寸偏差也是按一定误差规律分布的随机量。根据概率理论，各组成环的尺寸偏差应按统计规律分布，这种分布规律有许多不同的形式（如正态分布、均匀分布、等腰三角形分布、直角三角形分布、梯形分布、径向分布、反正弦分布等），其中最基本的是正态分布，但在实际生产中，各组成环尺寸偏差很少有完全符合正态分布规律的。

因此，通过分析尺寸链的类型，不同类型尺寸链可采用不同的方法计算。其中，极值法是最常用的。但用极值法计算的封闭环偏差是极限值，根据这一方法所计算的数据是最保险的，而实际上，出现极限值的情况极少，特别是当组成环数目较多时，用极值法来确定封闭环的精度往往偏于保守，对进一步提高产品的经济性不利。

尺寸链按计算任务有设计计算（反计算或中间计算）和校核计算（正计算）。进行极值法计算时，不考虑尺寸链中各环的实际尺寸的分布情况，只从尺寸链各环的上极限尺寸与下极限尺寸出发进行尺寸链的计算，按照极值法的设计尺寸加工零部件，其装配时不需要修配、调整和挑选，装配后即能满足装配精度和功能要求，从而实现完全互换。

装配尺寸链的计算程序框图如图 11.5 所示，其中，a 为基本尺寸计算，b 为公差设计计算，c 为公差校核计算。

1）线性尺寸链计算

极值法是最基本的尺寸链的计算方法，线性尺寸链的极值法计算一般可以归纳为如下几个基本公式。

封闭环的基本尺寸等于各增环的基本尺寸之和减去各减环的基本尺寸之和。

$$A_0 = \sum_{i=0}^{m} \overrightarrow{A}_i - \sum_{i=m+1}^{n-1} \overleftarrow{A}_i \tag{11.7}$$

式中，A_0 为封闭环的基本尺寸；$\overrightarrow{A}_i$ 为增环的基本尺寸；$\overleftarrow{A}_i$ 为减环的基本尺寸；m 为增环的数目；n 为包含封闭环在内的总环数。

封闭环的上偏差 S_0 等于各增环的上偏差 $\overrightarrow{S}_i$ 之和减去各减环的下偏差 $\overleftarrow{I}_i$ 之和。

$$S_0 = \sum_{i=0}^{m} \overrightarrow{S}_i - \sum_{i=m+1}^{n-1} \overleftarrow{I}_i \tag{11.8}$$

封闭环的下偏差 I_0 等于各增环的下偏差 $\overrightarrow{I}_i$ 之和减去各减环的上偏差 $\overleftarrow{S}_i$ 之和。

$$I_0 = \sum_{i=0}^{m} \overrightarrow{I}_i - \sum_{i=m+1}^{n-1} \overleftarrow{S}_i \tag{11.9}$$

封闭环的公差 T_0 等于各组成环的公差 T_i 之和，亦等于封闭环的上偏差减去封闭环的下偏差。

$$T_0 = \sum_{i=0}^{n-1} T_i = S_0 - I_0 \tag{11.10}$$

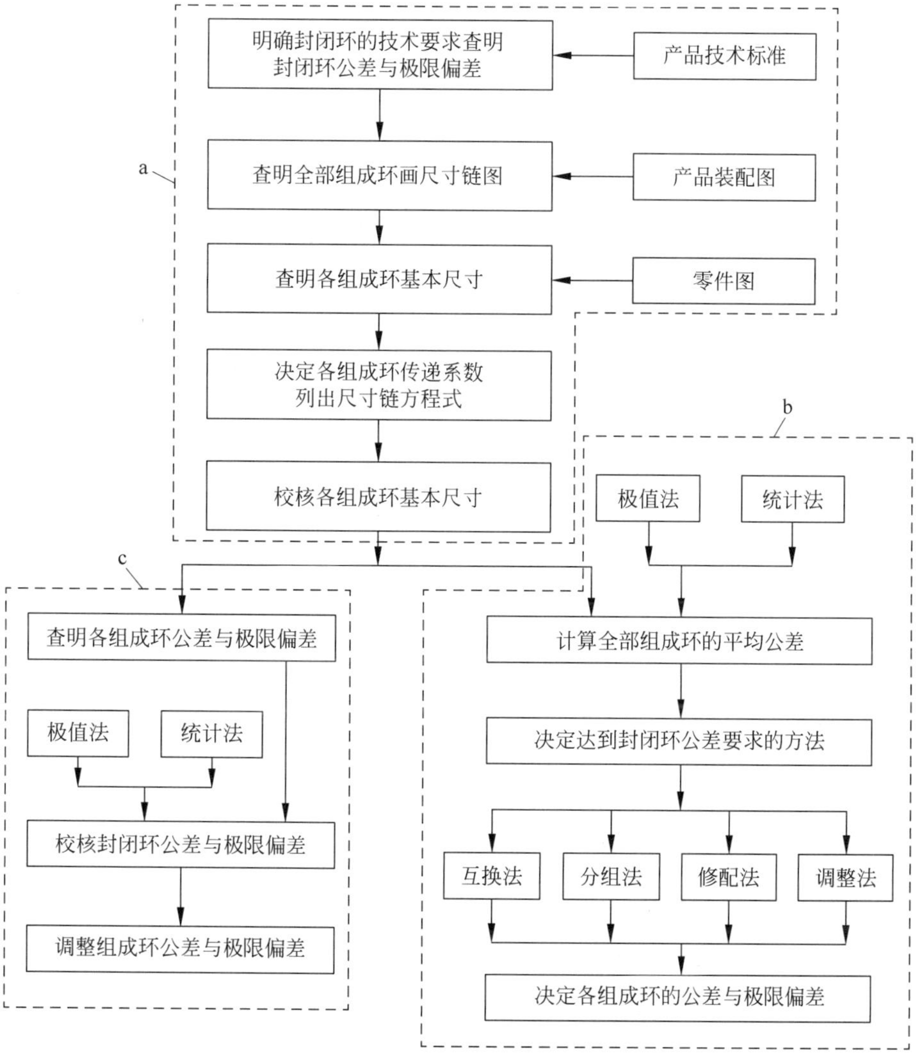

a
明确封闭环的技术要求查明封闭环公差与极限偏差
产品技术标准
查明全部组成环画尺寸链图
产品装配图
查明各组成环基本尺寸
零件图
决定各组成环传递系数列出尺寸链方程式
校核各组成环基本尺寸
b
极值法
统计法
计算全部组成环的平均公差
决定达到封闭环公差要求的方法
互换法
分组法
修配法
调整法
决定各组成环的公差与极限偏差
c
查明各组成环公差与极限偏差
极值法
统计法
校核封闭环公差与极限偏差
调整组成环公差与极限偏差

图 11.5　装配尺寸链的计算程序框图

【例 11.4】 如图 11.6 所示的尺寸链，已知：$A_1=15\pm0.09\text{mm}$，$A_2=35_{-0.15}^{\ 0}\text{mm}$，$A_3=10_{-0.25}^{\ 0}\text{mm}$。求封闭环 A_0 的大小和偏差。

解：用极值法求解如下

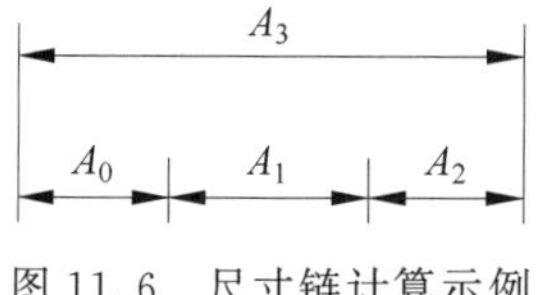

图 11.6　尺寸链计算示例

$$A_0=A_3-(A_1+A_2)=35-(15+10)=10\text{mm}$$

$$S_0=\overrightarrow{S}_3-(\overleftarrow{I}_1+\overleftarrow{I}_2)=0-(-0.09-0.15)=0.24\text{mm}$$

$$I_0=\overrightarrow{I}_3-(\overleftarrow{S}_1+\overleftarrow{S}_2)=-0.25-(0.09+0)=-0.34\text{mm}$$

最后结果为：$A_0=10_{-0.34}^{+0.24}\text{mm}$

2）平面尺寸链计算

平面尺寸链是使用相当广泛的一种尺寸链，主要用来研究可以投影到一个平面内的若干点、线要素之间的尺寸及误差关系。由于平面尺寸链中除了长度尺寸外，还存在角度及坐标尺寸，因此，它们的公差计算要比线性尺寸链中的公差计算复杂得多。主要对平面尺寸链求解计算有尺寸树法、链图法、图解法、用有向图求解的方法以及用数字和字母寻找工艺尺寸关系的工艺尺寸式法等。

可知，平面尺寸链是全部组成环位于一个或几个平行平面内，但某些组成环不平行于封闭环的尺寸链。平面尺寸链与线性尺寸链的区别主要在于其尺寸链中包含有角度，在建立与求解平面尺寸链时，带有三角函数。由于三角函数的存在，使得平面尺寸链的计算不同于线性尺寸链的计算。平面尺寸链方程式的建立过程：首先取封闭环方向为投影轴方向，再将不平行于封闭环的组成环向封闭环方向投影，这样就将平面尺寸链转化为线性尺寸链，可以建立线性尺寸链的方程，最后再计算。

平面尺寸链计算的一般步骤：①画出尺寸链图，建立尺寸链方程；②计算已知环的平均尺寸；③将平均尺寸代入方程，计算所求环的平均尺寸；④对尺寸链方程求全微分；⑤将已知环的公差代入方程，计算所求环的公差；⑥写出所求环的尺寸。

3）空间尺寸链计算

空间尺寸链采用空间角度换算法，根据三维空间尺寸链矢量图，将各组成环和封闭环向坐标轴投影，由尺寸链图中各环在坐标系中的位置求出其与坐标轴的夹角并列出空间尺寸链方程，解出封闭环的尺寸。

值得一提的是，平面尺寸链和空间尺寸链可以归结为非线性尺寸链，其计算方法相同。非线性尺寸链和线性尺寸链的区别在于空间维度不同，但是通过分析和计算都可以转化为一维的线性尺寸链进行计算。

3.（复杂）尺寸链计算应遵循的原则

在光电系统结构（复杂）尺寸链计算中，应遵循的原则有公差原则、最短尺寸链原则、验算原则、补偿性公差的处理原则、透镜顶焦距公差和封闭环公差的处理原则、重复环的处理原则等。

1）公差原则

零件加工过程中，同一要素的实际尺寸、形状和位置往往是在一次加工中获得，因而，尺寸、形状和位置误差常常是同时存在的。而有的尺寸公差控制了形位公差，有的尺寸公差则控制不了其形位公差。在机械结构设计中，应根据零件的功能要求，首先确定采用的公差原则，以确定尺寸公差与形位公差的关系。

当需要保证功能和配合要求时，通常选用独立原则和包容原则。当采用独立原则时，尺寸公差与形位公差相互独立，它们分别作为尺寸链的组成环；当采用包容原则时，尺寸公差控制形位公差，这时形位公差不作为尺寸链的组成环，在加工和装配尺寸链中，平行度、垂直度、同轴度、对称度和跳动等项目均作为尺寸链的组成环。

2）最短尺寸链原则

在进行一个系统的某项尺寸链计算中，常常会碰到组成环为五、六环至十几环的尺寸链。因此，在建立尺寸链时应遵守最短尺寸链原则，即对于某一封闭环，若存在多个尺寸链时，应选择组成环数最少的尺寸链进行分析计算。避免出现重复环，即避开经过任何一个前面计算获得的封闭环。

3）验算原则

在仪器结构设计中，常常想通过尺寸链计算，求出一个结构尺寸的大小。例如，保证光学间隔的隔圈厚度，保证消除视差的镜管长度等。于是令封闭环为需要的长度或厚度。这么做求出长度、厚度的公称值是不成问题的，但尺寸公差怎么取，相应的尺寸公差值又怎么修正，才能保证光学间隔等在要求的范围之内，就得凭经验了。这里推荐一个更省事的办法，先按装配图量出一个隔圈厚度或镜管长度，并给出公差，将封闭环直接取为要保证的环节，如光学间隔、视差修切（或调节）量。这样，所有组成环的尺寸和公差毫无例外地进入了计算，能否保证光学间隔、视差修切量等，调整哪个环节的尺寸或公差，便一目了然了。

由于取需要保证的环节为封闭环，验算了尺寸链中全部环节(含封闭环在内)的尺寸和公差的正确性，由此称为“验算原则”。

4) 补偿性公差的处理原则

尺寸链计算中，有时会遇到某个或某些组成环的公差，对封闭环的公差不是叠加而是抵消的情况。例如两透镜光学间隔为 $x+0.05$(mm)，手轮转角为 $100°\pm3°$等。这类公差都是给出某公称值的一个范围，偏大或偏小都允许。这类公差姑且称为“补偿性”公差。尺寸链计算时，应将其上下偏差位置互换，用以抵消封闭环公差。

5) 透镜顶焦距公差和封闭环公差的处理原则

透镜顶焦距公差，按照光学设计惯例，通常对双胶物镜按顶焦距值的±1%，对其他类型透镜往往各组元(含胶合件和单片透镜)也按±1%给定。对于短焦距和短顶焦距的系统，±1%的顶焦距误差，结构设计还好处理；若焦距和顶焦距为几百 mm、上千 mm 的系统，往往给结构设计带来不便。

各种透镜的焦距和顶焦距误差，首先主要由球面半径误差引起，其次还有材料折射率误差和透镜厚度误差等。在工厂，为了压缩球面半径对样板数量，无论光学零件图规定半径样板精度是 A 级、B 级还是 C 级，制造样板均按 A 级精度。许多年前，光学设计人员曾对两种工厂标准件作过一次计算，焦距为 1000mm 和焦距为 2000mm 的双不胶物镜，球面半径样板精度取 A 级，折射率和透镜厚度按光学零件图规定，计算得出的焦距和顶焦距误差只是公称值的 0.4%～0.5%。两种物镜多次小批量生产也证实，物镜顶焦距一般都在公称值附近，远比±1%即±10mm 和±20mm 小得多。实践证明，将各种透镜的顶焦距误差取为公称值的±(0.4～0.5)%，一般是没有问题的。

按极值法计算尺寸链时，封闭环的上下偏差一般都比较大，组成环越多，积累的上下偏差越大。根据多年从事设计工作的经验，只要生产质量处于受控状态，成批生产中又未发生粗差或因模具、量具误差带来的系统误差，则大多数零件的尺寸都分布在公称值或平均值附近。加上尺寸链各组成环的平均作用，封闭环都将分布在公称值或平均值附近。因此，可以说，在质量受控和不存在粗差及系统误差的条件下，只要尺寸链封闭环的公称值和平均值满足要求，虽然极大值和极小值超出要求，系统装配中仍然不会出现尺寸不对头的情况。尺寸链组成环越多，此结论的准确性越大。

6) 重复环的处理原则

前面说过，尺寸链计算应遵守最短尺寸链原则。这条原则特别适用于计算机计算尺寸链，是最简单可靠的方法。但是，在用手工计算尺寸时，往往运用前面计算出来的封闭环入链，将明显减少组成环数和计算工作量。在这种情况下，要特别注意消除尺寸链中重复环的影响。

处理重复环的方法有两种，现分别介绍如下：

(1) “代数式代入法”，即将前面的封闭环代数式代入目前的尺寸链代数式，然后将其中的重复环消去。

(2) 上下偏差换位法。具体操作方法：①找出已知封闭环的重复环，并作出标记；②将重复环的上下偏差位置互换，偏差的“+”、“-”号不变；③按尺寸链计算规则计算新封闭环的公称值和上下偏差。

上下偏差换位法不仅可以抵消重复环的公称尺寸，而且可以消去上下偏差。

重复环如不进行处理，由于尺寸链封闭环上下偏差的计算规则，造成重复环上下偏差重复叠加的错误。重复环数越多，上下偏差重叠得越大，带来的错误不容忽视。按照重复环上下偏差换位法对每个重复环进行处理，这一错误即可消除，其计算结果与最短尺寸链相同。

4. 尺寸链计算技术的发展需求

尺寸链计算在实际工程应用中会涉及很多问题，在尺寸链的计算中还有很多参数是未知的，如工序余量的确定、公差如何进行分配、增减环的判断等。这些不确定的因素需要技术人员具有一定的工程实际经验。同时在一些企业中尺寸链的计算还采用手工计算的方式，非常容易出错，自动化程度有待提高。

很多机构的研究人员正在进一步研究尺寸链的自动计算，已开发出多种尺寸链计算工具，不少还处于原型系统状态，应用率有待提高。随着计算机技术的发展，尺寸链自动计算工具应该结合工艺设计软件进行开发完善，应解决仅局限于线性尺寸链计算的问题，应增加尺寸链计算类型(如平面尺寸链和空间尺寸链等)，提高自动化程度，减少人工输入，自动判断增环、减环及其方向，提高公差分配功能。

11.2.13 精度设计

精度是产品(仪器)及其机构、部件、零件最重要的评价指标之一。精度设计是从精度观点研究产品零件、部件及其结构的几何参数。精度设计又称公差设计，就是根据产品的功能和性能要求，正确合理地设计产品零件的尺寸精度、形状精度、位置精度及表面精度。精度设计的任务是确定各零件几何要素的公差。产品的精度设计是在完成结构设计、运动设计、强度设计、材料设计以后进行的，精度设计是产品设计的最终环节。

精度设计不但影响产品的性能，也影响到产品的生产成本和加工工艺过程，合理的精度设计是决定产品性能的关键。传统的精度设计主要内容是根据产品的功能要求，确定合理的尺寸公差、形位公差以及表面特征，统称为几何精度设计。随着新技术、新工艺的发展，现代精度设计体系已包括了评价指标、制造约束和分析手段三部分，着眼于使企业能够在现有资源约束的前提下获得合理精度，在产品性能和产品成本之间取得最近平衡。

1. 精度设计的基本原则

产品精度设计时，为了减少产品误差所应考虑遵循的原则如下：

1）阿贝原则

为了使产品(测量仪器)设计所产生的误差对测量精度影响最小，阿贝于1890年提出了关于计量产品设计的一个重要原则，称为阿贝原则。在精密计量产品设计中，阿贝原则得到广泛应用。

所谓阿贝原则，即被测尺寸与标准尺寸必须在测量方向的同一直线上，或者说，被测量轴线只有在基准轴线的延长线上，才能得到精确的测量结果。这是为了消除基准轴线与被测量轴线倾斜而产生的一阶误差。

阿贝原则既是产品设计的原则，又是使用仪器时应遵循的一个原则，即在测量时，应尽量使被测工件安放在标准件的延长线上或最靠近的地方。采用阿贝原则能消除一阶误差，提高了产品设计或测量的精度，但有时增大了产品结构，在产品设计时都必须给予充分考虑。

2）最小变形原则

产品的零部件变形是产生仪器误差的一个不可忽视的重要因素，特别是对于精密测量产品更为重要。因此，在产品设计时应尽量保证零部件变形量最小。

3）基准面选择原则

在仪器设计时，应该使零件的设计基准面、工艺基准面以及测量基准面统一起来。满足了这一原则就能够较经济地提高产品精度和测量精度，避免产生因基准不统一而带来的附加误差。

4）测量链最短原则

在满足产品使用性能的条件下，测量链最短原则是指一台产品测量环节的构件数目应最少。

所谓测量链是指从被测尺寸到产品最终显示的传动链，包括测量和放大指示部分直接传递被测尺寸变化的环节。因此，测量链的精度直接影响产品的精度。为了提高产品精度，降低产品成本，在产品设计时应尽可能使传动链最短，并减少零部件数目。

测量链各环节的误差对产品精度的影响是不同的。误差传递系数大的环节对产品精度的影响占主导地位，即当各环节制造误差相同时，最靠近被测尺寸环节的误差对产品精度影响大。因此，必须首先提高该环节精度，才能有效地提高产品精度。

5）等作用原则

等作用原则是光电系统（仪器）总体设计的原则之一，它是从精度观点来指导光电系统（仪器）总体结构布局的，凡在整体设计时考虑了等作用原则，精度可以提高，主要零件、组件的公差可以放宽，装调工艺也可简便。

6）运动学设计原则

所谓运动学设计原则，就是根据构件所要求的运动方式，机构中的运动件所受到的应有的约束是由理论上最少的点接触个数所组成，点的位置分布要适当。它是光学仪器和精密机械设计的重要原则。

运动学设计中要求用点接触施加约束，理想的点实际上是不存在的，当构件很重或外力较大，点接触就变成小面积接触。另外，点接触易磨损，这就限制了运动学设计原则的应用，若将点接触改成有限面接触，而运动学的其他原则不变，这种设计称为“半运动学设计”。

运动学设计原则有以下优点：

(1) 由于零件或组合件是由最少的接触点加以约束的，因此作用在接触点上的力一般是可以确定的，且较易控制、定位精确。

(2) 由于作用力较小，因此，零件或组合件之间的变形或干扰的现象可以减少，拆卸后能方便而精确地复位。

(3) 工作表面的磨损及尺寸加工精度对约束的影响很小，用较大的公差可以达到高精度，因而降低了对加工精度的要求，即使接触面磨损了，也便于调整。

但运动学设计原则也带有明显的缺点：

(1) 工作面太小，稳定性较差，不能传递较大的力。

(2) 由于工作面太小，零件一般都太轻，使得机构承受不了强烈的振动。

因此，运动学设计原则在小负荷、相对运动速度低、精度要求高的精密光学仪器中应用比较广泛。

7）其他原则

除以上原则之外，还有以下原则：①功能保证原则；②互换性原则；③经济性原则；④匹配性原则等。

2. 精度设计任务

产品精度设计的主要任务包括：

(1) 产品精度指标的确定。确定产品精度指标的根据，有的来源于国家标准、部颁标准，有的来源于上级下达的任务，有的则来源于使用单位提出的要求，但归根到底还是由使用要求决定的。

(2) 产品系统误差的确定（误差综合）。根据现有的技术水平和工艺条件，考虑到先进技术的应用，按零部件的有效误差进行误差的综合，确定产品的总精度。产品分系统误差，其数值一般不应大于产品总误差的1/3。如果超过了这个范围，则说明初始数据不合理，应修改设计方案，或提高工艺要求，或考虑采取补偿措施。

(3) 误差的分配(精度分配)——部件误差与总误差的关系。根据产品的精度要求进行合理的误差分配,以确定各主要零部件的技术要求和产品装配调整中的要求。误差的分配方法有许多,还在不断发展中,这里仅介绍几种基本方法。

3. 误差综合

误差综合理论的发展对精度分配的发展有着举足轻重的作用,误差综合至少有以下几种方法。

1) 代数和法

代数和法是以误差独立作用原理为基础对随机误差进行合成,误差合成关系式为

$$\Delta_\Sigma = \sum_{j=1}^{N} |C_j \Delta_j| \quad (j=1,2,\cdots,N) \tag{11.11}$$

式中,Δ_Σ 为总误差的极限误差,Δ_j 为分误差的极限误差,C_j 为误差传递系数,N 为分误差的总项数。

代数和法也是尺寸链计算的基础,故式(11.11)又称尺寸链的方程。以此为依据的误差或公差计算方法即所谓极值法,又称完全互换法,在生产上虽然有许多简便之处而一度得到广泛应用。但此法未曾考虑随机误差的概率分布,且以它为基础的极值法所确定的尺寸极限值,实际出现的概率几乎为零,是建立在异常事件的基础上,故难以符合实际情况。在误差综合时,总误差的极限值总是大于实际可能值。精度分配时,在总误差一定的条件下,总是使各分误差的极限值或公差过小,导致加工精度盲目地提高,从而使生产成本增加。

2) 方和根法

方和根法是在假设各原始误差均服从正态分布的基础上,按误差独立作用原理,即认为随机误差是相互独立或弱相关的,从而得到方差的合成与误差合成的方法

$$\sigma_\Sigma^2 = \sum_{j=1}^{N} \sigma_j^2 C_j^2 \tag{11.12}$$

$$\sigma_j^2 = \int_{-\infty}^{\infty} t^2 P_j(t)\,\mathrm{d}t \quad (j=1,2,\cdots,N) \tag{11.13}$$

$$\Delta_\Sigma = \left(\sum_{j=1}^{N} C_j^2 \Delta_j^2\right)^{1/2} \tag{11.14}$$

式中,σ_Σ 为总误差的标准偏差,σ_j 为分误差的标准偏差,$P_j(t)$为分误差的分布密度函数。

方和根法考虑了各分误差的概率分布,比代数和法前进了一步。但实际上随机误差并不全是正态分布,而误差分布区间所对应的置信概率随分布不同而不同,故其估算结果往往比实际情况偏小。但大量工程设计中的误差计算仍以方和根法为基础。

3) 广义方和根法

广义方和根法在方和根的基础上出现了按一定置信概率确定极限误差的方法

$$\Delta_\Sigma = K\left(\sum_{j=1}^{N} C_j^2 \Delta_j^2\right)^{1/2} \quad (j=1,2,\cdots,N) \tag{11.15}$$

式中,K 为合成总误差的置信系数,当约定总误差的置信概率 $P=0.9973$ 时,$K=3$。

式(11.15)考虑了合成总误差的概率分布,取得了进展,但还需进一步考虑各误差的概率分布。于是,在式(11.15)的基础上出现了广义方和根法。其误差合成关系式为

$$\Delta_\Sigma = K\left(\sum_{j=1}^{N} (C_j \Delta_j / K_j)^2\right)^{1/2} \quad (j=1,2,\cdots,N) \tag{11.16}$$

式中,K_j 为分误差的置信系数。

由于置信系数 K_j，不但与置信概率有关，而且与对应的随机误差分量的分布关系有关。这一误差合成方法比较严格，估算精度较高。这样在一定程度上解决了任意概率分布的误差合成问题。

4. 精度分配

在精度分配中能否得到各零部件尺寸准确的误差数值，首先决定于误差综合方法精确与否，即误差综合理论决定了精度分配的正确性和准确性。但精度分配仅仅有了正确性，在实际生产中是不够的，还必须更强调它的合理性与经济性。而这一特征是由精度分配理论的另一个组成部分——精度分配原则决定的。由于机构中零件各部分尺寸的大小、结构特点、加工难易等各方面情况千差万别，而且各零件的尺寸精度与具体的加工条件具有不可分割的联系。

正确设计并确定机械精度，关系到制造、装配以及使用各个环节。当机械系统精度已知的情况下，对少环机械系统用极值法分配精度，对多环高精度机械系统用统计法分配精度。随着机械系统结构的形式多样化，复杂程度增加，精度要求的增高，用统计法进行机械系统精度设计、分配，在实际应用中将日趋广泛。用统计计算法对系统精度进行分配的基本公式是

$$\sigma_N = \sqrt{\sum_{i=1}^{k} \alpha_i^2 \sigma_i^2} \tag{11.17}$$

式中，σ_N、σ_i 分别表示封闭系统的精度和组成环的精度，α_i 表示第 i 环对封闭系统精度的影响系数，k 表示组成环数目。

对于设计精度来说，这里的精度是指设计图纸上的公差大小，于是式(11.17)可变成

$$T_N = \sqrt{\sum_{i=1}^{k} T_i^2} = \sqrt{\sum_{i=1}^{k} \alpha_i^2 i_i^2} \tag{11.18}$$

式中，T_N、T_i 分别为封闭系统的公差和组成环的公差，α_i、i_i 分别为公差等级系数和公差因子(单位)。

由式(11.18)可知，公差值与该工件的尺寸和公差等级有关，对封闭系统来说，T_N 反映机械系统精度的高低，公差越小则精度越高，直接体现系统的质量水平。当机械系统精度已定的情况下，由式(11.18)是难以实现精度分配的。假设各环节精度相等($\alpha_i = \alpha$)，则式(11.18)可改写成

$$\alpha = T_N \Big/ \sqrt{\sum_{i=1}^{k} i_i^2} \tag{11.19}$$

由于各环尺寸大小、作用和性能要求的不同，如果取相同公差等级则不符合实际，则应进行适当调整。因此，精度分配方法是多种多样的，如等公差法、等精度法、相对精度法、统计计算法等。

1) 等公差法

等公差法是对各个误差源均给以相同的公差值，即

$$\Delta q_1 = \Delta q_2 = \cdots = \Delta q_i \tag{11.20}$$

式中，Δq_i 为各误差源的原始误差。

等公差法虽然简单，但可能不合理，因为产品各部分的制造难易程度不同，而且各误差源的传递系数也不一样。

当基于完全互换法(极值法)的尺寸链计算，运用等公差法进行产品精度设计时，所谓等公差法就是以假设各组成环的公差 T_i 值相等为前提，通过已知封闭环的公差 T_0 值和组成环的环数$(n-1)$，计算得到各组成环的平均公差 T_{av} 值，所以此产品各组成环的平均公差为 $T_{av}=T_0/(n-1)$。由于各组成环公称尺寸的大小和加工工艺的难易程度可能相差较大，所以根据实践经验对各组成环的公差应做适当的调整，分析确定某组成环为补偿环，从而求出其余各组成环尺寸的公差。经调整后的各组成环公差值之和应等于封闭环的公差。

按照"入体原则"确定各组成环的极限偏差，并分析哪些组成环为被包容尺寸、哪些组成环为包容尺寸，从而确定各组成环的设计尺寸。设计完成后，应对封闭环的上、下极限偏差进行校核。如果验算结果说明各组成环的极限偏差符合封闭环的极限偏差要求，即满足此产品的装配精度和功能要求；若不符合，则应重新调整各组成环的极限偏差。

2）等精度法

由产品静态特性可以得到

$$y=f(x,q_1,q_2,\cdots,q_n) \tag{11.21}$$

$$\mathrm{d}y=\left(\frac{\partial f}{\partial q_1}\right)\mathrm{d}q_1+\left(\frac{\partial f}{\partial q_2}\right)\mathrm{d}q_2+\cdots+\left(\frac{\partial f}{\partial q_n}\right)\mathrm{d}q_n \tag{11.22}$$

式中，y 为产品示值参数，x 为被测参数，$q_2,\cdots,q_n$ 为各构件参数，$\left(\frac{\partial f}{\partial q_n}\right)$为误差传递系数。

假设产品的极限误差为 δy，各构件的极限误差为 $\delta q_1,\delta q_2,\cdots,\delta q_n$，误差传递定律得

$$\delta y^2=\left(\frac{\partial f}{\partial q_1}\right)^2\delta q_1^2+\left(\frac{\partial f}{\partial q_2}\right)^2\delta q_2^2+\cdots+\left(\frac{\partial f}{\partial q_n}\right)^2\delta q_n^2 \tag{11.23}$$

在满足产品精度要求的前提下，按下列等精度原则，确定各构件的极限误差，即

$$\left(\frac{\partial f}{\partial q_1}\right)^2\delta q_1^2=\left(\frac{\partial f}{\partial q_2}\right)^2\delta q_2^2=\cdots=\left(\frac{\partial f}{\partial q_n}\right)^2\delta q_n^2=\frac{\delta y^2}{n} \tag{11.24}$$

式中，$\delta q_1=\frac{\delta y}{\sqrt{n}}\frac{1}{\frac{\partial f}{\partial q_1}},\delta q_2=\frac{\delta y}{\sqrt{n}}\frac{1}{\frac{\partial f}{\partial q_2}},\cdots,\delta q_n=\frac{\delta y}{\sqrt{n}}\frac{1}{\frac{\partial f}{\partial q_n}}$。

按等精度原则所确定的各构件极限误差，只是初步的误差分配。然后，需根据误差对仪器精度的影响大小、加工难易程度、成本、技术状况等实际情况，对各构件的误差进行适当的调整。

为了评定按等精度原则初步确定的各构件的公差极限是否合理，按三个公差极限作为评定的尺度，即经济公差极限、生产公差极限、技术公差极限。经济公差极限是成本最低、效率高、成批生产就能达到的加工精度，加工后一般不必专门进行调整就能装配的公差极限；生产公差极限是在通用设备上采用特殊的工艺装配，适当地降低生产效率能达到的加工精度，在装配时适当进行校正的公差极限；技术公差极限是在特殊加工设备或实验室条件下，装配时又要严格的检验和装校才能达到的精度极限。

以上述三个公差极限为基础来调整初步确定的各构件极限误差。首先把所确定的各构件的极限误差与上述三个公差极限进行比较。如果各构件的极限误差大部分在经济公差极限范围内，少数处在生产公差极限以内，则按等精度原则初步确定的各构件极限误差基本上是合理可行的。如果所确定的零部件极限误差一部分低于经济公差极限，同时又有一部分在技术公差极限范围或超出此范围，则必须进行调整，把低于经济公差极限的零部件提高到经济公差极限内。然后，根据这些零部件相应的误差传递系数，求出这些零部件的局部误差$\left(\frac{\partial f}{\partial q_s}\right)\delta q_s$，再从产品总的极限误差中减去上述这些零部件的局部误差，即

$$\delta y'=\delta y-\sum_{s=1}^{m}\left(\frac{\partial f}{\partial q_s}\right)\delta q_s \tag{11.25}$$

接着再根据等精度原则，对 $\delta y'$进行误差分配。如此反复计算，使得大部分零部件在经济公差极限范围内，小部分处于生产公差极限，个别零部件在技术公差极限，这时误差的分配才能合理地满足产品精度要求。

当基于完全互换法(极值法)的尺寸链计算,运用等精度法进行产品精度设计时,所谓等精度法就是假设各组成环的公差等级系数 α 值相等,即各组成环的精度等级相等。这样就可以按照已知封闭环的公差 T_0 值和各组成环的公差因子 i 值,计算各组成环的平均公差等级系数 α_{av} 值,即 $T_{av}=T_0/\sum i_i$,对于小于或等于 500mm 且公差等级在 IT5～IT18 范围内的尺寸,其公差值计算公式为 $IT=\alpha i$,其中,公差等级系数 α 值如表 11.1 所示,公差因子 i 值如表 11.2 所示。

表 11.1　公差等级系数 α 值

公差等级	IT5	IT6	IT7	IT8	IT9	IT10	IT11	IT12	IT13	IT14	IT15	IT16	IT17	IT18
系数 α	7	10	16	25	40	64	100	160	250	400	640	1000	1600	2500

表 11.2　公差因子 i 值

尺寸分段 D/mm	>400～500	>314～400	>250～315	>180～250	>80～120	>50～80	>30～50	>18～30	>10～18	>6～10	>3～6	～3
公差因子 i/μm	3.89	3.54	3.23	2.90	2.17	1.86	1.56	1.31	1.08	0.90	0.73	0.54

通过计算得到各组成环的公差等级,经查阅标准公差表得到各组成环的公差值,经分析选取某组成环为补偿环,按照"入体原则"确定各组成环的公称尺寸和极限偏差,然后校核封闭环的上、下极限偏差。如果验算结果满足此产品的装配精度和功能要求,则设计正确合理。

比较等公差法和等精度法,有以下几点值得注意:

(1) 尺寸链的设计计算有等公差法和等精度法,可以设计出最佳经济精度的产品和零部件,同时满足互换性要求。

(2) 尺寸链设计计算的等公差法和等精度法都属于尺寸链的反计算,是根据产品的装配精度和功能要求对其公差进行合理的分配,各组成环极限偏差的设计结果不是唯一的,其合理性必须通过校核计算进行验证。

(3) 采用等公差法计算尺寸链进行产品和零部件精度设计时,调整确定各组成环的公差主要取决于产品设计者的实践工作经验和对加工工艺难易的认知程度,主观性较强。

(4) 采用等精度法计算尺寸链进行产品和零部件精度设计时,调整确定各组成环的公差主要取决于合理分析确定补偿环、能够正确查找各组成环的公差因子值,并正确计算平均公差等级系数值,理论性较强。

(5) 当各组成环的公称尺寸相差不大且加工工艺难度相近时,宜采用尺寸链等公差法进行设计计算;当各组成环的公称尺寸相差较大且加工工艺难度不均时,宜采用尺寸链等精度法进行设计计算。

在实际设计中,按式(11.19)算出 α 后,各组成环要根据尺寸大小、加工难易程度及结构功能上的要求对 α 进行调整,以确定各 α_i 值,然后按 $T_i=\alpha_i i_i$ 确定各组成环公差,最后各 T_i 应靠拢标准取值,并满足

$$T_N \geqslant \sqrt{\sum_{i=1}^{k} T_i^2} \tag{11.26}$$

3) 相对精度法

在精度分配时,相对法同时考虑了尺寸及公差等级因素的影响。假设封闭系统中精度最高级环的公差等级系数为 α_0,按优先数系 R_s(公比 $r=1.6$)形成,则低一级的系数为 $\alpha_1=r\alpha_0$,低两级的系数为

$\alpha_2=r^2\alpha_0$，若整个系统各环精度级差为两级，则

$$T_N \geqslant \sqrt{\sum_{i=1}^{k}\alpha_0^2 i_0^2+\sum_{i=1}^{k}r^2\alpha_0^2 i_1^2+\sum_{i=1}^{k}r^4\alpha_0^2 i_2^2} \tag{11.27}$$

$$\alpha_0 \leqslant T_N/\sqrt{\sum_{i=1}^{k}i_0^2+\sum_{i=1}^{k}r^2 i_1^2+\sum_{i=1}^{k}r^4 i_2^2} \tag{11.28}$$

各等级组成环公差分别按 $\alpha_0 i_0$、$r\alpha_0 i_1$、$r^2\alpha_0 i_2$ 进行计算，同样，各环公差应靠拢标准取值，并满足式(11.27)。

4）统计计算法

由于统计计算法常用于系统复杂而且精度要求高的场合，所以这里仅讨论环数为 5 或多于 5 时的情况。按统计公差规定：若中心区宽度最小控制概率 $P=50\%$，统计组成环公差与中心区宽度之比为 3∶1 时，组成环对系统闭环的影响系数(加权数)V 取 1.2；统计组成环公差与中心区宽度之比为 2∶1 时，组成环对系统闭环的影响系数(加权数)V 取 1.5，精度分配公式是

$$T_p=\sqrt{\sum_{i=1}^{k}V_i T_{pi}} \tag{11.29}$$

式中，T_p、T_{pi} 分别为统计系统闭环公差和组成环公差，V_i 为组成环的权数，k 为组成环数目。

假设各组成环 T_{pi} 都相等，权数 V_i 也相等，并分别用 T_{p0} 和 V 表示，这样就可以将精度进行分配了，此时式(11.29)可改写为

$$T_{p0} \leqslant T_p/V\sqrt{k} \tag{11.30}$$

5）等影响法

等影响法是令误差源对仪器总误差的贡献相同，即

$$\frac{\partial y}{\partial q_1}\Delta q_1=\frac{\partial y}{\partial q_2}\Delta q_2=\cdots=\frac{\partial y}{\partial q_i}\Delta q_n \tag{11.31}$$

式中，$\frac{\partial y}{\partial q_i}$是各项原始误差 Δq_i 的传递系数。

等影响法考虑了传递系数的影响，比等公差法合理一些。但因没有考虑工艺条件，所以，按等影响法算出的 Δq_i，有的可能要求偏高，有的可能偏低。因此需要根据实际工艺的难易程度，对 Δq_i 进行调整。

6）相似法

相似法又称类比法，主要是参照类似机构的零件尺寸精度进行比较，根据经验确定所设计机构各零件的尺寸精度。然后进行误差综合，当不符合要求时进行修正并重复计算，直到满足要求为止。这种方法用于结构简单、单件或小批生产的产品零件时虽然有效，但具有较大的盲目性，人为因素大，限制了设计水平的提高，是一种初级的精度分配原则。

7）试探法

试探法是根据设计人员的经验给定误差分配方案，然后进行验算和调整。也可以对某些关键性环节作出实验结果数据。

8）优化设计方法

有人提出把产品单次测量的总误差作为目标函数，把产品测量链上各环节的误差以及构造参数作为设计变量，以各参数变化范围以及公差变化范围作为约束条件，构成有约束极小化问题，这就是优化设计。

11.3 光学零件固紧设计

任何光学精密仪器都由光学系统和精密机械共同构成,如望远镜、显微镜、经纬仪和照相机等。光学系统一般由光学零件(如透镜、反射镜、分划板和棱镜等)和光学部件(如目镜、物镜、光学测量头等)组成。但是一切光学系统必须通过各种机械结构才能保证光学零件之间的相对位置或相对运动关系正确,从而实现光学系统的功能,发挥光学仪器的作用。光学零件的固定(紧)方法主要有以下几种:滚边固定(紧)法、压圈固定(紧)法、压板固定(紧)法、胶接固定(紧)等。固紧有时也称为紧固。不同形状零件的固定(紧)法是不同的,如直径大于10mm以上圆形光学零件一般采用压圈固紧法,而色散棱镜主要是采用压板固紧法。除此之外,固定结构在一定程度上与仪器的用途、使用的条件和该光学零件在整个仪器中的作用有关。因此,机械零件与光学零件的连接成为光学精密仪器设计中的一个重要环节。

在光学仪器中,机械零件与光学零件的连接方法通常分为可拆连接和不可拆连接。但不论哪种连接方法都必须保证光学零件充分地固紧。通常在固紧光学零件时,光学零件必然要受到机械零件的一定压力,这就可能使光学零件的几何形状、表面状态、折射率和应力发生变化,而影响光学零件本身原有的性质。为此,在光学零件固紧结构设计时必须考虑到在光学零件固紧后对光学仪器正常工作性能的影响,绝不能降低仪器原有的质量。

光学零件的固定结构,首先不应该影响光学零件的通光口径,圆形光学零件要保证光轴和机械轴同轴,零件固定结构要做到稳定可靠、结构紧凑、工艺性好和维护使用方便。其次,固定结构不应该压得太紧,以免损坏光学零件等。具体来说,在进行光学零件固紧设计时,除保证结构的紧固性、精确性、工艺性和经济性等基本要求外,还应满足以下各点:

(1) 应保证各光学零件相对位置的精度,并在装调后不变。

(2) 连接牢固、可靠,但应使光学零件上所受到的应力最小,而且均匀,不致引起光学零件的变形或产生内应力。光学零件上应力过大,不仅导致光学系统像质变坏,严重的还会使光学零件破损。

(3) 便于装配、调整,并保证装调前后,光学零件有清洗的可能性。

(4) 为保证像的亮度,结构设计应注意光学系统的有效通光孔径不受镜框遮挡。

(5) 由于光学零件和机械零件之间的线膨胀系数不同,因此对固紧光学零件的材料应仔细选择,以消除温度变化所产生的光学零件的内应力。

(6) 保证光学零件的工作面不受损伤,应尽可能选用光学零件的非工作面为固定受压面,与光学零件相接触的机械零件表面必须平整,其粗糙度不大于 $\overset{6.3}{\nabla}$。

(7) 尽可能不用软木、纸片等材料与光学零件相接触,以防止光学零件发霉。必须采用时,也应采用防霉处理。

组成光学系统的光学零件,按其外形可分为圆形和非圆形两大类,两类零件形状不同,其固紧结构亦有差异,但上述要求基本相同。

圆形光学零件的固紧方法有:滚边固紧、压圈固紧和弹性零件固紧。

非圆形光学零件的固紧方法有:键固紧、压板固紧和弹性零件固紧。

上述固紧方法除滚边固紧法属不可拆连接外,其余均为可拆连接。

11.3.1 圆形光学零件固紧结构设计

常见的圆形光学零件有:保护玻璃、滤光镜、分划板、反射镜、单透镜和胶合透镜组等,它们都具有一定直径的外圆表面,故都称为圆形光学零件。

一般圆形光学透镜都具有两个折射面，胶合透镜组则可有两个以上的折射面。对前表面镀层的圆形反射镜具有一个反射面，对后表面镀层的圆形反射镜则有一个折射面和一个反射面。这些面通常都是工作表面。工作表面的精度及表面光洁度应高于非工作面。圆形光学零件的外圆表面都是非工作面，但外圆表面是保证光轴同心的重要基面，因此它也应具有一定的精度等级和表面粗糙度。

由于光学零件的尺寸大小不一，光学零件在仪器中的重要程度以及仪器本身的精度和工作环境的要求不同。光学零件固紧结构的设计亦不同，究竟选用何种固紧方法应视光学零件的尺寸及其要求而定。

1. 滚边固紧

滚边固紧法是在专用车床上将黄铜或合金铝制造的镜框边缘压弯，使其完全包住圆形光学零件的倒角。滚边时，必须采用中心校正仪进行监视。镜框壁是比较厚的，欲使边缘折弯，需将镜框边缘从外面车成锥形。制造镜框的材料除黄铜外，还有硬铝和钢、镁铝合金等。也就是将光学零件装入金属镜框中，在专用的机床上用专用的工具，把镜框凸出的边缘徐徐滚压弯折包在光学零件的倒角上与镜框固紧。为使凸边能包住倒角，且滚边压力不致过大，镜框的凸缘部分应很薄，通常在滚边前应将镜框凸边车成外锥形，端部厚度为 0.05～0.1mm，边缘厚度为 0.15～0.4mm。

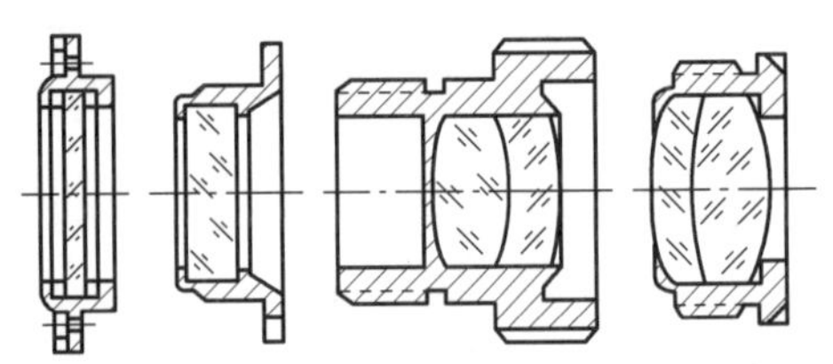

图 11.7　透镜和平面镜滚边固紧法示例

图 11.7 所示的是滚边固紧法的几种透镜和平面镜的示例。镜框内腔应车有螺纹，用以消除杂光。镜框应制有滚花或扳手槽、扳手孔，光学零件的周缘应加弹性材料垫圈或涂有密封蜡，以确保密封性。

滚边固紧的主要优点是结构简单紧凑，其轴向尺寸几乎不增加；对光学零件压力小，也不需任何附加零件就可以把光学零件固紧，因此对通光孔径影响不大。

缺点是只能用于小直径的圆形光学零件，光学质量不易保证，特别对口径大而薄的光学零件，由于滚压力难以控制而容易出现镜面倾斜及受压不均匀现象。滚边一旦完成后即成不可拆连接，如出现上述现象并超出允许误差时，则难以调换光学零件，必须破坏镜框，甚至光学零件和镜框都将报废。

对于直径小于 10mm 的光学零件一般均采用滚边法固紧；10～40mm 的光学零件大多可选用滚边固紧；大于 40mm 的光学零件一般均不采用滚边固定法，只有在要求较低的特殊情况下才使用，即使不重要的光学零件，其直径也不应超过 70mm。

采用滚边固紧时，光学零件与镜框之间应有一定间隙。根据不同设计的同心度要求，光学零件与镜框的配合可按规范选取。

2. 压圈固紧

用压圈固定圆形光学零件的方法称为压圈固紧法。该法适用于直径大于 10mm 以上的光学零件。压圈有外螺纹压圈和内螺纹压圈两种。也就是说，压圈固紧法有内螺纹压圈固紧和外螺纹压圈固紧两种，前者是指待装光学零件的金属镜框带有一段外螺纹，后者的金属镜框则有一段内螺纹。光学零件由外圆表面与镜框内孔配合，待光学零件装入镜框后由镜框端面定位，并利用带有相同螺距的内螺纹压圈或外螺纹压圈将光学零件固紧。一般情况下，尽量采用外螺纹压圈，因为它制造比较容易。用压圈法固定圆形光学零件有下列几种情况。

(1) 直接用压圈固定光学零件。图 11.8 所示的是利用压圈直接固定透镜的示例。这种固定方法简单，但是由于螺纹可能倾斜，使光学零件表面受力不均匀。因此，容易产生内应力，影响成像质量。同时，这种固定方法在温度下降时，由于金属的膨胀系数比玻璃大很多，光学零件承受的压力就必将增加。轻者使玻璃内应力增加，重者可能损坏光学零件。因此，这种方法很少采用。

(2) 利用弹簧圈和压圈固定法。为了克服上述的直接用压圈固定法的缺点，目前均采用通过弹簧圈再用压圈固定光学零件。利用这种方法可以固定直径大于 40mm 的薄透镜或平面反射镜。

(3) 有些物镜是由几片分离不很远的透镜组成的。固定这种物镜，除了要利用弹簧圈和压圈外，还需要用隔离圈将透镜按光学设计的要求分离开。隔离圈的长度和它的精度由光学设计所决定。

压圈固紧的优点是：结构可拆、装调方便，它不仅可调整光学零件与镜框的相对位置，以达到设计的精度要求，在光学零件和镜框之间还可进行选配而获得较高的加工经济性，在镜框中也便于装入其他零件(如隔圈、弹性垫圈等)。因此，多透镜组常用压圈固紧，例如需要固定几个直径相同而彼此距离又很近的镜头。如图 11.9 结构所示，这种结构是把所有外圆相同的透镜都装入同一镜框内，用一个共同的压圈压紧，而透镜间的间隔用隔圈来控制。

压圈固紧的缺点是由于增加了压圈而增大了轴向和径向的尺寸，如镜筒的径向尺寸受到限制时，应选用外螺纹压圈固紧(见图 11.10(a))，轴向尺寸受限制则选用内螺纹压圈固紧(见图 11.10(b))。

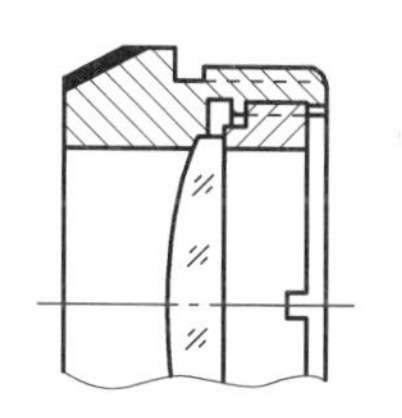

图 11.8　利用压圈直接固定透镜的示例

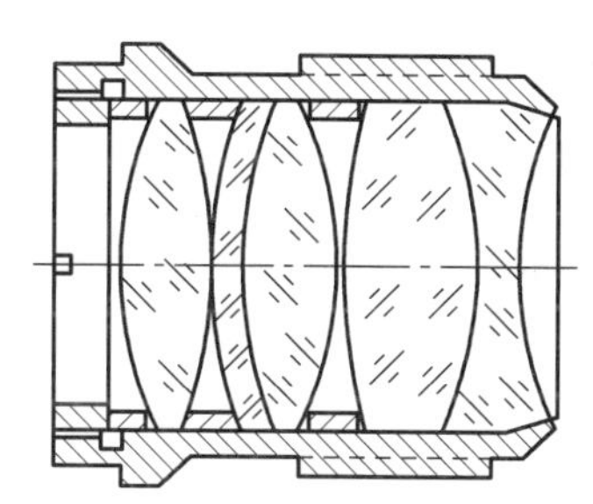

图 11.9　多透镜固紧结构

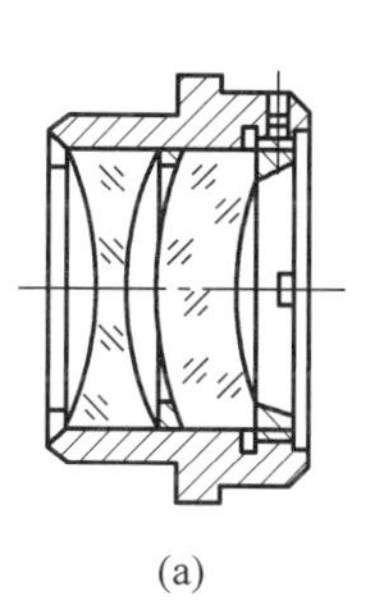

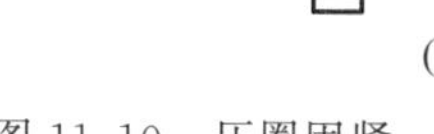

图 11.10　压圈固紧

另一个缺点是压圈端面与轴线可能不垂直，在固紧时光学零件受压不均匀。再则，压圈固紧法对温度变化适应能力也较差，为此可在压圈与光学零件之间增加一弹性隔圈，以使压力分布均匀，并适当提高温度变化的适应能力。

通常光学零件直径在 40～80mm 时大多采用压圈固紧，直径在 80mm 以上必须采用压圈固紧，但直径在较小时也有采用压圈固紧的。镜框、压圈、隔离圈和弹簧圈一般是采用黄铜制造。为了节约用铜，也完全可以用钢代替。为了减轻重量，有时也采用硬铝或铝镁合金。所有的压圈和垫圈必须发黑或镀黑镍，以利减少杂散光。

3. 弹性零件固紧

这种方法是利用弹簧开口卡圈或弹簧压板等弹性零件将光学零件与镜框固紧。

弹簧卡圈一般是用直径为 0.4～1.0mm 的弹簧钢丝制成的开口弹簧钢丝圈；弹簧压板是用厚度为 0.3～0.5mm 的弹簧钢板冲压而成。

弹簧卡圈常用于固紧同心度和牢固性要求不高的光学零件，如保护玻璃、滤光镜和低级照相机镜头等不重要的光学零件。

弹簧压板用来固紧直径较大的光学零件，压板的形状可根据不同的要求设计。

在光学精密仪器中，光学零件不论采用哪种固紧方式，都应满足仪器对光学系统提出的技术要求以保证仪器整体质量。除此之外，在设计固紧结构时还应考虑以下各点：

(1) 保证光学零件处于系统中的正确位置。各光学零件处于光学系统中的正确位置，是保证系统像质的基本条件，通常在光学精密仪器机构设计中，为便于光学系统的装配和调整，改善光学零部件的结构工艺性，常将光学零件或部件先置于一金属镜框中，然后再与仪器的其他机械或壳体相连。为此，镜框与其他机构之间也应保证光学系统的正确位置和固紧可靠。

(2) 光学零件与镜框在保证相对位置精度的基础上固紧。要保证光学零件与镜框之间的相对位置精度，就应对它们相关部分的形状、尺寸和表面状态提出精度要求。例如，光轴的同心度就必须依靠光学零件外圆与金属镜框内圆两个配合面的几何形状，配合种类和精度等级来保证。

由于圆形光学零件具有一个圆柱面和两个端面，利用圆柱部分与镜框内圆配合，端面靠在镜框的台肩上，以保证光学零件相对位置不变。这时只需采用上述任一种固紧方式，即可将光学零件的另一个端面挡住，而使仪器在任何空间位置或在任何情况下工作时的光学零件的相对位置不致变更。利用圆柱面配合的方法结构简单，容易保证光学零件和金属镜框的同心度。

(3) 减小附加应力，保证像质。在光学零件上产生附加应力的主要原因为：一是装配不良，如滚边时压力过大或螺纹压圈及弹性零件压得过紧；二是温度变化，光学玻璃与镜框材料的膨胀系数的差异使配合间隙和轴向间隙改变，光学零件被压紧，附加压力过大所致。严重的会使光学零件局部破损，通常光学零件的内应力会使干涉条纹形状发生变化，或增大干涉环直径而影响像质。

为减小附加应力，在结构设计时可采取如下措施：

(1) 对滚边固定结构，可将预留滚压部分车削成较薄的锥体以减小滚压力。对直径在 30mm 以上的压圈固紧结构，可如上所述加入弹性压圈，由此来改善装配及温度变化所引起的压力。

(2) 对于尺寸较大的光学零件也可采用弹簧压片来压紧，或在光学零件和金属框之间再增加另一种膨胀系数较大的金属框以补偿温度变化的影响。

4. 用调整法保证各光学零件的相对位置精度

如对光学系统的各光学零件间的相对位置要求较严时，为了获得较高的经济性，可采用调整法来补偿加工误差，以保证光学零件间的轴向间隔和共轴性的要求。

如果对透镜与镜筒的同心度要求较高，采用圆柱面配合又不易保证时，可采用偏心套环调整法。它是在配合面间加入偏心套环，把镜框边做成偏心的，两零件的偏心量相等，通过装配时的调整，可使透镜中心与镜筒中心接近重合。

由此可知，调整法镜筒结构设计原理是应用相互补偿方法来补偿同心度的偏差，以提高像质、降低结构设计和加工的要求，偏心量的设计视镜头实际的技术要求而定，一般可定为 0.1～0.2mm。

5. 减少杂散光的影响

光学系统的杂散光会在光学系统像平面上产生不希望有的亮斑，它通常是既通过光学仪器，但不参加成像的一部分光线。这部分光线主要是由于镜筒内壁、仪器内壁及光学零件表面反射时造成的散射光所引起的，它使像的对比度和像质下降。

减少有杂散光的措施很多，如在光学系统中加光阑；光学零件镀膜；在镜前加遮光罩，以及在光学系统中适当的位置设计一个或多个光阑。

在光学零件外圆、镜筒内孔和光阑涂黑色无光漆或表面处理成无光泽的黑色，可以减少杂散光。而最常用的机械方法是在镜框内壁车成环形或消光齿纹(即螺旋形槽)。另外可将镜框、压圈制成适当形状的挡光光阑。当然，这些表面同样需作黑色处理。

11.3.2 非圆形光学零件固紧结构设计

非圆表面光学棱镜包括各种棱镜、多边形平面反射镜、保护玻璃和刻尺等。它们的结构形状都是由相互平行或相交平面所组成的多面体，或为平面与曲面所组成的多面体。其中有折射面、反射面和非工作面。区分组成棱镜各面的性质对设计固紧结构极为重要。

非圆形光学零件中，棱镜数量较多，棱镜固紧结构形式繁多，用途各异，设计方法也不同，但基本要求与圆形光学零件固紧结构设计的要求基本一致。

棱镜常利用镜框或镜筒，再附加角铁、刚性或弹性压板，以及利用棱镜本身开槽加健使棱镜固紧。有时将棱镜与镜框构成独立的组件，然后再将其固定在所要求的位置上。究竟选用哪种固紧结构和方式是与棱镜的结构形状、尺寸，在光学系统中的用途(回转棱镜或固定棱镜)，仪器的结构和使用条件，以及棱镜在仪器中的位置等因素有关。常用的紧固方法有下列几种：

1）键固紧

键固紧方法主要用于道威棱镜。在道威棱镜的非工作面上开一半月形键槽，键槽的大小要保证键能自由地装入。然后将棱镜与半月镜一起置于镜框中，由键来保证棱镜在镜框中的正确位置。通过调节镜框上的四个螺钉，使镜框变形并使棱镜稍微转动，最终使棱镜光轴和机械旋转轴线一致。为调整棱镜的位置，棱镜框与棱镜之间有 0.5～1.0mm 的间隙。如道威棱镜通光孔径较小(如 15～18mm)时，棱镜也可不开槽而直接调整端面达到同轴要求。

2）压板固紧

方形或长方形的反射镜和光栅，是不能用压圈固定的。这种形状的光学零件在光学仪器(如光谱仪器)中，常用压板和软木垫块固定。软木垫块是为了使压力均匀分布和避免周围环境温度变化对固定结构的影响。压板可以制成长条形的、长方形框状的、小块形状的。压板固紧法的通用性很强，可用于固紧具有平行非工作面的任何棱镜。对于高精度的平面反射镜和高精度光栅的固定要特别小心谨慎。压力不宜集中，更不宜过大。因此，高精度的平面反射镜常选用弹性元件压紧。

值得一提的是，对棱镜的压力过大会使成像质量显著下降。这种现象在阿贝棱镜的固定中，表现得更为突出，因为它有一个对内应力最敏感的反射面。因此，在装校棱镜时，必须给予特别注意。为了防止棱镜滑动，在棱镜底面的周围必须采用若干块定位板将棱镜固定不动。采用定位板的数量和分布情况，完全由棱镜主截面的形状所决定。棱镜位置的最后校正是由这些定位板的螺钉和孔之间隙而决定。为了便于校正，有时特意适当加大定位板的孔与螺钉之间隙。棱镜位置校正完后，必须将螺钉拧紧，打销钉。

3）弹簧固紧

固紧光学零件的弹簧可以是直形片簧、弯形片簧或拱形簧。其优点是结构简单，有足够的可靠性，弹簧加到光学零件上的压力较容易控制，压力分布也较均匀。此外由于温度变化而产生的影响也基本上可得到消除。

为此，对非圆形光学零件固紧，除采用上述结构外，在设计时还应注意如下两点：

(1) 对于棱镜固紧，特别是复杂棱镜，由于它的平面较多，因此必须根据各种棱镜的结构特点和工作特性，正确地选择定位面、承压面和压紧面。一般选择面积较大的非工作面作为定位面和承压面，然后利用其余的面作辅助定位面。如果棱镜结构特殊，非工作面又较小，亦应尽量利用非工作面和承压面。对需直接选用工作面作承压时，则应适当增大承压面，但压板仍应压在非工作面上。

(2) 为保证棱镜在装配后处于设计所要求的位置上，有时单靠加工精度是难以保证的。为此在结构设计时可使棱镜的位置能在一定的范围内调整。

11.3.3 光学零件的胶接固定

在光学零件固紧中，用传统的机械方法安装和固紧光学零件，需要采用很复杂的金属零件和机械加工。这种方法的缺点是使机构增大、加工困难和零件增多。

由于近代合成胶粘剂的出现和发展,使光学零件有可能用胶接的方法来固紧。胶接方法不仅可用于光学零件和金属零件之间的胶接;也可用于光学零件与塑料件之间的胶接,因为现代的光学仪器的机构有塑料化之趋势。

目前胶接固定已在光学精密仪器中得到广泛的应用,特别是大批量生产的中、低档照相机、望远镜、显微镜和折射率仪等光学仪器中均被采用。由于新型合成胶的出现,现已对重要的乃至关键性的光学零件也采用胶接固定了。

光学零件的胶接是属于胶接技术的一种,胶接技术已在工业中得到迅速的发展并崭露头角。尤其对弹性模量相差较大、形状复杂、厚薄不匀以及极薄的零件更适宜采用胶接法固定。正是如此,有以上特点的光学零件也开始大量采用胶接固定。

光学零件的胶接固定与机械固紧相比有如下的优点:

(1) 简化结构、减轻重量。

(2) 胶接时无压紧力,有利于像质的提高。

(3) 光学零件胶接处应力分布均匀。

(4) 它具有密封、绝缘和耐蚀性好。

(5) 能胶接各种金属、非金属等材料。

(6) 工艺简便、安装方便、成本低。

利用胶接法不仅可以固定反射镜,同时,也可以固定透镜等。例如,透镜先装在其框内,孔内填充环氧树脂胶粘剂,以防透镜松动,用这种粘胶固定,并不妨碍透镜的更换和拆卸。

光学零件的技术要求如下:

(1) 为了保证胶接强度,胶接面尽量小,成圆形,其表面光洁度应在▽6~▽9,或更高要求。

(2) 为了防止热胀冷缩使胶接处破坏,两胶接材料的热膨胀系数要相近。例如,冕牌玻璃的膨胀系数 $\alpha=7\sim8\times10^{-6}/℃$,和其相胶接的金属常选用 Ni45 钢。后者膨胀系数 $\alpha=7\sim8\times10^{-4}/℃$。有时,利用 Ni50 到钢代替 Ni45 钢,前者的膨胀系数 $\alpha=(8\sim9)\times10^{-6}/℃$。石英膨胀系数比玻璃还小,$\alpha=7\times10^{-7}/℃$,与它相胶接的金属常选用 Ni32Co4Cu 钢,其膨胀系数 $\alpha=1.5\times10^{-6}/℃$。

(3) 为了减小在温差较大的情况下的胶接层的内应力,常在金属-玻璃间衬以罗纱层。罗纱层的尺寸稍小于胶合面积。图 11.11 所示的是玻璃-金属胶接层的结构。1 是金属,2 是罗纱,3 是胶接层,4 是玻璃。A 是胶液溢出的部分,这种情况是不允许的,否则在温度变化时,将产生局部内应力。罗纱网可用黄铜丝、麻纱、玻璃丝布、棉绸和镍铬丝等制成。

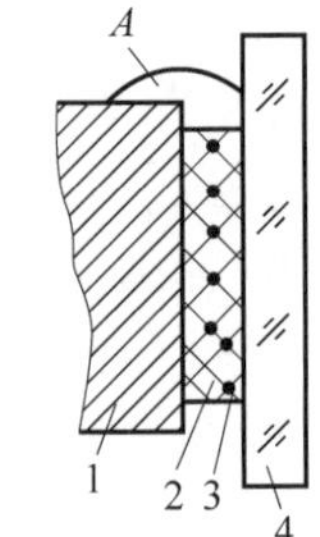

图 11.11 玻璃-金属胶接层的结构示意图

因此,为保证光学零件胶接固定的质量,应注意下述几点:

(1) 为获得良好的胶接强度,胶接表面必须仔细清洁,除去油脂、水分及其他污物,必要时还需进行化学处理,以提高胶结的强度。

(2) 在保证胶接强度的情况下,应尽量减小胶接面积。

(3) 金属与光学零件胶接时,在仪器使用范围内,金属材料、胶粘剂和光学玻璃的膨胀系数,应尽可能接近。

(4) 为减小在温差很大情况下胶接层中的应力,常在玻璃金属之间衬以罗纱网。

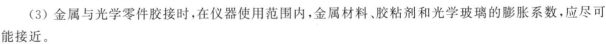

11.4 模块化设计

以往传统设计是一种相互依赖型的设计。这种设计过分集中，甚至“垄断集权”，它的每一部分与总体及其他部分耦合过密，相互依赖过强，因而变动其中的一点就会涉及许多相关部分。

例如早年的计算机系统，如驱动分系统作某些更改，便会引起主板的相关问题，继而进一步引发显示屏有关问题。同样，如显示屏参数的重新选择，也会引起相关的一系列问题。这种传统设计方式存在关联过紧、“牵一发而动全身”的弊端，从而形成所谓的“设计复杂性灾难”。

模块化是解决设计复杂性灾难的必由之路。因为它改变了过分集权、自上而下、由总而细、一包到底的设计和管理模式，把复杂系统加以分解，分成若干相对简单和不同层次的模块，每个模块在遵守一定设计规则的前提下，享有充分的设计和管理的自主权。

这种“设计规则”包括显性设计规则，遵循这一规则能减少横向协调，可以保证“分权”后最终组装的产品具有兼容性和协调性。而隐性设计规则又保证了每个模块有权独立开发和创新，不受干扰。可见这条摆脱设计复杂性灾难之路的本质就是将集中的复杂系统变成分散的在共同规则指导下的模块产品系统。

比起通用化、系列化、模块化之所以能在满足多变的市场和个性化要求方面占有优势，其原因在于：系列化、通用化可以说是先有产品，输送到市场上供顾客挑选(后有顾客)；而模块化则是先有顾客的要求，后有产品，因而可以说模块化是在通用化、系列化基础之上的延伸和发展。

因此，模块化是一种既符合传统的规模经济生产要求，又满足现代产品多样化和个性化需求的一种设计理念。模块化以其柔性生产为基础，适应多变的市场竞争，为满足大规模定制和产业结构调整创造条件，有利于创新发展，因而具有生命力和市场前景。

模块化设计一般包括模块与模块化、模块特征、模块分类、模块化与标准化的关系、光电装备模块化结构体系及设计示例等。

11.4.1 模块与模块化

模块指构成系统具有特定功能和接口结构的典型通用单元。模块化指从系统观点出发，运用组合分解的方法，建立模块体系，运用模块组合成系统(装备)的全过程。

模块化是对产品进行功能分析的基础上，划分并生产出一系列功能模块和其他模块，然后将各种模块进行组合以形成新产品。这里所指的模块化主要针对开发并最大限度地重复使用和共同使用一系列具有不同功能、不同结构和参数规格的通用模块的活动。其定义和内容是很广泛的。这个定义说明了模块化是在通用化、系列化基础上发展起来的具有更广泛内涵和更高层次的标准化活动。它具有以下内涵：

(1) 模块化是一种包括开发并重复利用通用产品单元的活动。这里的通用产品单元即为通用模块。

(2) 模块化的目标和通用化一样是要求最大限度地重复使用和共同使用通用模块。

(3) 模块化工作要采用的是一系列具有不同功能、不同性能参数或规格的通用模块。

(4) 通用模块要符合互换性条件。

图 11.12 简要表示了模块化的定义和概念。

从图 11.12 可以看出，模块化的开发过程就是将某类模块化对象产品分解为通用模块的分解过程，而重复使用或共同使用通用模块及设计专用模块和其他零组件的过程就是组合过程。

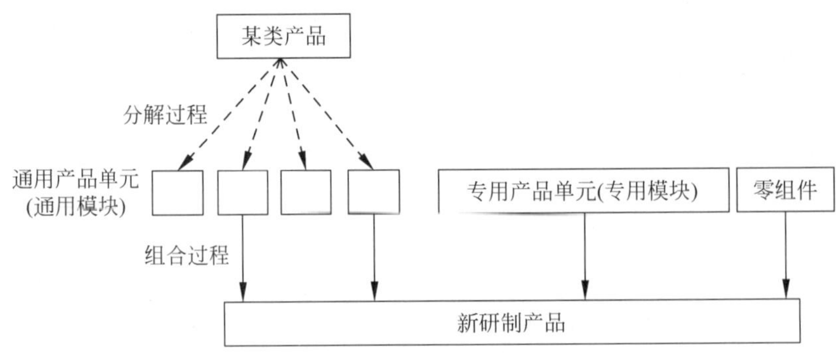

图 11.12 模块化的定义和概念示意图

组合过程属于设计工作范畴；而分解过程则是为组合过程提供可重复使用和共同使用的通用产品即通用模块，就像通用化、系列化都要为设计提供通用产品单元一样，因而属于标准化范畴。所以，采用“模块化”这一称谓更符合标准化的内涵，与“通用化”“系列化”称谓更加一致和协调。有些文献采用“组合化”，这是因为不但将“化”看作一种活动，而且看作是一种装备的发展方向和途径。这与从标准化出发采用模块化一词是一致的。

11.4.2 模块特征

模块的基本特征是具有相对独立的特定功能。模块是可以单独运转调试、预制、储备的标准单元，是模块化系统不可缺少的组成部分。用模块可组成新的系统，也易于从系统中拆卸更换。模块具有典型性、通用性、互换性或兼容性。模块可以构成系列，具有传递功能，可组成系统的接口（输入/输出）结构。

模块化的特征是从系统观点出发，以模块为主构成产品，采用通用模块加部分专用部件和零件组合成新的产品系统。特征尺寸模数化、结构典型化、部件通用化、参数系列化和组装组合化是模块化的特点。

11.4.3 模块分类

模块分类如下：①按其形态分为软件模块和硬件模块，软件模块一般是指用于计算机的程序模块，硬件模块指的是实体模块，根据其互换性特征可分为功能模块、机械结构模块和单元模块。②功能模块，是指具有相对独立功能，并具有功能互换性的功能部件，其性能参数能满足通用互换或兼容性要求。③机械结构模块是指具有尺寸互换性的机械结构部件，它们连接配合部分的几何参数满足通用互换的要求，对于某些机械结构部件，它只是一种功能模块，在某些情况下它不具备使用功能的纯机械结构部件，只是一种功能模块的载体，如机箱、机柜。④单元模块既具有功能互换性，又具有尺寸互换性，是具有完全互换性能的独立功能部件，它是由功能模块和机械结构相结合形成的单元标准化部件。⑤通用模块是功能模块、机械结构模块和单元模块的通称。⑥专用模块是指不完全具备互换性的功能模块或结构部件。

对于模块规模及层次，一个大系统中，模块可按其构成的规模及层次的不同分为若干级。各级模块间为隶属关系，同级模块间为并列关系。光电装备按其层次可分为：系统（成套设备）级模块，机柜（显控台）级模块，机箱、插箱级模块，插件级模块，印制板级模块，以及元器件级模块等。

11.4.4　模块化与标准化的关系

模块化与标准化之间具有如下关系：

(1) 模块化的前提是典型化。模块本身是一种具有典型结构的部件，它是按照技术特征，经过精选、归并简化而成。只有典型化才能克服繁杂的多样化。

(2) 模块化的特征之一是通用化、系列化。通用化解决模块在产品组装中的互换，系列化是为了满足多样性的要求。

(3) 模块化的核心是优化，并具有最佳性能、最佳结构和最佳效益。模块化体系的建立过程是一个反复优化的过程。

(4) 模块尺寸互换和布局的基础是模数化。要使模块具有互换性，模块的外形尺寸、接口尺寸应符合规定的尺寸系列。在模块组装成设备时，模块的布局尺寸应符合有关规定，与相关装置协调一致。这些互换、兼容的尺寸都应以规定的模数为基准，并且是模数的倍数。

(5) 模块化产品构成的特点是组合化。模块化产品由通用模块和部分专用模块组合而成，通过不同的模块组合，可形成功能不同、规模大小不一的产品系列。

模块化是标准化的发展，是标准化的高级形式。标准件通用化只是在零件级进行通用互换，模块化则在部件级，甚至子系统级进行通用互换，从而实现更高层次的简化。

11.4.5　光电装备模块化结构体系及设计示例

当前光电装备模块化设计仍处于初级阶段，大多数设备虽然都以模块化思想进行设计，但是模块化程度不高，与模块化设计思想差距很大。有的一个单位几个部门虽都在进行模块化设计，但结构形式各种各样，模块不能通用，不能互换，与模块化设计的基本要求差距甚大。因此要建立完整的光电装备模块化结构体系，以单元模块作为抗恶劣环境光电装备的基础结构，还必须进行大量的工作。

这里对某型光电系统的激光测距器进行模块化设计示例。

激光测距器主要功能是获得目标距离。该激光测距器，按结构分，其组成包括控制箱和测距器头部两个部分；按工作原理分，其组成包括激光电源、接收电路和信号处理电路及发射和接收光学系统几个部分。激光测距器的通用器件主要有发射望远镜、接收望远镜、激光工作介质、雪崩二极管、氙灯、触发变压器等。

激光测距器涉及光、机、电的器件较多，也受光电系统总体要求和空间的限制。以往激光测距器设计的原理大同小异，除性能有所差异外，以上所列的零部件大都可以通用，在充分参考以前型号激光测距器技术状态的基础上决定激光测距器设计时，对以下部分采用模块化设计。

(1) 光学系统的模块化：在满足光电系统总体对激光测距器各项技术指标要求的前提下，对激光发射和接收光学系统的设计中采用小型化、模块化设计技术，将激光发射和接收光学系统集成为一个整体。

(2) 激光电源单元的模块化：除极其有限的几个大功率器件外，优化激光电源电路，并将激光电源按功能分为三块标准的电路板(控制板、整流板、功率板)和一般头部预燃板。

(3) 接收电路的模块化：接收电路放置在测距器头部，受体积和重量等因素限制，电路板不宜做得很大。因此，设计印制板时采用一块电路板高度集成的办法完成设计，并将其屏蔽于一个金属盒内，整体拆装，调试维修方便。

(4) 数字信号处理电路的模块化：数字电路由集成芯片构成，并高度集成于一块电路板。

该激光测距器经模块化设计后，方便电路测试、故障诊断与维修更换及产品保养，同时使激光测距器的可靠性进一步提高。

11.5 优化设计

当光电产品面向市场后，产品的优劣、性能价格比已越来越引起人们重视。工程设计师们不能不关注市场竞争行情，走出单纯技术设计误区，做到既要管技术又要管市场和成本。这就要求总体结构设计师们对所设计产品的设计选型、市场需求、功能的完善、模块划分、零部件的选材等都应予以密切的关注。一个好的光电产品设计师也应该是个好的经济师，现代产品的经济指标已构成设计评审的重要组成部分。

优良的产品性能价格比是设计出来的。因此，优化设计是保证光电系统（装备）在规定的环境条件和寿命期内稳定可靠工作，并实现其总功能目标的主要技术措施之一。

11.5.1 价值工程设计

价值工程是系统优化设计必须考虑的问题，因此价值工程设计是系统优化设计的内容之一。

1）价值工程

价值工程的基本定义就是指产品所具有的功能与取得该功能所需成本的比值，即

$$V=F/C \tag{11.32}$$

式中，V 为产品的价值；F 为产品具有的功能；C 为取得产品功能所耗费的成本。

在上述公式中，分子 F（功能）是使用价值的概念，分母 C（成本）用货币量表示，两者不能直接进行运算。为了解决这个矛盾，通常做法是用实现 F 的理想最小费用或社会最小成本来表示 F 的数值，即 F 表示最小理想成本。

当 $V=1$，表示以最低成本实现了相应的功能，两者比例是合适的。当 $V<1$，表示实现相应功能付出了较大的成本，两者的比例不合适，应该改进。

根据这个公式可以判断和选取提高产品价值的途径。进行价值规律分析时既不能只顾提高产品的功能，也不能单纯降低产品的成本，而应把功能与成本即技术与经济指标作为一个系统加以研究，综合考虑，辩证选优，以实现系统的最优组合。对于一个优秀设计师而言，这种要求是非常必要的。

价值规律分析是通过各相关领域的协作，对所研究对象的功能与费用进行系统分析，以研究对象的最低寿命周期成本为目标，系统地研究功能与成本之间的关系，不断创新，可靠地实现使用者所需的功能，获取最佳的综合效益。

2）应用价值工程的设计理论

在产品设计中，应合理地应用价值工程的设计理论。否则往往会由于缺乏对产品的功能价值分析，使产品存在许多明显的或潜在的问题，影响产品功能的正常发挥，也使设计水平难以真正得到全面的提高。例如，对用户需要的产品功能研究不够或者过剩；对用户需要的产品成本研究不够，使得产品因价格过高失去市场；对用户使用产品过程中所花费的成本重视不够；对产品设计方案没有从技术、经济、社会、人机工程以及技术发展前景等多方面综合考虑，造成大方向把握不住而产生失误。

因此，加强产品设计时的功能价值分析是十分必要的。无论对老产品的改革挖潜还是新产品的研究创新，都涉及一些新的情况、新的条件和要求，必须用现代的科学设计方法指导设计全过程，达到高标准的设计。运用价值工程对新产品进行开发设计，将十分有效地提高产品的生命力和竞争力，使产品设

计真正适应社会的需要和时代的特点，增加产品设计的成功率，提高设计的理性水平。

例如，当实现同一功能的设备用于不同的环境条件或安装于不同位置时，符合价值工程的选择应当是按严酷环境要求进行设计和试验，而不是设计两种型号的产品。

11.5.2　结构设计优化

最优化的设计方法，是不断完善的数学优化理论和计算机数值计算方法的综合应用。工程设计中对多种可能的设计方案进行选择，往往是要在各种人力、物力和技术条件的约束下，希望达到一种最佳的设计。这种最佳设计可能是产值最大、能耗最小、精度最高、时间最短或成本最低等。

应用优化设计方法的最终目的是把光电设备在设计、制造和使用中可能出现的问题，尽可能地暴露并解决在设计和样机的试制阶段。

优化设计方法在理论上的突破性进展，使得它已形成了运筹学和线性规划、非线性规划、动态规划和图论等新的专门学科。计算机技术的发展为优化设计提供了强有力的运算工具，为复杂工程计算提供了极大的方便，使光电设备应用现代的设计方法成为可能，并促进了机械结构优化设计的发展。就产品结构设计优化的范畴而言，大致可分为三类：①结构参数优化；②形状优化；③拓扑优化。

产品设计者首要的是解决参数优化。它是在结构方案、零部件的形状和材料已定的条件下，通过寻求最佳参数完成参数优化，直接获得好的设计。形状优化是在结构方案、类型和材料已定的条件下，对结构几何形状以及与形状有关的参数进行优化。拓扑优化是更高层次的优化，富有创新的概念设计。它是在产品总体设计要求已定的条件下，对结构总体方案、类型、布局以及各节点关联等方面的优化。

拓扑优化和形状优化目前在国内都处于研究、探索阶段，距推广应用还有一段距离，应用最普遍的是理论上较成熟的结构参数优化。从结构参数优化设计着手逐步解决结构优化设计问题，同时，还应开展较复杂结构的一体化分析计算研究，并将其逐步应用于工程实际。

11.5.3　计算机辅助设计技术

光电设备全过程的CAD系统，包括专家系统、模型库管理系统、优化设计方法程序、评价系统和优化设计方法程序库，以及把这几个系统协调组合成一个优化设计的智能系统。这样，才能真正成为智能CAD/CAM(Computer Aided Manufacturing，计算机辅助制造)资源，供计算机辅助设计师使用。

现在CAD应用软件基本上都是国外引进的，而且各单位还不一定是全套引进，即使引进的可供优化应用的几种大型软件也有这样或那样的不足，应用不方便。

用CAD进行光电设备结构设计的大多数单位，往往仅用于进行结构设计的绘图工作，用来进行总体方案优化、结构造型和机械结构动态分析的单位不多。因此，光电设备结构设计的CAD工作还有待相关的软件研究者和结构设计师们共同开发和提高。

11.5.4　抗恶劣环境优化设计

光电设备抗恶劣环境优化设计的基本原则是：①应用价值工程理论，全面分析产品的设计、生产、使用和维修等全过程的费用，提高其效费比；②集中电子线路、结构和工艺的最新技术，实现产品总体优势集合，以提高光电设备的总体技术水平，以免互不协调、互相推诿；③建立设备抗恶劣环境的优化防护体系和防护技术措施，对特别脆弱的环节及关键模块给予高度重视；④开展抗恶劣环境防护技术的基础研究和新材料、新工艺、新结构研究，提高防护技术水平；⑤建立并优化抗恶劣环境设计的管理、监控、评审制度和相应的质量监控体系；⑥优化结构设计人员的知识结构。

11.6 光电跟踪指向器结构设计示例

光电跟踪系统一般由指向器和显控台组成。指向器一般由跟踪头和跟踪座组成。跟踪头一般指由各传感器头部构成的组合体。跟踪座一般指由伺服控制系统、止动和限位装置、接口板、稳定组件和壳体构成的组合体。

指向器两轴的转动惯量和力矩应均衡，使转动力矩最小。除非另有规定，正反向转动力矩差不得超过20%。各传感器的安装应确保定位精度和维护调整的要求。定位精度应包括使用条件下的动力和环境应力的变形量。指向器的外露表面均应经过“三防”（防潮、防盐雾和防霉菌）处理；所有连接器均应防水和防锈，连接电缆接头应防水包扎，屏蔽层应经“三防”处理，非金属材料应抗老化，各外露表面应尽量圆滑。指向器的各跟踪和观察传感器光学窗口应设置去水雾装置或采取相应措施，各跟踪观察的光学窗口一般还应设置化霜装置（如导电膜等）。指向器应有防冰冻装置，以确保在结冰和冻雨环境条件下的工作性能满足规定要求。

11.6.1 结构总体设计考虑

光电跟踪系统指向器一般采用球形头形式，内置电视摄像机、激光测距仪和红外传感器等。总高1.073m，安装基座以上高度0.852m，方位回转半径0.331m，俯仰回转半径0.3m，设计总重量109kg，固有频率不低于30Hz。

光电跟踪系统指向器采用Pro/Engineer R21软件设计，对每个零部件都做了一个1∶1的模型，准确地计算出了每个零件的重量，检查了所有零件的静态干涉性。

光电跟踪系统指向器固有频率的计算采用两轴复杂系统的固有频率计算公式，由于此公式没有考虑复杂系统摩擦力矩的影响，计算结果偏小（保守），所以产品的实际固有频率大于计算值。

为提高可靠性，在关键零部件上采用了重复加固的方法，如采取了多螺钉连接加多销定位的方式；所有螺纹孔均用钢丝螺套加固；外露紧固件使用镀铬件，特别是方位轴上端螺纹，在起吊时承受了方位座几乎一半的重量，所以采用6-M4×8并加螺套，另外中壳体下轴承挡圈在工作时承受了指向器几乎所有的重量（约95kg），所以此处的螺纹采用6-M6×10，这些措施保证了方位座的结构可靠性。

由于系统方位轴采用两个角接触球轴承上下配置的形式，要保证方位轴系的精度，就必须采取锁紧措施，而锁紧后就会带来由于热胀冷缩而抱死的后果。为了解决这个问题，将方位轴设计为铝质轴，希望能够通过热胀冷缩的一致性消除抱死，但铝质轴的扭转刚度较差，表面刚度和螺纹强度也偏弱。通过实践，证明这种配置是基本可行的。

散热方面，主要对指向器内的激光器进行散热分析。为提高可维性，在可靠性稍低的元器件旁都开了窗口，确保这些元器件的正常维修保养。

电磁兼容方面，采用各传感器单独屏蔽的方式，将各传感器的电磁干扰源和被干扰源分别屏蔽，以保证传感器的正常工作；方位、俯仰两轴系各自的力矩电机和旋转变压器的距离不小于30mm，保证旋转变压器的测角精度；对导电滑环的电磁兼容性提出特别要求。

密封方面，采用跟踪座和俯仰球体分别密封的方法，跟踪座包括俯仰包和方位座，根据经验，将这两大部件作为一体密封是可行的。这种密封方式的优点是跟踪座内部的走线很方便，可以减少转接环节，提高可靠性。

但是，俯仰球体内置传感器，对密封的要求比较高，如果将它与跟踪座作为一体密封，由于跟踪座多处是动密封，很难保证球体的高密封要求，所以俯仰球体单独密封。俯仰球体与跟踪座之间的电缆通过插头座连接。

安装基座采用圆形法兰盘，便于使用高精度的楔形调整环。考虑到将传感器置于俯仰包中部会降低方位轴系的精度，所以在整个指向器的精度分配上，将方位轴系精度适当放宽而将俯仰轴系精度适当提高，以更好地保证指向器的总精度。

1. 传感器

传感器采用一体化设计的方式，即将电视摄像机、激光测距仪和红外传感器的零部件安装在一个共同的支架上。这样设计的优点是减少了零部件的安装环节，降低了传感器的重量，并便于传感器整个光轴的调整。

传感器各部分分别屏蔽，以减少电磁干扰。传感器依靠球壳散热。传感器的密封由跟踪座的球壳来完成。传感器的设计总重量不大于31kg。

2. 跟踪座

跟踪座由俯仰包和方位座两大部件组成，总重量78kg，跟踪座要求水密。

俯仰包采用球壳与俯仰轴分段设计，支撑架一体设计的方式。

俯仰轴系采用两支承体系，左、右支承各选用C1000919轴承一个，用以支撑俯仰轴系重力，俯仰轴系角精度0.1227mrad(轴晃25″)。

俯仰电机选用J160LY06G2永磁直流力矩电机；俯仰测角元件选用160FS1/64-1双通道多极旋转变压器；俯仰包总重量55.89kg。

方位轴系采用两支承体系，上、下部各选用C46117角接触球轴承一个，用以支承方位回转部分的重力，两支承跨距0.216m，方位轴系角精度0.082mrad(轴晃17″)。

方位电机选用J160LYX10永磁直流力矩电机；方位测角元件选用160FS1/64-1双通道多极旋转变压器；导电滑环采用精密导电滑环。

11.6.2 指向器重量计算

指向器重量计算具体包括以下内容：

1. 重量计算方法

对于非标准零件，首先设计出它的三维立体模型，给每个模型赋予材料特性如密度和弹性模量等，计算机将会自动计算出零部件的重量、重心和转动惯量。典型零件手工计算的结果与计算机计算的结果相比较，其误差不大于百分之一；对于外购件和零散件，通过目测或称重估算其重量，对于铸造件，将其设计重量的两倍作为其实际重量。

2. 计算结果

依次计算各组成部分的重量。

1）传感器组件

传感器支架为8.05kg；红外传感器为12.6kg；激光发射系统为1.78kg；激光接收系统为2.74kg；电视传感器为2.62kg；冷却水泵为0.15kg；可控硅器件为0.15kg；电容支架(2个)共0.22kg；电容为0.25kg；连接板(2个)共0.03kg；屏蔽盒为0.244kg；电感为0.4kg；其他(螺钉、垫圈、销、油漆和配重等)为0.9kg。总重量为30.13kg。

2）俯仰包

俯仰轴为7.8kg；轴承(2个)共1.8kg；隔圈、压板和垫片(9个)共0.35kg；俯仰座为17kg，设计重量 8.3kg；侧罩(2 个)为 2.1kg，设计重量 0.9kg；气阀(2 个)共 0.2kg；O 形圈(2 个)共 0.01kg；后罩 8.0kg，设计重量 3.9kg；前罩组件为 13kg，设计重量 6.5kg；俯仰电机 2.35kg；旋转变压器为 1.6kg；限位器为 0.46kg；绕线轮为 0.1kg；插座板组为 0.52kg；其他(如螺钉、垫圈、插座、油漆和压线片等)为 0.6kg。总重量为 55.89kg。

3）方位座

方位轴为 1.123kg；轴端法兰盘为 0.609kg；上壳体为 2.551kg；中壳体为 1.941kg；下壳体为 0.873kg；维修窗口(3 个)为 0.18kg；隔圈和压板(9 个)为 0.43kg；密封圈为 0.03kg；密封垫片为 0.02kg；旋转变压器(外购件)为 1.6kg；力矩电机(外购件)为 5.0kg；轴承(外购件)为 3.41kg；导电滑环总重量为 3.5kg；其他(包括螺钉、销、键、电缆及电连接件、油漆等)为 1.4kg。总重量为 23.42kg。

4）总重量

总重量 109.64kg。其中：俯仰包为 55.89kg；传感器组件为 30.13kg；方位座为 23.42kg；其他(如螺钉、销和垫片等)为 0.2kg。

11.6.3 俯仰轴校核

光电跟踪系统俯仰轴为分段组合加工件，中间为一个 $\phi600$ 的球体，用来容纳传感器，两端是用来安装支承件、驱动元件和控制元件的轴，左右轴分别用 6-M6 螺钉连接在俯仰球体上，然后在每个轴与俯仰球体之间打 2 个 $\phi6$ 圆柱销定位。俯仰轴校核分为销钉的剪切强度校核和销钉处的挤压强度校核两个方面。

1. 销钉的剪切强度校核

销钉的剪切强度如图 11.13 所示。

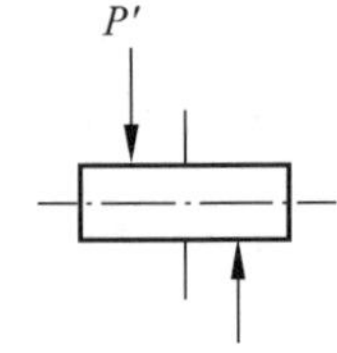

图 11.13 销钉的剪切强度

1）销钉的工作剪应力

销钉的工作剪应力为

$$\tau = \frac{P'}{FZ} \tag{11.33}$$

式中，P'为俯仰轴系的重量(含传感器)；Z 为销钉的个数，取 $Z=4$；F 为销钉的截面积

$$F = \pi r^2 = 3.14 \times (3 \times 10^{-3})^2 = 28.26 \times 10^{-6}\,\text{m}^2$$

$$P' = 59.13\text{kg} = 579.5\text{N}$$

故，销钉的工作剪应力为

$$\tau = \frac{P}{FZ} = \frac{579.5}{28.26 \times 4} \times 10^6 = 5.13\text{MPa}$$

2）销钉的许用剪应力

查《机械设计手册》，45 号钢的许用剪应力为$[\tau]=0.6\times\frac{\sigma_b}{n}=0.6\times\frac{600}{2}=180\text{MPa}$，其中 σ_b 为许用拉应力。

3）结论

由此可知：$\tau \ll [\tau]$，满足使用要求。

2. 销钉处的挤压强度校核

依据销的规格和有效接触长度等进行强度校核。

1）销的规格

销的规格：$\phi 6\times 20$。

2）销的有效接触长度

销的有效接触长度：球体 8mm；轴端 13mm。显然，球体的挤压强度大于轴端的挤压强度，故校核球体的挤压强度。

3）工作挤压应力

球体所受的工作挤压应力为

$$\tau_{jy}=\frac{P'}{ZF_{jy}} \tag{11.34}$$

式中，τ_{jy} 为球体所受挤压应力；P'为俯仰包的重量（含传感器），$P'=59.13\text{kg}=579.5\text{N}$；$Z$ 为销钉的个数，$Z=4$；F_{jy} 为挤压面积，$F_{jy}=D\times L=6\times 10^{-3}\times 8\times 10^{-3}=48\times 10^{-6}\text{m}^2$。

故

$$\tau_{jy}=\frac{P'}{ZF_{jy}}=\frac{579.5}{48\times 10^{-6}\times 4}=3.01\text{MPa}$$

4）许用挤压应力

无数据，采用钢的许用挤压强度与抗拉强度类比的方式，可知，铸铝的许用挤压应力相当于铸铝的许用拉应力 σ_b，即$[\tau_{jy}]=\sigma_b=113\text{MPa}$。

5）结论

$\tau_{jy}\ll[\tau_{jy}]$，满足使用要求。

11.6.4 方位轴校核

系统的方位轴为圆筒状结构，壁厚较薄，铝质材料，其典型中径为 0.04m，典型壁厚为 0.005m。根据《机械设计手册》，当圆筒的外径与内径之比小于 1.1 时，则可按薄壁圆筒计算；当比值大于 1.1 时，则需按厚壁圆筒计算。但对于比值等于 1.2 的厚壁圆筒，一般也可近似采用薄壁圆筒公式计算。系统的方位轴典型内外径之比为 0.085/0.075=1.13，考虑到系统在使用时将受到冲击、振动和摇摆等作用的影响，在校核系统方位轴时采用薄壁圆筒公式计算。

1. 方位轴的全局性参数

作用长度为 $L=0.216\text{m}$；有效直径为 $R=0.04\text{m}$；有效壁厚为 $t=0.005\text{m}$；泊松比为 $\mu=0.3$；弹性模量为 $E=70\times 10^9\text{Pa}$；长径比为 $\rho=L/R=5.4$；弹性系数为 $\kappa=\sqrt{3(1-\mu^2)}\sqrt{\frac{R}{t}}=3.636$；钢的许用拉应力为$[\sigma]=150\text{MPa}$；钢的许用剪应力为$[\tau]=0.6[\sigma]=90\text{MPa}$；轴所受重力为 $P=1000\text{N}$；轴所受扭矩为 $M=25\text{N}\cdot\text{m}$；轴所受扭力 $T=625\text{N}$。

2. 强度校核

系统方位轴所受的力为方位旋转部分的重力和方位电机的扭力，为了简化校核过程，对这两种力分别进行校核。

1）重力

由于系统方位轴是直立轴，所以忽略对它的刚度校核。重力对系统方位轴的影响是使轴产生断裂和失稳倾向，下面分别校核。

对于断裂，轴所受正应力为

$$\sigma_1 = -\frac{P}{2\pi Rt} = -\frac{1000}{2\times 3.14\times 0.04\times 0.005} = 0.8\times 10^6\,\text{Pa}$$

可见，$\sigma_1 \ll [\sigma]$，轴将不会断裂。

对于失稳，因为$\frac{\pi}{\sqrt{2}}\kappa \geqslant \rho \geqslant \frac{\pi}{2\kappa}$，所以，其失稳的临界应力为

$$\sigma_{cr} = \frac{Et}{\sqrt{3(1-\mu^2)}R} = \frac{70\times 10^9\times 0.005}{0.04\sqrt{3(1-0.3^2)}} = 5.3\times 10^9\,\text{Pa}$$

失稳的临界力为

$$P_{cr} = \frac{2\pi Et^2}{\sqrt{3(1-\mu^2)}} = \frac{2\times 3.14\times 70\times 10^9\times 0.005^2}{\sqrt{3(1-0.3^2)}} = 6.67\times 10^6\,\text{N}$$

由此可见，$\sigma_1 \ll \sigma_{cr}$，$P \ll P_{cr}$，不会发生重力失稳现象。

2）扭力

扭力对轴的影响是使轴产生扭转断裂和扭转失稳倾向，下面分别对这两种倾向进行校核。

对于扭转断裂，轴上产生的扭转应力为

$$\tau = \frac{T}{2\pi R^2 t} = \frac{625}{2\times 3.14\times 0.04^2\times 0.005} = 12.5\times 10^6\,\text{Pa}$$

可见，$\tau \ll [\tau]$，不会产生扭转断裂。

对于扭转失稳，因为$\frac{\pi}{\kappa} \leqslant \rho \leqslant 6.5\kappa$，扭转临界载荷为

$$T_{cr} = \frac{0.7\times 2\pi Et^3R^2}{(1-\mu^3)L^2}\left[2.8 + \sqrt{2.6 + 0.495(1-\mu^2)^{3/4}\left(\frac{L}{R}\right)^3\left(\frac{R}{t}\right)^{3/2}}\right] = 0.09\times 10^6\,\text{N}$$

可见，$T \ll T_{cr}$，不会发生扭转失稳现象。

此外，考虑刚度，系统的最大扭转角为

$$\alpha = L\theta = \frac{M}{GJ_K}L \tag{11.35}$$

式中，G 为切变模量，$G = \frac{E}{2(1+\mu)} = \frac{70\times 10^9}{2(1+0.3)} = 26.92\times 10^9\,\text{Pa}$；$J_K$ 为截面抗扭几何特性，$J_K = 2.017\times 10^{-6}$。

所以

$$\alpha = L\theta = \frac{M}{GJ_K}L = \frac{25}{26.92\times 10^9\times 2.017\times 10^{-6}}\times 0.216 = 9.9\times 10^{-5}\,\text{rad} = 19.8''$$

3）结论

由以上计算可以看出，系统方位轴的设计是基本满足使用要求的。需要指出的是，所有以上的计算，都是基于静力学的简单计算，而系统方位轴的使用条件是运动载体，其环境存在着冲击、振动和摇摆等诸多动力学因素；而且零件本身也存在着材料质量、加工质量、微裂纹、区域开口应力集中等内在因素；部件装配中存在着装配应力的因素，使得系统方位轴所受的实际应力超过上面的计算值，所以认为留有适当余量，此零件的设计是合理的，不宜再减小壁厚。

11.6.5 指向器精度计算

指向器精度计算包括俯仰轴系精度计算和方位轴系精度计算。

1. 俯仰轴系精度计算

俯仰轴系的精度由三个部分产生：①轴的挠曲变形；②俯仰轴承的游隙；③俯仰轴和俯仰壳体加工误差。其中俯仰轴的加工误差包括两轴颈的尺寸误差和两轴颈的同轴度误差；俯仰壳体的加工误差包括两轴承孔的尺寸误差和两轴承孔的同轴度误差。在加工误差中，因为同轴度误差与其他加工误差的方向相反，所以反映到轴系精度上，同轴度误差为零时，轴系精度最差（同轴度误差超过其他误差之和，轴系将卡死不能旋转），因此以下的计算不考虑加工的同轴度误差。

1）轴系的线性误差

轴系的线性误差为

$$|y_{max}|=|y_{1max}|+|y_{2max}|+|y_{3max}| \tag{11.36}$$

式中，y_{max} 为轴系的最大线性误差（μm）。y_{1max} 为俯仰轴的挠曲变形，通过计算，$y_{1max}=0.21\mu m$。y_{2max} 为俯仰轴承游隙，俯仰轴选定一对 C1000919 轴承。查《机械设计手册》，当轴承游隙为基本组时，C1000919 轴承游隙为 12～36μm，取最大游隙 36μm；y_{3max} 为加工误差，计算如下：

（1）轴：取 $\Phi 95k6$，查《六项互换性基础标准汇编》为 $\Phi 95^{+0.025}_{+0.003}$。轴承内圈，查《轴承国家标准汇编》，$\Phi 95$、C 级向心球轴承的内圈偏差为 $\Delta_{ds}=-8\sim 0\mu m$。可见此配合为过盈配合，无加工误差。

（2）孔：取 $\Phi 130J6$，查《六项互换性基础标准汇编》为 $\Phi 130^{+0.018}_{-0.007}$。轴承外圈，查《轴承国家标准汇编》，$\Phi 130$、C 级向心球轴承的外圈偏差为 $\Delta_{DS}=9\sim 0\mu m$。孔部分误差 $y_{4max}=0-18=-18\mu m$。故 $y_{3max}=y_{4max}=-18\mu m$。所以轴系的最大线性误差 $|y_{max}|=|y_{1max}|+|y_{2max}|+|y_{3max}|=0.21+36+18=54.21\mu m$。

2）轴系的角误差

因为采用球形头式，所以 y_{1max} 不影响轴系的角误差，故

$$\tan\theta=\frac{|y_{max}|-|y_{1max}|}{L} \tag{11.37}$$

式中，θ 为轴系的角误差；L 为轴承跨距，$L=0.44m$。

故

$$\tan\theta=\frac{|y_{max}|-|y_{1max}|}{L}=\frac{54\times 10^{-6}}{0.44}=0.000\,122\,7$$

解得：$\theta=25''$（由此数据加上统计方法可以计算出孔的同轴度公差）。

2. 方位轴系精度计算

由于方位轴为直立轴，加之本方案方位轴跨距较小，所以方位轴的挠曲变形对方位轴系精度的影响很小，在此忽略这个因素。

1）轴系的线性误差

轴系的线性误差为

$$y'_{max}=\frac{l_1+l_2}{l_1}\Delta=\frac{l_1+l_2}{l_1}(|y'_{2max}|+|y'_{3max}|) \tag{11.38}$$

式中，l_1 为方位轴跨距（m）；这里，$l_1=0.216m$；l_2 为方位轴的悬伸量（m）；本方案中，$l_2=0.4m$；y'_{2max} 为方位轴承游隙，方位轴选用两轴承、两支承体系，上下支承选用一个 C46117 轴承。因为 C46117 为可预

紧轴承，其游隙可通过预紧消除。

$y'_{3\max}$为加工误差，计算如下：

（1）轴：取 $\Phi85\text{k}6$，查《六项互换性基础标准汇编》为 $\Phi85^{+0.025}_{+0.003}$。轴承内圈，查《轴承国家标准汇编》，$\Phi85$、C 级角接触球轴承的内圈偏差为：$\Delta_{ds}=-8\sim0\mu m$。可见此配合为过盈配合，无加工误差。

（2）孔：取 $\Phi130\text{J}6$，查《六项互换性基础标准汇编》为 $\Phi130^{+0.018}_{-0.007}$。轴承外圈，查《轴承国家标准汇编》，$\Phi130$、C 级角接触球轴承的外圈偏差为 $\Delta_{DS}=9\sim0\mu m$。孔部分误差 $y'_{4\max}=0-18=-18\mu m$。故 $y'_{3\max}=y'_{4\max}=-18\mu m$。所以轴系的最大线性误差 $y'_{\max}=\dfrac{l_1+l_2}{l_1}\Delta=\dfrac{l_1+l_2}{l_1}(|y'_{2\max}|+|y'_{3\max}|)=\dfrac{0.216+0.4}{0.216}\times(0+18)=51\mu m$。

2）角误差

$$\tan\theta=\frac{\Delta}{l_1}=\frac{18}{0.216}$$
$$\theta'=17''$$

11.6.6 指向器固有频率计算

计算指向器（双轴系组件）固有频率的公式如下：

$$f=5/\sqrt{\frac{wgl_1l_2(l_1+l_2)}{3E(D^4-d^4)/64}+\frac{l_2}{l_1}\Delta_1+\Delta_2} \tag{11.39}$$

式中，f 为指向器的固有频率（Hz）；w 为指向器运动部分的重量（kg）。本设计中，$w=95\text{kg}$；g 为重力加速度，$g=9.8\times10^2\text{cm/s}^2$；$l_1$ 为方位轴系跨距（cm）。本设计中，$l_1=22\text{cm}$；l_2 为方位轴悬伸量（cm）。本设计中，$l_2=40\text{cm}$；D 为方位轴颈外径（cm）。本设计中，$D=85\text{cm}$；d 为方位轴颈内径（cm）。本设计中，$d=68\text{cm}$；Δ_1 为方位轴系精度（cm），$\Delta_1=0.005\text{cm}$；Δ_2 为指向器运动部分重心相对俯仰轴的偏心量（cm）。本方案中，$\Delta_2=0.0055\text{cm}$；E 为方位轴材料的弹性模量（Pa）。本方案中，$E=70\times10^9\text{Pa}$（按 Al 计算）。

将以上数据代入公式，经计算得

$$f=41\text{Hz}$$

11.6.7 指向器尺寸链计算

由于该光电跟踪系统指向器是单件小批量产品，为了降低加工难度，在设计时，对于装配尺寸链上难于实现的地方，增加了修切环节，以保证达到各零件的装配精度。这里的计算是为了满足装配而进行的尺寸链的计算。

1. 方位座尺寸链计算

方位座尺寸链的计算包括两个方面：一方面是保证方位力矩电机、方位旋转变压器和方位轴承的正确安装位置；另一方面是保证方位轴系的旋转精度。方位座的定位基准面是上壳体定位方位轴承处的定位面。

1）力矩电机安装尺寸链校核

具体如下：

（1）名义尺寸。对定子，从定位基准到定子安装平面的距离 $d_1=37+142=179\text{mm}$。对转子，从定位基准到转子上安装平面的距离 $d_1'=22+26+17+39=104\text{mm}$。所以，转子上安装面到定子下安装面的距离 $\Delta_1=d_1'-d_1=179-104=75\text{mm}$。电机正常运转要求$[\Delta_1]=75\text{mm}$。所以 $\Delta_1=[\Delta_1]$，名义尺寸满足要求。

(2) 公差。根据使用条件力矩电机的安装没有公差要求。

2) 旋转变压器安装尺寸链校核

具体如下：

(1) 名义尺寸。对定子，从定位基准到定子中平面的距离 $d_2=22+26+8.5=56.5\text{mm}$。对转子，从定位基准到转子中平面的距离 $d_2'=47+9.5=56.5\text{mm}$。转子上安装面到定子下安装面的距离 $\Delta_2=d_2'-d_2=56.5-56.5=0\text{mm}$。旋转变压器正常工作要求$[\Delta_2]=0\pm0.5\text{mm}$。所以 $\Delta_2=[\Delta_2]$，名义尺寸满足要求。

(2) 公差(未注公差按 Js12 计算)。定子安装位置上偏差(算术值)，$\varepsilon_s=0.05+0.04=0.09\text{mm}$。定子安装位置下偏差(算术值)，$\varepsilon_x=-\varepsilon_s=-0.09\text{mm}$。转子安装位置上偏差(算术值)，$\varepsilon_s'=0.105+0.105+0.105=0.315\text{mm}$。转子安装位置下偏差(算术值)$\varepsilon_x'=-\varepsilon_s'=-0.315\text{mm}$。所以，旋变安装的偏差为±0.405mm(算术值)，无须修切。

3) 轴承安装尺寸链校核

方位座轴系为两支承体系，其校核准则是轴承及其隔圈安装后不得低于轴端和壳体端，以便留出修切余地。

(1) 轴承与隔圈的总长度：$l=22+5=27\text{mm}$。

(2) 轴端的校核：轴端剩余尺寸 $l_1=27\text{mm}$。由于隔圈公差为+0.2～+0.4mm，而轴端尺寸 27 的 12 级公差为±0.105，所以轴端满足要求。

(3) 壳体端的校核：壳体端此处尺寸 $l_2=79+142=221\text{mm}$。轴上尺寸 $l_3=22+26+17+39+117-27+22+5=221\text{mm}$。由于隔圈公差为+0.2～+0.4mm，所以壳体端满足要求。

2. 俯仰包装配尺寸链计算

俯仰包尺寸链的计算包括两个方面：一方面是保证俯仰力矩电机和俯仰旋转变压器的正确安装位置；另一方面是保证俯仰轴系的旋转精度。俯仰包的定位基准面是俯仰左轴承的右端面。

1) 力矩电机安装尺寸链(含俯仰轴承尺寸链)校核

具体如下：

(1) 名义尺寸。对定子，从定位基准到定子安装平面的距离：$d_3=457\text{mm}$。对转子，从定位基准到转子上安装平面的距离 $d_3'=424+18+4+61=507\text{mm}$。转子左安装面到定子右安装面的距离$\Delta_3=d_3'-d_3=452-402=50\text{mm}$。电机正常运转要求$[\Delta_3]=50\text{mm}$。所以 $\Delta_3=[\Delta_3]$，名义尺寸满足要求。

(2) 公差(未注公差按 Js12 计算)。力矩电机的安装无公差要求。

2) 旋转变压器安装尺寸链校核

具体如下：

(1) 名义尺寸。对定子，从定位基准到定子中平面的距离 $d_4=35+9.5=44.5\text{mm}$。对转子，从定位基准到转子中平面的距离 $d_4'=18+18+8.5=44.5\text{mm}$。转子上安装面到定子下安装面的距离 $\Delta_4=d_4'-d_4=23.5-23.5=0\text{mm}$。旋转变压器正常工作要求$[\Delta_2]=0\pm0.5\text{mm}$。所以，其名义尺寸满足要求。

(2) 公差(未注公差按 Js12 计算)。定子安装位置上偏差(算术值)，$\varepsilon_s=0.09+0.075=0.165\text{mm}$。定子安装位置下偏差(算术值)，$\varepsilon_x=-\varepsilon_s=-0.165\text{mm}$。转子安装位置上偏差(算术值)，$\varepsilon_s'=0.09+$

0.075=0.165mm。转子安装位置下偏差(算术值)，$\varepsilon'_x=-\varepsilon'_s=-0.165$mm。所以，力矩电机安装的偏差为±0.33mm(算术值)，不需修切。

11.6.8 激光器散热分析

激光器冷却效果的好坏直接影响激光器的性能。如果冷却器选用去离子水液体水冷，水泵泵量为5kg/min，激光器在最大注入功率(625W)时水的进、出水嘴的温差：

$$\Delta T=\frac{625\times 60}{4.2\times 5\times 1000}\approx 1.8(℃)$$

从计算结果可看出，在最大功率泵浦时，水从激光器中流过温升仅为1.8℃。泵灯和YAG棒得到充分冷却。聚光腔选用聚四氟乙烯漫反腔，所选尺寸为近紧包型，可保证腔内不存在水流死角区。

冷却器设计为带散热片的水箱结构形式，当水通过激光器产生温升时，一部分热量通过水嘴传导给激光器外壳散热；其余大部分热量经水管进入水箱；水箱外壳为散热片，一部分热量通过水箱外壳的散热片散发；另一部分则通过水箱支架传导到主筋板后散掉。下面近似计算水的最大温升。

假设，电源输出功率为625W；利用率为90%；水箱盛水1.5kg；测距仪工作频率为25Hz；工作1min，停3min；平均传导散热取50%。

则测距仪工作10min的总温升为

$$\left(\frac{1}{4}\times 10\times 60\times 625\times 90\%\times 50\%\right)/(4.2\times 1500)\approx 6.7(℃)$$

说明此温升不影响激光器正常工作。

11.6.9 电磁兼容性的具体要求与设计措施

该光电跟踪系统指向器的电磁发射和敏感度要求应符合GJB151A和产品规范规定的要求。一般应考核CE101、CE102、CS101、CS106、CS109、RE101、RE102、RS101、RS102和RS103项目。系统应在规定辐射电场强度时正常工作。同时，其接地、搭接和屏蔽应符合具体环境和产品规范规定的要求。具体设计措施如下：

(1) 抑制干扰源。①电源电路设计抑制干扰滤波器，Q开关电源设置屏蔽外壳，限制干扰向外传导和辐射；②激光电源采用恒流充电线路，放电单元采取屏蔽措施；③伺服功放设置消尖脉冲电路，力矩电机设置消火花电路或采用无刷力矩电机。

(2) 提高敏感电路的抗干扰能力。①采用合理的电源去耦措施，用小电容量的高频电容旁路电解电容；②使用高信号电平传输，使用负逻辑接收电路。

(3) 抑制干扰的耦合。①模拟信号使用屏蔽线传输，并采用屏蔽层一端接地；②数字信号使用绞合线传输；③高频信号(电视视频、激光主、回波)使用同轴电缆传输，并将其屏蔽层两端接地；④低电平信号和高电平信号的传输线分开布局，尽量不走同一根电缆，当低电平信号和高电平信号在同一接插件上时，使它们尽量远离，并在它们中间设置地线；⑤电源地和信号地分开；⑥激光接收电路安装在屏蔽盒内；⑦用隔离变压器或光电耦合器件隔离干扰源及其地线；⑧必要时可采用光纤和光缆作为信号传输线。

第12章 光电伺服控制系统及其设计

CHAPTER 12

许多光电系统都含有机电一体化的伺服功能，光电系统中的伺服控制是为执行机构按设计要求实现运动而提供控制和动力的重要环节。光电系统中的伺服控制装置简称光电伺服控制系统，它是一种能够跟踪输入的指令信号进行动作，从而获得精确的位置、速度及动力输出等功能要素的自动控制系统。例如，光电跟踪系统控制就是一个典型的伺服控制，它是以空中的目标为输入指令要求，指向器要一直跟踪目标，为武器系统提供目标空间坐标；激光切割加工中心的机械制造过程也是伺服控制过程，位移传感器不断地将激光切割的位移传送给计算机，通过与切割位置目标比较，计算机输出继续切割或停止切割的控制信号。设计伺服控制系统的主要工作在于通过一定的途径和最佳控制策略来满足系统的性能指标。

本章首先在介绍自动控制理论的基础上，分析控制系统的基本要求与性能指标。接着阐述控制系统设计的基本问题和控制系统的设计方法。然后详细讲解光电伺服系统和光电跟踪控制系统。最后通过示例介绍光电跟踪伺服系统设计，及其建模与仿真，并研讨机械结构因素对光电跟踪伺服系统性能的影响。

12.1 自动控制基础

自动控制理论是研究自动控制共同规律的技术科学。它的发展初期，是以反馈理论为基础的自动调节原理，并主要用于工业控制。第二次世界大战期间，为了设计和制造飞机及船用自动驾驶仪、火炮定位系统、雷达跟踪系统和其他基于反馈原理的军用装备，进一步促进并完善了自动控制理论的发展。战后，已形成完整的自动控制理论体系，这就是以传递函数为基础的经典控制理论，它主要研究单输入-单输出、线性定常系统的分析和设计问题。

20世纪60年代初期，随着现代应用数学新成果的推出和电子计算机技术的应用，为适应宇航技术的发展，自动控制理论跨入了一个新阶段——现代控制理论。它主要研究具有高性能、高精度的多变量变参数系统的控制问题，采用的方法是以状态方程为基础的时域法。自动控制理论还在继续发展，并且已跨越学科界限，正向以控制论、信息论、系统论以及协同论、突变论、耗散结构论、仿生学、神经网络、人工智能等学科为基础的智能控制理论深入。

12.1.1 自动控制的基本概念

自动控制：在没人直接参与的情况下，利用控制装置使被控对象或过程自动地按预定规律或数值运行。

自动控制系统：能够对被控对象的工作状态进行自动控制的系统。一般而言，由控制器（含测量元件）和控制对象两大主体部分组成。

12.1.2 开环控制方式

开环控制方式是指控制装置与被控对象之间只有顺向作用而没有反向联系的控制过程，按这种方式组成的系统称为开环控制系统，其特点是系统的输出量不会对系统的控制作用发生影响。开环控制系统可以按给定量控制方式组成，也可以按扰动控制方式组成。开环控制系统的功能框图如图 12.1 所示。

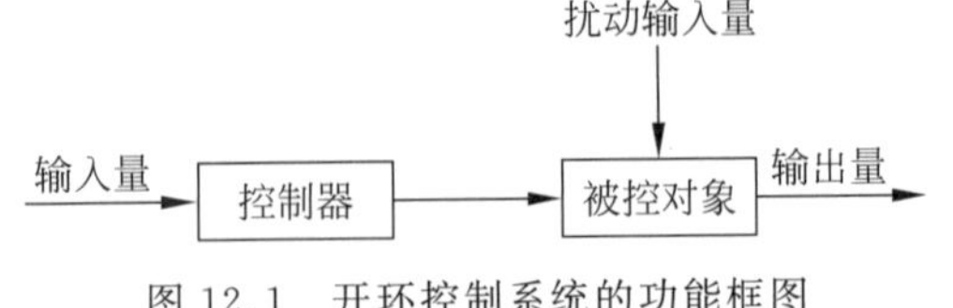

图 12.1 开环控制系统的功能框图

按给定量控制的开环控制系统，其控制作用直接由系统的输入量产生，给定一个输入量，就有一个输出量与之相对应，控制精度完全取决于所用的元件及校准的精度。因此，这种开环控制方式没有自动修正偏差的能力，抗扰动性较差，但由于其结构简单、调整方便、成本低，在精度要求不高或扰动影响较小的情况下，这种控制方式具有一定的实用价值。

按扰动控制的开环控制系统是利用可测量的扰动量，产生一种补偿作用，以减小或抵消扰动对输出量的影响，这种控制方式也称顺馈控制或前馈控制。例如，在一般的直流速度控制系统中，转速常常随负载的增加而下降，且其转速的下降与电枢电流的变化有一定的关系。如果设法将负载引起的电流变化测量出来，并按其大小产生一个附加的控制作用，用以补偿由它引起的转速下降，就可以构成按扰动控制的开环控制系统。这种按扰动控制的开环控制方式是直接从扰动取得信息，并以此来改变被控量，其抗扰动性好，控制精度也较高，但它只适用于扰动是可测量的场合。

开环控制系统具有如下特点：①系统输出量对控制作用无影响；②无反馈环节；③出现干扰靠人工消除；④无法实现高精度控制。

12.1.3 反馈控制方式

反馈控制是光机电控制系统最基本的控制方式，也是应用最广泛的一种控制系统。在反馈控制系统中，控制装置对被控对象施加的控制作用，是取自被控量的反馈信息，用来不断修正被控量的偏差，从而实现对被控对象进行控制的任务，这就是反馈控制的原理。显然，反馈控制实质上是一个按偏差进行控制的过程，因此，它也称为按偏差的控制，反馈控制原理就是按偏差控制的原理。

通常，把取出的输出量送回到输入端，并与输入信号相比较产生偏差信号的过程，称为反馈。若反馈的信号是与输入信号相减，使产生的偏差越来越小，则称为负反馈，反之，则称为正反馈。反馈控制就是采用负反馈并利用偏差进行控制的过程，而且，由于引入了被控量的反馈信息，整个控制过程成为闭合的，因此反馈控制也称闭环控制。亦即把输出量直接或间接地反馈到系统的输入端，形成闭环，参与控制，这种系统叫闭环控制系统，如图 12.2 所示。其特点是不论什么原因使被控量偏离期望值而出现偏差时，必定会产生一个相应的控制作用去减小或消除这个偏差，使被控量与期望值趋于一致。具体来说，闭环控制系统具有如下特点：①系统输出量参与了对系统的控制作用；②控制精度高；③抗干扰能力强；④系统可能工作不稳定，通常要加校正元件。

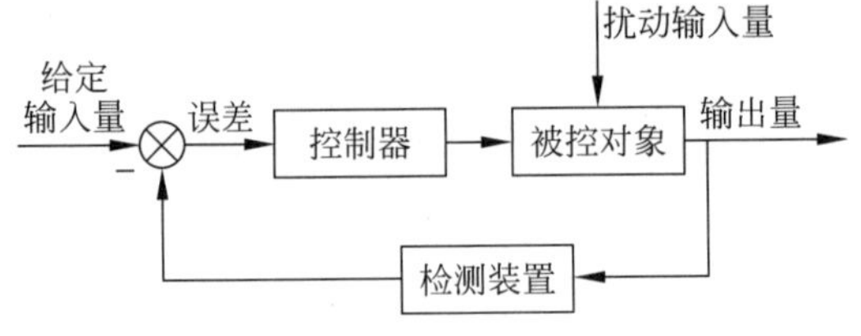

图 12.2 闭环控制系统框图

可以说，按反馈控制方式组成的反馈控制系统，具有抑制任何内、外扰动对被控量产生影响的能力，有较高的控制精度。但这种系统使用的元件多，线路复杂，特别是系统的性能分析和设计也较麻烦。尽管如此，它仍是一种重要的并被广泛应用的控制方式，自动控制理论主要的研究对象就是用这种控制方式组成的系统。

12.1.4 复合控制方式(开环控制＋闭环控制)

反馈控制在外扰影响出现之后才能进行修正工作，在外扰影响出现之前则不能进行修正工作。按扰动控制方式在技术上较按偏差控制方式简单，但它只适用于扰动是可测量的场合，而且一个补偿装置只能补偿一个扰动因素，对其余扰动均不起补偿作用。因此，比较合理的一种控制方式是把按偏差控制与按扰动控制结合起来，对于主要扰动采用适当的补偿装置实现按扰动控制，同时，再组成反馈控制系统实现按偏差控制，以消除其余扰动产生的偏差。这样，系统的主要扰动已被补偿，反馈控制系统就比较容易设计，控制效果也会更好。这种按偏差控制和按扰动控制相结合的控制方式称为复合控制方式。

12.1.5 自动控制系统的分类

从不同角度，自动控制系统有不同的分类。

1. 按系统性能分类

按系统性能可分为线性系统和非线性系统。

(1) 线性系统。用线性微分方程或线性差分方程描述的系统，满足叠加性和齐次性。

(2) 非线性系统。用非线性微分方程或差分方程描述的系统，不满足叠加性和齐次性。

2. 按信号类型分类

按信号类型可分为连续系统和离散系统。

(1) 连续系统。系统中各元件的输入量和输出量均为时间 t 的连续函数。

(2) 离散系统。系统中某一处或几处的信号是以脉冲系列或数码的形式传递的系统。计算机控制系统就是典型的离散系统。

3. 按给定信号分类

按给定信号可分为恒值控制系统、随动控制系统和程序控制系统。

(1) 恒值控制系统。给定值不变，要求系统输出量以一定的精度接近给定希望值的系统。如生产过程中的温度、压力、流量和电动机转速等自动控制系统属于恒值系统。

(2) 随动控制系统(伺服控制系统)。给定值按未知时间函数变化，要求输出跟随给定值的变化，如跟踪空中目标的光电跟踪仪。

(3) 程序控制系统。给定值按一定时间函数变化，如程控光电系统。

12.2 控制系统的基本要求与性能指标

了解和明确控制系统的基本要求与性能指标，对其系统设计有重要作用。

12.2.1 控制系统的基本要求

尽管控制系统有不同的类型，而且每个系统也都有不同的特殊要求，但对于各类系统来说，在已知系统的结构和参数时，感兴趣的都是系统在某种典型输入信号下，其被控量变化的全过程。例如，对恒值控制系统是研究扰动作用引起被控量变化的全过程；对随动系统是研究被控量如何克服扰动影响并跟随参考量的变化过程。但对每类系统中被控量变化全过程提出的基本要求都是一样的，且可以归结为稳定性、快速性和准确性，即稳、快、准的要求。

(1) 稳定性。若系统有扰动或给定输入作用发生变化，系统的输出量产生的过渡过程随时间增长而衰减，回到(或接近)原来的稳定值，或跟踪变化了的输入信号，则称系统稳定。这是对反馈控制系统提出的最基本的要求。

(2) 快速性。系统从一个稳定状态过渡到另一个新的稳定状态，都需要经历一个过渡过程，快速性对过渡过程的形式和快慢提出要求，一般称为动态性能。

(3) 准确性。用稳态误差表示。在参考输入信号的作用下，当系统达到稳态后，其稳态输出与参考输入所要求的期望输出之差称作给定稳态误差。显然，这种误差越小，表示系统的输出跟随参考输入的精度越高。

12.2.2 控制系统的性能指标

性能指标(品质指标)是评价控制系统好坏的准则，也是指控制系统设计的依据。它是根据控制系统应完成的具体任务和特定技术要求，从系统要求的动态性能、稳态性能、经济性、抗扰性以及实现的可能性等方面综合考虑后确定的。这里所涉及的性能指标，主要是与控制系统运动规律直接有关的，即确定控制系统稳态和动态性能的那些指标。另外，性能指标的选择也与分析和设计控制系统所采用的方法有关。

控制系统一般设计所采用的性能指标的内容和形式如下。

1. 系统的稳定性

它是指系统在 $t\to\infty$ 时的渐近性能和有限时间内的稳定问题。显然，一个系统如果不稳定，它的行为便不受约束，被控量将摇摆不定或者发散，不能保持原定的工作状态不变。因此，任何控制系统能够完成其任务的必要条件是必须稳定。对线性控制系统而言，就要求闭环系统特征方程的根不能出现在右半 s 平面上。

2. 稳态精度

许多高精度控制系统，如光电制导控制系统、光电火控系统以及随动系统等，均要求很高的稳态精度。稳态精度部分取决于测量元件(敏感元件)本身的测量精度，同时又取决于控制系统的某些动态参数。工程上一般取系统稳态误差作为系统稳态精度的度量，它表示系统对某种典型输入响应的准确程度。系统的误差信号定义为

$$e(t)=r(t)-b(t) \tag{12.1}$$

式中，$r(t)$为输入量，$b(t)$为反馈量，如图 12.3 所示。

反馈控制系统的稳态误差是指当 $t\to\infty$ 时的系统误差，即

$$\text{稳态误差 } e_{ss}=\lim_{t\to\infty}e(t) \tag{12.2}$$

或

$$e_{ss}=\lim_{s\to 0}\frac{sR(s)}{1+G(s)H(s)} \tag{12.3}$$

式中，$G(s)$和 $H(s)$分别为前向和反馈通道的传递函数。当输入 $r(t)$已知时，系统稳态误差可表示为

$$e_{ss}(t)=c_0r(t)+c_1\dot{r}(t)+c_2\ddot{r}(t)+\cdots+c_nr^{(n)}(t) \tag{12.4}$$

式中，$c_i(i=0,1,2,\cdots,n)$称为误差系数。对工程上常用的控制系统，一般只取前几项。c_0 称为位置误

差系数，c_1 称为速度误差系数，c_2 称为加速度误差系数。

在分析和设计控制系统时，稳态精度常用稳态误差系数作为指标。

3. 动态性能指标(品质指标)

根据所采用的分析与设计方法的不同，动态品质指标有两种形式，即时域指标和频域指标。

1) 时域指标

它是相对于控制系统在单位阶跃输入作用下的输出响应而规定的，其响应曲线如图12.4所示。

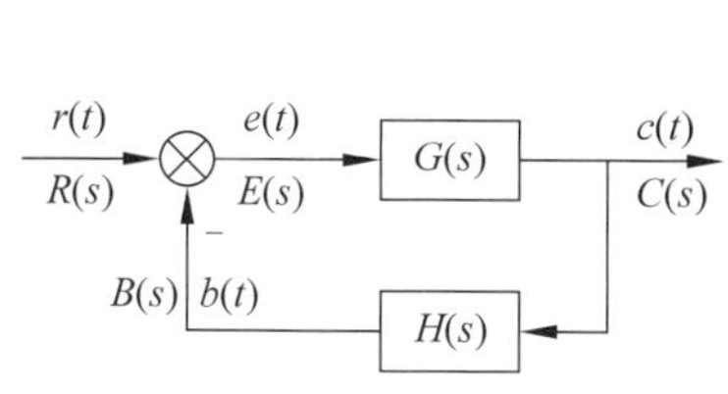

图12.3 反馈控制系统框图

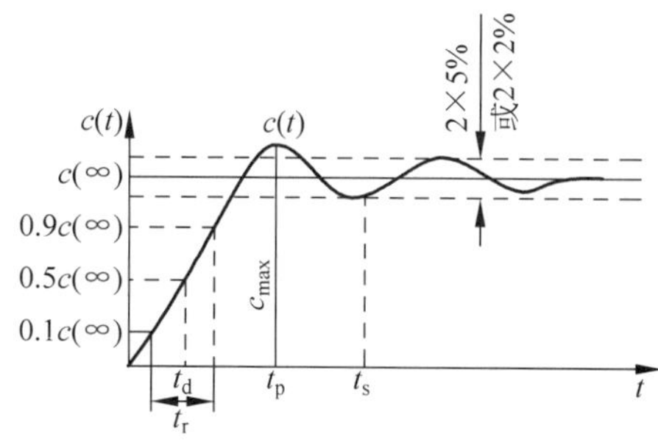

图12.4 单位阶跃响应曲线

时域的具体指标如下：

(1) 超调量 σ 定义为

$$\sigma=\frac{c_{\max}(t)-c(\infty)}{c(\infty)}\times 100\% \tag{12.5}$$

(2) 调整时间 t_s 定义为阶跃响应曲线进入按输出量稳态值的2%或5%规定范围内所需的时间。

(3) 上升时间 t_r 定义为阶跃响应从其稳态值的10%上升到90%所经历的时间。

(4) 延迟时间 t_d 定义为阶跃响应从起始值到稳态值的50%所经历的时间。

(5) 最大值时间 t_p 定义为阶跃响应从起始值到最大值所经历的时间。

2) 频域指标

频域指标可以从闭环频率特性和开环频率特性两个角度给出。

首先介绍基于闭环频率特性的频域指标。设系统闭环幅频特性和相频特性为

$$M(\omega)=\left|\frac{G(\mathrm{j}\omega)}{1+G(\mathrm{j}\omega)H(\mathrm{j}\omega)}\right| \tag{12.6}$$

$$\Phi(\omega)=\angle\frac{G(\mathrm{j}\omega)}{1+G(\mathrm{j}\omega)H(\mathrm{j}\omega)} \tag{12.7}$$

闭环幅频特性如图12.5所示。

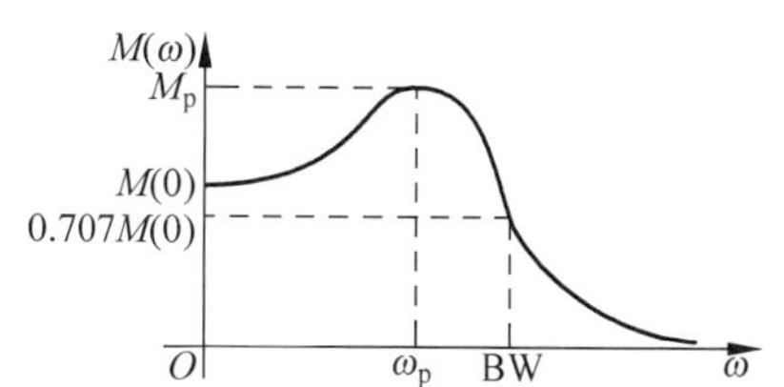

图12.5 闭环幅频特性

(1) 谐振峰值 M_p：定义 $M(\omega)$ 的最大值为谐振峰值 M_p。一般说来，M_p 的大小说明闭环控制系统的相对稳定性，大的 M_p 值对应于大的超调量。

(2) 谐振频率 ω_p：出现谐振峰值时所对应的频率。

(3) 频带宽度BW：定义为 $M(\mathrm{j}\omega)$ 的幅值 $M(\omega)$ 降至其零频率幅值 $M(0)$ 的70.7%或从零频增益下降至3dB时的频率范围。它反映了系统的滤波特性和系统复现有用信号的能力。

下面介绍基于开环频率特性的频域指标。系统开环幅频特性等于1时的频率值 ω_c，称系统的剪切频率。开环对数幅频特性曲线 $20\lg|G(\mathrm{j}\omega)H(\mathrm{j}\omega)|$ 在剪切频率 ω_c 附近的斜率(过0dB线时的斜率)，称

系统的剪切率。它表征了控制系统从干扰噪声中复现控制信号的能力。斜率越陡，系统从噪声中辨别信号的能力越强，但稳定性差。

在分析和设计控制系统时，人们不仅关心系统是否稳定，且要求系统具有一定的稳定度。为衡量系统的稳定度，提出了相对稳定性的概念。具体而言，就是把衡量系统相对稳定度的相位裕量和增益裕量作为频域指标，并在开环频率特性上给出定义。

(1) 相位裕量 γ°：定义为在系统剪切频率 ω_c 处，使闭环系统达到临界稳定状态所需的附加相移量，即

$$|H(j\omega_c)G(j\omega_c)|=1 \quad (0<\omega_c<\infty) \tag{12.8}$$

$$\gamma^\circ=180^\circ+\angle H(j\omega_c)G(j\omega_c) \tag{12.9}$$

(2) 增益裕量 K_g：定义为系统开环频率特性 $H(j\omega)G(j\omega)$ 的相角为 -180° 时，幅频特性 $|H(j\omega)G(j\omega)|$ 的倒数：

$$K_g=\frac{1}{|H(j\omega)G(j\omega)|} \tag{12.10}$$

或

$$20\lg K_g=-20\lg|H(j\omega)G(j\omega)| \tag{12.11}$$

图 12.6 和图 12.7 分别给出了在极坐标和对数坐标上的增益裕量和相位裕量。

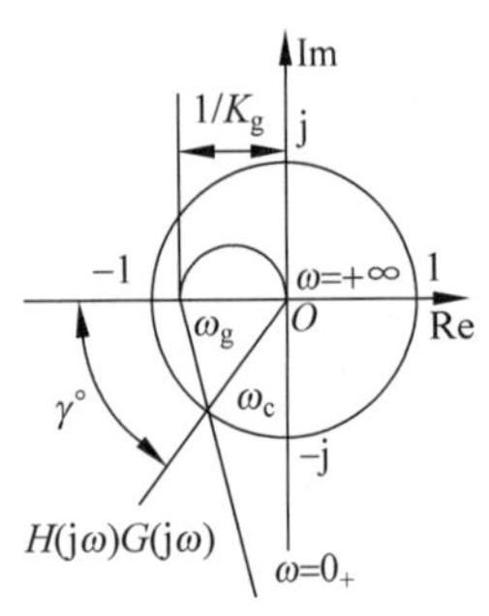

图 12.6 极坐标上的开环幅相特性

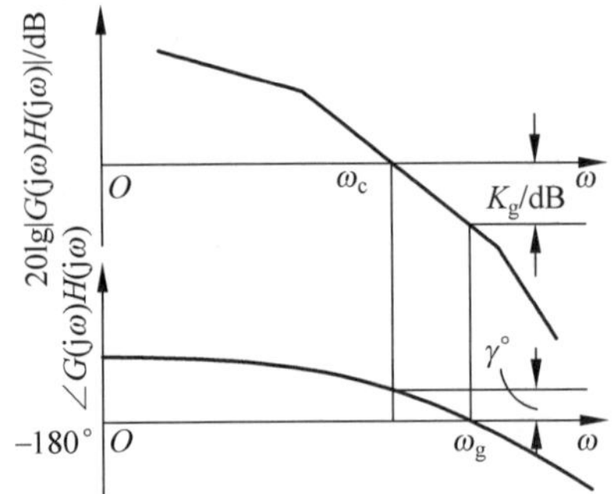

图 12.7 开环对数幅频和相频特性

(3) 剪切率：它是开环对数幅频特性在剪切频率 ω_c 附近的斜率。仅用带宽 BW 不足以说明系统区分信号和噪声的性能，而用剪切率能规定系统高频响应的性能。如果剪切率越大，则对高频噪声的抑制越强，但同时伴随着谐振幅值 M_p 的增大。

4. 一般积分泛函指标

为了更全面地评价和设计控制系统，更为一般的系统动态性能指标可用某一积分泛函表示。

设控制对象的坐标(状态变量)为 $x_1,x_2,\cdots,x_n$；控制量为 $u_1,u_2,\cdots,u_r$。一般积分泛函指标的形式为

$$J=\int_{t_0}^{t_f} f_0(x_1,x_2,\cdots,x_n;\ u_1,u_2,\cdots,u_r;\ t)\mathrm{d}t \tag{12.12}$$

式中，t_0 为系统初始运动时刻；t_f 为被控制量达到某一最终状态的时刻；t_f-t_0 为系统的过渡过程时间；f_0 为某一给定的 $n+r+1$ 元函数，它的具体形式由工程实际问题的要求确定，例如 f_0 可能是一个正定二次型函数，这时

$$J=\int_{t_0}^{t_f}\left(\sum_{i,j}^{n}a_{ij}x_ix_j+\sum_{\alpha,\beta}^{r}b_{\alpha\beta}u_\alpha u_\beta\right)\mathrm{d}t \tag{12.13}$$

式中，a_{ij} 和 $b_{\alpha\beta}$ 为加权系数，它们可能是已知的时间函数，也可能是常数。当 $f_0=1$ 时，可以得到过渡过程时间指标，即

$$J=\int_{t_0}^{t_f}\mathrm{d}t=t_f-t_0 \tag{12.14}$$

事实上，对系统稳定性的要求也可处理为积分泛函指标形式。

在控制系统设计中广泛使用的各种积分误差性能指标也属于这种类型。经常使用的有：

(1) 平方误差积分指标(ISE 准则)定义为

$$J=\int_0^{\infty}e^2(t)\mathrm{d}t \tag{12.15}$$

(2) 时间乘平方误差积分指标(ITSE 准则)定义为

$$J=\int_0^{\infty}te^2(t)\mathrm{d}t \tag{12.16}$$

(3) 绝对误差积分指标(IAE 准则)定义为

$$J=\int_0^{\infty}|e(t)|\mathrm{d}t \tag{12.17}$$

(4) 时间乘绝对误差积分指标定义为

$$J=\int_0^{\infty}t|e(t)|\mathrm{d}t \tag{12.18}$$

5. 抗扰性指标

控制系统在工作过程中，总会受到各种外界干扰的作用。一个良好的控制系统，应对外界干扰有足够的抵抗能力，同时要求对有用信号迅速而准确地动作。这两项要求通常是相互矛盾的。在工程控制系统设计中，常用闭环系统的带宽 BW 作为抗扰性的度量，带宽越低，则系统抗高频干扰性越强。

值得一提的是，上述不同性能指标之间有时是相互矛盾的。设计一个系统使其满足全部要求指标是很困难的。同时，各类性能指标之间均存在关联，选用哪种形式指标作为系统设计的依据，主要取决于所设计的控制系统应完成的任务和技术要求，同时也与所采用的设计方法有关。

12.3　控制系统设计的基本问题

要完成控制系统的设计任务，一般来说，应依次解决下列几个基本问题，如图 12.8 所示。

1. 设计任务及技术要求

分析和确定设计任务及技术要求是设计控制系统的第一步，它涉及控制系统的设计方法及系统实现等问题。在这一设计阶段，应熟悉设计任务和技术要求，并将它们转化为系统的设计性能指标，同时绘制出控制系统功能框图和系统原理图。对控制系统的要求一般可归纳为两个方面：一是对系统静态与动态性能的要求；二是外部作用和能源变化对系统动态性能的影响要求。

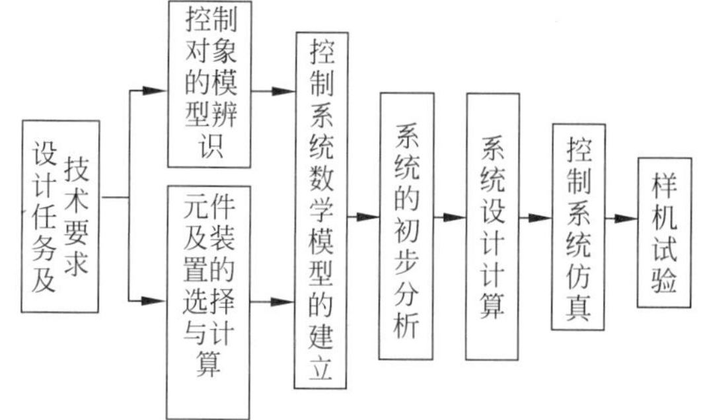

图 12.8　控制系统设计的步骤

对控制系统动、静特性的要求，总结起来有三个方面：①速度响应：在时域内为上升时间 t_r、调整时间 t_s，在频域内为带宽 BW。②相对稳定性：在时域内为超调量 σ、振荡次数 N，在频域内为相位裕量 γ°、增益裕量 K_g 和谐振峰值 M_p。③精度：是指系统被控量的允许误差，如最大允许误差、均方误差，也可以误差

系数的要求形式出现。在一般的控制系统设计中，对系统频带的要求最为重要。它不仅反映了对系统响应速度和精度的要求，而且反映了系统对高频噪声的抑制能力。

系统外部作用和能源变化对系统动态性能的影响要求，如电源电压幅值和频率，液压与气压源的压力和流量以及周围环境条件的温度、湿度等，均对控制系统的相对稳定性有影响。上述因素的变化均影响系统的开环增益；能源参数的变化将改变系统的幅相特性；温度变化将影响系统的时间常数和阻尼性能等。因此，控制系统设计应满足上述参数变化对系统性能产生的影响。

根据系统的任务和技术要求，在设计的开始阶段要给出控制系统的功能框图和原理图。功能框图给出系统主要组成部分的功能及其相互关系；原理图是用实用物理部件构成的系统功能图。图 12.9 和图 12.10 分别给出了一个光电跟踪系统的功能框图和原理图。

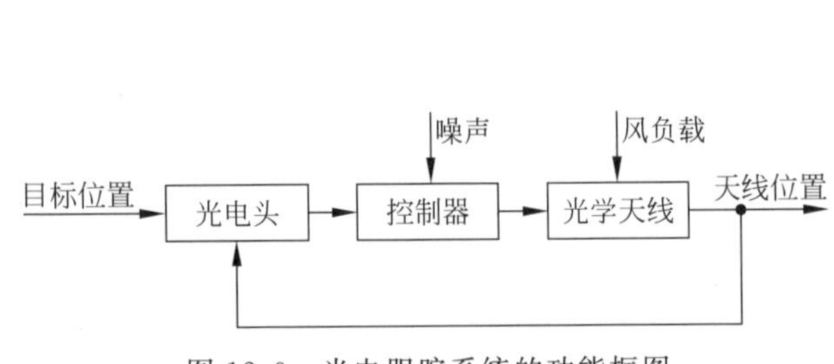

图 12.9　光电跟踪系统的功能框图

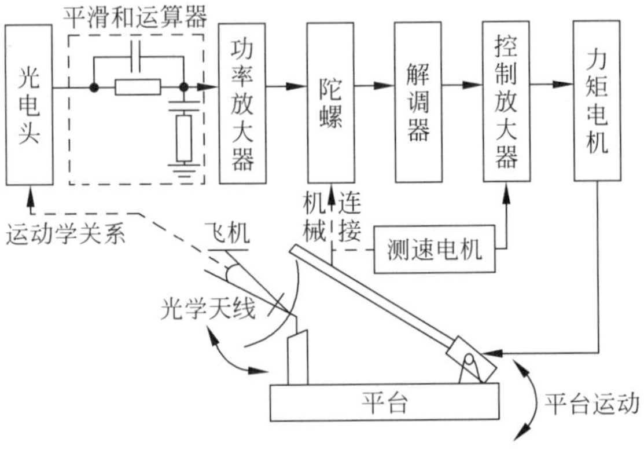

图 12.10　某光电跟踪系统的原理图

2. 元件及装置的选择与计算

根据控制系统的技术要求，确定对系统所组成元件及装置的要求，从而选择适合的元件及装置，对所选元件及装置进行分析计算并确定出它们的数学模型。

3. 控制对象的模型辨识

控制系统的理论分析和设计，要求对控制对象的运动规律有充分的了解，即要求以一定的准确度建立控制对象的数学模型。这是设计控制系统的基础工作，必须做好。

模型辨识常用的方法有解析法、实验测试法和统计试验法。

1）解析法

解析法是将一个复杂的控制系统按其结构分解为若干独立的环节。根据每一环节的物理或过程特点，用分析法写出其数学方程。然后将这些环节的方程按系统的结构原理和相互作用关系联立起来，便可得到一个方程组，即系统的数学模型。

2）实验测试法

实验测试法是在控制对象（或系统）的输入端加入控制量 $u(t)$，同时记录输出量 $c(t)$。根据试验数据，求出一个等效的对象（或系统）的数学模型。

3）统计试验法

在许多工程问题中，控制对象（或系统）输入端的控制量不是确定性的，而是一个已知其统计特性的随机信号。这时，可根据平稳过程的统计特性，通过对象（或系统）所发生的变化，求出对象（或系统）的近似方程（数学模型）。

4. 控制系统数学模型的建立

在对象辨识和已选元件基础上，根据它们的数学模型可以建立完整系统的模型。按控制系统的类型和将要采用的分析与设计方法，可以建立如微分方程、传递函数、差分方程和状态方程等方式描述的系统模型。对系统的数学模型可作相应的处理和简化，以便于进行系统的分析与设计。

5. 系统的初步分析

根据系统的性能指标要求，按系统的数学模型在特定条件下，对系统性能进行分析并给出评价，为系统设计作好理论准备。

6. 系统设计计算

当控制系统的设计问题已表示为数学模型形式时，就可根据系统的性能指标要求，用数学方法进行系统设计，从而获得设计问题的数学解答。一般来说，设计过程不是一个简单的一次能完成的过程，而是一个逐步试探的过程。在设计过程中，还要对系统完成相应的分析工作。

7. 控制系统仿真

将已经初步设计好的控制系统数学模型，在计算机上进行系统仿真试验。对该系统在各种信号和扰动作用下的响应进行测试、分析。通常，系统的设计初型可能不完全满足系统性能指标及可靠性要求。因此，必须对系统进行再设计，并完成相应的分析，这一工作应用仿真方法能方便、省时地完成。这种设计和分析过程反复进行，直到获得满意的系统性能为止。现在，利用 MATLAB 等软件进行系统仿真已成为分析和设计控制系统不可缺少的强有力的工具。

8. 样机试验

按已设计出的系统模型，建立系统的样机(即实际物理系统)，并对系统样机进行试验，看是否满足系统性能指标的要求。如果不能满足要求，则必须修改样机，并重新进行试验。这一过程重复进行，直到系统样机试验完全满足要求时为止。

12.4 控制系统的设计方法

控制系统的设计问题，可以简单地用图 12.11 所示的框图加以说明。

图 12.11 中 $c(t)$为 n 维被控制向量；$u(t)$为 r 维控制向量；$f(t)$为 p 维干扰向量。控制系统设计的目的，就是要寻求一组“适当的”控制信号，使得被控制向量 $c(t)$的行为(响应)符合控制系统的设计要求。

满足控制要求的控制向量 $u(t)$一经确定后，需要设计一个控制器，它根据参考输入向量 $r(t)$及状态向量 $x(t)$或输出向量 $c(t)$来具体实现控制向量 $u(t)$。图 12.12 给出一种控制系统框图，其控制量是由输入向量和状态向量产生出来的。

图 12.11 控制对象框图

图 12.12 一种控制系统框图

控制系统设计理论最早是在频域中进行，提出了奈氏图、伯德图及尼科尔斯图等一些经典方法。这类方法的实质是频域上的图解法。在控制系统设计中，重要的是时间响应而不是频率响应。由于系统的时间响应与频率响应之间存在着密切的关系，而采用频域法设计简单、方便，故在工程上仍获广泛应用。

经典设计法的特点在于首先要确定控制系统的结构。换言之,设计者必须预先选择一种适当的系统结构。通常的系统结构有两种形式:串联控制器结构和并联(反馈)控制器结构,如图12.13所示。

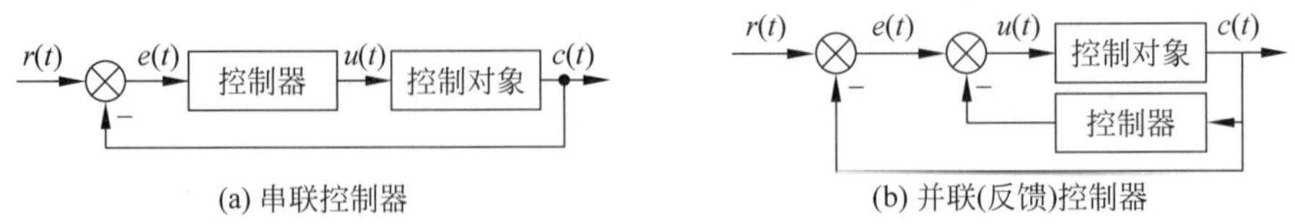

图12.13 系统结构方框图

系统的结构和控制器的正确选择,在很大程度上取决于设计者的经验和独创精神。在频域设计中,设计的技术要求通常是相位裕量、增量裕量、谐振峰值及带宽等指标。

经典设计法是试探法,其缺点是:开始它不能指明所设计的问题是否有解,尽管实际上可能是有解的。有时系统设计要求很高或相互矛盾,以致实际上没有任何现实的系统结构或控制器能满足这些要求。即使解是存在的,经典设计法也很难得出对某个指标来说是最优的系统。

1950年,伊文思(Evans)提出根轨迹法,从而有可能在s平面上进行控制系统设计。根轨迹法的主要优点是:无论是频域还是时域特性的信息都能够直接从零、极点在s平面上的分布中得到。知道了闭环零、极点,时域响应就不难用拉普拉斯(下面简称拉氏)反变换法求得;频率响应则可从伯德图上获得。根轨迹法设计基本上仍是试探法,它是靠修改根轨迹来获得满足设计要求的闭环零、极点分布的。

维纳(Wiener)在20世纪40年代后期的工作,提出了性能指标的概念和控制系统的统计设计法。这种方法根据一组给定的性能指标,用完全解析的方法来完成设计,并能设计出对某种性能指标来说是最好的控制系统。

维纳的最优化原理,可以用图12.14所示的框图来描述。设计的目的是确定系统的闭环传递函数$C(s)/R(s)$,使其期望输出和实际输出之间的误差最小,即使性能指标

$$J=\lim_{T\to\infty}\frac{1}{T}\int_0^T e^2(t)\mathrm{d}t \tag{12.19}$$

为最小。

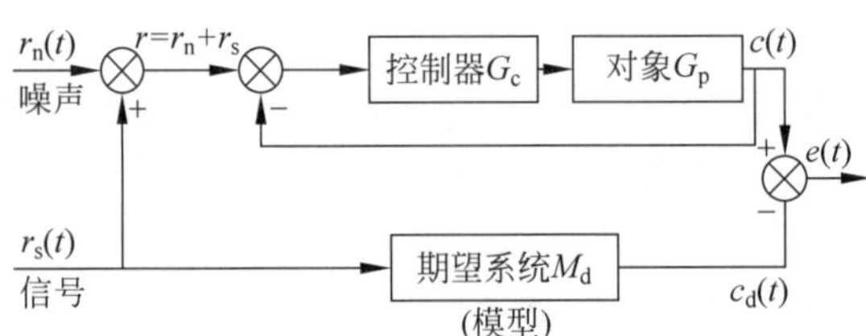

图12.14 维纳优化设计控制系统框图

解析设计法是消除试探的不确定性的最重要的设计方法之一,有时也称为最小误差平方积分设计法。它使设计者第一次能够通过先建立设计指标,然后再用数学的解析方法作出完整的设计。设计者要考虑的问题仅是:①该设计是否有解;②这个解是否能具体实现。

与解析设计法发展的同时,特鲁克赛尔(Traxal)提出了配置零、极点的综合法。该法仍使用传统的设计指标,如误差系数、带宽、超调量以及上升时间等,而且输入信号是确定的。根据这些设计指标,先确定控制系统的闭环传递函数,然后再求相应的开环传递函数。这种方法与经典频域设计法相比,其优点是设计者一开始就能判断所给的一组设计指标是否协调,这将使试探的次数大大减少。

随着空间技术的飞速发展，控制系统设计者发现：在处理现代光电火炮控制、自动驾驶仪、导弹制导、飞船交会以及人造卫星等许多控制系统时，传统的设计方法已不再适用或难以胜任。因此，近五十多年来，为设计上述系统，发展了现代控制理论与相应的设计方法。利用了状态变量、状态方程、状态转移矩阵、极大值原理、李雅普诺夫法、梯度法、线性规划、动态规划、能控性及能观性等一系列古典控制系统设计法不常见的概念和方法。

用现代控制理论设计的目标是获得最优控制系统，即设计的系统在预定的性能指标意义下是最优的。对这类问题的设计可陈述如下：

设控制对象的状态方程为

$$\dot{x}(t)=f[x(t),u(t),t],\quad x(t_0)=x_0 \tag{12.20}$$

要寻求控制 $u(t)$，使性能指标 $J=\int_{t_0}^{t_f}F[x(t),u(t),t]\mathrm{d}t$ 取极值。

在最优控制系统设计中，用积分泛函性能指标代替了诸如超调量、调整时间、相位裕量及增益裕量等传统设计指标。当然，设计者必须正确地选择性能指标，以便使设计出来的系统能按照一些具体的准则正常地工作。

按最优控制理论设计的系统，只可能对一个特定的环境条件（即系统所选定的标称状态）获得满意的性能。如果对象参数随环境变化而大范围变化，则按最优理论设计系统就不能获得满意的性能。在某些情况下，大范围的对象参数变化可能引起系统不稳定。为解决系统参数变化（或参数不确定性）时控制系统的最优设计，近五十年来发展了自适应控制系统。

自适应控制系统的基本概念是：如果控制对象的数学模型（如对象传递函数）能够通过辨识连续地识别出来，那么就能简单地通过改变控制器的可调参数来补偿对象数学模型的变化，从而在各种环境条件下均能按系统给定的性能准则获得满意的系统性能。这类系统的设计，多是以误差 $e(t)$ 的某个积分泛函最小作为设计准则。

随着计算机的飞速发展和广泛应用，控制系统计算机辅助设计法已经迅速发展并获得广泛应用。利用计算机对各类控制系统进行系统仿真，就能设计出较高质量的控制系统。这种设计法速度快、质量高，而且大大减轻了设计者的劳动成本。在设计过程中，可以方便地进行人机对话，使分析和设计交替进行，反复修改，直至得到满意的结果。

12.5　光电伺服系统

下面从伺服系统的结构组成与分类、技术要求、执行元件、发展趋势等方面，介绍光电伺服系统。

12.5.1　结构组成与分类

不同结构组成的伺服系统有不同的功能和性能特性，其不同分类也有不同特点和应用。

1. 伺服系统的结构组成

光电伺服控制系统的结构、类型繁多，但从自动控制理论的角度来分析，光电控制系统可由八个部分组成，如图 12.15 所示。图中，“○”代表比较元件，它将测量元件检测到的被控量与输入量进行比较；“－”号表示两者符号相反，即负反馈（如果为“＋”号，表示两者符号相同，即正反馈）。信号从输入端沿箭头方向到达输出端的传输通路称前向通路；系统输出量经测量元件反馈到输入端的传输通路称主反馈通路。前向通路与主反馈通路共同构成主回路。此外，还有局部反馈通路以及由它构成的内回路。

只包含一个主反馈通路的系统称单回路系统；有两个或两个以上反馈通路的系统称多回路系统。各个部分的功能和作用如下。

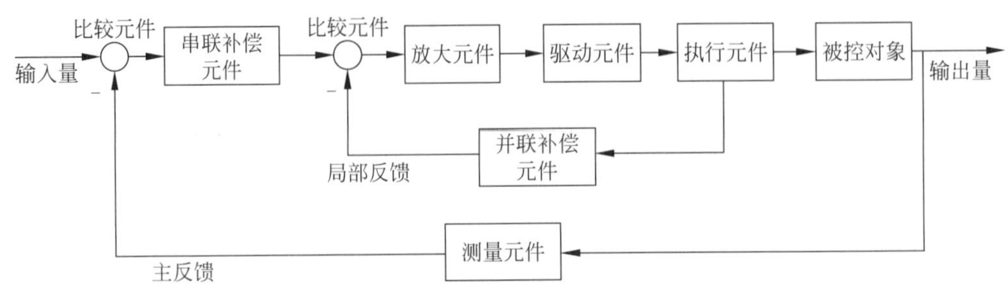

图 12.15 光电控制系统的组成框图

(1) 测量元件的功能是检测被控制的物理量，如执行机构的运动参数和加工状况等。这些参数通常有位移、速度、加速度、转角、压力、流量和温度等。如果这个物理量是非电量，一般再转换为电量。

(2) 比较元件的功能是把测量元件检测的被控量实际值与给定元件的输入量进行比较，求出它们之间的偏差。常用的比较元件有差动放大器、机械差动装置和电桥电路等。

(3) 放大元件的功能是将比较元件给出的偏差信号进行放大，用来推动执行元件去控制被控对象。电压偏差信号可用集成电路、晶闸管等组成的电压放大级和功率放大级加以放大。

(4) 执行元件的功能是直接推动被控对象，使其被控量发生变化，完成特定的加工任务，如零件的加工或物料的输送。执行机构直接与被加工对象接触。根据不同的用途，执行机构具有不同的工作原理、运作规律、性能参数和结构形状，结构上千差万别。

(5) 驱动元件与执行机构相连接，给执行机构提供动力，并控制执行机构启动、停止和换向。驱动元件的作用是完成能量的供给和转换。用来作为执行元件的有阀、电动机等。

(6) 补偿元件也称校正元件，它是结构或参数便于调整的元件，用串联或反馈的方式连接在系统中，其作用是完成加工过程的控制，协调机械系统各部分的运动，具有分析、运算和实时处理功能，以改善系统的性能。最简单的校正元件是由电阻、电容组成的无源或有源网络，复杂的则视具体情况需用到STD总线工业控制机、工控机(PC)、单片机，或者PLC、DSP、FPGA等。

(7) 控制对象是控制系统要操纵的对象，它的输出量即为系统的被调量(或被控量)。

光电控制系统各组成部分之间的连接匹配部分称为接口。接口分为两种：机械与机械之间的连接称为机械接口；电气与电气之间的连接称为接口电路。如果两个组成部分之间相匹配，则接口只起连接作用。如果不相匹配，则接口除起连接作用外，还需起某种转换作用，如连接传感器输出信号和模数转换器的放大电路，这些接口既起连接又起匹配的作用。

在实际的伺服控制系统中，上述的每个环节在硬件特征上并不独立，可能几个环节在一个硬件中，如测速直流电机既是执行元件又是检测元件。

光电跟踪伺服系统一般由方位和俯仰两套独立控制系统组成。除了方位系统有正割补偿环节以外，它们的结构基本相同，均是由速度回路和位置回路组成的双闭环单输入、单输出位置随动系统。方位跟踪伺服控制系统的结构框图如图12.16所示，俯仰跟踪伺服系统与此类似。在车载、舰载、机载光电跟踪伺服系统中由于载体是运动的，系统结构必须采用视轴稳定技术，为测量系统提供具有空间稳定性的惯性基准，速度回路中采用速率陀螺。有些光电跟踪伺服系统中还需增加一个电流控制回路来实现高性能控制要求。

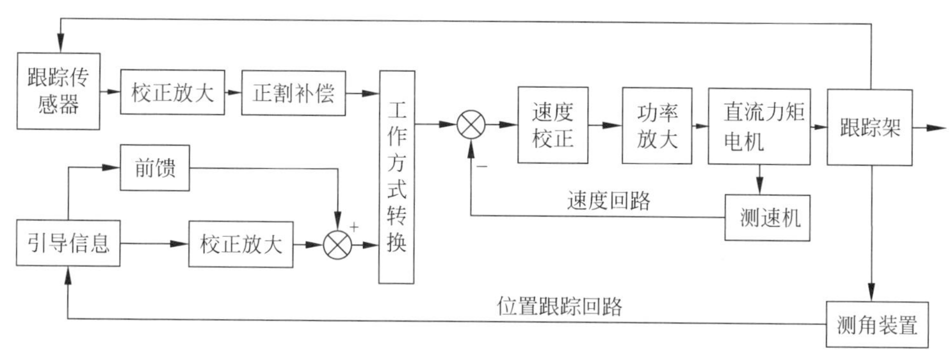

图 12.16　方位跟踪伺服控制系统的结构框图

2. 伺服系统的分类

伺服系统的分类方法很多,常见的分类方法有如下几种。

1) 按被控量的参数特性分类

按被控量不同,光电伺服系统可分为位移、速度、力矩等各种伺服系统。其他系统还有温度、湿度、磁场、光等各种参数的伺服系统。

2) 按驱动元件的类型分类

按驱动元件的不同,一般可分为电气伺服系统、液压伺服系统和气动伺服系统。电气伺服系统根据电机类型的不同又可分为直流伺服系统、交流伺服系统和步进电机控制伺服系统。

3) 按控制原理分类

按自动控制原理,伺服系统又可分为开环控制伺服系统、闭环控制伺服系统和半闭环控制伺服系统。

开环控制伺服系统结构简单、成本低廉、易于维护,但由于没有检测环节,系统精度低、抗干扰能力差。闭环控制伺服系统能及时对输出进行检测,并根据输出与输入的偏差,实时调整执行过程,因此系统精度高,但成本也大幅提高。半闭环控制伺服系统的检测反馈环节位于执行机构的中间输出上,因此一定程度上提高了系统的性能。如位移控制伺服系统中,为了提高系统的动态性能,增设的电机速度检测和控制就属于半闭环控制环节。

12.5.2　技术要求

光电伺服系统除精度高、响应速度快、稳定性好、负载能力强和工作频率范围大等基本要求外,同时还要求体积小、重量轻、可靠性高和成本低等。

(1) 系统精度。伺服系统的精度指的是输出量复现输入信号要求的精确程度,以误差的形式表现,即动态误差、稳态误差和静态误差。稳定的伺服系统对输入变化是以一种振荡衰减的形式反映出来的,振荡的幅度和过程产生了系统的动态误差;当系统振荡衰减到一定程度以后,称其为稳态,此时的系统误差就是稳态误差;由设备自身零件精度和装配精度所决定的误差通常指静态误差。

(2) 稳定性。伺服系统的稳定性是指当作用在系统上的干扰消失以后,系统能够恢复到原来稳定状态的能力;或者当给系统一个新的输入指令后,系统达到新的稳定运行状态的能力。如果系统能够进入稳定状态,且过程时间短,则系统稳定性好;否则,若系统振荡越来越强烈,或系统进入等幅振荡状态,则属于不稳定系统。光电伺服系统通常要求较高的稳定性。

(3) 响应特性。响应特性指的是输出量跟随输入指令变化的反应速度,决定了系统的工作效率。

响应速度与许多因素有关，如计算机的运行速度、运动系统的阻尼和质量等。

(4) 工作频率。工作频率通常是指系统允许输入信号的频率范围。当工作频率信号输入时，系统能够按技术要求正常工作；而其他频率信号输入时，系统不能正常工作。在机电一体化系统中，工作频率一般指的是执行机构的运行速度。

上述的四项特性是相互关联的，是系统动态特性的表现特征。利用自动控制理论来研究、分析所设计系统的频率特性，就可以确定系统的各项动态指标。系统设计时，在满足系统工作要求（包括工作频率）的前提下，首先要保证系统的稳定性和精度，并尽量提高系统的响应速度。

12.5.3 执行元件

执行元件（伺服控制元件）是能量变换元件，目的是控制机械执行机构运动。光电伺服系统要求执行元件具有转动惯量小、输出动力大、便于控制、可靠性高和安装维护简便等特点。光电伺服控制系统的执行元件主要是电气式执行元件，而其中又以直流伺服电动机为常见。

电气式执行元件是将电能转化成电磁力，并用电磁力驱动执行机构运动。如交流电机、直流力矩电机和步进电机等。对控制用电机性能除要求稳速运转之外，还要求加速、减速性能和伺服性能，以及频繁使用时的适应性和便于维护性。电气执行元件的特点是操作简便、便于控制、能实现定位伺服、响应快、体积小、动力较大和无污染等优点，但过载能力相对较差、容易受噪声干扰。

在闭环或半闭环控制的伺服系统中，主要采用直流伺服电动机、交流伺服电动机或伺服阀控制的液压伺服马达作为执行元件。液压伺服马达主要用在负载较大的大型伺服系统中，在中、小型伺服系统中，则多数采用直流或交流伺服电动机。由于直流伺服电动机具有优良的静、动态特性，并且易于控制，因而在20世纪90年代以前，一直是闭环系统中执行元件的主流。近年来，由于交流伺服技术的发展，使交流伺服电动机可以获得与直流伺服电动机相近的优良性能，而且交流伺服电动机无电刷磨损问题，维修方便，随着价格的逐年降低，正在得到越来越广泛的应用，目前已形成了与直流伺服电动机共同竞争市场的局面。在闭环伺服系统设计时，应根据设计者对技术的掌握程度及市场供应、价格等情况，适当选取合适的执行元件。

1. 直流伺服电动机

直流伺服电动机具有良好的调速特性，较大的启动转矩和相对功率，易于控制及响应快等优点。尽管其结构复杂，成本较高，在光电控制系统中仍有一定的应用。

1) 直流伺服电动机的分类

直流伺服电动机按励磁方式可分为电磁式和永磁式两种：电磁式的磁场由励磁绕组产生；永磁式的磁场由永磁体产生。电磁式直流伺服电动机是一种普遍使用的伺服电动机，特别是大功率电机（100W以上）。永磁式伺服电动机具有体积小、转矩大、力矩和电流成正比、伺服性能好、响应快、功率体积比大、功率重量比大和稳定性好等优点。

直流伺服电动机按电枢的结构与形状又可分为平滑电枢型、空心电枢型和有槽电枢型等。平滑电枢型的电枢无槽，其绕组用环氧树脂粘固在电枢铁芯上，因而转子形状细长，转动惯量小；空心电枢型的电枢无铁芯，且常做成杯形，其转子转动惯量最小；有槽电枢型的电枢与普通直流电动机的电枢相同，因而转子转动惯量较大。

直流伺服电动机还可按转子转动惯量的大小分成大惯量、中惯量和小惯量直流伺服电动机。大惯量直流伺服电动机（又称直流力矩伺服电动机）负载能力强，易于与机械系统匹配，而小惯量直流伺服电动机的加减速能力强、响应速度快、动态特性好。

2）直流伺服电动机的基本结构及工作原理

直流伺服电动机主要由磁极、电枢、电刷及换向片结构组成。其中，磁极在工作中固定不动，故又称定子。定子磁极用于产生磁场。在永磁式直流伺服电动机中，磁极采用永磁材料制成，充磁后即可产生恒定磁场。在他励式直流伺服电动机中，磁极由冲压硅钢片叠成，外绕线圈，靠外加励磁电流才能产生磁场。电枢是直流伺服电动机中的转动部分，故又称转子，由硅钢片叠成，表面嵌有线圈，通过电刷和换向片与外加电枢电源相连。

直流伺服电动机是在定子磁场的作用下，使通有直流电的电枢（转子）受到电磁转矩的驱使，带动负载旋转。通过控制电枢绕组中电流的方向和大小，就可以控制直流伺服电动机的旋转方向和速度。当电枢绕组中电流为零时，伺服电动机则静止不动。

直流伺服电动机的控制方式主要有两种：一种是电枢电压控制，即在定子磁场不变的情况下，通过控制施加在电枢绕组两端的电压信号来控制电动机的转速和输出转矩；另一种是励磁磁场控制，即通过改变励磁电流的大小来改变定子磁场强度，从而控制电动机的转速和输出转矩。

采用电枢电压控制方式时，由于定子磁场保持不变，其电枢电流可以达到额定值，相应的输出转矩也可以达到额定值，因而这种方式又被称为恒转矩调速方式。而采用励磁磁场控制方式时，由于电动机在额定运行条件下磁场已接近饱和，因而只能通过减弱磁场的方法来改变电动机的转速。由于电枢电流不允许超过额定值，因而随着磁场的减弱，电动机转速增加，但输出转矩下降，输出功率保持不变，所以这种方式又被称为恒功率调速方式。

3）影响直流伺服电动机特性的因素

上述对直流伺服电动机特性的分析是在理想条件下进行的，实际上电动机的驱动电路、电动机内部的摩擦及负载的变动等因素都对直流伺服电动机的特性有着不容忽略的影响。

（1）驱动电路对机械特性的影响。如果直流伺服电动机的机械特性较平缓，则当负载转矩变化时，相应的转速变化较小，这时称直流伺服电动机的机械特性较硬。反之，如果机械特性较陡，当负载转矩变化时，相应的转速变化就较大，则称其机械特性较软。显然，机械特性越硬，电动机的负载能力越强；机械特性越软，负载能力越低。毫无疑问，对直流伺服电动机应用来说，其机械特性越硬越好。由于功放电路内阻的存在而使电动机的机械特性变软了，这种影响是不利的，因而在设计直流伺服电动机功放电路时，应设法减小其内阻。

（2）直流伺服电动机内部的摩擦对调节特性的影响。直流伺服电动机在理想空载时，其调节特性曲线从原点开始。但实际上直流伺服电动机内部存在摩擦（如转子与轴承间摩擦等），直流伺服电动机在启动时需要克服一定的摩擦转矩，因而启动时电枢电压不可能为零，这个不为零的电压称为启动电压。电动机摩擦转矩越大，所需的启动电压就越高。通常把从零到启动电压这一电压范围称死区，电压值处于该区时，不能使直流伺服电动机转动。

（3）负载变化对调节特性的影响。在负载转矩不变的条件下，直流伺服电动机的角速度与电枢电压呈线性关系。但在实际伺服系统中，经常会遇到转速随负载变动的情况。这时由于负载的变动将导致调节特性的非线性。可见由于负载变动的影响，当电枢电压增加时，直流伺服电动机角速度的变化率越来越小，这一点在变负载控制时应格外注意。

2. 力矩电机

力矩电机是一种把伺服电动机驱动的转矩直接拖动负载运行的电机，同时它又受控制信号电压的直流控制进行转速调节。直流伺服电动机和直流力矩电动机都是控制用直流电动机，它们的工作原理、基本结构和基本特性都是相同的。但直流伺服电动机属于高速电机。在功率相同时，电动机的转速越高，体积和重量就越小。电机厂商一般都制造高速电机。直流伺服电动机的额定转速为每分钟几千转，低速性差，不能在低速下正常运行，更不宜在堵转下工作。它的输出力矩不是很大，因此带动低速负载及大转矩负载要用减速器，这使得系统的装调变得复杂。同时，减速机构（如齿轮）的传动间隙就成了使闭环系统产生自振荡的一个重要原因，从而严重地限制了系统性能的提高。而直流力矩电机是一种低转速、大转矩的直流电动机，可在堵转下长期工作，它可以直接带动低速负载和大转矩负载，具有转速和转矩波动小，机械特性硬度大和调节特性线性度好等优点，特别适用于高精度的位置伺服系统和低速控制系统。

采用直流力矩电动机直接驱动的伺服系统具有很好的静态和动态特性，在无爬行的平稳低速运行方面尤为显著，这是齿轮转动或液压传动系统无法比拟的。采用直流力矩电动机与高精度的检测元件、放大部件及其他校正环节等所组成的闭环由于具有上述特点，采用直流力矩电动机直接驱动的伺服系统具有很好的静态和动态特性，调速范围可达几万甚至几十万，稳定运行的转速可达到地球的转速15°/h，甚至更低，位置精度可达角秒级。

力矩电动机实际包括直流力矩电动机、交流力矩电动机和无刷直流力矩电动机等，主要技术指标如下：

1）连续堵转电流

直流力矩电动机在长期堵转运行时，在规定的环境温度下，稳定温升不超过允许值的最大电枢电流。

2）连续堵转转矩

直流力矩电动机在长期堵转运行时，在规定的环境温度下，稳定温升不超过允许值的最大堵转转矩。

3）连续堵转电压

直流力矩电动机在长期堵转运行时，在规定的环境温度下，稳定温升不超过允许值的最大电枢电压。

4）连续堵转功率

直流力矩电动机在长期堵转运行时，在规定的环境温度下，稳定温升不超过允许值的最大输入功率。

5）峰值堵转电流、转矩、电压及功率

电枢电流对定子上的永久磁铁有去磁作用，电枢电流过大，会使永久磁铁产生不可逆去磁，因而将使电动机的空载转速升高，转矩下降。力矩电动机受定子永久磁铁去磁条件限制的允许最大电枢电流及与之对应的堵转转矩、电枢电压和输入功率简称为峰值电流、峰值转矩、峰值电压和峰值功率。

6）转矩灵敏度

直流力矩电机的特性曲线具有很高的线性度，转矩和电枢电流之间的比值称为转矩灵敏度。

7）纹波转矩的脉动量（%）

它定义为$\frac{\text{最大输出转矩}-\text{最小输出转矩}}{\text{最大输出转矩}+\text{最小输出转矩}}\times 100\%$。

8）最大空载转速

最大空载转速是当电动机没有任何负载，并加以额定电压时所达到的最高转速。对于具有固定电磁场的力矩电机，其空载转速从正方向的最大值到反方向的最大值都与控制电压成正比。

9）电动机的摩擦力矩

电动机的摩擦力矩包括电刷与换向器之间的摩擦力矩和电机齿槽效应、磁滞力矩之类的电磁阻力矩。

10）电气时间常数

电气时间常数是当电动机电源阻抗为零时，电枢电感与电阻之比。

3. 旋转变压器

旋转变压器是光电跟踪控制系统中较为常见的测量元件之一，它是输出电压与角位移呈连续函数关系的感应式微电机。从外形结构看，它和电机相似，有定子和转子。从物理本质上看，它是一种可以转动的变压器。这种变压器的原、副绕组分别放置在定、转子上，原、副绕组之间的电磁耦合程度与转子的转角有关。因此，当它的原边绕组外施单相交流电压激磁时，副边绕组输出电压的幅值将与转子的转角有关。在解算装置中，它可以作为解算元件，主要用于坐标变换和三角运算等。在随动系统中，它可以将转角转换成与转角呈某种函数关系的信号电压，以便进行角度数据传输。此外，还可以用作移相器和角度-数字转换装置。

按转子输出电压与转角间函数关系不同，旋转变压器分为正、余弦旋转变压器、线性旋转变压器和特种函数旋转变压器等。其中，正、余弦旋转变压器是最基本的旋转变压器，其余的旋转变压器在电磁结构上与它并无本质的区别，只是绕组参数设计和接线方式上有所不同。

旋转变压器也分为接触式和非接触式两大类。按极对数又可分为单极和多极的，大多数旋转变压器是一对极结构。要正确使用旋转变压器，除了要了解其输出电压与转子转角的各种函数关系之外，还要了解其误差特性。旋转变压器的误差特性主要有：正余弦函数误差、线性误差、电气误差、零位误差和相位移误差等。在工程应用中旋转变压器的传递函数一般可认为是1。

4. 测速发电机

测速发电机是一种将转子速度成正比地转换为电气信号（一般是电压信号）的机电式信号器件，是伺服系统中的基本元件之一。在调速系统中，测速发电机作为测速元件，组成主反馈通道。在位置随动系统中测速发电机作为反馈校正元件，形成局部反馈回路，可以改善系统的动态性能，并能明显减弱参数变化和非线性因素对系统性能的影响。在解算装置中它又可作解算元件，作积分、微分运算。

光电跟踪控制系统对直流测速发电机主要有以下要求：①输出电压要与转速呈线性关系，正、反转时特性一致；②输出特性的灵敏度高，线性误差要小；③输出电压的纹波小，即要求在一定转速下输出电压稳定，波动小；④电机的惯量小、反应快；⑤运行平稳、无噪声、高频干扰小、工作可靠；⑥摩擦转矩小、结构简单、体积小、重量轻。

以上是总的要求，在实际应用中，由于用途的不同，对测速机的性能要求各有偏重。作为解算元件使用时，对线性度、温度误差和剩余电压等都有很高的要求，其误差只允许在千分之几到万分之几的范围内，但对输出特性的斜率（即灵敏度）没有特别要求。而作校正元件使用时，则要求输出特性的斜率要大，对线性度等指标的要求不高。

为了保证实现上述要求，需给控制系统提供高性能的测量和校正元件，研制新型测速发电机，例如永磁式无槽电枢发电机、杯形电枢发电机、印制绕组电枢测速发电机、无刷直流测速发电机，以及霍尔测速发电机、两极管式测速发电机等。它们各自为直流测速发电机提供了低惯量、纹波电压小、线性度好、高频干扰小、结构紧凑等新性能。

根据输出电压的不同，测速发电机分为以下几类。

- 直流测速发电机
  - 永磁式直流测速发电机
  - 电磁式直流测速发电机
- 交流测速发电机
  - 同步测速发电机
  - 异步测速发电机

直流测速发电机的主要性能指标有：①灵敏度；②线性误差；③最大线性工作转速；④负载电阻；

⑤不灵敏区；⑥输出电压的不对称度；⑦纹波系数。

测速电机的响应可以认为是瞬时的，因此它的放大系数也就是它的传递函数。

5. 陀螺仪

陀螺仪是伺服系统的惯性敏感元件，伺服系统根据陀螺测得的惯性速率，采用适当的控制结构和控制方法使视轴保持稳定，因此，陀螺仪的性能对系统有很大的影响。陀螺仪实际上是一个传感器，其作用是测量系统相对惯性空间的线运动和角运动参数。到目前为止，陀螺仪从传统的刚体转子陀螺仪到新型的固态陀螺仪，其发展的种类逐步增加，并且随着光电技术和大型集成电路技术的成熟发展，新型陀螺仪如光纤陀螺、激光陀螺和微机械陀螺都已出现。

从工作机理来看，陀螺仪可被分为两大类：一类是以经典力学为基础的陀螺仪；另一类是以非经典力学为基础的陀螺仪，例如振动陀螺、光纤陀螺和硅微陀螺等。

机械陀螺是利用高速旋转的机械转子的定轴性和进动性来测定物体绕惯性空间的转速和方向的。光纤陀螺是一种由单模光纤作光通路的萨克奈克干涉仪，当陀螺相对惯性空间旋转时，通过测量两束光之间的相位差来获得被测角速度。压电陀螺是利用压电效应和反压电效应来工作的。利用这种效应可以构成好几种工作方式的压电陀螺，如振梁式、圆管式和音叉式等。目前应用较多的是振梁式压电陀螺。与以上两种陀螺相比，压电陀螺具有固有谐振频率高、频带宽、无机械转动部分、工作寿命长、安装简单、使用方便、有利于设计频带宽的稳定回路和提高系统的可靠性等优点。虽然压电陀螺存在精度较低、噪声大等问题，但应用压电陀螺的时候主要是考虑到压电陀螺的可靠性比较好，寿命长，一般可达 10^5h 以上；体积小、安装方便。压电陀螺从功能上来分，大致可分为压电角速度陀螺和压电角加速度计两类。按应用场合来分，可分为遥测压电陀螺和控制压电陀螺。按其组装形式又可分为三类，即三轴压电陀螺、双轴压电陀螺及单轴压电陀螺。

主要技术指标如下：

(1) 零位不重复性：指在静止状态下，不同时间给陀螺通电，陀螺输出的电压各不相同。

(2) 零位漂移：指在静止状态下给陀螺通电，陀螺的输出电压随时间的推移而变化。

(3) 线性度：在规定条件下，陀螺校准曲线与拟合直线间的最大偏差与满量程输出的百分比。

(4) 交叉耦合：主要针对两轴陀螺而言，指当双轴压电陀螺的一个敏感轴与旋转轴平行，与之垂直的另一敏感轴的输出值。

(5) 启动时间：给陀螺通电到陀螺能够正常工作的时间。

此外，还有测量范围、分辨率、工作带宽、满量程输出和环境温度范围等技术指标。

6. 功率放大模块

在控制系统中，测量元件输出的信号误差是比较微弱的，一般不能直接驱动执行组件，必须通过放大组件对它进行电压和功率放大才能使执行组件按照期望的方向和速度运行。

根据所要驱动的电动机的不同，功率放大组件分为直流伺服功率放大器和交流伺服功率放大器两种。前者驱动直流电动机，后者驱动两相电动机。

交流伺服放大器一般可采用晶体管组成的交流功率放大器、集成功率放大器或者晶闸管功率放大器。

伺服系统中应用最广的功率放大组件是直流功率放大器，系统对直流功率放大器有下述基本要求：能够输出足够高的电压和足够大的电流，并能输出足够的电功率；线性度好；具有可靠的限流限压装置；能够吸收电动机的回输能量；应具备电流负反馈线路。常用的有三种：线性功率放大器、开关式功率放大器和晶闸管功率放大器。

线性功率放大器实际上属于模拟电子技术中的直接耦合式功率放大器。最大的优点是线性度好，失真小，快速性好，频带宽，不产生噪声和电磁干扰信号；缺点是效率低，晶体管本身功耗大，因而功率小，输出的电流不能太大。与线性功率放大器相比，开关功率放大器的优点是效率高，晶体管损耗小，输出功率大；缺点是由于开关动作而产生噪声和电磁干扰。

开关动作可用几种方法完成。一个简单的方法是按照固定频率接通和断开放大器，并根据需要改变一周期内接通与断开的时间比，这种工作方式的放大器称为脉冲宽度调制(Pulse Width Modulation, PWM)功率放大器或脉宽调制功率放大器。直流 PWM 功率放大器有可逆和不可逆之分。在不可逆 PWM 系统中，电动机只能向一个方向旋转。然而在实际生产过程中许多被控对象要求可逆运行，这就使可逆 PWM 系统得到广泛应用。可逆 PWM 功率放大器有三种工作模式：双极性模式、单极模式和受限单极模式。双极性模式是在一个开关周期内作用到电机电枢上的电压极性是正负交替的；单极模式是在一个开关周期内电机电枢上的电压是单一极性的；而受限单极模式是为了避免同侧晶体管直通而限制了开关频率的上限。

PWM 功率放大器是伺服系统的重要组成部分，它的性能优劣对整个伺服系统的性能影响较大，其造价在伺服系统中经常占较大比例。国外于 20 世纪 60 年代开始使用 PWM 伺服控制技术，起初用于飞行器中的小功率伺服系统；70 年代中后期，在中等功率的直流伺服系统中较为广泛地使用 PWM 驱动装置；到 80 年代 PWM 驱动在直流伺服系统中的应用已经普及。

7. 直流伺服系统

由于伺服控制系统的速度和位移都有较高的精度要求，因此直流伺服电机通常以闭环或半闭环控制方式应用于伺服系统中。

直流伺服系统的闭环控制是针对伺服系统的最后输出结果进行检测和修正的伺服控制方法，而半闭环控制是针对伺服系统的中间环节(如电机的输出速度或角位移等)进行监控和调节的控制方法。它们都是对系统输出进行实时检测和反馈，并根据偏差对系统实施控制。两者的区别仅在于传感器检测信号位置的不同，因而导致设计、制造的难易程度及工作性能的不同，但两者的设计与分析方法是基本一致的。

设计闭环伺服系统必须首先保证系统的稳定性，然后在此基础上采取各种措施满足精度及快速响应性等方面的要求。当系统精度要求很高时，应采用闭环控制方案。它将全部机械传动及执行机构都封闭在反馈控制环内，其误差都可以通过控制系统得到补偿，因而可达到很高的精度。但是闭环伺服系统结构复杂，设计难度大，成本高，尤其是机械系统的动态性能难以提高，系统稳定性难以保证。因而除非精度要求很高，一般应采用半闭环控制方案。

影响伺服精度的主要因素是检测环节，常用的检测传感器有旋转变压器、感应同步器、码盘、光电脉冲编码器、光栅尺和测速发电机等。一般来讲，半闭环控制的伺服系统主要采用角位移传感器，闭环控制的伺服系统可采用直线位移传感器。在位置伺服系统中，为了获得良好的性能，往往还要对执行元件的速度进行反馈控制，因而还要选用速度传感器。速度控制也常采用光电脉冲编码器，既测量电动机的角位移，又通过计时而获得速度。

直流伺服电动机的控制及驱动方法通常采用 PWM 和晶闸管(可控硅或其他器件)放大器驱动控制。在闭环控制的伺服系统中，机械传动与执行机构在结构形式上与开环控制的伺服系统基本一样，随着大功率、永磁、低速和力矩直流伺服电机的出现和发展，可以将执行元件(力矩直流伺服电机)直接驱动负载，从而免除其间的减速环节，提高控制精度和实时性。

12.5.4 光电跟踪伺服系统及其控制技术的发展趋势

光电跟踪伺服系统的设计经历了从模拟控制到数字控制、从经典控制策略到现代控制策略的转变过程。随着科学技术的不断发展，光电跟踪伺服系统的发展从使用的方便性、长期工作的可靠性、更新能力和研制速度等各方面考虑，要求光电跟踪伺服系统满足以下要求。

1. 全数字化

随着数字控制的优点在现代控制系统设计中逐渐显现，伺服控制系统必将从模拟化转变到全数字化，这是伺服驱动技术发展的必然趋势。全数字化包括：伺服驱动内部控制的数字化；伺服驱动到数控系统接口的数字化；测量单元数字化。伺服驱动单元内部位置、转速、电流三环的全数字化、编码器到伺服驱动的数字化连接接口。伴随着高速微处理器和高速数字信号处理算法的迅速发展，采用新型高速微处理器，特别是DSP、FPGA以及CPLD(Complex Programmable Logic Device，复杂可编程逻辑器件)，使运算速度呈几何级数上升，从而实现伺服驱动内部三环的高速实时控制，达到高响应、高性能和高可靠性控制的伺服控制要求。

2. 高度集成化、模块化

光电跟踪伺服系统的应用领域越来越广，在一些舰载、机载和星载平台，伺服系统安装的有效空间有限，要求伺服系统的体积小，结构设计紧凑合理，集成度高。采用模块化结构，将整个控制系统的功能进行合理的划分，使每一种模块具有一种功能，几种模块的组合就可以完成整个控制系统的功能。将所有的功能模块用统一的、合理的总线连接起来，使连接总线化，通信标准化，组成效率高的计算机分布式集散控制系统。这不仅增强伺服系统的适用性，也带来组装维修方便，生产周期短，成本低的好处。

3. 智能化、多功能化

为了对各种时变及具有不确定性的对象实现有效控制，要求控制器能在一定范围内适应对象的变化。经典的控制策略达不到预期效果，因而产生了许多新的控制策略以及混合控制，以较好地满足控制要求。随着技术的发展，这些新型的策略将使光电跟踪伺服系统具有智能化的特性。面对现代化战争要求，单一化的功能越来越不能满足要求，光电跟踪伺服系统必将朝着多功能方向发展。

4. 高可靠性

随着光电跟踪系统的功能越来越多，性能要求越来越高，不稳定、不可靠就成为光电伺服控制系统设计的一个迫切的问题。光电跟踪伺服系统多用在军事领域，例如舰载、机载火控系统中的光电伺服系统，其对可靠性要求更高。采取相应的设计措施，提高系统的环境适应力，有助于可靠性的提升。应用冗余技术、采用模块化及降额设计，可大幅度提高伺服系统的可靠性。

伺服控制技术是光电跟踪伺服系统设计的重要环节。在光电跟踪伺服领域，控制方法实现了从经典控制向现代控制、智能控制的转变。从相关文献来看，由于经典控制方法简单、可靠且易于实现，经典控制方法一直处于主导地位。但面对日趋复杂和恶劣的工作环境，面对目标机动性能的提高，对军用光电跟踪伺服系统性能的要求越来越高，经典控制难以满足要求。传统控制是基于模型的控制，由于被控对象越来越复杂，通常具有高度的非线性、动态突变性以及分散的传感元件与执行元件，分层和分散的决策机构，多时间尺度，复杂的信息结构等特点，因此难以用精确的数学模型来描述被控对象。因此，现代控制以及智能控制逐渐被引入，以取得良好的控制效果。

近年来一些新型控制方法不断被成功应用到光电跟踪伺服控制系统中，它是将经典控制、现代控制以及智能控制相互渗透结合形成的新型控制，例如多模控制、模糊神经网络控制、模糊变结构控制和自适应模糊控制等，它们充分利用单一控制的优点，舍弃各自的缺点，使控制系统灵活，具有优良的动态性能和稳态性能。还有文献研究在控制系统中尝试变结构、自适应变结构及神经网络变结构控制，捕获与跟踪分别采用不同的控制算法，以取得较为理想的结果。大多新型控制方法虽然取得了一些成果，但更多的仍停留在理论分析和探讨阶段，真正在实际工程中用新型控制方法来改善系统的跟踪性能例子并不多。随着理论的完善以及技术的发展，新型控制方法会真正有效地应用到工程项目的实践中去。为提高光电跟踪系统的稳态精度，使动态性能发挥其应有的作用，其应用前景也会更加广泛。

随着光电跟踪系统(尤其军用)的不断发展，对光电跟踪伺服系统提出了诸如使用方便性、可靠性以及研制速度等新的更高要求，传统的跟踪伺服系统难以满足要求。新型光电跟踪伺服系统，结合现代控制理论以及智能控制理论，采用新的控制策略或者模块化的硬件结构，来适应现代光电跟踪系统的要求。针对未来不同的技术要求选取合适的新型伺服控制方法，具有重要的作用和现实意义。

12.6 光电跟踪控制系统

这里主要介绍跟踪控制系统主要性能指标提出的依据、跟踪系统的基本技术问题和高精度控制技术。

12.6.1 跟踪控制系统主要性能指标提出的依据

跟踪控制系统的主要性能指标包括角速度和角加速度、跟踪精度、跟踪器的过渡过程指标。

1. 角速度和角加速度($\dot{A}$、$\ddot{A}$、$\dot{E}$、$\ddot{E}$)

$\dot{A}$、$\ddot{A}$、$\dot{E}$、$\ddot{E}$ 的提出是依据目标的运动规律决定的，这和目标的运动轨迹、速度、加速度、跟踪器(经纬仪)的设置位置有关。为使跟踪器能捕获、跟踪目标，提出必要的速度和加速度指标(A、$\dot{A}$、$\ddot{A}$ 分别为目标方位角度、角速度、角加速度，E、$\dot{E}$、$\ddot{E}$ 分别为目标高低方向角度、角速度、角加速度)。

2. 跟踪精度

应分析影响跟踪精度的主要因素以及如何确定跟踪器速度的相对误差。

1) 影响跟踪精度($\Delta\theta$)的主要因素

系统结构的机械谐振频率 ω_M 是影响跟踪精度($\Delta\theta$)的第一个主要因素。

如果系统位置环开环带宽为 ω_{CK}，速度环开环带宽为 $\omega_{\Omega K}$，则应能满足如下关系：

$$\omega_{\Omega B} \cong 2\omega_{\Omega K} \cong 4\omega_{CB} \tag{12.21}$$

$$\omega_M \cong 2\omega_{\Omega K} \tag{12.22}$$

$$\omega_M \geqslant 8\omega_{CK} \tag{12.23}$$

其中，ω_{CB} 为系统位置环闭环带宽；$\omega_{\Omega B}$ 为系统速度环闭环带宽。

系统的采样周期(T_0)是影响跟踪精度($\Delta\theta$)的第二个主要因素。

T_0 限制了系统的带宽，关系如下：

$$\omega_{CK} \leqslant \frac{M}{1+M} \cdot \frac{1}{T_0/2 + \sum T_1} \tag{12.24}$$

其中，M 为系统的振荡指标；T_1 为系统的小的时间常数。

跟踪器的视场大小(Ω)是影响跟踪精度($\Delta\theta$)的第三个主要因素。

视场大则跟踪误差大，视场小则跟踪误差小。

$$\Delta\theta_{\max}=\frac{1}{2\sqrt{2}}\Omega \tag{12.25}$$

一般取 $\Delta\theta_{\max}=(1/4\sim1/6)\Omega$，在正态分布的情况下：

$$\Delta\theta_{\max}=3\delta_{\theta} \tag{12.26}$$

其中，$\Delta\theta_{\max}$ 为系统的最大误差；δ_{θ} 为系统的均方根误差；Ω 为跟踪器的对角线视场。

激光发散角和测距回波率是影响跟踪精度（$\Delta\theta$）的第四个主要因素。

对一般跟踪器，使用情况表明，跟踪器测距激光发散角为跟踪控制系统的跟踪精度最大值的 3 倍以上就可得到满意的回波率。

2）跟踪器速度相对误差的确定（δ_c）

一般跟踪器速度的相对误差，由摄像分辨率决定，分辨率高则要求速度的相对误差小。如果分辨率为 K，画面为 $a\times a$，曝光时间为 T，跟踪器的速度为 $\dot{\theta}$，则

$$\delta_c=\frac{0.5}{\sqrt{2}aKT\dot{\theta}} \tag{12.27}$$

例如，$K=10\text{l/mm}$；$a=18\text{mm}$；$T=0.01\text{s}$；$\dot{\theta}=15°/\text{s}$，则 $\delta_c=0.3\%$。

3. 跟踪器的过渡过程指标

跟踪器的过渡过程指标主要有过渡过程时间 t、超调量 δ 和振荡次数 μ 等。提出依据是：根据实际目标运动规律计算值决定要求的最大加速度 $\ddot{\theta}_{\max}$，再根据跟踪器的线性段范围内允许的阶跃幅度 $\Delta\theta_{\mathrm{M}}$，即决定系统位置开环带宽为 $\tilde{\omega}_{\mathrm{CK}}$，$\tilde{\omega}_{\mathrm{CK}}$ 即决定系统的动态品质，关系为

$$\tilde{\omega}_{\mathrm{CK}}=\sqrt{\ddot{\theta}_{\max}/\Delta\theta_{\mathrm{M}}} \tag{12.28}$$

12.6.2 目标特性分析

目标特性是确定捕获与跟踪技术要求的主要依据，这里以红外目标特性为例进行分析。红外成像跟踪系统的技术要求，除使用因素外，主要是根据目标下述特性提出来的。

运动特性：目标速度、加速度，目标距离，目标高度，目标方位等；

几何特性：目标尺寸、形状及目标数量等；

物理特性：红外目标发射光谱特性、反射特性、1～3μm 辐射强度、3～5μm 辐射强度、8～12μm 辐射强度与背景温差等。

背景情况：目标周围的红外背景光学特性等。

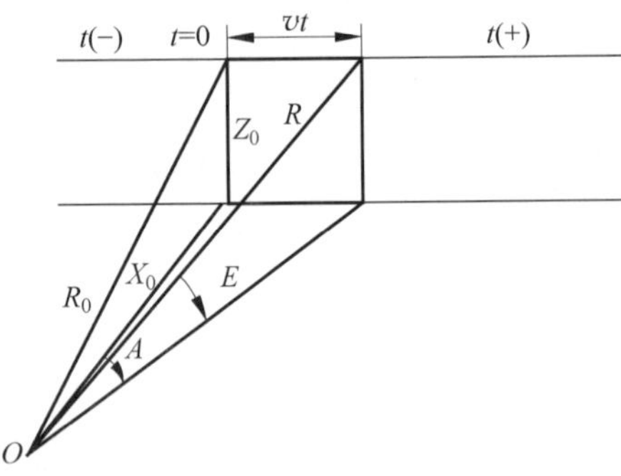

图 12.17 目标沿水平直线飞行

运动特性与跟踪要求关系极为密切，为简单起见，不妨以水平飞行目标为例来进行分析。图 12.17 是目标沿水平直线飞行的情况，O 点为跟踪系统所在的位置；目标方位角 A，方位角速度 $\dot{A}$，方位角加速度 $\ddot{A}$ 分别为

$$A=\arctan(vt/X_o) \tag{12.29}$$

$$\dot{A}=(v/X_0)\cos^2 A \tag{12.30}$$

$$\ddot{A}=-(v/X_0)^2\sin 2A\cos^2 A \tag{12.31}$$

式中，v 为水平速度；X_0 为航路捷径。俯仰角度、俯仰角速

度、俯仰角加速度分别为

$$E = \arctan\frac{Z_0/X_0}{\sqrt{1+(vt/X_0)^2}} \tag{12.32}$$

$$\dot{E} = \frac{-(v/X_0)^2(Z_0/X_0)\cos^2 E}{[1+(vt/X_0)^2]^{3/2}} \tag{12.33}$$

$$\ddot{E} = \dot{E}\left[\frac{1}{t} - \frac{\dot{E}}{\cos^2 E}\left(\frac{3}{\tan E} - \sin 2E\right)\right] \tag{12.34}$$

由 A、$\dot{A}$ 及 $\ddot{A}$ 的变化可知，在航路捷径处($t=0$)目标方位角加速度最大为

$$\dot{A}_{\max} = v/X_0 \quad (\mathrm{rad/s}) \tag{12.35}$$

在 $A=30°$时，目标方位角加速度最大为

$$\ddot{A}_{\max} = 0.65(v/X_0)^2 \quad (\mathrm{rad/s^2}) \tag{12.36}$$

显然，目标速度 v 越大，航路捷径 X_0 越小，则方位角速度、角加速度越大，反之越小。

当目标沿其他方向(如俯仰方向)飞行，也可用类似方法估计其角速度、角加速度。

12.6.3 跟踪系统的基本技术问题

跟踪系统的基本技术问题包括跟踪精度及响应速度、跟踪系统误差源、动态响应、频带与精度。

1. 跟踪精度及响应速度

跟踪精度及响应速度是跟踪系统的关键，对跟踪系统的主要技术要求可概括为以下几项：①目标特性(与捕获要求类似)；②跟踪角度范围(方位角、高低角)；③(方位、高低)跟踪角速度、角加速度；④(方位、高低)跟踪精度；⑤过渡特性(过渡时间、超调量、振荡次数等，实质是系统稳定性和快速性标志)。

上述指标要求一个高精度跟踪系统能精确测量出目标与跟踪光轴之间的偏差，快速抓住目标，减少由于目标与载体运动以及各种扰动引起的跟踪误差等，这些都是跟踪系统的基本技术问题，并且可以概括为提高跟踪精度(减少误差)和提高响应速度(快速响应)两个问题。当然，保证系统的稳定性是重要前提。

跟踪精度和响应速度不仅是跟踪系统的关键指标，而且是决定系统方案的关键因素。在高精度火控系统中，要求精度高，而且响应速度要快，这时不仅齿轮传动不可行，就是力矩电机驱动也不能完全满足要求，还需要采用复合轴结构。总之，跟踪精度和响应速度是跟踪系统的核心问题。

2. 跟踪系统误差源

跟踪系统的主要误差源有四项，即传感器误差、动态滞后误差、力矩误差以及其他各种扰动误差。

传感器是跟踪系统检测目标位置(即跟踪误差)的元件，其误差值应小于跟踪精度值的1/3。传感器的静态误差主要由下列各项因素决定：①光电探测器的分辨率、线性、信噪比；②光学系统的口径、焦距、畸变等；③电子系统偏差、漂移、检测及量化误差、噪声等；④探测器视轴安装偏差等。

传感器动态精度还要增加下列因素：①探测器惰性、滞后；②信号处理电路的延迟、滞后；③视轴动态稳定性等。

目标运动时，由于跟踪系统响应速度有限，仪器将滞后于目标，这便是动态滞后误差 $\Delta\theta_{\mathrm{D}}$：

$$\Delta\theta_{\mathrm{D}}(t) = \frac{\dot{\theta}(t)}{K_{\mathrm{V}}} + \frac{\ddot{\theta}(t)}{K_{\mathrm{A}}} + \cdots \tag{12.37}$$

式中，$\dot{\theta}(t)$，$\ddot{\theta}(t)$，…分别为目标的角速度、角加速度，K_V，K_A，…分别为系统的速度、加速度等误差系数，它们的值取决于系统传递函数。表 12.1 为几种典型传递函数的 K_V，K_A 值。由此表可见，系统开环增益越高，则 K_V、K_A 等值越大，因而动态滞后误差越小；系统无静差度越高，也就是纯积分环节 1/s 越大，也使动态滞后误差越小。例如只有一个积分环节的Ⅰ型系统 K_V，K_A…都是有限值，而包括 2 个积分环节的Ⅱ型系统 $K_V=\infty$，Ⅲ型系统 $K_V=\infty$，$K_A=\infty$，以此类推，所以提高系统无静差度也可以减少动态滞后误差。由于提高系统开环增益或提高系统无差度都要求系统带宽增加，所以增加系统带宽也是减少动态滞后误差的基本条件，从频率特性可清楚地看出这一点。

表 12.1　误差系数简表

开环传递函数	$K_V/(1/s)$	$K_A/(1/s^2)$
$\frac{K(T_2s+1)}{s(T_1s+1)(T_3s+1)}$	K	$\frac{K^2}{K(T_1+T_3-T_2)-1}$
$\frac{K(T_2s+1)}{s(T_1s+1)(T_3s+1)^2}$	K	$\frac{K^2}{K(T_1+2T_3-T_2)-1}$
$\frac{K(T_2s+1)^2}{s(T_1s+1)^2(T_3s+1)}$	K	$\frac{K^2}{K(2T_1+T_3-2T_2)-1}$
$\frac{K(T_2s+1)^2}{s(T_1s+1)^2(T_3s+1)^2}$	K	$\frac{K^2}{K(2T_1+2T_3-2T_2)-1}$
$\frac{K(T_2s+1)}{s^2(T_3s+1)}$	∞	K
$\frac{K(T_2s+1)^2}{s^2(T_1s+1)(T_3s+1)}$	∞	K
$\frac{K(T_2s+1)^2}{s^2(T_1s+1)(T_3s+1)}$	∞	K

力矩误差主要由风力矩、摩擦力矩以及不平衡力矩（重力矩）等产生。只要系统增益足够高，一般的力矩误差并不大。但摩擦力矩有些特殊，它分为三种，即静摩擦力矩、库仑摩擦力矩和黏滞摩擦力矩。黏滞摩擦正比于仪器速度，它产生的力矩误差比较容易克服。而静摩擦、库仑摩擦决定最小运动距离，如果它等于或大于传感器分辨率的 2 倍所产生的力矩，则系统将发生振荡，即仪器反复滑动。此外，仪器在反向时，滚动轴承将产生一干扰力矩，也增大了误差。所以减少摩擦力矩是很重要的，在高精度跟踪系统中要用空气轴承、液压轴承，甚至是磁悬浮轴承。

除风力矩以外，系统内外还存在许多扰动和噪声，如电子学噪声、大气扰动、光机结构变动、噪声、基座运动等。这些扰动和噪声都会引起跟踪误差，所以降低它们的影响也是非常重要的。

3. 动态响应、频带与精度

动态响应不仅表示捕获跟踪目标的快速性，而且表示系统克服动态滞后误差及抑制扰动或抖动的能力。动态响应好就是有优良的过渡特性，即上升快、超调小，其实质就是频带宽、稳定性好，所以动态响应、频带与精度是密切相关的。

1）频带与跟踪精度

前面说明了动态滞后误差与误差系数的关系，实质上是与传递函数或频率特性的关系。下面用等效正弦概念进一步说明跟踪误差的主要项——动态滞后误差与频带的关系。

对于任何运动轨迹都可以用傅里叶分析分解成若干个正弦曲线，所以可以用一个或几个正弦运动代替目标运动。运动参数 A、$\dot{A}$、$\ddot{A}$ 等都可各自用一正弦模拟，这就是等效正弦输入信号，简称等效正弦，它表示了目标运动的范围和快慢，所以可用它来检验系统跟踪误差(主要是动态滞后误差)。当已知目标运动最大角速度 $\dot{\theta}_{\max}$、最大角加速度 $\ddot{\theta}_{\max}$ 时，则可求出一个等效正弦 $\theta_1(t)$，并用以检验系统特性。

$$\theta_1(t)=\theta_{\max}\sin\omega_1 t \tag{12.38}$$

其中，等效正弦振幅为

$$\theta_{\max}=\dot{\theta}_{\max}^2/\ddot{\theta}_{\max} \tag{12.39}$$

等效正弦角频率为

$$\omega_1=\ddot{\theta}_{\max}/\dot{\theta}_{\max} \tag{12.40}$$

周期为

$$T_1=2\pi/\omega_1 \tag{12.41}$$

显然，$\theta_1(t)$的最大角速度、最大角加速度分别为 $\dot{\theta}_{\max}$ 和 $\ddot{\theta}_{\max}$。为验证跟踪系统动态滞后误差 $\Delta\theta_{\mathrm{D}}$ 是否满足要求，则可在系统开环对数幅频特性曲线上画出精度检验点 A'，其高度(幅值)为

$$K_{\mathrm{A}}=\theta_{\max}/\Delta\theta_{\mathrm{Dmax}} \tag{12.42}$$

式中，$\Delta\theta_{\mathrm{Dmax}}$ 为所允许的动态滞后误差的最大值；点 A'角频率为ω_1。如果 A'点在系统开环对数幅频特性曲线 $W(\mathrm{j}\omega)$之内，则动态滞后误差 $\Delta\theta_{\mathrm{D}}$ 不会超过 $\Delta\theta_{\mathrm{Dmax}}$，反之将不满足要求。

若使幅频特性包围精度检验点，不仅系统要有足够高的增益，而且要有足够宽的频带，后者主要影响系统的过渡特性和稳定储备。

虽然希望频带宽、响应快，但是系统频带受到随机干扰与噪声、机械结构谐振特性、采样频率 f_0 和电机加速能力等多种因素的限制。

2) 扰动、噪声与系统频带

跟踪系统受到的扰动和噪声有多种，对于低频扰动，随动系统可以抑制掉，而且系统频带越宽则抑制能力越强，这种扰动误差可以视为系统误差。对于随机噪声则不相同，例如一跟踪器噪声为 $n(t)$(可视为输入噪声)，通过随动系统后输出误差为均方值：

$$\overline{\Delta\theta^2(t)}=\frac{1}{2\pi}\int_{-\infty}^{\infty}|Y(\mathrm{j}\omega)|^2 S_n(\omega)\mathrm{d}\omega \tag{12.43}$$

其中，$Y(\mathrm{j}\omega)$为系统闭环频率特性，$S_n(\omega)$为噪声 $n(t)$的频谱密度。

显然，系统频带越宽，随机噪声通过越多，因而影响也越大。频带窄时噪声小，但低频扰动影响很大；当频带加宽时低频扰动误差明显降低，但噪声又显著加大。跟踪系统设计时可采用滤波技术和变带宽技术降低随机噪声的影响，例如目标较远时信噪比较低，可采用窄带宽；当目标较近时信号较强，而目标动作较快，为提高系统响应速度可改为宽带宽。

3) 结构谐振特性与系统频带

无论电机是直接驱动负载还是通过齿轮减速驱动负载，都可以认为电机与负载之间是用一根刚度系数 K_{p} 的轴连接起来的，这就构成一个弹性系统，如图 12.18 所示。它具有一定的自然频率，当激励频率趋向这个频率时，就会出现“谐振”。

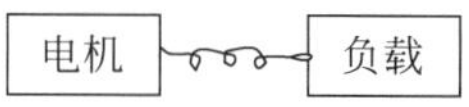

电机　负载

图 12.18　电机与负载组成的弹性系统

在直接驱动的力矩电机系统中，电机轴与负载轴连为一体，所以它的谐振特性可只用一个频率表示：

$$\omega_{\mathrm{L}}=\sqrt{K_{\mathrm{p}}/J_{\mathrm{L}}} \tag{12.44}$$

式中，J_{L} 可理解为负载电机轴惯量之和。由于 K_{p} 很高加之不存在齿隙，所以 f_{L} 很高，一般都在 50Hz 以上。在设计跟踪系统时必须使回路带宽比 ω_{L} 小许多倍，以保证必要的稳定储备。当速度回路开环截止频率为 ω_{C1}、位置回路开环截止频率为 ω_{C2} 时，它们大体应满足下列经验数据：

$$\omega_{\mathrm{C1}}<\omega_{\mathrm{L}}/2 \tag{12.45}$$

$$\omega_{\mathrm{C2}}<\omega_{\mathrm{C1}}/3<\omega_{\mathrm{L}}/6 \tag{12.46}$$

由于位置回路闭环带宽 f_{B} 与 $f_{\mathrm{C2}}=\omega_{\mathrm{C2}}/2\pi$ 相差不大，一般

$$f_{\mathrm{B}}\approx(1.1\sim1.4)f_{\mathrm{C2}} \tag{12.47}$$

所以，f_{B} 一般限制在结构谐振频率 f_{L} 的 1/6，实际应用时多在 1/10 左右。虽然采用有源补偿网络可以补偿结构谐振的影响，但作用是有限的，所以为安全可靠起见，还是尽量采用高刚度结构，采用力矩电机直接驱动，以提高结构谐振频率。如不是十分必要，也应限制系统带宽，以免对结构提出过于苛刻的要求。

4）采样频率与系统带宽

根据香农定理，只要采样频率 f_0 大于信号频率的 2 倍，就可以复现这个信号。但是在跟踪或控制系统中，这是不够的。因为采样过程给系统带来滞后，降低了系统的稳定储备。系统开环截止频率 ω_{C2} 应小于下述值：

$$\omega_{\mathrm{C2}}\leqslant\frac{M}{1+M}\frac{1}{\dfrac{T_0}{2}+\sum T_i} \tag{12.48}$$

式中，$T_0=1/f_0$ 为采样周期；$\sum T_i$ 为系统小时间常数之和($T_i<T_0/2$)；M 为系统的振荡指标，一般为 1.2～1.5，M 值越大系统稳定性越差。由式(12.48)可见，在 M 值一定的情况下，T_0 越大，也就是采样频率 f_0 越低，则系统的 ω_{C2} 亦即系统频带越小，所以系统频带 f_{B} 是受采样频率限制的。在高精度跟踪系统中，f_0 一般要为 f_{B} 的 10 倍以上。

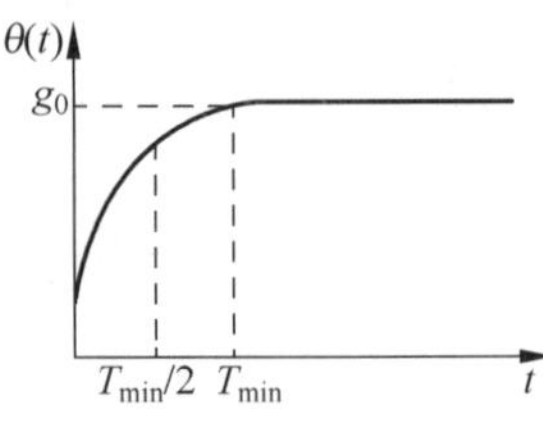

图 12.19　最佳过渡曲线

在许多情况下提高采样频率是很困难的。因为它导致采样周期缩短，也就是探测器积分时间缩短、灵敏度下降，因而将影响作用距离，此外采样频率提高还将使信号处理时间减少，给信号处理以及视频放大带来困难，许多应用也只能折中处理。

5）电机加速能力与带宽

假定跟踪系统具有最佳过渡过程(见图 12.19)，表明系统过渡时间最短为 $T_{\min}$。在 $0<t<T_{\min}/2$ 期间以最大加速度 $\ddot{\theta}_{\max}$ 加速，在 $T_{\min}/2<t<T_{\min}$ 期间以 $-\ddot{\theta}_{\max}$ 减速，在 $T_{\min}$ 时使系统达到目标位置 g_0。

此过程可用下式表示：

$$\theta(t)=\frac{1}{2}\ddot{\theta}_{\max}t^2\times I(t)-\ddot{\theta}_{\max}\left(t-\frac{T_{\min}}{2}\right)^2\times I\left(t-\frac{T_{\min}}{2}\right)+\frac{1}{2}\ddot{\theta}_{\max}(t-T_{\min})^2I(t-T_{\min}) \tag{12.49}$$

式中，$I(t)$为阶跃函数。当阶跃位置(也就是捕获的初始位置)为 g_0 时，最佳过渡时间为

$$T_{\min}=2\sqrt{\frac{g_0}{\ddot{\theta}_{\max}}} \tag{12.50}$$

可以证明，此时系统的开环截止频率 ω_{C0} 为

$$\omega_{C0}=\frac{2\pi}{T_{\min}}=\pi\sqrt{\frac{\ddot{\theta}_{\max}}{g_0}} \tag{12.51}$$

g_0 可理解为系统线性范围内允许的阶跃幅度，由式(12.51)可见，最佳系统的开环截止频率 ω_{C0} 与电机提供的最大加速度平方根$(\ddot{\theta}_{\max})^{1/2}$ 成正比。实际系统的允许的截止频率 ω_C 比 ω_{C0} 要小，也就是系统频带是受电机加速能力限制的。

12.6.4 捕获的技术要求与影响目标捕获的主要因素

分析捕获的技术要求与影响目标捕获的主要因素对光电跟踪控制系统性能提升有重要作用。

1. 捕获的技术要求

对捕获提出的要求主要有捕获距离、捕获视场(范围)、捕获时间、捕获概率、捕获目标的光学特性以及背景特性等。

捕获是转入跟踪的前提，所以捕获距离应大于跟踪距离。不同系统要求差别很大，对一般战术目标跟踪，捕获距离只有几十千米，有的系统甚至只有十多千米。捕获视场即系统所监视的范围，虽然越大越好，但任何一个传感器(这里以红外传感器为例)视场加大都会使分辨率下降、信噪比降低，进而使识别目标的能力、速度、作用距离降低。在条件许可的情况下，系统具备几个不同视场的传感器，大视场用于捕获，中视场用于粗跟踪，小视场用于精跟踪，可以达到可靠捕获并进行精确跟踪的目的。但由于增加传感器，既会增加系统的质量、尺寸、成本，又会增加其复杂性，而且降低了系统的适装性，因而实际上往往只采用一个红外传感器。为了使系统较好地捕获、跟踪，通常可采用大视场捕获，小视场跟踪的方法，或采用自适应跟踪窗的方法(捕获目标时，窗口由小到大，捕获到目标转入跟踪时，窗口由大到小，并在此后随目标大小变化而自动调整窗口大小，从而达到稳定跟踪的目的)来解决这一问题。

捕获时间是指当目标进入传感器视场直至通过信号处理(目标识别、提取)送出目标位置信息所需的时间，它主要是传感器响应及信号处理所需的时间。初始捕获时，由于目标远、信噪比低，往往要经过几帧(或几次扫描)以及信号处理后才能从复杂背景或假目标中提取出真实目标信号。增大捕获距离和视场，减小捕获时间，是对捕获系统的主要技术要求，但由于这几个方面因素是相互制约的，一般应综合考虑，以求最佳效果。

2. 影响目标捕获的主要因素

影响目标捕获的主要因素有信号处理(目标识别、提取)算法及其硬件、大气扰动、背景辐射及干扰、目标辐射特性以及传感器灵敏度(噪声)、目标运动、红外成像跟踪系统的载体(如船舶)的运动、其他的系统参数性能等。

信号处理算法及其硬件对增大捕获距离、减小捕获时间、提高捕获概率具有重要影响。不同的算法往往其捕获效果相差甚远，通常这是系统核心技术之一。

大气扰动使目标在探测器上成像模糊，因而降低了捕获传感器的灵敏度，大气最宁静是在日出和日落两段时间，其余时间影响相对较大。

背景辐射和干扰降低了信噪比，致使增加提取目标信号的难度。目标辐射特性和传感器灵敏度的影响是显而易见的，红外探测器灵敏度 NEFD(Δλ)为

$$\mathrm{NEFD}(\Delta\lambda)=(A_d\Delta f)^{\frac{1}{2}}/A_0D^*\tau_o \tag{12.52}$$

式中，A_d 为单元探测器面积；Δf 为接收器带宽；A_0 为接收望远镜有效口径；D^* 为光谱探测率；τ_o 为

光学系统透过率。

传感器信噪比为

$$S/N = J(\Delta\lambda)\tau_a / R^2 \text{NEFD}(\Delta\lambda) \tag{12.53}$$

式中，$J(\Delta\lambda)$为目标辐射强度（工作波段内）；τ_a 为大气透过率；R 为目标距离。

由式(12.53)可见，传感器信噪比除与目标辐射特性、传感器灵敏度有关外，还与大气特性、背景情况以及系统参数有关。在一定的信噪比下，能否识别、捕获目标，就与信号处理有关。简单的信号处理只能在较高的信噪比下（如 $S/N > 3 \sim 5$）识别目标，反之用较完善的信号处理，例如用相关提取、数字滤波等可以在较低信噪比下捕获目标。

目标与载体的运动状态或相对运动状态对捕获跟踪也有较大影响。当其相对运动速度超过跟踪速度时，就捕获不到目标；或者当其相对运动加速度大于跟踪加速度，也捕获不到目标或丢失目标。

12.6.5 捕获跟踪的视场及响应时间

为可靠地捕获目标和高精度地跟踪目标，确定捕获、跟踪的视场是很重要的。捕获视场越大越好，如前所述，也受多方面限制；捕获视场 Ω_A 的最小值由式(12.54)确定：

$$\Omega_A \geqslant \dot{\theta}_{max} t_0 \tag{12.54}$$

式中，$\dot{\theta}_{max}$ 为目标与载体的最大相对角速度；t_0 为捕获跟踪系统的反应（响应）时间。

$$t_0 \approx t_a + t_b + t_c \tag{12.55}$$

式中，t_a 为捕获时间；t_b 为跟踪系统上升时间，如图 12.20 所示；t_c 为切换判断时间。式(12.55)的物理意义就是在系统反应时间 t_0 之内不逸出视场（如将 t_c 包括在 t_a 之内亦可）。

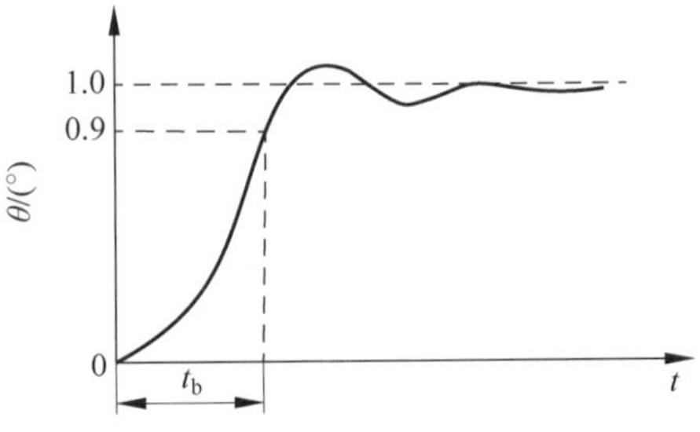

图 12.20　跟踪系统过渡过程和上升时间

捕获跟踪总的响应时间是指从目标进入捕获视场一直转换到精跟踪所需时间，包括全部过渡过程，也称系统截获时间，一般近似用反应时间 t_0 来表示。

精跟踪视场 Ω_T 主要根据下列因素确定，即跟踪精度、灵敏度、转换可靠性。捕获视场 Ω_A 与精跟踪视场 Ω_T 之间可以有过渡视场，相衔接的视场比例以(4～6)∶1 为宜，这样过渡比较容易。

12.6.6 捕获跟踪系统的统计分析

成像捕获跟踪系统的动态性能本质上反映系统对目标作用过程的统计特性，可以通过一组特征统计量来进行描述。假设在距离系统某一范围内存在着感兴趣的目标，系统开始工作之后，首先是按一定速率和扫描方式移动瞬时视场，在规定的空域搜索目标，直到捕获、跟踪目标为止。这个可能搜索到目标空域范围称为搜索视场。在对目标的搜索、捕获过程中，系统对目标的瞄准可能被杂物或其他存在于视场内的非目标的干扰物所遮挡，因而净视线是随时间变化的。如果目标被探测到了，随后便可以对捕获的目标图像进行处理，完成目标识别后，转入跟踪状态。但是在跟踪过程中，由于目标、背景特性变化，或者载体运动，以及跟踪基座受到强烈振动，都可能引起跟踪目标丢失，这就又需要重新进行目标搜索与捕获。

以上是对系统进行目标捕获跟踪过程简单表述，要定量地描述，应从统计方法着手，为此引入以下几个概率来描述系统对目标的动态性能。

P_{SF}：目标在搜索视场内的概率。这个概率基于战术指标要求而定。

P_{FOV}：已知目标在搜索视场，目标出现在红外成像系统视场内的概率。可简单地用视场面积与搜索面积之比来表示。

P_{LOS}：表示目标在与红外成像之间净视线的概率。这是描述目标被遮挡程度或通常所说的目标伪装程度。

P_L：被显示的目标落在系统视场内的概率。当系统对目标进行搜索、捕获时，如同用于会聚目标辐射能的孔径在移动，目标在孔径所对应的张角之内就认为被探测了，而在孔径之外，就认为没有被探测。

P_I：系统能辨认(识别)已探测目标的概率。对已探测的目标不一定都可被辨认，其情况是复杂的，但能被辨认的目标，一定是能够被系统探测的。

P_T：对已辨认(识别)而捕获的目标转入稳定跟踪的概率。

目标捕获概率 P' 为：

$$P' = P_D \cdot P_I \tag{12.56}$$

式中，P_D 为目标探测概率。

$$P_D = P_{SF} \cdot P_{FOV} \cdot P_{LOS} \cdot P_L \tag{12.57}$$

目标跟踪概率 P 为

$$P = P' \cdot P_T = P_{SF} \cdot P_{FOV} \cdot P_{LOS} \cdot P_L \cdot P_I \cdot P_T \tag{12.58}$$

再来考虑(载体、目标或基座)在动态情况下，跟踪目标丢失的概率。设系统的反应时间为 t_0，允许最大跟踪误差为 θ_0，跟踪视场为 Ω_T，动态滞后误差为 $\Delta\theta_D$。可知，当捕获到目标，并且 $\Omega_T > \Delta\theta_D$ 时，转入跟踪；当捕获到目标，并且 $\theta_0 > \Delta\theta_D$ 时，转入稳定跟踪状态。当 $\Omega_T < \Delta\theta_D < \Omega_A$ 时，跟踪目标丢失，系统输入捕获、搜索状态；当 $\Delta\theta_D > \Omega_A$ 时，系统丢失跟踪目标，转入搜索状态。

(1) 设在载体摇摆时，单方面造成跟踪系统俯仰角变化量为 θ_1，周期为 T'_1，最大摆幅为 θ_{1m}(不妨设为横摇)，则

$$\theta_1 = \theta_{1m}\sin(2\pi t/T'_1) \tag{12.59}$$

(2) 仅考虑垂直方向的振动，不妨设振动造成跟踪系统俯仰角变化量为 θ_2，周期为 T'_2，最大振幅为 θ_{2m}，则

$$\theta_2 = \theta_{2m}\sin(2\pi t/T'_2 + \varphi) \tag{12.60}$$

(3) 仅考虑目标运动，不妨设因此造成跟踪系统俯仰角变化量为 θ_3。

以上三个假设均基于跟踪系统本身不运动，且假设之间相互独立，互不相关，那么当这三个假设同时作用时，设目标相对于跟踪系统所造成的俯仰角变化量为 θ，俯仰方向的跟踪系统的动态滞后误差为 $\Delta\theta'_D$，有

$$\theta = \pm\theta_{1m}\sin(2\pi t/T'_1) \pm \theta_{2m}\sin(2\pi t/T'_2 + \varphi) \pm \theta_3 \tag{12.61}$$

使俯仰角变化方向一致时(如向上)为"+"，否则为"−"。由式(12.37)得

$$\Delta\theta'_D = \frac{\dot{\theta}}{K_v} + \frac{\ddot{\theta}}{K_a} + \cdots \tag{12.62}$$

亦即

$$\begin{aligned}\Delta\theta'_D \approx &\pm \frac{2\theta_{1m}\pi}{K_v T'_1}\cos(2\pi t/T'_1) \pm \frac{2\theta_{2m}\pi}{K_v T'_2}\cos(2\pi t/T'_2 + \varphi) \pm \\ &\frac{\dot{\theta}_3}{K_v} \mp \frac{4\theta_{1m}\pi^2}{K_a T'^2_1}\sin(2\pi t/T'_1) \mp \frac{4\theta_{2m}\pi^2}{K_a T'^2_2}\sin(2\pi t/T'_2 + \varphi) \mp \frac{\ddot{\theta}_3}{K_a}\end{aligned} \tag{12.63}$$

$\Delta\theta'_D$越大，丢失跟踪目标的概率也越大，进一步分析可知：

(1) T'_1越小，亦即载体摇摆频率越大，丢失目标概率越大；

(2) T'_2越小，亦即基座振动频率越大，丢失目标概率越大；

(3) 载体摇摆的摆幅与基座振动的振幅越大，丢失目标的概率也越大；

(4) 目标运动越快，丢失目标的概率越大；

(5) 误差系数 K_v，K_a 越大，丢失目标的概率越小；

(6) 跟踪视场过小，丢失目标的概率会增大；跟踪视场越大，丢失目标的概率也会增大，这是因为杂物和背景干扰，且增大系统反应时间，从而增大动态滞后误差所致，因而跟踪视场应优化选取。

为了能稳定跟踪，或者说增加稳定跟踪的概率，载体摇摆、基座振动的因素往往难以控制，并且受其他设备的制约，看来比较可行的途径是增大 K_v、K_a，减小反应时间，亦即增加系统频带宽度。但是，系统频带受到随机扰动与噪声、机械结构谐振特性、采样频率和电机加速能力等多种因素限制。

由此可知，成像跟踪系统产生误差的原因很多，既有系统性误差，也有随机性误差，要提高跟踪精度，达到稳定跟踪的目的，必须从部件性能，尤其是传感器性能、结构方案、系统特性等多方面着手。可以采用以下途径：①改善跟踪系统的结构(包括提高刚度、降低摩擦力矩等)；②采用高精度探测器、优良的信号处理(识别)系统；③高精度视轴稳定技术；④高精度跟踪控制技术，如时间最优控制、自适应控制、滤波预测技术等。可以预见，成像跟踪系统的技术性能和跟踪精度将愈来愈高，在实际工作中系统将发挥重要作用。

12.6.7 高精度控制技术

光电跟踪系统性能的提高离不开光机电结构配置、电机驱动、传感器、控制算法以及载荷平台的发展。首先，要实现光电跟踪精密控制，必须建立控制模型。没有精确模型就没有精密控制，必须高度重视全系统模型的精确建立，以及提高控制器硬件的处理性能。其次，针对跟踪控制系统的特点，基于合适的传动机构以及传感器，以此为基础发展良好的控制算法是提高跟踪性能必备的手段。复合轴控制系统仍然是光电跟踪系统提高精度最有效的技术，最基本的技术问题是提高精跟踪子轴的跟踪控制性能。为了实现亚微弧度甚至更高跟踪精度，提高子轴的传感器测量精度、采样频率以及更高分辨率的线性执行器是首要条件，扩展子轴的带宽或者增加更小位移的子轴是重要技术手段。提高复合轴控制系统跟踪能力应该特别重视倾斜镜的设计以及高精度控制算法，发展基于观测器控制的高精度控制方法，尤其是非线性控制方法应当重点研究。特别指出，多智能协同光电跟踪系统是光电跟踪领域未来重点发展方向，需要重点研究多智能体系统的协同定位、编队控制以及载荷平台一体化控制技术。

光电跟踪系统可以看作是以各种机械结构和光电传感器构成的能满足重要任务需要的设备，包含有：探测目标辐射能量的图像传感器成套装置，跟踪目标轨迹的定位装置以及控制定位装置的方法。因此，闭环精度(跟踪精度、视轴稳定精度)是光电跟踪系统重要技术指标之一，精密控制技术是实现高精度跟踪性能的保证，始终是光电跟踪系统最为核心技术。高精度控制技术是传动系统、传感器、控制算法以及光机架构的综合体。从本质上看，控制算法的作用是将控制性能逼近传感器以及驱动水平的极限。

精密控制技术是实现高精度光电跟踪的必要手段。无论固定地基平台还是运动平台，扰动抑制、目标跟踪以及分布式智能协同的三大关键技术始终是光电跟踪控制系统面临的技术难点。

高精度控制技术有多种，且仍处于不断发展中，这里仅介绍前馈控制与共轴跟踪、滤波预测技术、复合轴控制与跟踪、扰动抑制技术、视轴跟踪技术等。

1. 前馈控制与共轴跟踪

在一般的闭环控制系统中，提高精度必须提高增益或增加积分环节，提高无静差度，但这也就使系统稳定性受到影响，甚至遭到破坏。前馈控制则是在闭环控制系统增加一开环控制支路，用以提供输入信号的导数（$\dot{\theta}$、$\ddot{\theta}\cdots$）（见图 12.21），称此系统为前馈控制或复合控制系统。

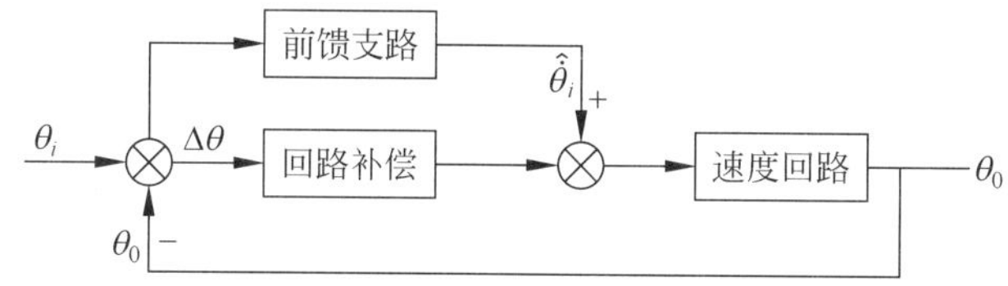

图 12.21 前馈控制系统（复合控制系统）

经简单推导就可以说明前馈控制的作用。设回路补偿：

$$G_1(s)=k_1 \tag{12.64}$$

速度回路：

$$G_2(s)=\frac{k_2}{s(T_1s+1)} \tag{12.65}$$

前馈支路：

$$G_3=k_3s \tag{12.66}$$

若 $k_2k_3=1$，则系统等效开环传递函数为

$$G_0(s)=\frac{G_2(s)[G_3(s)+G_3(s)]}{1-G_2(s)G_3(s)}=\frac{k_1k_2(1+k_3s/k_1)}{Ts^2} \tag{12.67}$$

原闭环部分 $G_2(s)$ 为一阶无静差度系统（Ⅰ型），引进前馈后等效为二阶无静差度系统，可以清除速度滞后误差，类似地，当 $G_3(s)$ 还提供加速度信号 $\ddot{\theta}_i$ 时，系统还可以等效为三阶无静差度系统，可以消除加速度滞后误差等。利用前馈控制可以较好地解决一般系统普遍存在的精度与稳定性之间的矛盾，很容易将跟踪精度提高几倍乃至十几倍，但又不影响原闭环系统的稳定性。

在激光、红外和电视等光电跟踪系统中，传感器只能提供目标与传感器视轴之间的偏差，即跟踪误差，没有给出目标空间坐标位置，自然也没有目标运动的速度和加速度等导数信号，所以无法直接实现前馈控制。多用速度滞后补偿方法，但它不是真正的复合控制，提高精度有限。由于目标位置 θ_i 为仪器位置 θ_0 与 $\Delta\theta$ 之和，即

$$\theta_i=\theta_0+\Delta\theta \tag{12.68}$$

目标速度：

$$\dot{\theta}_i=\mathrm{d}(\theta_0+\Delta\theta)/\mathrm{d}t \tag{12.69}$$

显然用计算机进行上述运算就可构成前馈控制系统，此种系统称为计算机辅助跟踪系统或等效复合控制系统（见图 12.22）。

图 12.22 只是原理图。实际上存在两个问题：一是大多数传感器（包括处理电路）都有一定的惰性，所以测得的跟踪误差 $\Delta\theta$ 不是 θ_i 与 θ_0 的实时差，而且也不能简单地把 θ_0 与 $\Delta\theta$ 合成；另一个问题是直接用微分方法求速度干扰较大。概括地讲就是要克服或校正传感器惰性，进行坐标变换，采取数据滤波方法计算目标速度等。

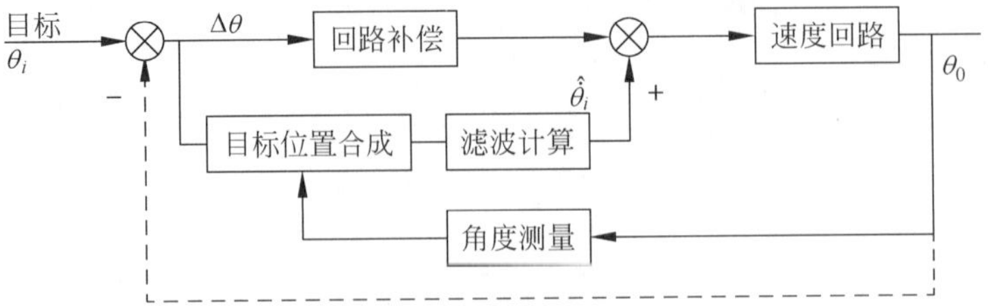

图 12.22　计算机辅助跟踪系统

如果计算机同时提供目标位置和速度等信息，后面完全是一个数字随动系统，则此光电跟踪方式称为共轴跟踪(on axis tracking)(见图 12.23)。共轴跟踪将跟踪器与随动系统分成各自独立的回路，二者均可选择最佳参数。此外，用滤波预测不仅可以预测目标位置，还可以修正动态滞后误差等。所以，共轴跟踪系统精度高，特别适合干扰较为严重的环境。

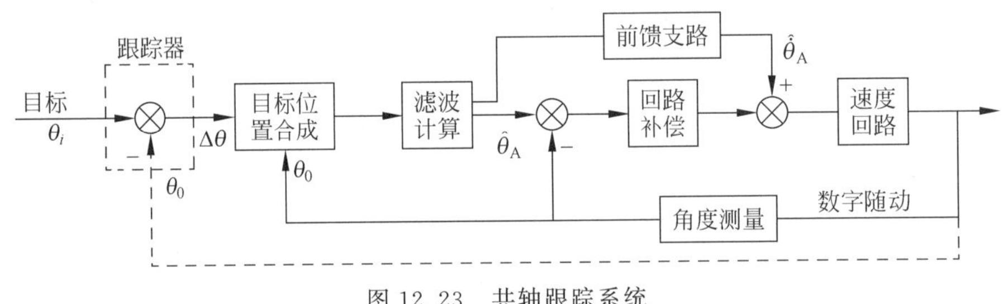

图 12.23　共轴跟踪系统

最后要说明一点，前馈控制不仅可以降低由于目标运动而引起的动态滞后误差，而且可以降低由于其他扰动如不平衡力矩引起的误差，只要将扰动测出并通过适当模型馈入即可，所以也可将前馈控制称为扰动调节。

2. 滤波预测技术

滤波预测技术在跟踪瞄准系统中有多种用途，在图像处理中可滤除干扰和噪声识别目标，在跟踪中可预测目标位置和速度等运动参数，在前面介绍的复合控制以及共轴跟踪等系统中都要用数据滤波预测技术。

常用的数据滤波方法有四种，即有限记忆最小平方滤波、常增益最优递推滤波(α-β-γ 滤波)、自适应滤波和卡尔曼滤波，四种方法各有优缺点。

有限记忆滤波是用靠近现在时刻的 N 个带有随机噪声的测量数据(如 θ_i)估计现在或预测未来时刻的滤波值，并使滤波的均方误差最小。此种滤波又称多项式滤波。位置和速度滤波预测值均为 N 个测量数据的线性函数：

$$\hat{\theta}(k+j \mid k)=\sum_{i=0}^{N-1} a_i\theta(k-i) \tag{12.70}$$

$$\hat{\dot{\theta}}(k+j \mid k)=\sum_{i=0}^{N-1} b_i\theta(k-i) \tag{12.71}$$

式中，a_i、b_i 分别为位置和速度滤波因子，可根据无偏和方差最小这两个条件求出；j 为预测步数，N 为记忆点数。其方法简单，但精度有限。记忆点数越多，则滤除随机干扰的能力越强，但却使新数据作用减弱，因而在目标机动性加强时，滤波效果不佳。为克服记忆点数多不能适应目标机动性、而点数少滤除随机干扰效果差的缺点，可将两组不同点数的预测结果 $\hat{\theta}_1$、$\hat{\theta}_2$ 按加权组合，这样可得较高精度，即合

成滤波值为

$$\hat{\theta}=k_1\hat{\theta}_1+k_2\hat{\theta}_2 \tag{12.72}$$

式中，k_1、k_2 分别为两种滤波方法的加权系数，可根据二滤波预测方差 σ_1、σ_2 实时计算：

$$k_1=\frac{\sigma_2^2}{\sigma_1^2+\sigma_2^2} \tag{12.73}$$

$$k_2=\frac{\sigma_1^2}{\sigma_1^2+\sigma_2^2}=1-k_1 \tag{12.74}$$

常增益最优递推滤波不必记忆多个历史数据，只用当前时刻测量值就可以依次计算出滤波估值和预测值。滤波方程为

$$\hat{\theta}(n)=\hat{\theta}(n|n-1)+\alpha[\theta(n)-\hat{\theta}(n\mid n-1)] \tag{12.75}$$

$$\hat{\dot{\theta}}(n)=\hat{\dot{\theta}}(n\mid n-1)+\frac{\beta}{T}[\theta(n)-\hat{\theta}(n\mid n-1)] \tag{12.76}$$

$$\hat{\ddot{\theta}}(n)=\hat{\ddot{\theta}}(n\mid n-1)+\frac{2\gamma}{T^2}[\theta(n)-\hat{\theta}(n\mid n-1)] \tag{12.77}$$

预测方程为

$$\hat{\theta}(n+1\mid n)=\hat{\theta}(n)+T\hat{\dot{\theta}}(n)+\frac{T}{2}\hat{\ddot{\theta}}(n) \tag{12.78}$$

$$\hat{\dot{\theta}}(n+1\mid n)=\hat{\dot{\theta}}(n)+T\hat{\ddot{\theta}}(n) \tag{12.79}$$

$$\hat{\ddot{\theta}}(n+1\mid n)=\hat{\ddot{\theta}}(n) \tag{12.80}$$

式中，$\theta(n)$ 为 n 时刻采样测量值，$\hat{\theta}(n)$、$\hat{\dot{\theta}}(n)$、$\hat{\ddot{\theta}}(n)$ 表示 n 时刻滤波估计值，$\hat{\theta}(n+1|n)$、$\hat{\dot{\theta}}(n+1|n)$、$\hat{\ddot{\theta}}(n+1|n)$ 表示 n 时刻预测 $n+1$ 时刻值。此方法又称 α-β-γ 滤波，α、β、γ 为滤波增益，它们可用临界阻尼、最佳选择法和卡尔曼稳态增益三种方法计算。一般可用最佳选择法，它可使在给定暂态响应要求的条件下使噪声获得最大滤波。α-β-γ 滤波性能比有限记忆滤波效果好。

但总的来讲，上述两种滤波方法简单，精度有限，适于中等精度系统和计算速度有限时的应用。

卡尔曼滤波也叫最佳线性滤波，是 20 世纪 60 年代现代控制理论的重大发展。它是用状态转移法把干扰与信号看成是一个动力学系统，噪声看成该动力学系统的一个状态，然后用统计特性估算出它的大小，再从信号中把它滤除，得到信号的真值。

设目标运动测量值为 $\theta(n)$，预测值为 $\hat{\theta}(n|n-1)$，则最佳估值为

$$\hat{\theta}(n)=\hat{\theta}(n\mid n-1)+k[\theta(n)-\hat{\theta}(n\mid n-1)] \tag{12.81}$$

式中，k 为卡尔曼滤波增益。式(12.81)与 α-β-γ 滤波形式是相同的，但这里的 k 是用递推方法计算的。式(12.81)的意义是目标的最佳估值是预测值与测量值的线性组合，只是 k 值是变化的。由于 $\hat{\theta}(n)$ 可是一个矩阵，所以 k 也将是一个矩阵，称为最佳权值阵。卡尔曼滤波就是根据已知的运动方程，已知的初始条件、初始状态误差及每次测量误差统计量和测量值，逐次计算出最佳权值阵、预测值和滤波值(或阵)。

卡尔曼滤波的主要优点是精度高。高精度跟踪预测大多用卡尔曼滤波，某激光武器系统中就曾应用卡尔曼滤波计算目标轨迹，做瞄准修正等。但应用卡尔曼滤波困难也较多，一是运算量大，其次是要求目标运动模型、误差统计模型比较准确，否则不仅滤波精度低，甚至会导致滤波器发散，即误差越来

越大。

另外，自适应滤波是对上述一些滤波方法的修正，这里就不展开分析了。

3. 复合轴控制与跟踪

复合轴结构是双通道控制或二维关联控制系统的一种实现结构，可大幅度提高光电跟踪系统的跟踪精度和响应频率。复合轴系统最基本的技术问题是提高子轴系统的性能，即提高精跟踪器和快速控制反射镜组成的子系统的跟踪精度和响应速度，在光电跟踪观测、硬盘定位控制、芯片制造、光刻、纳米级定位、卫星激光测距、激光通信和光束稳定控制等系统中有着广泛应用。

由此可知，复合轴控制（也称为双阶控制）是提高光电跟踪系统跟踪精度和控制带宽的一种有效手段，尤其在光束定向器系统中，不仅要求系统要稳定地跟踪上动态目标，而且必须将光束锁定在目标的某一点上，这对控制系统的要求是非常高的，必须采用双或三复合轴控制方式。

复合轴光电跟踪系统的粗跟踪（机架）对运动目标进行捕获与粗指向，而精跟踪（子轴）是对前一级控制系统的残差进行更快速、更高精度的闭环校正，从而进一步提高跟踪精度。因此，在高精度跟踪控制领域，复合轴控制技术是实现微弧度角秒级甚至亚微弧度非常有效的手段。

相关的控制理论已经证明复合轴控制系统的误差抑制能力是粗跟踪和精跟踪误差抑制能力之积，灵敏度函数的带宽主要由精跟踪（子轴）决定，因此精跟踪控制系统的带宽越高，误差抑制能力越强，复合轴控制系统的稳定性越高。

已有的实验证明，精跟踪的闭环带宽应是粗跟踪的闭环带宽六倍以上，最优能达 10 倍甚至更高，这就要求精跟踪探测系统具有很高的采样频率。因此，精跟踪图像探测系统通常设计为小视场、高分辨率，并且采用高帧频的图像传感器。这样既能提高精跟踪控制系统的采样频率，又能提高测量精度，从而提高精跟踪系统带宽以及跟踪精度。

4. 扰动抑制技术

扰动抑制是所有运动控制系统面临的首要问题，同样也是光电跟踪系统需要解决的技术难点。扰动始终存在光电跟踪控制系统中，比如电机力矩波动、驱动系统的噪声、传动装置的接触摩擦、平台的振动、光轴的抖动等。

复杂的扰动将影响跟踪精度甚至破坏系统稳定性。扰动难于消除主要有 4 个原因：首先，扰动模型本身具有不确定性，且难于建立精确的数字模型，从而不能完成补偿；其次，传统的线性控制器由于受到带宽的影响，扰动抑制性能必然受到限制；再者，有很多扰动，传感器无法直接获取；最后，由于受到电机力矩、机械结构特性以及传感器响应的限制，有限的控制带宽制约了控制系统性能。

根据对光电跟踪系统影响方式的不同，将扰动抑制技术可分为精密驱动技术、惯性稳定技术、振动抑制技术等三个方面。

5. 视轴跟踪技术

视轴跟踪是指利用图像传感器或者轨迹数据对感兴趣的动态目标实时地闭环跟踪。目标轨迹一般难于精确获取，所以大部分引导跟踪只用于目标的捕获。基于图像的视轴跟踪才是最终的目的，也是跟踪精度的直接体现。在光电跟踪系统中图像传感器只提供目标差，由于图像传感器积分成像以及处理、传输存在大量延迟。因此，高精度视轴跟踪是一个颇具挑战性的工作。提高控制系统增益或增加环路积分个数以提高开环系统的无静差度，从而提高跟踪精度。但是，同时要特别注意多个积分以及高增益将影响甚至破坏系统的稳定性。前馈控制是在闭环控制系统中增加开环控制支路用来提供输入信号的导数从而使系统静差度提高，可以较好地解决精度与稳定性之间的矛盾问题。然而，图像传感器由于无法直接提供目标轨迹，光电跟踪系统无法直接实现前馈控制。利用预测滤波构成等效的前馈控制将是精密跟踪技术的发展方向。

6. 未来发展方向

经典的固定基座或者运动平台下光电跟踪控制系统主要解决扰动抑制以及目标跟踪任务，由于受到控制带宽与传感器分辨率的影响，在环境振动以及机动目标条件下跟踪精度有限。

对共孔径以及多通道控制系统建模、子轴快速跟踪系统等相关技术的研究，使得复合轴系统的出现，更进一步提高了光电跟踪系统性能。将智能技术与光电跟踪系统相结合，并重点解决平台载荷一体化精密控制技术，可以实现独立的智能光电跟踪系统。在这一层次，光电跟踪系统一般都是独立完成跟踪与测量任务，但是体积较大、成本较高，受到运载平台限制，降低了可靠性以及时效性。因此，对光电跟踪系统发展方向可以大致归纳如下：

(1) 发展分布式光电跟踪系统；

(2) 集群和多机协同跟踪与测量体系将会是未来光电跟踪系统重点发展方向；

(3) 多智能协同光电跟踪系统是将多智能体系统与光电系统相结合的产物，是光电跟踪系统智能化的发展目标。

光电跟踪控制系统作为动态目标定位与跟踪技术的关键组成部分，在精密测量、航空航天、天文观测和靶场测量等领域有着广泛的应用。近年来由于机动平台的发展，比如车载、高铁、无人机、飞行器等具有机动性强、覆盖范围大的平台，突破了时间与空间的优势。尤其是无人平台的发展，使光电跟踪系统的性能得到更好的发挥。分布式光电跟踪系统不需要融合中心，对通信网络要求较低，同时具有较强的鲁棒性。在分布式目标跟踪中，将每个光电跟踪器看成一个智能体，则各智能体同时具备测量、通信与计算能力，各智能体可与其邻接智能体交互测量和估计信息以提高估计精度。

12.7 光电跟踪伺服系统设计示例

对于运动载体上的光电跟踪伺服系统，要实现对目标的快速跟踪，其核心就是解决如何在运动载体颠簸的情况下，给跟踪测量设备的关键组成(CCD 摄像机、红外热像仪和激光测距器等)，提供具有空间稳定性的惯性基准，使这些光电传感器在载体运动时仍然可以实现稳定的功能，获得清晰的图像，从而使光电跟踪伺服系统能够对机动目标实现稳定和精确的跟踪。伺服系统的总体方案设计是围绕这个核心问题展开的。该类系统是一个复杂的有机整体，它涉及光学、机械、电子和控制技术等多个方面的知识。怎样使光、机、电有机结合，使系统的整体性能达到最优是系统设计的重点。而根据光电跟踪伺服系统的性能指标确定系统设计方案是设计的首要内容，这里通过举例分析介绍某型船舶光电跟踪伺服系统的设计。

12.7.1 主要性能指标

假设船舶光电跟踪伺服系统给定的主要技术指标如下：

1) 工作范围

方位 0°～360°，连续旋转；俯仰 −20°～+80°。

2) 跟踪性能

(1) 跟踪角速度：方位最大角速度≥120°/s；俯仰最大角速度≥120°/s；最低平稳跟踪角速度≤0.03°/s。

(2) 跟踪角加速度：方位最大跟踪角加速度≥160°/s^2；俯仰最大跟踪角加速度≥150°/s^2。

(3) 反应时间：<0.5s。

3）环境条件

在五级海况情况下，视轴稳定精度≤±3mrad；应满足 GJB4.1-83～GJB4.13-83。

4）指向器外形尺寸和重量

高度≤1.2m；回转半径≤0.35m；重量≤100kg。

12.7.2 光电跟踪伺服系统的总体结构

系统主要由陀螺稳定转台、电气控制柜以及接口电缆等部分组成。陀螺稳定转台一般安装在船舶舱外，通过增高法兰使系统具有较高的观测高度和较宽的可视范围，该转台装载了可见光电视和红外摄像系统，分别对昼间和夜间目标进行观测、识别和跟踪，具有作用距离较远以及全天候工作的能力。电气控制柜主要由主控制台、图像处理系统、伺服控制系统和电源等几部分组成，常被放在控制舱内。电气控制柜和陀螺稳定转台的连接关系如图 12.24 所示。

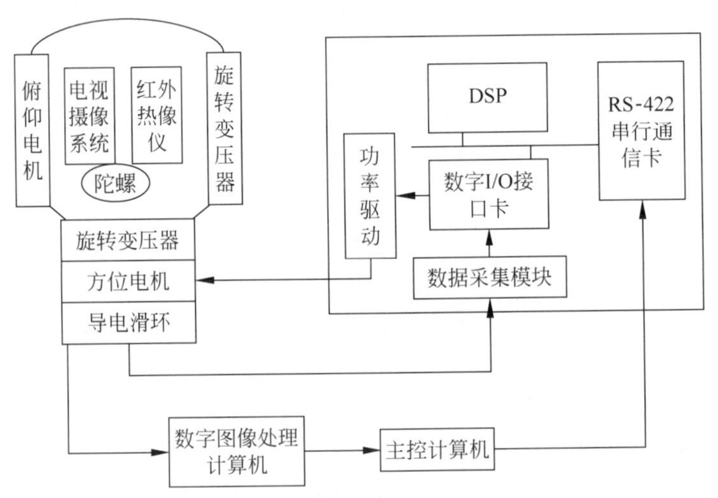

图 12.24 电气控制柜和陀螺稳定转台的连接关系

主控制台是主要的人机交互接口，主要包括所有手动操控指令按键(如系统总电源开关和主控计算机开启开关等)，单杆以及监视器；图像处理系统包括视频处理部分和图像处理部分，视频处理器对摄像机输出的图像信号进行带宽压缩、降噪以及对比度增强等预处理，预处理后的图像信息一路送到图像处理器，另一路通过视频综合、分配器将其与外部设定的信息混合叠加，最终送到监视器中显示；伺服控制系统主要接收主控计算机、图像处理计算机、压电速率陀螺、光电成像传感器以及旋转变压器等发送来的指令、状态和误差信号，然后对其进行综合处理，计算出驱动伺服转台电机转动的控制电压来完成对转台的操作和控制，从而实现光电跟踪系统视轴的稳定和对目标的精确跟踪；电源部分为系统各部分提供所需要的电源，直流电源主要是通过直流开关电源模块将舰船所用的交流电转换获得的。所设计的光电跟踪伺服系统具有操纵杆导引、计算机数字引导、光电成像传感器自动跟踪和自动扫描搜索方式等多种工作模式。

（1）操纵杆引导：操作人员通过操纵单杆来改变光电成像传感器视轴的指向，单杆输出的两轴(X 轴、Y 轴)模拟信号分别代表光电成像伺服系统的方位和俯仰转动，主控计算机采集单杆的控制信号，将命令和数据传送给伺服控制系统，由伺服控制系统驱动转台产生相应运动。

（2）计算机数字引导：伺服控制系统按照主控计算机发送的引导、搜索和自检用的正弦、速度、定点等角位置数据控制转台完成相应功能。

（3）光电成像传感器自动跟踪方式：系统处于自动跟踪方式时，主控计算机将从图像视频处理器接收到的方位、俯仰脱靶量数据发送给伺服控制系统，伺服控制系统控制转台朝减小脱靶量的方向转动，使光电成像传感器视轴指向目标，从而实现对目标的自动跟踪。

（4）自动扫描搜索方式：处于此工作模式时，光电跟踪伺服系统按照预先设定的扫描方式在预先设定的扫描区域内进行扫描搜索。

为确保各种状态间可靠切换，设置了切换记忆电路，既可由专用计算机自动控制切换，也可人工选择。

12.7.3　伺服控制系统的方案设计

伺服控制系统方案设计应考虑伺服控制系统结构和核心控制器选择。

1. 伺服控制系统结构

光电跟踪伺服控制系统是一个位置随动系统，具有方位和俯仰两套独立的系统。其主要接受图像处理计算机、主控计算机、陀螺仪和旋转变压器等部件的指令、状态和误差信号，然后经过 DSP 微处理器综合处理，形成驱动伺服转台电机转动的控制电压来完成对转台的操作和控制，从而实现光电跟踪设备视轴的稳定和对目标的准确跟踪。

伺服控制系统的控制对象伺服机械结构在工程实现中，采用了小型化的二维转台结构形式。本系统安装于船舶上，考虑到海洋工作环境和室外防护要求，将传感器各信号线布置在转台内部，有效避免了强光照射和雨雾腐蚀，使传输线路的防腐和抗老化等性能大大提高。转台控制连接线和传感器各信号线都从指向器底部引出，均位于增高法兰的内部，这可使转台外部没有接插件和电缆电线，从而增强了设备抗老化性能和提升了美观度。

在伺服控制系统的设计中经过反复调研、需求分析和技术论证，为了实现转台的高性能，最终确定在采用陀螺直接稳定方案的基础上，在控制系统结构的工程实现中采用将模拟电流环、模拟速度环、数字稳定环和数字位置环组合成的串级复合控制方案。方位轴的控制系统结构原理图如图 12.25 所示，与俯仰轴的控制结构原理图是相同的。

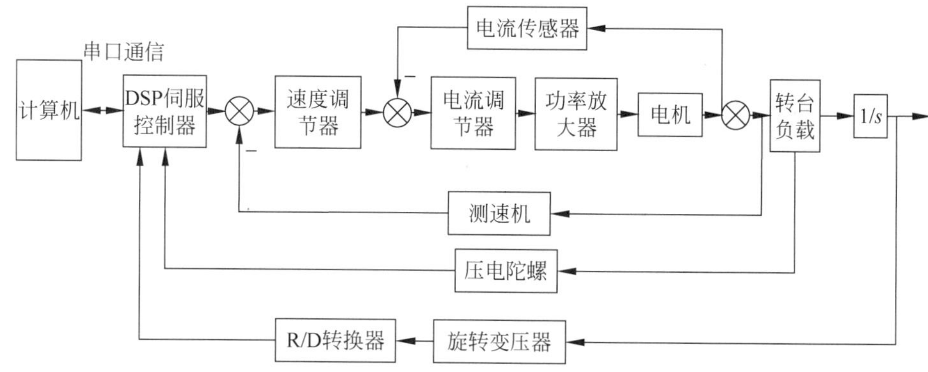

图 12.25　方位轴控制系统结构原理图

电流环通过电流传感器形成电枢电流负反馈，实现对电流的平稳控制，从而降低电流电压波动的影响，提高控制力矩的线性度，对结构谐振环节有一定的抑制作用，使回路具有宽的带宽。

双速度环主要用于隔离船摇扰动，让负载框架在惯性空间内保持稳定。它将速度稳定环应有的抗摩擦干扰功能和隔离船舶扰动功能分开设计实现，以直流测速电机为转速测量反馈构成模拟速度内环，以陀螺的“空间测速机”功能组成数字稳定外环。该设计的特点：提高系统刚度，增强系统阻尼，补偿非线性，改善回路的动态特性；减少负载和其他参数变化对系统的影响；抑制干扰，速率陀螺敏感框架相对于惯性空间的角速率，海浪扰动成为稳定环内的一个干扰源。

位置环主要是根据系统的工作方式命令，实现精确定位和对机动目标的快速、准确跟踪。由光电成像跟踪器或者旋转变压器构成系统主反馈，通过设计合适的伺服控制器，使系统性能满足动、静态指标的要求。

2. 核心控制器选择

针对本伺服控制系统的任务要求，对核心控制器的选取主要考虑以下几点：

(1) 处理器的运算能力是否满足系统的需求，主要看处理器的工作频率、数据位数和指令系统。

(2) 处理器片上资源的丰富程度，从伺服控制的角度来看，主要包括：I/O 口的数量、有无 A/D 和 D/A 接口，有无必要的外设接口，是否需要扩充存储器等。

(3) 处理器的软硬件开发环境，能否得到较多的支持。

(4) 处理器的可靠性指标和性价比。

以往，传统的转台设计对核心控制器主要有工业控制机或单片机两种选择。工控机的主要优点是易于构建多工控制以及人机交互界面，但 CPU 大量资源被操作系统耗费，且具有功耗高、实时性差和价格昂贵等缺点，不适合应用在现代化的船舶光电跟踪伺服系统中。单片机多用于较为简单的控制系统，具有开发容易、成本低廉等优点。但其主频较低，片上资源少，不适合用于高集成化、高精度要求的控制系统。

综上所述，传统的工控机和单片机难以适合这里所设计的转台控制系统，因此，选择采用 DSP(或 DSP＋FPGA)作为核心控制器。它是一款适合于进行数字信号处理运算的微处理器，其突出的特点是具有可编程性、实时运行速度快，运行速度可达每秒数以千万条复杂指令程序，并且集成了丰富的外设模块和扩展接口以及具有较低的功耗，这使其能满足对核心控制器的要求。

12.7.4 负载力矩及相关主要部件选型

为了对光电跟踪伺服控制系统进行工程上的设计与开发，必须对转台在实际工作环境下的负载力矩进行估算，从而选定合适的执行部件。对开发系统中测速、测角以及驱动等部分所涉及的元器件、部件的选型进行进一步的论证分析，有助于实际开发工作的顺利进行。

1. 负载力矩

方位驱动系统的负载主要包括惯性载荷、风载荷以及摩擦阻力。对于俯仰驱动系统，除此之外，如果俯仰转动部分的重心不在转动轴上，还包括不平衡力矩负载。

惯性负载取决于角加速度以及物体的转动惯量。风载荷是由空气对物体的相对运动产生的，当风向角不为零时，对称位置除外，在转轴两边的投影面积不相等，假设风压分布是均匀的，这样便会产生一个风力矩。风载荷力矩的计算是一个较复杂的问题，其影响因素比较多，例如转台的转动速度、风速、转台的形状、方位角和俯仰角等，通常采用近似模型进行估算。方位轴负载力矩、俯仰轴负载力矩分别由相应的惯性力矩、风力矩和摩擦力矩组成。

2. 执行部件选型

一般要求光电跟踪伺服系统具有精度高、响应快和跟踪平稳性好等特性。根据这些性能要求特点，系统大多采用以直流力矩电机为驱动元件来直接驱动转台。直流力矩电机是一种低转速、大转矩的直流电动机，可在堵转下长期工作，也可以直接带动低速负载和大转矩负载，具有转速和转矩波动小，机械特性硬度大和调节特性线性度好等优点。直接驱动力矩电机同其他的伺服系统驱动元件相比具有下述特点：

(1) 在负载轴上具有更高的力矩-惯量比,从而具有更高的加速度能力。

(2) 在力矩电机轴和负载轴之间具有更高的耦合刚度,具有高的机械谐振频率,这样就可以获得高伺服带宽和伺服刚度。

(3) 快速响应、高分辨率。由于力矩电机本身很小的电感值,当力矩电机电枢电压加上以后,就可以使力矩电机转矩高速增长。并且由于没有采用齿轮链,不存在齿隙所产生的死区,位置分辨率只与误差传感器系统有关。

(4) 高线性度。力矩电机的转矩直接和输入电流成正比,和角速度或角位置无关。

(5) 结构性能好。力矩电机为无框架结构和扁平型,节省了普通电机的框架和外罩的重量和空间,非常适合于和测速机以及负载同轴安装,具有相对小的体积和重量,具有更长的寿命与更高的可靠性。

系统选用分装式永磁式直流力矩电动机作为驱动元件,所选 J160LYX105 型直流力矩电机满足最大力矩要求。结合估算的惯性力矩和系统所要求的动态响应性能指标,方位、俯仰轴所选的电机型号及其性能参数如表 12.2 所示。

表 12.2 方位、俯仰轴所选的电机型号及其性能参数

电机	型号	峰值堵转			连续堵转			最大空载转速 /(r·min^{-1})	电气时间常数 /ms	转动惯量 /(kg·m^2)
		电压 /V	电流 /A	力矩 /(N·m)	电压 /V	电流 /A	力矩 /(N·m)			
方位电机	J160LYX105	60	15	36	25	6.3	15	180	5	0.018
俯仰电机	J160LYX05	27	7.5	16	15	3.9	9	95	3	0.019

3. 直流测速机选型

选择直流测速电机,首先是根据它在控制系统中的功用确定对它的基本要求。当作为高精度速度伺服系统中的测量元件时,既要注意考虑线性度和纹波电压,又要注意考虑灵敏度;作为解算元件则重点考虑纹波电压和灵敏度;当作为阻尼元件使用时,则着重考虑灵敏度。

其次是确定灵敏度范围。灵敏度低限由误差信号的最小值和系统要求的控制精度来确定。每个测速电机都有不允许超过的额定输出电压,以免降低性能。因此,测速电机不允许使用在超过产生额定输出电压的转速轴上。这决定了灵敏度的上限,即由额定输出电压除以负载轴最大转速而得。一般选择的测速电机灵敏度可以是上述的上下限之间的适当值。系统选择永磁式低速 J160CYD01GJ 型测速发电机是合适的。在测速电机产品目录的技术数据中常常给出了该机工作的最高转速。如果最高转速大于负载轴最高转速,这个测速电机的灵敏度将一定小于灵敏度上限。从测速电机线性度的观点来看,通常希望负载轴的转速工作于测速电机额定转速的 1/2～2/3 为宜。方位、俯仰轴所选用的直流测速电机的主要技术参数如表 12.3 所示。

表 12.3 方位、俯仰轴所选用的直流测速电机的主要技术参数

电机	型号	输出斜率 /[V·(r/min)$^{-1}$]	电枢转动惯量 /(kg·m^2)	纹波系数/%	额定工作转速 /(r·min^{-1})
方位测速电机	J160CYD01GJ	0.3	0.05	0.5	240
俯仰测速电机	J80CYD01	0.35	3.0×10^{-4}	3.5	310

4. 角速率陀螺选型

稳定速度环是隔离载体干扰的重要环路，安装在指向器内的速率陀螺构成惯性空间速度负反馈。陀螺影响着位置伺服控制精度以及低速平稳性等，它的选择对系统的性能很重要。

陀螺是惯性技术的重要部件之一，主要有机械陀螺、动力调谐陀螺、静电陀螺、激光陀螺、压电速率陀螺、光纤陀螺及石英音叉陀螺等。目前应用较多的是机械陀螺、压电速率陀螺和光纤陀螺。

机械陀螺测定物体绕惯性空间的转速和方向是利用高速旋转的机械转子的定轴性和进动性原理，这种结构易产生随机漂移，主要是由加速度和振动造成的。另外，这种陀螺启动时间长，结构复杂、制造和安装困难，成本也较昂贵。

光纤陀螺具有体积小、功耗低、启动时间短、动态范围宽和抗振动冲击能力强等优点，其应用前景十分广阔。但目前光纤陀螺在工程化应用过程中仍存在着许多问题：信噪比、零启动、热平衡以及长时间处于工作状态下的性能稳定性等。

与上述两种陀螺相比，压电速率陀螺具有固有谐振频率高、频带宽、安装简单、使用方便以及工作寿命长等优点。虽然压电速率陀螺存在精度较低，噪声大等问题，但考虑到其体积小、安装方便，并且具有较好的可靠性和较长的寿命（可达 10^5h 以上）等因素，这里选择压电速率陀螺。

所选用的角速度陀螺在满足项目确定的部分技术指标（如跟踪误差、横摇、纵摇最大扰动角速度等）要求的基础上，还需满足其他一些相关要求，例如工作电源电压是否与整个系统匹配、工作温度是否满足系统工作环境的要求等。

综合考虑上述各种要求，选用某型压电速率陀螺，它提供数字和模拟两种输出信号，其数字输出采用 RS-422 串口模式，具有功耗低、启动快和零点漂移低等特点。

所选用的压电速率陀螺的主要技术指标如下：①工作电源：±5V；②工作电流：<60mA；③测量范围：±40°/s；④带宽：≥40Hz；⑤比例系数：98mV/°/s；⑥启动时间：1s；⑦质量：340g。

5. 位置检测元件选型

位置测量元件直接决定着系统的跟踪精度，作为伺服控制系统的重要部件，对其选型是至关重要的。常用的位置检测元件有直线磁栅尺、光电轴角编码器以及旋转变压器等线位移或角位移传感器。光电轴角编码器具有接口简单、使用方便的特点，且输出为数字信号，非常便于数字伺服系统的设计；但是其抗振动、冲击的能力比较差，在恶劣的环境下不适合使用。旋转变压器的电气接口比较复杂，输出信号还需要相应的模块进行模数转换，另外还需要参考励磁电源；但其可采用套轴安装方式与转台结合为一体，不仅提高了系统的跟踪精度，而且具有很强的抗振动、抗冲击的能力。

所设计的系统应用于船舶上，对系统伺服回路的精度要求也很高。为保证系统精度，并且适应恶劣的工作环境，系统选择套轴式多级旋转变压器。

选用的型号为 160XZ0B 型旋转变压器的参数如下：①极对数：1/32；②额定电压：12V；③频率：400Hz；④精度等级：0 级，电气误差为±3′；⑤转子电阻：100Ω；⑥定子电阻：sin 为 160Ω；cos 为 160Ω；⑦间隙：0.20mm。

其检测精度可达到 10″～20″。没有电刷接触有助于提高系统可靠性。旋转变压器经过模块式轴角/数字（R/D）转换器的转换，其输出的数字信号精度可以达到二进制 16 位，1LSB 对应的角度为

$$\frac{360\times 3600}{2^{16}-1}=19.78''$$

伺服回路要求的静态定位精度为 1.7′（约 0.03°），所以测量元件的精度能够满足回路定位精度的要求。

6. 驱动器选型

根据所选直流力矩电机的额定工作条件，结合技术成熟度以及成本等因素，选择某公司生产的PWM直流伺服驱动器。

驱动器伺服系统控制部分采用专用电流伺服模块构成高速电流内环，在此基础上通过速度调节器实现高伺服精度的速度闭环控制。在系统具体的性能指标确定之后，可在订购伺服驱动器时，由厂家结合具体要求对电流环和速度环调节器进行相关参数的配置。通过查询数据手册可知，电流内环的响应频带宽可达1kHz以上，模拟速度外环的响应频带可达30Hz，具有较高的伺服精度和动态品质。为保护功率放大器件和提高系统的可靠性，伺服驱动器可实现电压保护、电流保护、漏电保护、速度环超差保护、过热保护和超载保护等全面的自我保护。

所选驱动器的主要规格参数如表12.4所示。

表12.4　驱动器的主要规格参数

型　　号		SC10D550
基本参数	驱动频率	≥16kHz
	额定电流	3.3A
	正常工作电压	24～60V
功率控制方式		MOSFET四象限PWM控制
最高平均输出电压		供电电压×0.95
反馈元件		测速机
电流控制	阶跃响应特性	上升时间≤0.5ms，超调量≤15%，调整时间≤1ms
	电流环频带	≥500Hz
速度控制	阶跃响应特性	上升时间≤15ms，超调量≤15%，调整时间≤75ms
	正弦频带响应带宽	≥30Hz(空载)
	静差率	≤0.1%
	线性度	≤0.4%

12.7.5　系统总体计算

这里主要包括工作范围、跟踪性能、环境条件、转台外形尺寸和重量等计算验证(论证)。

1. 工作范围

性能指标要求：方位0°～360°，连续旋转；俯仰−20°～+80°。

系统采用二维跟踪架结构形式，直流力矩电机采用分装的结构与跟踪架结合，只需在俯仰方向设置限位便可以满足性能指标要求。

2. 跟踪性能

1) 跟踪角速度

根据所选方位、俯仰电机，在其机械特性上分别找出最大角度对应的电枢转矩均大于各自的负载力矩，可以满足方位最大角速度≥120°/s、俯仰最大角速度≥120°/s的性能指标要求。

2) 跟踪角加速度

根据电机选型可知，方位、俯仰电机的连续堵转力矩M分别为15N·m和9N·m；通过计算，转动惯量J分别为3.5kg·m^{2}和2.1kg·m^2。

由刚体转动定理公式$M=J\beta$可知，方位最大角加速度$\beta_A=\dfrac{M}{J}=\dfrac{15}{3.5}=245.7°/s^2$；俯仰最大角加速

度 $\beta_E=\frac{M}{J}=\frac{9}{2.1}=245.7°/s^2$。

由此可知满足最大角加速度的性能指标要求。

3）反应时间

由仿真可知反应时间约为0.3s，满足小于0.5s的要求。

3. 环境条件

在五级海况的情况下，由仿真可知，视轴稳定精度满足≤±3mrad的要求。通过选用军品级元器件、部件，以及采用环境适应性措施和特定工艺等方法，可以保证满足使用环境GJB4.1-83～GJB4.13-83的要求。

4. 转台外形尺寸和重量

设计的俯仰包是一个 ϕ560mm的空心球体，里面装有可见光摄像机、红外热像仪、旋转变压器、测速电机、速率陀螺以及俯仰力矩电机等部件。

方位U形框支架高度为450mm，U形框的厚度为80mm，里面装有方位力矩电机、旋转变压器、测速机等部件。

俯仰包的半径 $r=0.28$m，满足回转半径≤0.35m的设计要求。

整个系统高度由方位U形框支架、U形框以及俯仰包的长度来确定，故系统的高度为

$$h=560+450+80=1090\text{mm}=1.09\text{m}$$

满足高度≤1.2m的要求。

整个系统的重量是由跟踪架以及所选元部件的重量组成：跟踪架外壳，可见光摄像机，红外热像仪，旋转变压器，方位、俯仰力矩电机，方位、俯仰测速电机和速率陀螺。通过计算，整个系统的总重量为86.39kg，满足重量≤100kg的设计要求。

通过以上计算分析可知，可以满足系统主要指标的要求。

本节根据给出的光电跟踪系统的性能指标，确定了光电跟踪伺服系统的总体结构以及系统的总体设计方案，选择了伺服控制系统的结构，并对主要部件进行了选型。根据性能指标，经过总体计算，计算结果表明满足系统主要性能指标的要求，这些为后面的数学建模提供了基础。

12.8 光电跟踪伺服系统的建模与仿真示例

对于光电跟踪系统（以船舶载体为例），跟踪伺服系统是其重要的组成部分，设计好坏直接影响设备的性能。针对被跟踪的目标速度更快，机动性更强等情况，对伺服系统的响应特性、跟踪精度等性能指标也提出了更高的要求。在设计高性能的船舶光电跟踪伺服系统时，对系统进行建模和仿真是非常重要的环节，它可以提前发现设计中的原则性错误，验证设计是否合理。在选定光电跟踪伺服系统控制结构的基础上，依据选择的主要关键元器件、部件参数及初步选定的系统参数建立伺服系统的数学模型，借助MATLAB软件来仿真分析所设计的伺服系统的稳态和动态特性，并确定出满足设计指标要求的同时技术上可实现的系统参数。系统建模和仿真使系统的分析和设计大为简化，可有效降低开发成本，对系统设计具有重要意义。

12.8.1 伺服系统的工作原理与结构

为了满足伺服系统具有快速响应特性、高跟踪精度和可靠性控制等要求，控制系统一般采用多闭环的串级复合控制结构，由电流环、速度环和位置环三个回路组成。对于运动载体上的伺服系统，由于受船舶摇晃的影响，尤其是在恶劣的气象条件下，船体的摇摆以及风力矩等各种因素将会使跟踪转台光轴偏离瞄准目标，同时载体在方位、俯仰方向上的角运动或振动通过摩擦耦合导致光电跟踪转台的抖动，进而引起光电成像传感器准线视轴的抖动。为解决这个难题，在速度环结构上通常采用双速度环，以直流测速机为电机转速测量反馈构成模拟速度内环，利用陀螺的“空间测速机”功能组成数字稳定外环，将速度稳定环应有的抗摩擦干扰功能和隔离船舶扰动功能分开实现。具有四个回路的船舶光电跟踪伺服系统的控制结构框图如图 12.26 所示。图中，ω 为电机输出的角速率，ω_f 为摩擦干扰力矩折算到电机轴上的角速率，ω_s 为船舶扰动引起的转台角速率，ω_L 为转台角速率。

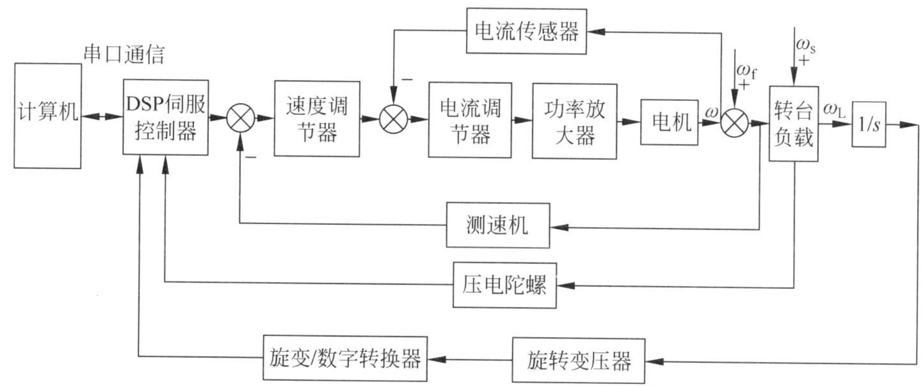

图 12.26 船舶光电跟踪伺服系统的控制结构框图

12.8.2 伺服系统主要部件的数学模型

主要部件的数学模型包括直流力矩电机数学模型、PWM 功率放大器模型、测速电机、测角装置的数学模型和压电速率陀螺数学模型等。

1. 直流力矩电机数学模型

直流力矩电机的等效电路如图 12.27 所示。

由基尔霍夫电压定律和转矩平衡方程可将直流电动机的动态特性描述为

$$\begin{cases} U_a(t) = RI_a(t) + L\dfrac{\mathrm{d}I_a(t)}{\mathrm{d}t} + E(t) \\ E(t) = K_B\omega(t) \\ T_{em}(t) = K_T I_a(t) \\ T_{em}(t) = T_d(t) + J\dfrac{\mathrm{d}\omega(t)}{\mathrm{d}t} \end{cases} \tag{12.82}$$

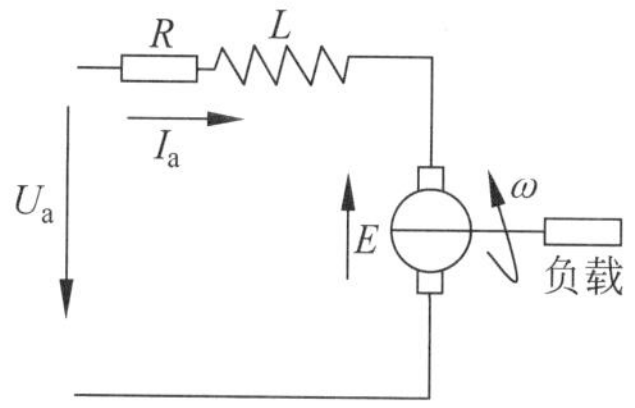

图 12.27 直流力矩电机的等效电路

式中，U_a 为电枢电压；I_a 为电枢电流；R 为电枢电路总电阻；L 为电枢电路总电感；E 为感应电动势；K_B 为感应电动势常数；ω 为电动机转动角速度；T_{em} 为电动机电磁转矩；J 为折算到直流力矩电机轴上的转动惯量；T_d 为负载转矩；K_T 为电动机转矩系数。

设初始条件为零，将方程组式(12.82)进行拉氏变换后可得

$$\begin{cases}U_a(s)=RI_a(s)+LsI_a(s)+E(s)\\E(s)=K_B\omega(s)\\T_{em}(s)=K_TI_a(s)\\T_{em}(s)=T_d(s)+Js\omega(s)\end{cases} \tag{12.83}$$

消去中间变量 $E(s)$，可以得到电机的电枢回路模型：

$$I_a(s)=\frac{U_a(s)}{Ls+R}-\frac{K_B\omega(s)}{Ls+R} \tag{12.84}$$

消去中间变量 $T_{em}(s)$，可以得到控制电流与输出转速之间的模型：

$$\omega(s)=\frac{K_T}{Js}I_a(s)-\frac{T_d}{Js} \tag{12.85}$$

由式(12.84)和式(12.85)推导可得电机模型方框图，如图12.28所示。

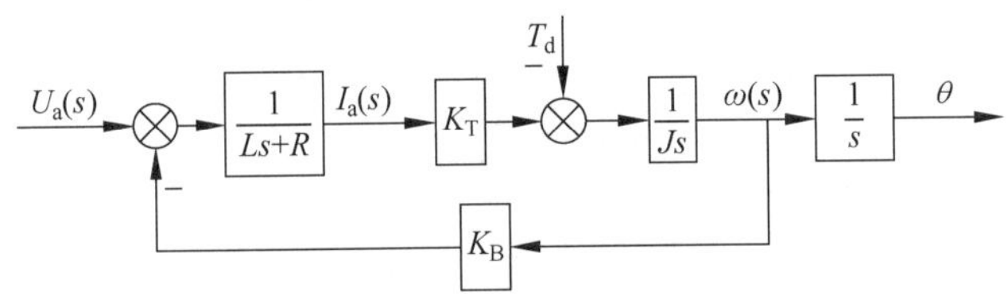

图12.28 电机模型方框图

当力矩为零时，系统以电枢电压 $U_a(s)$ 为输入变量，电动机角速度 $\omega(s)$ 为输出变量，直流力矩电机的传递函数为

$$\frac{\omega(s)}{U_a(s)}=\frac{K_T}{LJs^2+RJs+K_BK_T} \tag{12.86}$$

令 $T_e=\frac{L}{R}$(电气时间常数)，$T_m=\frac{RJ}{K_BK_T}$(机电时间常数)，代入式(12.86)得

$$\frac{\omega(s)}{U_a(s)}=\frac{1/K_B}{T_eT_ms^2+T_ms+1} \tag{12.87}$$

根据所选某型电机的参数可知，电动势常数 $K_B=4.41\text{V/rad/s}$，电动机转矩系数 $K_T=0.245(\text{kg}\cdot\text{m/A})$，电气时间常数 $T_e=0.005\text{s}$，机电时间常数 $T_m=13\text{s}$，可得方位力矩电机加负载的传递函数为 $\frac{\omega(s)}{U_a(s)}=\frac{0.227}{(1+13s)(1+0.005s)}$。

2. PWM功率放大器模型

PWM功率放大器可以看作是一个滞后的放大环节，由其工作原理可知，当控制电路的输出电压 U 改变时，PWM功率放大器的输出电压改变要等到下一个周期，它的延时最多不超过一个开关周期 T。由于脉宽调速系统中，开关频率比较高，开关周期较小，所以当系统截止频率 $\omega_c\leqslant\frac{1}{3T_{PWM}}$ 时，通常把滞后环节近似为一个惯性环节。近似条件为

$$\frac{U_d}{U}=\frac{K_{PWM}}{T_{PWM}s+1} \tag{12.88}$$

式中，U、U_d 分别为输入、输出电压；K_{PWM} 为放大系数；T_{PWM} 为开关周期。

工程实际中，由于 T_{PWM} 较小，数量级一般为 10^{-4}s，可忽略不计，因此可以把它作为比例环节：

$$U_d = K_{PWM}U \tag{12.89}$$

所设计系统中控制信号提供给 PWM 放大电路的电压最大为 10V，而 PWM 放大电路最高要提供 60V 的电压供给直流力矩电机，即 $K_{PWM}=6$。

3. 测速电机、测角装置的数学模型

测速电机的响应都可以认为是瞬时的，因此它的放大系数也就是它的传递函数，即

$$K_v = \frac{U_n(s)}{n(s)} \tag{12.90}$$

式中，$U_n(s)$为测速电机输出电压，$n(s)$为测速电机转速。所选择测速电机模型的参数 $K_v = 0.3(\mathrm{V/(r/min)}) = 2.867\mathrm{V/rad/s}$。

跟踪式旋变/数字变换器(Resolver/Digital，R/D)模块的转换速度非常快(一般都是 μs 级)，因而其响应也可以认为是瞬时的，其比例系数为 1。

旋转变压器的传递函数为 $K_B=1$。

4. 压电速率陀螺数学模型

系统采用压电速率陀螺，在平衡作用于稳定转台上的干扰力矩过程中，陀螺力矩不起作用，它只起角速度测量敏感元件的作用，消除干扰力矩作用是全部通过直流力矩电机来实现的。压电速率陀螺将扰动力矩成正比的转换成电压信号，因此，可以看成一个比例环节：

$$G_g(s) = k_g \tag{12.91}$$

比例系数 k_g 由前级放大电路系数 k 和陀螺比例因子共同决定，由厂家提供的技术资料可知，$k_g = k\times 0.098 = 0.1\mathrm{V/^\circ/s}$。

5. 电流反馈环节数学模型

电流环使用精度很高的电阻对电流采样，由于 PWM 输出的电压信号是高频脉冲，所以电枢电流 I_a 也具有高频分量，所以要用低通滤波器滤除采样信号中的高频分量。采用模拟 1 阶巴特沃斯滤波器，采样电阻的阻值取为 1Ω，低通滤波器的通带下限频率设为 10 000rad/s，得电流反馈滤波环节的传递函数 $G_f(s)$为

$$G_f(s) = \frac{1}{0.0001s+1} \tag{12.92}$$

电流反馈可认为是一个比例环节，取驱动器的最大工作电流为 12A，则电流反馈的比例系数 β 为 $\beta=0.83(\mathrm{V/A})$。

12.8.3 环路建模仿真

这里环路建模仿真包括电流环路建模仿真、速率环建模仿真、数字稳定环等效模型和位置环建模仿真。

1. 电流环路建模仿真

电流环作为速度的内环，它可以使电枢电流严格跟随电压指令的变化从而准确控制电机输出的力矩，能够抑制电子噪声和反电动势等干扰量的影响，从而提高测速机速度闭环的稳定精度。电流闭环回路由电流调节器、PWM 功率放大电路、惯性环节$\dfrac{1/R}{T_e s+1}$、电流反馈滤波环节和给定滤波环节组成。其动态结构图如图 12.29 所示。

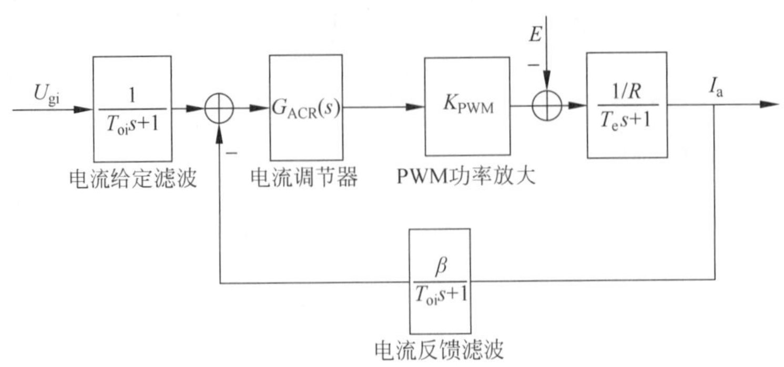

图 12.29 电流环动态结构图

从电流环超调量小、电流环以跟随性能为主的要求来看，将其校正为典型 I 型系统即可实现要求。电流环的控制对象具有两个惯性环节，可采用比例-积分（Proportion Integration，PI）型的调节器将电流环校正成典型 I 型系统，调节器传递函数 $G_{ACR}(s)$ 为

$$G_{ACR}(s)=\frac{K_i(\tau_i s+1)}{\tau_i s} \tag{12.93}$$

式中，K_i 为调节器比例系数；τ_i 为调节器超前时间常数。

系统 $T_e=0.005\text{s}$，$R=4\Omega$，滤波时间常数 $T_{oi}=0.0001\text{s}$。为了提高系统的快速性，消除惯性较大的电机电磁特性环节，即取电流调节器的超前时间常数 $\tau_i=T_e=0.005\text{s}$。将参数代入图 12.28，得到动态结构图（含实参）如图 12.30 所示。

在一般情况下，系统的电气时间常数远小于机电时间常数，对电流环来说，反电动势是一个变化较慢的扰动，可以认为反电动势基本不变，把给定的滤波和反馈滤波两个环节都等效地移到环内，经过简化和近似处理后得到电流环简化图如图 12.31 所示。

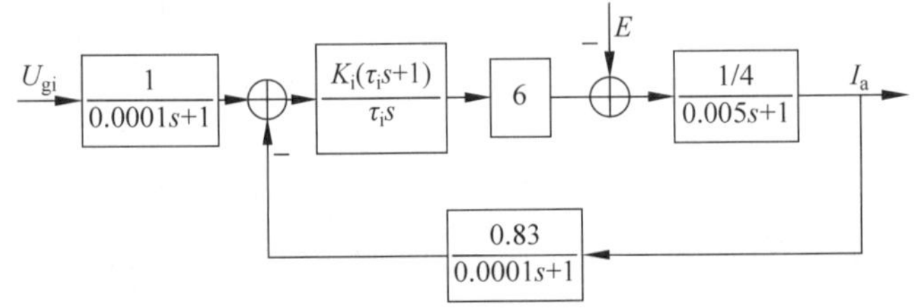

图 12.30 电流环动态结构图（含实参）

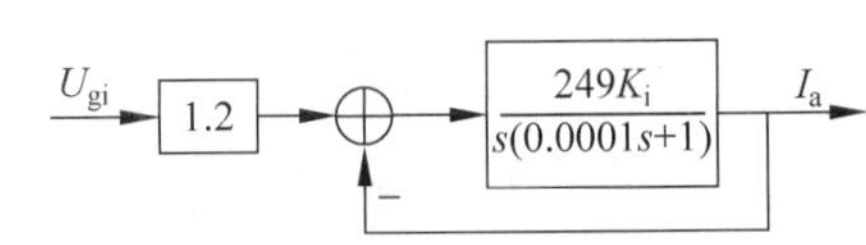

图 12.31 电流环简化图

按工程最佳参数来选择调节器参数，因此比例系数

$$K_i=0.5\frac{R\tau_i}{\beta K_{PWM}T_{oi}} \tag{12.94}$$

将上述参数代入式（12.94）可得：$K_i=20$。

调节器的传递函数为

$$G_{ACR}(s)=\frac{20(0.005s+1)}{0.005s} \tag{12.95}$$

若忽略控制器及电机输出饱和的非线性因素，对系统进行线性分析，校正后的电流环开环幅频特性、闭环频率特性和单位阶跃响应曲线分别如图 12.32、图 12.33 和图 12.34 所示。

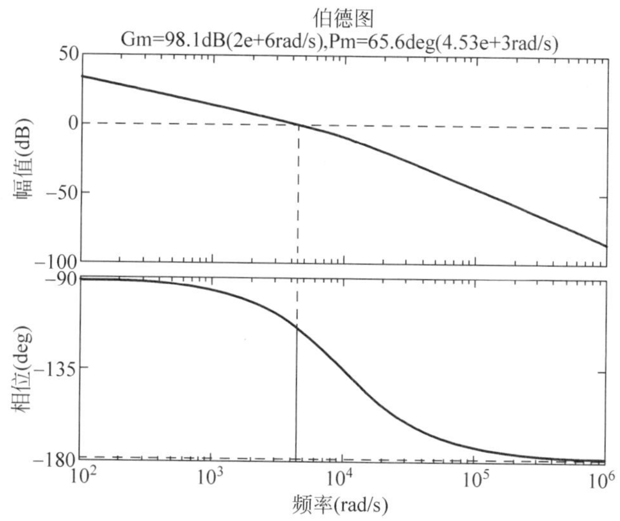

图 12.32　电流环开环幅频特性曲线

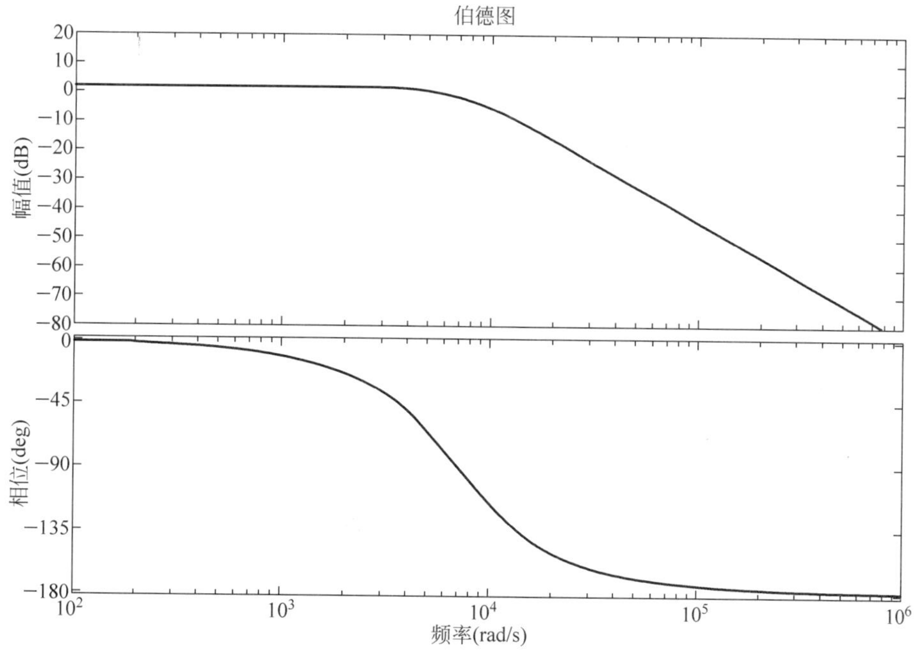

图 12.33　电流环闭环幅频特性曲线

从图 12.32 可以得出，电流环的幅值裕度为 912.1dB，相位裕度为 65.6°，开环截止频率为 721Hz；从图 12.33 可知，电流环闭环的截止频率 $\omega_B \approx 7020\text{rad/s}$，带宽约为 1118Hz；从图 12.34 可以得出超调量为 4.4%，上升时间为 0.31ms，调整时间约为 1.2ms。

2. 速率环建模仿真

从环路的结构看，速率环是电流环的外环，同时也是位置环的内环，在光电跟踪伺服系统中，速率环对消除摩擦力矩干扰、位置伺服精度以及低速平稳性有着显著的影响。因此速率环设计是否合理是保证伺服系统性能最优的关键。

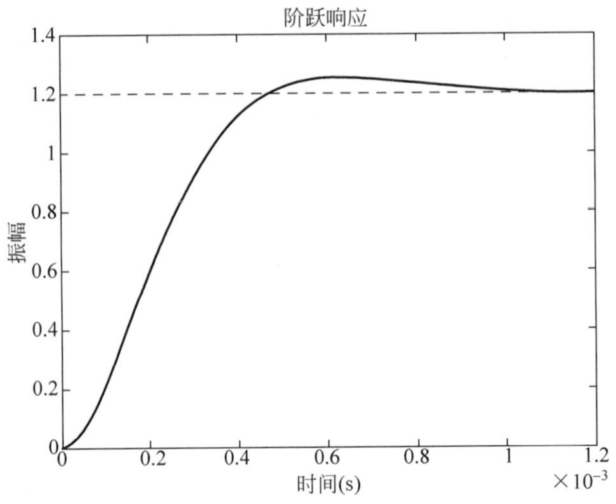

图 12.34　电流环单位阶跃响应曲线

在速率环设计过程中，将校正后的电流环等效成一个惯性环节，再将其与系统前向通道中的积分环节串联，构成速率环被控对象。

可知校正后的电流环开环传递函数 $G_{o1}(s)$ 为

$$G_{o1}(s)=\frac{4980}{s(0.0001s+1)} \tag{12.96}$$

作为转速环中的一个环节，它的闭环传递函数 $G_{cli}(s)$ 为

$$G_{cli}(s)=\frac{I_a(s)}{U_{gi}(s)}=\frac{1.2}{2\times10^{-8}s^2+2\times10^{-4}s+1} \tag{12.97}$$

当速率环开环频率特性的截止频率 ω_{cn} 满足近似条件

$$\omega_{cn}\leqslant\frac{1}{3}\sqrt{\frac{4980}{0.0001}}=2352\text{rad/s}$$

可忽略高次项，$G_{cli}(s)$ 可等效成一个惯性环节为

$$G_{cli}(s)=\frac{1.2}{2\times10^{-4}s+1}=\frac{1/\beta}{T_i s+1} \tag{12.98}$$

速率环调节器、电流等效环节、负载转台、速率反馈环节和给定滤波环节构成了速率环回路。设速率环调节器的传递函数为 $G_{ASR}(s)$，速率环动态结构图如图 12.35 所示。

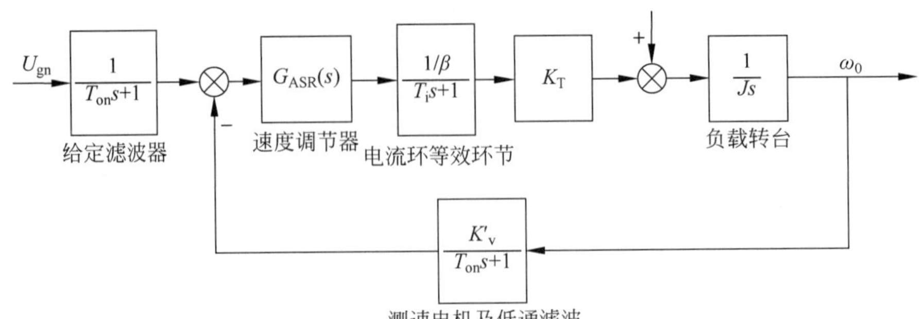

图 12.35　速率环动态结构图

根据信号电平配平原则，反馈通道的放大系数为 $K'_v=4.778\text{V/rad/s}$。依据所用测速电机的纹波情况，取转速滤波时间常数 $T_{on}=0.004\text{s}$。

为使速率环在稳态时无静差和在动态时具有较好的抗扰动性能，将速率环按典型 II 型系统校正。根据速率环被控对象的特点，采用 PI 调节器来校正，调节器传递函数为

$$G_{ASR}(s)=\frac{K_n(\tau_n s+1)}{\tau_n s} \tag{12.99}$$

将上述参数代入图 12.35，则速率环的动态结构图(含实参)如图 12.36 所示。

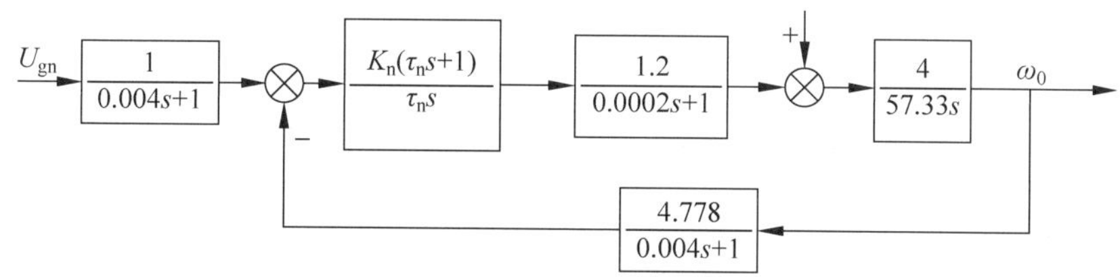

图 12.36　速率环动态结构图(含实参)

采用与电流环相同的简化方法，把给定滤波和反馈滤波环节等效地移到速率环内，然后将两个小惯性环节合并近似成一个惯性环节，其时间常数 $T_{\Sigma n}=T_{on}+T_i=0.0042(s)$，则速率环动态结构图可以简化为图 12.37 所示。

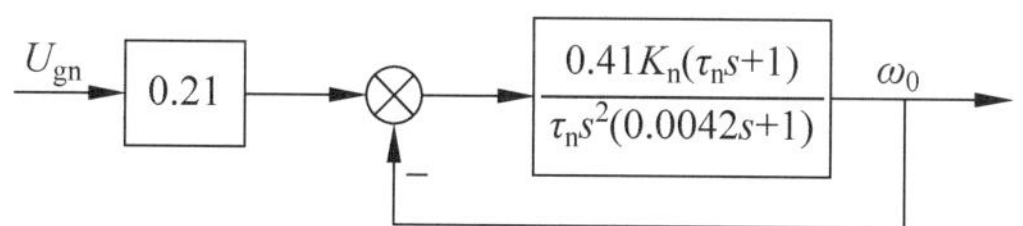

图 12.37　速率环简化图

速率环的开环传递函数为

$$G_{on}(s)=\frac{K_N(\tau_n s+1)}{s^2(T_{\Sigma n}s+1)} \tag{12.100}$$

按最小谐振峰值准则选择参数，则

$$\begin{cases} K_N=\dfrac{h+1}{2h^2T_{\Sigma n}^2} \\ \tau_n=hT_{\Sigma n} \\ K_n=K_N\dfrac{\tau_n\beta K_B T_m}{K'_v R}=\dfrac{(h+1)\beta K_B T_m}{2hK'_v R T_{\Sigma n}} \end{cases} \tag{12.101}$$

式中，中频宽 h 的大小由系统对动态性能指标的要求来决定。一般取 $h=5$ 较好，此时系统动态性能最优。按式(12.101)可以确定速率环调节器的参数为：$K_n=355.7$，$\tau_n=0.021$。

调节器传递函数为：

$$G_{ASR}(s)=\frac{355.7(0.021s+1)}{0.021s} \tag{12.102}$$

速率环校正后的开环幅频特性、闭环频率特性和单位阶跃响应曲线分别如图 12.38、图 12.39 及图 12.40 所示。

从图 12.38 可以得出，速度环的幅值裕度为 86.2dB，相位裕度为 41.1°，开环截止频率为 21Hz；从图 12.39 可知，速度环闭环的截止频率 $\omega_B\approx 224\text{rad/s}$，带宽约为 36Hz；从图 12.40 可以得出超调量为

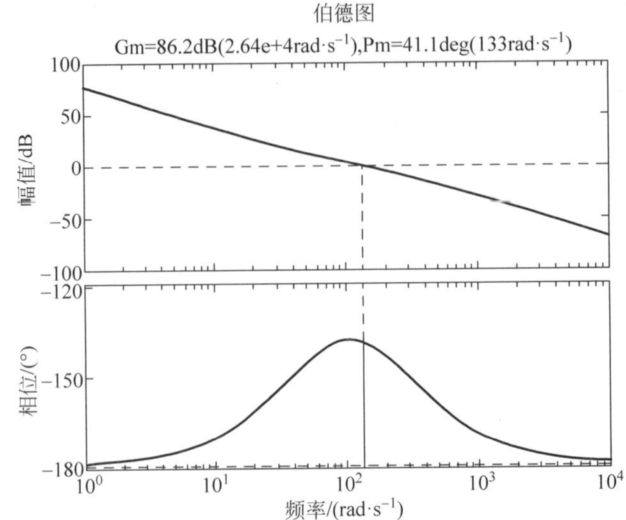

图 12.38　速率环开环幅频特性曲线

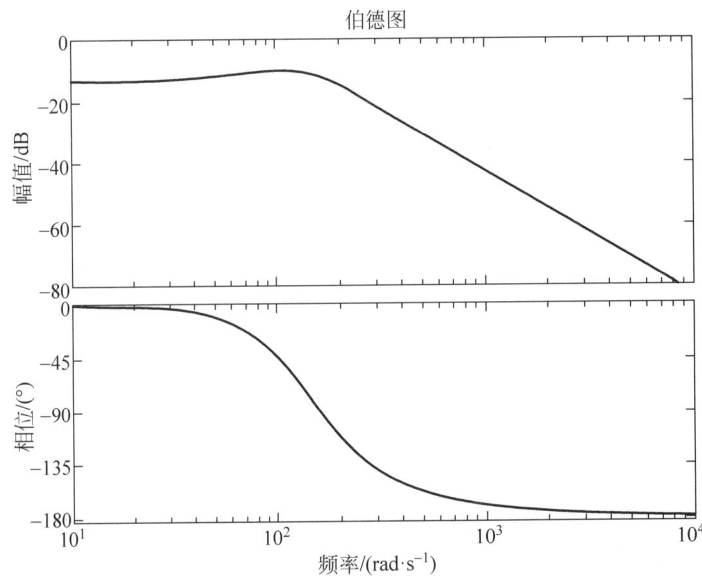

图 12.39　速率环闭环幅频特性曲线

37.2%，调整时间约为 0.04s。

3. 数字稳定环等效模型

数字稳定环的主要作用是隔离船舶的扰动。由安装在框架上的速率陀螺作为转台相对惯性空间角速率的敏感元件，组成一个速度闭环控制回路，通过直接驱动电机来对转台进行整体控制，从而保持光电传感器视轴稳定。它与以直流测速机为速度反馈所构成的模拟速度内环组成双速度环。在实际工作中，由于陀螺寿命是有限的，为满足船体在摇摆情况下的隔离度要求，才使陀螺开启，数字稳定环起作用。数字稳定环的等效模型如图 12.41 所示。稳定环调节器由数字控制器通过程序来实现。

4. 位置环建模仿真

位置环是整个伺服系统的最外环，用来实现对转台上光电探测器视轴位置的控制。位置调节器通常采用常规比例-积分-微分(Proportion Integration Differentiation，PID)控制器由数字控制器通过程序

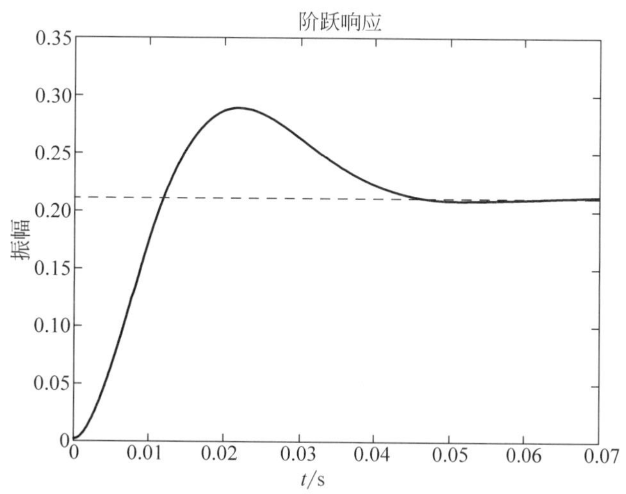

图 12.40 速率环单位阶跃响应曲线

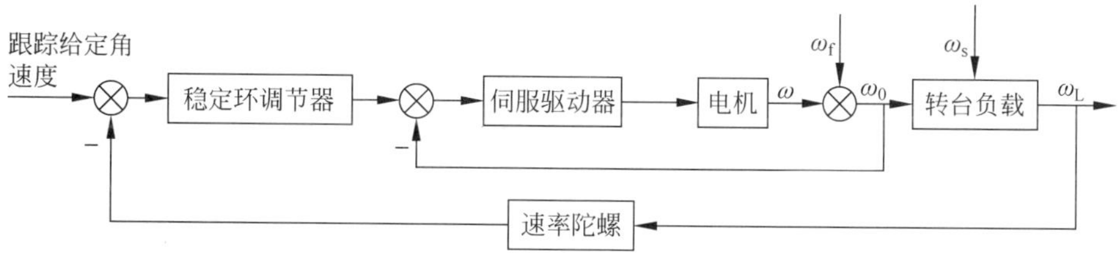

图 12.41 数字稳定环的等效模型

来实现。根据 PID 控制原理及 12.8.2 节中建立的电流、速率环数学模型，在 MATLAB 的 Simulink 环境中建立系统常规 PID 的位置环仿真模型如图 12.42 所示。

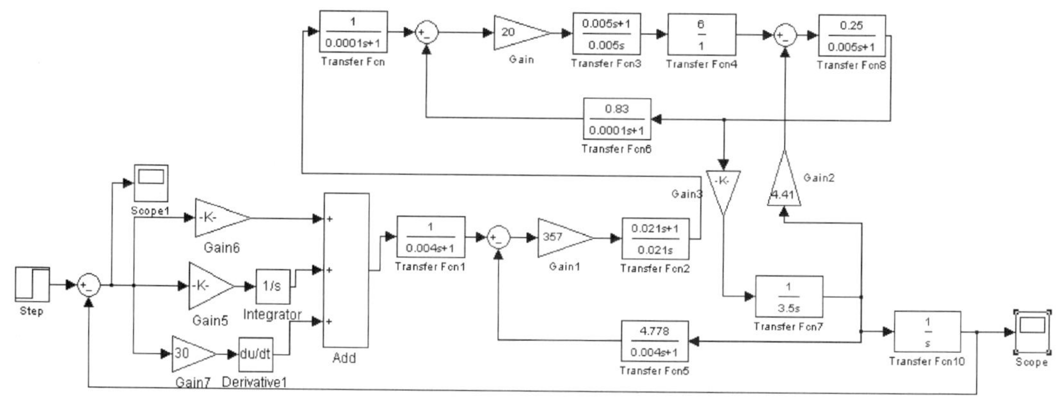

图 12.42 系统常规 PID 的位置环仿真模型

根据齐格勒-尼科尔斯法则和手动试凑法并结合仿真效果先整定出常规 PID 控制器的三个参数：$K_p=435.4$，$K_i=3000$，$K_d=10$。

当系统的输入为单位阶跃信号时，其响应曲线如图 12.43 所示。

从图 12.43 可以看出常规 PID 控制器较好满足了无稳态误差的要求，但系统动态性能不是很理想，系统超调量较大，响应时间较长。可在此模型的基础上研究采用其他改进型的 PID 控制方法或其他先进控制算法来使系统的动态性能更佳。

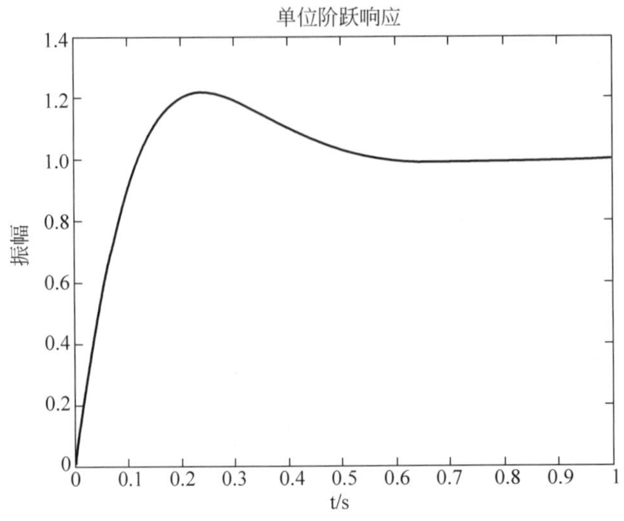

图 12.43 系统单位阶跃响应曲线

本节结合船舶跟踪伺服系统所采用的控制结构，按照由内到外的顺序，采用分级建模、分级仿真的原则，在对伺服系统主要部件建立数学模型的基础上，对各环路分别进行了建模，并利用MATLAB软件进行了仿真分析。利用计算机仿真技术对系统建模仿真，可以完成对伺服系统的辅助设计、调试，有效缩短系统设计周期并降低试验研究成本，可验证先进控制算法引入到光电跟踪伺服系统中的可行性。

12.9 机械结构因素对光电跟踪伺服系统性能的影响

分析伺服系统时，把执行电机至控制对象之间的机械传动看成是绝对刚性传动，当控制对象的转动惯量不大、系统跟踪角加速度不高、而传动装置的刚度较大时，这样忽略弹性扭转变形是妥当的。但如果转动惯量较大，系统通频带又比较宽时，系统运动过程中传动轴的弹性扭转变形将造成明显滞后，传动装置在传递运动时就会含有储能的元件。由于它速度阻尼小，其传递特性将出现较高的谐振峰，形成机械谐振，它对系统的动态性能影响较大，甚至使系统不稳定，在某些谐振频率下还可能会损坏精密的光电传感器及耦合轴系。

机械谐振是由转动惯量和传动装置的材料、结构和尺寸等因素所决定的，刚性越差，机械谐振频率越低。通常伺服系统的机械传动装置都具有一个谐振频率，但有的不止一个谐振频率，如果谐振频率小于系统的带宽，则将对系统的动态性能带来很坏的影响，使系统易于损坏。

伺服机械结构是伺服系统的控制对象，也是伺服系统的重要组成部分，伺服机械结构因素就是伺服机械性能指标，主要有转动惯量、结构谐振频率、摩擦力矩、传动空回和传动精度等。伺服系统的性能主要有稳定裕量、跟踪误差、过渡过程品质、伺服带宽和调速范围等。

为了克服机械结构因素对光电跟踪伺服系统性能的不良影响，需分析转动惯量、结构谐振频率和摩擦力矩等伺服机械结构因素与伺服系统性能的关系，包括分析转动惯量与伺服系统性能的关系、结构谐振频率与伺服系统性能的关系、摩擦力矩与伺服系统性能的关系，探讨消除或减小机械谐振的措施，以便应用于设计，制造响应速度快、跟踪精度高的光电跟踪伺服系统。

12.9.1 转动惯量与伺服系统性能的关系

转动惯量指伺服机械结构的转动部分及其负载(包括激光测距仪、红外跟踪器和电视跟踪器等)的合成转动惯量,称为伺服系统的负载转动惯量,用符号 J_L 表示。它是伺服系统设计的基本原始参数。负载转动惯量与系统开环截止频率 ω_c、机电时间常数 T_m、大角度调转时间 t_d、低速平稳跟踪性能和阵风误差 σ_2 等都有关系。

1. 转动惯量 J_L 与系统截止频率 ω_c 的关系

截止频率 ω_c 与负载转动惯量 J_L、静摩擦力矩 M_{FS} 的关系式为

$$\omega_c=\sqrt{\frac{M_{FS}}{J_L}} \tag{12.103}$$

从式(12.103)看出,J_L 增大,则 ω_c 减小。若系统的期望特性确定后,ω_c 减小,系统的跟踪精度 θ_{rms} 下降,过渡过程时间 t_s 加长。

2. 转动惯量 J_L 与机电时间常数 T_m 的关系

执行电机的机电时间常数 T_m 的计算为

$$T_m=\frac{(J_m+J_L)R_a}{C_mC_e} \tag{12.104}$$

从式(12.104)看出,当执行电机的转动惯量 J_m、电枢回路电阻 R_a、执行电机的力矩系数 C_m 等参数一定时,J_L 变大,T_m 增大。若 T_m 加大,系统的相角裕量减少,过渡过程超调量加大。

3. 转动惯量 J_L 与大角度调转时间 t_d 的关系

调转时间 t_d 由调转过程的起动段时间 t_1、恒速段时间 t_2 和制动段时间 t_3 合成,即 $t_d=t_1+t_2+t_3$。令 $t_3=t_1$,则

$$\begin{cases}t_1=\omega_{max}/\varepsilon_{max}\\ \varepsilon_{max}=M_{am}/J_L\end{cases} \tag{12.105}$$

由式(12.105)看出,当最大调转角速度 ω_{max}、角加速度 ε_{max} 及执行电机输出的最大电磁力矩 M_{am} 一定时,J_L 增加,ε_{max} 减小,t_1 增加,从而使大角度调转时间 t_d 加长。

4. 转动惯量 J_L 与低速平稳性能的关系

伺服系统在跟踪低速目标时,将产生不均匀的“跳动”,即“步进”或“爬行”现象,爬行跟踪的角加速度为

$$\varepsilon_L=\frac{M_{FS}-M_{F1}}{J_L} \tag{12.106}$$

从式(12.106)看出,当静摩擦力矩 M_{FS} 和库仑摩擦力矩 M_{F1} 一定时,J_L 加大,ε_L 则减小。因而改善了系统低速平稳跟踪性能,扩大了系统的调速范围。

5. 转动惯量 J_L 与阵风误差 σ_2 的关系

由阵风力矩 M_{dy} 产生的误差 σ_2 为

$$\sigma_2=\frac{M_{dy}}{J_L\omega_c\omega_{cr}} \tag{12.107}$$

从式(12.107)看出,当阵风力矩 M_{dy}、系统截止频率 ω_c 及速度回路截止频率 ω_{cr} 一定时,J_L 增加,σ_2 减小。

从以上五点分析看出,转动惯量 J_L 增大时,将会使系统截止频率 ω_c、稳定裕量减小。过渡过程超调量加大、过渡过程时间 t_s 增长及大角度调转时间 t_d 增加,这些都不利于系统性能提高。但 J_L 增大后,却改善低速跟踪性能,扩大了系统的调速范围,并能减小阵风误差 σ_2 和系统跟踪精度 θ_{rms},这些对系统性能提高有利。但是,在伺服系统设计时,实现系统的调速范围是靠选择执行元件和速度回路的设计来保证;减小阵风误差 σ_2 靠增大 ω_c 和 ω_{cr} 值来保证。另外,在选择执行元件,计算惯性力矩 M_J 时,也希望 J_L 小些。综上所述,希望 J_L 小些好,但不是越小越好,因为,在 J_L 和执行元件的转动惯量 J_m 之间还存在着转动惯量匹配的问题。

6. 转动惯量的匹配

J_m 和 J_L 的匹配,用匹配系数 λ 表示。λ 系数为

$$\lambda = J_L/J_m \tag{12.108}$$

采用的执行元件不同,匹配系数 λ 也不同,低速力矩电机:$\lambda>1$;高速伺服电机:$\lambda=1$。

12.9.2 结构谐振频率与伺服系统性能的关系

结构谐振频率 f_L(Hz),或用符号 $\omega_L(=2\pi f_L)$(rad/s)表示。伺服机械结构及其负载的结构谐振特性包含结构谐振频率 ω_L 和相对阻尼系数 ξ_L 两个参量。结构谐振特性(ω_L、ξ_L)对伺服系统性能的限制体现在对伺服系统带宽 $\omega_B(=2\pi\beta_n)$和速度回路截止频率 ω_{cr} 两个方面的限制。但最终都归结到对系统截止频率 ω_c 的限制。这样,就体现了结构谐振频率 ω_L 与系统的相角裕量、跟踪误差 θ_{rms} 和过渡过程品质之间的关系。

1. 结构谐振频率对伺服带宽的限制

结构谐振频率 ω_L 对伺服带宽 ω_B 的限制为

$$\omega_B \leqslant 2\xi_L\omega_L \tag{12.109}$$

式中,相对阻尼系数 ξ_L 一般设计在 0.1~0.35 范围内,取 $\xi_L=0.25$,则式(12.109)化简为

$$\omega_B \leqslant (1/2)\omega_L \tag{12.110}$$

伺服带宽 ω_B 对伺服系统性能的限制,通过限制系统截止频率 ω_c 体现。ω_B 和 ω_c 的关系通常为

$$\omega_B = (1/2)\omega_c \tag{12.111}$$

由式(12.110)和式(12.111)可得到

$$\omega_c \leqslant (1/4)\omega_L \tag{12.112}$$

因此,对高性能的光电跟踪设备而言,为了满足较高的跟踪性能要求,需要其跟踪座与安装基座具有较高的扭转谐振频率。

2. 结构谐振频率对速度回路截止频率的限制

20 世纪 60 年代以来,结构谐振频率 ω_L 对速度回路截止频率 ω_{cr} 的限制一直有如下关系:

$$\omega_{cr} \leqslant (1/2)\omega_L \tag{12.113}$$

通过实践证明,ω_{cr} 可由下式确定:

$$\omega_{cr} \leqslant (4/5)\omega_L \tag{12.114}$$

另外,ω_{cr} 对 ω_c 的限制式为

$$\omega_c = (1/3)\omega_{cr} \tag{12.115}$$

由式(12.114)和式(12.115)可求得 ω_L 对 ω_c 的限制条件:

$$\omega_c \leqslant \frac{4}{15}\omega_L \tag{12.116}$$

从式(12.112)和式(12.116)看出,结构谐振频率 ω_L 虽然从两方面限制系统截止频率 ω_c,但都得到相同的结果,这个结果与限制条件 $\omega_c \leqslant (1/8 \sim 1/10)\omega_L$ 比,对伺服系统设计有利得多。

12.9.3 摩擦力矩与伺服系统性能的关系

摩擦力矩分为静态摩擦力矩 M_{FS}、库仑摩擦力矩 M_{F1} 和速度摩擦力矩 M_{F2} 等。摩擦力矩除了是系统负载力矩的一个分量外,它对系统性能的影响主要有以下五点。

1. 摩擦力矩是影响系统截止频率的因素

截止频率 ω_c 与静摩擦力矩 M_{FS} 的关系可按式(12.103)进行分析。当 J_L 一定时,ω_c 与 M_{FS} 的平方根成正比。对于伺服系统性能来说,希望 ω_c 大些好,这样能提高系统的跟踪精度,改善过渡过程品质。

2. 摩擦力矩是产生定值静态误差的因素

静摩擦力矩 M_{FS} 产生的定值静态误差分量 Δ_{e1} 为

$$\Delta_{e1} = M_{FS}/K_{t1} \tag{12.117}$$

从式(12.117)看出,当系统的静态力矩误差常数 K_{t1} 一定时,Δ_{e1} 与静摩擦力矩 M_{FS} 成正比。

3. 摩擦力矩是影响低速爬行跟踪停断时间的因素

低速爬行跟踪停断时间 Δ_{t1} 为

$$\Delta_{t1} \approx \sqrt{\frac{M_{FS}T_{rs}}{K_{t1}\omega_{min}}} \tag{12.118}$$

从式(12.118)看出,当系统的等效时间常数(从执行电机轴到系统误差角)T_{rs},低速跟踪角速度 ω_{min} 和静态力矩误差常数 K_{t1} 一定时,其时间 Δ_{t1} 与静摩擦力矩 M_{FS} 的平方根成正比。Δ_{t1} 加长,低速跟踪性能差,调速范围下降。

4. 摩擦力矩影响低速跟踪角速度的大小

静摩擦力矩 M_{FS} 只在跟踪角速度等于零时才出现,一旦指向器开始转动,M_{FS} 立即变为库仑摩擦力矩 M_{F1}。在低速"步进"跟踪状态中,指向器再次转动的初始角加速度 ε_{m0} 为

$$\varepsilon_{m0} = (M_{FS} - M_{F1})/J_L \tag{12.119}$$

当 M_{FS} 和 M_{F1} 的差值增大时,低速跟踪不平稳现象严重,跟踪时的误差增加。

5. 摩擦力矩是产生跟踪误差的因素

由库仑摩擦力矩 M_{F1} 和速度摩擦力矩 M_{F2} 产生的跟踪误差 Δ_3 为

$$\Delta_3 = (M_{F1} + M_{F2})/K_{t2} \tag{12.120}$$

从式(12.120)看出,当动态力矩误差常数 K_{t2} 一定时,Δ_3 与 M_{F1} 和 M_{F2} 之和成正比。

综上所述,摩擦力矩对系统性能的影响主要表现在跟踪误差和调速范围(低速跟踪不平稳)两方面,对精度影响不大,调速范围由速度回路设计保证。总的来讲,希望摩擦力矩小些好,但不是越小越好,摩擦力矩太小(如采用静压液浮轴承)时,一般采用减小传动空回的措施。

12.9.4 消除或减小机械谐振的措施

为了消除或减小机械谐振对系统品质的影响,可主要考虑从以下几个方面采取措施。

1. 提高伺服机械结构的固有频率

提高伺服机械结构的固有频率的措施主要从提高结构的刚度和减少转动惯量来考虑。影响结构刚

度的因素很多，设计时应着重提高指向器座架和驱动装置的刚度。减小转动惯量与结构布局有很大关系，应尽量使结构布局紧凑，使质量大的零件尽量靠近回转轴线，此外采用刚度比较大的结构也能使惯量减小；采用低速、大扭矩的力矩电机直接驱动，可以显著减小电机的折算惯量，大大提高扭转刚度。

为保证伺服系统的动态稳定性，一般要求机械结构系统的谐振频率不小于伺服带宽的5倍。

2. 加大机械阻尼

如果提高机械传动装置的刚度受到限制，可采用加大机械阻尼的办法，减弱机械谐振对系统的影响。

3. 采用串联补偿

在系统中采用串联无源或有源补偿装置，利用补偿网络的复零点和复极点对消，即可消除机械谐振对系统的影响。

4. 应用综合速度反馈

在小摩擦系统中，谐振的消除可以由测速发电机电压与正比于电动机电流的电压综合来实现。值得注意的是，实际系统可能不止一个谐振频率和谐振峰值，系统的参数也可能变化，谐振频率也不能保持恒定，加上传动装置存在间歇和干摩擦等非线性因素，使得实际的机械谐振特性十分复杂。

5. 克服机械谐振的状态反馈设计

对于转动惯量大的伺服系统，机械谐振频率低，严重影响系统获得应有的通频带，加上风扰力矩严重，使系统跟踪运动的状态更为恶劣。若对系统采取全状态反馈，可以任意配置系统的极点，特别是针对机械谐振这一对复极点，进行阻尼重新配置，可以有效地克服机械谐振现象的出现。

伺服机械结构的负载特性是伺服系统设计的先决条件。优良的伺服机械结构性能(结构谐振频率高、负载转动惯量小、传动空回小、传动精度高及摩擦力矩小)，对于设计一个响应速度快和跟踪精度高的光电跟踪伺服系统至关重要。

参考文献

[1] 吴晗平.光电系统设计基础[M].北京：科学出版社,2010.
[2] 吴晗平.光电系统环境与可靠性[M].北京：科学出版社,2009.
[3] Paul R. Yoder,Jr.光机系统设计[M].周海宪,程云芳,译.北京：机械工业出版社,2008.
[4] 袁家军.航天产品工程[M].北京：中国宇航出版社,2011.
[5] 姜会林,佟首峰,张立中,等.空间激光通信技术与系统[M].北京：国防工业出版社,2010.
[6] 姜会林.空间光电技术与光学系统[M].北京：国防工业出版社,2015.
[7] Benjamin S. Blanchard,Wolter J. Fabrycky.系统工程与分析[M].李瑞莹,潘星,译.北京：国防工业出版社,2014.
[8] 吴健,杨春平,刘建斌.大气中的光传输理论[M].北京：北京邮电大学出版社,2005.
[9] 徐南荣,卞南华.红外辐射与制导[M].北京：国防工业出版社,1997.
[10] 徐根兴.目标和环境的光学特性[M].北京：宇航出版社,1995.
[11] 饶瑞中.现代大气光学[M].北京：科学出版社,2012.
[12] 王之江.光学设计理论基础[M].北京：科学出版社,1985.
[13] 王之江.现代光学应用设计技术手册(上册)[M].北京：机械工业出版社,2010.
[14] 王之江.实用光学技术手册[M].北京：机械工业出版社,2007.
[15] 迟泽英,陈文建.应用光学与光学设计基础[M].南京：东南大学出版社,2008.
[16] 徐刚.最新光学设计与制造新工艺新技术及质量检验标准规范实用手册[M].北京：中国科学技术文献出版社,2007.
[17] 李晓彤,岑兆丰.几何光学·像差·光学设计[M].杭州：浙江大学出版社,2007.
[18] 常军,张晓芳,张柯,等.现代反射变焦光学系统[M].北京：国防工业出版社,2017.
[19] 苏宙平.非成像光学系统设计方法与实例[M].北京：机械工业出版社,2018.
[20] 李荣彬,杜雪,张志辉.超精密自由曲面光学设计、加工及测量技术[M].北京：机械工业出版社,2015.
[21] 萧泽新.现代光电仪器共性技术与系统集成[M].北京：电子工业出版社,2008.
[22] 高稚允,高岳,张开华.军用光电系统[M].北京：北京理工大学出版社,1996.
[23] 中华人民共和国国家质量监督检验检疫总局,中国国家标准化管理委员会.质量管理体系要求：GB/T 19001—2016[S].北京：中国标准出版社,2016.
[24] 中央军委装备发展部.质量管理体系要求：GJB 9001C—2017[S].北京：国家军用标准出版发行部,2017.
[25] 中华人民共和国国家质量监督检验检疫总局,中国国家标准化管理委员会.工业产品使用说明书总则：GB/T 9969—2008[S].北京：中国标准出版社,2009.
[26] 陈伯良,李向阳.航天红外成像探测器[M].北京：科学出版社,2016.
[27] 张鸣平,张敬贤,李玉丹.夜视系统[M].北京：北京理工大学出版社,1993.
[28] 潘君骅.大口径红外成像系统的光学设计[J].光学学报,2003,23(12)：1475-1478.
[29] 郑雅卫.一种用于可见光电视导引头的摄影物镜的设计[J].光学仪器，2003,25(4)：44-49.
[30] 克利克苏诺夫.红外技术原理手册[M].俞福堂,孙星南,程促华,等译.北京：国防工业出版社,1986.
[31] 小哈得逊.红外系统原理[M].红外系统原理翻译组,译.北京：国防工业出版社,1975.
[32] 劳埃德.热成像系统[M].尹白云,戴传衡,译校.北京：国防工业出版社,1981.
[33] 杨宜禾,岳敏,周维真.红外系统[M].2版.北京：国防工业出版社,1995.
[34] 吴晗平.反舰导弹电视制导ATR方法研究——多目标几何识别[J].现代防御技术,1992,(2)：32-37.
[35] 吴晗平.中值-平滑滤波及其硬件实现[J].光电工程,1993,(5)：33-38.
[36] 吴晗平.电视图像制导中多目标动态被动测距方法研究[J].现代防御技术,1994,(1)：43-49.

[37] 吴晗平.军用微光夜视系统的现状与研究[J].应用光学,1994,(1):15-19.
[38] 吴晗平.微光电视数字图像累加及其硬件实现[J].红外技术,1995,(5):29-32.
[39] 吴晗平.动态多目标自动识别及自适应多波门跟踪[J].光学精密工程,1996,(2):53-61.
[40] 吴晗平.一种利用快速2D熵阈值算法的目标图像分割方法研究[J].系统工程与电子技术,1997,(5):39-43.
[41] 吴晗平.红外辐射大气透过率的工程理论计算方法研究[J].光学精密工程,1998,(4):35-43.
[42] 吴晗平.舰用红外成像跟踪系统的技术要求与统计分析[J].现代防御技术,1998,(4):48-54.
[43] 吴晗平.激光对光电装备的损伤与抗激光加固技术[J].电光与控制,2000,(3):22-27.
[44] Wu H P,Yi X J. Operating distance equation and its equivalent test for infrared search system with full orientation [J]. International Journal of Infrared and Millimeter Waver,2003,24(12):2059-2068.
[45] 吴晗平,易新建.现阶段末制导红外成像跟踪系统性能提高的技术途径[J].应用光学,2003,(4):20-22.
[46] 吴晗平,易新建,杨坤涛.红外搜索系统的现状与发展趋势[J].激光与红外,2003,(6):403-405.
[47] 吴晗平,易新建,杨坤涛.机械结构因素对光电跟踪伺服系统性能的影响[J].应用光学,2004,(3):11-14.
[48] 吴晗平.某高性能激光测距机总体设计与分析[J].现代防御技术,2005,(2):65-68.
[49] 吴晗平.红外点目标探测系统作用距离方程理论研究——基于探测率温度特性与背景影响[J].红外技术,2007,29(6):341-344.
[50] 吴晗平.辐射源温度和 $1/f$ 噪声对探测器 D^* 值影响的理论分析[J].激光与红外,2007,37(10):1071-1073.
[51] 吴晗平."电子产品设计"课程教学的重要内容[J].电子电气教学学报,2009,31(电子科学与技术专辑):41-43.
[52] 吴晗平."光电产品设计"中的图样文件技术要求[J].光学技术,2009,增刊:235-237.
[53] 梁宝雯,吴晗平,王华泽.空间相机离轴三反红外光学系统设计[J].红外技术,2013,35(4):217-222.
[54] 熊衍建,吴晗平,吕照顺,等.军用红外光学性能及其结构形式技术分析[J].红外技术,2010,32(12):688-695.
[55] 熊衍建,林伟,吴晗平.光通信接收用200mm口径紫外光学系统设计[J].武汉理工大学学报,2011,33(8):147-150.
[56] 成中涛,吴晗平,吴晶,等.近地层紫外自由空间通信微弱信号放大器设计[J].光电技术应用,2012,27(4):1-6.
[57] 王华泽,吴晗平,吴晶,等.基于MC9S12XS128的光电无线传感网络构建及其控制器技术设计[J].光电技术应用,2012,27(6):16-21.
[58] 周伟,吴晗平,吴晶,等.紫外目标探测弱信号处理方法研究[J].红外技术,2012,34(9):508-514.
[59] 李旭辉,吴晗平,李军雨,等.近地层紫外动态目标探测微弱信号放大器设计[J].红外技术,2014,36(6):471-474.
[60] 李军雨,吴晗平,吕照顺,等.基于FPGA的紫外通信微弱信号放大器设计[J].激光与红外,2014,44(10):1143-1148.
[61] 成中涛,吴晗平,吴晶,等.近地层紫外自由空间通信微弱信号放大器设计[J].光电技术应用,2012,27(4):1-6.
[62] 余随淅,吴晗平,熊衍建,等.太阳能采集用1000mm口径菲涅耳透镜设计[J].光电技术应用,2010,25(5):35-38.
[63] 吴晗平,胡大军,吴晶,等.舰载光电跟踪伺服系统的建模与仿真[J].武汉工程大学学报,2012,34(7):54-60.
[64] 黄璐,胡大军,吴晗平.军用光电跟踪伺服控制技术分析[J].舰船电子工程,2011,31(7):175-180.
[65] 何超,吴晗平,胡大军,等.太阳能光伏/光热综合利用的温控系统设计[J].光电技术应用,2009,24(6):14-18.
[66] 吕照顺,吴晗平,李军雨.改进的变步长自适应最小均方算法及其数字信号处理[J].强激光与粒子束,2015,27(9):091006-1-091006-5.
[67] Lv Z S,Wu H P,Li J Y. Design of adaptive filter amplifier in UV communication based on DSP[C]. SPIE,2016,10158:101580B-1-101580B-8.
[68] 吕照顺,吴晗平,梁宝雯,等."日盲"紫外通信收发一体化光学系统设计[J].海军工程大学学报,2016,28(1):84-87.
[69] 奚小东,吴晗平.近地层紫外通信离轴三反接收光学系统设计[J].强激光与粒子束,2017,29(10):101002-1-101002-6.
[70] 奚小东,吴晗平.基于卡塞格林结构的近地层紫外通信发射光学系统设计[J].应用光学,2017,28(2):205-209.
[71] 侯和坤,张新.红外焦平面阵列非均匀性校正技术的最新进展[J].红外与激光工程,2004,33(1):79-82.
[72] 曲艳玲.红外凝视系统中的微扫描技术[D].长春:中国科学院长春光学精密机械与物理研究所,2004.

[73] 王忠立，刘佳音，贾云得. 基于 CCD 与 CMOS 的图像传感技术[J]. 光学技术，2003，29(3)：361-364.

[74] 车孝轩. 太阳能光伏系统概论[M]. 武汉：武汉大学出版社，2006.

[75] 杨德仁. 太阳电池材料[M]. 北京：化学工业出版社，2007.

[76] 赵争鸣，刘建政，孙晓瑛，等. 太阳能光伏发电及其应用[M]. 北京：科学出版社，2005.

[77] 汪东翔，董俊，陈庭金. 固定式光伏方阵最佳倾角选择[J]. 太阳能学报，1993，14(3)：217-221.

[78] 罗运俊，何梓年，王长贵. 太阳能利用技术[M]. 北京：化学工业出版社，2005.

[79] 中国人民解放军总装备部. 舰船红外警戒设备规范：GJB 4340—2002[S]. 北京：总装备部军标出版发行部，2003.

[80] 中国人民解放军总装备部. 军用软件质量保证通用要求：GJB 439A—2013[S]. 北京：总装备部军标出版发行部，2013.

[81] 中国人民解放军总装备部. 军用软件开发文档通用要求：GJB 438B—2009[S]. 北京：总装备部军标出版发行部，2009.

[82] 马佳光. 捕获跟踪与瞄准系统的基本技术问题[J]. 光学工程，1989，(3)：1-41.

[83] 胡大军. 基于模糊控制的舰载光电跟踪伺服系统设计[D]. 武汉：武汉工程大学，2012.

[84] 赵长安. 控制系统设计手册(上册)[M]. 北京：国防工业出版社，1991.

[85] 梅晓榕. 自动控制元件及线路[M]. 哈尔滨：哈尔滨工业大学出版社，2001.

[86] 胡祐德，马东升，张莉松. 伺服系统原理与设计[M]. 北京：北京理工大学出版社，1999.

[87] 侯世明. 导弹总体设计与试验[M]. 北京：宇航出版社，1996.

[88] 陈世年. 控制系统设计[M]. 北京：宇航出版社，1996.

[89] 罗辉，李杰，李金铖，等. 近地层紫外通信收/发一体光学系统技术研究[J]. 光电技术应用，2021，36(6)：10-22.

[90] 李杰，罗辉，李金铖，等. 基于谐衍射与自由曲面的机载红外双波段成像光学系统设计[J]. 光子学报，2021，50(12)：1222004-1—1222004-16.

[91] 陈衡. 红外物理学[M]. 北京：国防工业出版社，1985.

[92] 戴世勋，林常规，沈祥. 红外硫系玻璃及其光子器件[M]. 北京：科学出版社，2017.

[93] 殷纯永，方仲彦. 光电精密仪器设计[M]. 北京：机械工业出版社，1996.